KB196712

EBS 중학

뉴런

| 과학 2 |

개념책

| 기획 및 개발 |
오창호

| 집필 및 검토 |
강충호(경일중) 유민희(영서중) 이유진(동덕여중) 허은수(강동중)

| 검토 |
공영주(일산동고) 류버들(부흥고) 배미정(삼성고) 양정은(양천중) 오현선(서울고) 유선희(인천여고) 이재호(가재울고) 조아라(조원고)

교재 정답지, 정오표 서비스 및 내용 문의 EBS 중학사이트 → 교재학습자료 → 교재 메뉴

EBS 중학

뉴런

| 과학 2 |

개념책

Structure
이 책의 구성과 특징

개념책

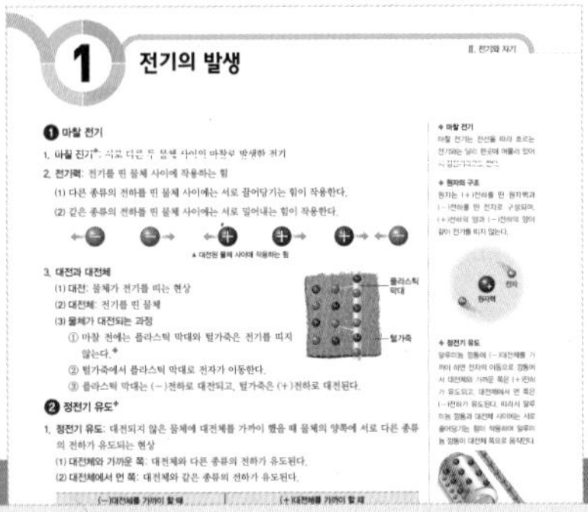

학습 내용 정리
꼭 알아두어야 할 교과서의 주요 개념을 정리하였습니다.

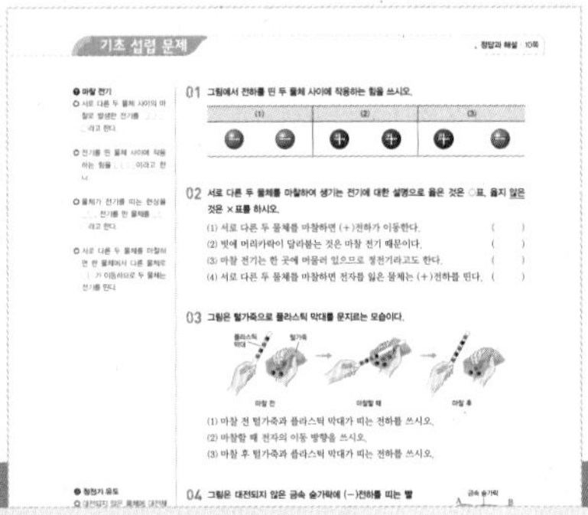

기초 섭렵 문제
학습 내용과 관련된 기본 개념과 원리를 문제를 풀면서 확인할 수 있습니다.

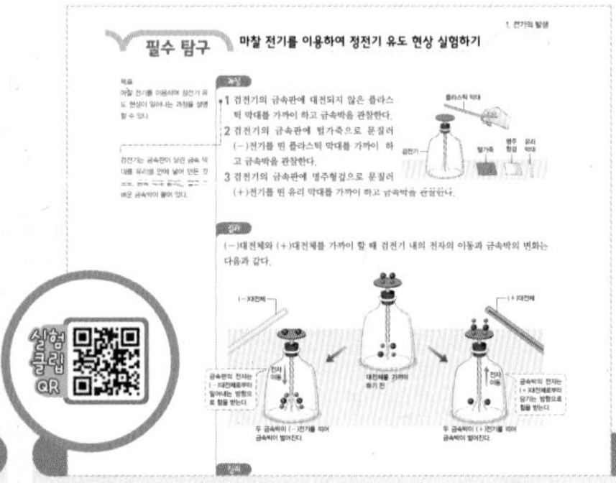

필수 탐구
교과서 필수 탐구의 과정과 결과를 한눈에 확인할 수 있습니다. QR 코드를 스캔하면 실험 클립 영상(mid.ebs.co.kr/sclip)을 무료로 볼 수 있습니다.

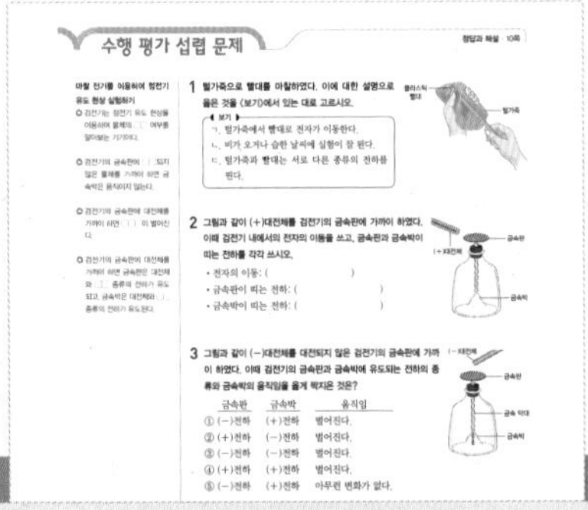

수행 평가 섭렵 문제
문제를 통해 필수 탐구와 관련된 개념을 정리하며 수행 평가를 대비할 수 있습니다.

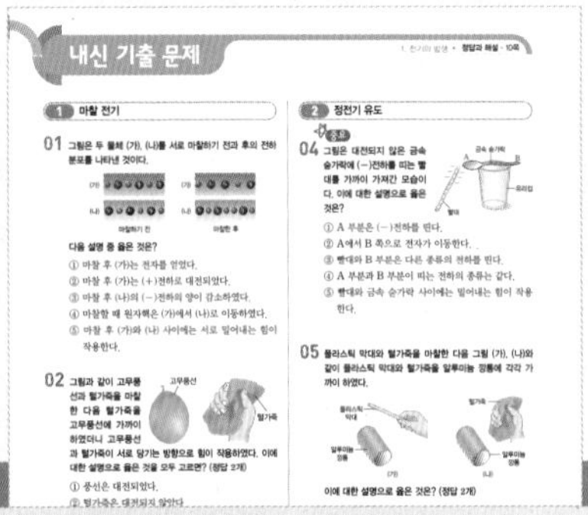

내신 기출 문제
학교 시험에 자주 등장하는 문제로 구성하여 실력을 탄탄하게 다질 수 있습니다.

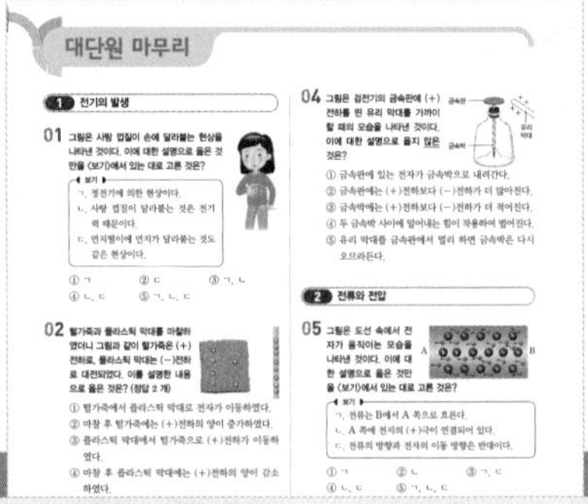

대단원 마무리
대단원의 유형별 문제를 풀면서 핵심 개념을 마무리합니다.

- EBS 홈페이지(mid.ebs.co.kr)에 들어오셔서 회원으로 등록하세요.
- 본 방송 교재의 프로그램 내용을 인터넷 동영상(VOD)으로 다시 보실 수 있습니다.
- 교재 및 강의 내용에 대한 문의는 EBS 홈페이지(mid.ebs.co.kr)의 Q&A 서비스를 활용하시기 바랍니다.

실전책

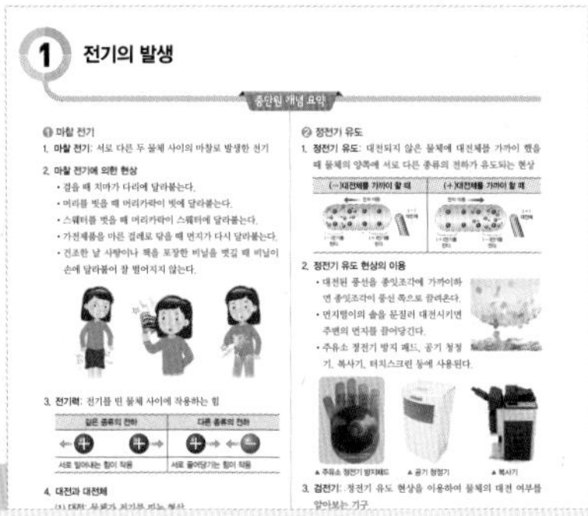

중단원 개념 요약

중요 개념을 다시 한 번 확인할 수 있습니다.

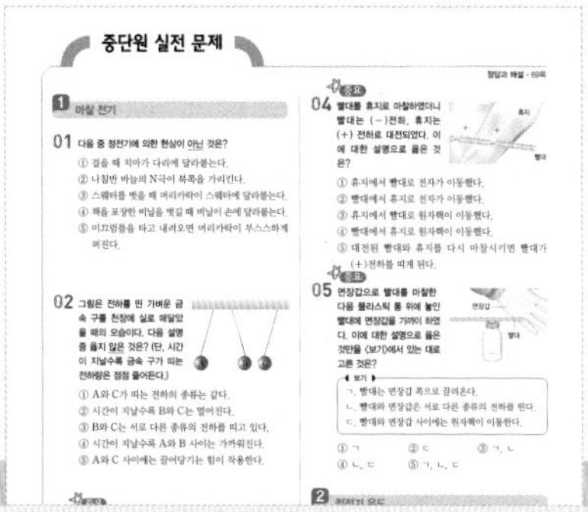

중단원 실전 문제

다양한 유형과 난이도의 문제를 통해 중단원을 최종 점검합니다.

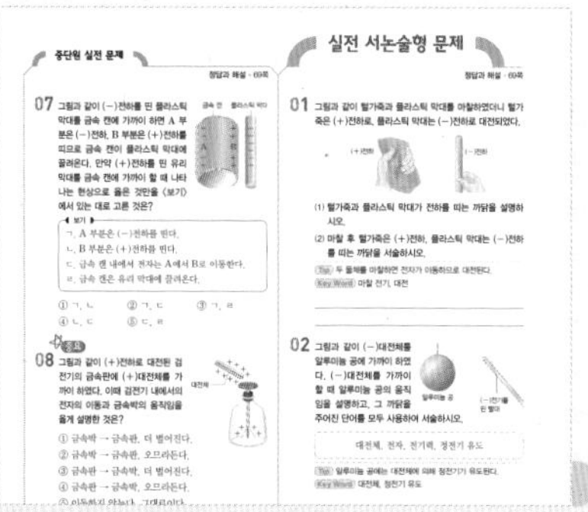

실전 서논술형 문제

서술형과 논술형 문제를 풀어봄으로써 시험에 대비합니다.

정답과 해설

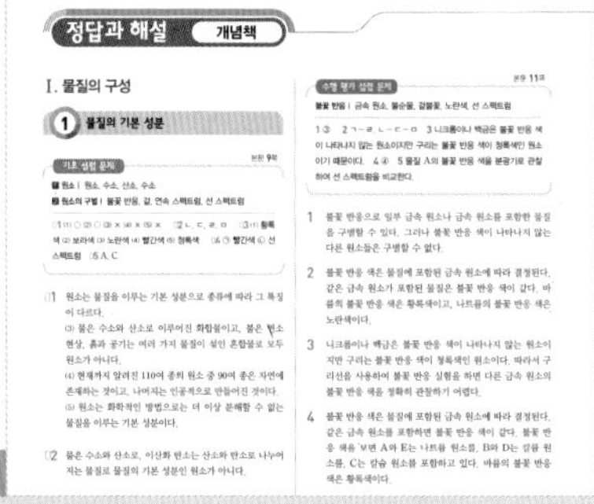

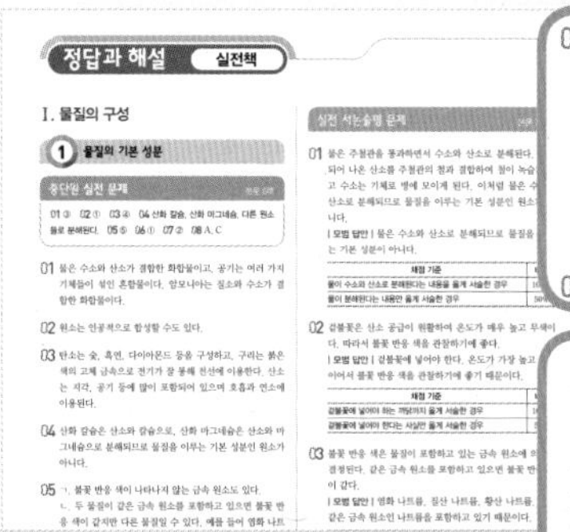

05 니크롬이나 백금은 불꽃 반응 색이 무색이어서 다른 금속 원소의 불꽃 반응 색을 관찰하는 데 방해되지 않는다.

오답 피하기 ① (가) 과정은 니크롬선에 묻은 불순물을 제거하는 과정이다.

② (나) 과정은 니크롬선에 불꽃 반응색 관찰을 방해하는 불순물이 남아 있는지 확인하고 남아 있다면 제거하는 과정이다.

③ 불꽃 반응은 시료의 양이 적어도 물질을 구별할 수 있는 실험이다.

④ (라) 과정에서 니크롬선을 토치의 겉불꽃에 넣어야 한다. 겉불꽃은 온도가 높고 색이 무색이어서 불꽃 반응 색을 관찰하기 좋다.

06 불꽃 반응 색은 물질 속 금속 원소가 결정한다. 칼륨의 불

| 모범 답안 | 일산화 탄소의 분자식은 CO, 이산화 탄소의 분자식은 CO_2이다. 일산화 탄소와 이산화 탄소를 이루는 원자의 개수가 다르므로 두 물질은 성질이 서로 다른 분자이다.

채점 기준	배점
두 분자의 분자식과 성질이 다른 까닭을 모두 옳게 서술하였을 경우	100%
두 분자의 분자식과 성질이 다른 까닭 중 두 가지만 옳게 서술하였을 경우	50%
두 분자의 분자식과 성질이 다른 까닭 중 하나만 옳게 서술하였을 경우	20%

해설

정답과 서술형의 예시 답안을 확인할 수 있습니다.
'오답 피하기'는 오답이 오답인 이유를 설명하고 있으며, 서술형 문제는 '채점 기준'을 통해 구체적인 평가가 가능합니다.

Contents 이 책의 차례

개념책

Ⅰ 물질의 구성

1. 물질의 기본 성분 8
2. 물질을 구성하는 입자 14
3. 전하를 띠는 입자 20

Ⅱ 전기와 자기

1. 전기의 발생 34
2. 전류와 전압 40
3. 전압, 전류, 저항 사이의 관계 44
4. 전류의 자기 작용 50

Ⅲ 태양계

1. 지구와 달의 크기 64
2. 지구와 달의 운동 70
3. 태양계를 구성하는 행성 76
4. 태양 80

Ⅳ 식물과 에너지

1. 광합성 ~ 2. 증산 작용 90
3. 식물의 호흡 ~ 4. 광합성 산물의 이용 102

V 동물과 에너지

1. 생물의 구성 ~ 2. 소화 114

3. 순환 ~ 4. 호흡 126

5. 배설 ~ 6. 소화, 순환, 호흡, 배설의 관계 136

VI 물질의 특성

1. 물질의 특성 152

2. 혼합물의 분리 164

VII 수권과 해수의 순환

1. 수권의 분포와 활용 180

2. 해수의 특성과 순환 186

VIII 열과 우리 생활

1. 온도와 열의 이동 204

2. 열평형, 비열, 열팽창 210

IX 재해 · 재난과 안전

1. 재해 · 재난의 원인과 대처 방안 226

I

물질의 구성

1
물질의 기본 성분

2
물질을 구성하는 입자

3
전하를 띠는 입자

1 물질의 기본 성분

❶ 원소

1. **원소**: 더 이상 다른 물질로 분해되지 않는 물질을 이루는 기본 성분
   (1) 현재까지 발견된 원소는 110여 종이며 90여 종은 자연에서 발견된 것이고, 나머지는 인공적으로 만들어진 것이다.
   (2) 원소의 종류에 따라 그 특성이 다르며 금속 원소✚와 비금속 원소로 분류할 수 있다.

2. **여러 가지 원소의 특성과 이용**

원소	특성 및 이용	원소	특성 및 이용
수소	가장 가벼운 원소. 산소와 반응하여 물✚을 생성. 우주 왕복선의 연료로 이용	헬륨	수소 다음으로 가벼운 원소. 비행선이나 풍선의 충전 기체로 이용
산소	지각, 공기 등에 많이 포함. 호흡과 연소에 필요	탄소	숯, 흑연, 다이아몬드 등을 구성하는 원소
금	노란색 광택이 있고, 잘 변하지 않음. 귀금속으로 이용	규소	지각과 모래 등을 구성하는 원소. 반도체 소재로 이용
철	은백색의 고체 금속. 건축물, 철도 건설 시 이용	구리	붉은색 고체 금속. 전기가 잘 통해 전선에 이용
알루미늄	은백색의 가벼운 고체 금속. 비행기 동체 제작, 알루미늄 포일 등에 이용	수은	상온에서 액체 상태의 금속. 온도계에 이용

❷ 원소의 구별

1. **불꽃 반응**: 일부 금속 원소나 금속 원소를 포함하는 물질을 겉불꽃✚에 넣었을 때, 금속 원소의 종류에 따라 특유의 불꽃 반응 색을 나타내는 반응
   (1) 실험 방법이 간단하고, 적은 양으로도 성분 금속 원소를 확인할 수 있다.
   (2) 서로 다른 물질이라도 같은 금속 원소를 포함하고 있으면 같은 불꽃 반응 색✚을 나타낸다.
   (3) 여러 가지 금속 원소의 불꽃 반응 색

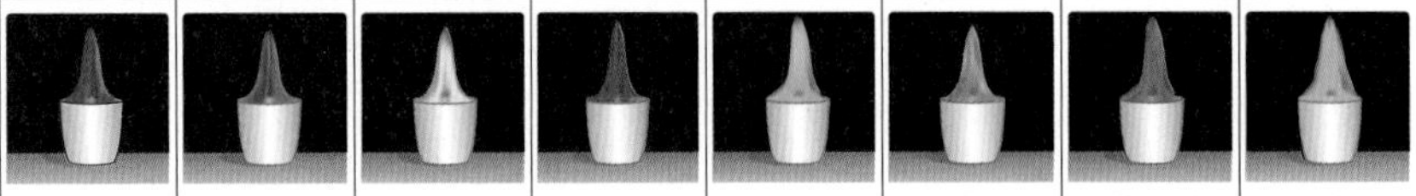

원소	리튬	칼륨	나트륨	스트론튬	구리	칼슘	바륨	세슘
불꽃 반응 색	빨간색	보라색	노란색	빨간색	청록색	주황색	황록색	파란색

2. **스펙트럼**: 빛을 프리즘이나 분광기를 통해 분산시켰을 때 나타나는 여러 색깔의 띠
   (1) 연속 스펙트럼✚: 햇빛을 프리즘이나 분광기로 관찰할 때 나타나는 연속적인 무지개 색의 띠
   (2) 선 스펙트럼✚: 원소의 불꽃을 분광기로 관찰할 때 나타나는 불연속적인 밝은 선의 띠
      ① 원소의 종류에 따라 선의 색, 위치, 개수, 굵기 등이 다르게 나타난다.
      ② 불꽃 반응 색이 비슷한 원소도 쉽게 구별할 수 있다.
         예 리튬과 스트론튬의 불꽃 반응 색은 모두 빨간색이지만 선 스펙트럼은 다르게 나타난다.
      ③ 여러 원소가 포함된 물질의 경우 각 원소의 선 스펙트럼이 모두 나타난다.

✚ **금속 원소**
고체 상태에서 특유의 금속 광택이 있고, 열과 전기를 잘 전달하는 원소
예 철, 금, 은, 구리, 나트륨, 알루미늄, 수은 등

✚ **라부아지에의 물 분해 실험**
라부아지에는 실험을 통해 물은 수소와 산소로 분해되므로 물은 원소가 아님을 증명하였다.

▲ 라부아지에의 물 분해 실험 장치

✚ **겉불꽃**
불꽃의 맨 바깥 부분으로 산소가 가장 많이 유입되어 거의 완전한 연소가 일어나며 온도는 약 1500 ℃로 가장 높고, 색은 무색이다.

✚ **같은 불꽃 반응 색을 나타내는 물질**
염화 칼륨과 질산 칼륨의 불꽃 반응 색은 보라색으로 같다. 같은 금속 원소인 칼륨을 공통으로 포함하기 때문이다.

✚ **연속 스펙트럼**

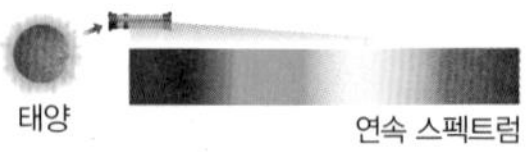

✚ **리튬과 스트론튬의 선 스펙트럼**

리튬

스트론튬

❶ 원소

- 더 이상 다른 물질로 분해되지 않는 물질의 기본 성분을 □□라고 한다.
- 물은 □□와 □□로 분해되므로 원소가 아니다.
- 가장 가벼운 원소로 우주 왕복선의 연료로 이용되는 원소는 □□이다.

❷ 원소의 구별

- □□ □□은 금속 원소를 포함하는 물질을 □불꽃에 넣었을 때 금속 원소의 종류에 따라 특유의 불꽃 반응 색이 나타나는 반응이다.
- 햇빛을 분광기로 관찰하면 연속적인 무지개 색의 띠인 □□ □□□□이 나타난다.
- 원소의 불꽃 반응 색을 분광기로 관찰하면 특정 위치에 나타나는 밝은 선의 띠인 □□□□□이 나타난다.

01 원소에 대한 설명으로 옳은 것은 ○표, 옳지 <u>않은</u> 것은 ×표를 하시오.

(1) 원소는 물질을 이루는 기본 성분이다. (　　)
(2) 원소는 종류에 따라 그 특성이 다르다. (　　)
(3) 물, 불, 흙, 공기는 물질을 이루는 기본적인 원소이다. (　　)
(4) 현재까지 알려진 원소는 모두 자연에 존재하는 것이다. (　　)
(5) 원소에 열을 가하면 두 가지 이상의 다른 원소로 분해된다. (　　)

02 원소에 해당하는 것만을 〈보기〉에서 있는 대로 고르시오.

보기
ㄱ. 물　　ㄴ. 은　　ㄷ. 구리
ㄹ. 알루미늄　　ㅁ. 스트론튬　　ㅂ. 이산화 탄소

03 물질이 나타내는 불꽃 반응 색을 쓰시오.

(1) 염화 바륨 – (　　)
(2) 염화 칼륨 – (　　)
(3) 질산 나트륨 – (　　)
(4) 질산 스트론튬 – (　　)
(5) 황산 구리(Ⅱ) – (　　)

04 염화 리튬과 염화 스트론튬을 구별하는 방법에 대한 설명이다. 빈칸에 들어갈 알맞은 말을 쓰시오.

염화 리튬과 염화 스트론튬의 불꽃 반응 색은 모두 (㉠)으로 불꽃 반응 색으로 두 물질을 구별하기 어렵다. 따라서 염화 리튬의 불꽃 반응 색과 염화 스트론튬의 불꽃 반응 색을 분광기로 관찰하여 나타나는 (㉡)을 비교하여야 한다.

05 미지 물질 X와 원소 A ~ C의 선 스펙트럼이다. 물질 X에 포함된 원소는 무엇인지 기호를 쓰시오.

필수 탐구 불꽃 반응

목표
불꽃 반응을 통해 물질에 포함된 금속 원소의 종류를 구별할 수 있다.

과정

1 니크롬선을 묽은 염산에 넣어 깨끗이 씻은 다음 증류수로 헹군 후 토치의 겉불꽃에 넣어 색깔이 나타나지 않을 때까지 가열한다.
2 니크롬선에 시료를 묻힌 후 토치의 겉불꽃 속에 넣는다.
3 시료의 불꽃 반응 색을 확인한다.

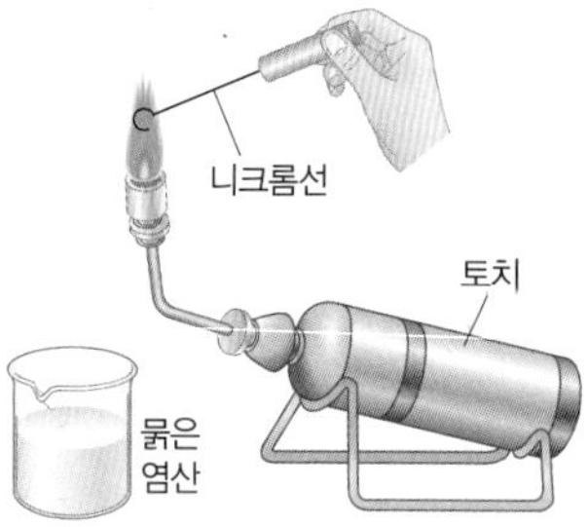

한번 사용한 니크롬선은 시료가 바뀔 때마다 과정 1을 거쳐 남아 있는 시료를 완전히 제거한다.

결과

각 시료의 불꽃 반응 색은 다음과 같다.

시료	불꽃 반응 색	시료	불꽃 반응 색
염화 칼륨	보라색	질산 칼륨	보라색
염화 칼슘	주황색	질산 칼슘	주황색
염화 리튬	빨간색	질산 리튬	빨간색
염화 구리(Ⅱ)	청록색	질산 구리(Ⅱ)	청록색
염화 나트륨	노란색	질산 나트륨	노란색
염화 스트론튬	빨간색	질산 스트론튬	빨간색

정리

1 일부 금속 원소나 금속 원소를 포함한 물질을 겉불꽃에 넣었을 때 금속 원소에 따라 특정한 불꽃 반응 색을 나타내는 현상을 불꽃 반응이라고 한다.

겉불꽃은 온도가 높고 색깔이 거의 없어 정확한 불꽃 반응 색을 확인할 수 있다.

2 시료에 포함된 금속 원소의 종류가 같으면 같은 불꽃 반응 색이 나타난다.

시료	공통 원소	불꽃 반응 색	시료	공통 원소	불꽃 반응 색
염화 칼륨	칼륨	보라색	염화 구리(Ⅱ)	구리	청록색
질산 칼륨			질산 구리(Ⅱ)		
염화 칼슘	칼슘	주황색	염화 나트륨	나트륨	노란색
질산 칼슘			질산 나트륨		
염화 리튬	리튬	빨간색	염화 스트론튬	스트론튬	빨간색
질산 리튬			질산 스트론튬		

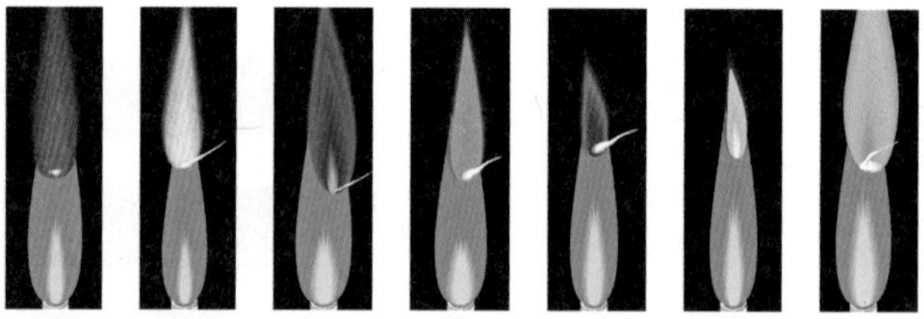

▲ 금속 원소에 따른 불꽃 반응 색

3 리튬, 스트론튬과 같이 불꽃 반응 색이 비슷한 원소의 경우에는 불꽃을 분광기로 관찰하여 선 스펙트럼을 비교하면 두 원소를 구별할 수 있다.

실험 클립 QR

수행 평가 섭렵 문제

불꽃 반응

- 불꽃 반응 실험을 통해 물질 속에 포함된 □□ □□를 확인할 수 있다.
- 불꽃 반응을 할 때 니크롬선을 묽은 염산에 씻는 까닭은 니크롬선에 묻은 □□□을 제거하기 위해서이다.
- 불꽃 반응 색을 관찰할 때는 시료를 묻힌 니크롬선을 온도가 높고 무색인 □□□에 넣어야 한다.
- 염화 나트륨의 불꽃 반응 색은 □□□이다.
- 금속 원소가 포함된 물질의 불꽃 반응 색을 분광기로 관찰하면 □ □□□□이 관찰된다.

1 불꽃 반응에 대한 설명으로 옳지 않은 것은?

① 시료의 양이 적어도 실험이 가능하다.
② 염화 칼슘의 불꽃 반응 색은 주황색이다.
③ 모든 원소는 불꽃 반응으로 구별할 수 있다.
④ 염화 구리(Ⅱ)와 황산 구리(Ⅱ)의 불꽃 반응 색은 같다.
⑤ 같은 금속 원소를 포함한 물질들의 불꽃 반응 색은 서로 같다.

2 같은 불꽃 반응 색이 나타나는 물질을 〈보기〉에서 골라 짝지으시오.

보기

ㄱ. 염화 바륨　　ㄴ. 염화 나트륨　　ㄷ. 황산 나트륨
ㄹ. 질산 바륨　　ㅁ. 질산 나트륨

3 불꽃 반응 실험을 할 때 시료를 묻히는 실험 도구로 니크롬선이나 백금선은 사용할 수 있지만 구리선은 사용할 수 없다. 그 까닭을 쓰시오.

4 표는 물질 A ~ E의 불꽃 반응 색을 나타낸 것이다.

물질	A	B	C	D	E
불꽃 반응 색	노란색	보라색	주황색	보라색	노란색

이에 대한 설명으로 옳은 것은?

① A는 칼슘을 포함하고 있다.
② B는 비금속 원소로만 이루어진 물질이다.
③ C와 D는 같은 금속 원소를 포함하고 있다.
④ D는 칼륨을 포함하고 있다.
⑤ E를 분광기로 관찰하면 바륨의 선 스펙트럼과 일치할 것이다.

5 물질 A의 불꽃 반응 색을 관찰하였더니 빨간색이었다. 물질 A에 포함된 금속 원소가 리튬인지 스트론튬인지 구별할 수 있는 실험 방법을 쓰시오.

1 원소

01 다음에서 설명하는 물질에 해당하지 않는 것은?

• 물질을 이루는 기본 성분이다.
• 화학적인 방법으로 더 이상 분해되지 않는다.

① 금 ② 소금 ③ 탄소
④ 헬륨 ⑤ 마그네슘

중요
02 원소에 대한 설명으로 옳은 것은?

① 원소의 종류는 물질의 종류보다 많다.
② 원소의 종류에 따라 그 특성이 다르다.
③ 원소는 인공적인 방법으로 만들 수 없다.
④ 새로운 종류의 원소가 끊임없이 생겨나고 있다.
⑤ 현재까지 알려진 원소의 종류는 셀 수 없이 많다.

03 그림은 라부아지에의 물 분해 실험을 나타낸 것이다.

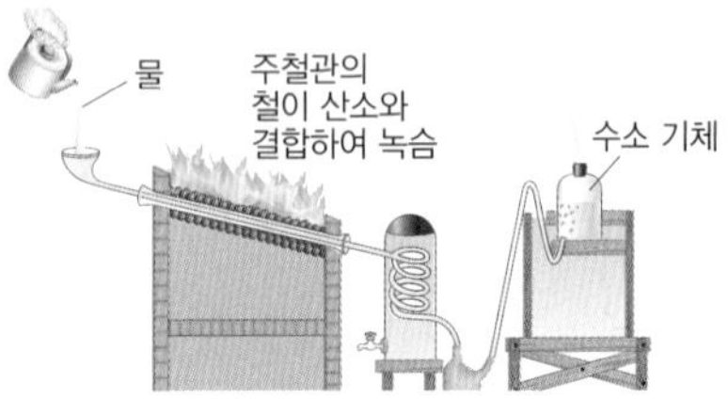

이에 대한 설명으로 옳은 것만을 〈보기〉에서 있는 대로 고른 것은?

보기
ㄱ. 철은 원소가 아니다.
ㄴ. 물은 물질을 이루는 기본 성분인 원소이다.
ㄷ. 물은 수소 원소와 산소 원소로 이루어져 있다.
ㄹ. 주철관을 통과하면서 물의 구성 성분과 철이 결합한다.

① ㄱ, ㄷ ② ㄱ, ㄹ ③ ㄴ, ㄷ
④ ㄴ, ㄹ ⑤ ㄷ, ㄹ

04 다음에서 설명하는 원소로 옳은 것은?

• 실온(15 ℃)에서 액체 상태의 금속이다.
• 온도계에 이용된다.

① 물 ② 은 ③ 바륨
④ 수은 ⑤ 나트륨

2 원소의 구별

05 그림은 불꽃 반응 실험을 나타낸 것이다.

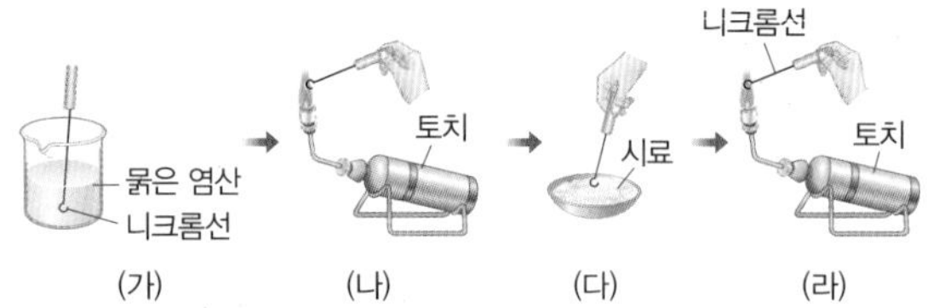

이 실험에 대한 설명으로 옳은 것은?

① (가) 과정은 니크롬선에 시료를 묻히는 과정이다.
② (나) 과정에서 불꽃 반응 색을 관찰한다.
③ (다) 과정에서 시료의 양이 많아야 불꽃 반응 색을 확인할 수 있다.
④ (라) 과정에서 니크롬선을 토치의 속불꽃에 넣는다.
⑤ 니크롬선 대신 백금선을 사용해도 된다.

중요
06 불꽃 반응에 대한 설명으로 옳은 것은?

① 질산 칼륨과 염화 칼륨의 불꽃 반응 색은 보라색이다.
② 물질의 불꽃 반응 색이 같으면 서로 같은 물질이다.
③ 불꽃 반응으로 모든 금속 원소를 구별할 수 있다.
④ 황산 구리(Ⅱ)와 질산 구리(Ⅱ)의 불꽃 반응 색은 주황색이다.
⑤ 염화 나트륨의 불꽃 반응 색이 노란색인 것은 염소 원소 때문이다.

07 그림은 원소 A, B와 물질 (가), (나)의 선 스펙트럼을 나타낸 것이다.

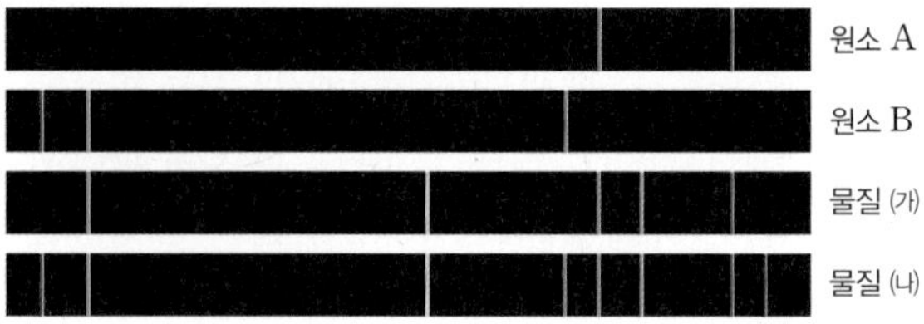

이에 대한 설명으로 옳은 것만을 〈보기〉에서 있는 대로 고르시오.

보기
ㄱ. 물질 (가)는 원소 A를 포함하고 있다.
ㄴ. 물질 (가)는 원소 B를 포함하고 있다.
ㄷ. 물질 (나)는 원소 B만 포함하고 있다.
ㄹ. 물질 (나)는 원소 A, B를 모두 포함하고 있다.

고난도 실력 향상 문제

정답과 해설 • 3쪽

01 다음은 몇 가지 분해 반응에 대한 설명이다. ㉠~㉧ 중 원소에 해당하는 것을 모두 고르시오.

- ㉠ 과산화 수소는 ㉡ 물과 ㉢ 산소로 분해된다.
- ㉣ 산화 구리(Ⅱ)를 가열하면 ㉤ 구리와 산소로 분해된다.
- ㉥ 탄산 수소 나트륨을 가열하면 ㉦ 탄산 나트륨과 ㉧ 이산화 탄소와 물이 생성된다.

02 그림과 같이 물에 수산화 나트륨을 조금 넣고 전기를 흘려 주었더니 시험관 A, B에 다음과 같은 성질의 기체가 모였다.

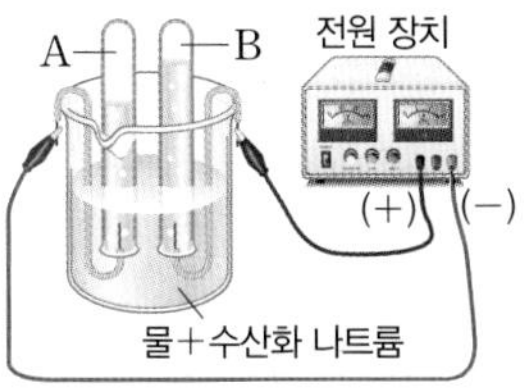

- 시험관 A 기체에 불꽃을 가져가면 '펑'소리가 난다.
- 시험관 B 기체에 꺼져가는 불씨를 가져가면 다시 타오른다.

이 실험에 대한 설명으로 옳은 것은?

① 시험관 A의 기체는 가장 가벼운 원소로 구성되어 있다.
② 시험관 B의 기체는 공기 중에 가장 많이 포함된 원소로 과자 봉지의 충전 기체로 활용된다.
③ 시험관 A와 B의 기체를 구성하는 원소는 특유의 불꽃 반응 색을 나타낸다.
④ 물이 질소와 산소로 이루어짐을 증명하는 실험이다.
⑤ 물이 물질을 이루는 기본 성분인 원소임을 증명하는 실험이다.

중요

03 표는 몇 가지 물질의 불꽃 반응 색을 나타낸 것이다.

물질	염화 리튬	염화 스트론튬	질산 나트륨	질산 칼륨
불꽃 반응 색	빨간색	빨간색	㉠	보라색

이와 관련된 설명으로 옳은 것은?

① ㉠은 보라색이다.
② 염화 칼륨의 불꽃 반응 색은 빨간색이다.
③ 염소 원소의 불꽃 반응 색은 빨간색이다.
④ 질산 스트론튬의 불꽃 반응 색은 보라색이다.
⑤ 염화 나트륨의 불꽃 반응 색과 ㉠은 같은 색이다.

서논술형 유형 연습

정답과 해설 • 3쪽

예제

01 몇 가지 물질을 다음의 표와 같이 (가), (나)로 분류하였다.

(가)	(나)
수소, 산소, 탄소, 질소	물, 이산화 탄소, 암모니아

물질을 (가), (나)와 같이 분류한 기준을 간단히 서술하시오.

Tip 물은 수소와 산소로 분해될 수 있다.
Key Word 분해, 기본 성분

[설명] 물은 수소와 산소로, 이산화 탄소는 산소와 탄소로, 암모니아는 질소와 수소로 분해되는 물질로, 물질을 이루는 기본 성분인 원소가 아니다.
[모범 답안] (가)는 더 이상 다른 물질로 분해되지 않는 물질을 이루는 기본 성분인 원소이고, (나)는 다른 물질로 분해되는 원소가 아닌 물질들이다.

실전 연습

01 그림은 질산 리튬과 질산 바륨, 질산 스트론튬을 구별하는 과정을 나타낸 모식도이다.

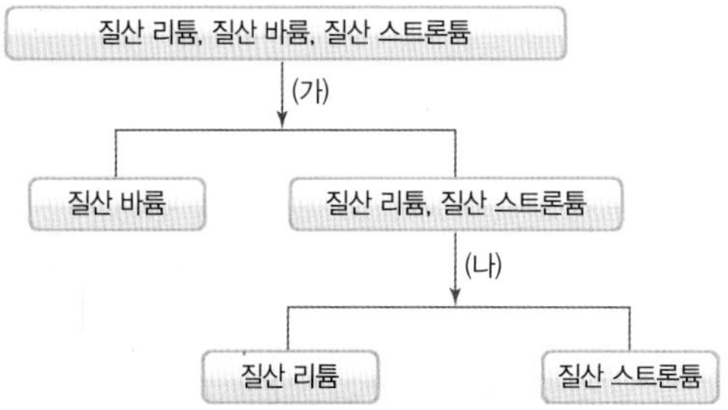

(가), (나)에 해당하는 방법에 대해 서술하시오.

Tip 리튬과 스트론튬의 불꽃 반응 색은 빨간색으로 비슷하여 구별하기 어렵다.
Key Word 불꽃 반응 색, 분광기, 선 스펙트럼

2 물질을 구성하는 입자

❶ 물질을 구성하는 입자

1. 원자✚: 물질을 구성하는 기본 입자

(1) 원자의 구조: 원자는 (+)전하를 띠는 원자핵과 (−)전하를 띠는 전자로 이루어져 있다.

원자핵
- (+)전하를 띠며, 원자의 중심에 위치함.
- 전자에 비해 크고 무거우며, 원자 질량의 대부분을 차지함.

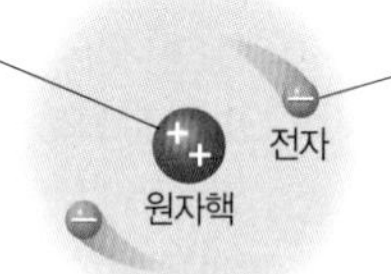

전자
- (−)전하를 띠며, 원자핵 주변을 끊임없이 운동함.
- 질량이 매우 작음.

(2) 원자의 특징

① 원자는 종류에 따라 원자핵의 (+)전하량이 다르며, 전자의 수도 다르다.✚

② 원자는 원자핵의 (+)전하량과 전자의 총 (−)전하량이 같아 전기적으로 중성이다.

2. 분자: 물질의 성질✚을 나타내는 가장 작은 입자로, 원자들이 결합하여 이루어진다.

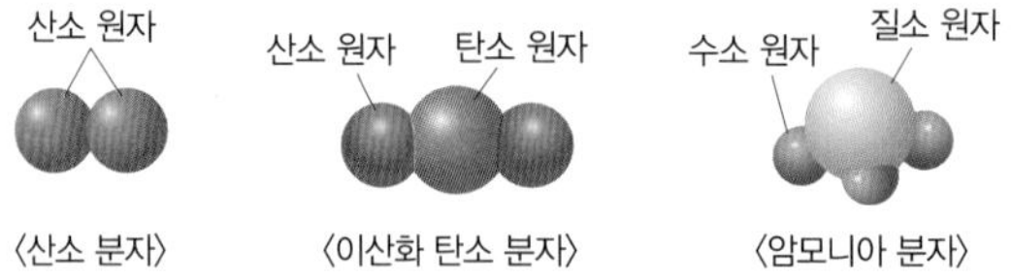

▲ 몇 가지 분자의 분자 모형

❷ 물질의 표현

1. 원소 기호: 원소를 나타내는 간단한 기호. 현재는 베르셀리우스가 제안한 알파벳으로 표시하는 원소 기호를 사용한다.✚

(1) 원소 이름의 첫 글자를 알파벳의 대문자로 나타내고, 첫 글자가 같을 때는 적당한 중간 글자를 택하여 첫 글자 다음에 소문자로 나타낸다.

헬륨 Helium ⟶ He

(2) 여러 가지 원소 기호✚

원소	기호	원소	기호	원소	기호	원소	기호	원소	기호
수소	H	탄소	C	플루오린	F	알루미늄	Al	칼륨	K
헬륨	He	산소	O	나트륨	Na	구리	Cu	칼슘	Ca
리튬	Li	질소	N	마그네슘	Mg	염소	Cl	철	Fe

2. 분자식: 분자를 구성하는 원자의 종류와 개수를 원소 기호와 숫자로 표현한 식

(1) 분자를 구성하는 원자의 종류를 원소 기호로 쓰고, 분자를 구성하는 원자의 개수를 원소 기호 오른쪽 아래에 작게 쓴다.(단, 1은 생략)

(2) 분자의 개수는 분자식 앞에 크게 쓴다.(단, 1은 생략)

(3) 여러 가지 분자식

분자 이름	분자식	구성 원자의 종류와 개수	분자 이름	분자식	구성 원자의 종류와 개수
수소	H_2	수소 2	이산화 탄소	CO_2	탄소 1, 산소 2
산소	O_2	산소 2	암모니아	NH_3	질소 1, 수소 3
과산화 수소	H_2O_2	수소 2, 산소 2	메테인	CH_4	탄소 1, 수소 4

✚ **원소와 원자**

원소	물질을 이루는 기본 성분(종류의 개념)
원자	물질을 이루는 기본 입자(개수의 개념)

예 물은 수소와 산소 2종류의 원소로 이루어져 있으며, 물 분자 1개는 수소 원자 2개와 산소 원자 1개 총 3개의 원자로 이루어져 있다.

✚ **원자의 전하량**

원자	원자핵의 (+)전하량	전자 수 ((−)전하량)
수소	+1	1개(−1)
헬륨	+2	2개(−2)
탄소	+6	6개(−6)
산소	+8	8개(−8)

✚ **분자와 물질의 성질**

- 분자가 원자로 분해되면 물질의 성질을 잃는다.
  예 산소 기체 분자가 산소 원자로 분해되면 다른 물질을 잘 타게 돕는 성질을 잃는다.
- 같은 종류의 원자로 이루어진 분자라도 그 분자를 이루는 원자의 개수와 결합 방식이 다르면 성질이 다른 서로 다른 분자이다
  예 물, 과산화 수소

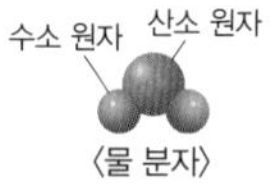

〈물 분자〉

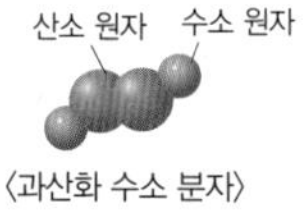

〈과산화 수소 분자〉

✚ **원소 기호의 변천**

중세 연금술사는 자신들만의 그림으로 원소를 기록하였고, 돌턴은 원 안에 그림이나 문자를 넣어 원소를 나타냈다. 베르셀리우스는 원소 이름의 알파벳으로 원소를 표시하였다.

구분	연금술사	돌턴	베르셀리우스
황	🜍	⊕	S
은	☽	Ⓢ	Ag
구리	♀	Ⓒ	Cu
금	⊙	Ⓖ	Au

❶ 물질을 구성하는 입자

- 물질을 구성하는 기본 입자를 □□라고 한다.
- 원자는 (+)전하를 띠는 □□□과 (−)전하를 띠는 □□로 구성된다.
- 물질의 성질을 나타내는 가장 작은 입자는 □□이다.

❷ 물질의 표현

- 원소 기호는 원소 이름의 첫 글자를 알파벳 □□□로 나타내고, 첫 글자가 같을 때는 적당한 중간 글자를 택하여 첫 글자 다음에 □□□로 나타낸다.
- 분자식은 분자를 구성하는 원자의 □□와 □□를 원소 기호와 숫자로 나타낸 것이다.
- 염화 수소의 분자식은 HCl로 수소 원자 □개와 □□ 원자 1개로 이루어져 있다.

01 원자에 대한 설명으로 옳은 것은 ○표, 옳지 않은 것은 ×표를 하시오.

(1) 원자는 전기적으로 중성이다. (　　)
(2) 원자핵과 전자의 질량은 같다. (　　)
(3) 원자핵은 (−)전하를 띠고 있다. (　　)
(4) 전자는 원자핵의 주변을 끊임없이 운동한다. (　　)
(5) 원자핵과 전자는 서로 다른 전하를 띠고 있다. (　　)

02 표는 몇 가지 원자의 원자핵 전하량과 전자의 수를 정리한 것이다. 빈칸에 알맞은 숫자를 쓰시오.

원자	Li	N	Ne	Na
원자핵 전하량	+3	+7	㉢	+11
전자 수(개)	㉠	㉡	10	㉣

03 분자에 대한 설명으로 옳은 것만을 〈보기〉에서 있는 대로 고르시오.

보기

ㄱ. 분자는 몇 개의 원자가 결합하여 이루어진다.
ㄴ. 산소 기체 분자는 산소 원자 2개가 결합한 것이다.
ㄷ. 같은 종류의 원자로 이루어진 분자는 모두 같은 분자이다.
ㄹ. 분자가 원자로 분해되어도 물질의 고유한 성질은 변하지 않는다.

04 주어진 물질의 원소 기호와 분자식을 옳게 연결하시오.

(1) 금 • 　　　　• ㉠ Sr
(2) 물 • 　　　　• ㉡ Cu
(3) 구리 • 　　　　• ㉢ Au
(4) 스트론튬 • 　　　　• ㉣ H_2O
(5) 암모니아 • 　　　　• ㉤ NH_3
(6) 이산화 탄소 • 　　　　• ㉥ CO_2

05 그림은 메테인 분자 5개를 분자 모형으로 나타낸 것이다. 이를 분자식으로 나타내시오.

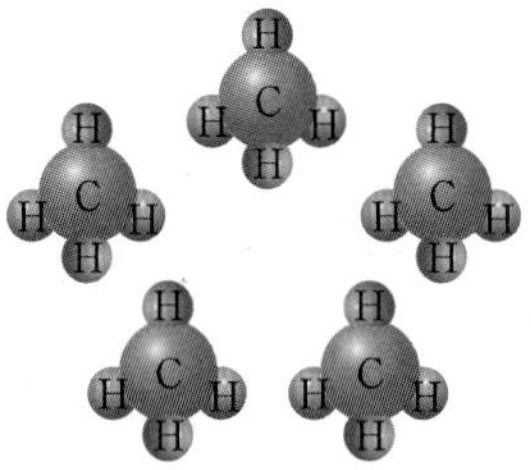

필수 탐구 원자 모형 나타내기

목표
모형을 사용하여 원자를 나타낼 수 있다.

과정

1 다음 표에 각 원자가 가지고 있는 전자의 개수를 기록한다.

구분	수소	헬륨	탄소	산소
원자핵의 전하량	+1	+2	+6	+8
전자의 개수(개)				

2 주어진 동그라미의 중앙에 원자핵을 표시하고, 원자핵의 전하량을 적는다.

3 원자핵의 주변에 (−)전하를 띠는 전자를 배치하여 모형을 완성한다.

전자는 개수에 맞게 원자핵 주변에 배치하며 원자핵보다 작게 표현한다.

결과

구분	수소	헬륨	탄소	산소
원자핵의 전하량	+1	+2	+6	+8
전자의 개수(개)	1	2	6	8
원자 모형	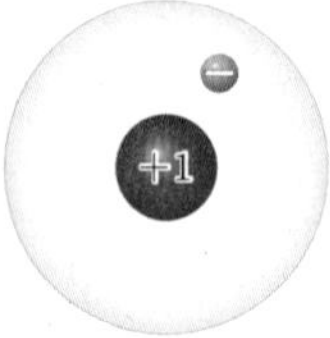		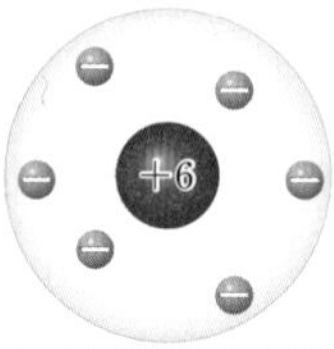	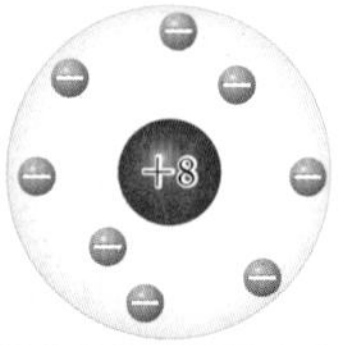

정리

1 원자는 (+)전하를 띠는 원자핵과 (−)전하를 띠는 전자로 이루어져 있다.

2 원자핵은 (+)전하를 띠며 원자의 중심에 위치한다.

3 전자는 (−)전하를 띠며 원자핵 주변을 끊임없이 운동하고 있다.

4 원자핵은 전자에 비해 매우 크고 무거우며 원자 질량의 대부분을 차지한다. 전자는 크기와 질량이 매우 작다.

5 원자는 종류에 따라 원자핵의 (+)전하량이 다르며 전자의 수도 다르다. 원자는 원자핵의 (+)전하량과 전자의 총 (−)전하량이 같아 전기적으로 중성이다.

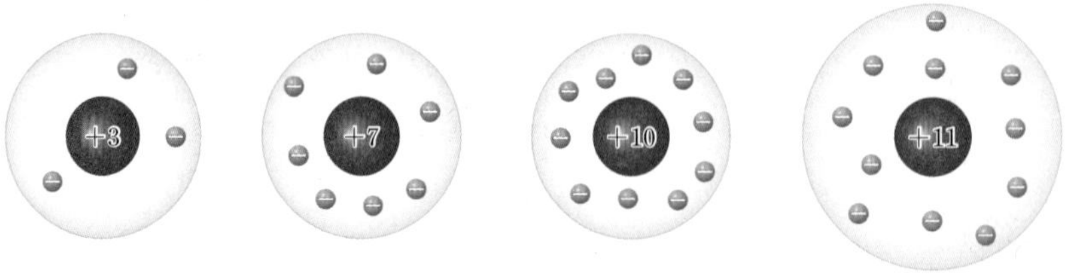

Li N Ne Na

▲ 몇 가지 원자의 원자 모형

원자 모형은 눈에 보이지 않는 원자를 표현하는 방법으로 실제 원자의 모습을 나타내는 것은 아니다.

수행 평가 섭렵 문제

정답과 해설 • 4쪽

원자 모형 나타내기

- 원자는 □전하를 띠는 원자핵과 □전하를 띠는 전자로 이루어져 있다.
- □□□은 원자의 중심에 있으며 원자 질량의 대부분을 차지한다.
- □□는 원자핵 주변을 끊임없이 운동하며 크기와 질량이 매우 작다.
- 원자는 전기적으로 □□이다.
- 마그네슘 원자는 원자핵의 전하량이 $+12$이고, 전자의 수는 □개이다.

1 원자의 구조에 대한 설명으로 옳은 것은?

① 원자핵과 전자의 질량은 같다.
② 전자는 원자의 가운데에 모여 있다.
③ 원자핵은 전자 주위를 끊임없이 운동한다.
④ 원자의 종류와 관계없이 전자의 수는 같다.
⑤ 원자핵과 전자는 서로 다른 전하를 띠고 있다.

2 표는 플루오린 원자의 전하량과 전자 수를 정리한 것이다. 표의 빈칸에 알맞은 값을 쓰고, 그림의 원자 모형에 핵 전하량과 전자를 표시해 플루오린 원자 모형을 완성하시오.

원자	플루오린(F)
원자핵 전하량	㉠
전자 수(개)	9
원자의 전하량	㉡

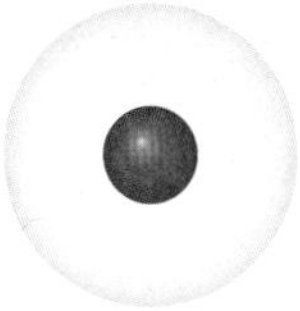

3 그림은 어떤 원자의 구조를 모형으로 나타낸 것이다. 이에 대한 설명으로 옳은 것만을 <보기>에서 있는 대로 고른 것은?

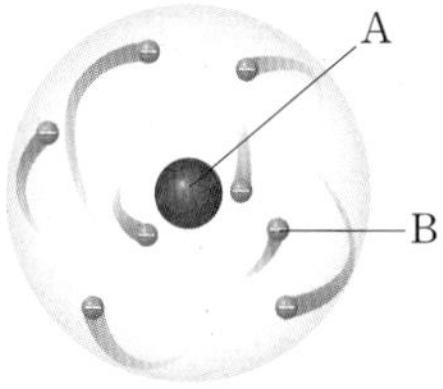

보기
ㄱ. A의 전하량은 $+8$이다.
ㄴ. A는 원자 질량의 대부분을 차지한다.
ㄷ. A의 전체 전하량과 B 1개의 전하량은 같다.
ㄹ. 같은 원자라도 B의 개수는 각 원자마다 다르다.

① ㄱ ② ㄴ ③ ㄱ, ㄴ ④ ㄴ, ㄷ ⑤ ㄱ, ㄷ, ㄹ

4 그림은 몇 가지 원자의 구조를 모형으로 나타낸 것이다.

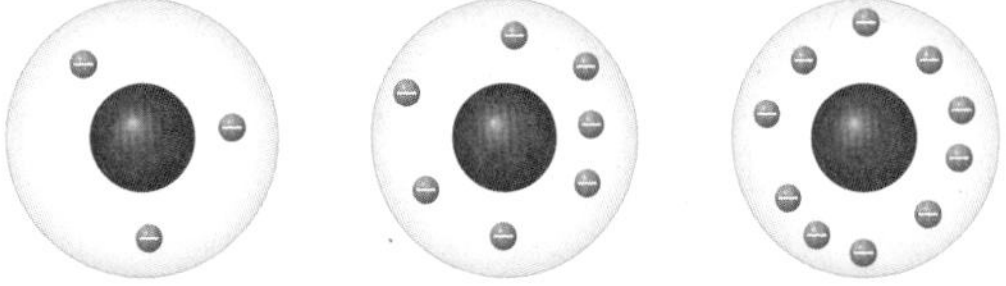

Li N Ne

이에 대한 설명으로 옳은 것은?

① 리튬 원자의 핵 전하량은 $+2$이다.
② 네온 원자는 전기적으로 중성이다.
③ 질소 원자의 전자 1개의 전하량은 -7이다.
④ 질소 원자와 네온 원자의 핵 전하량은 같다.
⑤ 리튬 원자와 질소 원자의 전자 개수는 같다.

내신 기출 문제

1 물질을 구성하는 입자

01 다음은 물질을 구성하는 기본 입자에 대한 고대 과학자들의 주장이다.

(가) 아리스토텔레스는 물질을 계속 쪼갤 수 있으며 계속 쪼개면 결국 없어진다는 연속설을 주장하였다.
(나) 데모크리토스는 물질은 더 이상 나눌 수 없는 입자로 이루어져 있다는 입자설을 주장하였다.

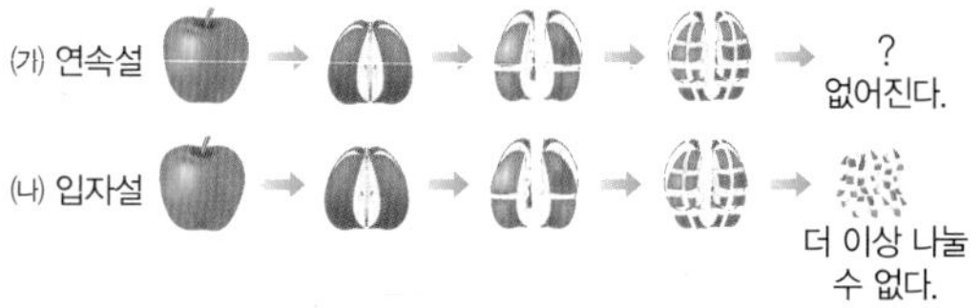

(가)와 (나) 중 현대 과학의 주장에 더 가까운 것은 무엇인지 고르고, 물질을 구성하는 기본 입자를 무엇이라고 부르는지 쓰시오.

02 원자와 분자에 대한 설명 중 옳은 것만을 〈보기〉에서 있는 대로 고른 것은?

보기
ㄱ. 원자의 종류는 셀 수 없이 많다.
ㄴ. 원자들이 결합하여 분자가 된다.
ㄷ. 수소 기체 분자가 수소 원자로 분해되어도 성질은 그대로 유지된다.
ㄹ. 물질의 성질을 나타내는 가장 작은 입자는 분자이다.

① ㄱ, ㄷ ② ㄱ, ㄹ ③ ㄴ, ㄷ
④ ㄴ, ㄹ ⑤ ㄷ, ㄹ

중요
03 그림은 베릴륨 원자의 모형이다. 이에 대한 설명으로 옳지 않은 것은?

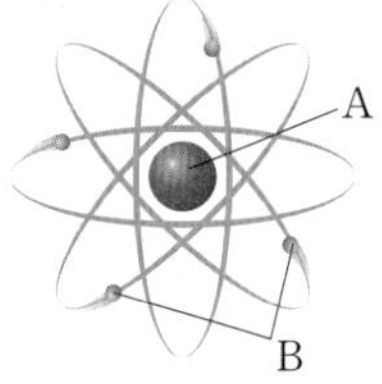

① A는 원자핵, B는 전자이다.
② A는 원자 질량의 대부분을 차지한다.
③ B는 (−)전하를 띤다.
④ B는 A의 주위를 끊임없이 운동한다.
⑤ 베릴륨 원자의 전하량은 +4이다.

2 물질의 표현

04 현재의 원소 기호에 대한 설명으로 옳은 것은?

① 돌턴이 제안한 원소 기호를 사용한다.
② 나라마다 고유한 원소 기호를 사용한다.
③ 원소 이름에서 따온 알파벳을 이용하여 표현한다.
④ 원소 이름의 첫 글자가 같으면 원소 기호가 같다.
⑤ 원소 기호는 대문자와 소문자를 구분하지 않는다.

05 (가)~(라) 원소들의 원소 기호를 각각 쓰시오.

(가) 리튬 (나) 칼슘 (다) 염소 (라) 마그네슘

06 원소 기호와 원소의 이용을 옳게 짝지은 것은?

① C − 흑연, 다이아몬드의 성분 원소이다.
② N − 생물의 호흡, 연소에 필요한 기체를 구성한다.
③ S − 지각에 많이 포함되어 있고, 반도체에 이용된다.
④ He − 가장 가벼운 원소로, 우주 왕복선의 연료에 이용된다.
⑤ Ne − 공기의 대부분을 구성하며, 과자 봉지 안의 충전재로 이용된다.

중요
07 오른쪽 분자에 대한 설명으로 옳지 않은 것은?

$$3CO_2$$

① 이산화 탄소의 분자식이다.
② 이산화 탄소 분자 3개를 나타낸다.
③ 탄소와 산소 2종류의 원소로 이루어진 물질이다.
④ 이 분자 1개는 3개의 탄소와 2개의 산소로 이루어져 있다.
⑤ 이 분자 3개는 3개의 탄소와 6개의 산소로 이루어져 있다.

08 (가)~(다)의 분자 모형이 나타내는 물질의 이름과 분자식을 각각 쓰시오.

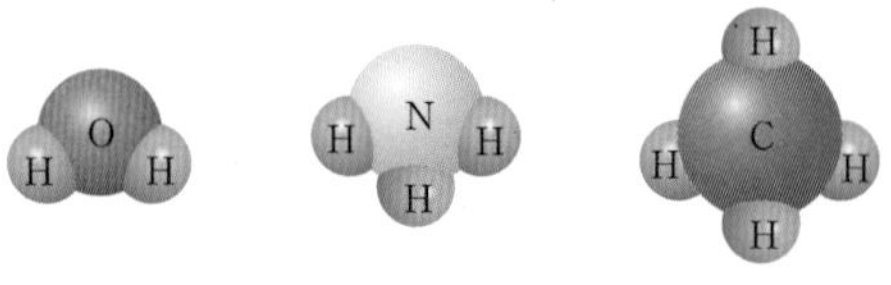

(가) (나) (다)

고난도 실력 향상 문제

정답과 해설 • 5쪽

01 그림은 어떤 원자의 구조를 모형으로 나타낸 것이다.

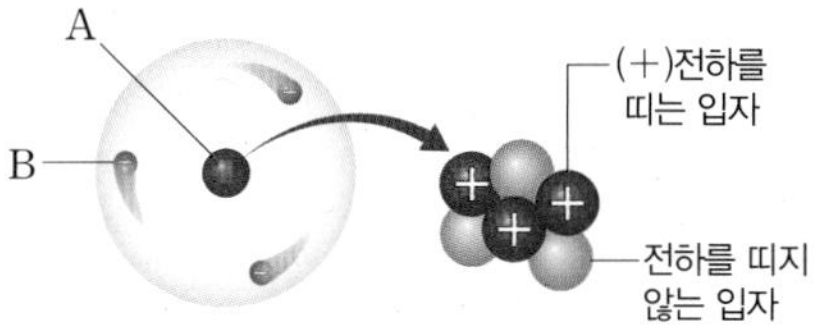

이에 대한 설명으로 옳지 않은 것은?

① A의 전하량은 +6이다.
② A는 (+)전하를 띠는 입자를 3개 가지고 있다.
③ A는 전하를 띠지 않는 입자를 3개 가지고 있다.
④ B입자 1개의 전하량은 −1이다.
⑤ 이 원자는 (+)전하를 띠는 입자와 (−)전하를 띠는 입자의 수가 같아서 전기적으로 중성이다.

02 다음은 몇 가지 원자의 전하량에 대한 설명이다.

- 수소 원자의 핵 전하량은 +1이다.
- 탄소 원자의 전자 수는 6개이다.
- 산소 원자의 핵 전하량은 +8이다.

이에 대한 설명으로 옳은 것은?

① 탄소 원자의 총 전하량은 −6이다.
② H_2O 분자 1개에는 총 10개의 전자가 있다.
③ 원자의 총 전하량 크기는 수소 < 탄소 < 산소이다.
④ CO_2와 CH_4의 분자 1개당 포함된 전자 수는 같다.
⑤ 원자 1개의 전자 수는 산소 < 탄소 < 수소이다.

03 그림은 물과 과산화 수소를 분자 모형으로 나타낸 것이다.

(가)　　(나)

이에 대한 설명으로 옳은 것만을 〈보기〉에서 있는 대로 고른 것은?

보기

ㄱ. (가)는 과산화 수소, (나)는 물이다.
ㄴ. (가)와 (나)의 성질은 같다.
ㄷ. (가)와 (나)는 같은 종류의 원소들로 이루어져 있다.
ㄹ. (가) 분자 2개를 나타내는 분자식은 H_2O_4이다.
ㅁ. (나)의 분자식은 H_2O_2이다.

① ㄱ, ㄷ　② ㄴ, ㄹ　③ ㄷ, ㅁ
④ ㄱ, ㄴ, ㅁ　⑤ ㄷ, ㄹ, ㅁ

서논술형 유형 연습

정답과 해설 • 5쪽

예제

01 그림은 나트륨 원자 구조를 모형으로 나타낸 것이다.

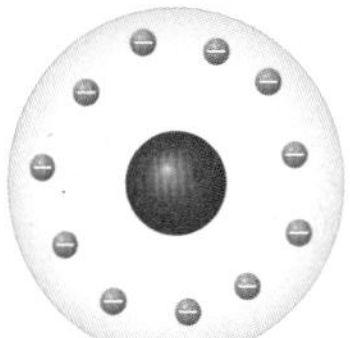

원자핵의 전하량을 쓰고, 그렇게 생각한 까닭을 서술하시오.

Tip 원자는 전기적으로 중성이다.
Key Word 전자의 개수, 전자의 총 전하량

[설명] 전자는 1개당 −1의 전하량을 갖는다. 따라서 (총 전자의 수)×(−1)=전자의 총 전하량이다. 원자핵은 전자의 총 (−)전하량에 대응하는 (+)전하량을 가져 원자가 전기적으로 중성이 된다. 나트륨 원자의 경우 전자가 총 11개이므로 원자핵의 전하량은 +11이다.

[모범 답안] +11, 전자의 개수가 11개이므로 전자의 총 전하량은 −11이다. 원자는 전기적으로 중성이므로 원자핵의 전하량은 +11이다.

실전 연습

01 일산화 탄소 분자와 이산화 탄소 분자를 분자 모형으로 나타낸 것이다.

〈일산화 탄소 분자〉　〈이산화 탄소 분자〉

일산화 탄소 분자와 이산화 탄소 분자의 분자식을 각각 쓰고, 같은 종류의 원소로 이루어져 있어도 두 물질의 성질이 다른 까닭을 서술하시오.

Tip 분자의 성질은 결합하는 원자의 종류, 원자의 개수, 결합 방식 등에 따라 달라진다.
Key Word 원자, 개수

3 전하를 띠는 입자

❶ 이온

1. **이온**: 중성인 원자가 전자를 잃거나 얻어 전하를 띠게 된 입자

2. **이온의 형성**: 원자가 전자를 잃으면 양이온이 되고, 전자를 얻으면 음이온이 된다.

구분	양이온	음이온
정의	전자를 잃어 (+)전하를 띠는 입자	전자를 얻어 (−)전하를 띠는 입자
형성 과정	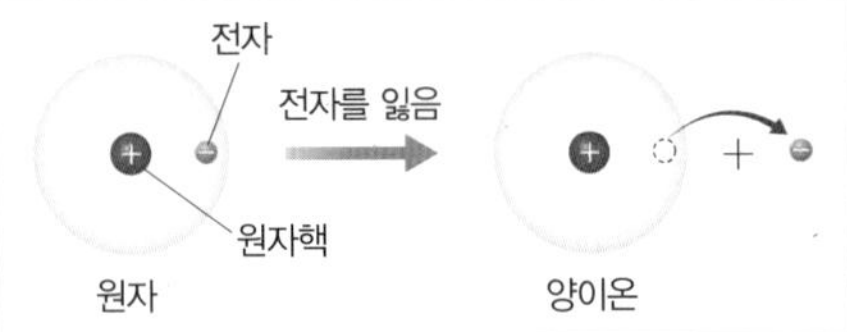	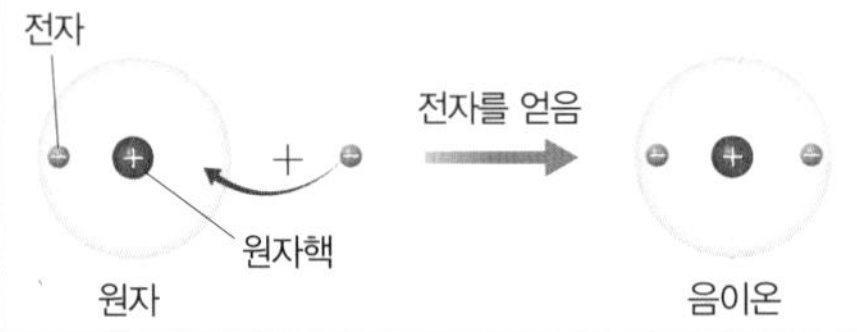
전하량	(+)전하량 > (−)전하량	(+)전하량 < (−)전하량

3. **이온의 전하 확인**✚: 전류가 흐르면 양이온은 (−)극으로, 음이온은 (+)극으로 이동한다.

4. **이온의 표현**

구분	양이온	음이온
이온식	원소 기호의 오른쪽 위에 작은 숫자로, 잃은 전자 수와 (+)전하를 표시(단, 1은 생략) 잃은 전자 수가 1개이면 생략 — Li^{+} ← 전하의 종류 (리튬 이온) 잃은 전자 수 — Ca^{2+} ← 전하의 종류 (칼슘 이온)	원소 기호의 오른쪽 위에 작은 숫자로, 얻은 전자 수와 (−)전하를 표시(단, 1은 생략) 얻은 전자 수가 1개이면 생략 — F^{-} ← 전하의 종류 (플루오린화 이온) 얻은 전자 수 — O^{2-} ← 전하의 종류 (산화 이온)
이름	원소 이름 뒤에 '~ 이온'을 붙인다.	원소 이름 뒤에 '~화 이온'을 붙인다. (단, 원소 이름이 '소'로 끝날 때는 '소'를 뺀다.)

구분	양이온				음이온			
종류	수소 이온	H^{+}	납 이온	Pb^{2+}	염화 이온	Cl^{-}	황산 이온	SO_4^{2-}
	칼륨 이온	K^{+}	바륨 이온	Ba^{2+}	아이오딘화 이온	I^{-}	질산 이온	NO_3^{-}
	은 이온	Ag^{+}	마그네슘 이온	Mg^{2+}	황화 이온	S^{2-}	아세트산 이온	CH_3COO^{-}
	나트륨 이온	Na^{+}	알루미늄 이온	Al^{3+}	수산화 이온	OH^{-}	과망가니즈산 이온	MnO_4^{-}
	구리 이온	Cu^{2+}	암모늄 이온	NH_4^{+}	탄산 이온	CO_3^{2-}	크로뮴산 이온	CrO_4^{2-}

(음영): 다원자 이온✚

❷ 이온의 확인

1. **앙금✚ 생성 반응**: 양이온과 음이온이 결합하여 물에 녹지 않는 앙금을 생성하는 반응

> 예 질산 은 수용액과 염화 나트륨 수용액을 섞으면 은 이온(Ag^{+})과 염화 이온(Cl^{-})이 반응하여 흰색의 염화 은(AgCl) 앙금을 생성한다.
>
> $Ag^{+} + Cl^{-} \longrightarrow AgCl\downarrow$
>
> → 은 이온이 들어 있는 수용액에 염화 이온이 들어 있는 수용액을 넣으면 앙금이 생성되므로 수용액 속에 은 이온이 들어 있다는 것을 알 수 있다. 이와 같이 앙금 생성 반응을 이용하면 수용액 속에 들어 있는 이온의 존재를 확인할 수 있다.
>
> 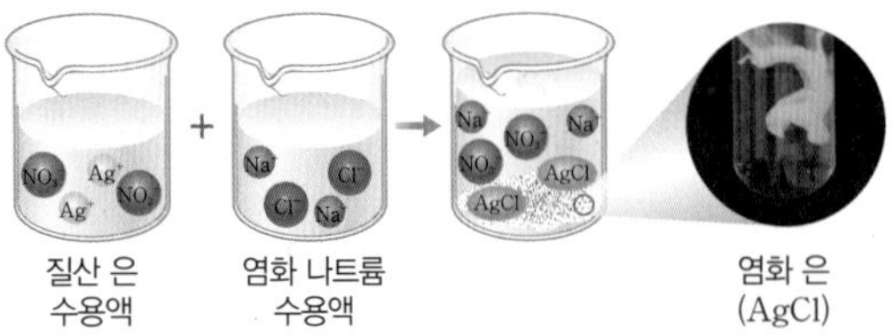
>

✚ **이온의 전하 확인**

질산 칼륨을 적신 종이의 가운데에 푸른색 황산 구리(Ⅱ) 수용액과 보라색 과망가니즈산 칼륨 용액을 떨어뜨린 뒤 전류를 흘려 주면 푸른색은 (−)극으로, 보라색은 (+)극으로 이동하는 것을 볼 수 있다.

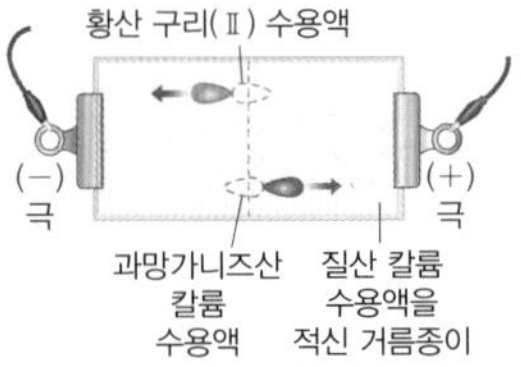

- 푸른색을 띠는 구리 이온(Cu^{2+})은 양이온이므로 (−)극으로 이동
- 보라색을 띠는 과망가니즈산 이온(MnO_4^{-})은 음이온이므로 (+)극으로 이동
- 칼륨 이온(K^{+})은 (−)극, 황산 이온(SO_4^{2-})과 질산 이온(NO_3^{-})은 (+)극으로 이동하지만 색깔이 없어서 눈에 보이지 않는다.

✚ **다원자 이온**

여러 개의 원자가 결합되어 하나의 원자처럼 행동하는 이온

✚ **여러 가지 앙금**

앙금	색깔
탄산 은(Ag_2CO_3)	흰색
황산 은(Ag_2SO_4)	흰색
탄산 칼슘($CaCO_3$)	흰색
황산 칼슘($CaSO_4$)	흰색
탄산 바륨($BaCO_3$)	흰색
황산 바륨($BaSO_4$)	흰색
아이오딘화 납(PbI_2)	노란색
황화 카드뮴(CdS)	노란색
황화 납(PbS)	검은색
황화 구리(Ⅱ)(CuS)	검은색

❶ 이온

- 중성인 원자가 전자를 잃거나 얻어 전하를 띠게 된 입자를 □□이라고 한다.
- 원자가 전자를 얻으면 □전하를 띠는 □□□이 된다.
- 원자가 전자를 잃으면 □전하를 띠는 □□□이 된다.
- 이온이 녹아 있는 수용액에 전류를 흘려 주면 □이온은 (−)극으로, □이온은 (+)극으로 이동한다.

❷ 이온의 확인

- 양이온과 음이온이 결합하여 생긴 물에 녹지 않는 물질을 □□이라고 한다.
- 질산 은 수용액과 염화 나트륨 수용액을 섞으면 □□ □ 앙금이 생성된다.
- 아이오딘화 이온(I^-)과 납 이온(Pb^{2+})이 만나 생성된 앙금의 색깔은 □□색이다.

01 이온에 대한 설명으로 옳은 것만을 〈보기〉에서 있는 대로 고르시오.

보기

ㄱ. 원자가 전자를 잃으면 양이온이 된다.
ㄴ. 양이온은 원소 이름 뒤에 '~ 이온'을 붙여서 부른다.
ㄷ. 음이온은 원자핵 전하량이 전자의 총 전하량보다 크다.
ㄹ. 원자핵의 전하량이 +8이고, 전자의 개수가 6개이면 음이온이다.

02 (가)~(마)는 몇 가지 원자와 이온의 모형이다. 음이온을 있는 대로 고르시오.

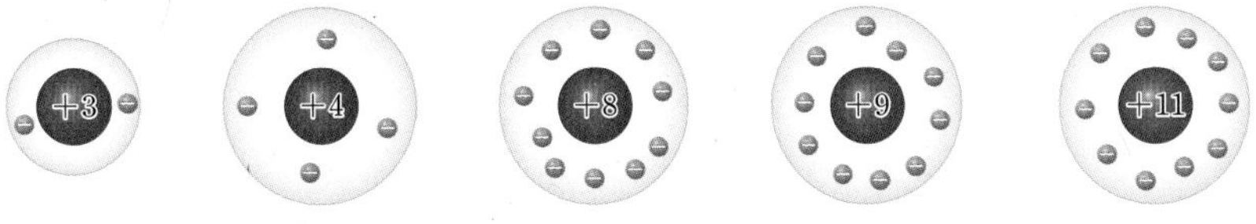

(가) (나) (다) (라) (마)

03 표는 몇 가지 원자의 핵 전하량과 원자가 이온이 된 뒤의 전자 수를 정리한 것이다. 빈칸에 알맞은 이온식을 쓰시오.

원자	수소	플루오린	마그네슘	염소
원자핵 전하량	+1	+9	+12	+17
이온의 전자 수(개)	0	10	10	18
이온식	(1)	(2)	(3)	(4)

04 앙금 생성 반응에 대한 설명으로 옳은 것은 ○표, 옳지 <u>않은</u> 것은 ×표를 하시오.

(1) 앙금의 색은 모두 흰색이다. (　　)
(2) 양이온과 음이온이 만나면 항상 앙금이 생성된다. (　　)
(3) 양이온과 음이온은 항상 1 : 1의 개수비로 결합한다. (　　)
(4) 칼슘 이온과 탄산 이온이 결합하면 흰색의 앙금이 생성된다. (　　)
(5) 염화 나트륨 수용액과 질산 은 수용액을 혼합하면 2종류의 앙금이 생성된다. (　　)

05 두 수용액을 혼합하였을 때 생성되는 앙금을 쓰시오.

(1) 염화 칼슘 수용액+질산 은 수용액
(2) 염화 바륨 수용액+황산 나트륨 수용액
(3) 탄산 나트륨 수용액+염화 칼슘 수용액
(4) 아이오딘화 칼륨 수용액+질산 납 수용액

필수 탐구 이온의 전하 확인

목표
이온의 이동을 관찰하여 이온이 전하를 띠고 있음을 확인할 수 있다.

과정

1 질산 칼륨 수용액을 적신 거름종이의 양 끝에 금속 집게를 연결한다.
2 집게에 전극을 각각 연결한다.
3 거름종이의 중앙에 푸른색의 황산 구리(Ⅱ) 수용액과 보라색의 과망가니즈산 칼륨 수용액을 한 방울씩 떨어뜨린다.
4 전원 장치를 켜서 전류를 흘려 주며 어떠한 변화가 나타나는지 관찰한다.

질산 칼륨 수용액은 거름종이에 전류가 흐를 수 있도록 한다.

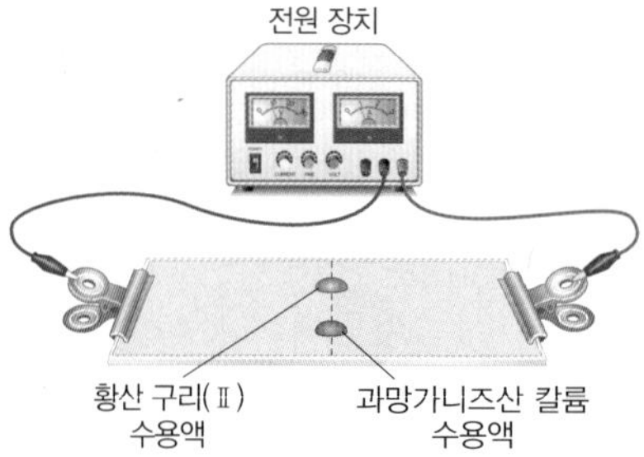

결과

푸른색은 (－)극 쪽으로 이동하고, 보라색은 (＋)극 쪽으로 이동한다.

구리 이온은 푸른색을 띠고, 과망가니즈산 이온은 보라색을 띤다.

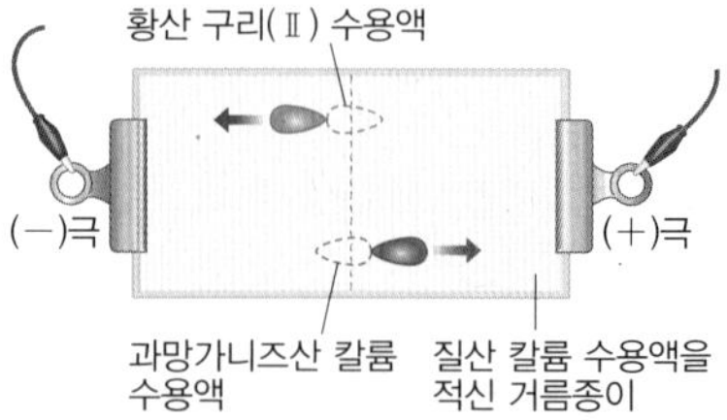

정리

1 푸른색을 띠는 입자는 (－)극으로 이동하는 것으로 보아 (＋)전하를 띠고, 보라색을 띠는 입자는 (＋)극으로 이동하는 것으로 보아 (－)전하를 띤다.
2 황산 구리(Ⅱ) 수용액에서 푸른색을 띠는 입자는 구리 이온(Cu^{2+})이고, 과망가니즈산 칼륨 수용액에서 보라색을 띠는 입자는 과망가니즈산 이온(MnO_4^-)이다.
3 황산 구리(Ⅱ) 수용액의 황산 이온(SO_4^{2-})과 과망가니즈산 칼륨 수용액의 칼륨 이온(K^+), 질산 칼륨 수용액의 칼륨 이온(K^+)과 질산 이온(NO_3^-)은 무색이어서 눈에 보이지 않지만 양이온은 (－)극으로, 음이온은 (＋)극으로 이동한다.
4 위 실험에서 이온의 이동을 모형으로 나타내면 다음과 같다.

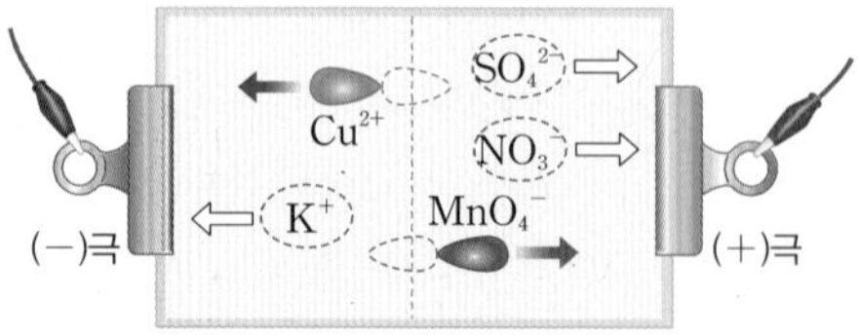

실험 클립 QR

수행 평가 섭렵 문제

이온의 전하 확인

- 원자가 전자를 잃어서 형성된 이온은 □전하를 띤다.
- □□□은 원자가 전자를 얻어서 형성된 이온이다.
- 수용액에 전류를 흘려 주면 양이온은 □극으로, 음이온은 □극으로 이동한다.
- 수용액 속에서 구리 이온(Cu^{2+})은 □□□을 띤다.
- 수용액 속에서 □□□□□□ 이온은 보라색을 띤다.

1 황산 구리(Ⅱ) 수용액에 대한 설명으로 옳지 않은 것은?

① 푸른색을 띤다.
② 전류가 흐르지 않는다.
③ 황산 이온은 다원자 이온이다.
④ 구리 이온은 구리 원자가 전자를 잃어서 형성된다.
⑤ 전류를 흘려 주면 황산 이온은 (+)극으로 구리 이온은 (−)극으로 이동한다.

2 염화 나트륨을 물에 녹인 후 전극을 연결하여 전류를 흘려 주었다. ㉠(+)극으로 이동하는 입자와 ㉡(−)극으로 이동하는 입자는 무엇인지 각각 이온의 이름을 쓰시오.

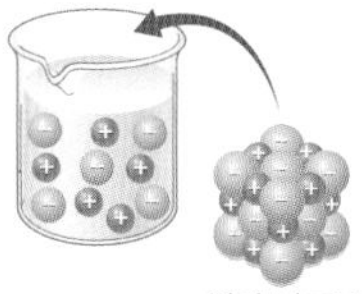

3 이온의 전하를 확인하기 위하여 다음과 같이 실험하였다.

(1) 페트리 접시 양쪽 끝에 구리판을 꽂고, 질산 칼륨 수용액을 넣는다.
(2) 페트리 접시 가운데에 노란색 크로뮴산 칼륨(K_2CrO_4) 수용액을 떨어뜨린다.
(3) 구리판과 전원 장치를 전선으로 연결한 뒤 전원을 켜고 변화를 관찰한다.

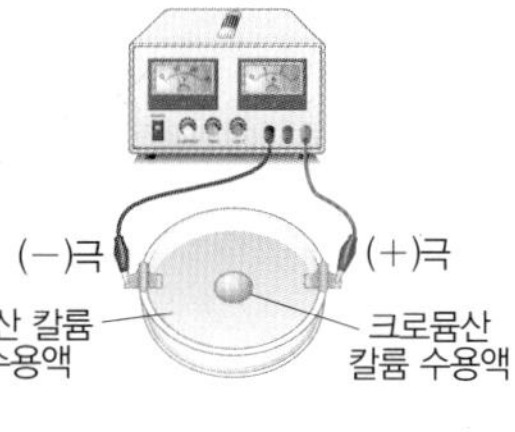

이에 대한 설명으로 옳은 것은?

① 노란색은 (+)극으로 이동한다.
② 노란색을 띠는 입자는 칼륨 이온이다.
③ 질산 칼륨 수용액을 구성하는 입자는 이동하지 않는다.
④ 노란색을 띠는 입자는 원자핵 전하량이 전자의 총 전하량보다 크다.
⑤ (+)극와 (−)극의 위치를 바꾸어도 노란색의 이동 방향은 바뀌지 않는다.

4 그림과 같이 질산 칼륨 수용액을 적신 거름종이 중앙에 보라색을 띠는 수용액을 떨어뜨린 뒤 전원 장치를 켰더니 보라색이 오른쪽으로 이동하였다. 이에 대한 설명으로 옳은 것만을 〈보기〉에서 있는 대로 고르시오.

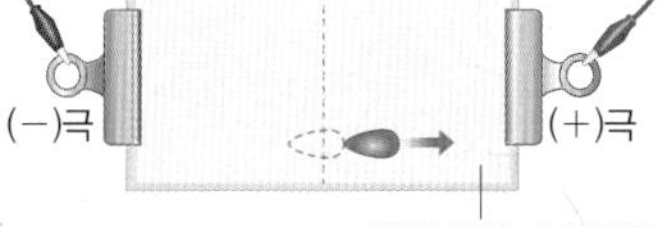

◀ 보기 ▶
ㄱ. 보라색은 (−)전하를 띤다.
ㄴ. (−)극으로 이동하는 입자는 없다.
ㄷ. (+)극과 (−)극의 위치를 바꾸면 보라색은 왼쪽으로 이동할 것이다.

필수 탐구 앙금 생성 반응

목표
앙금 생성 반응을 통하여 용액에 들어 있는 이온을 확인할 수 있다.

과정

1 12홈판의 가로축에 염화 칼륨, 염화 칼슘, 질산 바륨, 미지 용액 A를 표시하고, 해당 수용액을 해당 열에 3~4방울 떨어뜨린다.

2 12홈판의 세로축에 염화 나트륨, 질산 은, 탄산 나트륨을 표시하고, 해당 수용액을 해당 행에 3~4방울씩 떨어뜨리면서 앙금이 생성되는지 관찰한다.

홈판을 검은색 종이 위에 올려놓고 실험하면 앙금 생성을 더 잘 확인할 수 있다.

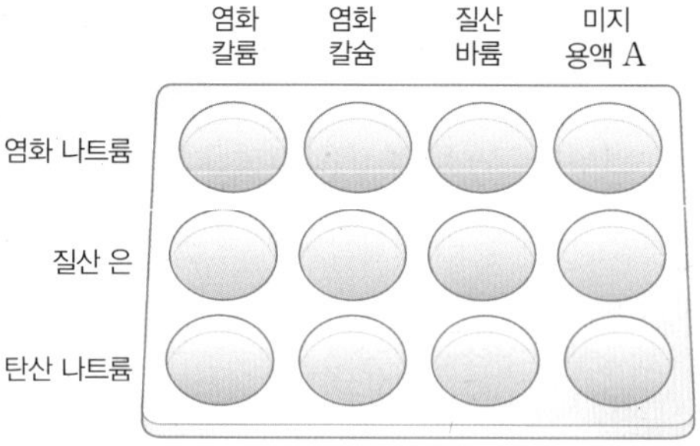

3 실험 결과를 토대로 미지 용액 A에 들어 있을 것으로 예상되는 이온을 생각해 본다.

결과

1 실험 결과 표와 같이 앙금 생성 반응이 일어난다.

수용액	염화 칼륨(KCl)	염화 칼슘($CaCl_2$)	질산 바륨 ($Ba(NO_3)_2$)	미지 용액 A
염화 나트륨 (NaCl)	×	×	×	×
질산 은 ($AgNO_3$)	흰색 앙금 (염화 은, AgCl)	흰색 앙금 (염화 은, AgCl)	×	흰색 앙금
탄산 나트륨 (Na_2CO_3)	×	흰색 앙금 (탄산 칼슘, $CaCO_3$)	흰색 앙금 (탄산 바륨, $BaCO_3$)	×

2 미지 용액 A는 질산 은과 반응하여 흰색 앙금을 생성하므로 염화 이온이 들어 있을 것으로 예상된다.

정리

1 특정 양이온과 음이온은 결합하여 물에 녹지 않는 앙금을 생성한다.

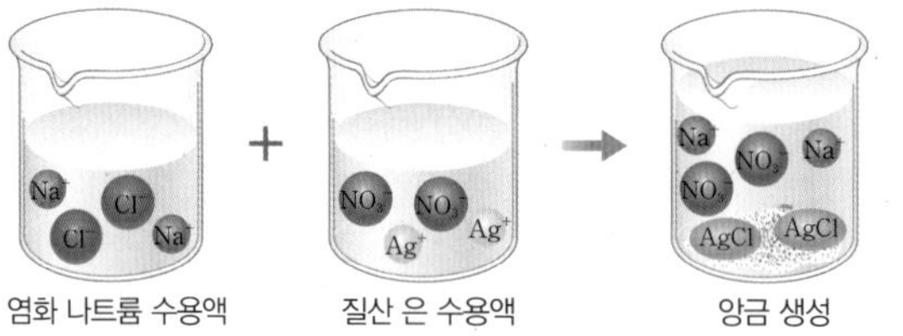

▲ 앙금 생성 반응 모형

2. 앙금 생성 반응을 이용하면 미지의 용액 속에 들어 있는 이온을 확인할 수 있다.

이온	확인 방법
염화 이온(Cl^-)	질산 은($AgNO_3$) 수용액을 떨어뜨리면 흰색 앙금(염화 은, AgCl)이 생성된다.
탄산 이온(CO_3^{2-})	염화 칼슘($CaCl_2$) 수용액을 떨어뜨리면 흰색 앙금(탄산 칼슘, $CaCO_3$)이 생성된다.
카드뮴 이온(Cd^{2+})	황화 나트륨(Na_2S) 수용액을 떨어뜨리면 노란색 앙금(황화 카드뮴, CdS)이 생성된다.
납 이온(Pb^{2+})	아이오딘화 칼륨(KI) 수용액을 떨어뜨리면 노란색 앙금(아이오딘화 납, PbI_2)이 생성된다.

실험 클립 QR

수행 평가 섭렵 문제

앙금 생성 반응

- 특정 양이온과 음이온이 결합하면 물에 녹지 않는 □□을 생성한다.
- □□ □□ □□을 이용하면 미지의 용액에 들어 있는 이온을 확인할 수 있다.
- 염화 칼륨 수용액과 질산 은 수용액을 섞으면 □□ □의 앙금이 생기고, □□ 이온과 □□ 이온은 물에 녹아 있다.
- 납 이온을 확인하려면 아이오딘화 칼륨 수용액을 떨어뜨려 □□색 앙금이 생기는지 확인한다.

1 앙금 생성 반응에 대한 설명으로 옳지 않은 것은?

① 앙금의 색은 흰색, 노란색, 검은색 등으로 다양하다.
② 나트륨 이온과 칼륨 이온은 주로 앙금을 생성하는 양이온이다.
③ 양이온과 음이온이 결합하여 물에 녹지 않는 앙금을 생성하는 반응이다.
④ 앙금 생성 반응을 이용하면 용액 속에 들어 있는 이온을 확인할 수 있다.
⑤ 수용액을 섞었을 때 앙금을 생성하지 않는 이온들은 물에 그대로 녹아 있다.

2 염화 바륨 수용액에 떨어뜨렸을 때 앙금을 생성하는 수용액을 〈보기〉에서 있는 대로 고르시오.

〈보기〉
ㄱ. 질산 은　　ㄴ. 질산 칼슘　　ㄷ. 황산 나트륨
ㄹ. 염화 나트륨　　ㅁ. 탄산 나트륨

3 앙금을 생성하는 이온끼리 짝지은 것으로 옳지 않은 것은?

① 은 이온, 염화 이온　　② 은 이온, 질산 이온
③ 바륨 이온, 탄산 이온　　④ 칼슘 이온, 황산 이온
⑤ 바륨 이온, 황산 이온

4 그림과 같이 염화 칼슘 수용액과 황산 나트륨 수용액을 혼합하였다.

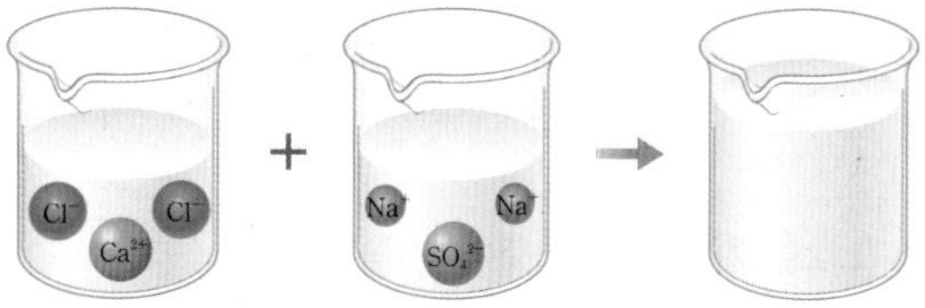

염화 칼슘 수용액　황산 나트륨 수용액

혼합 용액에 대한 설명으로 옳은 것은?

① 노란색 앙금이 생성된다.
② 나트륨 이온은 앙금을 생성한다.
③ 황산 이온과 칼슘 이온이 결합한다.
④ 흰색의 염화 나트륨 앙금이 생성된다.
⑤ 혼합 용액에는 이온이 존재하지 않는다.

5 다음은 공장 폐수에 들어 있는 이온을 확인하기 위하여 앙금 생성 반응 실험을 한 결과이다.

- 폐수에 황화 나트륨 수용액을 떨어뜨렸더니 검은색 앙금이 생성되었다.
- 폐수에 아이오딘화 칼륨 수용액을 떨어뜨렸더니 노란색 앙금이 생성되었다.

폐수에 들어 있을 것으로 예상되는 이온은 무엇인지 이온의 이름과 이온식을 쓰시오.

내신 기출 문제

1 이온

중요

01 이온에 대한 설명으로 옳은 것은?

① 원자가 전자를 잃으면 음이온이 된다.
② A원자가 전자를 2개 얻으면 이온식은 A^{2+}이다.
③ B원자보다 B^{2-} 이온의 원자핵 전하량이 더 작다.
④ 양이온은 원자핵의 전하량이 전자의 총 전하량보다 크다.
⑤ 산소가 전자를 얻어 만들어진 이온을 산소 이온이라고 한다.

02 그림의 모형과 같은 방식으로 형성된 이온을 〈보기〉에서 있는 대로 고른 것은?

보기

ㄱ. K^{+}	ㄴ. F^{-}	ㄷ. Na^{+}
ㄹ. Cl^{-}	ㅁ. Mg^{2+}	ㅂ. Ca^{2+}

① ㄱ, ㄴ ② ㄴ, ㄹ ③ ㄷ, ㄹ
④ ㄹ, ㅁ ⑤ ㅁ, ㅂ

중요

03 그림의 모형 (가)와 (나)에 대한 설명으로 옳은 것은?

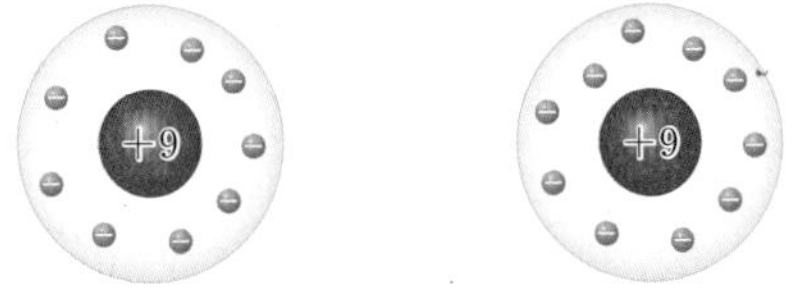

(가) (나)

① (가)의 이온식은 F^{-}이다.
② (가)와 (나)의 총 전하량은 같다.
③ (가)는 양이온, (나)는 원자의 모형이다.
④ (나)는 (원자핵의 전하량)<(전자의 총 전하량)이다.
⑤ (나)가 녹아 있는 수용액에 전류를 흘려 주면 (나)는 (−)극으로 이동한다.

04 전자를 가장 많이 잃어서 형성된 이온은?

① Li^{+} ② Cu^{2+} ③ Al^{3+}
④ NH_4^{+} ⑤ CO_3^{2-}

05 질산 칼륨 수용액을 적신 거름 종이의 중앙에 푸른색 황산 구리(Ⅱ) 수용액을 떨어뜨리고, (+)극과 (−)극을 연결하였다. 이 장치에 전류를 흘려 주며 변화를 관찰하였을 때의 설명으로 옳지 않은 것은?

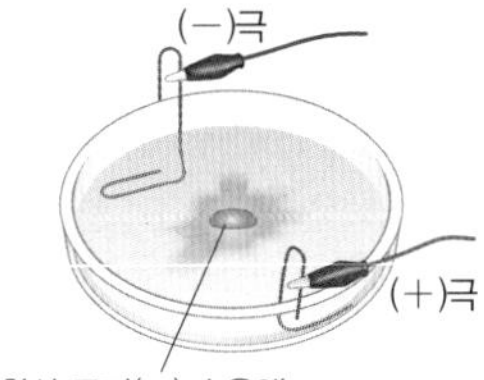

① 푸른색은 (−)극으로 이동한다.
② 구리 이온은 (+)전하를 띤다.
③ 질산 칼륨 수용액은 무색이다.
④ 황산 이온은 (−)극으로 이동한다.
⑤ (+)극으로 이동하는 이온은 2종류이다.

2 이온의 확인

중요

06 그림과 같이 질산 은 수용액과 염화 나트륨 수용액을 혼합하였다.

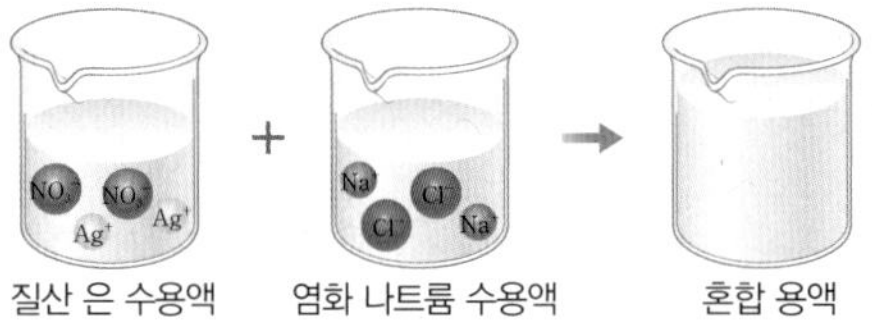

이에 대한 설명으로 옳지 않은 것은?

① 흰색 앙금이 생성된다.
② 생성되는 앙금은 염화 은(AgCl)이다.
③ 질산 이온은 앙금 생성에 참여하지 않는다.
④ 혼합 용액에 전류를 흘려 주면 나트륨 이온이 (−)극으로 이동한다.
⑤ 염화 나트륨 수용액 대신 염화 칼륨 수용액을 사용하면 다른 앙금이 생성된다.

07 (가)~(라)의 수용액 중 두 용액을 혼합하였을 때 앙금이 생성되지 않는 조합을 골라 쓰시오.

(가) 염화 칼슘	(나) 질산 은
(다) 염화 바륨	(라) 탄산 나트륨

08 폐수에 카드뮴이 포함되었는지 확인하려고 할 때 사용할 수 있는 수용액으로 옳은 것은?

① 질산 은 ② 질산 칼륨 ③ 염화 바륨
④ 염화 나트륨 ⑤ 황화 나트륨

고난도 실력 향상 문제

정답과 해설 • 7쪽

01 표는 전자가 10개인 이온 A∼D의 원자핵 전하량을 나타낸 것이다.

이온	A	B	C	D
원자핵 전하량	+13	+12	+9	+8

이온 A∼D에 대한 설명으로 옳은 것은?

① A는 음이온이다.
② B의 이온식은 Na^+이다.
③ B가 잃은 전자의 수와 C가 얻은 전자의 수가 같다.
④ C는 염화 이온이 형성될 때와 같은 전자의 이동으로 형성된다.
⑤ 원자가 이온이 될 때 전자의 이동이 가장 많은 것은 D이다.

02 질산 칼륨 수용액을 적신 거름종이의 중앙에 크로뮴산 칼륨 수용액과 황산 구리(Ⅱ) 수용액을 떨어뜨린 뒤 전류를 흘려 주며 변화를 관찰하였다.

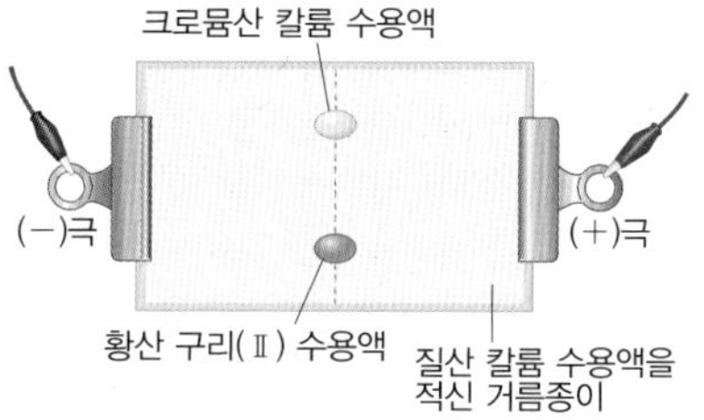

이에 대한 설명으로 옳은 것만을 〈보기〉에서 있는 대로 고른 것은?

보기
ㄱ. 노란색은 (+)극으로 이동한다.
ㄴ. 푸른색은 원자가 전자를 잃어 생성된 이온이다.
ㄷ. (−)극으로 이동하는 이온의 종류는 3종류이다.
ㄹ. (+)극으로 이동하는 이온들의 (−)전하량은 같다.
ㅁ. 전극의 방향을 바꾸면 노란색과 푸른색은 같은 방향으로 이동한다.

① ㄱ, ㄴ ② ㄴ, ㅁ ③ ㄷ, ㅁ
④ ㄱ, ㄴ, ㅁ ⑤ ㄷ, ㄹ, ㅁ

03 염화 바륨 수용액에 황산 나트륨 수용액을 조금씩 첨가할 때 혼합 용액 속 이온 수의 변화를 나타낸 그래프이다. (가)∼(라)에 해당하는 이온의 이온식을 쓰시오.

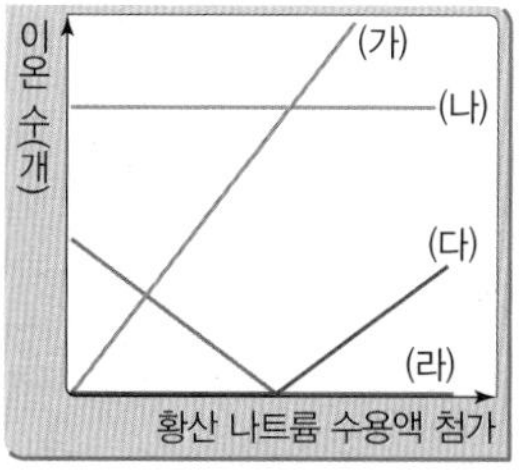

서논술형 유형 연습

정답과 해설 • 8쪽

예제

01 그림은 리튬 이온을 모형으로 나타낸 것이다.

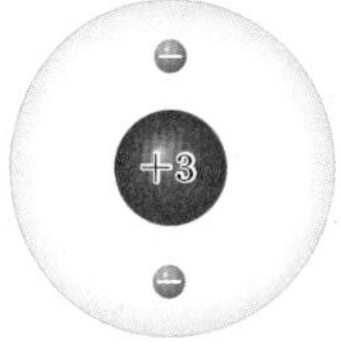

리튬 이온의 이온식을 쓰고, 리튬 원자가 이온이 되는 과정에서 전자의 이동과 이온의 전하량에 대하여 서술하시오.

Tip 이온은 원자가 전자를 얻거나 잃어서 전하를 띠게 된 입자이다.

Key Word 전자, 전자의 총 전하량, 원자핵 전하량, 이온의 전하량

[설명] 리튬 원자가 이온이 될 때 원자핵 전하량은 +3으로 변함이 없지만 전자를 1개 잃으면서 전자의 총 전하량이 −2가 된다. 따라서 리튬 이온은 +1의 전하를 띠는 양이온이 된다.

[모범 답안] Li^+, 리튬 원자가 전자 1개를 잃어서 리튬 이온이 생성된다. 리튬 이온은 전자가 2개이므로 전자의 총 전하량은 −2이고, 원자핵 전하량은 +3이다. 따라서 리튬 이온의 전하량은 +1이다.

실전 연습

01 라벨이 붙어 있지 않는 시약병에 투명한 수용액이 들어 있다. 이 수용액이 염화 나트륨 수용액인지 염화 칼슘 수용액인지 앙금 생성 반응을 이용하여 알아보려고 한다. (가)∼(라) 수용액 중 앙금 생성 반응에 이용할 수 있는 용액을 고르고, 그 방법을 서술하시오.

(가) 질산 은 수용액 (나) 염화 칼륨 수용액
(다) 질산 나트륨 수용액 (라) 탄산 칼륨 수용액

Tip 특정 양이온과 음이온은 결합하여 물에 녹지 않는 앙금을 생성한다.

Key Word 앙금

대단원 마무리

1 물질의 기본 성분

01 화학적인 방법으로 더 이상 분해할 수 없는 물질을 〈보기〉에서 있는 대로 고른 것은?

〈보기〉
ㄱ. 금　　ㄴ. 물　　ㄷ. 헬륨
ㄹ. 구리　　ㅁ. 공기　　ㅂ. 나트륨
ㅅ. 탄산 칼슘　　ㅇ. 알루미늄　　ㅈ. 이산화 탄소

① ㄱ, ㄴ, ㄷ, ㄹ, ㅂ　② ㄱ, ㄷ, ㄹ, ㅂ, ㅇ
③ ㄱ, ㄹ, ㅁ, ㅂ, ㅈ　④ ㄴ, ㄷ, ㅂ, ㅅ, ㅇ
⑤ ㄴ, ㄹ, ㅂ, ㅇ, ㅈ

02 원소에 대한 설명으로 옳은 것은?

① 모든 원소는 서로 다른 불꽃 반응 색을 나타낸다.
② 현재까지 알려진 원소의 종류는 셀 수 없이 많다.
③ 암모니아는 산소와 수소 2종류의 원소로 이루어져 있다.
④ 원소는 물질의 성질을 가지고 있는 가장 작은 입자이다.
⑤ 선 스펙트럼을 이용하면 불꽃 반응 색이 비슷한 원소를 구별할 수 있다.

03 (가)~(다)에서 불꽃 반응 색을 나타낸 원소를 각각 쓰시오.

(가) 불꽃놀이 중 청록색 불꽃이 나타났다.
(나) 모닥불에 소금을 뿌렸더니 노란색 불꽃이 나타났다.
(다) 제설제의 성분을 알아보려고 불꽃 반응 실험을 하였더니 주황색 불꽃이 나타났다.

04 표는 여러 가지 물질의 불꽃 반응 색을 기록한 것이다.

물질	AB	CB	AD	ED
불꽃 반응 색	빨간색	노란색	빨간색	주황색

물질 CD와 EB의 불꽃 반응 색을 각각 쓰시오.(단, A~E는 임의의 원소 기호이다.)

05 그림은 여러 가지 원소와 미지의 혼합물 X의 선 스펙트럼이다.

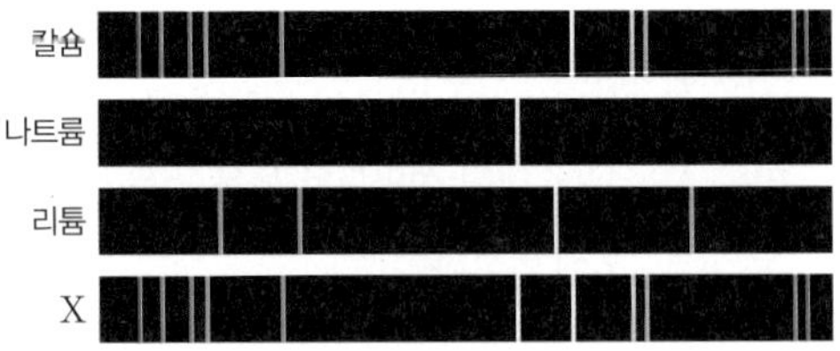

이에 대한 설명으로 옳지 않은 것은?

① 혼합물 X는 칼슘 원소를 포함하고 있다.
② 혼합물 X는 리튬 원소를 포함하고 있지 않다.
③ 혼합물 X는 하나의 금속 원소를 포함하고 있다.
④ 서로 다른 금속 원소는 서로 다른 선 스펙트럼을 나타낸다.
⑤ 나트륨을 포함한 물질은 선 스펙트럼에 노란색의 띠를 포함한다.

2 물질을 구성하는 입자

06 원자에 대한 설명으로 옳은 것만을 〈보기〉에서 있는 대로 고른 것은?

〈보기〉
ㄱ. 전기적으로 중성이다.
ㄴ. 몇 개의 원소가 결합하여 이루어진다.
ㄷ. 원자의 종류에 따라 전자의 개수가 다르다.
ㄹ. 물질을 이루는 기본 성분으로 개수를 셀 수 없다.

① ㄱ, ㄷ　② ㄱ, ㄹ　③ ㄴ, ㄷ
④ ㄴ, ㄹ　⑤ ㄷ, ㄹ

07 원소 이름과 원소 기호를 연결한 것으로 옳지 않은 것은?

① 은 – Ag　② 철 – Fe
③ 구리 – Cu　④ 아연 – Zn
⑤ 플루오린 – Fl

08 (가)와 (나)는 서로 다른 원자를 모형으로 나타낸 것이다.

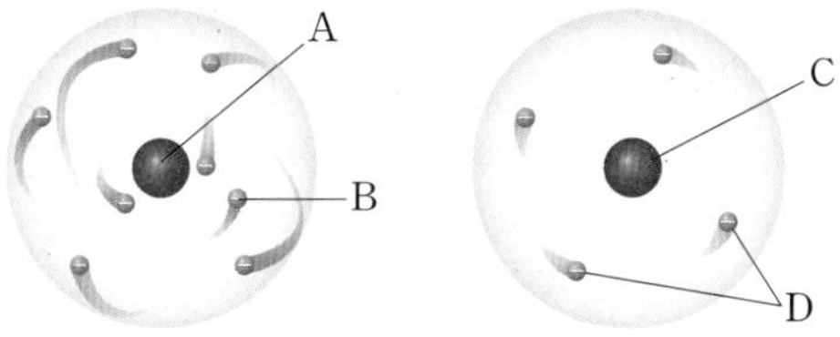

(가) (나)

이에 대한 설명으로 옳은 것은?

① A의 전하량은 +4이다.
② A와 C의 전하량은 같다.
③ B와 D는 같은 종류의 전하를 띤다.
④ (가)와 (나)의 총 (−)전하량은 같다.
⑤ 원자 (가)는 (−)전하를, 원자 (나)는 (+)전하를 띤다.

09 표는 몇 가지 원자의 전하량에 대한 정보를 정리한 것이다.

원자의 종류	He	Be	N	F
원자핵 전하량	+2	+4	(나)	+9
전자의 수(개)	2	4	7	(다)
원자의 전하량	(가)	0	0	0

(가)~(다)에 들어갈 값을 각각 쓰시오.

10 다음이 설명하는 원자의 원소 기호와 전자의 수를 쓰시오.

- 소금의 주성분이다.
- 불꽃 반응 색이 노란색이다.
- 원자핵의 전하량은 +11이다.

11 분자에 대한 설명으로 옳은 것만을 〈보기〉에서 있는 대로 고른 것은?

보기

ㄱ. 전기적으로 중성이다.
ㄴ. 원자들이 결합하여 분자가 된다.
ㄷ. 결합하는 원자들의 성질을 지닌다.
ㄹ. 물질을 이루는 기본 성분으로 개수를 셀 수 없다.

① ㄱ, ㄴ ② ㄱ, ㄹ ③ ㄴ, ㄷ
④ ㄴ, ㄹ ⑤ ㄷ, ㄹ

12 그림의 분자 모형에 대한 설명이다. 빈칸에 들어갈 알맞은 말을 쓰시오.

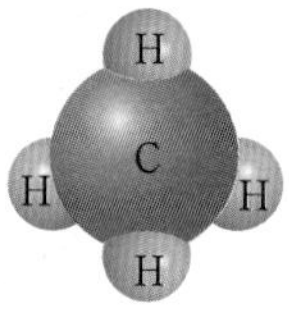

이 분자 1개는 (㉠)원자 1개와 수소 원자 (㉡)개로 이루어져 있다. 이 물질의 이름은 (㉢)이다.

13 분자식 (가)와 (나)에 대한 설명으로 옳은 것은?

$$2CO \qquad CO_2$$

(가) (나)

① (가)는 일산화 탄소 분자 2개를 나타낸다.
② (나)는 탄소 원자 2개와 산소 원자 2개가 결합한 분자이다.
③ (가)와 (나)가 나타내는 물질의 성질은 같다.
④ (가)와 (나)가 나타내는 원자의 종류와 개수는 같다.
⑤ (가)와 (나)는 같은 물질을 다른 방법으로 나타낸 것이다.

14 그림 (가)~(다)는 몇 가지 분자의 모형을 나타낸 것이다.

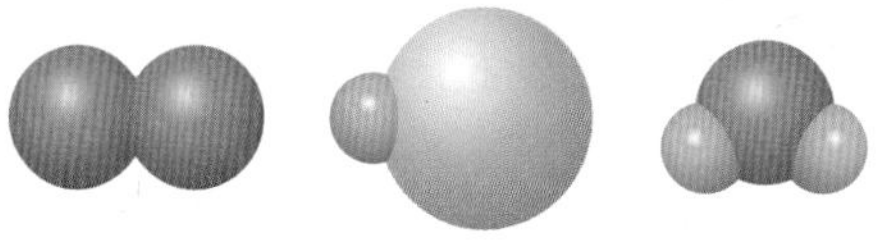

(가) (나) (다)

모형과 분자식을 옳게 짝지은 것은?

	(가)	(나)	(다)
①	O	Cl_2	H_2O
②	O_2	HCl	H_2O
③	O_2	Cl_2	H_2O_2
④	HO	HCl	H_2O_2
⑤	HO	Cl_2	NH_2

15 표는 과산화 수소와 암모니아를 구성하는 원자의 종류와 개수를 정리한 것이다. 표를 참고하여 과산화 수소와 암모니아의 분자식을 쓰시오.

구분	구성 원자의 종류 및 개수
과산화 수소	수소 2개, 산소 2개
암모니아	질소 1개, 수소 3개

3 전하를 띠는 입자

16 입자 모형 (가)~(다)에 대한 설명으로 옳은 것은?

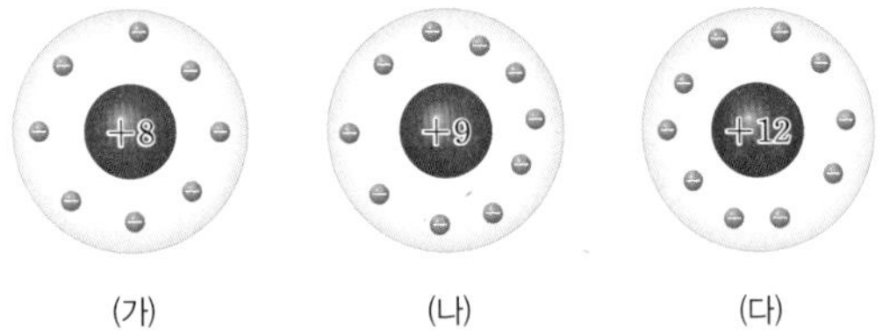

① (가)는 원자가 전자를 잃어서 형성된다.
② (나)는 전기적으로 중성이다.
③ (다)의 전하량은 −2이다.
④ (가)와 (나)의 입자의 총 전하량은 같다.
⑤ (나)와 (다)의 전자의 총 전하량은 같다.

17 표는 나트륨 원자가 나트륨 이온이 될 때 전하량의 변화를 정리한 것이다. 빈칸에 알맞은 숫자를 쓰시오.

구분	나트륨 원자	나트륨 이온
핵 전하량	+11	㉠
전자의 수	11	㉡
전자의 총 전하량	−11	−10
입자의 총 전하량	㉢	㉣

18 표는 몇 가지 이온들의 핵 전하량을 정리한 것이다.

이온	Al^{3+}	Mg^{2+}	F^{-}	O^{2-}
핵 전하량	+13	+12	+9	+8

이에 대한 설명으로 옳은 것만을 〈보기〉에서 있는 대로 고른 것은?

〈보기〉
ㄱ. 위 이온들의 전자의 수는 모두 같다.
ㄴ. 마그네슘 이온은 원자보다 핵 전하량이 +2 증가하였다.
ㄷ. 플루오린화 이온은 원자가 전자를 1개 얻어서 형성되었다.
ㄹ. 전자를 가장 많이 얻어서 형성된 이온은 알루미늄 이온이다.

① ㄱ, ㄴ ② ㄱ, ㄷ ③ ㄱ, ㄹ
④ ㄴ, ㄷ ⑤ ㄷ, ㄹ

19 질산 칼륨 수용액을 적신 거름종이의 중앙에 보라색 과망가니즈산 칼륨 수용액과 푸른색 황산 구리(Ⅱ) 수용액을 떨어뜨렸다.

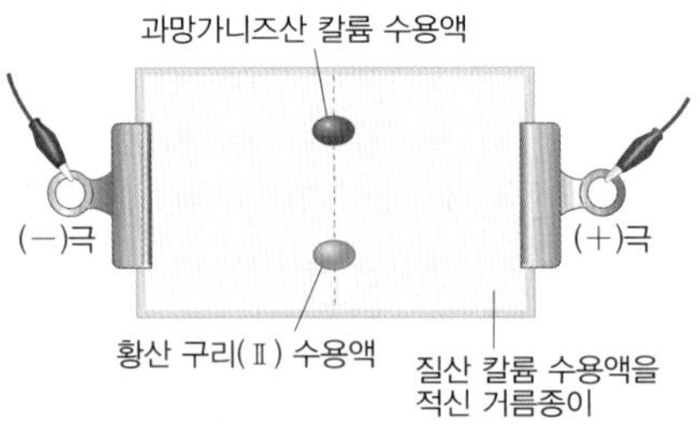

이 장치의 거름종이에 전류를 흘려 주었을 때의 설명으로 옳지 않은 것은?

① 보라색은 (+)극으로 이동한다.
② 푸른색은 (−)극으로 이동한다.
③ 보라색을 띠는 물질은 MnO_4^{-}이다.
④ 전극의 위치를 바꾸면 색깔의 이동 방향이 바뀐다.
⑤ 푸른색을 띠는 물질은 원자가 전자를 얻어서 형성된다.

20 그림은 어떤 앙금 생성 반응을 모형으로 나타낸 것이다.

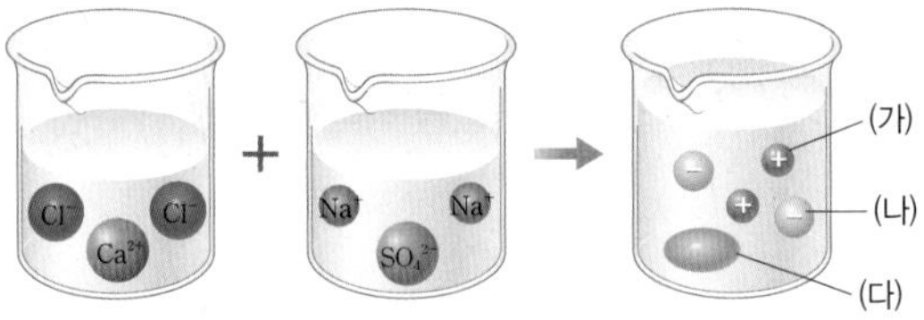

이에 대한 설명으로 옳은 것은?

① (가)는 Ca^{2+}, (나)는 Cl^{-}이다.
② (다)는 흰색의 NaCl 앙금이다.
③ 혼합 용액에 전류를 흘려 주면 전류가 흐르지 않는다.
④ 칼슘 이온과 나트륨 이온이 결합하여 앙금을 생성한다.
⑤ (다)는 양이온과 음이온이 1 : 1의 개수비로 결합하여 생성된다.

21 다음 반응에서 생성되는 앙금은?

수돗물에 질산 은 수용액을 떨어뜨렸더니 흰색 앙금이 생성되었다.

① NaCl ② AgCl ③ $NaNO_3$
④ $BaCO_3$ ⑤ Ag_2SO_4

대단원 서논술형 문제

정답과 해설 • 9쪽

01 표는 몇 가지 물질의 불꽃 반응 색을 정리한 것이다.

물질	불꽃 반응 색	물질	불꽃 반응 색
KCl	보라색	KNO_3	보라색
NaCl	노란색	$NaNO_3$	㉠
$CuCl_2$	청록색	$CuSO_4$	청록색

㉠에 알맞은 불꽃 반응 색을 쓰고, 그 까닭을 서술하시오.

Tip 불꽃 반응 색을 이용하면 몇 가지 금속 원소를 확인할 수 있다.

Key Word 금속 원소

02 다음은 돌턴이 주장한 원자설 중 일부와 원자 모형이다.

- 물질은 더 이상 쪼갤 수 없는 원자로 이루어져 있다.
- 서로 다른 원자들이 일정한 비율로 결합하면 새로운 물질이 만들어진다.

돌턴의 원자설 중 현대 과학의 발달로 수정되어야 할 부분을 찾아 수정하시오.

Tip 원자는 화학적인 방법으로는 분해되지 않지만 다른 방법을 통하여 구성 성분들로 분해할 수 있다.

Key Word 원자핵, 전자

03 표는 몇 가지 원소의 영문명과 원소 기호를 나타낸 것이다.

원소	영문명	원소 기호
수소	Hydrogen	H
헬륨	Helium	He
탄소	Carbon	C
염소	Chlorine	Cl
수은	Hydrargyrum	Hg

이를 참고하여 원소 기호를 정하는 방법에 대해 서술하시오.

Tip 원소 기호는 원소 이름의 알파벳을 따서 표현한다.

Key Word 원소 이름, 첫 글자, 중간 글자

04 질산 칼륨 수용액을 적신 거름종이의 중앙에 노란색 크로뮴산 칼륨 수용액을 떨어뜨렸다.

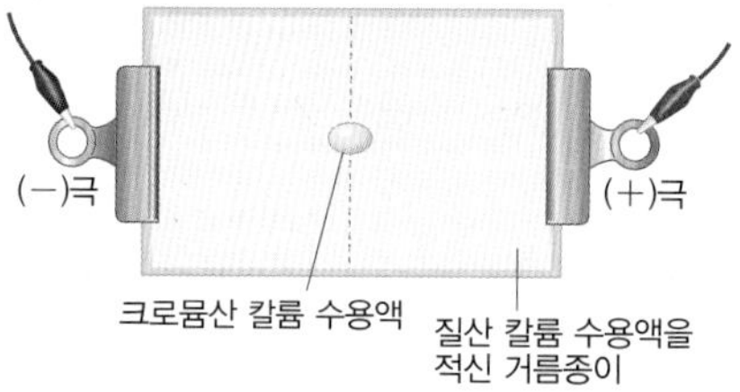

거름종이에 전류를 흘려 주었을 때 노란색의 이동 방향을 쓰고, 그 까닭을 서술하시오.

Tip 수용액에 전류를 흘려 주었을 때 양이온은 (−)극으로, 음이온은 (+)극으로 이동한다.

Key Word 노란색을 띠는 이온, 이동

05 그림은 불꽃 반응과 앙금 생성 반응을 이용하여 질산 칼륨(KNO_3), 질산 나트륨($NaNO_3$), 염화 나트륨(NaCl), 탄산 나트륨(Na_2CO_3)을 구별하는 과정을 나타낸 모식도이다.

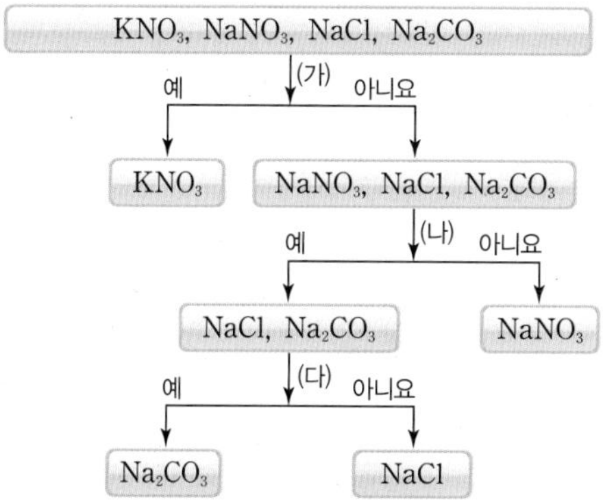

(가)～(다)에 들어갈 알맞은 실험 방법과 그 결과를 서술하시오.

Tip 불꽃 반응으로는 금속 이온을, 앙금 생성 반응으로는 특정 양이온과 음이온을 구별할 수 있다.

Key Word 불꽃 반응 색, 앙금 생성

II

전기와 자기

1
전기의 발생

2
전류와 전압

3
전압, 전류, 저항 사이의 관계

4
전류의 자기 작용

1 전기의 발생

❶ 마찰 전기

1. **마찰 전기⁺**: 서로 다른 두 물체 사이의 마찰로 발생한 전기
2. **전기력**: 전기를 띤 물체 사이에 작용하는 힘
   (1) 다른 종류의 전하를 띤 물체 사이에는 서로 끌어당기는 힘이 작용한다.
   (2) 같은 종류의 전하를 띤 물체 사이에는 서로 밀어내는 힘이 작용한다.

▲ 대전된 물체 사이에 작용하는 힘

3. **대전과 대전체**
   (1) 대전: 물체가 전기를 띠는 현상
   (2) 대전체: 전기를 띤 물체
   (3) 물체가 대전되는 과정
   ① 마찰 전에는 플라스틱 막대와 털가죽은 전기를 띠지 않는다.⁺
   ② 털가죽에서 플라스틱 막대로 전자가 이동한다.
   ③ 플라스틱 막대는 (−)전하로 대전되고, 털가죽은 (+)전하로 대전된다.

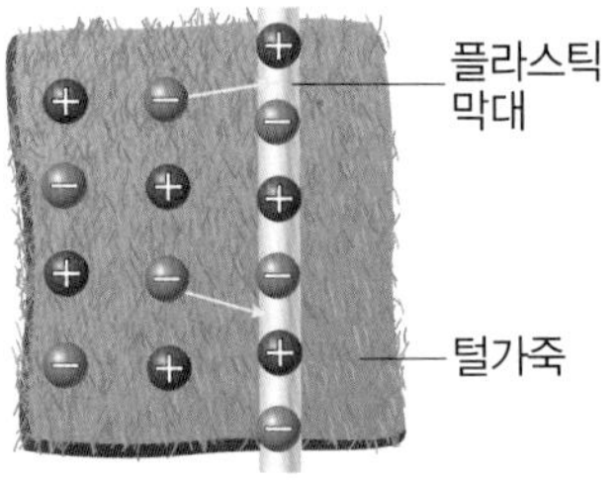

❷ 정전기 유도⁺

1. **정전기 유도**: 대전되지 않은 물체에 대전체를 가까이 했을 때 물체의 양쪽에 서로 다른 종류의 전하가 유도되는 현상
   (1) 대전체와 가까운 쪽: 대전체와 다른 종류의 전하가 유도된다.
   (2) 대전체에서 먼 쪽: 대전체와 같은 종류의 전하가 유도된다.

(−)대전체를 가까이 할 때	(+)대전체를 가까이 할 때
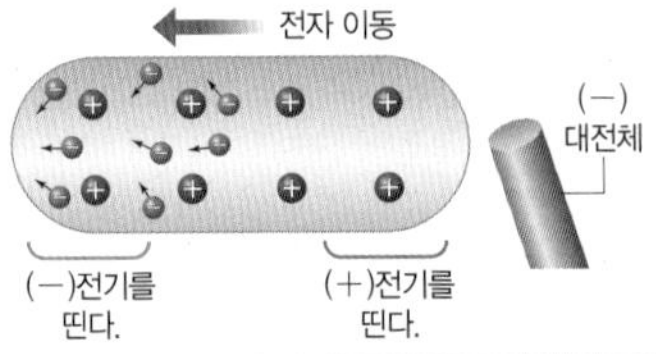	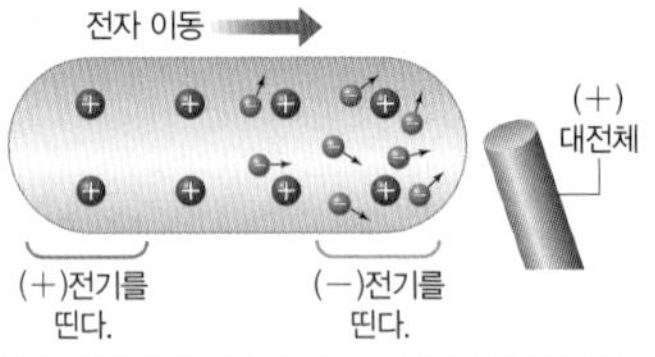

2. **검전기⁺**: 정전기 유도 현상을 이용하여 물체의 대전 여부를 알아보는 기구
3. **검전기로 물체의 대전 여부 확인**
   (1) (−)대전체를 검전기 금속판에 가까이 할 때
   ① 금속판의 전자는 (−)대전체로부터 밀어내는 방향으로 힘을 받는다.
   ② 전자가 금속판에서 금속박으로 이동한다.
   ③ 두 금속박이 모두 (−)전기를 띠어 금속박이 벌어진다.
   (2) (+)대전체를 검전기 금속판에 가까이 할 때: 금속박은 모두 (+)전기를 띠어 금속박이 벌어진다.

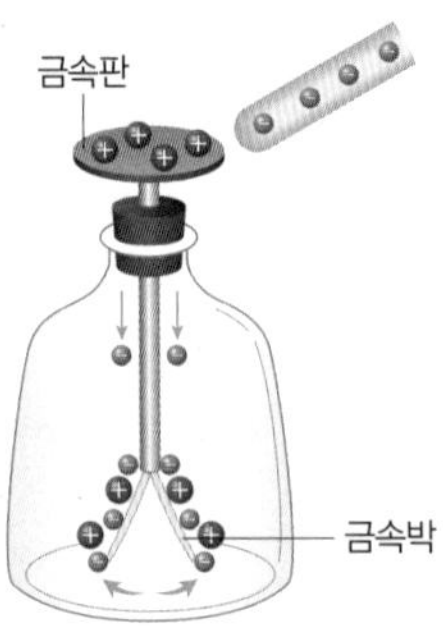

▲ 물체의 대전 여부 확인

+ 마찰 전기
마찰 전기는 전선을 따라 흐르는 전기와는 달리 한 곳에 머물러 있어서 정전기라고도 한다.

+ 원자의 구조
원자는 (+)전하를 띤 원자핵과 (−)전하를 띤 전자로 구성되며, (+)전하의 양과 (−)전하의 양이 같아 전기를 띠지 않는다.

+ 정전기 유도
알루미늄 깡통에 (−)대전체를 가까이 하면 전자의 이동으로 깡통에서 대전체와 가까운 쪽은 (+)전하가 유도되고, 대전체에서 먼 쪽은 (−)전하가 유도된다. 따라서 알루미늄 깡통과 대전체 사이에는 서로 끌어당기는 힘이 작용하여 알루미늄 깡통이 대전체 쪽으로 움직인다.

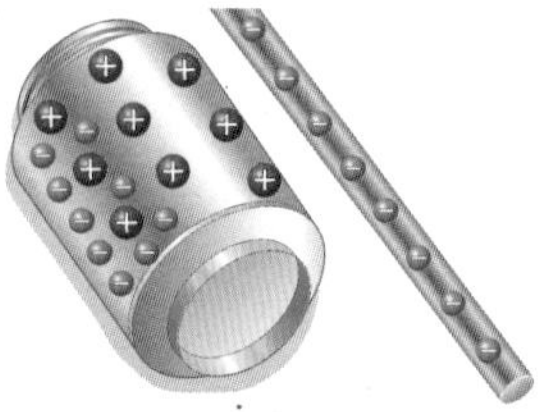

+ 검전기의 구조
위쪽에 금속판이 있고, 금속판과 연결된 금속 막대 아래쪽에 얇은 금속박 두 장이 붙어 있다.

+ 대전체에 대전된 전하의 양
검전기를 가까이 할 때 금속박이 벌어지는 정도를 보면 대전체가 띤 전하의 양을 확인할 수 있다.

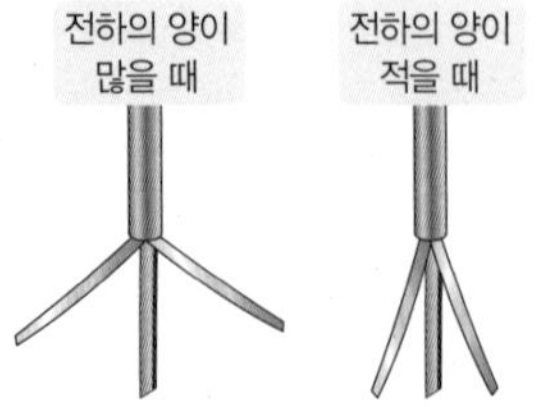

❶ 마찰 전기

- 서로 다른 두 물체 사이의 마찰로 발생한 전기를 □□ □□라고 한다.
- 전기를 띤 물체 사이에 작용하는 힘을 □□□이라고 한다.
- 물체가 전기를 띠는 현상을 □□, 전기를 띤 물체를 □□□라고 한다.
- 서로 다른 두 물체를 마찰하면 한 물체에서 다른 물체로 □□가 이동하므로 두 물체는 전기를 띤다.

01 그림에서 전하를 띤 두 물체 사이에 작용하는 힘을 쓰시오.

(1)	(2)	(3)
− −	+ +	+ −

02 서로 다른 두 물체를 마찰하여 생기는 전기에 대한 설명으로 옳은 것은 ○표, 옳지 않은 것은 ×표를 하시오.

(1) 서로 다른 두 물체를 마찰하면 (+)전하가 이동한다. ( )

(2) 빗에 머리카락이 달라붙는 것은 마찰 전기 때문이다. ( )

(3) 마찰 전기는 한 곳에 머물러 있으므로 정전기라고도 한다. ( )

(4) 서로 다른 두 물체를 마찰하면 전자를 잃은 물체는 (+)전하를 띤다. ( )

03 그림은 털가죽으로 플라스틱 막대를 문지르는 모습이다.

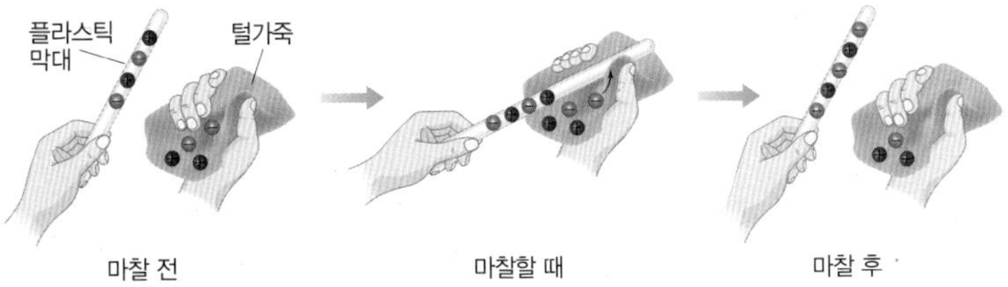

(1) 마찰 전 털가죽과 플라스틱 막대가 띠는 전하를 쓰시오.

(2) 마찰할 때 전자의 이동 방향을 쓰시오.

(3) 마찰 후 털가죽과 플라스틱 막대가 띠는 전하를 쓰시오.

❷ 정전기 유도

- 대전되지 않은 물체에 대전체를 가까이 했을 때 물체의 양쪽에 서로 다른 종류의 전하가 유도되는 현상을 □□□ □□라고 한다.
- □□□는 정전기 유도 현상을 이용하여 물체의 대전 여부를 알아보는 기구이다.

04 그림은 대전되지 않은 금속 숟가락에 (−)전하를 띠는 빨대를 가까이 가져간 모습이다. 이에 관한 설명으로 옳은 것은 ○표, 옳지 않은 것은 ×표를 하시오.

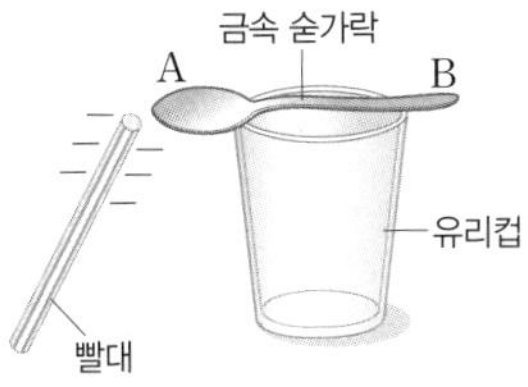

(1) A 부분은 (+)전하를 띤다. ( )

(2) A에서 B쪽으로 전자가 이동한다. ( )

(3) 빨대와 금속 숟가락 사이에는 밀어내는 힘이 작용한다. ( )

05 그림과 같이 검전기 금속판에 (−)대전체를 가까이 하였다.

(1) 검전기 내에서 전자의 이동 방향을 쓰시오.

(2) 검전기의 금속판이 띠는 전하를 쓰시오.

(3) 검전기의 금속박이 띠는 전하를 쓰시오.

(4) 금속박의 움직임을 쓰시오.

필수 탐구 마찰 전기를 이용하여 정전기 유도 현상 실험하기

목표
마찰 전기를 이용하여 정전기 유도 현상이 일어나는 과정을 설명할 수 있다.

과정

1 검전기의 금속판에 대전되지 않은 플라스틱 막대를 가까이 하고 금속박을 관찰한다.
2 검전기의 금속판에 털가죽으로 문질러 (−)전기를 띤 플라스틱 막대를 가까이 하고 금속박을 관찰한다.
3 검전기의 금속판에 명주헝겊으로 문질러 (+)전기를 띤 유리 막대를 가까이 하고 금속박을 관찰한다.

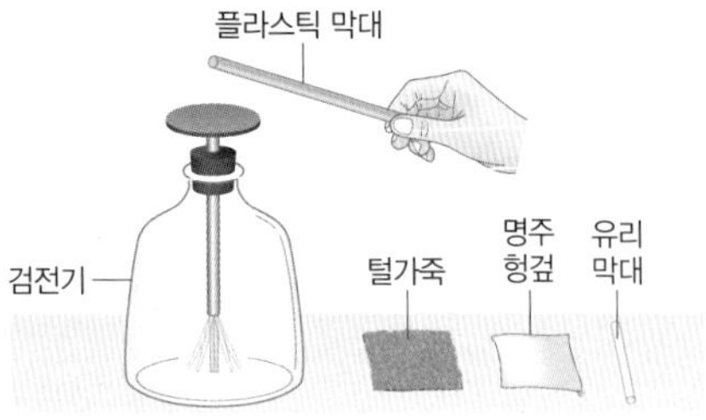
플라스틱 막대
검전기
털가죽
명주 헝겊
유리 막대

검전기는 금속판이 달린 금속 막대를 유리병 안에 넣어 만든 것으로, 금속 막대 끝에는 얇고 가벼운 금속박이 붙어 있다.

결과

(−)대전체와 (+)대전체를 가까이 할 때 검전기 내의 전자의 이동과 금속박의 변화는 다음과 같다.

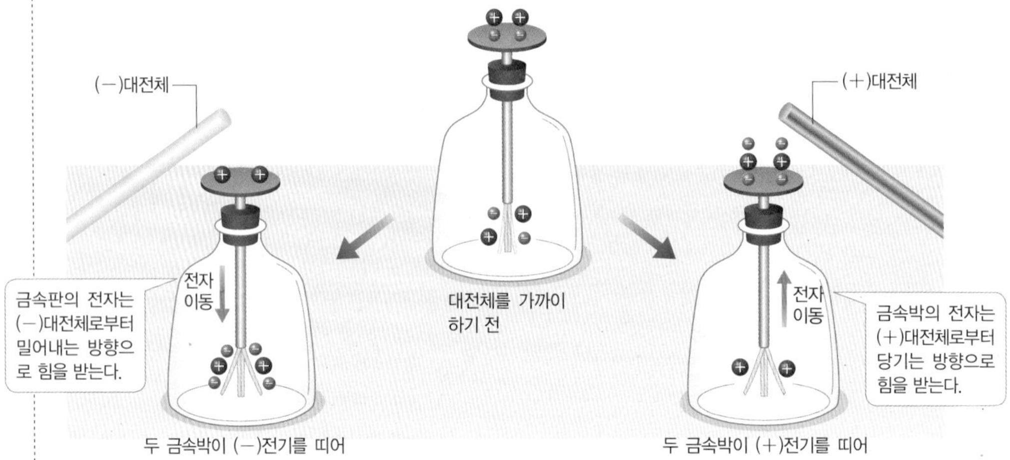
(−)대전체
(+)대전체
전자 이동
전자 이동
금속판의 전자는 (−)대전체로부터 밀어내는 방향으로 힘을 받는다.
대전체를 가까이 하기 전
금속박의 전자는 (+)대전체로부터 당기는 방향으로 힘을 받는다.
두 금속박이 (−)전기를 띠어 금속박이 벌어진다.
두 금속박이 (+)전기를 띠어 금속박이 벌어진다.

정리

1 금속박의 움직임
① 대전되지 않은 플라스틱 막대를 가까이 하면 검전기의 금속판과 금속박에 전하가 유도되지 않는다. 그 결과 금속박에는 아무런 변화가 없다.
② 대전된 플라스틱 막대나 유리 막대를 가까이 하면 검전기의 금속판과 금속박에 전하가 유도된다. 그 결과 두 금속박 사이에는 서로 밀어내는 힘이 작용하여 금속박이 벌어진다.

대전체와 검전기 내의 전자 사이에 전기력이 작용하여 금속박은 대전체와 같은 종류의 전하를 띠게 된다.

2 검전기의 금속판과 금속박의 전하 분포
① (−)전하로 대전된 플라스틱 막대를 검전기의 금속판에 가까이 하면 금속판의 전자가 전기력을 받아 금속박 쪽으로 이동한다. 따라서 검전기의 금속판에는 (+)전하가 유도되고, 금속박에는 (−)전하가 유도된다.
② (+)전하로 대전된 유리 막대를 검전기의 금속판에 가까이 하면 금속박의 전자가 전기력을 받아 금속판 쪽으로 이동한다. 따라서 검전기의 금속판에는 (−)전하가 유도되고, 금속박에는 (+)전하가 유도된다.

실험 클립 QR

수행 평가 섭렵 문제

마찰 전기를 이용하여 정전기 유도 현상 실험하기

- 검전기는 정전기 유도 현상을 이용하여 물체의 □□ 여부를 알아보는 기기이다.
- 검전기의 금속판에 □□되지 않은 물체를 가까이 하면 금속박은 움직이지 않는다.
- 검전기의 금속판에 대전체를 가까이 하면 □□□이 벌어진다.
- 검전기의 금속판에 대전체를 가까이 하면 금속판은 대전체와 □□ 종류의 전하가 유도되고, 금속박은 대전체와 □□ 종류의 전하가 유도된다.

1 털가죽으로 빨대를 마찰하였다. 이에 대한 설명으로 옳은 것을 〈보기〉에서 있는 대로 고르시오.

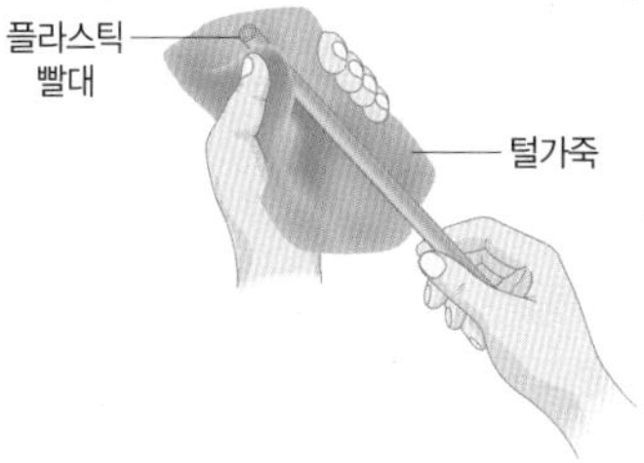

보기
ㄱ. 털가죽에서 빨대로 전자가 이동한다.
ㄴ. 비가 오거나 습한 날씨에 실험이 잘 된다.
ㄷ. 털가죽과 빨대는 서로 다른 종류의 전하를 띤다.

2 그림과 같이 (+)대전체를 검전기의 금속판에 가까이 하였다. 이때 검전기 내에서의 전자의 이동을 쓰고, 금속판과 금속박이 띠는 전하를 각각 쓰시오.

- 전자의 이동: (　　　　　　)
- 금속판이 띠는 전하: (　　　　　　)
- 금속박이 띠는 전하: (　　　　　　)

3 그림과 같이 (−)대전체를 대전되지 않은 검전기의 금속판에 가까이 하였다. 이때 검전기의 금속판과 금속박에 유도되는 전하의 종류와 금속박의 움직임을 옳게 짝지은 것은?

	금속판	금속박	움직임
①	(−)전하	(+)전하	벌어진다.
②	(+)전하	(−)전하	벌어진다.
③	(−)전하	(−)전하	벌어진다.
④	(+)전하	(+)전하	벌어진다.
⑤	(−)전하	(+)전하	아무런 변화가 없다.

4 검전기를 이용하여 알아볼 수 있는 것을 〈보기〉에서 있는 대로 고르시오.

보기
ㄱ. 물체의 대전 여부　　ㄴ. 대전체가 띠는 전하의 종류
ㄷ. 대전체에 대전된 전하의 양 비교　　ㄹ. 대전체와 마찰한 물질의 종류

5 대전되지 않은 검전기의 금속판에 (−)대전체를 접촉시킨 후 멀리하였다. 이때 검전기의 금속판과 금속박이 띠는 전하의 종류를 각각 쓰시오.

- 금속판이 띠는 전하: (　　　　　　)
- 금속박이 띠는 전하: (　　　　　　)

내신 기출 문제

1 마찰 전기

01 그림은 두 물체 (가), (나)를 서로 마찰하기 전과 후의 전하 분포를 나타낸 것이다.

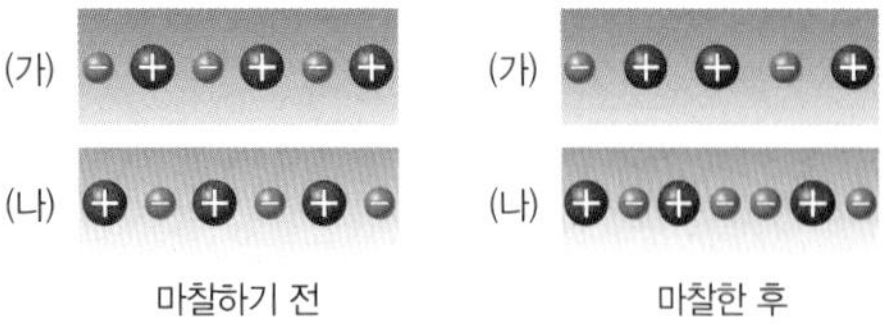

다음 설명 중 옳은 것은?

① 마찰 후 (가)는 전자를 얻었다.
② 마찰 후 (가)는 (+)전하로 대전되었다.
③ 마찰 후 (나)의 (−)전하의 양이 감소하였다.
④ 마찰할 때 원자핵은 (가)에서 (나)로 이동하였다.
⑤ 마찰 후 (가)와 (나) 사이에는 서로 밀어내는 힘이 작용한다.

02 그림과 같이 고무풍선과 털가죽을 마찰한 다음 털가죽을 고무풍선에 가까이 하였더니 고무풍선과 털가죽이 서로 당기는 방향으로 힘이 작용하였다. 이에 대한 설명으로 옳은 것을 모두 고르면? (정답 2개)

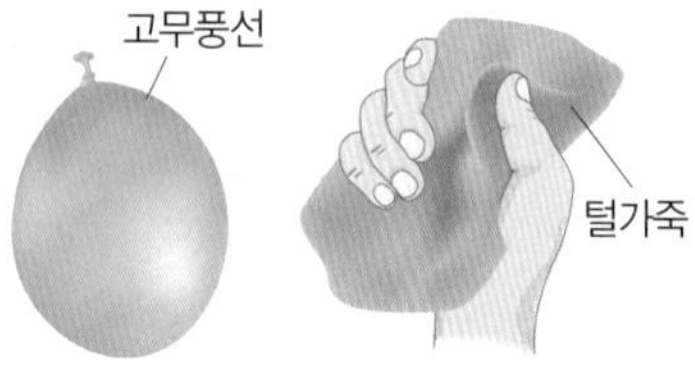

① 풍선은 대전되었다.
② 털가죽은 대전되지 않았다.
③ 털가죽과 풍선 사이에 마찰력이 작용한다.
④ 털가죽과 풍선 사이에서 전자가 이동하였다.
⑤ 털가죽과 풍선은 서로 같은 종류의 전하를 띠고 있다.

중요

03 면장갑으로 마찰한 빨대 ㉠과 ㉡을 그림과 같이 서로 가까이 하였다. 이에 대한 설명으로 옳지 않은 것은?

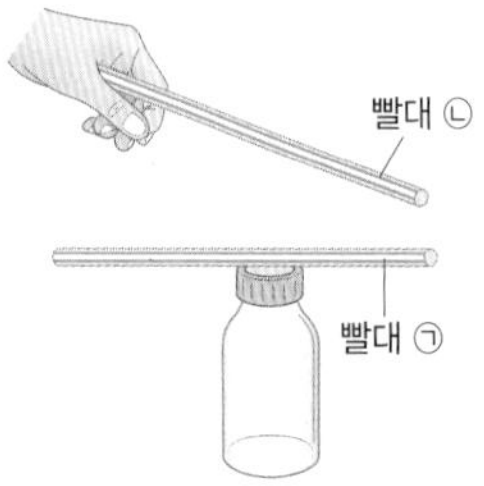

① 면장갑과 빨대 사이에 전자가 이동한다.
② 빨대 ㉠과 ㉡은 서로 다른 종류의 전하를 띤다.
③ 빨대와 면장갑에 마찰 전기가 발생한다.
④ 빨대 ㉠과 ㉡ 사이에는 밀어내는 힘이 작용한다.
⑤ 빨대와 면장갑 사이에는 끌어당기는 힘이 작용한다.

2 정전기 유도

중요

04 그림은 대전되지 않은 금속 숟가락에 (−)전하를 띠는 빨대를 가까이 가져간 모습이다. 이에 대한 설명으로 옳은 것은?

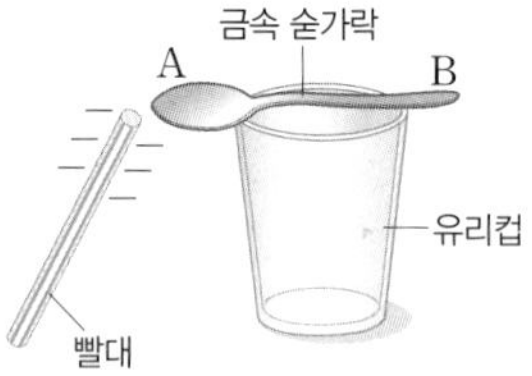

① A 부분은 (−)전하를 띤다.
② A에서 B 쪽으로 전자가 이동한다.
③ 빨대와 B 부분은 다른 종류의 전하를 띤다.
④ A 부분과 B 부분이 띠는 전하의 종류는 같다.
⑤ 빨대와 금속 숟가락 사이에는 밀어내는 힘이 작용한다.

05 플라스틱 막대와 털가죽을 마찰한 다음 그림 (가), (나)와 같이 플라스틱 막대와 털가죽을 알루미늄 깡통에 각각 가까이 하였다.

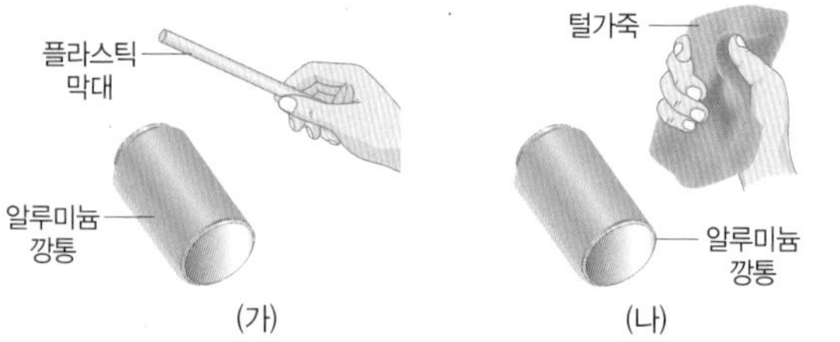

이에 대한 설명으로 옳은 것은? (정답 2개)

① (가)에서 알루미늄 깡통이 끌려온다.
② (나)에서 알루미늄 깡통이 밀려간다.
③ (가)에서만 정전기 유도 현상이 일어난다.
④ (가)의 알루미늄 깡통 내에서 전자가 이동한다.
⑤ (나)의 알루미늄 깡통 내에서 원자핵이 이동한다.

중요

06 그림과 같이 (+)대전체를 대전되지 않은 검전기의 금속판에 가까이 하였다. 이때 검전기의 금속판과 금속박에 유도되는 전하의 종류와 금속박의 움직임을 쓰시오.

(1) 금속판에 유도되는 전하:
(2) 금속박에 유도되는 전하:
(3) 금속박의 움직임:

고난도 실력 향상 문제

정답과 해설 • 11쪽

01 그림은 가벼운 대전체 A ~D를 실에 매달아 놓은 모습을 나타낸 것이다. D가 (+)전하를 띠고 있다면, A~C가 띤 전하의 종류를 옳게 짝지은 것은? (단, A, B, C, D의 전하의 양은 같다.)

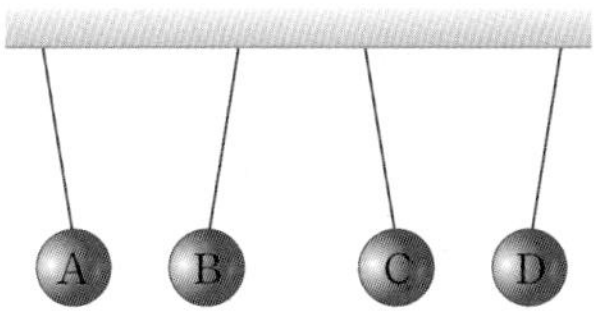

	A	B	C		A	B	C
①	(−)	(−)	(+)	②	(+)	(−)	(−)
③	(+)	(−)	(+)	④	(−)	(+)	(+)
⑤	(+)	(+)	(−)				

02 그림과 같이 (+)전하를 띤 유리 막대를 대전되지 않은 금속 막대의 A 쪽에 가까이 한 다음, (+)전하를 띤 고무풍선을 B 쪽에 가까이 하였다.

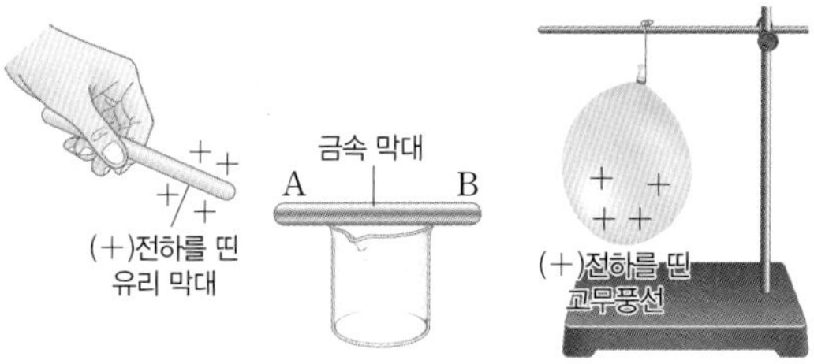

이에 대한 설명으로 옳지 않은 것은?

① 금속 막대의 A 쪽은 (−)전하를 띤다.
② 금속 막대의 B 쪽은 (+)전하를 띤다.
③ 풍선은 B로부터 밀어내는 방향의 힘을 받는다.
④ (−)전하를 띤 대전체를 A 쪽에 가까이 하면 풍선과 B는 서로 밀어내는 방향의 힘을 작용한다.
⑤ (+)전하를 띤 유리 막대를 1개 더 A에 가까이 하면 풍선에 작용하는 힘이 더 커진다.

03 (−)전하로 대전된 검전기의 금속박이 벌어져 있을 때 금속판에 대전체를 가까이 하였더니 금속박이 오므라들었다. 다음 설명 중 옳은 것을 〈보기〉에서 있는 대로 고르시오.

〈보기〉
ㄱ. 대전체는 (+)전하를 띠고 있다.
ㄴ. 금속판에서 금속박으로 전자가 이동하였다.
ㄷ. 금속박이 띠는 (−)전하의 양이 감소하였다.
ㄹ. 금속판에서 금속박으로 (+)전하가 이동하였다.

서논술형 유형 연습

정답과 해설 • 11쪽

예제

01 검전기에 (−)대전체를 가까이 하면 금속박이 벌어지고, 이 상태에서 손가락을 금속판에 접촉하면 그림과 같이 벌어져 있던 금속박이 오므라든다.

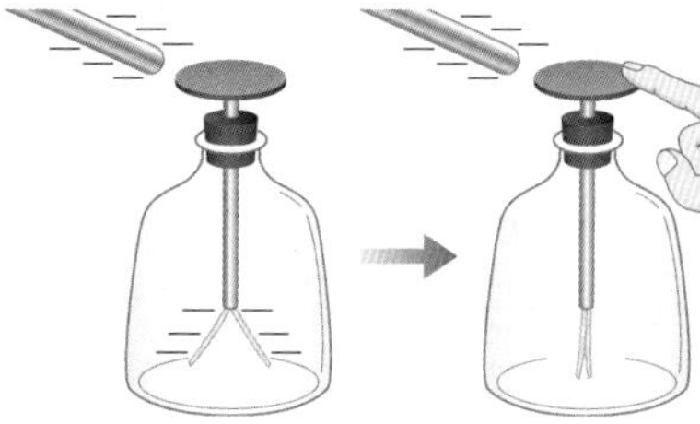

이 과정을 검전기에서 전하의 이동으로 설명하시오.

Tip 검전기 내의 자유 전자는 이동이 자유로우므로 대전체를 검전기에 가까이 하면 검전기 내에서 전자가 이동하며, 손가락을 대면 손가락을 따라 전자가 이동한다.

Key Word 검전기, 대전체, 손가락

[설명] 검전기 내의 자유 전자는 검전기 내에서 자유롭게 이동할 수 있고, 사람의 몸을 통해서도 이동할 수 있다는 사실을 알고 있으면 해결할 수 있다.

[모범 답안] (−)대전체를 금속판에 가까이 하면 금속판의 전자가 금속박으로 이동하여 금속박이 벌어지고, 손가락을 대면 금속박의 전자가 손가락을 따라 빠져나가므로 금속박은 오므라든다.

실전 연습

01 빨대 A와 B를 각각 털가죽으로 문지른 다음, 그림 (가)와 같이 장치하고 B를 가까이 하였다.

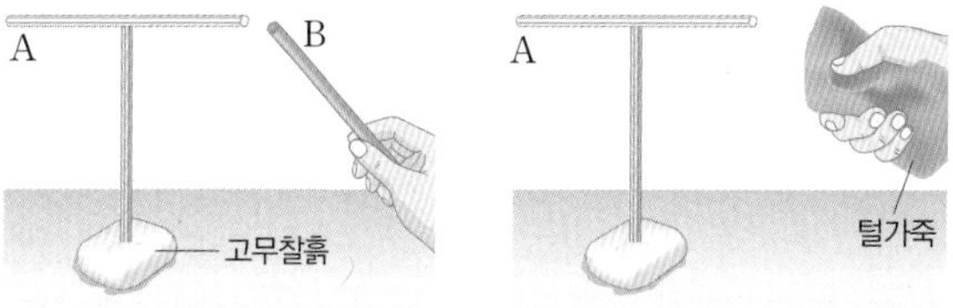

(가) (나)

(1) A의 움직임을 쓰고 그 까닭을 설명하시오.

(2) 이번에는 그림 (나)와 같이 털가죽을 가까이 할 때 A의 움직임을 쓰고 그 까닭을 설명하시오.

Tip 털가죽으로 빨대를 마찰하면 털가죽과 빨대는 다른 종류의 전하를 띤다. 이때 털가죽으로 마찰한 빨대는 모두 같은 종류의 전하를 띤다.

Key Word 털가죽, 빨대, 마찰 전기

2 전류와 전압

❶ 전류

1. **전류**: 전하의 흐름
   (1) 전류의 단위: A⁺(암페어) 또는 mA(밀리암페어)를 사용
      • 1 A=1000 mA
   (2) 전류의 측정: 전류계⁺를 사용하여 측정한다.
   (3) 전류의 방향과 전자의 이동 방향⁺
      ① 전류의 방향: 전지의 (+)극에서 (−)극 쪽으로 흐른다.
      ② 전자의 이동 방향: 전지의 (−)극에서 (+)극 쪽으로 이동한다.
      ③ 전류의 방향은 전자의 이동 방향과 반대 방향이다.

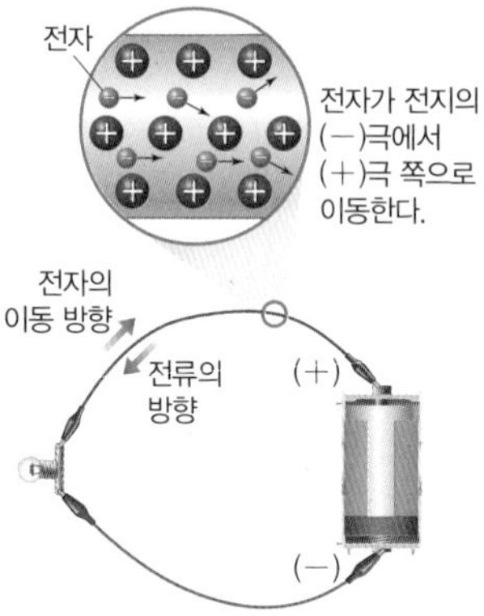

▲ 전류의 방향과 전자의 이동 방향

2. **도선 내에서의 전자의 흐름**
   (1) 전류가 흐르지 않을 때: 전자들이 여러 방향으로 불규칙하게 움직인다.
   (2) 전류가 흐를 때: 전자들이 전지의 (−)극에서 (+)극 쪽으로 이동한다.

❷ 전압

1. **전압**: 전류를 흐르게 하는 원인
   (1) 전압의 단위: V⁺(볼트)를 사용
   (2) 전압의 측정: 전압계⁺를 사용하여 측정한다.
   (3) 전압에 의해 전류가 흐르는 것은 밸브를 열면 물의 높이차에 의해 물이 흐르는 것으로 비유할 수 있다.
   (4) 전지의 전압은 물의 높이차와 같은 역할을 하여 전선 내의 전자를 계속 이동시켜 전류가 흐르게 한다.

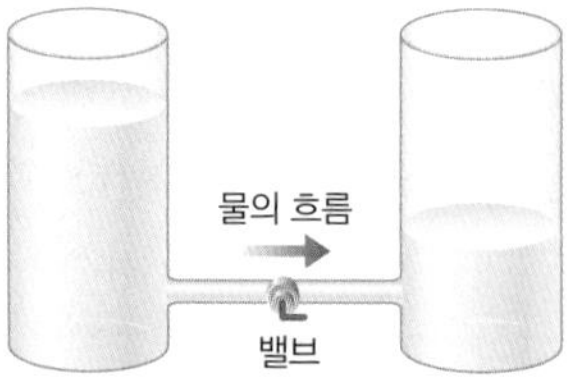

▲ 물의 높이차에 의한 물의 흐름

2. **물 흐름 모형과 전기 회로**: 전기 회로에서 전류는 물의 흐름에 비유할 수 있다.

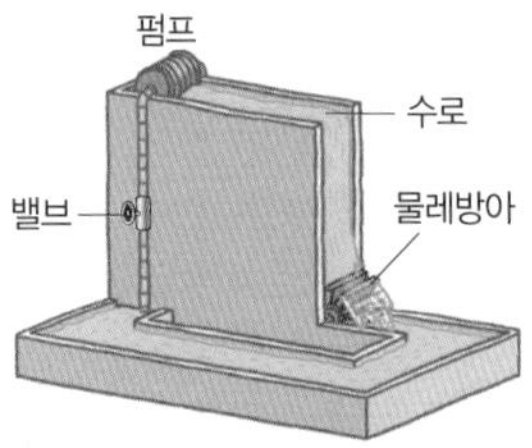

(가) 물 흐름 모형

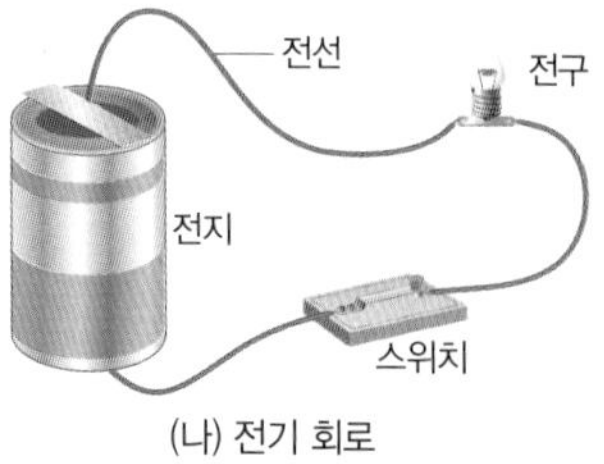

(나) 전기 회로

물 흐름 모형	물의 흐름	펌프	밸브	물레방아	수로
전기 회로	전류	전지	스위치	전구	전선

+ A(암페어)
전류의 단위이다. 전류의 세기가 클수록 1초 동안 전선의 한 단면을 지나는 전하의 양이 더 많은 것을 의미한다.

+ 전류계의 사용법

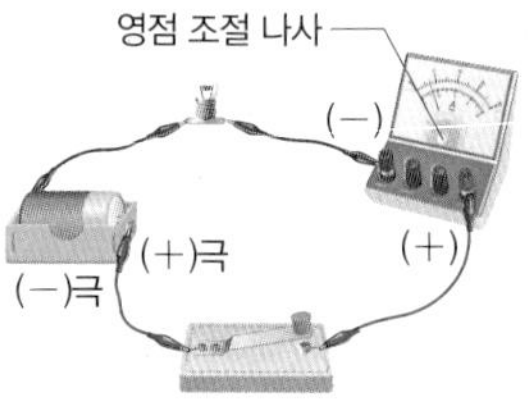

전류계는 측정하려는 부분에 직렬로 연결하고, (+)단자는 전지의 (+)극 쪽에, (−)단자는 전지의 (−)극 쪽에 연결한다. 또 전류값을 모를 때는 가장 큰 (−)단자에 먼저 연결한다.

+ 전류의 방향과 전자의 이동 방향이 반대인 까닭
전류의 방향은 과거에 양전하의 이동 방향으로 정하였기 때문에, 실제로 전자가 이동하는 방향과는 반대이다.

+ V(볼트)
전압의 단위이다. 전압이 큰 전지일수록 전자는 더 많은 에너지를 얻는다.

+ 전압계의 사용법

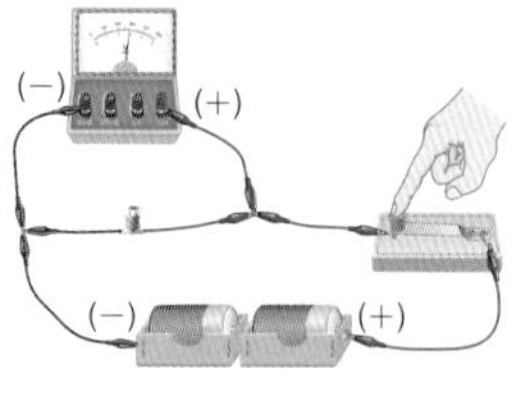

전압계는 측정하려는 부분에 병렬로 연결하고 (+)단자는 전지의 (+)극 쪽에 (−)단자는 전지의 (−)극 쪽에 연결한다. 또 전압값을 모를 때는 가장 큰 (−)단자에 먼저 연결한다.

❶ 전류

- 전하의 흐름을 □□라고 하며, 단위는 □(암페어)를 사용한다.
- 전류는 전지의 □극에서 □극 쪽으로 흐르며, 전자는 전지의 □극에서 □극 쪽으로 이동한다.

❷ 전압

- 전류를 흐르게 하는 원인을 □□이라고 하며, 단위는 □(볼트)를 사용한다.
- □□에 의해 전류가 흐르는 것은 밸브를 열면 물의 □□ 차에 의해 물이 흐르는 것으로 비유할 수 있다.
- 물 흐름 모형과 전기 회로에서 물의 흐름은 □□에 비유할 수 있고, 펌프는 □□에 비유할 수 있다.

01 전류에 대한 설명으로 옳은 것은 ○표, 옳지 않은 것은 ×표를 하시오.

(1) 전류는 전하의 흐름이다. (　　)

(2) 1 A는 100 mA이다. (　　)

(3) 전류는 전류계를 사용하여 측정한다. (　　)

(4) 전류의 단위는 A(암페어), mA(밀리암페어)를 사용한다. (　　)

02 그림과 같이 전지에 도선과 꼬마전구를 연결하여 전기 회로를 구성하였다.

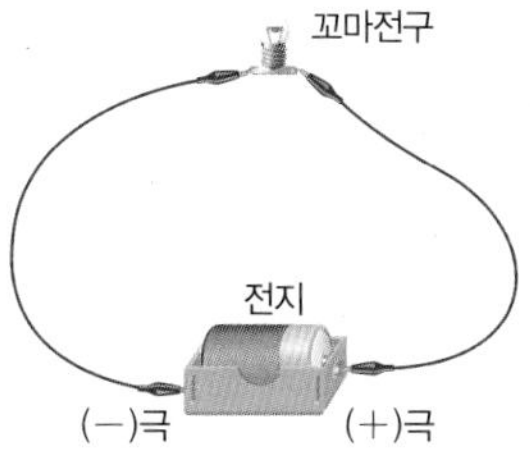

(1) 전기 회로에 흐르는 전류의 방향을 전지의 극을 이용하여 쓰시오.

(2) 전기 회로에서 전자의 이동 방향을 전지의 극을 이용하여 쓰시오.

03 전압에 대한 설명으로 옳은 것은 ○표, 옳지 않은 것은 ×표를 하시오.

(1) 전압은 전류를 흐르게 하는 원인이다. (　　)

(2) 전압의 단위는 V(볼트)를 사용한다. (　　)

(3) 전압은 전압계를 사용하여 측정한다. (　　)

04 다음은 전류를 흐르게 하는 원인에 대한 설명이다. ㉠~㉣에 들어갈 알맞은 말을 쓰시오.

(㉠)에 의해 전류가 흐르는 것은 오른쪽 그림과 같은 장치에서 밸브를 열면 물의 (㉡)에 의해 물이 흐르는 것으로 비유할 수 있다. 따라서 (㉢)는 전기 회로에서 (㉣)을 계속 유지하는 역할을 한다.

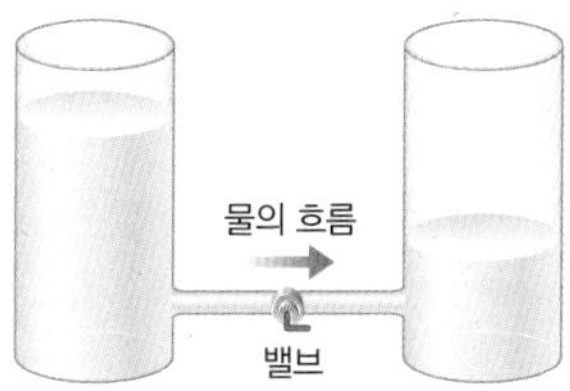

05 다음은 물 흐름 모형과 전기 회로를 비교 것이다.

물 흐름 모형	물의 흐름	펌프	밸브	물레방아	수로
전기 회로	㉠	㉡	스위치	㉢	전선

㉠~㉢에 들어갈 알맞은 말을 쓰시오.

• ㉠: (　　　　) • ㉡: (　　　　) • ㉢: (　　　　)

내신 기출 문제

1 전류

01 전자의 이동에 대한 설명으로 옳지 않은 것은? (정답 2개)

① 전자는 (−)전기를 띤다.
② 전자는 전하를 운반한다.
③ 전자의 이동 방향은 전류의 방향과 같다.
④ 전자는 전지의 (−)극에서 (+)극 쪽으로 이동한다.
⑤ 전류의 방향보다 전자의 이동 방향을 먼저 알게 되었다.

중요

02 그림은 전기 회로의 도선 속에서 전자의 움직임을 나타낸 것이다. 도선에 흐르는 전류의 방향과 A, B에 연결된 전지의 극을 옳게 짝지은 것은?

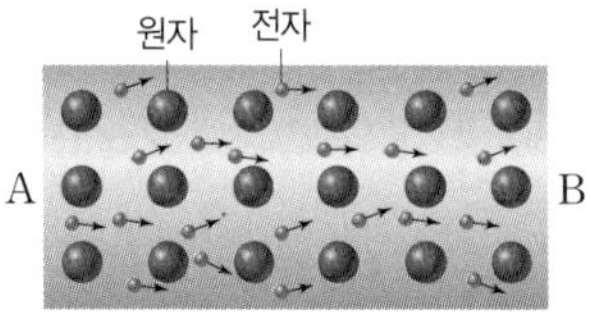

	전류의 방향	A	B
①	A → B	(+)극	(−)극
②	A → B	(−)극	(+)극
③	B → A	(+)극	(−)극
④	B → A	(−)극	(+)극

⑤ 전류가 흐르지 않으므로 전지에 연결되어 있지 않다.

03 그림 (가), (나)는 도선 내의 원자와 전자의 모습을 나타낸 것이다.

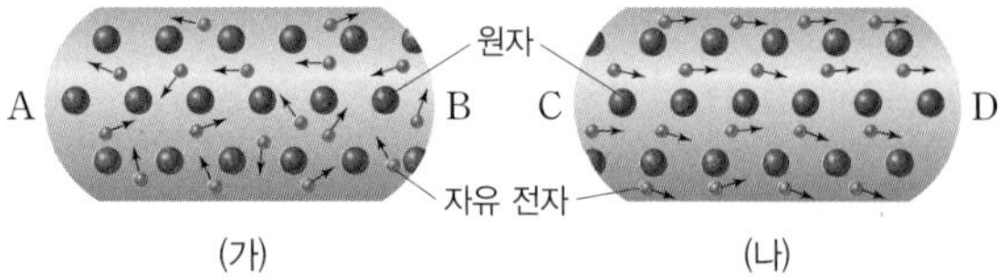

이에 대한 설명으로 옳은 것만을 〈보기〉에서 있는 대로 고른 것은?

보기
ㄱ. (가)와 (나)에 흐르는 전류는 반대 방향이다.
ㄴ. (가)에서 A는 전지의 (−)극에 연결되어 있다.
ㄷ. (나)의 경우 D에서 C로 전류가 흐른다.
ㄹ. (가), (나) 모두 원자핵은 이동하지 않는다.

① ㄱ, ㄴ ② ㄱ, ㄹ ③ ㄴ, ㄷ
④ ㄴ, ㄹ ⑤ ㄷ, ㄹ

2 전압

04 다음 중 전압에 대한 설명으로 옳지 않은 것은?

① 전압의 단위는 V(볼트)를 사용한다.
② 전압은 전류를 흐르게 하는 원인이다.
③ 전압은 전압계로 측정하며 회로에 직렬연결한다.
④ 전지는 전기 회로에서 전압을 계속 유지하는 역할을 한다.
⑤ 전압에 의해 전류가 흐르는 것은 물의 높이차에 의해 물이 흐르는 것으로 비유할 수 있다.

05 그림과 같이 두 물통 사이에 물의 높이차가 유지된다면 물이 계속 흐를 수 있듯이, 전기 회로에서 전압이 유지된다면 전류는 지속적으로 흐를 수 있다. 전기 회로에서 전류를 계속 흐를 수 있게 하는 역할을 하는 것은?

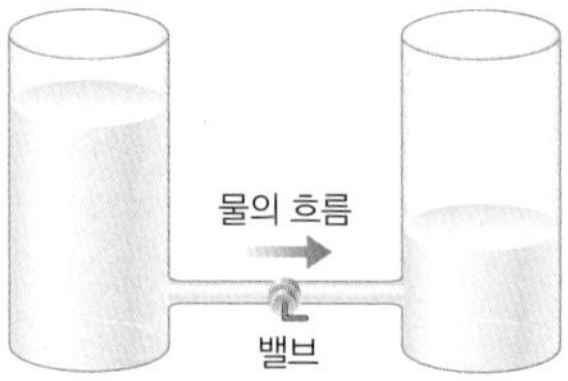

① 전자 ② 전구 ③ 전선
④ 스위치 ⑤ 전지

중요

06 그림 (가), (나)는 각각 전기 회로와 물레방아를 돌리기 위한 장치를 나타낸 것이다. (가), (나)에서 역할이 비슷한 것끼리 옳게 짝지은 것은?

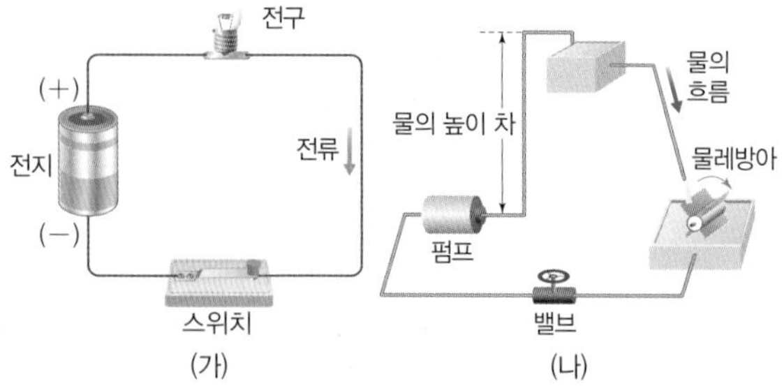

① 전구 − 펌프 ② 전지 − 스위치
③ 전지 − 물레방아 ④ 전류 − 물의 흐름
⑤ 밸브 − 물의 높이차

고난도 실력 향상 문제

정답과 해설 • 12쪽

01 그림과 같이 전류계 (가)에 측정되는 전류의 세기가 0.2 A였다. 전류계 (나)에 측정되는 전류의 세기는 몇 A인가?

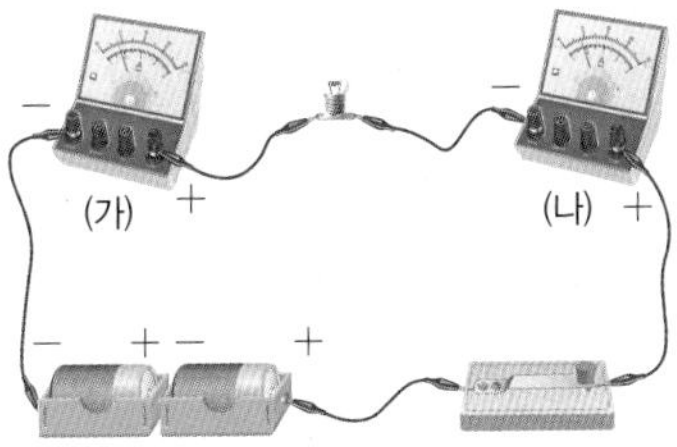

① 0 A ② 0.1 A ③ 0.2 A
④ 2 A ⑤ 4 A

02 그림과 같이 회로를 꾸미고 전압을 측정하였더니, 전압계의 바늘이 왼쪽으로 회전하여 전압을 측정할 수 없었다. 이 문제를 해결하기 위한 방법으로 옳은 것은?

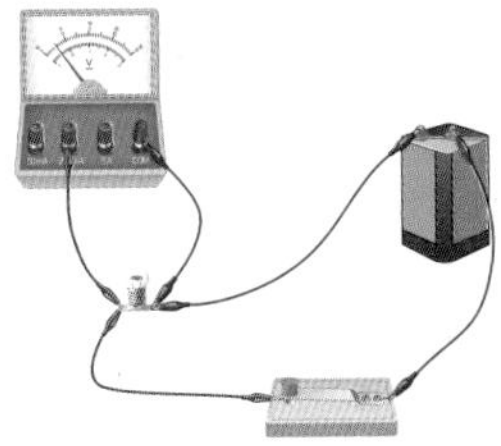

① 전압계의 영점을 다시 조절한다.
② 전압계를 회로에 직렬로 연결한다.
③ 전압계의 (+)단자와 (−)단자를 바꾸어 연결한다.
④ 전압계의 (−)단자를 더 큰 값의 단자에 연결한다.
⑤ 전압계의 (−)단자를 더 작은 값의 단자에 연결한다.

중요

03 그림 (가), (나)는 물 흐름 장치와 전기 회로를 각각 나타낸 것이다.

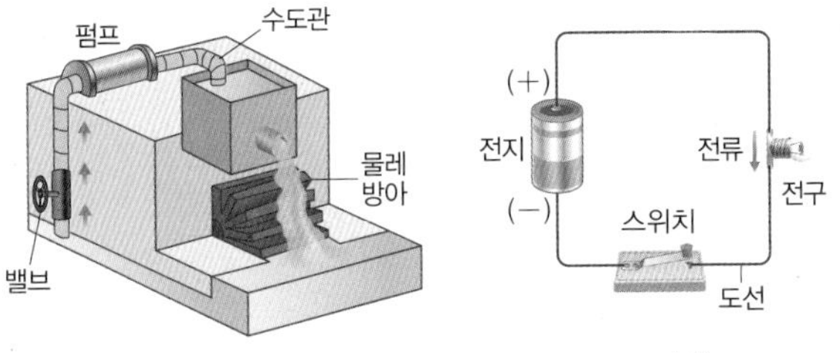

(가) (나)

다음에서 설명하는 현상을 전기 회로에 옳게 비유한 것은?

> 펌프가 물을 계속 퍼 올리면 물이 계속 흐른다.

① 전류의 흐름을 차단한다.
② 전하가 계속 이동한다.
③ 전선을 통해 전하가 이동한다.
④ 전구는 전기 에너지를 사용하여 불을 켠다.
⑤ 전지는 지속적으로 전자를 이동시켜 전류가 흐른다.

서논술형 유형 연습

정답과 해설 • 13쪽

예제

01 그림과 같이 전기 회로는 물 흐름 모형으로 설명할 수 있다.

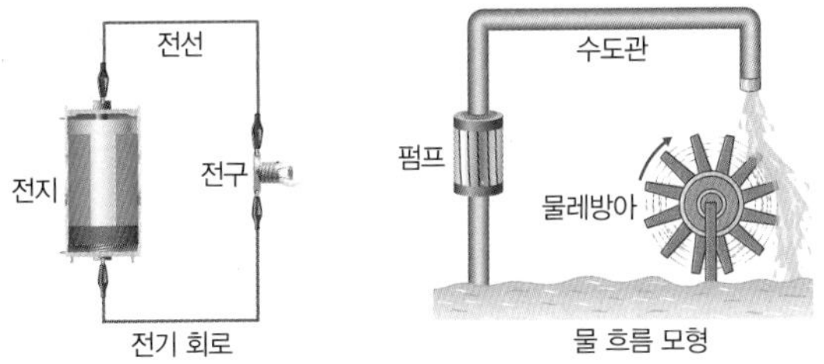

전기 회로 물 흐름 모형

다음에 주어진 물 흐름 모형에서의 설명을 전기 회로에서의 설명으로 바꾸어 서술하시오.

> 물레방아가 계속 돌아가려면 물이 계속 흘러야 한다. 펌프는 아래에 있는 물을 위로 퍼 올려 물이 계속 흐르도록 한다.

Tip 전기 회로는 물 흐름 모형에 비유할 수 있다. 전구는 물레방아, 전지는 펌프에 비유할 수 있다.
Key Word 물레방아, 펌프

[설명] 물 흐름 모형과 전기 회로에서 물의 흐름은 전류, 펌프는 전지에 비유할 수 있다는 사실을 알고 있으면 해결할 수 있다.
[모범 답안] 전기 회로에서 전구가 계속 켜지려면 전류가 계속 흘러야 한다. 전지는 전류가 계속 흐르도록 한다.

실전 연습

01 그림은 전기 회로에서 도선의 일부분을 나타낸 모식도이다. 이 전기 회로에는 전류가 흐르는가? 전류가 흐른다면 어느 방향으로 흐르는지 쓰고, 그렇게 생각한 까닭을 설명하시오.

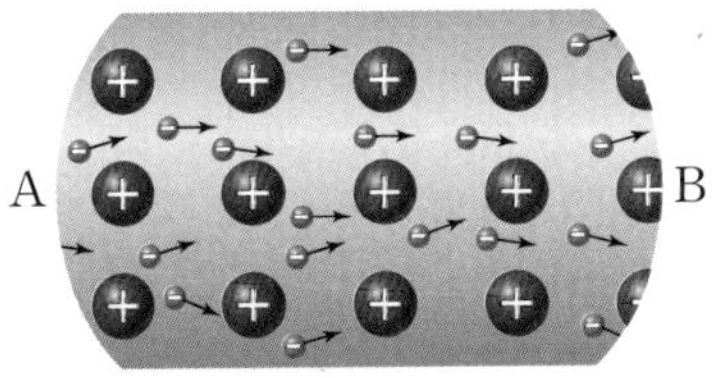

Tip 도선에 전류가 흐를 때 도선 내의 전자들이 한 방향으로 이동한다. 이때 전자의 이동 방향과 전류의 방향은 반대이다.
Key Word 전류, 전자의 이동 방향

3 전압, 전류, 저항 사이의 관계

❶ 전압, 전류, 저항 사이의 관계

1. **옴의 법칙+**: 도체에 흐르는 전류의 세기는 도체의 양 끝에 걸린 전압에 비례한다.
   (1) 니크롬선에 걸리는 전압이 2배, 3배 …가 되면, 니크롬선에 흐르는 전류의 세기도 2배, 3배 …가 된다.
   (2) 니크롬선에 흐르는 전류의 세기는 니크롬선에 걸린 전압에 비례한다.

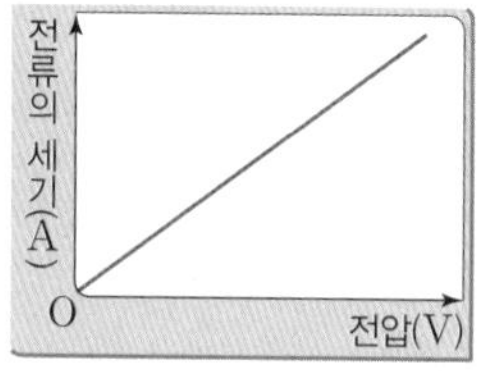

2. **전기 저항+**: 전류의 흐름을 방해하는 정도
   (1) 전기 저항의 단위: Ω(옴)을 사용
   • 1 Ω: 1 V의 전압을 걸었을 때 흐르는 전류의 세기가 1 A인 도선의 저항
   (2) 전류와 저항의 관계: 전압이 같을 때 흐르는 전류의 세기는 도체의 저항이 클수록 작아진다. 즉, 도선에 흐르는 전류는 저항에 반비례한다.
   (3) 전압, 전류, 저항의 관계: 도체에 흐르는 전류의 세기는 전압에 비례하고 저항에 반비례한다.

$$전류의\ 세기=\frac{전압}{전기\ 저항},\ I=\frac{V}{R}\ \Rightarrow\ V=IR$$

+ 옴(Ohm, Georg Simon, 1789~1854)
독일의 물리학자로, 옴의 법칙을 발견하였다. 저항의 단위인 Ω은 그의 이름에서 따온 것이다.

+ 전기 저항이 생기는 까닭
전류가 흐를 때 도선 내부에서 이동하는 자유 전자들이 원자와 충돌하기 때문에 전기 저항이 생긴다.

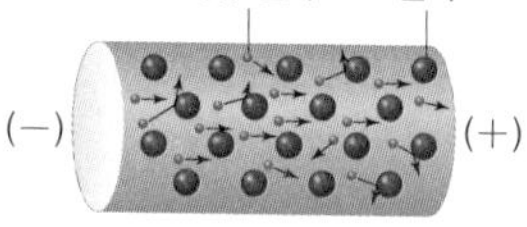

❷ 저항의 연결

1. **저항의 직렬연결과 병렬연결**

구분	저항의 직렬연결	저항의 병렬연결
전기 회로	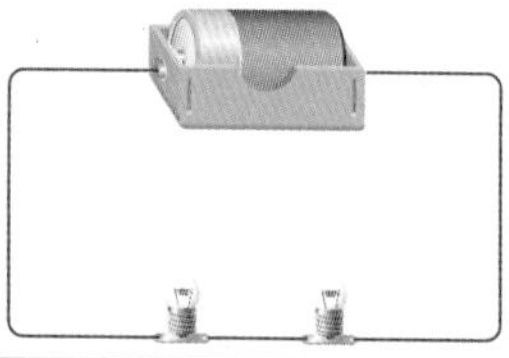	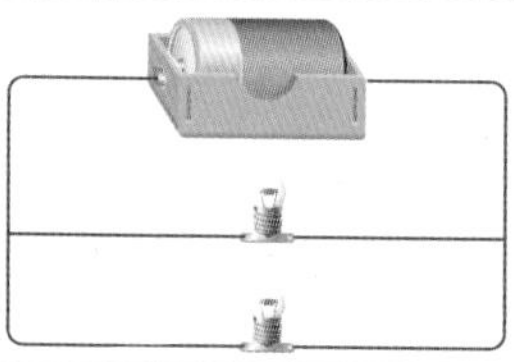
특징	• 저항을 직렬연결하면 회로 전체의 저항은 커지고, 회로 전체에 흐르는 전류의 세기는 작아진다. • 여러 개의 전기 기구가 직렬연결된 회로에서는 한 전기 기구만 고장 나도 회로 전체에 전류가 흐르지 않게 된다.	• 각 저항에 걸리는 전압은 같고, 회로 전체의 저항은 작아지므로 회로 전체에 흐르는 전류의 세기가 커진다. • 전기 기구를 병렬연결하면 다른 전기 기구의 영향을 받지 않고 따로 사용할 수 있다.

2. **저항의 직렬연결과 병렬연결의 쓰임**
   (1) 저항의 직렬연결: 퓨즈+는 직렬연결되어 있어 전기 기구에 과도하게 센 전류가 흐르면 퓨즈가 끊어져 전기 기구를 보호할 수 있다.
   (2) 저항의 병렬연결: 가정용 전기 기구+는 병렬연결되어 있으므로 각 전기 기구에 220 V의 동일한 전압이 걸리고, 전기 기구를 각각 켜거나 끌 수 있다.

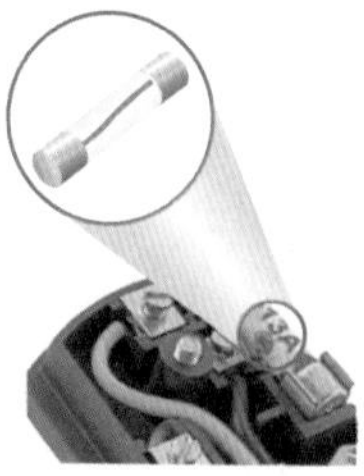

+ 퓨즈
퓨즈에 일정한 세기 이상의 전류가 흐르면 녹아서 끊어진다. 따라서 퓨즈를 직렬연결하면 전기 회로에 과도한 전류가 흐를 경우 퓨즈가 끊어져 전기 회로에 흐르는 전류를 차단할 수 있다.

+ 가정용 전기 기구의 연결
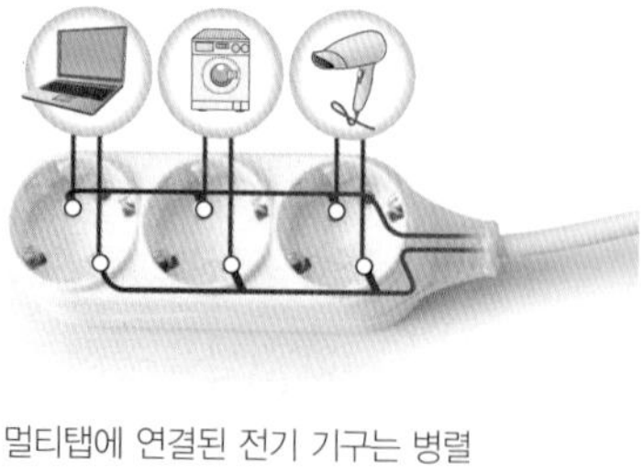

멀티탭에 연결된 전기 기구는 병렬연결되어 각각 따로 켜거나 끌 수 있다.

❶ 전압, 전류, 저항 사이의 관계

- 도체에 흐르는 전류의 세기가 도체의 양 끝에 걸린 전압에 □□하는 것을 □□ 법칙이라고 한다.
- 전류의 흐름을 방해하는 정도를 □□이라고 하며, 단위는 □(옴)을 사용한다.
- 도체에 흐르는 전류의 세기는 전압에 □□하고 저항에 □□□한다.

01 저항에 대한 설명으로 옳은 것은 ○표, 옳지 않은 것은 ×표를 하시오.

(1) 저항은 전류의 흐름을 방해하는 정도이다. ( )

(2) 전기 저항의 단위는 Ω(옴)을 사용한다. ( )

(3) 전압이 같을 때 도체의 저항이 클수록 흐르는 전류의 세기는 작아진다. ( )

02 전압, 전류, 저항의 관계에 대한 설명으로 옳은 것은 ○표, 옳지 않은 것은 ×표를 하시오.

(1) 도선에 흐르는 전류는 저항에 반비례한다. ( )

(2) 도선에 흐르는 전류의 세기는 전압에 반비례한다. ( )

(3) 전류의 세기가 일정할 때 도선에 걸리는 전압은 저항에 비례한다. ( )

(4) 도선에 같은 전압을 걸어 주어도 도체의 저항에 따라 흐르는 전류의 세기가 다르다. ( )

❷ 저항의 연결

- □□연결된 회로에서는 한 전기 기구만 고장 나도 회로 전체에 전류가 흐르지 않게 된다.
- 전기 기구를 □□연결하면 다른 전기 기구의 영향을 받지 않고 따로 사용할 수 있다.
- 퓨즈는 □□연결을 이용하며, 가정용 전기 기구는 □□연결을 이용한다.

03 그래프는 니크롬선 A, B, C의 양 끝에 걸리는 전압을 변화시키면서 니크롬선에 흐르는 전류의 세기를 측정한 결과를 각각 나타낸 것이다.

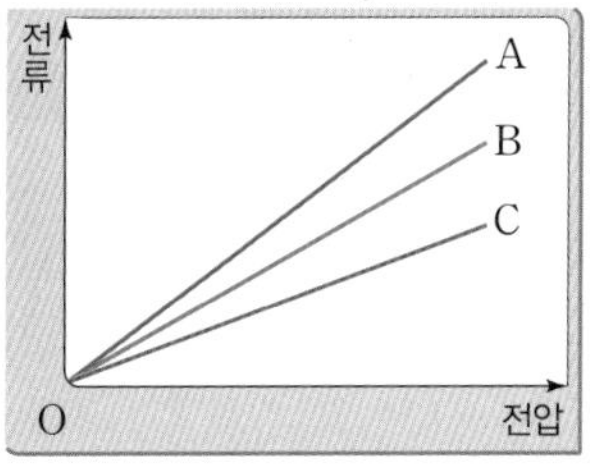

(1) 전류와 전압 사이의 관계를 쓰시오.

(2) A~C의 저항의 크기를 부등호를 이용하여 비교하시오.

04 다음 중 저항의 직렬연결에 대한 것에는 '직렬', 저항의 병렬연결에 대한 것에는 '병렬'이라고 쓰시오.

(1) 각 전기 기구에 걸리는 전압이 전원의 전압과 같다. ( )

(2) 다른 전기 기구의 영향을 받지 않고 따로 사용할 수 있다. ( )

(3) 전기 기구 1개만 고장 나도 나머지 전기 기구가 모두 작동하지 않는다. ( )

(4) 전기 기구를 많이 연결할수록 회로 전체에 흐르는 전류의 세기는 커진다. ( )

05 저항의 병렬연결과 관련이 있는 것만을 〈보기〉에서 있는 대로 고르시오.

〈보기〉
ㄱ. 퓨즈　　ㄴ. 멀티탭　　ㄷ. 도로의 가로등
ㄹ. 가정용 전기 기구　　ㅁ. 동시에 켜지는 크리스마스트리 전구

필수 탐구 전압, 전류, 저항 사이의 관계 탐구하기

목표
전기 회로에서 전압, 전류, 저항 사이의 관계를 실험을 통하여 설명할 수 있다.

과정

1 그림과 같이 긴 니크롬선, 전류계, 전압계, 직류 전원 장치, 스위치를 연결한다.

2 직류 전원 장치를 조절하여 긴 니크롬선에 걸리는 전압을 1.2 V씩 높이면서 긴 니크롬선에 흐르는 전류의 세기를 측정하고, 표에 기록한다.

3 긴 니크롬선 대신 짧은 니크롬선을 연결하고 과정 2를 반복한다.

4 [과정 2, 3]에서 측정한 전압과 전류의 세기를 하나의 그래프에 나타내 본다.

니크롬선에 전류가 흐르면 열이 발생하므로 스위치를 오래 누르지 않도록 하고, 뜨거워진 니크롬선에 손이 닿지 않게 한다. 또한, 젖은 손이나 젖은 물건으로 전기 회로를 만지지 않는다.

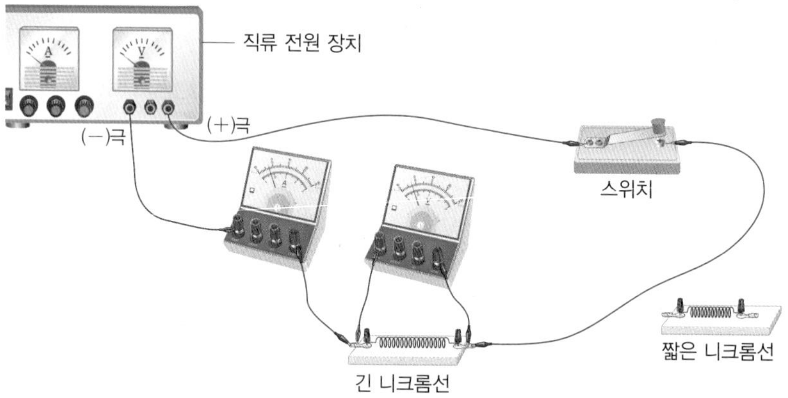

결과

긴 니크롬선과 짧은 니크롬선에 걸린 전압에 따른 전류의 세기는 표와 같고, 이를 그래프로 나타내면 그림과 같다.

긴 니크롬선

전압(V)	0	1.2	2.4	3.6	4.8
전류(A)	0	0.10	0.22	0.32	0.40

짧은 니크롬선

전압(V)	0	1.2	2.4	3.6	4.8
전류(A)	0	0.16	0.30	0.45	0.59

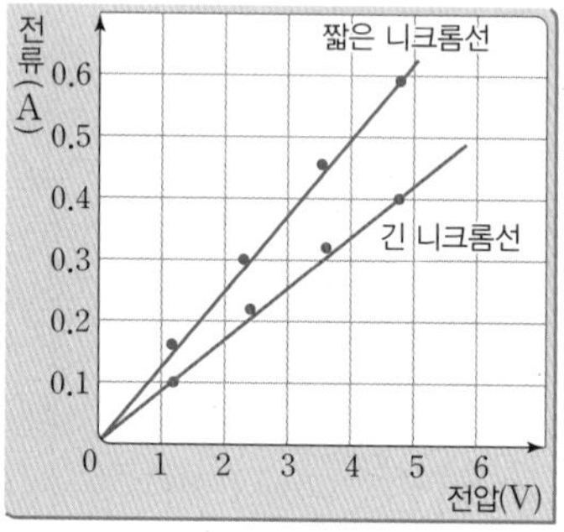

전류의 세기를 나타내는 1 A는 1000 mA이다. mA 단위로 측정한 전류의 세기를 A 단위로 환산하여 표에 기록한다.

정리

1 동일한 니크롬선에서 전류의 세기는 니크롬선에 걸리는 전압에 비례하여 증가한다.

2 니크롬선에 걸리는 전압이 같을 때 긴 니크롬선보다 짧은 니크롬선에 흐르는 전류의 세기가 크다.

3 전압이 일정할 때 저항이 클수록 흐르는 전류의 세기가 작다.

4 긴 니크롬선에서는 짧은 니크롬선에서보다 전자의 이동이 더 방해를 받으므로, 긴 니크롬선의 저항이 짧은 니크롬선의 저항보다 크다. 즉, 두 니크롬선의 저항이 다르기 때문에 전류의 세기가 다르다.

5 니크롬선에 흐르는 전류의 세기는 니크롬선에 걸리는 전압이 클수록 크고, 니크롬선의 저항이 클수록 작다.

실험 클립 QR

수행 평가 섭렵 문제

전압, 전류, 저항 사이의 관계 탐구하기

- 일정한 니크롬선에서 전류의 세기는 니크롬선에 걸리는 전압에 □□한다.
- 긴 니크롬선의 저항이 짧은 니크롬선의 저항보다 □다.
- 전압이 같을 때 긴 니크롬선에 흐르는 전류는 짧은 니크롬선에 흐르는 전류보다 □다.
- 전압이 일정할 때 저항이 클수록 흐르는 전류의 세기가 □□.
- 물체에 흐르는 전류의 세기는 물체에 걸리는 전압이 클수록 □고, 물체의 저항이 클수록 □다.

1 전기 회로에서 니크롬선에 흐르는 전류의 세기와 걸리는 전압을 측정하려고 한다. 전류계와 전압계의 연결 방법(직렬연결 또는 병렬연결)을 쓰시오.

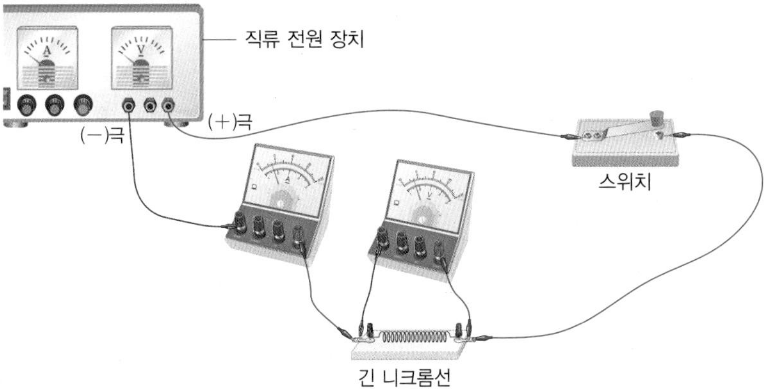

(1) 전류계의 연결:

(2) 전압계의 연결:

2 그림은 니크롬선에 연결된 전류계와 전압계의 눈금판이다. 전류계의 (−)단자는 **500 mA**에 연결되어 있고, 전압계의 (−)단자는 **15 V**에 연결되어 있다.

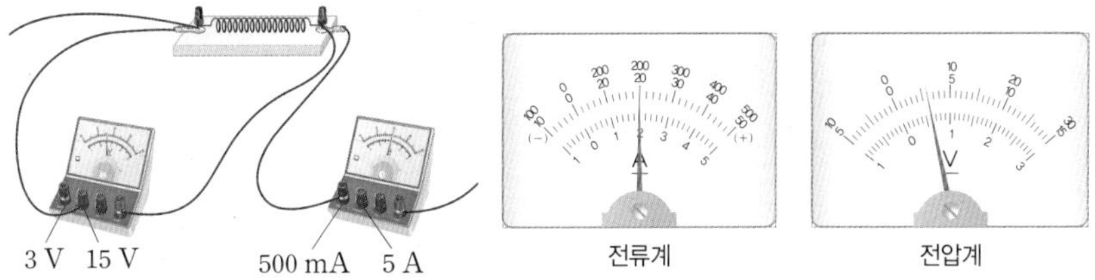

(1) 회로에 흐르는 전류의 세기는 몇 A인가?

(2) 니크롬선에 걸리는 전압은 몇 V인가?

(3) 니크롬선의 저항은 몇 Ω인가?

3 오른쪽 그래프는 길이가 다른 두 니크롬선 **A**, **B**에 걸어 준 전압에 따른 전류의 세기를 나타낸 것이다. **A**와 **B**의 길이를 부등호를 이용하여 비교하시오. (단, 두 니크롬선의 단면적은 같다.)

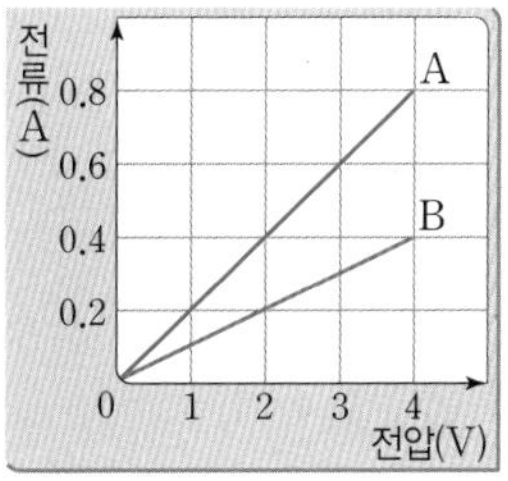

4 오른쪽 그래프는 니크롬선에 걸리는 전압과 흐르는 전류의 관계를 나타낸 것이다.

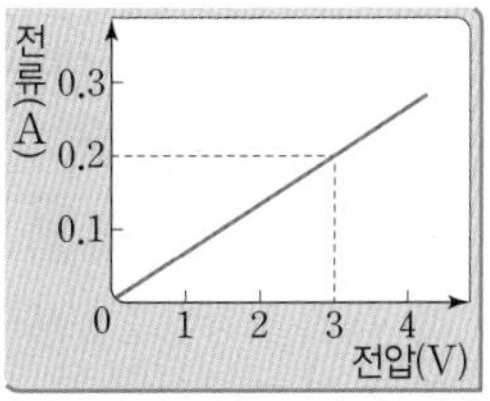

(1) 니크롬선에 걸리는 전압이 6 V라면 흐르는 전류는 몇 A인가?

(2) 이 니크롬선에 0.5 A의 전류가 흐르도록 하려면 몇 V의 전압을 걸어주어야 하는가?

1 전압, 전류, 저항 사이의 관계

01 선기 저항에 대한 설명으로 옳은 것만을 〈보기〉에서 있는 대로 고른 것은?

보기
ㄱ. 단위로는 Ω(옴)을 사용한다.
ㄴ. 전류와 전압에 따라 달라진다.
ㄷ. 전류가 흐를 때 전자의 움직임이 원자의 방해를 받기 때문에 생긴다.

① ㄱ ② ㄴ ③ ㄱ, ㄷ
④ ㄴ, ㄷ ⑤ ㄱ, ㄴ, ㄷ

중요
02 저항이 일정한 니크롬선에 걸리는 전압(V)과 전류(I)의 세기의 관계를 나타낸 그래프로 옳은 것은?

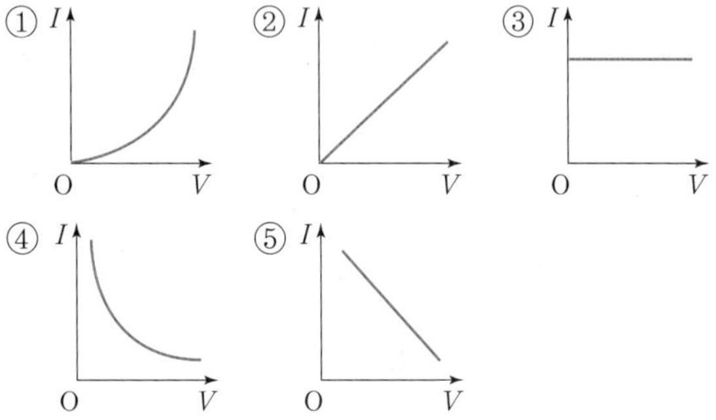

중요
03 그래프는 두 니크롬선 A, B에 걸어 준 전압에 따른 전류의 세기를 나타낸 것이다. 다음 설명 중 옳은 것은?

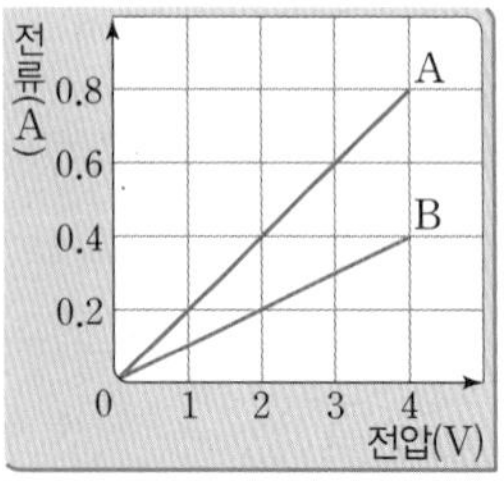

① 저항은 A가 B보다 크다.
② A의 저항값은 10 Ω이다.
③ A와 B의 저항의 비는 2 : 1이다.
④ 같은 니크롬선에서 전류는 전압에 반비례한다.
⑤ 굵기가 같다면 길이는 A가 B보다 짧다.

2 저항의 연결

04 그림은 여러 개의 전구들이 연결된 장식용 전구의 모습이다. 이에 대한 설명으로 옳은 것만을 〈보기〉에서 있는 대로 고른 것은?

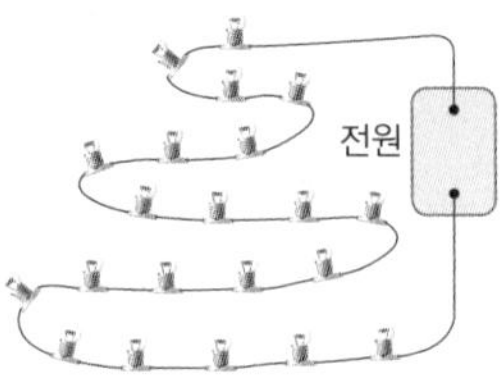

보기
ㄱ. 전구는 병렬연결되어 있다.
ㄴ. 전구 1개가 꺼지면 다른 전구도 함께 꺼진다.
ㄷ. 각각의 전구에 흐르는 전류의 세기는 같다.

① ㄱ ② ㄴ ③ ㄱ, ㄷ
④ ㄴ, ㄷ ⑤ ㄱ, ㄴ, ㄷ

05 가정에서 사용하는 전기 제품을 모두 직렬로 연결할 때 나타나는 문제점으로 옳은 것만을 〈보기〉에서 있는 대로 고른 것은?

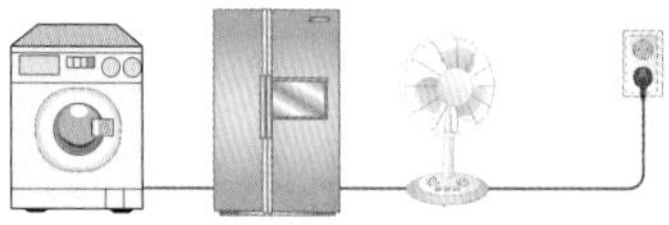

보기
ㄱ. 한 개의 전기 기구를 끄면 다른 전기 기구도 사용할 수 없다.
ㄴ. 각 전기 기구에 걸리는 전압이 다르므로 제대로 작동하지 않는다.
ㄷ. 각 전기 기구에 흐르는 전류가 일정하므로 전기 기구가 탈 위험이 있다.

① ㄱ ② ㄷ ③ ㄱ, ㄴ
④ ㄴ, ㄷ ⑤ ㄱ, ㄴ, ㄷ

06 전기 기구와 저항의 연결에 대한 설명으로 옳은 것은?

① 직렬연결하면 회로 전체의 저항은 작아진다.
② 퓨즈는 전기 기구의 저항과 직렬연결되어 있다.
③ 멀티탭에 전기 기구를 많이 연결하면 전체 전류는 작아진다.
④ 가정에서 사용하는 전기 기구는 대부분 직렬연결되어 있다.
⑤ 병렬연결된 두 전기 기구 중 한 전기 기구의 연결이 끊어지면 나머지 전기 기구는 작동하지 않는다.

고난도 실력 향상 문제

정답과 해설 • 14쪽

중요

01 오른쪽 그래프는 두 니크롬선 A, B에 걸어 준 전압에 따른 전류의 세기를 나타낸 것이다. A, B의 길이의 비는? (단, A, B의 단면적은 동일하다.)

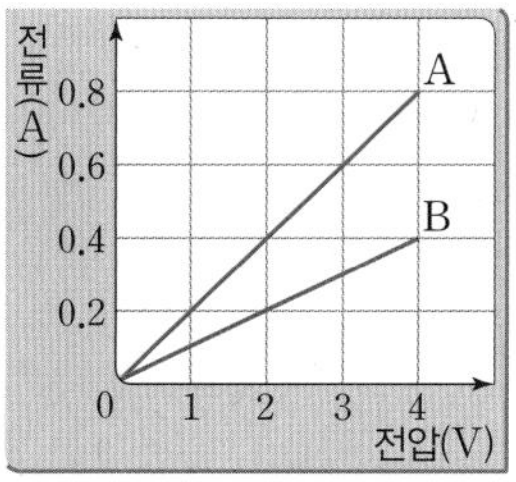

① 1 : 1　　② 1 : 2
③ 1 : 4　　④ 2 : 1
⑤ 4 : 1

02 그림과 같이 전기 회로를 연결하여 니크롬선에 걸리는 전압과 흐르는 전류의 세기를 측정하였다 이때 전류계의 (−)단자는 500 mA 단자에, 전압계의 (−)단자는 5 V 단자에 연결하였다면 니크롬선의 저항의 크기는?

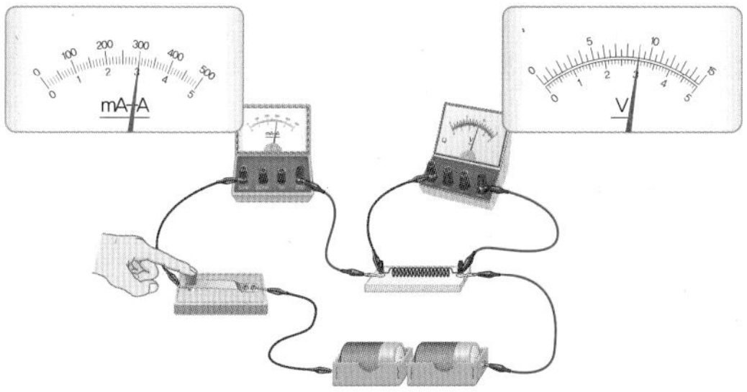

① 1 Ω　　② 2 Ω　　③ 5 Ω
④ 10 Ω　　⑤ 20 Ω

03 그림은 여러 전기 기구를 함께 연결하여 사용할 수 있는 멀티탭이다. 하나의 멀티탭에 연결하는 전기 기구의 개수가 늘어날 때 ㉠회로 전체의 저항과 ㉡전선 A에 흐르는 전류의 세기 변화를 옳게 짝지은 것은?

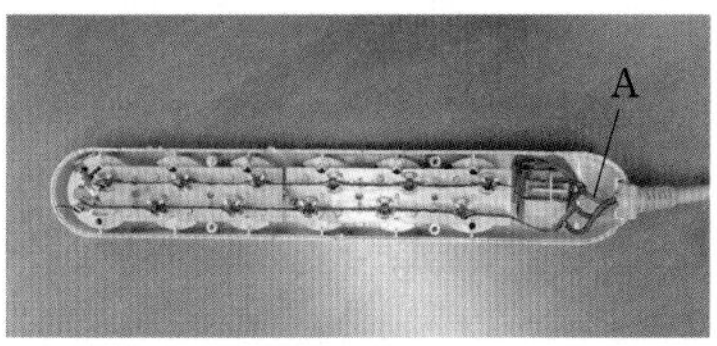

	㉠	㉡		㉠	㉡
①	작아진다.	증가한다.	②	작아진다.	감소한다.
③	커진다.	증가한다.	④	커진다.	감소한다.
⑤	변화 없다.	변화 없다.			

서논술형 유형 연습

정답과 해설 • 14쪽

예제

01 전구 2개를 직렬로 연결한 전기 회로가 있다. 이 전기 회로에서 전구 1개를 뺄 때 다른 전구의 밝기 변화를 설명하고 그 까닭을 서술하시오.

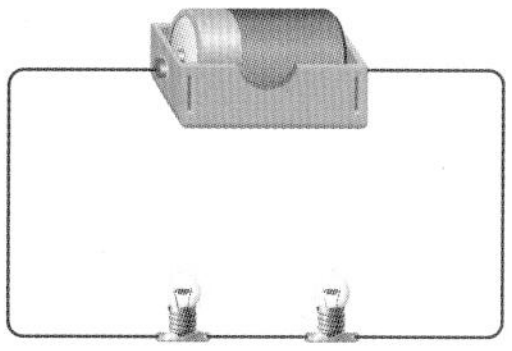

Tip 저항을 직렬로 연결하면 전류가 흐를 수 있는 길이 하나이므로 각 저항에 흐르는 전류의 세기는 같다.

Key Word 전구의 연결, 직렬연결, 전구의 밝기

[설명] 저항을 직렬로 연결하면 전류가 흐를 수 있는 길이 하나이므로 저항 한 개의 연결이 끊어지면 다른 저항에도 전류가 흐르지 않는다.

[모범 답안] 회로가 차단되기 때문에 전류가 흐르지 않아 다른 전구에 불이 켜지지 않는다.

실전 연습

01 그림과 같이 전기 회로를 구성하고 전압을 변하게 하면서 전류의 세기를 조사하였더니, 표와 같은 결과를 얻었다.

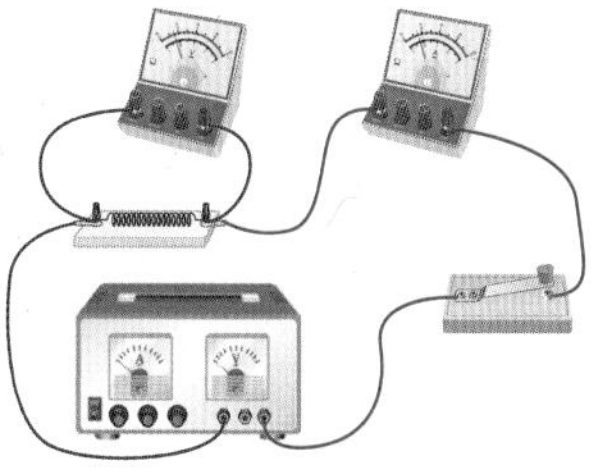

전압(V)	전류의 세기(A)
0	0
1.5	1.0
3.0	2.0
4.5	3.0

(1) 니크롬선의 저항은 몇 Ω인지 쓰시오. (단, 구하는 식도 함께 나타내시오.)

(2) 표의 결과를 바탕으로 니크롬선의 전압과 전류의 세기의 관계를 서술하시오.

Tip 표에서 회로에 걸리는 전압이 2배, 3배로 되면 회로에 흐르는 전류도 2배, 3배가 됨을 알 수 있다.

Key Word 전압, 전류, 전기 회로, 전압과 전류의 관계

4 전류의 자기 작용

❶ 전류 주위의 자기장

1. 자기력과 자기장+

(1) **자기력**: 자석과 자석 사이에 작용하는 힘

(2) **자기장**: 자기력이 작용하는 공간

(3) **자기력선**: 자기장을 선으로 나타낸 것으로 자석의 N극에서 나와서 S극으로 들어가는 모양이다.

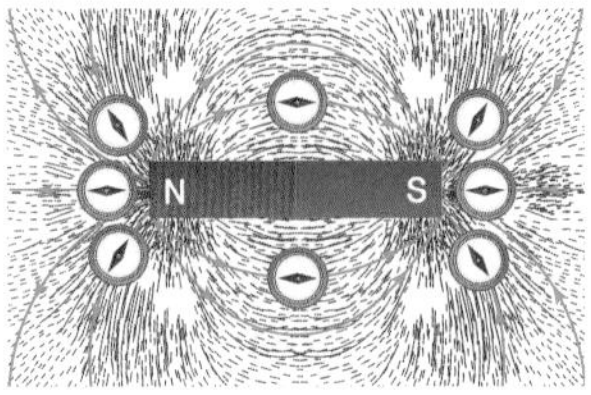

▲ 막대자석 주변의 자기장

2. 직선 도선 주위의 자기장+

(1) **자기장의 모양**: 도선을 중심으로 동심원 모양의 자기장이 생긴다.

(2) **자기장의 방향**: 직선 도선 주위에 생기는 자기장의 방향은 오른손의 엄지손가락을 전류의 방향과 일치시키고 네 손가락으로 도선을 감아쥘 때 네 손가락이 가리키는 방향이다.

3. 코일 주위의 자기장: 코일 주위에 생기는 자기장은 막대자석이 만드는 자기장과 모양이 비슷하다.

(1) **코일 내부의 자기장**: 코일의 내부에는 축에 나란하고 세기+가 균일한 자기장이 생긴다.

(2) **자기장의 방향**: 오른손의 네 손가락을 전류의 방향으로 감아쥘 때 엄지손가락이 가리키는 방향이다.

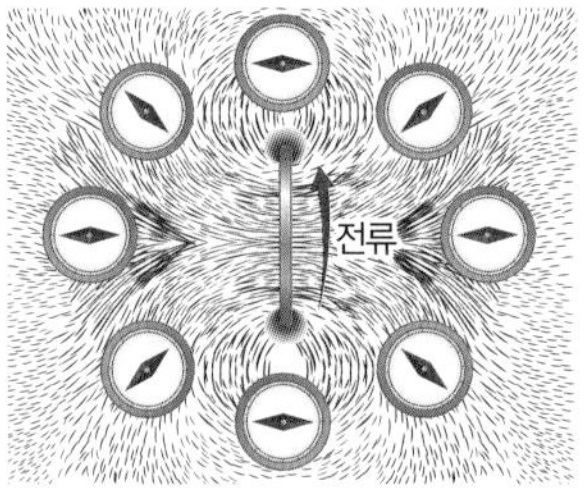

❷ 자기장에서 전류가 흐르는 도선이 받는 힘

1. 자기장에서 도선이 받는 힘+

(1) **원리**: 자석에 의한 자기장 속에 전류가 흐르는 도선이 힘을 받는 까닭은 전류에 의한 자기장과 자석의 자기장이 상호 작용하여 서로 자기력이 작용하기 때문이다.

(2) **전류가 받는 자기력의 방향**: 전류의 방향이 바뀌거나 자기장의 방향이 바뀌면 전류가 흐르는 도선이 받는 힘의 방향도 바뀐다.

(3) 전류가 받는 자기력의 크기에 영향을 주는 요인

① 전류의 세기가 셀수록 자기장의 세기가 셀수록 크다.

② 전류의 방향과 자기장의 방향이 수직일 때 가장 크고, 평행일 때는 자기력이 작용하지 않는다.

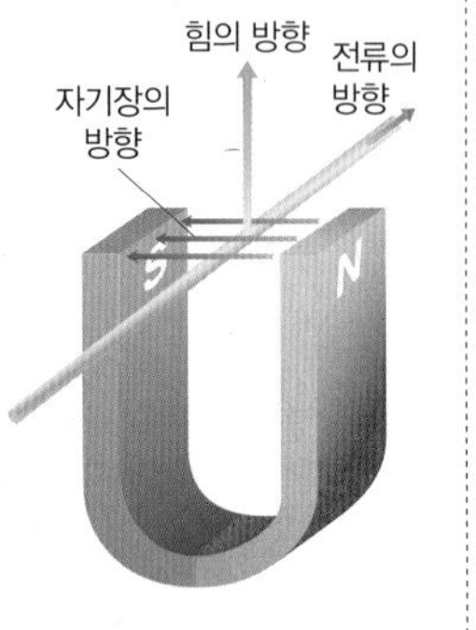

2. 전동기: 자기장 속에서 전류가 흐르는 코일이 받는 힘을 이용하여 코일을 회전시키는 장치

(1) **작동 원리**: 전동기의 코일에 전류가 흐를 때 코일의 왼쪽 부분과 오른쪽 부분에 흐르는 전류의 방향은 서로 반대이다. 따라서 두 부분이 받는 힘의 방향도 반대가 되어 코일이 회전한다.

(2) **전동기의 이용**: 선풍기, 세탁기, 전기차, 로봇, 드론 등

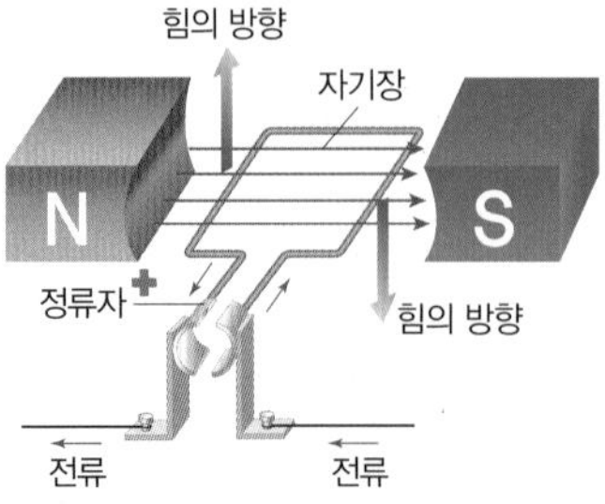

+ 자기장
나침반 바늘의 N극은 자기장의 방향을 가리키므로, 막대자석 주위에서 나침반 바늘의 N극이 가리키는 방향을 연결하면 자기장의 모양을 나타낼 수 있다.

+ 직선 도선 주위의 자기장

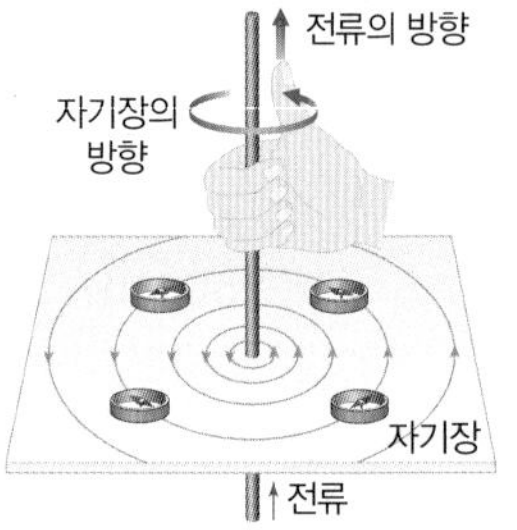

+ 코일 주위의 자기장의 세기
코일 주위에 생기는 자기장의 세기는 코일에 흐르는 전류의 세기가 셀수록 커진다.

+ 자기장에서 도선이 받는 힘의 방향

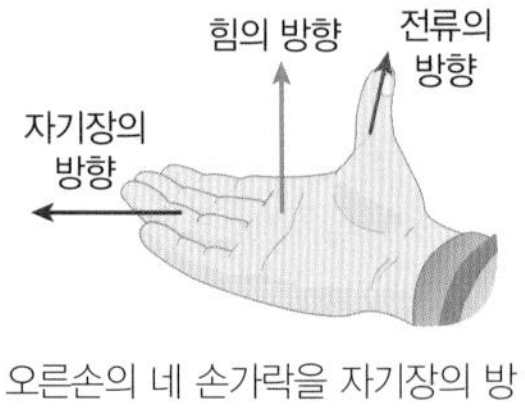

오른손의 네 손가락을 자기장의 방향으로 펴고 엄지손가락을 전류의 방향으로 향하게 할 때 손바닥이 향하는 방향이 힘의 방향이다.

+ 정류자
전류의 방향을 바꿔 주어 코일이 일정한 방향으로 힘을 받아 한 방향으로 계속 돌아가게 하는 역할을 한다.

❶ 전류 주위의 자기장

◎ 자기력이 작용하는 공간을 □□□이라고 하며, 자기장을 선으로 나타낸 것을 □□□□이라고 한다.

◎ 직선 도선에 전류가 흐르면 도선을 중심으로 □□□ 모양의 자기장이 생긴다.

◎ 코일에 전류가 흐르면 코일 주위에는 □□자석이 만드는 자기장과 비슷한 모양의 자기장이 생긴다.

❷ 자기장에서 전류가 흐르는 도선이 받는 힘

◎ 자기장 속에서 전류가 흐르는 도선은 □을 받는다.

◎ □□의 방향이 바뀌거나 □□□의 방향이 바뀌면 전류가 흐르는 도선이 받는 힘의 방향도 바뀐다.

◎ 자기장 속에서 전류가 흐르는 코일이 받는 힘을 이용하여 코일을 회전시키는 장치를 □□□라고 한다.

01 전류에 의한 자기장에 대한 설명으로 옳은 것은 ○표, 옳지 않은 것은 ×표를 하시오.

(1) 전류가 흐를 때 도선 주위에 자기장이 생긴다. ( )

(2) 직선 도선 주위에는 동심원 모양의 자기장이 생긴다. ( )

(3) 전류가 흐르는 코일 내부에는 자기장이 생기지 않는다. ( )

(4) 전류가 흐르는 코일 주위의 자기장 방향은 왼손의 네 손가락을 전류 방향으로 감아쥘 때 엄지손가락이 가리키는 방향이다. ( )

02 그림과 같이 전류가 흐르는 코일 주위에 나침반을 놓았다.

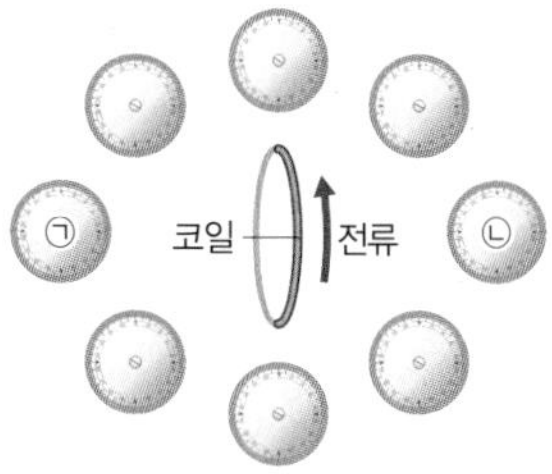

(1) ㉠과 ㉡에 놓인 나침반 바늘의 N극이 가리키는 방향을 화살표로 나타내시오.

(2) 코일에 흐르는 전류의 방향이 반대일 때 ㉠과 ㉡에 놓인 나침반 바늘의 N극이 가리키는 방향을 화살표로 나타내시오.

03 그림과 같이 자석 사이에 전류가 흐르는 도선이 놓여 있다.

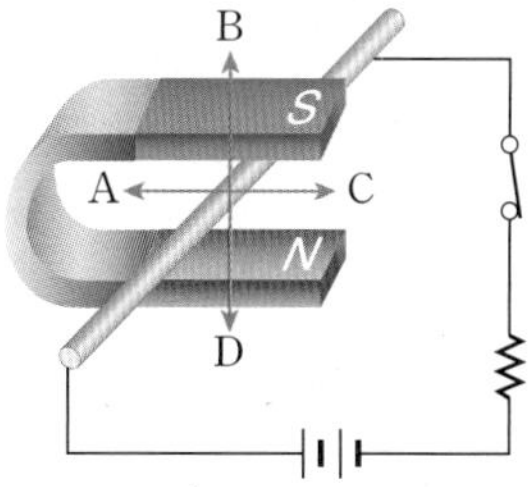

(1) 도선이 받는 힘의 방향은 어느 쪽인지 쓰시오.

(2) 전류의 방향을 반대로 할 때 도선이 받는 힘의 방향을 쓰시오.

(3) 자기장의 방향을 반대로 할 때 도선이 받는 힘의 방향을 쓰시오.

(4) 전류의 방향과 자기장의 방향을 동시에 반대로 할 때 도선이 받는 힘의 방향을 쓰시오.

04 자기장 내에서 전류가 흐르는 도선이 받는 힘에 대한 설명으로 옳은 것은 ○표, 옳지 않은 것은 ×표를 하시오.

(1) 전류의 세기에 따라 전류가 흐르는 도선이 받는 힘의 크기도 변한다. ( )

(2) 전류의 방향이 변해도 전류가 흐르는 도선이 받는 힘의 방향은 변하지 않는다. ( )

(3) 자기장 속에 놓인 전류가 흐르는 도선은 자기장의 방향으로 힘을 받는다. ( )

(4) 전동기는 자기장 속의 전류가 흐르는 도선이 받는 힘을 이용하여 회전한다. ( )

05 전동기를 이용하는 예를 〈보기〉에서 있는 대로 고르시오.

보기

ㄱ. 세탁기	ㄴ. 전기주전자	ㄷ. 선풍기
ㄹ. 전기밥솥	ㅁ. 전기차	ㅂ. 전기다리미

필수 탐구 전류가 흐르는 코일 주위에 생기는 자기장 관찰하기

목표
전류가 흐르는 코일 주위에 생기는 자기장의 모습을 관찰할 수 있다.

과정

1 코일 실험 장치, 직류 전원 장치, 스위치를 집게 달린 전선으로 연결한다.

2 스위치를 닫아 코일에 전류가 흐르게 한 다음 코일 주위에 철 가루가 배열되는 모습을 관찰하여 그린다.

코일이 연결되어 있는 판을 손으로 톡톡 치면 철 가루가 배열되는 모습이 더 잘 보인다.

3 코일 주위에 나침반을 놓고 스위치를 닫아 전류가 흐르게 한 다음 나침반 바늘의 N극이 가리키는 방향을 관찰하여 그린다.

4 코일에 흐르는 전류의 방향을 반대로 바꾼 다음 [과정 3]을 반복한다.

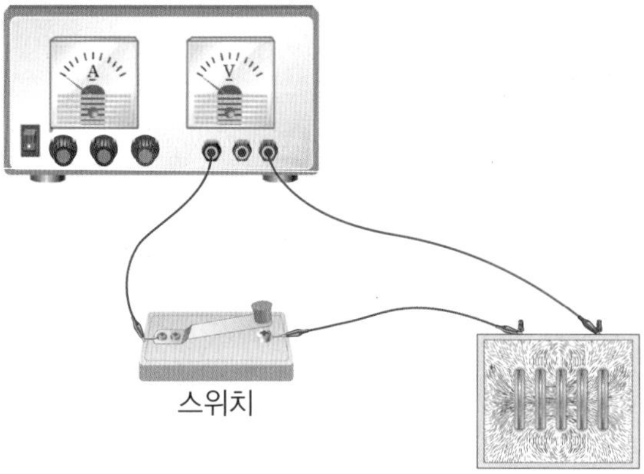

결과

코일 주위의 철 가루의 배열은 그림 (가)와 같고, 전류의 방향에 따른 나침반의 배열은 그림 (나), (다)와 같다.

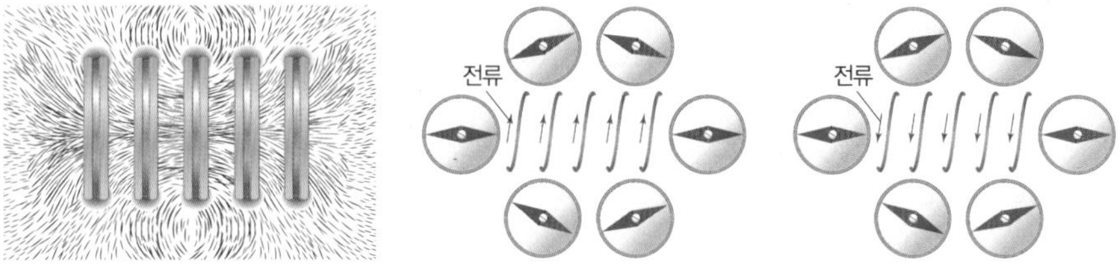

(가) (나) (다)

정리

1 전류가 흐르는 코일 주위에 생기는 자기장의 모습은 막대자석 주위에 생기는 자기장의 모습과 비슷하다.

2 전류가 흐르는 코일 내부에서는 철 가루가 직선 모양으로 배열한다. 즉, 직선 모양의 자기장이 생긴다.

코일 내부의 자기장의 모양은 코일 내부에 배열된 철 가루의 모양으로부터 알 수 있다.

3 코일 주위에 생기는 자기장의 방향은 코일 주위에 나침반을 놓아서 확인할 수 있다.

4 전류가 흐르는 코일 주위에 생기는 자기장의 방향은 오른손의 네 손가락을 전류의 방향으로 감아쥘 때 엄지손가락이 가리키는 방향이다.

5 코일에 흐르는 전류의 방향을 반대로 바꾸면 자기장의 방향이 반대로 바뀐다. 즉, 코일에 흐르는 전류의 방향에 따라 자기장의 방향이 바뀐다.

실험 클립 QR

수행 평가 섭렵 문제

전류가 흐르는 코일 주위에 생기는 자기장 관찰하기

- 코일에 전류가 흐르면 코일 주위에 □□□이 생긴다.
- 코일에 흐르는 전류의 방향이 바뀌면 나침반 바늘의 N극이 가리키는 방향도 □□가 된다.
- 전류가 흐르는 코일 주위에 생기는 자기장은 □□□□ 주위에 생기는 자기장과 비슷하다.
- 코일에 전류가 흐를 때 오른손의 네 손가락을 □□의 방향으로 감아쥘 때 엄지손가락이 가리키는 방향이 □□□의 방향이 된다.

1 그림과 같이 막대자석 주위의 A~D 위치에 나침반을 각각 놓았다. 나침반 바늘의 N극의 방향이 같은 것끼리 옳게 짝지은 것은?

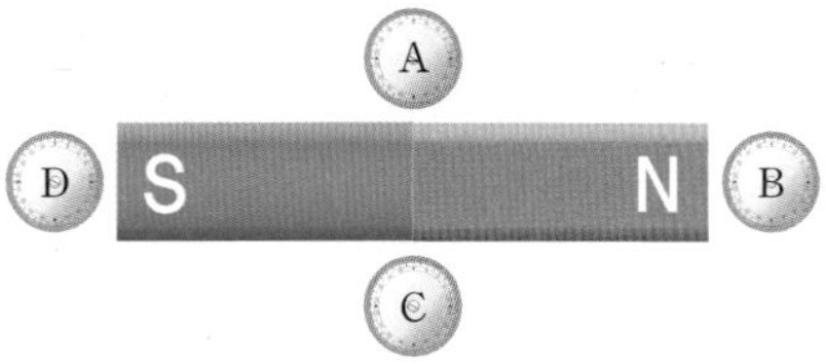

① A와 B ② A와 C ③ A와 D
④ B와 C ⑤ C와 D

2 전류가 흐르는 도선 주위에는 자기장이 생긴다. (단, 지구 자기장은 무시한다.)

(1) 그림과 같이 전류가 흐르는 도선 위에 나침반을 두었을 때 N극이 가리키는 방향을 쓰시오.

(2) 그림에서 전류의 방향이 반대로 바뀌었을 때 나침반 바늘의 N극이 가리키는 방향을 쓰시오.

3 그림과 같이 전류가 흐르는 코일이 있다. 이 코일의 내부 중간 지점 A에서의 자기장의 모양을 자기력선으로 그리시오.

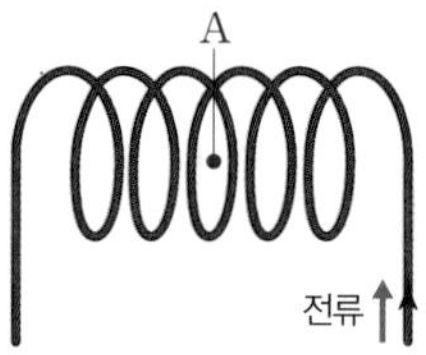

4 그림과 같이 코일을 장치하고 코일 주위에 나침반을 놓았다.

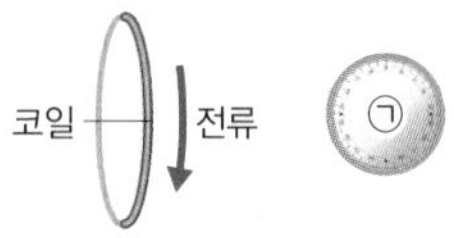

(1) ㉠에서 나침반 바늘의 N극이 가리키는 방향을 화살표로 나타내시오.

(2) 코일에 전류가 반대로 흐를 때 ㉠에서 나침반 바늘의 N극이 가리키는 방향을 화살표로 나타내시오.

5 코일에 전류가 흐르면 자기장이 생긴다. 다음 중 코일에 생기는 자기장의 세기를 세게 할 수 있는 방법으로 옳은 것을 〈보기〉에서 있는 대로 고르시오.

보기

ㄱ. 코일의 감은 수를 늘린다.
ㄴ. 코일에 흐르는 전류의 세기를 세게 한다.
ㄷ. 코일에 흐르는 전류의 방향을 반대로 한다.

필수 탐구 간이 전동기 만들기

목표
간이 전동기를 설계하여 제작한 후 전동기의 작동 원리를 설명할 수 있다.

전동기는 자기장 속에서 전류가 흐르는 도선이 힘을 받는 것을 이용하는 예이다.

과정

1 전동기의 원리와 전동기의 주요 부품이 무엇인지 생각한 후 이를 참고하여 내가 만들 전동기의 설계도를 그린다.
2 설계도를 바탕으로 전동기 제작에 필요한 재료를 준비한다.
3 간이 전동기를 만들고 코일이 어떻게 회전하는지 관찰한다.

결과

에나멜선과 네오디뮴 자석을 이용하여 내가 만든 간이 전동기는 다음과 같다.

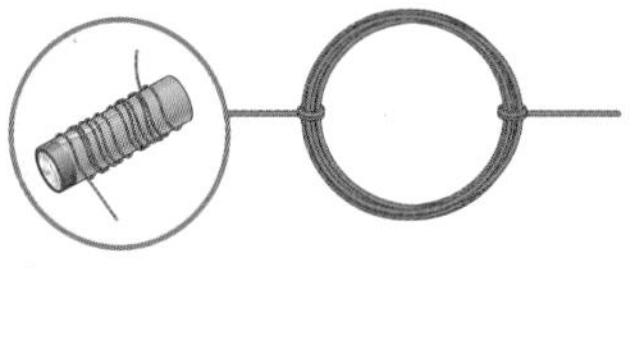	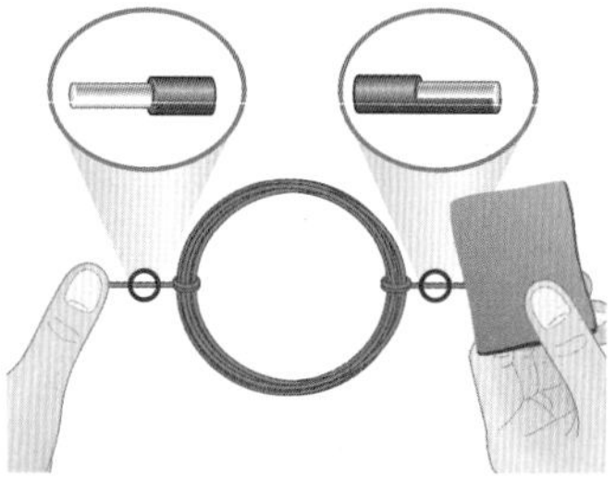
① 에나멜선을 전지에 여러 번 감아 코일 모양으로 만든다.	② 사포로 코일의 한끝은 에나멜을 완전히 벗기고, 반대쪽은 에나멜을 반만 벗긴다.
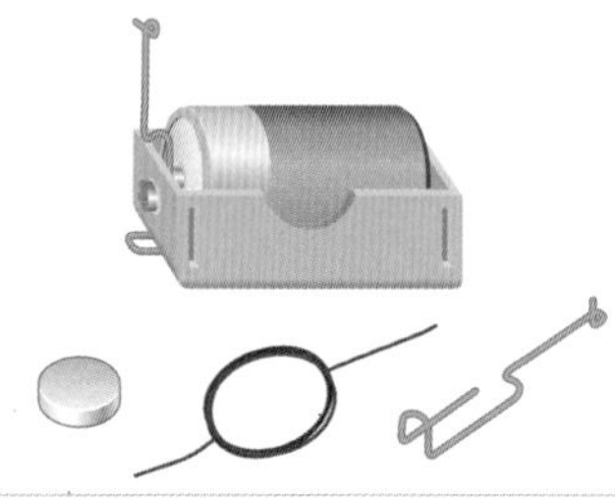	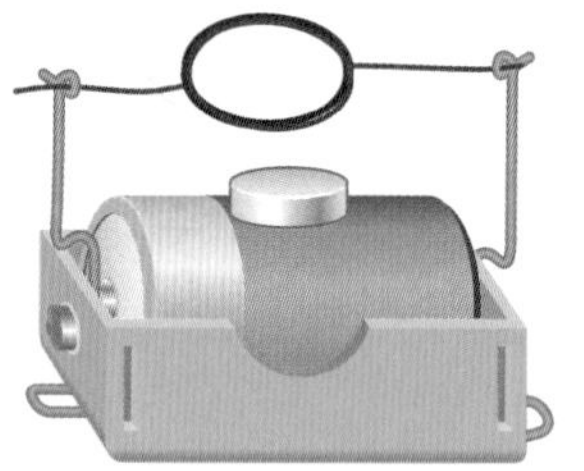
③ 클립으로 받침대를 만들어 전지 끼우개의 양 단자에 고정한다.	④ 전지 위에 네오디뮴 자석을 고정한 후 받침대에 코일을 건다.

간이 전동기에 있는 자석의 N극이 향하는 방향으로 오른손 네 손가락을 향하게 하고, 코일의 아래쪽 부분에 전류가 흐르는 방향으로 엄지손가락을 향하면 손바닥이 가리키는 방향이 코일의 아래쪽 부분이 받는 힘의 방향이다. 그 방향으로 코일이 회전한다.

정리

1 간이 전동기에서는 전류가 흐르는 코일이 아래쪽에 놓인 자석의 자기장 속에 있으므로 코일이 힘을 받아 돌아간다.
2 코일의 한쪽은 피복을 모두 벗기고 다른 한쪽은 반만 벗겨 반 바퀴마다 전류를 흐르게 하면 코일은 같은 방향으로 힘을 받아 계속 회전할 수 있다.
3 간이 전동기의 회전 방향은 전류의 방향이나 자석의 극을 바꾸면 반대로 바뀐다.
4 간이 전동기의 특징
① 자석을 2개 겹쳐 놓으면 코일이 받는 힘이 커진다.
② 코일을 네모 모양으로 만들면 자석에 가까이 놓인 부분의 길이가 원형 모양일 때보다 길어져서 더 큰 힘을 받는다.

실험 클립 QR

수행 평가 섭렵 문제

정답과 해설 • 15쪽

간이 전동기 만들기

- 전동기는 자기장 속에서 전류가 흐르는 코일이 받는 □을 이용하여 코일을 회전시키는 장치이다.
- 자기장이 셀수록, 코일이 많이 감길수록, 코일에 흐르는 전류의 세기가 셀수록 전동기의 회전 속도가 □□□.
- 코일에 전류가 흐르면 코일의 왼쪽 부분과 오른쪽 부분에 흐르는 전류의 방향이 서로 □□가 된다.
- 코일에 흐르는 전류의 방향이 바뀌면 코일의 회전 방향도 □□가 된다.
- 선풍기, □□□, 엘리베이터, 전기차, 비행기 등에 전동기가 사용된다.

1 그림과 같이 전지와 자석을 장치하고 코일에 전류를 흐르게 하였더니 코일이 회전하였다. 이와 같이 자기장 내의 코일에 전류가 흐르면 코일이 힘을 받아 움직이는 까닭을 옳게 설명한 것은?

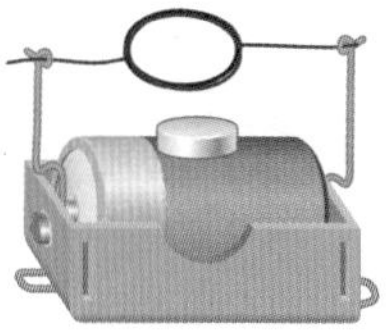

① 전류가 흐르면 열이 발생하므로
② 전류와 자석 사이에 밀어내는 힘이 작용하므로
③ 전류와 자석 사이에 끌어당기는 힘이 작용하므로
④ 전류가 만드는 자기장과 자석의 자기장이 상호 작용하므로
⑤ 코일 내의 전자의 이동으로 정전기가 유도되므로

2 그림과 같이 자석 사이에 코일을 놓고 화살표 방향으로 전류를 흐르게 하였다. (가)와 (나)에서 코일의 회전 방향(시계 방향, 시계 반대 방향)을 각각 쓰시오.

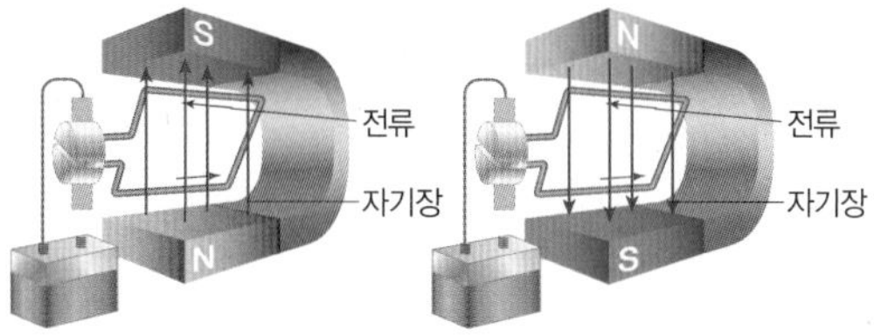

3 간이 전동기를 만들 때 사포로 코일의 한끝은 에나멜을 완전히 벗기고, 반대쪽은 에나멜을 반만 벗긴다. 에나멜을 반만 벗긴 쪽은 실제 전동기의 구조에서 어떤 역할을 하는지 쓰시오.

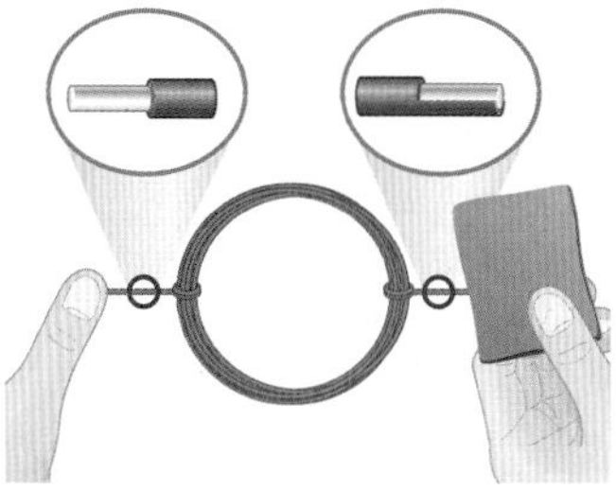

4 간이 전동기의 코일의 회전 방향을 반대로 할 수 있는 방법으로 옳은 것을 〈보기〉에서 있는 대로 고르시오.

보기
ㄱ. 전지의 극을 바꾼다.
ㄴ. 네오디뮴 자석 위 면의 극을 바꾼다.
ㄷ. 코일을 반대로 연결한다.

5 간이 전동기에서 코일이 받는 힘을 크게 하는 방법으로 옳은 것을 〈보기〉에서 있는 대로 고르시오.

보기
ㄱ. 자석을 2개 겹쳐 놓는다.
ㄴ. 코일을 네모 모양으로 만든다.
ㄷ. 전지의 전압이 큰 것을 사용한다.

내신 기출 문제

1 전류 주위의 자기장

01 자기장에 대한 설명으로 옳은 것만을 〈보기〉에서 있는 대로 고른 것은?

보기
ㄱ. 자기력이 작용하는 공간을 자기장이라고 한다.
ㄴ. 자기장의 방향은 나침반 바늘의 N극이 가리키는 방향이다.
ㄷ. 전류가 흐르는 직선 도선 주위에는 도선을 중심으로 동심원 모양의 자기장이 생긴다.

① ㄷ ② ㄱ, ㄴ ③ ㄱ, ㄷ
④ ㄴ, ㄷ ⑤ ㄱ, ㄴ, ㄷ

02 그림과 같이 도선에 전류가 흐르지 않을 때, 도선 주위에 놓인 나침반의 방향이 같았다. 이 도선의 P에서 Q 방향으로 전류를 흐르게 할 때 나침반의 자침이 회전하지 않는 것은?

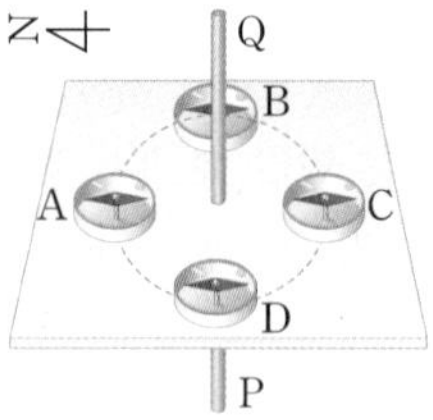

① A ② B ③ C
④ D ⑤ 모두 회전하지 않는다.

중요
03 그림과 같이 장치하고 코일에 전류가 흐르도록 하였다. 나침반 바늘의 N극이 가리키는 방향에 대한 설명으로 옳지 않은 것은? (단, 지구 자기장은 무시한다.)

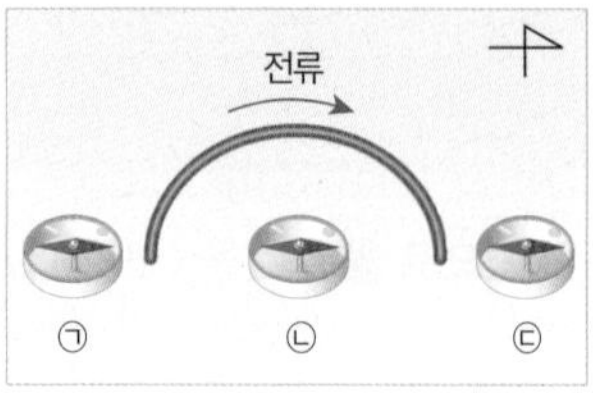

① ㉠과 ㉢에서 자침의 N극의 방향은 반대이다.
② ㉡과 ㉢에서 자침의 N극의 방향은 반대이다.
③ ㉠과 ㉡에서 자침의 N극의 방향은 반대이다.
④ ㉠에서 자침의 N극은 동쪽을 가리킨다.
⑤ ㉡에서 자침의 N극은 서쪽을 가리킨다.

2 자기장에서 전류가 받는힘

중요
04 그림과 같이 위쪽 면이 S극으로 되어 있는 고무 자석에 구리 테이프를 붙이고 전지를 연결한 후, 구리선을 올려놓았다.

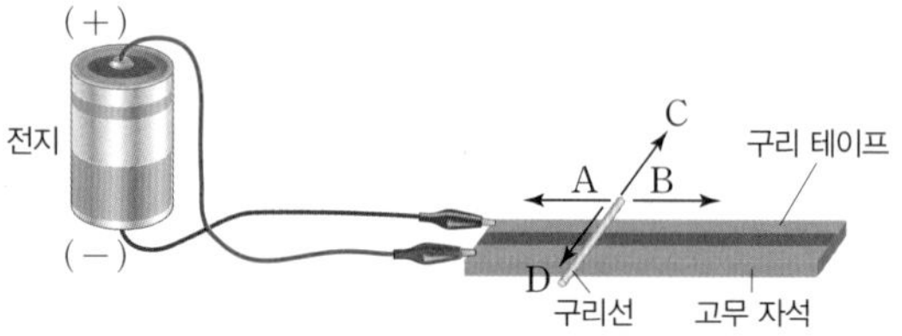

구리선이 움직이는 방향을 옳게 설명한 것은?

① A 방향으로 움직인다. ② B 방향으로 움직인다.
③ C 방향으로 움직인다. ④ D 방향으로 움직인다.
⑤ 움직이지 않는다.

05 그림과 같이 자기장 속에 도선을 넣고 화살표 방향으로 전류를 흐르게 하였다. A, B, C 부분이 받는 힘의 방향을 화살표로 옳게 짝지은 것은? (단, •는 힘을 받지 않는 것을 나타낸다.)

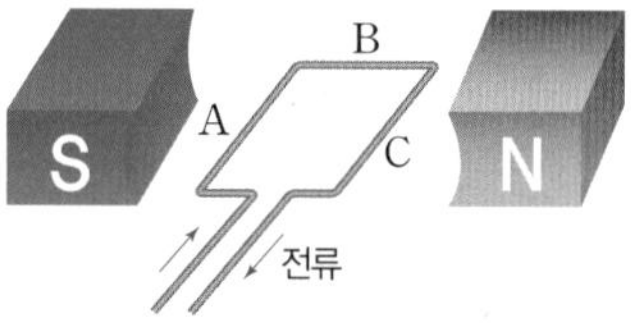

	A	B	C		A	B	C
①	↑	→	↑	②	↑	•	↓
③	↓	•	↑	④	↓	←	↑
⑤	•	→	•				

06 그림은 전동기의 코일을 나타낸 것이다. 전동기의 코일에 전류가 흐를 때 이에 대한 설명으로 옳은 것은?

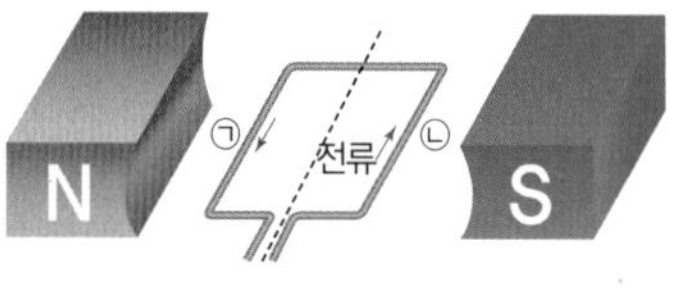

① 코일의 ㉠ 부분은 아래쪽으로 힘을 받는다.
② 코일의 ㉡ 부분은 위쪽으로 힘을 받는다.
③ 자석의 극만 바뀌면 코일의 회전 방향은 바뀌지 않는다.
④ 코일에 흐르는 전류의 방향을 바꾸면 코일이 시계 반대 방향으로 회전한다.
⑤ 자석의 극과 코일에 흐르는 전류의 방향을 동시에 바꾸면 코일의 회전 방향이 바뀐다.

고난도 실력 향상 문제

정답과 해설 • 16쪽

중요

01 그림과 같이 철심에 코일을 감고 전원 장치에 연결한 후 스위치를 닫았더니 자침의 N극이 서쪽을 가리켰다. 이때 도선의 A 지점에서 ㉠움직이는 것과 ㉡움직이는 방향을 화살표로 옳게 짝지은 것은?

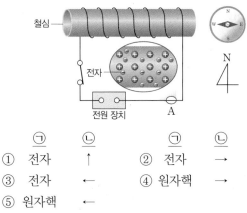

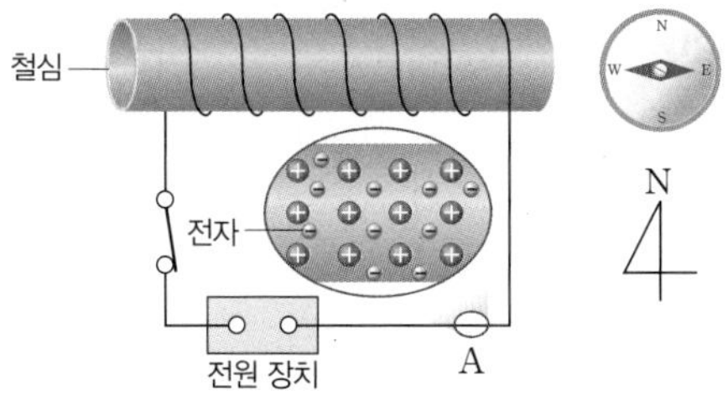

	㉠	㉡		㉠	㉡
①	전자	↑	②	전자	→
③	전자	←	④	원자핵	→
⑤	원자핵	←			

02 자기장 속에서 전류가 흐르는 도선은 힘을 받는다. 이때 도선과 자석이 만드는 자기장이 이루는 각에 따라 도선이 받는 힘의 크기가 달라진다. 다음 중 도선이 가장 큰 힘을 받을 때 도선과 자석의 자기장이 이루는 각은?

① 0° ② 30° ③ 45°
④ 90° ⑤ 180°

중요

03 그림은 전동기가 사용되는 전기차의 구조를 나타낸 것이다. 좀 더 빠른 전기차를 만들기 위해 전동기의 회전수를 빠르게 하고자 한다. 전동기의 회전수를 빠르게 하기 위한 방법으로 옳은 것을 〈보기〉에서 있는 대로 고른 것은?

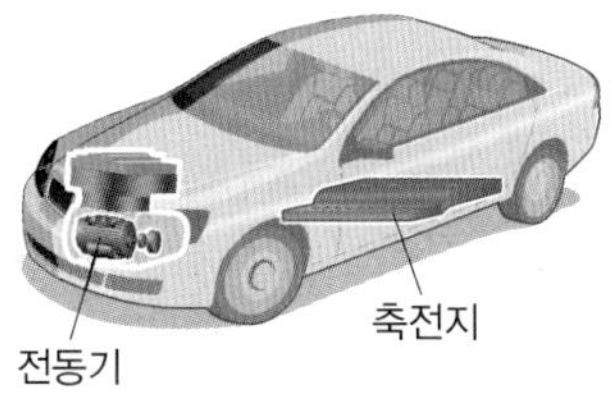

보기
ㄱ. 축전지의 용량이 큰 것을 사용한다.
ㄴ. 전동기 내 코일의 감은수를 늘린다.
ㄷ. 전지의 전압이 높은 것을 사용한다.
ㄹ. 전동기 내의 자석을 센 것으로 교체한다.

① ㄱ ② ㄱ, ㄴ ③ ㄷ, ㄹ
④ ㄴ, ㄷ, ㄹ ⑤ ㄱ, ㄴ, ㄷ, ㄹ

서논술형 유형 연습

정답과 해설 • 16쪽

예제

01 그림과 같이 두 자석 사이에 장치된 코일에 화살표 방향으로 전류가 흐르고 있다. 코일이 회전하는 방향을 쓰고, 그 까닭을 설명하시오.

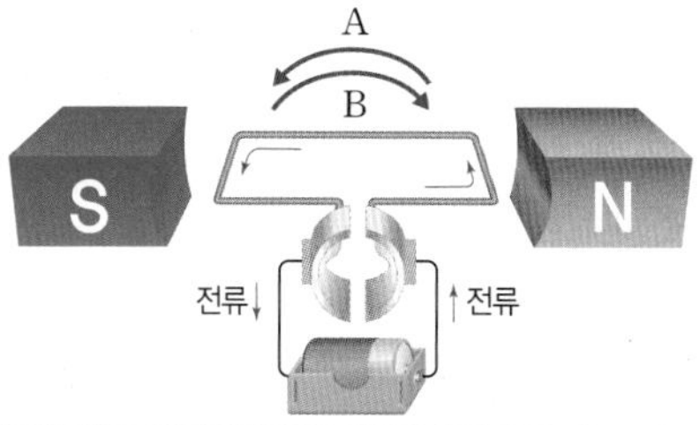

Tip 오른손 네 손가락을 자기장의 방향, 엄지손가락을 전류의 방향으로 할 때 도선은 손바닥이 향하는 방향으로 힘을 받는다.

Key Word 전동기, 회전 방향, 코일

[설명] 자기장 내에서 코일이 받는 힘의 방향은 오른손 네 손가락을 자기장의 방향, 엄지손가락을 전류의 방향으로 할 때 손바닥이 향하는 방향이라는 사실을 알고 있으면 해결할 수 있다.

[모범 답안] A, 코일의 왼쪽 부분은 아래로, 코일의 오른쪽 부분은 위로 힘을 받으므로 코일은 A 방향으로 회전한다.

실전 연습

01 그림과 같이 자석 사이에 놓인 알루미늄 막대에 전류가 흐를 때 알루미늄 막대가 힘을 받아 오른쪽으로 움직였다.

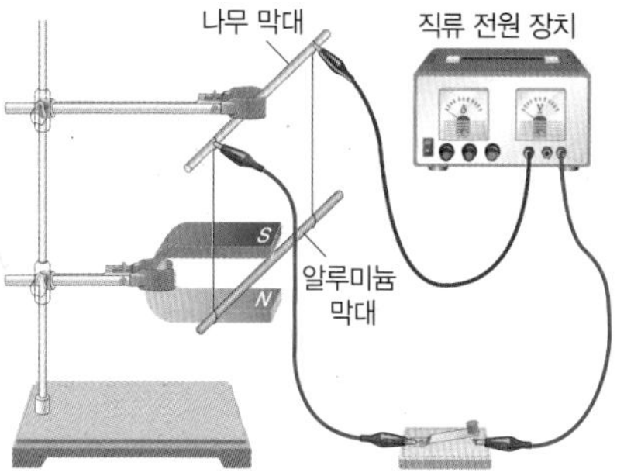

(1) 알루미늄 막대가 움직이는 방향을 반대로 바꾸는 방법을 2 가지 서술하시오.

(2) 알루미늄 막대가 움직이는 폭을 더 크게 하는 방법을 2 가지 서술하시오.

Tip 전류와 자기장에 따라 전류가 흐르는 도선이 받는 자기력의 방향과 크기는 달라진다.

Key Word 도선이 받는 자기력, 반대 방향, 움직이는 방향, 움직이는 폭

대단원 마무리

1 전기의 발생

01 그림은 사탕 껍질이 손에 달라붙는 현상을 나타낸 것이다. 이에 대한 설명으로 옳은 것만을 〈보기〉에서 있는 대로 고른 것은?

보기

ㄱ. 정전기에 의한 현상이다.
ㄴ. 사탕 껍질이 달라붙는 것은 전기력 때문이다.
ㄷ. 먼지떨이에 먼지가 달라붙는 것도 같은 현상이다.

① ㄱ ② ㄷ ③ ㄱ, ㄴ
④ ㄴ, ㄷ ⑤ ㄱ, ㄴ, ㄷ

02 털가죽과 플라스틱 막대를 마찰하였더니 그림과 같이 털가죽은 (+)전하로, 플라스틱 막대는 (−)전하로 대전되었다. 이를 설명한 내용으로 옳은 것은? (정답 2 개)

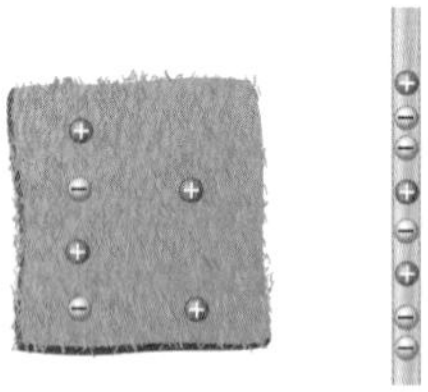

① 털가죽에서 플라스틱 막대로 전자가 이동하였다.
② 마찰 후 털가죽에는 (+)전하의 양이 증가하였다.
③ 플라스틱 막대에서 털가죽으로 (+)전하가 이동하였다.
④ 마찰 후 플라스틱 막대에는 (+)전하의 양이 감소하였다.
⑤ 대전된 두 물체를 가까이 하면 서로 끌어당기는 전기력이 작용한다.

03 그림은 원자의 구조를 나타낸 것이다. 다음 설명 중 옳지 <u>않은</u> 것은?

① 전자를 잃은 물체는 (+)전하를 띤다.
② 원자핵을 얻은 물체는 (+)전하를 띤다.
③ 원자핵은 (+)전하, 전자는 (−)전하를 띤다.
④ 원자는 (+)전하량과 (−)전하량이 같아 전기적으로 중성이다.
⑤ 털가죽이 마찰 후 (+)전하를 띠는 것은 전자를 잃었기 때문이다.

04 그림은 검전기의 금속판에 (+)전하를 띤 유리 막대를 가까이 할 때의 모습을 나타낸 것이다. 이에 대한 설명으로 옳지 <u>않은</u> 것은?

① 금속판에 있는 전자가 금속박으로 내려간다.
② 금속판에는 (+)전하보다 (−)전하가 더 많아진다.
③ 금속박에는 (+)전하보다 (−)전하가 더 적어진다.
④ 두 금속박 사이에 밀어내는 힘이 작용하여 벌어진다.
⑤ 유리 막대를 금속판에서 멀리 하면 금속박은 다시 오므라든다.

2 전류와 전압

05 그림은 도선 속에서 전자가 움직이는 모습을 나타낸 것이다. 이에 대한 설명으로 옳은 것만을 〈보기〉에서 있는 대로 고른 것은?

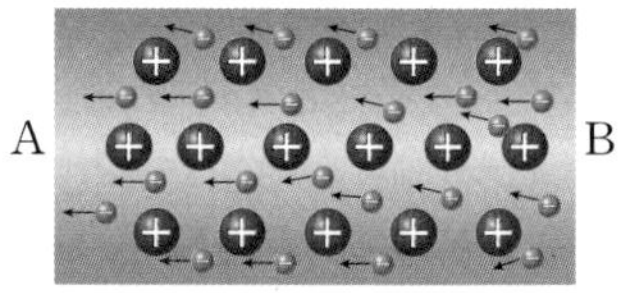

보기

ㄱ. 전류는 B에서 A 쪽으로 흐른다.
ㄴ. A 쪽에 전지의 (+)극이 연결되어 있다.
ㄷ. 전류의 방향과 전자의 이동 방향은 반대이다.

① ㄱ ② ㄴ ③ ㄱ, ㄷ
④ ㄴ, ㄷ ⑤ ㄱ, ㄴ, ㄷ

06 그림과 같이 물의 흐름과 전류를 비유할 수 있다.

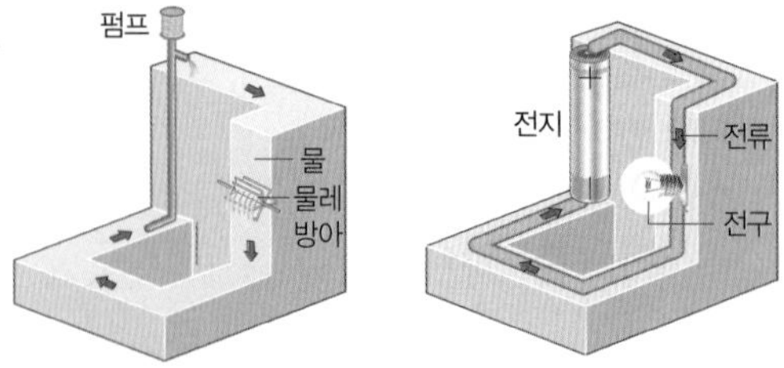

이에 대한 설명으로 옳지 <u>않은</u> 것은?

① 물은 전자에 비유할 수 있다.
② 물레방아는 전구에 비유된다.
③ 펌프는 전지에 비유할 수 있다.
④ 수로는 전선에 비유할 수 있다.
⑤ 물의 흐름은 전압에 비유할 수 있다.

07 전압계와 전류계의 사용법을 비교할 때 공통점으로 옳지 않은 것은?

① 사용하기 전에 영점을 조절한다.
② 전지의 (+)극 쪽에 (+)단자를 연결한다.
③ 측정하고자 하는 부분에 병렬연결하여 사용한다.
④ 회로에 연결할 때, (−)단자 중 값이 가장 큰 단자부터 연결하여 사용한다.
⑤ 회로에 연결되어 있는 (−)단자에 해당하는 값과 눈금판에 나와 있는 최댓값이 일치하는 부분의 눈금을 읽는다.

3 전압, 전류, 저항 사이의 관계

08 그림은 저항 A, B를 연결했을 때 전류의 세기와 전압을 측정한 결과를 나타낸 것이다. 이에 대한 설명으로 옳지 않은 것은?

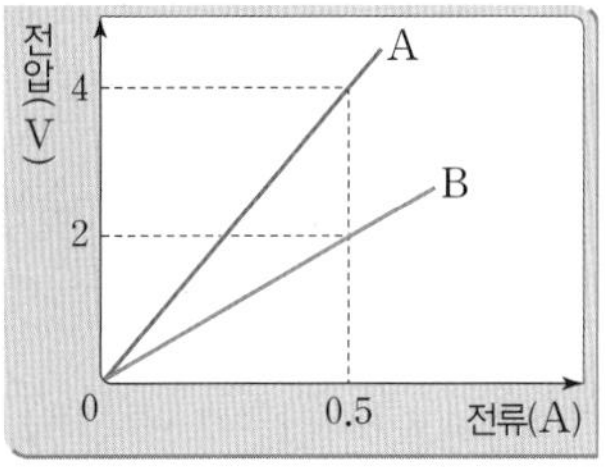

① A의 저항은 8 Ω이다.
② B가 A보다 저항이 크다.
③ A는 옴의 법칙을 만족한다.
④ 전압이 같을 때 B에 전류가 더 많이 흐른다.
⑤ B에 걸리는 전압과 B에 흐르는 전류는 비례 관계이다.

[09~10] 다음 표는 전구에 흐르는 전압과 전류를 측정하여 얻은 결과이다. 물음에 답하시오.

전압(V)	1.5	3.0	4.5
전류(A)	0.15	(가)	0.45

09 이 전구의 저항은 몇 Ω인지 쓰시오.

10 위 실험에 대한 설명으로 옳은 것은?

① (가)에 들어갈 전류 값은 0.3이다.
② 전압이 커지면 전구의 저항은 증가한다.
③ 전구에 흐르는 전류는 저항에 비례한다.
④ 전구에 흐르는 전류는 전압에 반비례한다.
⑤ 전류가 증가할수록 전구의 저항은 감소한다.

11 다음은 저항의 연결 방법을 이용하는 예를 나타낸 것이다.

• 도로 위의 가로등 중 하나가 꺼졌지만 다른 가로등은 계속 켜져 있다.
• 안방의 선풍기를 껐지만 거실의 텔레비전과 부엌의 냉장고는 꺼지지 않는다.

저항의 이러한 연결 방법과 관련 있는 것은?

① 퓨즈의 연결 방법과 같다.
② 각 저항에 흐르는 전류는 같다.
③ 각 저항에 걸리는 전압은 같다.
④ 연결하는 저항이 많을수록 전체 전류는 작아진다.
⑤ 크리스마스트리의 전구가 동시에 켜지는 것과 같은 연결 방법이다.

12 가정에서 전기 기구를 동시에 많이 연결하면 전류가 세져서 화재 등 사고가 날 위험이 있다. 이처럼 전류가 과도하게 흐를 때 차단기는 회로를 끊어서 사고를 막아 주는 역할을 한다. 그림에서 차단기를 설치해야 하는 위치로 가장 적절한 곳은?

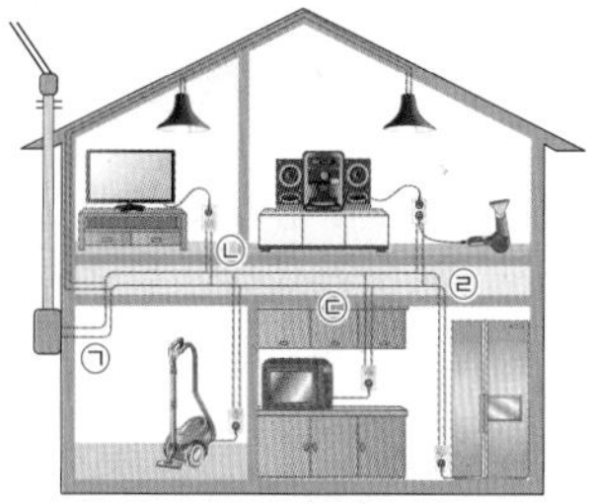

① ㉠ ② ㉡ ③ ㉢
④ ㉣ ⑤ 아무 곳이나 상관없다.

13 다음 중 저항의 직렬연결과 관련이 있는 사진으로 옳은 것을 모두 고른 것은?

ㄱ.
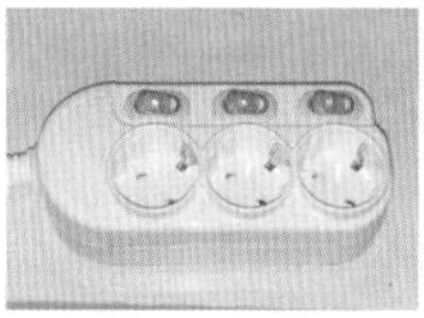
ㄴ.
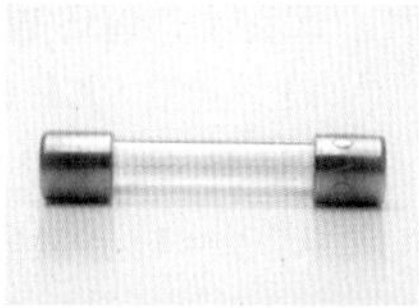
ㄷ.

ㄹ.
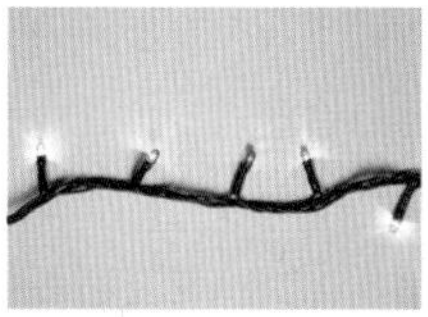

① ㄱ, ㄴ ② ㄱ, ㄷ ③ ㄴ, ㄷ
④ ㄴ, ㄹ ⑤ ㄷ, ㄹ

4 전류의 자기 작용

14 그림 (가)와 (나)는 전류가 흐르기 전 직선 도선 위에 놓인 나침반과 직선 도선 아래에 놓인 나침반을 나타낸 것이다.

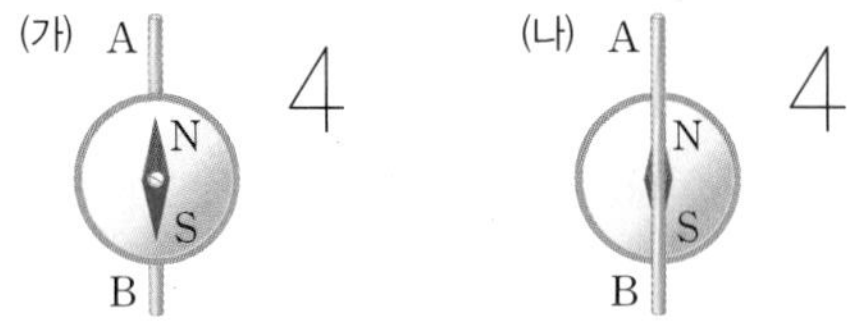

직선 도선에 전류가 A에서 B 방향으로 흐를 때 두 나침반 바늘의 N극이 가리키는 방향을 옳게 짝지은 것은? (단, 지구 자기장은 무시한다.)

	(가)	(나)		(가)	(나)
①	동쪽	서쪽	②	서쪽	동쪽
③	동쪽	동쪽	④	서쪽	서쪽
⑤	북쪽	남쪽			

15 그림과 같이 코일에 전류가 흐를 때 코일 주위의 ㉠과 ㉡에 놓인 나침반 N극이 가리키는 방향을 옳게 짝지은 것은?

	㉠	㉡		㉠	㉡
①	→	→	②	→	←
③	←	←	④	←	→
⑤	↑	↓			

16 그림과 같이 자석 사이에 놓인 코일에 화살표 방향으로 전류가 흐르고 있다. 이에 대한 설명으로 옳은 것만을 〈보기〉에서 있는 대로 고른 것은?

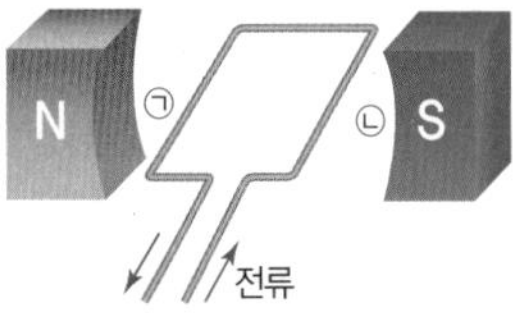

보기
ㄱ. 전류의 세기가 셀수록 코일이 빠르게 회전한다.
ㄴ. ㉠과 ㉡ 부분이 받는 힘의 방향은 서로 반대이다.
ㄷ. 전류의 방향이 바뀌어도 코일의 회전 방향은 변하지 않는다.

① ㄱ ② ㄷ ③ ㄱ, ㄴ
④ ㄴ, ㄷ ⑤ ㄱ, ㄴ, ㄷ

[17~18] 그림과 같이 위쪽 면이 N극으로 되어 있는 고무 자석에 구리 테이프를 붙이고 전지를 연결한 후, 구리선을 올려놓았더니 구리선이 움직였다. 물음에 답하시오.

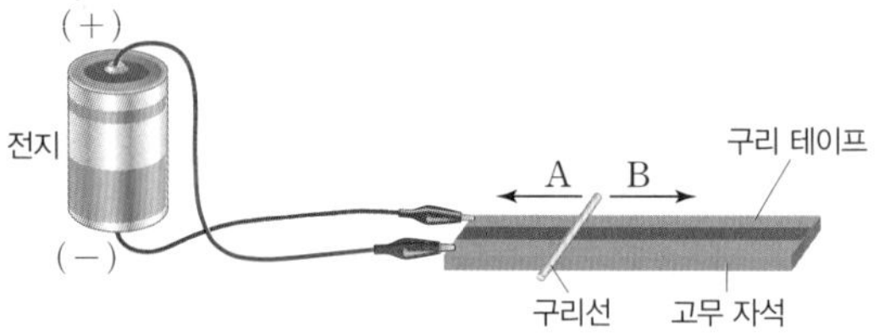

17 이에 대한 설명으로 옳은 것만을 〈보기〉에서 있는 대로 고른 것은?

보기
ㄱ. 구리선은 B 방향으로 움직인다.
ㄴ. 전지를 연결하지 않아도 구리선이 움직인다.
ㄷ. 전지의 극을 바꿔 연결하면 구리선이 반대 방향으로 움직인다.

① ㄱ ② ㄷ ③ ㄱ, ㄴ
④ ㄱ, ㄷ ⑤ ㄴ, ㄷ

18 위 실험 장치에서 고무 자석의 위쪽 면을 S극으로 바꿀 때 일어나는 변화를 옳게 설명한 것은?

① 구리선이 움직이지 않는다.
② 구리선이 더 빨리 움직인다.
③ 구리선이 더 느리게 움직인다.
④ 구리선이 움직이는 방향이 바뀐다.
⑤ 구리선이 B 방향으로 움직인다.

19 그림은 자기장 속에 사각 코일을 넣고 화살표 방향으로 전류를 흐르게 한 모습이다. 사각 코일의 AB와 CD 부분이 받는 힘의 방향을 옳게 짝지은 것은?

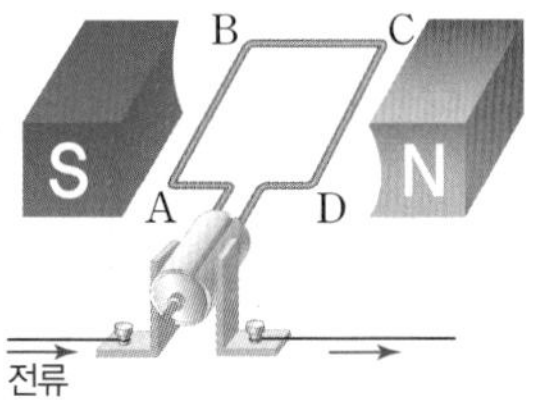

	AB	CD		AB	CD
①	아래쪽	위쪽	②	아래쪽	오른쪽
③	위쪽	아래쪽	④	왼쪽	왼쪽
⑤	오른쪽	위쪽			

01 털가죽으로 마찰한 빨대 2개 중 하나는 플라스틱 통 위에 놓고 다른 빨대를 가까이 하였더니 플라스틱 통 위의 빨대가 밀려났다. 플라스틱 통 위의 빨대를 반대 방향으로 움직이게 하는 방법을 쓰고, 그 까닭을 서술하시오.

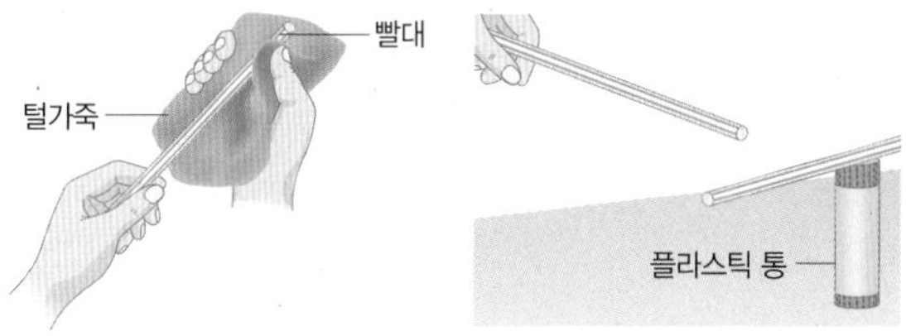

Tip 같은 종류의 전하 사이에는 밀어내는 힘이, 다른 종류의 전하 사이에는 끌어당기는 힘이 작용한다.

Key Word 마찰 전기, 전기력

02 다음은 검전기를 이용하여 물체의 대전 여부를 알아보는 내용이다. 물음에 답하시오.

> 그림과 같이 검전기의 금속판에 물체를 가까이 하면서 금속박의 움직임을 관찰하면 물체의 대전 여부를 알 수 있다. 대전되지 않은 물체를 금속판에 가까이 할 때는 금속박은 움직이지 않지만 ㉠대전체를 금속판에 가까이 하면 금속박이 벌어지기 때문이다. 따라서 금속박의 움직임으로부터 물체의 대전 여부를 알 수 있는 것이다.
>
> 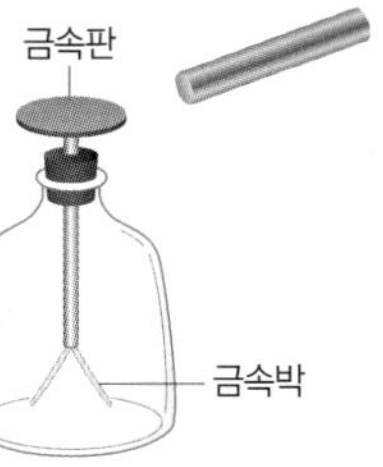
>

(1) ㉠에서 (−)대전체를 금속판에 가까이 할 때 금속박이 벌어지는 까닭을 전자의 이동과 전기력을 이용하여 설명하시오.

(2) (+)대전체를 금속판에 가까이 할 때 금속박이 벌어지는 까닭을 전자의 이동과 전기력을 이용하여 설명하시오.

Tip 대전체를 금속판에 가까이 하면 전자가 금속판과 금속박 사이에서 이동하여 정전기 유도 현상이 발생한다.

Key Word 대전체, 검전기, 금속판, 금속박, 정전기 유도, 전기력

03 오디오의 볼륨 조절기를 돌리면 스피커에 흐르는 전류의 세기가 변하면서 소리의 크기가 변한다. 볼륨 조절기를 통해 변화시키는 것과 전류의 세기와의 관계를 이용하여 서술하시오.

Tip 저항이 작을수록 전류의 세기가 세지며, 전류가 셀수록 소리의 크기도 커진다.

Key Word 볼륨 조절기, 전류의 세기, 소리의 크기

04 그림과 같이 전류가 흐르는 코일의 오른쪽에 나침반을 놓았더니 나침반 바늘의 N극이 왼쪽을 가리켰다. A 지점에 나침반을 놓을 때 나침반 바늘의 N극이 가리키는 방향을 쓰고, A 지점에 놓인 나침반 바늘의 N극이 가리키는 방향을 반대로 바꾸는 방법을 서술하시오.

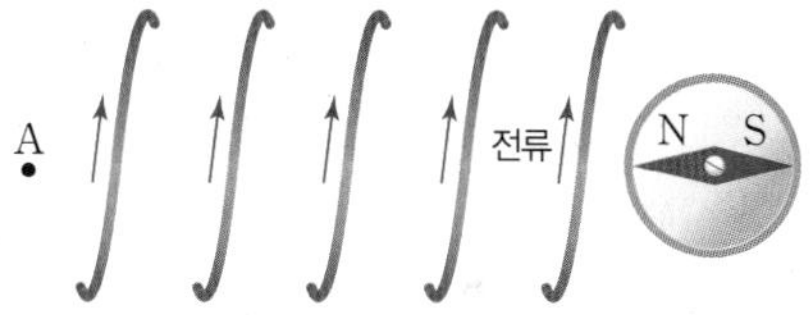

Tip 오른손 네 손가락을 전류의 방향으로 감아쥘 때 엄지손가락의 방향이 자기장의 방향이다.

Key Word 코일 주위에 생기는 자기장, 나침반, 반대

05 그림과 같이 자석 사이에 전류가 흐르는 도선이 놓여 있다. 이 도선이 받는 힘의 방향은 어느 쪽인지 쓰고, 자기장 내에서 도선이 받는 힘의 방향을 알아볼 수 있는 방법을 서술하시오.

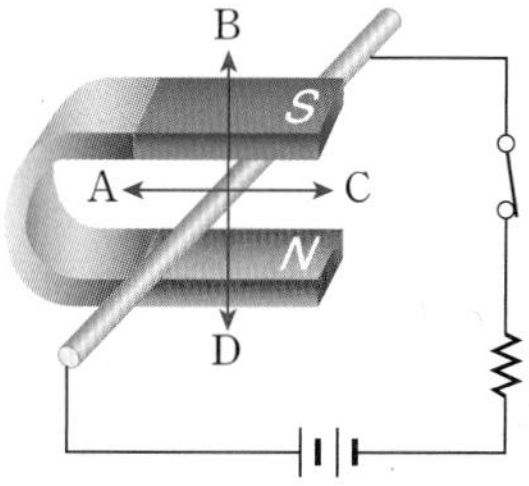

Tip 오른손을 펴서 네 손가락을 자기장의 방향으로, 엄지손가락을 전류의 방향으로 하면 손바닥이 향하는 방향이 도선이 받는 힘의 방향이다.

Key Word 자기장 내에서 도선이 받는 힘, 자기장

III

태양계

1
지구와 달의 크기

2
지구와 달의 운동

3
태양계를 구성하는 행성

4
태양

1 지구와 달의 크기

❶ 지구의 크기

1. 지구의 크기 측정: 약 2300년 전 그리스의 에라토스테네스가 지구의 크기를 최초로 측정하였다.

(1) 지구의 크기를 측정하기 위한 2가지 가정

➡ 지구는 완전한 구형이다. 지구로 들어오는 햇빛이 평행하다.

(2) 지구의 크기를 구하는 과정: 에라토스테네스는 하짓날 정오 시에네와 알렉산드리아에서 태양의 남중 고도가 차이 난다는 사실을 이용하여 지구의 크기를 측정하였다.

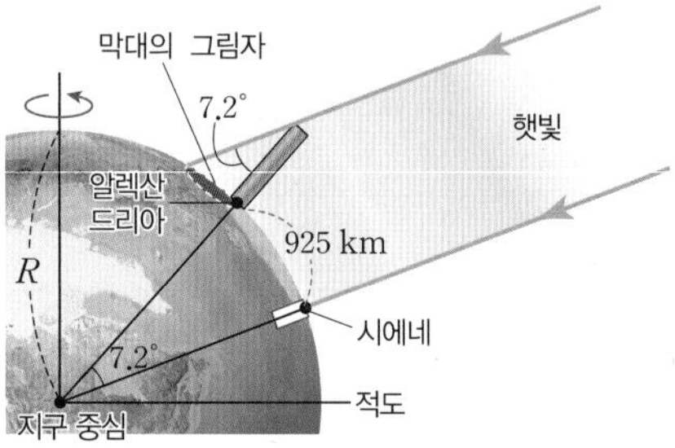

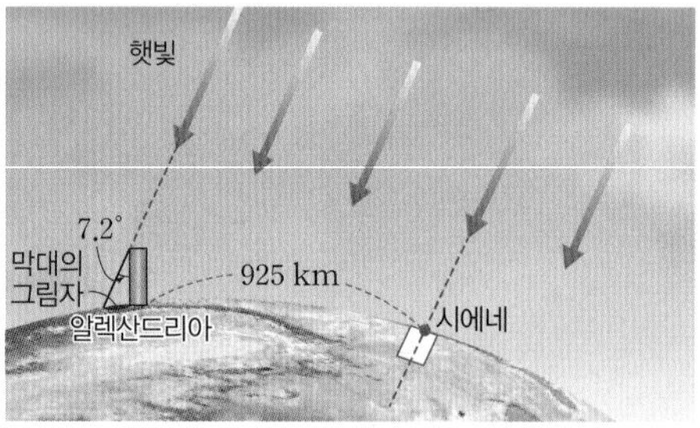

- 막대와 그림자의 끝이 이루는 각=두 지역 사이의 중심각=7.2°
- 시에네와 알렉산드리아 사이의 거리=약 925 km
- "원의 중심각✚: 원의 둘레=부채꼴의 중심각 : 호의 길이"이므로,
  360° : 지구의 둘레($2\pi R$)=7.2° : 925 km (R: 지구의 반지름)
  ➡ 지구의 둘레($2\pi R$)$=\dfrac{360°}{7.2°}\times 925$ km$=46250$ km

2. 에라토스테네스가 구한 지구의 둘레: 약 46250 km로, 실제 지구 둘레인 약 40000 km와는 오차✚가 있다.

❷ 달의 크기

1. 달의 크기 측정 방법

(1) 동전과 같은 둥근 물체를 앞뒤로 움직이면서 보름달이 정확히 가려지는 거리(l)를 측정한다.

(2) 삼각형의 닮음비✚를 이용하여 다음과 같은 비례식을 세우면 달의 지름(D)을 구할 수 있다. (단, 달까지의 거리(L)는 약 380,000 km이다.)

비례식 동전의 지름(d) : 달의 지름(D)=동전까지의 거리(l) : 달까지의 거리(L)

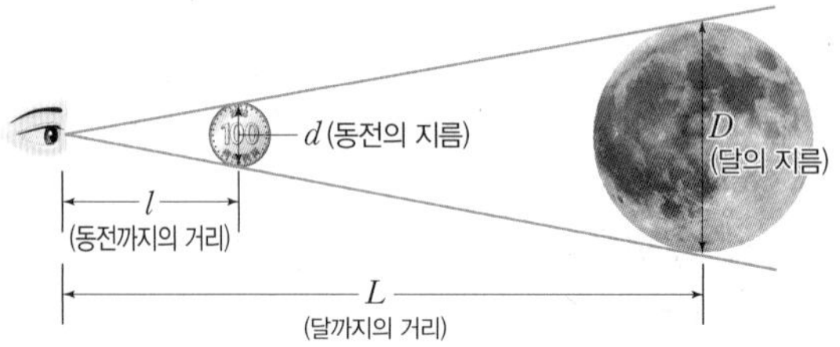

$$\therefore \text{달의 지름}(D) = \frac{\text{달까지의 거리}(L)}{\text{동전까지의 거리}(l)} \times \text{동전의 지름}(d)$$

2. 달의 지름: 약 3500 km로, 지구 지름(약 13000 km)의 약 $\frac{1}{4}$배 정도이다.

✚ 지구의 크기 측정에 이용된 수학적인 원리

원호의 길이(l)는 그에 대응하는 중심각(θ)의 크기에 비례한다.

$\Rightarrow \theta : l = \theta' : l'$

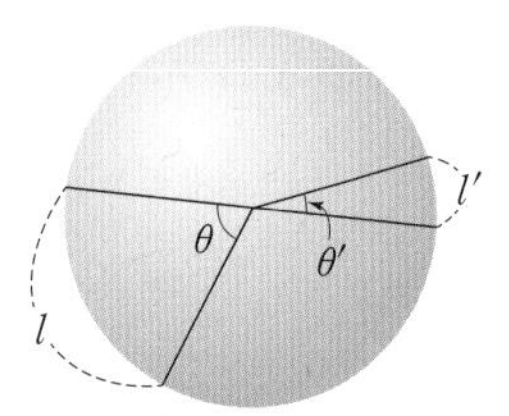

✚ 에라토스테네스의 지구 크기 측정에 오차가 생긴 이유

시에네와 알렉산드리아의 경도가 같지 않고, 두 지점 사이의 거리 측정값도 정확하지 않았기 때문이다.

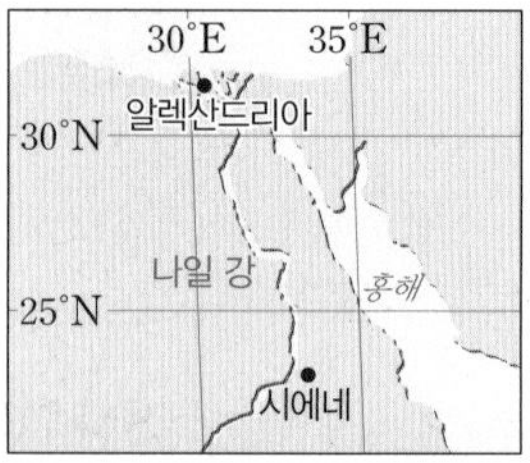

✚ 삼각형의 닮음비

서로 닮은 두 삼각형에서 대응하는 변의 길이의 비는 일정하다.

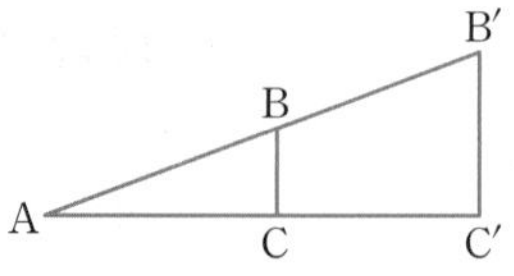

삼각형 ABC와 AB′C′는 서로 닮았다.

[닮음비] $\overline{BC}:\overline{B'C'}=\overline{AC}:\overline{AC'}$

❶ 지구의 크기

- 지구의 크기를 측정하기 위해 세운 가정은, "태양빛은 지구 어디서나 □□하다."와 "지구는 완전한 □형이다."이다.
- 지구의 크기를 측정할 때, "원호의 길이는 □□□의 크기에 비례한다."는 수학적 원리가 이용된다.
- 에라토스테네스가 측정한 지구의 크기에 오차가 생긴 이유는 측정한 두 지역이 같은 □□ 상에 있지 않고, 거리 측정값이 정확하지 않았기 때문이다.

01 에라토스테네스가 지구의 크기를 측정하기 위해 세운 가정을 〈보기〉에서 있는 대로 고르시오.

〈보기〉
ㄱ. 지구로 들어오는 햇빛은 평행하다.
ㄴ. 지구로 들어오는 햇빛은 모두 지표면에 수직이다.
ㄷ. 지구는 완전한 타원형이다.
ㄹ. 지구는 완전한 구형이다.

02 에라토스테네스가 지구의 크기를 측정한 방법에 대한 설명으로 옳은 것은 ○표, 옳지 않은 것은 ×표를 하시오.

(1) 알렉산드리아에 세운 막대와 그림자의 끝이 이루는 각은 두 지역 사이 중심각의 크기와 같다. (　　)
(2) 에라토스테네스가 구한 지구의 둘레는 실제 지구의 둘레와 정확히 일치한다. (　　)
(3) 알렉산드리아와 시에네는 실제로 같은 경도 상에 위치하고 있다. (　　)

❷ 달의 크기

- 달의 크기를 구할 때는 삼각형의 □□□를 이용하여 비례식을 세운다.
- 지구의 지름은 달의 지름의 □배이다.

[03~04] 그림은 달의 크기를 구하는 실험이다.

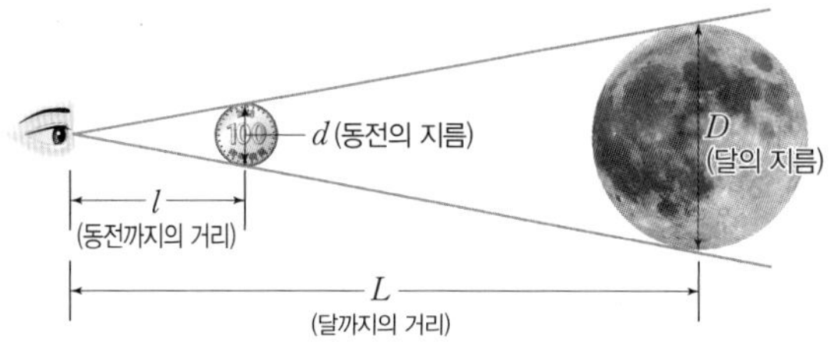

03 그림과 같이 달의 크기를 구하려 할 때, 실제로 측정해야 하는 것을 〈보기〉에서 고르시오.

〈보기〉
ㄱ. 동전의 지름　　ㄴ. 동전과 관측자 사이의 거리
ㄷ. 달의 지름　　ㄹ. 달까지의 거리

04 동전으로 보름달이 정확히 가려질 때, 관측자와 동전 사이의 거리를 l, 동전의 지름을 d, 달까지의 거리를 L이라고 했을 때, 달의 지름(D)을 구하는 비례식을 쓰시오.

필수 탐구

탐구 1 지구의 크기 측정하기

목표
지구 모형의 크기를 에라토스테네스의 원리를 이용하여 측정할 수 있다.

과정

1 막대 AA′와 BB′를 같은 경도 상의 두 지점에 수직으로 세운 다음, 전등을 켠다.

막대 AA′를 세울 때 그림자가 생기지 않도록 전등의 위치를 고정한다.

2 줄자나 실을 이용하여 호 AB의 길이(l)를 측정한다.

3 막대 BB′의 끝과 그림자의 끝(C)을 실로 연결한 다음, ∠BB′C(θ)의 크기를 측정한다.

호 AB의 길이는 막대 AA′와 BB′ 사이의 거리를 측정하여 구하고, ∠BB′C는 막대 AA′와 BB′ 사이의 중심각의 크기와 같다.

1
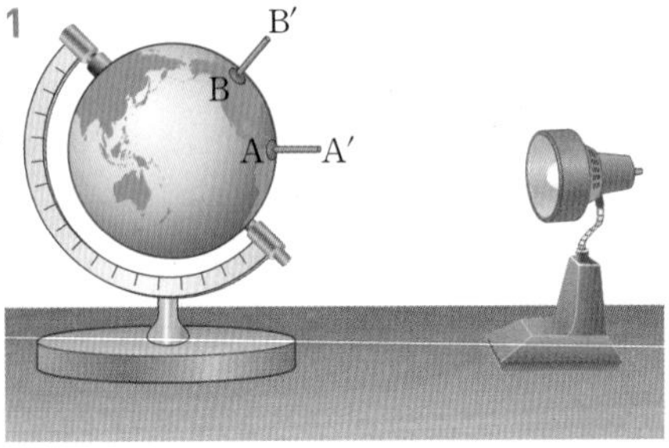

2
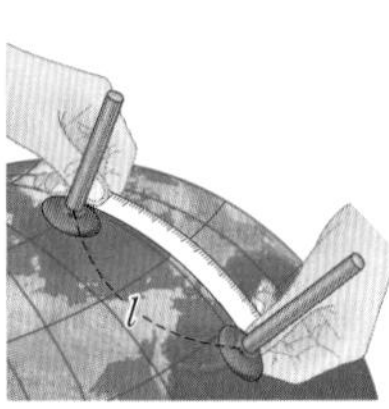

3
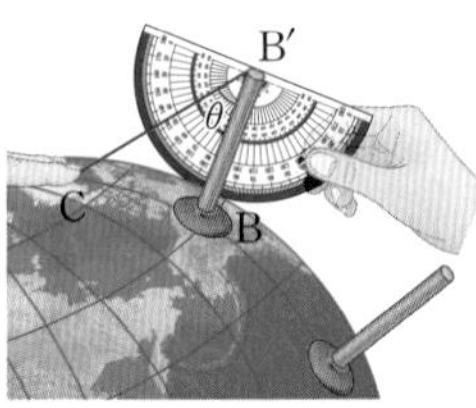

결과

에라토스테네스의 방법으로 지구 모형의 크기를 구하는 비례식을 세우면,

$$\theta : l = 360° : 2\pi R \qquad \therefore R = \frac{360° l}{2\pi\theta} \quad (R\text{: 지구 모형의 반지름})$$

로 구할 수 있다. (단, 빛이 지구 모형의 어디에나 평행하게 도달한다고 가정한다.)

실험 클립 QR

탐구 2 달의 크기 측정하기

목표
삼각형의 닮음비를 이용하여 달의 크기를 측정할 수 있다.

과정

1 두꺼운 종이의 가운데에 구멍을 뚫은 후, 구멍의 지름(d)을 잰다.

2 구멍을 뚫은 종이에 틈을 내서 자를 끼우고, 보름달이 뜬 날 종이를 앞뒤로 움직여 보름달이 구멍을 완전히 채웠을 때, 눈과 종이 사이의 거리(l)를 측정한다.

1
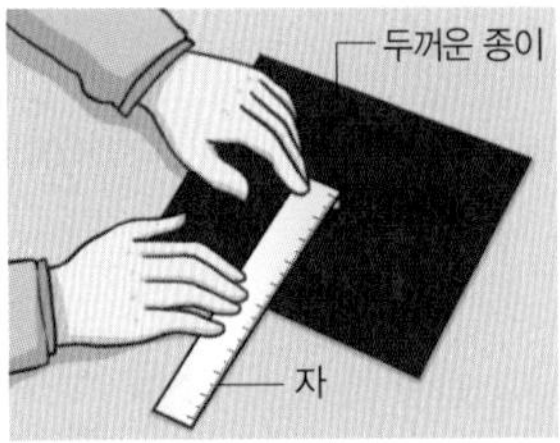

2
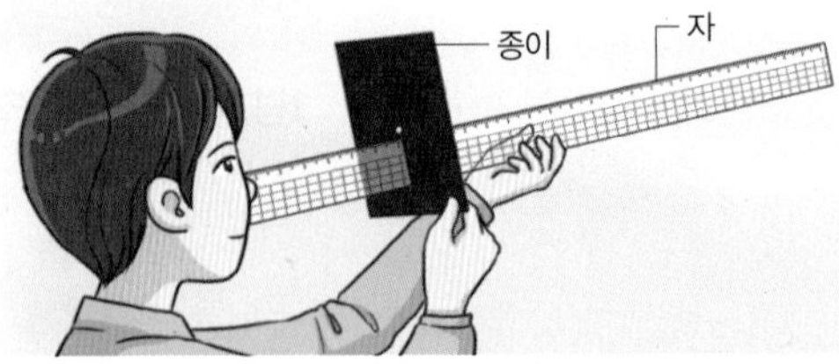

서로 닮은 두 삼각형에서 대응변의 길이의 비는 일정하다.

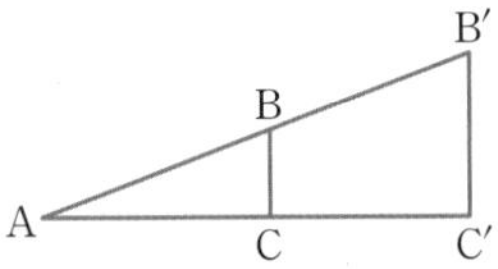

$\overline{BC} : \overline{B'C'} = \overline{AC} : \overline{AC'}$

결과

지구와 달 사이의 거리(L)는 약 384000 km이고, 삼각형의 닮음비를 이용하여 달의 지름(D)을 구하는 비례식을 세우면, '$l : L = d : D$'이다. 따라서,

$$D = \frac{L \cdot d}{l} \qquad \therefore R_{달} = \frac{L \cdot d}{2l} \fallingdotseq 1700 \text{ km이다.}$$

실험 클립 QR

수행 평가 섭렵 문제

정답과 해설 • 19쪽

지구의 크기 측정하기

- 에라토스테네스의 방법으로 지구 모형의 크기를 측정할 때 필요한 2가지 가정은 '전등 빛은 지구 모형 어디서나 □□하다.'는 것과 '지구 모형은 완전한 구형이다.'라는 것이다.
- 지구 모형의 크기를 측정하기 위해 필요한 수학적 원리는, '□□□은 호의 길이에 비례한다.'이다.

1 에라토스테네스가 지구의 크기를 측정할 때 세운 가정은 무엇인지 〈보기〉에서 있는 대로 고르시오.

보기

ㄱ. 태양빛은 지구 어디에서나 평행하다.
ㄴ. 태양빛이 도달하는 지표면은 가열된다.
ㄷ. 지구는 완전한 구형이다.
ㄹ. 지구의 적도 반지름이 극반지름보다 약간 길다.

2 지구 모형의 둘레를 측정하는 실험에서 호 AB의 길이가 l이고, $\angle BB'C$가 θ일 때, 지구의 둘레를 구하는 식은?

① $\dfrac{360° \cdot l}{\theta}$　② $\dfrac{360°}{\theta \cdot l}$　③ $\dfrac{\theta \cdot l}{360°}$

④ $\dfrac{l}{360° \cdot \theta}$　⑤ $\dfrac{\theta}{360° \cdot l}$

달의 크기 측정하기

- 달의 크기를 측정할 때는 '서로 닮은 두 삼각형에서 대응변의 길이 비는 항상 □□하다.'는 원리를 이용한다.
- 실험을 통해 달의 반지름을 구하면, 달의 반지름은 지구 반지름의 $\dfrac{□}{□}$배이다.

3 삼각형의 닮음비를 이용하여 달의 크기를 측정하는 실험에서 지구와 달 사이의 거리를 L, 구멍의 지름을 d, 눈과 종이 사이의 거리를 l이라고 했을 때, 달의 지름을 구하는 식은?

① $\dfrac{l}{L \cdot d}$　② $\dfrac{d}{L \cdot l}$　③ $\dfrac{l \cdot d}{L}$

④ $\dfrac{L \cdot d}{l}$　⑤ $\dfrac{L \cdot l}{d}$

4 삼각형의 닮음비를 이용하여 달의 크기를 측정하는 실험에 대한 설명으로 옳은 것을 〈보기〉에서 있는 대로 고르시오.

보기

ㄱ. '중심각은 호의 길이에 비례한다.'는 수학적 원리를 이용한다.
ㄴ. 종이에 뚫은 구멍에 보름달이 완전히 채워졌을 때 눈과 종이 사이의 거리를 측정한다.
ㄷ. '서로 닮은 두 삼각형에서 대응변의 길이 비는 일정하다.'는 수학적 원리를 이용한다.

내신 기출 문제

1 지구의 크기

[01~03] 그림은 에라토스테네스가 지구의 크기를 측정한 과정을 나타낸 것이다.

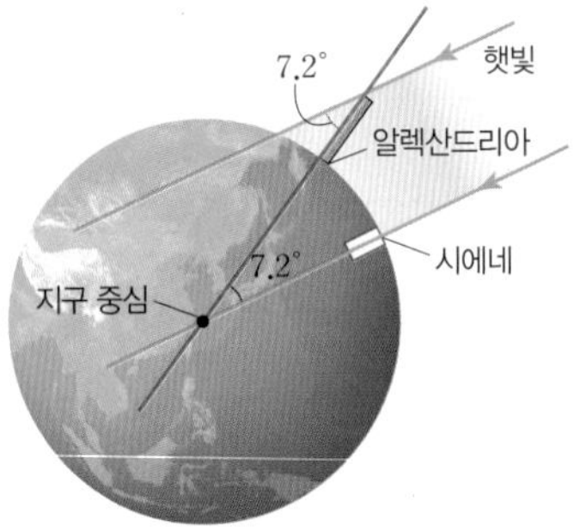

01 시에네와 알렉산드리아 사이의 거리가 925 km이고, 두 지점의 위도 차가 7.2°일 때, 지구의 둘레를 구하기 위해 세워야 하는 비례식은 무엇인가?

① 7.2° : 360°=925 km : 지구의 둘레
② 7.2° : 360°=지구의 둘레 : 925 km
③ 360° : 925 km=7.2° : 지구의 둘레
④ 360° : 지구의 둘레=925 km : 7.2°
⑤ 925 km : 360°=지구의 둘레 : 7.2°

중요
02 위의 방법으로 지구의 크기를 측정하기 위해 에라토스테네스가 세운 2가지 가정을 〈보기〉에서 있는 대로 고르시오.

보기
ㄱ. 햇빛은 지구 어디에서나 평행하다.
ㄴ. 북극성에서 오는 빛은 지구 어디에서나 평행하다.
ㄷ. 지구는 완전한 구형이다.
ㄹ. 지구는 적도 반지름이 극반지름보다 더 긴 타원체이다.

03 위의 측정 방법에 대한 설명으로 옳지 않은 것은?

① 시에네와 알렉산드리아는 같은 위도 상에 있다.
② 하짓날 정오 시에네에는 햇빛이 수직으로 입사한다.
③ 에라토스테네스가 구한 지구의 둘레는 실제 지구 둘레와는 오차가 있다.
④ 중심각의 크기는 원호의 길이에 비례한다는 수학적 원리를 이용하였다.
⑤ 최초로 지구의 크기를 측정했다는 데 중요한 의미가 있다.

중요
04 다음은 에라토스테네스의 지구 크기 측정 원리를 이용하여 지구 모형의 크기를 구하는 과정이다.

(가) 막대 AA′와 BB′를 같은 경도 상의 두 지점에 수직으로 세운 다음, 지구 모형을 햇빛이 잘 비치는 곳에 놓는다.
(나) 줄자나 실을 이용하여 호 AB의 길이(l)를 측정한다.
(다) 막대 BB′의 끝과 그림자의 끝(C)을 실로 연결한 다음, ∠BB′C(θ')의 크기를 측정한다.

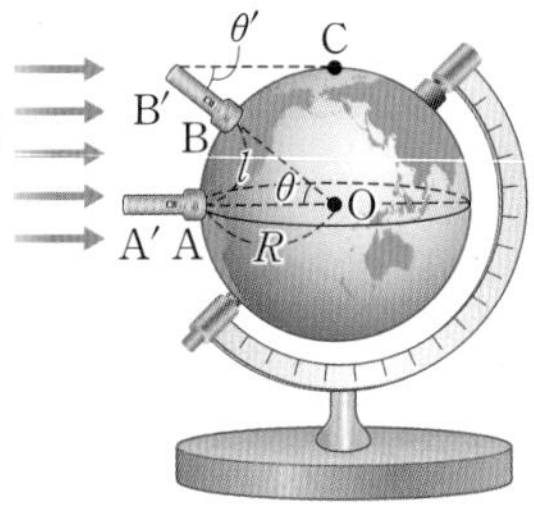

지구 모형의 반지름(R)을 구하는 식으로 옳은 것은?

① $R=\frac{\theta}{360°}\times\frac{l}{\pi}$
② $R=\frac{\theta}{360°}\times\frac{l}{2\pi}$
③ $R=\frac{\theta}{360°}\times\frac{2\pi}{l}$
④ $R=\frac{360°}{\theta}\times\frac{l}{2\pi}$
⑤ $R=\frac{360°}{\theta}\times\frac{2\pi}{l}$

2 달의 크기

05 그림은 달의 크기를 측정하는 실험을 나타낸 것이다.

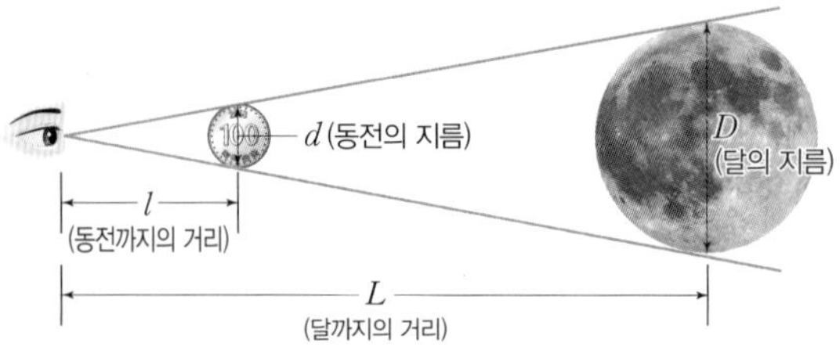

위의 결과를 이용하여 달의 지름(D)을 구하면? (단, 관측자와 달 사이의 거리는 L, 동전의 지름은 d, 관측자와 동전 사이의 거리는 l이다.)

① $\frac{L\cdot d}{l}$
② $\frac{L\cdot d}{2l}$
③ $\frac{2l}{L\cdot d}$
④ $\frac{L\cdot l}{d}$
⑤ $\frac{L\cdot l}{2d}$

고난도 실력 향상 문제

정답과 해설 • 20쪽

01 표는 (가)~(마) 지역의 위도와 경도를 나타낸 것이다.

구분	(가)	(나)	(다)	(라)	(마)
위도(°N)	32	27	32	14	50
경도(°E)	32	110	69	110	142

에라토스테네스가 사용한 방법으로 지구의 크기를 구하기 위해 고른 장소가 가장 적절하게 짝지어진 것은?

① (가), (다)　② (나), (다)
③ (나), (라)　④ (다), (마)
⑤ (라), (마)

02 표는 북반구의 같은 경도 상에 있는 A, B 지역의 위도와 두 지역 사이의 거리를 나타낸 것이다.

구분	위도(°N)	두 지역 사이의 거리(km)
A	29	778 km
B	36	

이 값을 이용하여 지구의 둘레를 구하는 식으로 옳은 것은?

① $\frac{360°}{7° \times 778\text{ km}}$　② $\frac{360° \times 778\text{ km}}{7°}$
③ $\frac{7°}{360° \times 778\text{ km}}$　④ $\frac{7° \times 360°}{778\text{ km}}$
⑤ $\frac{778\text{ km}}{360° \times 7°}$

중요
03 그림은 지구 모형의 크기를 측정하는 실험이다.

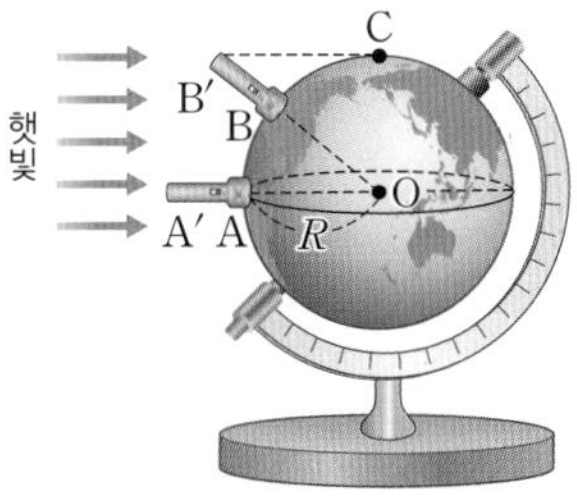

이 실험에서 측정한 A와 B 사이의 거리가 5 cm이고, ∠BB′C가 15°일 때, 이 지구 모형의 반지름(R)은 몇 cm인지 구하시오. (단, $\pi=3$으로 계산한다.)

서논술형 유형 연습

정답과 해설 • 20쪽

예제

01 그림은 에라토스테네스가 지구의 둘레를 측정하는 실험을 나타낸 것이다.

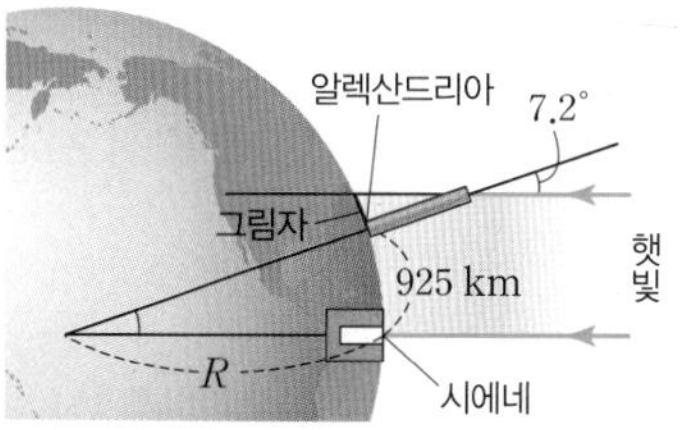

지구 둘레를 측정하기 위해 에라토스테네스가 가정한 두 가지를 서술하시오.

Tip 중심각은 원호의 길이에 비례하며, 엇각은 서로 같다.
Key Word 구형, 평행, 햇빛

[설명] 지구가 완전한 구형일 때, "중심각은 원호의 길이에 비례한다."는 수학적 원리가 적용되며, 햇빛이 평행할 때 엇각이 같다는 원리가 적용된다.
[모범 답안] 지구는 완전한 구형이며, 햇빛은 지구 어디에서나 평행하다.

실전 연습

01 그림은 지구 모형의 크기를 측정하는 실험을 나타낸 것이다.

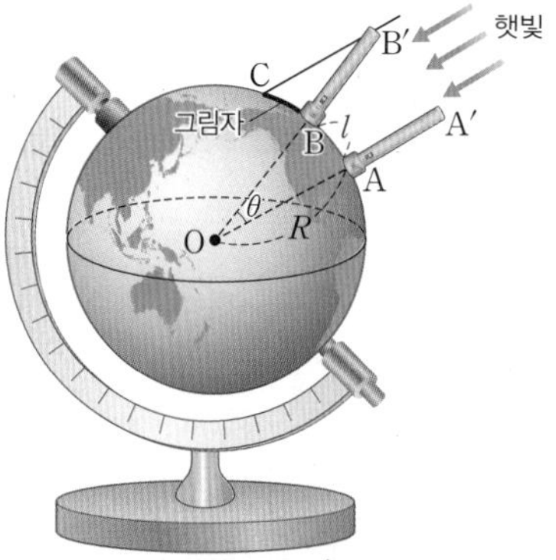

막대 AA′와 BB′는 어떻게 세워야 지구 모형의 크기를 측정할 때 생기는 오차를 줄일 수 있는지 2가지 이상 설명하시오.

Tip 두 지점의 위치는 같은 경도 상에 있어야 한다.
Key Word 경도, 그림자, 막대

2 지구와 달의 운동

1 지구의 자전

1. **지구의 자전**: 지구가 자전축을 중심으로 하루에 한 바퀴씩 서쪽에서 동쪽으로 회전하는 운동
2. **지구의 자전으로 나타나는 현상**
   (1) **별의 일주 운동**+: 별들이 북극성을 중심으로 하루에 한 바퀴씩 원을 그리면서 회전하는 겉보기 운동

▼우리나라에서 관측한 별의 일주 운동 모습

동쪽 하늘	서쪽 하늘	남쪽 하늘	북쪽 하늘

   (2) **태양과 달의 일주 운동**+: 태양과 달이 하루 동안에 동쪽에서 떠서 서쪽으로 진다.
   (3) 낮과 밤이 반복+되며, 지역에 따라 일출 시각과 일몰 시각이 다르다.

+ 천체의 일주 운동
천구의 중심에 있는 지구가 자전축을 중심으로 서쪽에서 동쪽으로 자전하는 동안 지구의 관찰자에게는 천구에 있는 천체(태양, 달, 별)가 지구의 자전 방향과 반대 방향으로 움직이는 것처럼 보인다.

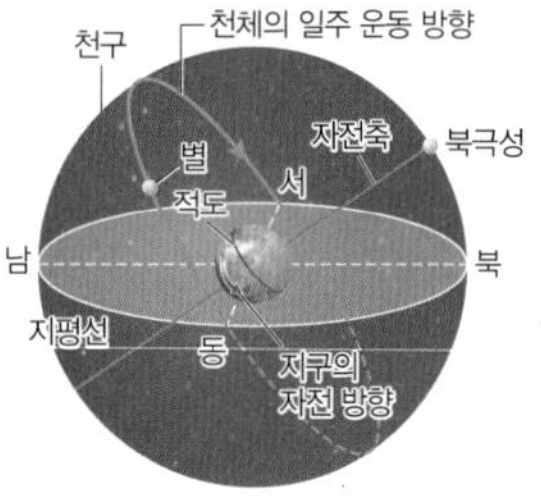

+ 낮과 밤의 반복
지구의 자전으로 태양을 바라보는 쪽은 낮이 되고, 반대쪽은 밤이 된다.

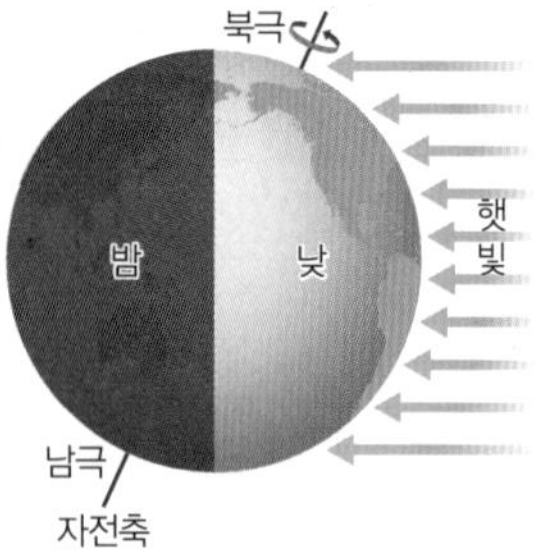

2 지구의 공전

1. **지구의 공전**: 지구가 태양을 중심으로 일 년에 한 바퀴씩 서쪽에서 동쪽으로 회전하는 운동
2. **지구의 공전으로 나타나는 현상**
   (1) **태양**+**의 연주 운동**: 태양이 별자리를 배경으로 서쪽에서 동쪽으로 이동하여 일 년 후 처음 위치로 되돌아오는 것처럼 보이는 겉보기 운동이다.

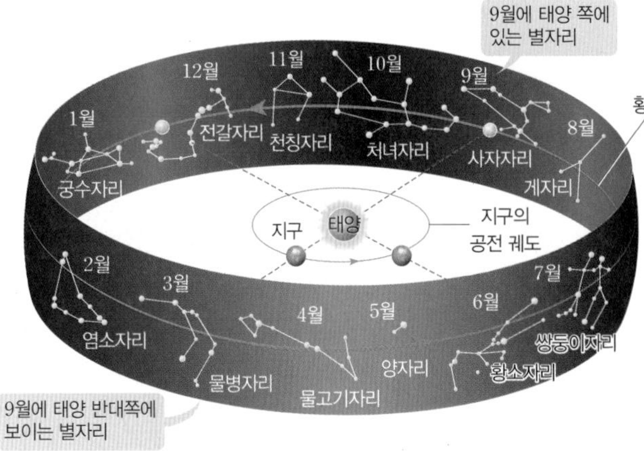

   (2) 계절에 따라 밤하늘에 보이는 별자리+가 달라진다.
   ➡ 태양이 있는 쪽 별자리는 보이지 않고, 태양의 반대쪽에 있는 별자리는 한밤중에 남쪽 하늘에서 보인다.

+ 황도 12궁
태양이 지나는 길을 황도라 하고, 황도에 위치하는 대표적인 별자리 12개를 황도 12궁이라고 한다.

❶ 지구의 자전

- 지구가 □□□을 중심으로 하루에 한 바퀴씩 회전하는 운동을 지구의 자전이라고 한다.
- 별들이 □□□을 중심으로 하루에 한 바퀴씩 원을 그리면서 시계 반대 방향으로 회전한다.
- 지구가 자전하므로 천체가 지구 자전 방향과는 반대 방향으로 □□ 운동을 한다.

01 지구의 자전에 대한 설명으로 옳은 것은 ○표, 옳지 않은 것은 ×표를 하시오.

(1) 지구가 적도를 중심으로 하루에 한 바퀴씩 회전하는 운동이다. (　　)
(2) 지구는 서쪽에서 동쪽으로 자전한다. (　　)
(3) 태양이 하루 동안 뜨고 지는 것은 지구의 자전으로 인해 나타나는 겉보기 운동이다. (　　)
(4) 지구의 자전으로 인해 나타나는 별의 일주 운동은 겉보기 운동이다. (　　)

02 그림 (가)~(다)는 우리나라에서 관측한 별의 일주 운동 모습을 나타낸 것이다.

(가) (나) (다)

각각 어느 쪽 하늘에서 관찰한 것인지 쓰시오.

(가) ________
(나) ________
(다) ________

❷ 지구의 공전

- 지구가 태양을 중심으로 일 년에 한 바퀴씩 회전하는 운동을 지구의 □□이라고 한다.
- 태양의 연주 운동은 실제 태양의 움직임이 아니라 □□□ 운동이다.
- 계절에 따라 밤하늘에 보이는 □□□가 달라지는 것도 지구의 공전으로 인해 나타나는 현상이다.

03 지구의 공전에 대한 설명으로 옳은 것은 ○표, 옳지 않은 것은 ×표를 하시오.

(1) 지구가 달을 중심으로 회전하는 운동이다. (　　)
(2) 지구는 일 년에 한 바퀴씩 동쪽에서 서쪽으로 회전한다. (　　)
(3) 태양의 연주 운동은 지구의 공전으로 인해 나타나는 겉보기 운동이다. (　　)
(4) 지구의 공전으로 인해 계절에 따라 밤하늘에 보이는 별자리가 달라진다. (　　)

04 다음의 (　) 안 ㉠~㉤에 알맞은 말을 쓰시오.

> 태양이 (　㉠　) 사이를 배경으로 (　㉡　)쪽에서 (　㉢　)쪽으로 이동하여 일 년 후 처음 위치로 되돌아오는 것처럼 보이는 겉보기 운동을 태양의 (　㉣　) 운동이라고 한다. 이것은 태양이 실제로 움직이는 것이 아니라 지구가 (　㉤　)하기 때문에 나타나는 현상이다.

2 지구와 달의 운동

❸ 달의 위상 변화

1. **달의 위상+**: 우리 눈에 보이는 달의 모양
   ➡ 달은 스스로 빛을 내지 못하고 햇빛을 반사하여 밝게 보인다.
2. **달의 위상 변화**: 태양, 지구, 달의 위치 관계에 따라 우리가 보는 달의 모양이 달라진다.
   (1) **원인**: 약 한 달을 주기로 달이 지구 주위를 서쪽에서 동쪽으로 공전하기 때문이다.
   (2) **달의 위상 변화**: 약 한 달을 주기로 변한다.
      ① 삭: 달이 지구와 태양 사이에 있을 때
         ➡ 달이 보이지 않는다.
      ② 망: 달이 지구를 중심으로 태양 반대편에 있을 때
         ➡ 보름달이 보인다.
      ③ 상현: 달이 지구, 태양과 직각을 이룰 때
         ➡ 오른쪽 반달이 보인다.
      ④ 하현: 달이 지구, 태양과 직각을 이룰 때
         ➡ 왼쪽 반달이 보인다.

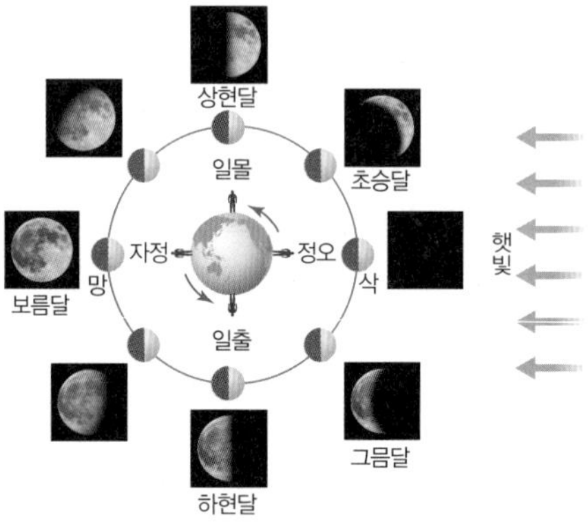

▲ 달의 위상 변화

+ 달의 위상
달은 스스로 빛을 내지 못하기 때문에 지구에서는 달의 위치에 따라 햇빛을 반사하여 밝게 보이는 부분이 달라지므로 달의 밝게 보이는 부분이 지구에서 보이는 달의 모양이며, 이를 달의 위상이라고 한다.

+ 달의 같은 면만 보이는 이유
달의 위상이 변하는 동안 지구에서는 항상 달의 같은 면만 보인다. 그 이유는 달이 지구 주위를 공전하는 동안 같은 방향으로 한 바퀴 자전하기 때문이다.

❹ 일식과 월식+

1. **일식**: 지구에서 보았을 때 달이 태양을 가리는 현상
   ➡ 태양, 달, 지구의 순서로 일직선을 이룰 때 일어나며, 달이 삭의 위치일 때 일어난다.
   (1) **개기 일식**: 달이 태양을 완전히 가리는 현상
   (2) **부분 일식**: 달이 태양의 일부를 가리는 현상
2. **월식**: 지구에서 보았을 때 달이 지구의 그림자+ 속으로 들어가 어두워지는 현상
   ➡ 태양, 지구, 달의 순서로 일직선을 이룰 때 일어나며, 달이 망의 위치일 때 일어난다.
   (1) **개기 월식**: 지구의 그림자에 달 전체가 가려지는 현상
   (2) **부분 월식**: 지구의 그림자에 달의 일부가 가려지는 현상

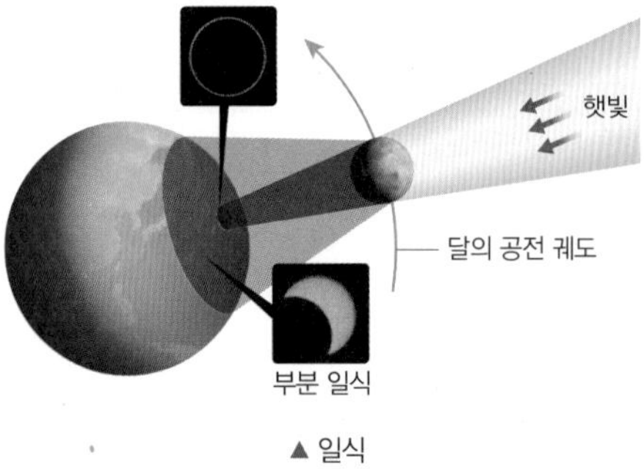

▲ 일식

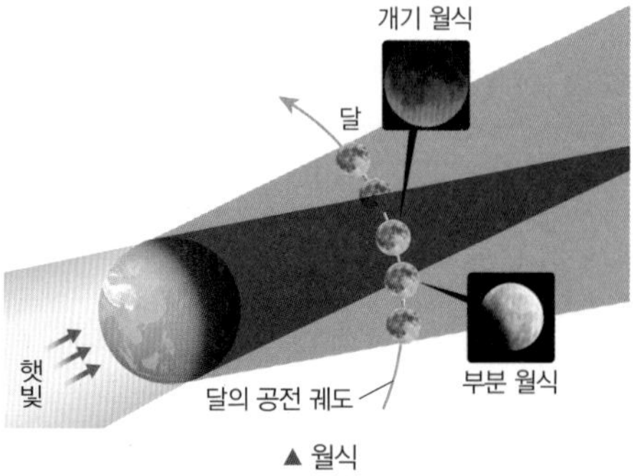

▲ 월식

+ 일식과 월식
일식은 지구에서 달의 그림자가 생기는 지역에서만 볼 수 있지만, 월식은 지구에서 밤이 되는 거의 모든 지역에서 볼 수 있다.

+ 본그림자와 반그림자
본그림자는 태양에서 오는 모든 빛이 차단되어 생기는 어두운 그림자이고, 반그림자는 태양에서 오는 빛의 일부가 차단되어 생기는 약간 어두운 그림자이다.

❸ 달의 위상 변화

- 우리 눈에 보이는 달의 모양을 달의 □□이라고 한다.
- 달이 지구를 중심으로 태양 반대편에 있을 때의 위치를 □이라 하고, 이때, 달의 모양은 □□□이 보인다.
- 달의 모양이 오른쪽 반달이면 □□□, 왼쪽 반달이면 □□□이라고 한다.

05 다음 설명에 해당하는 달의 위상을 쓰시오.

(1) 달이 지구를 중심으로 태양 반대편에 있을 때 ( )
(2) 달이 지구, 태양과 직각을 이루면서 오른쪽 반달이 보일 때 ( )
(3) 달이 지구와 태양 사이에 있을 때 ( )
(4) 달이 지구, 태양과 직각을 이루면서 왼쪽 반달이 보일 때 ( )

06 달의 위상 변화에 대한 설명으로 옳은 것은 ○표, 옳지 않은 것은 ×표를 하시오.

(1) 우리 눈에 보이는 달의 모양을 달의 위상이라고 한다. ( )
(2) 우리가 보는 달의 위상은 항상 같은 모양이다. ( )
(3) 달이 삭의 위치에 있을 때는 보름달이 뜬다. ( )
(4) 달이 지구를 중심으로 태양 반대편에 있을 때는 달이 보이지 않는다. ( )
(5) 오른쪽 반달은 상현달, 왼쪽 반달은 하현달이라고 한다. ( )

❹ 일식과 월식

- 지구에서 보았을 때 달이 태양을 가리는 현상을 □□이라고 한다.
- 지구에서 보았을 때 달이 지구의 그림자 속으로 들어가 어두워지는 현상을 □□이라고 한다.

07 다음 ( ) 안 ㉠~㉣에 알맞은 말을 쓰시오.

> 지구에서 보았을 때 달이 지구의 그림자 속으로 들어가 어두워지는 현상을 (㉠)이라 하고, 지구에서 보았을 때 달이 태양을 가리는 현상을 (㉡)이라고 한다. 이때, 달이 태양을 완전히 가리는 현상을 (㉢)이라 하고, 달이 태양의 일부분을 가리는 현상을 (㉣)이라고 한다.

08 일식과 월식에 대한 설명으로 옳은 것은 ○표, 옳지 않은 것은 ×표를 하시오.

(1) 태양, 달, 지구의 순서로 일직선을 이룰 때 일식이 일어난다. ( )
(2) 월식은 달이 망의 위치에 있을 때 일어난다. ( )
(3) 달이 삭의 위치에 있을 때 일식이 일어난다. ( )
(4) 월식은 태양, 지구, 달의 순서로 일직선을 이룰 때 일어난다. ( )

내신 기출 문제

1 지구의 자전

01 지구가 자전하기 때문에 나타나는 현상으로 옳은 것을 〈보기〉에서 있는 대로 고르면?

〈보기〉

ㄱ. 낮과 밤이 생긴다.
ㄴ. 태양이 동쪽에서 떠서 서쪽으로 진다.
ㄷ. 지역에 따라 일출과 일몰 시각이 다르다.
ㄹ. 별이 하루에 한 바퀴 동쪽에서 서쪽으로 도는 것처럼 보인다.

① ㄱ, ㄴ　② ㄴ, ㄹ　③ ㄱ, ㄷ, ㄹ
④ ㄴ, ㄷ, ㄹ　⑤ ㄱ, ㄴ, ㄷ, ㄹ

중요
02 그림은 우리나라에서 관측되는 별의 일주 운동을 나타낸 것이다.

이에 대한 설명으로 옳은 것은?

① 남쪽 하늘에서 관측된 모습이다.
② 지구가 공전하기 때문에 나타나는 현상이다.
③ 별이 시계 방향으로 움직이는 겉보기 운동이다.
④ 별이 한 바퀴 도는 데 3일이 걸린다.
⑤ 별들이 움직이는 중심에는 북극성이 있다.

2 지구의 공전

03 지구의 공전에 대한 설명으로 옳은 것을 〈보기〉에서 있는 대로 고르면?

〈보기〉

ㄱ. 지구는 동쪽에서 서쪽으로 공전한다.
ㄴ. 지구의 공전 방향은 자전 방향과 같다.
ㄷ. 지구는 태양을 중심으로 1년에 한 바퀴씩 공전한다.

① ㄱ　② ㄴ　③ ㄱ, ㄴ
④ ㄴ, ㄷ　⑤ ㄱ, ㄴ, ㄷ

04 그림은 지구가 공전하는 모습과 황도 12궁을 나타낸 것이다.

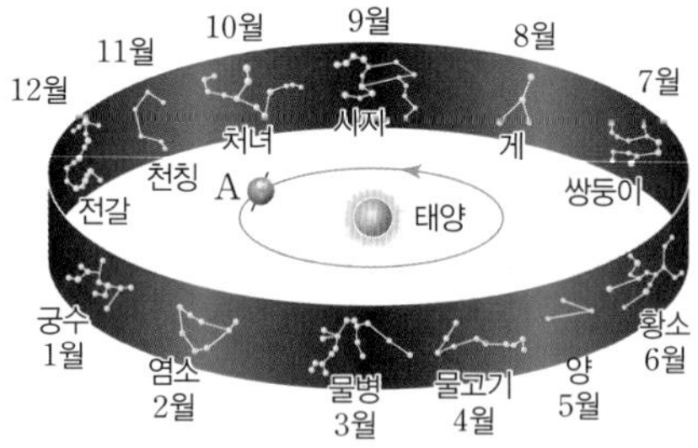

지구가 A 위치에 있을 때, 한밤중에 남쪽 하늘에서 관찰할 수 있는 별자리는 무엇인가?

① 양자리　② 물고기자리　③ 염소자리
④ 천칭자리　⑤ 황소자리

3 달의 위상 변화

05 태양, 지구, 달의 위치가 그림과 같을 때 지구에서 관측되는 달의 모습은?

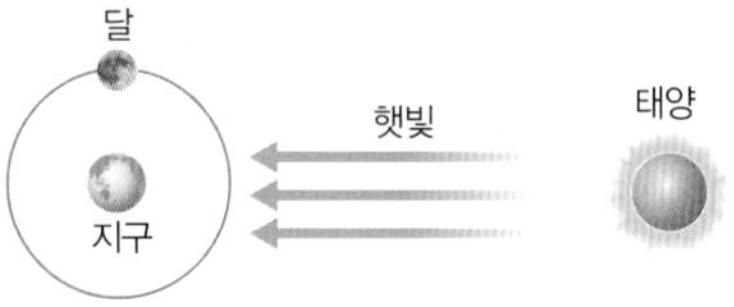

①　②　③　④　⑤

4 일식과 월식

중요
06 그림은 달에 의해 태양이 가려지는 현상을 나타낸 것이다.

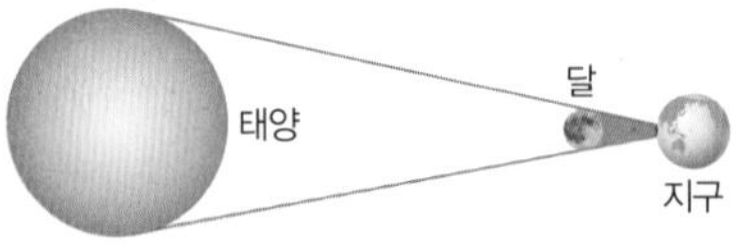

태양이 달에 의해 완전히 가려졌다면, 이러한 현상을 무엇이라고 하는지 쓰시오.

고난도 실력 향상 문제

정답과 해설 · 21쪽

01 그림은 우리나라 북쪽 하늘에서 관측되는 별의 일주 운동 모습이다.

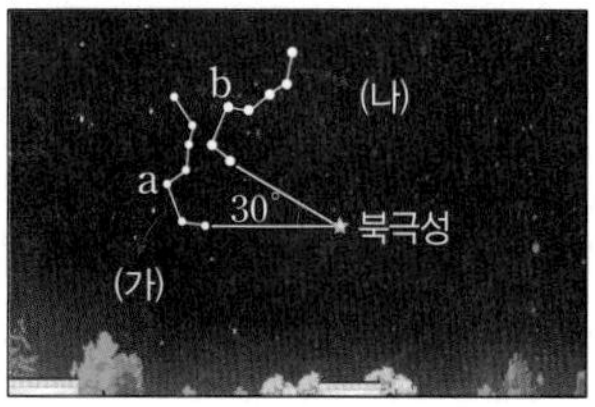

(가)와 (나) 중 별의 일주 운동 방향을 찾고, a 위치와 b 위치 사이의 시간 차이를 옳게 짝지은 것은?

① (가), 1시간　② (가), 2시간　③ (가), 3시간　④ (나), 2시간　⑤ (나), 3시간

중요

02 그림은 같은 장소에서 15일 간격으로 저녁 9시경에 관측한 별자리를 순서 없이 나타낸 것이다.

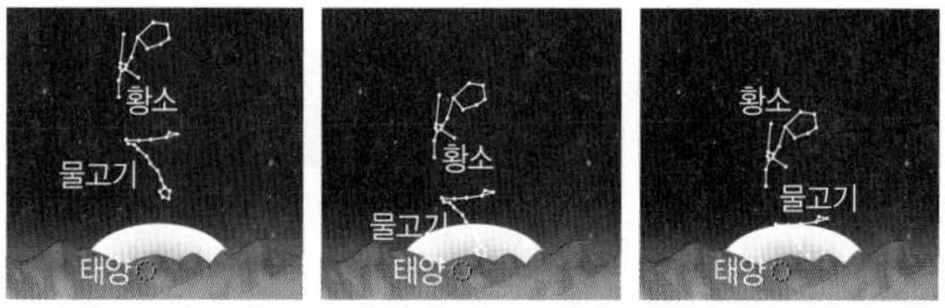

(가)　(나)　(다)

별자리의 위치 변화를 시간 순으로 옳게 나열한 것은?

① (가)—(나)—(다)　② (가)—(다)—(나)　③ (나)—(가)—(다)　④ (나)—(다)—(가)　⑤ (다)—(나)—(가)

중요

03 그림은 태양, 지구, 달의 상대적인 위치와 우주인을 나타낸 것이다.

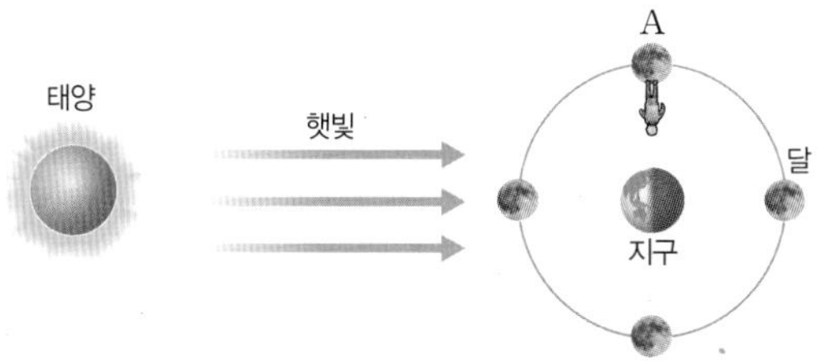

달이 A 위치에 있을 때, 달에 있는 우주인에게 지구는 어떤 모양으로 보일까?

서논술형 유형 연습

정답과 해설 · 21쪽

예제

01 그림은 태양의 연주 운동 경로와 황도 12궁을 나타낸 것이다.

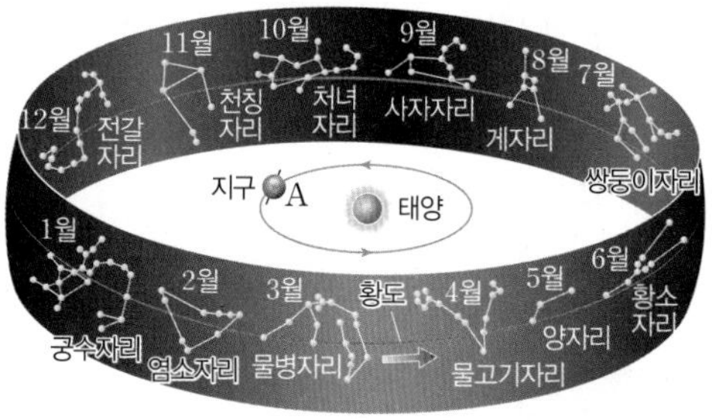

지구가 A 위치에 있을 때, 태양이 지나고 있는 별자리는 어디이며, 이와 같이 태양이 연주 운동을 하는 이유는 무엇인지 서술하시오.

Tip 지구가 공전하므로 태양이 보이는 위치가 달라진다.

Key Word 밤하늘, 연주 운동, 지구의 공전

[설명] 지구가 공전하는 동안 지구에서는 태양이 보이는 위치가 달라지고, 태양이 있는 쪽 별자리는 보이지 않고, 태양의 반대쪽에 있는 별자리가 한밤중에 남쪽 하늘에서 보인다.

[모범 답안] 지구가 A 위치에 있을 때 태양은 황소자리를 지나고 있다. 지구가 태양 주위를 1년에 한 바퀴씩 공전하므로 지구의 관측자가 보는 태양이 별자리 사이를 1년을 주기로 이동하는 것처럼 보이기 때문이다.

실전 연습

01 그림은 우리나라 북쪽 하늘을 오랜 시간 동안 촬영한 사진이다.

별들이 회전하는 중심에 있는 별의 이름을 쓰고, 이러한 현상이 나타나는 원인은 무엇인지 서술하시오.

Tip 북극성을 중심으로 별이 일주 운동을 한다.

Key Word 지구의 자전, 북극성, 별의 일주 운동

3 태양계를 구성하는 행성

❶ 태양계 행성

1. **행성**: 태양 주위를 도는 수성, 금성, 지구, 화성, 목성, 토성, 천왕성, 해왕성의 8개 천체

2. **행성의 특징**

행성	특징	행성	특징
수성✚ 	• 태양계에서 가장 작은 행성 • 대기가 거의 없음. • 표면에 많은 운석 구덩이가 있음. • 낮과 밤의 표면 온도 차이가 매우 큼.	목성 	• 태양계에서 가장 큰 행성 • 주로 수소와 헬륨으로 이루어짐. • 대기의 소용돌이인 대적점이 있음. • 표면에 가로 줄무늬가 있음. • 희미한 고리와 많은 위성이 있음.
금성✚ 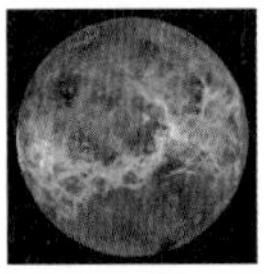	• 크기와 질량이 지구와 가장 비슷함. • 이산화 탄소로 이루어진 두꺼운 대기 • 대기압과 표면 온도가 높음. • 운석 구덩이와 화산이 있음.	토성 	• 태양계에서 밀도가 가장 작은 행성 • 주로 수소와 헬륨으로 이루어짐. • 표면에 가로 줄무늬가 있음. • 뚜렷한 고리와 많은 위성이 있음.
지구 	• 질소와 산소로 이루어진 대기 • 생명체가 존재하는 행성 • 단 하나의 위성인 달이 있음.	천왕성 	• 주로 수소로 이루어짐. • 헬륨과 메테인이 포함되어 청록색으로 보임. • 자전축이 거의 누운 채로 자전함. • 희미한 고리와 많은 위성이 있음.
화성 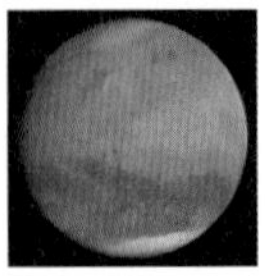	• 표면이 붉은색을 띰. • 물이 흘렀던 흔적이 있음. • 극 지역에는 극관✚이 있음. • 운석 구덩이와 화산이 있음.	해왕성 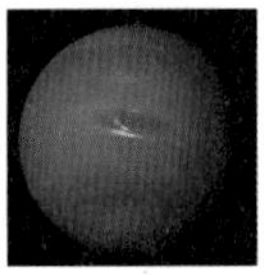	• 태양계에서 가장 바깥쪽에 있는 행성 • 성분이 천왕성과 비슷하여 파란색으로 보임. • 대기의 소용돌이인 대흑점이 있음. • 희미한 고리와 많은 위성이 있음.

✚ **수성**
대기와 물이 없으므로 풍화와 침식 작용이 일어나지 않아 표면에 운석 구덩이가 매우 많다. 따라서 수성의 표면은 달 표면과 매우 비슷하다.

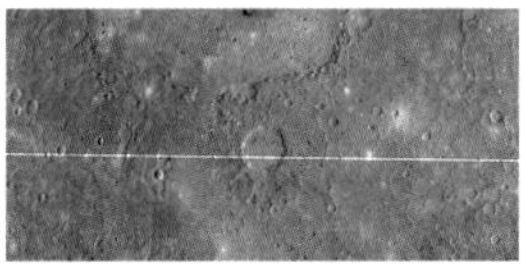
▲ 운석 구덩이

✚ **금성**
대기의 주성분은 이산화 탄소이고, 온실 효과가 활발하게 일어나 표면 온도가 약 470 ℃로 매우 높다.

✚ **극관**
화성의 양극 지방에는 얼음과 드라이 아이스로 만들어진 극관이 관측된다. 극관의 크기는 화성의 여름에는 작아지고, 화성의 겨울에는 커진다.

❷ 행성의 분류

1. **지구의 공전 궤도를 기준으로 한 행성의 분류**: 내행성과 외행성으로 분류

분류	기준	예
내행성	지구의 공전 궤도 안쪽에서 공전하는 행성	수성, 금성
외행성	지구의 공전 궤도 바깥쪽에서 공전하는 행성	화성, 목성, 토성, 천왕성, 해왕성

2. **물리적 특성에 따른 행성의 분류**: 지구형 행성과 목성형 행성으로 분류

지구형 행성	특성	목성형 행성
작다	질량	크다
작다	반지름	크다
크다	밀도	작다
없다	고리	있다
없거나 적다	위성 수	많다
있다	단단한 표면✚	없다

✚ **단단한 표면**
지구형 행성은 암석으로 이루어져 있어서 표면이 단단하고, 목성형 행성은 기체로 이루어져 있어서 단단한 표면이 없다.

❶ 태양계 행성

- 태양 주위를 도는 수성, 금성, 지구, 화성, 목성, 토성, 천왕성, 해왕성의 8개 천체를 □□이라고 한다.
- 태양계에서 가장 작은 행성은 □□이고, 가장 큰 행성은 □□이다.
- 화성의 양 극 지역에는 얼음과 □□□ □□□(이)가 있는 □□이 존재한다.

01 다음 설명에 해당하는 행성의 이름을 쓰시오.

(1) 크기와 질량이 지구와 가장 비슷하다. (　　　　)
(2) 극 지역에 얼음과 드라이 아이스로 된 극관이 있다. (　　　　)
(3) 달처럼 표면에 많은 운석 구덩이가 있다. (　　　　)
(4) 자전축이 거의 누운 채로 자전한다. (　　　　)
(5) 표면에 가로 줄무늬와 대적점이 있다. (　　　　)
(6) 대기의 소용돌이인 대흑점이 있다. (　　　　)

02 다음 〈보기〉 중 수성의 특징으로 옳은 것을 있는 대로 고르시오.

〈보기〉
ㄱ. 태양에서 가장 가깝다.
ㄴ. 태양계 행성 중 가장 크다.
ㄷ. 표면에 운석 구덩이가 많다.
ㄹ. 낮과 밤의 표면 온도 차이가 거의 없다.

❷ 행성의 분류

- 행성은 지구의 □□ □□를 중심으로 안쪽에서 공전하는 □□□과 바깥쪽에서 공전하는 □□□으로 분류한다.
- 행성은 □□□ 특성에 따라 □□□ 행성과 목성형 행성으로 분류한다.

03 다음 〈보기〉 중 내행성과 외행성의 기호를 각각 있는 대로 쓰시오.

〈보기〉
ㄱ. 수성　ㄴ. 화성　ㄷ. 금성　ㄹ. 토성
ㅁ. 해왕성　ㅂ. 천왕성　ㅅ. 목성

(1) 내행성: (　　　　　　　　)
(2) 외행성: (　　　　　　　　)

04 다음은 행성에 대한 물리적 특성을 설명한 것이다. 목성형 행성에 대한 설명이면 '목', 지구형 행성에 대한 설명이면 '지'라고 쓰시오.

(1) 질량이 작고 반지름도 작다. (　　)
(2) 수성, 금성, 지구, 화성이 해당된다. (　　)
(3) 고리가 있고, 많은 위성을 가지고 있다. (　　)
(4) 밀도가 크고, 단단한 표면이 있다. (　　)
(5) 목성, 토성, 천왕성, 해왕성이 해당된다. (　　)

내신 기출 문제

1 태양계 행성

01 수성에 대한 설명으로 옳지 않은 것은?

① 태양에서 가장 가까운 행성이다.
② 태양계에서 가장 작은 행성이다.
③ 표면에 물이 흘렀던 흔적이 있다.
④ 표면에는 많은 운석 구덩이가 있다.
⑤ 대기가 거의 없어 낮과 밤의 표면 온도 차이가 매우 크다.

중요

02 행성과 그 특성이 옳게 짝지어진 것은?

① 금성 – 많은 운석 구덩이
② 토성 – 짙은 이산화 탄소 대기
③ 목성 – 붉은색의 사막
④ 화성 – 흰색의 극관
⑤ 천왕성 – 대기의 소용돌이로 생긴 대흑점

중요

03 표면에 대기의 소용돌이로 인해 생긴 대적점이 존재하는 행성은?

① 
② 
③ 
④ 
⑤ 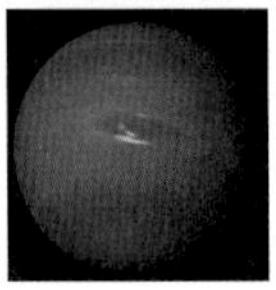

04 그림과 같이 천왕성이 청록색을 띠는 것과 관련 있는 기체는 무엇인가?

① 산소 ② 질소
③ 수소 ④ 메테인
⑤ 이산화 탄소

05 그림은 태양계를 구성하는 어떤 행성이다.

이 행성에 대한 설명으로 옳은 것은?

① 2개의 위성을 거느리고 있다.
② 표면에 커다란 검은 점이 있다.
③ 태양계 행성 중 가장 크다.
④ 표면 온도가 가장 높은 행성이다.
⑤ 태양계에서 밀도가 가장 작은 행성이다.

2 행성의 분류

06 목성형 행성에 대한 설명으로 옳은 것을 〈보기〉에서 있는 대로 고르면?

보기
ㄱ. 위성이 많고, 고리가 있다.
ㄴ. 질량이 크고, 반지름도 크다.
ㄷ. 표면이 기체로 이루어져 단단한 표면이 없다.
ㄹ. 단단한 암석으로 이루어져 평균 밀도가 크다.

① ㄱ, ㄴ ② ㄴ, ㄹ ③ ㄱ, ㄴ, ㄷ
④ ㄴ, ㄷ, ㄹ ⑤ ㄱ, ㄷ, ㄹ

중요

07 다음 행성 (가)~(라)에 대한 설명으로 옳은 것을 〈보기〉에서 있는 대로 고르시오.

(가)

(나)

(다)

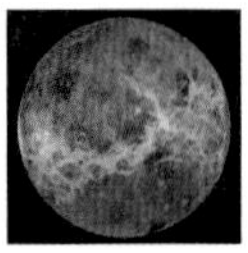
(라)

보기
ㄱ. (가), (라)는 위성이 없다.
ㄴ. (가), (나), (다), (라)는 모두 지구형 행성이다.
ㄷ. (나)는 지구의 공전 궤도 안쪽에서 공전한다.
ㄹ. (가), (라)는 지구 공전 궤도 바깥쪽에서 공전한다.

고난도 실력 향상 문제

정답과 해설 • 22쪽

[01~03] 그림은 태양계 행성들을 반지름과 질량에 따라 분류한 것이다.

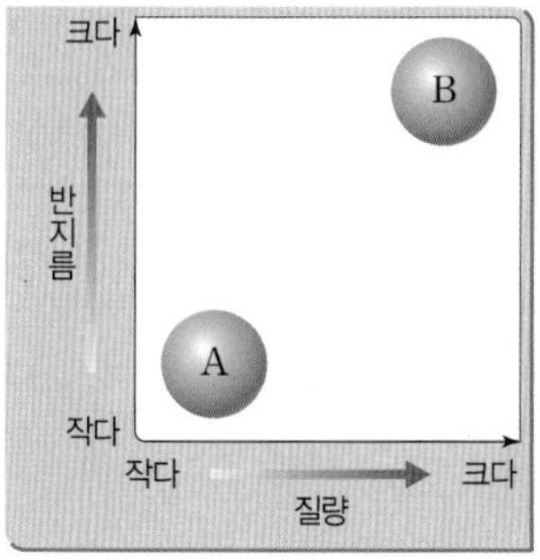

중요

01 A에 속하는 행성 중 아래의 특징을 모두 가진 (가)에 해당하는 행성은 무엇인가?

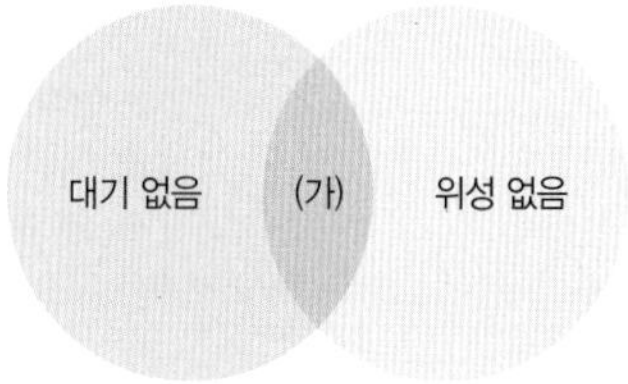

① 화성 ② 금성 ③ 목성
④ 수성 ⑤ 해왕성

02 〈보기〉 중 B에 속하는 행성의 특징을 있는 대로 고른 것은?

보기
ㄱ. 평균 밀도가 큰 지구형 행성이다.
ㄴ. 많은 위성을 가지고 있고, 고리가 있다.
ㄷ. 표면이 기체로 이루어져 평균 밀도가 작다.

① ㄱ ② ㄴ ③ ㄱ, ㄴ
④ ㄴ, ㄷ ⑤ ㄱ, ㄴ, ㄷ

중요

03 그림은 태양계를 구성하는 행성을 나타낸 것이다.

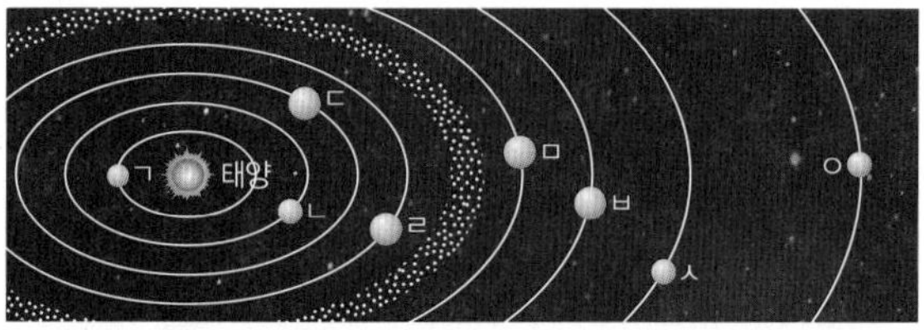

행성 ㄱ~ㅇ 중 A에 속하는 행성이면서 외행성인 행성은 무엇인지 그 기호와 이름을 쓰시오.

서논술형 유형 연습

정답과 해설 • 23쪽

예제

01 그림은 수성의 표면에 나타난 운석 구덩이의 모습이다.

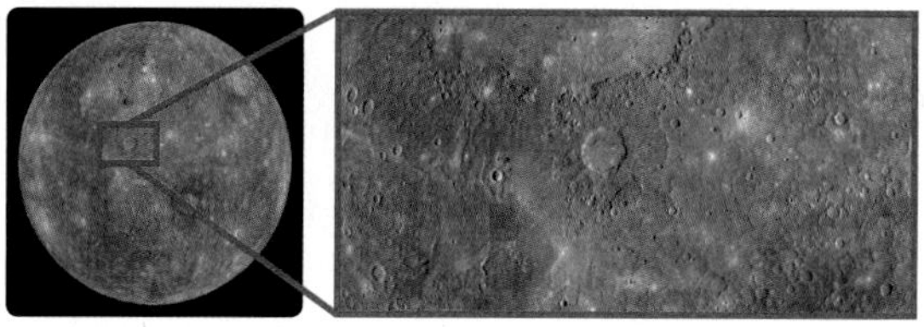

수성의 표면에 이처럼 많은 운석 구덩이가 있는 까닭은 무엇인지 서술하시오.

Tip 대기와 물이 없으면 풍화, 침식 작용이 잘 일어나지 않는다.
Key Word 대기, 물, 풍화, 침식, 운석 구덩이

[설명] 수성에는 대기와 물이 없어서 표면에서 풍화나 침식 작용이 일어나지 않는다.
[모범 답안] 대기와 물이 없어서 풍화나 침식 작용이 일어나지 않으므로 한 번 생긴 운석 구덩이가 없어지지 않고 그대로 남아 있기 때문이다.

실전 연습

01 그림 (가)는 천왕성이고, (나)는 해왕성이다.

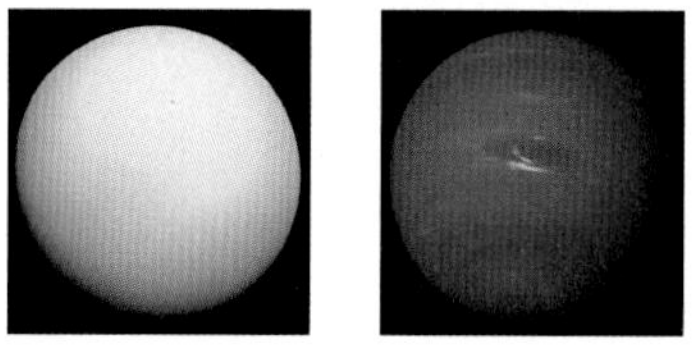

(가) (나)

천왕성은 청록색, 해왕성은 파란색을 띠게 되는 공통적인 원인은 무엇인지 서술하시오.

Tip 메테인은 붉은 빛을 흡수한다.
Key Word 대기, 메테인, 붉은빛, 파란빛

4 태양

❶ 태양의 특징

1. 태양: 태양계에서 스스로 빛을 내는 유일한 천체이다.
➡ 태양의 반지름은 지구 반지름의 약 109배 정도이다.

2. 태양의 표면(광구): 밝고 둥글게 보이는 태양의 표면이며, 평균 온도는 약 6000 ℃이다.

(1) 쌀알 무늬✚: 수많은 쌀알을 뿌려 놓은 것 같은 무늬

(2) 흑점: 크기와 모양이 불규칙한 어두운 무늬
➡ 흑점의 온도는 약 4000 ℃로, 주위보다 온도가 낮아 어둡게 보인다.

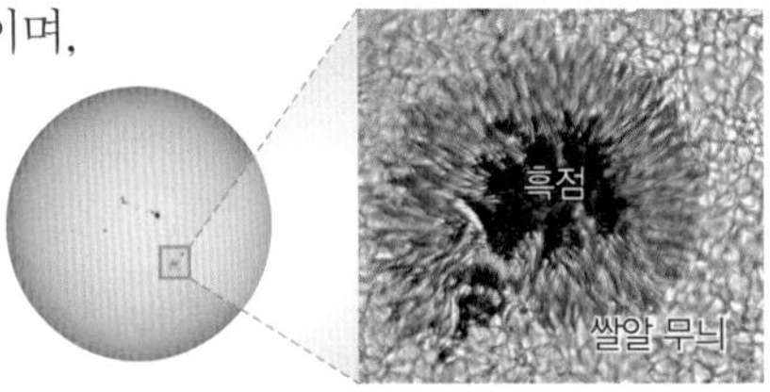

3. 태양의 대기✚: 매우 희박한 대기층이다.

채층		태양의 광구 바로 위에 있는 얇은 대기층으로, 붉은색을 띤다. 두께는 약 10000 km이다.
코로나✚		채층 위로 넓게 뻗어 있는 진주색으로 보이는 태양의 가장 바깥쪽 대기층이다. 온도는 100만 ℃ 이상으로 매우 높다.

4. 태양의 대기에서 나타나는 현상

홍염	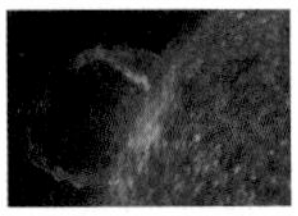	광구에서 온도가 높은 물질이 대기로 솟아오르는 현상이다. 불꽃이나 고리 등 다양한 모양으로 나타난다.
플레어	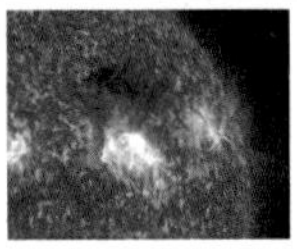	흑점 부근에서 폭발이 일어나 채층의 일부가 순간 매우 밝아지는 현상이다.

❷ 태양 활동이 지구에 미치는 영향

1. 태양 활동이 활발한 시기: 흑점 수가 많아지고, 홍염이나 플레어가 자주 발생한다.

(1) 코로나의 크기가 커지면서 태양풍✚이 평상시보다 강해진다.

(2) 태양은 평소보다 많은 양의 에너지와 물질을 우주 공간으로 방출한다.

2. 태양 활동이 활발할 때 지구에서 나타나는 현상

(1) 지구 자기장이 교란되어 짧은 시간 동안 지구 자기장이 크게 변하는 자기 폭풍이 발생한다.

(2) 고위도 지역에 오로라가 더 자주 나타나고, 위도가 낮은 지역에서 오로라가 나타나기도 한다.

(3) 장거리 무선 통신이 끊어지는 델린저 현상이 발생하거나 인공위성이 고장 나기도 하고, 송전 시설의 고장으로 정전되기도 한다.

3. 태양 관측: 천체 망원경✚을 이용할 때는 태양 투영판을 이용하여 태양의 상을 관측한다.

✚ 쌀알 무늬
태양의 광구 밑에서 일어나는 대류 운동에 의해 나타나는 무늬로, 고온의 뜨거운 기체가 상승하는 곳은 밝고, 냉각된 기체가 하강하는 곳은 어둡다.

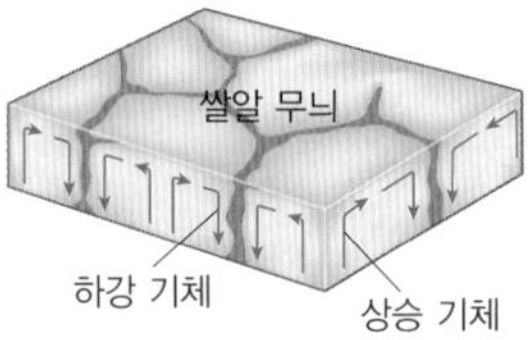

✚ 태양의 대기
광구보다 어둡기 때문에 평상시에는 관측할 수 없고, 광구가 달에 의해 가려지는 개기 일식 때나 특별한 장비를 이용하여 관측할 수 있다.

✚ 흑점의 수
흑점의 수는 11년을 주기로 증가하거나 감소를 반복한다.

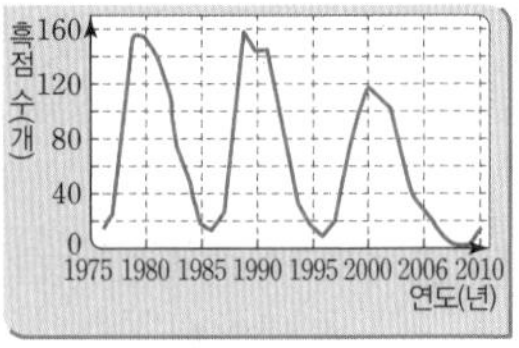

✚ 태양풍
태양 표면에서 고온의 전기를 띤 입자들이 끊임없이 우주 공간으로 방출되는데, 이러한 입자의 흐름을 태양풍이라고 한다.

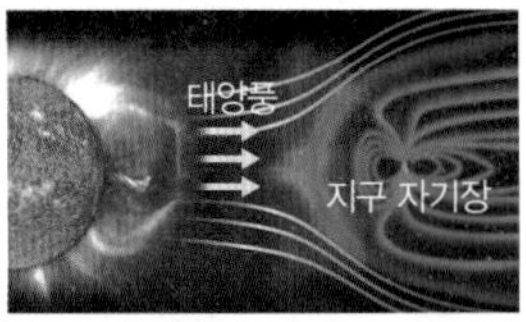

✚ 천체 망원경
천체에서 오는 빛을 모아 천체의 상을 만들고 이를 확대하여 관측하는 도구

❶ 태양의 특징

- 태양계에서 스스로 빛을 내는 유일한 천체는 □□이며, 표면 온도는 약 □□□□ ℃이다.
- 밝고 둥글게 보이는 태양의 표면을 □□라 하고, 표면에 나타나는 어두운 무늬를 □□이라고 한다.
- 태양의 광구 바로 위에 있는 얇은 대기층을 □□이라 하고, 위로 넓게 뻗어 있는 진주색의 가장 바깥쪽 대기층을 □□□라고 한다.

01 다음 〈보기〉 중 태양의 표면에서 볼 수 있는 것을 있는 대로 쓰시오.

보기

ㄱ. 코로나	ㄴ. 채층	ㄷ. 쌀알 무늬
ㄹ. 흑점	ㅁ. 홍염	ㅂ. 플레어

02 태양에 대한 설명으로 옳은 것은 ○표를, 옳지 않은 것은 ×표를 하시오.

(1) 태양계에서 스스로 빛을 내는 유일한 천체이다. ( )

(2) 태양의 대기는 매우 희박하며, 광구보다 밝아서 평상시에도 항상 볼 수 있다. ( )

(3) 흑점은 주위보다 온도가 높아서 어둡게 보인다. ( )

(4) 쌀알 무늬는 광구 밑에서 일어나는 대류 운동에 의해 나타난다. ( )

03 다음 설명에 해당하는 태양의 특징을 쓰시오.

(1) 태양의 광구 바로 위에 있는 얇은 대기층 ( )

(2) 광구에서 온도가 높은 물질이 대기로 솟아오르는 현상 ( )

(3) 채층 위로 넓게 뻗어 있는 태양의 가장 바깥쪽 대기층 ( )

(4) 채층의 일부가 순간 매우 밝아지는 현상 ( )

❷ 태양 활동이 지구에 미치는 영향

- 태양 활동이 활발해지면 □□의 수가 많아지고, 홍염과 □□□가 자주 발생한다.
- 태양 활동이 활발할 때 인공위성이 고장 나기도 하고, 송전 시설의 고장으로 □□되기도 한다.
- 장거리 무선 통신이 끊어지는 현상을 □□□ 현상이라고 한다.

04 태양 활동이 지구에 미치는 영향에 대한 설명으로 옳은 것은 ○표, 옳지 않은 것은 ×표를 하시오.

(1) 태양 활동이 활발한 시기에는 흑점 수가 감소한다. ( )

(2) 태양 활동이 활발해지면 코로나의 크기가 커지고, 태양풍이 더 강해진다. ( )

(3) 지구에서는 장거리 무선 통신이 끊어지는 델린저 현상이 발생한다. ( )

(4) 고위도 지역에서는 오로라가 더 자주 발생한다. ( )

05 다음에서 설명하는 현상은 무엇인지 쓰시오.

지구 자기장이 교란되어 짧은 시간 동안 지구 자기장이 크게 변하는 현상

내신 기출 문제

1 태양의 특징

[01~02] 그림은 태양에서 나타나는 현상을 찍은 사진이다.

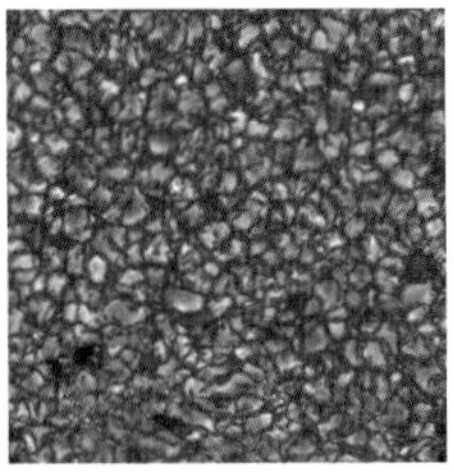
(가)

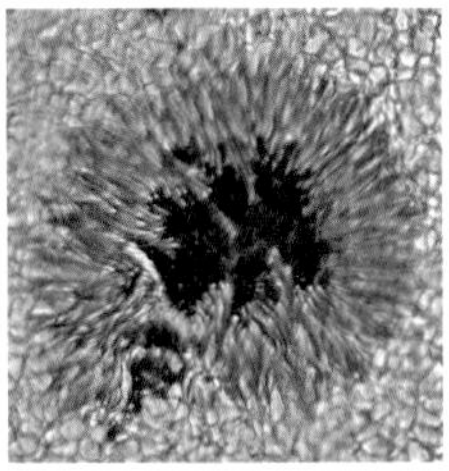
(나)

01 (가)와 (나)의 명칭을 쓰시오.

중요
02 그림 (가)와 (나)에 대한 설명으로 옳지 않은 것은?

① (가)와 (나)는 개기 일식 때만 관측할 수 있다.
② 태양 활동이 활발해지면 (나)의 수는 증가한다.
③ (나)는 주변보다 온도가 낮아서 어둡게 보인다.
④ (가)는 광구 아래에서 일어나는 대류 현상으로 인해 생긴 것이다.
⑤ (가)와 (나) 모두 태양의 표면인 광구에서 볼 수 있는 특징이다.

중요
03 그림은 태양의 모습을 찍은 사진이다. 이에 대한 설명으로 옳은 것을 〈보기〉에서 있는 대로 고르면?

보기
ㄱ. 플레어이다.
ㄴ. 개기 일식 때 관측할 수 있다.
ㄷ. 태양의 가장 바깥쪽 대기층이다.
ㄹ. 온도는 100만℃ 이상으로 매우 높다.

① ㄱ, ㄴ ② ㄴ, ㄹ ③ ㄱ, ㄴ, ㄷ
④ ㄱ, ㄷ, ㄹ ⑤ ㄴ, ㄷ, ㄹ

04 〈보기〉의 그림은 태양에서 관측되는 여러 가지 현상이다.

보기
ㄱ.
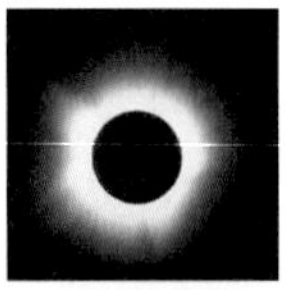
ㄴ.
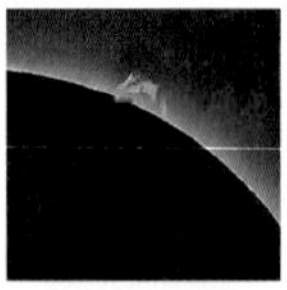
ㄷ.
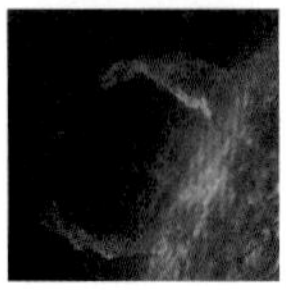
ㄹ.

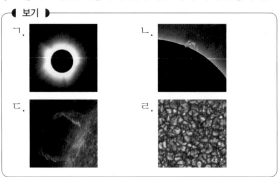

태양의 대기와 관련 있는 것을 〈보기〉에서 있는 대로 고르면?

① ㄱ, ㄴ ② ㄴ, ㄹ ③ ㄱ, ㄴ, ㄷ
④ ㄱ, ㄷ, ㄹ ⑤ ㄴ, ㄷ, ㄹ

2 태양 활동이 지구에 미치는 영향

05 태양 활동이 활발해질 때 태양에서 나타나는 변화를 〈보기〉에서 있는 대로 고르면?

보기
ㄱ. 흑점의 수가 감소한다.
ㄴ. 코로나의 크기가 더 커진다.
ㄷ. 태양풍이 평소보다 더 강해진다.
ㄹ. 플레어와 홍염이 더 자주 발생한다.

① ㄱ, ㄴ ② ㄴ, ㄹ ③ ㄱ, ㄴ, ㄷ
④ ㄱ, ㄷ, ㄹ ⑤ ㄴ, ㄷ, ㄹ

06 태양 활동이 활발할 때 지구에 미치는 영향으로 옳지 않은 것은?

① 인공위성이 고장 나기도 한다.
② 송전 시설이 복구되어 전기가 잘 흐른다.
③ 고위도 지역에 오로라가 더 자주 나타난다.
④ 장거리 무선 통신이 끊어지는 델린저 현상이 발생한다.
⑤ 지구 자기장에 급격한 변화가 일어나는 자기 폭풍이 발생한다.

고난도 실력 향상 문제

정답과 해설 · 24쪽

01 그림은 천체 망원경으로 태양의 흑점을 4일 간격으로 관측한 결과를 나타낸 것이다.

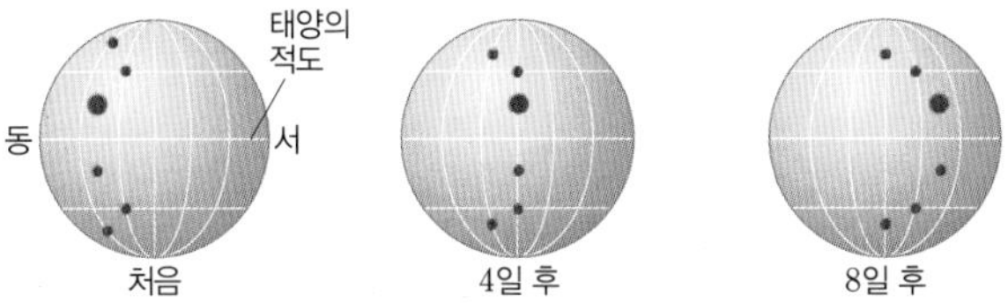

위 자료에 대한 설명으로 옳은 것을 〈보기〉에서 있는 대로 고르면?

〈보기〉
ㄱ. 흑점이 이동하는 것은 태양이 공전하기 때문이다.
ㄴ. 흑점이 동쪽에서 서쪽으로 계속 이동하는 것은 태양이 서쪽에서 동쪽으로 자전하기 때문이다.
ㄷ. 흑점의 이동 속도가 극보다 적도 쪽이 더 빠른 것은 태양이 기체로 이루어졌기 때문이다.

① ㄱ ② ㄴ ③ ㄱ, ㄴ
④ ㄴ, ㄷ ⑤ ㄱ, ㄴ, ㄷ

중요

02 그림은 연도별 흑점 수의 변화를 나타낸 것이다.

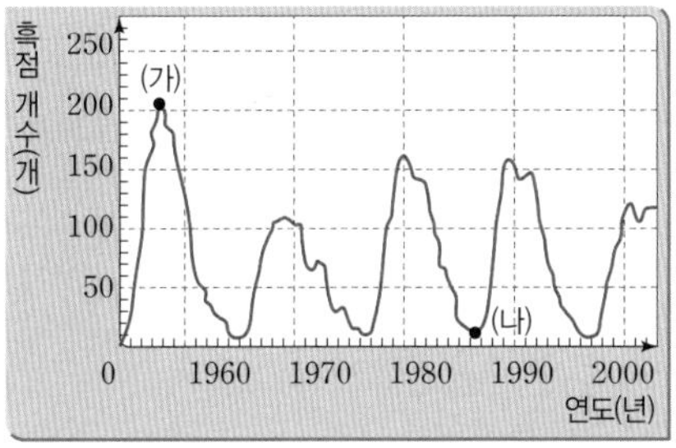

위 자료에 대한 설명으로 옳은 것을 〈보기〉에서 있는 대로 고르면?

〈보기〉
ㄱ. (가) 시기에는 태양 활동이 활발해진다.
ㄴ. (가) 시기에는 코로나가 더 커지고, 홍염과 플레어가 자주 발생한다.
ㄷ. (나) 시기에는 지구에서 장거리 무선 통신이 끊어지는 델린저 현상이 발생한다.

① ㄱ ② ㄴ ③ ㄱ, ㄴ
④ ㄴ, ㄷ ⑤ ㄱ, ㄴ, ㄷ

서논술형 유형 연습

정답과 해설 · 24쪽

예제

01 그림은 태양 표면에서 관측되는 흑점의 모습이다.
흑점이 주변보다 어두운 색을 띠는 이유는 무엇인지 서술하시오.

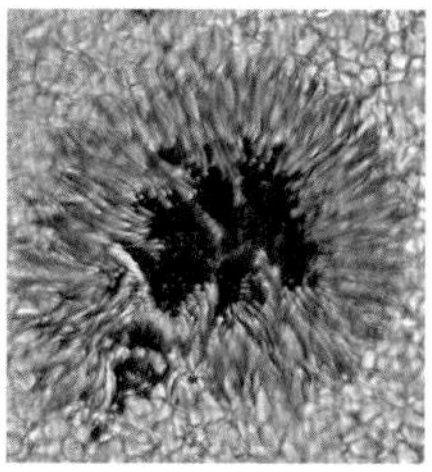

Tip 흑점의 온도는 주변보다 2000 ℃ 정도 낮다.
Key Word 흑점, 표면 온도

[설명] 주변보다 온도가 낮은 곳은 상대적으로 어둡게 보인다.
[모범 답안] 흑점의 표면 온도는 약 4000 ℃ 정도로, 6000 ℃인 광구의 온도보다 2000 ℃ 더 낮기 때문에 어둡게 보인다.

실전 연습

01 그림은 태양의 표면에서 관측되는 쌀알 무늬이다.
기체로 이루어진 태양 표면에 이와 같은 쌀알 무늬가 생기는 이유는 무엇인지 그 까닭을 구체적으로 서술하시오.

Tip 태양의 표면인 광구 아래에서는 기체의 대류가 일어난다.
Key Word 대류, 광구, 상승 기류, 하강 기류

02 그림은 태양풍의 모형이다. 태양 활동이 활발해지면 태양풍은 더 강해진다. 이외에도 태양 활동이 활발할 때 태양에서 나타나는 변화를 3가지 이상 서술하시오.

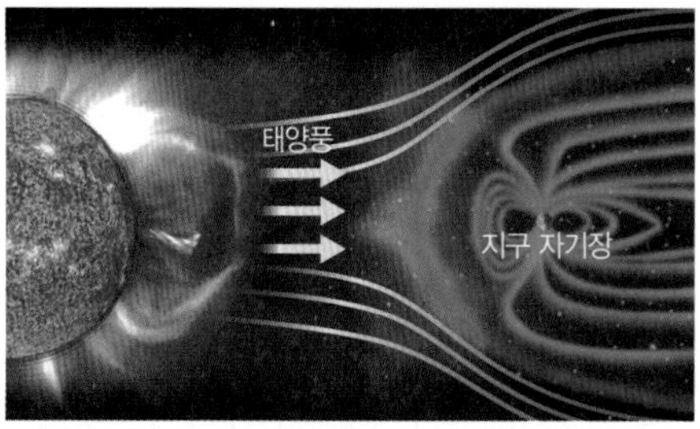

Tip 태양 활동이 활발해지면 흑점의 수, 코로나, 홍염, 플레어에 변화가 생긴다.
Key Word 흑점의 수, 코로나, 홍염, 플레어

대단원 마무리

1 지구와 달의 크기

[01~02] 그림은 에라토스테네스가 지구의 크기를 측정한 방법을 나타낸 것이다.

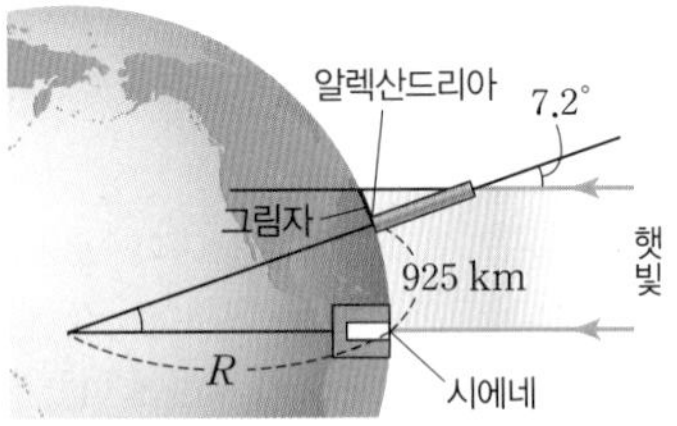

01 그림에 대한 설명으로 옳지 않은 것은?

① '지구는 완전한 구형이다.'라는 가정이 필요하다.
② 중심각의 크기는 원호의 길이에 비례한다는 수학적 원리를 이용한다.
③ '햇빛은 지구 어디에서나 평행하다.'라고 가정하였다.
④ 이 방법으로 구한 지구의 크기는 오차 없이 실제 지구의 크기와 일치한다.
⑤ 알렉산드리아에 세운 막대와 그림자 끝이 이루는 각인 7.2°는 알렉산드리아와 시에네 사이의 중심각과 같다.

02 이 방법으로 알아낸 지구 둘레를 구하는 식은?

① $\frac{360° \times 925\text{ km}}{7.2°}$ ② $\frac{7.2° \times 925\text{ km}}{360°}$
③ $\frac{360°}{7.2° \times 925\text{ km}}$ ④ $\frac{7.2°}{360° \times 925\text{ km}}$
⑤ $\frac{360° \times 7.2°}{925\text{ km}}$

[03~04] 그림은 지구 모형의 크기를 측정하는 실험 장치를 나타낸 것이다.

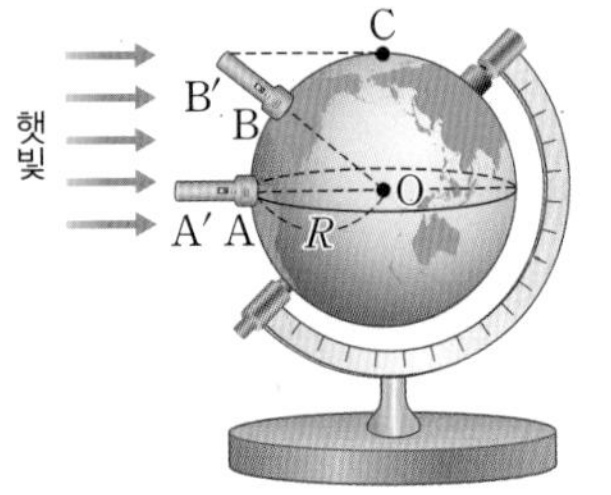

03 위 방법으로 지구 모형의 크기를 구하기 위해 필요한 가정을 〈보기〉에서 있는 대로 골라 그 기호를 쓰시오.

보기
ㄱ. 지구 모형은 완전히 푸른색이다.
ㄴ. 지구 모형은 완전한 구형이다.
ㄷ. 지구 모형 어디에나 햇빛이 평행하게 들어온다.

04 이 실험에서 측정된 ∠BB′C가 20°이고, 두 막대 AA′와 BB′ 사이의 거리가 10 cm일 때, 이 지구 모형의 반지름(R)을 구하는 식은?

① $\frac{20°}{360°} \times \frac{2\pi}{10\text{ cm}}$ ② $\frac{20°}{360°} \times \frac{10\text{ cm}}{2\pi}$
③ $\frac{360°}{20°} \times \frac{10\text{ cm}}{\pi}$ ④ $\frac{360°}{20°} \times \frac{10\text{ cm}}{2\pi}$
⑤ $\frac{360°}{20°} \times \frac{\pi}{10\text{ cm}}$

05 그림은 달의 크기를 측정하는 실험을 나타낸 것이다.

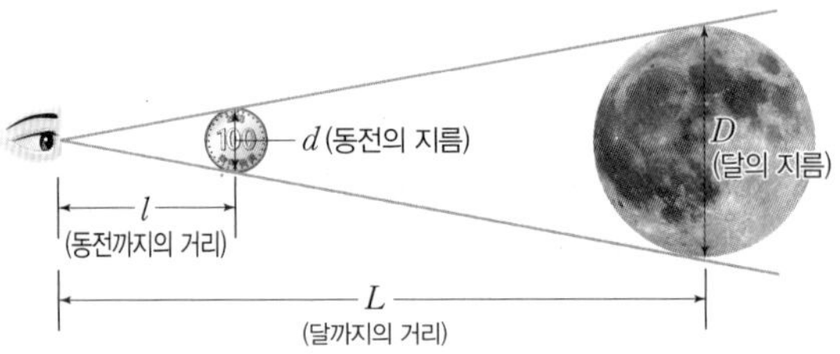

이 실험에 대한 설명으로 옳은 것을 〈보기〉에서 있는 대로 고르면?

보기
ㄱ. $D : l = d : L$라는 비례식을 세운다.
ㄴ. 삼각형의 닮음비를 이용하여 달의 크기를 구한다.
ㄷ. 동전을 앞뒤로 움직여 보름달이 정확히 가려질 때, 동전과 관측자 사이의 거리를 측정한다.

① ㄱ ② ㄴ ③ ㄱ, ㄴ
④ ㄴ, ㄷ ⑤ ㄱ, ㄴ, ㄷ

2 지구와 달의 운동

06 지구의 자전에 대한 설명으로 옳은 것을 〈보기〉에서 있는 대로 고르면?

〈보기〉
ㄱ. 지구가 서쪽에서 동쪽으로 자전한다.
ㄴ. 지구가 자전축을 중심으로 하루에 한 바퀴 회전하는 운동이다.
ㄷ. 태양을 중심으로 1년에 한 바퀴 회전하는 운동이다.

① ㄱ ② ㄴ ③ ㄱ, ㄴ
④ ㄴ, ㄷ ⑤ ㄱ, ㄴ, ㄷ

07 별의 일주 운동에 대한 설명으로 옳은 것은?

① 지구가 공전하기 때문에 나타나는 현상이다.
② 별이 하루에 한 바퀴씩 회전하는 겉보기 운동이다.
③ 별이 실제로 북극성을 중심으로 원을 그리며 움직인다.
④ 별이 일주 운동을 하는 방향은 지구가 자전하는 방향과 같다.
⑤ 우리나라에서는 지구의 관측자가 관측하는 방향과 관계없이 일주 운동 모습은 동일하다.

08 〈보기〉는 지구에서 일어나는 여러 가지 현상이다. 지구의 공전으로 인해 나타나는 현상을 〈보기〉에서 있는 대로 고르면?

〈보기〉
ㄱ. 태양이나 달과 같은 천체는 하루 동안 동쪽에서 떠서 서쪽으로 진다.
ㄴ. 달은 한 달을 주기로 관측되는 모양이 변한다.
ㄷ. 태양이 별자리 사이를 매일 조금씩 이동하여 1년 후 처음 자리로 되돌아오는 겉보기 운동을 한다.
ㄹ. 계절에 따라 관측되는 별자리가 다르다.

① ㄱ, ㄴ ② ㄴ, ㄹ ③ ㄷ, ㄹ
④ ㄱ, ㄴ, ㄷ ⑤ ㄴ, ㄷ, ㄹ

09 그림은 지구가 공전하는 모습과 황도 12궁이다.

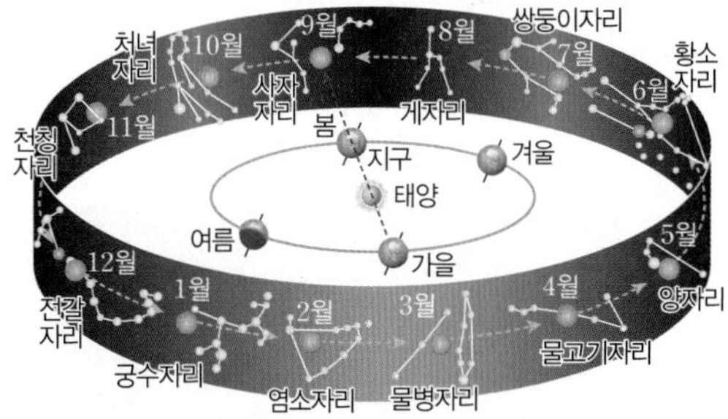

가을철 한밤중 남쪽 하늘에서 잘 보이는 별자리는 무엇인지 쓰시오.

10 그림은 달의 위치 변화를 나타낸 것이다.

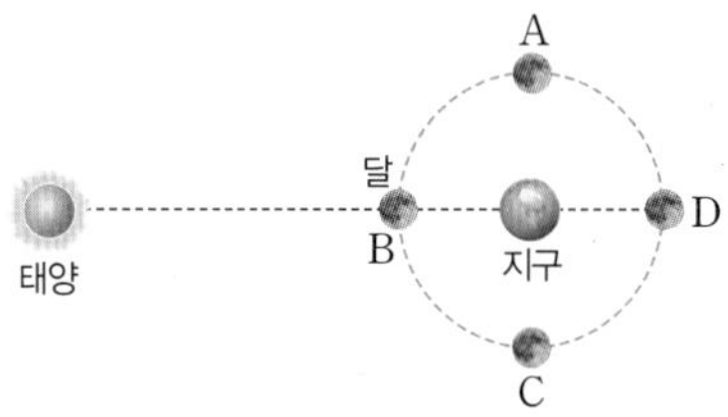

그림에 대한 설명으로 옳은 것을 〈보기〉에서 있는 대로 골라 그 기호를 쓰시오.

〈보기〉
ㄱ. A 위치의 달은 하현달이 보인다.
ㄴ. 보름달로 보이는 달의 위치는 B이다.
ㄷ. C에서는 달이 보이지 않는다.
ㄹ. D 위치에서는 오른쪽 반달인 상현달이 보인다.

11 일식과 월식에 관한 설명으로 옳지 않은 것은?

① 일식은 태양, 달, 지구 순으로 일직선상에 놓일 때 일어난다.
② 달이 태양을 완전히 가리는 현상을 개기 일식이라고 한다.
③ 일식은 지구에서 밤이 되는 모든 지역에서 볼 수 있다.
④ 달의 일부가 가려지는 현상을 부분 월식이라고 한다.
⑤ 달이 지구의 그림자 속으로 들어가 달이 가려지는 현상을 월식이라고 한다.

정답과 해설 • 24쪽

3 태양계를 구성하는 행성

[12~14] 그림은 태양계를 구성하는 8개의 행성을 나타낸 것이다.

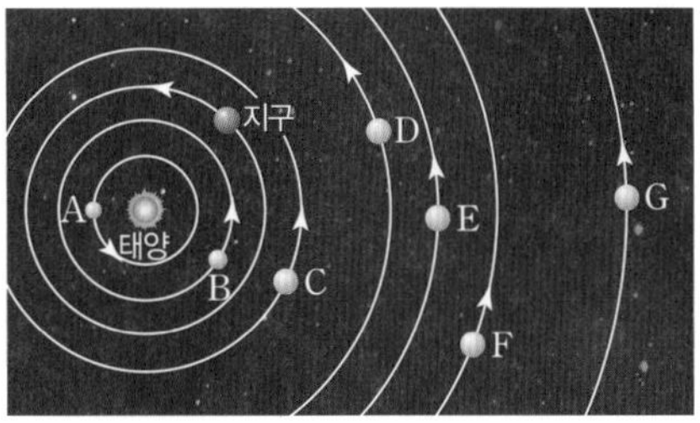

12 행성 A~G 중 아래의 설명에 해당하는 행성은?

> 청록색을 띠며, 자전축이 거의 누운 채로 자전한다. 희미한 고리와 많은 위성을 가지고 있다.

① A ② B ③ D ④ E ⑤ F

13 행성 A~E의 특징에 대한 설명으로 옳게 짝지어진 것은?

① A－표면에 대기의 소용돌이로 생긴 대흑점이 있다.
② B－태양계에서 가장 밝게 보이는 행성이다.
③ C－태양계에서 가장 밀도가 작은 행성이다.
④ D－뚜렷한 고리가 있으며, 많은 위성이 있다.
⑤ E－표면은 붉은색을 띠며, 극 지역에 극관이 있다.

14 행성 A~G 중 (가) 태양계에서 가장 작은 행성과 (나) 태양계에서 가장 큰 행성의 기호가 옳게 짝지어진 것은?

	(가)	(나)		(가)	(나)
①	A	D	②	B	F
③	C	A	④	D	B
⑤	E	G			

15 표는 행성들을 크게 두 종류로 분류한 것이다.

분류	행성
(가)	목성, 토성, 천왕성, 해왕성
(나)	수성, 금성, 지구, 화성

(가)와 (나)의 특징을 비교한 것으로 옳지 않은 것은?

① (가) 행성은 반지름이 크다.
② (나) 행성은 질량이 작다.
③ (가) 행성은 밀도가 크다.
④ (나) 행성은 단단한 표면이 있다.
⑤ (나) 행성은 위성이 없거나 적다.

4 태양

16 그림은 태양에서 나타나는 현상이다. 이 현상에 대한 설명으로 옳은 것을 〈보기〉에서 있는 대로 고르면?

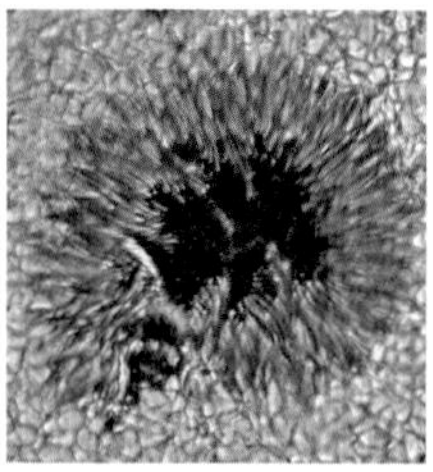

> 보기
> ㄱ. 흑점의 수는 11년을 주기로 변한다.
> ㄴ. 광구에서 볼 수 있는 대표적인 현상이다.
> ㄷ. 주변보다 상대적으로 온도가 높아서 나타나는 검은 점인 흑점이다.

① ㄱ ② ㄴ ③ ㄱ, ㄴ
④ ㄴ, ㄷ ⑤ ㄱ, ㄴ, ㄷ

17 다음 중 태양 활동이 활발할 때 나타나는 태양의 변화로 옳은 것은?

① 흑점의 수가 증가한다.
② 코로나의 크기가 더 작아진다.
③ 홍염이 평소보다 적게 발생한다.
④ 플레어가 거의 발생하지 않는다.
⑤ 태양풍이 평상시보다 더 약해진다.

서논술형 문제

정답과 해설 • 26쪽

01 그림은 지구 모형의 크기를 측정하는 실험이다.

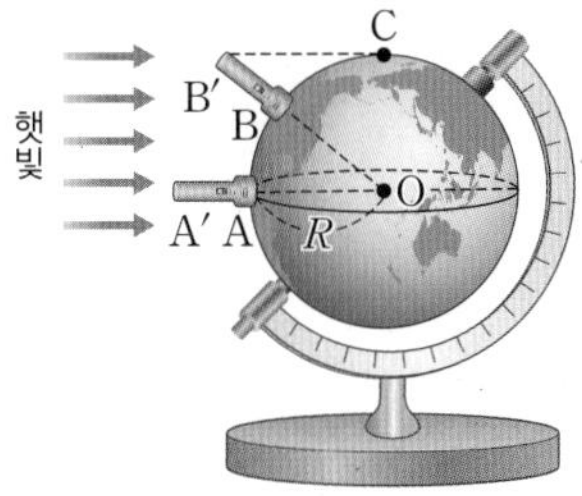

이 실험에서 막대 AA′와 BB′ 사이의 중심각을 구하는 방법을 서술하시오.

Tip 햇빛은 평행하게 들어오고, 엇각은 서로 같다.

Key Word 평행, 엇각, 중심각

02 그림은 종이에 구멍을 뚫고 보면서 보름달이 구멍에 꽉 찼을 때, 달의 크기를 측정하는 실험을 나타낸 것이다.

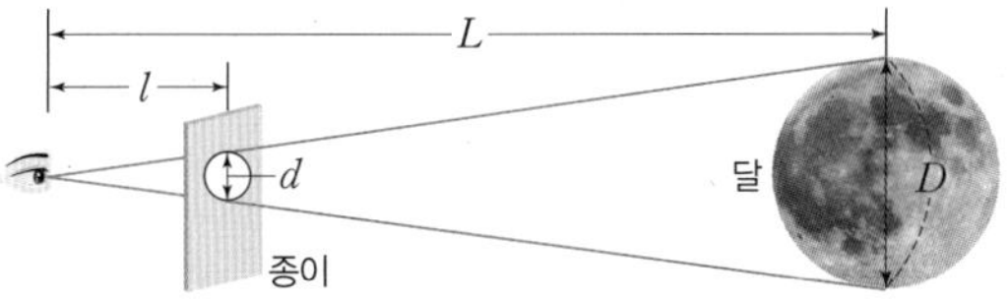

지구에서 달까지의 거리(L)를 안다고 가정할 때, 이 실험에서 직접 측정해야 하는 것은 무엇인지 서술하시오.

Tip 삼각형의 닮음비를 이용하여 측정한다.

Key Word 구멍의 크기, 구멍과 관측자 사이의 거리

03 그림 (가)는 개기 일식이고, (나)는 개기 월식이다.

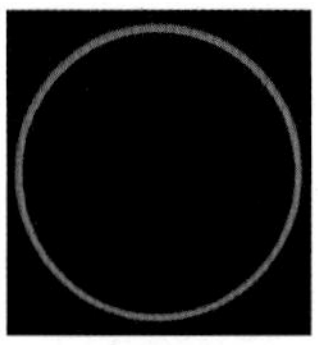
(가)

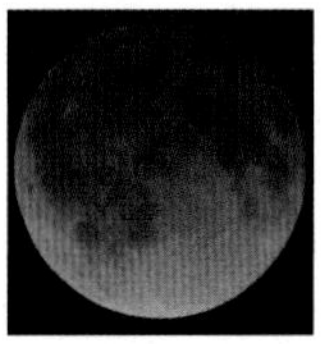
(나)

(가)와 (나)가 관측될 때 천체의 배열에는 어떤 차이가 있는지 서술하시오.

Tip 개기 일식은 삭의 위치일 때, 개기 월식은 망의 위치일 때 관측된다.

Key Word 개기 일식, 개기 월식, 삭, 망, 태양, 지구, 달

04 그림은 태양계의 행성 중 가장 밝게 보이는 행성이다. 이 행성의 이름을 쓰고, 가장 밝게 보이는 까닭은 무엇인지 서술하시오.

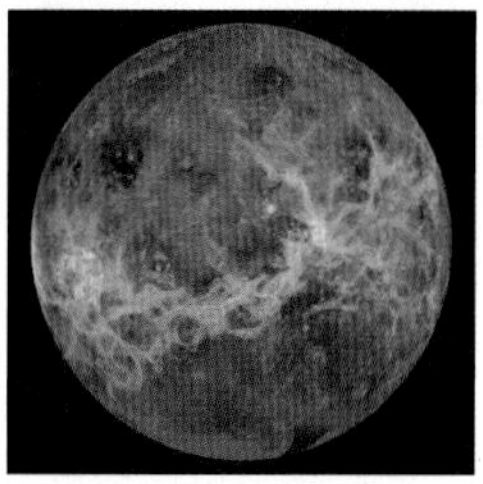

Tip 짙은 대기는 햇빛을 반사시킨다.

Key Word 대기, 반사, 금성

05 태양계를 구성하는 행성을 아래 표와 같이 분류하였다.

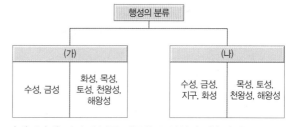

행성의 분류

(가)	
수성, 금성	화성, 목성, 토성, 천왕성, 해왕성

(나)	
수성, 금성, 지구, 화성	목성, 토성, 천왕성, 해왕성

(가)와 (나) 각각의 분류 기준은 무엇인지 서술하시오.

Tip 내행성과 외행성, 목성형 행성과 지구형 행성의 분류 기준이 다르다.

Key Word 내행성, 외행성, 목성형 행성, 지구형 행성, 공전 궤도

06 그림은 태양 표면의 흑점을 며칠 동안 관측한 것이다.

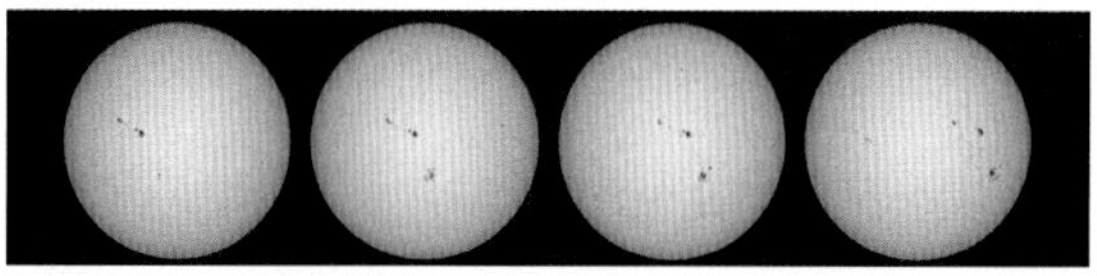

위 자료를 통해 흑점은 가만히 있지 않고 이동하는 것을 관찰할 수 있다. 이를 통해 알 수 있는 사실은 무엇인지 서술하시오.

Tip 흑점은 동에서 서로 이동한다.

Key Word 태양의 자전, 흑점의 이동

IV

식물과 에너지

1 ~ 2
광합성 ~ 증산 작용

3 ~ 4
식물의 호흡 ~ 광합성 산물의 이용

1 광합성

❶ 광합성에 필요한 물질

1. **광합성**✚: 식물이 빛에너지를 이용하여 양분을 만드는 과정이다.
2. **광합성 장소**: 광합성은 엽록체✚에서 일어나는데, 엽록체는 주로 식물의 잎을 구성하는 세포에 들어 있다.
3. **광합성에 필요한 요소**
   (1) 빛에너지: 빛은 광합성의 에너지원이다.
   (2) 물: 뿌리를 통해 흡수된 물은 잎까지 운반되어 광합성에 쓰인다.
   (3) 이산화 탄소: 잎을 통해 흡수된 이산화 탄소는 물과 함께 광합성에 쓰인다.

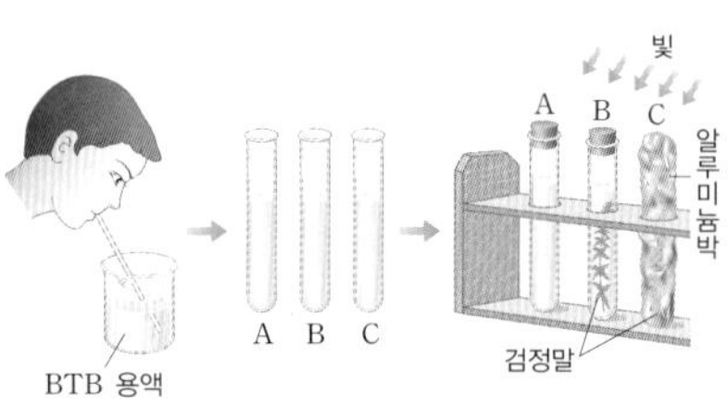

▲ 광합성에 필요한 물질

1. 푸른색의 BTB 용액이 노란색이 될 때까지 숨을 불어 넣는다. → 숨 속의 이산화 탄소가 BTB 용액에 녹으면서 산성이 되어 노란색으로 변한다.
2. 시험관 A~C에 노란색 BTB 용액을 넣고 B와 C에는 검정말을 넣어 그림과 같이 장치한다.
3. 빛이 비치는 곳에서 일정 시간이 지난 후 시험관 B는 초록색을 거쳐 푸른색으로 변한다. → 이산화 탄소가 검정말의 광합성에 사용되었기 때문이다.
4. 시험관 A, C는 노란색 그대로이다.

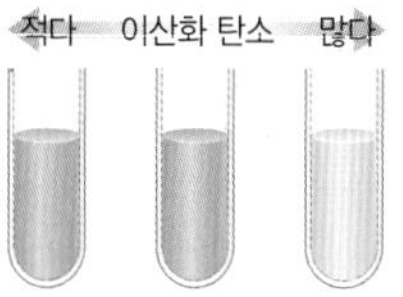

▲ BTB 용액의 색깔 변화

❷ 광합성으로 생성되는 물질

포도당	산소✚
• 광합성으로 포도당이 최초로 만들어진다. • 대부분의 식물에서 포도당은 결합하여 녹말✚로 바뀌어 엽록체에 잠시 저장된다. → 아이오딘 반응✚으로 확인	• 광합성 결과 산소 기체가 발생한다. • 발생된 산소의 일부는 식물이 사용하고 나머지는 식물체 밖으로 나간다.
	 ➡ 시험관에 모아진 기포(산소)에 향의 불씨를 대면 불씨가 되살아난다.

❸ 광합성에 영향을 미치는 환경 요인

빛의 세기	이산화 탄소의 농도	온도
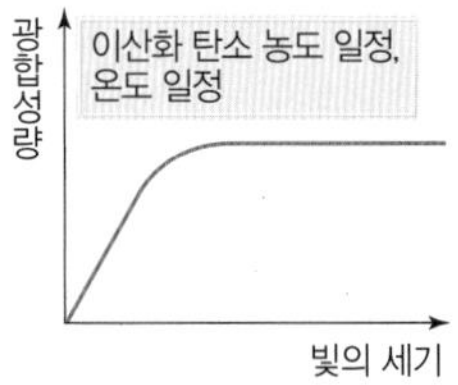	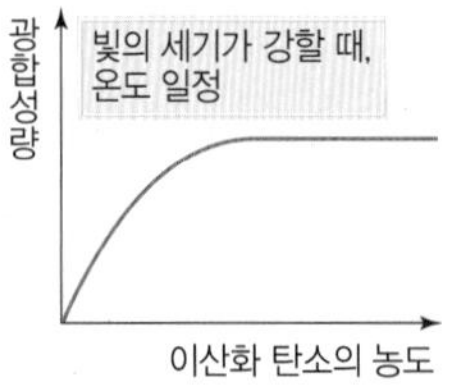	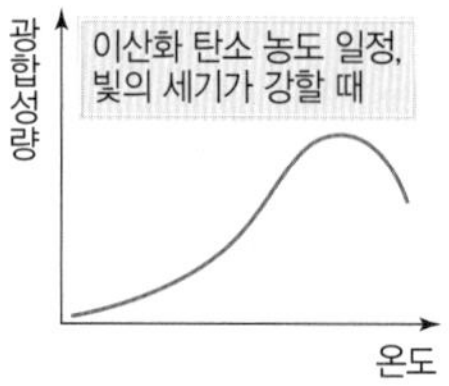
빛의 세기가 강할수록 광합성량이 증가하다가 어느 정도 이상이 되면 광합성량이 일정해진다.	이산화 탄소의 농도가 증가할수록 광합성량이 증가하다가 어느 정도 이상이 되면 광합성량이 일정해진다.	온도가 높아질수록 광합성량이 증가하다가, 일정 온도보다 높아지면 광합성량이 급격히 감소한다.

➡ 일반적으로 빛의 세기가 강하고, 이산화 탄소가 충분히 공급되며, 온도가 30 ℃~40 ℃ 정도로 유지될 때 광합성이 활발하게 일어난다.

✚ **광합성**
식물 잎의 엽록체에서 이산화 탄소와 물을 원료로 빛에너지를 이용하여 양분을 만드는 과정이다.

이산화 탄소 + 물 $\xrightarrow{\text{빛}}$ 포도당 + 산소

✚ **엽록체**
엽록체 안에는 초록색 색소인 엽록소가 있으며 엽록소는 빛을 흡수한다. 식물은 엽록체가 있는 세포가 많아 광합성이 활발하게 일어나지만, 동물은 세포에 엽록체가 없어 광합성이 일어나지 않는다.

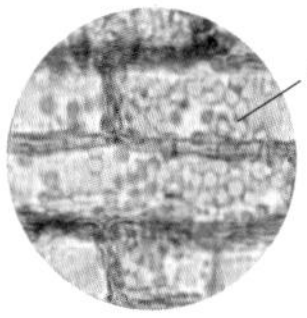

✚ **녹말**
포도당 여러 분자가 연결되어 녹말이 된다. 녹말은 물에 잘 녹지 않으며, 쌀, 감자, 고구마 등에 많이 들어 있다.

✚ **아이오딘 반응**
아이오딘–아이오딘화 칼륨 용액이 녹말과 반응하여 청람색으로 변하는 반응

✚ **산소**
물속에 있는 검정말에 빛을 비추면 기포가 생기는데, 이것은 광합성 결과 발생한 산소이다.

산소는 물에 잘 녹지 않으며, 물질이 타는 것을 돕는 성질이 있어 불씨를 가져가면 잘 탄다.

❶ 광합성에 필요한 물질

◐ □□□은 식물이 빛에너지를 이용하여 양분을 만드는 과정이다.

◐ 광합성은 잎 속의 □□□에서 일어난다.

◐ □은 광합성의 에너지원이다.

❷ 광합성으로 생성되는 물질

◐ 광합성으로 □□□이 최초로 만들어지는데, 이것은 □□로 바뀌어 엽록체에 잠시 저장된다.

◐ 광합성 결과 양분 외에도 □□ 기체가 생성된다.

❸ 광합성에 영향을 미치는 환경 요인

◐ 광합성에 영향을 미치는 환경 요인에는 빛의 세기, □□□□□의 농도, □□ 등이 있다.

◐ 빛의 세기가 강할수록 광합성량이 □□하다가 어느 정도 이상이 되면 광합성량이 □□해진다.

01 광합성에 필요한 물질만을 〈보기〉에서 있는 대로 고르시오.

보기
ㄱ. 물　　ㄴ. 녹말　　ㄷ. 산소
ㄹ. 포도당　　ㅁ. 이산화 탄소

02 다음 설명의 빈칸에 공통으로 들어갈 알맞은 말을 쓰시오.

• (　　　)는 식물의 잎을 구성하는 세포에 들어 있다.
• (　　　) 안에는 초록색 색소인 엽록소가 있으며 엽록소는 빛을 흡수한다.
• 동물에서는 세포에 (　　　)가 없어 광합성이 일어나지 않는다.

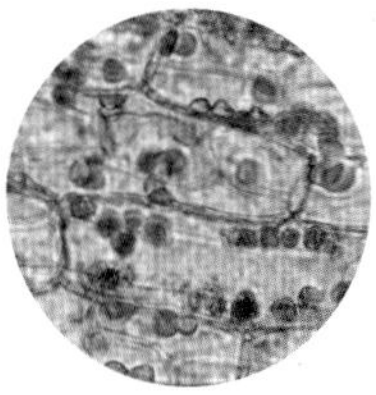

03 광합성에 대한 설명으로 옳은 것은 ○표, 옳지 않은 것은 ×표를 하시오.

(1) 광합성으로 생성되는 기체는 이산화 탄소이다. (　　)
(2) 엽록체가 많이 들어 있는 세포일수록 광합성이 활발하다. (　　)
(3) 광합성에는 에너지원인 빛과 함께 산소 기체가 필요하다. (　　)
(4) 뿌리를 통해 흡수된 물은 잎까지 운반되어 광합성에 쓰인다. (　　)
(5) 광합성으로 생성된 포도당은 녹말로 바뀌어 엽록체에 잠시 저장된다. (　　)

04 광합성에 영향을 미치는 환경 요인만을 〈보기〉에서 있는 대로 고르시오.

보기
ㄱ. 온도　　ㄴ. 빛의 세기　　ㄷ. 산소의 농도
ㄹ. 질소의 농도　　ㅁ. 이산화 탄소의 농도

05 다음은 온도와 광합성량의 관계에 대한 설명이다. 빈칸에 들어갈 알맞은 말을 고르시오.

온도가 높아질수록 광합성량이 (㉠ 증가 / 감소)하다가, 일정 온도보다 높아지면 광합성량이 급격히 (㉡ 증가 / 감소)한다.

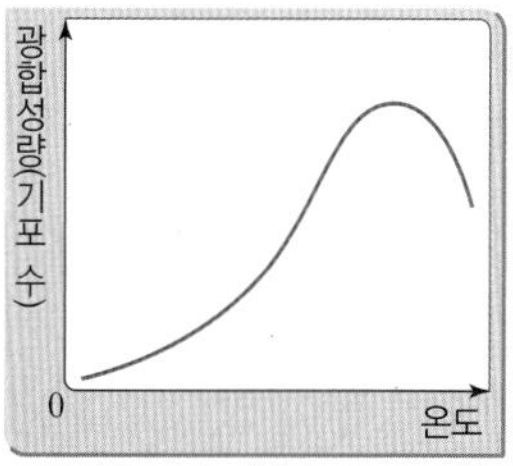

2 증산 작용

❶ 증산 작용과 물의 이동

1. 기공

(1) 잎의 표피에 있는 구멍으로 잎의 내부와 외부를 연결하며, 산소와 이산화 탄소, 수증기 등과 같은 기체가 드나드는 통로 역할을 한다.

(2) 기공은 잎의 앞면보다 뒷면에 많이 분포하며, 주로 낮에 열리고 밤에 닫힌다.

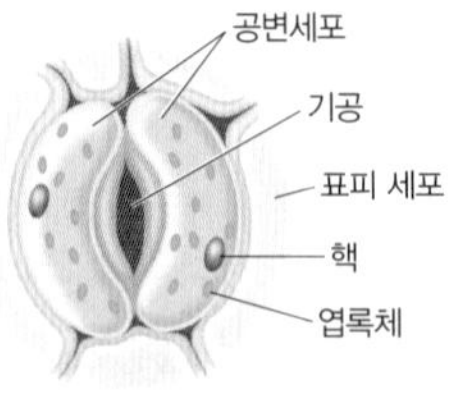

▲ 공변세포와 기공

2. 공변세포

(1) 표피 세포가 변한 것으로, 일반적인 표피 세포와 달리 엽록체가 있어 광합성을 한다.

(2) 두 개의 공변세포가 모여 기공을 이룬다.

(3) 기공 쪽 세포벽이 두껍고, 바깥쪽(반대쪽) 세포벽이 얇다.

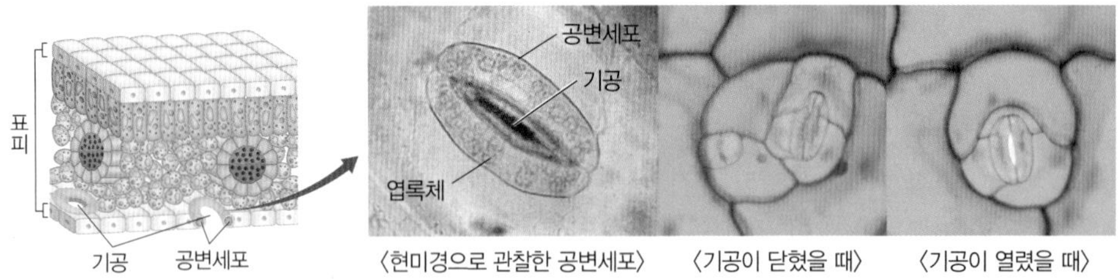

▲ 잎의 구조와 공변세포

3. 증산 작용: 식물체 내의 물이 잎의 기공을 통해 수증기 상태로 공기 중으로 빠져나가는 현상을 증산 작용이라고 한다.

4. 물의 이동

(1) 잎에서 증산 작용이 일어나면 잎에 있는 물이 줄어들고, 줄어든 물의 양만큼 잎맥의 물관에서 물이 이동한다.

(2) 뿌리에서 흡수된 물이 줄기의 물관을 따라 잎까지 계속 올라간다.

→ 증산 작용은 뿌리에서 흡수된 물이 잎까지 이동하는 원동력이 된다.

5. 증산 작용이 잘 일어나는 조건: 빨래가 잘 마를 때와 비슷한 환경 조건에서 기공이 열려 증산 작용이 활발하게 일어난다.

빛의 세기	온도	습도	바람
강할 때	높을 때	낮을 때	잘 불 때

❷ 증산 작용과 광합성

1. 증산 작용과 광합성의 관계

(1) 기공이 열려 있을 때에는 공기 중의 이산화 탄소가 흡수된다.

(2) 기공이 많이 열리면 증산 작용이 활발해져, 뿌리에서 흡수된 물이 잎으로 이동한다.

→ 기공을 통해 흡수된 이산화 탄소와 증산 작용으로 이동한 물을 재료로 광합성이 일어난다.

2. 증산 작용과 광합성은 빛의 세기가 강하고 기온이 높은 낮에 주로 일어난다.

+ 기공
기공이 열리면 증산 작용이 활발하게 일어나고, 기공이 닫히면 증산 작용이 일어나지 않는다.

+ 표피 세포
잎의 바깥층에 있는 납작한 모양의 세포로 안쪽의 여러 세포를 보호하는 역할을 한다. 표피 세포에는 엽록체가 없다.

+ 증산 작용
잎이 없는 가지와 잎이 있는 가지에 비닐을 씌워 비교했을 때 잎이 있는 가지의 비닐 안쪽 면에 물방울이 맺혀 더 뿌옇게 흐려진다.

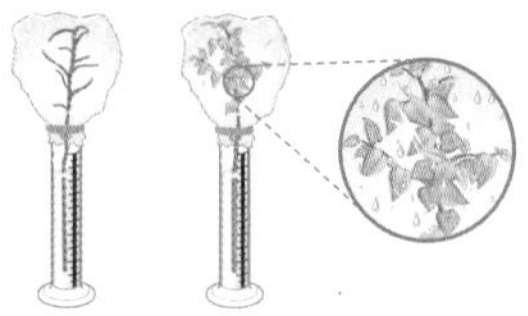

+ 물의 이동
식물의 뿌리에서 흡수된 물은 줄기를 거쳐 잎까지 운반되어 광합성을 비롯한 생명 활동에 쓰인다. 물의 일부는 기공을 통해 수증기 상태로 공기 중으로 빠져나간다.

+ 물관
뿌리에서 흡수된 물이 식물체의 다른 부분으로 이동하는 통로이며, 뿌리에서 줄기를 거쳐 잎의 잎맥까지 연결되어 있다.

+ 증산 작용과 광합성의 관계
기공이 많이 열리면 식물의 증산 작용이 활발해지고, 광합성도 활발해진다.

❶ 증산 작용과 물의 이동

- □□은 잎의 표피에 있는 구멍으로 주로 낮에 열리고 밤에 닫힌다.
- 식물 속 물이 잎의 기공을 통해 공기 중으로 빠져나가는 현상을 □□ □□이라고 한다.
- 증산 작용은 뿌리에서 흡수한 □이 잎까지 이동하는 원동력이 된다.

❷ 증산 작용과 광합성

- 기공이 열려 있을 때에는 공기 중의 □□□ □□가 흡수되고, 뿌리에서 흡수한 물이 잎으로 이동하여 광합성이 활발하게 일어난다.
- 증산 작용과 광합성은 햇빛이 강하고, 기온이 □□ 때 활발하게 일어난다.

01 오른쪽 그림은 식물 잎의 표피 일부를 나타낸 것이다.

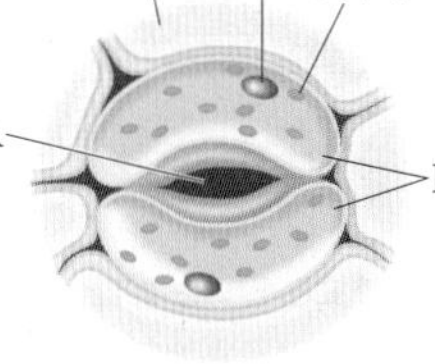

(1) 기체가 드나드는 통로 역할을 하는 곳의 기호를 쓰시오.

(2) 공변세포의 기호를 쓰시오.

02 공변세포와 기공에 대한 설명으로 옳은 것은 ○표, 옳지 않은 것은 ×표를 하시오.

(1) 공변세포는 엽록체가 없어 광합성을 하지 않는다. (　　)

(2) 두 개의 공변세포가 모여 기공을 이룬다. (　　)

03 증산 작용에 대한 설명으로 옳은 것은 ○표, 옳지 않은 것은 ×표를 하시오.

(1) 증산 작용은 주로 밤에 일어난다. (　　)

(2) 기공을 통해서 수증기만 빠져나갈 수 있다. (　　)

(3) 기공이 닫히면 증산 작용이 활발하게 일어난다. (　　)

(4) 증산 작용은 뿌리에서 흡수한 물이 잎까지 이동하는 원동력이 된다. (　　)

(5) 잎에서 증산 작용이 일어나면 잎에 있는 물이 줄어들고, 줄어든 물의 양만큼 잎맥의 물관에서 물이 이동한다. (　　)

04 다음은 증산 작용이 잘 일어나는 조건에 대한 설명이다. 빈칸에 들어갈 알맞은 말을 고르시오.

> 증산 작용은 빛의 세기가 (㉠ 강 / 약)할 때, 온도가 (㉡ 높 / 낮)을 때, 바람이 잘 불 때, 습도가 (㉢ 높 / 낮)을 때 잘 일어난다.

05 증산 작용과 광합성에 대한 설명이다. 빈칸에 공통으로 들어갈 알맞은 말을 쓰시오.

> (　　　)이 많이 열리면 잎에 있던 물이 증발하여 공기 중으로 빠져나가는 증산 작용이 활발해져, 뿌리에서 흡수한 물이 잎으로 이동한다. 또 열린 (　　　)을 통해 흡수한 이산화 탄소와 증산 작용으로 이동한 물을 재료로 광합성이 일어난다.

필수 탐구 광합성이 일어나는 장소와 산물 탐구하기

목표
광합성이 일어나는 장소를 확인하고, 광합성 산물이 무엇인지 설명할 수 있다.

현미경 표본 만드는 방법
1. 관찰할 재료를 받침 유리에 올려놓고 물이나 염색 용액을 한 방울 떨어뜨린다.
2. 핀셋으로 덮개 유리를 한쪽부터 비스듬히 덮는다.
3. 덮개 유리 주변의 물이나 염색 용액을 거름종이로 흡수한다.

유의점
에탄올은 끓는점이 낮아 낮은 온도에서 끓어 기체가 된다. 따라서 물중탕하지 않을 경우 반응이 일어나기도 전에 에탄올이 날아가 버릴 수 있다. 또한 에탄올은 불이 붙기 쉬워서 직접 가열하지 않고 물이 든 비커에 넣어 서서히 가열하는 물중탕을 한다.

과정

1 물이 들어 있는 비커에 검정말을 넣고, 햇빛이 잘 비치는 곳에 2~3시간 정도 놓아둔다.

2 검정말의 잎을 하나 떼어 현미경 표본을 만들고, 현미경으로 관찰하여 엽록체를 찾아본다.
- 검정말은 세포층이 얇기 때문에 현미경으로 엽록체를 쉽게 관찰할 수 있다.

3 에탄올이 들어 있는 시험관에 검정말을 넣고 물중탕한 후, 물에 헹군다.
- 검정말 잎을 에탄올에 넣는 이유: 엽록체 속의 초록색 색소인 엽록소는 에탄올에 잘 녹기 때문에 에탄올에 넣어 물중탕한다. 이렇게 엽록체 속의 엽록소를 제거하여 잎을 탈색시키면 아이오딘–아이오딘화 칼륨 용액과 반응하였을 때 색깔 변화를 뚜렷이 관찰할 수 있다.

4 과정 3의 검정말에서 잎을 하나 떼어 아이오딘–아이오딘화 칼륨 용액을 떨어뜨린 후, 현미경 표본을 만들어 현미경으로 관찰한다.

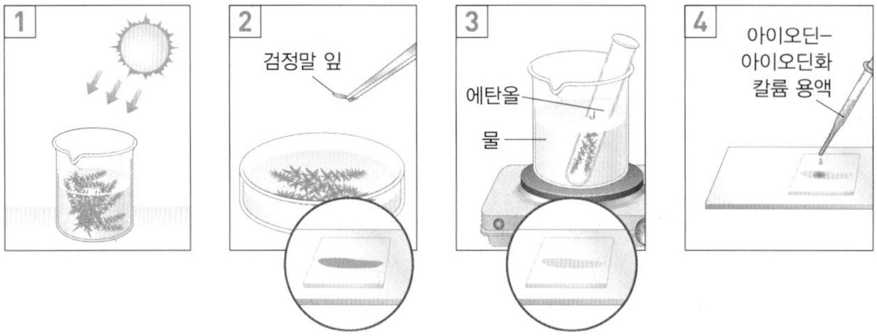

결과

과정 2와 4에서 검정말의 잎을 현미경으로 관찰한 결과는 다음과 같다.

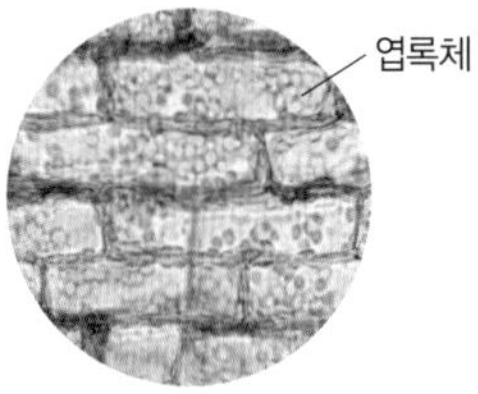	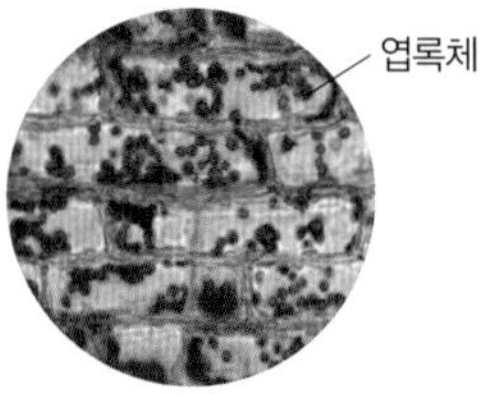
초록색을 띠는 작은 알갱이 모양의 엽록체를 관찰할 수 있다.	아이오딘–아이오딘화 칼륨 용액을 떨어뜨린 잎의 엽록체가 청람색으로 변한 것을 볼 수 있다.

정리

1 검정말의 잎에서 광합성이 일어나는 장소는 엽록체이다.

2 빛을 받은 검정말의 잎에 아이오딘–아이오딘화 칼륨 용액을 떨어뜨리면, 엽록체가 청람색으로 변한다. → 광합성 결과 생성된 물질은 녹말이다.

실험 클립 QR

수행 평가 섭렵 문제

정답과 해설 • 27쪽

광합성이 일어나는 장소와 산물 탐구하기

- 검정말의 잎을 현미경으로 관찰하였을 때, 초록색을 띠는 작은 알갱이 모양으로 보이는 것은 □□□이다.
- 검정말의 잎에서 □□□이 일어나는 장소는 엽록체이다.
- 검정말 잎을 □□□에 넣고 물중탕하면 엽록체 속의 엽록소를 제거하여 잎을 탈색시킬 수 있다.
- 아이오딘-아이오딘화 칼륨 용액을 떨어뜨린 잎의 엽록체가 청람색을 나타내는 것으로 보아 광합성 결과 생성된 물질은 □□임을 알 수 있다.

[1~3] 다음은 검정말 잎을 재료로 실험하는 과정을 나타낸 것이다.

(가) 물이 들어 있는 비커에 검정말을 넣고, 햇빛이 잘 비치는 곳에 2~3시간 정도 놓아둔다.
(나) 검정말의 잎을 하나 떼어 현미경 표본을 만들고, 현미경으로 관찰하여 엽록체를 찾아본다.
(다) 에탄올이 들어 있는 시험관에 검정말을 넣고 물중탕한 후, 물에 헹군다.
(라) 과정 (다)의 검정말에서 잎을 하나 떼어 아이오딘-아이오딘화 칼륨 용액을 떨어뜨린 후, 현미경 표본을 만들어 현미경으로 관찰한다.

1 과정 (나)에서 잎의 엽록체는 어떤 색깔로 관찰되는가?

① 흰색 ② 검정색 ③ 노란색
④ 청람색 ⑤ 초록색

2 과정 (다)에서 검정말을 에탄올에 넣는 이유는?

① 물의 증발을 막기 위해
② 이산화 탄소를 충분히 공급하기 위해
③ 광합성을 활발하게 일어나게 하기 위해
④ 만들어진 양분을 빨리 이동시키기 위해
⑤ 엽록소를 제거하여 잎을 탈색시키기 위해

3 과정 (라)에서 검정말의 잎을 현미경으로 관찰한 결과 오른쪽 그림과 같았다. 이 실험으로 알 수 있는 사실은?

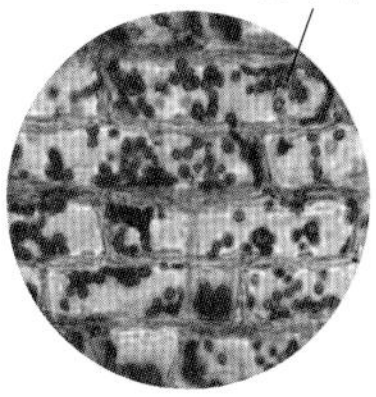

① 광합성에는 빛이 필요하다.
② 광합성 결과 녹말이 생성된다.
③ 광합성은 하루 종일 일어난다.
④ 광합성에 이산화 탄소가 필요하다.
⑤ 아이오딘-아이오딘화 칼륨 용액은 광합성을 촉진한다.

4 〈보기〉는 식물의 잎을 이루는 여러 부분이다. 이 중 광합성이 일어나는 곳을 있는 대로 고르시오.

보기

ㄱ. 기공 ㄴ. 물관
ㄷ. 공변세포 ㄹ. 표피 세포

필수 탐구 광합성에 영향을 미치는 환경 요인 탐구하기

목표
광합성에 영향을 미치는 환경 요인이 무엇인지 설명할 수 있다.

[활동1] 검정말에서 발생하는 기포 수 측정

과정

1 물이 담긴 표본 병에 1 % 탄산수소 나트륨 용액을 넣은 후, 깔때기 안에 검정말을 넣고 깔때기를 거꾸로 세워 표본 병에 넣는다.

2 시험관에 1 % 탄산수소 나트륨 용액을 가득 넣고 입구를 손가락으로 막은 채, 시험관을 거꾸로 세워 표본 병 안에 넣어 검정말이 들어 있는 깔때기 위에 씌운다.

3 표본 병 안에 온도계를 설치한 후, 전등(LED)을 표본 병으로부터 10 cm 거리에 놓고 전등의 밝기를 1단으로 조절한 다음, 1분 동안 발생하는 기포 수를 측정한다.

4 전등의 밝기를 2~5단으로 바꾸어 1분 동안 발생하는 기포 수를 측정한다. 단, 물의 온도는 일정하게 유지한다.

유의점
- 검정말의 줄기를 비스듬히 자르고, 끝이 위로 향하게 하여 깔때기에 넣는다.
- 전등의 밝기를 조절할 때마다 탄산수소 나트륨 용액을 보충함으로써 이산화 탄소 농도를 최적의 상태로 유지한다.

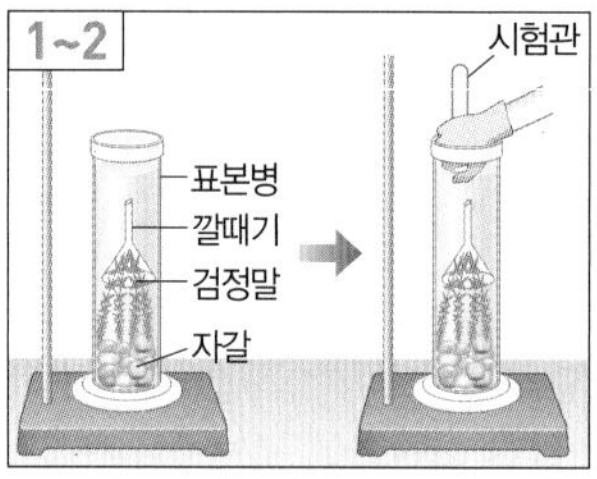

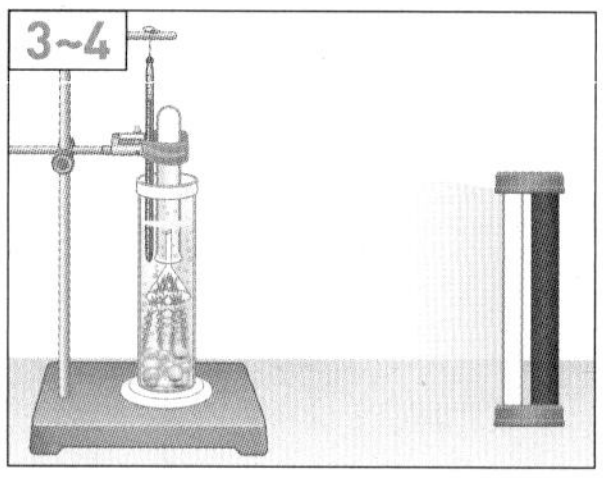

- 탄산수소 나트륨 용액: 광합성에 필요한 이산화 탄소를 공급한다.
- 기포는 광합성 결과 발생한 산소이다.

결과

1 빛의 세기가 강해질수록 기포(산소)가 많이 발생한다.

2 빛의 세기가 강해질수록 광합성이 활발하게 일어난다. 그러나 빛의 세기가 어느 정도 강해지면 광합성량은 더 이상 증가하지 않고 일정한 상태를 유지한다.

실험 클립 QR

[활동2] 시금치 조각이 떠오르는 시간 측정

과정

1 시금치 잎의 잎맥이 없는 부위를 구멍뚫이로 뚫어 잎 조각 수십 개를 만든다.

2 같은 양의 1 % 탄산수소 나트륨 용액이 들어 있는 2개의 주사기에 둥근 잎 조각을 각각 10개 이상 넣어 가라앉힌다.

3 2개의 비커 A, B에 1 % 탄산수소 나트륨 용액을 50 mL씩 넣고, 주사기로 가라앉힌 잎 조각을 각각 10개씩 넣는다.

4 비커 A, B와 전등 사이의 거리가 각각 10 cm, 20 cm가 되도록 하여 빛을 비추어 주며, 각 비커에서 잎 조각이 모두 떠오르는 데 걸린 시간을 측정한다.

유의점
- 실험 전에 시금치 잎을 암실에 두었다가 사용한다.
- 주사기에 잎 조각을 넣은 후, 주사기 끝을 손가락으로 막고 주사기를 흔들면서 주사기의 피스톤을 잡아당기면 잎 조각이 가라앉는다.

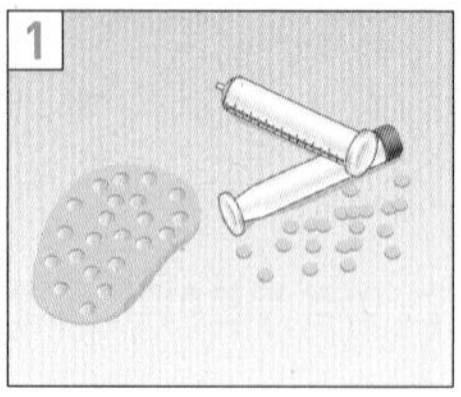

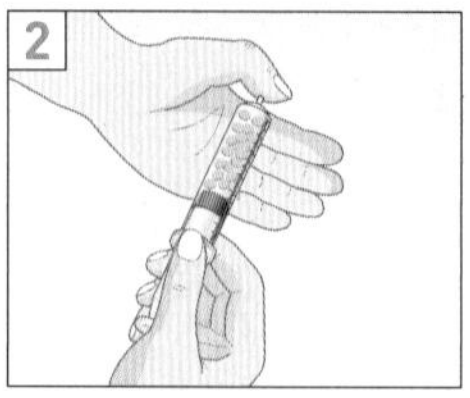

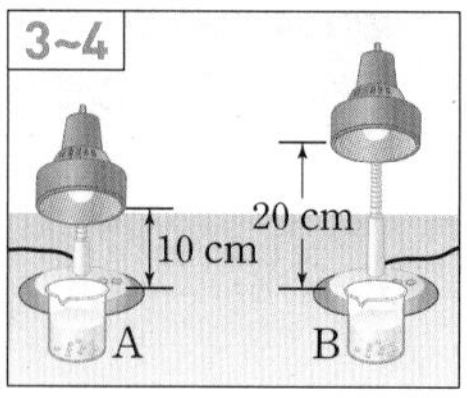

결과

잎 조각이 더 빨리 떠오른 비커는 A이다. 시금치 잎 조각과 전등 사이의 거리가 가까울수록 빛의 세기가 강해서, 광합성 결과 기포(산소)가 더 많이 발생하기 때문이다.

실험 클립 QR

수행 평가 섭렵 문제

정답과 해설 • 28쪽

광합성에 영향을 미치는 환경 요인 탐구하기

- 빛의 세기가 강해질수록 검정말에서 기포가 많이 발생하며, 기포는 광합성 결과 발생한 □□이다.
- 탄산수소 나트륨 용액은 광합성에 필요한 □□□ □□를 공급한다.
- 빛의 세기가 강해질수록 □□□이 활발하게 일어난다.
- 빛의 세기가 어느 정도 강해지면 광합성량은 더 이상 증가하지 않고 □□한 상태를 유지한다.
- 시금치 잎 조각과 전등 사이의 거리가 □□□수록 잎 조각이 더 빨리 떠오른다.

[1~2] 다음은 전등의 밝기에 따라 검정말에서 1분 동안 발생하는 기포 수를 측정하는 실험과 결과를 나타낸 것이다.

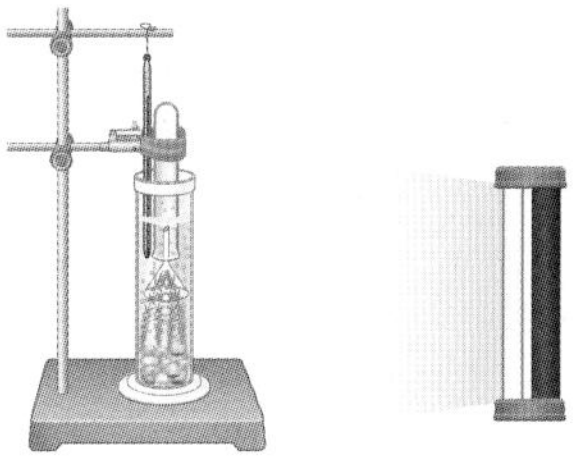

전등의 밝기	기포 수
1단	12
2단	19
3단	25
4단	29
5단	32

1 전등의 밝기에 따라 발생하는 기포 수가 달라지는 이유로 옳은 것은?

① 광합성에 산소가 필요하기 때문이다.
② 온도가 광합성에 영향을 주기 때문이다.
③ 광합성 결과 포도당이 생성되기 때문이다.
④ 빛의 세기가 광합성에 영향을 주기 때문이다.
⑤ 이산화 탄소의 농도가 광합성에 영향을 주기 때문이다.

2 탐구 과정이 옳은 것만을 〈보기〉에서 있는 대로 고르시오.

보기
ㄱ. 탄산수소 나트륨 용액을 표본 병에만 넣고, 시험관에 넣지 않는다.
ㄴ. 검정말 줄기를 비스듬히 자르고, 끝이 위로 향하게 하여 깔때기에 넣는다.
ㄷ. 온도계를 설치해서, 전등의 밝기가 달라져도 물의 온도가 일정하게 유지되는 지 확인한다.
ㄹ. 전등의 밝기를 조절할 때마다 탄산수소 나트륨 용액을 보충함으로써 이산화 탄소 농도를 최적의 상태로 유지한다.

3 다음은 시금치 잎을 1 % 탄산수소 나트륨 용액에 넣어 실험하는 과정을 나타낸 것이다.

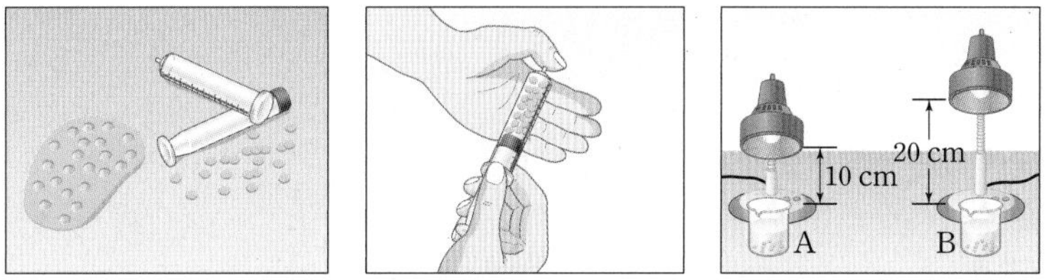

이에 대한 설명으로 옳은 것만을 〈보기〉에서 있는 대로 고르시오.

보기
ㄱ. 잎 조각이 더 빨리 떠오른 비커는 B이다.
ㄴ. 잎 조각이 빨리 떠오를수록 광합성이 활발하게 일어난 것이다.
ㄷ. 잎에서 광합성을 하여 산소가 방출되면서 기포가 생겨, 잎 조각이 떠오른다.

내신 기출 문제

1 광합성

01 다음은 광합성에 대해 설명한 것이다. 빈칸에 들어갈 알맞은 말을 쓰시오.

> 식물이 이산화 탄소와 (   )을 원료로 빛에너지를 이용하여 양분을 만드는 과정이다.

[02~03] 푸른색의 BTB 용액이 노란색이 될 때까지 숨을 불어넣은 후 그림과 같이 장치하였다.

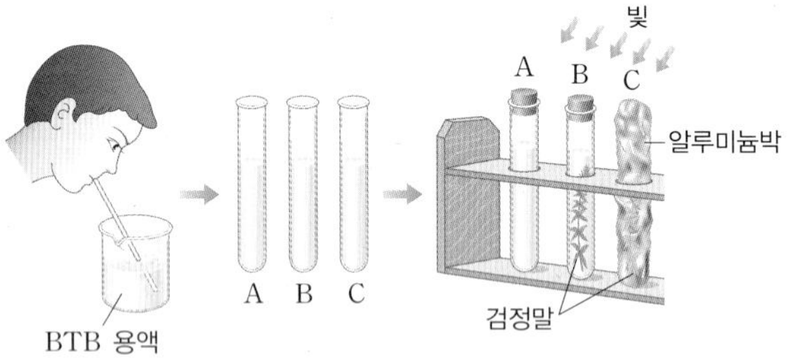

02 빛이 비치는 곳에서 일정 시간이 지난 후 관찰되는 각 시험관 용액의 색깔을 옳게 짝지은 것은?

	A	B	C
①	노란색	노란색	푸른색
②	노란색	푸른색	노란색
③	노란색	초록색	푸른색
④	초록색	노란색	초록색
⑤	푸른색	노란색	노란색

중요

03 위 실험에 대한 설명으로 옳은 것만을 〈보기〉에서 있는 대로 고른 것은?

보기
ㄱ. 광합성에 빛이 필요함을 알 수 있다.
ㄴ. 시험관 C에서 산소의 농도가 증가한다.
ㄷ. 이산화 탄소가 광합성에 이용됨을 알 수 있다.
ㄹ. 광합성 결과 생성되는 기체가 무엇인지 알 수 있다.

① ㄱ, ㄴ ② ㄱ, ㄷ ③ ㄱ, ㄹ
④ ㄱ, ㄴ, ㄷ ⑤ ㄴ, ㄷ, ㄹ

04 오른쪽 그림은 식물의 세포를 확대하여 관찰한 모습이다. 세포 속 A에 대한 설명으로 옳은 것만을 〈보기〉에서 있는 대로 고른 것은?

보기
ㄱ. A는 엽록체이다.
ㄴ. 동물도 세포에 A가 있다.
ㄷ. A가 적게 들어 있는 세포일수록 광합성이 활발하다.
ㄹ. A 안에는 초록색 색소인 엽록소가 있으며 엽록소는 빛을 흡수한다.

① ㄱ, ㄴ ② ㄱ, ㄷ ③ ㄱ, ㄹ
④ ㄴ, ㄷ ⑤ ㄷ, ㄹ

[05~06] 다음은 잎을 이용한 광합성 실험 과정을 나타낸 것이다.

(가) 잎의 일부분을 알루미늄박으로 가린 후 빛이 잘 비치는 곳에 둔다.
(나) 잎을 에탄올에 넣고 물중탕한다.
(다) 아이오딘-아이오딘화 칼륨 용액을 떨어뜨린 후 변화를 관찰한다.

05 위 실험 과정과 결과에 대한 설명으로 옳은 것만을 〈보기〉에서 있는 대로 고른 것은?

보기
ㄱ. (가)는 광합성에 빛이 필요한지 알아보기 위한 과정이다.
ㄴ. (나)는 엽록체 속의 엽록소를 제거하여 탈색시키는 과정이다.
ㄷ. (다)에서 알루미늄박으로 가린 부분에서만 아이오딘 반응이 일어나 청람색으로 변한다.

① ㄱ ② ㄴ ③ ㄷ
④ ㄱ, ㄴ ⑤ ㄴ, ㄷ

06 위 실험 결과를 통해 알 수 있는 사실은?

① 광합성 결과 산소가 발생한다.
② 광합성 결과 녹말이 만들어진다.
③ 광합성에 이산화 탄소가 필요하다.
④ 광합성에 필요한 물은 물관을 통해 운반된다.
⑤ 온도가 높을수록 광합성이 활발하게 일어난다.

[07~08] 표본 병에 1 % 탄산수소 나트륨 용액을 넣은 후, 검정말을 넣은 다음 그림과 같이 장치하고 1분 동안 발생하는 기포 수를 측정하였다.

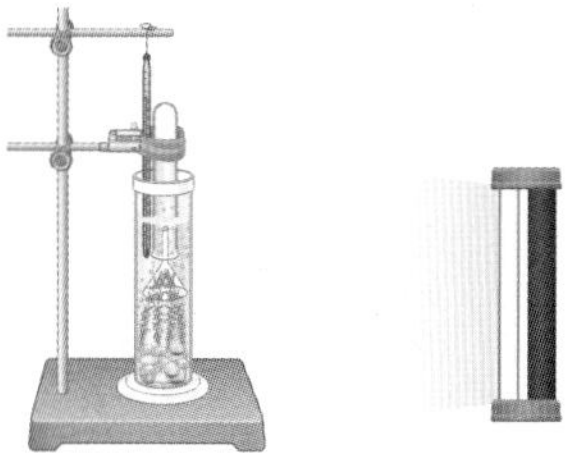

07 전등의 밝기를 1단에서 5단으로 바꾸어가며 발생하는 기포 수를 측정하려고 한다. 이 때 일정하게 유지해야 하는 조건은?

① 물의 온도　② 녹말의 양　③ 포도당의 양　④ 산소의 농도　⑤ 질소의 농도

중요

08 위 실험에 대한 설명으로 옳은 것만을 〈보기〉에서 있는 대로 고른 것은?

보기
ㄱ. 기포는 광합성 결과 발생한 산소이다.
ㄴ. 빛의 세기가 강할수록 기포가 적게 발생한다.
ㄷ. 탄산수소 나트륨은 이산화 탄소를 공급하기 위해 넣는다.
ㄹ. 시험관 위쪽에 모아진 기체를 석회수에 통과시키면 뿌옇게 변한다.

① ㄱ, ㄴ　② ㄱ, ㄷ　③ ㄱ, ㄹ　④ ㄴ, ㄷ　⑤ ㄷ, ㄹ

09 오른쪽 그래프는 어떤 환경 요인에 따른 광합성량의 변화를 나타낸 것이다. A에 해당할 수 있는 환경 요인을 〈보기〉에서 있는 대로 고르시오.

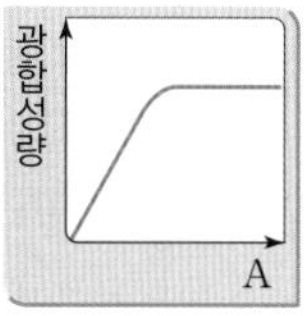

보기
ㄱ. 온도　ㄴ. 빛의 세기
ㄷ. 산소의 농도　ㄹ. 이산화 탄소의 농도

10 시금치 잎을 1 % 탄산수소 나트륨 용액에 넣어 그림과 같이 장치하고 각 비커에서 잎 조각이 모두 떠오르는 데 걸린 시간을 측정하였다.

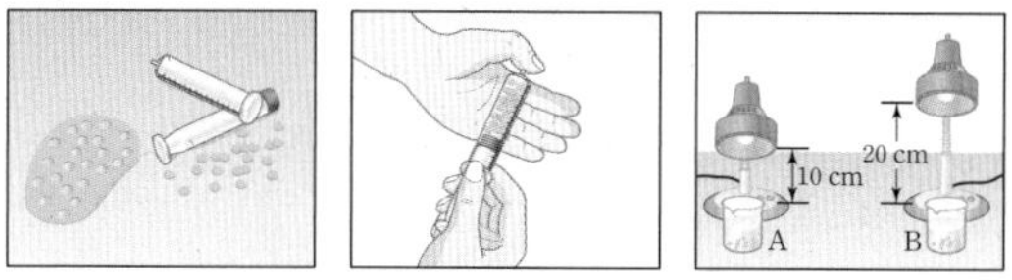

이 실험을 통해 알아보고자 하는 것으로 가장 적절한 것은?

① 광합성에 필요한 물질 확인
② 광합성이 일어나는 장소 확인
③ 물의 양이 광합성에 미치는 영향
④ 빛의 세기가 광합성에 미치는 영향
⑤ 이산화 탄소의 농도가 광합성에 미치는 영향

11 광합성에 영향을 미치는 환경 요인에 대한 설명으로 옳은 것은?

① 산소의 농도가 증가할수록 광합성량이 감소한다.
② 포도당의 양이 증가할수록 광합성량이 증가한다.
③ 빛의 세기가 강할수록 광합성량이 계속 증가한다.
④ 온도가 높아질수록 광합성량이 증가하다가, 일정 온도보다 높아지면 광합성량이 일정해진다.
⑤ 이산화 탄소의 농도가 증가할수록 광합성량이 증가하다가 어느 정도 이상이 되면 광합성량이 일정해진다.

중요

12 이산화 탄소의 농도가 일정하고 빛의 세기가 강할 때 온도와 광합성량과의 관계를 나타낸 그래프로 옳은 것은?

①
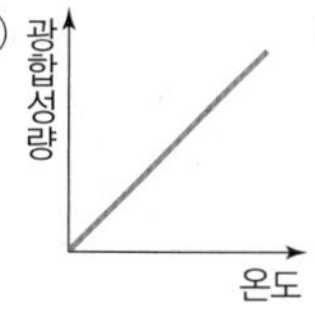

②
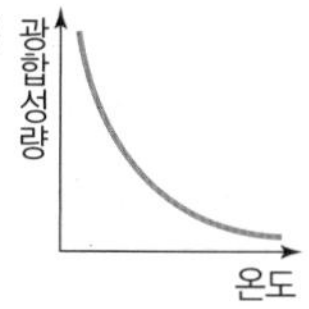

③
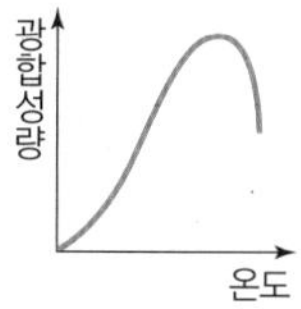

④
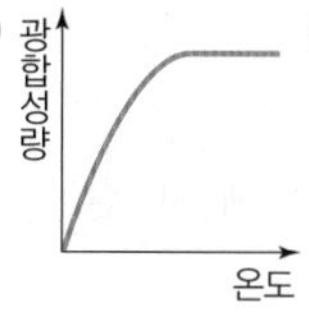

⑤
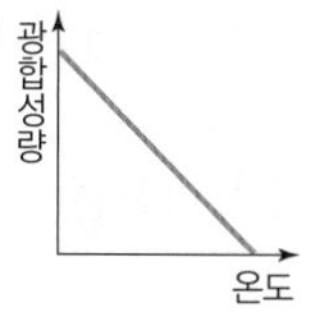

2 증산 작용

13 그림은 식물 잎의 표피 일부를 나타낸 것이다.

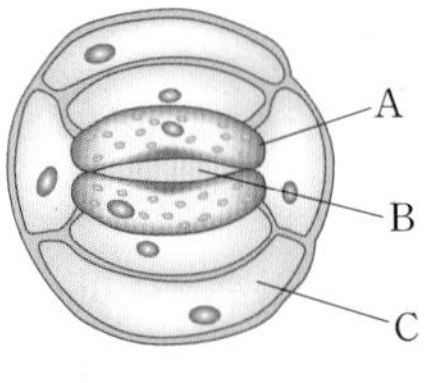

각 부분에 대한 설명으로 옳은 것만을 〈보기〉에서 있는 대로 고른 것은?

보기
ㄱ. A에서 엽록체를 관찰할 수 있다.
ㄴ. B는 기체가 드나드는 통로 역할을 한다.
ㄷ. C에서 광합성이 일어난다.

① ㄱ ② ㄴ ③ ㄷ
④ ㄱ, ㄴ ⑤ ㄴ, ㄷ

14 잎이 있는 가지와 잎이 없는 가지에 비닐을 씌워 그림과 같이 장치하고 햇빛이 잘 비치는 곳에 놓아두었다.

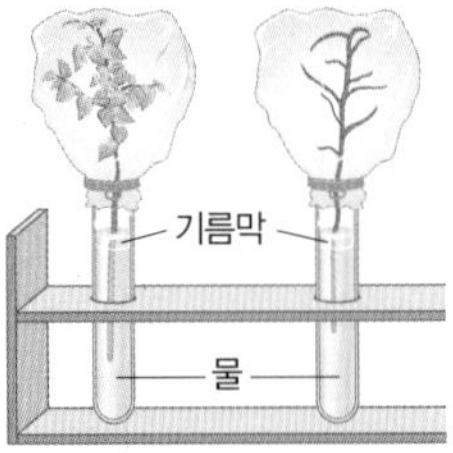

이에 대한 설명으로 옳지 않은 것은?

① (가)의 비닐 안쪽 면에 물방울이 맺혀 더 뿌옇게 흐려진다.
② (나)에서 증산 작용이 더 활발하게 일어난다.
③ (가)와 (나)의 실험 결과를 통해 증산 작용이 일어나는 부위를 알 수 있다.
④ 기름은 물이 표면에서 직접 증발되는 것을 막는 역할을 한다.
⑤ 비닐 안의 물방울은 잎에서 빠져나간 수증기가 액화된 것이다.

[15~16] (가)와 (나)는 식물 잎의 뒷면 표피에 있는 기공, 공변세포를 나타낸 것이다.

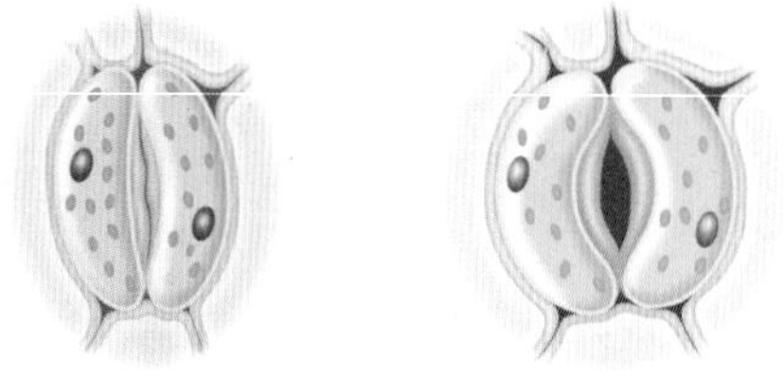

15 (가)에서 (나)로 변하기 쉬운 경우는?

① 기온이 낮을 때
② 습도가 높을 때
③ 햇빛이 강할 때
④ 비가 계속 내릴 때
⑤ 바람이 불지 않을 때

중요
16 (가)와 (나)에 대한 설명으로 옳지 않은 것은?

① (가)는 기공이 닫혔을 때이다.
② (나)는 기공이 열렸을 때이다.
③ (가) 상태일 때 광합성이 더 활발하게 일어난다.
④ (나) 상태일 때 증산 작용이 더 활발하게 일어난다.
⑤ (나) 상태일 때 공기 중의 이산화 탄소가 흡수된다.

17 그림은 잎의 뒷면 표피를 현미경으로 관찰한 모습이다.

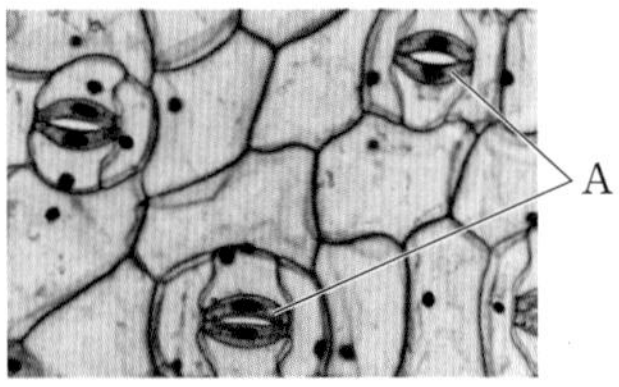

A에 대한 설명으로 옳은 것만을 〈보기〉에서 있는 대로 고르시오.

보기
ㄱ. A는 공변세포이다.
ㄴ. 엽록체가 있어 광합성을 한다.
ㄷ. 잎의 표피에 있는 구멍으로 주로 낮에 열리고 밤에 닫힌다.

고난도 실력 향상 문제

정답과 해설 29쪽

[01~02] 그림 (가)는 검정말을 이용한 광합성 실험을 나타낸 것이고, (나)는 표본 병과 전등 사이의 거리를 변화시키면서 1분 동안 발생하는 기포 수를 측정한 결과이다.

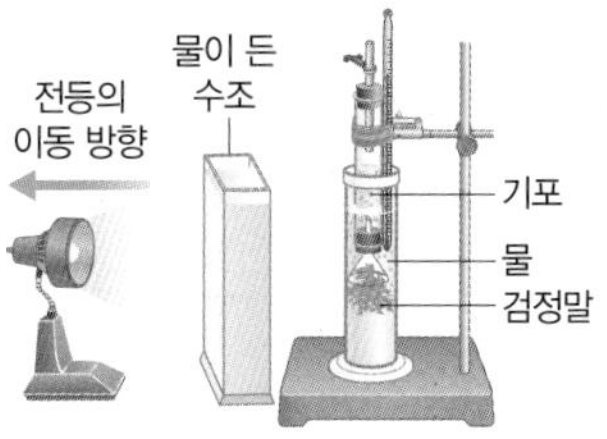

(가)

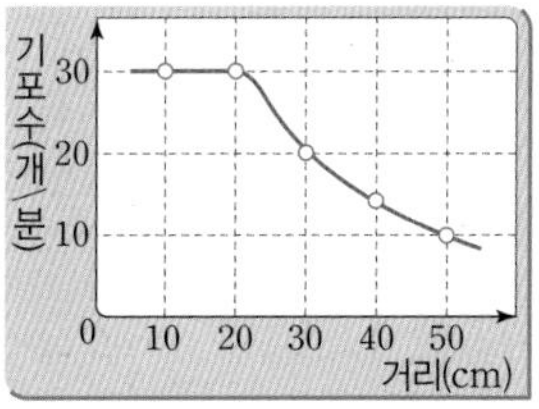

(나)

01 위 실험에 대한 설명으로 옳은 것만을 〈보기〉에서 있는 대로 고른 것은?

보기
ㄱ. 빛의 세기가 강할수록 발생하는 기포 수는 감소한다.
ㄴ. 어느 정도 이상의 빛의 세기에서는 광합성량이 일정해진다.
ㄷ. 물이 든 수조는 전등에서 나오는 열을 흡수하여 표본 병 내부의 온도를 일정하게 한다.

① ㄱ ② ㄴ ③ ㄷ ④ ㄱ, ㄴ ⑤ ㄴ, ㄷ

02 기포 발생량을 증가시킬 수 있는 조건을 〈보기〉에서 있는 대로 고르시오.

보기
ㄱ. 물의 온도를 낮춘다.
ㄴ. 물속에 탄산수소 나트륨을 넣는다.
ㄷ. 전등과 표본 병 사이의 거리를 멀게 한다.

03 오른쪽 그래프는 식물 잎에서의 증산량을 하루 동안 측정한 결과이다. 이에 대한 설명으로 옳은 것만을 〈보기〉에서 있는 대로 고른 것은?

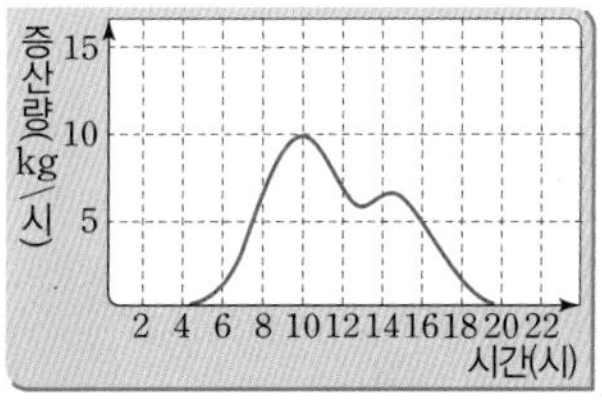

보기
ㄱ. 기공이 가장 많이 열린 때는 10시경이다.
ㄴ. 증산 작용이 가장 활발한 때는 12시경이다.
ㄷ. 측정한 날은 아침부터 저녁까지 날씨의 변화가 없었다.

① ㄱ ② ㄴ ③ ㄷ ④ ㄱ, ㄴ ⑤ ㄴ, ㄷ

서논술형 유형 연습

정답과 해설 29쪽

예제

01 그림은 햇빛이 잘 비치는 곳에 있던 검정말 잎을 에탄올에 넣어 물중탕하고, 아이오딘-아이오딘화 칼륨 용액을 떨어뜨린 후 관찰한 결과이다.

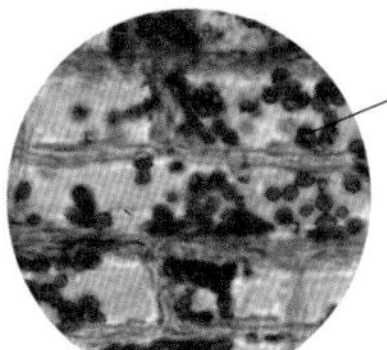

이 결과로 알 수 있는 광합성이 일어난 장소와 산물을 간단히 서술하시오.

Tip 녹말에 아이오딘-아이오딘화 칼륨 용액을 떨어뜨리면 청람색으로 변한다.

Key Word 엽록체, 녹말

[설명] 빛을 받은 검정말의 잎에 아이오딘-아이오딘화 칼륨 용액을 떨어뜨리면, 엽록체가 청람색으로 변한다. 엽록체가 색이 변하였으므로 엽록체에서 광합성이 일어난 결과 녹말이 만들어졌다는 것을 알 수 있다.

[모범 답안] 광합성이 일어나는 장소는 엽록체이고, 광합성 결과 생성된 물질은 녹말이다.

실전 연습

01 그림은 검정말을 이용한 광합성 실험 장치이다.

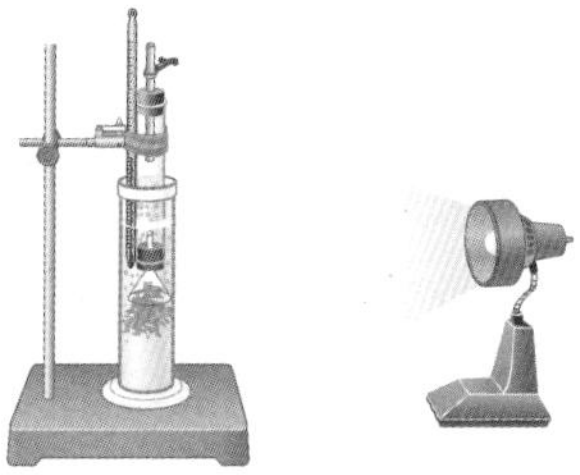

빛을 비춘 결과 검정말에서 기포가 발생하였다. 이 기포는 무엇이며, 이것을 확인할 수 있는 실험 방법을 서술하시오.

Tip 산소는 물질이 타는 것을 돕는 성질이 있어 불씨를 가져가면 불씨가 다시 타오른다.

Key Word 산소, 불씨

3~4 식물의 호흡 ~ 광합성 산물의 이용

3 식물의 호흡

❶ 식물의 호흡과 에너지

1. **식물의 호흡+**: 식물 세포에서 산소를 이용해 양분(포도당)을 분해하여 생활에 필요한 에너지를 얻는 과정이다.
2. 식물이 호흡을 할 때 산소를 흡수하고 이산화 탄소를 방출한다.

❷ 식물의 호흡과 광합성+

1. 호흡은 포도당을 분해하여 에너지를 얻는 과정이고, 광합성은 빛에너지를 포도당으로 저장하는 과정이다.
2. 빛의 세기가 강한 낮에 광합성량이 호흡량보다 많아지면 식물이 이산화 탄소를 흡수하고 산소를 방출한다. 빛이 없는 밤이 되면 식물이 광합성을 하지 못하고 호흡만 하기 때문에 산소를 흡수하고 이산화 탄소를 방출한다.

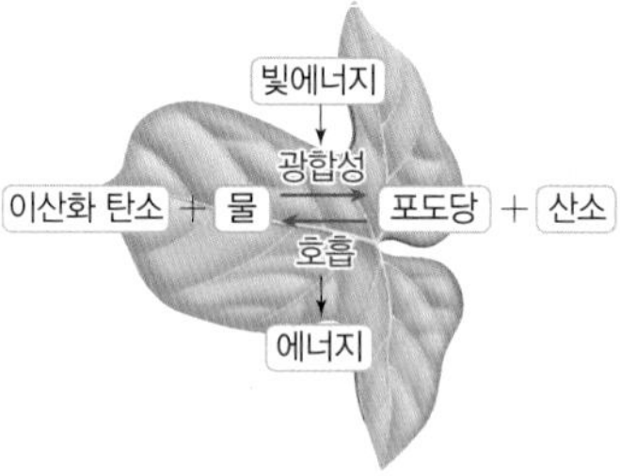

▲ 식물의 호흡과 광합성

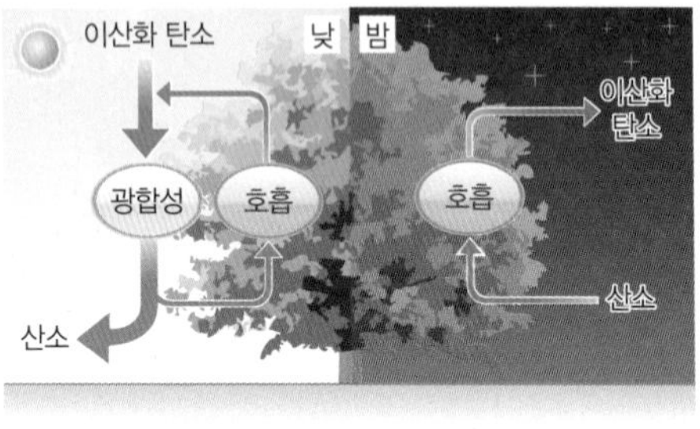

▲ 식물의 기체 교환

구분	호흡	광합성
장소	모든 세포	엽록체
시간	항상	빛이 있을 때
원료	포도당, 산소	물, 이산화 탄소
기체 교환	산소 흡수, 이산화 탄소 방출	이산화 탄소 흡수, 산소 방출
에너지 출입	에너지 방출	에너지 흡수

▲ 호흡과 광합성의 비교

4 광합성 산물의 이용

❶ 광합성 산물의 이동, 저장, 사용

1. **광합성 산물+의 이동**

광합성으로 생성된 녹말은 물에 잘 녹지 않기 때문에 주로 물에 잘 녹는 설탕으로 전환되어 체관을 통해 식물의 각 기관으로 운반된다.

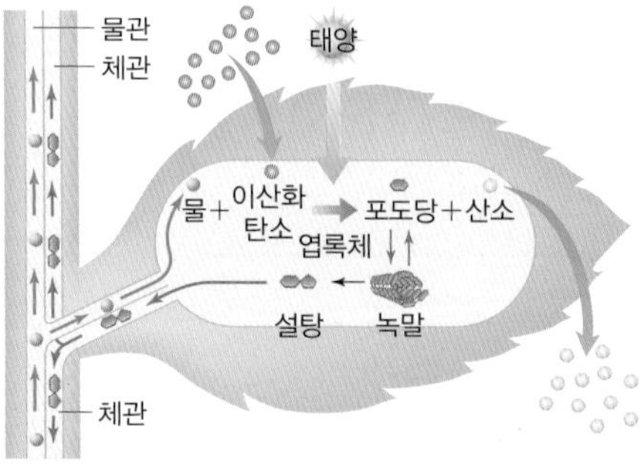

▲ 광합성으로 만들어진 양분의 생성, 이동

2. **광합성 산물의 저장과 사용**

(1) 식물의 여러 기관으로 운반된 양분은 호흡으로 에너지를 얻는 데 쓰이거나 식물체를 구성하는 재료로 이용된다. 나머지 양분은 포도당으로 저장되거나 녹말, 지방, 단백질 등 다양한 형태로 바뀌어 잎, 열매, 뿌리, 줄기 등에 저장된다.

(2) 광합성 결과 발생한 산소는 식물뿐 아니라 여러 생물의 호흡에 이용된다.

+ 호흡

산소를 이용해 포도당을 분해하여 에너지를 얻는 과정으로 뿌리, 줄기, 잎 등을 구성하는 모든 세포에서 일어난다.

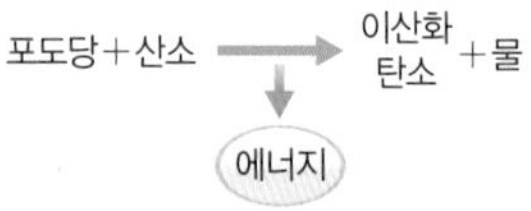

▲ 식물의 호흡

+ 식물의 호흡과 광합성

식물의 호흡은 항상 일어나지만, 광합성은 빛이 있을 때만 일어난다. 빛이 있는 낮에 식물은 광합성으로 발생한 산소 중 일부를 호흡에 사용하고, 남는 것은 공기 중으로 방출하는 반면, 호흡에서 발생한 이산화 탄소 대부분을 광합성에 사용하기 때문에 이산화 탄소의 방출은 거의 없다.

+ 광합성 산물

초기 산물	일시적 저장 상태	이동 형태
포도당	녹말	설탕

포도당, 설탕은 물에 잘 녹지만, 녹말은 물에 잘 녹지 않는다.

3 식물의 호흡

❶ 식물의 호흡과 에너지

- 식물의 □□은 식물 세포에서 양분을 분해하여 생활에 필요한 에너지를 얻는 과정이다.
- 식물이 호흡을 할 때 □□를 흡수하고, □□□ □□를 방출한다.

❷ 식물의 호흡과 광합성

- 광합성은 빛□□□를 포도당으로 저장하는 과정이다.
- 빛이 있는 낮에 광합성량이 호흡량보다 □□지면 식물이 이산화 탄소를 흡수하고 산소를 방출한다.

4 광합성 산물의 이용

❶ 광합성 산물의 이동, 저장, 사용

- 광합성으로 생성된 녹말은 주로 □□으로 전환되어 □□을 통해 식물의 각 기관으로 운반된다.
- □□는 광합성 결과 발생한 기체이며, 식물뿐 아니라 여러 생물의 호흡에 이용된다.

01 식물의 호흡에 필요한 물질만을 〈보기〉에서 있는 대로 고르시오.

보기

ㄱ. 산소　　ㄴ. 질소
ㄷ. 포도당　　ㄹ. 이산화 탄소

02 다음 설명의 빈칸에 공통으로 들어갈 알맞은 말을 쓰시오.

세포에서 양분을 분해하여 생명 활동에 필요한 에너지를 얻는 과정을 (　　　　) 이라고 하며, (　　　　)은 모든 세포에서 일어난다.

03 식물의 호흡에 대한 설명으로 옳은 것은 ○표, 옳지 않은 것은 ×표를 하시오.

(1) 호흡은 항상 일어난다. (　　)
(2) 호흡은 잎을 구성하는 세포에서만 일어난다. (　　)
(3) 호흡은 빛에너지를 이용하여 양분을 만드는 과정이다. (　　)
(4) 호흡 결과 만들어진 이산화 탄소는 광합성에 이용된다. (　　)

04 그림은 광합성과 호흡의 관계를 나타낸 것이다.

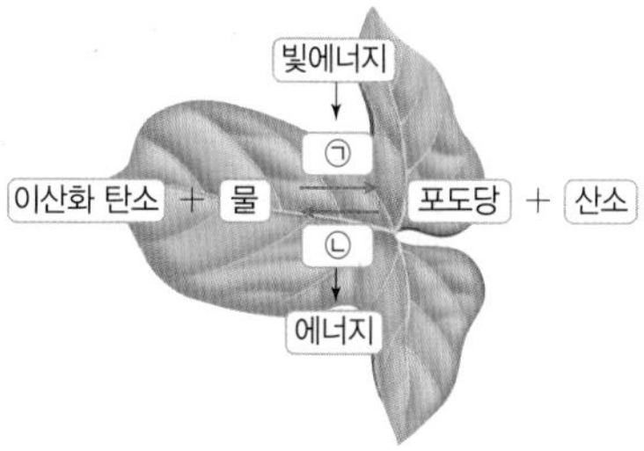

㉠과 ㉡은 각각 어떤 작용인지 쓰시오.

05 광합성 산물의 이동, 저장, 사용에 대한 설명으로 옳은 것은 ○표, 옳지 않은 것은 ×표를 하시오.

(1) 광합성으로 생성된 녹말은 물에 잘 녹는다. (　　)
(2) 광합성 산물은 체관을 통해 식물의 각 기관으로 운반된다. (　　)
(3) 식물의 여러 기관으로 운반된 양분은 녹말의 형태로 뿌리에만 저장된다. (　　)
(4) 광합성 결과 발생한 산소는 식물뿐 아니라 여러 생물의 호흡에 이용된다. (　　)

필수 탐구

탐구 1 식물의 호흡 관찰하기

목표
식물의 호흡 결과 발생하는 기체를 설명할 수 있다.

과정

1 비닐봉지 두 개 중 하나에만 시금치를 넣는다.
2 핀치 집게로 끝을 막은 실리콘 관을 비닐봉지에 넣고 고무줄로 묶어 밀봉한다.
3 두 개의 비닐봉지를 모두 빛이 없는 어두운 곳에 하루 동안 놓아둔다.
4 다음날 핀치 집게를 열어 각각의 비닐봉지에 차 있는 공기를 석회수에 넣는다.

석회수는 수산화 칼슘을 물에 녹인 수용액이다. 석회수에 이산화 탄소를 넣으면 물에 녹지 않는 앙금(탄산 칼슘)이 생성되므로 뿌옇게 흐려진다.

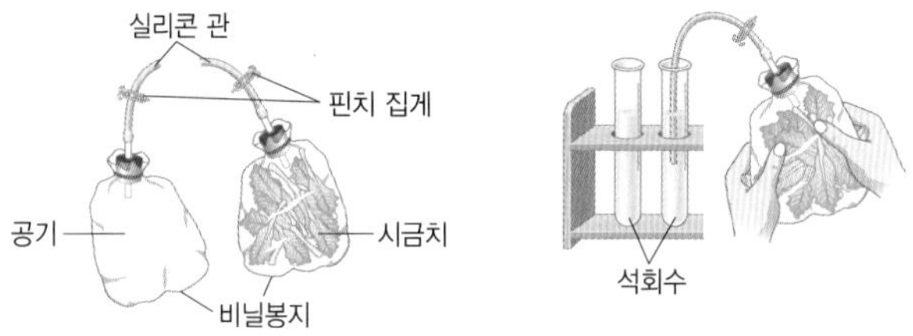

결과

1 시금치가 들어 있는 비닐봉지의 공기가 석회수를 뿌옇게 흐리게 한다.
2 빛이 없는 곳에 놓아둔 시금치에서 나온 기체는 식물의 호흡 결과 발생한 이산화 탄소이다.

실험 클립 QR

탐구2 광합성 산물의 생성, 이동, 저장, 사용 과정을 모형으로 표현하기

목표
광합성 산물의 생성과 이동, 저장, 사용 과정을 모형으로 표현할 수 있다.

과정

1 표에 제시된 물질들을 어떤 모형으로 표현할지 토의하여 정한다.

물질	물	이산화 탄소	산소	포도당	녹말	설탕
모형						

유의점
과정 3~5 활동을 할 때, 과정 1에서 표현한 모형을 오려서 활용한다.

2 전지에 꽃, 열매, 줄기, 뿌리, 잎을 모두 가진 식물을 그린다.
3 잎(엽록체)에서 광합성 산물이 생성되는 과정을 모형을 이용하여 표현한다.
4 광합성 산물의 이동과 저장 과정을 모형을 이용하여 표현한다.
5 식물에 저장된 양분의 사용을 모형을 이용하여 표현한다.

결과

1 식물 잎의 엽록체에서 이산화 탄소와 물을 원료로 빛에너지를 이용하여 광합성이 일어나면 포도당, 산소가 생성된다.

광합성 결과 발생한 산소는 식물뿐 아니라 여러 생물의 호흡에 이용된다.

2 광합성으로 만들어진 포도당은 녹말로 바뀌어 잎 속의 엽록체에 일단 저장되었다가 주로 물에 잘 녹는 설탕으로 전환되어 체관을 통해 식물의 각 기관으로 운반된다.
3 식물의 여러 기관으로 운반된 양분은 호흡으로 에너지를 얻는 데 쓰이거나 식물체를 구성하는 재료로 이용된다. 나머지 양분은 녹말, 지방, 단백질 등 다양한 형태로 바뀌어 잎, 열매, 뿌리, 줄기 등에 저장된다.

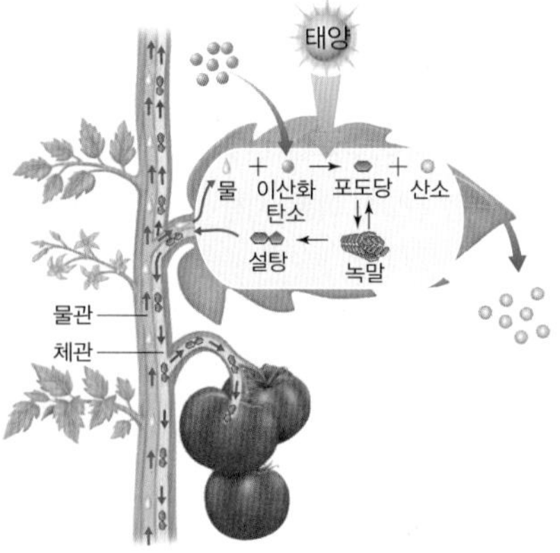

▲ 광합성으로 만들어진 양분의 생성, 이동, 저장

수행 평가 섭렵 문제

정답과 해설 • 30쪽

식물의 호흡 관찰하기

- 빛이 □□ 곳에 놓아둔 시금치가 들어 있는 비닐봉지의 공기가 석회수를 뿌옇게 흐리게 한다.
- 빛이 없을 때 시금치에서 나온 기체는 식물의 호흡 결과 발생한 □□□ □□이다.

[1~2] 두 개의 비닐봉지 중 하나에만 시금치를 넣고, 빛이 없는 곳에 하루 동안 두었다가 오른쪽 그림과 같이 비닐봉지 속의 공기를 석회수에 넣었다.

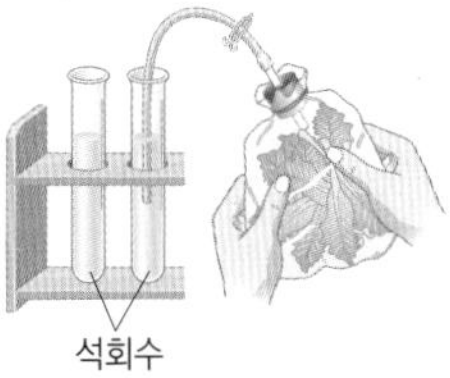

1 위 실험에 대한 설명으로 옳은 것만을 〈보기〉에서 있는 대로 고르시오.

> 보기
> ㄱ. 시금치가 없는 비닐봉지의 공기가 석회수를 뿌옇게 흐리게 한다.
> ㄴ. 빛이 없는 곳에서 시금치는 광합성을 한다.
> ㄷ. 빛이 없는 곳에 놓아둔 시금치에서 나온 기체는 이산화 탄소이다.

2 빛이 없는 곳에 놓아둔 시금치에서 일어난 작용은 무엇인지 쓰시오.

광합성 산물의 생성, 이동, 저장, 사용 과정을 모형으로 표현하기

- 식물 잎의 □□□에서 이산화 탄소와 물을 원료로 빛에너지를 이용하여 광합성이 일어나면 포도당, 산소가 생성된다.
- 광합성 산물은 녹말, 지방, 단백질 등 다양한 형태로 바뀌어 잎, 열매, 뿌리, 줄기 등에 □□된다.

[3~4] 그림은 광합성 산물의 생성과 이동, 저장, 사용 과정을 모형으로 나타낸 것이다.

3 광합성 결과 만들어진 양분이 이동하는 통로의 기호와 이름을 쓰시오.

4 광합성 산물의 생성과 이동, 저장, 사용 과정에 대한 설명으로 옳지 않은 것은?

① 식물의 광합성 결과 포도당, 산소가 생성된다.
② 광합성으로 생성된 녹말은 모두 줄기에 저장된다.
③ 광합성으로 생성된 포도당은 녹말로 바뀌어 엽록체에 일단 저장된다.
④ 광합성 결과 발생한 산소는 식물뿐 아니라 여러 생물의 호흡에 이용된다.
⑤ 광합성 결과 만들어진 녹말은 주로 설탕으로 전환되어 식물의 각 기관으로 운반된다.

내신 기출 문제

3 식물의 호흡

01 식물의 호흡에 대한 설명으로 옳은 것만을 〈보기〉에서 있는 대로 고른 것은?

〈보기〉
ㄱ. 식물이 호흡을 할 때 산소를 흡수한다.
ㄴ. 호흡은 잎을 구성하는 세포에서만 일어난다.
ㄷ. 세포에서 양분을 분해하여 생명 활동에 필요한 에너지를 얻는 과정이다.

① ㄱ ② ㄴ ③ ㄱ, ㄴ
④ ㄱ, ㄷ ⑤ ㄴ, ㄷ

중요
02 다음은 식물에서 일어나는 호흡 작용을 나타낸 것이다.

㉠ + 포도당 ⟶ ㉡ + 물
↓
에너지

㉠과 ㉡에 해당하는 기체의 이름을 각각 쓰시오.

03 광합성과 호흡을 비교한 것으로 옳은 것은?

	광합성	호흡
① 장소	모든 세포	엽록체
② 시간	항상	빛이 있을 때
③ 원료	포도당, 산소	물, 이산화 탄소
④ 기체 교환	산소 흡수, 이산화 탄소 방출	이산화 탄소 흡수, 산소 방출
⑤ 에너지 출입	에너지 흡수	에너지 방출

04 식물의 호흡에 대한 설명으로 옳은 것은?

① 엽록체에서 일어난다.
② 빛이 있을 때만 일어난다.
③ 이산화 탄소가 흡수되고 산소가 방출된다.
④ 빛에너지를 이용하여 양분을 만드는 과정이다.
⑤ 뿌리, 줄기, 잎 등을 구성하는 모든 세포에서 일어난다.

4 광합성 산물의 이용

05 광합성 산물의 이동과 저장에 대한 설명으로 옳은 것만을 〈보기〉에서 있는 대로 고른 것은?

〈보기〉
ㄱ. 광합성 산물은 물관을 통해 이동한다.
ㄴ. 광합성 산물은 녹말의 형태로만 저장된다.
ㄷ. 광합성으로 생성된 녹말은 주로 설탕으로 전환되어 식물의 각 기관으로 운반된다.

① ㄱ ② ㄴ ③ ㄷ
④ ㄱ, ㄴ ⑤ ㄴ, ㄷ

06 그림은 광합성의 과정과 양분의 이동을 나타낸 것이다.

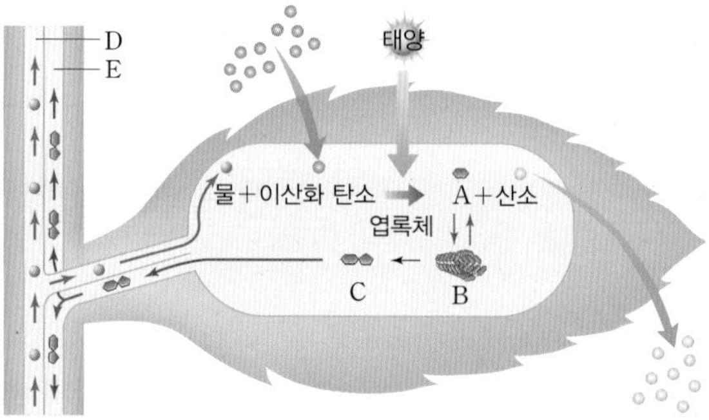

A~E에 대한 설명으로 옳지 않은 것은?

① A는 포도당이다.
② B는 녹말이다.
③ C는 물에 잘 녹지 않는다.
④ 뿌리를 통해 흡수된 물은 D를 통해 잎까지 운반된다.
⑤ 광합성으로 생성된 양분은 E를 통해 식물의 각 기관으로 운반된다.

고난도 실력 향상 문제

정답과 해설 30쪽

01 오른쪽 그림은 빛의 세기가 강한 낮에 식물에서 일어나는 기체의 출입을 나타낸 것이다. 이에 대한 설명으로 옳은 것만을 〈보기〉에서 있는 대로 고른 것은?

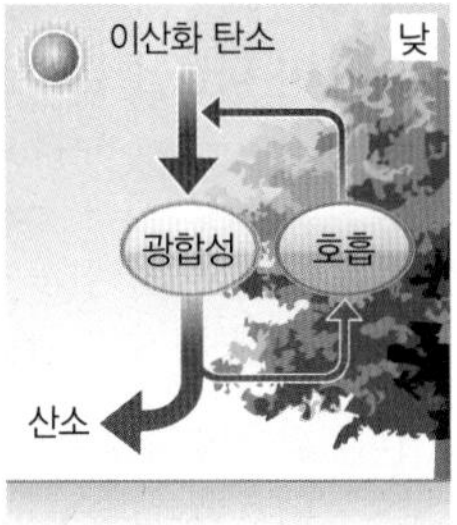

보기

ㄱ. 광합성량과 호흡량이 같다.

ㄴ. 기공을 통해 들어온 이산화 탄소만 광합성에 이용된다.

ㄷ. 광합성에 의해 생성된 산소 중 일부는 식물의 호흡에 이용된다.

① ㄱ ② ㄴ ③ ㄷ
④ ㄱ, ㄴ ⑤ ㄴ, ㄷ

02 오른쪽 그림은 식물의 광합성과 호흡의 공통점과 차이점을 나타낸 벤 다이어그램이다. 각 부분에 대한 설명으로 옳은 것만을 〈보기〉에서 있는 대로 고른 것은?

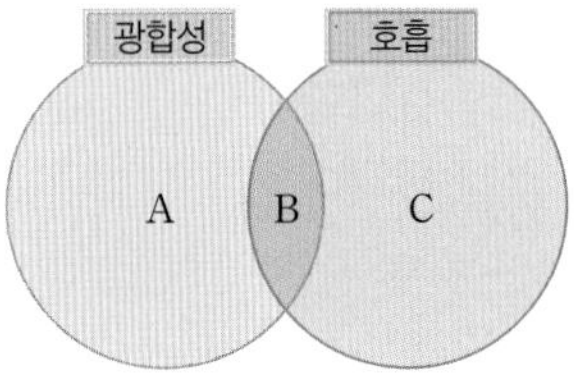

보기

ㄱ. A: 포도당을 분해하여 에너지를 얻는 과정이다.

ㄴ. B: 세포 내에서 일어난다.

ㄷ. C: 산소를 흡수하고 이산화 탄소를 방출한다.

① ㄱ ② ㄴ ③ ㄷ
④ ㄱ, ㄴ ⑤ ㄴ, ㄷ

03 광합성 산물의 저장과 사용에 대한 설명으로 옳은 것은?

① 광합성 산물은 잎에는 저장되지 않는다.
② 광합성 산물은 지방의 형태로만 저장된다.
③ 광합성 결과 발생한 산소는 동물의 호흡에만 이용된다.
④ 광합성 산물 중 일부는 식물체를 구성하는 재료로 이용된다.
⑤ 광합성 산물은 모두 뿌리와 줄기로 운반되어 녹말의 형태로 저장된다.

서논술형 유형 연습

정답과 해설 31쪽

예제

01 다음은 고지대 농업을 설명한 것이다.

> 지대가 높은 고산 지역에서 작물을 재배하는 것을 고지대 농업이라고 한다. 여름철 고지대의 낮 기온은 저지대와 크게 차이가 나지 않지만, 밤에는 고지대의 기온이 저지대보다 훨씬 낮아진다.

고지대에서 재배한 식물의 생산량은 저지대에서 재배한 식물의 생산량보다 많다. 그 이유를 광합성과 호흡의 관계를 고려하여 서술하시오.

Tip 기온이 낮을 때는 식물의 호흡량이 줄어든다.
Key Word 광합성(량), 호흡(량)

[설명] 식물은 광합성으로 양분을 만들어 저장하고, 호흡으로 양분을 소비한다. 따라서 광합성량과 호흡량의 차이만큼 식물에 양분이 저장된다.

[모범 답안] 밤에 고지대의 기온이 낮으므로 식물의 호흡량이 줄어든다. 그 결과 광합성으로 생산하는 양분은 많지만 호흡으로 소모하는 양분이 적으므로 식물의 생산량은 고지대가 저지대보다 많다.

실전 연습

01 야간 고온 현상인 열대야가 계속되면 과일의 당도가 떨어진다고 한다. 그 이유를 광합성과 호흡의 관계를 고려하여 서술하시오. (단, 당도란 음식물에 들어 있는 당의 농도를 나타낸 것으로, 과일의 당도는 과일 맛을 결정하는 주요 요인이다.)

Tip 기온이 높을 때는 식물의 호흡량이 증가한다.
Key Word 광합성(량), 호흡(량), 당의 양

대단원 마무리

1 광합성

01 다음은 광합성 과정을 간단하게 나타낸 것이다.

A + 물 —(빛에너지)→ 포도당 + B

A, B에 해당하는 물질을 옳게 짝지은 것은?

	A	B
①	녹말	산소
②	산소	이산화 탄소
③	설탕	이산화 탄소
④	이산화 탄소	산소
⑤	이산화 탄소	질소

02 광합성에 대한 설명으로 옳지 않은 것은?

① 빛은 광합성의 에너지원이다.
② 동물은 광합성을 할 수 없다.
③ 광합성 결과 포도당이 최초로 만들어진다.
④ 뿌리를 통해 흡수된 물은 광합성의 재료가 된다.
⑤ 양분을 분해하여 생활에 필요한 에너지를 얻는 과정이다.

03 그림은 식물의 잎에서 일어나는 광합성 과정을 나타낸 것이다.

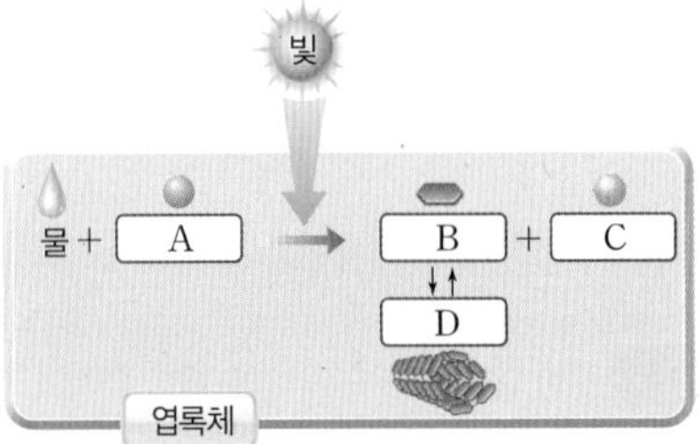

이에 대한 설명으로 옳은 것만을 〈보기〉에서 있는 대로 고른 것은?

〈보기〉
ㄱ. A는 잎의 기공을 통해 흡수된다.
ㄴ. 광합성 산물은 B의 형태로만 저장된다.
ㄷ. C는 식물이나 동물의 호흡에 쓰인다.
ㄹ. D는 물에 잘 녹아서 체관을 통해 운반된다.

① ㄱ, ㄴ ② ㄱ, ㄷ ③ ㄱ, ㄹ
④ ㄴ, ㄷ ⑤ ㄷ, ㄹ

[04~05] 다음은 검정말 잎을 재료로 실험하는 과정을 나타낸 것이다.

(가) 물이 들어 있는 비커에 검정말을 넣고, 햇빛이 잘 비치는 곳에 2~3시간 정도 놓아둔다.
(나) 검정말의 잎을 하나 떼어 현미경 표본을 만들고, 현미경으로 관찰하여 엽록체를 찾아본다.
(다) 에탄올이 들어 있는 시험관에 검정말을 넣고 물중탕한 후, 물에 헹군다.
(라) 과정 (다)의 검정말에서 잎을 하나 떼어 아이오딘-아이오딘화 칼륨 용액을 떨어뜨린 후, 현미경 표본을 만들어 현미경으로 관찰한다.

04 위 실험 과정에 대한 설명으로 옳은 것은?

① (가)는 녹말을 제거하는 과정이다.
② (나)에서 잎의 엽록체는 청람색으로 관찰된다.
③ (다)는 잎의 엽록소를 제거하는 과정이다.
④ (다)에서 포도당이 녹말로 바뀐다.
⑤ (라)에서 잎의 엽록체는 초록색으로 관찰된다.

05 위 실험을 통해 알아보고자 하는 것으로 가장 적절한 것은?

① 광합성에 필요한 물질 확인
② 온도가 광합성에 미치는 영향
③ 빛의 세기가 광합성에 미치는 영향
④ 광합성이 일어나는 장소와 산물 확인
⑤ 이산화 탄소의 농도가 광합성에 미치는 영향

06 그림은 태양 전지와 식물에서의 에너지 전환을 비교한 것이다.

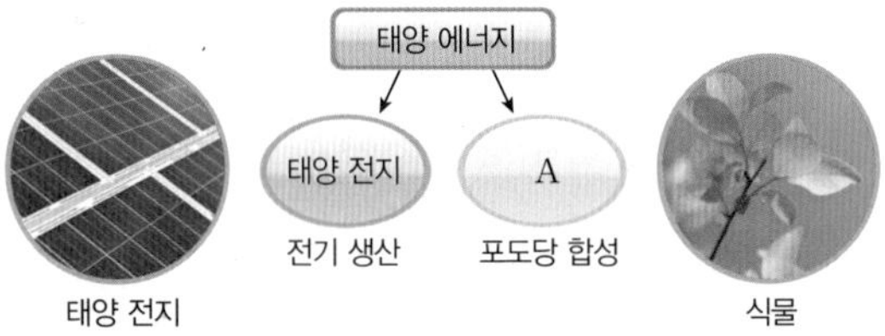

식물에서 A에 해당하는 것은?

① 핵 ② 물관 ③ 체관
④ 엽록체 ⑤ 표피 세포

07 푸른색의 BTB 용액이 노란색이 될 때까지 숨을 불어 넣은 후 그림과 같이 장치하였다.

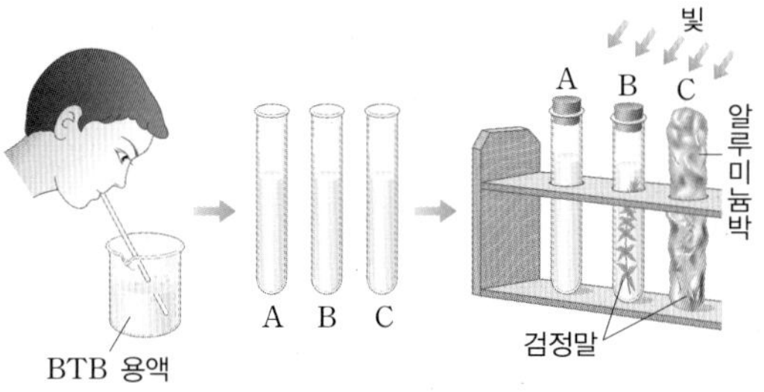

이에 대한 설명으로 옳은 것만을 〈보기〉에서 있는 대로 고른 것은?

보기
ㄱ. 시험관 B에서 이산화 탄소의 농도가 감소한다.
ㄴ. 시험관 C의 검정말은 광합성을 활발하게 한다.
ㄷ. 숨 속의 산소가 BTB 용액에 녹으면서 노란색이 된다.

① ㄱ ② ㄴ ③ ㄱ, ㄴ
④ ㄱ, ㄷ ⑤ ㄴ, ㄷ

08 광합성에 영향을 주는 환경 요인과 광합성량과의 관계에 대한 설명으로 옳은 것만을 〈보기〉에서 있는 대로 고르시오.

보기
ㄱ. 산소의 농도가 증가할수록 광합성량이 계속 증가한다.
ㄴ. 빛의 세기가 강할수록 광합성량이 증가하다가 어느 정도 이상이 되면 광합성량이 일정해진다.
ㄷ. 온도가 높아질수록 광합성량이 증가하다가, 일정 온도보다 높아지면 광합성량이 급격히 감소한다.

09 빛의 세기가 강하고 온도가 일정할 때 이산화 탄소의 농도가 광합성량에 미치는 영향을 나타낸 그래프로 옳은 것은?

①
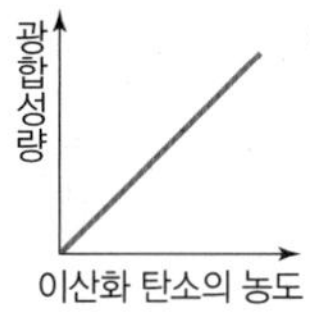

②
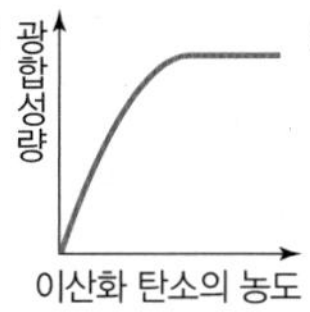

③
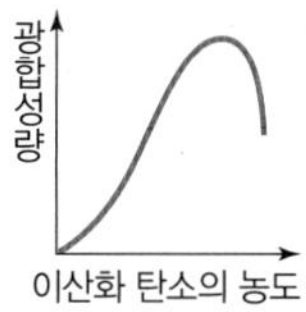

④
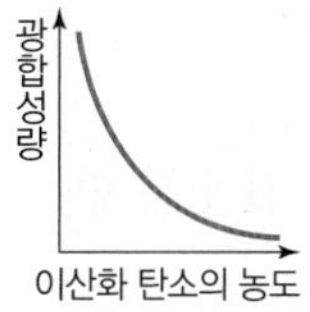

⑤

2 증산 작용

10 증산 작용에 대한 설명으로 옳지 않은 것은?

① 기공이 열리면 활발하게 일어난다.
② 햇빛이 강할 때 활발하게 일어난다.
③ 식물의 뿌리에서 가장 활발하게 일어난다.
④ 뿌리에서 흡수된 물이 잎까지 이동하는 원동력이 된다.
⑤ 식물체 내의 물이 잎의 기공을 통해 공기 중으로 빠져나가는 현상이다.

11 그림은 증산 작용을 알아보기 위한 실험을 나타낸 것이다.

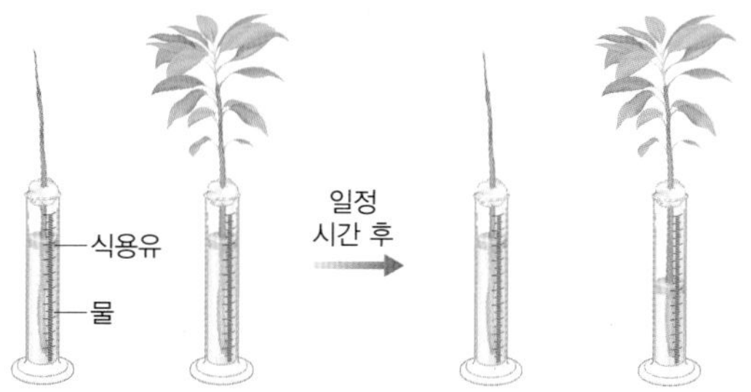

이 실험으로 알 수 있는 사실을 〈보기〉에서 있는 대로 고른 것은?

보기
ㄱ. 증산 작용은 잎에서 일어난다.
ㄴ. 증산 작용에 의해 물의 양이 변한다.
ㄷ. 기공은 잎의 앞면보다 뒷면에 많이 분포한다.

① ㄱ ② ㄴ ③ ㄱ, ㄴ
④ ㄱ, ㄷ ⑤ ㄴ, ㄷ

12 오른쪽 그림은 잎 뒷면의 일부를 나타낸 것이다. 이에 관한 설명으로 옳은 것은?

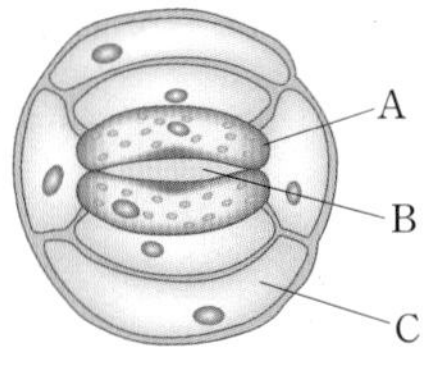

① A는 엽록체가 없고 투명하다.
② A는 빛이 있을 때 광합성을 한다.
③ B는 주로 밤에 열리고 낮에 닫힌다.
④ C는 공변 세포이다.
⑤ C는 B가 열리고 닫히는 것을 조절한다.

3 식물의 호흡

13 그림은 식물에서 일어나는 두 작용을 함께 나타낸 것이다.

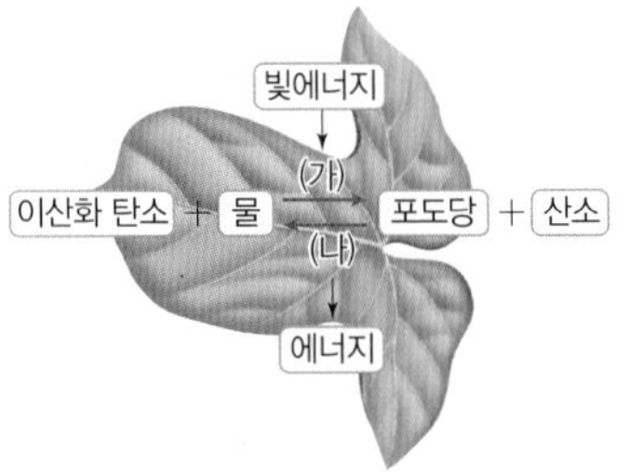

이에 대한 설명으로 옳은 것만을 〈보기〉에서 있는 대로 고른 것은?

보기
ㄱ. (가)는 엽록체에서 일어난다.
ㄴ. (가)는 빛이 없어도 일어난다.
ㄷ. (나)는 낮에만 일어난다.
ㄹ. (나)는 에너지를 방출하는 과정이다.

① ㄱ, ㄴ ② ㄱ, ㄷ ③ ㄱ, ㄹ
④ ㄴ, ㄷ ⑤ ㄴ, ㄹ

14 그림은 낮과 밤에 식물에서의 기체 출입을 나타낸 것이다.

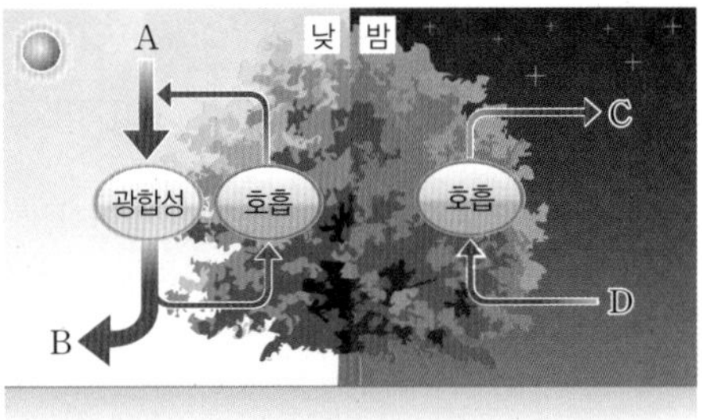

A~D에 해당하는 기체의 이름을 각각 쓰시오.

15 식물의 광합성과 호흡에 대한 설명으로 옳은 것은?

① 호흡이 일어나는 동안 광합성이 일어나지 않는다.
② 잎이 다 지는 겨울이 되면 호흡이 일어나지 않는다.
③ 호흡을 할 때는 이산화 탄소를 흡수하고 산소를 방출한다.
④ 광합성을 할 때는 산소를 흡수하고 이산화 탄소를 방출한다.
⑤ 호흡은 산소를 이용해 포도당을 분해하여 에너지를 얻는 과정이다.

4 광합성 산물의 이용

[16~17] 그림은 광합성 과정과 양분의 이동을 나타낸 것이다.

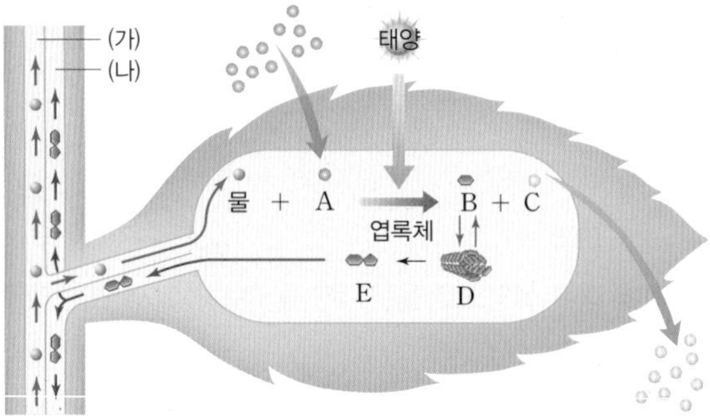

16 A~E에 대한 설명으로 옳은 것은?

① A는 포도당이다.
② B는 이산화 탄소이다.
③ C는 산소이다.
④ D는 물에 잘 녹는다.
⑤ E는 물에 잘 녹지 않는다.

17 줄기에서 물질이 이동하는 (가)와 (나)의 이름을 옳게 짝지은 것은?

	(가)	(나)		(가)	(나)
①	물관	체관	②	체관	물관
③	물관	기공	④	체관	기공
⑤	공변세포	체관			

18 광합성 산물의 저장과 사용에 대한 설명으로 옳지 않은 것은?

① 광합성 산물은 열매에만 저장된다.
② 광합성 결과 발생된 산소는 생물의 호흡에 이용된다.
③ 광합성 산물 중 일부는 식물체를 구성하는 재료로 이용된다.
④ 광합성 산물은 녹말, 포도당, 지방, 단백질 등 여러 형태로 저장된다.
⑤ 식물의 여러 기관으로 운반된 양분 중 일부는 식물이 호흡으로 에너지를 얻는 데 쓰인다.

대단원 서논술형 문제

01 우리나라에서 겨울보다 여름에 식물이 더 잘 자라는 이유를 광합성에 영향을 주는 환경 요인 중 빛의 세기, 온도와 관련지어 서술하시오.

Tip 광합성에 영향을 주는 환경 요인에는 빛의 세기, 이산화 탄소의 농도, 온도가 있다.
Key Word 빛의 세기, 온도, 광합성

02 여러 물고기가 사는 수족관에는 대부분 수초가 심어져 있다. 수족관에 수초를 넣어 주는 이유를 광합성과 호흡을 관련지어 서술하시오.

Tip 수초는 광합성을 하여 호흡에 필요한 산소를 공급한다.
Key Word 광합성, 호흡, 산소

03 식물을 그림과 같이 장치하여 햇빛이 잘 비치는 곳에 두었다. 그리고 일정 시간이 지난 후 (가), (나)의 유리관에서 줄어든 물의 양을 측정하였다.

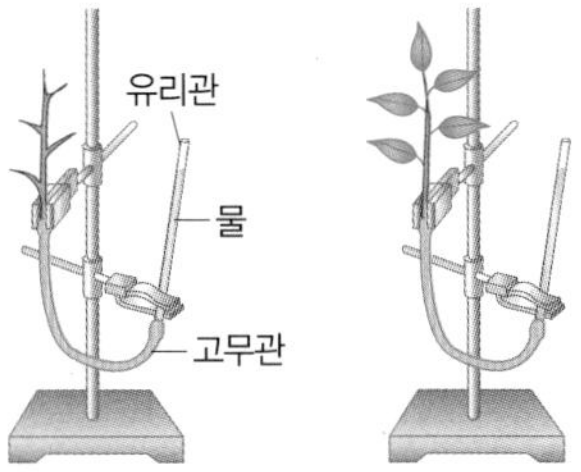

(가), (나)의 유리관에서 줄어든 물의 양을 비교하여 부등호로 나타내고, (가)와 (나)의 결과가 다르게 나타난 이유를 서술하시오.

Tip 식물체 내의 물이 잎의 기공을 통해 공기 중으로 빠져나가는 현상을 증산 작용이라고 한다.
Key Word 잎, 증산 작용

04 싹이 트고 있는 콩을 넣은 보온병에 온도계를 꽂은 다음 온도 변화를 관찰하면 온도가 올라간다. 그 이유를 서술하시오.

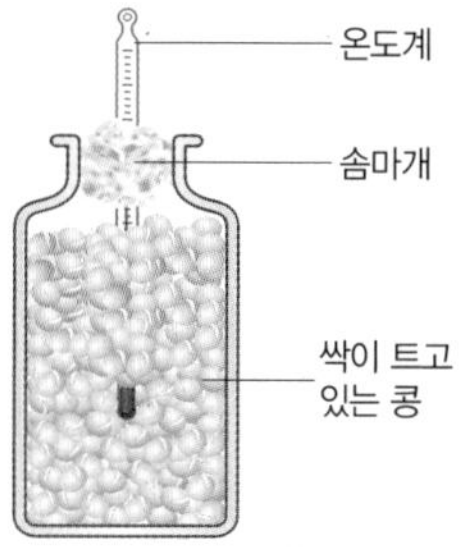

Tip 싹이 틀 때 에너지가 많이 필요하므로 호흡이 왕성하게 일어난다.
Key Word 에너지, 호흡

05 암실에 두었던 식물의 두 개의 잎에 증류수와 수산화 칼륨이 들어 있는 플라스크를 그림과 같이 설치한 다음 빛을 비추어주었다. (단, 수산화 칼륨은 이산화 탄소를 흡수한다.)

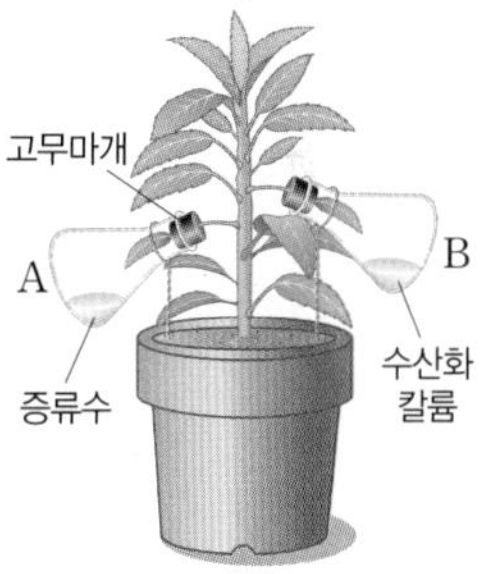

(1) 2시간 후 A와 B의 두 잎을 따서 에탄올에 넣어 물중탕을 한 후, 아이오딘 반응을 하면 어떤 차이가 있을지 서술하시오.

Tip 녹말에 아이오딘-아이오딘화 칼륨 용액을 떨어뜨리면 청람색으로 변한다.
Key Word 아이오딘 반응, 청람색

(2) (1)의 결과가 나타난 이유를 서술하시오.

Tip B에서 플라스크 내부의 공기 중 이산화 탄소는 수산화 칼륨에 흡수된다.
Key Word 이산화 탄소, 광합성, 녹말

V

동물과 에너지

1 ~ 2
생물의 구성 소화

3 ~ 4
순환 호흡

5 ~ 6
배설 소화, 순환, 호흡, 배설의 관계

1~2 생물의 구성 ~ 소화

1 생물의 구성

❶ 생물의 구성 단계

1. **생물의 구성 단계**: 식물과 동물의 몸은 세포✚를 기본 단위로 구성되어 있고, 세포가 모여 복잡한 구조를 이룬다.
   (1) 식물의 구성 단계: 세포 → 조직 → 조직계 → 기관 → 개체
   (2) 동물의 구성 단계✚: 세포 → 조직 → 기관 → 기관계 → 개체
      ① 모양과 기능이 비슷한 세포가 모여 조직을 이룬다.
      ② 여러 조직이 모여 특정한 기능을 하는 기관을 이룬다.
      ③ 연관된 기능을 담당하는 여러 기관들이 모여 일정한 역할을 담당하는 기관계를 이룬다.
      ④ 여러 기관계가 모여 독립적으로 살아가는 하나의 개체를 이룬다.

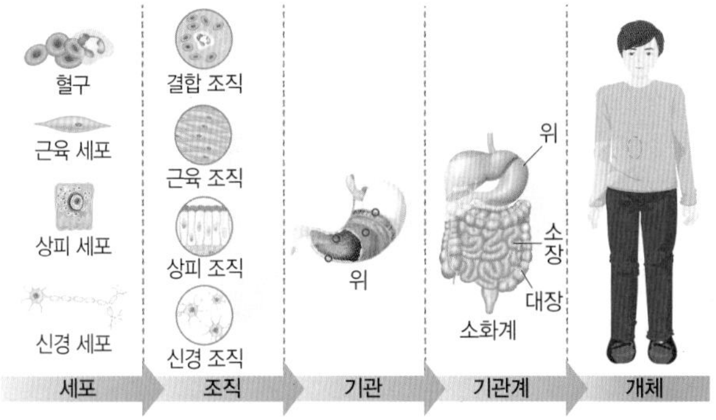

▲ 동물의 구성 단계

2. **사람의 기관계✚**: 여러 기관계가 모여 하나의 개체를 이룬다.
   (1) 소화계: 섭취한 음식물 속 영양소를 분해하고 소화된 영양소를 흡수하는 데 관여한다.
   (2) 순환계: 영양소와 산소를 세포에 전달하는 데 관여한다.
   (3) 호흡계: 산소와 이산화 탄소의 교환에 관여한다.
   (4) 배설계: 노폐물을 몸 밖으로 내보내는 데 관여한다.

2 소화

❶ 영양소✚

1. **탄수화물**: 대부분 에너지원으로 사용되고, 사용되고 남은 것은 지방으로 바뀌어 저장되기 때문에 몸에서 차지하는 비율이 낮다. 1 g당 4 kcal의 에너지를 낸다. 예 녹말, 설탕, 엿당 등
2. **단백질**: 에너지원으로 사용되며 몸을 구성하는 주된 성분이다. 우리 몸의 여러 가지 기능을 조절한다. 1 g당 4 kcal의 에너지를 낸다.
3. **지방✚**: 에너지원으로 사용되며, 에너지를 저장하기도 한다. 1 g당 9 kcal의 에너지를 낸다.
4. **물**: 몸의 $\frac{2}{3}$를 차지하며, 영양소와 노폐물을 운반하고 체온 조절에 도움을 준다.
5. **무기염류✚**: 몸을 구성하거나 몸의 기능을 조절한다.
6. **바이타민**: 적은 양으로 몸의 기능을 조절하며, 대부분 몸속에서 만들어지지 않으므로 음식물로 섭취해야 한다. 부족하면 몸에 이상이 나타난다.

✚ **세포**
동물은 혈구, 근육 세포, 상피 세포, 신경 세포 등 특정한 기능을 하는 여러 종류의 세포로 구성된다.

✚ **동물의 구성 단계**
동물은 광합성을 하지 못해 스스로 양분을 만들어 낼 수 없다. 그러므로 먹이를 찾고, 먹고, 소화시키고, 배설하는 등 식물에 비해 다양한 기능이 필요하며, 이러한 기능을 수행하기 위해 복잡한 몸 구조를 갖고 있다.

✚ **사람의 기관계**
사람의 몸에는 소화계, 순환계, 호흡계, 배설계 외에도 신경계, 생식계, 근육계, 골격계 등의 기관계가 발달해 있다.

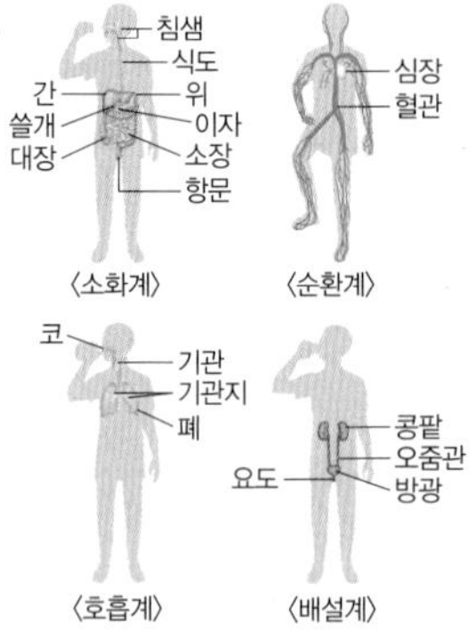

✚ **영양소**
• 우리 몸을 구성하거나 에너지를 얻는 데 필요한 물질이다.
• 영양소의 기능이 각각 다르므로 몸의 균형적인 발달을 위해 여러 가지 영양소를 골고루 섭취해야 한다.

✚ **지방**
같은 양을 섭취했을 때 탄수화물이나 단백질보다 에너지를 더 많이 얻을 수 있다. 피부 아래에 저장되어 체온 유지를 돕지만 지나치게 많이 저장되면 비만이 된다.

✚ **무기염류**
칼슘과 인은 뼈와 이를 구성하는 성분이고, 철은 혈액 속의 세포에 필요한 성분이다.

정답과 해설 • 33쪽

1 생물의 구성

❶ 생물의 구성 단계

- 생물은 □□를 기본 단위로 하여 이루어진다.
- 동물에서는 여러 기관들이 모여 일정한 역할을 담당하는데, 이 구성 단계를 □□□라고 한다.
- 기관계가 모여 독립적으로 살아가는 하나의 □□를 이룬다.

2 소화

❶ 영양소

- □□□는 우리 몸을 구성하거나 에너지를 얻는 데 필요한 물질이다.
- □□□□은 대부분 에너지원으로 사용되고, 녹말, 설탕, 엿당, 포도당 등이 포함된다.
- □은 몸의 $\frac{2}{3}$를 차지하며, 영양소와 노폐물을 운반하고 체온 조절에 도움을 준다.

01 동물의 구성 단계에 해당하는 것만을 〈보기〉에서 있는 대로 고르시오.

〈보기〉

ㄱ. 세포　　ㄴ. 조직
ㄷ. 기관계　　ㄹ. 조직계

02 사람의 기관계에 대한 설명으로 옳은 것은 ○표, 옳지 않은 것은 ×표를 하시오.

(1) 소화계는 섭취한 음식물 속 영양소를 분해하고 소화된 영양소를 흡수하는 데 관여한다. (　　)
(2) 순환계는 노폐물을 몸 밖으로 내보내는 데 관여한다. (　　)
(3) 호흡계는 산소와 이산화 탄소의 교환에 관여한다. (　　)
(4) 배설계는 영양소와 산소를 세포에 전달하는 데 관여한다. (　　)

03 다음 〈보기〉 중 에너지원으로 사용되는 영양소를 있는 대로 고르시오.

〈보기〉

ㄱ. 물　　ㄴ. 지방　　ㄷ. 단백질
ㄹ. 바이타민　　ㅁ. 탄수화물　　ㅂ. 무기염류

04 영양소에 대한 설명으로 옳은 것은 ○표, 옳지 않은 것은 ×표를 하시오.

(1) 단백질은 에너지원으로 사용되며 몸을 구성하는 주된 성분이다. (　　)
(2) 지방은 에너지를 얻는 데 사용되지 않지만 몸의 여러 기능을 조절하는 데 사용된다. (　　)
(3) 바이타민은 적은 양으로 몸의 기능을 조절하며, 대부분 몸속에서 만들어지지 않으므로 음식물로 섭취해야 한다. (　　)
(4) 영양소의 기능이 각각 다르므로 몸의 균형적인 발달을 위해 여러 가지 영양소를 골고루 섭취해야 한다. (　　)

05 다음은 어떤 영양소에 대한 설명이다. 빈칸에 공통으로 들어갈 말을 쓰시오.

(　　　　)는 몸을 구성하거나 몸의 기능을 조절한다. (　　　　) 중 칼슘과 인은 뼈와 이를 구성하는 성분이고, 철은 혈액 속의 세포에 필요한 성분이다.

2 소화와 흡수

1. **소화**+: 음식물 속의 영양소를 작게 분해하는 작용이다.

2. **소화 효소**+: 영양소를 매우 작은 크기로 분해하여 세포가 흡수할 수 있도록 한다.

3. **소화 과정**+

(1) 입에서의 소화

① 턱과 이의 씹는 작용으로 음식물이 잘게 부서지고 침과 섞인다.

② 침 속에 있는 소화 효소인 아밀레이스는 녹말의 일부를 엿당으로 분해한다.

(2) 위에서의 소화+

① 위액에 있는 소화 효소인 펩신은 단백질을 중간 크기로 분해한다.

② 위액에 있는 염산은 펩신의 작용을 돕고 살균 작용을 한다.

(3) 소장에서의 소화+

① 소장의 시작 부분을 십이지장이라고 하며 이곳에서 쓸개즙, 이자액이 음식물과 섞인다.

- 쓸개즙: 간에서 만들어져 쓸개에 저장되었다가 분비되며, 소화 효소는 없지만 지방의 소화를 돕는다.
- 이자액: 이자에서 분비되며 녹말을 분해하는 아밀레이스, 단백질을 분해하는 트립신, 지방을 분해하는 라이페이스와 같은 소화 효소가 들어 있다.
- 소장 벽에는 탄수화물 분해 효소와 단백질 분해 효소가 있다.

② 소장의 소화 효소는 영양소를 세포가 흡수할 수 있을 정도의 매우 작은 크기로 분해한다.

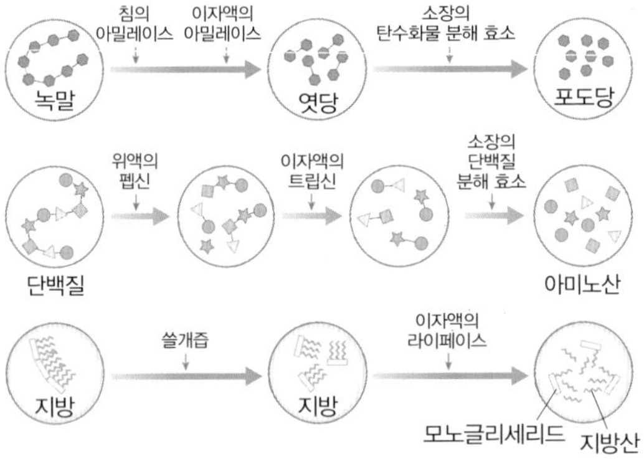

▲ 영양소의 소화

(4) 대장에서의 소화

소장에서 흡수되지 않은 음식물 찌꺼기에서 물이 흡수되면서 점점 단단해져 몸 밖으로 배출된다. 소화 효소가 작용하는 소화는 일어나지 않는다.

4. **영양소의 흡수**+

(1) 소장의 안쪽 벽은 주름져 있고, 주름 표면에는 융털이라고 하는 돌기가 많이 있다. 소장의 이러한 구조는 표면적을 넓게 해서 영양소를 효율적으로 흡수할 수 있게 한다.

(2) 융털 속에는 모세 혈관과 암죽관이 분포한다.

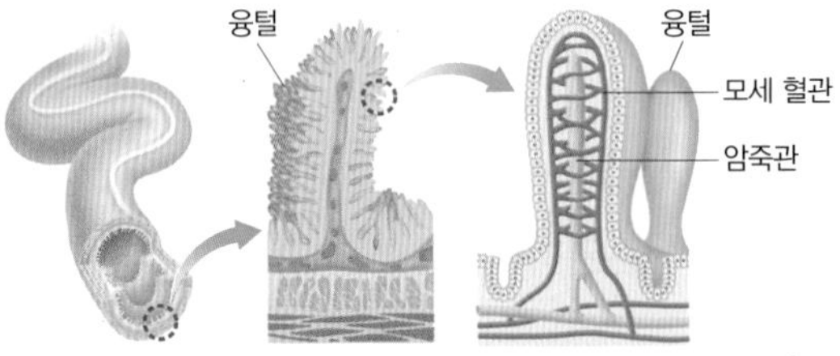

▲ 소장 안쪽의 구조와 융털

① 포도당, 아미노산, 무기염류 등 물에 잘 녹는 영양소는 융털의 모세 혈관으로 흡수된다.

② 물에 잘 녹지 않는 영양소+는 융털의 암죽관으로 흡수된다.

+ 소화
우리가 먹은 음식물은 대부분 크기가 커서 세포가 흡수하기 어렵기 때문에 작은 크기로 분해되어야 한다.

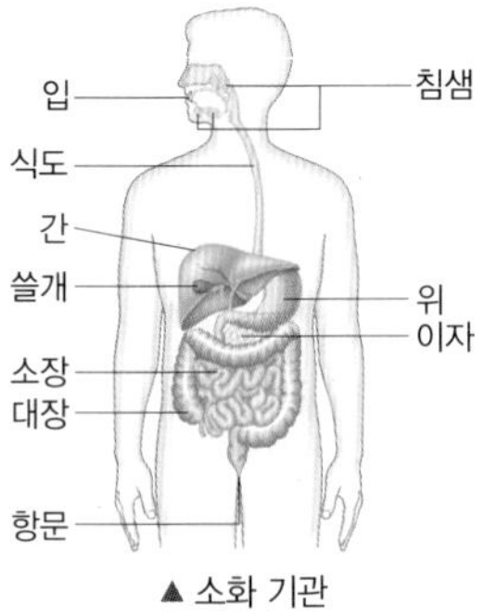

▲ 소화 기관

+ 소화 효소
소화 효소는 종류가 다양하며, 각 영양소의 분해 과정에서 서로 다른 효소가 작용한다.

+ 소화 과정
음식물이 입 → 식도 → 위 → 소장 → 대장을 지나가며 소화된다.

+ 위에서의 소화
위가 펩신에 의해 소화되거나 염산에 의해 손상되지 않는 이유는 위의 안쪽 벽에서 분비되는 점액이 펩신과 염산으로부터 위벽을 보호하기 때문이다.

+ 소장에서의 소화
소장에서 음식물이 소화되면 최종적으로 탄수화물은 포도당으로, 단백질은 아미노산으로, 지방은 지방산과 모노글리세리드로 분해된다.

+ 영양소의 흡수
포도당, 아미노산, 지방산과 모노글리세리드는 모두 소장에서 흡수된다. 물에 잘 녹는 영양소와 물에 잘 녹지 않는 영양소는 서로 다른 경로를 거쳐 심장으로 이동한 다음, 온몸의 조직 세포로 운반된다.

+ 물에 잘 녹지 않는 영양소
지방산과 모노글리세리드는 융털의 상피 세포로 흡수된 후, 상피 세포 내에서 다시 지방으로 합성되어 융털의 암죽관으로 흡수된다.

❷ 소화와 흡수

- □□는 음식물 속의 영양소를 작게 분해하는 작용이다.
- 소화 기관에서 분비되는 □□□□는 영양소를 매우 작은 크기로 분해하여 세포가 흡수할 수 있도록 한다.
- 위액에 있는 소화 효소인 □□은 단백질을 중간 크기로 분해한다.
- 이자액에는 □□을 분해하는 아밀레이스, □□□을 분해하는 트립신, □□을 분해하는 라이페이스와 같은 소화 효소가 들어 있다.
- 소장의 안쪽 벽은 주름져 있고, 주름 표면에는 □□이라고 하는 돌기가 많이 나 있다.

06 소화 기관에 해당하는 것만을 〈보기〉에서 있는 대로 고르시오.

〈보기〉
ㄱ. 입　ㄴ. 위　ㄷ. 폐
ㄹ. 소장　ㅁ. 심장

07 소화 과정에 대한 설명으로 옳은 것은 ○표, 옳지 않은 것은 ×표를 하시오.

(1) 입에서는 소화 효소가 작용하는 소화가 일어나지 않는다. (　　)
(2) 위액에 있는 염산은 펩신의 작용을 돕고 살균 작용을 한다. (　　)
(3) 소장 벽에는 탄수화물, 단백질, 지방을 분해하는 소화 효소가 모두 있다. (　　)
(4) 소장에서 소화되지 않은 음식물은 대장에서 소화되고 흡수된다. (　　)

08 위액에 들어 있는 물질만을 〈보기〉에서 있는 대로 고르시오.

〈보기〉
ㄱ. 염산　ㄴ. 펩신　ㄷ. 쓸개즙
ㄹ. 라이페이스　ㅁ. 아밀레이스

09 영양소와 그 영양소가 소장에서 흡수될 수 있는 크기로 소화된 산물을 옳게 연결하시오.

(1) 탄수화물 •　　• ㉠ 아미노산
(2) 단백질 •　　• ㉡ 포도당
(3) 지방 •　　• ㉢ 지방산, 모노글리세리드

10 다음은 영양소의 흡수에 대한 설명이다. 빈칸에 들어갈 알맞은 말을 쓰시오.

최종적으로 소화된 영양소는 융털을 이루는 세포를 통과하여 흡수되는데, 영양소 중 물에 잘 녹는 영양소는 융털의 (　　　　)으로 흡수된다.

필수 탐구 영양소 검출하기

목표
여러 가지 음식물 속에 들어 있는 영양소를 검출할 수 있다.

유의점
시약이나 용액을 떨어뜨릴 때 반드시 실험용 고무장갑을 착용하고, 용액을 손으로 직접 만지지 않는다.

과정

1 흰 종이에 24홈판을 올려놓고 윗부분에는 음식물의 이름을, 옆 부분에는 시약의 이름을 적는다.

2 홈판의 첫 번째 세로줄 3개의 홈에 증류수를 각각 1 mL씩 넣는다. 같은 방법으로 세로줄 3개의 홈에 그림과 같이 밥물, 묽은 달걀 흰자액, 양파즙, 콩기름을 각각 1 mL씩 넣는다.

3 홈판의 첫 번째 가로줄에 아이오딘－아이오딘화 칼륨 용액을, 두 번째 가로줄에 5 % 수산화 나트륨 수용액과 1 % 황산 구리 수용액을, 세 번째 가로줄에 수단 Ⅲ 용액을 각각 2~3방울씩 떨어뜨린 후 색깔 변화를 관찰한다.

4 음식물을 시험관에 각각 넣은 다음, 각각에 베네딕트 용액을 2~3방울 떨어뜨리고 80 ℃~90 ℃의 물이 담긴 비커에 5분 정도 담가 둔 후, 색깔 변화를 관찰한다.

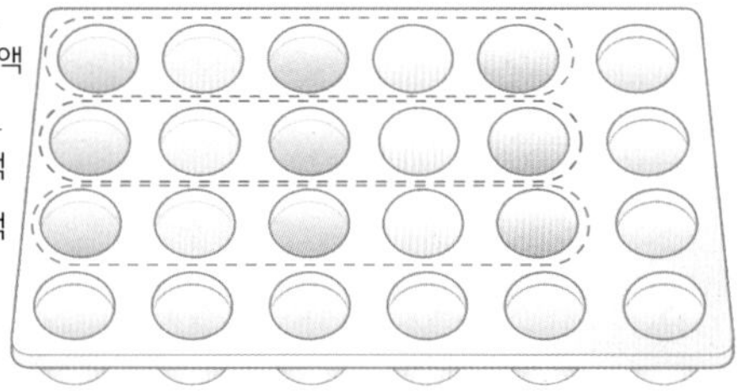

결과

- 아이오딘 반응: 녹말+아이오딘－아이오딘화 칼륨 용액 → 청람색
- 뷰렛 반응: 단백질+5 % 수산화 나트륨 수용액+1 % 황산 구리 수용액 → 보라색
- 수단 Ⅲ 반응: 지방+수단 Ⅲ 용액 → 선홍색
- 베네딕트 반응: 당분(포도당, 엿당 등)+베네딕트 용액 $\xrightarrow{가열}$ 황적색

실험 결과 나타난 색깔 변화는 다음과 같다.

구분	증류수	밥물	묽은 달걀 흰자액	양파즙	콩기름
아이오딘－아이오딘화 칼륨 용액	변화 없음	청람색	변화 없음	변화 없음	변화 없음
5 % 수산화 나트륨 수용액과 1 % 황산 구리 수용액	변화 없음	변화 없음	보라색	변화 없음	변화 없음
수단 Ⅲ 용액	변화 없음	변화 없음	변화 없음	변화 없음	선홍색
베네딕트 용액	변화 없음	변화 없음	변화 없음	황적색	변화 없음

정리

실험 클립 QR

음식물 속에 들어 있는 영양소는 다음과 같다.

구분	밥물	묽은 달걀 흰자액	양파즙	콩기름
들어 있는 영양소	녹말	단백질	당(포도당)	지방

수행 평가 섭렵 문제

영양소 검출하기

- □□에 아이오딘-아이오딘화 칼륨 용액을 넣으면 청람색으로 변한다.
- 단백질에 5 % 수산화 나트륨 수용액과 1 % 황산 구리 수용액을 넣으면 □□□으로 변한다.
- □□에 수단 Ⅲ 용액을 넣으면 선홍색으로 변한다.
- 포도당에 베네딕트 용액을 넣고 □□하면 황적색으로 변한다.

[1～2] 다음은 음식물 속의 영양소를 검출하는 과정이다.

(가) 6홈판의 세로 방향으로 2개의 홈에 각각 밥물, 묽은 달걀 흰자액, 콩기름을 1 mL씩 넣는다.
(나) 6홈판의 윗줄 3개의 홈에는 아이오딘-아이오딘화 칼륨 용액을, 아랫줄 3개의 홈에는 5 % 수산화 나트륨 수용액과 1 % 황산 구리 수용액을 각각 떨어뜨린다.
(다) 색 변화를 관찰한다.

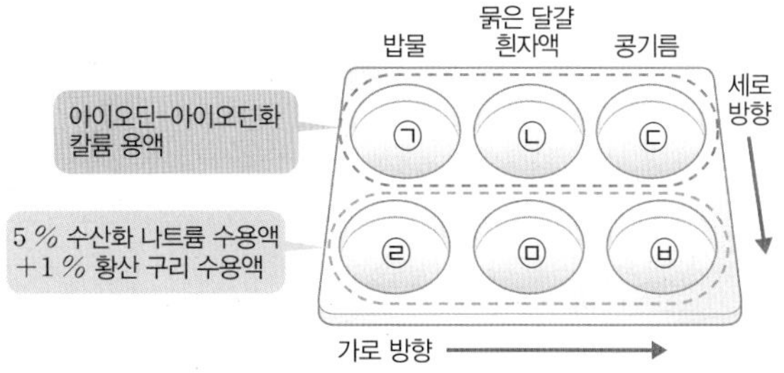

1 아이오딘-아이오딘화 칼륨 용액과 반응이 일어난 홈의 기호와 색 변화를 쓰시오.

2 5 % 수산화 나트륨 수용액과 1 % 황산 구리 수용액과 반응이 일어난 홈의 기호와 색 변화를 쓰시오.

3 다음의 영양소 검출 반응과 이 반응에 의해 검출되는 영양소를 옳게 연결하시오.

(1) 아이오딘 반응 • • ㉠ 지방
(2) 뷰렛 반응 • • ㉡ 녹말
(3) 수단 Ⅲ 반응 • • ㉢ 단백질
(4) 베네딕트 반응 • • ㉣ 포도당

4 다음은 음식물 속의 영양소를 검출한 결과이다.

음식물	A	B	C	D
베네딕트 용액을 넣고 가열	변화 없음	변화 없음	황적색	변화 없음

다음 〈보기〉 중 C에 들어 있을 것으로 예상되는 영양소를 있는 대로 고르시오.

보기
ㄱ. 녹말　ㄴ. 엿당　ㄷ. 지방
ㄹ. 단백질　ㅁ. 포도당

필수 탐구 침의 소화 작용 실험하기

목표
침의 소화 작용을 확인하고, 침의 작용을 설명할 수 있다.

유의점
끓는 물을 다룰 때에는 반드시 면장갑을 사용하고, 끓는 물이 피부에 직접 닿지 않도록 주의한다.

과정

1 물을 한 모금 머금고 1분 정도 지난 다음 종이컵에 뱉어 침 용액을 준비한다.

2 시험관 A~D에 녹말 용액을 각각 3 mL씩 넣는다.

3 시험관 A와 C에는 증류수를 각각 3 mL씩 넣고, 시험관 B와 D에는 침 용액을 각각 3 mL씩 넣는다.

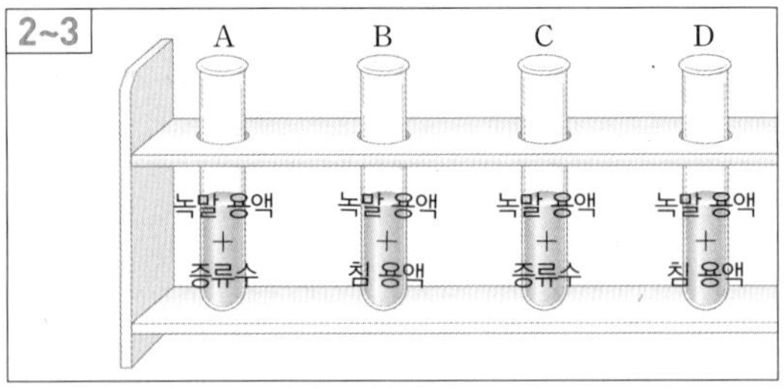

4 35 ℃~40 ℃의 물이 담긴 비커에 4개의 시험관을 넣고 10분 정도 기다린다.

5 시험관 A와 B에 아이오딘-아이오딘화 칼륨 용액을 2~3방울 떨어뜨리고 색 변화를 관찰한다.

6 시험관 C와 D에 베네딕트 용액을 2~3방울 떨어뜨리고 80 ℃~90 ℃의 물이 담긴 비커에 5분 정도 담가 둔 후, 색깔 변화를 관찰한다.

결과

- 시험관 A~D의 색 변화는 다음과 같다.

시험관	용액	영양소 검출 반응	색 변화
A	녹말 용액+증류수	아이오딘 반응	청람색
B	녹말 용액+침 용액	아이오딘 반응	갈색
C	녹말 용액+증류수	베네딕트 반응	푸른색
D	녹말 용액+침 용액	베네딕트 반응	황적색

- 침 속의 소화 효소인 아밀레이스는 우리 몸의 체온과 비슷한 온도에서 가장 활발하게 작용한다.
- 아이오딘-아이오딘화 칼륨 용액의 색깔: 갈색
- 베네딕트 용액의 색깔: 푸른색

실험 클립 QR

정리

침 용액을 넣은 녹말 용액에서 베네딕트 반응이 나타나는 것으로 보아 침 속의 소화 효소가 녹말을 엿당으로 분해함을 알 수 있다.

수행 평가 섭렵 문제

정답과 해설 • 34쪽

침의 소화 작용 실험하기

- 침 용액을 넣은 녹말 용액에서 □□□□ 반응이 나타난다.
- 침 용액을 넣은 녹말 용액에서 □□□□ 반응은 나타나지 않는다.
- 침 속의 □□ □□가 녹말을 엿당으로 분해한다.

[1～3] 다음은 침의 소화 작용에 대한 실험 과정이다.

(가) 물을 한 모금 머금고 1분 정도 지난 다음 종이컵에 뱉어 침 용액을 준비한다.
(나) 시험관 A～D에 녹말 용액을 각각 3 mL씩 넣는다.
(다) 시험관 A와 C에는 증류수를 각각 3 mL씩 넣고, 시험관 B와 D에는 침 용액을 각각 3 mL씩 넣는다.
(라) 35 ℃～40 ℃의 물이 담긴 비커에 4개의 시험관을 넣고 10분 정도 기다린다.
(마) 시험관 A와 B에 아이오딘－아이오딘화 칼륨 용액을 2～3방울 떨어뜨리고 색 변화를 관찰한다.
(바) 시험관 C와 D에 베네딕트 용액을 2～3방울 떨어뜨리고 80 ℃～90 ℃의 물이 담긴 비커에 5분 정도 담가 둔 후, 색깔 변화를 관찰한다.

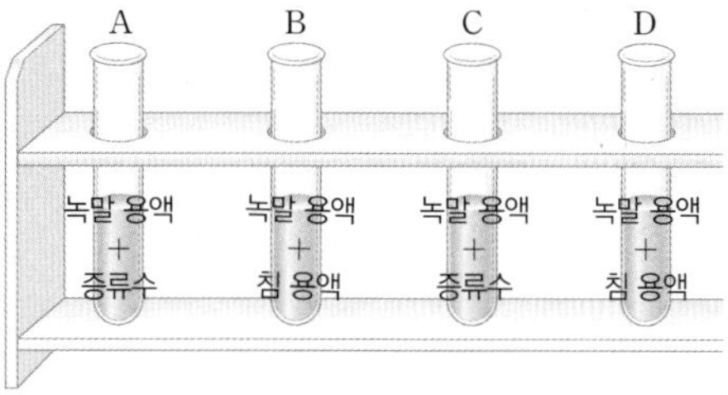

1 과정 (마)에서 아이오딘 반응이 나타난 시험관의 기호를 쓰시오.

2 과정 (바)에서 베네딕트 반응이 나타난 시험관의 기호를 쓰시오.

3 시험관 B와 D에서 공통적으로 일어나는 반응은?

① 엿당이 녹말로 합성된다.
② 녹말이 그대로 남아 있다.
③ 녹말이 엿당으로 분해된다.
④ 포도당이 녹말로 합성된다.
⑤ 침 속의 소화 효소가 분해된다.

4 침 속에 들어 있는 소화 효소에 의해 분해되는 영양소는?

① 녹말 ② 지방 ③ 단백질
④ 포도당 ⑤ 아미노산

내신 기출 문제

1 생물의 구성

01 다음은 동물의 구성 단계를 나타낸 것이다.

세포 → ㉠ → ㉡ → 기관계 → 개체

㉠, ㉡에 해당하는 구성 단계를 각각 쓰시오.

중요

02 그림은 동물의 구성 단계를 순서 없이 나열한 것이다.

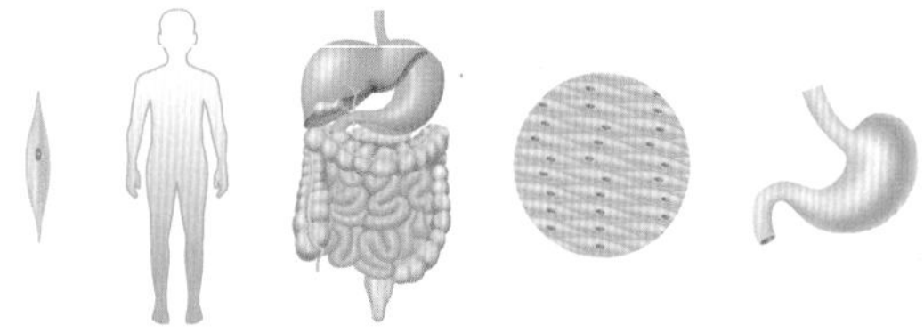

(가) (나) (다) (라) (마)

이에 대한 설명으로 옳지 않은 것은?

① 근육 세포는 (가)의 구성 단계에 해당한다.
② (나)는 독립적으로 살아가는 하나의 개체이다.
③ (다)는 동물의 몸을 구성하는 기본 단위이다.
④ 모양과 기능이 비슷한 세포가 모여 (라)를 이룬다.
⑤ 여러 조직이 모여 특정한 기능을 하는 (마)를 이룬다.

03 그림은 사람 몸의 구성 단계 중 일부를 나타낸 것이다.

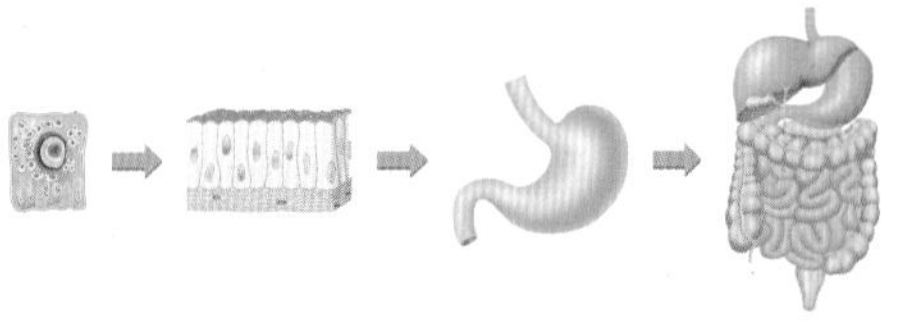

(가) (나) (다) (라)

이에 대한 설명으로 옳은 것만을 〈보기〉에서 있는 대로 고른 것은?

〈보기〉
ㄱ. (가)의 구성 단계는 조직에 해당한다.
ㄴ. 사람의 몸은 (나)를 기본 단위로 구성되어 있다.
ㄷ. (다)의 구성 단계는 기관에 해당한다.
ㄹ. (라)의 구성 단계는 식물에 없다.

① ㄱ, ㄴ ② ㄱ, ㄷ ③ ㄴ, ㄷ
④ ㄴ, ㄹ ⑤ ㄷ, ㄹ

2 소화

[04~05] 다음은 음식물 속의 영양소를 검출하는 과정이다.

(가) 24홈판의 첫 번째 세로줄 3개의 홈에 증류수를 각각 1 mL씩 넣는다. 같은 방법으로 세로줄 3개의 홈에 그림과 같이 밥물, 묽은 달걀 흰자액, 양파즙, 콩기름을 각각 1 mL씩 넣는다.
(나) 홈판의 첫 번째 가로줄에 아이오딘-아이오딘화 칼륨 용액을, 두 번째 가로줄에 5 % 수산화 나트륨 수용액과 1 % 황산 구리 수용액을, 세 번째 가로줄에 수단 Ⅲ 용액을 각각 2~3방울씩 떨어뜨린 후 색깔 변화를 관찰한다.
(다) 음식물을 시험관에 각각 넣은 다음, 각각에 베네딕트 용액을 2~3방울 떨어뜨리고 80 ℃~90 ℃의 물이 담긴 비커에 5분 정도 담가 둔 후, 색깔 변화를 관찰한다.

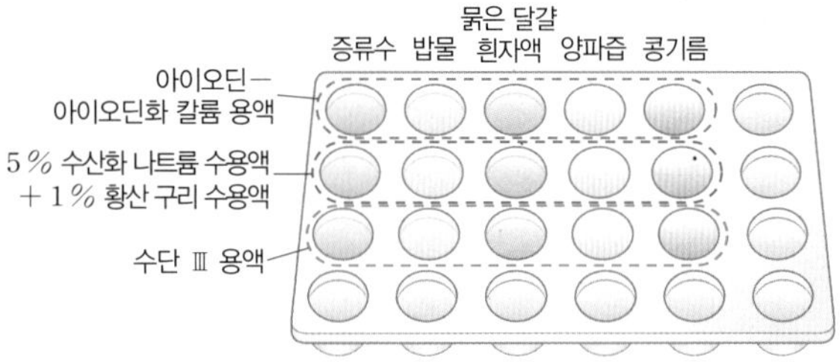

04 밥물에 아이오딘-아이오딘화 칼륨 용액을 넣었더니 청람색으로 변하였다. 밥물에 들어 있는 영양소로 옳은 것은?

① 녹말 ② 엿당 ③ 지방
④ 단백질 ⑤ 포도당

05 위 실험에 대한 설명으로 옳은 것만을 〈보기〉에서 있는 대로 고른 것은?

〈보기〉
ㄱ. 묽은 달걀 흰자액에 5 % 수산화 나트륨 수용액과 1 % 황산 구리 수용액을 넣으면 보라색으로 변한다.
ㄴ. 양파즙, 콩기름에는 공통적으로 지방이 들어 있어 수단 Ⅲ 용액으로 검출할 수 있다.
ㄷ. 음식물에 단백질이 있으면 베네딕트 용액으로 검출할 수 있다.

① ㄱ ② ㄴ ③ ㄱ, ㄴ
④ ㄱ, ㄷ ⑤ ㄴ, ㄷ

06 다음 설명에 해당하는 영양소는?

- 대부분 에너지원으로 사용되어 몸에서 차지하는 비율이 적다.
- 녹말, 설탕, 엿당, 포도당 등이 해당된다.

① 물　② 지방　③ 단백질
④ 탄수화물　⑤ 바이타민

07 영양소에 대한 설명으로 옳은 것은?

① 뼈와 이를 구성하는 칼슘과 인은 단백질에 속한다.
② 무기염류는 에너지원으로 사용되며, 에너지를 저장하기도 한다.
③ 바이타민은 에너지원으로 사용되며 몸을 구성하는 주된 성분이다.
④ 물은 몸의 약 $\frac{2}{3}$를 차지하며, 영양소와 노폐물을 운반한다.
⑤ 지방은 적은 양으로 몸의 기능을 조절하며, 에너지원으로 사용되지 않는다.

[08~09] 표는 영양소가 한 가지씩 들어 있는 A, B, C 용액을 혼합하여 영양소 검출 실험을 한 결과이다. (단, +는 반응 있음, −는 반응 없음을 나타낸다.)

혼합 용액	아이오딘 반응	뷰렛 반응	수단 Ⅲ 반응
A+B	+	+	−
A+C	+	−	+

08 지방이 들어 있는 음식물 희석액의 기호를 쓰시오.

09 A~C에 들어 있는 영양소에 대한 설명으로 옳은 것만을 <보기>에서 있는 대로 고른 것은?

◀ 보기 ▶
ㄱ. A는 우리 몸에서 대부분 에너지원으로 사용된다.
ㄴ. B는 에너지원으로 사용되며 몸을 구성하는 주된 성분이다.
ㄷ. A~C를 같은 양을 섭취했을 때 C는 A나 B보다 에너지를 더 적게 낸다.

① ㄱ　② ㄴ　③ ㄱ, ㄴ
④ ㄱ, ㄷ　⑤ ㄴ, ㄷ

[10~11] 시험관 A, C에 녹말 용액과 증류수, 시험관 B, D에 녹말 용액과 침 용액을 그림과 같이 각각 넣은 후 35 ℃~40 ℃의 물이 담긴 비커에 4개의 시험관을 넣고 10분 정도 기다렸다.

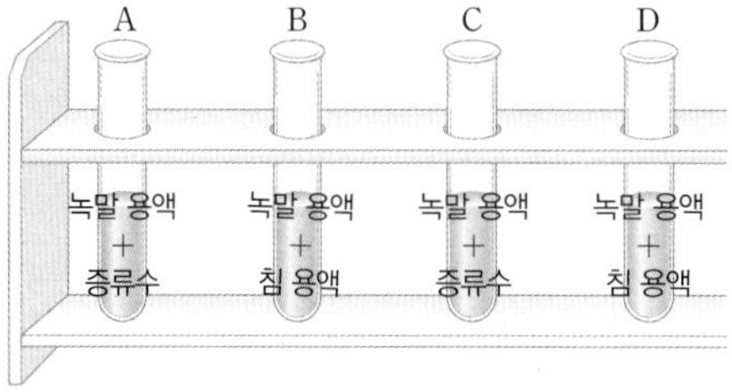

10 시험관 A~D의 색깔 변화에 대한 설명으로 옳은 것만을 <보기>에서 있는 대로 고른 것은?

◀ 보기 ▶
ㄱ. A와 B에 아이오딘-아이오딘화 칼륨 용액을 넣으면 모두 청람색으로 변한다.
ㄴ. C에서는 녹말 성분의 변화가 일어난다.
ㄷ. D에 베네딕트 용액을 넣고 가열하면 황적색으로 변한다.

① ㄱ　② ㄴ　③ ㄷ
④ ㄱ, ㄷ　⑤ ㄴ, ㄷ

중요
11 위 실험 결과를 통해 알 수 있는 사실은?

① 침에서 녹말이 생성된다.
② 증류수가 녹말을 엿당으로 분해한다.
③ 침 속의 소화 효소가 녹말을 엿당으로 분해한다.
④ 침 속의 소화 효소가 녹말을 지방으로 분해한다.
⑤ 침 속의 소화 효소가 0 ℃에서 가장 활발하게 작용한다.

12 소화 효소에 대한 설명으로 옳은 것만을 <보기>에서 있는 대로 고른 것은?

◀ 보기 ▶
ㄱ. 영양소의 분해를 촉진하는 물질이다.
ㄴ. 이자액에는 지방을 분해하는 소화 효소가 들어 있다.
ㄷ. 위액에 있는 소화 효소는 녹말과 단백질을 모두 분해한다.

① ㄱ　② ㄴ　③ ㄱ, ㄴ
④ ㄱ, ㄷ　⑤ ㄴ, ㄷ

[13~15] 그림은 사람의 소화 기관을 나타낸 것이다.

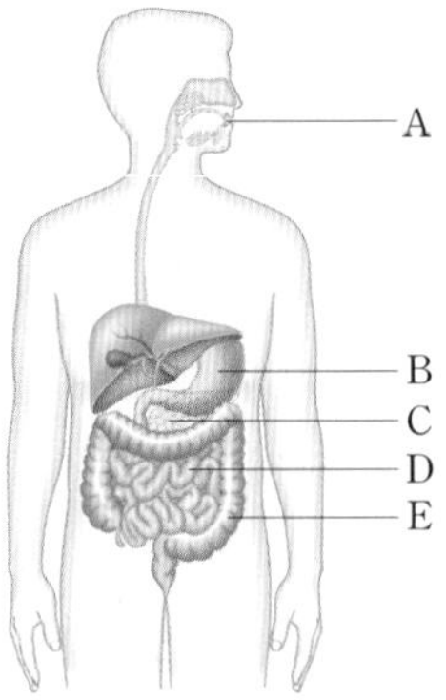

중요

13 소화 기관의 기호와 이름을 짝지은 것으로 옳지 않은 것은?

① A－입 ② B－위 ③ C－간
④ D－소장 ⑤ E－대장

14 녹말, 단백질, 지방을 분해하는 소화 효소가 모두 들어 있는 소화액을 분비하는 곳의 기호를 쓰시오.

15 위 소화 기관에 대한 설명으로 옳은 것만을 〈보기〉에서 있는 대로 고른 것은?

보기
ㄱ. A에서 녹말이 엿당으로 분해된다.
ㄴ. B에서 단백질이 중간 크기로 분해된다.
ㄷ. C는 음식물이 직접 지나가는 통로이다.
ㄹ. D에서 소화된 영양소가 흡수된다.
ㅁ. E는 지방을 분해하는 소화 효소를 분비한다.

① ㄱ, ㄴ ② ㄷ, ㄹ ③ ㄱ, ㄴ, ㄹ
④ ㄴ, ㄷ, ㅁ ⑤ ㄷ, ㄹ, ㅁ

16 소장에서의 소화에 대한 설명으로 옳은 것은?

① 소장에서 녹말의 소화가 시작된다.
② 쓸개즙은 소장 벽에서 만들어진다.
③ 소장에서 단백질의 소화가 시작된다.
④ 펩신의 작용을 돕고 살균 작용을 하는 물질이 분비된다.
⑤ 소장의 소화 효소는 영양소를 세포가 흡수할 수 있을 정도의 매우 작은 크기로 분해한다.

중요

17 그림은 영양소의 소화 과정을 나타낸 것으로, ㉠~㉢은 소화 효소이다.

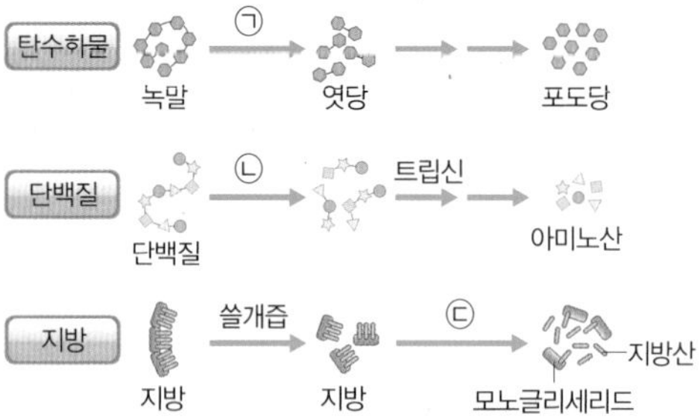

이를 설명한 것으로 옳지 않은 것은?

① ㉠은 아밀레이스이다.
② ㉠은 소장에서만 작용한다.
③ ㉡은 펩신이다.
④ ㉡은 위에서 작용한다.
⑤ ㉢은 이자에서 분비된다.

18 그림은 소장의 융털을 나타낸 것이다.

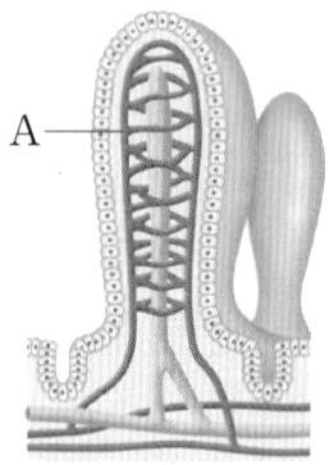

A를 통해 흡수되는 영양소만을 〈보기〉에서 있는 대로 고른 것은?

보기
ㄱ. 지방 ㄴ. 포도당
ㄷ. 무기염류 ㄹ. 아미노산

① ㄱ, ㄴ ② ㄴ, ㄷ ③ ㄷ, ㄹ
④ ㄱ, ㄴ, ㄷ ⑤ ㄴ, ㄷ, ㄹ

19 소장에서 영양소 흡수와 이동에 대한 설명으로 옳은 것은?

① 물은 소장에서 흡수되지 않는다.
② 무기염류는 크기가 커서 융털에서 흡수되기 어렵다.
③ 물에 잘 녹는 영양소는 융털의 암죽관으로 흡수된다.
④ 물에 잘 녹지 않는 영양소는 융털의 모세 혈관으로 흡수된다.
⑤ 소장으로 흡수된 영양소는 심장으로 이동한 다음, 온몸의 조직 세포로 운반된다.

고난도 실력 향상 문제

정답과 해설 35쪽

01 표는 영양소 (가)와 (나)의 특징을 나타낸 것이다.

구분	몸 구성	몸의 기능 조절	1 g당 발생하는 에너지(kcal)
(가)	구성함	관여함	0
(나)	구성하지 않음	관여함	0

(가), (나)에 해당하는 영양소를 옳게 짝지은 것은?

	(가)	(나)		(가)	(나)
①	물	무기염류	②	무기염류	단백질
③	탄수화물	지방	④	무기염류	바이타민
⑤	탄수화물	바이타민			

02 그림은 녹말의 소화를 나타낸 것이다.

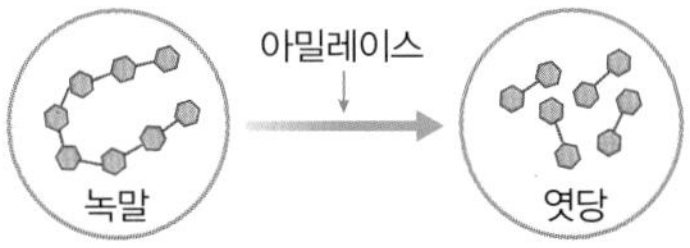

이와 같은 소화가 일어나는 소화 기관을 〈보기〉에서 있는 대로 고르시오.

보기
ㄱ. 입　　ㄴ. 위　　ㄷ. 간
ㄹ. 소장　　ㅁ. 대장

03 그림은 영양소 A~C가 소화 기관을 지나는 동안 소화되지 않은 비율을 나타낸 것이다.

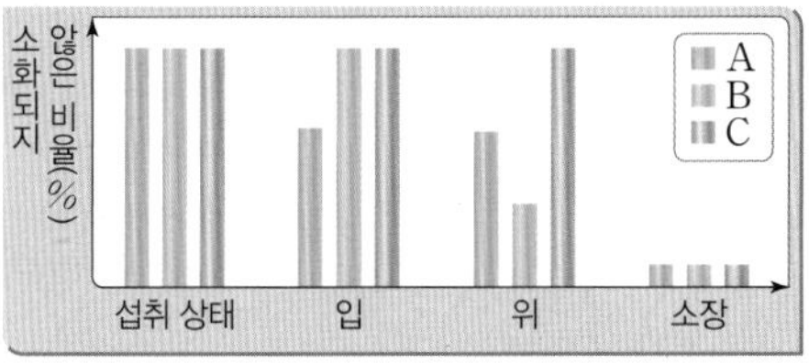

영양소 A~C에 대한 설명으로 옳은 것만을 〈보기〉에서 있는 대로 고른 것은? (단, A~C는 각각 녹말, 단백질, 지방 중 하나이다.)

보기
ㄱ. A는 침 속에 있는 소화 효소에 의해 아미노산으로 분해된다.
ㄴ. B는 위에서 소화가 시작된다.
ㄷ. C는 소장의 안쪽 벽에서 분비되는 소화 효소에 의해 지방산과 모노글리세리드로 분해된다.

① ㄱ　② ㄴ　③ ㄷ　④ ㄱ, ㄴ　⑤ ㄴ, ㄷ

서논술형 유형 연습

정답과 해설 35쪽

예제

01 그림은 사람 몸을 구성하는 물질의 성분과 함량을 나타낸 것이다.

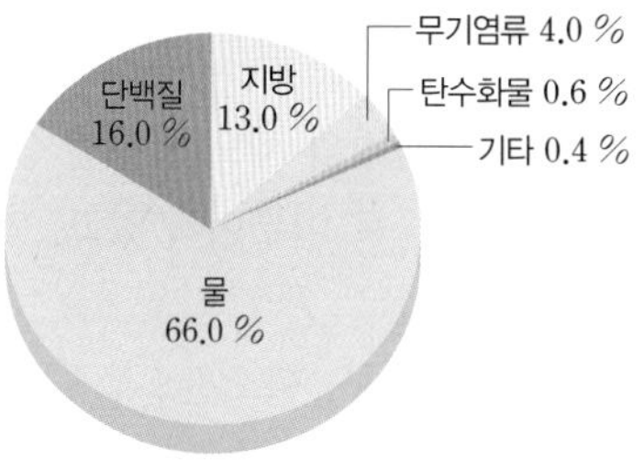

탄수화물은 음식을 통해 많이 섭취하지만, 몸을 구성하는 비율이 매우 낮다. 그 이유를 서술하시오.

Tip 탄수화물은 주로 에너지원으로 쓰인다.
Key Word 에너지원, 지방

[설명] 탄수화물은 주로 에너지원으로 사용되며, 몸에서 차지하는 비율이 단백질이나 지방보다 적다.
[모범 답안] 탄수화물은 대부분 에너지원으로 사용되고, 사용되고 남은 것은 지방으로 바뀌어 저장되기 때문이다.

실전 연습

01 그림은 소장 안쪽의 구조를 나타낸 것이다.

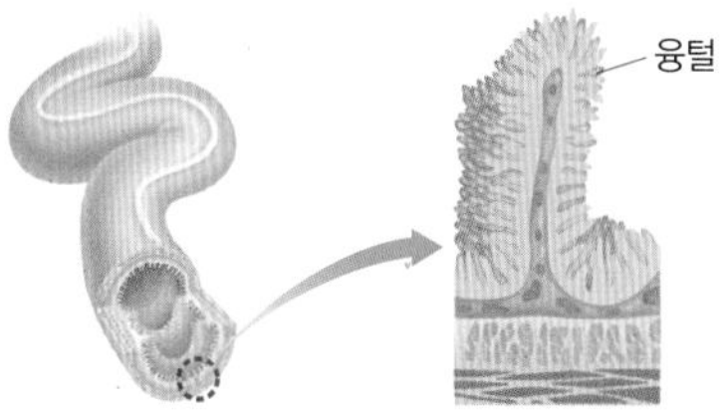

이러한 구조의 장점을 간단히 서술하시오.

Tip 소장 안쪽에 주름이 많고, 소장 안쪽 벽에 융털이 빽빽하게 분포하고 있다.
Key Word 표면적, 흡수

3 순환

1 혈액의 구성

혈액은 액체 성분인 혈장과 세포 성분인 혈구로 이루어져 있다.

1. **혈장**: 약 90 %가 물로 이루어져 있고, 영양소, 이산화 탄소, 노폐물, 여러 가지 단백질 등을 운반한다.
2. **혈구**+: 적혈구, 백혈구, 혈소판으로 구분한다.
   (1) **적혈구**: 가운데가 오목한 원반 모양으로, 헤모글로빈이라는 붉은 색소가 들어 있어 붉은색을 띠며 산소를 운반한다.
   (2) **백혈구**: 식균 작용을 통해 체내에 침입한 병원체를 제거한다.
   (3) **혈소판**: 상처가 났을 때 혈액을 응고시켜 출혈을 멈추게 한다.

2 심장과 혈관

1. **심장**+
   (1) 심장의 구조
   ① 심방: 정맥과 연결되어 혈액을 받아들인다.
   ② 심실: 동맥과 연결되어 혈액을 내보낸다.
   ③ 판막+: 혈액이 거꾸로 흐르는 것을 막아 한 방향으로 흐르게 한다.
   (2) 심장의 기능: 끊임없이 수축하고 이완하는 박동을 하여 혈액이 온몸을 잘 돌 수 있도록 펌프 역할을 한다.

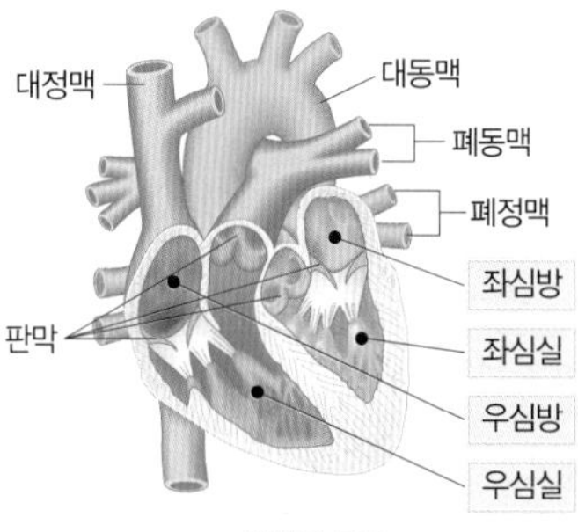

▲ 심장의 구조

2. **혈관**+
   (1) **동맥**: 심장에서 나가는 혈액이 흐르는 혈관으로, 혈관 벽이 두껍고 탄력이 커서 심장의 수축으로 생기는 높은 혈압+을 견딜 수 있다.
   (2) **정맥**: 심장으로 들어가는 혈액이 흐르는 혈관으로, 동맥보다 혈관벽이 얇고 탄력이 약하다. 혈액이 거꾸로 흐르는 것을 막아주는 판막이 곳곳에 있다.
   (3) **모세 혈관**: 혈관벽이 하나의 세포층으로 이루어져 있어 조직 세포와 물질 교환이 일어난다.

3 혈액의 순환

1. **온몸 순환**+
   (1) 심장에서 나온 혈액이 온몸을 거쳐 다시 심장으로 돌아오는 순환이다.
   (2) 온몸의 조직 세포에 산소와 영양소를 공급하고, 이산화 탄소와 노폐물을 받아 심장으로 돌아온다.
2. **폐순환**+
   (1) 심장에서 나온 혈액이 폐를 거쳐 다시 심장으로 돌아오는 순환이다.
   (2) 폐로 가서 이산화 탄소를 내보내고 산소를 받아 심장으로 돌아온다.

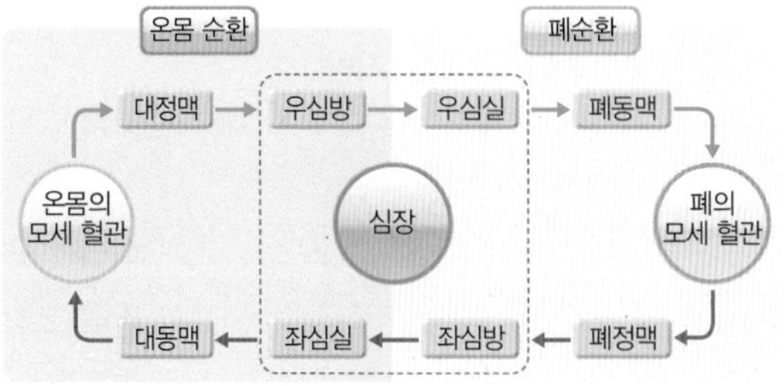

▲ 혈액의 순환

+ 혈구

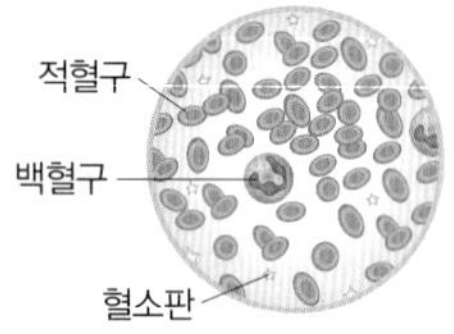

혈구 중에서 적혈구의 수가 가장 많다.

+ 심장
사람의 심장은 주먹만 한 크기로, 2개의 심방과 2개의 심실로 이루어져 있으며, 근육층이 두껍게 발달해 있다. 특히, 온몸으로 혈액을 내보내는 좌심실의 벽이 가장 두꺼운 근육층으로 이루어져 있다.

+ 판막
심방과 심실, 심실과 동맥 사이에 있다.

+ 혈관

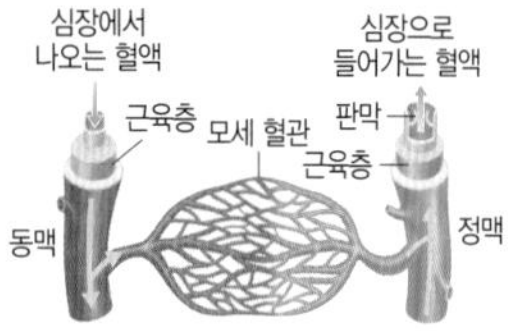

- 혈류 속도: 동맥 > 정맥 > 모세 혈관
- 총 단면적: 모세 혈관 > 정맥 > 동맥
- 혈압: 동맥 > 모세 혈관 > 정맥

+ 혈압
혈관을 따라 흐르는 혈액이 혈관벽에 미치는 압력을 혈압이라고 한다.

+ 온몸 순환
좌심실 → 대동맥 → 온몸의 모세 혈관 → 대정맥 → 우심방

+ 폐순환
우심실 → 폐동맥 → 폐의 모세 혈관 → 폐정맥 → 좌심방

❶ 혈액의 구성

✪ 혈액은 액체 성분인 □□과 세포 성분인 □□로 이루어져 있다.

✪ □□□는 헤모글로빈이 들어 있어 붉은색을 띠며 산소를 운반한다.

✪ □□□는 식균 작용을 통해 체내에 침입한 병원체를 제거한다.

❷ 심장과 혈관

✪ 심장은 2개의 □□과 2개의 심실로 이루어져 있다.

✪ 심장은 끊임없이 수축하고 이완하는 □□을 한다.

✪ □□은 혈관벽이 두껍고 탄력이 커서 심장의 수축으로 생기는 높은 혈압을 견딜 수 있다.

❸ 혈액의 순환

✪ □□ □□은 심장에서 나온 혈액이 온몸을 거쳐 다시 심장으로 돌아오는 순환이다.

✪ □□□은 심장에서 나온 혈액이 폐를 거쳐 다시 심장으로 돌아오는 순환이다.

01 **혈액의 구성에 대한 설명으로 옳은 것은 ○표, 옳지 않은 것은 ×표를 하시오.**

(1) 혈구 중에서 적혈구의 수가 가장 많다. ( )

(2) 혈장은 혈액의 세포 성분으로 가운데가 오목한 원반 모양이다. ( )

(3) 혈소판은 상처가 났을 때 혈액을 응고시켜 출혈을 멈추게 한다. ( )

(4) 혈구는 혈액을 이루는 액체 성분으로 영양소를 비롯한 여러 가지 물질을 운반한다. ( )

02 **오른쪽 그림은 사람의 심장 구조를 나타낸 것이다.**

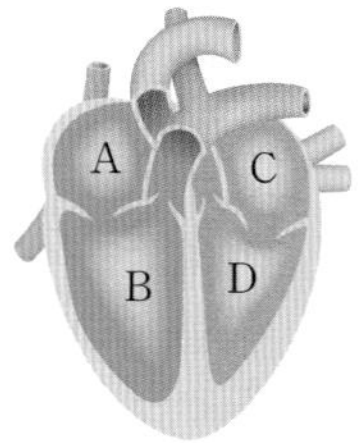

(1) 혈액을 받아들이는 곳의 기호를 쓰시오. (,)

(2) 혈액을 내보내는 곳의 기호를 쓰시오. (,)

(3) A~D에 해당하는 이름을 각각 쓰시오.

03 **혈관에 대한 설명으로 옳은 것은 ○표, 옳지 않은 것은 ×표를 하시오.**

(1) 정맥은 동맥보다 혈관벽이 얇고 탄력이 약하다. ( )

(2) 동맥은 심장으로 들어가는 혈액이 흐르는 혈관이다. ( )

(3) 모세 혈관은 혈관벽이 하나의 세포층으로 이루어져 있다. ( )

(4) 동맥에는 혈액이 거꾸로 흐르는 것을 막아주는 판막이 곳곳에 있다. ( )

04 **그림은 혈관의 구조를 나타낸 것이다.**

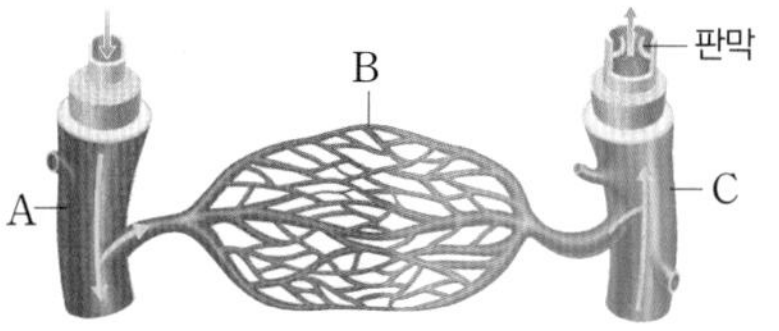

A~C 중 혈액과 조직 세포 사이에서 물질 교환이 일어나는 혈관의 기호와 이름을 쓰시오.

05 **다음은 혈액의 순환 중 온몸 순환에 대한 설명이다.**

> 온몸 순환은 심장에서 나간 혈액이 온몸의 조직 세포에 (㉠)와 영양소를 공급하고, (㉡)와 노폐물을 받아 심장으로 돌아오는 순환이다.

㉠과 ㉡에 들어갈 알맞은 기체를 각각 쓰시오.

4 호흡

1 호흡계의 구조와 기능

1. **사람의 호흡계**: 코, 기관, 기관지, 폐와 같은 호흡 기관이 모여 이루어지며, 숨을 들이마시면 공기는 코 → 기관 → 기관지 → 폐로 들어간다.

2. **폐**
   (1) 갈비뼈와 횡격막✚으로 둘러싸인 흉강✚ 속에 들어 있다.
   (2) 수많은 폐포✚로 이루어져 있어 공기와 접촉하는 표면적이 매우 넓으므로 기체 교환이 효율적으로 일어난다.

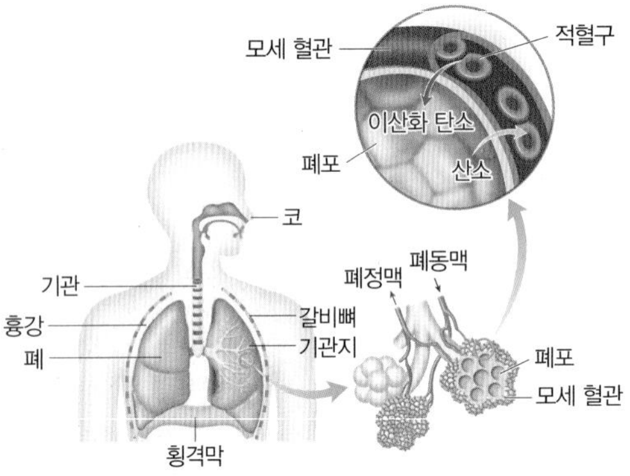

▲ 사람의 호흡계

2 호흡 운동

1. **호흡 운동의 원리**: 사람의 폐는 근육이 없어 스스로 운동하지 못하므로, 횡격막과 갈비뼈의 움직임에 의해 흉강과 폐의 부피와 압력이 변화함으로써 호흡 운동이 일어난다.

2. **들숨과 날숨**
   (1) 들숨: 횡격막이 내려가고 갈비뼈가 올라가서 흉강의 부피가 증가한다.
   → 흉강의 압력이 낮아지고, 흉강에 들어 있는 폐의 압력도 낮아져 공기가 폐로 들어온다.
   (2) 날숨: 횡격막이 올라가고 갈비뼈가 내려가서 흉강의 부피가 감소한다.
   → 흉강의 압력이 높아지고, 흉강에 들어 있는 폐의 압력도 높아져 공기가 폐에서 나간다.

구분	횡격막	갈비뼈	흉강 부피	흉강 압력	공기의 이동 방향	폐의 부피
들숨	내려감	올라감	증가	감소	밖 → 폐	증가
날숨	올라감	내려감	감소	증가	폐 → 밖	감소

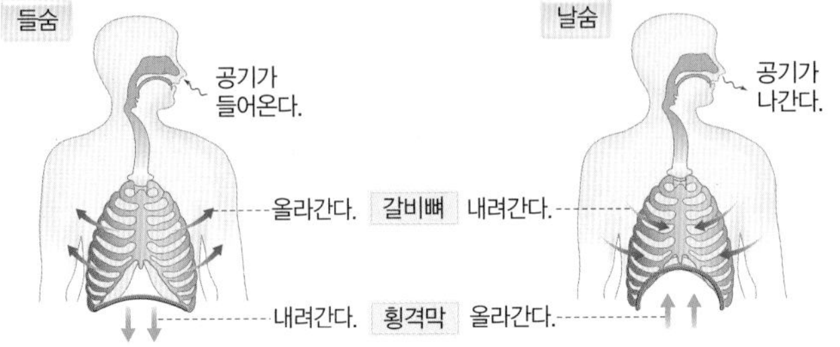

▲ 호흡 운동이 일어나는 원리

3 기체의 교환과 이동✚

호흡 운동으로 공기가 폐 속으로 들어오면, 폐포와 모세 혈관 사이에서 확산✚에 의해 기체 교환이 일어난다.

1. 산소는 폐포에서 모세 혈관으로 이동한다. → 순환계를 통해 온몸의 조직 세포로 운반된다.
2. 이산화 탄소는 모세 혈관에서 폐포로 이동한다. → 날숨을 통해 몸 밖으로 나간다.

✚ **횡격막**
가슴과 배의 경계에 있는 근육으로 이루어진 막이다.

✚ **흉강**
몸속에서 횡격막의 위쪽 공간에 해당하며 기관, 폐, 심장 등이 들어 있다.

✚ **폐포**
매우 얇은 막으로 된 작은 공기 주머니로 기관지 끝에 달려 있다.

✚ **기체의 교환과 이동**
• 외호흡: 폐포와 모세 혈관 사이에서 일어나는 기체 교환

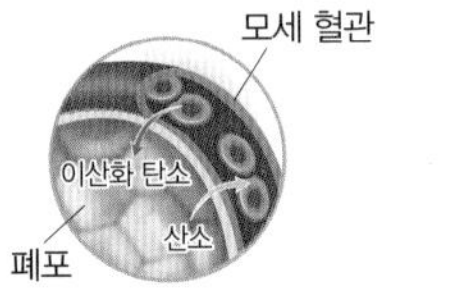

• 내호흡: 조직 세포와 모세 혈관 사이에서 일어나는 기체 교환

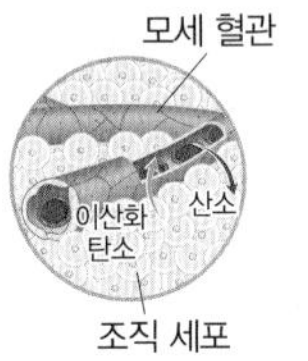

✚ **확산**
농도가 높은 쪽에서 낮은 쪽으로 물질의 입자가 퍼져 나가는 현상이다.

❶ 호흡계의 구조와 기능

- 사람의 □□□는 코, 기관, 기관지, 폐와 같은 기관이 모여 이루어진다.
- 폐는 매우 얇은 막으로 된 작은 공기 주머니인 □□로 이루어져 있다.

❷ 호흡 운동

- 사람의 횡격막과 갈비뼈의 움직임에 의해 흉강과 폐의 부피와 □□이 변화함으로써 일어난다.
- 들숨이 일어날 때 횡격막이 □□□□ 갈비뼈가 올라가서 흉강의 부피가 증가한다.

❸ 기체의 교환과 이동

- 호흡 운동으로 공기가 폐 속으로 들어오면, 폐포와 모세 혈관 사이에서 □□에 의해 기체 교환이 일어난다.
- □□는 폐포에서 모세 혈관으로 이동한 후, 순환계를 통해 온몸의 조직 세포로 운반된다.

01 **사람의 호흡계에 포함되는 기관만을 〈보기〉에서 있는 대로 고르시오.**

보기		
ㄱ. 위	ㄴ. 코	ㄷ. 폐
ㄹ. 기관	ㅁ. 심장	ㅂ. 이자

02 **다음은 호흡 운동의 원리에 대한 설명이다. 빈칸에 들어갈 알맞은 말을 쓰시오.**

> 사람의 폐는 (　　　　)과 갈비뼈의 움직임에 의해 흉강과 폐의 부피와 압력이 변화함으로써 호흡 운동이 일어난다.

03 **호흡 과정에 대한 설명으로 옳은 것은 ○표, 옳지 않은 것은 ×표를 하시오.**

(1) 날숨이 일어날 때 폐의 부피가 증가한다. (　　)

(2) 흉강의 압력이 낮아지면 공기가 폐로 들어온다. (　　)

(3) 갈비뼈가 올라가고 횡격막이 내려가면 흉강이 좁아진다. (　　)

(4) 날숨이 일어날 때 횡격막이 올라가고 갈비뼈가 내려간다. (　　)

04 **다음은 들숨과 날숨을 비교한 표이다. 빈 칸에 들어갈 알맞은 말을 쓰시오.**

구분	흉강 부피	흉강 압력
들숨	(　㉠　)	감소
날숨	(　㉡　)	증가

05 **오른쪽 그림은 폐포와 모세 혈관 사이에서 일어나는 산소와 이산화 탄소의 교환을 나타낸 것이다.**

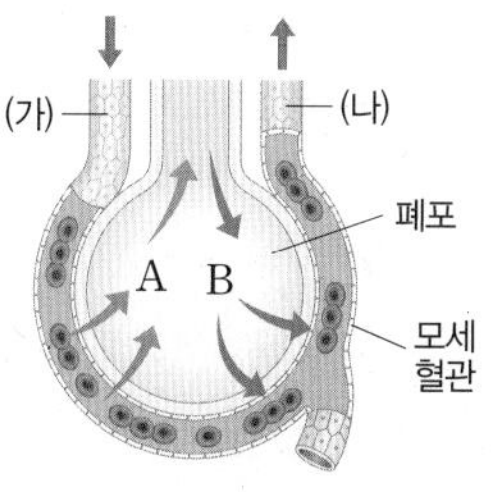

(1) A와 B에 해당하는 기체의 이름을 각각 쓰시오.

(2) 혈액 속 B의 농도는 (가)와 (나) 중 어느 곳에서 더 높은가?

필수 탐구

탐구 1 혈액 관찰하기

목표
혈액 속의 혈구를 관찰하여 혈구의 모양과 특징을 설명할 수 있다.

유의점
- 채혈 전후에 손가락 끝을 알코올로 소독한다.
- 한 번 사용한 채혈침은 다시 사용하지 않는다.

과정

1 소독한 손가락을 채혈침으로 찌른 뒤 혈액 한 방울을 받침 유리에 묻힌다.
2 다른 받침 유리를 혈액 가장자리에 비스듬히 대고 밀어서 혈액을 얇게 편다.
3 에탄올 한 방울을 떨어뜨리고 3분 정도 말린다.
4 김사액 한 방울을 떨어뜨리고 3분 정도 두어 염색이 되게 한다.
5 증류수로 김사액을 씻어 내고 말린 뒤 덮개 유리로 덮어 현미경으로 관찰한다.

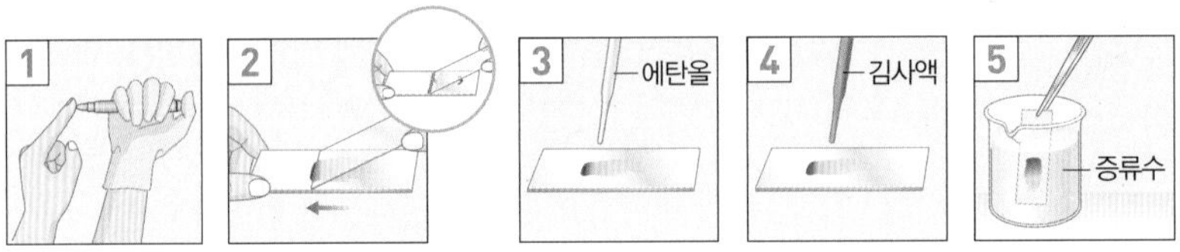

- 에탄올은 혈구의 모양이 변형되지 않도록 고정한다.
- 백혈구는 핵이 있고 색깔이 없으므로 김사액으로 염색해서 관찰한다.
- 혈소판은 세포 조각으로 크기가 작아서 현미경으로 관찰하기 어렵다.

결과

혈구를 관찰한 결과는 오른쪽 사진과 같다.

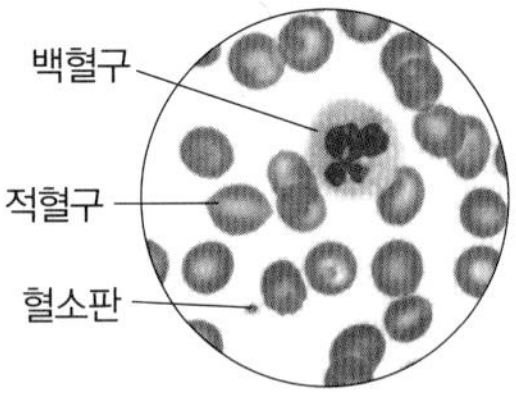

정리

1 가장 많이 관찰된 혈구는 적혈구이다.
2 혈구의 특징은 다음과 같다.
- 적혈구: 붉은색을 띠는 원반 모양이다.
- 백혈구: 김사액에 의해 핵이 보라색으로 염색되어 보이며, 적혈구보다 수는 적지만 크기가 크다.
- 혈소판: 모양이 일정하지 않고, 핵이 없다. 혈구 중에서 크기가 가장 작다.

실험 클립 QR

탐구 2 호흡 운동의 원리 알아보기

목표
호흡 운동의 원리를 모형을 이용하여 설명할 수 있다.

호흡 운동 모형과 호흡 기관 비교
- Y자관－기관, 기관지
- 고무풍선－폐
- 고무 막－횡격막
- 페트병 속 공간－흉강

과정

1 Y자관에 작은 고무풍선 2개를 실로 묶어 고정한다.
2 페트병의 중간 부분을 자르고 자른 부분을 셀로판테이프로 감싼 다음, 고무풍선이 매달린 Y자 유리관을 페트병 입구를 통과시켜 실리콘 마개로 고정한다.
3 고무풍선을 잘라 페트병의 잘린 부분에 씌워서 고무 막을 만든다.
4 고무 막을 아래로 잡아당겼을 때와 놓았을 때 고무풍선의 변화를 관찰한다.

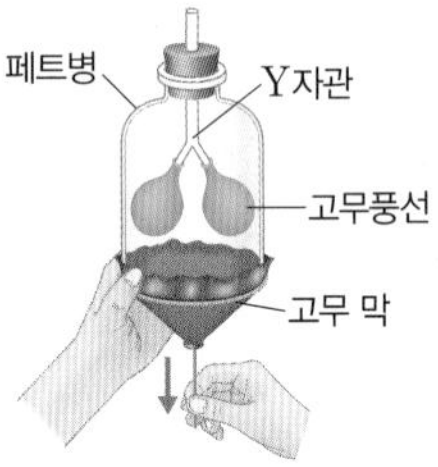

결과

구분	아래로 잡아당겼을 때	놓았을 때
페트병 속의 부피 변화	증가	감소
고무풍선의 변화	부품	오므라듦

정리

고무 막을 아래로 잡아당겼을 때는 들숨에, 놓았을 때는 날숨에 해당한다.

실험 클립 QR

수행 평가 섭렵 문제

정답과 해설 • 36쪽

혈액 관찰하기

- 혈구 중에서 □□□의 수가 가장 많다.
- 적혈구는 색깔이 □□색이며, 원반 모양이다.
- 김사액은 백혈구의 □을 염색한다.
- □□□은 세포 조각으로 모양이 일정하지 않고, 혈구 중에서 크기가 가장 작다.

[1~2] 다음은 혈액을 관찰하는 과정이다.

(가) 소독한 손가락을 채혈침으로 찌른 뒤 혈액 한 방울을 받침 유리에 묻힌다.
(나) 다른 받침 유리를 혈액 가장자리에 비스듬히 대고 밀어서 혈액을 얇게 편다.
(다) 에탄올 한 방울을 떨어뜨리고 3분 정도 말린다.
(라) 김사액 한 방울을 떨어뜨리고 3분 정도 두어 염색이 되게 한다.
(마) 증류수로 김사액을 씻어 내고 말린 뒤 덮개 유리로 덮어 현미경으로 관찰한다.

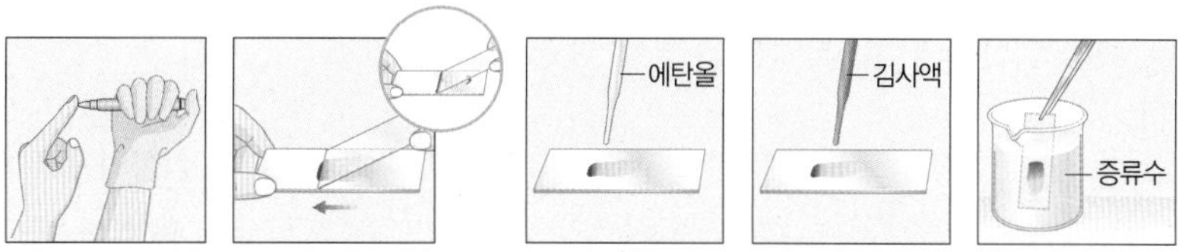

1 과정 (가)~(마) 중 혈구의 모양이 변형되지 않도록 고정하는 단계를 쓰시오.

2 김사액에 의해 염색되어 잘 관찰되는 혈구의 이름을 쓰시오.

3 다음의 혈구 이름과 특징을 옳게 연결하시오.

(1) 적혈구 • 　　　　• ㉠ 핵이 있다.
(2) 백혈구 • 　　　　• ㉡ 붉은색을 띠는 원반 모양이다.
(3) 혈소판 • 　　　　• ㉢ 세포 조각으로 크기가 매우 작다.

호흡 운동의 원리 알아보기

- 호흡 운동의 모형에서 고무 막을 아래로 잡아당겼을 때는 □□에, 놓았을 때는 □□에 해당한다.

[4~5] 그림은 호흡 운동 모형을 나타낸 것이다.

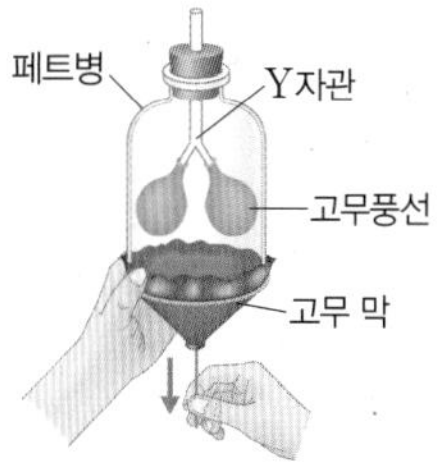

4 호흡 운동 모형의 각 부분은 사람의 호흡 기관 중 어떤 부분에 해당하는지 빈칸에 들어갈 알맞은 말을 쓰시오.

모형	Y자관	고무풍선	고무 막	페트병 속 공간
호흡 기관	기관, 기관지	(㉠)	(㉡)	흉강

5 고무 막을 아래로 잡아당겼을 때 고무풍선에서 나타나는 변화를 쓰시오.

내신 기출 문제

3 순환

01 다음과 같은 기능을 하는 혈액 성분의 이름을 쓰시오.

• 혈액을 이루는 액체 성분으로 약 90 %가 물로 이루어져 있다.
• 영양소, 이산화 탄소, 노폐물, 단백질 등을 운반한다.

중요
02 그림은 현미경으로 관찰한 혈구를 나타낸 것이다.

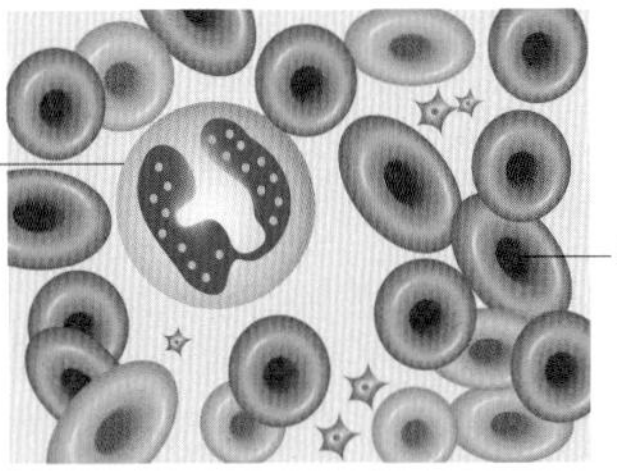

이에 대한 설명으로 옳은 것만을 〈보기〉에서 있는 대로 고른 것은?

〈보기〉
ㄱ. 적혈구는 핵이 있고 색깔이 없다.
ㄴ. 백혈구에 헤모글로빈이 들어 있다.
ㄷ. 적혈구의 수가 백혈구의 수보다 많다.

① ㄱ ② ㄴ ③ ㄷ
④ ㄱ, ㄷ ⑤ ㄴ, ㄷ

03 혈구에 대한 설명으로 옳은 것만을 〈보기〉에서 있는 대로 고른 것은?

〈보기〉
ㄱ. 적혈구는 산소를 운반한다.
ㄴ. 백혈구는 상처가 났을 때 혈액을 응고시켜 출혈을 멈추게 한다.
ㄷ. 혈소판은 식균 작용을 통해 체내에 침입한 병원체를 제거한다.

① ㄱ ② ㄴ ③ ㄷ
④ ㄱ, ㄷ ⑤ ㄴ, ㄷ

[04~05] 그림은 사람의 심장과 심장에 연결된 혈관을 나타낸 것이다.

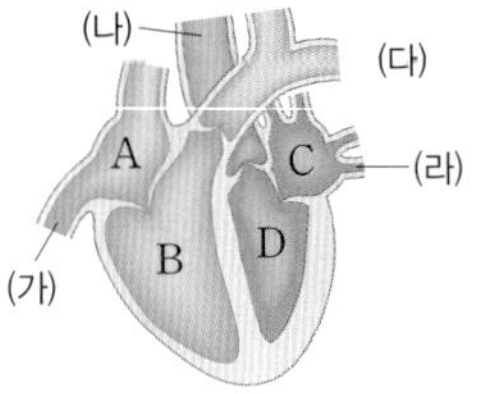

중요
04 심장의 구조에 대한 설명으로 옳은 것은?

① A는 혈액을 내보낸다.
② B가 수축하면 혈액은 A로 이동한다.
③ A와 B에는 산소가 풍부한 혈액이 흐른다.
④ C는 가장 두꺼운 근육층으로 이루어져 있다.
⑤ C와 D 사이에는 판막이 있다.

05 (가)~(라)에 대한 설명으로 옳은 것만을 〈보기〉에서 있는 대로 고른 것은?

〈보기〉
ㄱ. (가)와 (라)는 모두 동맥이다.
ㄴ. (나)와 (다)는 모두 정맥이다.
ㄷ. 혈압은 (가)보다 (나)에서 더 높다.
ㄹ. 혈액은 (다)를 통해 폐로 이동한다.

① ㄱ, ㄴ ② ㄱ, ㄷ ③ ㄴ, ㄷ
④ ㄴ, ㄹ ⑤ ㄷ, ㄹ

중요
06 그림은 혈관이 연결된 모습을 나타낸 것이다.

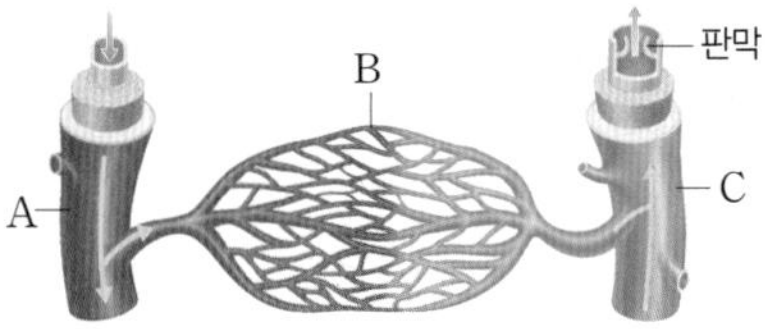

다음 설명에 해당하는 혈관의 이름과 기호를 옳게 짝지은 것은?

혈관벽이 두껍고 탄력이 커서 심장의 수축으로 생기는 높은 혈압을 견딜 수 있다.

① A－동맥 ② A－정맥 ③ B－모세 혈관
④ B－동맥 ⑤ C－정맥

07 혈관에 대한 설명으로 옳지 않은 것은?

① 정맥에는 판막이 있다.
② 혈압은 동맥에서 가장 높고 정맥에서 가장 낮다.
③ 혈액이 흐르는 속도는 모세 혈관에서 가장 느리다.
④ 모세 혈관은 혈관벽이 하나의 세포층으로 이루어져 있다.
⑤ 동맥에서 혈액과 온몸의 조직 세포와의 물질 교환이 일어난다.

08 그림은 혈액 순환 경로를 나타낸 것이다.

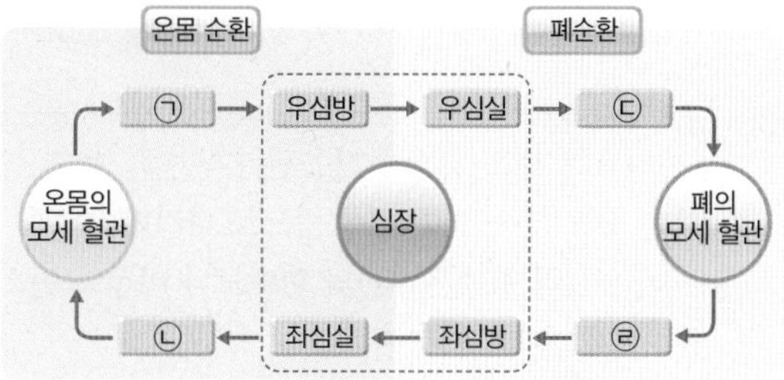

㉠~㉣에 해당하는 혈관을 옳게 짝지은 것은?

	㉠	㉡	㉢	㉣
①	대동맥	대정맥	폐동맥	폐정맥
②	대동맥	대정맥	폐정맥	폐동맥
③	대정맥	대동맥	폐동맥	폐정맥
④	대정맥	대동맥	폐정맥	폐동맥
⑤	폐정맥	대동맥	폐동맥	대정맥

09 혈액 순환에 대한 설명으로 옳은 것만을 〈보기〉에서 있는 대로 고르시오.

보기
ㄱ. 혈액 순환의 원동력은 심장 박동이다.
ㄴ. 폐순환 과정에서 폐포와 모세 혈관 사이에 기체 교환이 일어난다.
ㄷ. 혈액은 폐와 온몸 전체를 한 바퀴 순환하는 동안에 심장을 1번 거친다.

4 호흡

[10~11] 그림은 사람의 호흡 기관과 흉강 구조를 나타낸 것이다.

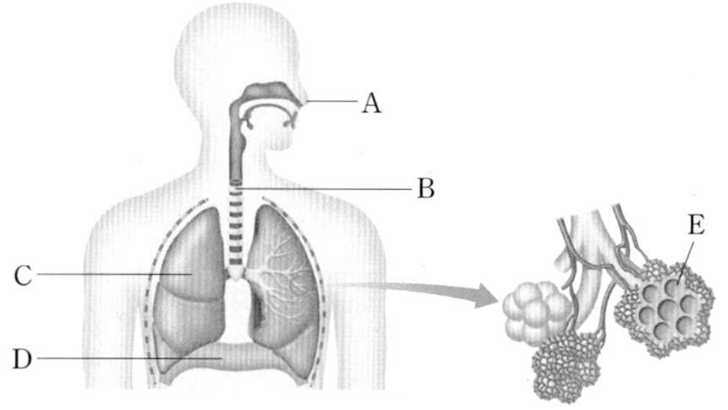

10 각 부분의 기호와 이름을 짝지은 것으로 옳지 않은 것은?

① A－코 ② B－기관 ③ C－폐
④ D－갈비뼈 ⑤ E－폐포

11 A~E에 대한 설명으로 옳은 것만을 〈보기〉에서 있는 대로 고른 것은?

보기
ㄱ. 숨을 들이마시면 공기는 A → B → C 방향으로 들어간다.
ㄴ. C는 근육을 갖고 있어 호흡 운동을 일으킨다.
ㄷ. 날숨이 일어날 때 D는 내려간다.
ㄹ. E의 표면은 모세 혈관이 둘러싸고 있다.

① ㄱ, ㄴ ② ㄱ, ㄷ ③ ㄱ, ㄹ
④ ㄴ, ㄷ ⑤ ㄴ, ㄹ

12 사람의 폐에 대한 설명으로 옳은 것만을 〈보기〉에서 있는 대로 고른 것은?

보기
ㄱ. 들숨이 일어날 때 폐의 부피가 감소한다.
ㄴ. 폐는 갈비뼈와 횡격막으로 둘러싸인 흉강 속에 들어 있다.
ㄷ. 폐는 수많은 폐포로 이루어져 있어 공기와 접촉하는 표면적이 매우 넓다.

① ㄱ ② ㄴ ③ ㄱ, ㄴ
④ ㄱ, ㄷ ⑤ ㄴ, ㄷ

[13~14] 그림은 호흡 운동 모형을 나타낸 것이다.

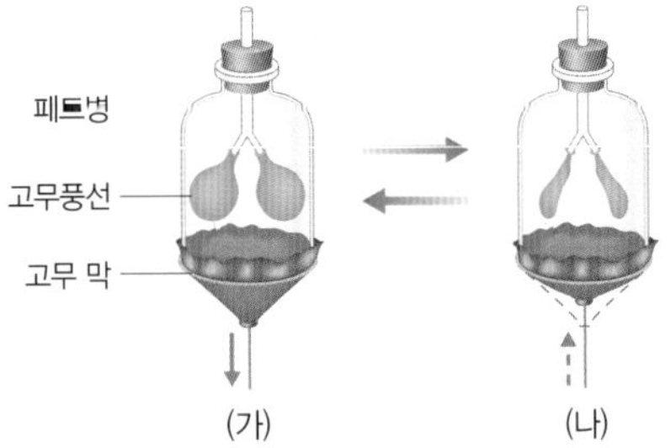

중요

13 (가)와 (나)에 대한 설명으로 옳은 것만을 〈보기〉에서 있는 대로 고른 것은?

보기
ㄱ. (가)는 들숨, (나)는 날숨에 해당한다.
ㄴ. 고무풍선은 호흡 기관 중 폐에 해당한다.
ㄷ. 고무 막은 호흡 기관 중 기관에 해당한다.

① ㄱ ② ㄴ ③ ㄷ
④ ㄱ, ㄴ ⑤ ㄴ, ㄷ

14 (가)에서 (나)로 될 때에 대한 설명으로 옳은 것만을 〈보기〉에서 있는 대로 고르시오.

보기
ㄱ. 페트병 속 부피가 감소한다.
ㄴ. 페트병 속 부피가 증가한다.
ㄷ. 페트병 속 압력이 감소한다.
ㄹ. 페트병 속 압력이 증가한다.
ㅁ. 공기가 외부에서 고무풍선 안으로 이동한다.

15 그림은 사람의 몸에서 들숨이 일어날 때 변화를 나타낸 것이다.

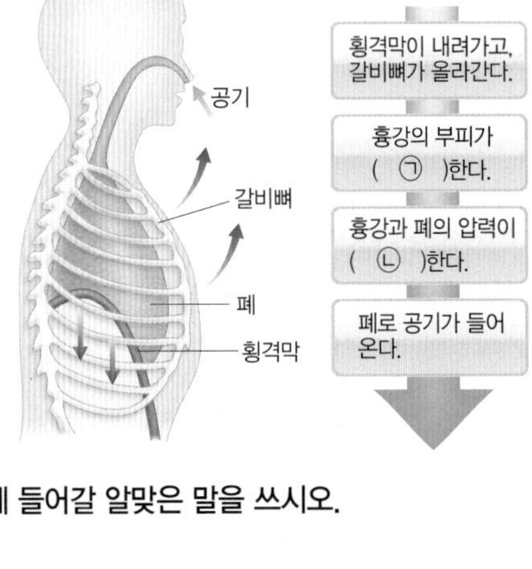

빈칸에 들어갈 알맞은 말을 쓰시오.

중요

16 들숨과 날숨이 일어날 때 나타나는 변화를 옳게 짝지은 것은?

	들숨	날숨
① 횡격막	올라감	내려감
② 갈비뼈	내려감	올라감
③ 흉강 부피	감소	증가
④ 흉강 압력	낮아짐	높아짐
⑤ 공기의 이동 방향	폐 → 밖	밖 → 폐

17 오른쪽 그림은 폐포와 모세 혈관 사이에서 일어나는 기체 교환을 나타낸 것이다. 이에 대한 설명으로 옳은 것만을 〈보기〉에서 있는 대로 고른 것은?

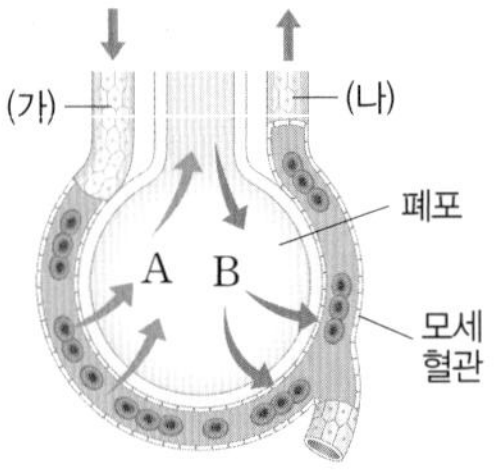

보기
ㄱ. A는 세포 호흡에 사용된다.
ㄴ. B는 날숨을 통해 몸 밖으로 나간다.
ㄷ. (가)의 혈액은 (나)의 혈액보다 이산화 탄소의 양이 많다.

① ㄱ ② ㄴ ③ ㄷ
④ ㄱ, ㄴ ⑤ ㄴ, ㄷ

18 그림은 호흡을 할 때 우리 몸에서 일어나는 기체 교환 과정을 나타낸 것이다.

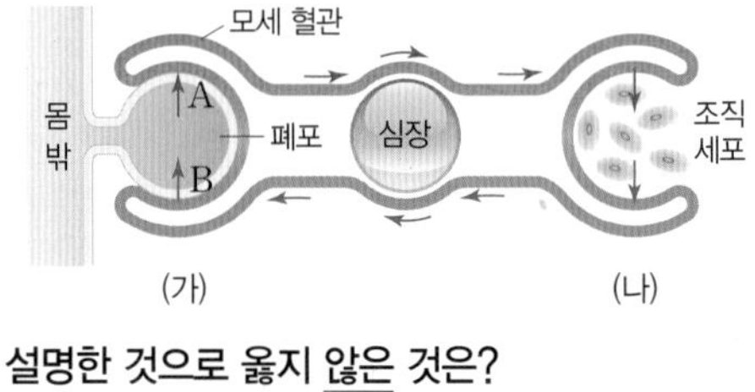

이를 설명한 것으로 옳지 않은 것은?

① 산소는 폐포보다 모세 혈관에서 농도가 더 높다.
② (가)와 (나)에서는 확산에 의해 기체 교환이 일어난다.
③ A 방향으로 이동하는 기체는 모세 혈관을 통해 조직 세포까지 운반된다.
④ B 방향으로 이동하는 기체는 날숨을 통해 몸 밖으로 나간다.
⑤ 이산화 탄소는 모세 혈관보다 조직 세포에서 농도가 더 높다.

고난도 실력 향상 문제

정답과 해설 · 38쪽

01 표는 건강한 사람과 환자 (가)의 혈액 검사 결과 중 일부를 비교한 것이다.

(단위: 개/mm^3)

혈구	건강한 사람	환자 (가)
적혈구	450만~500만	450만
백혈구	6,000~8,000	20,000
혈소판	20만~30만	28만

환자 (가)의 건강 상태에 대한 설명으로 가장 적절한 것은?

① 빈혈이 생길 수 있다.
② 세균 감염의 가능성이 높다.
③ 고혈압 증세가 나타날 수 있다.
④ 출혈 시 혈액 응고가 잘 안 될 것이다.
⑤ 조직 세포로 공급되는 산소의 양이 부족하다.

02 그림은 혈관 A~C가 연결된 모습과 혈류 속도 및 혈관의 총 단면적을 나타낸 것이다.

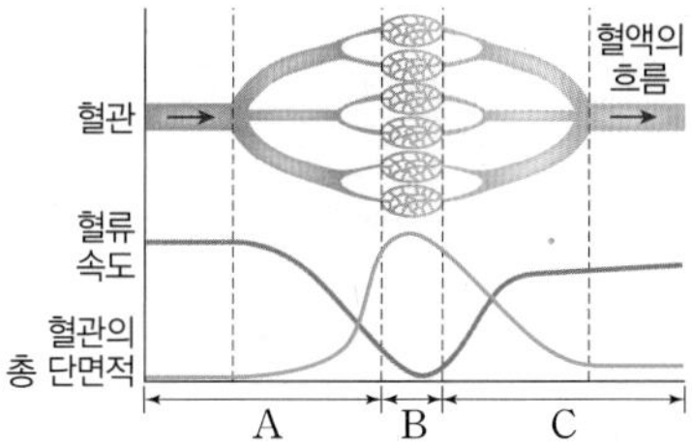

이에 대한 설명으로 옳은 것만을 〈보기〉에서 있는 대로 고르시오.

보기

ㄱ. A는 혈관 벽이 두껍고 탄력이 커서 높은 혈압을 견딜 수 있다.
ㄴ. B에는 판막이 곳곳에 있다.
ㄷ. C에서 혈류 속도가 빨라지는 것은 심장의 수축으로 혈압이 높아지기 때문이다.

03 평상시보다 호흡 속도가 빨라지는 경우로 옳은 것만을 〈보기〉에서 있는 대로 고르시오.

보기

ㄱ. 깊은 잠을 잔다.
ㄴ. 높은 산에 올라간다.
ㄷ. 운동장에서 달리기를 한다.

서논술형 유형 연습

정답과 해설 · 38쪽

예제

01 그림은 혈액 속 혈구를 관찰한 결과이다.

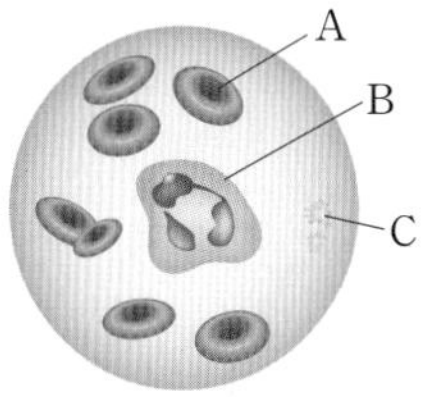

혈액을 관찰할 때 김사액을 사용하는 것과 관련 있는 혈구의 기호와 이름을 쓰고, 그 이유를 서술하시오.

Tip 백혈구는 핵이 있고 색깔이 없다.

Key Word 백혈구, 김사액, 핵, 염색

[설명] A는 적혈구, B는 백혈구, C는 혈소판이다. 이 중 핵이 있는 것은 백혈구이다.

[모범 답안] B 백혈구, 김사액은 핵을 염색하므로, 무색 투명한 백혈구를 김사액으로 염색하면 잘 관찰할 수 있다.

실전 연습

01 그림은 사람의 흉강 구조를 나타낸 것이다.

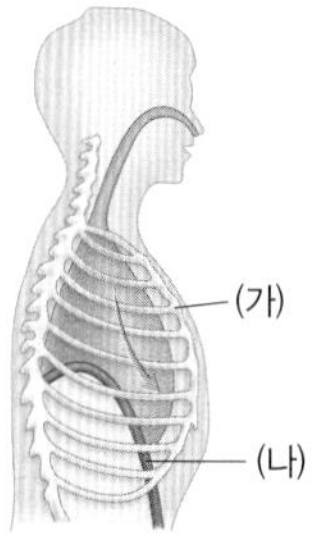

(가)와 (나)의 이름을 쓰고, 들숨이 일어날 때 (가)와 (나)는 각각 어떻게 움직이는지 서술하시오.

Tip 들숨은 갈비뼈가 올라가고 횡격막이 내려가 흉강의 부피가 커짐으로써 일어난다.

Key Word 갈비뼈, 횡격막

5 배설

1 노폐물의 생성과 배설

세포가 생명 활동에 필요한 에너지를 얻기 위해 영양소를 분해하는 과정에서 노폐물이 생성+되며, 이 노폐물을 몸 밖으로 내보내는 작용을 배설이라고 한다.

2 배설계의 구조와 기능

1. 사람의 배설계

(1) **콩팥+**: 혈액 속의 요소와 같은 노폐물을 걸러 오줌을 만드는 기능을 담당하며, 겉질, 속질, 콩팥 깔때기로 구분된다.

(2) **오줌관**: 콩팥과 방광을 연결하는 긴 관으로, 오줌이 지나가는 통로이다.

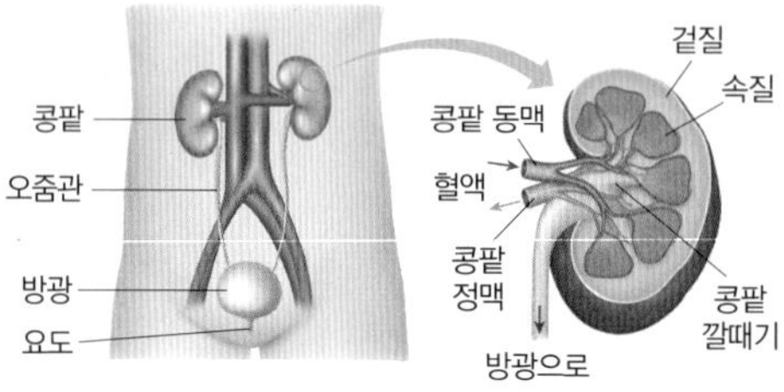

▲ 사람의 배설계

(3) **방광**: 콩팥에서 만들어진 오줌을 모아 두는 곳이다.

(4) **요도**: 방광에 모인 오줌이 몸 밖으로 나가는 통로이다.

2. 네프론+: 오줌을 생성하는 기본 단위로, 사구체, 보먼주머니, 세뇨관으로 이루어져 있다.

(1) **사구체**: 콩팥 동맥+에서 갈라져 나온 모세 혈관이 실뭉치처럼 뭉쳐 있는 부분이다.

(2) **보먼주머니**: 사구체를 둘러싸는 주머니 모양의 구조이다.

(3) **세뇨관**: 보먼주머니에 연결된 매우 가느다란 관으로 그 주변을 모세 혈관이 감싸고 있으며, 이 모세 혈관은 콩팥 정맥+과 연결된다.

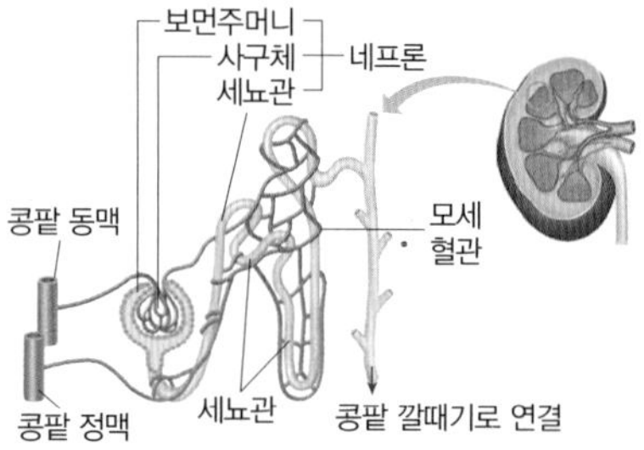

▲ 콩팥의 구조

3 오줌의 생성과 배설

1. 오줌의 생성: 오줌은 콩팥의 네프론에서 여과, 재흡수, 분비의 과정을 거쳐 만들어진다.

(1) **여과+**: 혈액이 콩팥 동맥을 거쳐 사구체를 지나는 동안 물, 요소, 포도당 등과 같이 크기가 작은 물질이 보먼주머니로 빠져나가는 과정이다.

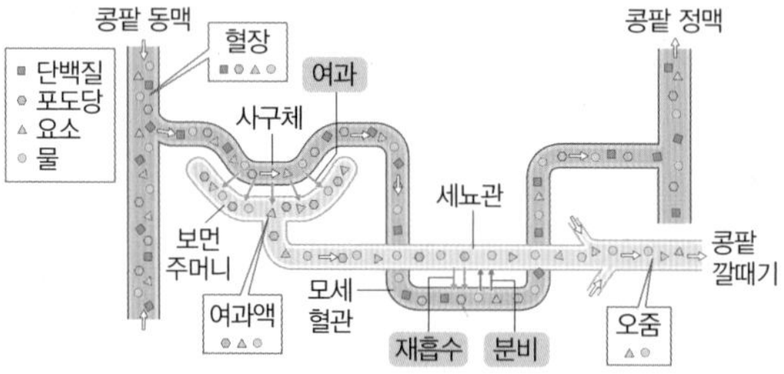

▲ 오줌의 생성 및 배설 경로

(2) **재흡수**: 여과액이 세뇨관을 지나는 동안 포도당, 물 등이 세뇨관에서 모세 혈관으로 이동하는 과정이다.

(3) **분비**: 여과되지 못하고 혈액에 남아 있는 노폐물이 모세 혈관에서 세뇨관으로 이동하는 과정이다.

2. 오줌의 배설 경로: 사구체 → 보먼주머니 → 세뇨관 → 콩팥 깔때기 → 오줌관 → 방광 → 요도 → 몸 밖

+ 영양소를 분해하는 과정에서 생성되는 노폐물
- 이산화 탄소: 탄수화물, 단백질, 지방이 분해될 때 생성되며, 폐에서 날숨으로 내보내진다.
- 물: 탄수화물, 단백질, 지방이 분해될 때 생성되며, 체내에서 이용되고 남는 물은 폐에서 수증기 형태로, 콩팥에서 오줌으로 내보내진다.
- 암모니아: 단백질이 분해될 때 생성되며, 독성이 강한 암모니아는 간에서 독성이 약한 요소로 바뀐 후 오줌으로 내보내진다.

+ 콩팥
강낭콩 모양으로 생긴 주먹만 한 크기의 기관으로, 횡격막 아래의 등 쪽에 좌우 1개씩 있다.

+ 네프론
콩팥의 겉질에 사구체와 보먼주머니, 세뇨관의 일부가, 콩팥의 속질에는 세뇨관이 분포해 있다.

+ 콩팥 동맥
콩팥으로 들어오는 혈액이 흐르는 혈관으로, 노폐물이 많이 들어 있다.

+ 콩팥 정맥
콩팥에서 나가는 혈액이 흐르는 혈관으로, 콩팥에서 노폐물이 걸러지기 때문에 콩팥 동맥에 비해 노폐물이 적게 들어 있다.

+ 여과
혈구, 단백질 등과 같이 크기가 큰 물질은 여과되지 않는다.

❶ 노폐물의 생성과 배설

- 노폐물을 몸 밖으로 내보내는 작용을 □□이라고 한다.
- 세포에서 단백질이 분해되면 이산화 탄소, 물, □□□□가 생성된다.

❷ 배설계의 구조와 기능

- □□계는 콩팥, 오줌관, 방광, 요도 등으로 이루어져 있다.
- □□□은 오줌을 생성하는 기본 단위이다.
- □□□□□는 사구체를 둘러싼는 주머니 모양의 구조이다.

❸ 오줌의 생성과 배설

- □□는 혈액 속 물, 요소, 포도당 등과 같이 크기가 작은 물질이 사구체에서 보먼 주머니로 빠져나가는 과정이다.
- □□는 혈액에 남아 있는 노폐물이 모세 혈관에서 세뇨관으로 이동하는 과정이다.

01 노폐물의 생성에 대한 설명으로 옳은 것은 ○표, 옳지 않은 것은 ×표를 하시오.

(1) 세포가 생명 활동에 필요한 에너지를 얻기 위해 영양소를 분해하는 과정에서 노폐물이 생성된다. ( )

(2) 세포에서 지방이 분해되면 물, 암모니아가 생성된다. ( )

(3) 세포에서 탄수화물이 분해되면 이산화 탄소, 물이 생성된다. ( )

02 오른쪽 그림은 사람의 배설계를 나타낸 것이다.

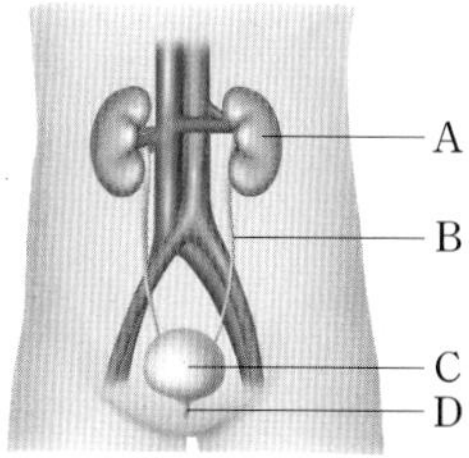

(1) 혈액 속의 요소와 같은 노폐물을 걸러 오줌을 만드는 기관의 기호를 쓰시오.

(2) A~D의 이름을 각각 쓰시오.

03 다음은 콩팥의 구조에 대한 설명이다. 빈칸에 들어갈 알맞은 말을 쓰시오.

( )는 콩팥 동맥에서 갈라져 나온 모세 혈관이 실뭉치처럼 뭉쳐 있는 부분이다.

04 그림은 네프론에서 오줌의 생성 과정을 나타낸 것이다.

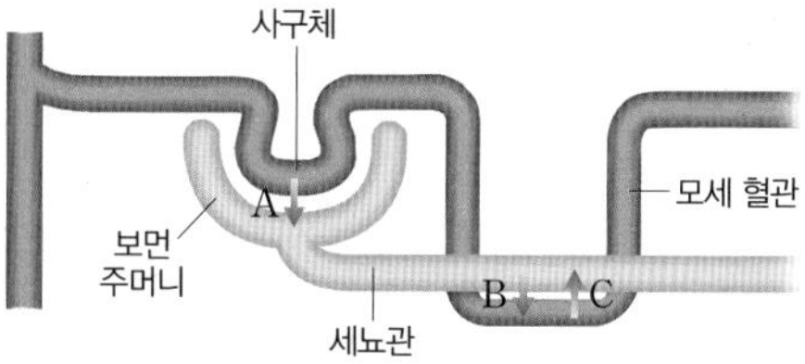

A~C에 해당하는 과정의 이름을 각각 쓰시오.

05 오줌의 생성과 배설에 대한 설명으로 옳은 것은 ○표, 옳지 않은 것은 ×표를 하시오.

(1) 콩팥의 네프론에서는 혈액을 여과하고 재흡수와 분비를 거쳐 오줌을 생성한다. ( )

(2) 재흡수는 혈액에 남아 있는 노폐물이 모세 혈관에서 세뇨관으로 이동하는 과정이다. ( )

(3) 혈구, 단백질은 사구체에서 보먼주머니로 여과된다. ( )

6 소화, 순환, 호흡, 배설의 관계

❶ 세포 호흡+

1. **세포 호흡**: 세포에서 산소를 이용해 영양소를 분해하여 에너지를 얻는 과정이다.

영양소(포도당)+산소 ⟶ 이산화 탄소+물+에너지

2. 세포 호흡으로 얻은 에너지는 체온 유지, 생장, 근육 운동, 두뇌 활동, 소리 내기 등 다양한 생명 활동에 이용된다.

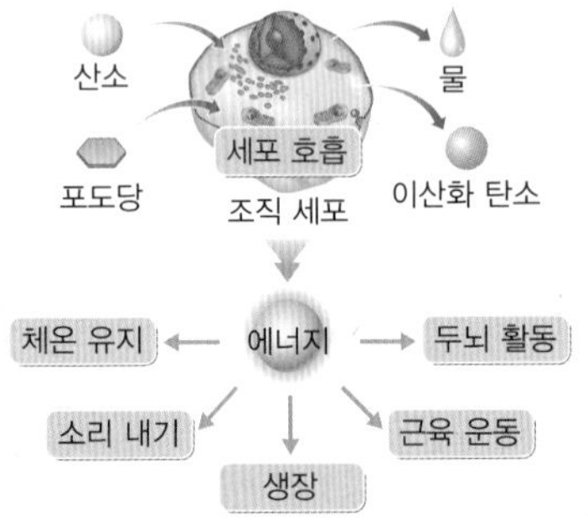

▲ 세포 호흡으로 얻은 에너지의 이용

+ 세포 호흡

우리 몸은 생명 활동에 필요한 에너지를 얻기 위해 조직 세포에 영양소와 산소를 끊임없이 공급한다.

- 영양소는 소화계에서 흡수된 후 순환계에 의해 조직 세포로 공급된다.
- 산소는 호흡계를 통해 들어온 후 순환계에 의해 조직 세포로 공급된다.

❷ 소화, 순환, 호흡, 배설의 통합적 관계+

1. 세포 호흡은 우리 몸의 각 기관계가 통합적으로 작동하기 때문에 가능하다.
2. 우리 몸에서 소화, 순환, 호흡, 배설은 각각 독립적으로 일어나는 것이 아니라 서로 밀접하게 연관되어 있다.
3. 영양소의 소화와 흡수는 소화계가, 물질의 운반은 순환계가, 기체 교환은 호흡계가, 노폐물의 배설은 배설계가 담당한다.
4. 소화계, 순환계, 호흡계, 배설계가 서로 조화를 이루며 작동해야 우리 몸은 건강한 상태를 유지할 수 있다.

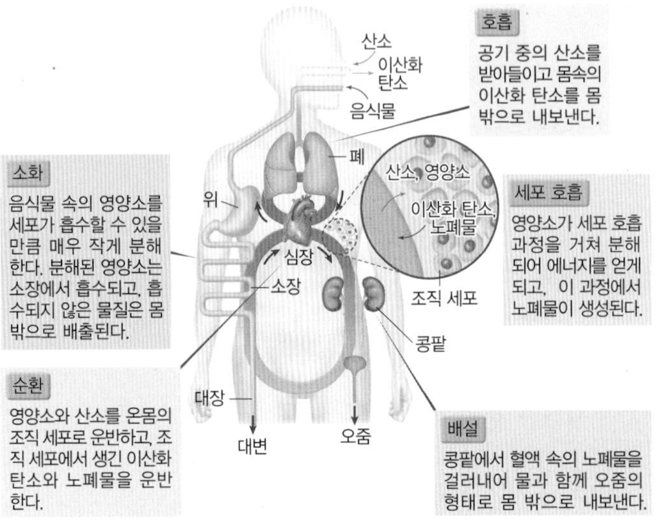

▲ 소화, 순환, 호흡, 배설의 관계

+ 소화, 순환, 호흡, 배설의 통합적 관계

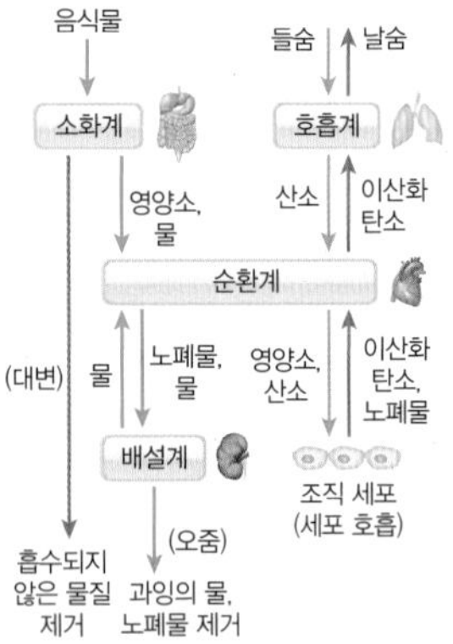

❶ 세포 호흡

- 세포 호흡은 세포에서 산소를 이용해 영양소를 분해하여 □□□를 얻는 과정이다.

❷ 소화, 순환, 호흡, 배설의 통합적 관계

- 물질의 운반은 □□계가 담당한다.
- 기체 교환은 □□계가 담당한다.
- 소화계, 순환계, 호흡계, □□계가 서로 조화를 이루며 작동해야 우리 몸은 건강한 상태를 유지할 수 있다.

01 세포 호흡으로 얻은 에너지가 생명 활동에 사용되는 예만을 <보기>에서 있는 대로 고르시오.

보기

ㄱ. 생장	ㄴ. 확산
ㄷ. 근육 운동	ㄹ. 두뇌 활동
ㅁ. 소리 내기	ㅂ. 체온 유지

02 다음은 세포 호흡의 과정을 나타낸 것이다.

영양소(포도당)＋ ㉠ ⟶ ㉡ ＋물＋에너지

㉠과 ㉡에 해당하는 기체의 이름을 각각 쓰시오.

03 소화, 순환, 호흡, 배설의 통합적 관계에 대한 설명으로 옳은 것은 ○표, 옳지 않은 것은 ×표를 하시오.

(1) 소화계는 공기 중의 산소를 받아들인다. (　　)

(2) 순환계는 조직 세포에서 생긴 이산화 탄소와 노폐물을 운반한다. (　　)

(3) 온몸의 조직 세포에서는 영양소가 세포 호흡 과정을 통해 분해된다. (　　)

(4) 우리 몸에서 소화, 순환, 호흡, 배설은 각각 독립적으로 일어나고 있다. (　　)

04 다음과 같은 역할을 하는 기관계는 소화계, 순환계, 호흡계, 배설계 중 어느 것인지 골라 쓰시오.

(1) 영양소와 산소를 온몸의 조직 세포로 운반한다. (　　　　)

(2) 노폐물을 걸러 내어 오줌의 형태로 몸 밖으로 내보낸다. (　　　　)

(3) 음식물 속의 영양소를 분해하고 소화된 영양소를 흡수한다. (　　　　)

(4) 공기 중의 산소를 받아들이고 몸속의 이산화 탄소를 몸 밖으로 내보낸다. (　　　　)

필수 탐구 소화, 순환, 호흡, 배설의 관계에 대한 역할 놀이하기

목표
소화, 순환, 호흡, 배설의 통합적 관계를 이해하여 역할 놀이로 표현할 수 있다.

과정

1 모둠을 구성하고, 구성원은 각각 소화계, 순환계, 호흡계, 배설계, 조직 세포의 역할을 나누어 맡는다.
2 역할 놀이에서 기관계와 조직 세포의 역할을 어떻게 표현해야 할지 토의한다.
3 산소, 이산화 탄소, 영양소, 노폐물, 에너지를 표현할 물품을 정한다.
4 물품을 모두 준비한 후, 토의한 내용을 바탕으로 역할 놀이를 연습한다.
5 모둠별로 기관계의 통합적 작용을 역할 놀이로 발표한다.

기관계	기관계의 역할
소화계	영양소가 우리 몸에서 소화되어 흡수되는 과정
순환계	흡수된 영양소와 공기 중의 산소가 우리 몸의 조직 세포에 도달하는 과정
호흡계	몸 안으로 산소를 받아들이고, 몸 밖으로 이산화 탄소를 내보내는 과정
배설계	에너지를 얻기 위해 영양소를 분해하는 과정(세포 호흡)에서 노폐물이 생성되고, 이 노폐물을 몸 밖으로 내보내는 과정
조직 세포	조직 세포에서 영양소가 분해되어 에너지를 얻는 세포 호흡 과정

결과

1 산소, 이산화 탄소, 영양소, 노폐물, 에너지를 표현할 물품의 예시는 다음과 같다.

구분	산소	이산화 탄소	영양소	노폐물	에너지
물품 예시	파란색 풍선	빨간색 풍선	과자 • 과자 상자−음식물 • 낱개 포장된 과자−영양소	과자 포장지	에너지라고 쓴 색지

2 기관계와 조직 세포의 작용을 표현한 방법의 예시는 다음과 같다.

기관계	기관계와 조직 세포의 작용을 표현한 방법의 예시
소화계	과자 상자를 가져와서 낱개 포장된 과자를 한 개씩 꺼내어 순환계에게 전달한다.
순환계	낱개 포장된 과자와 파란색 풍선을 조직 세포에 전달하고, 빨간색 풍선을 호흡계에 전달한다. 과자 포장지를 배설계에 전달한다.
호흡계	파란색 풍선을 받아들이고, 빨간색 풍선을 내보낸다.
배설계	에너지를 얻기 위해 과자를 분해하는 과정에서 발생한 과자 포장지를 내보낸다.
조직 세포	과자를 분해하고, 에너지 색지를 얻는다. 빨간색 풍선을 순환계에 전달한다.

정리

1 역할 놀이를 하는 과정에서 한 기관계의 역할이라도 제대로 이루어지지 않으면 나머지 기관계도 제 기능을 하지 못한다.
2 세포 호흡은 우리 몸의 각 기관계가 상호 관계를 맺으면서 통합적으로 작동하기 때문에 가능하다.
3 소화계, 순환계, 호흡계, 배설계는 서로 연관되어 있으며, 서로 조화를 이루며 작동해야 우리 몸은 건강한 상태를 유지할 수 있다.

수행 평가 섭렵 문제

정답과 해설 • 39쪽

소화, 순환, 호흡, 배설의 관계에 대한 역할 놀이하기

- 소화계는 영양소를 우리 몸에서 소화하고 □□한다.
- □□□는 소화계가 흡수한 영양소와 호흡계가 받아들인 산소를 우리 몸의 조직 세포로 운반한다.
- □□□는 몸 안으로 산소를 받아들이고, 몸 밖으로 이산화 탄소를 내보낸다.
- □□□는 세포 호흡 결과 생성된 노폐물을 몸 밖으로 내보낸다.

[1~3] 다음은 각 기관계의 관계에 대한 역할 놀이에서 기관계와 조직 세포의 작용을 표현한 방법의 예시를 나타낸 것이다.

기관계	예시
(가)	과자 상자를 가져와서 낱개 포장된 과자를 한 개씩 꺼내어 순환계에게 전달한다.
(나)	낱개 포장된 과자와 파란색 풍선을 조직 세포에 전달하고, 빨간색 풍선을 호흡계에 전달한다. 과자 포장지를 배설계에 전달한다.
(다)	파란색 풍선을 받아들이고, 빨간색 풍선을 내보낸다.
(라)	에너지를 얻기 위해 과자를 분해하는 과정에서 발생한 과자 포장지를 내보낸다.
(마)	과자를 분해하고, 에너지 색지를 얻는다. 빨간색 풍선을 순환계에 전달한다.

1 (가)에 해당하는 기관계의 이름을 쓰시오.

2 (나)의 역할에서 낱개 포장된 과자가 영양소를 표현한다면, 파란색 풍선은 무엇을 표현한 것인지 쓰시오.

3 (가)~(마) 중에서 배설계의 작용을 표현한 것의 기호를 쓰시오.

4 그림은 세포 호흡과 기관계의 통합적 작용을 나타낸 것이다.

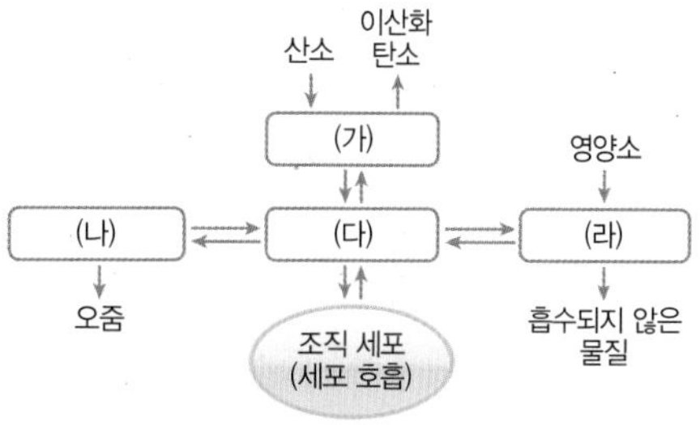

(가)~(라)에 해당하는 기관계를 각각 쓰시오.

내신 기출 문제

5 배설

01 다음은 노폐물의 배설에 대한 설명이다. 빈칸에 들어갈 알맞은 말을 쓰시오.

> 노폐물 중 독성이 강한 암모니아는 간에서 독성이 적은 (   )로 바뀐 후 오줌으로 내보내진다.

중요

02 그림은 사람의 배설계를 나타낸 것이다.

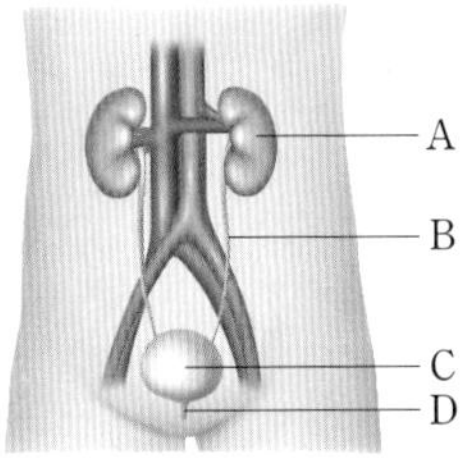

이에 대한 설명으로 옳은 것만을 <보기>에서 있는 대로 고른 것은?

> 보기
> ㄱ. A에 네프론이 들어 있다.
> ㄴ. B는 오줌이 지나가는 통로인 세뇨관이다.
> ㄷ. C는 노폐물을 걸러 오줌을 만든다.
> ㄹ. D는 오줌이 몸 밖으로 나가는 통로이다.

① ㄱ, ㄴ ② ㄱ, ㄹ ③ ㄴ, ㄷ
④ ㄴ, ㄹ ⑤ ㄷ, ㄹ

03 노폐물이 콩팥을 통해 몸 밖으로 나가기까지의 경로를 옳게 나열한 것은?

① 사구체 → 보먼주머니 → 세뇨관 → 콩팥 깔때기 → 오줌관 → 방광 → 요도 → 몸 밖
② 사구체 → 콩팥 깔때기 → 세뇨관 → 보먼주머니 → 오줌관 → 방광 → 요도 → 몸 밖
③ 보먼주머니 → 사구체 → 세뇨관 → 콩팥 깔때기 → 오줌관 → 방광 → 요도 → 몸 밖
④ 콩팥 깔때기 → 오줌관 → 방광 → 요도 → 사구체 → 보먼주머니 → 세뇨관 → 몸 밖
⑤ 오줌관 → 방광 → 요도 → 사구체 → 보먼주머니 → 세뇨관 → 콩팥 깔때기 → 몸 밖

04 세포 호흡에서 탄수화물, 지방, 단백질이 분해되었을 때 공통적으로 생성되는 물질만을 <보기>에서 있는 대로 고른 것은?

> 보기
> ㄱ. 물 ㄴ. 산소
> ㄷ. 암모니아 ㄹ. 이산화 탄소

① ㄱ, ㄴ ② ㄱ, ㄹ ③ ㄴ, ㄷ
④ ㄴ, ㄹ ⑤ ㄷ, ㄹ

[05~06] 그림은 콩팥의 일부를 나타낸 것이다.

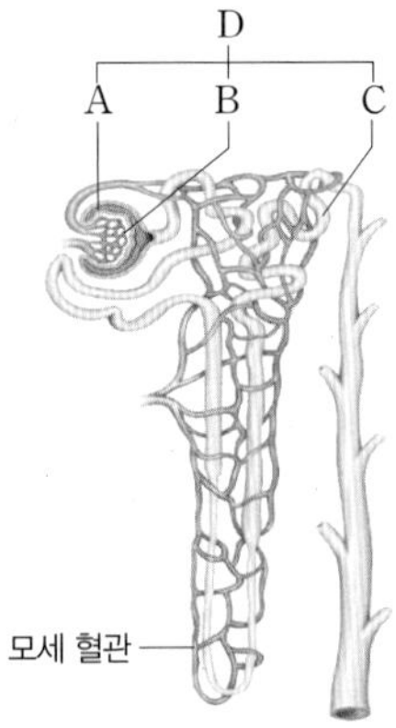

05 콩팥의 구조에서 다음과 같은 특징을 가진 부분의 기호와 이름을 쓰시오.

> 보먼주머니에 연결된 매우 가느다란 관으로 그 주변을 모세 혈관이 감싸고 있다.

중요

06 A~D에 대한 설명으로 옳은 것만을 <보기>에서 있는 대로 고른 것은?

> 보기
> ㄱ. 크기가 작은 물질이 A에서 B로 이동하는 현상을 재흡수라고 한다.
> ㄴ. B는 세뇨관이다.
> ㄷ. C 주변을 모세 혈관이 감싸고 있다.
> ㄹ. D는 오줌을 생성하는 기본 단위인 네프론이다.

① ㄱ, ㄴ ② ㄱ, ㄷ ③ ㄴ, ㄷ
④ ㄴ, ㄹ ⑤ ㄷ, ㄹ

중요

[07~08] 그림은 콩팥의 네프론에서 오줌이 생성되는 과정을 나타낸 것이다.

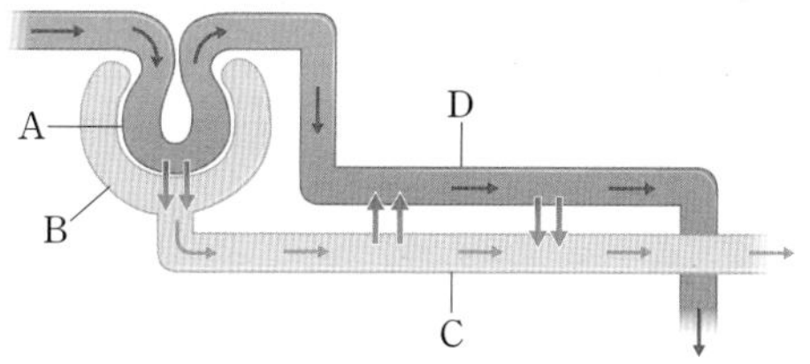

07 A에서 B로 이동되는 물질만을 〈보기〉에서 있는 대로 고른 것은?

〈보기〉
ㄱ. 물　ㄴ. 요소　ㄷ. 단백질
ㄹ. 적혈구　ㅁ. 포도당

① ㄱ, ㄷ　② ㄴ, ㄹ　③ ㄱ, ㄴ, ㅁ
④ ㄱ, ㄷ, ㄹ　⑤ ㄴ, ㄷ, ㅁ

08 위 그림에 대한 설명으로 옳은 것은?

① A는 보먼주머니이다.
② 혈액은 A에서 C로 흐른다.
③ B는 콩팥 정맥과 연결된다.
④ 포도당은 C에서 D로 이동한다.
⑤ D는 세뇨관이다.

09 노폐물의 생성과 배설에 대한 설명으로 옳지 않은 것은?

① 요소는 혈액에 비해 오줌에서 농도가 높아진다.
② 영양소가 세포에서 분해되는 과정에서 노폐물이 생성된다.
③ 콩팥 동맥보다 콩팥 정맥의 혈액에 요소가 더 많이 들어 있다.
④ 모세 혈관에서 세뇨관으로 혈액 속 노폐물의 일부가 이동한다.
⑤ 방광에 일정량의 오줌이 모이면 요도를 통해 몸 밖으로 배설된다.

10 그림은 콩팥 기능이 정상인 어떤 사람의 오줌 생성 과정을 나타낸 것이다.

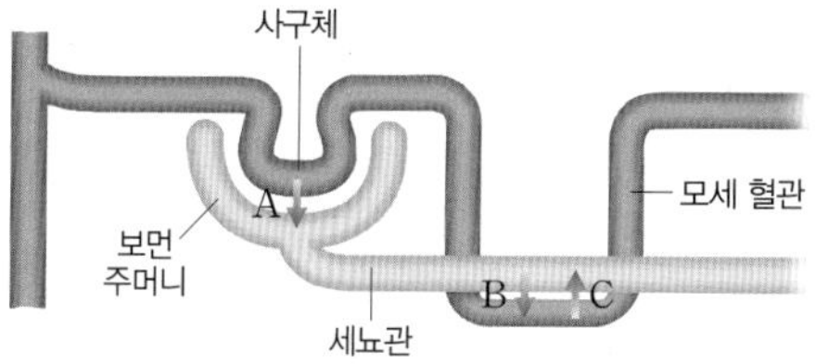

이에 대한 설명으로 옳은 것만을 〈보기〉에서 있는 대로 고른 것은?

〈보기〉
ㄱ. A는 여과이다.
ㄴ. B가 일어나는 물질은 오줌으로 배설된다.
ㄷ. C는 분비이다.

① ㄱ　② ㄴ　③ ㄷ
④ ㄱ, ㄷ　⑤ ㄴ, ㄷ

11 오줌의 생성과 배설에 대한 설명으로 옳은 것만을 〈보기〉에서 있는 대로 고른 것은?

〈보기〉
ㄱ. 포도당, 물은 모세 혈관에서 세뇨관으로 분비된다.
ㄴ. 오줌은 콩팥의 네프론에서 여과, 재흡수, 분비의 과정을 거쳐 만들어진다.
ㄷ. 재흡수는 크기가 작은 물질이 사구체에서 보먼주머니로 빠져나가는 과정이다.

① ㄱ　② ㄴ　③ ㄷ
④ ㄱ, ㄴ　⑤ ㄴ, ㄷ

12 표는 건강한 사람의 혈액, 여과액, 오줌에 포함된 물질 (가)~(다)의 농도를 나타낸 것이다.

(단위: g/100 mL)

물질	혈액	여과액	오줌
(가)	0.03	0.03	1.80
(나)	8.00	0.00	0.00
(다)	0.10	0.10	0.00

물질 (가)~(다)의 이름을 각각 쓰시오. (단, (가)~(다)는 각각 요소, 포도당, 단백질 중 하나이다.)

6 소화, 순환, 호흡, 배설의 관계

[13~14] 그림은 세포 호흡과 기관계의 통합적 작용을 나타낸 것이다.

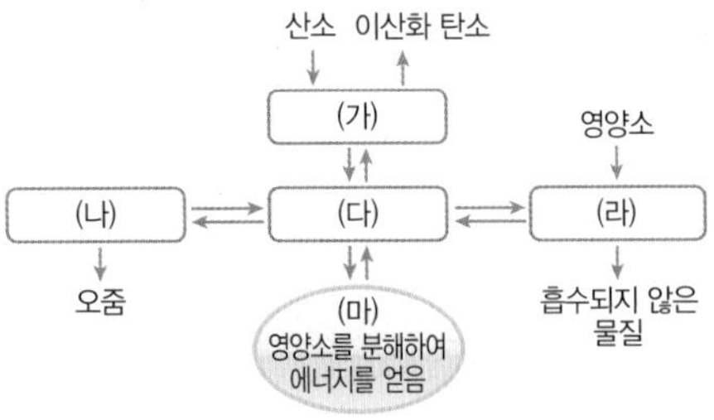

13 각 부분의 기호와 이름을 짝지은 것으로 옳은 것은?

① (가)－소화계　② (나)－순환계
③ (다)－배설계　④ (라)－호흡계
⑤ (마)－조직 세포

중요
14 위 그림에 대한 설명으로 옳은 것은?

① (가)에서 조직 세포에 산소와 영양소를 전달한다.
② 소화되지 않고 남은 찌꺼기는 (나)를 통해 배출된다.
③ (다)에서 산소를 흡수하고, 이산화 탄소를 내보낸다.
④ (라)에서 음식물 속의 영양소를 소화하고 흡수한다.
⑤ (마)에서 노폐물을 물과 함께 걸러 몸 밖으로 내보낸다.

15 기관계에서 일어나는 작용에 대한 설명으로 옳은 것만을 〈보기〉에서 있는 대로 고른 것은?

보기
ㄱ. 소화계는 음식물 속의 영양소를 분해하고 소화된 영양소를 흡수한다.
ㄴ. 순환계는 영양소와 산소를 온몸의 조직 세포로 운반한다.
ㄷ. 호흡계는 혈액 속의 노폐물을 걸러내어 물과 함께 오줌의 형태로 몸 밖으로 내보낸다.

① ㄱ　② ㄴ　③ ㄷ
④ ㄱ, ㄴ　⑤ ㄴ, ㄷ

16 그림은 우리 몸에 있는 기관계의 작용을 나타낸 것이다.

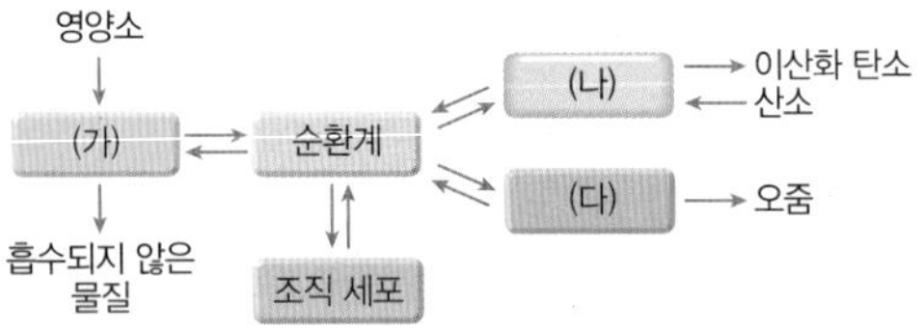

이에 대한 설명으로 옳은 것만을 〈보기〉에서 있는 대로 고른 것은?

보기
ㄱ. (가)를 통해 흡수된 산소는 순환계로 이동한다.
ㄴ. (나)를 통해 흡수된 영양소는 순환계로 이동한다.
ㄷ. 요소는 (다)로 운반되어 물과 함께 몸 밖으로 나간다.

① ㄱ　② ㄴ　③ ㄷ
④ ㄱ, ㄴ　⑤ ㄴ, ㄷ

17 다음 설명에 해당하는 기관계의 이름을 쓰시오.

세포와 각 기관계로 물질을 운반함으로써 서로 떨어져 있는 여러 기관계의 작용이 원활하게 일어날 수 있게 한다.

18 그림은 우리 몸에 있는 기관계의 작용을 나타낸 것이다.

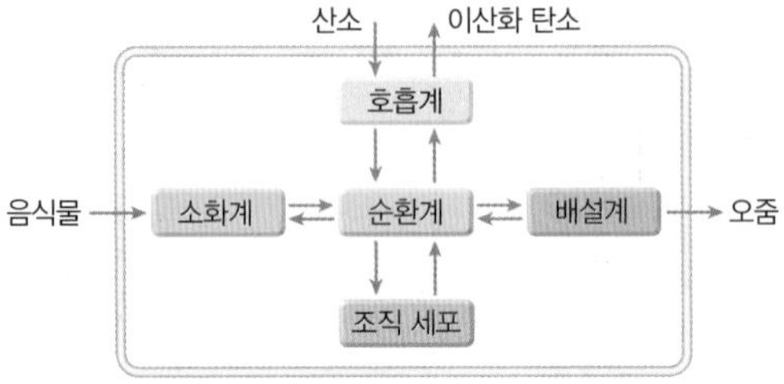

이에 대한 설명으로 옳은 것만을 〈보기〉에서 있는 대로 고른 것은?

보기
ㄱ. 영양소와 노폐물은 호흡계에 의해 운반된다.
ㄴ. 소화계, 순환계, 호흡계, 배설계는 서로 밀접하게 연관되어 있다.
ㄷ. 소화계와 순환계를 거쳐 조직 세포로 공급된 산소는 영양소의 분해에 이용된다.

① ㄱ　② ㄴ　③ ㄷ
④ ㄱ, ㄴ　⑤ ㄴ, ㄷ

고난도 실력 향상 문제

정답과 해설 40쪽

[01~02] 그림 (가)는 배설계를, (나)는 (가)의 배설 기관을 확대하여 나타낸 것이다.

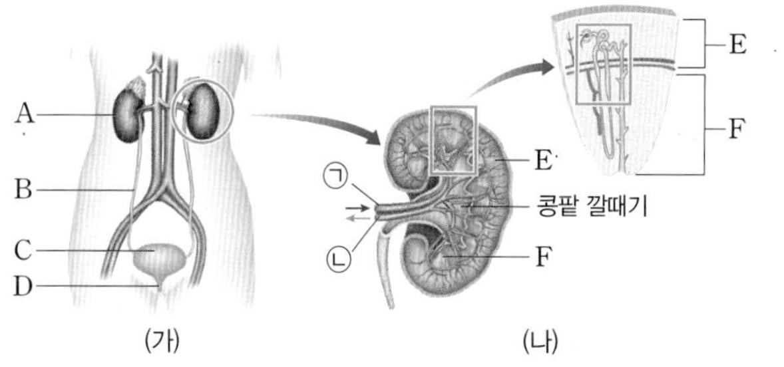

01 (가)에 대한 설명으로 옳은 것만을 〈보기〉에서 있는 대로 고른 것은?

〈보기〉
ㄱ. A는 겉질, 속질, 콩팥 깔때기로 구분된다.
ㄴ. B는 보먼주머니에 연결된 매우 가느다란 관이다.
ㄷ. C는 포도당을 재흡수하는 곳이다.
ㄹ. D는 요도이다.

① ㄱ, ㄴ ② ㄱ, ㄹ ③ ㄴ, ㄷ ④ ㄴ, ㄹ ⑤ ㄷ, ㄹ

02 (나)에 대한 설명으로 옳은 것만을 〈보기〉에서 있는 대로 고르시오.

〈보기〉
ㄱ. 사구체와 보먼주머니는 E 부분에 있다.
ㄴ. 세뇨관은 F에 분포하지 않는다.
ㄷ. ㉠의 혈액은 ㉡의 혈액보다 요소가 많다.

03 오른쪽 그림은 우리 몸에서 일어나는 기관계의 통합적 작용을 나타낸 것이다. 이에 대한 설명으로 옳은 것은? (단, (가)~(라)는 각각 소화계, 순환계, 호흡계, 배설계 중 하나이다.)

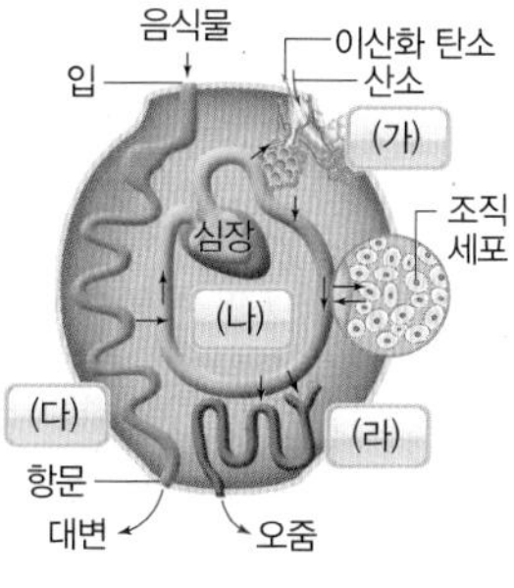

① 음식물 속의 영양소는 (가)를 통해 흡수된다.
② 암모니아는 (나)를 통해 간으로 운반된다.
③ 요소는 (다)로 운반되어 물과 함께 몸 밖으로 나간다.
④ 세포 호흡에 필요한 산소는 (라)를 통해 흡수된다.
⑤ 세포 호흡 결과 생성된 이산화 탄소의 운반 및 배설에 관여하는 기관계는 (나)와 (라)이다.

서논술형 유형 연습

정답과 해설 40쪽

예제

01 표는 단백질이 혈장, 여과액, 오줌에 들어 있는 양을 나타낸 것이다.

(단위: g/100 mL)

구분	혈장	여과액	오줌
단백질	8.00	0.00	0.00

단백질이 오줌에 포함되지 않는 이유를 오줌 생성 과정과 연관지어 서술하시오.

Tip 단백질은 물질의 크기가 커서 여과되지 않는다.
Key Word 단백질, 여과

[설명] 단백질은 물질의 크기가 커서 사구체에서 보먼주머니로 여과되지 않으므로 오줌에 포함되지 않는다.
[모범 답안] 단백질은 여과되지 않으므로 오줌에 포함되지 않는다.

실전 연습

01 그림은 콩팥 기능이 정상인 어떤 사람의 오줌 생성 과정을 나타낸 것이다.

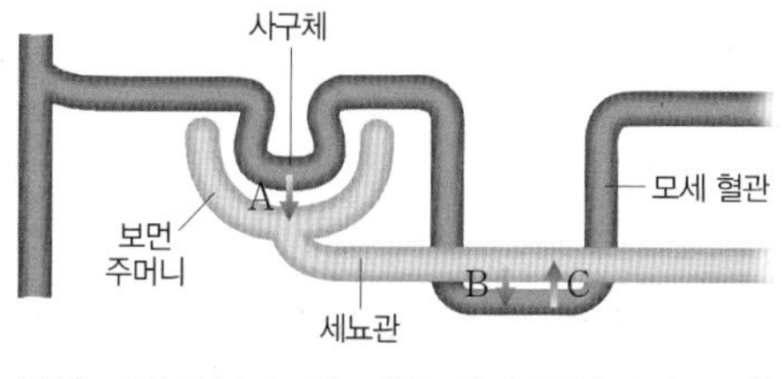

오줌 생성 과정에서 A, B, C를 각각 무엇이라고 하는지 쓰고, 포도당이 오줌 속에 들어 있지 않은 이유를 A~C 중 해당되는 과정을 포함하여 서술하시오.

Tip 오줌은 콩팥의 네프론에서 여과, 재흡수, 분비의 과정을 거쳐 만들어진다.
Key Word 여과, 재흡수, 분비, 포도당

대단원 마무리

1 생물의 구성

01 그림은 동물의 구성 단계를 나타낸 것이다.

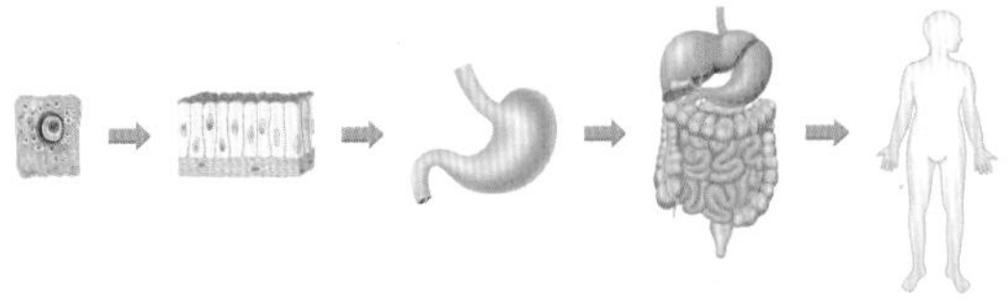

식물에는 없고 동물에만 있는 구성 단계의 기호를 쓰시오.

02 동물의 구성 단계에 대한 설명으로 옳은 것만을 〈보기〉에서 있는 대로 고른 것은?

보기
ㄱ. 동물의 몸을 구성하는 기본 단위는 기관이다.
ㄴ. 모양과 기능이 비슷한 세포가 모여 조직을 이룬다.
ㄷ. 여러 기관계가 모여 독립적으로 살아가는 하나의 개체를 이룬다.

① ㄱ ② ㄴ ③ ㄱ, ㄴ
④ ㄱ, ㄷ ⑤ ㄴ, ㄷ

2 소화

03 영양소에 대한 설명으로 옳은 것만을 〈보기〉에서 있는 대로 고른 것은?

보기
ㄱ. 물은 에너지원으로 이용된다.
ㄴ. 단백질은 몸을 구성하는 성분이 된다.
ㄷ. 탄수화물은 몸의 구성 성분 중 가장 많다.
ㄹ. 바이타민은 적은 양으로 몸의 기능을 조절한다.

① ㄱ, ㄴ ② ㄱ, ㄷ ③ ㄴ, ㄷ
④ ㄴ, ㄹ ⑤ ㄷ, ㄹ

04 다음 설명에 해당하는 영양소는?

- 에너지원으로 사용되며, 에너지를 저장하기도 한다.
- 1 g당 9 kcal의 에너지를 낸다.
- 피부 아래에 저장되어 체온 유지를 돕지만 지나치게 많이 저장되면 비만이 된다.

① 물 ② 지방 ③ 단백질
④ 탄수화물 ⑤ 무기염류

[05~06] 그림은 사람의 소화 기관을 나타낸 것이다.

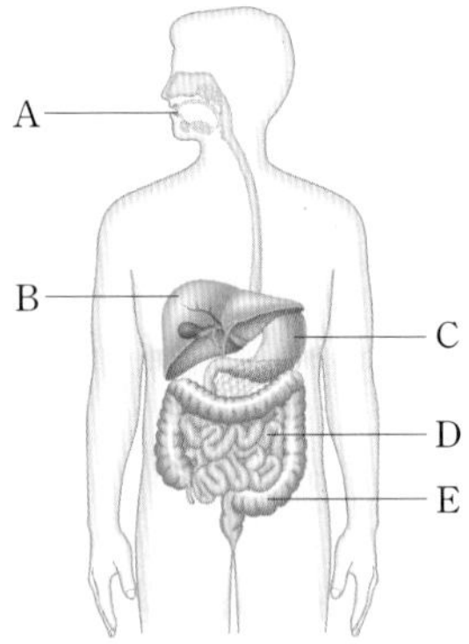

05 위 그림에 대한 설명으로 옳은 것은?

① A: 단백질의 분해가 처음 일어나는 곳이다.
② B: 염산이 분비되어, 펩신의 작용을 돕는다.
③ C: 탄수화물의 분해가 처음 일어나는 곳이다.
④ D: 영양소가 세포가 흡수할 수 있을 정도의 매우 작은 크기로 분해되는 곳이다.
⑤ E: 탄수화물 소화 효소에 의해 엿당이 포도당으로 분해되는 곳이다.

06 쓸개즙이 만들어지는 곳은?

① A ② B ③ C
④ D ⑤ E

3 순환

07 오른쪽 그림은 혈액 속 혈구를 관찰한 결과이다. 이에 대한 설명으로 옳은 것은?

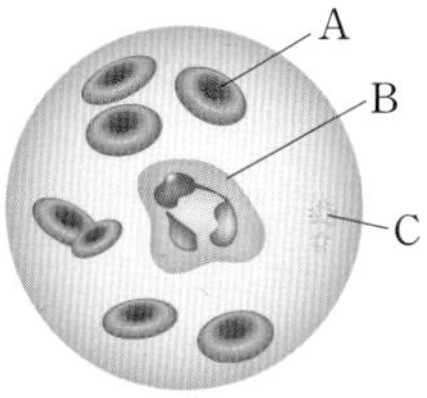

① A는 식균 작용을 한다.
② B는 핵을 가지고 있다.
③ B는 상처가 났을 때 혈액을 응고시킨다.
④ C는 혈구 중에서 그 수가 가장 많다.
⑤ 혈액이 붉게 보이는 것은 혈액에 C가 있기 때문이다.

08 오른쪽 그림은 사람의 심장 구조를 나타낸 것이다. 이에 대한 설명으로 옳은 것은?

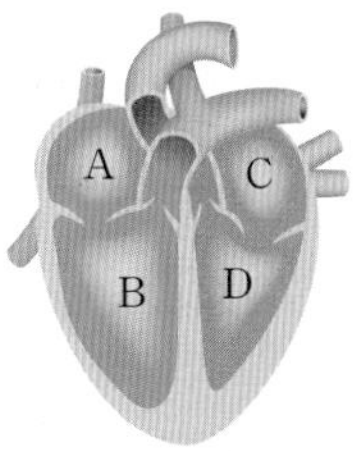

① A는 폐정맥과 연결된다.
② B는 대동맥과 연결된다.
③ B는 혈액을 받아들이는 곳이다.
④ C는 혈액을 내보내는 곳이다.
⑤ C가 수축하면 혈액이 D로 이동한다.

09 오른쪽 그림은 혈액 순환 경로를 나타낸 것이다. 다음 설명의 혈액 순환 경로를 순서대로 옳게 나열한 것은?

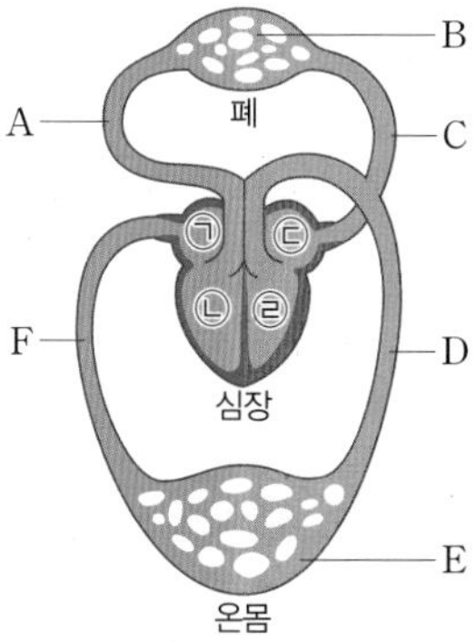

> 심장에서 나간 혈액이 폐에서 이산화 탄소를 내보내고 산소를 받아 다시 심장으로 돌아오는 순환이다.

① ㉠ → A → B → C → ㉣
② ㉡ → A → B → C → ㉢
③ ㉡ → F → E → D → ㉢
④ ㉢ → C → B → A → ㉠
⑤ ㉣ → D → E → F → ㉠

4 호흡

10 그림은 호흡 운동 모형을 나타낸 것이다.

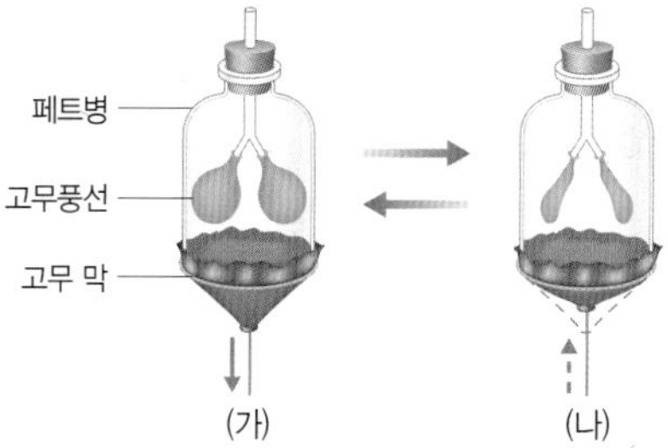

이에 대한 설명으로 옳은 것은?

① (가)는 날숨, (나)는 들숨에 해당한다.
② (가)에서 고무 막을 아래로 잡아당기면 페트병 속의 압력이 증가한다.
③ (가)에서 (나)로 될 때 페트병 속 부피가 증가한다.
④ 페트병은 호흡 기관 중 기관지에 해당한다.
⑤ 고무 막은 호흡 기관 중 횡격막에 해당한다.

11 사람의 몸에서 들숨이 일어날 때 변화로 옳지 않은 것은?

① 횡격막이 내려간다. ② 갈비뼈가 올라간다.
③ 폐로 공기가 들어온다. ④ 폐의 압력이 높아진다.
⑤ 흉강의 부피가 증가한다.

12 오른쪽 그림은 폐포와 모세 혈관 사이에서 일어나는 기체 교환을 나타낸 것이다. 이에 대한 설명으로 옳지 않은 것은?

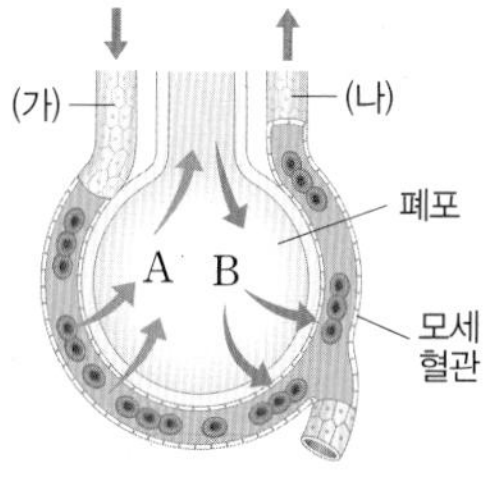

① A는 날숨을 통해 몸 밖으로 나간다.
② B는 순환계를 통해 온몸의 조직 세포로 운반된다.
③ 산소는 모세 혈관보다 폐포에서 농도가 높다.
④ 폐포와 모세 혈관 사이에서 기체는 확산으로 이동한다.
⑤ (나)의 혈액은 (가)의 혈액보다 이산화 탄소의 양이 많다.

정답과 해설 • 41쪽

5 배설

13 오른쪽 그림은 사람의 배설계를 나타낸 것이다. 노폐물이 몸 밖으로 나가기까지의 경로를 옳게 나열한 것은?

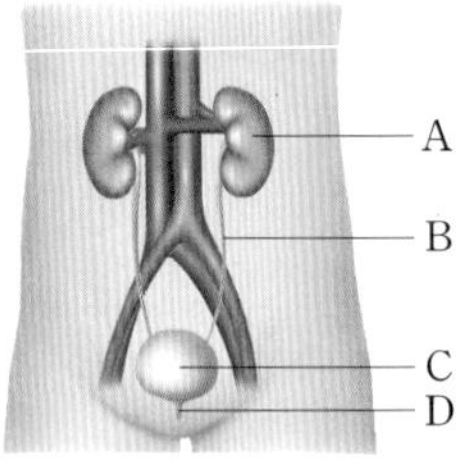

① A → B → C → D
② A → C → D → B
③ B → A → C → D
④ C → D → A → B
⑤ D → C → B → A

14 오른쪽 그림은 콩팥의 단면 구조를 나타낸 것이다. 이에 대한 설명으로 옳은 것만을 〈보기〉에서 있는 대로 고른 것은? (단, A~E는 각각 겉질, 속질, 콩팥 깔때기, 콩팥 동맥, 콩팥 정맥 중 하나이다.)

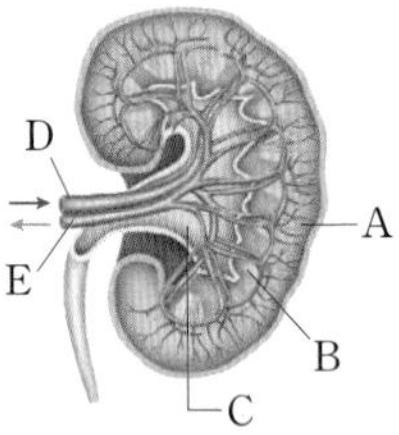

〈보기〉
ㄱ. A는 겉질이다.
ㄴ. B는 속질이다.
ㄷ. C는 콩팥 동맥이다.
ㄹ. D보다 E에 요소가 더 많이 들어 있다.

① ㄱ, ㄴ ② ㄱ, ㄷ ③ ㄴ, ㄷ
④ ㄴ, ㄹ ⑤ ㄷ, ㄹ

15 그림은 콩팥 기능이 정상인 어떤 사람의 오줌 생성 과정을 나타낸 것이다.

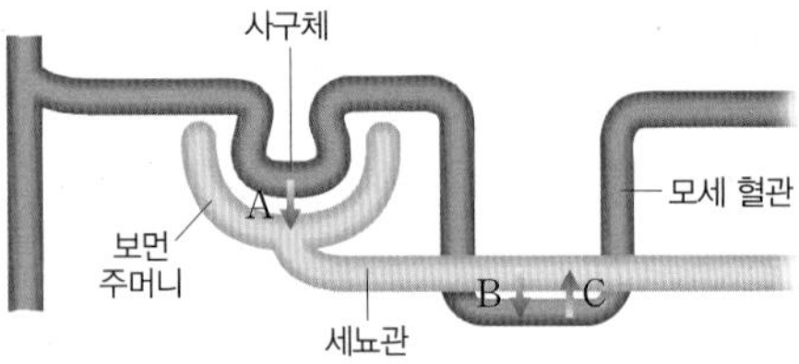

이에 대한 설명으로 옳지 않은 것은?

① A는 여과이다.
② B는 재흡수이다.
③ 혈구는 C 과정으로 모두 이동한다.
④ 단백질은 여과되지 않는다.
⑤ 포도당은 모두 재흡수된다.

16 콩팥의 네프론은 오줌을 생성하는 기본 단위이다. 네프론을 구성하는 3가지 구조를 쓰시오.

6 소화, 순환, 호흡, 배설의 관계

17 그림은 사람의 몸을 구성하는 네 종류의 기관계를 나타낸 것이다.

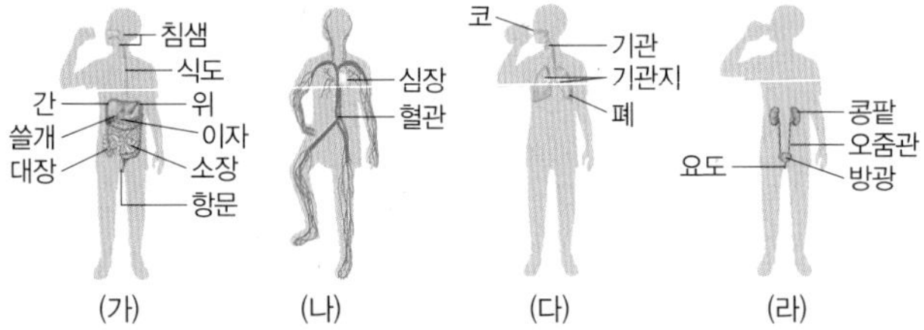

이에 대한 설명으로 옳은 것만을 〈보기〉에서 있는 대로 고른 것은?

〈보기〉
ㄱ. (가)는 영양소의 소화와 흡수를 담당한다.
ㄴ. 세포 호흡 결과 생성된 물질을 몸 밖으로 내보내는 기관계는 (나)이다.
ㄷ. (나)와 (다)는 독립적으로 작용한다.
ㄹ. (라)는 배설계이다.

① ㄱ, ㄴ ② ㄱ, ㄹ ③ ㄴ, ㄷ
④ ㄴ, ㄹ ⑤ ㄷ, ㄹ

18 다음은 조직 세포에서 일어나는 세포 호흡 과정을 나타낸 것이다.

영양소 + A ⟶ B + 물 + 에너지

이에 대한 설명으로 옳지 않은 것은? (단, A와 B는 기체이다.)

① A는 모세 혈관에서 조직 세포로 확산된다.
② A는 호흡계를 통해 몸 안으로 들어온다.
③ B는 소화계를 통해 흡수된다.
④ B는 들숨보다 날숨에 더 많이 포함되어 있다.
⑤ 세포 호흡으로 얻은 에너지를 이용해 다양한 생명 활동을 한다.

정답과 해설 • 42쪽

01 영호는 영양소를 (가)와 (나)의 두 가지로, 영진이는 영양소를 (다)와 (라)의 두 가지로 각각 분류하였다.

〈영호〉

(가)	(나)
탄수화물, 단백질, 지방, 물, 무기염류	바이타민

〈영진〉

(다)	(라)
탄수화물, 단백질, 지방	물, 무기염류, 바이타민

영호와 영진이가 영양소를 위와 같이 분류한 기준을 각각 서술하시오.

Tip 영양소의 구분 기준으로 몸의 구성 성분이나 에너지원으로 사용되는지의 여부 등이 있다.

Key Word 몸의 구성 성분, 에너지원

02 시험관 A에는 녹말 용액과 증류수, 시험관 B에는 녹말 용액과 침 용액을 오른쪽 그림과 같이 넣은 후 35 ℃~40 ℃의 물이 담긴 비커에 2개의 시험관을 넣고 10분 정도 기다렸다.

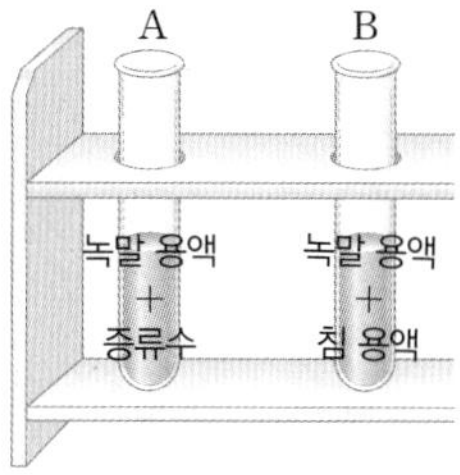

(1) A와 B에 베네딕트 용액을 넣고 가열하면 어떤 결과가 나타나는지 각각 서술하시오.

Tip 당분(포도당, 엿당 등)에 베네딕트 용액을 넣고 가열하면 황적색으로 변한다.

Key Word 베네딕트 용액, 황적색

(2) 이 실험 결과를 통해 알 수 있는 침의 작용을 서술하시오.

Tip 침 속의 소화 효소에 의해 녹말이 엿당으로 분해된다.

Key Word 침, 소화 효소, 녹말, 엿당

03 오른쪽 그림은 사람의 심장 구조를 나타낸 것이다. A~D 중 가장 두꺼운 근육층을 가진 구조의 이름을 쓰고, 그 이유를 혈액 순환과 연관지어 서술하시오.

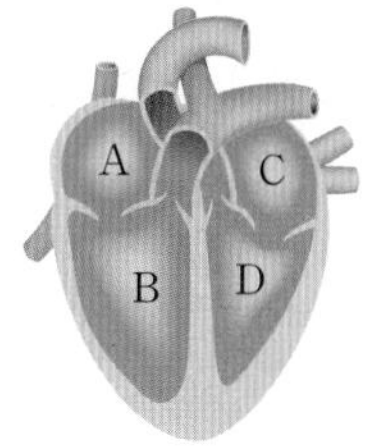

Tip 심장에서 혈액을 온몸으로 내보내기 위해서는 강하게 수축해야 한다.

Key Word 좌심실, 온몸 순환

04 다음은 콩팥 기능이 정상인 어떤 사람의 몸에서 하루 동안 콩팥의 보먼주머니로 걸러진 물질의 양과 오줌으로 배설되는 물질의 양을 대략적으로 나타낸 것이다.

물질	보먼주머니로 걸러진 양	오줌으로 배설되는 양
물	125 L	1 L
포도당	50 g	0 g

오줌이 생성되는 과정에서 물과 포도당의 이동 방식의 공통점과 차이점을 서술하시오.

Tip 물과 포도당은 크기가 작아 사구체에서 보먼주머니로 여과되며, 여과액 속의 포도당은 세뇨관에서 모세 혈관으로 전부 이동한다. 그러나 물은 모두 재흡수되지 않는다.

Key Word 물, 포도당, 여과, 재흡수

05 동물에서 세포 호흡이 주로 일어나는 곳을 쓰고, 생물이 세포 호흡을 하는 근본적인 이유를 서술하시오.

Tip 세포에서 산소를 이용해 영양소를 분해하여 에너지를 얻는 과정을 세포 호흡이라고 한다. 생물은 세포 호흡으로 에너지를 얻어 생명 활동을 유지한다.

Key Word 조직 세포(세포), 에너지, 생명 활동

VI

물질의 특성

1
물질의 특성

2
혼합물의 분리

1 물질의 특성

❶ 순물질과 혼합물

1. 순물질과 혼합물

구분	순물질✚	혼합물✚
정의	한 종류의 물질만으로 이루어진 물질	두 종류 이상의 순물질이 섞여 있는 물질
예	물, 금, 소금, 구리 등	공기, 암석, 청동, 식초, 우유, 바닷물 등

2. 순물질과 혼합물의 구별

(1) 순물질은 끓는점과 녹는점(어는점)이 일정하지만 혼합물은 일정하지 않다.

(2) 순물질과 혼합물의 가열 · 냉각 곡선

순물질과 혼합물의 가열 곡선	순물질과 혼합물의 냉각 곡선
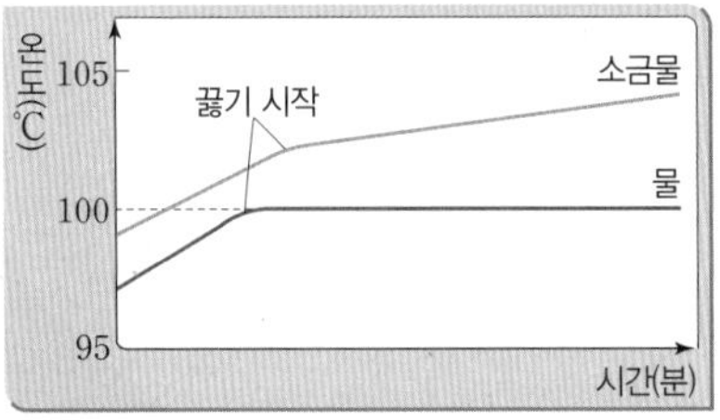	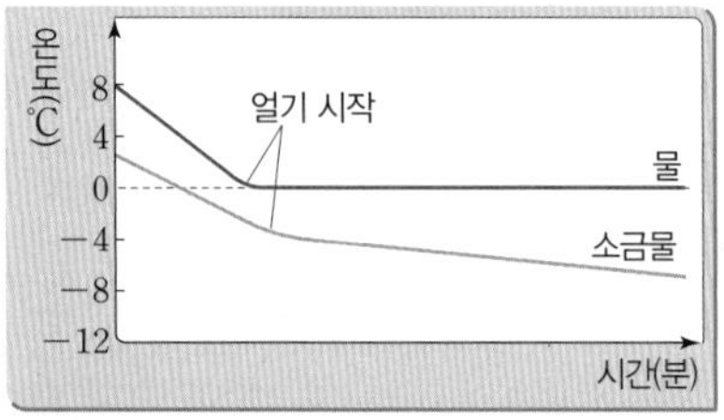
• 순물질(물)은 끓는 동안 온도가 일정하게 유지 • 혼합물(소금물)은 순물질(물)보다 높은 온도에서 끓기 시작하며 끓는 동안에도 온도가 계속 높아짐.	• 순물질(물)은 어는 동안 온도가 일정하게 유지 • 혼합물(소금물)은 순물질(물)보다 낮은 온도에서 얼기 시작하며 어는 동안에도 온도가 계속 낮아짐.

3. 물질의 특성: 어떤 물질이 다른 물질과 구별되는 고유한 성질

(1) 물질의 특성을 이용하면 각 물질을 구별할 수 있다.

(2) 같은 물질인 경우 물질의 양에 관계없이 일정하다.

예 겉보기 성질✚, 녹는점, 어는점, 끓는점, 밀도, 용해도 등

❷ 끓는점과 녹는점(어는점)

1. 끓는점: 액체가 끓어 기체가 되는 동안 일정하게 유지되는 온도

(1) 물질의 종류에 따라 다르며, 물질의 양에 관계없이 일정하다.

(2) 끓는점과 압력✚: 외부 압력이 높아지면 끓는점은 높아지고, 외부 압력이 낮아지면 끓는점은 낮아진다.

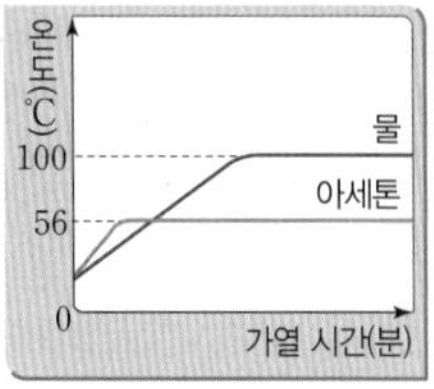

▲ 물질의 종류와 끓는점

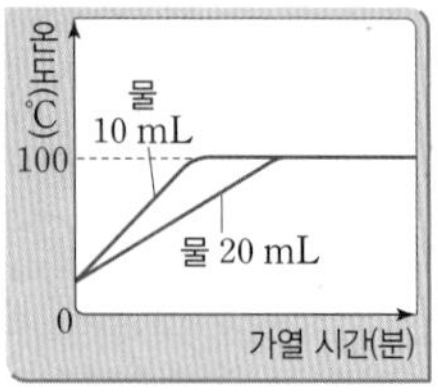

▲ 물질의 양과 끓는점

2. 녹는점: 고체가 녹아 액체로 되는 동안 일정하게 유지되는 온도

3. 어는점: 액체가 얼어 고체로 되는 동안 일정하게 유지되는 온도

※ 순수한 물질의 어는점과 녹는점✚은 같다.

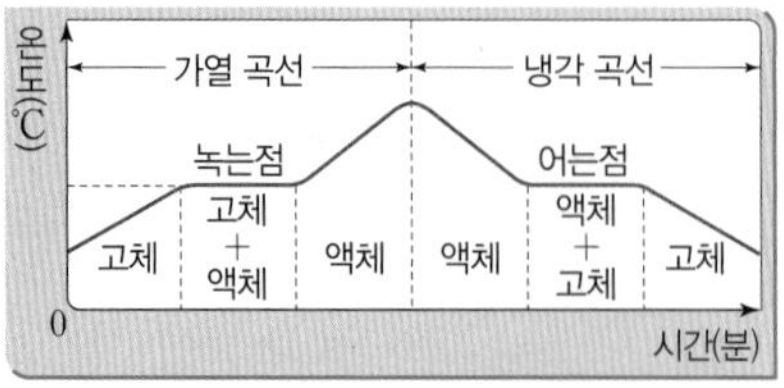

▲ 고체 물질의 가열 냉각 곡선

✚ **순물질의 분류**

순물질은 홑원소 물질과 화합물로 분류할 수 있다.

홑원소 물질	한 종류의 원소로만 이루어짐 예 금,구리,수소,질소 등
화합물	두 종류 이상의 원소가 결합하여 이루어짐 예 물, 에탄올, 소금 등

✚ **혼합물의 분류**

혼합물은 균일 혼합물과 불균일 혼합물로 분류할 수 있다.

균일 혼합물	성분 물질이 고르게 섞여 있음 예 공기, 식초, 합금 등
불균일 혼합물	성분 물질이 고르지 않게 섞여 있음 예 간장, 우유, 암석 등

✚ **겉보기 성질**

감각 기관을 이용하여 알 수 있는 물질의 성질로, 색깔, 냄새, 맛, 촉감, 굳기, 결정 모양 등이다.

✚ **끓는점과 압력**

보통 끓는점이라고 하면 외부 압력이 1기압일 때의 기준 끓는점을 말한다. 끓는점은 외부 압력이 커질수록 높아진다.

예 압력솥에서는 물의 끓는점이 높아져 조리 시간이 단축된다. 높은 산에서는 기압이 낮아 물의 끓는점이 낮아져 쌀이 설익는다.

✚ **물의 어는점과 녹는점**

물은 0℃에서 얼고, 얼음은 0℃에서 녹는다.

❶ 순물질과 혼합물

- 물, 소금, 구리 등 한 종류의 물질만으로 이루어진 물질을 □□□이라고 한다.
- 두 종류 이상의 순물질이 섞여 있는 물질을 □□□이라고 한다.
- 어떤 물질이 다른 물질과 구별되는 고유한 성질을 물질의 □□이라고 한다.

❷ 끓는점과 녹는점(어는점)

- 고체가 액체로 상태가 변하면서 온도가 일정하게 유지될 때의 온도를 □□□이라고 한다.
- □□□은 액체가 끓어 기체가 되는 동안 일정하게 유지되는 온도이다.

01 순물질과 혼합물에 대한 설명으로 옳은 것은 ○표, 옳지 않은 것은 ×표를 하시오.

(1) 혼합물은 두 종류 이상의 순물질이 섞여 있는 물질이다. ( )

(2) 혼합물은 성분 물질과는 다른 새로운 성질을 나타낸다. ( )

(3) 흙탕물은 성분 물질이 균일하게 섞여 있는 균일 혼합물이다. ( )

(4) 두 종류 이상의 원소가 결합하여 생긴 화합물은 순물질이다. ( )

(5) 순물질을 가열하면 상태 변화가 일어나는 동안 온도가 일정하게 유지된다. ( )

02 순물질에 해당하는 것을 〈보기〉에서 있는 대로 고르시오.

보기			
ㄱ. 물	ㄴ. 공기	ㄷ. 간장	ㄹ. 설탕
ㅁ. 암석	ㅂ. 소금	ㅅ. 이온 음료	ㅇ. 알루미늄 포일

03 물질의 특성으로 옳지 않은 것은?

① 색깔 ② 부피 ③ 밀도 ④ 녹는점 ⑤ 끓는점

04 끓는점에 대한 설명으로 옳은 것은?

① 물질의 종류가 같으면 끓는점은 같다.

② 물질의 양이 많아지면 끓는점이 높아진다.

③ 외부 압력이 높아지면 끓는점은 낮아진다.

④ 가열할 때 불꽃의 세기가 강할수록 끓는점이 높아진다.

⑤ 혼합물은 끓는점이 일정하지 않으며 순물질보다 낮은 온도에서 끓는다.

05 그림은 액체 상태의 물질 A～D를 냉각시킬 때의 온도 변화를 나타낸 그래프이다.

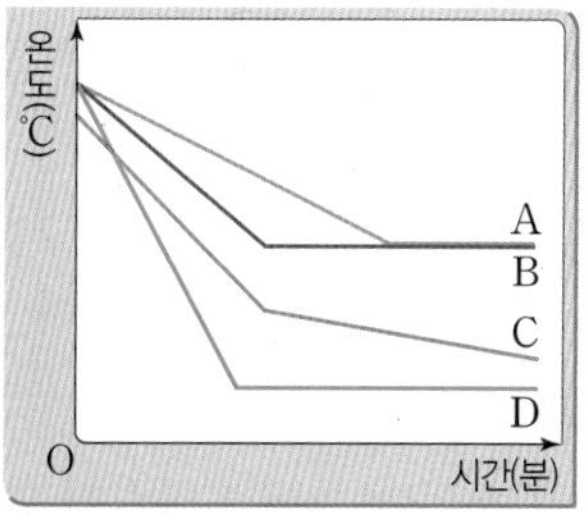

(1) A～D를 순물질과 혼합물로 분류하시오.

(2) A와 B 중 물질의 양이 더 많은 것을 쓰시오.

(3) A～D 중 같은 물질을 고르시오.

1 물질의 특성

③ 밀도

1. **밀도**: 단위 부피⁺에 해당하는 물질의 질량⁺

$$밀도=\frac{질량}{부피}$$ (단위: g/cm^3, g/mL, kg/m^3 등)

2. **물질의 상태에 따른 밀도의 변화**: 대부분의 물질은 고체<액체<기체 순으로 부피가 증가하므로, 밀도는 고체>액체>기체 순으로 작아진다.
   예외) 물<얼음<수증기 순으로 부피가 증가하므로, 물>얼음>수증기 순으로 밀도가 감소한다.

3. **온도와 압력에 따른 밀도의 변화**

고체와 액체	온도	온도가 높아지면 부피가 약간 증가하면서 밀도가 약간 감소한다.
	압력	압력에 따른 부피 변화가 거의 없어 밀도 변화도 거의 없다.
기체⁺	온도	온도가 증가하면 부피가 크게 증가하면서 밀도가 크게 감소한다.
	압력	압력이 증가하면 부피가 크게 감소하면서 밀도가 크게 증가한다.

4. **밀도와 뜨고 가라앉음**: 기준 액체보다 밀도가 큰 물체는 가라앉고 밀도가 작은 물체는 뜬다.
   예 물($1\ g/cm^3$)보다 밀도가 작은 얼음($0.9\ g/cm^3$)은 물 위에 뜨고, 밀도가 큰 철($7.9\ g/cm^3$)은 물에 가라앉는다.

5. **밀도와 관련된 현상**
   (1) 사해⁺에서는 일반 바다에서보다 몸이 쉽게 뜬다.
   (2) 공기 중에서 헬륨 기체가 들어 있는 풍선은 위로 뜨고, 입으로 분 풍선은 아래로 가라앉는다.
   (3) 잠수부는 허리에 납 벨트를 차고 물속으로 잠수한다.
   (4) 물놀이를 할 때 구명조끼를 입으면 몸이 물에 쉽게 뜬다.

④ 용해도

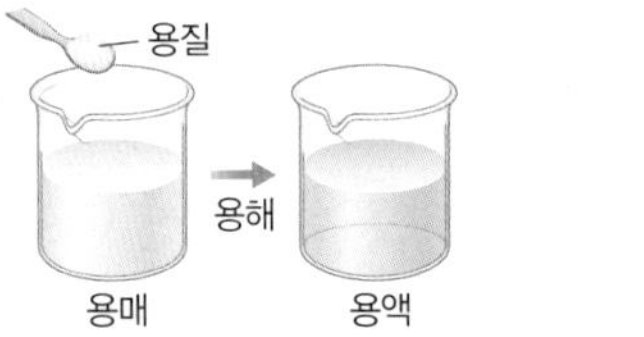

1. **용해와 용액**
   (1) 용해: 한 물질이 다른 물질에 고르게 섞이는 현상
   (2) 용액: 용질과 용매⁺가 고르게 섞여 있는 물질

2. **용해도**: 어떤 온도에서 용매 100 g에 최대한 녹을 수 있는 용질의 g수
   (1) 일정한 온도에서 같은 용매에 대한 용해도는 물질마다 고유한 값을 가지므로 물질의 특성이다.
   (2) 같은 물질이라도 용매의 종류와 온도에 따라 달라진다.

3. **용해도 곡선**: 온도에 따른 용해도를 나타낸 그래프
   (1) 곡선의 기울기가 클수록 온도에 따른 용해도 차이가 큰 물질이다.
   (2) 용해도 곡선 상의 용액은 포화 용액⁺이다.
   (3) 대부분의 고체는 온도가 높을수록 용해도가 증가한다.
   (4) 용해도 곡선을 이용하면 용액을 냉각시킬 때 석출⁺되는 용질의 양을 계산할 수 있다.

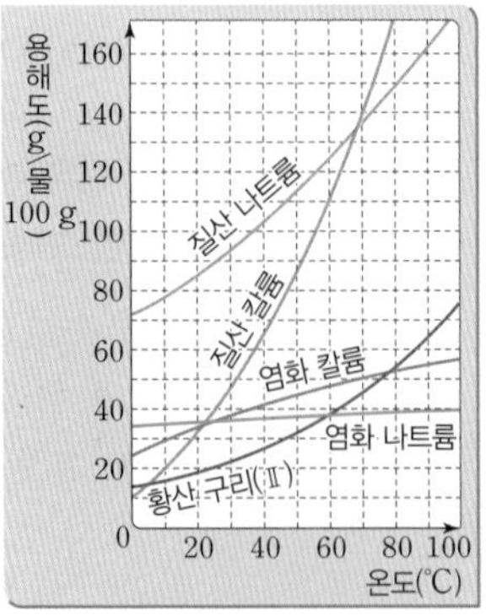

▲ 용해도 곡선

4. **기체의 용해도**
   (1) 기체의 용해도는 압력이 클수록 크다.
   (2) 기체의 용해도는 온도가 높을수록 작다.

+ 부피
물질이 차지하는 공간의 크기로, 눈금실린더, 피펫 등으로 측정한다.
단위) cm^3, m^3, mL, L 등

+ 질량
장소에 따라 변하지 않는 물질의 고유한 양으로, 윗접시 저울, 양팔 저울 등으로 측정한다.
단위) mg, g, kg 등

+ 기체의 밀도
기체의 밀도를 표시할 때는 온도와 압력을 같이 표시하여야 한다.

+ 사해
아라비아 반도 북서부에 있는 염분이 매우 높은 호수로 일반 바닷물보다 밀도가 크다.

+ 용질과 용매
용질 : 다른 물질에 녹는 물질
용매 : 다른 물질을 녹이는 물질
예 설탕의 용해
설탕 + 물 ⟶ 설탕물
용질 용매 용액

+ 포화 용액
일정한 양의 용매에 용질이 최대로 녹아 있어 용질이 더 이상 녹지 않는 용액

+ 석출
높은 온도의 용액을 냉각할 때 용액에 녹아 있던 용질이 고체로 되어 가라앉는 현상
용액을 냉각할 때 석출되는 양
=(처음 녹아 있던 용질의 양)
−(냉각한 온도에서 녹을 수 있는 용질의 양)

❸ 밀도
- 밀도는 단위 □□에 해당하는 물질의 □□이다.
- 물의 밀도는 □g/cm³이다.
- 기체의 밀도는 □□와 □□에 따라 달라진다.

❹ 용해도
- 설탕물에서 설탕은 □□, 물은 □□, 설탕물은 용액이다.
- 수용액은 용매가 □인 용액이다.
- 어떤 온도에서 용매 100 g에 최대한 녹을 수 있는 용질의 g 수를 □□□라고 한다.

06 밀도에 대한 설명으로 옳은 것만을 〈보기〉에서 있는 대로 고르시오.

◀ 보기 ▶
ㄱ. 물의 밀도보다 얼음의 밀도가 작다.
ㄴ. 물보다 밀도가 큰 물질은 물 위에 뜬다.
ㄷ. 고체의 밀도는 압력에 따라 크게 변화한다.
ㄹ. 질량이 같을 때 부피가 클수록 밀도가 크다.
ㅁ. 기체의 밀도를 나타낼 때는 온도와 압력을 함께 표시한다.

07 표는 물질 A~C의 부피와 질량을 정리한 것이다. A~C의 밀도를 각각 구하시오.

물질	A	B	C
부피(cm^3)	2	5	6
질량(g)	4	2	9

08 용해도에 대한 설명으로 옳은 것은 ○표, 옳지 않은 것은 ×표를 하시오.

(1) 용액은 화합물이다. ( )
(2) 용해도는 물질의 특성이다. ( )
(3) 용해도는 용매 100 g에 녹아 있는 용질의 g수이다. ( )
(4) 같은 물질이라도 온도에 따라서 용해도가 달라진다. ( )
(5) 용질이 같으면 용매의 종류와 관계없이 용해도는 일정하다. ( )

09 그림은 몇 가지 물질의 용해도 곡선을 나타낸 것이다.

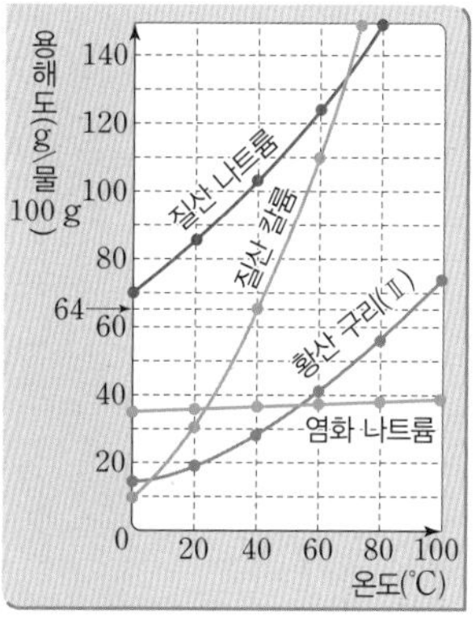

(1) 80 ℃에서 염화 나트륨의 용해도를 쓰시오.
(2) 40 ℃에서 물 100 g에 가장 많이 녹는 물질을 쓰시오.
(3) 온도에 따른 용해도의 변화가 가장 큰 물질을 쓰시오.
(4) 60 ℃의 물 100 g에 질산 칼륨 110 g을 완전히 녹인 뒤 용액을 40 ℃로 냉각시킬 때 석출되는 질산 칼륨의 양은 몇 g인지 구하시오.

10 탄산음료의 뚜껑을 열었을 때 기포가 발생하는 까닭에 대한 설명이다. 빈칸에 알맞은 말을 쓰시오.

탄산음료의 뚜껑을 열면 용액에 가해지는 압력이 (㉠) 기체의 용해도가 (㉡) 때문에 기포가 발생한다.

필수 탐구 끓는점 측정

목표
물질의 끓는점을 측정하여 끓는점이 물질의 특성임을 설명할 수 있다.

액체가 갑자기 끓어 넘치는 것을 방지하기 위해 끓임쪽을 넣고, 물중탕으로 서서히 가열한다.

메탄올 증기는 유해하므로 직접 들이마시지 않도록 하고 환기를 잘 시킨다.

과정

1 에탄올 5 mL를 가지 달린 시험관에 넣고 끓임쪽을 넣는다.
2 오른쪽 그림과 같이 온도계를 설치하고 물중탕하여 온도 변화를 측정한다.
3 같은 방법으로 에탄올 10 mL, 메탄올 5 mL, 메탄올 10 mL를 가열하면서 온도 변화를 측정한다.

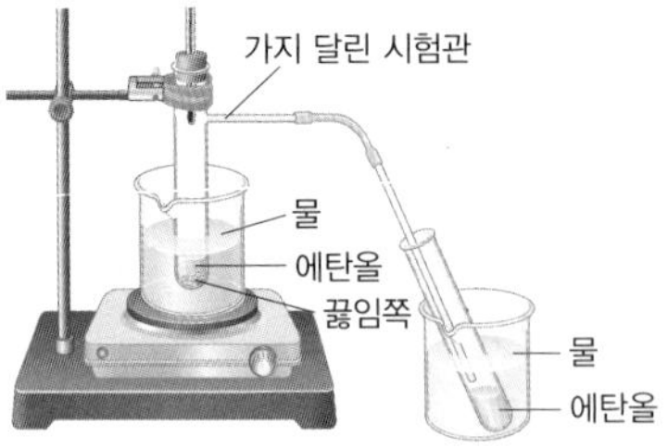

결과

1 에탄올 5 mL와 10 mL는 가열하면 온도가 상승하다가 끓어서 기체가 되는 동안 온도가 78 ℃로 일정하게 유지된다.
→ 물질의 양에 관계없이 에탄올의 끓는점은 78 ℃이다.
2 메탄올 5 mL와 10 mL는 가열하면 온도가 상승하다가 끓어서 기체가 되는 동안 온도가 65 ℃로 일정하게 유지된다.
→ 물질의 양에 관계없이 메탄올의 끓는점은 65 ℃이다.
3 에탄올 5 mL보다 에탄올 10 mL가 더 늦게 끓고, 메탄올 5 mL보다 메탄올 10 mL가 더 늦게 끓는다.
→ 물질의 양이 많을수록 끓는점에 도달하는 시간이 더 오래 걸린다.

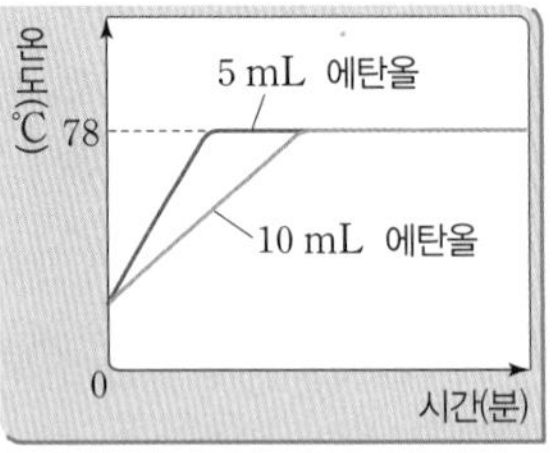

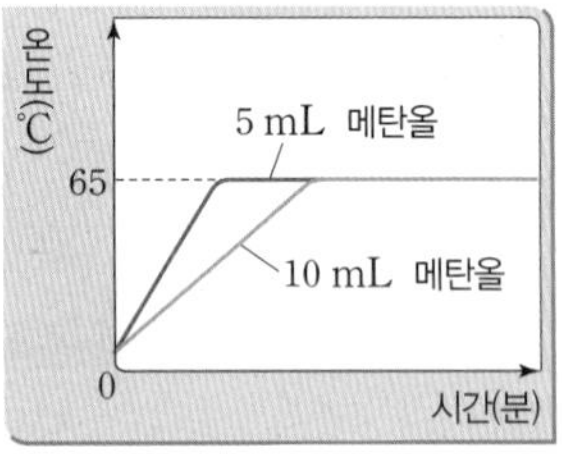

정리

1 끓는점은 물질의 종류에 따라 다르다.
예 물 100 ℃, 에탄올 78 ℃, 메탄올 65 ℃
2 일정한 압력에서 끓는점은 물질의 양에 관계없이 같은 물질이면 같은 값을 갖는다.
3 끓는점은 물질을 구별할 수 있는 물질의 특성이다.

실험 클립 QR

수행 평가 섭렵 문제

정답과 해설 • 43쪽

끓는점 측정

- 끓는점은 □□가 끓어서 □□가 되는 동안 일정하게 유지되는 온도이다.
- 끓는점은 물질의 □□에 따라 다르다.
- 에탄올을 가열할 때는 갑자기 끓어 넘치는 것을 방지하기 위해서 □□□을 넣는다.
- 보통 물질의 끓는점이라고 하는 것은 물질의 기준 끓는점으로 압력이 □기압일 때 측정되는 값이다.
- 물질의 양이 많을수록 □□ 끓는다.

1 에탄올과 메탄올의 끓는점에 대한 설명으로 옳은 것은?

① 메탄올은 양이 많을수록 끓는점이 높아진다.
② 에탄올 10 mL와 메탄올 10 mL의 끓는점은 같다.
③ 에탄올 5 mL와 에탄올 10 mL의 끓는점은 다르다.
④ 에탄올과 메탄올은 끓는점을 측정하여 구별할 수 있다.
⑤ 에탄올의 끓는점은 물보다 높아 물중탕으로 측정할 수 없다.

2 표는 액체 상태의 물질 A～D를 같은 압력에서 같은 세기의 불꽃으로 가열하며 시간에 따른 온도 변화를 측정한 결과이다.

시간(분)		0	2	4	6	8	10	12	14
온도 (℃)	A	20	35	49	60	60	60	60	60
	B	20	44	62	83	97	97	97	97
	C	20	28	37	46	55	60	60	60
	D	20	36	52	64	73	82	82	82

A～D에 대한 설명으로 옳은 것은 ○표, 옳지 않은 것은 ×표 하시오.

(1) A와 C는 같은 물질이다. ( )
(2) 끓는점이 가장 높은 것은 B이다. ( )
(3) A가 C보다 물질의 양이 더 많다. ( )
(4) 가장 먼저 끓기 시작한 물질은 D이다. ( )

3 그림은 어떤 액체의 양을 서로 다르게 하여 가열하면서 온도 변화를 측정한 결과를 나타낸 그래프이다. A～C를 물질의 양이 많은 순서대로 쓰시오. (단, 같은 세기의 불꽃으로 가열하였다.)

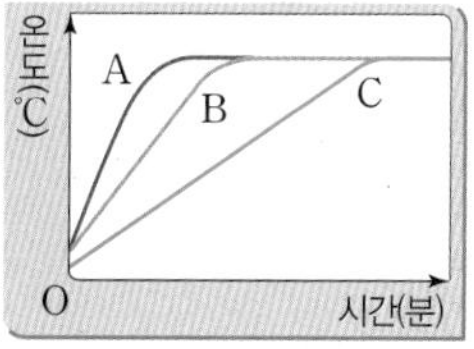

4 그림은 산에 오르면서 물의 끓는점을 측정한 결과를 나타낸 것이다. 이에 대한 설명으로 옳은 것을 〈보기〉에서 있는 대로 고르시오.

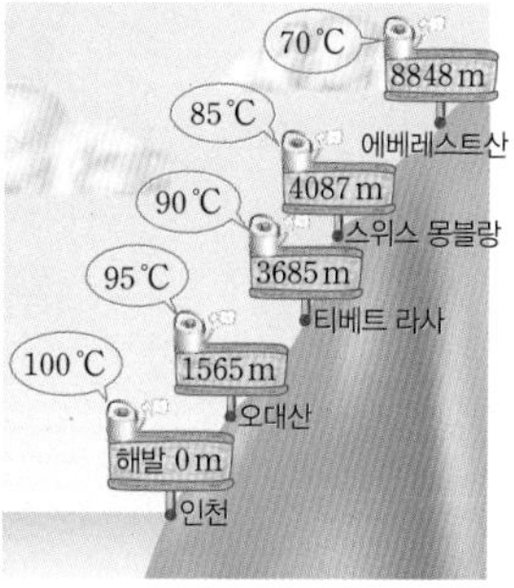

보기

ㄱ. 물의 기준 끓는점은 100 ℃이다.
ㄴ. 압력이 증가하면 끓는점도 높아진다.
ㄷ. 물보다 소금물에서 달걀이 더 빨리 익는 까닭을 설명할 수 있다.
ㄹ. 높은 산에서 냄비로 밥을 지으면 밥이 설익는 까닭을 설명할 수 있다.
ㅁ. 감압 용기에 물을 넣고 공기를 빼면 물의 끓는점이 낮아진다.

필수 탐구 밀도 측정

목표
여러 가지 물질의 질량과 부피를 측정하여 밀도를 계산할 수 있다.

과정

[액체의 밀도 측정]

1 저울을 이용하여 빈 비커의 질량을 측정한다.
2 과정 1의 비커에 물을 넣고, (물+비커)의 질량을 측정한다.
3 과정 2의 물을 눈금실린더에 옮겨 부피를 측정한다.
4 물 대신 에탄올을 이용하여 과정 1~3을 반복한다.

눈금실린더의 눈금을 읽을 때는 액체의 표면에 눈높이를 맞춘다.

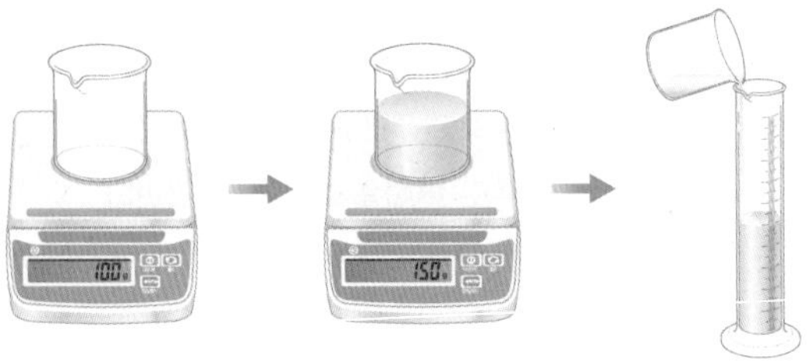

[고체의 밀도 측정]

1 저울을 이용하여 철 조각의 질량을 측정한다.
2 철 조각을 가느다란 실로 묶은 뒤 물 20 mL가 들어 있는 눈금실린더에 넣어 완전히 잠기게 한 뒤 눈금실린더의 눈금을 읽는다.
3 철 조각 대신 알루미늄 조각으로 과정 1~2를 반복한다.

실은 얇을수록 좋으며 실에 의한 부피 변화는 무시한다.

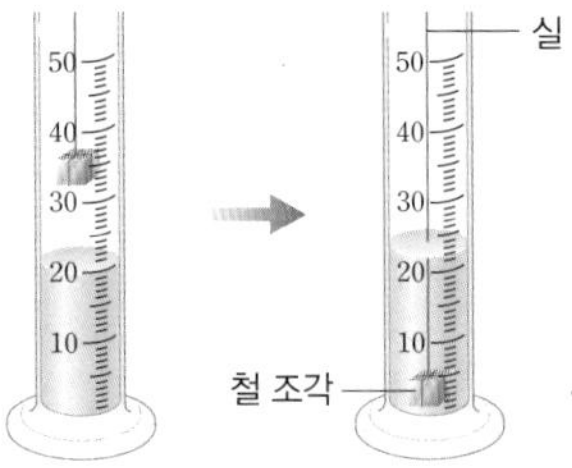

결과

각 물질의 밀도 값은 다음과 같다.

물질	빈 비커의 질량	(비커+액체)의 질량	액체의 질량	액체의 부피	밀도
물	100 g	150 g	50 g	50 mL	1 g/mL
에탄올	100 g	139.5 g	39.5 g	50 mL	0.79 g/mL

물질	눈금실린더의 눈금	고체의 부피	고체의 질량	밀도
철	22 mL	2 mL	15.74 g	7.87 g/mL
알루미늄	23 mL	3 mL	8.1 g	2.7 g/mL

정리

1 밀도는 단위 부피당 물체의 질량이다.

$$밀도=\frac{질량}{부피}(단위: g/cm^3,\ g/mL,\ kg/m^3\ 등)$$

2 물질의 부피는 눈금실린더를 이용하여 측정할 수 있고, 물체의 질량은 저울을 이용하여 측정할 수 있다.
3 물질의 종류가 다르면 밀도가 다르다.
4 밀도는 물질의 양에 관계없이 물질의 종류에 따라 일정한 물질의 특성이다.

실험 클립 QR

수행 평가 섭렵 문제

정답과 해설 • 44쪽

밀도 측정

- 눈금실린더를 이용하면 물질의 □□를 측정할 수 있다.
- 물질의 □□을 부피로 나누면 그 물질의 □□를 구할 수 있다.
- 고체의 부피는 고체가 물에 완전히 잠겼을 때 □□□ 물의 부피를 이용하여 측정한다.
- 철은 물보다 밀도가 □□ 때문에 물에 가라앉는다.
- 기체의 밀도는 온도가 □□수록, 압력이 □□수록 커진다.

1 밀도에 대한 설명으로 옳은 것만을 〈보기〉에서 있는 대로 고르시오.

보기

ㄱ. 질량이 클수록 밀도도 크다.
ㄴ. 물질의 부피가 같으면 밀도도 같다.
ㄷ. 부피, 질량, 밀도는 물질의 특성이다.
ㄹ. 물질의 상태가 같을 때, 밀도가 다르면 다른 물질이다.
ㅁ. 물질의 상태가 고체일 때보다 액체일 때 밀도가 항상 더 크다.

2 그림은 물질 A, B의 부피와 질량 관계를 나타낸 그래프이다. 물질 A, B의 밀도를 각각 구하시오.

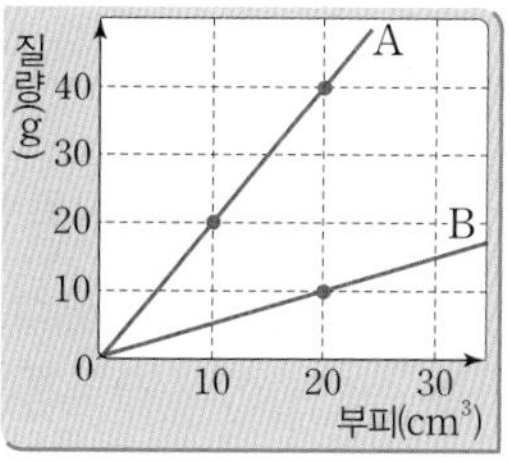

3 표는 몇 가지 금속 물질의 밀도를 정리한 것이다.

물질	알루미늄	철	구리	납
밀도(g/cm^3)	2.70	7.87	8.96	11.34

이에 대한 설명으로 옳은 것은?

① 알루미늄의 부피가 작아지면 밀도도 작아진다.
② 단위 부피당 질량은 알루미늄 > 철 > 구리 > 납이다.
③ 부피가 모두 같을 때 질량이 가장 큰 것은 납이다.
④ 철 조각 10 g보다 구리 조각 10 g의 부피가 더 크다.
⑤ 알루미늄과 구리를 물에 넣었을 때 뜨는 것이 알루미늄이다.

4 다음은 물에 글리세린과 식용유를 떨어뜨렸을 때의 실험 결과이다.

- 물에 글리세린을 떨어뜨렸더니 글리세린이 가라앉았다.
- 물에 식용유를 떨어뜨렸더니 식용유 방울이 물 위에 떠 있었다.

물, 글리세린, 식용유의 밀도의 크기를 부등호로 비교하시오.

5 다음의 현상에서 밀도가 증가하면 '증가', 감소하면 '감소'를 빈칸에 쓰시오.

(1) 소금물에 소금을 더 넣어 녹인다. → 소금물의 밀도가 (　　　)한다.
(2) 열기구 내부의 공기를 가열한다. → 열기구 내부 공기의 밀도가 (　　　)한다.
(3) 잠수함 내부의 빈 공간에 물을 채운다. → 잠수함의 밀도가 (　　　)한다.
(4) 구명조끼에 바람을 불어 넣는다. → 구명조끼의 밀도가 (　　　)한다.

내신 기출 문제

1 순물질과 혼합물

01 순물질을 〈보기〉에서 있는 대로 고른 것은?

〈보기〉
ㄱ. 금　　ㄴ. 물　　ㄷ. 공기
ㄹ. 소금　　ㅁ. 합금　　ㅂ. 암석

① ㄱ, ㄴ, ㄷ　② ㄱ, ㄴ, ㄹ　③ ㄱ, ㄷ, ㅁ
④ ㄴ, ㄷ, ㄹ　⑤ ㄷ, ㅁ, ㅂ

02 혼합물에 대한 설명으로 옳은 것은?

① 화합물은 균일 혼합물이다.
② 녹는점이나 끓는점이 일정하다.
③ 한 종류의 물질로만 이루어져 있다.
④ 성분 물질이 모두 균일하게 섞여 있다.
⑤ 성분 물질의 성질을 유지한 채 섞여 있다.

중요

03 그림은 고체 상태의 나프탈렌, 파라다이 클로로벤젠, 두 물질의 혼합물을 가열하면서 온도 변화를 측정한 그래프이다. 이에 대한 설명으로 옳지 않은 것은?

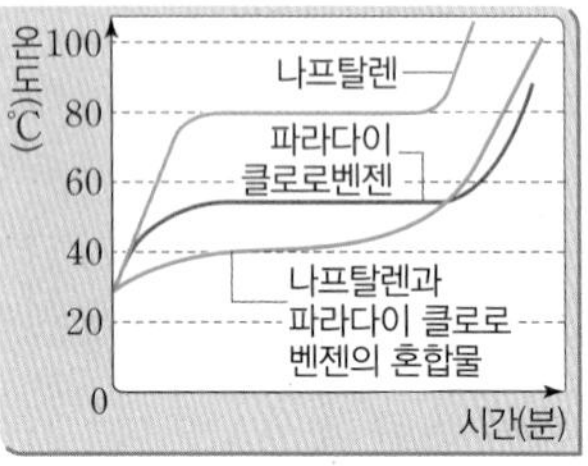

① 나프탈렌은 순물질이다.
② 나프탈렌의 녹는점은 약 80 ℃이다.
③ 혼합물은 녹는 동안 온도가 일정하지 않다.
④ 순물질은 녹는 동안 온도가 일정하게 유지된다.
⑤ 혼합물의 녹는점은 성분 물질들의 녹는점의 평균값이다.

04 혼합물의 끓는점과 어는점 변화와 관련된 현상으로 옳지 않은 것은?

① 납과 주석을 혼합하여 땜납을 만든다.
② 추운 겨울에도 바닷물은 잘 얼지 않는다.
③ 고산 지대에서는 압력 밥솥을 이용하여 밥을 짓는다.
④ 눈이 내리면 염화 칼슘을 뿌려 빙판이 생기는 것을 막는다.
⑤ 라면을 끓일 때 스프를 먼저 넣고 끓이면 면이 더 빨리 익는다.

05 물질의 특성에 해당하는 것을 〈보기〉에서 있는 대로 고르시오.

〈보기〉
ㄱ. 맛　　ㄴ. 밀도　　ㄷ. 질량
ㄹ. 색깔　　ㅁ. 부피　　ㅂ. 농도
ㅅ. 용해도　　ㅇ. 어는점　　ㅈ. 결정 모양

2 끓는점과 녹는점

06 그림은 어떤 고체 물질의 가열 곡선을 나타낸 것이다. 이에 대한 설명으로 옳은 것은?

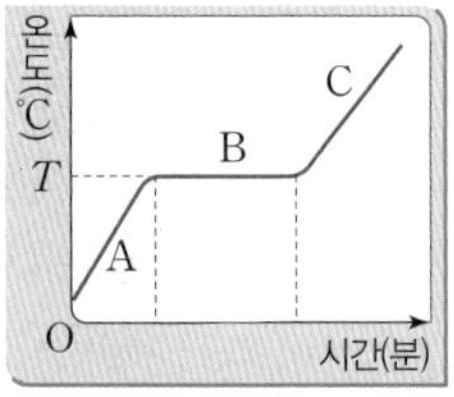

① 온도 T는 물질의 끓는점이다.
② 물질의 양이 많아지면 A 구간의 시간이 길어진다.
③ A 구간에서 물질의 상태 변화가 일어난다.
④ 물질의 양이 많아지면 B 구간의 온도가 높아진다.
⑤ C 구간에서 물질은 기체 상태이다.

중요

07 그림은 에탄올의 끓는점을 측정하는 장치와 시간에 따른 에탄올의 온도 변화를 나타낸 그래프이다.

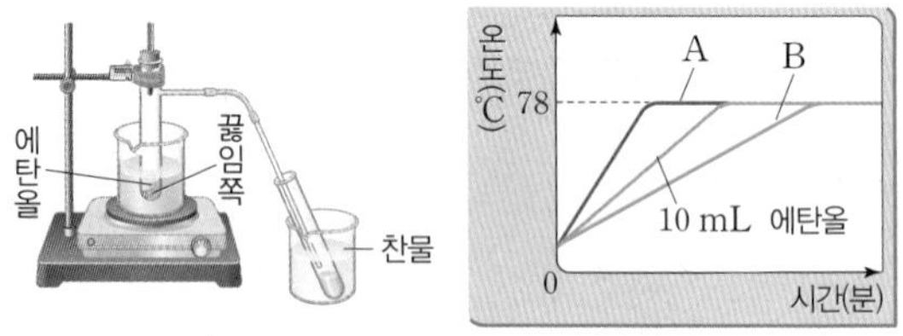

이에 대한 설명으로 옳은 것만을 〈보기〉에서 있는 대로 고른 것은?

〈보기〉
ㄱ. 에탄올의 끓는점은 78 ℃이다.
ㄴ. A는 에탄올 20 mL로 실험한 결과이다.
ㄷ. 아세톤 10 mL로 실험하면 B와 같은 결과가 나올 것이다.
ㄹ. 에탄올 증기는 불에 붙기 쉬워 물중탕으로 가열한다.

① ㄱ, ㄴ　② ㄱ, ㄹ　③ ㄴ, ㄹ
④ ㄴ, ㄷ　⑤ ㄷ, ㄹ

08 그림은 액체 상태의 물질 A～D의 냉각 곡선이고, 다음은 이 그래프에 대한 해석이다. (가)～(마)의 해석 중 옳지 않은 것을 있는 대로 골라 옳게 고치시오.

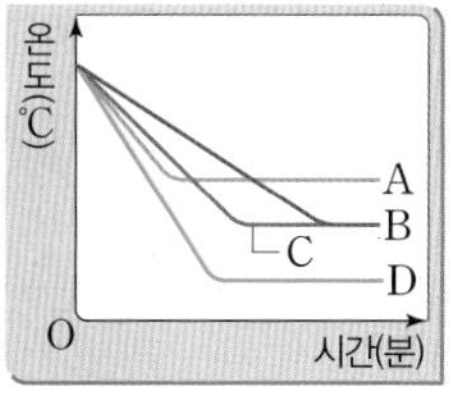

(가) 어는점이 가장 높은 물질은 A이다.
(나) 물질의 양은 B＜C이다.
(다) B와 C는 서로 같은 물질이다.
(라) 어는점이 가장 낮은 물질은 D이다.
(마) 가장 먼저 얼기 시작한 물질은 D이다.

중요

09 그림은 어떤 고체 상태 물질을 가열, 냉각하며 온도 변화를 측정한 그래프이다.

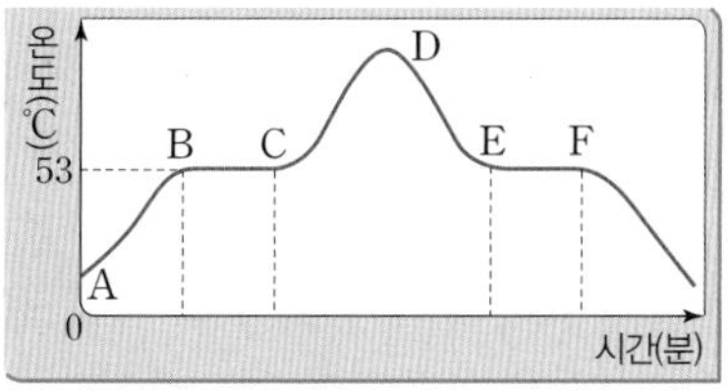

이에 대한 설명으로 옳은 것은?

① 이 물질은 혼합물이다.
② 이 물질의 끓는점은 53℃이다.
③ 이 물질의 녹는점은 어는점보다 높다.
④ 물질의 양이 많아져도 BC 구간의 온도는 변하지 않는다.
⑤ 물질의 양이 적어져도 EF 구간의 길이는 변하지 않는다.

10 표는 몇 가지 물질의 녹는점과 끓는점이다. 다음 빈칸에 들어갈 알맞은 물질을 쓰시오.

구분	녹는점(℃)	끓는점(℃)
에탄올	−117.3	78.5
물	0	100.0
수은	−38.9	356.6
나프탈렌	80.5	218.0

• 액체 상태의 네 가지 물질을 냉각시켰을 때 가장 높은 온도에서 고체가 되는 물질은 (㉠)이다.
• 액체 상태의 네 가지 물질을 가열하였을 때 가장 낮은 온도에서 기체가 되는 물질은 (㉡)이다.

11 그림과 같이 90℃의 뜨거운 물을 감압 용기에 넣고 공기를 빼냈더니 물이 끓었다.

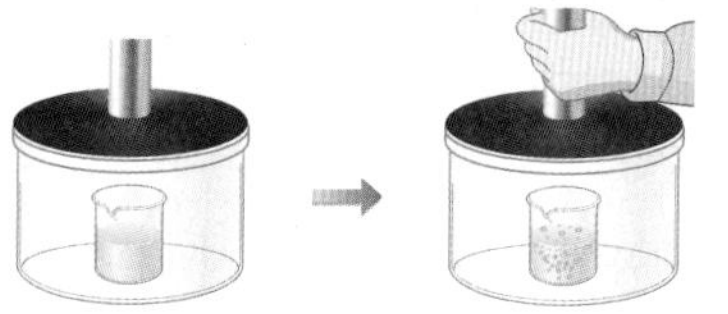

이에 대한 설명으로 옳은 것은?

① 물의 온도가 증가하였다.
② 압력이 낮아지면 물질의 끓는점이 높아진다.
③ 물의 끓는점은 압력과 관계없이 일정하다.
④ 용기 속 압력이 높아져 물질의 끓는점이 높아졌다.
⑤ 산 위에 올라가면 물의 끓는점이 낮아지는 것과 같은 현상이다.

3 밀도

12 밀도에 대한 설명으로 옳은 것만을 〈보기〉에서 있는 대로 고른 것은?

보기
ㄱ. 밀도의 단위는 g/cm^3이다.
ㄴ. 부피를 질량으로 나누어 구한다.
ㄷ. 물질의 상태가 변해도 밀도는 일정하다.
ㄹ. 부피가 같으면 밀도가 큰 물질이 질량도 크다.

① ㄱ, ㄴ ② ㄱ, ㄹ ③ ㄴ, ㄷ
④ ㄴ, ㄹ ⑤ ㄷ, ㄹ

13 표는 몇 가지 물질의 부피와 질량을 측정한 결과이다.

물질	A	B	C	D	E
부피(mL)	5	7	10	8	2
질량(g)	8.3	21	3.5	15	1.2

A～E 중 물에 넣었을 때 가라앉는 물질을 있는 대로 고르시오.(단, A～E는 물에 녹지 않는다.)

14 물에 얼음을 넣으면 얼음이 뜬다. 이에 대한 설명으로 옳지 않은 것은?

① 밀도는 얼음＜물이다.
② 얼음은 녹으면서 부피가 증가한다.
③ 질량이 같으면 부피는 물＜얼음이다.
④ 부피가 같으면 질량은 얼음＜물이다.
⑤ 얼음과 물의 밀도 차이에 의한 현상이다.

15 표는 0℃, 1기압에서 몇 가지 기체 상태 물질의 밀도를 정리한 것이다. 이에 대한 설명으로 옳지 않은 것은?

물질	밀도(g/cm^3)
헬륨	0.00018
공기	0.0013
이산화 탄소	0.0020

(0 ℃, 1기압)

① 헬륨 풍선은 공기 중에서 떠오른다.
② 2기압에서 기체의 밀도는 모두 증가한다.
③ 10℃에서 이산화 탄소의 밀도는 0.002 g/cm^3보다 크다.
④ 공기의 밀도는 구성 성분의 비율에 따라 달라질 수 있다.
⑤ 공기가 들어 있는 통에 이산화 탄소 기체를 넣으면 바닥에서부터 차오른다.

16 밀도와 관련된 현상으로 옳은 것만을 〈보기〉에서 있는 대로 고른 것은?

보기
ㄱ. 사이다 뚜껑을 열면 기포가 많이 발생한다.
ㄴ. 겨울철 자동차의 냉각수에 부동액을 넣는다.
ㄷ. 사해에서는 일반 바다에서보다 몸이 쉽게 뜬다.
ㄹ. 열기구 내부의 공기를 가열하면 열기구가 떠오른다.

① ㄱ, ㄴ ② ㄱ, ㄷ ③ ㄱ, ㄹ
④ ㄴ, ㄷ ⑤ ㄷ, ㄹ

4 용해도

17 용해도에 대한 설명으로 옳지 않은 것은?

① 용해도를 이용하면 물질을 구별할 수 있다.
② 용매의 종류가 달라지면 용해도도 달라진다.
③ 용질에 따라 온도에 따른 용해도의 변화가 다르다.
④ 대부분의 고체는 온도가 올라가면 용해도가 커진다.
⑤ 용해도는 어떤 온도에서 용액 100 g 속에 최대한 녹아 있는 용질의 g수이다.

18 표는 20℃의 서로 다른 양의 물에 최대한 녹을 수 있는 용질의 양을 정리한 것이다. 20℃에서 물에 대한 용해도가 가장 큰 물질과 가장 작은 물질을 순서대로 각각 쓰시오.

물질	A	B	C	D
물의 양(g)	20	50	100	200
용질의 양(g)	7	9	12	25

[19~20] 그림은 여러 가지 물질의 물에 대한 용해도 곡선이다.

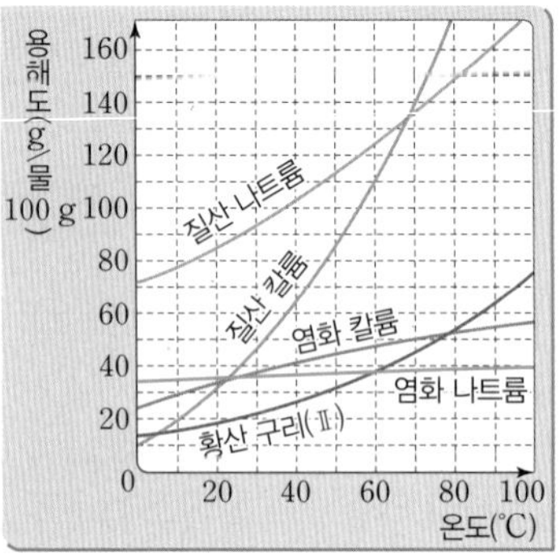

중요
19 위 용해도 곡선에 대한 설명으로 옳지 않은 것은?

① 온도에 따른 용해도 변화가 가장 큰 물질은 질산 칼륨이다.
② 30℃에서 물 100 g에 염화 나트륨 50 g을 녹이면 모두 녹는다.
③ 60℃에서 물 200 g에 최대한 녹을 수 있는 질산 칼륨의 양은 220 g이다.
④ 60℃가 넘으면 염화 나트륨의 용해도보다 황산 구리(Ⅱ)의 용해도가 더 커진다.
⑤ 60℃에서 용해도가 가장 큰 물질과 80℃에서 용해도가 가장 큰 물질은 다르다.

20 70℃의 물 100 g에 질산 칼륨을 최대한 녹인 뒤 60℃로 냉각시켰을 때 석출되는 질산 칼륨의 양은?

① 20 g ② 30 g ③ 80 g
④ 100 g ⑤ 160 g

21 그림과 같이 시험관 6개에 같은 양의 사이다를 넣고 얼음물, 실온의 물, 50℃의 물에 하나는 마개를 닫고 하나는 마개를 연 채로 동시에 넣었다.

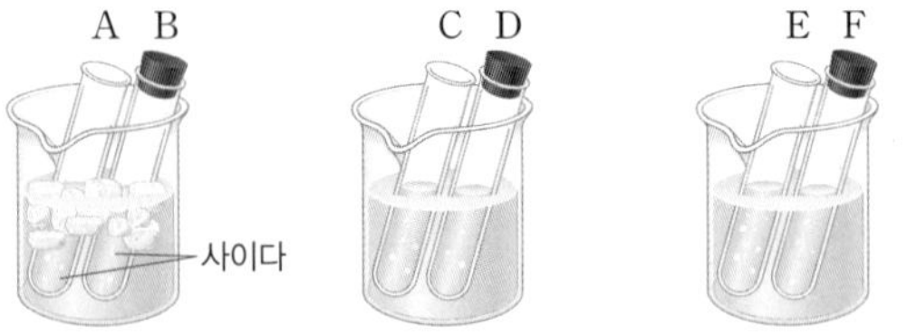

(가) 얼음물 (나) 실온(25℃)의 물 (다) 50℃의 물

발생하는 기포의 양을 비교한 것으로 옳은 것은?

① A<B ② C<D ③ A<C<E
④ E<C<A ⑤ F<D<B

고난도 실력 향상 문제

정답과 해설 • 45쪽

01 표는 고체 상태의 물질 A∼D의 밀도를 측정한 결과이다.

물질	A	B	C	D
밀도(g/cm^3)	2.7	3.4	0.8	9.1

이에 대한 설명으로 옳은 것은?

① A∼D는 모두 물에 가라앉는다.
② 부피가 같을 때 질량은 C<B<A<D이다.
③ A 물질 13.5 g과 C 물질 8 g의 부피를 비교하면 A>C이다.
④ B 물질 5 cm^3과 D 물질 3 cm^3의 질량을 비교하면 B<D이다.
⑤ 질량이 12.6 g이고 부피가 3 cm^3인 물질은 B와 같은 물질이다.

02 그림은 고체 물질 A, B의 용해도 곡선이다.

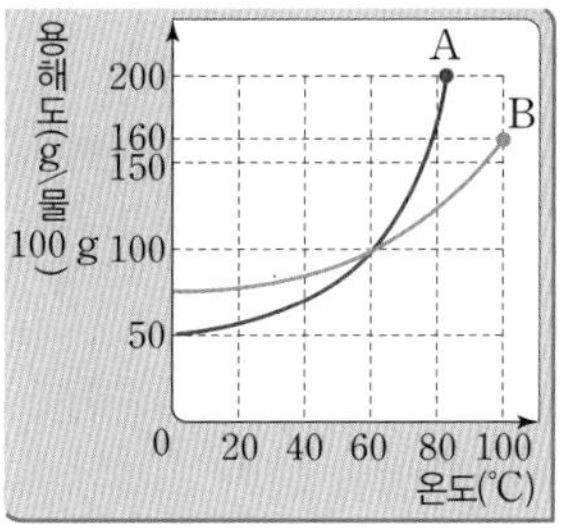

석출량이 가장 많은 것은?

① 80℃ A의 포화 용액 300 g을 60℃로 냉각시킨 경우
② 80℃ 물 200 g에 A를 200 g 녹인 후 60℃로 냉각시킨 경우
③ 80℃ 물 100 g에 A를 120 g 녹인 후 60℃로 냉각시킨 경우
④ 80℃ 물 100 g에 B를 120 g 녹인 후 60℃로 냉각시킨 경우
⑤ 100℃ 물 200 g에 B를 최대한 녹인 후 60℃로 냉각시킨 경우

서논술형 유형 연습

정답과 해설 • 46쪽

예제

01 다음은 연료인 LNG(액화 천연 가스)와 LPG(액화 석유 가스)의 성분에 대한 설명이다.

> LNG는 공기보다 밀도가 작은 메테인(CH_4) 가스가 주성분이고, LPG는 공기보다 밀도가 큰 프로페인(C_3H_8) 가스와 뷰테인(C_4H_{10}) 가스가 주성분이다.

이러한 성분 차이 때문에 사용하는 연료의 종류에 따라 가스 누출 경보기를 설치하는 위치가 다르다. LNG와 LPG의 가스 누출 경보기 설치 위치와 그 까닭을 서술하시오.

Tip 공기보다 밀도가 큰 기체는 가라앉고, 공기보다 밀도가 작은 기체는 떠오른다.
Key Word 밀도, 위쪽, 아래쪽

[설명] LNG는 공기보다 밀도가 작은 메테인이 주성분이므로 공기보다 밀도가 작다. 따라서 누출되는 경우 위쪽으로 이동하므로 경보기를 위쪽에 설치한다. LPG는 공기보다 밀도가 큰 프로페인과 뷰테인이 주성분이므로 공기보다 밀도가 크다. 따라서 누출되는 경우 아래쪽으로 이동하므로 경보기를 아래쪽에 설치한다.
[모범 답안] LNG는 공기보다 밀도가 작아 떠오르므로 가스 누출 경보기를 위쪽에 설치하고, LPG는 공기보다 밀도가 커 가라앉으므로 가스 누출 경보기를 아래쪽에 설치한다.

실전 연습

01 그림은 질량이 72 g인 어떤 금속 조각을 물이 20 mL 들어 있는 눈금실린더에 넣어 부피를 측정하는 모습이다.

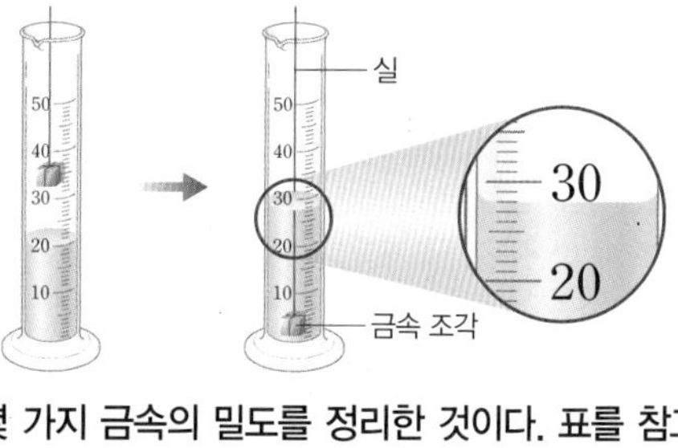

표는 몇 가지 금속의 밀도를 정리한 것이다. 표를 참고하여 이 금속 조각이 어떤 물질인지 찾고, 그 까닭을 서술하시오.

금속	알루미늄	철	구리	납
밀도(g/mL)	2.7	7.9	9.0	11.3

Tip 밀도는 물질의 특성이다.
Key Word 부피, 질량, 밀도, 물질의 특성

2 혼합물의 분리

❶ 끓는점 차에 의한 혼합물의 분리

1. **증류**: 혼합물을 가열할 때 나오는 기체를 다시 냉각하여 순수한 액체를 얻는 방법

고체와 액체의 혼합물의 분리	액체 혼합물의 분리
혼합물을 가열하면 고체 성분은 남아 있고, 끓는점이 낮은 액체만 기화한다. 예 바닷물에서 식수 얻기, 탁주로 청주 만들기	혼합물을 가열하면 끓는점이 낮은 액체가 먼저 기화한다. 예 물과 에탄올의 혼합물 증류, 원유의 증류✚

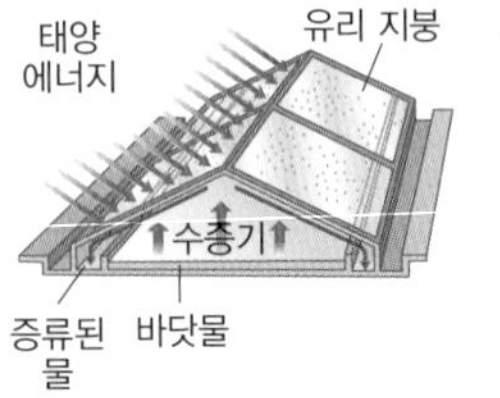

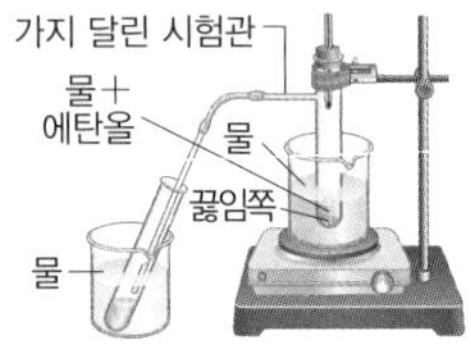

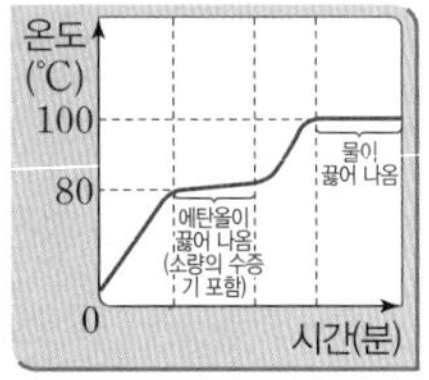

❷ 밀도 차에 의한 혼합물의 분리

고체 혼합물의 분리	섞이지 않는 액체 혼합물의 분리
고체 혼합물을 녹이지 않으면서 밀도가 두 고체의 중간인 액체 속에 넣는다. 예 알찬 볍씨 고르기, 신선한 달걀 고르기✚, 사금 채취✚ 볍씨를 소금물에 넣으면 알찬 볍씨는 아래로 가라앉고 쭉정이는 위에 뜬다. 밀도 크기: 알찬 볍씨＞소금물＞쭉정이	혼합물을 분별 깔때기나 시험관에 넣으면 밀도가 작은 액체는 위층으로, 밀도가 큰 액체는 아래층으로 나누어진다.

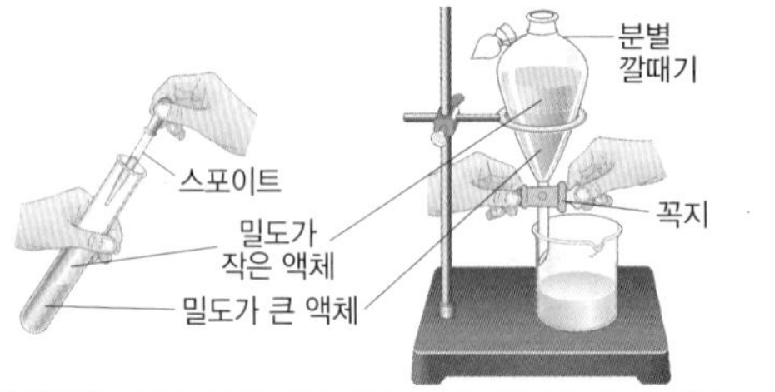

❸ 용해도 차에 의한 혼합물의 분리

1. **재결정**: 혼합물을 온도가 높은 용매에 녹인 후 냉각하여 순수한 고체 물질을 얻는 방법
   예 천일염에서 정제된 소금 얻기✚, 황산 구리(Ⅱ)의 재결정, 염화 나트륨과 붕산 혼합물 분리

- 온도에 따른 용해도 차가 큰 물질과 작은 물질의 혼합물을 높은 온도의 용매에 녹인 후 냉각 → 온도에 따른 용해도 차가 큰 물질만 석출
  ※ 염화 나트륨 20 g과 붕산 20 g의 혼합물
  ① 80 ℃의 물 100 g에 혼합물을 모두 녹인다.
  ② 용액을 20 ℃로 냉각시킨다. → 붕산만 15 g 석출

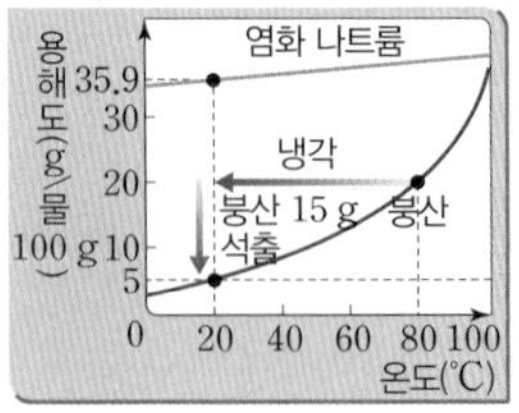

❹ 크로마토그래피✚에 의한 혼합물의 분리

1. **크로마토그래피**: 혼합물의 각 성분이 용매를 따라 이동하는 속도 차이를 이용하여 분리하는 방법

- 매우 적은 양의 혼합물도 분리할 수 있다.
- 성질이 비슷한 혼합물도 분리할 수 있다.
- 복잡한 혼합물도 한 번에 분리할 수 있다.
- 분리 방법이 간단하고, 짧은 시간에 분리할 수 있다.

✚ 원유의 증류
여러 가지 성분의 혼합물인 원유를 증류탑에서 가열하면 끓는점이 낮은 물질부터 위쪽에서 분리된다.

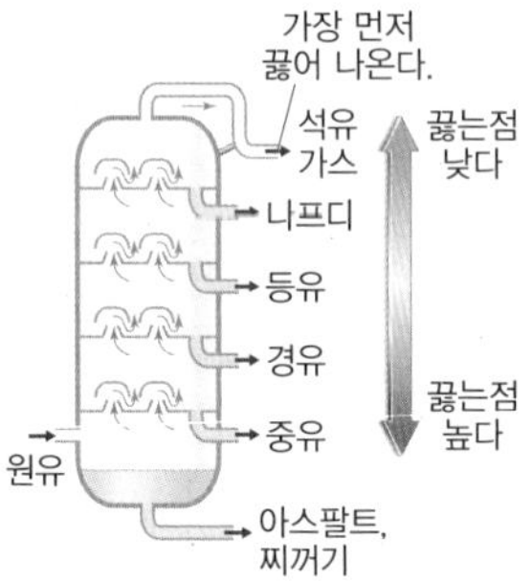

✚ 신선한 달걀 고르기
달걀을 소금물에 넣으면 신선한 달걀은 가라앉고, 오래된 달걀은 뜬다.

✚ 사금 채취
사금이 섞여 있는 모래를 그릇에 담아 흔들면 모래는 떠내려가고 밀도가 큰 사금만 남는다.
(밀도 크기: 사금＞모래＞물)

✚ 정제된 소금 얻기
불순물이 섞인 천일염을 높은 온도의 물에 녹인 후 냉각하면 소량의 불순물은 물에 녹아 있고, 순수한 소금만 석출되어 나온다.

✚ 크로마토그래피 원리

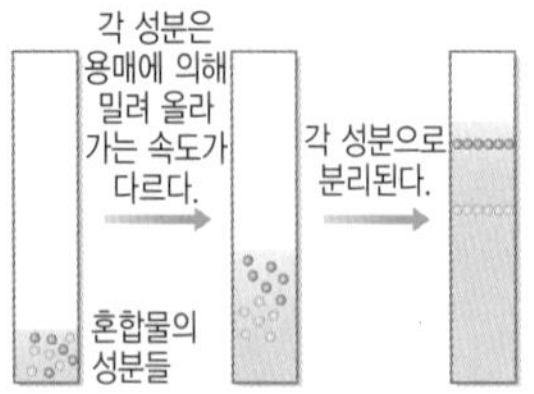

❶ 끓는점 차에 의한 혼합물의 분리

- 혼합물을 가열할 때 나오는 기체를 다시 냉각하여 순수한 액체를 얻는 방법을 □□라고 한다.
- 액체 혼합물을 가열하면 끓는점이 □□ 물질이 먼저 끓어 나온다.

❷ 밀도 차에 의한 혼합물의 분리

- 볍씨를 소금물에 넣으면 밀도가 □□ 쭉정이는 위로 뜬다.
- 밀도가 서로 다른 섞이지 않는 액체는 □□ □□□를 이용하여 분리할 수 있다.

❸ 용해도 차에 의한 혼합물의 분리

- □□□은 고체 혼합물을 높은 온도의 용매에 녹인 뒤 냉각하여 순수한 고체 결정을 얻는 방법이다.

❹ 크로마토그래피에 의한 혼합물의 분리

- 크로마토그래피는 혼합물의 각 성분이 용매를 따라 이동하는 □□ 차이를 이용한다.

01 다음은 바닷물에서 식수를 얻는 과정을 설명한 것이다. 빈칸에 알맞은 말을 쓰시오.

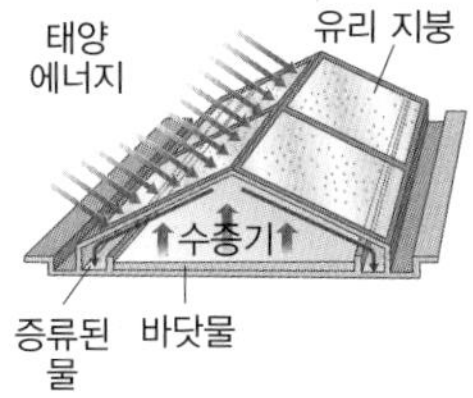

태양열에 의해 바닷물이 가열되면 바닷물 성분 중 끓는점이 (㉠) 물이 수증기로 기화되어 나온다. 이 수증기가 비교적 차가운 유리 지붕에 닿으면 냉각되면서 다시 (㉡)하여 지붕을 따라 흐르게 되고 순수한 물이 지붕의 양쪽에 모이게 된다.

02 표는 몇 가지 액체의 밀도를 정리한 것이다. 다음의 혼합물을 분별 깔때기에 넣었을 때 A에 위치하는 것을 쓰시오.

액체	에테르	식용유	물	사염화 탄소
밀도(g/cm^3)	0.71	0.91	1.0	1.54

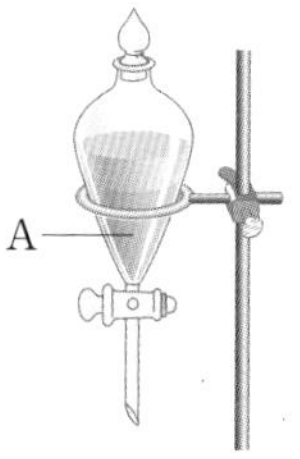

(1) 물과 식용유 - (　　　)
(2) 물과 에테르 - (　　　)
(3) 물과 사염화 탄소 - (　　　)

03 그림은 고체 물질 A와 B의 물에 대한 용해도 곡선이다. A 120 g과 B 20 g의 혼합물을 분리하기 위하여 80 ℃ 물 100 g에 혼합물을 모두 녹인 뒤 40 ℃로 냉각시켰다. 순수하게 석출되어 나오는 고체의 종류와 양을 쓰시오.

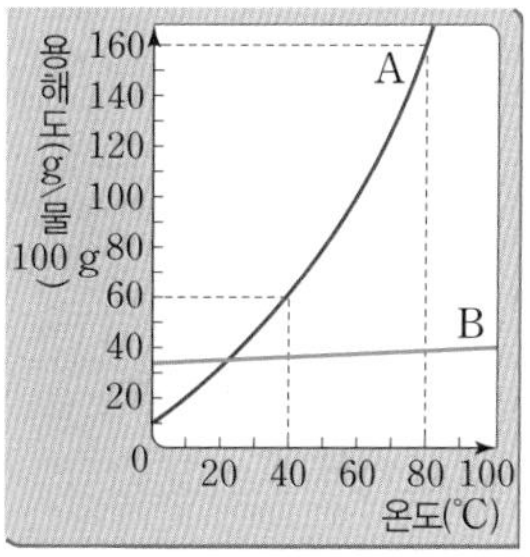

04 그림은 크로마토그래피를 이용하여 사인펜 잉크 A와 B의 성분을 분리한 결과이다. 이에 대한 설명으로 옳은 것은 ○표, 옳지 않은 것은 ×표를 하시오.(단, 구성 성분은 모두 분리되었다.)

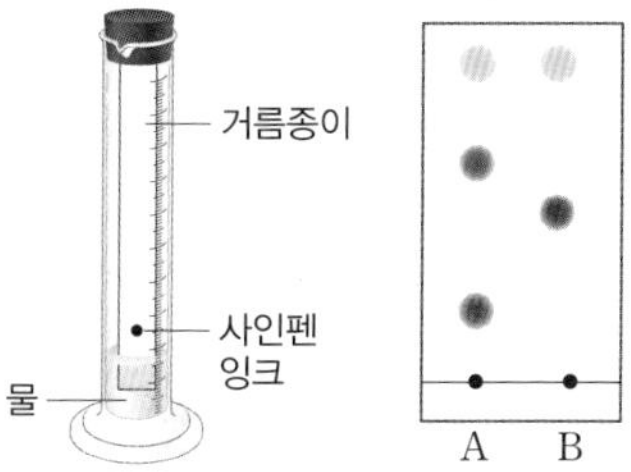

(1) 잉크 A와 B는 같은 물질이다. (　　)
(2) 잉크 A와 B는 노란색의 같은 성분을 포함하고 있다. (　　)
(3) 잉크 A의 성분 중 용매를 따라 이동하는 속도가 가장 빠른 것은 분홍색 성분이다. (　　)
(4) 잉크 B는 최소한 2종류의 성분 물질이 혼합된 혼합물이다. (　　)

05 다음 혼합물들을 분리할 때 이용하는 물질의 특성을 쓰시오.

(1) 물과 에탄올 - (　　　)
(2) 사금과 모래 - (　　　)
(3) 물과 사염화 탄소 - (　　　)
(4) 염화 나트륨과 붕산 - (　　　)
(5) 사인펜 잉크의 색소 - (　　　)

필수 탐구 끓는점 차를 이용한 혼합물의 분리

목표
물질의 끓는점 차를 이용하여 물과 에탄올의 혼합물을 분리할 수 있다.

액체가 갑자기 끓어 넘치는 것을 방지하기 위해 끓임쪽을 넣고, 물중탕으로 서서히 가열한다.

과정

1 가지 달린 시험관에 물과 에탄올의 혼합물을 넣고 끓임쪽을 넣는다.

2 그림과 같이 온도계를 설치하고, 물중탕하며 온도 변화를 측정한다.

3 온도가 비교적 일정하게 유지되는 구간에서 나오는 물질을 시험관에 각각 따로 모은다.

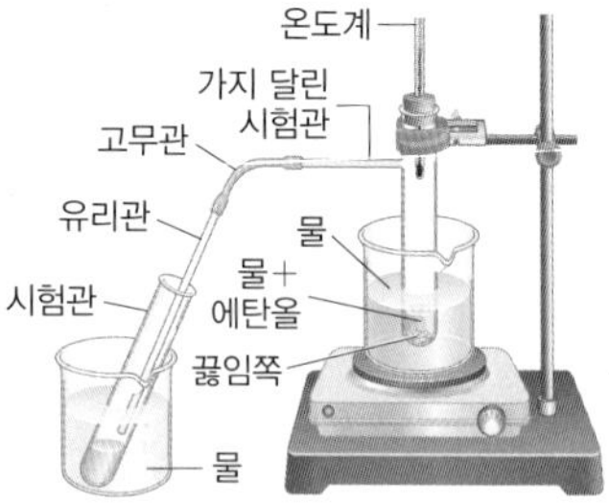

결과

1 시간에 따라 측정되는 온도 변화는 다음 그래프와 같다.

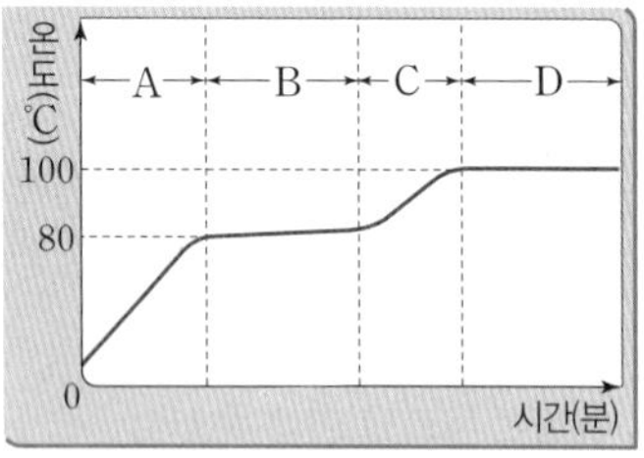

A 구간	혼합 용액의 온도가 높아진다.
B 구간	에탄올의 끓는점(78 ℃)보다 약간 높은 온도에서 에탄올이 주로 끓어 나온다.(약간의 수증기도 같이 나온다.)
C 구간	물의 온도가 높아진다.
D 구간	물이 끓는점(100 ℃)에서 끓어 나온다.

2 약 80 ℃ 근처에서 에탄올이 먼저 끓어서 나오고 100 ℃에서 물이 끓어 나와 시험관에 모인다.

정리

1 혼합물을 가열할 때 나오는 기체를 다시 냉각시켜 순수한 액체를 얻는 방법을 증류라고 한다.

2 서로 잘 섞이는 액체 혼합물을 가열하면 끓는점이 낮은 물질이 먼저 끓어 나온다.

3 액체 혼합물의 증류

- 혼합 용액의 온도가 증가하다가 첫 번째 온도가 비교적 일정한 구간에서 끓는점이 낮은 물질이 먼저 끓어 나와 시험관에 모인다.
- 끓는점이 낮은 물질이 모두 끓어 나오면 혼합 용액의 온도가 다시 빠르게 증가한다.
- 끓는점이 높은 물질의 끓는점에 도달하면 끓는점이 높은 물질이 끓어 나와 시험관에 모인다.

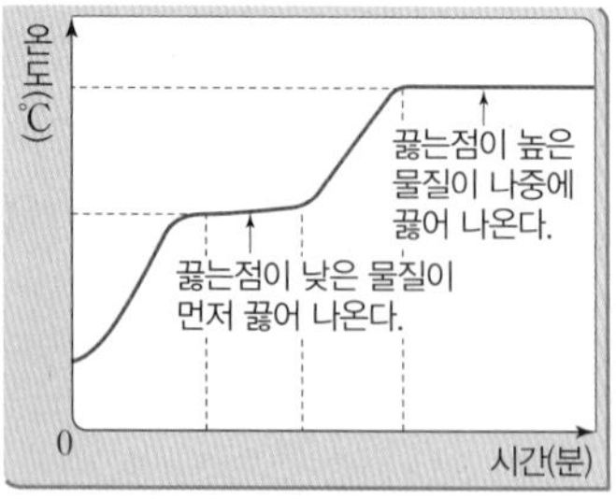

실험 클립 QR

수행 평가 섭렵 문제

정답과 해설 • 46쪽

끓는점 차를 이용한 혼합물의 분리

- □□□은 액체가 끓어서 기체가 되는 동안 일정하게 유지되는 온도이다.
- 혼합물을 가열할 때 나오는 기체를 다시 냉각시켜 순수한 액체를 얻는 방법을 □□라고 한다.
- 액체 혼합물을 가열하면 끓는점이 □□ 물질부터 끓어 나온다.
- 혼합물의 끓는점은 순물질의 끓는점보다 □□.

1 **그림은 액체 혼합물을 증류하기 위한 장치이다. 이에 대한 설명으로 옳지 <u>않은</u> 것은?**

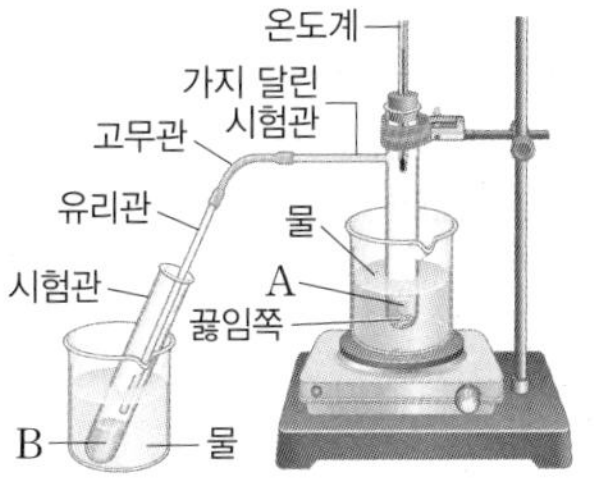

① A에서는 물질이 가열되어 기화한다.
② B에서는 A에서 기화되었던 물질이 다시 액화된다.
③ A의 액체와 B에 모이는 액체의 끓는점은 같다.
④ 이 장치를 이용하면 에탄올과 물의 혼합물을 분리할 수 있다.
⑤ 액체 혼합물이 갑자기 끓어 넘치는 것을 방지하기 위해 끓임쪽을 넣는다.

2 **그림은 메탄올과 물의 혼합물을 증류 장치를 이용하여 가열하면서 온도 변화를 측정하여 나타낸 그래프이다. A ~ D 구간 중 다음의 설명 구간을 찾아 쓰시오.**

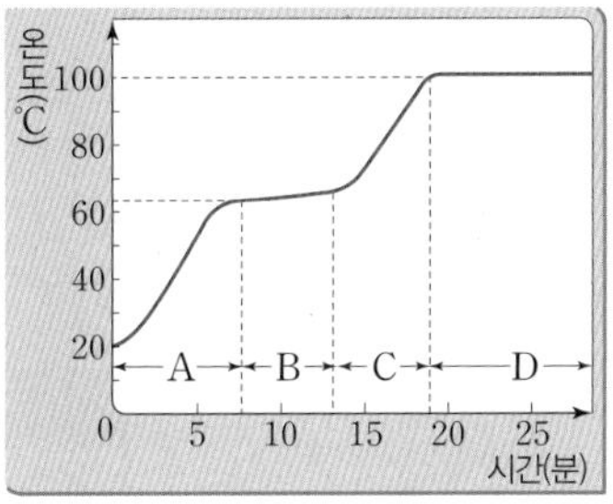

(1) 물의 온도가 증가한다. - (　　　)
(2) 물이 주로 끓어 나온다. - (　　　)
(3) 메탄올이 주로 끓어 나온다. - (　　　)
(4) 혼합 용액의 온도가 증가한다. - (　　　)

3 **그림과 같은 소줏고리를 이용하면 막걸리와 같은 탁주에서 청주를 얻을 수 있다. 이에 대한 설명으로 옳은 것만을 〈보기〉에서 있는 대로 고르시오.**

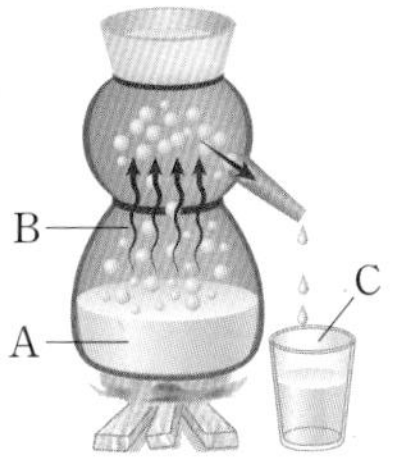

보기

ㄱ. A는 혼합물이다.
ㄴ. B의 주성분은 물이다.
ㄷ. B가 냉각되어 모인 것이 C이다.
ㄹ. A보다 C가 에탄올 함량이 더 높은 독한 술이다.
ㅁ. 혼합물을 가열하면 끓는점이 높은 성분부터 기화한다.

4 **다음은 프로페인과 뷰테인의 기체 혼합물을 분리하는 과정에 대한 설명이다. 빈칸에 알맞은 말을 쓰시오.**

둥근 플라스크에 기체 뷰테인과 프로페인의 혼합물을 넣고 마개를 닫은 뒤 얼음과 소금의 혼합물을 이용하여 냉각시키면 끓는점이 (　　　) 뷰테인이 액체로 액화되어 혼합물이 분리된다.

필수 탐구 용해도 차를 이용한 혼합물의 분리

목표
물질의 온도에 따른 용해도 차를 이용하여 질산 칼륨과 염화 나트륨의 혼합물을 분리할 수 있다.

과정

1 염화 나트륨 30 g과 질산 칼륨 80 g의 혼합물을 물 100 g에 넣는다.
2 고체 혼합물이 모두 녹을 때까지 혼합 용액을 가열한다.
3 고체 혼합물이 모두 녹으면 비커를 찬물에 넣어 20 ℃까지 냉각시킨다.
4 냉각시킨 용액을 거름 장치로 거른다.

혼합 용액을 가열할 때 화상에 주의한다.

물에 녹아 있는 물질은 거름종이를 통과하고, 물에 녹지 않고 석출된 물질은 거름종이 위에 남는다.

결과

1 용액을 가열하여 물질을 모두 녹인 후 20 ℃로 냉각하면 질산 칼륨만 50 g 석출된다.

구분	높은 온도의 물 100 g에 녹은 물질의 양	20 ℃에서의 용해도	석출량
염화 나트륨	30 g	35.9 g	없음
질산 칼륨	80 g	30 g	50 g

2 거름종이 위에 질산 칼륨 약 50 g이 걸러진다.

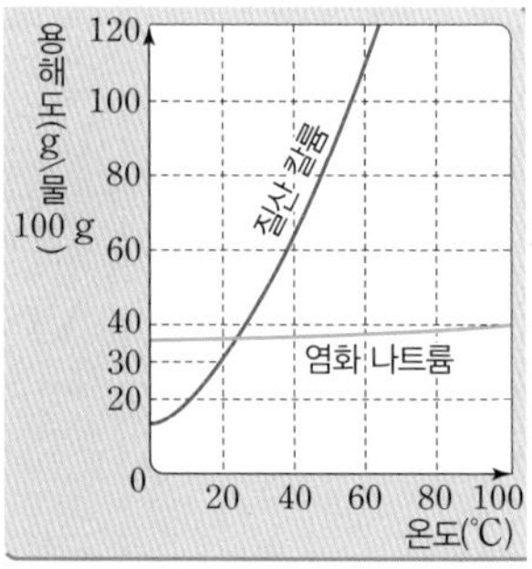

정리

1 혼합물을 온도가 높은 용매에 녹인 후 냉각하여 순수한 고체 물질을 얻는 방법을 재결정이라고 한다.

소량의 불순물이 섞인 고체 물질	온도에 따른 용해도 차가 큰 물질과 작은 물질의 혼합물
높은 온도의 물에 녹인 후 냉각 → 소량의 불순물은 물에 녹아 있고, 순수한 고체 물질만 석출 예 황산 구리(Ⅱ)의 재결정, 천일염의 정제	혼합물을 높은 온도의 용매에 녹인 후 냉각 → 온도에 따른 용해도 차가 큰 물질만 석출 예 붕산과 염화 나트륨의 혼합물 분리

2 거름: 혼합물에서 용매에 녹지 않는 물질을 거름 장치를 이용하여 분리하는 방법
- 용매에 녹지 않은 물질은 거름종이 위에 남고, 용매에 녹은 물질은 거름종이를 통과한다.

실험 클립 QR

수행 평가 섭렵 문제

용해도 차를 이용한 혼합물의 분리

- 혼합물을 온도가 높은 용매에 녹인 후 냉각하여 순수한 고체 물질을 얻는 방법을 □□□이라고 한다.
- 혼합물을 거름 장치를 이용하여 거르면 □□에 녹은 물질은 거름종이를 통과하고 □□에 녹지 않는 물질은 거름종이 위에 남는다.
- 대부분 고체의 용해도는 온도가 높을수록 □□한다.
- 높은 온도의 용매에 용질을 녹인 뒤 충분히 낮은 온도로 냉각시키면 용질이 □□된다.

1 천일염에서 순수한 소금을 얻을 때 이용하는 물질의 특성으로 옳은 것은?

① 밀도 ② 용해도 ③ 어는점 ④ 끓는점 ⑤ 녹는점

2 그림은 염화 나트륨과 붕산의 물에 대한 용해도 곡선이다. 염화 나트륨 30 g과 붕산 30 g의 고체 혼합물을 물 100 g에 모두 녹인 뒤 냉각시켜 분리하는 과정에 대한 설명으로 옳은 것은 ○표, 옳지 않은 것은 ×표를 하시오.

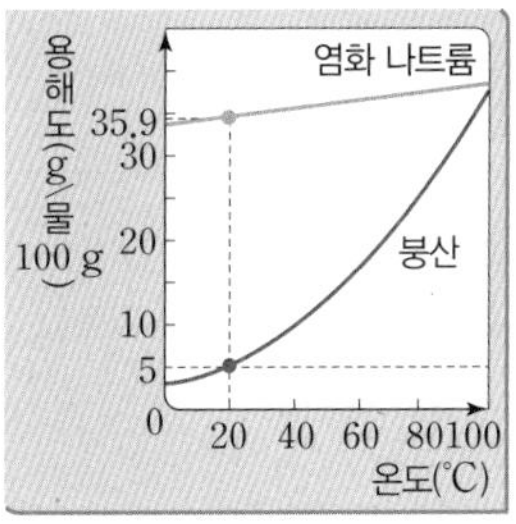

(1) 20 ℃로 냉각하면 순수한 염화 나트륨을 얻을 수 있다. ( )

(2) 혼합물을 모두 녹이려면 혼합 용액을 80 ℃까지 가열하면 된다. ( )

(3) 20 ℃로 냉각하였을 때 석출되는 용질의 양은 25 g이다. ( )

(4) 20 ℃로 냉각한 용액 속에 염화 나트륨 30 g은 모두 녹아 있다. ( )

(5) 20 ℃로 냉각한 용액을 거름 장치로 거르면 거름종이 위에 붕산만 남는다. ( )

3 표는 세 가지 고체 A～C의 물에 대한 용해도를 정리한 것 것이다. 이에 대한 설명으로 옳은 것만을 〈보기〉에서 있는 대로 고르시오.

물질	용해도(g/물 100 g)			
	20 ℃	40 ℃	60 ℃	80 ℃
A	32	35	37	39
B	40	48	52	63
C	7	33	69	95

〈보기〉

ㄱ. 재결정을 이용해 순수한 결정을 얻기 가장 좋은 물질은 B이다.

ㄴ. A와 B가 30 g씩 섞여 있는 혼합물을 물 100 g에 모두 녹인 뒤 20 ℃로 냉각시키면 순수한 고체 물질을 얻을 수 있다.

ㄷ. A와 C가 30 g씩 섞여 있는 혼합물을 물 100 g에 모두 녹인 뒤 20 ℃로 냉각시키면 C만 23 g 석출된다.

ㄹ. B와 C가 30 g씩 섞여 있는 혼합물을 물 100 g에 녹인 용액에서 재결정 방법을 통하여 순수한 B를 얻을 수 있다.

4 표는 여러 가지 물질의 물과 에탄올에 대한 용해성을 나타낸 것이다.

물질	설탕	소금	질산 칼륨	나프탈렌	아이오딘
물	녹음	녹음	녹음	녹지 않음	녹지 않음
에탄올	녹지 않음	녹지 않음	녹지 않음	녹음	녹음

거름 장치를 이용하여 분리할 수 있는 혼합물로 알맞지 않은 것은? (단, 용매로 물 또는 에탄올을 사용한다.)

① 설탕과 나프탈렌 ② 소금과 아이오딘 ③ 소금과 질산 칼륨
④ 질산 칼륨과 나프탈렌 ⑤ 질산 칼륨과 아이오딘

필수 탐구 크로마토그래피를 이용한 혼합물의 분리

목표
크로마토그래피를 이용하여 사인펜 잉크의 색소를 분리할 수 있다.

과정

1 거름종이를 폭이 1.5 cm 정도 되도록 잘라 한쪽 끝에서 1 cm 되는 곳에 연필로 연하게 출발선을 긋는다.
2 연필로 그은 시작선 위의 같은 위치에 검은색 수성 사인펜으로 점을 2~3번 찍는다.
3 실린더의 바닥에 물을 조금 넣고 오른쪽 그림과 같이 장치한다.
4 물이 거름종이의 위쪽 끝 가까이 올라가면 거름종이를 꺼내어 잘 말린다.

거름종이에 찍은 색소 점이 물에 잠기지 않을 정도로만 물을 넣는다.

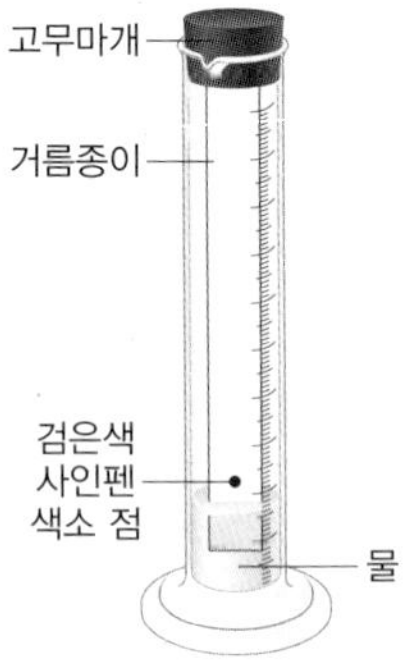

결과

검은색 수성 사인펜의 성분 색소가 다음과 같이 분리된다.

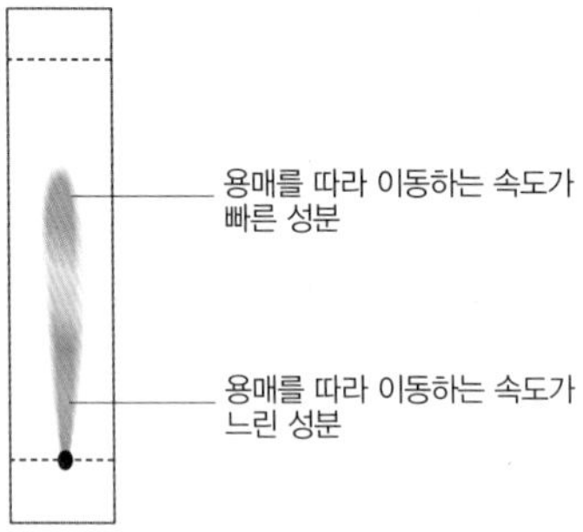

정리

1 크로마토그래피: 혼합물의 각 성분이 용매를 따라 이동하는 속도 차이를 이용하여 분리하는 방법
- 매우 적은 양의 혼합물도 분리할 수 있다.
- 성질이 비슷한 혼합물도 분리할 수 있다.
- 복잡한 혼합물도 한 번에 분리할 수 있다.
- 분리 방법이 간단하고, 짧은 시간에 분리할 수 있다.

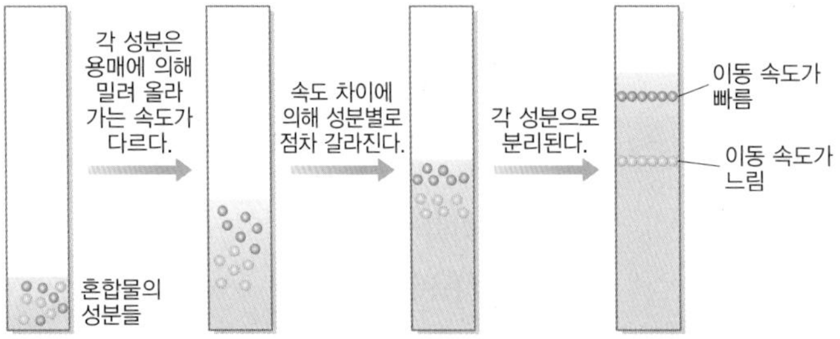

2 크로마토그래피를 이용하여 사인펜 잉크의 색소 분리, 꽃잎의 색소 분리, 운동 선수의 도핑 테스트 등을 할 수 있다.

실험 클립 QR

수행 평가 섭렵 문제

정답과 해설 • 47쪽

크로마토그래피를 이용한 혼합물의 분리

- □□□□□□□를 이용하면 사인펜 잉크의 색소처럼 성질이 비슷한 혼합물도 분리할 수 있다.
- 크로마토그래피는 혼합물의 각 성분이 □□를 따라 이동하는 □□ 차이를 이용하여 혼합물을 분리한다.
- 크로마토그래피를 이용하여 꽃잎의 색소를 분리했을 때 가장 멀리 이동한 성분이 용매를 따라 이동하는 속도가 가장 □□ 것이다.
- 크로마토그래피는 운동 선수의 □□ □□□에 이용된다.

1 **크로마토그래피에 대한 설명으로 옳은 것은 ○표, 옳지 않은 것은 ×표를 하시오.**

(1) 크로마토그래피의 결과는 용매의 종류에 따라 달라진다. ( )

(2) 크로마토그래피는 혼합물의 양이 많은 경우에만 사용할 수 있다. ( )

(3) 크로마토그래피는 분리 방법이 간단하고, 짧은 시간에 분리할 수 있다. ( )

(4) 크로마토그래피의 용매는 성분 물질을 녹일 수 있는 물질을 선택해야 한다. ( )

(5) 크로마토그래피는 용매에 대한 용해도 차이가 큰 성분 물질들을 분리하는 방법이다. ( )

2 **그림은 크로마토그래피를 이용하여 잉크 A～E의 성분을 분리한 결과이다. 이 결과에 대한 해석으로 옳지 않은 것은?**

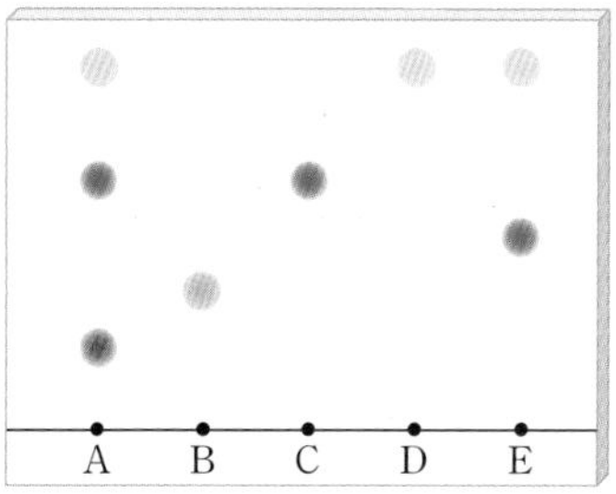

① 가장 많은 성분으로 이루어진 잉크는 A이다.
② B와 같은 성분을 포함하는 잉크는 없다.
③ A, D, E는 같은 성분을 포함하고 있다.
④ A와 C는 같은 성분을 포함하고 있다.
⑤ C는 용매를 따라 이동하는 속도가 가장 빠른 성분을 포함하고 있다.

3 **크로마토그래피로 분리하기 알맞은 혼합물은?**

① 소금과 물 ② 모래와 사금 ③ 물과 에탄올
④ 시금치의 색소 ⑤ 질소 기체와 산소 기체

4 **그림은 크로마토그래피로 시료를 분석하는 과정과 결과를 나타낸 것이다.**

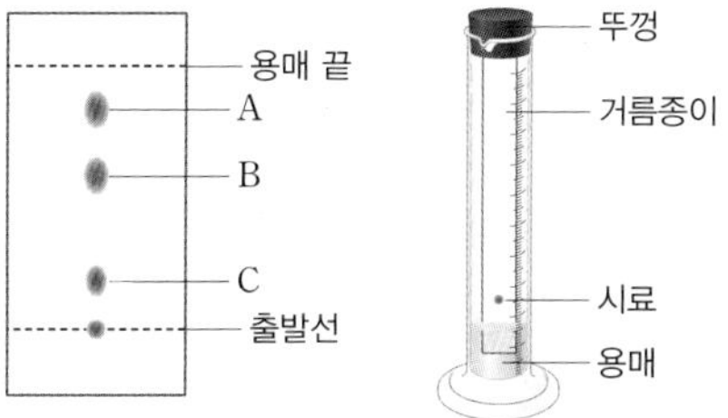

이에 대한 설명으로 옳은 것을 〈보기〉에서 있는 대로 고르시오. (단, 성분 물질은 모두 분리되었다.)

보기

ㄱ. 시료는 3가지 성분으로 이루어져 있다.
ㄴ. 용매는 시료가 잠기지 않을 정도로만 넣어야 한다.
ㄷ. 용매를 따라 이동하는 속도가 가장 빠른 것은 C이다.
ㄹ. 용매가 종이 끝에 도달한 이후에도 성분 물질이 충분히 이동할 때까지 기다려야 한다.

내신 기출 문제

1 끓는점 차에 의한 혼합물의 분리

01 그림과 같은 장치를 이용하여 물과 에탄올 혼합물을 가열하였더니 온도 변화가 그래프와 같았다.

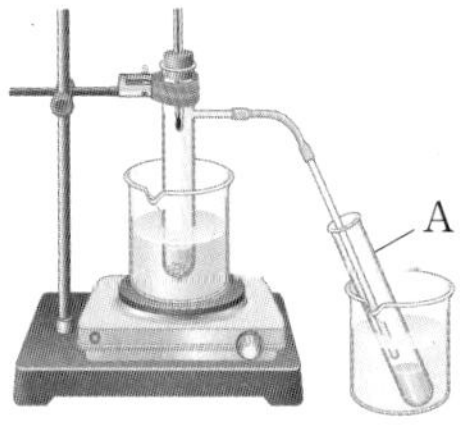

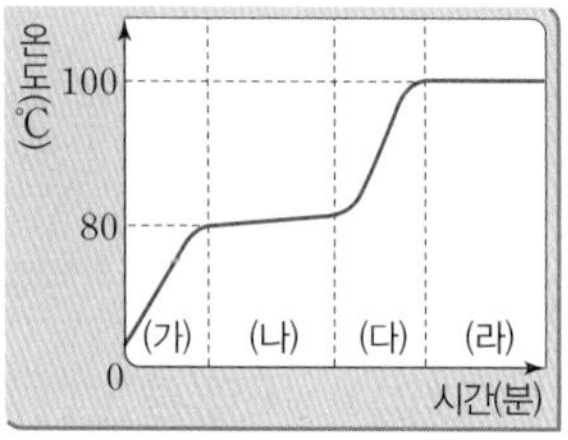

이에 대한 설명으로 옳은 것은?

① (가) 구간에서 시험관 A에 순수한 물이 모인다.
② (나) 구간에서는 주로 물이 끓어 나온다.
③ (다) 구간에서는 순수한 에탄올만 남아 있다.
④ (라) 구간에서는 주로 에탄올이 끓어 나온다.
⑤ 시험관 A에는 끓는점이 낮은 물질이 먼저 분리된다.

02 원유를 증류탑에서 가열하면 그림과 같이 위에서부터 각 성분 물질들이 분리되어 나온다. 그림의 성분 물질들의 끓는점 크기를 부등호로 비교하시오.

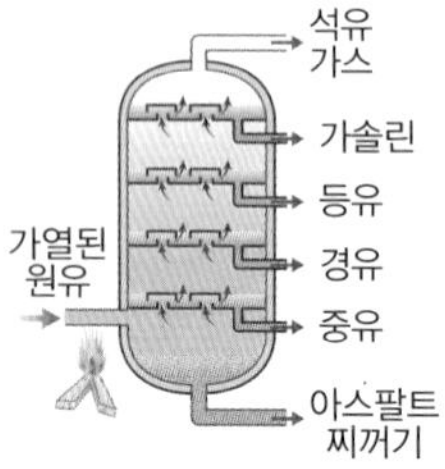

2 밀도 차에 의한 혼합물의 분리

중요

03 그림은 혼합물을 분리하는 과정을 나타낸 것이다.

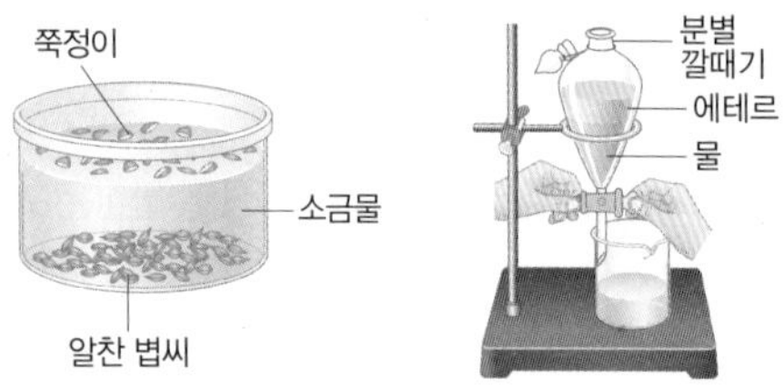

이에 대한 설명으로 옳은 것은?

① 밀도는 쭉정이>소금물>알찬 볍씨이다.
② 에테르와 물은 서로 잘 섞이는 액체이다.
③ 용해도 차이를 이용하여 혼합물을 분리한다.
④ 소금물의 농도가 매우 크면 알찬 볍씨도 떠오른다.
⑤ 에테르는 물보다 밀도가 큰 물질이다.

04 혼합물의 분리에 이용하는 물질의 특성이 다른 하나는?

① 볍씨와 쭉정이 분리 ② 사금과 모래 분리
③ 물과 사염화 탄소 분리 ④ 공기의 성분 분리
⑤ 신선한 달걀과 오래된 달걀 분리

3 용해도 차에 의한 혼합물의 분리

05 그림은 고체 물질 A, B의 물에 대한 용해도 곡선이다. A 80 g과 B 20 g의 혼합물을 80 ℃의 물 100 g에 모두 녹인 뒤 40 ℃로 냉각시켰다. 이때 석출되는 물질과 물질의 양으로 옳은 것은?

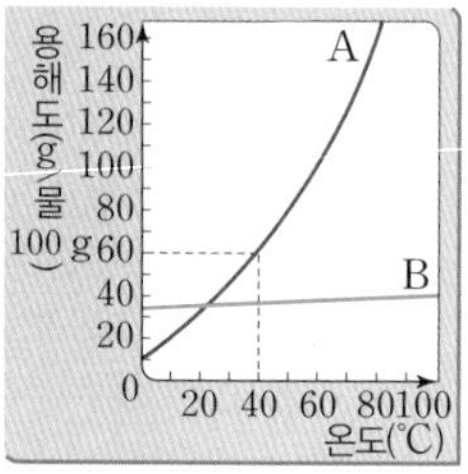

① A, 20 g ② A, 40 g ③ A, 80 g
④ B, 10 g ⑤ B, 20 g

4 크로마토그래피에 의한 혼합물의 분리

06 크로마토그래피에 대한 설명으로 옳지 않은 것은?

① 용매에 따라서 결과가 다르게 나온다.
② 운동 선수의 도핑 테스트 등에 사용된다.
③ 성질이 비슷한 물질들이 섞인 혼합물을 분리할 수 있다.
④ 복잡한 혼합물을 분리할 수 있지만 시간이 오래 걸린다.
⑤ 성분 물질이 용매를 따라 이동하는 속도 차이를 이용한다.

07 그림은 크로마토그래피를 이용하여 시금치의 색소를 분리한 결과이다. 이에 대한 설명으로 옳은 것은?

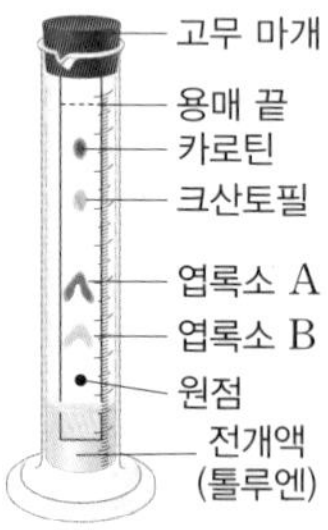

① 엽록소 A와 B는 같은 성분이다.
② 크산토필은 톨루엔에 녹지 않는 물질이다.
③ 톨루엔은 원점이 잠길 정도로 넣어야 한다.
④ 톨루엔 대신 물을 사용해도 같은 결과를 얻을 수 있다.
⑤ 용매를 따라 이동하는 속도가 가장 빠른 성분은 카로틴이다.

고난도 실력 향상 문제

정답과 해설 • 48쪽

01 서로 잘 섞이는 액체 A~D의 끓는점과 액체 혼합물의 가열 곡선을 나타낸 것이다.

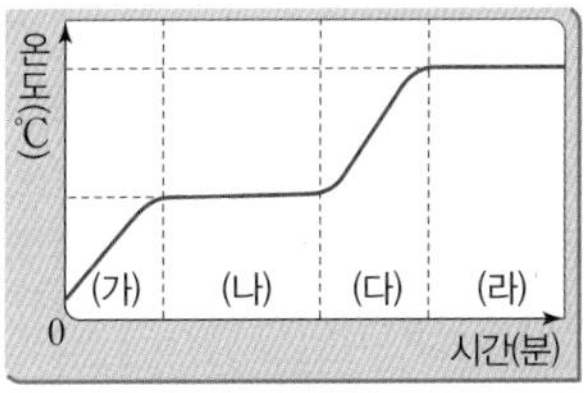

액체	끓는점(℃)
A	56
B	63
C	78
D	100

이에 대한 설명으로 옳지 않은 것은?

① A~D의 혼합물을 증류로 분리할 수 있다.
② A와 B의 혼합물이 (나) 구간의 길이가 가장 짧다.
③ A와 D의 혼합물이 (나)와 (라) 구간의 온도 차이가 가장 크다.
④ B와 C의 혼합물은 (나) 구간에서 B가 주로 끓어 나온다.
⑤ C와 D의 혼합물이 (나) 구간의 온도가 가장 높다.

02 표는 고체 물질 A, B의 부피 및 질량과 액체 물질 (가)~(라)의 몇 가지 특성을 정리한 것이다.

물질	부피(cm^3)	질량(g)
A	3.0	15.3
B	4.2	5.04

물질	밀도(g/cm^3)	용해성	
		A	B
(가)	1.0	×	×
(나)	1.5	○	×
(다)	2.1	×	×
(라)	1.8	○	○

밀도 차를 이용하여 고체 A와 B를 분리하려고 할 때 사용하기 알맞은 액체를 고르시오.

03 그림은 염화 나트륨과 붕산의 물에 대한 용해도 곡선이다. (가)~(다) 중 재결정을 통해 순수한 붕산을 가장 많이 얻을 수 있는 경우와 가장 적게 얻을 수 있는 경우를 각각 쓰시오.

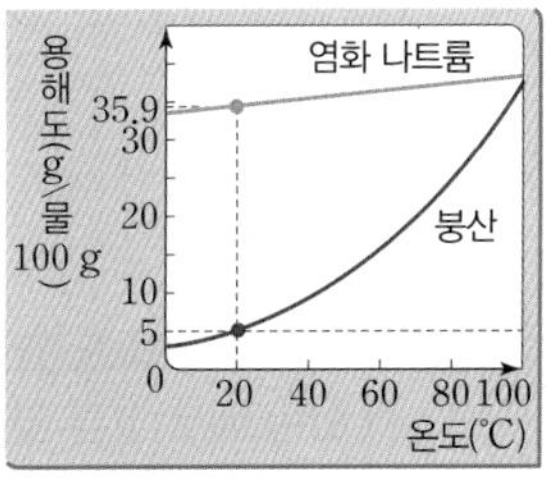

(가) 물 50 g에 염화 나트륨 20 g과 붕산 20 g을 모두 녹인 뒤 20 ℃로 냉각
(나) 물 200 g에 염화 나트륨 10 g과 붕산 20 g을 모두 녹인 뒤 20 ℃로 냉각
(다) 물 50 g에 염화 나트륨 10 g과 붕산 25 g을 모두 녹인 뒤 20 ℃로 냉각

서논술형 유형 연습

정답과 해설 • 48쪽

예제

01 그림은 분별 깔때기를 이용하여 액체 혼합물을 분리하는 방법이다.

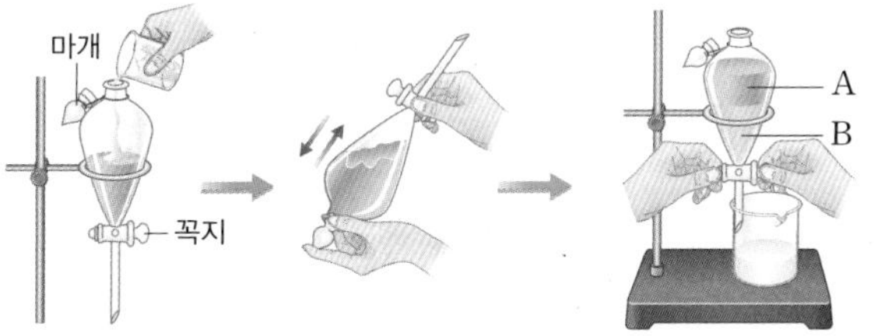

① 꼭지를 잠근 다음 혼합 용액을 넣는다. ② 마개를 막고 두 손을 사용하여 흔든다. ③ 가만히 세워 둔 후, 꼭지를 열고 아래 용액을 따라낸다.

분별 깔때기를 이용하여 분리할 수 있는 액체 혼합물의 조건을 2가지 서술하시오.

Tip 밀도가 작은 액체는 위층으로, 밀도가 큰 액체는 아래층으로 나누어진다.

Key Word 밀도

[설명] 분별 깔때기는 밀도 차이를 이용하여 액체 혼합물을 분리하는 도구이다. 이때 액체는 서로 섞이지 않아야 하고, 밀도 차이가 있어야 한다. 이러한 액체 혼합물을 분별 깔때기에 넣으면 밀도가 작은 액체는 위층, 밀도가 큰 액체는 아래층으로 층을 이루며 분리된다.

[모범 답안] 서로 섞이지 않고, 밀도 차이가 있어야 한다.

실전 연습

01 뷰테인과 프로페인의 혼합 기체가 들어 있는 둥근 바닥 플라스크를 얼음과 소금의 혼합물에 넣어 −20 ℃로 냉각시켰다.

혼합 기체를 냉각시켰을 때 일어나는 현상을 서술하시오. (단, 프로페인의 끓는점은 −43 ℃이고, 뷰테인의 끓는점은 −0.5 ℃이다.)

Tip 끓는점은 물질이 액체에서 기체로 상태 변화하는 온도이다.

Key Word 액화

대단원 마무리

1 물질의 특성

01 그림은 물질을 분류하는 과정을 나타낸 것이다.

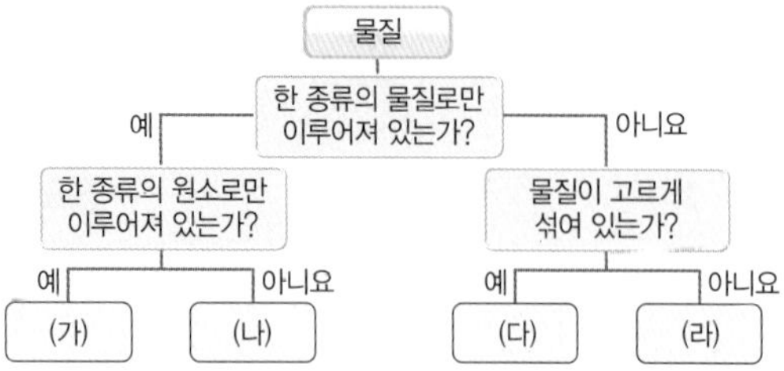

(가)~(라)에 해당하는 물질을 옳게 짝 지은 것은?

	(가)	(나)	(다)	(라)
①	금	물	우유	바닷물
②	물	철	공기	주스
③	흑연	설탕	식초	암석
④	구리	에탄올	사이다	청동
⑤	소금	다이아몬드	이산화 탄소	흙탕물

02 혼합물에 대한 설명으로 옳은 것은?

① 혼합물은 어는점이 일정하다.
② 혼합물은 순물질로 다시 분리할 수 없다.
③ 혼합물은 끓는 동안 온도가 점점 낮아진다.
④ 혼합물은 성분 물질과 다른 성질을 나타낸다.
⑤ 혼합물은 성분 물질의 비율에 따라 밀도가 달라진다.

03 순물질과 혼합물의 어는점과 끓는점을 측정한 그래프이다.

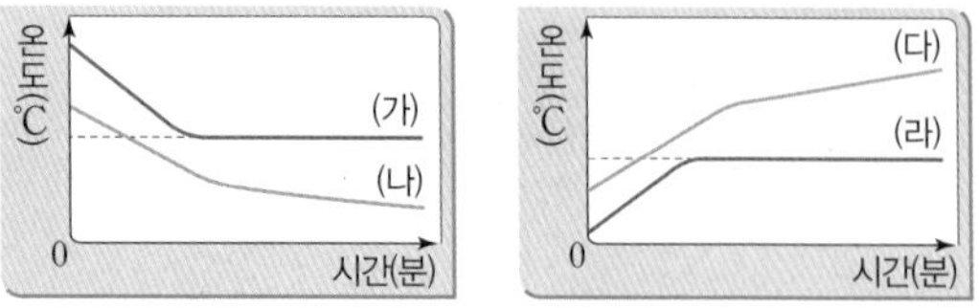

이에 대한 설명으로 옳은 것은?

① (가)와 (다)는 순물질이다.
② 순물질보다 혼합물의 어는점과 끓는점이 낮다.
③ 납과 주석을 혼합하여 땜납을 만드는 까닭을 (나)로 설명할 수 있다.
④ 아연과 주석을 섞어서 퓨즈를 만드는 까닭을 (다)로 설명할 수 있다.
⑤ 눈이 오는 날 도로에 염화 칼슘을 뿌리는 까닭을 (라)로 설명할 수 있다.

04 탄산음료에 얼음을 넣었을 때에 대한 설명으로 옳은 것만을 〈보기〉에서 있는 대로 고른 것은?

보기
ㄱ. 얼음은 순물질이다.
ㄴ. 탄산음료는 혼합물이다.
ㄷ. 얼음의 밀도는 탄산음료의 밀도보다 크다.
ㄹ. 얼음을 넣어 온도를 낮추면 기체의 용해도는 증가한다.

① ㄱ, ㄴ ② ㄱ, ㄷ ③ ㄴ, ㄹ
④ ㄱ, ㄴ, ㄹ ⑤ ㄴ, ㄷ, ㄹ

05 그림은 고체 상태의 물질을 가열하였다가 냉각하면서 온도 변화를 측정하여 나타낸 그래프이다.

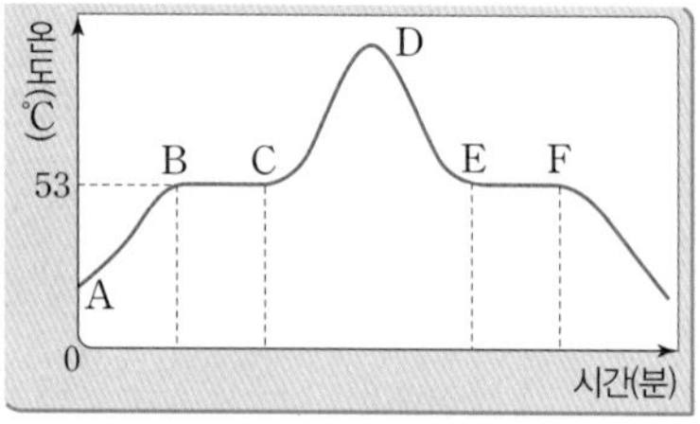

이에 대한 설명으로 옳지 않은 것은?

① 녹는점은 53℃이다.
② 물질의 양을 적게 하면 AB 구간의 길이가 짧아진다.
③ 물질의 양을 적게 하여도 물질의 어는점은 53℃이다.
④ 다른 물질로 실험하면 BC 구간의 온도는 달라질 것이다.
⑤ EF 구간에서는 물질의 밀도가 점점 감소한다.

06 물의 끓는 온도를 높이는 방법으로 옳은 것만을 〈보기〉에서 있는 대로 고른 것은?

보기
ㄱ. 소금을 넣는다.
ㄴ. 물질의 양을 늘린다.
ㄷ. 높은 산으로 올라간다.
ㄹ. 압력솥에 물을 넣고 가열한다.
ㅁ. 가열하는 불꽃의 세기를 세게 한다.

① ㄱ, ㄷ ② ㄱ, ㄹ ③ ㄱ, ㅁ
④ ㄴ, ㄹ ⑤ ㄹ, ㅁ

07 그림은 물질 A～D를 가열하며 온도 변화를 측정한 그래프이다. A～D 중 같은 물질을 찾아 쓰고, 두 물질의 양을 비교하시오.

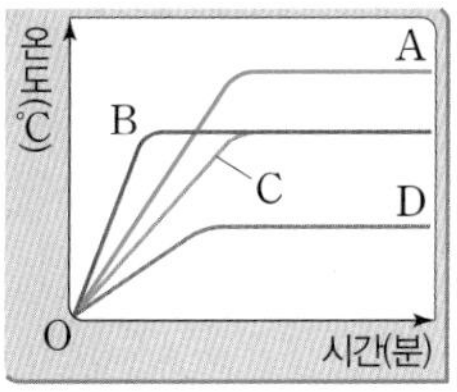

08 밀도에 대한 설명으로 옳은 것만을 〈보기〉에서 있는 대로 고른 것은?

보기
ㄱ. 기체의 밀도는 압력이 클수록 크다.
ㄴ. 질량, 부피, 밀도는 물질의 특성이다.
ㄷ. 물질의 상태와 관계없이 밀도는 일정하다.
ㄹ. 온도가 높아지면 액체와 기체의 밀도는 작아진다.

[09～10] 밀도가 다음과 같은 액체 A～C를 이용하여 그림과 같이 밀도 탑을 쌓았다.

물질	A	B	C
밀도(g/mL)	2.0	1.2	2.7

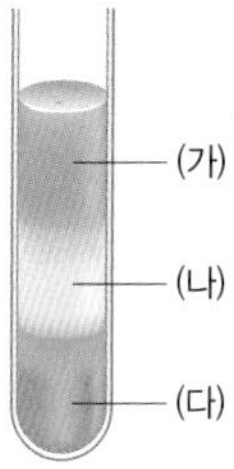

09 (가)～(다)에 해당하는 액체 A～C를 옳게 연결한 것은?

	(가)	(나)	(다)
①	A	B	C
②	B	A	C
③	B	C	A
④	C	A	B
⑤	C	B	A

10 질량이 27 g이고,부피가 12 mL인 금속 조각을 위 비커에 넣었을 때, 금속 조각은 어디에 위치하는지 쓰시오.

11 시험관에 같은 양의 사이다를 넣고, 그림과 같이 장치하였다. A～D 중 기체의 용해도가 가장 작은 시험관을 쓰시오.

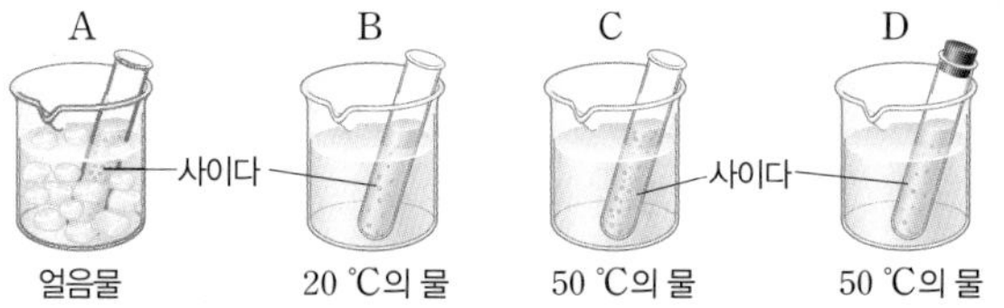

12 그림은 어떤 고체 물질의 물에 대한 용해도 곡선이다. 이에 대한 설명으로 옳지 않은 것은?

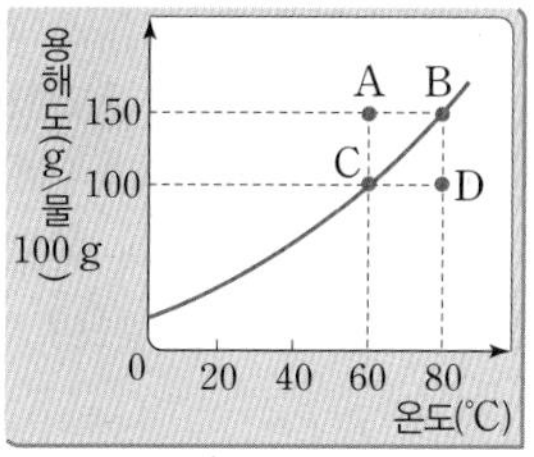

① A 용액을 냉각시키면 고체 물질이 석출된다.
② B 용액 250 g을 60 ℃로 냉각시키면 50 g의 용질이 석출된다.
③ C 용액을 가열하면 용질을 더 녹일 수 있다.
④ 용액의 밀도는 D<B이다.
⑤ D 용액 200 g에는 용질이 150 g 녹아 있다.

2 혼합물의 분리

13 혼합물을 분리할 때 이용하는 물질의 특성을 연결한 것으로 옳지 않은 것은?

① 물과 에탄올의 분리 – 끓는점
② 물과 사염화 탄소의 분리 – 밀도
③ 붕산과 염화 나트륨의 분리 – 용해도
④ 알찬 볍씨와 쭉정이의 분리 – 녹는점
⑤ 꽃잎의 색소 분리 – 용매를 따라 이동하는 속도

14 그림과 같은 장치를 이용하여 소금물을 가열하였다. 이에 대한 설명으로 옳은 것만을 〈보기〉에서 있는 대로 고른 것은?

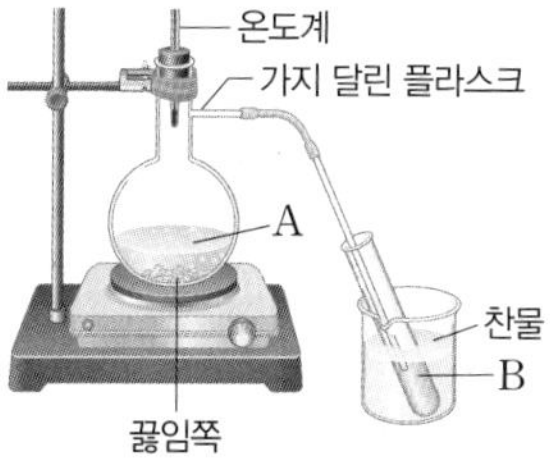

보기
ㄱ. 끓는점 차이를 이용한 혼합물의 분리 방법이다.
ㄴ. A 용액의 온도는 100 ℃에서 일정하게 유지된다.
ㄷ. A 용액을 거름 장치로 거르면 거름종이 위에 소금이 남는다.
ㄹ. B에는 순수한 물이 모인다.
ㅁ. B에 액체가 모일수록 A 용액의 밀도는 커진다.

① ㄱ, ㄴ, ㄷ ② ㄱ, ㄴ, ㄹ ③ ㄱ, ㄹ, ㅁ
④ ㄴ, ㄷ, ㄹ ⑤ ㄴ, ㄹ, ㅁ

15 그림은 두 종류의 액체가 혼합되어 있는 용액을 가열하였을 때의 온도 변화를 나타낸 그래프이다. 이에 대한 설명으로 옳은 것은?

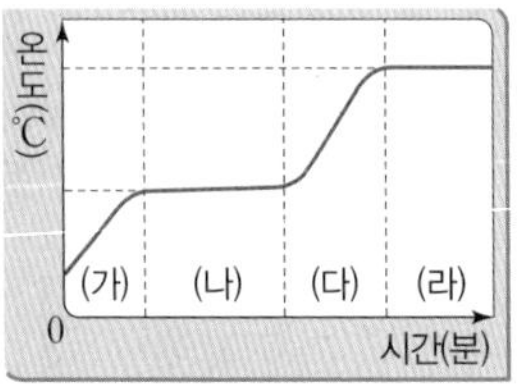

① (가) 구간에서는 끓는점이 낮은 액체만 소량 분리되어 나온다.
② (나) 구간에서 끓는점이 높은 액체만 끓어 나온다.
③ (나) 구간의 온도는 끓어 나오는 물질의 원래 끓는점보다 조금 낮다.
④ (다) 구간은 거의 한 종류의 액체만 존재한다.
⑤ 물질의 양이 많아지면 (라) 구간의 온도가 높아진다.

16 표는 액체 A ~ E의 특성을 나타낸 것이다.

물질	밀도(g/cm³)	물에 대한 용해도
A	0.5	잘 녹음
B	0.7	잘 녹지 않음
C	1.3	잘 녹지 않음
D	0.9	잘 녹음
E	2.3	잘 녹음

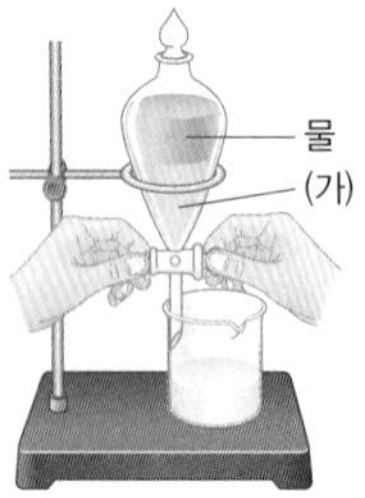

물과의 혼합물을 분별 깔때기에 넣었을 때, 그림의 (가)와 같이 분리되는 물질을 쓰시오.

17 표는 고체 상태의 물질 A ~ D의 밀도와 몇 가지 액체의 특성을 나타낸 것이다.

물질	A	B	C	D
밀도(g/cm³)	0.6	0.9	1.4	2.4

액체	밀도(g/mL)	A~D 중 녹는 물질
에테르	0.71	B, D
물	1.0	A, C
사염화 탄소	1.54	B, D

이에 대한 설명으로 옳은 것만을 〈보기〉에서 있는 대로 고르시오.

보기
ㄱ. A는 사염화 탄소에 가라앉는다.
ㄴ. 물을 이용하면 B와 D를 분리할 수 있다.
ㄷ. 에테르를 이용하면 A와 C를 분리할 수 있다.
ㄹ. 사염화 탄소를 이용하면 B와 D를 분리할 수 있다.

18 그림은 염화 나트륨과 붕산의 물에 대한 용해도 곡선이다.

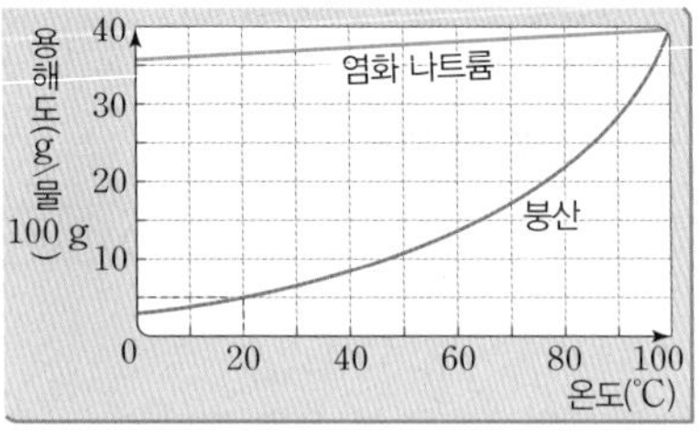

염화 나트륨 25 g과 붕산 25 g의 혼합물을 90 ℃ 물 100 g에 모두 녹인 뒤 용액을 20 ℃로 냉각시켰다. 석출되는 물질과 물질의 양을 구하시오.

19 그림은 크로마토그래피를 이용하여 물질 A ~ E를 분리한 결과이다. (단, 혼합물은 각 성분 물질로 완전히 분리되었다.)

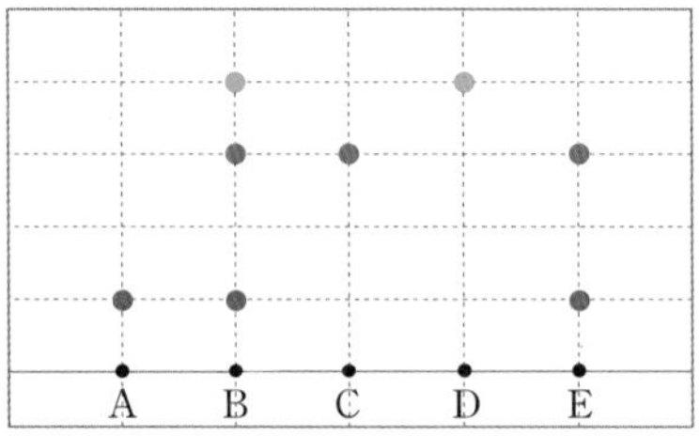

이에 대한 설명으로 옳지 않은 것은?

① A, C, D는 순물질이다.
② A는 용매에 녹지 않는 성분이다.
③ A는 B와 E의 성분 물질이다.
④ B는 A, C, D의 성질을 포함하고 있다.
⑤ D는 용매를 따라 이동하는 속도가 가장 빠르다.

20 (가)~(다)가 설명하는 혼합물의 분리 방법을 옳게 연결한 것은?

(가) 매우 적은 양의 혼합물도 분리할 수 있다.
(나) 고온의 용매에 혼합물을 녹인 뒤 냉각시킨다.
(다) 혼합물을 가열할 때 나오는 기체를 다시 냉각시킨다.

	(가)	(나)	(다)
①	증류	재결정	크로마토그래피
②	재결정	증류	크로마토그래피
③	재결정	크로마토그래피	증류
④	크로마토그래피	증류	재결정
⑤	크로마토그래피	재결정	증류

정답과 해설 • 49쪽

01 그림은 에탄올의 끓는점을 측정하기 위한 실험 장치이다.

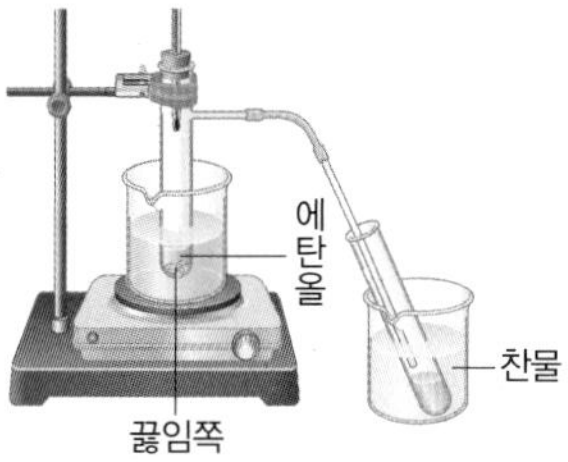

에탄올을 가열할 때 끓임쪽을 넣는 까닭을 서술하시오.

Tip 에탄올은 가연성 물질이기 때문에 물중탕을 이용하여 서서히 가열한다.

Key Word 에탄올

02 그림과 같이 입구를 막은 주사기 안에 90 ℃ 정도 되는 뜨거운 물을 넣고, 피스톤을 당기면 물이 끓기 시작한다.

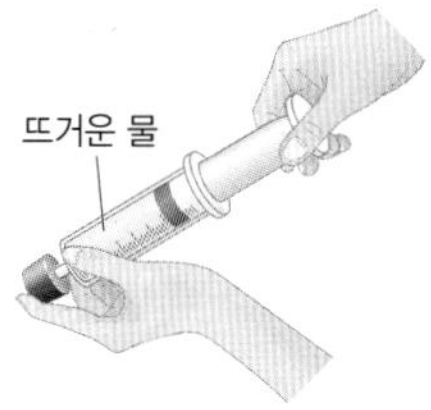

이러한 현상이 생기는 까닭을 서술하시오.

Tip 물질의 끓는점은 외부 압력에 따라 변화한다.

Key Word 압력, 끓는점

03 헬륨을 채운 풍선은 공기 중에서 떠오르는데 이산화 탄소를 채운 풍선은 공기 중에서 가라앉는다. 그 까닭을 서술하시오.

Tip 밀도가 큰 물질은 가라앉고, 밀도가 작은 물질은 뜬다.

Key Word 공기, 밀도

04 바닷가에서 식수가 없을 때 다음과 같이 장치를 하면 바닷물로부터 먹을 수 있는 증류수를 얻을 수 있다.

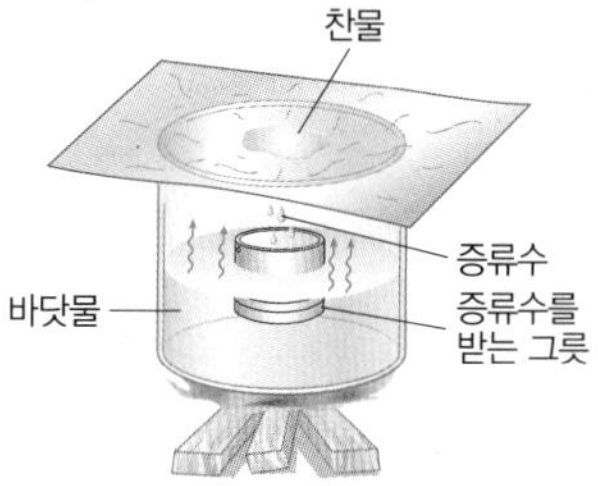

바닷물에서 증류수가 생성되는 원리를 서술하시오.

Tip 바닷물은 물에 소금 등 여러 가지 고체 물질이 녹아 있는 혼합물이다.

Key Word 가열, 수증기, 냉각

05 그림은 물에는 잘 녹고, 사염화 탄소에는 잘 녹지 않는 고체 물질 A ~ C의 밀도와 물에 대한 용해도 곡선이다.

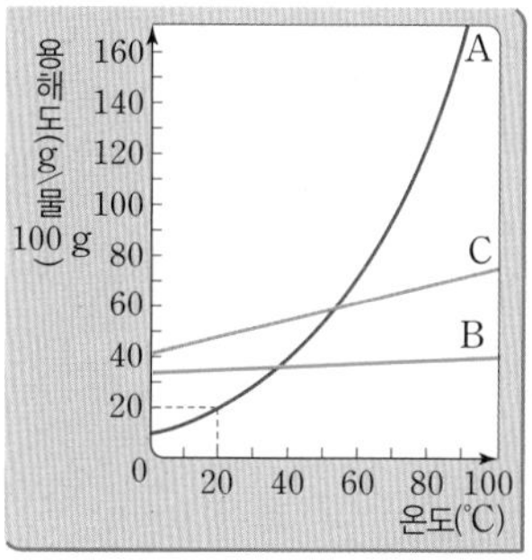

A 40 g, B 40 g, C 30 g의 혼합물에서 A 20 g을 분리해 내려고 한다. 그 방법을 간단히 서술하시오. (단, 물의 밀도는 1 g/cm³, 사염화 탄소의 밀도는 1.54 g/cm³이다.)

물질	밀도(g/cm³)
A	2.3
B	0.9
C	3.4

Tip 고체 혼합물은 밀도 차이에 의한 뜨고 가라앉음, 온도에 따른 용해도 차이에 의한 재결정 등의 방법으로 분리할 수 있다.

Key Word 뜨는 물질, 가라앉는 물질, 석출

VII

수권과 해수의 순환

1
수권의 분포와 활용

2
해수의 특성과 순환

1 수권의 분포와 활용

❶ 수권의 분포

1. **수권✚**: 지구상에 분포하는 모든 물
   (1) 수권의 분포: 해수✚(97.47 %)≫빙하(1.76 %)>지하수(0.76 %)>강물과 호수(0.01 %)
   ➡ 지구에 분포하는 물의 대부분은 짠맛이 나는 해수이다.

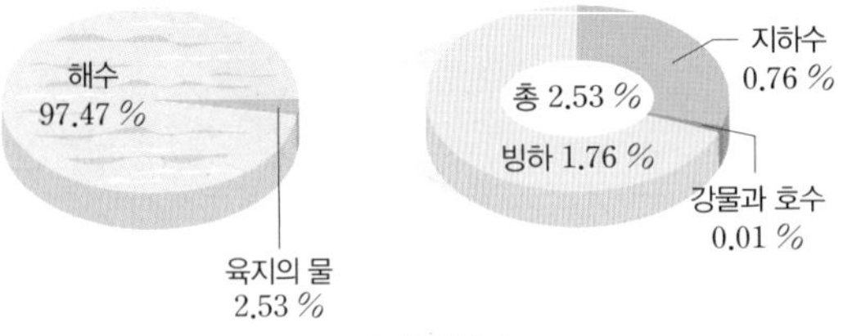

▲ 수권의 분포

   (2) 육지의 물✚: 대부분 짠맛이 나지 않는 담수로 이루어져 있다.
   ➡ 대부분 극지방이나 고산 지대에 얼음이나 눈의 형태로 분포한다.

2. **수권의 특성**
   (1) 해수: 수권에서 가장 많은 부분을 차지하지만, 짠맛이 있어 바로 이용하기가 어렵다.
   (2) 빙하: 고체 상태로 극지방이나 고산 지대에 분포하고 있어 이용하기 어렵다.
   (3) 지하수: 땅속 지층이나 암석 사이의 빈틈을 채우고 있거나 매우 느리게 흐르는 물이다.
   (4) 강물과 호수: 우리가 쉽게 이용할 수 있는 물이지만, 수권 전체에서 매우 작은 양을 차지한다.

❷ 자원으로 활용하는 물

1. **수자원**: 다양한 분야에서 자원으로 이용할 수 있는 물
   (1) 수권에서 바로 사용할 수 있는 물: 강물과 호수, 지하수
   ① 강물과 호수: 우리가 주로 사용하는 수자원 ➡ 부족하면 지하수를 개발하여 사용한다.
   ② 지하수: 지표 아래 땅속을 흐르는 물로, 강물이나 호수보다 많은 양이 분포한다.
   ➡ 빗물이 지층의 빈틈으로 스며들어 채워지기 때문에 지속적으로 활용할 수 있다.
   (2) 수자원의 특징
   ① 우리가 주로 이용하는 수자원은 강수량의 영향을 받는다.
   ② 수자원의 양은 무한하지 않기 때문에 물을 항상 깨끗하게 관리하고 아껴 쓰는 습관을 가져야 한다. ➡ 수자원 확보를 위해 지하수의 개발✚이 매우 중요하다.

2. **수자원의 활용**
   (1) 수자원의 용도

농업용수	농작물을 기르는 데 사용하는 물
생활용수	일상생활에 사용되는 물
유지용수	하천의 기능을 유지하는 데 사용되는 물
공업용수	공장에서 제품을 생산하거나 제작하는 데 사용되는 물

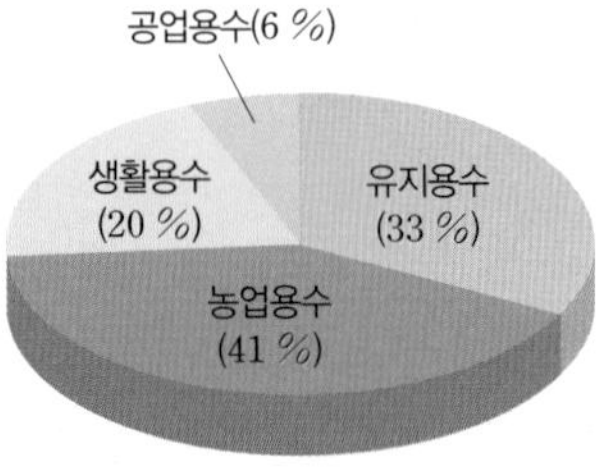

▲ 우리나라 수자원의 용도별 현황

   (2) 우리나라 수자원의 특징
   ① 농업용수로 가장 많이 이용하고 있으며, 유지용수와 생활용수로도 많이 이용한다.
   ② 인구가 늘어나고 생활수준이 향상되면서 생활용수의 이용량이 빠르게 증가하고 있다.
   ③ 강수량이 여름철에 집중되어 있어 다른 계절에는 물이 부족할 수 있다.

✚ 수권
여러 곳에 다양한 형태(해수, 빙하, 지하수, 강물, 호수)로 존재하지만, 대기 중의 수증기는 수권에서 제외한다.

✚ 해수
지구 표면의 70 %를 덮고 있으며, 지구상의 물 중 97.47 %를 차지한다.

✚ 육지의 물
육지의 물이 모두 담수인 것은 아니다. 예를 들어 미국의 그레이트 솔트 호수는 짠맛이 나는 물로 되어 있다.

✚ 지하수 개발
지하수를 많이 사용하여 지하수의 수위가 크게 낮아진 곳에서는 지하수 댐을 설치하여 지하수의 흐름을 막아 활용하기도 한다.

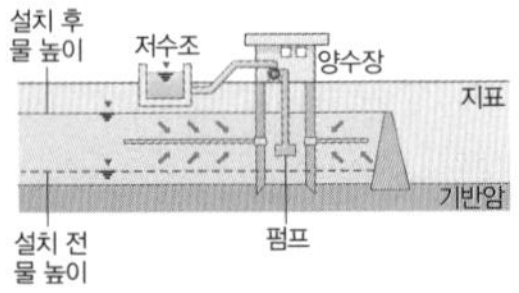

✚ 지하수의 이용
농작물 재배, 제품의 생산에 주로 이용하며, 도시에서는 조경이나 건물 청소, 공원의 분수에도 활용되며, 온천과 같은 관광 자원으로도 활용된다.

기초 섭렵 문제

정답과 해설 • 51쪽

❶ 수권의 분포

- 지구에 분포하는 모든 물은 □□이라고 한다.
- 육지 물의 대부분은 극지방이나 고산 지대에 분포하는 □□이다.
- □□□는 땅속 지층이나 암석 사이의 빈틈을 채우고 있거나 매우 느리게 흐르는 물이다.

❷ 자원으로 활용하는 물

- □□□은 다양한 분야에서 자원으로 활용하는 물이다.
- 우리나라에서 주로 사용하는 수자원의 용도는 □□□□이다.

01 수권에 해당하는 것만을 〈보기〉에서 있는 대로 고르시오.

보기

ㄱ. 빙하	ㄴ. 지하수	ㄷ. 해수
ㄹ. 강물	ㅁ. 호수	ㅂ. 대기 중의 수증기

02 다음에서 설명하는 수권의 종류를 쓰시오.

(1) 짠맛이 나며, 지구에 분포하는 물의 대부분을 차지한다. (　　　)

(2) 고체 상태로, 극지방이나 고산 지대에 분포하고 있다. (　　　)

(3) 짠맛이 없는 담수이며, 지하 땅속을 매우 천천히 흐르는 물이다. (　　　)

03 수자원에 대한 설명으로 옳은 것은 ○표, 옳지 않은 것은 ×표를 하시오.

(1) 수자원은 일상생활, 스포츠, 관광, 교통 등 다양한 분야에서 이용할 수 있다. (　　　)

(2) 강물, 호수, 해수는 우리가 바로 사용할 수 있는 물이다. (　　　)

(3) 지하수는 강물이나 호수의 물보다 더 많은 양이 분포한다. (　　　)

(4) 우리가 주로 이용하는 수자원은 강수량의 영향을 받는다. (　　　)

(5) 수자원의 양은 무한하므로 계속해서 사용할 수 있다. (　　　)

04 다음에서 설명하는 수자원의 용도를 쓰시오.

(1) 마시거나 세탁을 하는 등 일상생활에 사용된다. (　　　)

(2) 농작물을 재배하고 가축을 기르는 데 사용된다. (　　　)

(3) 하천의 수질이나 생태계를 유지하기 위해 사용된다. (　　　)

(4) 공장에서 제품을 만들 때 사용된다. (　　　)

05 다음 〈보기〉 중 지하수에 대한 설명으로 옳은 것을 있는 대로 고르시오.

보기

ㄱ. 하천수나 호수보다 많은 양이 분포하고 있다.

ㄴ. 지하수는 주로 농사를 짓거나 공업 제품을 만드는 데 이용된다.

ㄷ. 도시에서는 공원의 분수나 조경에 이용되지만 온천과 같은 관광자원으로는 이용되지 않는다.

필수 탐구 수자원과 관련된 자료 조사하기

목표
수자원과 관련된 다양한 자료와 활용 사례를 조사하고 발표할 수 있다.

과정

1 모둠을 구성하고, 모둠 구성원은 수권의 물을 하나씩 선택한다.

바닷물 빙하 지하수 강물과 호수

2 모둠별로 선택한 물의 활용 사례를 아래의 분야 중에서 조사해 보자.

교통 생활 에너지 문화 스포츠 관광

3 모둠별로 조사한 내용을 만화, 프레젠테이션, 사용자 제작 콘텐츠(UCC) 등 다양한 방법으로 제작하여 발표해 보자.

결과 및 정리

1 모둠원의 의견에 따라 바닷물, 빙하, 지하수, 강물과 호수에서 선택한다.

2 예 에너지 분야를 선택한 경우는 파도를 이용한 파력 발전이 있고, 해수면의 높이 차를 이용한 조력 발전이 있다. 관광 분야를 선택한 경우 지하수에 의한 온천 등이 있다.

3 예 만화를 선택하여 표현한 경우 아래와 같이 그림과 함께 설명을 쓴다.

▲ 래프팅

▲ 스케이팅

래프팅은 흐르는 강물이 중력에 의해 낮은 곳으로 이동하는 특성을 활용하여 주변 지형을 활용하여 강물을 따라 흘러가는 스포츠이다.

스케이팅은 물이 얼었을 때 스케이트의 날이 얼음을 누르는 압력으로 물기가 생기고 미끄러지게 하는 특성을 이용한 스포츠이다.

수행 평가 섭렵 문제

정답과 해설 51쪽

수자원과 관련된 자료 조사하기

- 짠맛을 가진 □□는 우리가 바로 쉽게 활용하기 어렵다.
- □□□는 지하 땅속을 흐르면서 다양한 용도로 활용된다.
- 바닷가에서 해수면의 높이 차이를 이용하는 □□ 발전소를 설치하여 전기를 생산한다.
- 지하수는 온천으로 개발되어 □□ 분야에서도 활용한다.
- □□□□은 수권의 물이 얼어 있을 때, 스케이트의 날이 얼음을 누르는 압력으로 미끄러지게 하는 특성을 이용한 스포츠이다.

1 우리가 수자원으로 이용할 수 있는 수권으로 옳지 않은 것은?

① 바닷물 ② 지하수 ③ 빙하
④ 강물과 호수 ⑤ 대기 중의 수증기

2 다음에서 설명하고 있는 수자원이 활용되는 분야는 무엇인지 쓰시오.

> 흐르는 강물이 중력에 의해 낮은 곳으로 이동하는 특성을 활용하여 주변 지형을 활용하여 강물을 따라 흘러가는 래프팅과 얼음 위에서 스케이트의 칼날이 누르는 압력으로 생긴 물기로 인해 미끄러지는 특성을 이용한 스케이팅도 물을 활용한 예이다.

3 물이 에너지 분야에서 활용되는 예를 <보기>에서 있는 대로 고르시오.

> 보기
> ㄱ. 해수면의 높이 차이를 이용한 조력 발전
> ㄴ. 빠르게 흐르는 조류를 이용한 조류 발전
> ㄷ. 해안가 파도의 힘을 이용한 파력 발전
> ㄹ. 댐에 저장된 물을 이용한 수력 발전
> ㅁ. 따뜻한 지하수를 이용한 온천 시설

4 다음에서 설명하고 있는 수자원의 활용 분야는 어디인가?

> 무더운 여름이면 계곡, 폭포, 바다 등을 찾고, 높은 곳에서 떨어지는 폭포를 감상한다.

① 교통 ② 에너지 ③ 스포츠
④ 관광 ⑤ 문화

5 <보기>는 수자원의 활용에 대한 설명이다. 옳은 것을 있는 대로 고르시오.

> 보기
> ㄱ. 수자원은 무한하며 고갈되지 않는 자원이다.
> ㄴ. 수자원은 경제나 생활 분야에서는 거의 활용되지 않는다.
> ㄷ. 강에서 여객선이나 수상 택시 등이 운행되는 것은 교통 분야에서의 활용이다.

내신 기출 문제

1 수권의 분포

01 〈보기〉 중 담수인 것을 있는 대로 고른 것은?

〈보기〉
ㄱ. 빙하 ㄴ. 해수 ㄷ. 호수
ㄹ. 강물 ㅁ. 지하수

① ㄱ, ㄴ ② ㄴ, ㄹ ③ ㄱ, ㄷ, ㄹ
④ ㄱ, ㄷ, ㄹ ⑤ ㄱ, ㄷ, ㄹ, ㅁ

중요
02 그림은 지구상의 물의 분포를 나타낸 것이다.

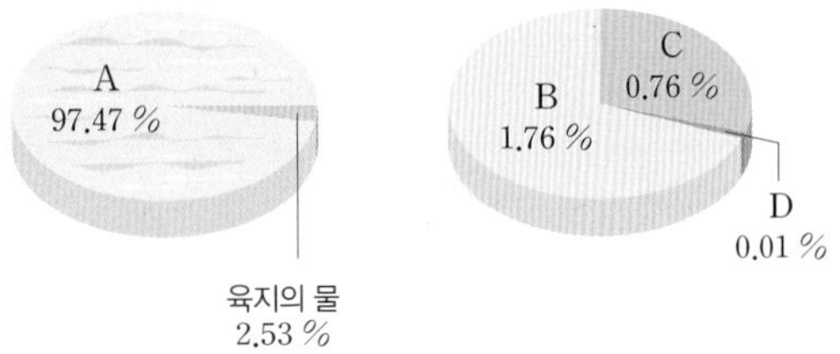

이에 대한 설명으로 옳지 않은 것은?

① A는 짠맛이 나는 염수이다.
② B는 얼어 있는 상태이므로 바로 이용하기 어렵다.
③ B는 극지방이나 고산 지대에 분포한다.
④ C는 강물과 호수의 물로, 짠맛이 나지 않는 담수이다.
⑤ D는 우리가 가장 손쉽게 이용하는 물이다.

03 다음 (가), (나)의 설명에 해당하는 수권으로 옳게 짝지어진 것은?

(가) 지표 아래 땅속을 흐르는 물로, 짠맛이 없는 담수이다.
(나) 수권에서 가장 많은 부피를 차지하고 짠맛이 있어 바로 이용하기 어렵다.

	(가)	(나)		(가)	(나)
①	강물	해수	②	강물	빙하
③	지하수	해수	④	해수	빙하
⑤	지하수	강물			

2 자원으로 활용하는 물

04 수자원에 대한 설명으로 옳은 것을 〈보기〉에서 있는 대로 고른 것은?

〈보기〉
ㄱ. 빙하가 녹아 액체 상태가 된 물을 담수가 부족한 지역에서 활용한다.
ㄴ. 해수는 짠맛을 제거해도 담수로 활용할 수 없다.
ㄷ. 우리가 주로 이용하는 수자원은 강수량의 영향을 많이 받는다.

① ㄱ ② ㄴ ③ ㄱ, ㄷ
④ ㄴ, ㄷ ⑤ ㄱ, ㄴ, ㄷ

중요
05 그림은 우리나라 수자원의 용도별 현황을 나타낸 것이다.

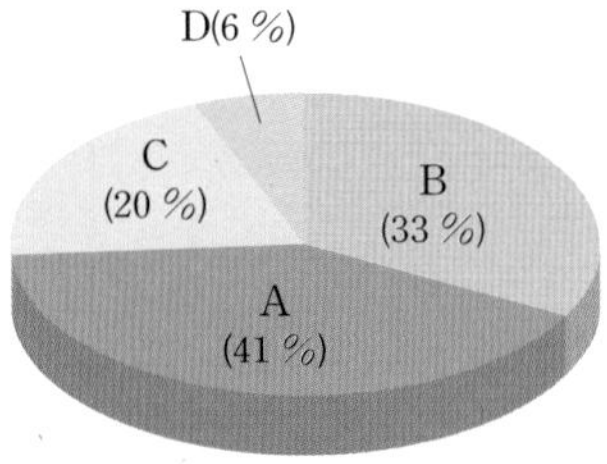

이에 대한 설명으로 옳은 것은?

① A는 우리가 마시거나 씻는 등 일상생활을 하는 데 사용하는 생활용수이다.
② B는 하천의 수질이나 생태계를 유지하기 위한 유지용수이다.
③ C는 제품을 제작하며 공장에서 사용하는 공업용수이다.
④ C는 운송 수단이나 교통을 위해 사용되는 물이다.
⑤ D는 농작물을 기르는 데 사용하는 농업용수이다.

06 지하수에 대한 설명으로 옳은 것을 〈보기〉에서 있는 대로 고르시오.

〈보기〉
ㄱ. 강물과 호수가 부족할 때 개발하여 사용한다.
ㄴ. 지속적으로 채워져 수자원으로서 높은 가치가 있다.
ㄷ. 주로 농작물을 재배하거나 공업 제품을 만드는 데 사용된다.

고난도 실력 향상 문제

정답과 해설 52쪽

01 수권에 대한 설명으로 옳은 것을 〈보기〉에서 있는 대로 고른 것은?

보기
ㄱ. 해수는 수권 전체에서 약 97.47 %의 분포를 나타낸다.
ㄴ. 땅속을 흐르는 지하수는 육지의 물 중에서 가장 많이 분포한다.
ㄷ. 바다는 지구 표면의 약 90 %를 차지한다.

① ㄱ ② ㄴ ③ ㄱ, ㄷ
④ ㄴ, ㄷ ⑤ ㄱ, ㄴ, ㄷ

02 다음은 수권을 이루는 물의 일부를 나타낸 것이다.

강물, 호수, 지하수

이들의 공통점으로 옳은 것을 〈보기〉에서 있는 대로 고른 것은?

보기
ㄱ. 짠맛이 나지 않는 담수이다.
ㄴ. 생활에 바로 활용할 수 있는 물이다.
ㄷ. 극지방이나 고산 지대에 대부분 분포한다.
ㄹ. 육지의 물 중에서 가장 많은 양을 차지하는 물이다.

① ㄱ, ㄴ ② ㄴ, ㄹ ③ ㄷ, ㄹ
④ ㄱ, ㄴ, ㄷ ⑤ ㄴ, ㄷ, ㄹ

중요
03 그림은 우리나라 수자원의 용도별 현황을 나타낸 것이다.

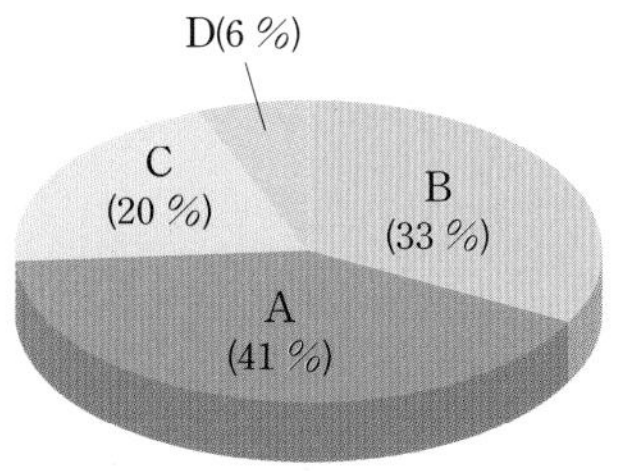

A~D 중 최근 생활수준이 향상되면서 그 사용량이 급격하게 증가하고 있는 수자원 용도의 기호와 이름이 옳게 짝지어진 것은?

① A - 농업용수 ② A - 유지용수
③ B - 공업용수 ④ C - 생활용수
⑤ D - 유지용수

서논술형 유형 연습

정답과 해설 52쪽

예제

01 그림은 수권의 분포를 나타낸 것이다.

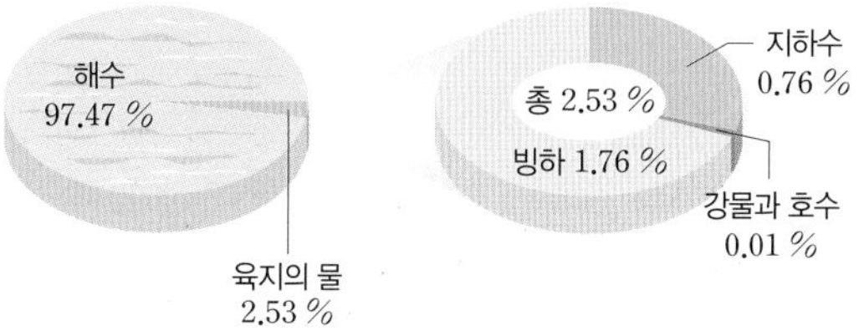

해수는 수권의 대부분을 차지하고 빙하는 육지 물의 대부분을 차지하지만, 사람이 바로 활용하기 어렵다. 그 이유가 무엇인지 서술하시오.

Tip 해수는 염수이고, 빙하는 얼어 있다.
Key Word 짠맛, 얼음

[설명] 해수와 빙하의 특성을 알고 있다면 해결할 수 있다.
[모범 답안] 해수는 여러 가지 물질이 녹아 있어 짠맛이 나는 염수이므로 사람이 바로 이용하기 어렵다. 빙하는 고산 지대나 극지방에 얼음의 형태로 분포하고 있어서 사람이 바로 이용하기에 어려움이 있다.

실전 연습

01 그림은 우리나라의 연평균 강수량을 나타낸 것이다.

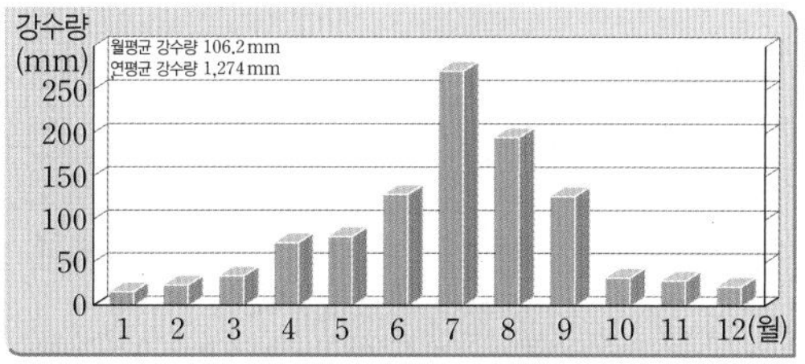

우리가 주로 이용하는 수자원은 강수량의 영향을 많이 받는다. 우리나라의 여름철과 다른 계절의 수자원 현황을 비교하여 설명하고, 그 대책을 한 가지 이상 서술하시오.

Tip 여름철은 수자원이 풍부하므로 이때 저수 시설을 활용하거나 강물을 대체할 수 있는 지하수를 개발한다.
Key Word 여름철, 저수 시설, 지하수

2 해수의 특성과 순환

❶ 해수의 온도

1. **표층 해수의 온도**✚: 적도 지방에서 가장 높고, 고위도로 갈수록 낮아진다.
   ➡ 지구에 도달하는 태양 에너지가 적도 지방에서 가장 많고, 고위도로 갈수록 줄어들기 때문
2. **깊이에 따른 해수의 온도**: 깊이에 따른 수온 변화에 따라 세 개의 층상 구조를 이룬다.

구분	특징
혼합층✚	• 수온이 높고, 거의 일정한 층 ➡ 해수 표면이 태양 에너지에 의해 가열되고 바람에 의해 혼합되기 때문이다. • 바람이 강하게 불수록 두껍게 형성된다. ➡ 바람이 강할수록 해수가 깊은 곳까지 섞이기 때문이다.
수온 약층	• 깊어질수록 수온이 급격히 낮아지는 층 • 차가운 해수가 아래쪽에 있고, 따뜻한 해수가 위쪽에 있다. ➡ 대류가 일어나지 않는 안정한 층이다.
심해층✚	• 수온이 매우 낮고 일정한 층 ➡ 태양 에너지가 거의 도달하지 않기 때문이다.

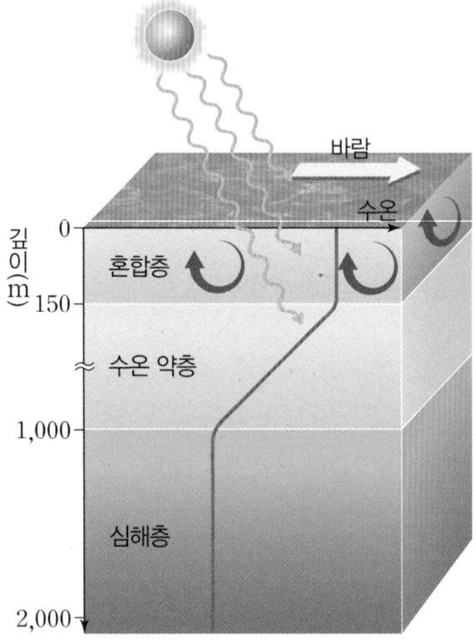

▲ 해수의 층상 구조

✚ **표층 해수의 온도**
해수면이 받는 태양 복사 에너지의 양에 따라 달라진다. 대체로 고위도보다 저위도가 높고, 겨울철보다 여름철이 높다.

▲ 전 세계 해수면의 수온 분포

✚ **혼합층**
해수면 부근의 표층에서 태양 에너지가 대부분 흡수되므로 수온이 높고, 바람에 의해 해수가 잘 섞이므로 수온이 일정한 층이 형성된다.

✚ **심해층**
햇빛이나 바람의 영향을 받지 않고 표층과 달리 일 년 내내 수온이 약 4 ℃로 매우 낮고 변화가 거의 없다. 또한, 위도에 따른 수온 차이도 거의 없다.

❷ 해수의 염분

1. **염류**: 해수에 녹아 있는 여러 가지 물질
   ➡ 염화 나트륨이 가장 많이 녹아 있고, 염화 마그네슘이 두 번째로 많이 녹아 있다.

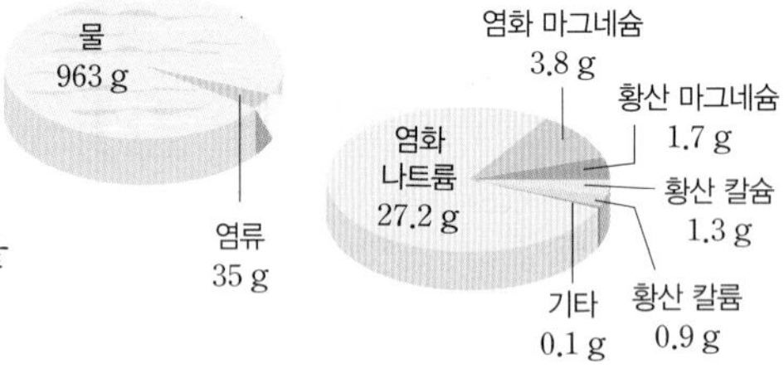

▲ 염분 35 psu인 해수 1 kg에 녹아 있는 염류

2. **염분**: 해수 1 kg 속에 녹아 있는 염류의 총량을 g 단위로 나타낸 것
   (1) 단위: psu(실용 염분 단위), ‰(퍼밀)
   (2) 전 세계 해수의 평균 염분: 35 psu ➡ 전 세계 해수의 염분은 해역에 따라 다르다.
   (3) 염분에 영향을 주는 요인✚
   ① 염분이 높은 바다: 강수량보다 증발량이 많은 바다, 해수가 어는 바다
   ② 염분이 낮은 바다: 증발량보다 강수량이 많은 바다, 육지의 물(강물, 지하수)이 흘러드는 바다, 빙하가 녹는 바다
3. **염분비 일정 법칙**✚: 바다의 염분은 해역에 따라 다르지만, 해수에 녹아 있는 염류의 구성 비율은 거의 일정하다.

염류의 종류	염화 나트륨	염화 마그네슘	황산 마그네슘	황산 칼슘	기타	계
각각의 염류가 차지하는 비율(%)	77.7	10.9	4.8	3.7	2.9	100

✚ **염분에 영향을 주는 요인**
증발량과 강수량의 차이, 흘러드는 담수의 양, 빙하가 녹거나 해수가 어는 정도 등의 영향을 받는다.

✚ **염분비가 일정한 까닭**
오랜 세월 동안 바닷물이 끊임없이 움직이고 순환하면서 염류가 골고루 섞이기 때문이다.

정답과 해설 52쪽

❶ 해수의 온도

- 표층 해수의 온도는 □□ 지방에서 가장 높고, □□□로 갈수록 낮아진다.
- 해수는 깊이에 따른 수온 분포에 따라 □□□, □□ □□, □□□의 층상 구조로 나뉜다.
- 해수면에 부는 □□이 강할수록 혼합층의 두께가 두꺼워진다.

01 **표층 해수의 수온 분포에 대한 설명으로 옳은 것은 ○표, 옳지 않은 것은 ×표를 하시오.**

(1) 저위도로 갈수록 수온이 높아진다. (　　)

(2) 적도 지방에서는 수온이 가장 낮고, 고위도로 갈수록 높아진다. (　　)

(3) 해수면에 도달하는 태양 에너지의 양이 많을수록 수온이 높아진다. (　　)

(4) 고위도 해역의 해수면에 많은 양의 태양 에너지가 도달한다. (　　)

02 **다음은 해수의 층상 구조에 설명이다. 혼합층에 관한 것이면 '혼', 수온 약층에 관한 것이면 '수', 심해층에 관한 것이면 '심'이라고 쓰시오.**

(1) 바람에 의해 해수가 섞이면서 수온이 일정하게 된다. (　　)

(2) 깊어질수록 수온이 급격히 낮아진다. (　　)

(3) 수온이 약 4 ℃ 정도로 매우 낮고 일정하다. (　　)

(4) 따뜻한 해수가 위쪽, 차가운 해수가 아래쪽에 있다. (　　)

(5) 태양 에너지가 거의 도달하지 않는다. (　　)

❷ 해수의 염분

- 해수에 녹아 있는 여러 가지 물질을 □□라고 한다.
- □□은 해수 1 kg 속에 녹아 있는 염류의 총량을 g 단위로 나타낸 것이다.
- 강수량보다 증발량이 많은 바다는 염분이 □□ 바다이다.

03 **염류와 염분에 대한 설명으로 옳은 것은 ○표, 옳지 않은 것은 ×표를 하시오.**

(1) 해수에 녹아 있는 짠맛, 쓴맛 등을 내는 여러 가지 물질을 염분이라고 한다. (　　)

(2) 염분의 단위는 psu(실용 염분 단위), ‰(퍼밀) 등이 있다. (　　)

(3) 전 세계 바닷물의 평균 염분은 35 psu이다. (　　)

(4) 염류 중에서 해수에 가장 많이 녹아 있는 것은 황산 마그네슘이다. (　　)

04 **염분이 높은 바다는 '높', 염분이 낮은 바다는 '낮'이라고 쓰시오.**

(1) 해수가 어는 바다 (　　)

(2) 빙하가 녹는 바다 (　　)

(3) 증발량보다 강수량이 더 많은 바다 (　　)

(4) 강수량보다 증발량이 더 많은 바다 (　　)

(5) 육지의 물이 흘러드는 바다 (　　)

05 **다음은 염분비 일정 법칙에 대한 설명이다. (　) 안에 들어갈 알맞은 말을 쓰시오.**

> 바다의 염분은 해역에 따라 다르지만, 해수에 녹아 있는 (　　　　)의 구성 비율은 어느 바다나 거의 일정하다.

2 해수의 특성과 순환

3 해류

1. **해류**: 일정한 방향으로 지속적으로 흐르는 해수의 흐름
   (1) **난류**: 저위도에서 고위도로 흐르는 따뜻한 해류
   (2) **한류**: 고위도에서 저위도로 흐르는 차가운 해류
   (3) 해류의 흐름은 주변 지역의 기온에 영향을 준다.
   ➡ 난류가 강하게 흐르는 지역은 주변 지역보다 대체로 기온이 높다.

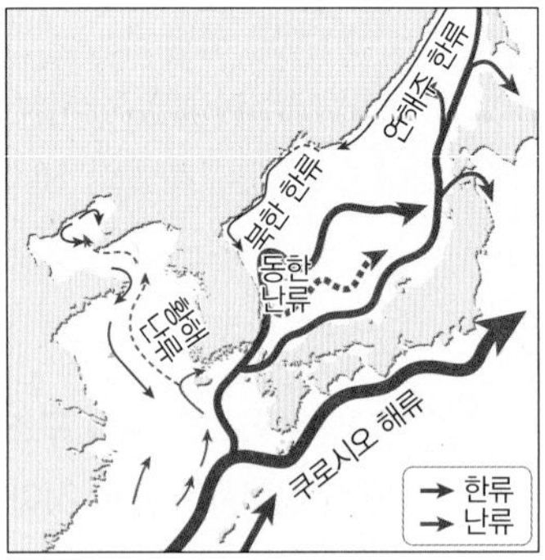

▲ 우리나라 주변 해류

2. **우리나라 주변 해류**
   (1) 난류와 한류가 모두 흐르고 있다.
   ① 난류: 쿠로시오 해류의 영향을 받는다.
   • 동한 난류: 쿠로시오 해류⁺의 일부가 동해로 흐른다.
   • 황해 난류: 쿠로시오 해류의 일부가 황해로 흐른다.
   ② 한류: 연해주 한류의 영향을 받는다.
   • 북한 한류: 연해주 한류의 일부가 동해안을 따라 남하한다.
   (2) **조경 수역⁺**: 한류와 난류가 만나는 곳
   ① 영양 염류와 플랑크톤이 풍부하고, 한류성 어종과 난류성 어종이 모여 좋은 어장이 형성된다.
   ② 우리나라 동해에서는 동한 난류와 북한 한류가 만나서 조경 수역을 이룬다.

+ 쿠로시오 해류
북태평양의 서쪽 해역을 따라 북쪽으로 흐르는 따뜻한 해류로, 우리나라 주변을 흐르는 난류의 근원이다.

+ 조경 수역의 위치
여름에는 난류의 세력이 강해지면서 조경 수역의 위치가 북쪽에 치우쳐 형성되고, 겨울에는 한류의 세력이 강해지면서 조경 수역의 위치가 남쪽에 치우쳐 형성된다.

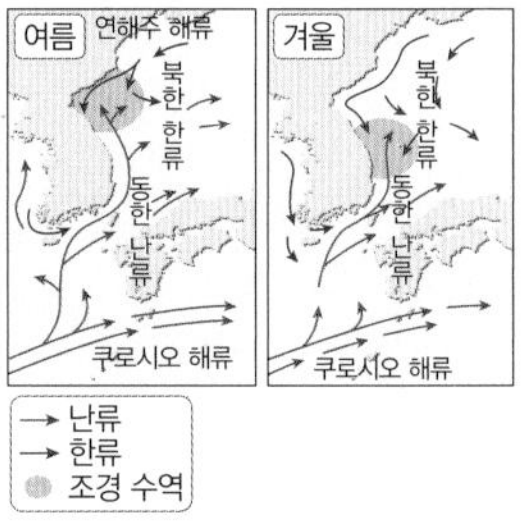

4 조석 현상

1. **조석**: 밀물과 썰물에 의해 해수면이 주기적으로 높아지고 낮아지는 현상이다.
   (1) **조류⁺**: 조석에 의해 주기적으로 변하는 바닷물의 흐름
   ① 밀물: 바닷물이 육지 쪽으로 밀려오는 흐름
   ② 썰물: 바닷물이 바다 쪽으로 빠져나가는 흐름
   (2) **조차⁺**: 만조와 간조 때 해수면의 높이 차이
   ① 만조: 밀물에 의해 해수면이 가장 높아진 때
   ② 간조: 썰물에 의해 해수면이 가장 낮아진 때

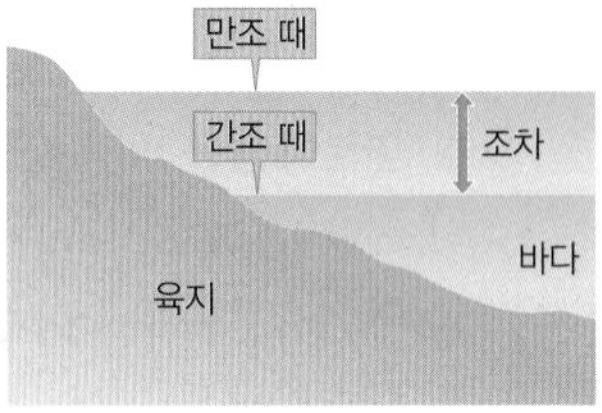

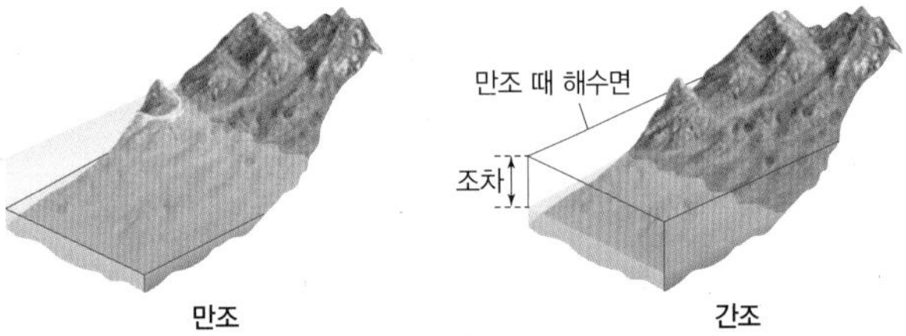

▲ 만조와 간조

2. **조석의 이용**
   (1) 만조와 간조가 일어나는 시간을 알면 실생활에 활용할 수 있다.
   예 넓게 펼쳐진 갯벌에서 조개나 굴을 캘 때, 고기잡이배가 바다로 나갈 때 등에 이용한다.
   (2) 조차가 큰 지역에서는 조력 발전소⁺를 건설하여 전기를 생산한다.

+ 조석 주기
만조에서 다음 만조, 간조에서 다음 간조까지 걸리는 시간을 뜻하며, 약 12시간 25분이다.

+ 조류와 해류
조류는 주기를 가지고 방향이 변하는 해수의 흐름이고, 해류는 연중 같은 방향으로 지속적으로 흐르는 해수의 흐름이다.

+ 조차
조차는 관측 장소에 따라 다르다. 우리나라 주변 바다의 경우 서해에서 조차가 가장 크고, 동해에서 가장 작다. 조차가 큰 서해에서는 넓은 갯벌이 형성된다.

+ 조력 발전소
밀물일 때 수문을 열어 해수를 가두어 두었다가 썰물일 때 바닷물의 높이가 낮아지면 수차 발전기로 물이 빠져나가도록 하여 전기 에너지를 얻는 방식이다.

❸ 해류

- 일정한 방향으로 지속적으로 흐르는 해수의 흐름을 □□라고 한다.
- □□가 강하게 흐르는 지역은 주변 지역보다 기온이 높다.
- □□□□ 해류는 우리나라 난류의 근원이고, □□□ 한류는 우리나라 한류의 근원이다.

06 해류에 대한 설명으로 옳은 것은 ○표, 옳지 않은 것은 ×표를 하시오.

(1) 일정한 주기를 가지고 방향이 바뀌는 흐름이다. ( )

(2) 한류는 저위도에서 고위도로 흐르는 따뜻한 해류이다. ( )

(3) 난류가 강하게 흐르는 지역은 주변 지역보다 대체로 기온이 높다. ( )

07 그림은 우리나라 주변의 해류를 나타낸 것이다. 해류 A~E를 난류와 한류로 구분하시오.

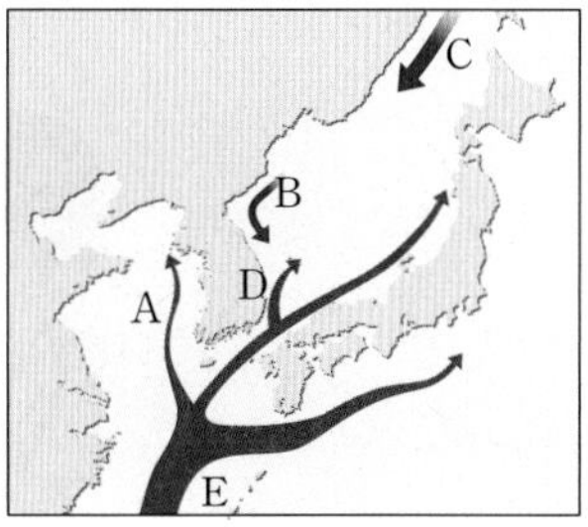

(1) 난류: ( )

(2) 한류: ( )

08 다음은 우리나라 주변 해류에 대한 설명이다. ( ) 안에 들어갈 알맞은 말을 순서대로 쓰시오.

> 우리나라의 난류는 쿠로시오 해류의 영향을 받아 동해로 흐르는 ( )와 황해로 흐르는 ( )가 있고, 한류로는 연해주 한류의 영향을 받아 동해로 흐르는 ( )가 있다.

❹ 조석 현상

- □□은 해수면이 주기적으로 낮아지거나 높아지는 현상이다.
- 만조와 간조 때 해수면의 높이 차이를 □□라고 한다.
- □□은 바닷물이 바다 쪽으로 빠져나가는 흐름이고, □□은 바닷물이 육지 쪽으로 밀려오는 흐름이다.

09 조석 현상에 대한 설명으로 옳은 것은 ○표, 옳지 않은 것은 ×표를 하시오.

(1) 해수면이 주기적으로 높아지거나 낮아지는 현상이다. ( )

(2) 해수가 육지 쪽으로 밀려오는 흐름을 썰물, 바다 쪽으로 빠져나가는 흐름을 밀물이라고 한다. ( )

(3) 해수면이 가장 높아진 때를 간조, 해수면이 가장 낮아진 때를 만조라고 한다. ( )

(4) 조석에 의해 주기적으로 변하는 바닷물의 흐름을 조류라고 한다. ( )

10 조석의 이용에 대한 설명으로 옳은 것은 ○표, 옳지 않은 것은 ×표를 하시오.

(1) 조차가 큰 지역에서는 조력 발전소를 건설하여 전기를 생산한다. ( )

(2) 만조와 간조가 일어나는 시간을 알면 실생활에 활용할 수 있다. ( )

(3) 조차가 큰 지역은 간조 때 매우 넓은 갯벌이 드러난다. ( )

필수 탐구 깊이에 따른 해수의 온도 분포

목표
해수의 층상 구조에 영향을 주는 요인이 무엇인지 설명할 수 있다.

과정

1 수조에 소금물을 $\frac{2}{3}$ 정도 넣고, 온도계 5개를 2 cm 간격으로 깊이를 달리하여 설치한 다음, 각 온도계의 눈금을 읽어 처음 수온을 기록한다.

2 수면 위에 적외선등을 설치하여 20분 동안 수면을 가열한 후, 각 온도계의 눈금을 읽어 기록한다.

바람이 불지 않고 직사광선이 비치지 않는 곳을 선택한다.

3 적외선등을 켠 상태에서 3분 동안 작은 선풍기로 바람을 일으킨 다음, 각 온도계의 눈금을 읽어 기록한다.

결과

깊이에 따른 수온 측정 결과는 다음과 같다.

깊이(cm) / 온도(℃)	1	3	5	7	9
처음 온도	20.0	20.0	20.0	20.0	20.0
적외선등만 켜고 20분 후 온도	23.1	22.1	21.2	20.6	20.3
선풍기로 바람을 일으킨 후 온도	21.9	21.8	21.8	20.9	20.5

처음 20분 동안 가열할 때는 수심이 깊어질수록 수온이 낮지만, 바람을 불게 하면 표면 쪽에 수온이 일정한 층이 나타나는 것을 관찰하게 된다.

정리

1 적외선 가열 장치로 가열하는 것은 실제 해양에서 태양 에너지에 의해 해수가 가열되는 것을 의미하고, 작은 선풍기를 작동시키는 것은 해수면 위에서 부는 바람을 의미한다.

2 적외선등을 켰을 때는 깊어질수록 수온이 낮아진다.
➡ 표층에 빛에너지가 가장 많이 도달하고 깊어질수록 도달하는 빛에너지의 양이 줄어들기 때문에 깊어질수록 수온이 낮아진다.
➡ 수온 약층의 생성 원리를 알 수 있다.

3 선풍기로 바람을 일으켰을 때는 물의 깊이가 깊어져도 수온이 거의 일정하다.
➡ 바람에 의해 물이 섞이므로 표층에서는 수온이 거의 일정한 층이 나타난다.
➡ 혼합층의 생성 원리를 알 수 있다.

실험 클립 QR

수행 평가 섭렵 문제

깊이에 따른 해수의 온도 분포

- 적외선등을 수면에 비추면 빛 에너지에 의해 수면이 가열되므로 깊이 들어갈수록 수온이 □□진다.
- 적외선등은 실제 자연에서 □□에 비유할 수 있다.
- 작은 선풍기로 수면에 바람이 불게 하면 수면 쪽 물이 섞이면서 수온이 □□한 층이 나타난다.
- 적외선등으로 가열만 하여 실험할 때는 해수의 층상 구조 중에서 □□ □□의 생성 원리를 알 수 있다.
- 선풍기로 바람을 일으키면서 실험할 때는 해수의 층상 구조 중에서 □□□의 생성 원리를 확인할 수 있다.

1 그림은 깊이에 따른 수온 분포를 측정한 실험 결과를 그래프로 나타낸 것이다. A~C 중 선풍기로 바람을 일으켰을 때 측정되는 결과는 무엇인지 그 기호를 쓰시오.

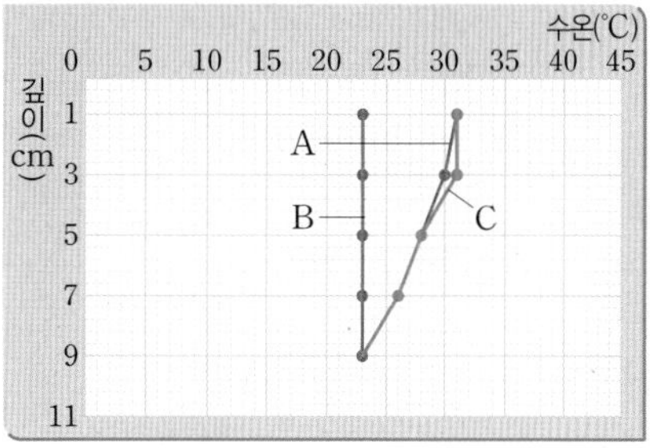

2 깊이에 따른 해수의 층상 구조 실험에서 적외선등의 불빛과 선풍기의 바람을 실제 자연에서 무엇에 비유할 수 있는지 옳게 짝지은 것은?

	적외선등의 불빛	선풍기 바람
①	달빛	해수면에 부는 바람
②	달빛	해수의 염분 차이
③	태양빛	해수면에 부는 바람
④	태양빛	해수의 염분 차이
⑤	별빛	해수의 온도 차이

3 깊이에 따른 해수의 층상 구조를 알아보는 실험에 대한 설명으로 옳은 것을 〈보기〉에서 있는 대로 고르시오.

보기

ㄱ. 처음 20분 동안 수면을 가열하면 깊이 들어갈수록 수온이 높아진다.
ㄴ. 선풍기로 바람을 일으키면 표면의 물이 혼합되면서 수온이 일정한 층이 나타난다.
ㄷ. 선풍기로 더 센 바람을 일으키면 수온이 일정한 층은 얇아진다.

4 깊이에 따른 해수의 층상 구조 실험에서 선풍기로 바람을 일으키는 것은 실제 자연에서 생기는 해수의 층상 구조 중 어떤 층의 생성 원리를 알아보기 위한 것인지 쓰시오.

5 〈보기〉 중에서 깊이에 따른 해수의 층상 구조 실험에서 그 생성 원리를 확인할 수 없는 해수의 층상 구조는 무엇인지 그 기호를 골라 쓰시오.

보기

ㄱ. 수온 약층　　ㄴ. 심해층　　ㄷ. 혼합층

필수 탐구 조석 현상에 대한 실시간 자료 해석

목표

조석 현상의 실시간 자료를 해석하고 실생활에 활용하는 방안을 설명할 수 있다.

국립해양원 누리집에서는 실시간 만조 간조 정보를 그림과 같은 조위 그래프로 내려받을 수도 있다.

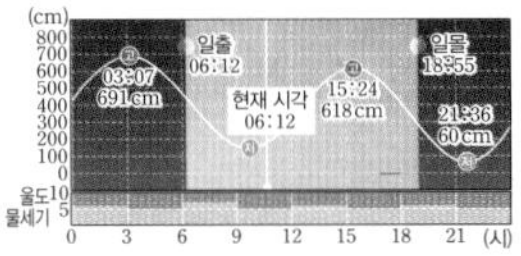

국립해양조사원 누리집에서 검색하면 만조와 간조는 아래와 같이 만조는 '고', 간조는 '저'로 표시된다.

고 00:41 667 cm	저 07:22 387 cm
고 13:06 607 cm	저 19:25 304 cm

과정

1 모둠별로 국립해양조사원 누리집(http://khoa.go.kr)에서 내가 살고 있는 곳과 가장 가까운 해안 지역의 3일 동안의 조석 예보표를 찾는다.

2 선택한 지역에서 찾은 자료에서 해수면의 높이를 확인하여 표에 기록한다.

날짜	구분	만조(고)	간조(저)	만조(고)	간조(저)
( )월 ( )일	시각				
	높이(cm)				
( )월 ( )일	시각				
	높이(cm)				
( )월 ( )일	시각				
	높이(cm)				

3 과정 2에서 조사한 간조와 만조 시간을 실생활에 활용하는 방안을 토의해 보자.

결과

예 서해안 어느 섬 지역의 3일 동안의 간조, 만조 시간은 아래 표와 같다.

날짜	구분	만조(고)	간조(저)	만조(고)	간조(저)
(9)월 (9)일	시각	03:57	10:22	16:13	22:26
	높이(cm)	730	100	665	23
(9)월 (10)일	시각	04:41	11:04	16:58	23:12
	높이(cm)	753	64	699	5
(9)월 (11)일	시각	05:22	11:43	17:40	23:55
	높이(cm)	759	42	719	7

정리

1 하루 동안 만조와 간조는 각각 2번씩 일어난다.

2 만조와 간조의 조차는 3일 동안 조금씩 변한다.

3 실생활에 이용되는 예를 찾아보면 만조 때와 간조 때를 이용하여 고기 잡는 출어 시기를 조절하고, 조개와 같은 해조류를 채취하는 시기를 정할 수 있다. 조차가 큰 지역의 간조 때는 바닷길이 열리면서 관광지로 이용된다. 방파제나 부두를 건설할 때도 최고 수위를 고려하여 높이를 결정한다.

수행 평가 섭렵 문제

조석 현상에 대한 실시간 자료 해석

- 하루 중 해수면의 높이가 가장 높을 때를 □□라 하고, 해수면의 높이가 가장 낮을 때를 □□라고 한다.
- 만조와 간조는 하루에 각각 □번씩 일어나며, 만조와 간조 때 해수면의 높이 차를 □□라고 한다.
- 해안가에서 해수면의 높이가 주기적으로 높아지거나 낮아지는 현상을 □□이라고 한다.

1 그림은 어느 해안가에서 하루 동안 해수면의 높이 변화를 기록한 그래프이다.

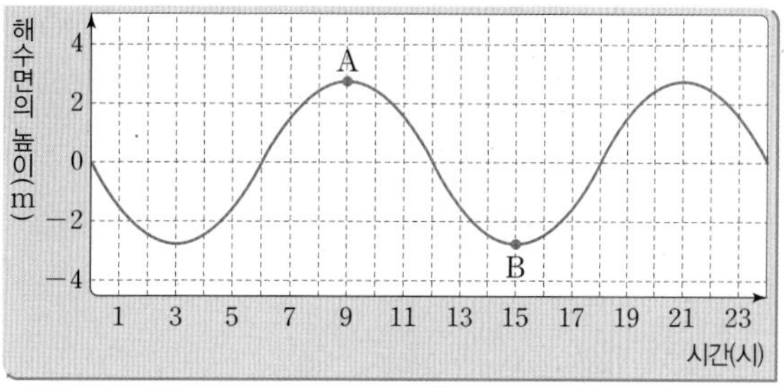

〈보기〉에서 A와 B에 대한 설명으로 옳은 것을 있는 대로 고르시오.

보기
ㄱ. A는 해수면의 높이가 가장 높은 간조이다.
ㄴ. B는 해수면의 높이가 가장 낮은 만조이다.
ㄷ. A와 B의 해수면의 높이 차를 조차라고 한다.

2 표는 어떤 해안 지역의 하루 동안의 만조, 간조 자료이다.

구분	만조(고)	간조(저)	만조(고)	간조(저)
시각	03:57	10:22	16:13	22:26
높이(cm)	730	100	665	23

이 자료에 대한 설명으로 옳지 않은 것은?

① 간조에서 만조가 될 때 밀물이 나타난다.
② 만조에서 간조가 될 때 썰물이 나타난다.
③ 만조와 간조는 하루에 각각 2번씩 일어난다.
④ 이 지역에서는 오전 9시경에 밀물의 흐름이 나타난다.
⑤ 만조에서 다음 만조까지, 간조에서 다음 간조까지 걸리는 시간을 조석 주기라고 한다.

3 해안가에서 만조와 간조 시간을 실생활에 활용하는 예로 옳은 것을 〈보기〉에서 모두 고르시오.

보기
ㄱ. 고기 잡는 출어 시기를 조절한다.
ㄴ. 해조류를 채취하는 시기를 정한다.
ㄷ. 바닷길이 열리는 시간을 미리 확인한다.
ㄹ. 방파제나 부두를 건설할 때 최고 수위를 고려하여 높이를 결정한다.

내신 기출 문제

1 해수의 온도

01 그림은 전 세계 해수면의 수온 분포를 나타낸 것이다.

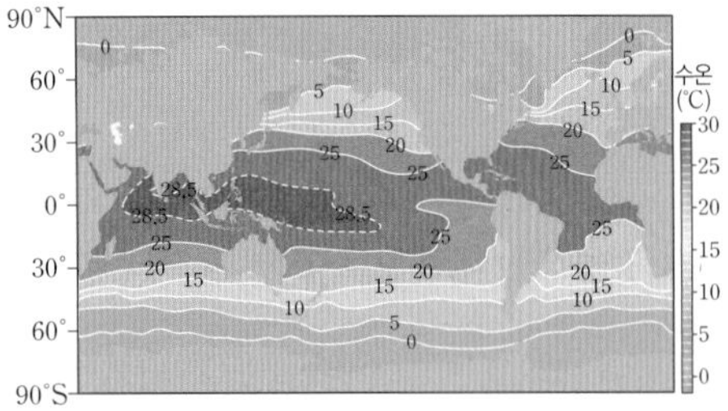

이에 대한 설명으로 옳은 것을 〈보기〉에서 있는 대로 고른 것은?

〈보기〉
ㄱ. 해수면에 도달하는 태양 에너지의 양에 따라 수온이 달라진다.
ㄴ. 저위도는 고위도보다 해수면에 도달하는 태양 에너지가 많아서 수온이 높다.
ㄷ. 고위도에서 저위도로 갈수록 해수면의 수온이 낮아진다.

① ㄱ ② ㄴ ③ ㄱ, ㄴ
④ ㄴ, ㄷ ⑤ ㄱ, ㄴ, ㄷ

중요

[02~04] 그림은 깊이에 따른 해수의 온도 분포를 나타낸 것이다.

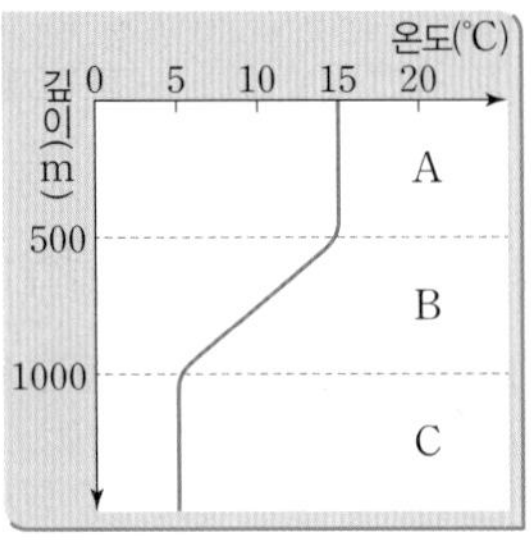

02 A~C의 이름이 옳게 짝지어진 것은?

① A - 심해층 ② A - 수온 약층
③ B - 혼합층 ④ B - 수온 약층
⑤ C - 혼합층

03 A층에 대한 설명으로 옳은 것을 〈보기〉에서 있는 대로 고른 것은?

〈보기〉
ㄱ. 바람이 강하게 불수록 더 두꺼워진다.
ㄴ. 깊이에 따라 수온이 거의 일정하게 유지된다.
ㄷ. 표층의 해수는 태양 에너지에 의해 가열되고 바람에 의해 혼합된다.

① ㄱ ② ㄴ ③ ㄱ, ㄴ
④ ㄴ, ㄷ ⑤ ㄱ, ㄴ, ㄷ

04 B층에 대한 설명으로 옳은 것은?

① 수온이 4 ℃ 이하로 매우 낮다.
② 깊어질수록 수온이 급격히 높아진다.
③ 깊이에 따라 수온이 거의 일정하게 유지된다.
④ 대류 현상이 활발하게 일어나는 매우 불안정한 층이다.
⑤ 따뜻한 해수가 위쪽에 있고, 차가운 해수가 아래쪽에 있다.

중요

05 그림은 깊이에 따른 해수의 수온 분포를 확인하는 실험이다.

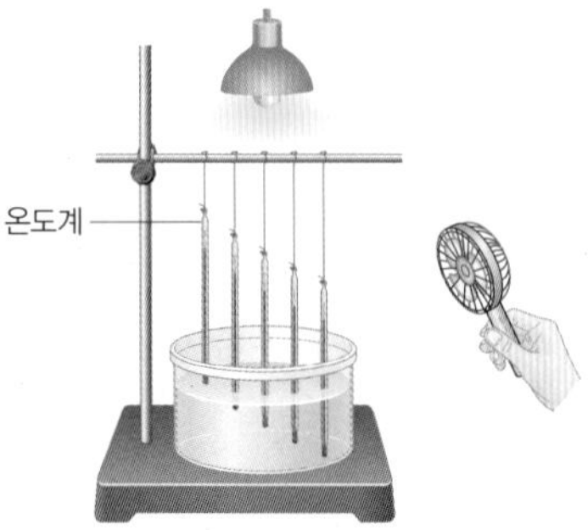

이에 대한 설명으로 옳지 않은 것은?

① 적외선등은 태양에 비유할 수 있다.
② 가열만 했을 때는 심해층의 생성 원리를 알 수 있다.
③ 선풍기를 켜는 것은 실제 자연에서 해수면에 부는 바람에 비유할 수 있다.
④ 가열 장치를 켜면 물의 표면 온도가 높아진다.
⑤ 선풍기를 켜고 실험하면 혼합층의 생성 원리를 알 수 있다.

2 해수의 염분

06 염류와 염분에 대한 설명으로 옳은 것을 〈보기〉에서 있는 대로 고른 것은?

〈보기〉
ㄱ. 염류에는 여러 가지 물질이 녹아 있다.
ㄴ. 염분의 단위는 psu 또는 ‰을 사용한다.
ㄷ. 전 세계 바닷물 1 kg에는 평균 33 g의 염류가 녹아 있다.
ㄹ. 염류에 가장 많이 녹아 있는 것은 쓴맛이 나는 염화 마그네슘이다.

① ㄱ, ㄴ ② ㄷ, ㄹ ③ ㄱ, ㄴ, ㄷ
④ ㄴ, ㄷ, ㄹ ⑤ ㄱ, ㄴ, ㄷ, ㄹ

중요
07 그림은 전 세계 바다의 해수 1 kg 속에 녹아 있는 각 염류의 양을 나타낸 것이다.

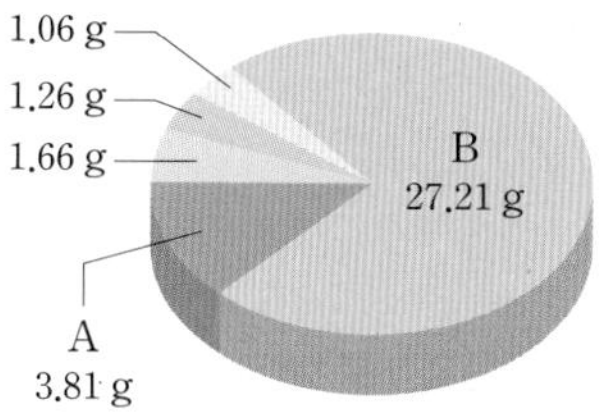

A와 B에 해당하는 염류의 이름을 쓰시오.

A: (   )
B: (   )

08 염분이 33 psu인 해수 200 g을 그림과 같이 증발 접시에 담고 가열하였더니 물이 완전히 증발되었다.

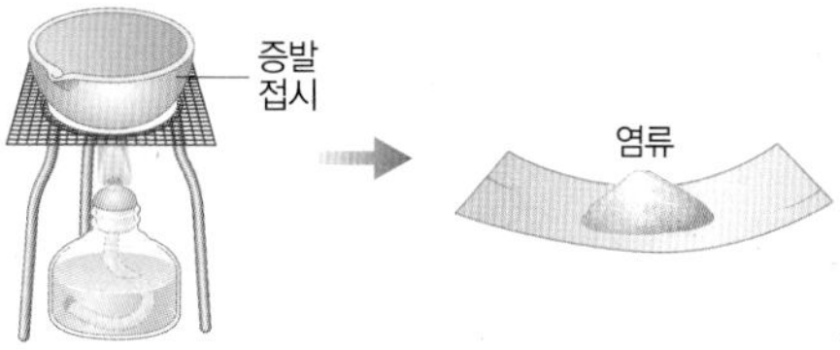

증발 접시에 남은 염류의 양은 몇 g인가?

① 3.3 g ② 6.6 g ③ 15.5 g
④ 33 g ⑤ 66 g

중요
09 〈보기〉 중 염분이 높은 해역을 있는 대로 고른 것은?

〈보기〉
ㄱ. 빙하가 녹는 바다
ㄴ. 해수가 결빙하는 바다
ㄷ. 증발량이 강수량보다 더 많은 바다
ㄹ. 육지의 강물이나 지하수가 흘러들어가는 바다

① ㄱ, ㄴ ② ㄴ, ㄷ ③ ㄱ, ㄴ, ㄷ
④ ㄱ, ㄷ, ㄹ ⑤ ㄴ, ㄷ, ㄹ

[10~11] 표는 (가)~(다) 세 해역의 바닷물 500 g 속에 녹아 있는 전체 염류의 양을 나타낸 것이다.

바다	(가)	(나)	(다)
전체 염류의 양(g)	16	19	17

10 (가), (나), (다) 해역의 염분은 각각 몇 psu인지 구하시오.

(가): ____________
(나): ____________
(다): ____________

중요
11 위 자료에 대한 설명으로 옳은 것을 〈보기〉에서 있는 대로 고른 것은?

〈보기〉
ㄱ. (가)에 녹아 있는 염화 마그네슘의 양이 가장 많다.
ㄴ. (나)에 녹아 있는 염화 나트륨의 양이 가장 많다.
ㄷ. 전체 염류에 대해 염화 나트륨이 차지하는 비율은 세 지역 모두 같다.
ㄹ. 바닷물 1000 g 속에 녹아 있는 염화 나트륨의 양은 (가), (나), (다) 모두 같다.

① ㄱ, ㄴ ② ㄴ, ㄷ ③ ㄱ, ㄴ, ㄷ
④ ㄱ, ㄷ, ㄹ ⑤ ㄴ, ㄷ, ㄹ

3 해류

12 해류에 대한 설명으로 옳은 것을 〈보기〉에서 있는 대로 고른 것은?

〈보기〉
ㄱ. 주기적으로 방향이 변하는 바닷물의 흐름이다.
ㄴ. 한류가 흐르는 해역은 주변 바다보다 수온이 낮다.
ㄷ. 난류는 저위도에서 고위도로 흐르는 따뜻한 해류이다.

① ㄱ ② ㄴ ③ ㄱ, ㄴ
④ ㄴ, ㄷ ⑤ ㄱ, ㄴ, ㄷ

중요
[13~14] 그림은 우리나라 주변의 해류를 나타낸 것이다.

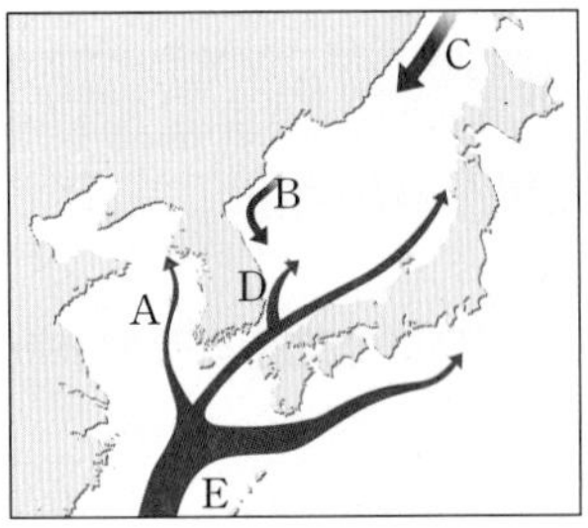

13 A~E 중 우리나라 주변을 흐르는 한류와 난류의 근원을 순서대로 바르게 나열한 것은?

① A, C ② B, D ③ C, E
④ D, E ⑤ E, C

14 우리나라에서 조경 수역을 형성하는 두 해류의 기호와 이름을 쓰시오.

15 조경 수역에 대한 설명으로 옳은 것을 〈보기〉에서 있는 대로 고르시오.

〈보기〉
ㄱ. 한류와 난류가 만나서 형성된다.
ㄴ. 영양 염류와 플랑크톤이 풍부하고, 물고기가 많이 모여들어 좋은 어장이 형성된다.
ㄷ. 난류의 세력이 강한 여름에는 남하하고, 한류의 세력이 강한 겨울에는 북상한다.

4 조석 현상

중요
[16~17] 그림은 어느 해안 지역에서 며칠 동안 나타난 해수면의 높이 변화를 그래프로 나타낸 것이다.

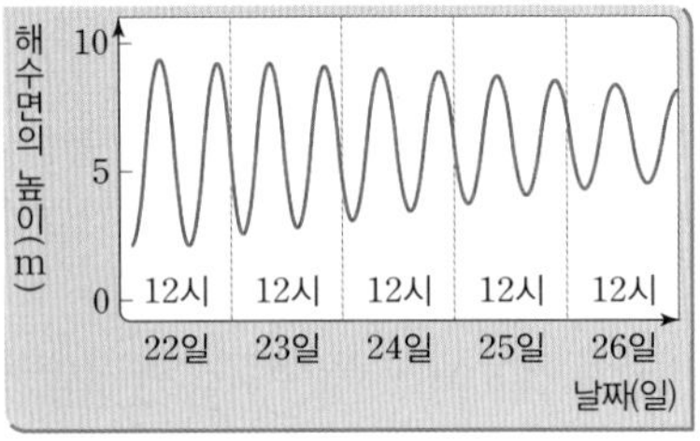

16 이에 대한 설명으로 옳은 것을 〈보기〉에서 있는 대로 고른 것은?

〈보기〉
ㄱ. 22일보다 26일에 조차가 더 크다.
ㄴ. 만조와 간조는 하루에 두 번씩 반복된다.
ㄷ. 조차가 큰 날에 갯벌이 더 넓게 드러난다.

① ㄱ ② ㄴ ③ ㄱ, ㄴ
④ ㄴ, ㄷ ⑤ ㄱ, ㄴ, ㄷ

17 22~26일 중 조개를 캐기에 가장 좋은 시기는 언제인가?

① 22일 12시 ② 23일 12시 ③ 24일 12시
④ 25일 12시 ⑤ 26일 12시

중요
18 조석 현상에 대한 설명으로 옳은 것을 〈보기〉에서 있는 대로 고른 것은?

〈보기〉
ㄱ. 해수면이 가장 높을 때를 만조, 해수면이 가장 낮을 때를 간조라고 한다.
ㄴ. 간조에서 만조로 바뀔 때는 썰물, 만조에서 간조로 바뀔 때는 밀물이 흐른다.
ㄷ. 조류는 해류와 다르게 주기적으로 흐르는 방향이 바뀐다.

① ㄱ ② ㄴ ③ ㄱ, ㄷ
④ ㄴ, ㄷ ⑤ ㄱ, ㄴ, ㄷ

고난도 실력 향상 문제

정답과 해설 54쪽

01 그림은 위도가 다른 해역에서의 깊이에 따른 해수의 수온 분포를 나타낸 것이다.

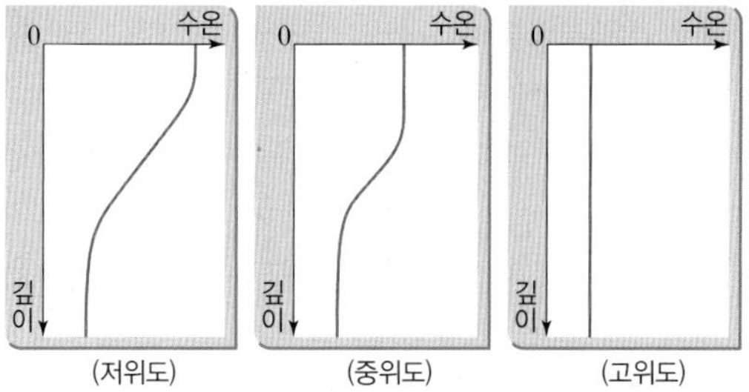

이에 대한 설명으로 옳은 것을 〈보기〉에서 있는 대로 고른 것은?

보기
ㄱ. 저위도에서는 수온 약층이 나타나지 않는다.
ㄴ. 중위도는 다른 지역보다 바람이 강하게 불어 혼합층이 두껍게 나타난다.
ㄷ. 고위도는 수온이 매우 낮아서 표층과 심층의 수온 변화가 거의 없다.

① ㄱ ② ㄴ ③ ㄱ, ㄴ
④ ㄴ, ㄷ ⑤ ㄱ, ㄴ, ㄷ

02 그림과 같이 30 psu인 바닷물 500 g과 42 psu인 바닷물 1000 g을 섞었을 때의 염분은 몇 psu인가?

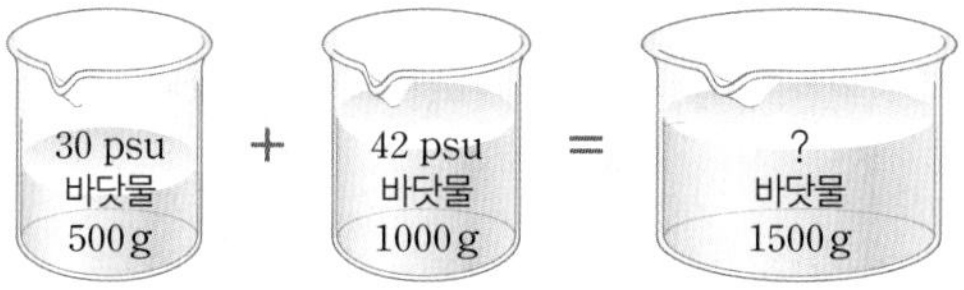

① 29 psu ② 32 psu ③ 33 psu
④ 35 psu ⑤ 38 psu

중요

03 그래프는 어느 해안 지역에서 측정한 하루 동안의 해수면 변화를 나타낸 것이다.

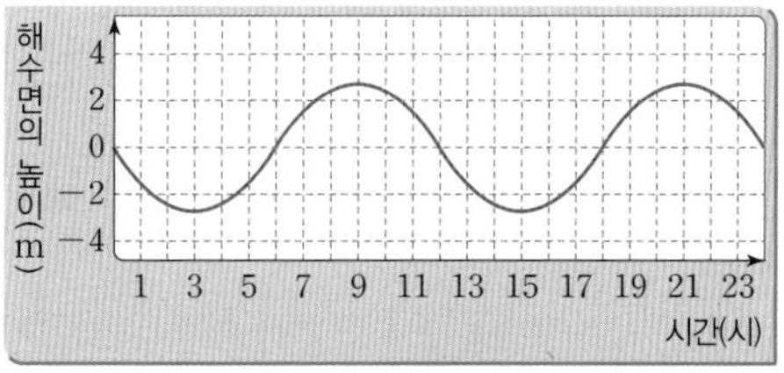

이 지역에서 썰물일 때는 언제인가?

① 오전 5시경 ② 오전 7시경 ③ 오전 11시경
④ 오후 6시경 ⑤ 오후 9시경

서논술형 유형 연습

정답과 해설 54쪽

예제

01 그림은 깊이에 따른 해수의 수온 분포를 나타낸 것이다.

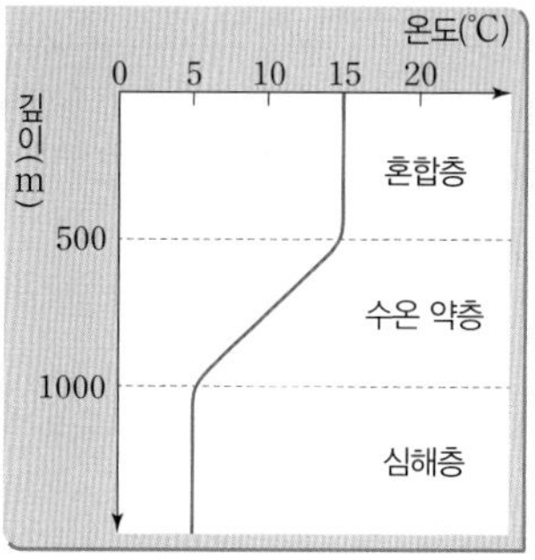

수온 약층은 해수의 상하 운동이 일어나지 않는 안정한 층이다. 이처럼 수온 약층이 안정한 까닭을 설명하시오.

Tip 수온 약층은 깊어질수록 해수의 수온이 급격히 낮아지는 안정한 층이다.
Key Word 수온, 온도 분포

[설명] 따뜻한 물이 위쪽에, 차가운 물이 아래쪽에 있으면 대류가 일어나지 않는다.
[모범 답안] 수온 약층은 깊어질수록 수온이 낮아지므로 따뜻한 해수가 위쪽에 있고, 차가운 해수가 아래쪽에 위치하므로 해수의 상하 운동이 일어나지 않는다.

실전 연습

01 그림은 물을 채운 수조에 온도계를 깊이에 따라 설치하고 20분 정도 가열 장치를 켠 다음, 선풍기로 바람을 일으켰을 때의 수온 분포를 나타낸 것이다.

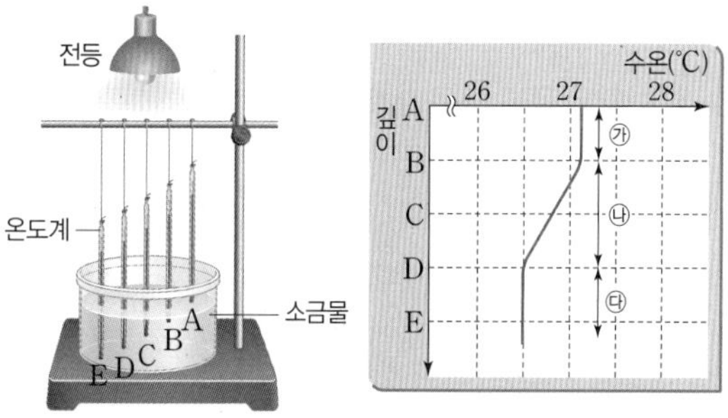

선풍기의 바람을 더 강하게 했을 때, ㉮, ㉯, ㉰ 중 어디에 어떤 변화가 오는지 설명하고, 그 까닭을 서술하시오.

Tip 바람이 강하게 불면 혼합층이 두꺼워진다.
Key Word 바람, 혼합층, 혼합

대단원 마무리

1 수권의 분포와 활용

01 다음에서 설명하는 수권은 무엇인가?

- 짠맛이 나는 염수이므로 우리가 바로 이용하기 어렵다.
- 수권 중에서 약 97.47 %로 대부분을 차지한다.

① 지하수 ② 빙하 ③ 해수
④ 강물 ⑤ 호수

02 지구상에 분포하는 물의 양을 옳게 나열한 것은?

① 해수 > 빙하 > 지하수 > 강물과 호수
② 해수 > 지하수 > 빙하 > 강물과 호수
③ 해수 > 강물과 호수 > 지하수 > 빙하
④ 빙하 > 지하수 > 해수 > 강물과 호수
⑤ 빙하 > 해수 > 강물과 호수 > 지하수

03 그림은 육지 물의 분포 비율을 나타낸 것이다.

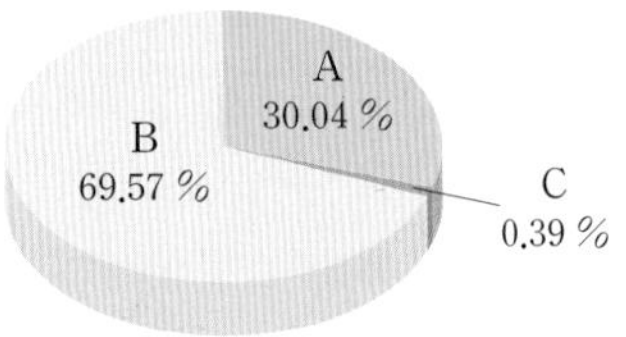

A, B, C를 옳게 짝지은 것은?

	A	B	C
①	빙하	지하수	강과 호수
②	빙하	강과 호수	지하수
③	지하수	빙하	강과 호수
④	지하수	강과 호수	빙하
⑤	강과 호수	빙하	지하수

04 다음과 같은 특징을 가지는 수권을 이루는 물은 무엇인가?

- 땅속 지층이나 암석 사이의 빈틈을 채우거나 느리게 흐르는 물이다.
- 농작물 재배에 주로 사용되며, 제품 생산에도 이용된다.
- 도시의 조경, 청소, 공원의 분수, 온천과 같은 관광 자원에도 활용된다.

① 해수 ② 빙하 ③ 지하수
④ 강물 ⑤ 호수

[05~06] 다음 표는 지구의 수권에서 물의 부피비(%)를 조사한 결과이다.

(가)	육지의 물(2.53 %)		
	(나)	(다)	(라)
97.47 %	1.76 %	0.76 %	0.01 %

05 (가)~(라)를 옳게 짝지은 것은?

	(가)	(나)	(다)	(라)
①	지하수	빙하	강과 호수	해수
②	빙하	해수	강과 호수	지하수
③	빙하	강과 호수	해수	지하수
④	해수	지하수	빙하	강과 호수
⑤	해수	빙하	지하수	강과 호수

06 (가)~(라) 중 다음 설명에 해당하는 것을 찾아 그 기호를 쓰시오.

- 담수 중 가장 많지만, 극지방이나 고산 지대에 분포하여 이용하기가 어렵다.
- 고체 상태로 존재하고 있으므로 녹아 액체 상태가 된 물을 담수가 부족한 고산 지대에서 활용한다.

[07~08] 그림은 우리나라 수자원의 용도별 현황을 나타낸 것이다.

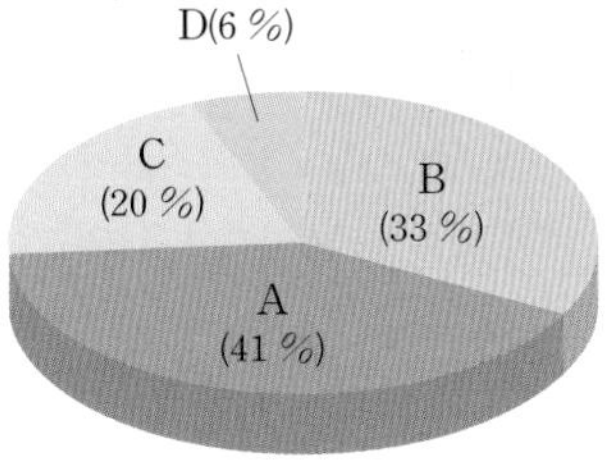

07 A~D를 옳게 연결한 것은?

	A	B	C	D
①	농업용수	공업용수	유지용수	생활용수
②	공업용수	생활용수	농업용수	유지용수
③	농업용수	유지용수	생활용수	공업용수
④	생활용수	유지용수	농업용수	공업용수
⑤	생활용수	공업용수	유지용수	농업용수

08 A~D 중 다음 (가), (나)의 설명에 해당하는 용도를 찾아 각각 그 기호를 쓰시오.

(가) 인구가 늘어나고 산업이 발달하면서 생활수준이 향상되면서 그 이용량이 크게 증가하고 있다.
(나) 가장 많이 이용하고 있는 물이다.

(가): ___________ (나): ___________

09 자원으로서 물의 가치를 설명한 것으로 옳은 것을 〈보기〉에서 있는 대로 고른 것은?

보기
ㄱ. 수권에서 바로 활용할 수 있는 물은 해수로 그 양이 매우 많다.
ㄴ. 지하수는 빗물이 지층의 빈틈으로 스며들어 채워지므로 지속적으로 활용할 수 있어 수자원으로서의 가치가 높다.
ㄷ. 생활에 필요한 물의 양은 점점 증가하고 있지만, 바로 활용할 수 있는 물의 양은 한정적이다.

① ㄱ ② ㄴ ③ ㄱ, ㄴ
④ ㄴ, ㄷ ⑤ ㄱ, ㄴ, ㄷ

2 해수의 특성과 순환

10 그림은 전 세계 해수면의 수온 분포를 나타낸 것이다.

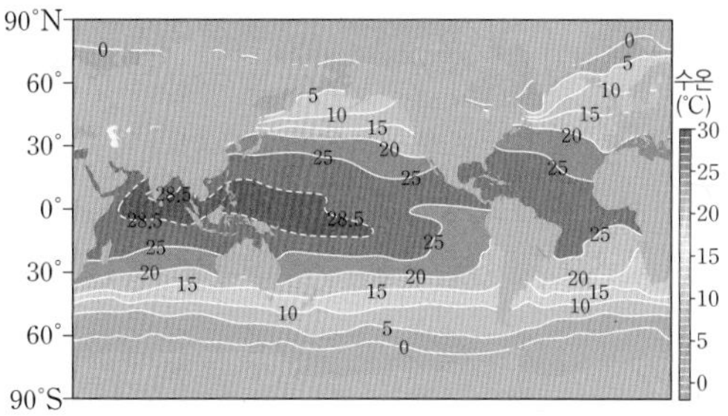

이에 대한 설명으로 옳은 것은?

① 고위도보다 저위도의 수온이 더 낮다.
② 해수면의 수온은 위도에 따라 다르다.
③ 중위도에서의 수온이 가장 높다.
④ 해수면에 도달하는 태양 에너지가 적을수록 수온이 높다.
⑤ 저위도에 도달하는 태양 에너지의 양은 고위도보다 더 적다.

11 그림은 해수의 층상 구조를 나타낸 것이다.

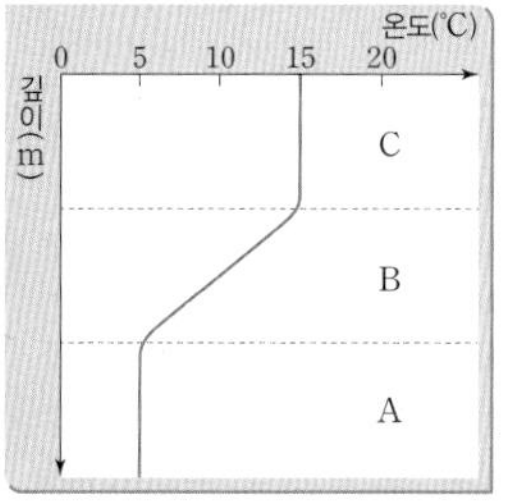

이에 대한 설명으로 옳은 것을 〈보기〉에서 있는 대로 고른 것은?

보기
ㄱ. A는 수온이 4 ℃ 이하로 매우 낮다.
ㄴ. B는 해수의 상하 운동이 활발하게 일어난다.
ㄷ. C는 깊어질수록 수온이 급격히 낮아진다.

① ㄱ ② ㄴ ③ ㄱ, ㄴ
④ ㄴ, ㄷ ⑤ ㄱ, ㄴ, ㄷ

정답과 해설 • 55쪽

12 다음은 깊이에 따른 해수의 수온 분포에 관한 실험 과정을 나타낸 것이다.

실험

(가) 물이 담긴 수조에 온도계 5개를 2 cm 간격으로 깊이를 달리하여 설치하고 온도를 측정한다.

(나) 적외선등을 켜고 20분 동안 수면을 가열한 다음, 온도계의 온도를 측정한다.

(다) 작은 선풍기로 약 3분 동안 수면 쪽에 바람을 일으킨 다음, 온도계의 온도를 측정한다.

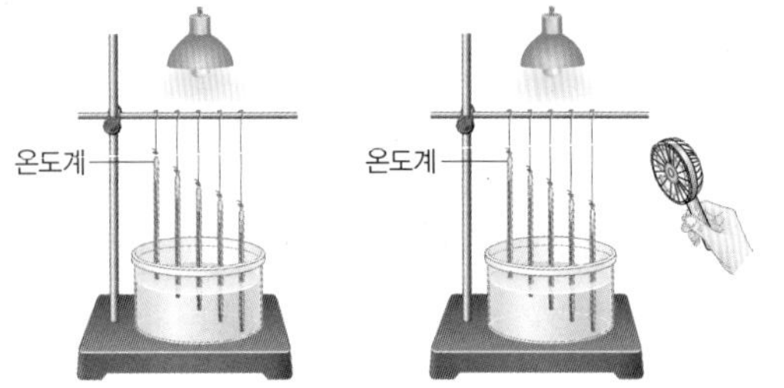

실험 (나), (다)의 과정에서 생성 원리를 알 수 있는 층상 구조가 옳게 짝지어진 것은?

	(나)	(다)
①	심해층	수온 약층
②	수온 약층	혼합층
③	심해층	혼합층
④	혼합층	수온 약층
⑤	혼합층	심해층

13 그림은 A~D 해역의 강수량과 증발량을 비교하여 나타낸 것이다.

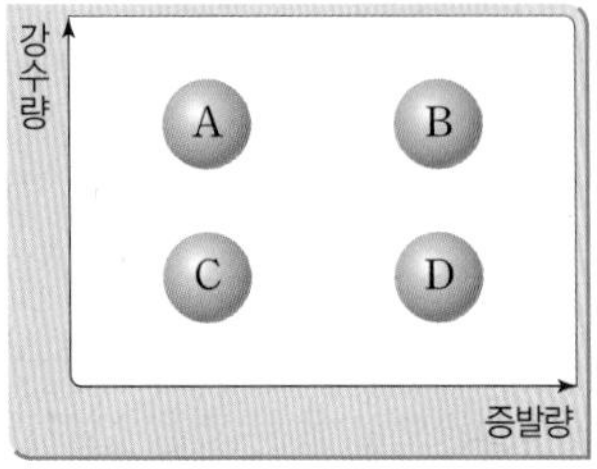

A~D 해역 중 (가) 염분이 가장 높은 곳과, (나) 염분이 가장 낮은 곳을 옳게 짝지은 것은? (단, 염분을 결정하는 다른 요인은 같다.)

	(가)	(나)		(가)	(나)
①	A	B	②	A	D
③	B	D	④	D	A
⑤	D	C			

14 다음은 A, B, C 해역의 특성을 설명한 것이다.

A. 염분이 33 psu이다.
B. 바닷물 200 g 속에 7 g의 염류가 녹아 있다.
C. 바닷물 50 g을 증발시켜 1.5 g의 염류를 얻었다.

A, B, C 해역의 염분 크기를 부등호(>, <) 또는 등호(=)로 비교하시오.

15 그림은 우리나라 주변의 해류를 나타낸 것이다.

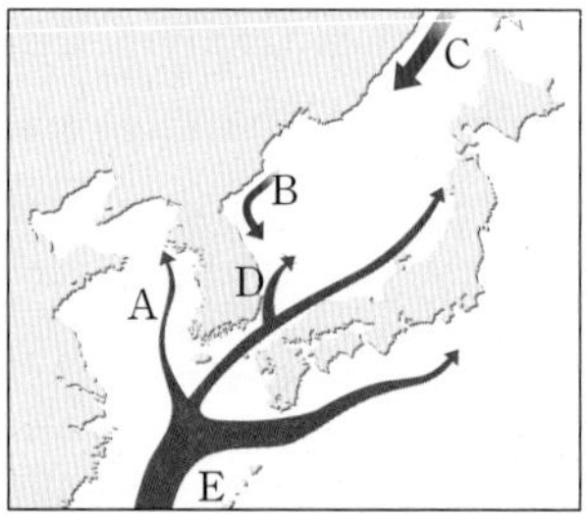

아래의 설명과 관련 있는 해류를 옳게 짝지은 것은?

- 난류와 한류가 만나는 곳이다.
- 계절에 따라 그 위치가 변한다.
- 영양 염류와 플랑크톤이 풍부하여 좋은 어장이 형성된다.

① A, B ② B, C ③ C, A
④ D, B ⑤ E, A

16 그림은 서해안에서 측정한 하루 동안의 해수면 변화를 나타낸 것이다.

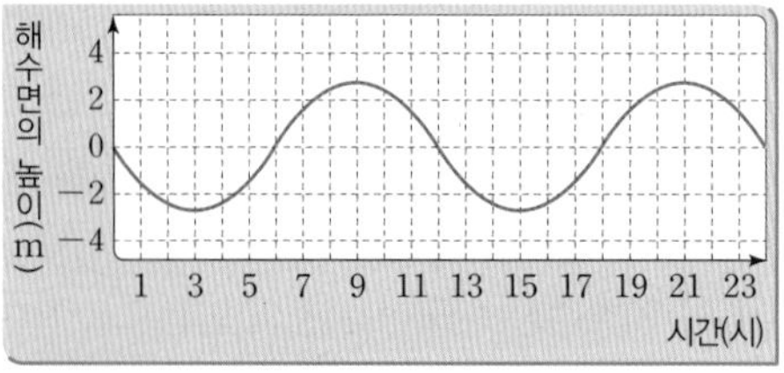

그림에 대한 설명으로 옳은 것을 〈보기〉에서 있는 대로 고르시오.

보기

ㄱ. 하루에 두 번씩 만조와 간조가 있다.
ㄴ. 오전 8시경에는 썰물이 흐른다.
ㄷ. 오후 3시경에 해수면의 높이가 가장 낮다.

01 그림은 육지 물의 분포 비율을 나타낸 것이다.

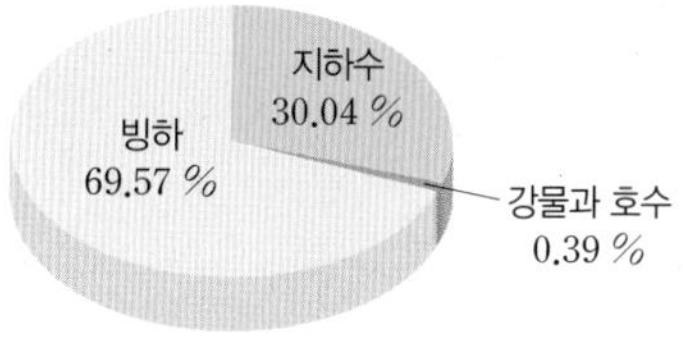

담수 중에서 가장 많은 것은 무엇인지 쓰고, 이 물을 사람이 쉽게 활용할 수 없는 이유를 서술하시오.

Tip 빙하는 가장 많은 부피를 차지하지만, 얼어 있다.

Key Word 빙하, 얼음, 담수, 극지방

02 그림은 우리나라 수자원의 용도별 현황을 나타낸 것이다.

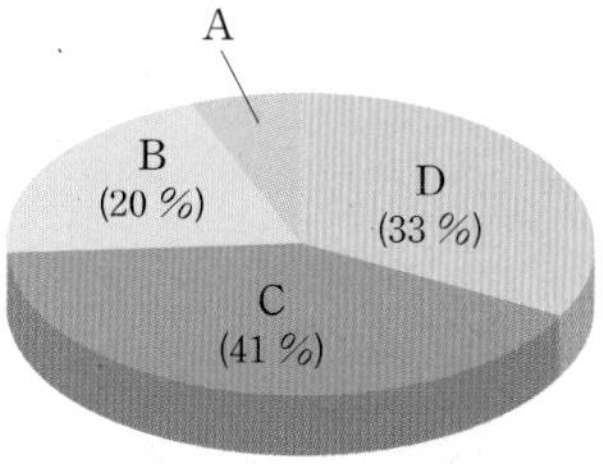

A～D 중 최근 사용량이 급격히 증가한 것의 기호와 용도, 최근 사용량이 증가한 까닭을 서술하시오.

Tip 인구 증가와 산업 발달로 필요한 물의 양이 많아지고 있다.

Key Word 인구 증가, 생활수준, 생활용수

03 그림은 어느 해역에서의 여름철과 겨울철의 깊이에 따른 해수의 수온 변화를 관측하여 얻은 결과이다.
여름철과 겨울철의 혼합층의 두께를 비교하고, 두께가 다르게 나타나는 까닭을 서술하시오.

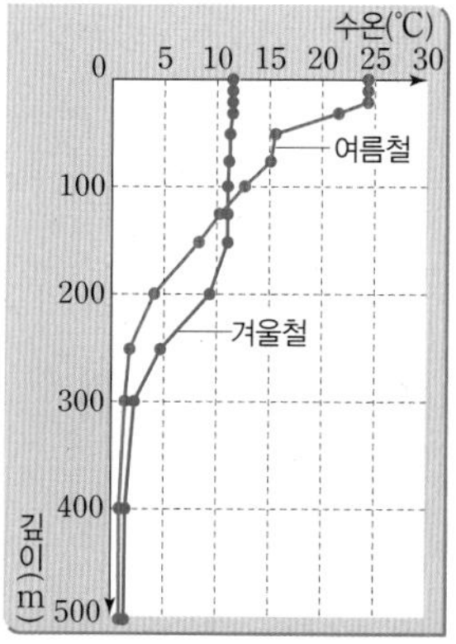

Tip 바람이 강하게 불수록 혼합층은 두꺼워진다.

Key Word 바람, 혼합층, 계절

04 그림은 위도에 따른 강수량과 증발량을 나타낸 것이다.
위도 30°인 지역 바다의 염분은 주변 바다에 비해 어떠할지 예상하고, 그 까닭을 서술하시오.

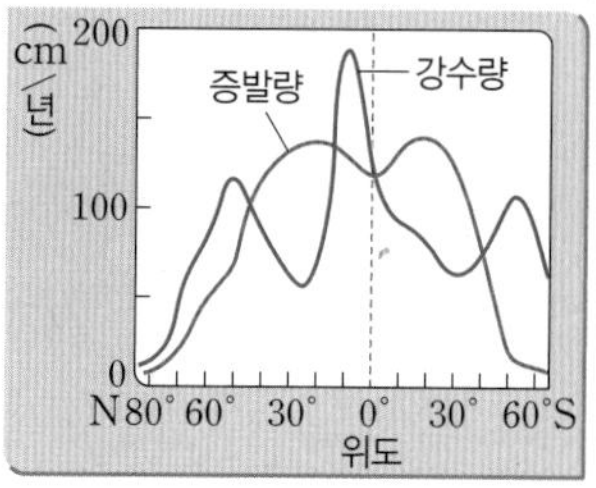

Tip 강수량과 증발량은 염분에 영향을 주는 중요한 요인이다.

Key Word 강수량, 증발량, 염분

05 그림은 우리나라 주변 바다를 나타낸 것이다.
A, B, C 중에서 좋은 어장이 형성되는 곳의 기호를 찾아 쓰고, 그렇게 생각한 까닭을 서술하시오.

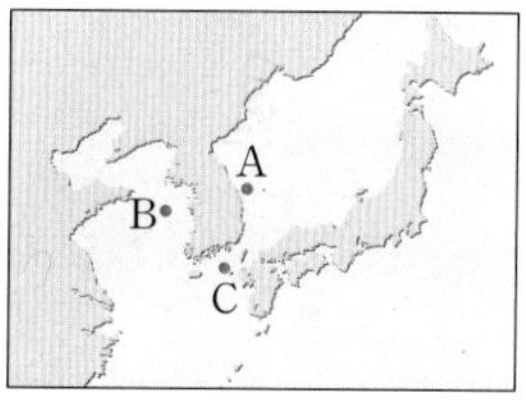

Tip 한류와 난류가 만나는 조경 수역은 좋은 어장이 형성된다.

Key Word 조경 수역, 한류, 난류

06 그림은 어느 두 해역에서 하루 동안 해수면의 높이 변화를 관측한 자료이다.

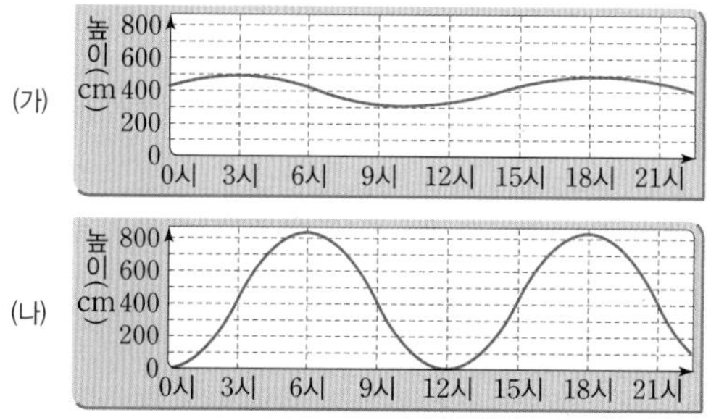

(가)와 (나) 중 갯벌 체험을 하기에 적당한 곳은 어디인지 선택하고, 그 까닭을 서술하시오.

Tip 조차가 클수록 갯벌이 더 넓게 드러난다.

Key Word 조차, 간조, 갯벌

VIII

열과 우리 생활

1
온도와 열의 이동

2
열평형, 비열, 열팽창

1 온도와 열의 이동

❶ 온도

1. **온도+**: 물체의 차갑고 뜨거운 정도를 숫자로 나타낸 것
   (1) **온도의 단위와 측정**: 온도의 단위는 ℃(섭씨도)와 K(켈빈) 등을 사용하며, 온도계를 이용하여 측정한다.
2. **온도와 입자 운동**: 온도는 물체를 구성하는 입자의 운동이 활발한 정도를 나타낸다.
   (1) **온도가 낮은 물체**: 입자의 운동이 둔하다.
   (2) **온도가 높은 물체**: 입자의 운동이 활발하다.

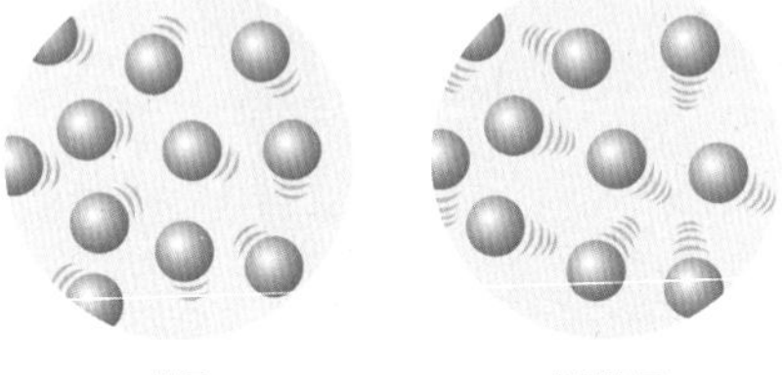
찬물 따뜻한 물

+ 차고 따뜻함
찬 음료수가 들어 있는 컵을 손으로 만지면 손에서 컵으로 에너지가 이동하기 때문에 차갑게 느껴진다. 반면에 따뜻한 코코아차가 들어 있는 컵을 손으로 만지면 컵에서 손으로 에너지가 이동하기 때문에 따뜻하게 느껴진다.

❷ 열의 이동

1. **열**: 온도가 서로 다른 두 물체가 접촉했을 때 온도가 높은 물체에서 온도가 낮은 물체로 이동하는 에너지
2. **열의 이동**
   (1) **전도+**: 고체에서 물체를 구성하는 입자의 운동이 이웃한 입자에 차례대로 전달되어 열이 이동하는 현상
   (2) **대류**: 기체나 액체에서 물질을 구성하는 입자들이 직접 이동하면서 열이 이동하는 현상
   (3) **복사**: 열이 다른 물질을 거치지 않고 직접 이동하는 현상

전도에 의한 열의 이동	대류에 의한 열의 이동	복사에 의한 열의 이동

전기장판 위에 있으면 열이 우리 몸으로 이동하여 따뜻해진다.	에어컨에서 나온 찬 공기는 아래로 이동하여 방 전체의 온도를 낮춘다.	난로를 켜면 열이 복사의 형태로 이동하여 바로 따뜻함을 느낄 수 있다.

3. **냉난방 기구의 효율적인 사용**
   (1) **냉방기**: 방의 위쪽에 설치해야 냉방기에서 나오는 찬 공기는 아래쪽으로 내려오고 더운 공기는 위쪽으로 올라가면서 방 전체가 시원해진다.
   (2) **난방기**: 방의 아래쪽에 설치해야 난방기에서 나오는 따뜻한 공기는 위쪽으로 올라가고 찬 공기는 아래쪽으로 내려오면서 방 전체가 따뜻해진다.

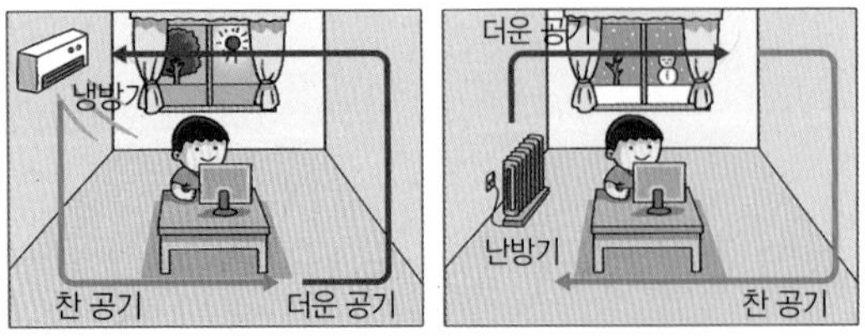

냉방기 난방기

4. **단열+**: 열의 이동을 막는 것을 단열이라고 하고, 단열에 사용하는 재료를 단열재라고 한다.

+ 고체 막대에서의 열의 이동
고체에서는 주로 전도에 의해서 열이 이동한다.

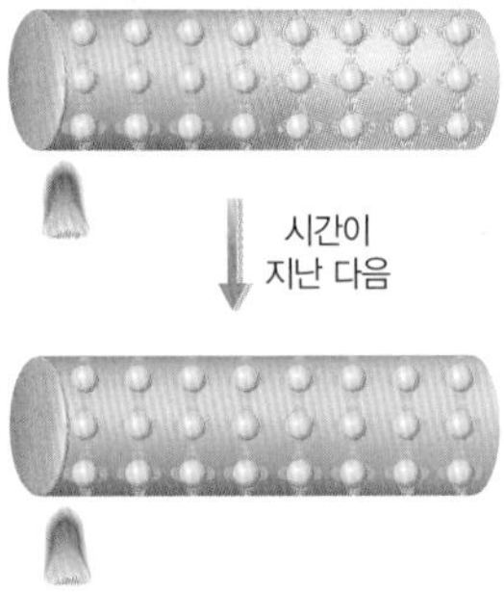

+ 보온병에서 단열
- 마개: 이중 구조로 되어 있어서 전도에 의한 열의 이동을 막는다.
- 이중벽: 벽 사이를 진공으로 만들어 전도와 대류에 의한 열의 이동을 막는다.
- 벽면: 벽면을 은으로 도금하여 복사에 의한 열의 이동을 막는다.

정답과 해설 • 57쪽

❶ 온도

- 물체의 차갑고 뜨거운 정도를 숫자로 나타낸 것을 □□라고 한다.
- 일상생활에서 온도의 단위는 □를 사용하며, □□□를 이용하여 측정한다.
- 온도가 □은 물체는 입자 운동이 둔하고, 온도가 □은 물체는 입자 운동이 활발하다.

01 온도와 열에 관련된 설명으로 옳은 것은 ○표, 옳지 않은 것은 ×표를 하시오.

(1) 온도의 단위는 ℃를 사용한다. (　　)

(2) 온도는 손의 감각으로 측정할 수 있다. (　　)

(3) 열은 온도가 낮은 곳에서 온도가 높은 곳으로 이동한다. (　　)

(4) 온도가 높을수록 물체를 이루는 입자들의 운동이 활발하다. (　　)

02 그림은 물질 (가)와 (나)의 입자 운동을 나타낸 것이다. (가)와 (나)의 온도를 부등호로 비교하시오. (단, 두 물질은 같은 물질이다.)

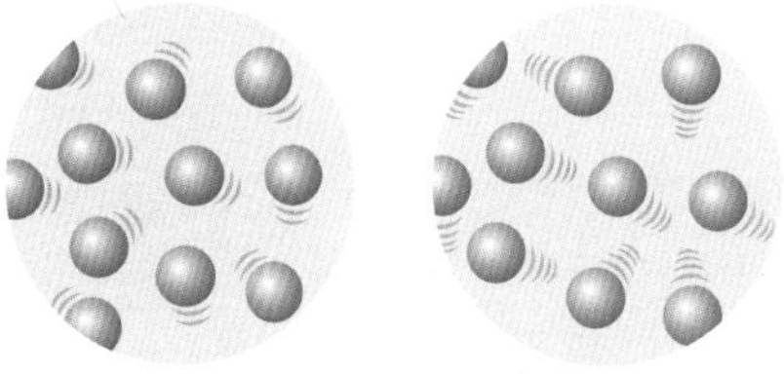

(가)　　　(나)

03 그림은 온도가 다른 네 물체 A~D를 접촉했을 때 각 물체 사이에서 일어나는 열의 이동을 화살표로 나타낸 것이다. 온도가 가장 높은 물체와 가장 낮은 물체의 기호를 각각 쓰시오. (단, 외부와 열 출입은 없다.)

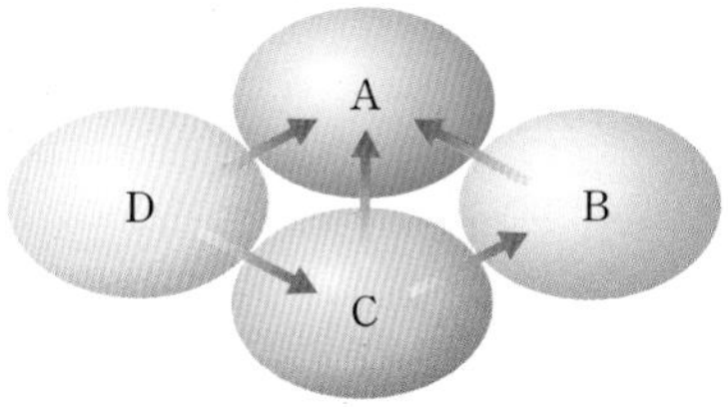

(1) 온도가 가장 높은 물체: (　　)

(2) 온도가 가장 낮은 물체: (　　)

❷ 열의 이동

- 열은 온도가 □은 물체에서 온도가 □은 물체로 이동한다.
- 고체에서는 □□, 기체나 액체에서는 □□의 형태로 열이 전달된다.
- 냉방기는 □쪽에 설치하고 난방기는 □□쪽에 설치한다.
- 열의 이동을 막는 것을 □□이라고 한다.

04 다음 상황에서의 열의 이동 방법을 쓰시오.

(1) 햇볕 아래에 있으면 몸이 따뜻해진다. (　　)

(2) 프라이팬을 가열하면 전체가 뜨거워진다. (　　)

(3) 열화상 카메라로 촬영하면 체온 분포를 알 수 있다. (　　)

(4) 천장의 에어컨을 켜 두었더니 방 안 전체가 시원해졌다. (　　)

05 그림은 방 안의 구조를 나타낸 것이다. 물음에 답하시오.

(1) 방 안에 에어컨을 설치하려고 한다. 냉방을 효율적으로 하기 위해 A와 B 중에서 에어컨을 설치해야 하는 위치를 쓰시오.

(2) 방 안에 난로를 설치하려고 한다. 난방을 효율적으로 하기 위해 A와 B 중에서 난로를 설치해야 하는 위치를 쓰시오.

필수 탐구 효율적인 단열 방법과 냉난방

과정 1 효율적인 단열 방법 찾기

목표
단열 방법과 냉난방 기구를 효율적으로 사용하는 방법을 조사하여 설명할 수 있다.

과정 1

1 열화상 카메라로 찍은 사진에서 집 밖으로 열이 많이 빠져나가는 곳을 찾는다.

2 과정 1에서 찾은 장소에서 열이 어떻게 이동하는지 생각한 다음, 단열 방법을 조사하여 토의한다.

열화상 카메라로 촬영하면 밖으로 빠져 나가거나 안으로 들어오는 복사 에너지를 측정할 수 있다.

결과 1

열의 이동에 따른 효율적인 단열 방법은 다음과 같다.

열이 많이 빠져나가는 곳	열의 이동 방법	단열 방법
창문	유리창을 통한 전도	이중창을 설치하여 공기층을 만들면 전도로 빠져나가는 열을 막을 수 있다.
바닥	바닥을 통한 전도	전도가 잘 일어나지 않는 스타이로폼 단열재를 설치하면 전도로 빠져나가는 열을 막을 수 있다.
벽	벽 안팎의 온도 차이로 나타나는 전도와 복사	공기층이 많은 단열재를 설치하여 전도로 빠져나가는 열을 막고, 알루미늄이 포함된 단열재로 전자기파를 반사하여 복사로 빠져나가는 열을 막을 수 있다.

건축용 단열재로 가장 많이 쓰이는 것은 스타이로폼이다. 스타이로폼은 전체 부피의 약 98 %가 기포로 되어 있어 단열 효과가 뛰어나며, 쉽게 자를 수 있고 가벼워서 여러 곳에 이용하고 있다.

과정 2 냉난방 기구 효율적으로 사용하기

과정 2

1 주위에서 다양한 냉난방 기구를 찾아 열의 이동 과정을 살펴본다.

2 과정 1을 바탕으로 냉난방 기구를 효율적으로 사용하는 방법에는 어떤 것이 있는지 조사하고 토의한다.

결과 2

냉난방 기구의 효율적인 사용법은 다음과 같다.

냉난방 기구	열의 이동 방법	효율적인 사용 방법
온풍기	대류	따뜻한 공기는 위로 올라가고, 찬 공기는 아래로 내려오므로 방 아래쪽에 설치한다.
온돌	전도	전도가 잘 일어나는 바닥재를 사용한다.
에어컨	대류	찬 공기는 아래로 내려오므로 에어컨은 위쪽에 설치한다.

정리

1 단열은 집 안의 열이 밖으로 빠져나가지 않게 하는 방법이다. 이중창, 단열재를 이용하여 효율적으로 단열을 할 수 있다.

2 난방 기구의 열이 효율적으로 전달되도록 하는 방법은 열의 이동을 고려하여 난방 기구를 설치하는 방법이다. 온풍기는 아래쪽에 설치하고 에어컨은 위쪽에 설치하여 냉난방 기구를 효율적으로 사용할 수 있다.

수행 평가 섭렵 문제

정답과 해설 • 57쪽

효율적인 단열 방법과 냉난방

- 공기층을 만들면 □□로 빠져나가는 열을 막을 수 있다.
- 스타이로폼 단열재를 설치하면 □□로 빠져나가는 열을 막을 수 있다.
- 알루미늄이 포함된 단열재로 전자기파를 반사하여 □□로 빠져나가는 열을 막을 수 있다.
- 이중창, 단열재를 이용하여 효율적으로 □□을 할 수 있다.
- 온풍기는 □□쪽에 설치하고 에어컨은 □쪽에 설치하여 냉난방 기구를 효율적으로 사용할 수 있다.

1 스타이로폼과 같은 공기층이 많이 함유된 단열재를 사용했을 경우 열의 이동 방법 중 막을 수 있는 것은?

① 전도 ② 대류 ③ 복사
④ 전도와 복사 ⑤ 전도, 대류, 복사

2 다음 〈보기〉에서 단열과 관련이 있는 것을 있는 대로 고르시오.

보기
ㄱ. 아이스박스 ㄴ. 이중창
ㄷ. 보온병 ㄹ. 난로의 반사판

3 다음은 어느 모둠에서 가정에서의 단열 방법에 대해 토의한 것들이다. 단열 효과가 가장 작은 것은?

① 창문에 커튼을 설치한다.
② 창문은 이중창을 사용한다.
③ 벽면은 얇은 단열재를 사용한다.
④ 바닥을 스타이로폼으로 단열한다.
⑤ 알루미늄이 포함된 단열재로 복사로 빠져나가는 열을 막는다.

4 그림에서 방 안에 설치된 냉방기와 난방기가 작동할 때 공기의 이동 방향을 화살표로 표시해 보시오.

▲ 냉방기

▲ 난방기

5 효율적인 냉난방 기구의 사용법으로 옳은 것만을 〈보기〉에서 있는 대로 고르시오.

보기
ㄱ. 에어컨은 아래쪽에 설치한다.
ㄴ. 난로는 위쪽에 설치한다.
ㄷ. 에어컨과 함께 선풍기를 동시에 사용한다.
ㄹ. 난로에는 반사판을 사용한다.

내신 기출 문제

1 온도

01 다음 중 온도에 대한 설명으로 옳은 것은?

① 온도는 에너지의 일종이다.
② 일상생활에서는 주로 ℃(섭씨도)를 사용한다.
③ 물질의 온도가 높아지면 질량이 함께 커진다.
④ 사람의 감각을 이용하여 온도를 정확하게 측정할 수 있다.
⑤ 물체의 온도가 낮을수록 물체를 구성하는 입자의 운동이 활발하다.

02 온도와 입자의 운동에 대한 설명으로 옳은 것만을 〈보기〉에서 있는 대로 고른 것은?

보기
ㄱ. 온도는 물체를 구성하는 입자의 운동이 활발한 정도를 나타낸다.
ㄴ. 물체를 구성하는 입자의 운동이 활발할수록 물체의 온도가 높다.
ㄷ. 물체에 열을 가하면 물체를 구성하는 입자의 운동이 활발해진다.

① ㄱ ② ㄴ ③ ㄱ, ㄷ
④ ㄴ, ㄷ ⑤ ㄱ, ㄴ, ㄷ

중요
03 그림 (가)~(다)는 온도가 다른 물 입자의 운동을 모형으로 나타낸 것이다. (가)~(다)의 물의 온도를 옳게 비교한 것은?

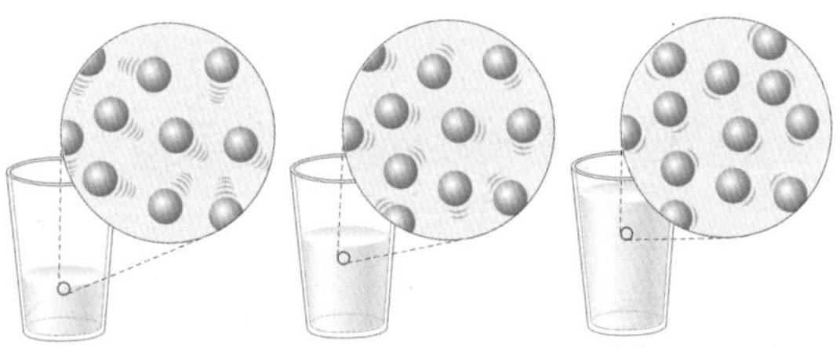
(가) (나) (다)

① (가)>(나)>(다) ② (가)>(다)>(나)
③ (나)>(가)>(다) ④ (나)>(다)>(가)
⑤ (다)>(나)>(가)

2 열의 이동

04 그림 (가)~(다)는 얼음 위에 놓인 생선, 얼음 속에 넣은 주스, 냄비 위에 놓인 언 고기를 나타낸 것이다.

(가) (나) (다)

다음 중 이와 같은 열의 이동 방법과 관련이 있는 것은?

① 냄비 속의 물이 끓는다.
② 난로 앞에 앉으면 따뜻하다.
③ 국그릇 속의 숟가락이 뜨거워진다.
④ 에어컨을 켜면 방 안이 시원해진다.
⑤ 열화상 카메라로 체온 분포를 확인한다.

중요
05 다음 음식을 조리하는 방법 (가), (나), (다)에서 음식 조리에 주로 이용된 열의 이동 방법을 옳게 짝지은 것은?

(가)	(나)	(다)

냄비 안에 담긴 물이 끓는다.	토스터로 빵을 굽는다.	프라이팬에 달걀을 익힌다.

	(가)	(나)	(다)		(가)	(나)	(다)
①	전도	대류	복사	②	전도	복사	대류
③	대류	전도	복사	④	대류	복사	전도
⑤	복사	전도	대류				

06 그림과 같은 방 안에 에어컨과 난로를 각각 설치하려고 한다. 냉난방을 효율적으로 하기 위해 A와 B 중에서 에어컨과 난로를 설치해야 하는 위치를 옳게 짝지은 것은?

	에어컨	난로		에어컨	난로
①	A	A	②	A	B
③	B	A	④	B	B
⑤	A	아무 곳이나 상관없다.			

고난도 실력 향상 문제

정답과 해설 • 58쪽

01 다음 중 입자 운동과 온도에 대한 설명으로 옳지 않은 것은?

① 온도가 높을수록 입자 운동이 활발하다.
② 열을 받은 물체의 입자 운동이 활발해진다.
③ 온도는 물체를 이루는 입자의 활발한 정도를 나타낸다.
④ 60 ℃ 물의 입자 운동은 30 ℃ 물의 입자 운동보다 활발하다.
⑤ 물체의 온도가 변하여도 입자 운동이 변하지 않을 수도 있다.

중요

02 그림과 같이 열 변색 붙임 딱지를 붙인 금속판과 유리판을 따뜻한 물에 넣었더니 금속판의 색이 더 빨리 변했다. 이에 대한 설명으로 옳은 것만을 있는 대로 고른 것은?

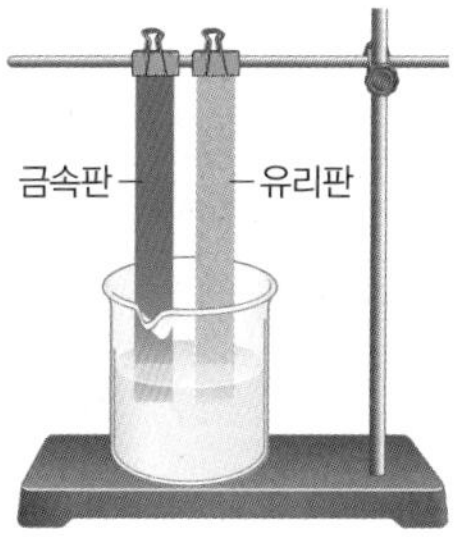

보기
ㄱ. 금속이 유리보다 열을 잘 전달한다.
ㄴ. 유리에서 열은 대류에 의해 전달된다.
ㄷ. 물질에 따라 열이 전도되는 정도가 다르다.

① ㄱ ② ㄴ ③ ㄴ, ㄷ
④ ㄱ, ㄷ ⑤ ㄱ, ㄴ, ㄷ

중요

03 그림과 같은 방한복의 경우 옷 속에 솜털을 넣어서 만드는 경우가 많다. 다음 중 옷 속에 솜털을 넣는 까닭을 옳게 설명한 것은?

① 공기층에 의한 열의 이동을 차단하기 위하여
② 몸에서 나가는 복사열을 차단하기 위하여
③ 대류에 의한 열의 이동을 차단하기 위하여
④ 밖에서 들어오는 복사열을 차단하기 위하여
⑤ 옷 속 공기층을 제거하여 단열 효과를 높이기 위하여

서논술형 유형 연습

정답과 해설 • 58쪽

예제

01 그림은 유리로 된 보온병의 구조를 나타낸 것이다.

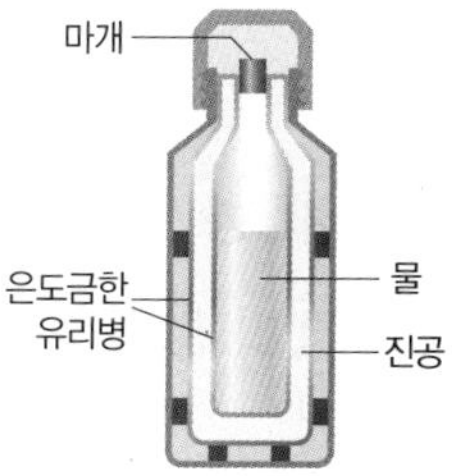

(1) 보온병의 마개를 이중으로 하는 것이 열의 이동을 어떻게 차단하는지 서술하시오.
(2) 유리병을 은도금한 것이 열의 이동을 어떻게 차단하는지 서술하시오.
(3) 유리병 벽 사이가 진공인 것이 열의 이동을 어떻게 차단하는지 서술하시오.

Tip 보온병은 음료를 따뜻하게 또는 차게 유지하기 위해 단열한다. 따라서 전도, 대류, 복사에 의한 열의 이동을 차단해야 한다.
Key Word 보온병, 은도금, 진공, 이중벽, 이중 마개

[설명] 보온병은 전도, 대류, 복사에 의한 열의 이동을 차단해야 하며, 진공은 전도와 대류에 의한 열의 이동을 차단할 수 있다는 사실을 알고 있으면 해결할 수 있다.
[모범 답안] (1) 마개의 이중 구조는 전도에 의한 열의 이동을 차단한다. (2) 유리병의 은도금은 복사에 의한 열의 이동을 차단한다. (3) 벽 사이를 진공으로 만들어 전도와 대류에 의한 열의 이동을 막는다.

실전 연습

01 그림과 같이 따뜻한 물이 담긴 플라스크 위에 투명 필름을 얹고 찬물이 든 플라스크를 뒤집어 놓았다. 투명 필름을 제거하였을 때 일어나는 변화를 다음 주어진 단어를 모두 사용하여 서술하시오.

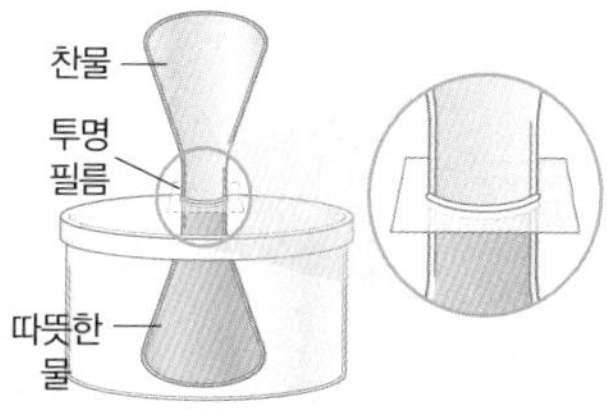

따뜻한 물, 찬물, 위쪽, 아래쪽, 대류, 온도

Tip 액체에서는 대류에 의해 열이 이동하므로 찬물은 아래쪽으로 이동하고 따뜻한 물은 위쪽으로 이동하여 두 액체의 온도는 같아진다.
Key Word 찬물, 따뜻한 물, 열의 이동, 대류

2 열평형, 비열, 열팽창

❶ 열평형

1. **열평형**: 온도가 높은 물체에서 온도가 낮은 물체로 열이 이동하여 두 물체의 온도가 같아진 상태
2. **열평형에서 온도 변화와 입자 운동의 변화**
   (1) **열의 이동**: 온도가 높은 물체에서 온도가 낮은 물체로 열⁺이 이동한다.
   (2) **온도 변화 그래프**: 온도가 높은 물체의 온도는 낮아지고, 온도가 낮은 물체의 온도는 높아져 시간이 지나면 두 물체의 온도가 같아진다.
   (3) **입자 운동 변화**: 온도가 다른 두 물체를 접촉하면 온도가 높은 물체는 열을 잃어 입자의 운동이 둔해지고, 온도가 낮은 물체는 열을 얻어 입자의 운동이 활발해진다.

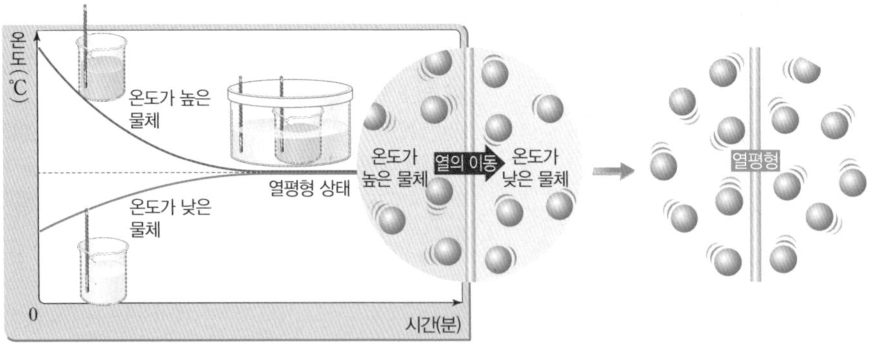

3. **열평형의 이용⁺**
   (1) 갓 삶은 뜨거운 달걀을 식힐 때 찬물에 담가 두는데, 시간이 지나면 서로 열평형을 이루어 달걀과 물이 모두 미지근해진다.
   (2) 온도계는 물체가 접촉하여 열평형 상태를 이루는 것을 이용하여 물체의 온도를 측정한다.

❷ 비열

1. **비열⁺**: 어떤 물질 1 kg의 온도를 1 ℃ 높이는 데 필요한 열량
   (1) **비열의 단위**: 비열의 단위로는 kcal/(kg·℃)
   (2) 비열은 물질의 특성이므로 물질의 종류에 따라 다르다.
2. **비열과 온도 변화**: 질량이 같은 두 물질을 같은 시간 동안 가열할 때 비열이 작은 물질은 온도 변화가 크고, 비열이 큰 물질은 온도 변화가 작다.
3. **물과 식용유의 온도 변화**: 질량이 같은 물과 식용유의 온도를 1 ℃ 높이는 데 필요한 열량은 물이 더 크다. 즉, 물의 비열이 식용유의 비열보다 크다.

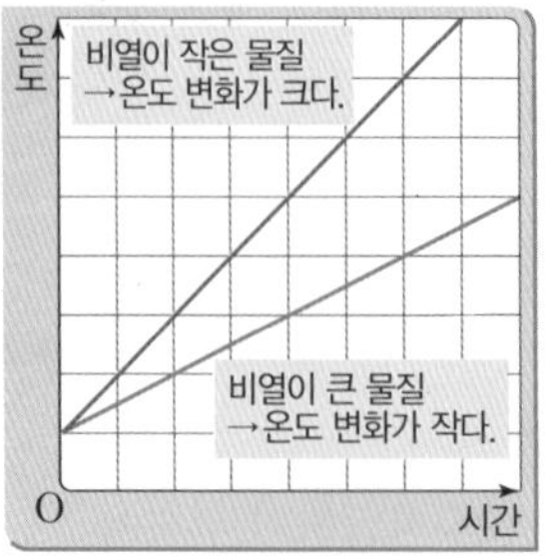

+ 열량
어떤 물질이 얻은 열의 양 또는 어떤 물질에 전달되는 열의 양을 열량이라 하고, 열량의 단위로는 kcal(킬로칼로리)나 cal(칼로리) 등을 사용한다.

+ 열평형의 이용
- 음료에서 얼음으로 열이 이동하여 열평형에 도달하면 음료를 차갑게 유지할 수 있다.

- 뜨거운 음식에서 온도계로 열이 이동하여 열평형에 도달하면 음식의 온도를 측정할 수 있다.

+ 여러 가지 물질의 비열

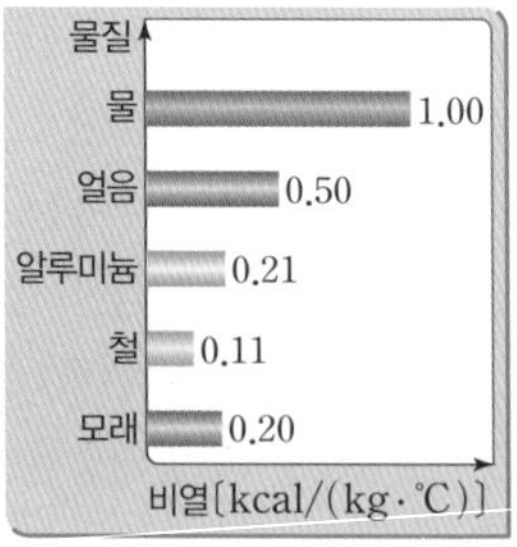

❶ 열평형

- 온도가 높은 물체에서 온도가 낮은 물체로 □이 이동하여 두 물체의 온도가 같아진 상태를 □□□ 상태라고 한다.
- 온도가 다른 두 물체를 접촉하면 온도가 높은 물체는 열을 잃어 입자의 운동이 □해지고, 온도가 낮은 물체는 열을 얻어 입자의 운동이 □□해진다.
- 온도계는 물체와 접촉하여 □□□ 상태를 이루는 것을 이용하여 물체의 온도를 측정한다.

❷ 비열

- 어떤 물질 1 kg의 온도를 1 ℃ 높이는 데 필요한 열량을 □□이라고 한다.
- 질량이 같은 두 물질을 같은 시간 동안 가열할 때 비열이 작은 물질은 온도 변화가 □고, 비열이 큰 물질은 온도 변화가 □다.
- □은 다른 물질에 비하여 비열이 매우 커서 기계의 냉각수나 찜질팩 등에 이용된다.

01 **그래프는 뜨거운 물이 들어 있는 비커를 차가운 물이 들어 있는 수조 속에 넣었을 때 시간에 따른 두 물의 온도 변화를 나타낸 것이다. (단, 외부와의 열의 출입은 없다.)**

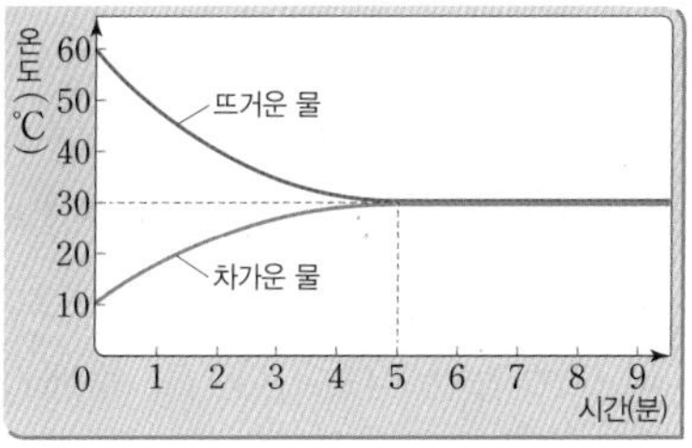

(1) 열의 이동 방향을 쓰시오.

(2) 열평형에 도달하는 시간은 몇 분인가?

(3) 열평형에 도달했을 때의 온도는 몇 ℃인가?

(4) 9분이 지났을 때 차가운 물의 온도는 몇 ℃가 되는가?

02 **뜨거운 물과 찬물을 접촉할 때에 대한 설명으로 옳은 것은 ○표, 옳지 않은 것은 ×표를 하시오.**

(1) 뜨거운 물에서 찬물로 열이 이동한다. ( )

(2) 뜨거운 물 입자의 운동은 활발해진다. ( )

(3) 열평형 상태가 되면 두 물의 온도가 같아진다. ( )

(4) 열평형 상태가 되면 두 물의 입자 운동이 같아진다. ( )

(5) 시간이 충분히 지나면 두 물의 온도는 반대가 된다. ( )

03 **비열에 대한 설명으로 옳은 것은 ○표, 옳지 않은 것은 ×표를 하시오.**

(1) 어떤 물질 1 kg의 온도를 1 ℃ 높이는 데 필요한 열량이다. ( )

(2) 물은 식용유보다 비열이 크므로 온도 변화가 식용유보다 작다. ( )

(3) 같은 양의 열을 받았을 때 비열이 클수록 온도가 빨리 높아진다. ( )

(4) 같은 양의 열을 받았을 때 물질이 같아도 질량이 클수록 온도 변화가 작다. ( )

(5) 겉보기 성질이 비슷한 두 물질의 비열을 비교하면 두 물질을 구별할 수 있다. ( )

04 **그래프는 질량이 같은 액체 A, B를 같은 열량으로 가열하면서 온도를 측정한 결과를 나타낸 것이다.**

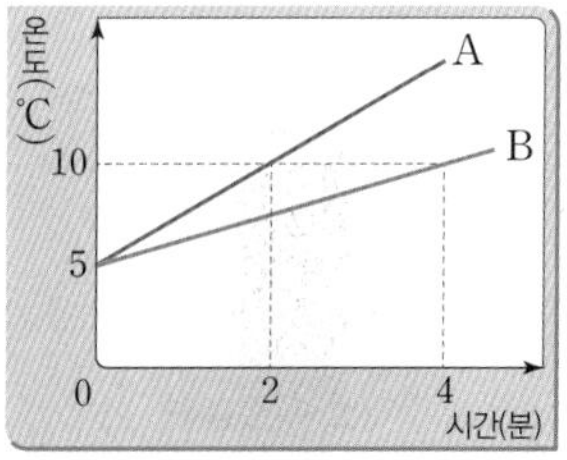

(1) A와 B는 같은 물질인가? 다른 물질인가?

(2) 가열 시간에 따른 온도 변화가 큰 물질은 어느 것인가?

(3) A와 B의 비열의 크기를 부등호를 이용하여 비교하시오.

2 열평형, 비열, 열팽창

4. 비열의 이용

(1) 물+은 다른 물질에 비하여 비열이 매우 크므로 온도 변화가 작다. 따라서 기계의 냉각수나 찜질팩 등에 이용된다.

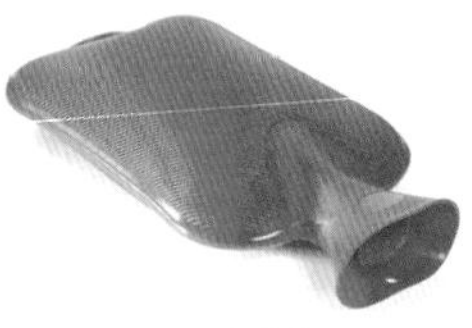
▲ 찜질팩

(2) 돌솥의 비열이 무쇠솥보다 크므로 돌솥에 담긴 밥이 무쇠솥보다 더 오랫동안 따뜻하다. 또 뚝배기의 비열+이 냄비보다 크므로 뚝배기에 끓인 찌개는 오래 따뜻하다.

(3) 해안 지방이 내륙 지방보다 일교차가 적은 것은 물의 비열이 크기 때문이다.

(4) 바닷가에서 낮에는 바다에서 육지 쪽으로 해풍이 불고, 밤에는 육지에서 바다 쪽으로 육풍이 부는 것은 물과 모래의 비열 차이 때문에 일어나는 현상이다.

+ 체온 유지
우리 몸속에 있는 물은 비열이 커서 외부의 온도가 급격히 변하더라도 온도 변화가 작으므로 체온을 일정하게 유지하는 데 중요한 역할을 한다.

③ 열팽창

1. 열팽창: 물체의 온도가 높아질 때 부피가 팽창하는 현상

2. 액체의 열팽창

(1) 액체의 온도가 높아지면 부피가 팽창하며 액체마다 열팽창하는 정도가 다르다.

(2) 삼각 플라스크가 담긴 수조에 뜨거운 물을 부었을 때 유리관으로 액체가 올라오는 것은 액체의 온도가 높아지면 액체를 구성하는 입자의 운동이 활발해져서 부피가 커지기 때문이다.

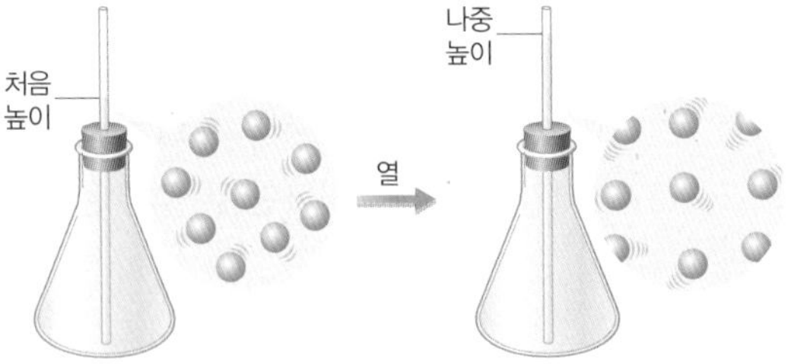

▲ 액체의 열팽창

3. 고체의 열팽창

(1) 금속 막대에 열을 가하면 금속 막대가 늘어나는 것은 고체의 온도가 높아지면 고체를 구성하는 입자의 운동이 활발해지기 때문이다.

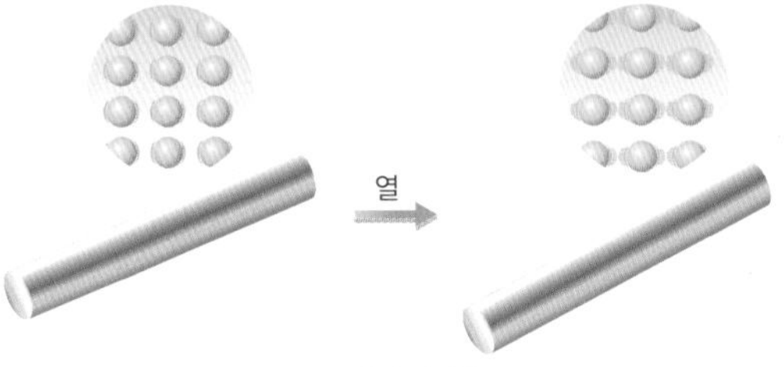

▲ 고체의 열팽창

(2) 고체의 온도가 높아지면 부피가 팽창하며 고체마다 열팽창하는 정도가 다르다.

4. 열팽창의 이용+

액체의 열팽창	고체의 열팽창	

액체의 열팽창으로 음료수 병이 깨지는 것을 방지하기 위해서 병에 액체를 가득 채우지 않는다.	열팽창으로 선로가 늘어나는 것에 대비하기 위해 선로와 선로 사이에 틈을 둔다.	겨울에는 전선이 수축하여 팽팽해지므로 여름에 설치할 때는 전선 길이를 길게 한다.

+ 뚝배기와 금속 냄비
뚝배기의 비열이 금속 냄비의 비열보다 커서 뚝배기는 금속 냄비보다 온도가 천천히 올라가고, 천천히 식는다. 따라서 뚝배기는 찌개와 같이 오랫동안 따뜻한 상태를 유지하는 음식을 조리할 때 사용하고, 금속 냄비는 라면과 같이 빨리 끓여야 하는 음식을 조리할 때 사용한다.

+ 바이메탈
바이메탈은 열팽창 정도가 다른 두 금속을 붙여서 만든 것으로, 온도가 높아지면 바이메탈이 열팽창 정도가 작은 금속 쪽으로 휘어지므로 회로와 연결이 끊어져 전류를 차단한다.

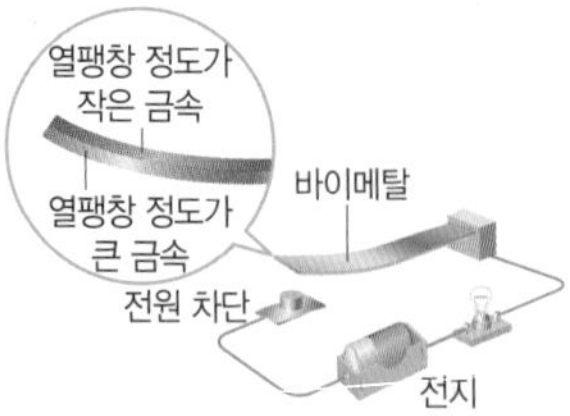

❸ 열팽창

- 물체의 온도가 높아질 때 □□가 팽창하는 현상을 열팽창이라고 한다.
- 액체의 온도가 높아지면 액체를 구성하는 □□의 운동이 활발해져서 부피가 커진다.
- □□□으로 선로가 늘어나는 것에 대비하기 위해 선로와 선로 사이에 틈을 둔다.

05 비열에 의한 현상이나 활용의 예에 대한 설명으로 옳은 것은 ○표, 옳지 않은 것은 ×표를 하시오.

(1) 해안 지방이 내륙 지방보다 일교차가 적은 것도 물의 비열이 크기 때문에 나타나는 현상이다. ( )

(2) 물은 다른 물질에 비해 비열이 작아 과열된 기계의 온도를 낮추는 냉각수로 이용되거나 찜질팩, 난방용 보일러 등에 이용된다. ( )

(3) 뚝배기는 된장찌개와 같이 오랫동안 따뜻한 상태를 유지하는 음식을 조리할 때 사용하고, 금속 냄비는 라면과 같이 빨리 끓여야 하는 음식을 조리할 때 사용한다. ( )

06 열팽창에 대한 설명으로 옳은 것만을 〈보기〉에서 있는 대로 고르시오.

보기

ㄱ. 기체는 물질마다 열팽창 정도가 다르다.
ㄴ. 고체가 액체보다 열팽창 정도가 더 크다.
ㄷ. 물질의 온도가 높아지면 물질을 이루는 입자 사이의 거리가 멀어져서 부피가 증가한다.

07 열팽창에 의한 현상이나 활용의 예로 옳은 것은 ○표, 옳지 않은 것은 ×표를 하시오.

(1) 전기주전자에 온도 조절 장치로 바이메탈을 설치한다. ( )

(2) 냄비의 몸체는 금속으로 만들고 손잡이는 플라스틱으로 만든다. ( )

(3) 가스관에 ㄷ자형 관을 이어서 온도 변화에 따라 가스관이 휘거나 틈이 생기는 것을 막는다. ( )

(4) 액체의 열팽창으로 음료수 병이 깨지는 것을 방지하기 위해서 병에 액체를 가득 채우지 않는다. ( )

08 다음 중 비열을 활용한 예는 '비열', 열팽창을 활용한 예는 '열팽창'으로 표시하시오.

(1) 알코올 온도계	(2) 찜질팩	(3) 다리의 이음새	(4) 양은 냄비
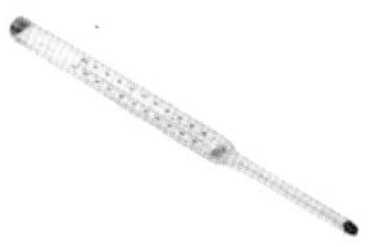		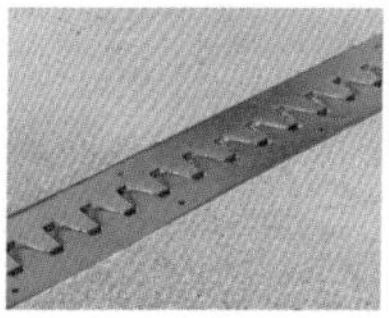	
( )	( )	( )	( )

필수 탐구 질량이 같은 두 물질의 비열 비교하기

목표
질량이 같은 두 물질의 온도 변화를 측정하여 두 물질의 비열을 비교할 수 있다.

과정

1 전자저울로 물과 식용유를 200 g씩 측정하여 두 개의 비커에 각각 넣는다.
2 물과 식용유를 넣은 비커를 핫플레이트 위에 올려놓고, 각각 온도계를 설치한다.
3 두 비커를 동시에 가열하면서 1분 간격으로 물과 식용유의 온도를 각각 측정한다.
4 시간에 따른 물과 식용유의 온도 변화를 그래프에 그린다.

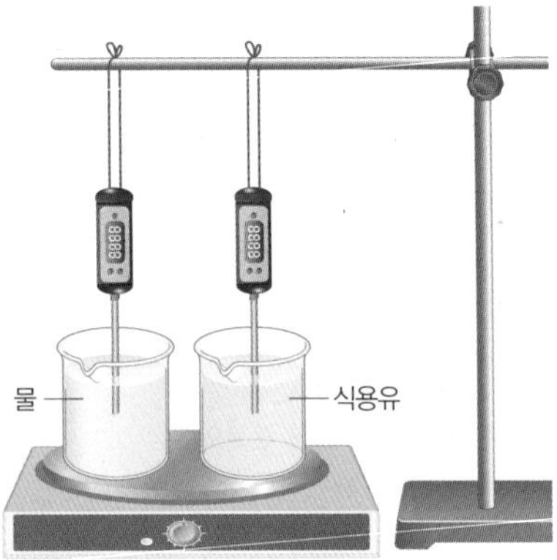

같은 물질이라도 질량에 따라 온도 변화가 다르므로 정확한 실험을 위해 물과 식용유의 질량이 같도록 한다.

결과

1 1분 간격으로 측정한 물과 식용유의 온도 변화는 다음 표와 같다.

시간(분)	0	1	2	3	4	5	6	7	8
물의 온도(℃)	26.5	31.0	35.2	39.5	43.2	48.0	51.6	56.0	60.0
식용유의 온도(℃)	26.5	34.9	43.3	51.5	60.0	69.0	76.8	85.2	94.5

2 시간에 따른 물과 식용유의 온도 변화 그래프는 그림과 같다.

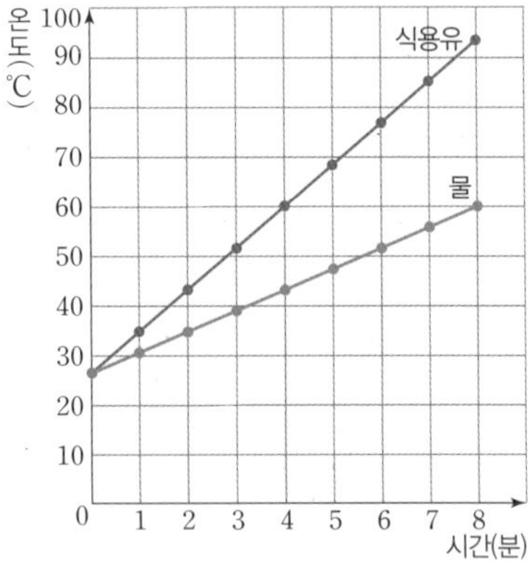

정리

1 물과 식용유를 같은 시간 동안 가열하는 까닭은 물과 식용유에 가하는 열량을 같게 하기 위해서이다.
2 물과 식용유를 같은 시간 동안 가열할 때 식용유의 온도 변화가 물보다 더 크다.
3 같은 시간 동안 가열할 때 물은 온도가 천천히 높아지고, 식용유는 온도가 빨리 높아진다. 즉, 시간에 따른 온도 변화 그래프에서 기울기는 식용유가 물보다 크다.
4 질량이 같은 물과 식용유를 같은 시간 동안 가열할 때 식용유의 온도 변화가 물의 온도 변화보다 더 크다.
5 물 1 kg의 온도를 1 ℃ 높이는 데 필요한 열량이 식용유 1 kg의 온도를 1 ℃ 높이는 데 필요한 열량보다 크다.

그래프에서 기울기가 크다는 것은 온도 변화가 크다는 것이다. 즉 같은 양의 열을 가했을 때 온도 변화가 크다는 것을 의미한다.

실험 클립 QR

수행 평가 섭렵 문제

질량이 같은 두 물질의 비열 비교하기

- 물과 식용유를 같은 시간 동안 가열하면 물과 식용유에 가하는 □□이 같다.
- 물과 식용유를 같은 시간 동안 가열할 때 식용유의 온도 변화가 물보다 더 □다.
- 시간에 따른 온도 변화 그래프에서 기울기는 식용유가 물보다 더 □다.
- □□이 같은 물과 식용유를 같은 시간 동안 가열할 때 식용유의 온도 변화가 물의 온도 변화보다 더 □다.

1 물과 식용유의 비열 실험에서 물과 식용유를 같은 시간 동안 같은 세기의 불꽃으로 가열하는 까닭을 옳게 설명한 것은?

① 온도 변화를 같게 하기 위해서
② 온도를 측정하기 편하게 하기 위해서
③ 두 물질에 가하는 열량을 같게 하기 위해서
④ 가열하는 동안 증발되는 양을 같게 하기 위해서
⑤ 두 물질에 열이 고르게 전달되도록 하게 위해서

2 질량이 각각 100 g, 200 g인 물을 같은 시간 동안 같은 세기의 불꽃으로 가열하였다. 이때 100 g의 물의 온도가 10 ℃ 증가하였다면 200 g의 물의 증가한 온도는?

① 2.5 ℃　② 5 ℃　③ 10 ℃
④ 15 ℃　⑤ 20 ℃

3 물과 식용유의 비열 비교 실험에서 반드시 같게 해야 하는 것은?

① 두 물질의 질량　② 두 물질의 부피
③ 두 물질의 처음 온도　④ 두 물질의 나중 온도
⑤ 두 물질이 담긴 용기의 질량

4 질량이 같은 두 물질 A, B를 동시에 가열할 때 시간에 따른 온도 변화를 나타낸 그래프이다. 다음 〈보기〉에서 옳은 것을 있는 대로 고르시오.

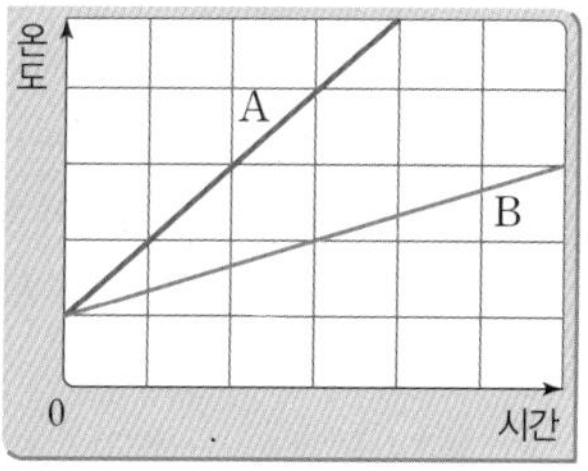

보기
ㄱ. A의 비열이 B보다 크다.
ㄴ. A의 온도 변화가 B보다 크다.
ㄷ. 같은 온도 변화에 필요한 열량은 B가 A보다 많다.

5 질량을 같게 하고 같은 열량을 가했을 때의 온도 변화로부터 물질을 구별할 수 있는 까닭으로 옳은 것은?

① 비열은 물질의 특성이므로
② 끓는점은 물질의 특성이므로
③ 녹는점은 물질의 특성이므로
④ 열팽창 정도는 물질마다 다르므로
⑤ 물질의 질량과 온도 변화는 반비례하므로

내신 기출 문제

1 열평형

01 온도가 다른 물체 A와 B를 접촉한 다음 일정한 시간 간격으로 A의 온도 변화를 측정하여 표와 같은 결과를 얻었다.

시간(분)	0	1	2	3	4	5
A의 온도(℃)	18	24	27	29	30	30

이에 대한 설명으로 옳은 것만을 〈보기〉에서 있는 대로 고른 것은? (단, 외부와의 열 출입은 없다.)

보기
ㄱ. 열평형이 되었을 때의 온도는 30 ℃이다.
ㄴ. 4분까지는 A에서 B로 열이 이동하였다.
ㄷ. 열평형에 도달한 다음 두 물체는 더 이상 온도가 변하지 않는다.

① ㄴ ② ㄷ ③ ㄱ, ㄴ
④ ㄱ, ㄷ ⑤ ㄱ, ㄴ, ㄷ

중요

02 그래프는 뜨거운 물이 들어 있는 비커를 차가운 물이 들어 있는 수조 속에 넣었을 때 시간에 따른 두 물의 온도 변화를 나타낸 것이다.

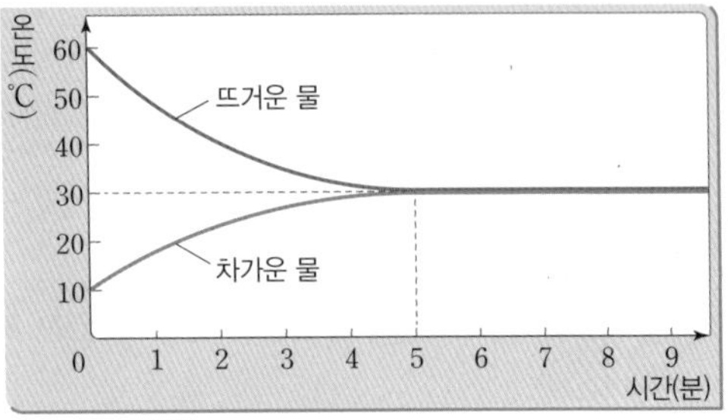

다음 설명 중 옳지 않은 것은?

① 뜨거운 물의 온도는 낮아진다.
② 5분 후 열평형 상태가 되었다.
③ 차가운 물의 입자 운동은 둔해진다.
④ 5분 후 두 물의 입자 운동은 같아진다.
⑤ 열은 뜨거운 물에서 차가운 물로 이동한다.

03 그림은 온도가 다르고 재질이 같은 고체 A, B를 접촉하였을 때 입자 운동의 변화를 나타낸 것이다.

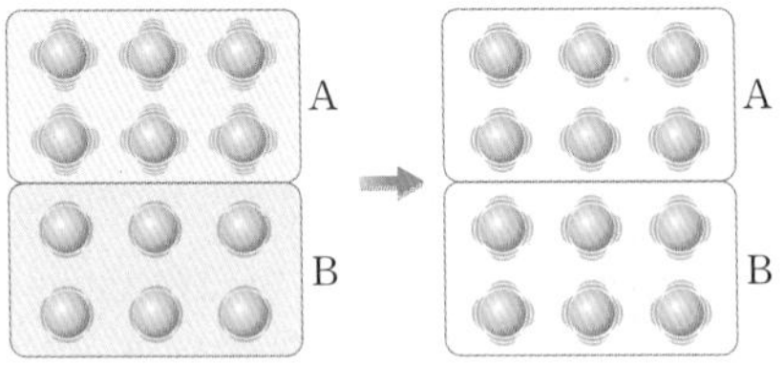

이에 대한 설명으로 옳은 것만을 〈보기〉에서 있는 대로 고른 것은?

보기
ㄱ. 열은 A에서 B로 이동한다.
ㄴ. 처음 온도는 A가 B보다 높다.
ㄷ. 열평형 상태일 때 A와 B의 온도는 모두 각각의 처음 온도보다 낮다.

① ㄱ ② ㄷ ③ ㄱ, ㄴ
④ ㄴ, ㄷ ⑤ ㄱ, ㄴ, ㄷ

중요

04 온도가 다른 두 물체 A, B가 접촉하였을 때 시간에 따른 온도 변화가 그래프와 같이 나타났다.

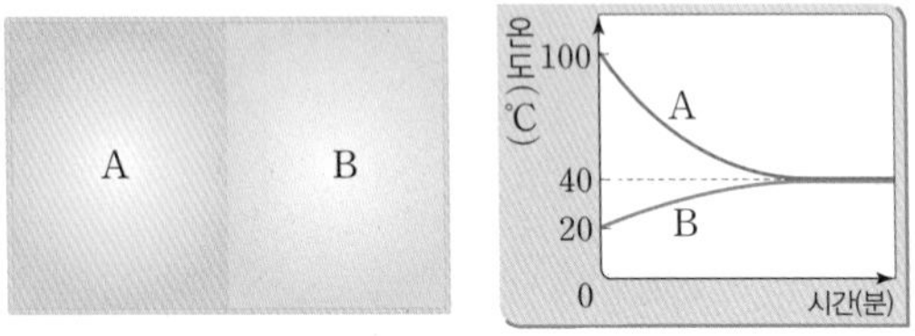

두 물체 A, B에 대한 설명으로 옳은 것은? (단, 외부와 열 출입은 없다.)

① 열은 B에서 A로 이동하였다.
② A가 B보다 더 빨리 열평형에 도달한다.
③ 열평형에 도달했을 때 A의 온도는 B보다 높다.
④ 열평형에 도달할 때까지 A가 잃은 열량은 B가 얻은 열량과 같다.
⑤ 열평형에 도달하면 B의 입자 운동은 A의 입자 운동보다 활발해진다.

2 비열

05 다음 중 비열을 설명한 것으로 옳지 않은 것은?

① 단위로는 kcal/(kg·℃)를 사용한다.
② 물질의 질량이 클수록 비열이 크다.
③ 물질의 종류에 따라 다른 값을 가진다.
④ 어떤 물질 1 kg의 온도를 1 ℃ 높이는 데 필요한 열량이다.
⑤ 물질의 질량과 흡수한 열량이 같을 때 비열이 큰 물질일수록 온도 변화가 작다.

중요

06 다음 중 물 100 g과 식용유 100 g을 같은 세기의 불꽃으로 가열할 때 온도 변화 그래프로 가장 적절한 것은?

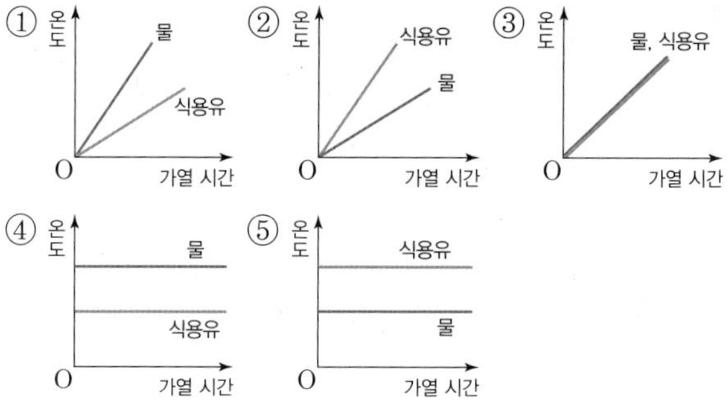

07 표는 질량이 같은 철, 구리, 납을 같은 불꽃으로 가열할 때 처음 온도와 5분 후의 온도를 측정한 결과를 나타낸 것이다.

물질	철	구리	납
처음 온도(℃)	20	20	20
나중 온도(℃)	39	43	86

세 물질의 비열을 옳게 비교한 것은?

① 철>구리>납
② 철>납>구리
③ 구리>철>납
④ 구리>납>철
⑤ 납>철>구리

08 그림은 질량이 같은 액체 A, B를 비커에 각각 넣고 같은 가열 장치로 가열하였을 때 시간에 따른 A, B의 온도 변화를 나타낸 것이다. A와 B에서 같은 것만을 〈보기〉에서 있는 대로 고른 것은?

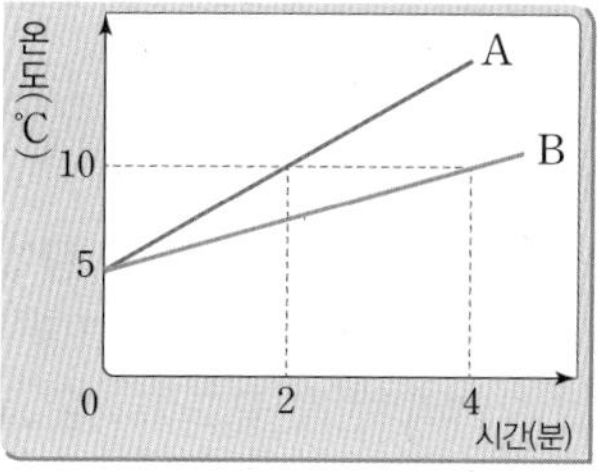

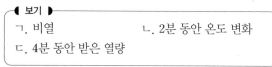

〈보기〉
ㄱ. 비열
ㄴ. 2분 동안 온도 변화
ㄷ. 4분 동안 받은 열량

① ㄱ
② ㄴ
③ ㄷ
④ ㄱ, ㄷ
⑤ ㄴ, ㄷ

09 다음 표는 여러 가지 액체의 비열을 나타낸 것이다.

액체의 종류	A	B	C	D
비열[kcal/(kg·℃)]	1.00	0.05	0.09	0.11

질량이 같은 액체 A~D를 동시에 같은 세기의 불꽃으로 가열할 때 (가)온도 변화가 가장 큰 물질과 (나)온도 변화가 가장 작은 물질을 옳게 짝지은 것은?

	(가)	(나)
①	A	B
②	A	C
③	B	A
④	C	D
⑤	D	B

중요

10 그림은 질량이 같은 두 액체 A, B를 동일한 조건에서 가열하였을 때 시간에 따른 A, B의 온도 변화를 나타낸 것이다. 이에 관한 설명으로 옳지 않은 것은?

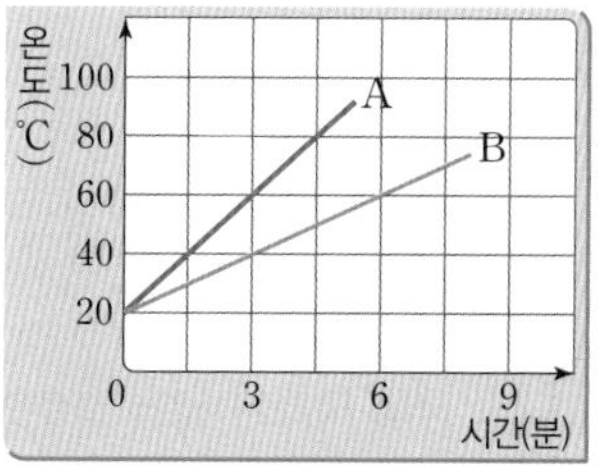

① A는 B보다 비열이 크다.
② A와 B는 서로 다른 물질이다.
③ 같은 시간 동안 A와 B가 받은 열량은 같다.
④ 같은 시간 동안 온도 변화는 A가 B보다 크다.
⑤ 온도를 60℃까지 높이는 데 걸리는 시간은 B가 A보다 길다.

3 열팽창

중요

11 그림과 같이 물감을 탄 물을 가득 채운 삼각 플라스크에 가느다란 유리관을 꽂고 뜨거운 물이 담긴 수조에 넣었다. 이에 대한 설명으로 옳지 않은 것은?

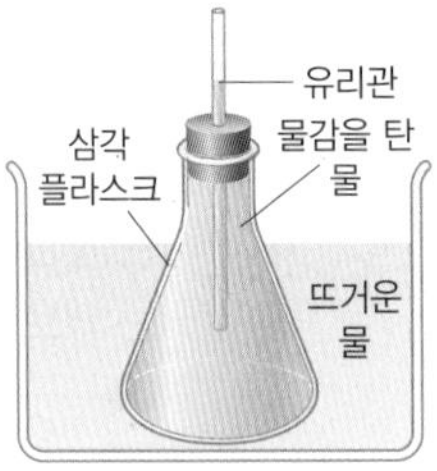

① 유리관의 수면이 높아진다.
② 삼각 플라스크 안의 물의 부피가 줄어든다.
③ 삼각 플라스크 안의 물은 입자의 운동이 활발해진다.
④ 삼각 플라스크 안의 물은 열을 받아 온도가 높아진다.
⑤ 열이 수조의 물에서 삼각 플라스크 안의 물로 이동한다.

12 어떤 액체의 온도가 높아질 때 나타나는 현상을 설명한 것으로 옳은 것만을 〈보기〉에서 있는 대로 고른 것은?

보기
ㄱ. 액체의 부피가 늘어난다.
ㄴ. 액체를 구성하는 입자의 운동이 활발해진다.
ㄷ. 액체를 구성하는 입자 사이의 거리가 줄어든다.
ㄹ. 액체의 종류에 관계없이 늘어나는 정도는 같다.

① ㄱ, ㄴ ② ㄱ, ㄷ ③ ㄱ, ㄹ
④ ㄴ, ㄷ ⑤ ㄷ, ㄹ

중요

13 금속 막대가 열을 흡수했을 때 나타나는 현상으로 옳은 것만을 〈보기〉에서 있는 대로 고른 것은?

보기
ㄱ. 부피가 팽창한다.
ㄴ. 온도가 올라간다.
ㄷ. 물체를 이루는 입자 운동이 활발해진다.

① ㄱ ② ㄴ ③ ㄱ, ㄷ
④ ㄴ, ㄷ ⑤ ㄱ, ㄴ, ㄷ

[14~15] 같은 길이의 철, 구리, 알루미늄 막대를 바늘에 연결하고 세 막대를 동시에 가열하였더니 수평 상태이던 3개의 바늘이 그림과 같은 상태가 되었다.

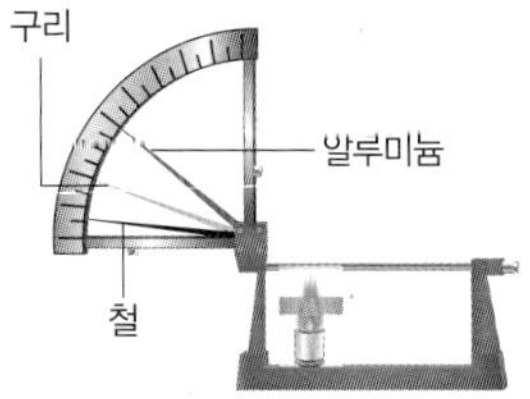

14 이에 관한 설명으로 옳은 것만을 〈보기〉에서 있는 대로 고른 것은?

보기
ㄱ. 열팽창 정도가 가장 큰 것은 철이다.
ㄴ. 금속의 온도가 높아지면 길이가 늘어난다.
ㄷ. 금속의 종류에 따라 열팽창 정도가 다르다.

① ㄱ ② ㄴ ③ ㄱ, ㄷ
④ ㄴ, ㄷ ⑤ ㄱ, ㄴ, ㄷ

중요

15 금속 막대를 가열하였을 때 위와 같이 모든 금속 막대가 늘어나는 까닭을 옳게 설명한 것은?

① 입자의 질량이 커지기 때문에
② 입자의 크기가 커지기 때문에
③ 입자의 개수가 늘어나기 때문에
④ 입자의 종류가 달라지기 때문에
⑤ 입자 사이의 거리가 멀어지기 때문에

중요

16 그림은 다리를 설치할 때 다리의 이음새 부분에 틈을 만든 모습을 나타낸 것이다. 이와 같이 틈을 만든 까닭을 옳게 설명한 것은?

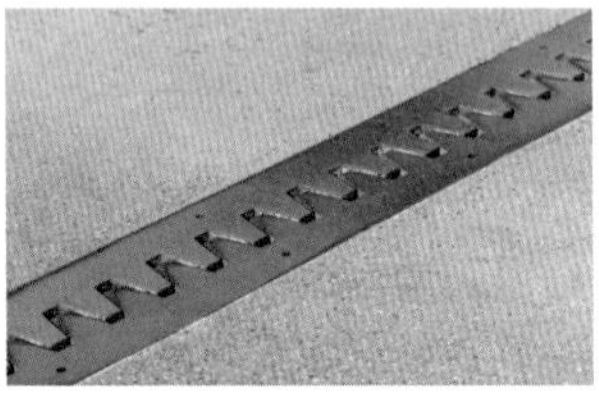

① 자동차의 속력을 감소시키기 위하여
② 비가 올 때 물이 잘 빠지도록 하기 위하여
③ 다리를 지나는 자동차의 통행량을 측정하기 위하여
④ 겨울철에 물이 얼어서 다리가 휘는 것을 방지하기 위하여
⑤ 고체의 열팽창으로 다리가 휘어지는 것을 방지하기 위하여

고난도 실력 향상 문제

정답과 해설 • 60쪽

중요

01 다음 표는 두 물질의 비열을 나타낸 것이다.

물질	A	B
비열[kcal/(kg·℃)]	0.2	0.4

A의 질량이 B의 질량의 2배이고, A와 B가 흡수한 열량이 같을 때 A의 온도가 4 ℃ 증가하였다면 B의 온도는 몇 도 증가하는가?

① 1 ℃ ② 2 ℃ ③ 4 ℃
④ 8 ℃ ⑤ 16 ℃

중요

02 그림과 같은 금속 고리를 가열했을 때의 모습으로 적절한 것은? (단, 점선은 처음 고리의 모습이다.)

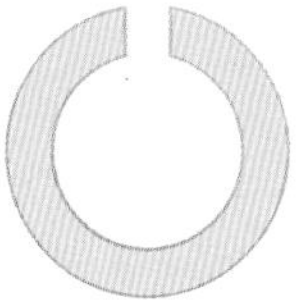

①
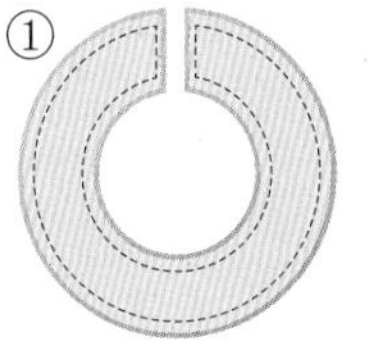

②
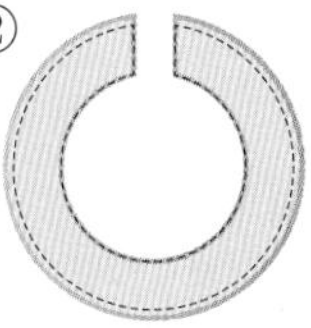

③
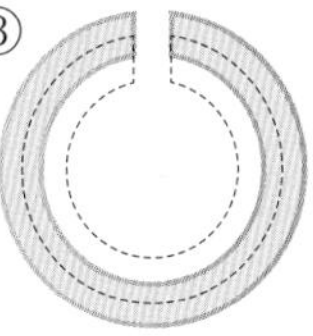

④
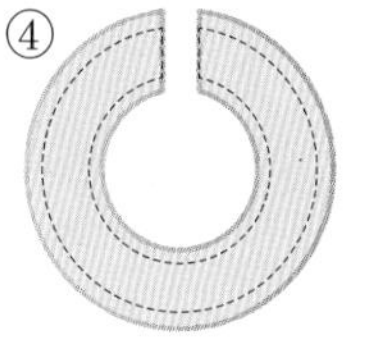

⑤
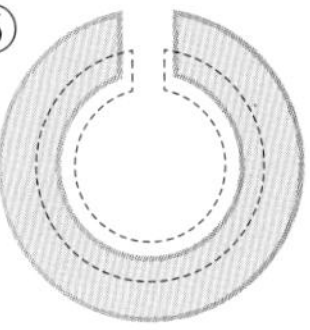

03 다음 〈보기〉의 여러 현상들 중 비열에 관련되는 것과 열팽창에 관련되는 것을 옳게 짝지은 것은?

보기

ㄱ. 내륙 지방은 해안 지방보다 일교차가 크다.
ㄴ. 바이메탈은 온도가 높아지면 한쪽으로 휜다.
ㄷ. 겨울철보다 여름철에 에펠탑의 높이가 더 높아진다.
ㄹ. 라면을 끓일 때는 뚝배기보다는 양은 냄비를 사용한다.

	비열	열팽창
①	ㄱ, ㄴ	ㄷ, ㄹ
②	ㄱ, ㄷ	ㄴ, ㄹ
③	ㄱ, ㄹ	ㄴ, ㄷ
④	ㄴ, ㄷ	ㄱ, ㄹ
⑤	ㄴ, ㄹ	ㄱ, ㄷ

서논술형 유형 연습

정답과 해설 • 61쪽

예제

01 그림과 같이 2개의 그릇이 포개져 빠지지 않을 때 쉽게 분리할 수 있는 방법을 찾아보자.

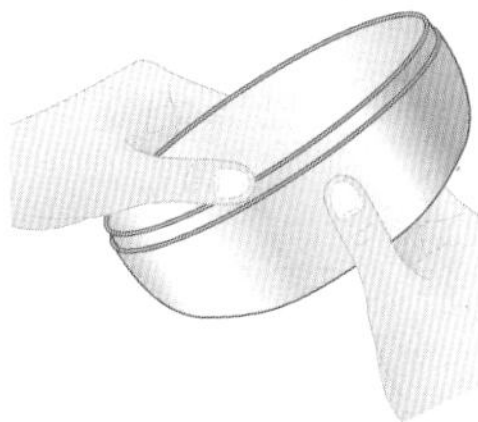

(1) 열팽창을 이용해 2개의 그릇을 분리할 수 있는 방법을 서술하시오.

(2) (1)의 방법으로 2개의 그릇을 분리할 수 있는 까닭을 서술하시오.

Tip 고체 물질을 가열하면 팽창하고 냉각시키면 수축한다.
Key Word 고체, 열팽창, 냉각, 수축, 그릇

[설명] 고체 물질을 가열하면 부피가 팽창하고 냉각시키면 부피가 수축한다는 사실을 알고 있으면 해결할 수 있다.
[모범 답안] (1) 바깥쪽 그릇을 따뜻한 물에 담그고 안쪽 그릇에 찬 물을 붓는다.
(2) 찬물이 들어간 그릇은 냉각되어 부피가 줄어들고, 따뜻한 물에 담긴 그릇은 가열되어 부피가 커져서 그릇 사이에 틈이 커지기 때문이다.

실전 연습

01 그림은 실온에서 처음 부피가 같은 세 가지 액체 A~C를 뜨거운 물이 들어 있는 수조에 넣었을 때의 부피 변화를 나타낸 것이다.

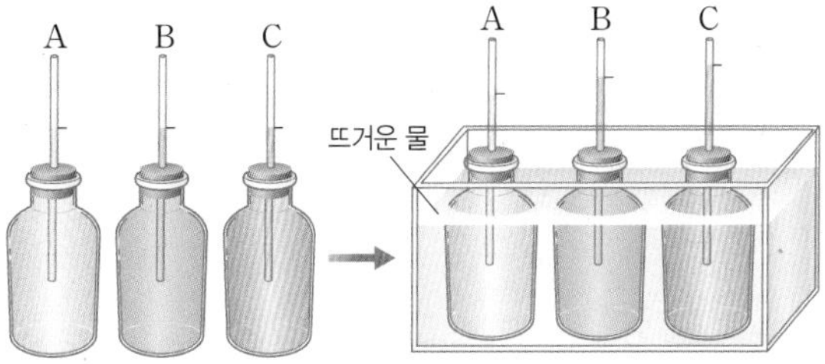

(1) A~C의 부피 변화의 차이로부터 알 수 있는 사실을 쓰시오.

(2) A~C를 얼음물이 들어 있는 수조에 넣을 때 부피 변화를 비교하고 그 까닭을 서술하시오.

Tip 액체에 열을 가하면 팽창하고,반대로 냉각시키면 수축한다. 이때 액체의 종류마다 팽창이나 수축하는 정도가 다르다.
Key Word 열팽창, 액체의 열팽창, 가열, 수축

대단원 마무리

1 온도와 열의 이동

01 다음에서 설명하는 A와 B에 해당하는 것을 옳게 짝지은 것은?

> • A: 물체의 차갑고 뜨거운 정도를 수치로 나타낸 것
> • B: 온도가 서로 다른 두 물체가 접촉했을 때 온도가 높은 물체에서 온도가 낮은 물체로 이동하는 에너지

	A	B		A	B
①	열	온도	②	열	열량
③	온도	열	④	온도	열량
⑤	입자	열			

02 그림은 같은 양의 물이 담긴 비커 (가)와 (나)에 같은 양의 잉크를 동시에 떨어뜨렸을 때 잉크가 퍼져나가는 모습이다.

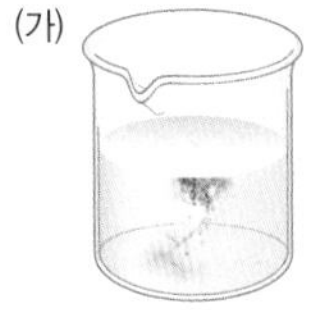
(가)
(나)

이에 대한 설명으로 옳은 것만을 있는 대로 고른 것은?

> 보기
> ㄱ. (나)의 물이 (가)의 물보다 온도가 높다.
> ㄴ. 온도가 높을수록 입자 운동이 활발하다.
> ㄷ. 입자 운동은 (가)의 물이 (나)의 물보다 활발하다.

① ㄱ ② ㄷ ③ ㄱ, ㄴ
④ ㄴ, ㄷ ⑤ ㄱ, ㄴ, ㄷ

03 열의 이동 방법에 관한 설명으로 옳지 않은 것은?

① 열의 이동을 막는 것을 단열이라고 한다.
② 입자가 서로 충돌하며 열을 전달하는 방법은 전도이다.
③ 입자가 직접 이동하여 열을 전달하는 방법은 대류이다.
④ 열이 물질의 도움 없이 직접 이동하는 방법은 복사이다.
⑤ 열은 전도, 대류, 복사 중 한 가지 방법으로만 이동한다.

04 그림은 금속에서 열이 이동하는 과정을 나타낸 것이다.

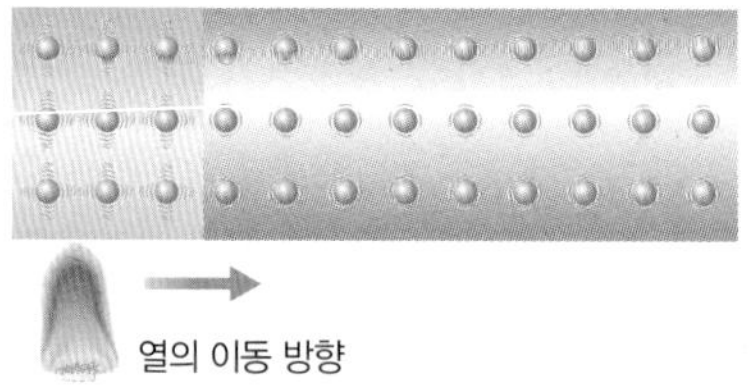
열의 이동 방향

이에 대한 설명으로 옳지 않은 것은?

① 전도의 방법으로 열이 이동한다.
② 주로 고체에서 일어나는 현상이다.
③ 입자가 서로 충돌하면서 열이 이동한다.
④ 온도가 높아지면 입자의 운동이 활발해진다.
⑤ 난로 앞에 앉으면 얼굴이 따뜻해지는 것과 같은 열의 이동 방법이다.

05 그림은 열의 이동 방법 (가)~(다)를 나타낸 것이다.

(나) 냄비 속 물이 끓는다.
(다) 모닥불 옆에 있으면 손이 따뜻해진다.
(가) 불에 닿아 있는 금속 막대가 뜨거워 진다.

(가)~(다)에서 열이 주로 이동하는 방법을 옳게 짝지은 것은?

	(가)	(나)	(다)		(가)	(나)	(다)
①	전도	대류	복사	②	전도	복사	대류
③	대류	전도	복사	④	대류	복사	전도
⑤	복사	전도	대류				

06 겨울철 단열과 효율적인 난방을 위한 방법으로 적절하지 않은 것은?

① 난로는 아래쪽에 설치한다.
② 유리창에 2중 유리를 설치한다.
③ 벽면 내부에 스타이로폼을 넣는다.
④ 유리창의 크기는 가능한 한 크게 한다.
⑤ 난방용 온수관은 전도가 잘 일어나는 물질로 만든다.

2 열평형, 비열, 열팽창

07 찌개와 라면을 시켰더니 뚝배기에 담긴 찌개가 냄비에 담긴 라면보다 더 오랫동안 뜨거웠다.

다음 중 이와 같은 현상을 설명할 수 있는 것과 관련이 있는 것은?

① 열평형　② 비열
③ 액체의 열팽창　④ 고체의 열팽창
⑤ 온도와 입자 운동

08 그림은 갓 삶은 달걀을 차가운 물에 넣었을 때 시간에 따른 달걀과 물의 온도 변화를 나타낸 것으로, 5분이 지난 후 달걀과 물의 온도가 같아졌다.

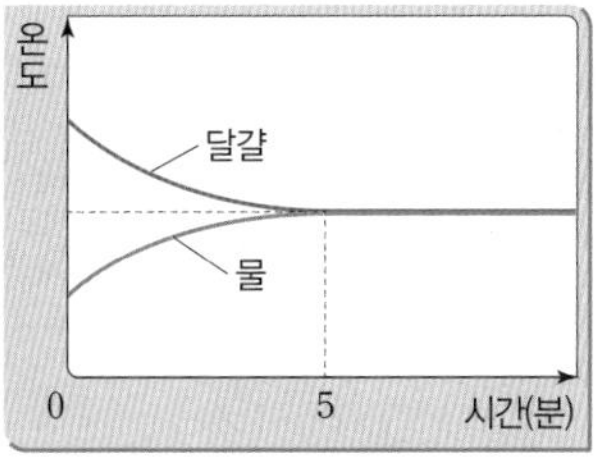

이에 관한 설명으로 옳은 것만을 〈보기〉에서 있는 대로 고른 것은? (단, 열은 달걀과 물 사이에서만 이동하였다.)

〈보기〉
ㄱ. 처음 5분 동안 달걀에서 물로 열이 이동하였다.
ㄴ. 처음 5분 동안 달걀 입자의 운동이 점점 둔해졌다.
ㄷ. 5분이 지난 후 달걀과 물은 열평형 상태에 도달하였다.

① ㄱ　② ㄷ　③ ㄱ, ㄴ
④ ㄴ, ㄷ　⑤ ㄱ, ㄴ, ㄷ

09 20 ℃의 물체 A와 70 ℃의 물체 B를 접촉시켰더니 충분한 시간이 지난 후 열평형 상태가 되었다. A, B 두 물체가 열평형을 이룰 때 가능한 온도가 아닌 것은?

① 15 ℃　② 30 ℃　③ 40 ℃
④ 50 ℃　⑤ 60 ℃

10 그림과 같이 얼음에 음료수를 넣어 놓았다. 다음 설명 중 옳은 것은?

① 얼음의 입자 운동은 느려진다.
② 음료수의 입자 운동은 빨라진다.
③ 얼음에서 음료수로 냉기가 이동한다.
④ 시간이 지나면 음료수와 얼음의 온도가 같아진다.
⑤ 시간이 지날수록 두 물체 사이의 열의 이동은 많아진다.

11 표는 여러 가지 물질의 비열을 나타낸 것이다.

물질	철	모래	콩기름	에탄올	물
비열	0.11	0.19	0.47	0.57	1

이에 대한 설명으로 옳지 않은 것은?

① 물의 비열이 가장 크다.
② 질량이 같은 물질의 온도를 1 ℃ 올리는 데 필요한 열량은 물이 가장 많다.
③ 질량과 가한 열의 양이 같을 때 온도가 가장 많이 올라가는 것은 철이다.
④ 질량과 가한 열량이 같을 때 콩기름이 에탄올보다 온도가 빨리 올라간다.
⑤ 질량과 가한 열량이 같을 때 같은 온도만큼 올리는 데 걸리는 시간이 가장 작은 것은 물이다.

12 그림은 낮에 해안가에서 바다에서 육지로 해풍이 부는 과정을 나타낸 것이다. 이에 대한 설명으로 옳은 것만을 〈보기〉에서 있는 대로 고른 것은?

보기
ㄱ. 대류의 방법으로 열이 이동하는 것이다.
ㄴ. 물이 모래보다 비열이 크므로 나타나는 현상이다.
ㄷ. 바다의 온도가 육지의 온도보다 더 천천히 올라간다.

① ㄴ ② ㄷ ③ ㄱ, ㄴ
④ ㄱ, ㄷ ⑤ ㄱ, ㄴ, ㄷ

13 그림 (가)는 질량이 같은 물체 A와 B를 접촉시킨 후 시간 따른 온도 변화를 그래프로 나타낸 것이고, 그림 (나)는 질량이 같은 물체 A와 C를 접촉시켰을 때의 온도 변화를 그래프로 나타낸 것이다.

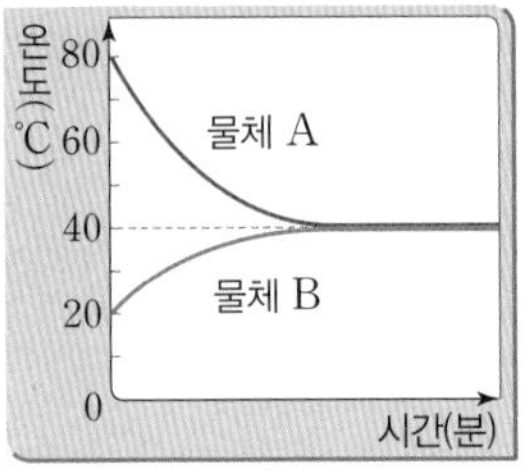

(가)

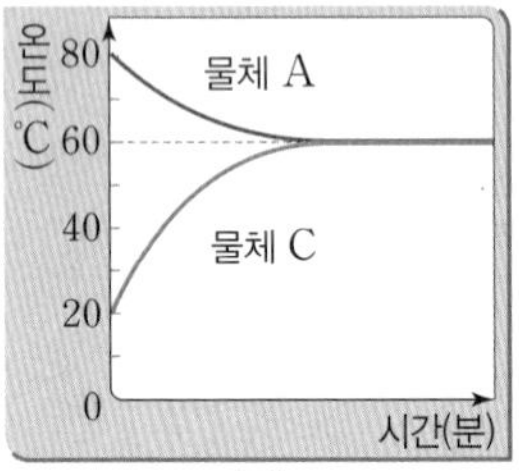

(나)

물체 A, B, C의 비열을 옳게 비교한 것은? (단, 외부와의 열출입은 없다.)

① A>B>C ② A>C>B
③ B>A>C ④ B>C>A
⑤ C>B>A

14 고체의 열팽창과 관련된 현상이 <u>아닌</u> 것은?

① 겨울철에 전신주의 전선이 팽팽해진다.
② 여름철에 에펠탑의 높이가 더 높아진다.
③ 얼음이 든 통에 넣어둔 음료수가 차가워진다.
④ 여름철에 가스 수송관의 휘어진 부분이 더 구부러진다.
⑤ 뜨거운 오븐에는 일반 유리보다 강한 내열 유리를 사용해야 한다.

15 같은 양의 물과 콩기름이 든 둥근 바닥 플라스크를 뜨거운 물이 담긴 수조에 넣었더니, 물과 콩기름의 높이가 그림과 같이 변하였다. 이에 대한 설명으로 옳은 것만을 〈보기〉에서 있는 대로 고른 것은?

보기
ㄱ. 물보다 콩기름의 온도가 더 높아졌다.
ㄴ. 물보다 콩기름의 열팽창 정도가 더 크다.
ㄷ. 플라스크 안의 물과 콩기름 모두 입자의 운동이 활발해졌다.

① ㄱ ② ㄷ ③ ㄱ, ㄴ
④ ㄴ, ㄷ ⑤ ㄱ, ㄴ, ㄷ

16 그림과 같이 둥근 금속 고리에 꽉 끼어 들어가지 않던 금속 공이 있다. 이때 다음 〈보기〉에서 금속 공이 둥근 고리를 통과할 수 있는 방법을 있는 대로 고른 것은?

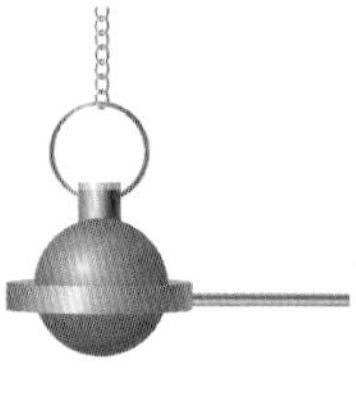

보기
ㄱ. 금속 공을 가열한다.
ㄴ. 금속 공을 냉각시킨다.
ㄷ. 금속 고리를 가열한다.
ㄹ. 금속 고리를 냉각시킨다.

① ㄷ ② ㄱ, ㄷ ③ ㄱ, ㄹ
④ ㄴ, ㄷ ⑤ ㄴ, ㄹ

17 크기가 같은 세 금속 A, B, C를 붙여서 바이메탈을 만들고 가열하였더니 그림과 같이 휘어졌다.

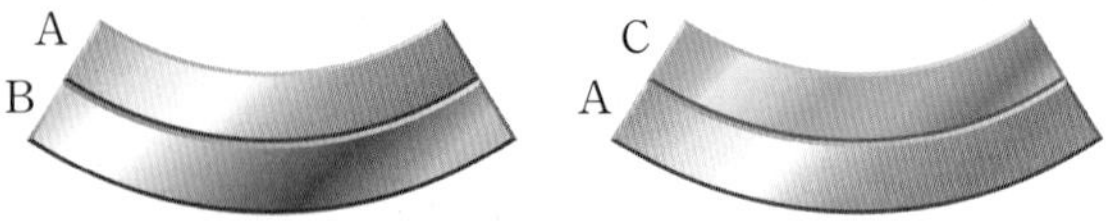

세 금속의 열팽창 정도를 옳게 비교한 것은?

① A>B>C ② A>C>B
③ B>A>C ④ B>C>A
⑤ C>A>B

정답과 해설 • 62쪽

01 보온병에 물을 넣고 온도를 잰다. 그림과 같이 보온병을 여러번 흔든 다음 물의 온도 변화를 측정하였다.

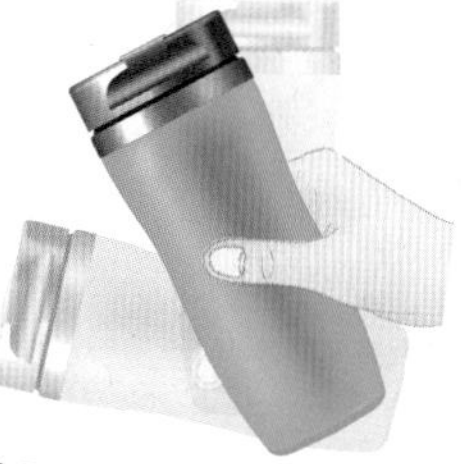

(1) 보온병을 흔드는 까닭은 무엇이며, 보온병을 흔든 다음 변하는 것은 무엇인지 서술하시오.

(2) 위의 실험 결과 보온병 속의 물의 온도는 처음과 어떻게 달라지는지 쓰고, 이를 통해 알 수 있는 사실을 서술하시오.

Tip 보온병에 물을 넣고 흔들면 입자 운동이 활발해진다.

Key Word 보온병, 입자 운동, 온도

02 그림 (가)와 같이 북극 지방은 눈을 벽돌처럼 뭉쳐서 이글루를 짓고, 그림 (나)와 같이 그리스의 집들은 집의 벽을 흰색이나 밝은 색으로 칠한다.

(가)

(나)

이글루를 지을 때 눈을 이용하고, 벽의 색을 흰색이나 밝은 색으로 칠하는 까닭을 열의 이동과 관련하여 서술하시오.

Tip 눈을 뭉치면 사이에 공기가 많이 있어 전도를 막아 준다.

Key Word 그리스, 이글루, 벽의 색, 열의 이동

03 그림과 같이 흙으로 만든 뚝배기와 스테인리스로 만든 냄비에 찌개를 끓였을 때, 스테인리스 냄비보다 뚝배기에 담긴 찌개가 오랫동안 따뜻한 상태를 유지하는 까닭을 비열과 관련지어 서술하시오.

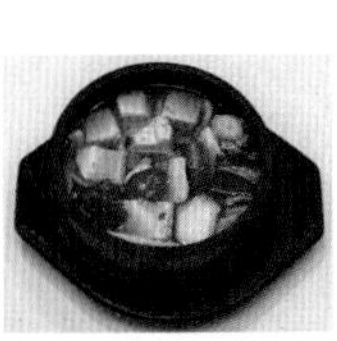

Tip 비열이 클수록 온도 변화가 작다. 뚝배기는 스테인리스보다 비열이 크다.

Key Word 뚝배기, 스테인리스 냄비, 비열

04 그래프는 질량이 같은 두 물체 A와 B가 접촉해 있을 때 두 물체의 시간에 따른 온도 변화를 나타낸 것이다. (단, 열의 이동은 두 물체 사이에서만 일어난다.)

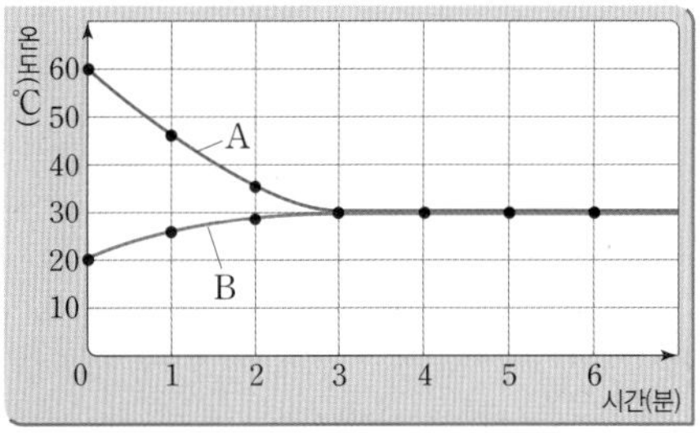

(1) 열평형에 도달할 때까지 A와 B를 구성하는 입자 운동의 시간에 따른 변화를 서술하시오.

(2) A와 B 중 비열이 큰 물체를 쓰고, 그렇게 생각한 까닭을 서술하시오.

Tip 입자 운동은 온도에 따라 달라진다. 온도가 높아질수록 입자 운동이 활발해진다. 또한, 질량과 열량이 같을 때 비열이 클수록 온도 변화가 작다.

Key Word 열평형, 입자 운동, 비열

05 콘크리트와 철근을 이용하여 건물을 지으면 건물의 균열을 방지할 수 있다. 그 까닭을 열팽창과 관련지어 서술하고, 일상생활에서 이와 같은 원리를 이용하는 예를 한 가지만 들어 보시오.

Tip 콘크리트와 철근의 열팽창 정도가 비슷하므로 콘크리트와 철근을 사용하면 균열을 방지할 수 있다.

Key Word 콘크리트, 철근, 열팽창

IX

재해 · 재난과 안전

1
재해·재난의 원인과 대처 방안

1 재해 · 재난의 원인과 대처 방안

❶ 재해 · 재난의 원인과 피해

1. **재해 · 재난✚**: 자연 현상이나 인간의 부주의 등으로 인명과 재산에 발생한 피해
   (1) 자연 재해 · 재난✚: 자연적으로 발생하는 재해 · 재난
   예 태풍, 홍수, 강풍, 해일, 대설, 낙뢰, 가뭄, 지진, 화산 활동 등
   (2) 인위 재해 · 재난✚: 인간의 부주의나 기술상의 문제 등으로 발생하는 재해 · 재난
   예 화재, 붕괴, 폭발, 교통사고, 환경오염 사고, 감염성 질병 확산, 가축 전염병의 확산 등

2. 재해 · 재난의 사례

재해 · 재난		원인과 피해
화학 물질 유출		사고나 폭발로 화학 물질이 유출되면 짧은 시간 동안 큰 피해를 준다.
감염성 질병✚ 확산		병원체의 진화, 모기나 진드기와 같은 매개체의 증가, 인구 이동, 무역 증가 등에 의해 확산, 야생 동물에게만 발생하던 질병이 인간에게 감염되어 새로운 감염성 질병이 나타나기도 한다.
기상 재해✚	태풍	강한 바람과 많은 비로 농작물이나 시설물에 피해를 준다.
	폭설	쌓인 눈의 무게로 인해 비닐하우스가 무너지고, 교통이 통제되고 마을이 고립된다.
	황사	미세한 모래 먼지가 대기 중에 퍼져 호흡기 질환을 일으키고, 항공과 운수 산업에 큰 피해를 주기도 한다.
운송 수단 사고		대부분 안전 관리 소홀, 안전 규정 무시 등으로 인해 발생하고, 최근에는 자체 결함으로 사고가 일어나기도 하며, 사고가 일어나면 그 피해가 매우 크다.
지진		산이 무너지거나 땅이 흔들리고 갈라지기도 하며, 건물이 무너지고 화재가 발생한다. 해저에서 지진이 발생하면 지진 해일이 발생할 수도 있다.
화산		화산재가 순식간에 거주 지역을 덮칠 수 있고, 뜨거운 용암은 인가나 농작물에 직접적인 피해를 줄 수 있다. 대기 중의 화산재는 항공기 운행 중단 등의 피해를 준다.

❷ 재해 · 재난의 대처 방안

재해 · 재난	과학적 원리를 이용한 대처 방안
화학 물질 유출	직접 피부에 닿지 않게 한다. 옷이나 손수건 등으로 코와 입을 감싸고 최대한 멀리 피한다. 유독 가스✚는 대부분 공기보다 밀도가 크므로 높은 곳으로 대피한다.
감염성 질병 확산	예방을 위해서는 비누를 사용하여 흐르는 물에 손을 자주 씻고, 식수는 끓인 물이나 생수를 사용한다. 기침이나 재채기를 할 때는 휴지나 손수건 등으로 코와 입을 가리며, 마스크를 착용한다.
기상재해	기상재해가 예상될 때 기상청에서는 기상 특보를 발표한다. 기상재해 진행 상황에 따라 알맞게 대피해야 한다.
운송 수단 사고	빠르고 정확하게 상황을 판단하여 대피하고, 안내 방송을 잘 청취하며, 운송 수단의 종류에 따른 대피 방법을 미리 알아둔다.
지진	건물을 지을 때 내진 설계를 하고, 지진 발생 시 건물 밖으로 나갈 때 계단을 이용한다. 건물 밖에서는 낙하물이 떨어질 수 있으므로 머리를 보호하고, 건물에서 멀리 떨어져 대피한다.
화산	외출을 자제하고 화산재에 노출되지 않도록 한다. 화산 폭발 가능성이 있는 지역은 문이나 창문을 닫고 빈틈이나 환기구를 막는다. 방진 마스크, 의약품 등을 미리 준비해 둔다.

✚ **재해 · 재난**
- 재해: 재난으로 발생한 피해
- 재난: 한파, 가뭄, 지진, 감염성 질병 확산, 화학 물질 유출 등 국민과 국가에 피해를 주는 것

✚ **자연 재해 · 재난**
자연 현상으로 인해 발생하므로 예방하기 어려우며, 비교적 넓은 지역에 걸쳐 발생한다.

✚ **인위 재해 · 재난**
인간 활동에 의해 발생하므로 예방할 수 있으며, 상대적으로 좁은 범위에서 발생한다. 하지만, 감염성 질병이나 대규모 기름 유출 등은 넓은 지역으로 퍼져 나가기도 한다.

✚ **감염성 질병**
병원체(바이러스나 세균 등 질병을 일으키는 원인이 되는 미생물)가 동물이나 인간에게 침입하여 발생하는 질병으로, 예를 들어서 조류 독감, 메르스, 지카 바이러스 감염증 등이 있다.

✚ **기상재해**
호우, 태풍, 홍수, 가뭄, 폭설, 폭염 등과 같은 기상 현상이 원인이 되어 발생하는 재해

✚ **유독 가스**
불산 등과 같은 유독한 기체로, 대피할 때는 바람의 방향을 고려해야 한다.

❶ 재해 · 재난의 원인과 피해

- 자연 현상이나 인간의 부주의 등으로 인해 인명과 재산에 발생한 피해를 □□·□□이라고 한다.
- 인간의 부주의나 기술상의 문제 등으로 인해 발생하는 재해·재난을 □□ 재해·재난이라고 한다.
- 기상재해 중에서 □□은 강한 바람과 많은 비로 농작물이나 시설물에 피해를 준다.

❷ 재해 · 재난의 대처 방안

- 기상재해가 예상될 때 □□□에서는 기상 특보를 발표한다.
- 지진으로 인한 피해를 줄이려면 건물을 지을 때 □□ □□를 한다.
- □□ 폭발 가능성이 있는 지역은 방진 마스크나 의약품 등을 미리 준비해 둔다.

01 자연 재해 · 재난에 해당하는 것만을 〈보기〉에서 있는 대로 고르시오.

보기		
ㄱ. 홍수	ㄴ. 해일	ㄷ. 교통사고
ㄹ. 가뭄	ㅁ. 화재	ㅂ. 태풍

02 다음은 기상재해를 설명한 것이다. 각각의 설명에 해당하는 기상재해는 무엇인지 쓰시오.

(1) 쌓인 눈의 무게를 견디지 못하고 비닐하우스가 무너지며 교통이 통제되고 마을이 고립된다. ( )

(2) 미세한 모래 먼지가 대기 중에 퍼져 호흡기 질환을 일으킨다. ( )

(3) 강한 바람과 많은 비로 농작물이나 시설물에 피해를 준다. ( )

03 재해 · 재난에 대한 설명으로 옳은 것은 ○표, 옳지 않은 것은 ×표를 하시오.

(1) 지진이 발생하면 건물이 무너지거나 땅이 흔들리고 화재가 발생하기도 한다. ( )

(2) 감염성 질환은 병원체가 진화하고 모기나 진드기와 같은 매개체가 증가하면서 더 빠르게 확산되고 있다. ( )

(3) 화산이 폭발하면 화산재가 순식간에 사람이 사는 거주 지역를 덮칠 수 있다. ( )

04 다음은 어떤 재해 · 재난에 대한 대처 방법인지 쓰시오.

> 피해를 줄이기 위해 건물을 지을 때 내진 설계를 하고, 발생했을 때 건물 밖에서는 낙하물에 머리를 다치지 않도록 보호하며, 건물과는 거리를 두고 대피한다.

05 화학 물질이 유출되었을 때의 대처 방안으로 옳은 것을 〈보기〉에서 있는 대로 고르시오.

> 보기
> ㄱ. 물은 반드시 끓여서 마신다.
> ㄴ. 화학 물질이 직접 피부에 닿지 않도록 한다.
> ㄷ. 유독 가스를 피해 낮은 곳으로 대피한다.

필수 탐구

탐구 1 재해·재난 사례 조사하기

목표
재해·재난의 사례를 조사하여 발표할 수 있다.

과정

1 모둠을 구성하고 모둠 구성원은 제시된 재해·재난 중 1가지를 선택한다.

- 지진
- 화산
- 화학 물질 유출
- 기상재해
- 화학 물질 유출
- 감염성 질병 확산

모둠원의 의견에 따라 1가지를 선택한다.

2 재해·재난의 발생 원인과 피해를 조사하기 위한 조사 계획서를 작성해 보자.

3 조사 계획서를 바탕으로 인터넷, 관련 서적 등을 활용하여 조사하고, 재해·재난이 발생한 원인과 피해에 대해 과학적으로 분석한 보고서를 작성해 보자.

결과

결과 분석 보고서는 특별한 형식 없이 모둠의 재량껏 보고서나 PPT 등의 다양한 방식을 활용하도록 한다.

예 조사 보고서

조사 내용	화학 물질 유출로 인한 피해
모둠원	○○조/ 지원, 유진, 다인, 태훈
조사 일정	2018. 10. 2부터 2일 간
조사 방법	뉴스 검색, 관련 서적, 인터넷 조사
역할 분담	1. 원인 조사 2. 피해 조사

예 결과 분석 보고서

재해·재난 사례	○○○○년 ○○ 화학공장 화학 물질 유출
발생 원인	작업자의 부주의와 시설 노후화
피해	폭발로 인한 화재가 있었고, 화학 물질의 유출로 인해 주변 환경이 오염되었고, 작업자의 호흡기에 영향을 주어 기침과 가래가 많아짐.

탐구 2 재해·재난 대처 방안 조사하기

목표
재해·재난의 피해를 줄이기 위한 대처 방안을 토의할 수 있다.

과정

1 모둠을 구성하고, 모둠 구성원은 제시된 재해·재난 카드 중에서 1가지를 선택한다.

운송 수단 사고

화산

기상재해

화학 물질 유출

감염성 질병 확산

·지진

2 선택한 재해·재난 상황에서 피해를 줄이기 위한 대처 방안을 토의하고 정리해 보자.

3 모둠에서 정리한 재해·재난 대처 방안을 발표하고, 다른 모둠은 발표를 듣고 각 재해·재난을 줄이기 위한 대처 방안을 정리한다.

결과

대처 방안을 정리할 때는 카드 형식이나 플래시, 만화 등 다양한 형식을 활용하도록 한다.

운송 수단 사고
빠르고 정확하게 판단하여 대피하고, 안내 방송을 잘 청취하고, 운송 수단의 종류에 따른 대비 방법을 미리 알아둔다.

지진
건물을 지을 때 내진 설계를 하고, 지진이 발생하면 계단을 이용하여 건물 밖으로 나간다. 밖에서는 낙하물로부터 머리를 보호하고, 건물과 떨어져서 대피한다.

화학 물질 유출
화학 물질에 직접 노출되지 않도록 하고, 최대한 멀리 피하고, 유독가스는 대부분 공기보다 밀도가 크므로 높은 곳으로 대피한다.

기상재해
기상재해가 예상될 때 기상청에서는 기상 특보를 발표한다. 기상재해 진행 상황에 따라 알맞게 대피해야 한다.

화산
외출을 자제하고, 화산재에 노출되지 않도록 문틈을 막는다. 화산 폭발 가능성이 있는 지역은 방진 마스크, 의약품 등을 미리 준비해 둔다.

감염성 질병 확산
예방을 위해서는 비누를 사용하여 흐르는 물에 손을 자주 씻고, 식수는 끓인 물이나 생수를 사용한다. 기침이나 재채기를 할 때는 휴지나 손수건 등으로 코와 입을 가리며, 마스크를 착용한다.

수행 평가 섭렵 문제

정답과 해설 • 64쪽

재해 · 재난 사례 조사하기

- 병원체가 동물이나 인간에게 침입하여 발생하는 질병을 □□□ 질병이라고 한다.
- 태풍, 홍수, 가뭄, 폭설 등으로 발생하는 재해를 □□□□라고 한다.
- 사고나 폭발로 화학 물질이 □□되면 짧은 시간 동안 큰 피해가 발생할 수 있다.

1 재해 · 재난에 해당하는 것을 〈보기〉에서 있는 대로 고르시오.

보기

ㄱ. 지진	ㄴ. 화산	ㄷ. 감염성 질환 확산
ㄹ. 화학 물질 유출	ㅁ. 항공기 사고	ㅂ. 온천

2 기상재해에 해당하는 것만을 〈보기〉에서 있는 대로 고르시오.

보기

ㄱ. 폭설	ㄴ. 태풍	ㄷ. 홍수
ㄹ. 가뭄	ㅁ. 메르스	ㅂ. 조류 독감

3 재해 · 재난의 원인과 피해에 대한 설명으로 옳은 것은 ○표, 옳지 않은 것은 ×표를 하시오.

(1) 사고나 폭발로 인하여 화학 물질이 유출된다. (　　)

(2) 태풍은 강한 바람과 많은 비로 농작물과 시설물에 피해를 준다. (　　)

(3) 운송 수단 사고는 대부분 안전 관리와 안전 규정을 잘 지킬 때 발생한다. (　　)

(4) 화산 기체가 대기 중으로 퍼져 항공기의 운행이 중단되기도 한다. (　　)

재해 · 재난 대처 방안 조사하기

- 땅이 흔들리는 □□이 발생하여 건물 밖으로 나갈 때는 승강기를 이용하지 않고 □□을 이용하여 침착하게 나간다.
- 화산이 폭발하면 외출을 자제하고, □□□에 노출되지 않도록 주의한다.
- 감염성 질병으로 인해 기침이 계속 된다면 □□□를 착용해야 한다.

4 지진이 발생했을 때의 대처 방안으로 옳은 것은 ○표, 옳지 않은 것은 ×표를 하시오.

(1) 건물 밖으로 나올 때는 빠르게 이동할 수 있는 승강기를 이용한다. (　　)

(2) 건물 밖에서는 낙하물에 주의하며 머리를 보호한다. (　　)

(3) 건물 밖에 있을 때는 가능하면 건물과 거리를 두고 대피한다. (　　)

5 감염성 질병을 예방하기 위한 방법을 〈보기〉에서 있는 대로 고르시오.

보기

ㄱ. 식수는 끓인 물이나 생수를 사용한다.
ㄴ. 흐르는 물에 비누로 손을 깨끗이 자주 씻는다.
ㄷ. 기침이나 재채기를 할 경우 코와 입을 가려야 한다.

내신 기출 문제

1 재해·재난의 원인과 피해

01 〈보기〉 중에서 자연 재해·재난을 있는 대로 고르면?

보기
ㄱ. 조류 독감　　ㄴ. 지진
ㄷ. 화산　　ㄹ. 메르스

① ㄱ, ㄴ　② ㄱ, ㄷ　③ ㄴ, ㄷ
④ ㄴ, ㄷ, ㄹ　⑤ ㄱ, ㄴ, ㄷ, ㄹ

중요
02 감염성 질병에 대한 설명으로 옳지 않은 것은?

① 어느 한 지역에서만 발생한다.
② 세균, 바이러스 등의 병원체에 의해 발생한다.
③ 모기나 진드기의 증가로 인해 감염성 질병이 확산될 수 있다.
④ 인간에게 감염되어 새로운 감염성 질병이 나타나기도 한다.
⑤ 침, 혈액, 오염된 물 등을 통해 쉽고 빠르게 넓은 지역으로 퍼져 나간다.

03 다음 설명에 해당하는 기상재해는 무엇인가?

미세한 모래 먼지가 대기 중에 퍼져 호흡기 질환을 일으키고, 항공과 운수 산업에 큰 피해를 주기도 한다.

① 태풍　② 황사　③ 폭설
④ 가뭄　⑤ 폭염

04 지진에 대한 설명으로 옳은 것을 〈보기〉에서 있는 대로 고른 것은?

보기
ㄱ. 건물이 무너지고 화재가 발생한다.
ㄴ. 산이 무너지거나 땅이 흔들리고 갈라지기도 한다.
ㄷ. 해저에서 지진이 발생하면 지진 해일이 발생할 수 있다.

① ㄱ　② ㄷ　③ ㄱ, ㄴ
④ ㄴ, ㄷ　⑤ ㄱ, ㄴ, ㄷ

05 화학 물질의 유출 사고에 대한 설명으로 옳은 것은?

① 피부에 접촉해도 이상 증상은 없다.
② 공기를 통해 매우 넓은 지역까지 퍼질 수 있다.
③ 다양한 경로를 통해 사람과 사람 사이로 전파된다.
④ 강한 바람과 많은 비로 인해 농작물에 피해를 준다.
⑤ 미세한 모래 먼지로 인해 항공과 운수 산업에 큰 피해를 준다.

2 재해·재난의 대처 방안

중요
06 지진의 대처 방안으로 옳은 것을 〈보기〉에서 있는 대로 고른 것은?

보기
ㄱ. 건물 안에 있을 때는 튼튼한 책상 아래로 대피한다.
ㄴ. 건물 밖으로 나가면 건물에서 떨어진 넓은 곳으로 대피한다.
ㄷ. 건물을 빠져 나오기 위해 계단보다는 승강기를 이용한다.

① ㄱ　② ㄷ　③ ㄱ, ㄴ
④ ㄴ, ㄷ　⑤ ㄱ, ㄴ, ㄷ

중요
07 다음에서 설명하고 있는 대처 방안은 어떤 재해·재난에 관한 것인가?

• 직접 피부에 닿지 않도록 한다.
• 유독 가스는 대부분 공기보다 밀도가 크므로 높은 곳으로 대피해야 한다.

① 화산 활동　② 기상재해
③ 화학 물질 유출　④ 운송 수단 사고
⑤ 감염성 질병 확산

고난도 실력 향상 문제

정답과 해설 • 65쪽

01 그림은 화학 물질이 유출된 곳(북동쪽)에서 바람이 불어오고 있는 모습이다.

(가) 위치에 있는 사람이 대피하기에 안전한 방향을 〈보기〉에서 있는 대로 고른 것은?

◀ 보기 ▶

ㄱ. 북서쪽 ㄴ. 북동쪽
ㄷ. 남동쪽 ㄹ. 남서쪽

① ㄱ, ㄷ ② ㄴ, ㄹ ③ ㄱ, ㄴ, ㄷ
④ ㄴ, ㄷ, ㄹ ⑤ ㄱ, ㄴ, ㄷ, ㄹ

중요

02 재해·재난의 대처 방안으로 옳은 것을 〈보기〉에서 있는 대로 고른 것은?

◀ 보기 ▶

ㄱ. 야외에 있을 때 지진이 발생하면 건물 안으로 들어간다.
ㄴ. 화산이 폭발할 때는 외출을 자제하고 화산재에 노출되지 않도록 한다.
ㄷ. 감염성 질병을 예방하기 위해서는 비누를 사용하여 흐르는 물에 손을 자주 씻고, 식수는 끓인 물이나 생수를 사용한다.
ㄹ. 화학 물질이 유출되면 피부에 닿지 않게 하고, 옷이나 손수건 등으로 코와 입을 감싸고 최대한 멀리 피한다.

① ㄱ, ㄷ ② ㄴ, ㄹ ③ ㄱ, ㄴ, ㄷ
④ ㄴ, ㄷ, ㄹ ⑤ ㄱ, ㄴ, ㄷ, ㄹ

서논술형 유형 연습

정답과 해설 • 65쪽

예제

01 다음 표에서 (가)는 자연 재해·재난 사례이고, (나)는 인위 재해·재난 사례이다.

(가)	(나)
태풍, 홍수, 강풍, 해일, 대설, 낙뢰, 가뭄, 지진, 화산 활동	화재, 붕괴, 폭발, 교통사고, 환경오염 사고, 감염성 질병, 가축 전염병의 확산

(가)와 (나)의 차이점을 2가지 이상 설명하시오.

Tip 자연 재해·재난은 자연적으로 발생하고, 인위 재해·재난은 인간의 부주의나 기술상의 문제 등으로 발생한다.

Key Word 자연 재해·재난, 인위 재해·재난, 범위, 예방

[설명] 자연 재해·재난은 자연적으로 발생했으므로 예방하기 어렵고, 인위 재해·재난은 인간 행동으로 인해 발생한 것이므로 예방할 수 있다.

[모범 답안] (가) 자연 재해·재난은 자연적인 현상으로 발생하므로 예방하기 어려우며, 비교적 넓은 지역에 걸쳐 발생한다. 반면에 (나) 인위 재해·재난은 인간 활동에 의해 발생하므로 예방할 수 있으며, 상대적으로 좁은 범위에서 발생한다.

실전 연습

01 그림은 해수면이 급격하게 상승하여 바닷물이 육지로 밀려드는 지진 해일의 모습이다.

바닷가에 있을 때 지진 해일 경보가 발령된다면 어떻게 대처해야 할지 서술하시오.

Tip 지진 해일은 해수면이 급격히 상승하면서 바닷물이 육지로 밀려드는 현상이다.

Key Word 지진 해일, 해수면 상승

MEMO

EBS 중학

뉴런

| 과학 2 |

실전책

| 기획 및 개발 |
오창호

| 집필 및 검토 |
강충호(경일중) 유민희(영서중) 이유진(동덕여중) 허은수(강동중)

| 검토 |
공영주(일산동고) 류버들(부흥고) 배미정(삼성고) 양정은(양천중) 오현선(서울고) 유선희(인천여고) 이재호(가재울고) 조아라(조원고)

교재 정답지, 정오표 서비스 및 내용 문의 EBS 중학사이트 → 교재학습자료 → 교재 메뉴

필독

중학 국어로 수능 잡기

필독 중학 국어로 수능 잡기 시리즈

문학 — 비문학 독해 — 문법 — 교과서 시 — 교과서 소설

EBS 중학

뉴런

| 과학 2 |

실전책

Structure 이 책의 구성과 특징

실전책

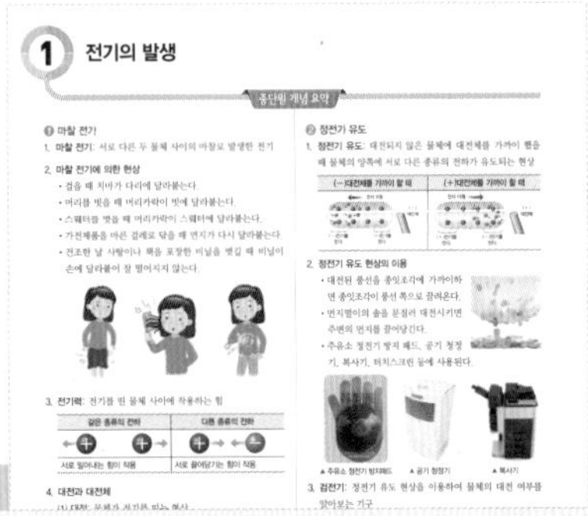
1 전기의 발생

중단원 개념 요약

표와 그림을 통해 중단원의 중요 개념을 요약하여 다시 한 번 확인할 수 있습니다.

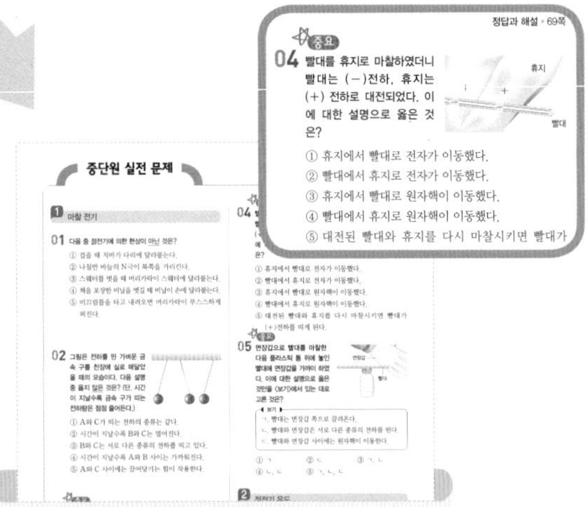
정답과 해설 • 69쪽

중요

04 빨대를 휴지로 마찰하였더니 빨대는 (−)전하, 휴지는 (+) 전하로 대전되었다. 이에 대한 설명으로 옳은 것은?

① 휴지에서 빨대로 전자가 이동했다.
② 빨대에서 휴지로 전자가 이동했다.
③ 휴지에서 빨대로 원자핵이 이동했다.
④ 빨대에서 휴지로 원자핵이 이동했다.
⑤ 대전된 빨대와 휴지를 다시 마찰시키면 빨대가

중단원 실전 문제

실제 평가에 자주 등장하는 유형의 문제는 '중요' 표시를 하였습니다.

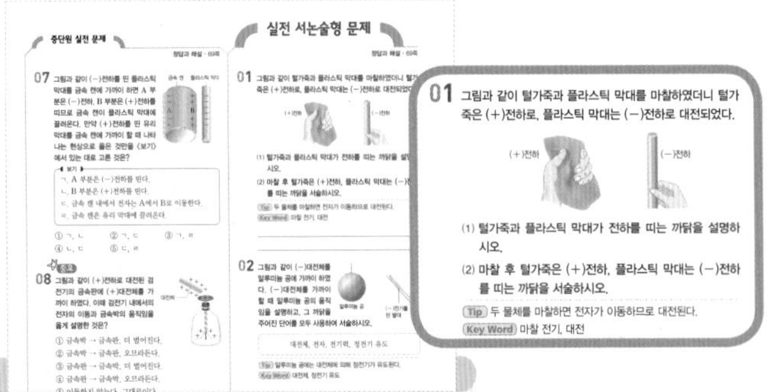
01 그림과 같이 털가죽과 플라스틱 막대를 마찰하였더니 털가죽은 (+)전하로, 플라스틱 막대는 (−)전하로 대전되었다.

(1) 털가죽과 플라스틱 막대가 전하를 띠는 까닭을 설명하시오.

(2) 마찰 후 털가죽은 (+)전하, 플라스틱 막대는 (−)전하를 띠는 까닭을 서술하시오.

Tip 두 물체를 마찰하면 전자가 이동하므로 대전된다.

Key Word 마찰 전기, 대전

실전 서논술형 문제

서논술형 문제를 풀기 위한 'Tip'과 'Key Word'를 이용하여 실제 평가에 대비하는 연습을 합니다.

Contents

이 책의 차례

실전책

Ⅰ. 물질의 구성 4

Ⅱ. 전기와 자기 14

Ⅲ. 태양계 28

Ⅳ. 식물과 에너지 42

Ⅴ. 동물과 에너지 50

Ⅵ. 물질의 특성 60

Ⅶ. 수권과 해수의 순환 68

Ⅷ. 열과 우리 생활 76

Ⅸ. 재해 · 재난과 안전 84

I

물질의 구성

1
물질의 기본 성분

2
물질을 구성하는 입자

3
전하를 띠는 입자

1 물질의 기본 성분

중단원 개념 요약

❶ 원소

1. **원소**: 더 이상 다른 물질로 분해되지 않는 물질을 이루는 기본 성분
   (1) 현재까지 발견된 원소는 110여 종이며 90여 종은 자연에서 발견된 것이고, 나머지는 인공적으로 만들어진 것이다.
   (2) 원소의 종류에 따라 그 특성이 다르다.
2. **여러 가지 원소의 특성과 이용**

원소	특성 및 이용
수소	가장 가벼운 원소. 우주 왕복선의 연료로 이용
산소	지각, 공기 등에 많이 포함. 호흡과 연소에 필요
금	노란색 광택이 있고 잘 변하지 않음. 귀금속으로 이용
철	은백색의 고체 금속. 건축물, 철도 건설 시 이용
알루미늄	은백색의 가벼운 고체 금속. 비행기 동체 제작에 이용

※ 물은 산소와 수소로 분해되므로 원소가 아니다.

❷ 원소의 구별

1. **불꽃 반응**: 일부 금속 원소나 금속 원소를 포함하는 물질을 겉불꽃에 넣었을 때, 금속 원소의 종류에 따라 특유의 불꽃 반응 색을 나타내는 반응
   (1) 실험 방법이 간단하고, 물질의 양이 적어도 성분 금속 원소를 확인할 수 있다.
   (2) 서로 다른 물질이라도 같은 금속 원소를 포함하고 있으면 같은 불꽃 반응 색을 나타낸다.
2. **스펙트럼**: 빛을 프리즘이나 분광기를 통해 분산시켰을 때 나타나는 여러 색깔의 띠

연속 스펙트럼

햇빛을 프리즘이나 분광기로 관찰할 때 나타나는 연속적인 무지개 색의 띠

선 스펙트럼

원소의 불꽃을 분광기로 관찰할 때 나타나는 불연속적인 밝은 선의 띠
- 원소의 종류에 따라 선의 색, 위치, 개수, 굵기 등이 다르게 나타난다.
- 불꽃 반응 색이 비슷한 원소도 쉽게 구별 가능하다.

예 리튬과 스트론튬의 불꽃 반응 색은 모두 빨간색이지만 선 스펙트럼은 다르게 나타난다.

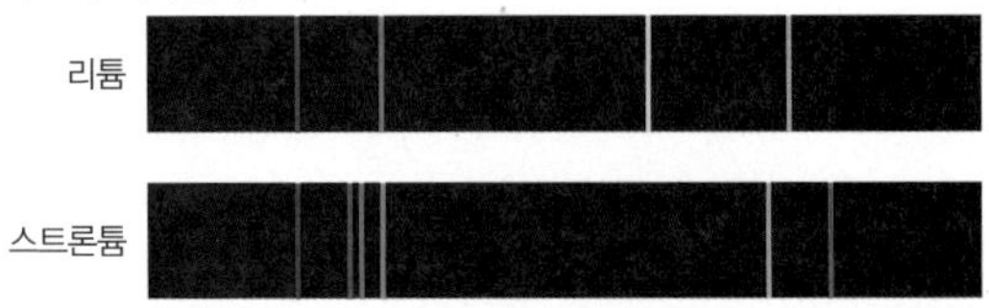

중단원 실전 문제

1 원소

01 원소에 해당하는 물질만을 〈보기〉에서 있는 대로 고른 것은?

〈보기〉
ㄱ. 철　ㄴ. 물　ㄷ. 공기　ㄹ. 마그네슘
ㅁ. 규소　ㅂ. 칼륨　ㅅ. 탄소　ㅇ. 암모니아

① ㄱ, ㄷ, ㄹ, ㅂ　② ㄱ, ㄹ, ㅁ, ㅅ
③ ㄱ, ㄹ, ㅁ, ㅂ, ㅅ　④ ㄴ, ㄷ, ㅂ, ㅅ, ㅇ
⑤ ㄴ, ㄹ, ㅁ, ㅂ, ㅇ

중요
02 원소에 대한 설명으로 옳지 않은 것은?

① 원소는 자연계에서만 발견된다.
② 물질의 종류는 원소의 종류보다 많다.
③ 원소는 종류에 따라 그 특성이 다르다.
④ 더 이상 분해되지 않는 물질의 기본 성분이다.
⑤ 원소는 금속 원소와 비금속 원소로 분류할 수 있다.

03 (가)~(다)가 설명하는 원소를 옳게 짝지은 것은?

(가) 숯, 흑연, 다이아몬드 등을 구성
(나) 붉은색 고체 금속, 전기가 잘 통해 전선에 이용
(다) 지각, 공기 등에 많이 포함, 호흡과 연소에 이용

	(가)	(나)	(다)
①	철	구리	산소
②	철	리튬	질소
③	탄소	구리	수소
④	탄소	구리	산소
⑤	탄소	리튬	질소

04 다음은 과학자 라부아지에가 주장한 33가지 원소 중 일부이다.

수소, 산소, 염소, 플루오린, 은, 철, 납, 아연,
산화 칼슘(생석회), 산화 마그네슘(마그네시아)

이들 중 원소가 아닌 것을 모두 고르고, 그 까닭을 쓰시오.

정답과 해설 • 66쪽

2 원소의 구별

중요

05 불꽃 반응에 대한 설명으로 옳은 것만을 〈보기〉에서 있는 대로 고른 것은?

〈보기〉

ㄱ. 불꽃 반응으로 모든 금속 원소를 구별할 수 있다.
ㄴ. 물질의 불꽃 반응 색이 같으면 서로 같은 물질이다.
ㄷ. 같은 금속 원소를 포함한 물질은 불꽃 반응 색이 같다.
ㄹ. 불꽃 반응 색이 비슷하여 원소의 구별이 어려울 때는 선 스펙트럼 분석으로 구별할 수 있다.

① ㄱ, ㄷ ② ㄱ, ㄹ ③ ㄴ, ㄷ
④ ㄴ, ㄹ ⑤ ㄷ, ㄹ

06 물질과 불꽃 반응 색을 옳게 짝지은 것은?

① 염화 바륨 – 황록색 ② 질산 칼슘 – 노란색
③ 염화 나트륨 – 청록색 ④ 황산 구리(Ⅱ) – 주황색
⑤ 질산 스트론튬 – 보라색

07 염화 구리(Ⅱ)의 불꽃 반응 색은 청록색이다. 염화 구리(Ⅱ)의 청록색이 어떤 원소에 의한 것인지 확인하기 위해 추가로 불꽃 반응을 하려고 할 때 적절한 시약을 〈보기〉에서 있는 대로 고른 것은?

〈보기〉

ㄱ. 염화 나트륨 ㄴ. 질산 칼륨
ㄷ. 황산 구리(Ⅱ) ㄹ. 질산 바륨

① ㄱ, ㄴ ② ㄱ, ㄷ ③ ㄴ, ㄷ
④ ㄴ, ㄹ ⑤ ㄷ, ㄹ

08 그림은 어떤 혼합 용액과 원소 A~C의 선 스펙트럼이다.

원소 A~C 중 혼합 용액에 포함된 원소를 쓰시오.

정답과 해설 • 66쪽

01 그림은 라부아지에의 물 분해 실험을 나타낸 것이다.

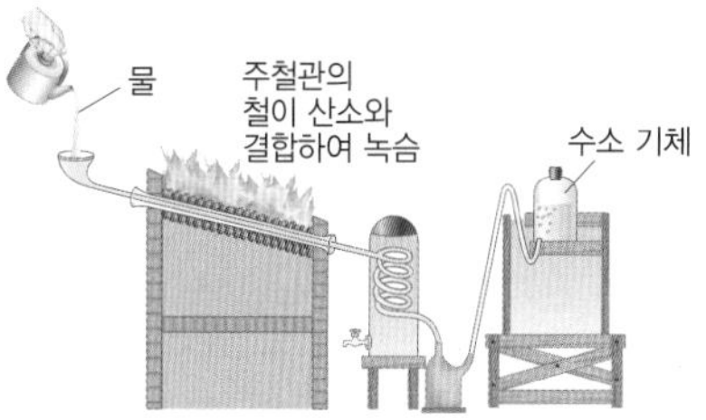

이 실험 결과를 이용하여 물이 원소가 아닌 까닭을 서술하시오.

Tip 주철관에서 산소가 철과 결합하면서 철이 녹슬게 된다.
Key Word 산소, 수소, 분해

02 그림은 불꽃 반응 실험 방법을 나타낸 것이다.

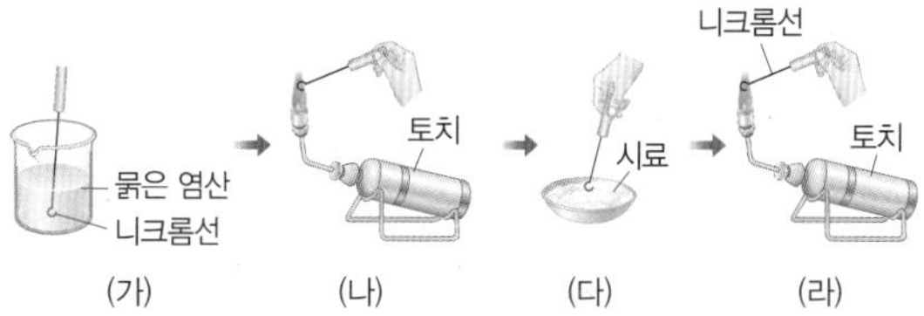

(나)와 (라) 과정에서 니크롬선을 토치의 불꽃 어느 부분에 넣어야 하는지 쓰고, 그 까닭을 서술하시오.

Tip 겉불꽃은 산소 공급이 원활하여 거의 완전한 연소가 일어난다.
Key Word 온도, 색깔

03 다음 물질들 중 불꽃 반응 색이 같은 물질을 있는 대로 골라 쓰고, 그 불꽃 반응 색이 나타나는 까닭을 서술하시오.

염화 칼슘, 염화 나트륨, 염화 칼륨, 질산 나트륨, 황산 구리(Ⅱ), 황산 나트륨, 질산 리튬, 질산 바륨

Tip 불꽃 반응 색을 이용하면 몇 가지 금속 원소를 확인할 수 있다.
Key Word 금속 원소, 불꽃 반응 색

2 물질을 구성하는 입자

중단원 개념 요약

❶ 물질을 구성하는 입자

1. **원자**: 물질을 구성하는 기본 입자

(1) **원자의 구조**: 원자는 (+)전하를 띠는 원자핵과 (−)전하를 띠는 전자로 이루어져 있다.

원자핵	• (+)전하를 띤다. • 원자의 중심에 위치한다. • 전자에 비해 크고 무거우며, 원자 질량의 대부분을 차지하다.
전자	• (−)전하를 띤다. • 원자핵 주변을 끊임없이 운동한다. • 질량과 크기가 매우 작다.

(2) 원자의 특징

• 원자는 종류에 따라 원자핵의 (+)전하량과 전자의 수가 다르다.

• 원자는 원자핵의 (+)전하량과 전자의 총 (−)전하량이 같아 전기적으로 중성이다.

원자의 종류	수소	헬륨	탄소	산소
원자핵 전하량	+1	+2	+6	+8
전자 수(개)	1	2	6	8
전자 총 전하량	−1	−2	−6	−8
원자의 전하량	0	0	0	0

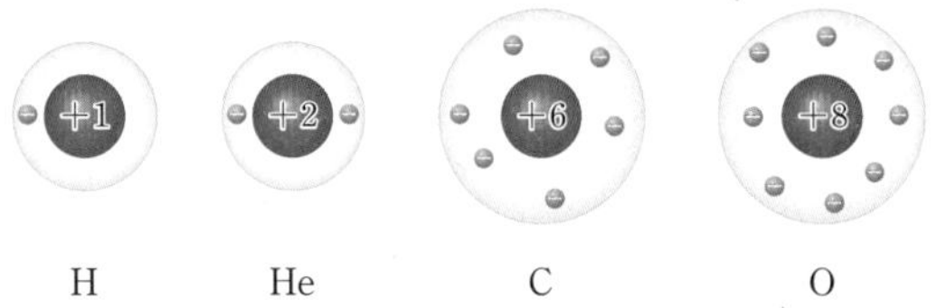

▲ 몇 가지 물질의 원자 구조 모형

2. **분자**: 물질의 성질을 나타내는 가장 작은 입자로, 원자들이 결합하여 만들어진다.

• 분자가 원자로 분해되면 물질의 성질을 잃는다.

예 산소 기체 분자가 산소 원자로 분해되면 다른 물질을 잘 타게 돕는 성질을 잃는다.

• 같은 종류의 원자로 이루어진 분자라도 그 분자를 이루는 원자의 개수나 결합 방식이 다르면 서로 다른 분자이다.

예 물, 과산화 수소

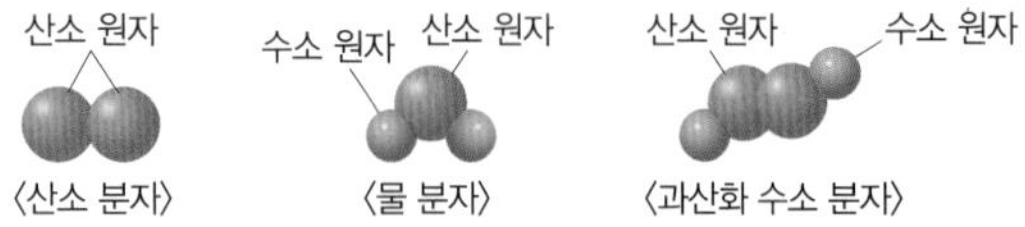

▲ 몇 가지 분자의 분자 모형

❷ 물질의 표현

1. **원소 기호**: 원소를 나타내는 간단한 기호

(1) **원소 기호의 변천**: 중세 연금술사는 자신들만의 그림으로 기록하였고, 돌턴은 원 안에 그림이나 문자를 넣어 나타냈으며, 베르셀리우스는 원소 이름의 알파벳으로 원소를 표시하였다.

구분	연금술사	돌턴	베르셀리우스
황	🜍	⊕	S
은	☽	Ⓢ	Ag
구리	♀	Ⓒ	Cu
금	☉	Ⓖ	Au

(2) 현재는 베르셀리우스가 제안한 알파벳으로 표시하는 원소 기호를 사용한다.

> 원소 이름의 첫 글자를 알파벳의 대문자로 나타내고, 첫 글자가 같을 때는 적당한 중간 글자를 택하여 첫 글자 다음에 소문자로 나타낸다.
>
> 수소 Hydrogen ⟶ H　　헬륨 Helium ⟶ He

(3) 여러 가지 원소 기호

원소 이름	원소 기호	원소 이름	원소 기호	원소 이름	원소 기호
수소	H	탄소	C	나트륨	Na
헬륨	He	질소	N	마그네슘	Mg
리튬	Li	산소	O	알루미늄	Al
붕소	B	플루오린	F	철	Fe

2. **분자식**: 분자를 구성하는 원자의 종류와 개수를 원소 기호와 숫자로 표현한 식

> • 분자를 구성하는 원자의 종류를 원소 기호로 쓰고, 분자를 구성하는 원자의 개수를 원소 기호 오른쪽 아래에 작게 쓴다.(단, 1은 생략)
>
> • 분자의 개수는 분자식 앞에 크게 쓴다.(단, 1은 생략)

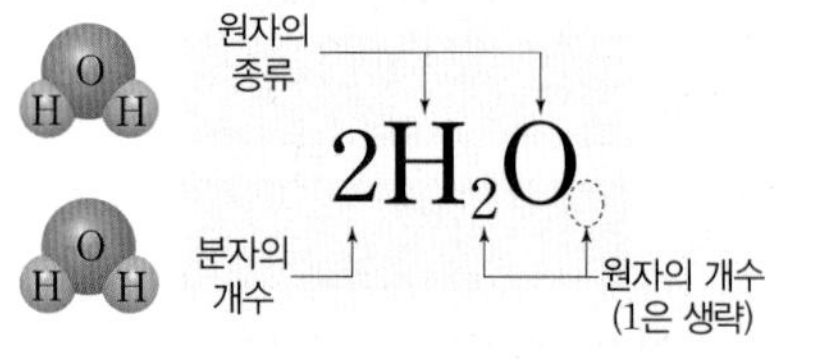

중단원 실전 문제

정답과 해설 • 66쪽

1 물질을 구성하는 입자

01 원자에 대한 설명으로 옳지 않은 것은?

① 전기적으로 중성이다.
② 원자핵과 전자로 이루어져 있다.
③ 종류에 따라 전자의 개수가 다르다.
④ 종류에 관계없이 원자핵의 전하량이 같다.
⑤ 대부분의 질량을 원자핵이 차지한다.

중요

02 그림은 어떤 원자를 모형으로 나타낸 것이다. 이에 대한 설명으로 옳은 것은?

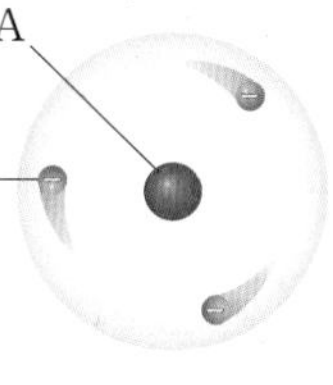

① A는 전기적으로 중성이다.
② B는 (+)전하를 띤다.
③ B는 A 주위를 끊임없이 운동한다.
④ A의 질량은 B의 질량보다 작다.
⑤ 이 원자의 총 전하량은 −3이다.

03 그림 (가)와 (나)는 미완성된 원자 모형이다.

(가)

(나)

(가)와 (나)를 완성시켰을 때의 원자에 대한 설명으로 옳은 것은?

① (가)의 전자 수는 6개이다.
② (가)는 전자 1개당 −6의 전하를 띤다.
③ (나)의 원자핵 전하량은 +6이다.
④ (가)와 (나)는 같은 원자이다.
⑤ (가)는 (+)전하를, (나)는 (−)전하를 띤다.

04 다음은 물질을 이루는 성분이나 입자에 대한 설명이다.

> (가) 물질을 구성하는 기본 입자이다.
> (나) 물질의 성질을 나타내는 가장 작은 입자이다.
> (다) 화학적 방법으로 더 이상 분해할 수 없는 물질을 이루는 기본 성분이다.

(가)~(다)에 해당하는 것을 옳게 짝지은 것은?

	(가)	(나)	(다)
①	원소	원자	분자
②	원소	분자	원자
③	원자	원소	분자
④	원자	분자	원소
⑤	분자	원자	원소

2 물질의 표현

05 원소 기호와 분자식에 대한 설명으로 옳은 것은?

① 원소 기호는 알파벳 한 글자로 표현한다.
② 원소 기호는 소문자로, 분자식은 대문자로 쓴다.
③ 원소 기호는 원소의 모양과 특징이 드러나도록 정한다.
④ 분자식은 분자를 구성하는 원자의 종류와 개수를 나타낸다.
⑤ 같은 종류의 원소로 이루어진 분자들의 분자식은 모두 같다.

06 원소의 이름과 원소 기호를 옳게 나타낸 것은?

① 수소 – He
② 칼륨 – Ca
③ 염소 – cl
④ 나트륨 – Na
⑤ 알루미늄 – AL

중요

07 물질의 원소 기호나 분자식이 잘못된 것을 〈보기〉에서 있는 대로 골라 옳게 고쳐 쓰시오.

보기

ㄱ. 철 – Fe　ㄴ. 물 – H_2O　ㄷ. 구리 – cu
ㄹ. 이산화 탄소 – CO　ㅁ. 염화 수소 – HCl

정답과 해설 • 66쪽

08 (가)~(다)에서 설명하는 원소의 기호를 옳게 짝지은 것은?

> (가) 지각에 많이 포함된 원소로 반도체 제작에 사용된다.
> (나) 수소 다음으로 가벼운 원소로 광고용 풍선 제작 등에 사용된다.
> (다) 공기에 가장 많이 포함된 원소로 과자 봉지의 충전 기체로 이용된다.

	(가)	(나)	(다)
①	S	H	Ne
②	S	He	N
③	Si	He	O
④	Si	He	N
⑤	Si	Hg	Ne

09 그림은 산소 원자와 산소 분자, 오존 분자를 모형으로 나타낸 것이다.

이에 대한 설명으로 옳은 것은?

① 산소의 원소 기호는 O_2이다.
② 오존 분자는 3종류의 원소로 이루어진 물질이다.
③ 오존 분자가 산소 원자로 분해되면 오존의 성질을 잃는다.
④ 산소 원자, 산소 분자, 오존 분자의 성질은 모두 같다.
⑤ 산소 분자의 분자식은 2O, 오존 분자의 분자식은 3O이다.

중요

10 분자식 (가)와 (나)에 대한 설명으로 옳은 것만을 〈보기〉에서 있는 대로 고르시오.

$$CH_4 \qquad 2NH_3$$

(가) (나)

보기

ㄱ. (가)는 메테인 분자 4개를 나타낸다.
ㄴ. (가) 분자 1개는 탄소 원자 1개와 수소 원자 4개로 이루어진다.
ㄷ. (나)는 암모니아 분자 2개를 나타낸다.
ㄹ. (가)와 (나)의 수소 원자는 핵전하량이 서로 다르다.

실전 서논술형 문제

정답과 해설 • 67쪽

01 다음은 과학자 톰슨이 주장한 원자 모형에 대한 설명이다.

> 원자는 푸딩에 건포도가 박혀 있는 것과 같이 (+)전하를 띤 공에 (−)전하를 띤 전자가 박혀 있다.

현재 알려진 원자 구조와 비교할 때 톰슨의 원자 모형에서 수정해야 할 부분 2가지를 서술하시오.

Tip 원자의 대부분은 빈 공간이다.
Key Word (+)전하, 원자핵, 전자, 운동

02 그림은 리튬 원자를 모형으로 나타낸 것이다. 리튬 원자는 (+)전하를 띠는 원자핵과 (−)전하를 띠는 전자로 구성되어 있지만 리튬 원자는 전기적으로 중성이다. 그 까닭을 전하량 값을 이용하여 서술하시오.

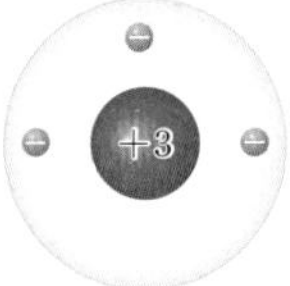

Tip 원자가 가지는 전자의 수는 원자핵의 전하량에 따라 정해진다.
Key Word 원자핵 전하량, 전자의 총 전하량

03 어느 과학자가 새롭게 합성해낸 원소의 이름을 'New'로 정하였다. 베르셀리우스가 제안한 현대의 원소 기호의 규칙에 맞게 이 원소의 원소 기호를 정하고, 그렇게 정한 까닭을 서술하시오.

Tip 원소 기호는 원소 이름의 첫 글자를 대문자로 쓰고, 첫 글자가 다른 원소과 겹칠 경우 적당한 중간 글자를 선택한다.
Key Word 첫 글자, 질소, 네온

3 전하를 띠는 입자

중단원 개념 요약

❶ 이온

1. **이온**: 중성인 원자가 전자를 잃거나 얻어 전하를 띠게 된 입자

2. **이온의 형성**

양이온	전자를 잃어 (+)전하를 띠는 입자: (+)전하량 > (−)전하량 
음이온	전자를 얻어 (−)전하를 띠는 입자: (+)전하량 < (−)전하량 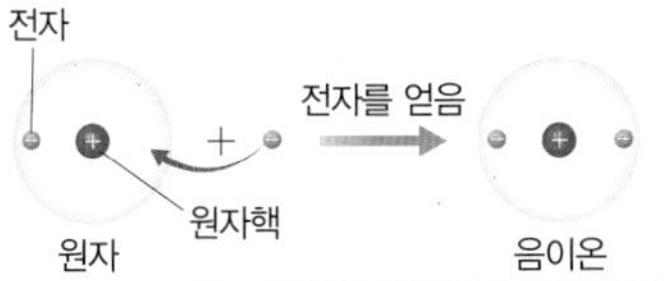

3. **이온의 전하 확인**: 수용액에 전류가 흐르면 양이온은 (−)극으로, 음이온은 (+)극으로 이동한다.

• 질산 칼륨을 적신 거름종이의 가운데에 푸른색 황산 구리(Ⅱ) 수용액과 보라색 과망가니즈산 칼륨 수용액을 떨어뜨린 후 전류를 흘려 주면 푸른색은 (−)극으로, 보라색은 (+)극으로 이동한다.

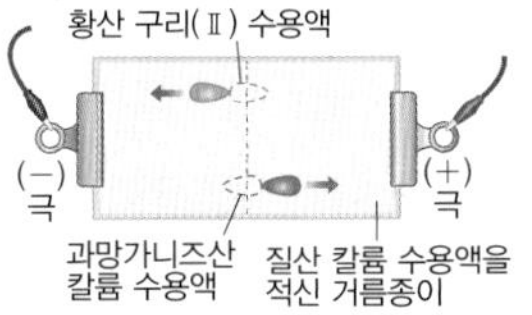

→ 푸른색의 구리 이온(Cu^{2+})은 양이온: (−)극으로 이동

→ 보라색의 과망가니즈산 이온(MnO_4^-)은 음이온: (+)극으로 이동

→ 칼륨 이온(K^+)은 (−)극, 황산 이온(SO_4^{2-})과 질산 이온(NO_3^-)은 (+)극으로 이동하지만 색깔이 없어서 눈에 보이지 않음.

4. **이온의 표현**

양이온				
이온식	원소 기호의 오른쪽 위에 작은 숫자로 잃은 전자 수와 (+)전하를 표시한다. (단, 1은 생략) 잃은 전자 수가 1개이면 생략: Li^{+} ← 전하의 종류 (리튬 이온) 잃은 전자 수: Ca^{2+} ← 전하의 종류 (칼슘 이온)			
이름	원소 이름 뒤에 '~ 이온'을 붙인다.			
종류	수소 이온	H^+	나트륨 이온	Na^+
	칼륨 이온	K^+	암모늄 이온	NH_4^+

음이온				
이온식	원소 기호의 오른쪽 위에 작은 숫자로 얻은 전자 수와 (−)전하를 표시한다. (단, 1은 생략) 얻은 전자 수가 1개이면 생략: F^{-} ← 전하의 종류 (플루오린화 이온) 얻은 전자 수: O^{2-} ← 전하의 종류 (산화 이온)			
이름	원소 이름 뒤에 '~화 이온'을 붙인다. (단, 원소 이름이 '소'로 끝날 때는 '소'를 뺀다.)			
종류	염화 이온	Cl^-	황산 이온	SO_4^{2-}
	수산화 이온	OH^-	질산 이온	NO_3^-

❷ 이온의 확인

1. **앙금 생성 반응**: 양이온과 음이온이 결합하여 물에 녹지 않는 앙금을 생성하는 반응

예 질산 은 수용액과 염화 나트륨 수용액을 섞으면 은 이온(Ag^+)과 염화 이온(Cl^-)이 반응하여 흰색의 염화 은($AgCl$) 앙금을 생성한다.

2. **여러 가지 앙금 반응과 앙금 색**

양이온	음이온	앙금 생성 반응식	앙금	앙금 색
바륨 이온	황산 이온	$Ba^{2+} + SO_4^{2-} \rightarrow BaSO_4 \downarrow$	황산 바륨	흰색
칼슘 이온	탄산 이온	$Ca^{2+} + CO_3^{2-} \rightarrow CaCO_3 \downarrow$	탄산 칼슘	흰색
구리 이온	황화 이온	$Cu^{2+} + S^{2-} \rightarrow CuS \downarrow$	황화 구리(Ⅱ)	검은색
납 이온	황화 이온	$Pb^{2+} + S^{2-} \rightarrow PbS \downarrow$	황화 납	검은색
카드뮴 이온	황화 이온	$Cd^{2+} + S^{2-} \rightarrow CdS \downarrow$	황화 카드뮴	노란색

3. **앙금 생성 반응을 통한 이온의 확인**

이온	확인 방법
염화 이온(Cl^-)	질산 은($AgNO_3$) 수용액을 떨어뜨리면 흰색 앙금(염화 은, $AgCl$)이 생성된다.
탄산 이온(CO_3^{2-})	염화 칼슘($CaCl_2$) 수용액을 떨어뜨리면 흰색 앙금(탄산 칼슘, $CaCO_3$)이 생성된다.
카드뮴 이온(Cd^{2+})	황화 나트륨(Na_2S) 수용액을 떨어뜨리면 노란색 앙금(황화 카드뮴, CdS)이 생성된다.
납 이온(Pb^{2+})	아이오딘화 칼륨(KI) 수용액을 떨어뜨리면 노란색 앙금(아이오딘화 납, PbI_2)이 생성된다.

중단원 실전 문제

1 이온

01 그림은 리튬 이온을 모형으로 나타낸 것이다. 이에 대한 설명으로 옳지 않은 것은?

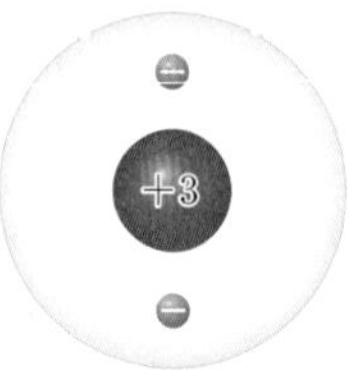

① 이온식은 Li^{+}이다.
② 리튬 원자가 전자를 잃어 형성되었다.
③ 리튬 원자의 핵 전하량은 +2이다.
④ 리튬 원자의 전자의 수는 3개이다.
⑤ 핵 전하량이 전자의 총 전하량보다 크다.

02 (가), (나)는 이온이 형성되는 과정을 모형으로 나타낸 것이다.

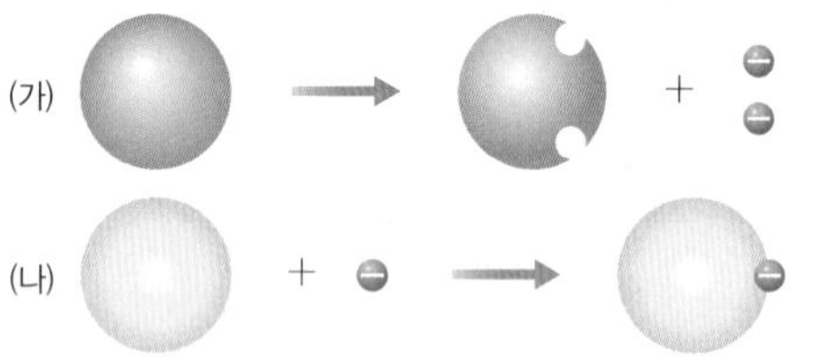

이온의 형성 과정과 형성된 이온을 옳게 짝지은 것은?

① (가) − Na^{+} ② (가) − O^{2-} ③ (가) − Mg^{2+}
④ (나) − K^{+} ⑤ (나) − S^{2-}

중요
03 표는 입자들의 핵 전하량과 전자의 수를 정리한 것이다.

입자	A	B	C	D	E
핵 전하량	+3	+4	+8	+9	+11
전자 수	2	4	10	9	10

A~E에 대한 설명으로 옳지 않은 것은?

① A, E는 양이온이다.
② B는 전기적으로 중성인 원자이다.
③ 전자의 총 전하량은 C>D이다.
④ C와 E는 같은 종류의 원소로 이루어진 물질이다.
⑤ D가 전자를 하나 얻으면 음이온이 된다.

04 같은 종류의 전하를 띠는 이온이 아닌 것은?

① 황산 이온 ② 염화 이온
③ 탄산 이온 ④ 수산화 이온
⑤ 암모늄 이온

05 원자가 이온이 될 때 변화하는 것을 〈보기〉에서 있는 대로 고르시오.

보기
ㄱ. 핵 전하량 ㄴ. 전자의 개수
ㄷ. 전자의 총 전하량 ㄹ. 구성 입자들의 총 전하량

06 이온의 이름과 이온식을 옳게 짝지은 것은?

① S^{2-} − 황 이온 ② Pb^{2+} − 납 이온
③ NO^{3-} − 질산 이온 ④ I^{-} − 아이오딘 이온
⑤ CO_3^{2-} − 탄화 이온

중요
07 페트리 접시에 전극을 설치하고 질산 칼륨 수용액을 넣은 뒤 접시의 중앙에 푸른색 황산 구리(Ⅱ) 수용액을 떨어뜨린다.

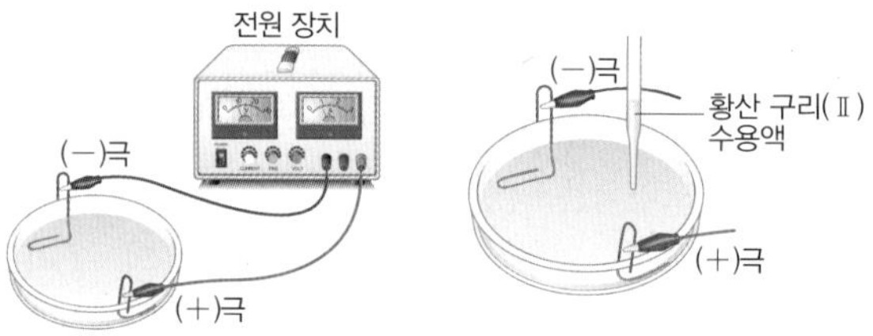

이 장치에 전류를 흘려 주었을 때의 설명으로 옳은 것만을 〈보기〉에서 있는 대로 고른 것은?

보기
ㄱ. 푸른색은 (+)극으로 이동한다.
ㄴ. 푸른색을 띠는 이온은 구리 이온이다.
ㄷ. (−)극으로 이동하는 이온들의 전하량은 같다.
ㄹ. 질산 칼륨 수용액은 전류가 흐를 수 있도록 하는 역할을 한다.

① ㄱ, ㄴ ② ㄱ, ㄹ ③ ㄴ, ㄷ
④ ㄴ, ㄹ ⑤ ㄷ, ㄹ

08 다음 물질들을 물에 녹인 후 전류를 흘려 주었을 때 (+)극으로 이동하는 이온들의 이온식을 있는 대로 쓰시오.

염화 칼슘, 염화 칼륨, 질산 나트륨

정답과 해설 • 67쪽

2 이온의 확인

09 그림은 질산 은 수용액과 염화 나트륨 수용액의 앙금 생성 반응을 나타낸 모형이다.

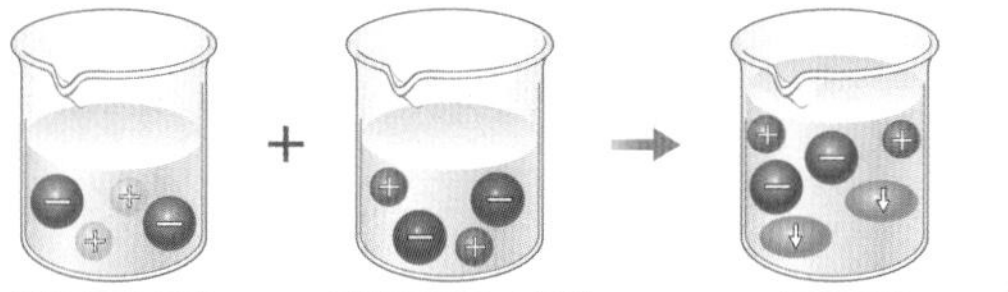

이에 대한 설명으로 옳지 않은 것은?

① 생성된 앙금은 염화 은이다.
② 생성된 앙금의 색은 검은색이다.
③ 혼합 용액에서 (+)전하를 띠는 입자 Na^+이다.
④ 혼합 용액에서 (−)전하를 띠는 입자는 NO_3^-이다.
⑤ 질산 은 수용액의 양이온과 염화 나트륨 수용액의 음이온이 결합하여 앙금을 생성한다.

10 서로 반응하여 앙금을 생성하는 이온끼리 옳게 짝지은 것은?

① 은 이온 – 질산 이온 ② 바륨 이온 – 염화 이온
③ 칼륨 이온 – 황화 이온 ④ 칼슘 이온 – 탄산 이온
⑤ 나트륨 이온 – 황산 이온

중요

11 다음은 우리 주변 물질에 들어 있는 이온을 확인하기 위하여 앙금 생성 반응을 실시한 것이다.

(가) 수돗물에 질산 은 수용액을 떨어뜨렸더니 흰색 앙금이 생성되었다.
(나) 탄산음료에 염화 칼슘 수용액을 떨어뜨렸더니 흰색 앙금이 생성되었다.
(다) 공장 폐수에 아이오딘화 칼륨 수용액을 떨어뜨렸더니 노란색 앙금이 생성되었다.

(가)~(다)에서 생성된 앙금을 옳게 짝지은 것은?

	(가)	(나)	(다)
①	AgCl	K_2CO_3	PbI
②	AgCl	$CaCO_3$	PbI_2
③	AgCl	$CaCO_3$	PbI
④	$AgNO_3$	K_2CO_3	PbI_2
⑤	$AgNO_3$	$CaCO_3$	CdI_2

실전 서논술형 문제

정답과 해설 • 68쪽

01 그림은 염화 이온의 모형이다. 염소 원자가 염화 이온이 될 때 핵 전하량, 전자 수, 구성 입자들의 총 전하량 변화에 대하여 서술하시오.

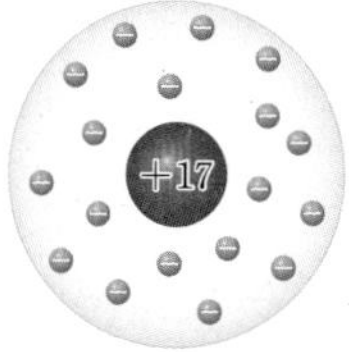

Tip 이온은 원자가 전자를 얻거나 잃어 전하를 띠게 된 입자이다.
Key Word 핵 전하량, 전자 수, 구성 입자들의 총 전하량

02 질산 칼륨 수용액을 적신 거름종이의 중앙에 노란색 크로뮴산 칼륨 수용액을 떨어뜨렸다.

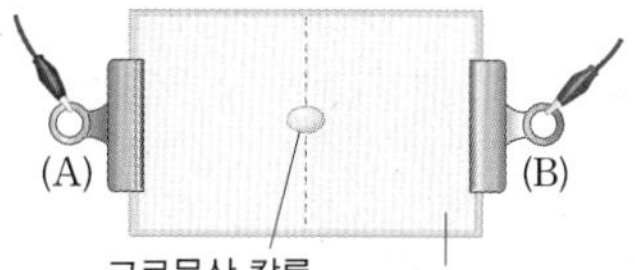

전류를 흘려 주었을 때 노란색이 오른쪽으로 이동하도록 하려면 (A)와 (B)에 각각 어떤 극을 연결하여야 하는지 쓰고, 그 까닭을 서술하시오.

Tip 수용액에 전류를 흘려 주었을 때 양이온은 (−)극으로, 음이온은 (+)극으로 이동한다.
Key Word 노란색, 이온, 이동

03 다음은 보일러 관석에 대한 설명이다.

보일러 용수로 칼슘 이온이나 마그네슘 이온이 많이 들어 있는 지하수를 사용하게 되면 앙금 생성으로 인해 보일러 관이 막히게 되어 효율이 떨어진다.

보일러 관석 문제를 해결하기 위하여 보일러 용수에 칼슘 이온과 마그네슘 이온이 들어 있는지 미리 확인하고 제거하려고 한다. 앙금 생성 반응을 이용하여 이 문제를 해결할 수 있는 방법을 서술하시오.

Tip 칼슘 이온과 마그네슘 이온은 특정 음이온과 결합하면 앙금을 형성한다.
Key Word 앙금 생성, 제거

II

전기와 자기

1
전기의 발생

2
전류와 전압

3
전압, 전류, 저항 사이의 관계

4
전류의 자기 작용

1 전기의 발생

중단원 개념 요약

❶ 마찰 전기

1. **마찰 전기:** 서로 다른 두 물체 사이의 마찰로 발생한 전기

2. **마찰 전기에 의한 현상**
   - 걸을 때 치마가 다리에 달라붙는다.
   - 머리를 빗을 때 머리카락이 빗에 달라붙는다.
   - 스웨터를 벗을 때 머리카락이 스웨터에 달라붙는다.
   - 가전제품을 마른 걸레로 닦을 때 먼지가 다시 달라붙는다.
   - 건조한 날 사탕이나 책을 포장한 비닐을 벗길 때 비닐이 손에 달라붙어 잘 떨어지지 않는다.

3. **전기력:** 전기를 띤 물체 사이에 작용하는 힘

같은 종류의 전하	다른 종류의 전하

서로 밀어내는 힘이 작용	서로 끌어당기는 힘이 작용

4. **대전과 대전체**
   (1) 대전: 물체가 전기를 띠는 현상
   (2) 대전체: 전기를 띤 물체

5. **물체가 대전되는 과정:** 물체가 대전되는 과정은 원자 모형을 이용하여 전자의 이동으로 나타낼 수 있다.

마찰 전	마찰할 때	마찰한 후
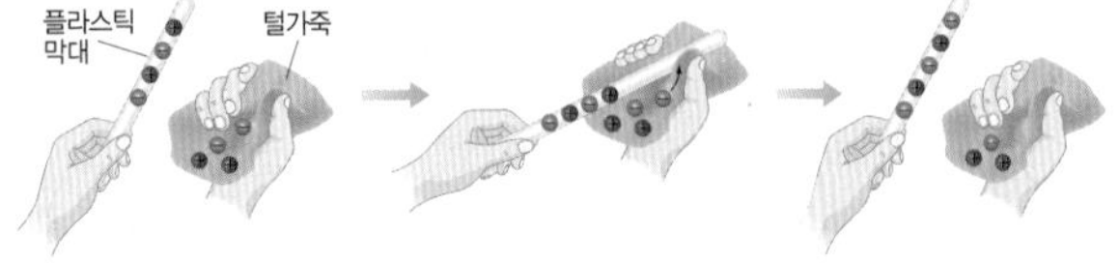		
• 털가죽: (+)전하의 양=(−)전하의 양 ➡ 전하를 띠지 않는다. • 플라스틱 막대: (+)전하의 양=(−)전하의 양 ➡ 전하를 띠지 않는다.	• 전자가 털가죽에서 플라스틱 막대로 이동한다. • 털가죽은 전자를 잃고, 플라스틱 막대는 전자를 얻는다.	• 털가죽: (+)전하의 양>(−)전하의 양 ➡ (+)전하로 대전된다. • 플라스틱 막대: (+)전하의 양<(−)전하의 양 ➡ (−)전하로 대전된다.

❷ 정전기 유도

1. **정전기 유도:** 대전되지 않은 물체에 대전체를 가까이 했을 때 물체의 양쪽에 서로 다른 종류의 전하가 유도되는 현상

(−)대전체를 가까이 할 때	(+)대전체를 가까이 할 때
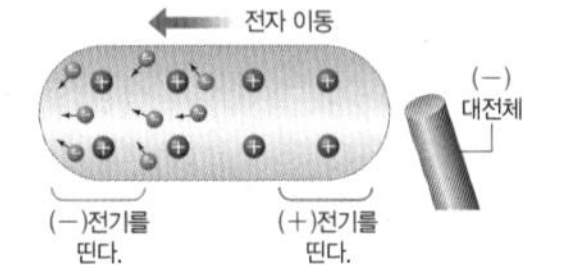	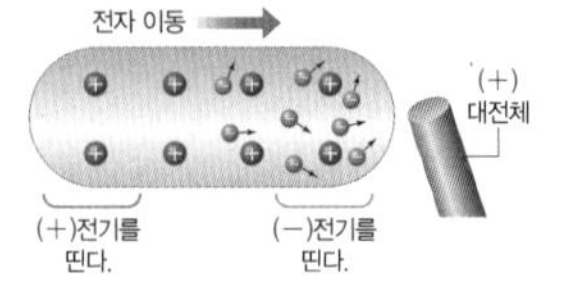

2. **정전기 유도 현상의 이용**
   - 대전된 풍선을 종잇조각에 가까이하면 종잇조각이 풍선 쪽으로 끌려온다.
   - 먼지떨이의 솔을 문질러 대전시키면 주변의 먼지를 끌어당긴다.
   - 주유소 정전기 방지 패드, 공기 청정기, 복사기, 터치스크린 등에 사용된다.

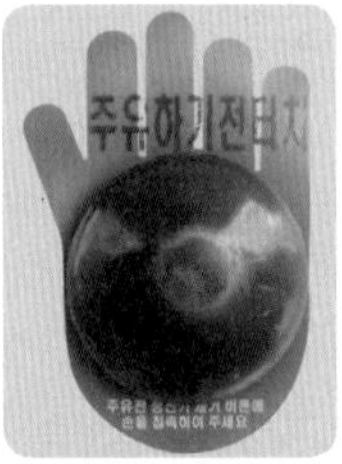

▲ 주유소 정전기 방지패드

▲ 공기 청정기

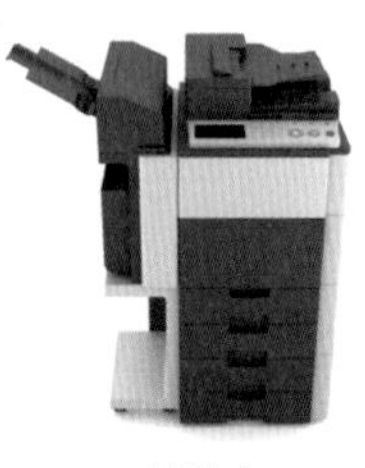
▲ 복사기

3. **검전기:** 정전기 유도 현상을 이용하여 물체의 대전 여부를 알아보는 기구
   - 대전되지 않은 물체를 검전기 금속판에 가까이 하면 금속박은 벌어지지 않는다.

4. **검전기에서 정전기 유도 현상의 이용**
   - 검전기의 금속판에 물체를 가까이 가져갔을 때 금속박의 모습을 보고 물체의 대전 여부를 알 수 있다.
   - 대전된 전하의 양이 많을수록 금속박이 많이 벌어진다.

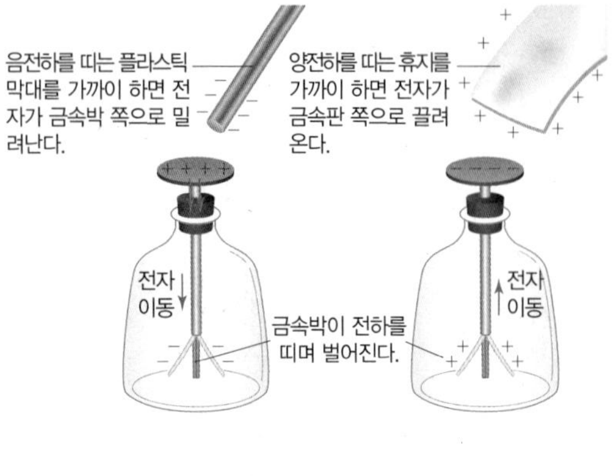

중단원 실전 문제

정답과 해설 • 69쪽

1 마찰 전기

01 다음 중 정전기에 의한 현상이 아닌 것은?

① 걸을 때 치마가 다리에 달라붙는다.
② 나침반 바늘의 N극이 북쪽을 가리킨다.
③ 스웨터를 벗을 때 머리카락이 스웨터에 달라붙는다.
④ 책을 포장한 비닐을 벗길 때 비닐이 손에 달라붙는다.
⑤ 미끄럼틀을 타고 내려오면 머리카락이 부스스하게 퍼진다.

02 그림은 전하를 띤 가벼운 금속 구를 천장에 실로 매달았을 때의 모습이다. 다음 설명 중 옳지 않은 것은? (단, 시간이 지날수록 금속 구가 띠는 전하량은 점점 줄어든다.)

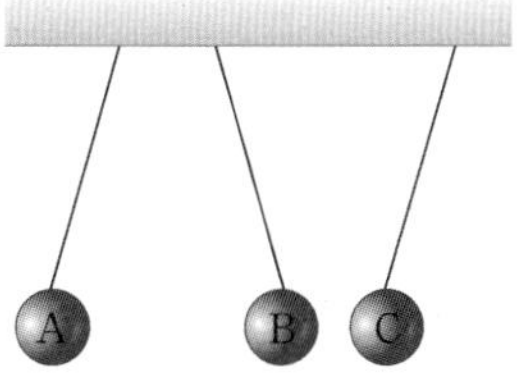

① A와 C가 띠는 전하의 종류는 같다.
② 시간이 지날수록 B와 C는 멀어진다.
③ B와 C는 서로 다른 종류의 전하를 띠고 있다.
④ 시간이 지날수록 A와 B 사이는 가까워진다.
⑤ A와 C 사이에는 끌어당기는 힘이 작용한다.

중요
03 고무풍선을 털가죽으로 마찰한 다음 털가죽을 고무풍선에 가까이하였다. 이에 대한 설명으로 옳은 것만을 〈보기〉에서 있는 대로 고른 것은?

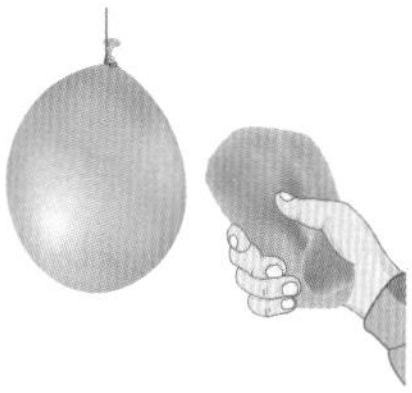

〈보기〉
ㄱ. 고무풍선과 털가죽은 서로 다른 종류의 전하로 대전된다.
ㄴ. 마찰할 때 털가죽과 고무풍선 사이에서 전자가 이동한다.
ㄷ. 털가죽을 고무풍선에 가까이하면 고무풍선이 끌려온다.

① ㄱ ② ㄴ ③ ㄱ, ㄷ
④ ㄴ, ㄷ ⑤ ㄱ, ㄴ, ㄷ

중요
04 빨대를 휴지로 마찰하였더니 빨대는 (−)전하, 휴지는 (+) 전하로 대전되었다. 이에 대한 설명으로 옳은 것은?

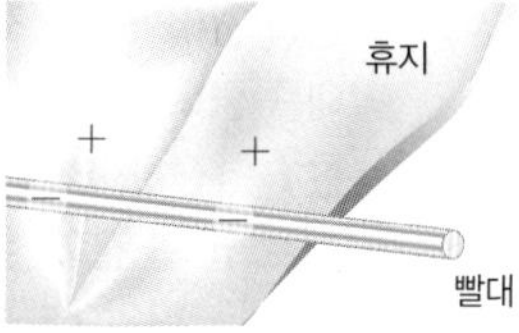

① 휴지에서 빨대로 전자가 이동했다.
② 빨대에서 휴지로 전자가 이동했다.
③ 휴지에서 빨대로 원자핵이 이동했다.
④ 빨대에서 휴지로 원자핵이 이동했다.
⑤ 대전된 빨대와 휴지를 다시 마찰시키면 빨대가 (+)전하를 띠게 된다.

중요
05 면장갑으로 빨대를 마찰한 다음 플라스틱 통 위에 놓인 빨대에 면장갑을 가까이 하였다. 이에 대한 설명으로 옳은 것만을 〈보기〉에서 있는 대로 고른 것은?

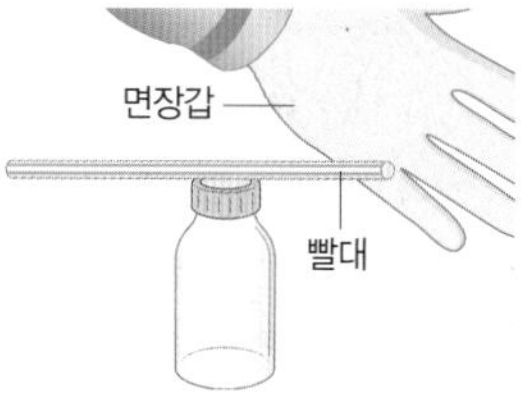

〈보기〉
ㄱ. 빨대는 면장갑 쪽으로 끌려온다.
ㄴ. 빨대와 면장갑은 서로 다른 종류의 전하를 띤다.
ㄷ. 빨대와 면장갑 사이에는 원자핵이 이동한다.

① ㄱ ② ㄷ ③ ㄱ, ㄴ
④ ㄴ, ㄷ ⑤ ㄱ, ㄴ, ㄷ

2 정전기 유도

중요
06 그림은 전기를 띠지 않은 금속 막대에 (−)대전체를 가까이 한 모습을 나타낸 것이다. 이에 대한 설명으로 옳은 것만을 〈보기〉에서 있는 대로 고른 것은?

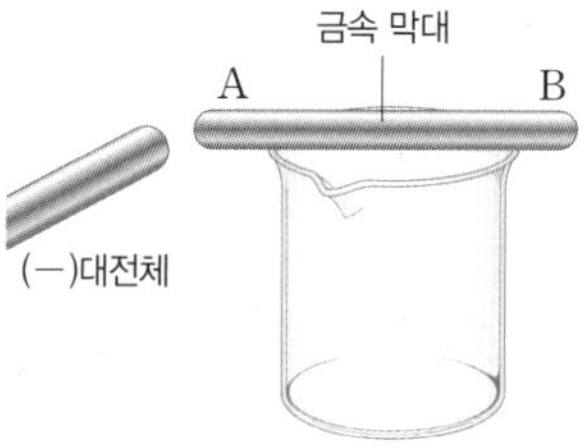

〈보기〉
ㄱ. A 부분은 (+)전하로 대전된다.
ㄴ. 금속 막대의 원자핵은 A 쪽으로 이동한다.
ㄷ. 금속 막대의 자유 전자는 B 쪽으로 이동한다.

① ㄱ ② ㄴ ③ ㄱ, ㄷ
④ ㄴ, ㄷ ⑤ ㄱ, ㄴ, ㄷ

정답과 해설 • 69쪽

07 그림과 같이 (−)전하를 띤 플라스틱 막대를 금속 캔에 가까이 하면 A 부분은 (−)전하, B 부분은 (+)전하를 띠므로 금속 캔이 플라스틱 막대에 끌려온다. 만약 (+)전하를 띤 유리 막대를 금속 캔에 가까이 할 때 나타나는 현상으로 옳은 것만을 〈보기〉에서 있는 대로 고른 것은?

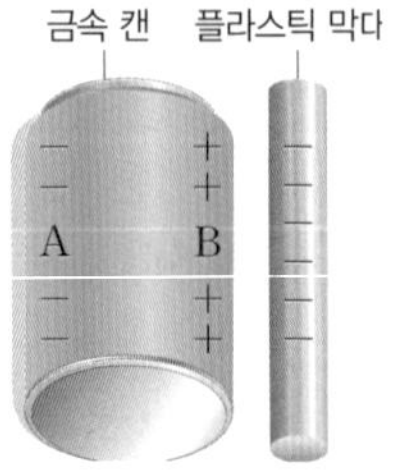

보기

ㄱ. A 부분은 (−)전하를 띤다.
ㄴ. B 부분은 (+)전하를 띤다.
ㄷ. 금속 캔 내에서 전자는 A에서 B로 이동한다.
ㄹ. 금속 캔은 유리 막대에 끌려온다.

① ㄱ, ㄴ ② ㄱ, ㄷ ③ ㄱ, ㄹ
④ ㄴ, ㄷ ⑤ ㄷ, ㄹ

중요

08 그림과 같이 (+)전하로 대전된 검전기의 금속판에 (+)대전체를 가까이 하였다. 이때 검전기 내에서의 전자의 이동과 금속박의 움직임을 옳게 설명한 것은?

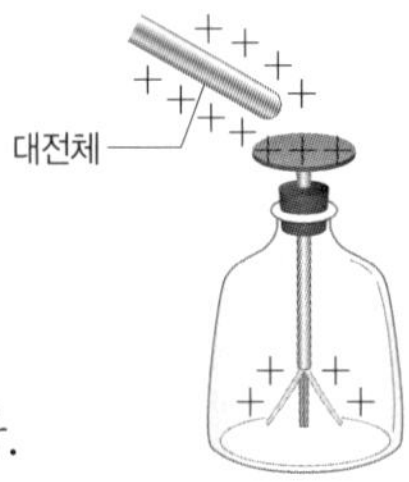

① 금속박 → 금속판, 더 벌어진다.
② 금속박 → 금속판, 오므라든다.
③ 금속판 → 금속박, 더 벌어진다.
④ 금속판 → 금속박, 오므라든다.
⑤ 이동하지 않는다. 그대로이다.

09 검전기에 (−)대전체를 가까이 하면 금속박이 벌어지고, 이 상태에서 손가락을 금속판에 접촉하면 그림과 같이 벌어져 있던 금속박이 오므라든다. 대전체와 손가락을 동시에 멀리 할 때의 설명으로 옳은 것은?

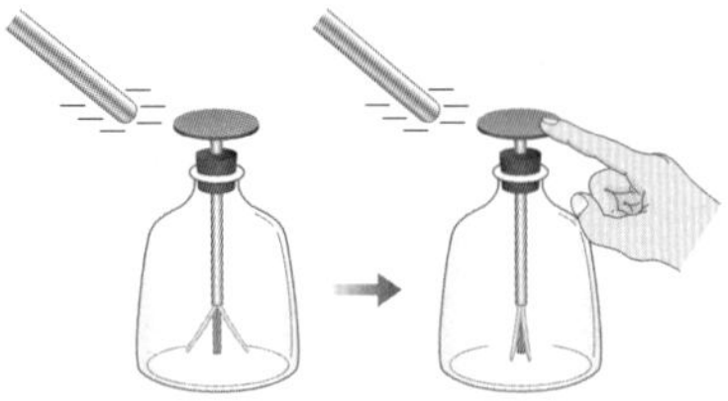

① 금속박은 벌어진다.
② 금속판은 (−)전하를 띤다.
③ 금속박은 전하를 띠지 않는다.
④ 금속박은 오므라든 채로 변화가 없다.
⑤ 금속판과 금속박은 서로 다른 종류의 전하를 띤다.

실전 서논술형 문제

정답과 해설 • 69쪽

01 그림과 같이 털가죽과 플라스틱 막대를 마찰하였더니 털가죽은 (+)전하로, 플라스틱 막대는 (−)전하로 대전되었다.

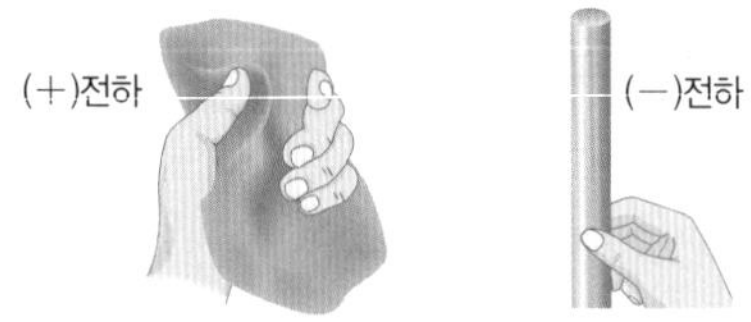

(1) 털가죽과 플라스틱 막대가 전하를 띠는 까닭을 설명하시오.

(2) 마찰 후 털가죽은 (+)전하, 플라스틱 막대는 (−)전하를 띠는 까닭을 서술하시오.

Tip 두 물체를 마찰하면 전자가 이동하므로 대전된다.
Key Word 마찰 전기, 대전

02 그림과 같이 (−)대전체를 알루미늄 공에 가까이 하였다. (−)대전체를 가까이 할 때 알루미늄 공의 움직임을 설명하고, 그 까닭을 주어진 단어를 모두 사용하여 서술하시오.

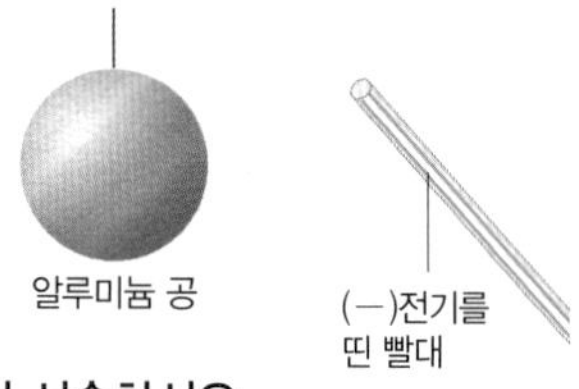

대전체, 전자, 전기력, 정전기 유도

Tip 알루미늄 공에는 대전체에 의해 정전기가 유도된다.
Key Word 대전체, 정전기 유도

03 검전기 금속판에 대전체를 가까이 하였더니 그림과 같이 금속박이 벌어지는 정도가 달랐다. 그림과 같이 금속박이 벌어지는 정도가 다른 까닭을 설명하고, (가)와 (나)의 차이점을 서술하시오.

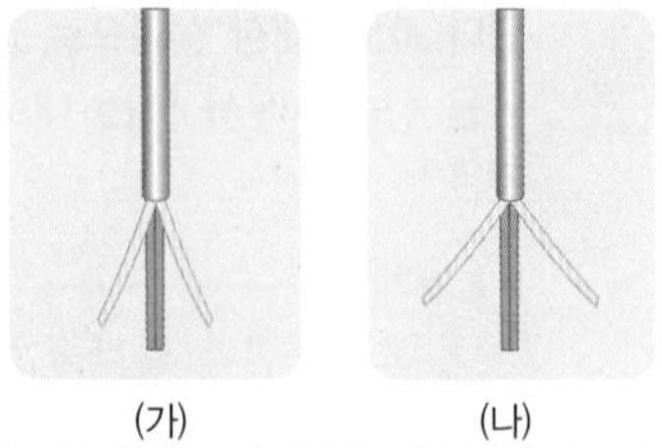

Tip 금속박에는 대전체와 같은 종류의 전하가 대전되어 금속박이 벌어진다. 이때 대전된 전하량에 따라 벌어지는 정도가 다르다.
Key Word 검전기, 대전량, 금속박이 벌어진 정도

2 전류와 전압

중단원 개념 요약

❶ 전류

1. **전류**: 전하의 흐름
2. **전류의 세기**: 일정 시간 동안 전선의 단면을 통과하는 전하의 양으로 나타낸다.
   (1) 전류의 단위: A(암페어), mA(밀리암페어)
   (2) 1 A=1000 mA
3. **전류의 방향과 전자의 이동 방향**

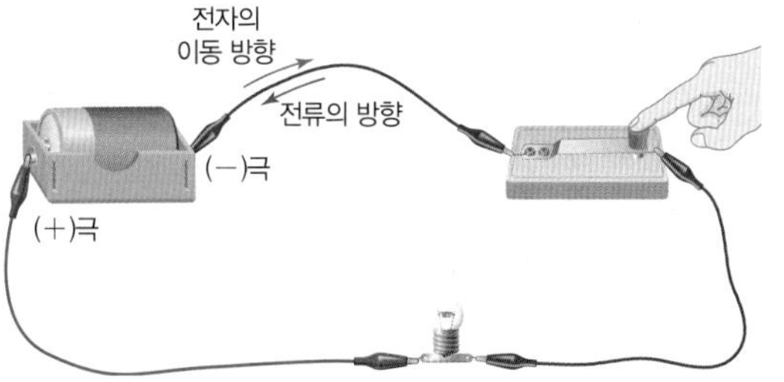

전류의 방향	전자의 이동 방향
전지의 (+)극에서 (−)극 쪽으로 흐른다.	전지의 (−)극에서 (+)극 쪽으로 이동한다.
전류의 방향은 과거에 양전하의 이동 방향으로 정하였기 때문에 실제로 전자가 이동하는 방향과는 반대이다.	

4. **도선 내에서의 전자의 흐름**

전류가 흐르지 않을 때	전류가 흐를 때
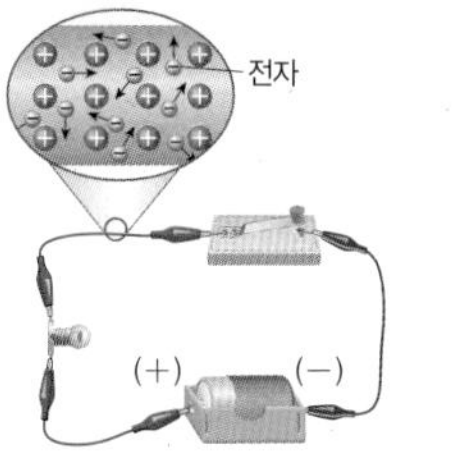	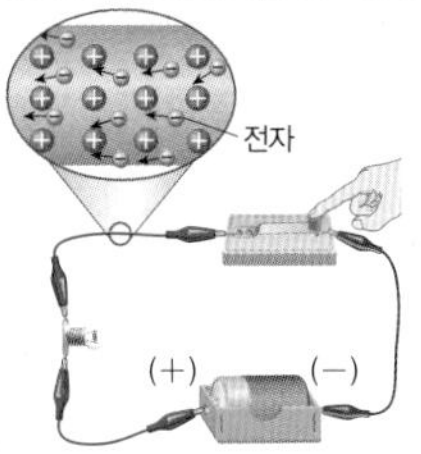
전자들이 여러 방향으로 불규칙하게 움직인다.	전자들이 한 방향으로 이동한다.

5. **전류계의 사용법**
   (1) 전류계는 측정하려는 부분에 직렬연결한다.
   (2) 전류계 (+)단자는 전지의 (+)극 쪽에, 전류계 (−)단자는 전지의 (−)극 쪽에 연결한다.

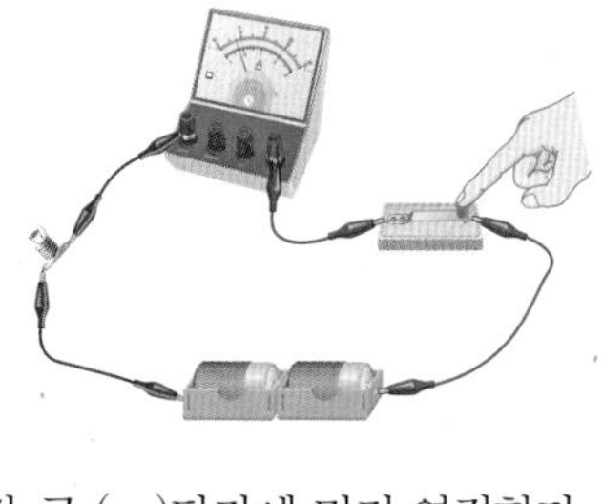

   (3) 전류 값을 모를 때는 가장 큰 (−)단자에 먼저 연결한다.
   (4) 전류계를 전지에 직접 연결하지 않는다.

❷ 전압

1. **전압**: 전류를 흐르게 하는 원인
   (1) 전압의 단위: V(볼트)
   (2) 전압에 의해 전류가 흐르는 것은 밸브를 열면 물의 높이차에 의해 물이 흐르는 것으로 비유할 수 있다.

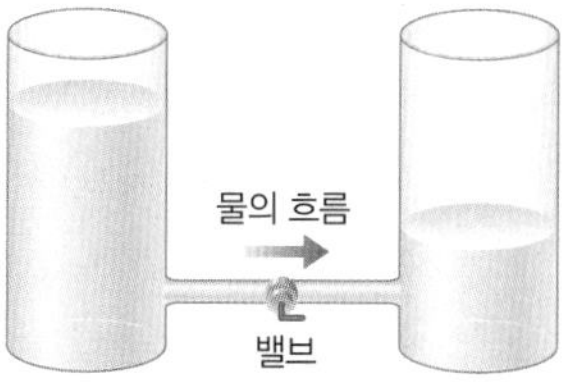

   (3) 전지의 전압은 수면의 높이차와 같은 역할을 하여 전선 내의 전자를 계속 이동시켜 전류가 흐르게 한다.
   (4) 전지의 전압은 1.5 V, 6 V, 9 V 등으로 다양하다.
2. **물의 흐름과 전기 회로**: 전기 회로에서 전류는 물의 흐름에 비유할 수 있다.

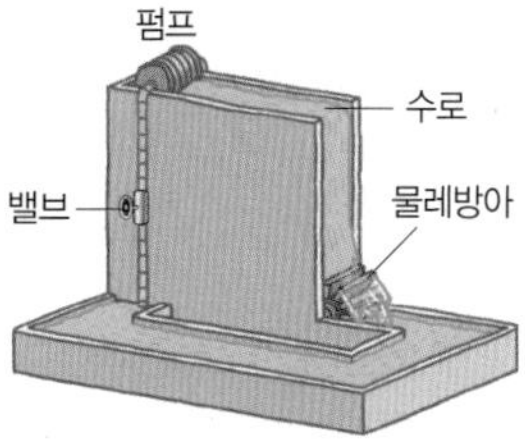

(가) 물 흐름 모형

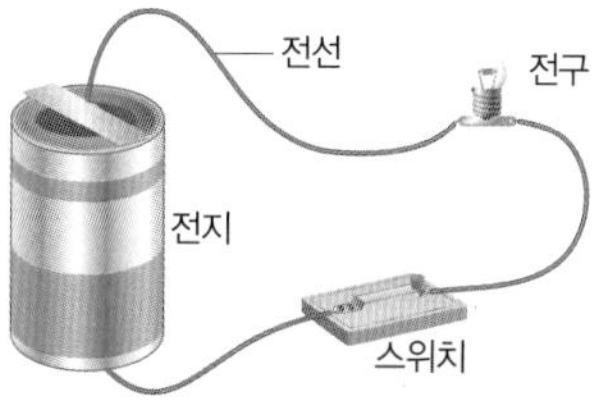

(나) 전기 회로

물 흐름 모형	물의 흐름	펌프	밸브	물레방아	수로
전기 회로	전류	전지	스위치	전구	전선

   (1) 흐르는 물이 물레방아를 돌릴 때 물레방아를 지나기 전후의 물의 양이 달라지지 않는다.
   (2) 전기 회로에서도 전구를 통과하기 전후의 전류의 세기는 변하지 않는다.
3. **전압계의 사용법**
   (1) 전압계는 전압을 측정하고자 하는 회로에 병렬연결한다.
   (2) 전압계의 (+)단자는 전지의 (+)극 쪽에, 전압계의 (−)단자는 전지의 (−)극 쪽에 연결한다.
   (3) 전압 값을 모를 때는 최댓값이 큰 (−)단자부터 차례로 연결한다.

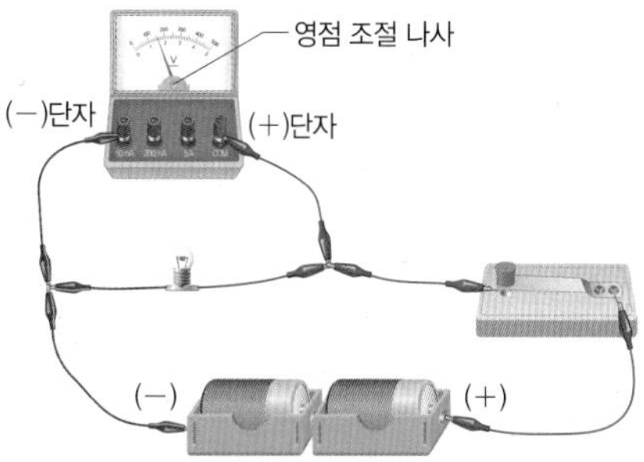

중단원 실전 문제

1 전류

01 전류에 대한 다음 설명 중 옳지 않은 것은?

① 전류는 전하의 흐름이다.
② 1 A=100 mA이다.
③ 전류의 세기는 전류계로 측정한다.
④ 전류의 단위는 A(암페어)를 사용한다.
⑤ 전류의 세기는 1초 동안 전선의 한 단면을 지나는 전하의 양으로 나타낸다.

중요

02 그림은 전지에 전구를 연결한 모습이다. 회로에서 ㉠전류의 방향과 ㉡전자의 이동 방향을 옳게 짝지은 것은?

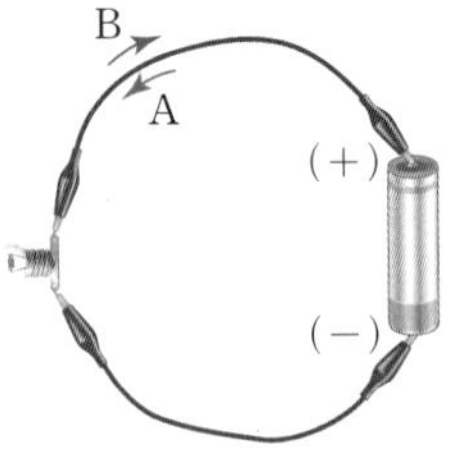

	㉠	㉡
①	A	A
②	A	B
③	B	A
④	B	B
⑤	A	알 수 없다.

중요

03 그림은 도선 내에서의 전자의 이동을 나타낸 것이다. 이에 대한 설명으로 옳은 것만을 〈보기〉에서 있는 대로 고른 것은?

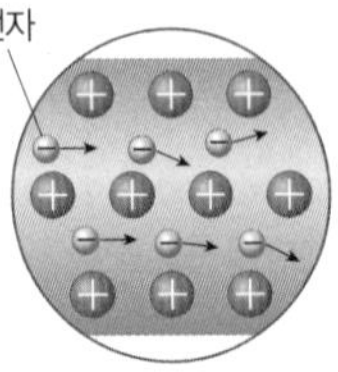

보기
ㄱ. 도선에 전류가 흐르고 있다.
ㄴ. 전자가 이동하는 방향으로 전류가 흐른다.
ㄷ. 도선의 오른쪽은 전지의 (+)극이 연결되어 있다.

① ㄱ ② ㄴ ③ ㄱ, ㄷ
④ ㄴ, ㄷ ⑤ ㄱ, ㄴ, ㄷ

중요

04 그림은 어떤 회로의 도선 속에서 원자핵과 전자의 모습을 나타낸 것이다. 이에 대한 설명으로 옳은 것은?

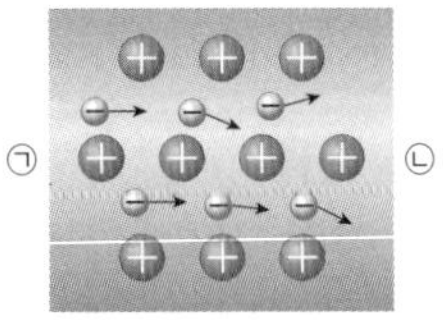

① 도선에는 전류가 흐르지 않는다.
② 전류는 ㉠에서 ㉡ 쪽으로 흐른다.
③ 원자핵은 (−)극 쪽으로 이동하고 있다.
④ ㉡ 쪽에 전지의 (+)극이 연결되어 있다.
⑤ 전류의 방향과 전자의 이동 방향은 같다.

05 전류의 흐름과 전자의 이동에 대한 설명으로 옳은 것은?

① 전류가 흐를 때 원자핵은 한 방향으로 움직인다.
② 전류는 전지의 (−)극에서 (+)극으로 흐른다.
③ 전자는 전지의 (+)극에서 (−)극으로 이동한다.
④ 전류가 흐를 때 전자는 불규칙하게 운동한다.
⑤ 전류의 방향과 전자의 이동 방향은 반대이다.

06 그림은 회로에 흐르는 전류의 세기를 측정하는 전류계이다. 전류계의 사용법으로 옳지 않은 것은?

① 회로에 직렬로 연결한다.
② (+)단자는 전지의 (+)극에 연결한다.
③ 전지에 직접 연결하여 사용해도 된다.
④ 연결된 (−)단자에 해당하는 곳의 눈금을 읽는다.
⑤ 전류의 세기를 모를 경우 가장 큰 (−)단자부터 연결한다.

2 전압

07 전압에 대한 설명으로 옳지 않은 것은?

① 전압의 단위는 A(암페어)를 사용한다.
② 전압은 전류를 흐르게 하는 원인이다.
③ 전압이 클수록 회로에 흐르는 전류도 세어진다.
④ 전압은 전압계로 측정하며 회로에 병렬연결한다.
⑤ 전압은 물의 높이차에 의해 물이 흐르는 것으로 비유할 수 있다.

08 그림은 전압계를 나타낸 것이다. 회로에서 전압계의 연결에 대한 설명으로 옳은 것은? (정답 2개)

① 회로에 직렬로 연결한다.
② (−)단자는 전지의 (+)극에 연결한다.
③ 전지의 전압을 측정할 때는 전지에 직접 연결한다.
④ 전압의 크기를 모를 때는 가장 작은 (−)단자에 연결한다.
⑤ 눈금을 읽을 때는 연결한 (−)단자에 해당하는 부분의 눈금을 읽는다.

09 다음은 물의 흐름과 전류를 비교한 것이다.

> 물 펌프에 의해 물이 흐르고 물이 물레방아를 돌리듯이 전구를 (㉠)에 연결하면 도선에 (㉡) 가(이) 흘러 전구에 불이 켜진다.

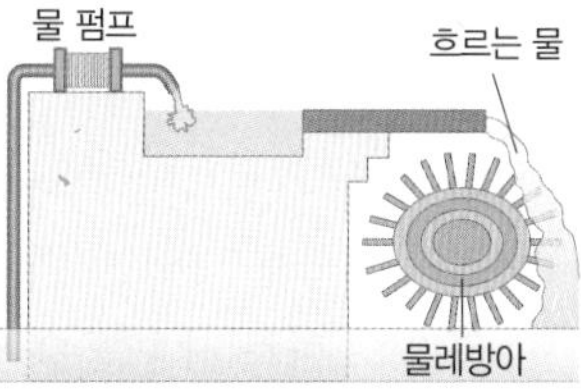

위 글의 ㉠과 ㉡에 들어갈 알맞은 말로 옳게 짝지은 것은?

	㉠	㉡		㉠	㉡
①	전류	전지	②	전지	전류
③	전지	정전기	④	전류	원자핵
⑤	도선	원자핵			

중요

10 그림 (가), (나)는 각각 전기 회로와 물레방아를 돌리기 위한 장치를 나타낸 것이다.

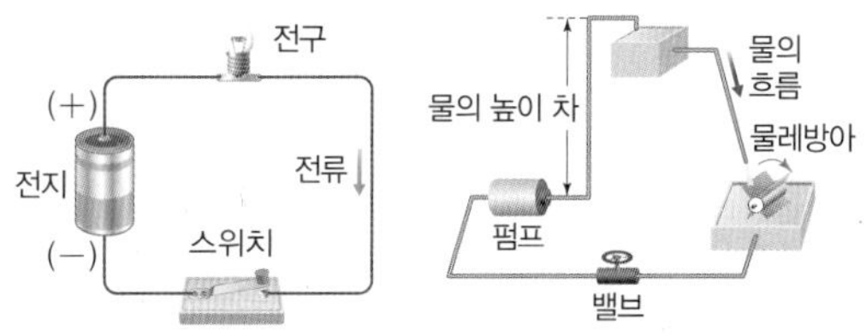

(가) (나)

(가), (나)에서 역할이 비슷한 것끼리 짝 지은 것으로 옳지 않은 것은? (정답 2개)

① 전구 – 펌프 ② 스위치 – 밸브
③ 전지 – 물레방아 ④ 전류 – 물의 흐름
⑤ 전압 – 물의 높이차

실전 서논술형 문제

01 그림과 같이 전지에 도선과 꼬마전구를 연결하여 전기 회로를 구성하였다.

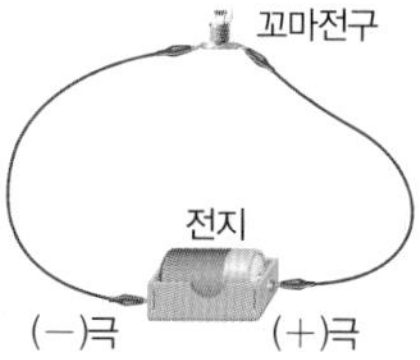

(1) 전기 회로에 흐르는 전류의 방향과 전자의 이동 방향을 각각 쓰시오.
(2) 전류의 방향과 전자의 이동 방향이 서로 반대인 까닭을 서술하시오.

Tip 회로에는 전자가 이동하므로 전류가 흐른다. 하지만 전자의 발견 이전에 전류의 방향을 정하였다.
Key Word 전류의 방향, 전자의 이동 방향

02 전압은 물의 높이차에 비유하여 설명할 수 있다. 오른쪽 그림을 전압의 크기가 2배인 상태로 바꾸어 나타내려면 장치를 어떻게 꾸며야 할지 서술하시오.

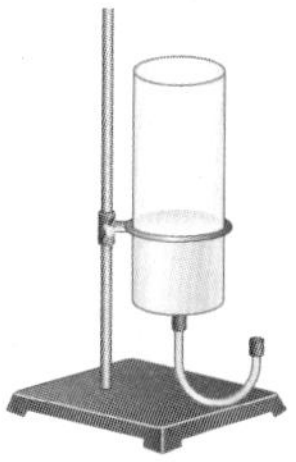

Tip 전압이 물의 높이차이므로 전압의 크기는 물의 높이의 크기이다.
Key Word 전압, 물의 높이차

03 그래프는 니크롬선 A, B, C의 양 끝에 걸리는 전압을 변화시키면서 니크롬선에 흐르는 전류의 세기를 측정한 결과를 각각 나타낸 것이다. 세 니크롬선의 저항의 크기를 비교하고, 그렇게 생각한 까닭을 전류와 저항의 관계를 이용하여 서술하시오.

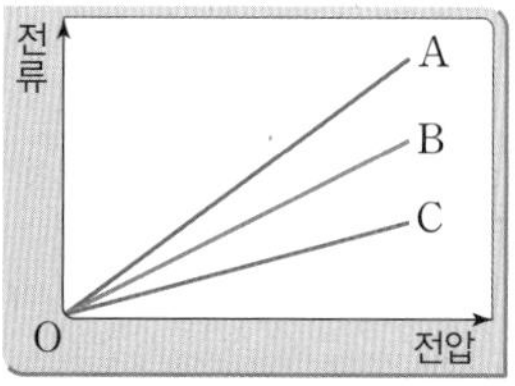

Tip 전압이 일정할 때 전류의 세기는 저항에 반비례한다. 즉 전압이 같을 때 저항이 클수록 전류의 세기는 작아진다.
Key Word 니크롬선의 저항, 전류와 저항의 관계

3 전압, 전류, 저항 사이의 관계

중단원 개념 요약

❶ 전압, 전류, 저항 사이의 관계

1. **옴의 법칙**: 도체에 흐르는 전류의 세기는 도체의 양 끝에 걸린 전압에 비례한다.

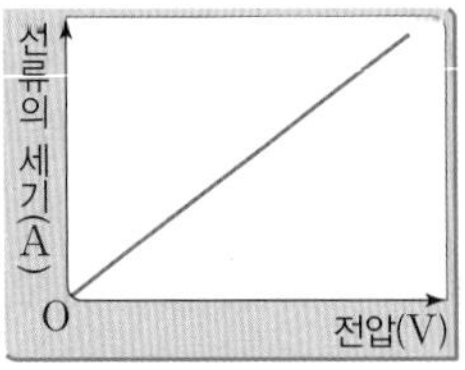

   (1) 니크롬선에 걸리는 전압이 2배, 3배 …가 되면, 니크롬선에 흐르는 전류의 세기도 2배, 3배 …가 된다.
   (2) 니크롬선에 흐르는 전류의 세기는 니크롬선에 걸린 전압에 비례한다.

$$전류 \propto 전압$$

2. **저항**: 전류의 흐름을 방해하는 정도
   (1) 전기 저항의 단위: Ω(옴)을 사용한다.
   (2) 1 Ω: 1 V의 전압을 걸었을 때 흐르는 전류의 세기가 1 A인 도선의 전기 저항
   (3) 같은 전압을 걸어도 니크롬선에 따라 흐르는 전류의 세기가 다르다.

3. **전류와 저항의 관계**: 전압이 같을 때 흐르는 전류의 세기는 도체의 저항이 클수록 작아지며, 도선에 흐르는 전류는 저항에 반비례한다.

$$전류 \propto \frac{1}{저항}$$

4. **전압, 전류, 저항의 관계**: 도체에 흐르는 전류의 세기는 전압에 비례하고 저항에 반비례한다.

$$전류의\ 세기 = \frac{전압}{전기저항},\ I = \frac{V}{R} \Rightarrow V = IR$$

• 전류와 저항, 저항과 전압과의 관계 그래프

전류 – 저항 그래프	저항 – 전압 그래프
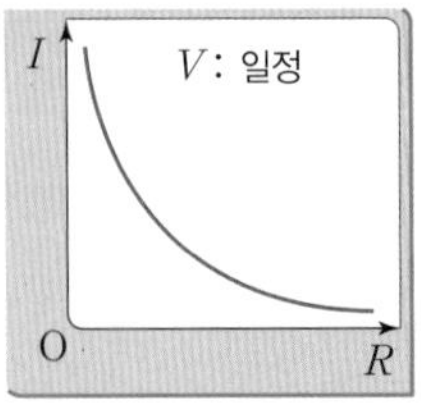	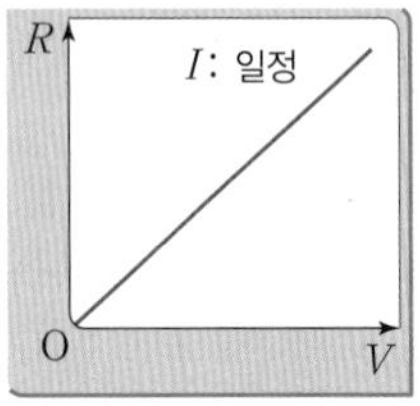
전압이 일정할 때 전류는 저항에 반비례한다.	전류가 일정할 때 저항은 전압에 비례한다.

❷ 저항의 연결

1. **저항의 직렬연결과 병렬연결**

구분	저항의 직렬연결	저항의 병렬연결
전기 회로	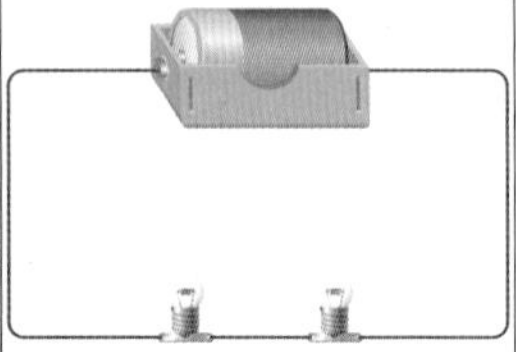	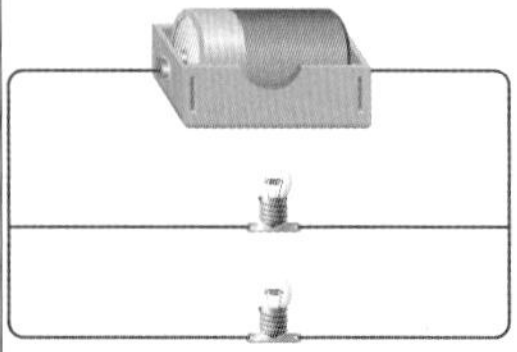
특징	• 회로 전체의 저항은 커진다. • 회로 전체에 흐르는 전류의 세기는 작아진다.	• 각 저항에 걸리는 전압은 같다. • 회로 전체의 저항은 작아지므로 회로 전체에 흐르는 전류의 세기가 커진다.

2. **저항의 직렬연결과 병렬연결의 쓰임새**
   (1) 여러 개의 전기 기구가 직렬연결된 회로에서는 한 전기 기구만 고장 나도 회로 전체에 전류가 흐르지 않는다.
   예 퓨즈, 크리스마스트리 전구의 일부 구간 등
   (2) 전기 기구를 병렬연결하면 다른 전기 기구의 영향을 받지 않고 따로 사용할 수 있다.
   예 멀티탭, 가정용 전기 기구, 여러 개의 전구가 달린 거실등 등

3. **직렬연결과 병렬연결의 사용 예**
   (1) 직렬연결
   • 퓨즈: 전기 기구의 저항과 퓨즈가 직렬연결되어 있어 퓨즈가 끊어지면 전기 기구의 작동이 멈춘다.
   • 발광 다이오드와 저항: 발광 다이오드에 저항을 직렬연결하여 적절한 세기의 전류로 조절한다.

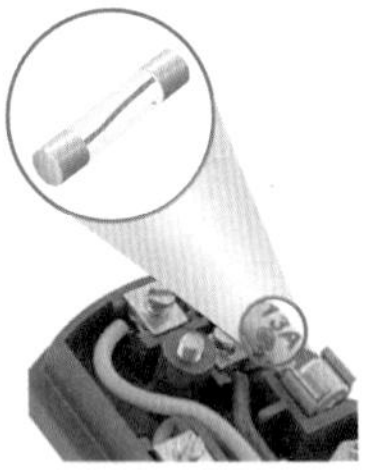
▲ 퓨즈

   (2) 병렬연결
   • 멀티탭: 가정용 멀티탭에는 전기 기구들이 모두 병렬연결되어 있어 여러 개의 전기기구들을 각각 사용할 수 있다.
   • 가정용 전기 기구: 가정용 전기 기구는 송전선에서 집으로 들어오는 전선에 모두 병렬로 연결되어 있다.

▲ 멀티탭

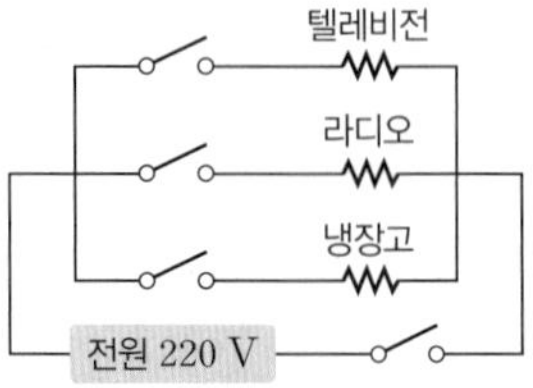

▲ 가정용 전기 배선

중단원 실전 문제

정답과 해설 • 71쪽

1 전압, 전류, 저항 사이의 관계

01 그래프는 니크롬선에 걸리는 전압과 흐르는 전류의 관계를 나타낸 것이다. 이 니크롬선에 0.5 A의 전류가 흐를 때 전압의 크기로 옳은 것은?

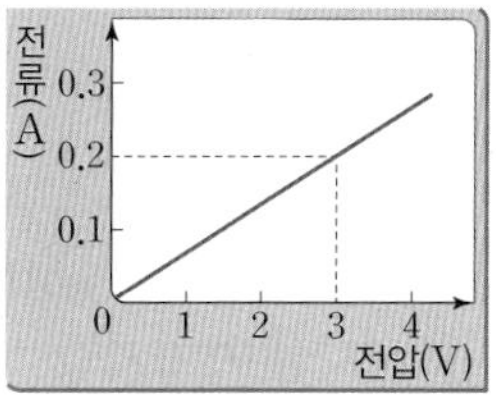

① 4.5 V ② 5 V ③ 7.5 V
④ 9 V ⑤ 12.5 V

[02~03] 그림은 긴 니크롬선과 짧은 니크롬선을 이용하여 니크롬선에 걸리는 전압에 따른 전류의 관계를 나타낸 것이다. 물음에 답하시오.

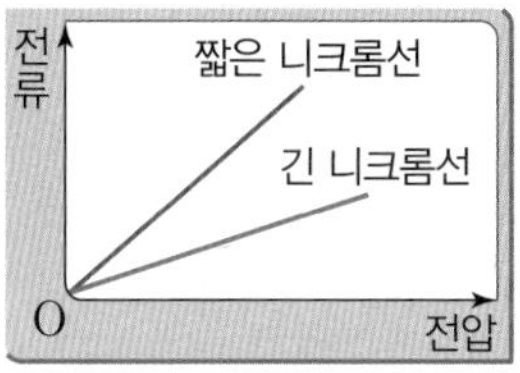

02 긴 니크롬선에 6 V의 전압을 걸었더니 0.3 A의 전류가 흘렀다. 이 니크롬선에 3 V의 전압을 걸었을 때 흐르는 전류의 세기는?

① 0.1 A ② 0.15 A ③ 0.3 A
④ 0.45 A ⑤ 0.6 A

03 짧은 니크롬선에 3 V의 전압을 걸었더니 0.3 A의 전류가 흘렀다. 이 니크롬선에 6 V의 전압을 걸었을 때 흐르는 전류의 세기는?

① 0.1 A ② 0.3 A ③ 0.45 A
④ 0.6 A ⑤ 0.9 A

중요

04 그래프는 길이만 다른 니크롬선 ㉠과 ㉡을 각각 전기 회로에 연결하고 전압을 바꾸면서 전류의 세기를 측정한 결과를 나타낸 것이다. 이에 대한 설명으로 옳지 않은 것은?

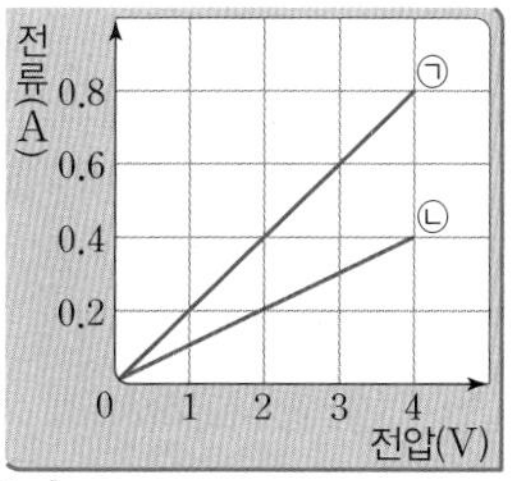

① 두 니크롬선은 저항이 다르다.
② ㉡의 저항은 10 Ω이다.
③ 저항은 ㉠이 ㉡보다 작다.
④ ㉠을 연결했을 때 전압이 1.5 V라면 전류는 0.15 A이다.
⑤ 전기 회로에 연결된 저항을 바꾸면 같은 전압을 걸었을 때 전류의 세기가 달라진다.

05 그림은 두 물체 A, B에 흐르는 전류의 세기와 전압의 관계를 나타낸 것이다. 두 물체 A, B의 저항의 비(A : B)는?

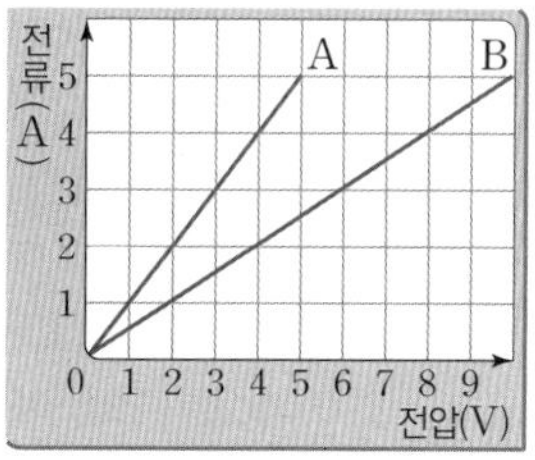

① 1 : 1 ② 1 : 2
③ 2 : 1 ④ 2 : 3
⑤ 3 : 2

2 저항의 연결

중요

06 그림은 동시에 반짝이는 장식용 전구들이 연결된 모습을 나타낸 것이다. 이에 대한 설명으로 옳은 것만을 〈보기〉에서 있는 대로 고른 것은?

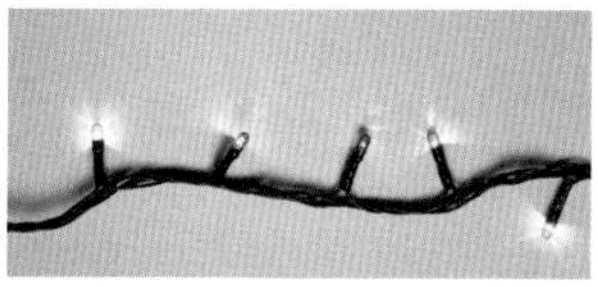

보기

ㄱ. 전구들은 모두 직렬로 연결되어 있다.
ㄴ. 각 전구에 흐르는 전류의 세기는 같다.
ㄷ. 하나의 전구가 고장 나더라도 다른 전구에는 영향을 미치지 않는다.

① ㄱ ② ㄷ ③ ㄱ, ㄴ
④ ㄴ, ㄷ ⑤ ㄱ, ㄴ, ㄷ

07 그림은 크기가 다른 저항을 직렬연결한 것이다.

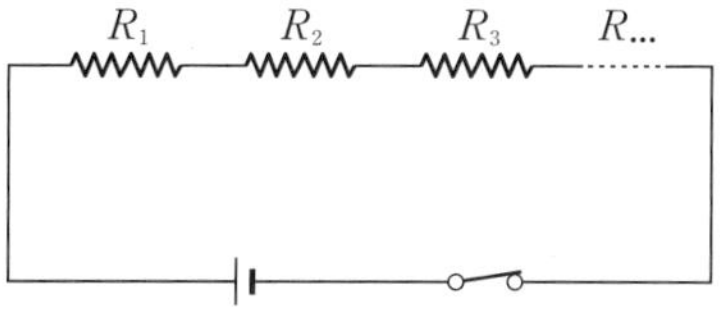

이에 대한 설명으로 옳은 것만을 〈보기〉에서 있는 대로 고른 것은?

보기

ㄱ. 각 저항을 지나는 전류의 세기는 같다.
ㄴ. 각 저항에 걸리는 전압의 크기는 같다.
ㄷ. 저항을 연결할수록 전체 저항은 커진다.

① ㄱ ② ㄴ ③ ㄱ, ㄷ
④ ㄴ, ㄷ ⑤ ㄱ, ㄴ, ㄷ

정답과 해설 • 71쪽

08 그림과 같이 저항이 서로 다른 전구 2개를 병렬연결하였다. ㉠ 지점에는 0.03 A가 흐르고 ㉡ 지점에는 0.01 A가 흐를 때 ㉢와 ㉣ 지점에 흐르는 전류의 세기를 옳게 짝지은 것은?

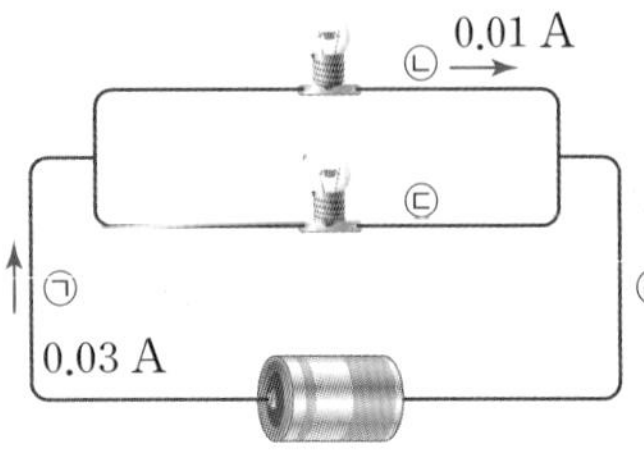

	㉢	㉣		㉢	㉣
①	0.01 A	0.01 A	②	0.01 A	0.03 A
③	0.02 A	0.03 A	④	0.03 A	0.02 A
⑤	0.03 A	0.03 A			

중요

09 그림은 가정에 들어오는 전선에 전기 기구들이 연결된 모습을 나타낸 것이다. 이에 대한 설명으로 옳은 것만을 〈보기〉에서 있는 대로 고른 것은?

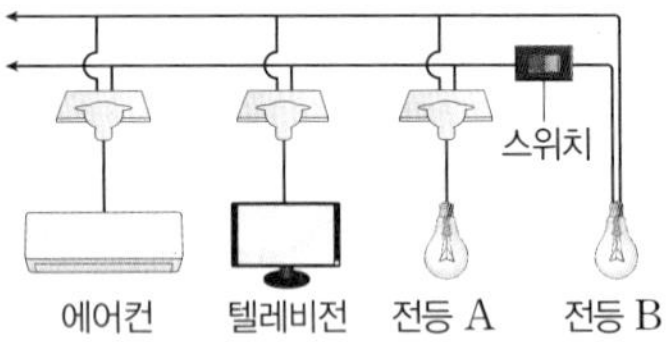

보기
ㄱ. 전등 A와 전등 B는 직렬연결되어 있다.
ㄴ. 에어컨과 텔레비전은 병렬연결되어 있다.
ㄷ. 스위치를 끄면 연결된 전기 기구가 모두 꺼진다.

① ㄱ ② ㄴ ③ ㄱ, ㄷ
④ ㄴ, ㄷ ⑤ ㄱ, ㄴ, ㄷ

10 저항의 연결 방법에 대한 설명으로 옳은 것만을 〈보기〉에서 있는 대로 고른 것은?

보기
ㄱ. 가정에서 사용하는 전기 기구는 모두 직렬연결한다.
ㄴ. 멀티탭에 연결된 전기 기구에 걸리는 전압은 모두 같다.
ㄷ. 병렬연결한 전기 기구의 개수가 많아질수록 전체 전류는 세진다.
ㄹ. 직렬연결된 여러 전구 중 한 개가 고장 나면 나머지 전구는 꺼지지 않는다.

① ㄱ, ㄴ ② ㄱ, ㄷ ③ ㄱ, ㄹ
④ ㄴ, ㄷ ⑤ ㄴ, ㄹ

실전 서논술형 문제

정답과 해설 • 71쪽

01 그림은 도선에서의 전기 저항을 여러 개의 못이 박혀 있는 빗면에 구슬이 굴러갈 때에 비유한 것이다.

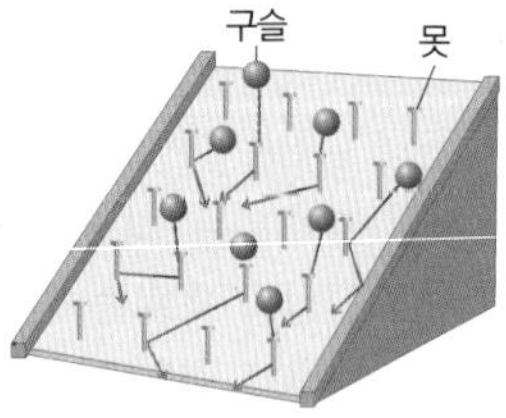

(1) 그림의 모형에서 구슬과 못은 각각 무엇에 비유할 수 있는지 쓰시오.

(2) 그림의 모형을 이용하여 도선에서 전기 저항이 생기는 까닭을 설명하시오.

Tip 구슬이 빗면을 굴러 내리면서 못과 충돌하기 때문에 구슬의 운동이 방해를 받는다.
Key Word 전기 저항, 구슬, 못, 전기 저항이 생기는 원인

02 그림은 짧은 니크롬선과 긴 니크롬선에 걸리는 전압과 흐르는 전류의 관계를 나타낸 것이다. 그래프에서 직선의 기울기가 의미하는 것을 쓰고, 저항과 전류의 관계를 서술하시오.

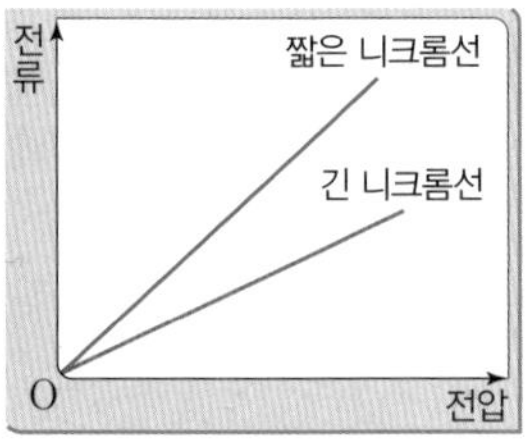

Tip 그래프에서 기울기는 전류/전압이며, 긴 니크롬선의 저항이 짧은 니크롬선의 저항보다 크다.
Key Word 전압과 전류의 관계, 저항, 니크롬선

03 그림과 같이 전구 2개가 병렬연결된 회로가 있다. 이 회로에서 1 개의 전구를 뺄 때 다른 전구의 밝기의 변화를 다음 주어진 단어를 모두 사용하여 서술하시오.

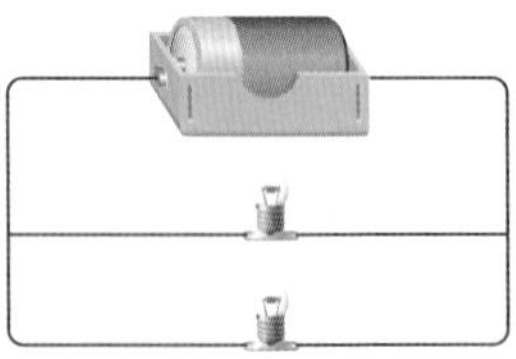

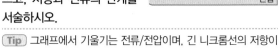

전압, 전류의 세기, 전구의 밝기

Tip 전구를 병렬로 연결하면 각 전구에 걸리는 전압은 같고, 전구를 따로 따로 켜거나 끌 수 있다.
Key Word 병렬연결, 전구의 밝기, 전압, 전류의 세기

4 전류의 자기 작용

중단원 개념 요약

❶ 전류 주위의 자기장

1. 자기력과 자기장

(1) **자기력**: 자석과 자석 사이에 작용하는 힘

- 서로 같은 극 사이에는 서로 밀어내는 힘이 작용한다.
- 서로 다른 극 사이에는 서로 끌어당기는 힘이 작용한다.

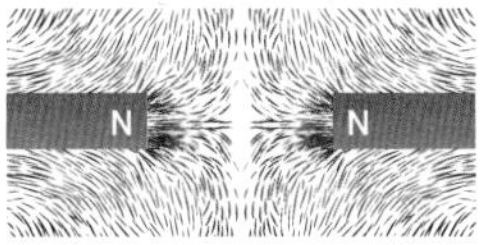

서로 같은 극을 가까이 할 때

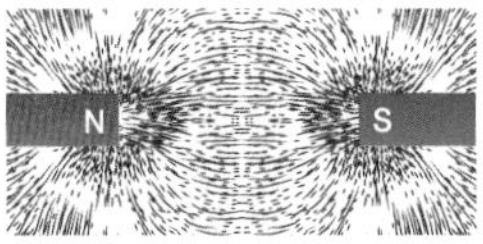

서로 다른 극을 가까이 할 때

(2) **자기장**: 자기력이 작용하는 공간

2. 자기력선: 자기장을 선으로 나타낸 것으로 자석의 N극에서 나와서 S극으로 들어가는 모양

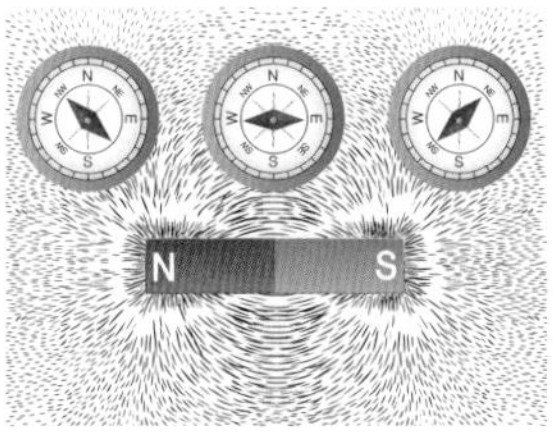

3. 직선 도선 주위의 자기장

(1) **자기장의 모양**: 도선을 중심으로 동심원 모양

(2) **자기장의 방향**: 오른손 엄지손가락을 전류의 방향과 일치시키고 네 손가락으로 도선을 감싸 쥘 때 네 손가락이 가리키는 방향

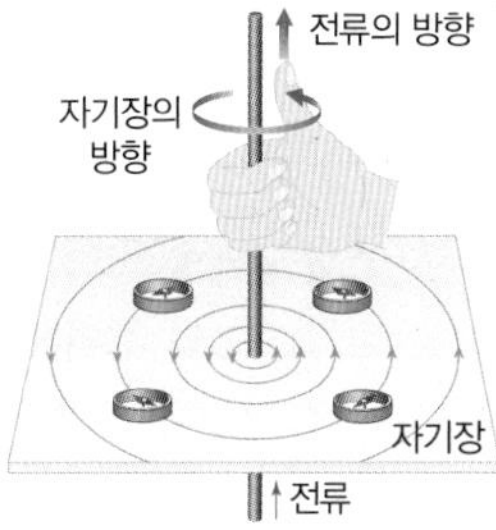

(3) 전류의 방향이 바뀌면 자기장의 방향도 반대로 된다.

4. 코일 주위의 자기장: 코일 주위에 생기는 자기장은 막대자석이 만드는 자기장과 비슷한 모양이다.

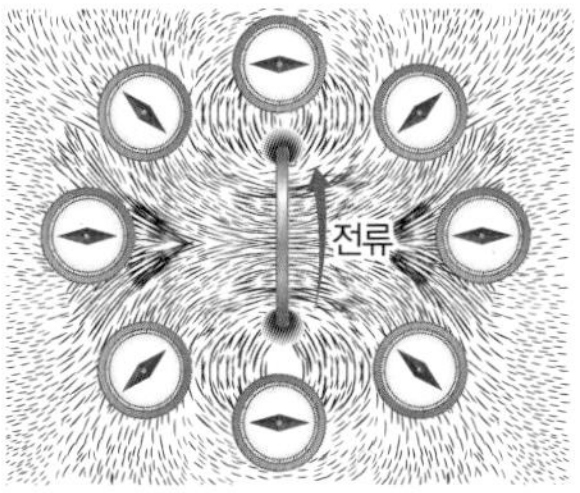

(1) **코일 내부의 자기장**: 코일의 내부에는 축에 나란하고 세기가 균일한 자기장이 생긴다.

(2) **자기장의 방향**: 오른손의 네 손가락을 전류의 방향으로 감아쥘 때 엄지손가락이 가리키는 방향

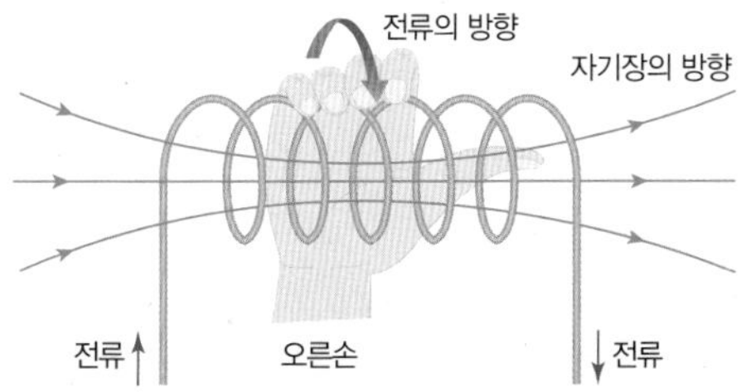

❷ 자기장에서 전류가 흐르는 도선이 받는 힘

1. 자기장에서 도선이 받는 힘

(1) **원리**: 자석 내의 전류가 흐르는 도선은 전류에 의한 자기장과 자석의 자기장이 상호 작용하여 서로 자기력이 작용하므로 힘을 받는다.

(2) **도선이 받는 자기력의 방향**: 오른손을 이용하여 힘의 방향을 알아볼 수 있다.

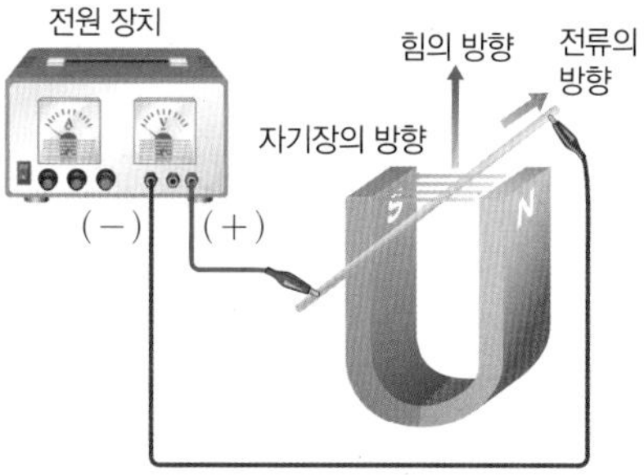

(3) **힘의 방향**: 오른손의 네 손가락을 자기장의 방향으로 펴고 엄지손가락을 전류의 방향으로 향하게 할 때 손바닥이 향하는 방향이 힘의 방향이다.

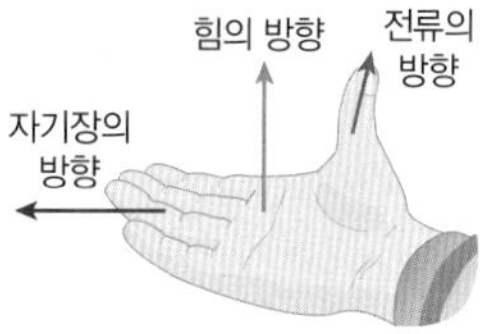

2. 도선이 받는 자기력의 방향과 크기에 영향을 주는 요인

(1) 전류의 방향이나 자기장의 방향이 바뀌면 도선이 받는 힘의 방향도 바뀐다.

(2) 전류의 세기가 셀수록 자기장의 세기가 셀수록 힘의 크기도 커진다.

(3) 전류의 방향과 자기장의 방향이 수직일 때 가장 크고, 평행일 때는 자기력이 작용하지 않는다.

3. 전동기: 자기장 속에서 전류가 흐르는 코일이 받는 힘을 이용하여 코일을 회전시키는 장치

(1) **작동 원리**: 전동기의 코일에 전류가 흐를 때 코일의 왼쪽 부분과 오른쪽 부분에 흐르는 전류의 방향은 서로 반대이다. 따라서 두 부분이 받는 힘의 방향도 반대가 되어 코일이 회전한다.

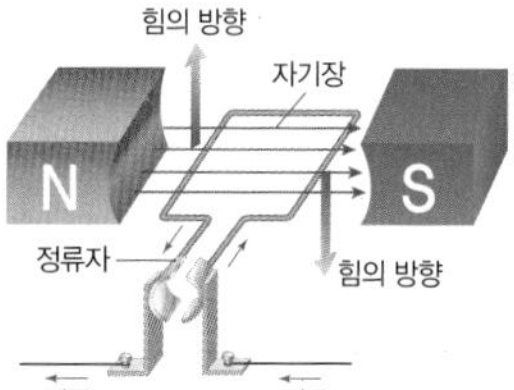

(2) 코일에 흐르는 전류의 방향이 바뀌면 코일의 회전 방향도 반대가 된다.

(3) 자기장이 셀수록, 코일이 많이 감길수록, 코일에 흐르는 전류의 세기가 셀수록 전동기의 회전 속도가 빨라진다.

4. 전동기의 이용: 선풍기, 세탁기, 전기차, 로봇, 드론 등

중단원 실전 문제

1 전류 주위의 자기장

01 그림과 같이 도선 아래 나침반을 놓고 스위치를 닫으면 자침이 움직인다. 이에 대한 설명으로 옳은 것만을 〈보기〉에서 있는 대로 고른 것은? (단, 지구 자기장은 무시한다.)

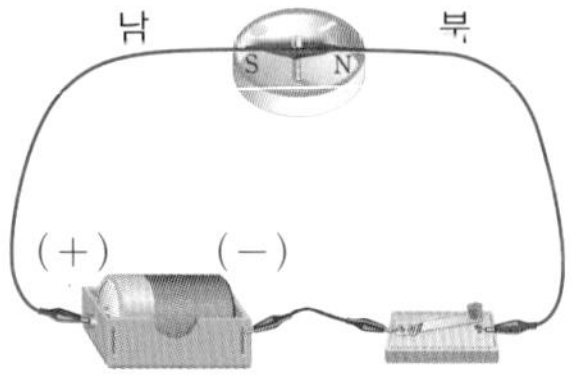

〈보기〉
ㄱ. 스위치를 닫으면 자침의 N극은 서쪽을 가리킨다.
ㄴ. 스위치를 열면 자침의 N극은 원래대로 돌아온다.
ㄷ. 도선 위에 나침반을 놓고 스위치를 닫으면 자침의 N극은 동쪽을 가리킨다.

① ㄱ ② ㄱ, ㄴ ③ ㄱ, ㄷ
④ ㄴ, ㄷ ⑤ ㄱ, ㄴ, ㄷ

중요
02 전류가 흐르는 코일 주위에 생기는 자기장에 대한 설명으로 옳지 않은 것은?

① 코일 내부에는 자기장이 생기지 않는다.
② 코일에 전류가 흐를 때만 자기장이 생긴다.
③ 자기장의 모양은 막대자석 주위의 자기장과 비슷하다.
④ 전류가 흐르는 코일을 이용하면 전자석을 만들 수 있다.
⑤ 자기력선은 코일의 한쪽에서 나와 다른 쪽으로 들어가는 모양이다.

03 원형 도선 주위의 자기장의 방향을 옳게 나타낸 것은?

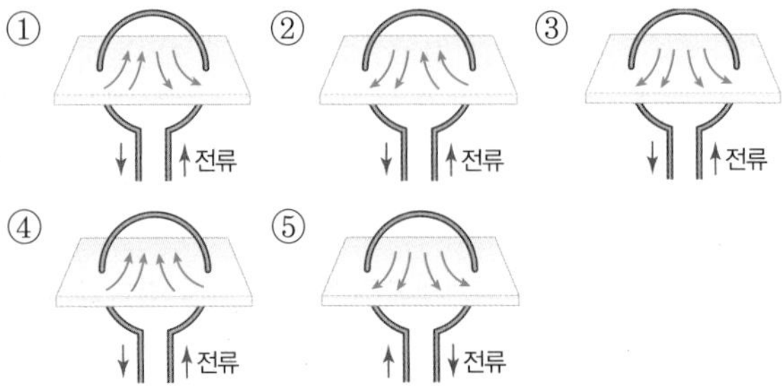

중요
04 그림은 전류가 흐르는 코일 주변에 놓인 나침반의 모습을 나타낸 것이다. 이에 대한 설명으로 옳은 것만을 〈보기〉에서 있는 대로 고른 것은?

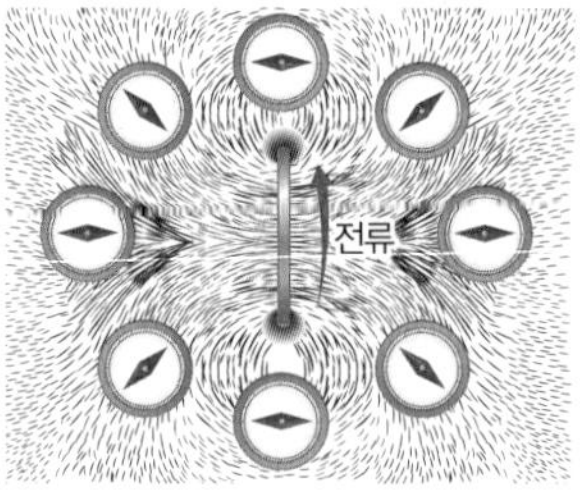

〈보기〉
ㄱ. 전류가 흐르는 코일 주위에는 자기장이 생긴다.
ㄴ. 나침반 바늘의 N극이 가리키는 방향이 자기장의 방향이다.
ㄷ. 전류의 방향을 반대로 바꾸어도 나침반 바늘의 N극이 가리키는 방향은 변하지 않는다.

① ㄷ ② ㄱ, ㄴ ③ ㄱ, ㄷ
④ ㄴ, ㄷ ⑤ ㄱ, ㄴ, ㄷ

05 그림은 전류가 흐르는 코일을 나타낸 것이다. 이에 대한 설명으로 옳은 것만을 〈보기〉에서 있는 대로 고른 것은?

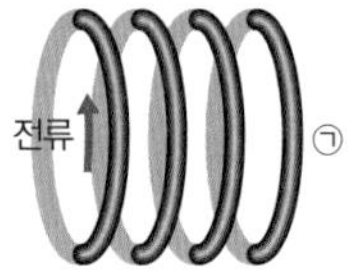

〈보기〉
ㄱ. 코일 주위에는 자기장이 생긴다.
ㄴ. ㉠에 나침반을 놓으면 나침반 바늘의 N극이 코일 쪽을 가리킨다.
ㄷ. 전류의 방향을 바꾸면 코일 주위에 생기는 자기장의 방향도 변한다.

① ㄱ ② ㄴ ③ ㄱ, ㄷ
④ ㄴ, ㄷ ⑤ ㄱ, ㄴ, ㄷ

2 자기장에서 전류가 받는 힘

06 다음은 일상생활에서 사용하는 여러 가지 가전 기구들이다. 이들 중 전동기가 사용되는 경우가 아닌 것은?

① 전기 토스터 ② 세탁기
③ 냉장고 ④ 진공청소기
⑤ 에어컨

정답과 해설 • 72쪽

[07~08] 그림은 말굽자석 사이에 구리 막대를 넣고 전류를 흐르게 한 모습을 나타낸 것이다. 물음에 답하시오.

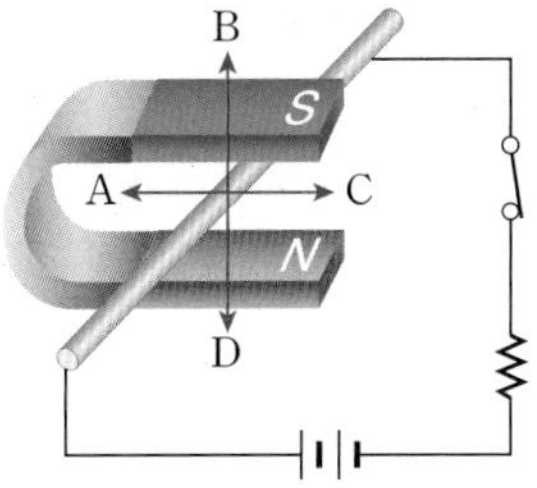

중요

07 구리 막대가 받는 힘의 방향은?

① A ② B ③ C
④ D ⑤ 힘을 받지 않는다.

중요

08 구리 막대가 처음과 반대 방향으로 움직이게 하는 방법으로 옳은 것만을 <보기>에서 있는 대로 고른 것은?

보기
ㄱ. 전류의 세기를 세게 한다.
ㄴ. 자석의 극을 반대로 놓는다.
ㄷ. 전지의 (+)극과 (−)극을 바꾸어 연결한다.

① ㄱ ② ㄴ ③ ㄱ, ㄷ
④ ㄴ, ㄷ ⑤ ㄱ, ㄴ, ㄷ

중요

09 그림은 전동기의 구조를 나타낸 것으로, 코일에 화살표 방향으로 전류가 흐른다.

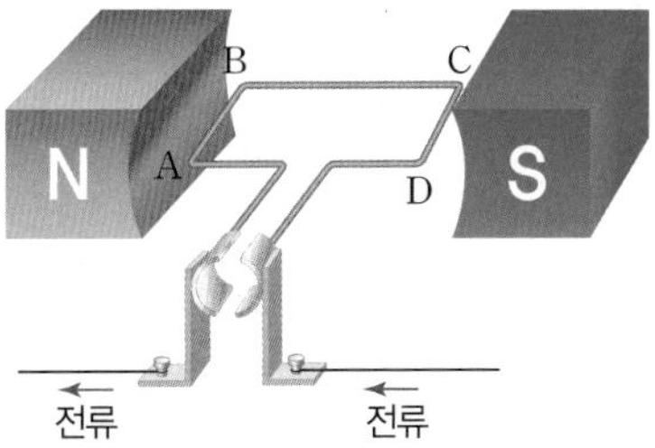

화살표 방향으로 전류가 흐르는 코일이 자기장에 나란하게 놓였을 때, 이에 대한 설명으로 옳은 것만을 <보기>에서 있는 대로 고른 것은?

보기
ㄱ. 전선 AB는 위쪽으로 자기력을 받는다.
ㄴ. 전선 BC는 자기력을 받지 않는다.
ㄷ. 코일은 시계 방향으로 회전한다.

① ㄱ ② ㄴ ③ ㄱ, ㄷ
④ ㄴ, ㄷ ⑤ ㄱ, ㄴ, ㄷ

정답과 해설 • 72쪽

01 그림과 같이 코일을 장치하고 코일 주위에 나침반을 놓았다.

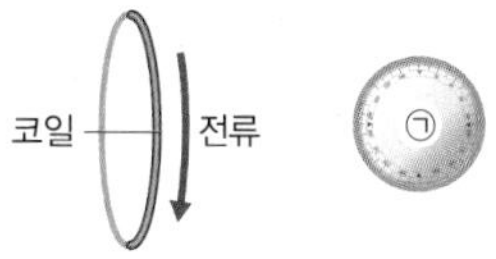

㉠에서 나침반 바늘의 N극이 가리키는 방향을 쓰고, 코일 주위에 생기는 자기장의 방향을 알아보는 방법을 서술하시오.

Tip 코일 주위에 생기는 자기장의 방향은 오른손 네 손가락을 전류의 방향으로 감아쥘 때 엄지손가락이 가리키는 방향이다.
Key Word 코일, 자기장의 방향, 나침반

02 그림과 같이 말굽자석 안에 전류가 흐르는 코일이 놓여 있다. (가)와 (나)에서 코일이 힘을 받아 움직이는 방향을 각각 쓰고, (가)와 (나)에서 방향이 다르다면 그 까닭을 서술하시오.

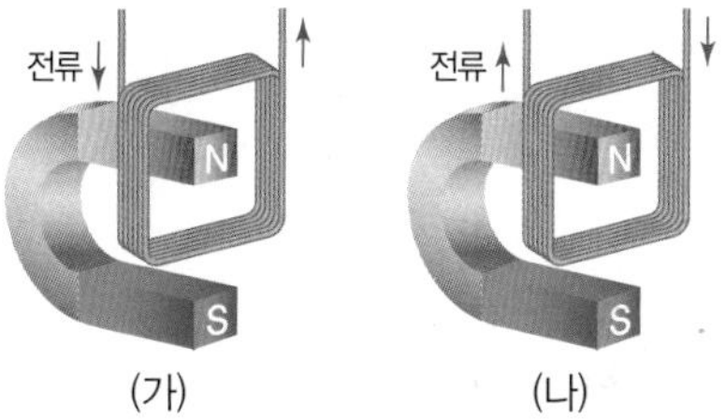

Tip 자기장 속에서 전류가 흐르는 코일은 힘을 받는다. 힘의 방향은 전류의 방향에 따라 달라진다.
Key Word 자기장 속에서 전류가 받는 힘, 전류의 방향, 반대

03 그림은 코일과 네오디뮴 자석으로 만든 간이 전동기이다. 간이 전동기의 코일이 회전하는 방향을 코일의 위쪽과 아래쪽이 받는 힘을 이용하여 서술하시오.

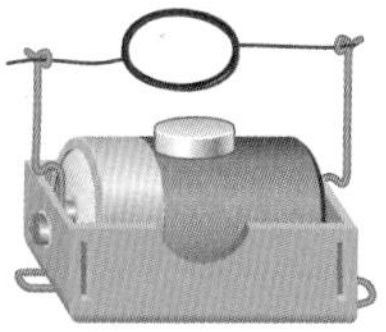

Tip 네오디뮴 자석에 의한 자기장과 코일의 전류의 방향에 따라 코일의 위쪽과 아래쪽이 반대 방향으로 힘을 받아 코일이 회전하게 된다.
Key Word 간이 전동기, 회전 방향

III

태양계

1
지구와 달의 크기

2
지구와 달의 운동

3
태양계를 구성하는 행성

4
태양

1 지구와 달의 크기

중단원 개념 요약

❶ 지구의 크기

1. **지구의 크기 측정**: 약 2300년 전 그리스의 에라토스테네스가 최초로 측정

(1) 하짓날 정오에 시에네에서는 햇빛이 깊은 우물 속까지 수직으로 비치지만, 시에네에서 약 925 km 떨어진 알렉산드리아에서는 땅에 수직으로 세운 막대에 그림자가 생긴다는 사실을 이용하여 측정함.

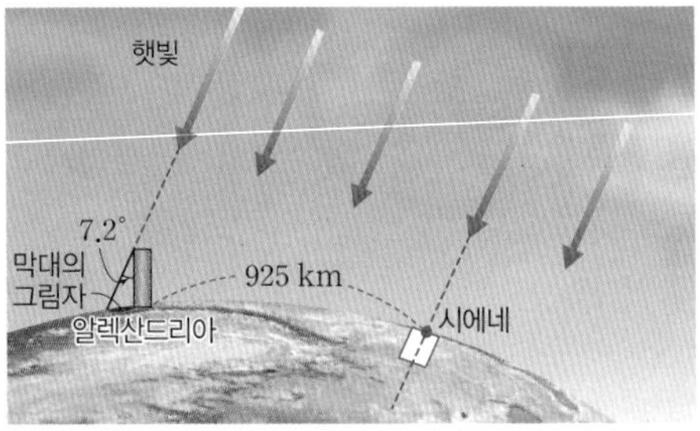

(2) 지구의 크기를 측정하기 위한 2가지 가정

➡ 지구는 완전한 구형이다.

➡ 햇빛은 지구 어디에서나 평행하다.

(3) 지구의 크기를 구하는 과정

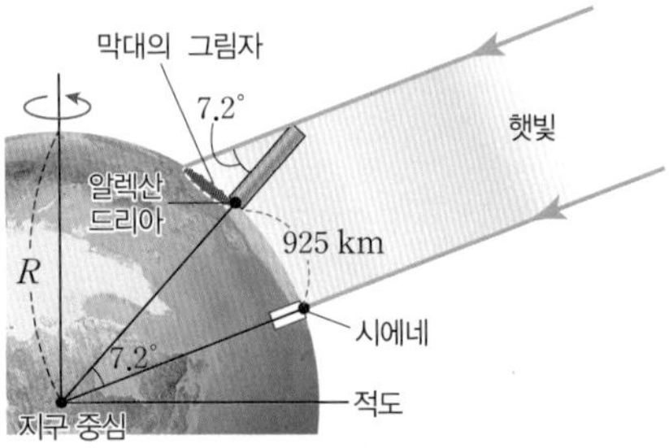

- 두 지역의 중심각(θ)
  = 막대와 그림자의 끝이 이루는 각
  = 7.2°
- 두 지역 사이의 거리=약 925 km
- 360° : 지구의 둘레($2\pi R$)=7.2° : 925 km

➡ 지구의 둘레($2\pi R$)$=\dfrac{360°}{7.2°}\times 925$ km$=46250$ km

(4) 에라토스테네스가 구한 지구의 둘레는 약 46250 km로, 실제 지구의 둘레인 약 40000 km와는 오차가 있다.

➡ **오차 이유**: 시에네와 알렉산드리아는 경도가 같지 않고, 두 지점 사이의 거리 측정값이 정확하지 않았기 때문이다.

2. **지구 모형의 크기 측정 방법**

지구 모형에서 같은 경도 상에 두 막대를 세움.

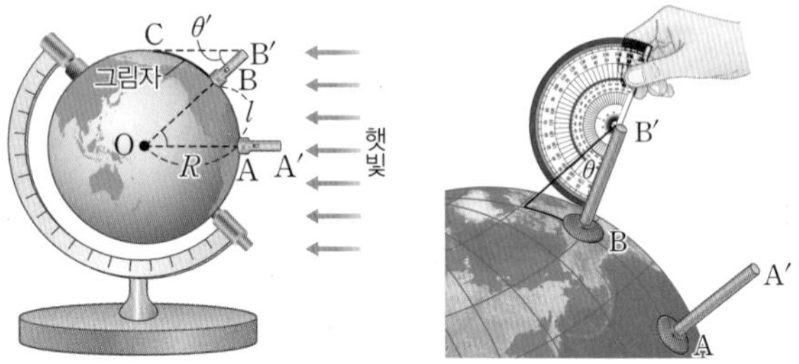

- 막대 BB′와 그림자의 끝이 이루는 각$=\theta$
- 막대 AA′와 막대 BB′ 사이의 거리$=l$
- 지구 모형의 반지름을 R이라고 정한다.

[비례식] $\theta : l = 360° : 2\pi R$

$\therefore R=\dfrac{360°\times l}{2\pi\theta}$

❷ 달의 크기

1. **달의 크기 측정 방법**

(1) 동전과 같은 둥근 물체를 움직이면서 보름달이 정확히 가려지는 거리(l)를 측정하면 달의 지름(D)을 구할 수 있다(단, 달까지의 거리(L)는 약 380,000 km이다).

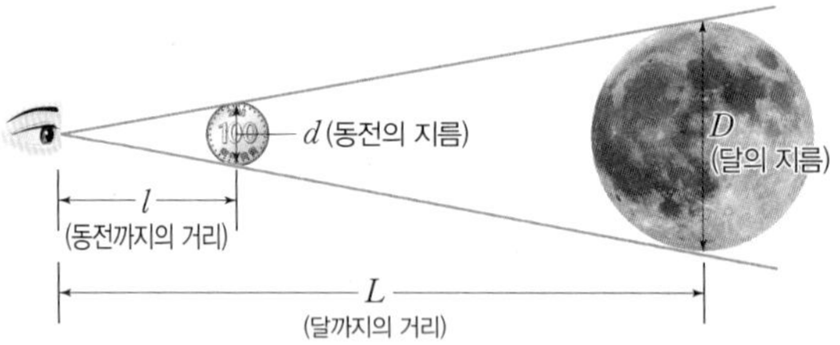

달의 지름 : 동전의 지름=달까지의 거리 : 동전까지의 거리 ($D : d = L : l$)

$\therefore$ 달의 지름(D)$=\dfrac{\text{달까지의 거리}(L)}{\text{동전까지의 거리}(l)}\times$동전의 지름($d$)

(2) 달의 크기 측정에 이용되는 수학적 원리

➡ 서로 닮은 두 삼각형에서 대응하는 변의 길이의 비는 일정하다는 삼각형 닮음비의 원리를 적용한다.

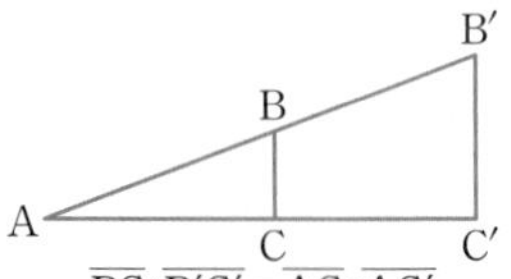

$\overline{BC}:\overline{B'C'}=\overline{AC}:\overline{AC'}$

2. **달의 지름**: 약 3,500 km로, 지구 지름(약 1,3000 km)의 약 $\dfrac{1}{4}$배 정도이다.

중단원 실전 문제

정답과 해설 • 73쪽

1 지구의 크기

[01~03] 그림은 에라토스테네스가 지구의 크기를 측정한 실험을 나타낸 것이다.

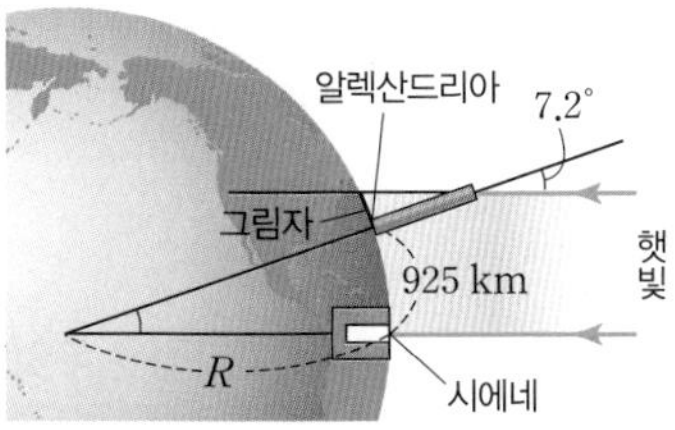

01 시에네와 알렉산드리아 사이의 거리가 925 km이고, 두 지점의 위도 차가 7.2°일 때, 이를 이용하여 지구의 둘레를 구하기 위해 세운 비례식은 다음과 같다.

(㉠) : 925 km = (㉡) : 지구의 둘레

위 ( )의 ㉠, ㉡에 들어갈 알맞은 말을 쓰시오.

중요

02 위의 방법으로 지구의 반지름을 구하는 식을 세우면?

① $\frac{925}{2\pi} \times \frac{360°}{7.2°}$ ② $\frac{925}{2\pi} \times \frac{7.2°}{360°}$
③ $\frac{2\pi}{925} \times \frac{360°}{7.2°}$ ④ $\frac{2\pi}{7.2°} \times \frac{925}{360°}$
⑤ $\frac{2\pi}{925} \times \frac{7.2°}{360°}$

03 위의 방법으로 에라토스테네스가 측정한 지구의 반지름은 실제 지구 반지름에 비해 약간의 오차가 있다. 그 이유를 〈보기〉에서 있는 대로 골라 그 기호를 쓰시오.

보기
ㄱ. 시에네와 알렉산드리아는 위도가 달랐다.
ㄴ. 시에네와 알렉산드리아의 거리 측정값이 정확하지 않았다.
ㄷ. 시에네와 알렉산드리아는 같은 경도 상에 있지 않았다.
ㄹ. 지구는 완전한 구형이 아니라 적도 반지름이 극반지름보다 약간 더 긴 타원체이다.

[04~06] 그림은 지구 모형의 크기를 측정하는 실험을 나타낸 것이다.

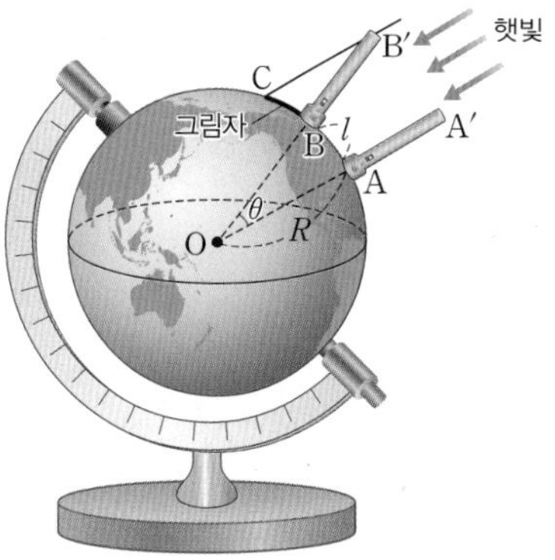

04 이 실험에서 직접 측정해야 할 값을 〈보기〉에서 있는 대로 고르면?

보기
ㄱ. ∠BB′C의 크기 ㄴ. ∠B′CB의 크기
ㄷ. 호 AB의 길이 ㄹ. 호 BC의 길이

① ㄱ, ㄷ ② ㄴ, ㄹ ③ ㄷ, ㄹ
④ ㄱ, ㄴ, ㄹ ⑤ ㄴ, ㄷ, ㄹ

05 위 실험에 대한 설명으로 옳지 않은 것은?

① 막대 AA′는 그림자가 생기지 않도록 한다.
② 막대 AA′와 막대 BB′은 같은 위도에 세운다.
③ 지구 모형은 완전한 구형이라는 가정을 한다.
④ 중심각은 원호의 길이에 비례한다는 수학적 원리를 이용하여 비례식을 세운다.
⑤ 햇빛은 지구 모형 어디서나 평행하다는 가정을 세운다.

06 위 실험에서 측정된 호 AB의 길이를 l, ∠AOB를 θ라고 할 때, 지구 모형의 반지름(R)을 구하기 위한 비례식으로 옳은 것은?

① $\theta : 360° = l : 2\pi R$ ② $\theta : l = 2\pi R : 360°$
③ $\theta : 2\pi R = 360° : l$ ④ $l : 360° = \theta : 2\pi R$
⑤ $l : \theta = 360° : 2\pi R$

중단원 실전 문제

정답과 해설 • 73쪽

2 달의 크기

[07~09] 달의 그기를 측정하는 실험을 나타낸 것이다.

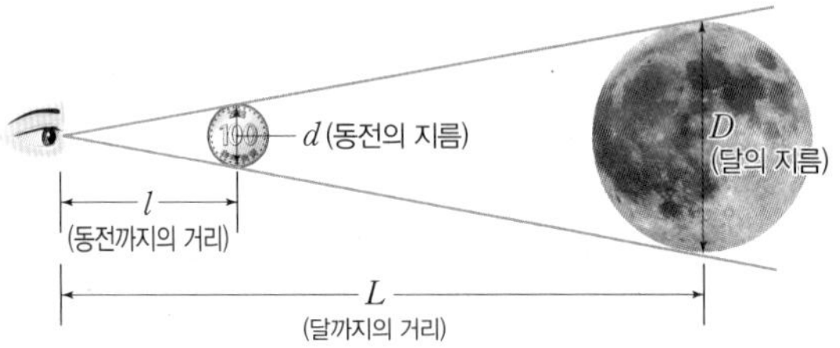

07 이 실험에서 직접 측정해야 하는 값을 〈보기〉에서 있는 대로 고르면?

보기
ㄱ. 달의 지름 ㄴ. 동전의 지름
ㄷ. 동전의 부피 ㄹ. 동전과 관측자 사이의 거리

① ㄱ, ㄴ ② ㄴ, ㄹ ③ ㄷ, ㄹ
④ ㄱ, ㄴ, ㄷ ⑤ ㄴ, ㄷ, ㄹ

중요

08 위의 결과를 이용하여 달의 지름을 구하는 비례식으로 옳은 것은? (단, 관측자와 달 사이의 거리는 L, 동전의 지름은 d, 관측자와 동전 사이의 거리는 l이다.)

① $D : l = d : L$ ② $D : d = l : L$
③ $D : L = l : d$ ④ $d : l = L : D$
⑤ $d : D = l : L$

중요

09 실험 측정 결과, 관측자와 달 사이의 거리는 L이고 동전의 지름은 d이고, 동전과 관측자 사이의 거리가 l일 때, 달의 반지름을 구하는 식은?

① $\frac{2l}{L \cdot d}$ ② $\frac{L \cdot d}{d}$ ③ $\frac{L \cdot l}{2d}$
④ $\frac{L \cdot d}{l}$ ⑤ $\frac{L \cdot d}{2l}$

실전 서논술형 문제

정답과 해설 • 73쪽

01 그림은 지구 모형의 크기를 측정하는 실험을 나타낸 것이다.

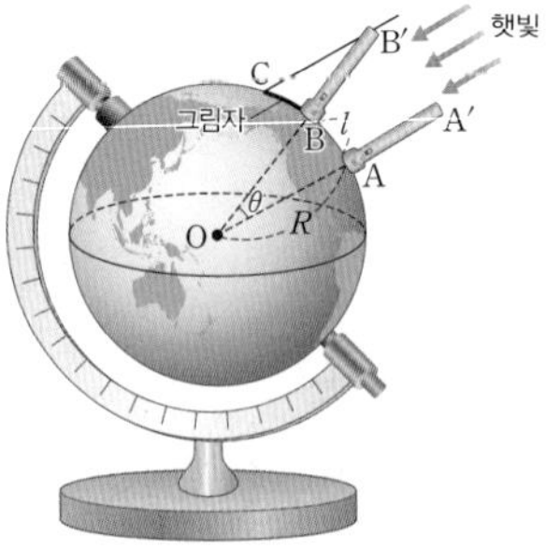

이 실험을 위해 필요한 두 가지 가정은 무엇인지 쓰시오.

Tip 중심각은 원호의 길이에 비례하며, 엇각은 서로 같다.
Key Word 구형, 평행, 햇빛

02 그림은 에라토스테네스가 지구의 둘레를 측정하는 실험을 나타낸 것이다.

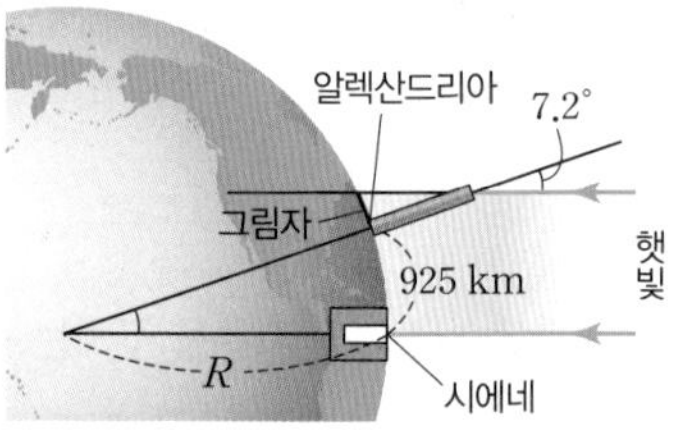

위의 방법으로 구한 지구의 둘레는 46250 km로 실제 지구 둘레인 40000 km와는 오차가 있다. 그 까닭은 무엇인지 쓰시오.

Tip 지구는 완전한 구형이 아니다.
Key Word 지구의 모양, 경도, 거리 측정값

03 표는 (가)~(다) 지역의 위도와 경도를 나타낸 것이다.

구분	(가)	(나)	(다)
위도(°N)	24	35	24
경도(°E)	103	103	87

에라토스테네스의 방법으로 지구의 크기를 측정하기에 가장 적합한 장소 두 곳을 고르고, 그 까닭을 서술하시오.

Tip 지구의 크기를 측정하려면 동일한 경도 상에 있어야 한다.
Key Word 경도, 크기 측정, 위도

2 지구와 달의 운동

중단원 개념 요약

❶ 지구의 자전

1. **지구의 자전**: 지구가 자전축을 중심으로 하루에 한 바퀴씩 서쪽에서 동쪽으로 회전하는 운동
2. **지구의 자전으로 나타나는 현상**
   (1) **별의 일주 운동**: 북극성을 중심으로 별들이 하루에 한 바퀴씩 회전하는 겉보기 운동
   (2) **태양과 달의 일주 운동**: 태양과 달이 뜨고 진다.
   (3) 낮과 밤이 반복되고, 지역에 따라 일출 시각과 일몰 시각이 다르다.

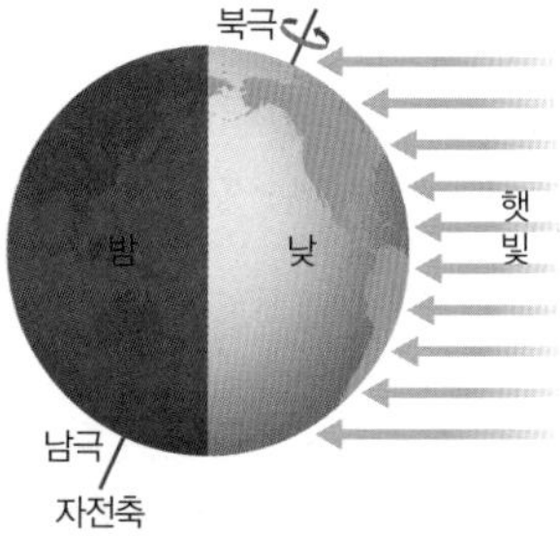

▼우리나라에서 관측한 별의 일주 운동 모습

동쪽 하늘	서쪽 하늘	남쪽 하늘	북쪽 하늘
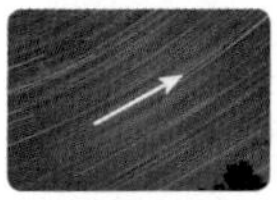			

❷ 지구의 공전

1. **지구의 공전**: 지구가 태양을 중심으로 일 년에 한 바퀴씩 서쪽에서 동쪽으로 회전하는 운동
2. **지구의 공전으로 나타나는 현상**
   (1) **태양의 연주 운동**: 태양이 별자리를 배경으로 서쪽에서 동쪽으로 이동하여 일 년 후에 처음 위치로 되돌아오는 것처럼 보이는 겉보기 운동
   (2) **계절별 별자리의 변화**: 계절에 따라 밤하늘에 보이는 별자리가 달라진다.
   ➡ 태양이 있는 쪽 별자리는 보이지 않고, 태양의 반대쪽에 있는 별자리가 한밤중에 남쪽 하늘에서 보인다.
   ➡ **황도 12궁**: 태양이 지나는 길인 황도에 있는 12개의 별자리

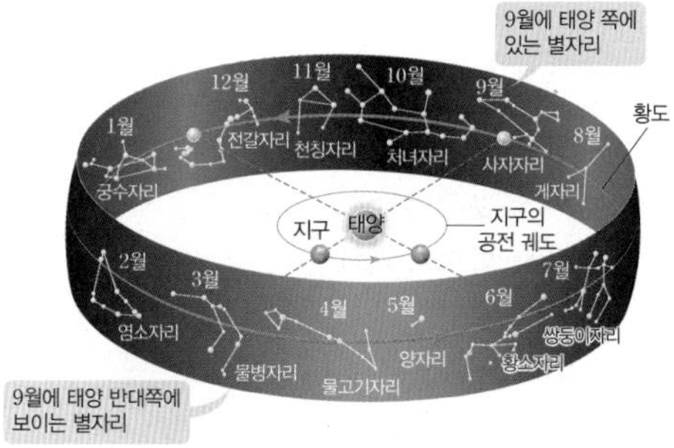

❸ 달의 위상 변화

1. **달의 위상**: 우리 눈에 보이는 달의 모양
   ➡ 달은 스스로 빛을 내지 못하고 햇빛을 반사하여 밝게 보인다.
2. **달의 위상 변화**: 달이 약 한 달을 주기로 지구 주위를 서에서 동으로 공전하기 때문
   (1) **삭**: 달이 보이지 않는다.
   (2) **망**: 보름달이 보인다.
   (3) **상현**: 상현달(오른쪽 반달)이 보인다.
   (4) **하현**: 하현달(왼쪽 반달)이 보인다.

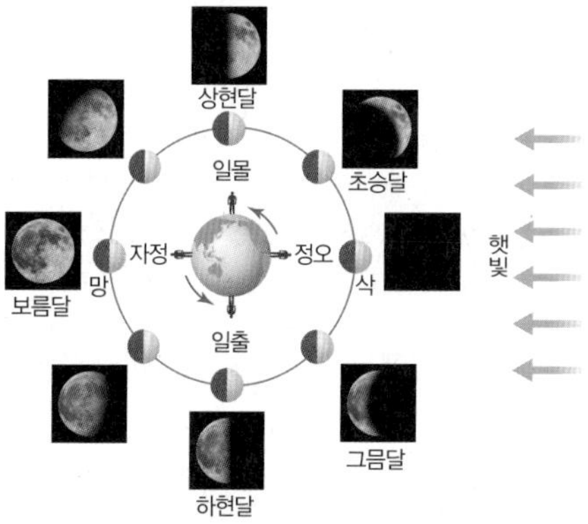

❹ 일식과 월식

1. **일식**: 지구에서 보았을 때 달이 태양을 가리는 현상
   ➡ 태양, 달, 지구의 순서로 일직선을 이룰 때
   ➡ 달이 삭의 위치일 때
   (1) **개기 일식**: 달이 태양을 완전히 가리는 현상
   (2) **부분 일식**: 달이 태양의 일부를 가리는 현상
2. **월식**: 지구에서 보았을 때 달이 지구의 그림자 속으로 들어가 어두워지는 현상
   ➡ 태양, 지구, 달의 순서로 일직선을 이룰 때
   ➡ 달이 망의 위치일 때
   (1) **개기 월식**: 지구의 그림자에 달 전체가 가려지는 현상
   (2) **부분 월식**: 지구의 그림자에 달의 일부가 가려지는 현상

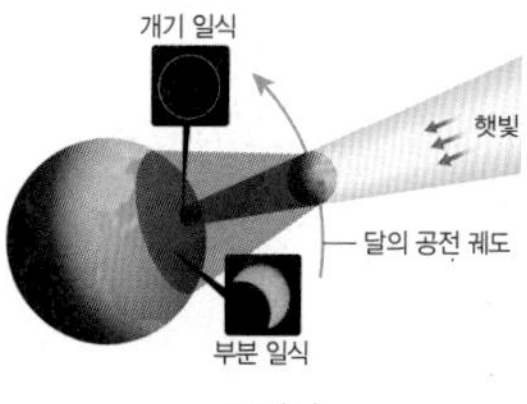

▲ 일식

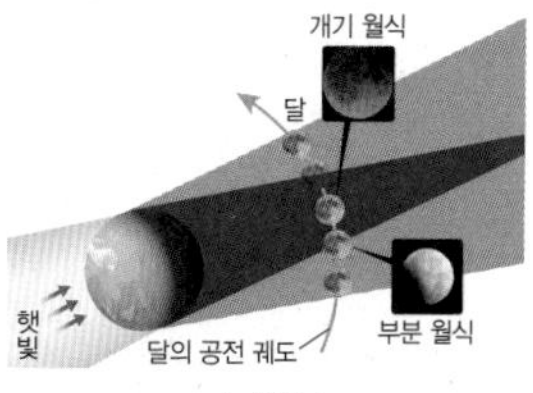

▲ 월식

중단원 실전 문제

1 지구의 자전

01 그림은 우리나라에서 오랜 시간 동안 촬영한 사진이다.

이 현상에 대한 설명으로 옳은 것을 〈보기〉에서 있는 대로 고르면?

〈보기〉
ㄱ. 서쪽 하늘에서 관측한 것이다.
ㄴ. 별이 북극성을 중심으로 움직인다.
ㄷ. 지구가 자전하기 때문에 나타나는 현상이다.

① ㄱ ② ㄴ ③ ㄱ, ㄴ
④ ㄴ, ㄷ ⑤ ㄱ, ㄴ, ㄷ

중요

02 그림은 우리나라에서 관측한 별의 일주 운동 모습을 나타낸 것이다.

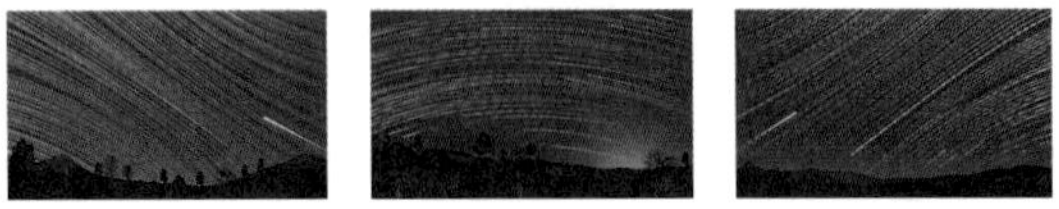
(가) (나) (다)

(가)~(다)는 어느 쪽 하늘에서 관측되는지 옳게 짝지어진 것은?

	(가)	(나)	(다)
①	동쪽	서쪽	남쪽
②	동쪽	남쪽	서쪽
③	서쪽	남쪽	동쪽
④	서쪽	동쪽	남쪽
⑤	남쪽	서쪽	동쪽

중요

03 지구의 자전으로 인해 나타나는 현상으로 옳지 않은 것은?

① 낮과 밤이 반복된다.
② 계절에 따라서 관측되는 별자리가 다르다.
③ 달이나 태양이 동쪽에서 떠서 서쪽으로 진다.
④ 지역에 따라서 일몰 시각과 일출 시각이 다르다.
⑤ 별들이 북극성을 중심으로 원을 그리며 회전하는 것이 관측된다.

2 지구의 공전

[04~05] 그림은 황도 12궁을 나타낸 것이다.

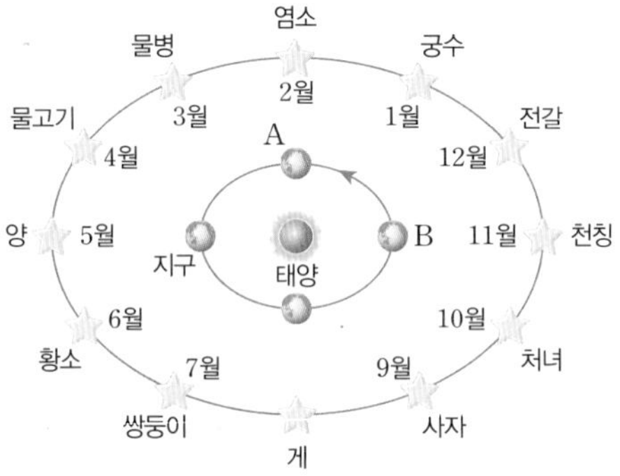

04 지구가 A 위치에 있을 때, 한밤중에 남쪽 하늘의 중앙에서 관측되는 별자리는?

① 게자리 ② 염소자리 ③ 천칭자리
④ 황소자리 ⑤ 쌍둥이자리

05 B 위치의 지구에서 볼 때, 태양은 어느 별자리를 지나고 있겠는가?

① 양자리 ② 궁수자리 ③ 천칭자리
④ 물병자리 ⑤ 전갈자리

06 태양의 연주 운동에 대한 설명으로 옳은 것을 〈보기〉에서 있는 대로 고르면?

〈보기〉
ㄱ. 지구가 자전하기 때문에 나타나는 겉보기 운동이다.
ㄴ. 연주 운동을 하는 태양은 2년 후에 처음의 위치로 되돌아온다.
ㄷ. 태양이 지나는 길에 있는 12개의 별자리를 황도 12궁이라고 한다.
ㄹ. 태양이 별자리를 배경으로 서쪽에서 동쪽으로 이동하는 겉보기 운동이다.

① ㄱ, ㄹ ② ㄴ, ㄷ ③ ㄷ, ㄹ
④ ㄱ, ㄴ, ㄷ ⑤ ㄴ, ㄷ, ㄹ

3 달의 위상 변화

중요

07 그림은 달이 공전하는 모습을 나타낸 것이다.

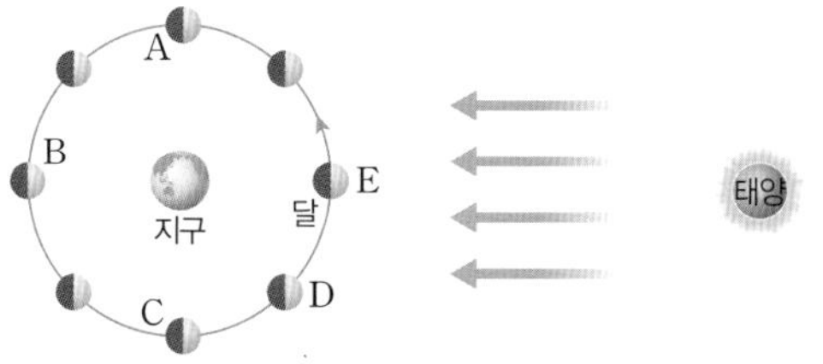

A~E 중 보름달로 보이는 위치는?

① A ② B ③ C
④ D ⑤ E

08 달의 위상 변화에 대한 설명으로 옳은 것을 〈보기〉에서 있는 대로 고르면?

보기
ㄱ. 삭일 때 달은 보이지 않는다.
ㄴ. 달의 위상은 한 달을 주기로 변한다.
ㄷ. 상현과 하현의 위치에서는 반달을 볼 수 있다.

① ㄱ ② ㄴ ③ ㄱ, ㄴ
④ ㄴ, ㄷ ⑤ ㄱ, ㄴ, ㄷ

4 일식과 월식

중요

09 그림 (가)와 (나)에 대한 설명으로 옳은 것을 〈보기〉에서 있는 대로 골라 그 기호를 쓰시오.

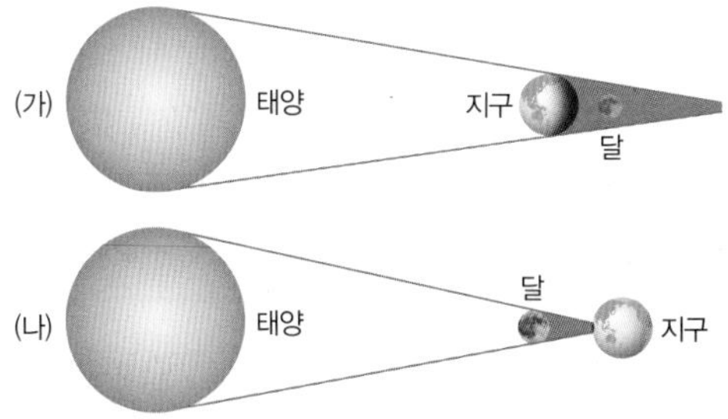

보기
ㄱ. (가)는 월식, (나)는 일식을 나타낸다.
ㄴ. (가)는 삭의 위치, (나)는 망의 위치이다.
ㄷ. (가)와 (나)는 지구의 모든 지역에서 관측할 수 있다.

실전 서논술형 문제

01 북극성 주위의 별이 밤 9시에 A 위치에 있었다.

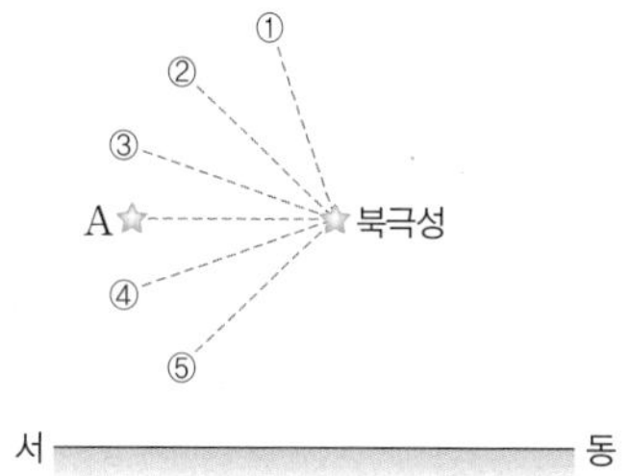

이 별은 밤 11시에는 어느 곳에서 볼 수 있는지 그 번호를 쓰고, 그렇게 판단한 이유를 서술하시오(단, 각각의 사잇각은 모두 15°이다).

Tip 별의 일주 운동은 시계 반대 방향(동에서 서)으로 하루에 한 바퀴씩 회전한다.

Key Word 일주 운동, 주기, 15°

02 그림은 우리나라에서 15일 간격으로 태양이 진 직후 서쪽 하늘의 별자리를 관측한 모습이다.

이와 같이 별자리가 이동하는 원인은 무엇인지 서술하시오.

Tip 지구가 공전하므로 계절에 따라 관측되는 별자리가 달라진다.

Key Word 공전, 별자리

03 그림은 달의 위상 변화를 나타낸 것이다.

이와 같이 달의 위상이 변하는 이유는 무엇인지 서술하시오.

Tip 달은 스스로 빛을 내지 못하며, 지구 주위를 공전한다.

Key Word 달의 위상, 반사체, 밝게 보이는 부분, 위치, 공전

3 태양계를 구성하는 행성

중단원 개념 요약

❶ 태양계 행성

1. **행성**: 태양 주위를 도는 수성, 금성, 지구, 화성, 목성, 토성, 천왕성, 해왕성의 8개 천체
   (1) 태양계를 이루는 행성은 태양을 중심으로 같은 방향으로 공전하고 있다.
   (2) 행성은 크기와 표면의 특징이 다양하고, 위성과 고리가 있는 행성도 있고, 수성과 금성은 위성이 없다.
   ➡ 지구의 위성은 달이다.

2. 행성의 특징

행성	특징
수성 	• 태양에 가장 가깝고, 태양계에서 가장 작은 행성 • 대기가 거의 없어 낮과 밤의 표면 온도 차이가 매우 큼. • 표면에 많은 운석 구덩이가 있음.
금성 	• 크기와 질량이 지구와 가장 비슷함. • 이산화 탄소로 이루어진 두꺼운 대기가 있음. • 대기압과 표면 온도가 높음. • 비교적 평탄하며 운석 구덩이와 화산이 있음.
화성 	• 표면은 붉은 색을 띠며, 물이 흘렀던 흔적이 있음. • 극 지역에는 얼음과 드라이아이스로 이루어진 극관이 있음. • 운석 구덩이와 화산이 있음.
목성 	• 태양계에서 가장 큰 행성 • 주로 수소와 헬륨으로 이루어짐. • 대기의 소용돌이인 대적점이 있음. • 표면에 가로 줄무늬가 있음. • 희미한 고리와 수많은 위성이 있음.
토성 	• 태양계에서 밀도가 가장 작은 행성 • 주로 수소와 헬륨으로 이루어짐. (성분이 목성과 비슷) • 표면에 가로 줄무늬가 있고 많은 위성이 있음. • 암석 조각과 얼음 알갱이로 이루어진 뚜렷한 고리가 있음.
천왕성 	• 주로 수소로 이루어짐. • 헬륨과 메테인이 포함되어 청록색으로 보임. • 자전축이 거의 누운 채로 자전함. • 희미한 고리와 많은 위성이 있음.
해왕성 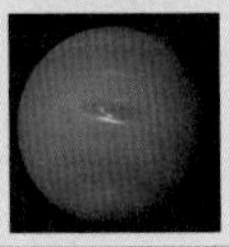	• 태양계에서 가장 바깥쪽에 있는 행성 • 성분이 천왕성과 비슷하여 파란색으로 보임. • 대기의 소용돌이인 대흑점이 나타나기도 함. • 희미한 고리와 많은 위성이 있음.

❷ 행성의 분류

1. **지구의 공전 궤도를 기준으로 한 분류**
   (1) 내행성: 지구의 공전 궤도 안쪽에서 공전하는 행성
   (2) 외행성: 지구의 공전 궤도 바깥쪽에서 공전하는 행성

구분	행성
내행성	수성, 금성
외행성	화성, 목성, 토성, 천왕성, 해왕성

2. **물리적 특성에 따른 분류**
   (1) 지구형 행성 ➡ 수성, 금성, 지구, 화성
   • 질량과 반지름이 작고 밀도가 큰 행성
   • 암석으로 이루어져 표면이 단단함.
   • 고리가 없고, 위성은 없거나 적음.
   (2) 목성형 행성 ➡ 목성, 토성, 천왕성, 해왕성
   • 질량과 반지름이 크고 밀도가 작은 행성
   • 기체로 이루어져 단단한 표면이 없음.
   • 고리가 있고, 위성이 많음.

구분	지구형 행성	목성형 행성
반지름	작다.	크다.
질량	작다.	크다.
평균 밀도	크다.	작다.
고리	없다.	있다.
위성 수	없거나 적다.	많다.
단단한 표면	있다.	없다.

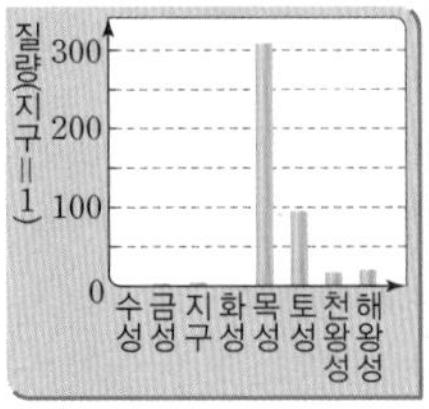

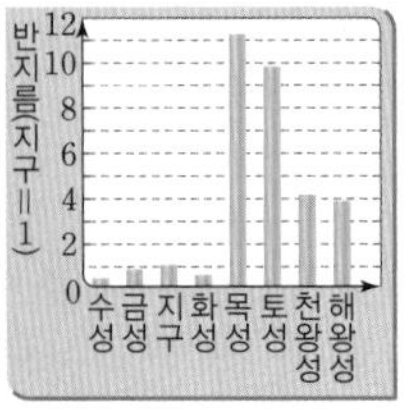

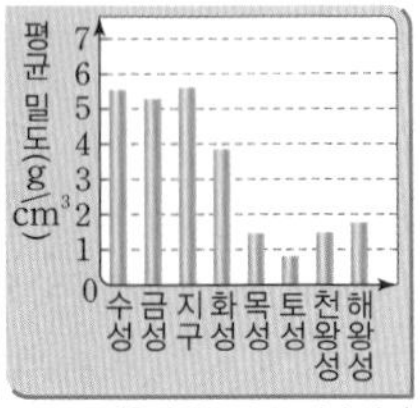

(출처: 천문 우주 지식 정보)

중단원 실전 문제

정답과 해설 • 75쪽

1 태양계 행성

01 태양계를 구성하는 행성 중 목성에 대한 설명으로 옳은 것을 〈보기〉에서 있는 대로 고르면?

보기
ㄱ. 태양계에서 가장 작은 행성이다.
ㄴ. 주로 수소와 헬륨으로 이루어져 있다.
ㄷ. 대기의 소용돌이로 생긴 대흑점이 있다.
ㄹ. 표면에 가로 줄무늬가 있고, 많은 위성이 있다.

① ㄱ, ㄹ　② ㄴ, ㄹ　③ ㄷ, ㄹ
④ ㄱ, ㄴ, ㄹ　⑤ ㄴ, ㄷ, ㄹ

중요
02 다음의 특징을 보이는 행성은 무엇인가?

- 대기압과 표면 온도가 매우 높다.
- 크기와 질량이 지구와 가장 비슷하다.
- 이산화 탄소로 이루어진 두꺼운 대기가 있다.

① 수성　② 화성　③ 금성
④ 목성　⑤ 토성

03 태양계에서 가장 바깥쪽에 있는 행성이며, 표면에는 대기의 소용돌이로 생긴 대흑점이 있는 행성은 무엇인가?

①
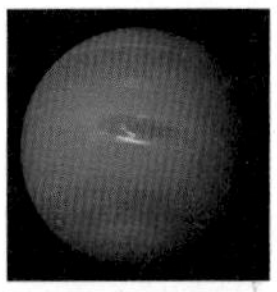
②

③

④

⑤

04 다음의 특징을 가지는 행성의 이름을 쓰시오.

- 자전축이 거의 누운 채로 자전한다.
- 주로 수소로 이루어지고, 대기에는 헬륨과 메테인이 포함되어 있다.

05 〈보기〉는 태양계를 구성하는 행성의 특징을 나타낸 것이다. (가)~(라)의 이름을 쓰시오.

보기
(가) 태양계에서 가장 큰 행성
(나) 태양계에서 가장 작은 행성
(다) 태양계에서 밀도가 가장 작은 행성
(라) 태양계에서 가장 바깥쪽에 있는 행성

(가) ____________　(나) ____________
(다) ____________　(라) ____________

중요
06 그림은 태양계를 구성하는 8개의 행성을 나타낸 것이다.

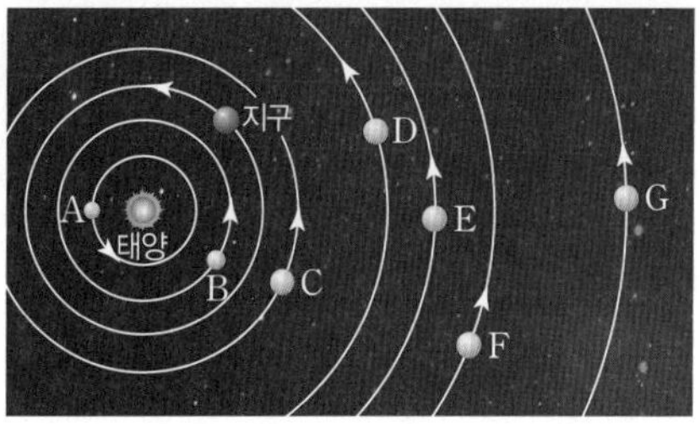

행성 A~E의 특징으로 옳은 것을 〈보기〉에서 있는 대로 골라 그 기호를 쓰시오.

보기
ㄱ. A－표면에 많은 운석 구덩이
ㄴ. B－짙은 이산화 탄소 대기
ㄷ. C－뚜렷한 고리, 많은 위성
ㄹ. D－표면의 가로 줄무늬, 대적점
ㅁ. E－극 지역에 있는 극관

중요
07 화성에 대한 설명으로 옳지 않은 것은?

① 표면은 붉은색을 띤다.
② 과거에 물이 흘렀던 흔적이 있다.
③ 양 극 지방에는 흰색의 극관이 있다.
④ 희미한 고리와 많은 위성을 가지고 있다.
⑤ 표면이 산화철로 이루어진 토양으로 덮여 있다.

정답과 해설 • 75쪽

2 행성의 분류

08 다음의 특성을 가지는 행성에 해당되지 않는 것은?

> • 질량이 작고, 반지름도 작다.
> • 단단한 표면을 가지고 있고, 평균 밀도가 크다.
> • 고리가 없고, 위성도 없거나 적다.

① 금성 ② 수성 ③ 화성
④ 목성 ⑤ 지구

중요

09 다음 행성들의 공통적인 특성이 아닌 것은?

① 반지름이 크다. ② 질량이 크다.
③ 평균 밀도가 크다. ④ 고리를 가지고 있다.
⑤ 위성이 많이 있다.

10 다음의 특징을 모두 가지는 행성은 무엇인가?

> • 밀도가 크고 반지름이 작은 지구형 행성이다.
> • 지구의 공전 궤도 바깥쪽에서 공전하는 외행성이다.

① 해왕성 ② 금성 ③ 화성
④ 목성 ⑤ 수성

11 다음 설명에 해당하는 행성을 있는 대로 쓰시오.

> 지구의 공전 궤도를 기준으로 지구 공전 궤도의 안쪽에서 공전하는 내행성이다.

실전 서논술형 문제

정답과 해설 • 75쪽

01 그림은 태양계를 구성하는 행성인 화성이다.

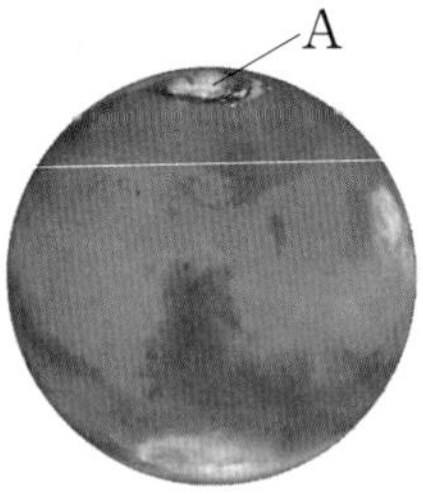

화성의 극 지역에 있는 A는 화성의 여름에는 작아지고, 겨울에는 커진다. 그 까닭은 무엇인지 A의 이름과 함께 서술하시오.

Tip 극관은 얼음과 드라이 아이스로 이루어져 있다.
Key Word 극관, 얼음, 드라이 아이스, 겨울, 여름

02 태양계를 구성하는 행성을 (가)와 (나)로 분류하였다.

분류	행성
(가)	수성, 금성
(나)	화성, 목성, 토성, 천왕성, 해왕성

(가), (나)를 무엇이라고 부르는지 쓰고, 이렇게 분류한 기준은 무엇인지 구체적으로 설명하시오.

Tip 지구의 공전 궤도의 안쪽과 바깥쪽 행성이 다르다.
Key Word 공전 궤도, 내행성, 외행성

03 태양계를 구성하는 행성을 (가)와 (나)로 분류하였다.

(가)	(나)
목성, 토성 천왕성, 해왕성	수성, 금성 지구, 화성

(가)의 행성은 질량도 크고 반지름도 크지만 밀도가 작고, (나)의 행성은 질량도 작고 반지름도 작지만 밀도는 크다. 그 까닭이 무엇인지 서술하시오.

Tip 기체로 이루어진 행성은 밀도가 작고, 암석으로 이루어진 행성은 밀도가 크다.
Key Word 기체형 행성, 암석형 행성, 평균 밀도

4 태양

중단원 개념 요약

❶ 태양의 특징

1. **태양:** 태양계에서 스스로 빛을 내는 유일한 천체
2. **태양의 표면(광구):** 둥글게 보이는 태양의 표면
   ➡ 평균 온도는 약 6000 ℃

쌀알 무늬	수많은 쌀알을 뿌려 놓은 것 같은 무늬
흑점	• 크기와 모양이 불규칙한 어두운 무늬 • 흑점의 온도는 약 4000 ℃로 주위보다 온도가 낮아서 어둡게 보인다.

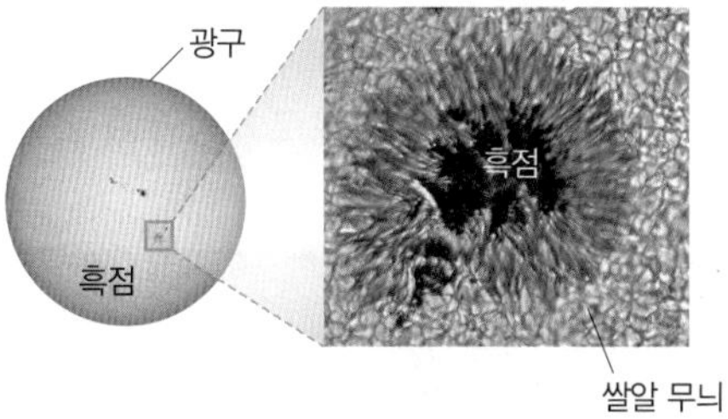
광구
흑점
흑점
쌀알 무늬

3. **태양의 대기:** 매우 희박한 대기층

채층	• 태양의 광구 바로 위에 있는 얇은 대기층으로 붉은색을 띤다. • 두께는 약 10000 km이다.
코로나	• 채층 위로 넓게 뻗어 있는 진주색으로 보이는 태양의 가장 바깥쪽 대기층이다. • 온도는 100만 ℃ 이상으로 매우 높다.

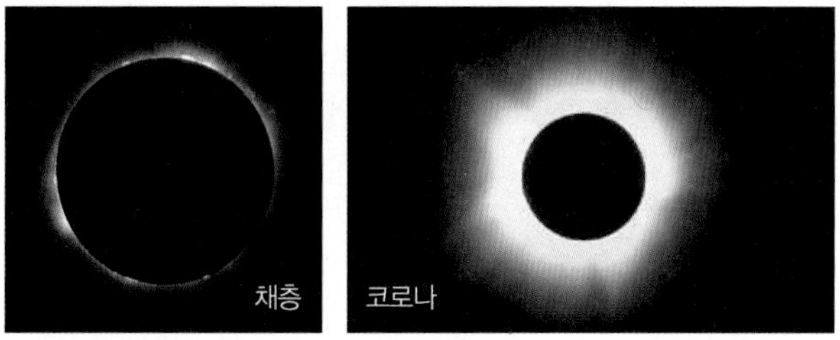
채층
코로나

4. **태양의 대기에서 나타나는 현상**

홍염	• 광구에서 온도가 높은 물질이 대기로 솟아오르는 현상이다. • 불꽃이나 고리 등 다양한 모양으로 나타난다.
플레어	흑점 부근에서 폭발이 일어나 채층의 일부가 순간 매우 밝아지는 현상이다.

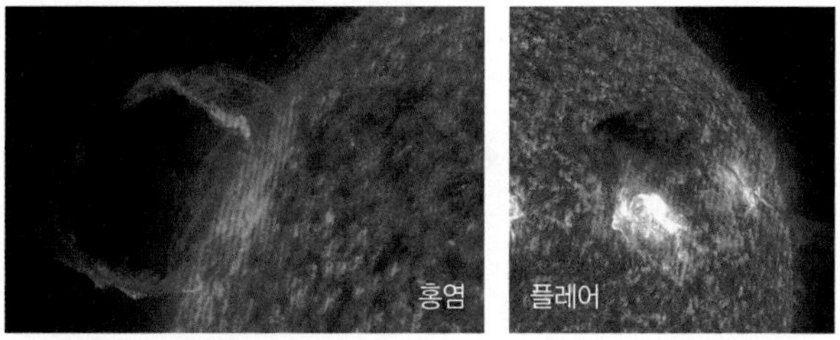
홍염
플레어

❷ 태양 활동이 지구에 미치는 영향

1. **태양의 활동:** 활발하게 일어날 때 우주 공간으로 막대한 에너지와 물질을 방출한다.
2. **태양 활동이 활발한 시기**
   ➡ 흑점 수가 많아진다.
   ➡ 코로나의 크기가 커진다.
   ➡ 홍염이나 플레어가 자주 나타난다.
   ➡ 태양풍이 더욱 강해진다.
3. **태양풍:** 태양 표면에서 고온의 전기를 띤 입자들이 끊임없이 우주 공간으로 방출되는 흐름

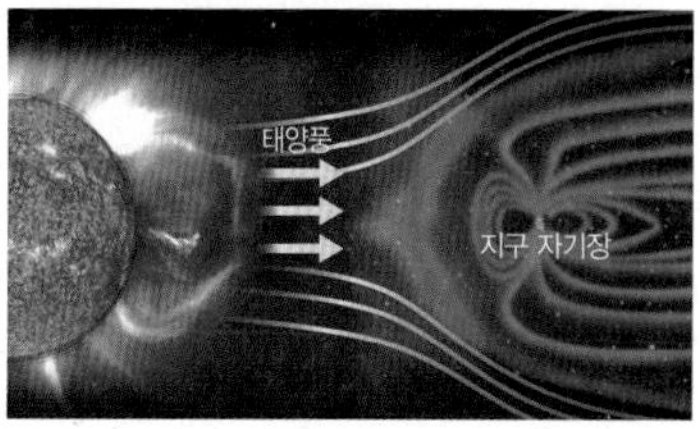
태양풍
지구 자기장

4. **태양 활동이 활발할 때 지구에서 나타나는 현상**
   (1) **자기 폭풍:** 지구 자기장이 교란되어 짧은 시간 동안 지구 자기장이 크게 변하는 현상
   (2) **델린저 현상:** 장거리 무선 통신이 끊어지는 현상
   (3) **오로라:** 고위도 지역에 오로라가 더 자주 나타나고, 위도가 낮은 지역에서도 오로라가 나타나기도 한다.
   (4) 무선 전파 통신이 방해를 받는다.
   (5) 지구 주위를 도는 인공위성이 고장 난다.
   (6) 송전 시설이 고장 나면서 정전이 발생한다.
5. **태양 관측:** 천체 망원경을 이용할 때는 태양 투영판을 이용하여 태양의 상을 관측한다.
6. **천체 망원경:** 천체에서 오는 빛을 모아 천체의 상을 만들고 이를 확대하여 관측하는 도구

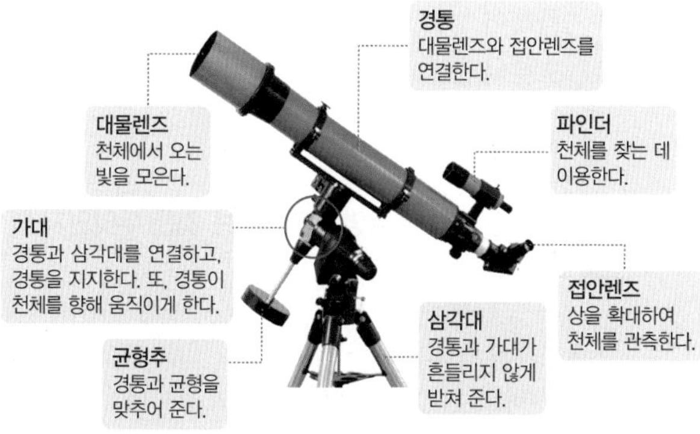
경통
대물렌즈와 접안렌즈를 연결한다.
대물렌즈
천체에서 오는 빛을 모은다.
파인더
천체를 찾는 데 이용한다.
가대
경통과 삼각대를 연결하고, 경통을 지지한다. 또, 경통이 천체를 향해 움직이게 한다.
접안렌즈
상을 확대하여 천체를 관측한다.
삼각대
경통과 가대가 흔들리지 않게 받쳐 준다.
균형추
경통과 균형을 맞추어 준다.

중단원 실전 문제

1 태양의 특징

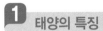

01 그림은 태양의 표면의 일부를 찍은 것이다.

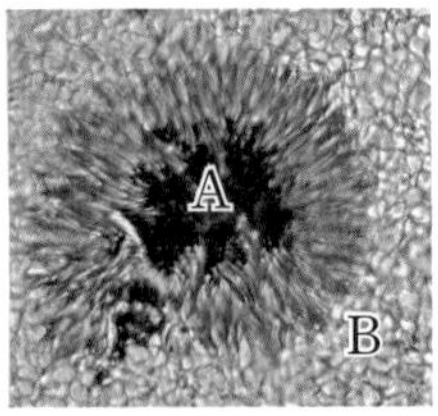

그림에 대한 설명으로 옳은 것을 <보기>에서 있는 대로 고르면?

보기
ㄱ. A는 주변보다 온도가 낮다.
ㄴ. A는 흑점이고, B는 쌀알 무늬이다.
ㄷ. B는 광구 아래에서 일어나는 대류로 인해 생긴다.

① ㄱ ② ㄴ ③ ㄱ, ㄴ
④ ㄴ, ㄷ ⑤ ㄱ, ㄴ, ㄷ

[02~04] 그림은 태양에서 관측되는 여러 가지 현상이다.

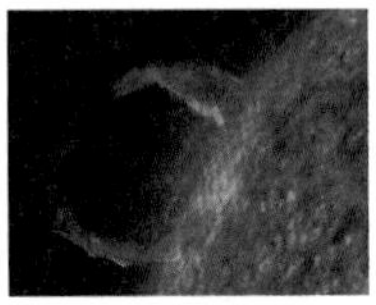
(가)

(나)

(다)

중요
02 (가)~(다)의 명칭이 옳게 짝지어진 것은?

	(가)	(나)	(다)
①	홍염	코로나	플레어
②	홍염	채층	코로나
③	플레어	채층	홍염
④	플레어	코로나	채층
⑤	코로나	홍염	채층

03 (가)~(다) 중 아래의 설명에 해당하는 것은 무엇인지 그 기호를 쓰시오.

• 붉은색으로 보인다.
• 광구 바로 위에 있는 얇은 대기의 층이다.

04 (가)에 대한 설명으로 옳은 것을 <보기>에서 있는 대로 고른 것은?

보기
ㄱ. 태양의 대기에서 나타나는 현상이다.
ㄴ. 불꽃이나 고리 등 다양한 모양으로 나타난다.
ㄷ. 흑점 부근에서 폭발이 일어나 채층의 일부가 순간 매우 밝아지는 현상이다.

① ㄱ ② ㄴ ③ ㄱ, ㄴ
④ ㄴ, ㄷ ⑤ ㄱ, ㄴ, ㄷ

중요
05 그림은 지구에서 2일 간격으로 태양의 흑점을 관측한 것이다.

2017년 9월 3일 2017년 9월 5일 2017년 9월 7일

위 자료에 대한 설명으로 옳은 것을 <보기>에서 있는 대로 고르면?

보기
ㄱ. 흑점은 동쪽에서 서쪽으로 이동한다.
ㄴ. 흑점의 이동은 태양이 자전하기 때문에 나타나는 현상이다.
ㄷ. 관측 결과는 흑점이 이동한 것이 아니라 새로운 흑점이 생성된 것이다.

① ㄱ ② ㄴ ③ ㄱ, ㄴ
④ ㄴ, ㄷ ⑤ ㄱ, ㄴ, ㄷ

06 그림은 천체 망원경의 구조를 나타낸 것이다.

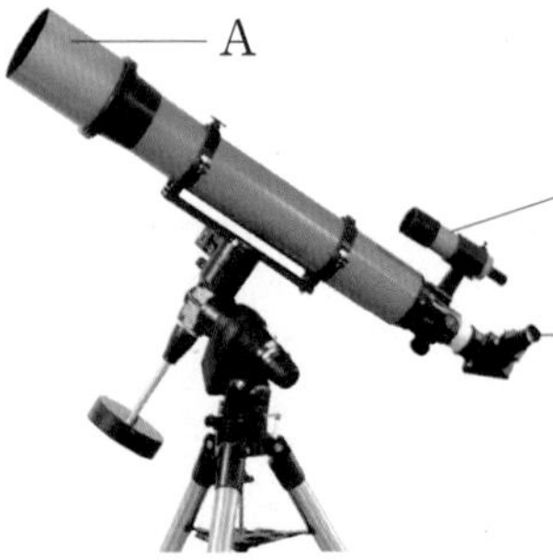

A, B, C의 이름을 쓰시오.

2 태양 활동이 지구에 미치는 영향

[07~08] 그림은 연도별 흑점 수의 변화를 나타낸 것이다.

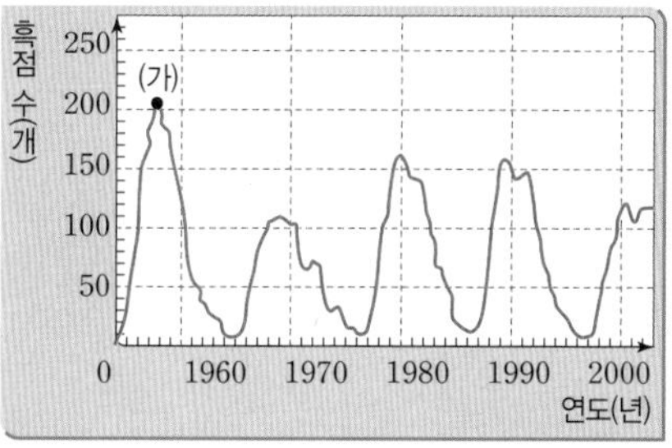

중요

07 (가)의 시기에 태양에서 일어나는 변화를 〈보기〉에서 있는 대로 골라 그 기호를 쓰시오.

보기
ㄱ. 코로나의 크기가 더 커진다.
ㄴ. 홍염이나 플레어가 자주 발생한다.
ㄷ. 태양풍이 평상시보다 더 약해진다.
ㄹ. 평소보다 많은 양의 에너지와 물질을 우주 공간으로 방출한다.

중요

08 (가)의 시기에 태양의 활동이 지구에 미치는 영향으로 옳은 것을 〈보기〉에서 있는 대로 고르면?

보기
ㄱ. 무선 통신이 끊어지는 델린저 현상이 발생한다.
ㄴ. 중위도 지역에서도 오로라가 나타나기도 한다.
ㄷ. 인공위성이 고장 나고, 송전 시설의 고장으로 정전이 되기도 한다.

① ㄱ ② ㄴ ③ ㄱ, ㄴ
④ ㄴ, ㄷ ⑤ ㄱ, ㄴ, ㄷ

중요

09 다음에서 설명하는 현상은 무엇인지 쓰시오.

태양 활동이 활발할 때 지구에서 나타나는 현상으로, 지구 자기장이 교란되어 짧은 시간 동안 지구 자기장이 불규칙하게 변하는 현상이다.

실전 서논술형 문제

01 그림은 태양의 대기에서 나타나는 현상이다.

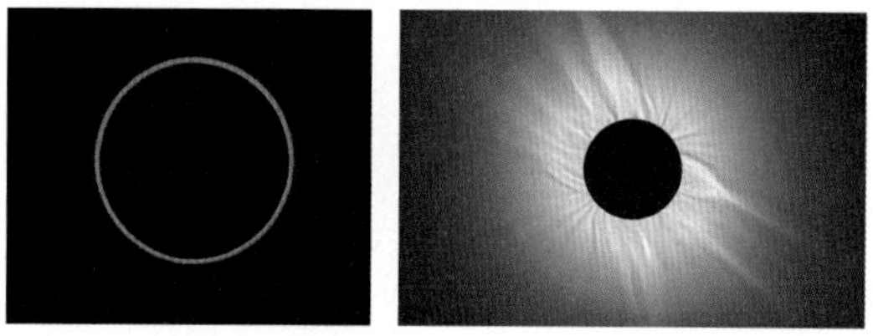

(가) (나)

(가), (나)는 매우 희박한 기체층으로 평소에는 잘 관측되지 않는다. 어떤 시기에 잘 보이는지 구체적으로 서술하시오.

Tip 개기 일식이 되면 달이 태양의 광구를 완전히 가린다.
Key Word 개기 일식, 달, 광구, 태양의 대기

02 그림은 태양에서 나타나는 현상이다.

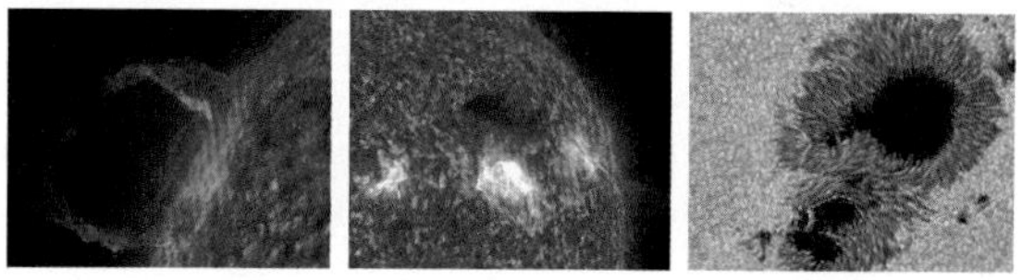

(가) (나) (다)

(가), (나), (다)의 이름을 쓰고, 태양 활동이 활발한 시기에 (가), (나), (다)는 어떤 변화가 오는지 서술하시오.

Tip 태양 활동이 활발해지면 흑점 수, 홍염과 플레어의 발생 횟수가 달라진다.
Key Word 흑점 수, 홍염, 플레어, 태양 활동

03 그림은 연도별 흑점 수의 변화를 나타낸 것이다.

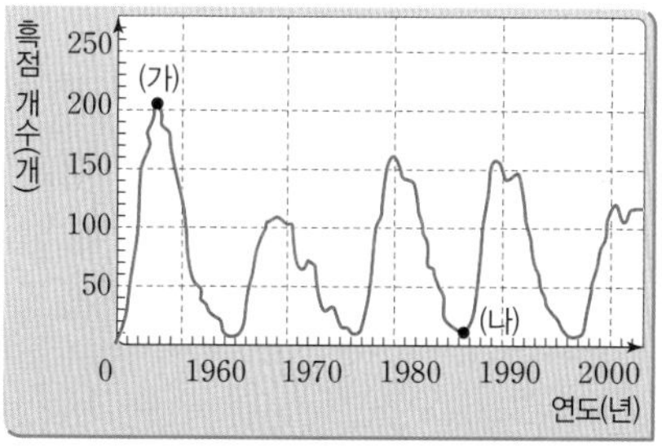

(가)와 (나)일 때 태양의 활동 정도는 어떻게 다른지 서술하시오.

Tip 태양 활동의 활발한 정도는 흑점 수와 관련이 있다.
Key Word 태양 활동, 흑점 수

IV

식물과 에너지

1 ~ 2
광합성 증산 작용

3 ~ 4
식물의 호흡 광합성 산물의 이용

1~2 광합성 ~ 증산 작용

중단원 개념 요약

1 광합성

❶ 광합성에 필요한 물질

1. **광합성**: 식물이 빛에너지를 이용하여 양분을 만드는 과정
2. **광합성 장소**: 광합성은 엽록체에서 일어나는데, 엽록체는 주로 식물의 잎을 구성하는 세포에 들어 있다.
3. **광합성에 필요한 요소**
   (1) 빛에너지: 빛은 광합성의 에너지원이다.
   (2) 물: 뿌리를 통해 흡수된 물은 잎까지 운반되어 광합성에 쓰인다.
   (3) 이산화 탄소: 잎을 통해 흡수된 이산화 탄소는 물과 함께 광합성에 쓰인다.

❷ 광합성으로 생성되는 물질

포도당	산소
대부분의 식물에서 포도당은 결합하여 녹말로 바뀌어 엽록체에 잠시 저장된다. → 아이오딘 반응으로 확인	광합성 결과 발생된 산소의 일부는 식물이 사용하고 나머지는 식물체 밖으로 나간다.
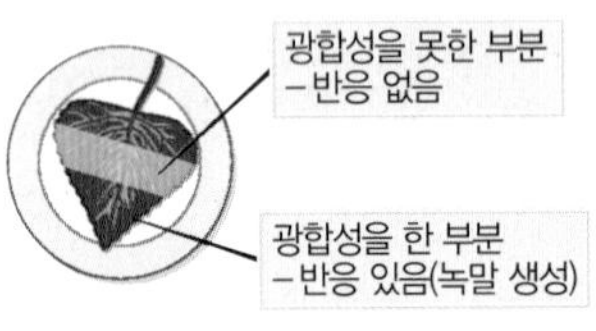	 ➡ 시험관에 모아진 기포(산소)에 향의 불씨를 대면 불씨가 되살아난다.

❸ 광합성에 영향을 미치는 환경 요인

빛의 세기	이산화 탄소의 농도	온도
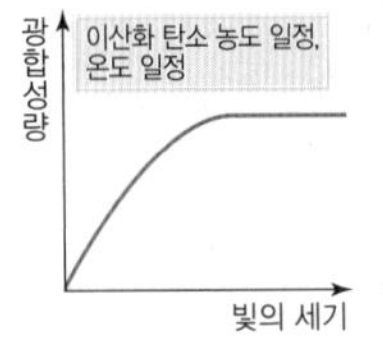	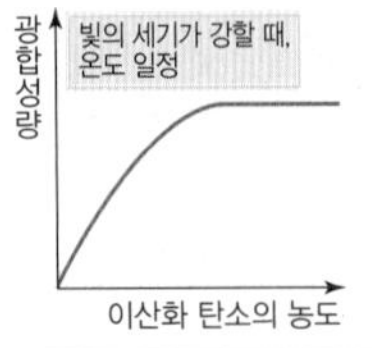	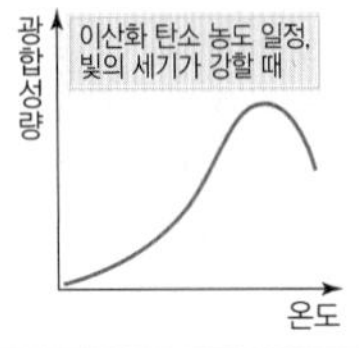
빛의 세기가 강할수록 광합성량이 증가하다가 어느 정도 이상이 되면 광합성량이 일정해진다.	이산화 탄소의 농도가 증가할수록 광합성량이 증가하다가 어느 정도 이상이 되면 광합성량이 일정해진다.	온도가 높아질수록 광합성량이 증가하다가, 일정 온도보다 높아지면 광합성량이 급격히 감소한다.

➡ 일반적으로 빛의 세기가 강하고, 이산화 탄소가 충분히 공급되며, 온도가 30 ℃~40 ℃ 정도로 유지될 때 광합성이 활발하게 일어난다.

2 증산 작용

❶ 증산 작용과 물의 이동

1. **기공**
   (1) 잎의 표피에 있는 구멍으로 산소와 이산화 탄소, 수증기 등과 같은 기체가 드나드는 통로 역할을 한다.
   (2) 기공은 잎의 앞면보다 뒷면에 많이 분포하며, 주로 낮에 열리고 밤에 닫힌다.
2. **공변세포**: 표피 세포가 변한 것으로, 일반적인 표피 세포와 달리 엽록체가 있어 광합성을 한다.
   (1) 두 개의 공변세포가 모여 기공을 이룬다.
   (2) 기공 쪽 세포벽이 두껍고, 바깥쪽(반대쪽) 세포벽이 얇다.

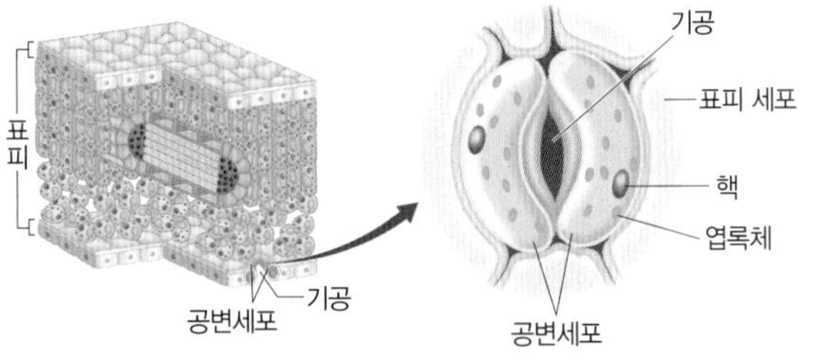

▲ 잎의 구조와 공변세포

3. **증산 작용**: 식물체 내의 물이 잎의 기공을 통해 수증기 상태로 공기 중으로 빠져나가는 현상
4. **물의 이동**
   (1) 잎에서 증산 작용이 일어나면 잎에 있는 물이 줄어들고, 줄어든 물의 양만큼 잎맥의 물관에서 물이 이동한다.
   (2) 뿌리에서 흡수된 물이 줄기의 물관을 따라 잎까지 계속 올라간다. → 증산 작용은 뿌리에서 흡수된 물이 잎까지 이동하는 원동력이 된다.
5. **증산 작용이 잘 일어나는 조건**: 빨래가 잘 마를 때와 비슷한 환경 조건에서 기공이 열려 증산 작용이 활발하게 일어난다.

빛의 세기	온도	습도	바람
강할 때	높을 때	낮을 때	잘 불 때

❷ 증산 작용과 광합성의 관계

1. 기공이 열려 있을 때에는 공기 중의 이산화 탄소가 흡수된다.
2. 기공이 많이 열리면 증산 작용이 활발해져, 뿌리에서 흡수된 물이 잎으로 이동한다. → 기공을 통해 흡수된 이산화 탄소와 증산 작용으로 이동한 물을 재료로 광합성이 일어난다.

중단원 실전 문제

정답과 해설 • 77쪽

1 광합성

01 광합성에 필요한 물질과 광합성으로 만들어지는 양분을 옳게 짝지은 것은?

① 산소, 물　② 물, 포도당
③ 녹말, 포도당　④ 이산화 탄소, 물
⑤ 산소, 이산화 탄소

02 푸른색의 BTB 용액이 노란색이 될 때까지 숨을 불어 넣은 후 그림과 같이 장치하였다.

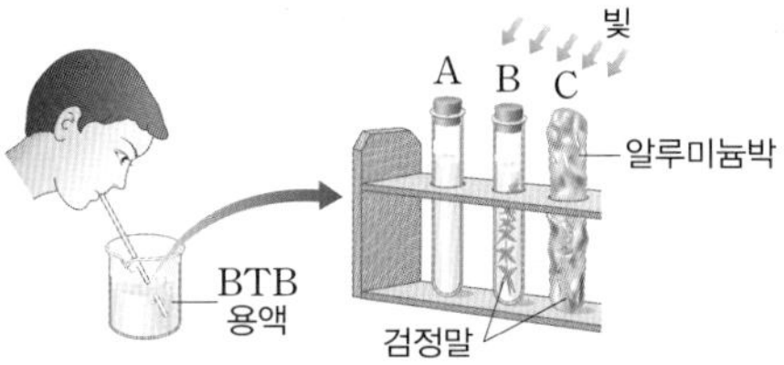

이에 대한 설명으로 옳은 것만을 〈보기〉에서 있는 대로 고른 것은?

〈보기〉
ㄱ. 시험관 A에서 용액의 색은 변화 없다.
ㄴ. 시험관 B에서 이산화 탄소의 농도가 증가할 것이다.
ㄷ. 시험관 C에서 광합성만 일어나고 있다.
ㄹ. 날숨에 포함된 성분이 광합성에 이용됨을 알 수 있다.

① ㄱ, ㄴ　② ㄱ, ㄷ　③ ㄱ, ㄹ
④ ㄴ, ㄷ　⑤ ㄷ, ㄹ

중요

03 오른쪽 그림은 빛을 비춘 검정말에서 기포가 발생하는 모습을 나타낸 것이다. 이 기포를 이루는 기체에 대한 설명으로 옳은 것은?

① 뿌리에서 흡수된다.
② 광합성의 에너지원이다.
③ 광합성에 필요한 기체로 잎을 통해 흡수된다.
④ 이 기체를 모아 향의 불씨를 대면 불씨가 되살아난다.
⑤ 이 기체에 아이오딘－아이오딘화 칼륨 용액을 떨어뜨리면 청람색으로 변한다.

04 다음은 광합성에 영향을 주는 환경 요인과 광합성량과의 관계를 설명한 것이다. 빈칸에 알맞은 말을 쓰시오.

> 일반적으로 광합성이 잘 일어나는 조건은 빛의 세기가 강하고, (　　　　)가 충분히 공급되며, 온도가 30 ℃~40 ℃ 정도로 유지될 때이다.

05 표본 병에 1 % 탄산수소 나트륨 용액을 넣은 후, 검정말을 넣은 다음 그림과 같이 장치하고 발생하는 기포 수를 측정하였다.

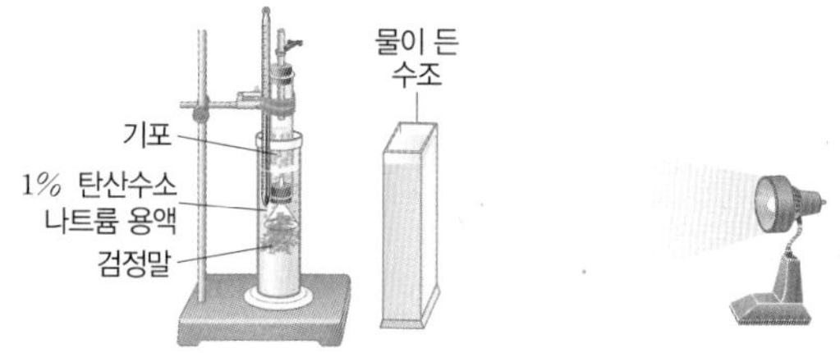

이에 대한 설명으로 옳은 것만을 〈보기〉에서 있는 대로 고른 것은?

〈보기〉
ㄱ. 검정말에서 발생하는 기포는 산소이다.
ㄴ. 물의 온도를 낮추면 기포 발생량이 증가한다.
ㄷ. 표본 병과 전등 사이의 거리가 가까울수록 빛의 세기가 강하다.

① ㄱ　② ㄴ　③ ㄷ
④ ㄱ, ㄷ　⑤ ㄴ, ㄷ

2 증산 작용

06 오른쪽 그림은 잎 뒷면의 일부를 나타낸 것이다. 각 부분에 대한 설명으로 옳은 것만을 〈보기〉에서 있는 대로 고른 것은?

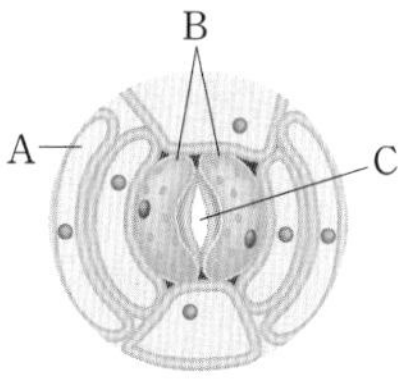

〈보기〉
ㄱ. A는 공변세포이다.
ㄴ. B에서 광합성이 일어난다.
ㄷ. C는 주로 낮에 열리고 밤에 닫힌다.

① ㄱ　② ㄴ　③ ㄷ
④ ㄱ, ㄴ　⑤ ㄴ, ㄷ

정답과 해설 • 77쪽

중요

07 그림은 증산 작용을 알아보기 위한 실험 과정을 나타낸 것이다.

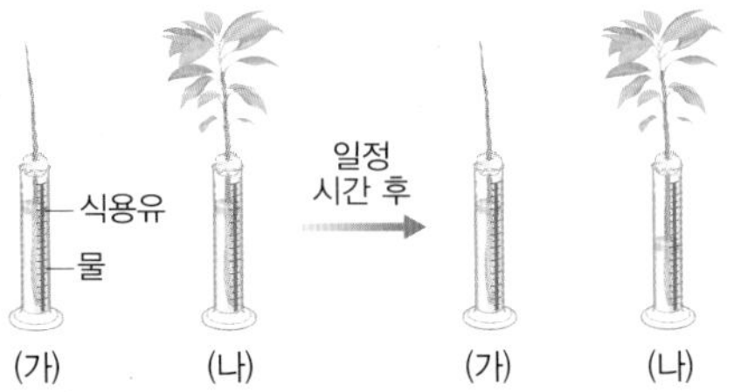

이에 대한 설명으로 옳지 않은 것은?

① 물의 양 변화는 증산 작용과 관련이 있다.
② 습도는 이 실험 결과에 영향을 주지 않는다.
③ 빛이 강할수록 (나)에서 물이 많이 줄어든다.
④ 식용유는 물이 표면에서 직접 증발되는 것을 막는 역할을 한다.
⑤ (가)와 (나)의 실험 결과를 통해 증산 작용이 일어나는 부위가 잎임을 알 수 있다.

08 증산 작용에 대한 설명으로 옳은 것은?

① 잎의 기공이 닫힐 때 일어난다.
② 빛이 약할수록 활발하게 일어난다.
③ 온도가 낮을수록 활발하게 일어난다.
④ 엽록체에서 양분을 만드는 과정이다.
⑤ 식물체의 온도가 높아지지 않게 한다.

09 증산 작용과 광합성의 관계를 설명한 것으로 옳지 않은 것은?

① 증산 작용은 기온이 낮은 밤에 주로 일어난다.
② 광합성은 빛의 세기가 강한 낮에 주로 일어난다.
③ 기공을 통해 흡수한 이산화 탄소는 광합성의 재료가 된다.
④ 기공이 열려 있을 때에는 공기 중의 이산화 탄소가 흡수된다.
⑤ 기공이 많이 열리면 증산 작용이 활발해져, 뿌리에서 흡수한 물이 잎으로 이동한다.

실전 서논술형 문제

정답과 해설 • 77쪽

01 그림은 광합성에 영향을 미치는 어떤 환경 요인과 광합성량의 관계를 나타낸 것이다.

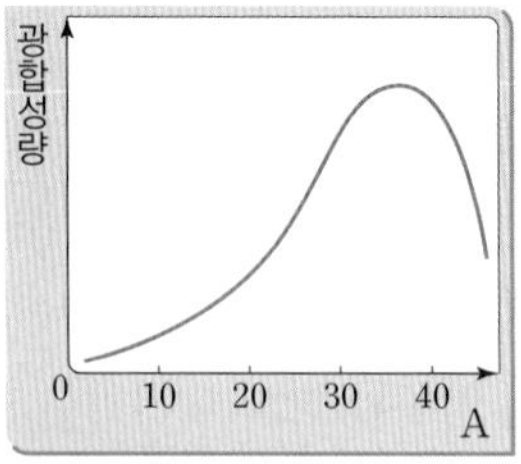

A에 해당하는 환경 요인의 이름을 쓰고, 이 환경 요인과 광합성량의 관계를 쓰시오.

Tip 광합성량은 온도의 영향을 받고, 온도가 높아질수록 광합성량이 증가하다가, 일정 온도보다 높아지면 광합성량이 급격히 감소한다.

Key Word 온도, 광합성량, 증가, 감소

02 그림은 잎 뒷면의 일부를 나타낸 것이다.

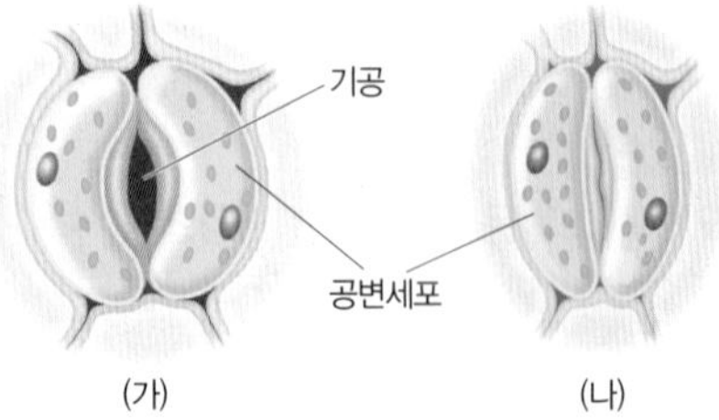

(가)와 (나) 중 증산 작용이 활발히 일어나는 경우는 어느 것인지 쓰고, 그 이유를 증산 작용의 뜻을 포함하여 서술하시오.

Tip 기공이 열릴 때 증산 작용이 일어난다.

Key Word 물, 수증기, 기공, 열린 상태

3~4 식물의 호흡 ~ 광합성 산물의 이용

중단원 개념 요약

3 식물의 호흡

❶ 식물의 호흡과 에너지

1. **식물의 호흡**: 식물 세포에서 산소를 이용해 양분(포도당)을 분해하여 생활에 필요한 에너지를 얻는 과정

2. 호흡을 할 때 산소를 흡수하고 이산화 탄소를 방출한다.

   양분(포도당)＋산소 → 이산화 탄소＋물＋에너지

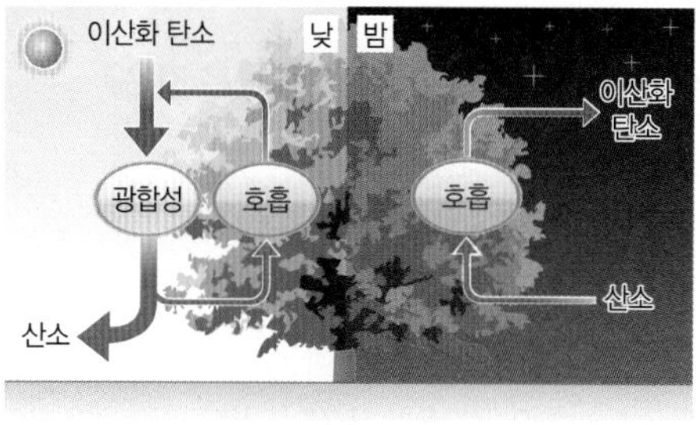

▲ 식물의 기체 교환

❷ 식물의 호흡과 광합성

1. 호흡은 포도당을 분해하여 에너지를 얻는 과정이고, 광합성은 빛에너지를 포도당으로 저장하는 과정이다.

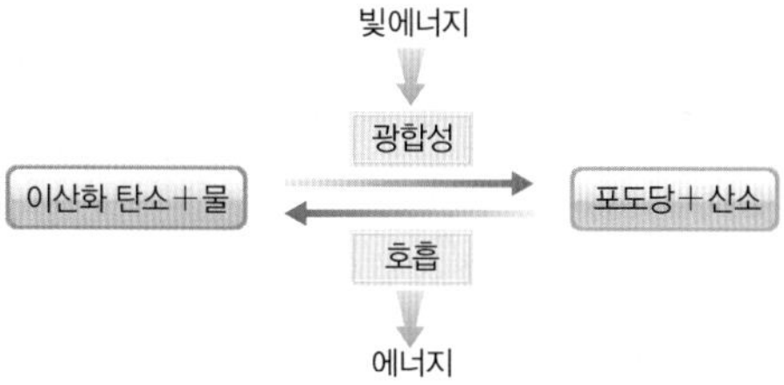

▲ 식물의 호흡과 광합성

2. 식물의 호흡은 항상 일어나지만, 광합성은 빛이 있을 때만 일어난다.

3. 식물의 호흡과 광합성 비교

구분	호흡	광합성
장소	모든 세포	엽록체
시간	항상	빛이 있을 때
원료	포도당, 산소	물, 이산화 탄소
기체 교환	산소 흡수, 이산화 탄소 방출	이산화 탄소 흡수, 산소 방출
에너지 출입	에너지 방출	에너지 흡수

4. **식물의 기체 교환**: 빛이 있는 낮에 식물은 광합성으로 발생한 산소 중 일부를 호흡에 사용하고 남는 것은 공기 중으로 방출하는 반면, 호흡에서 발생한 이산화 탄소 대부분은 광합성에 사용하기 때문에 이산화 탄소의 방출은 거의 없다.
   (1) 빛의 세기가 강한 낮: 광합성량이 호흡량보다 많아지면 식물이 이산화 탄소를 흡수하고 산소를 방출한다.
   (2) 빛이 없는 밤: 식물이 광합성을 하지 못하고 호흡만 하기 때문에 산소를 흡수하고 이산화 탄소를 방출한다.

4 광합성 산물의 이용

❶ 광합성 산물의 이동, 저장, 사용

1. **광합성 산물의 이동**: 광합성으로 생성된 녹말은 물에 잘 녹지 않기 때문에 주로 물에 잘 녹는 설탕으로 전환되어 체관을 통해 식물의 각 기관으로 운반된다.

초기 산물	일시적 저장 상태	이동 형태
포도당	녹말	설탕

2. 광합성 산물의 저장과 사용
   (1) 식물의 여러 기관으로 운반된 양분은 호흡으로 에너지를 얻는 데 쓰이거나 식물체를 구성하는 재료로 이용된다. 나머지 양분은 포도당으로 저장되거나 녹말, 지방, 단백질 등 다양한 형태로 바뀌어 잎, 열매, 뿌리, 줄기 등에 저장된다.
   (2) 광합성 결과 발생한 산소는 식물뿐 아니라 여러 생물의 호흡에 이용된다.

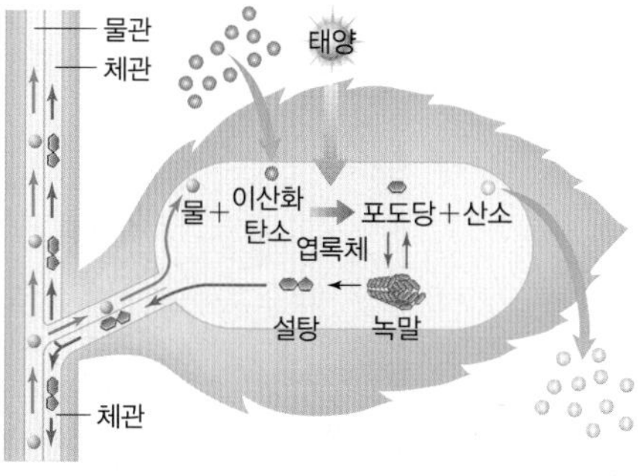

▲ 광합성으로 만들어진 양분의 생성, 이동

중단원 실전 문제

3 식물의 호흡

01 식물의 호흡을 설명한 것으로 옳은 것은?

① 잎에서만 일어난다.
② 빛이 있을 때만 일어난다.
③ 양분을 합성하는 과정이다.
④ 이산화 탄소를 흡수하고 산소를 방출한다.
⑤ 포도당을 분해하여 에너지를 얻는 과정이다.

중요

02 그림은 빛의 세기가 강한 낮에 식물에서 일어나는 작용을 나타낸 것이다. (단, (가)와 (나)는 광합성과 호흡 중 하나이다.)

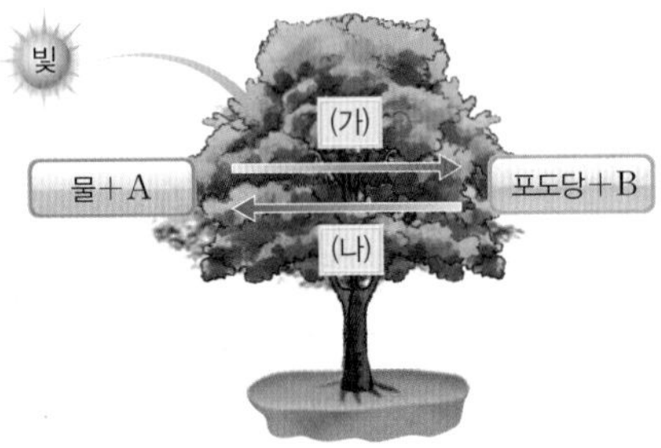

이에 대한 설명으로 옳은 것만을 〈보기〉에서 있는 대로 고른 것은?

보기
ㄱ. A는 이산화 탄소, B는 산소이다.
ㄴ. (가)는 빛에너지를 포도당으로 저장하는 과정이다.
ㄷ. (나)는 식물 세포에서만 일어나는 작용이다.

① ㄱ ② ㄴ ③ ㄷ
④ ㄱ, ㄴ ⑤ ㄴ, ㄷ

03 그림은 밤에 식물의 잎에서 일어나는 기체의 출입 관계를 나타낸 것이다.

A와 B에 해당하는 기체의 이름을 각각 쓰시오. (단, A와 B는 산소와 이산화 탄소 중 하나이다.)

04 식물의 광합성과 호흡에 대한 설명으로 옳은 것만을 〈보기〉에서 있는 대로 고른 것은?

보기
ㄱ. 밤에는 호흡만 일어난다.
ㄴ. 빛이 있는 낮에 광합성만 일어난다.
ㄷ. 세포의 엽록체에서 광합성이 일어난다.
ㄹ. 빛이 있는 낮에 식물은 광합성으로 발생한 산소를 모두 공기 중으로 방출한다.

① ㄱ, ㄴ ② ㄱ, ㄷ ③ ㄱ, ㄹ
④ ㄴ, ㄷ ⑤ ㄷ, ㄹ

05 광합성과 호흡을 비교한 것으로 옳지 않은 것은?

	광합성	호흡
①	양분을 합성한다.	양분을 분해한다.
②	모든 세포에서 일어난다.	엽록체에서 일어난다.
③	이산화 탄소를 흡수한다.	이산화 탄소를 방출한다.
④	빛에너지를 포도당에 저장한다.	생활 에너지를 생산한다.
⑤	빛이 있을 때에만 일어난다.	낮과 밤에 항상 일어난다.

06 그림은 식물의 광합성과 호흡의 공통점과 차이점을 나타낸 벤 다이어그램이다.

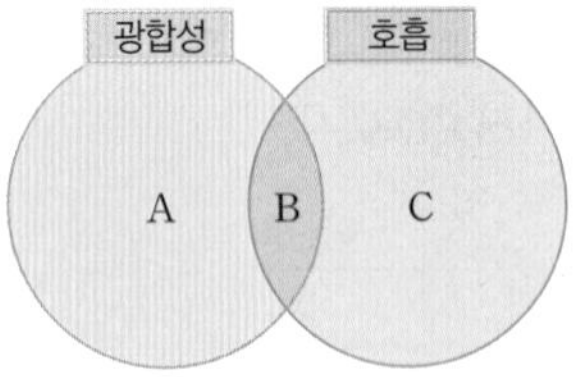

각 부분에 대한 설명으로 옳은 것만을 〈보기〉에서 있는 대로 고른 것은?

보기
ㄱ. A: 생물의 호흡에 필요한 산소를 생성한다.
ㄴ. B: 포도당을 분해하는 과정이다.
ㄷ. C: 태양의 빛에너지를 화학 에너지로 전환한다.

① ㄱ ② ㄴ ③ ㄷ
④ ㄱ, ㄴ ⑤ ㄴ, ㄷ

정답과 해설 • 77쪽

4 광합성 산물의 이용

중요

07 광합성 산물의 이동과 저장에 대한 설명으로 옳은 것만을 〈보기〉에서 있는 대로 고른 것은?

보기

ㄱ. 광합성 산물은 물관을 통해 이동한다.
ㄴ. 광합성으로 생성된 포도당은 물에 잘 녹지 않는다.
ㄷ. 광합성 산물은 잎, 열매, 뿌리, 줄기 등 여러 기관에 저장된다.

① ㄱ ② ㄴ ③ ㄷ
④ ㄱ, ㄴ ⑤ ㄴ, ㄷ

[08~09] 그림은 광합성 과정과 양분의 이동을 나타낸 것이다.

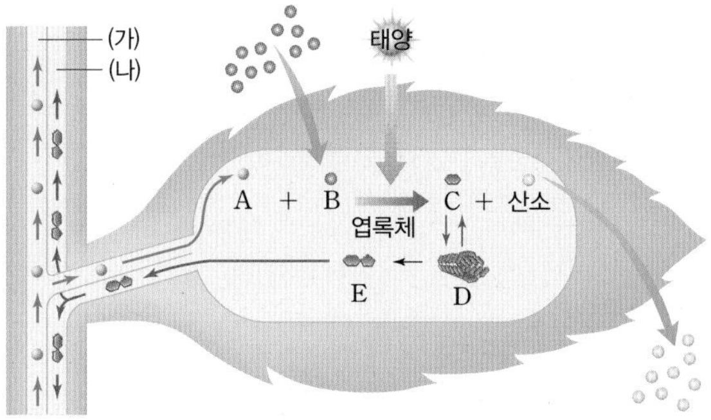

08 위 그림에 대한 설명으로 옳지 않은 것은?

① A는 뿌리에서 흡수된다.
② B는 주로 낮에 흡수된다.
③ B는 생물의 호흡에 필요하다.
④ C는 D로 바뀌어 엽록체에 임시로 저장된다.
⑤ D는 물에 잘 녹는 E로 전환되어 식물의 각 기관으로 운반된다.

09 위 그림에서 물질이 이동하는 통로 (가)와 (나)의 이름을 각각 쓰시오.

실전 서논술형 문제

정답과 해설 • 78쪽

01 다음은 시금치와 석회수를 이용한 실험을 나타낸 것이다.

(가) 비닐봉지 2개 중 1개에만 시금치를 넣고 각각 고무관을 끼운 다음 밀봉한다.
(나) 2개의 비닐봉지를 모두 빛이 없는 어두운 곳에 하루 동안 놓아둔다.
(다) 다음날 비닐봉지에 차 있는 공기를 각각 석회수에 넣는다.

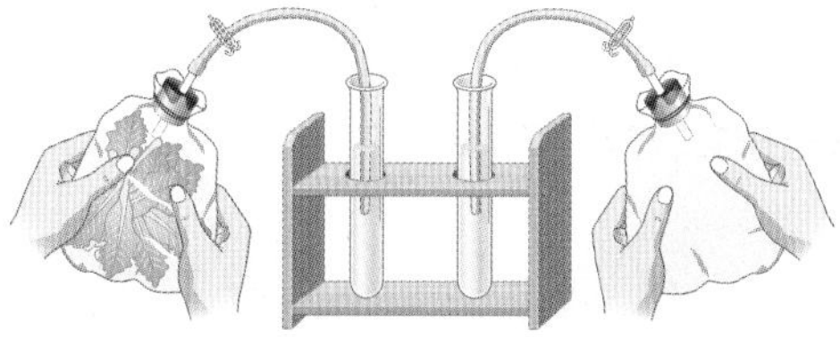

실험 결과 시금치가 들어 있는 비닐봉지의 공기를 넣은 경우에만 석회수가 뿌옇게 흐려졌다. 그 이유를 서술하시오.

Tip 빛이 없는 곳에서 식물은 광합성을 하지 않고 호흡만 한다.
Key Word 호흡, 이산화 탄소

02 과일나무의 줄기 껍질을 그림처럼 동그랗게 벗겨 내면 크고 좋은 과일을 얻을 수 있다. 그 이유를 간단히 서술하시오.

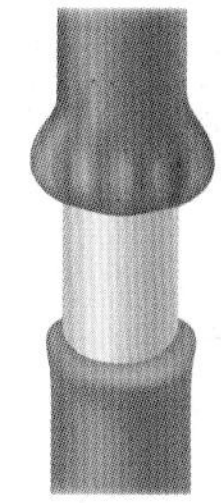

Tip 줄기 껍질을 동그랗게 벗겨 내면 체관이 잘려 나간다.
Key Word 체관, 양분

V

동물과 에너지

1 ~ 2
생물의 구성 소화

3 ~ 4
순환 호흡

5 ~ 6
배설 소화, 순환, 호흡, 배설의 관계

1~2 생물의 구성 ~ 소화

중단원 개념 요약

1 생물의 구성

❶ 생물의 구성 단계

1. **식물의 구성 단계**: 세포 → 조직 → 조직계 → 기관 → 개체
2. **동물의 구성 단계**: 세포 → 조직 → 기관 → 기관계 → 개체

2 소화

❶ 영양소

1. **탄수화물, 단백질, 지방**: 에너지원, 몸을 구성
2. **물, 무기염류, 바이타민**: 몸의 기능 조절 또는 몸을 구성

❷ 소화 과정

1. **입에서의 소화**: 아밀레이스는 녹말을 엿당으로 분해한다.
2. **위에서의 소화**: 펩신은 단백질을 중간 크기로 분해한다. 염산은 펩신의 작용을 돕고 살균 작용을 한다.
3. **소장에서의 소화**
   - 쓸개즙: 간에서 만들어져 쓸개에 저장되었다가 분비되며, 소화 효소는 없지만 지방의 소화를 돕는다.
   - 이자액: 이자에서 분비되며 녹말을 분해하는 아밀레이스, 단백질을 분해하는 트립신, 지방을 분해하는 라이페이스와 같은 소화 효소가 들어 있다.
   - 소장 벽에는 탄수화물 분해 효소와 단백질 분해 효소가 있다.

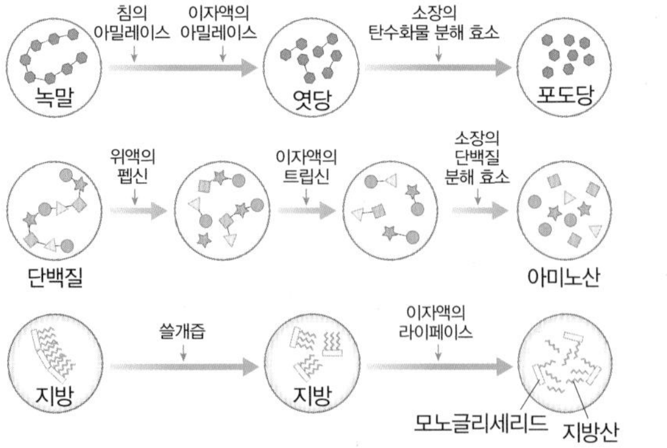

4. **대장에서의 소화**: 소장에서 흡수되지 않은 음식물 찌꺼기에서 물이 흡수되며, 남은 찌꺼기는 대장을 거쳐 몸 밖으로 배출된다.

❸ 영양소의 흡수

1. 포도당, 아미노산, 무기염류 등 물에 잘 녹는 영양소는 융털의 모세 혈관으로 흡수된다.
2. 물에 잘 녹지 않는 영양소는 융털의 암죽관으로 흡수된다.

중단원 실전 문제

1 생물의 구성

01 다음은 우리 몸을 이루는 구성 단계의 예를 나타낸 것이다.

> 근육 세포 → 근육 조직 → 심장 → 순환계 → 개체

다음의 구성 단계를 위와 같이 완성하시오.

> 상피 세포 → 상피 조직 → 위 → (   ) → 개체

2 소화

중요

02 영양소에 대한 설명으로 옳은 것만을 〈보기〉에서 있는 대로 고른 것은?

> 보기
> ㄱ. 바이타민은 에너지원으로 이용된다.
> ㄴ. 물은 몸의 구성 성분 중 비율이 가장 높다.
> ㄷ. 단백질은 에너지를 얻는 데 사용되지 않지만 몸의 여러 기능을 조절하는 데 사용된다.

① ㄱ ② ㄴ ③ ㄷ
④ ㄱ, ㄷ ⑤ ㄴ, ㄷ

03 3개의 시험관 A~C에 어떤 음식물의 희석액을 같은 양씩 넣고 각각에 다른 종류의 영양소 검출 시약을 첨가하여 색깔 변화를 관찰한 결과가 표와 같았다.

시험관	영양소 검출 시약	결과
A	아이오딘-아이오딘화 칼륨 용액	옅은 갈색
B	5 % 수산화 나트륨 수용액+ 1 % 황산 구리 수용액	보라색
C	베네딕트 용액(가열)	황적색

이 음식물에서 검출된 영양소끼리 옳게 짝지은 것은?

① 지방, 엿당 ② 녹말, 단백질
③ 녹말, 포도당 ④ 단백질, 포도당
⑤ 단백질, 무기염류

정답과 해설 • 78쪽

중요

04 오른쪽 그림은 사람의 소화 기관을 나타낸 것이다. 이에 대한 설명으로 옳지 <u>않은</u> 것은?

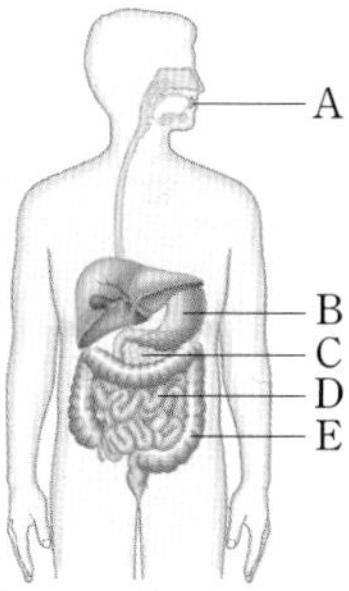

① A: 탄수화물의 분해가 처음 일어나는 곳이다.
② B: 단백질의 분해가 처음 일어나는 곳이다.
③ C: 탄수화물, 단백질, 지방의 소화 효소가 모두 포함된 소화액을 분비하는 곳이다.
④ D: 소화 효소가 작용하는 소화는 일어나지 않는다.
⑤ E: 음식물 찌꺼기 속 여분의 물이 흡수된다.

05 그림은 지방의 소화 과정을 나타낸 것이다. (단, ㉠, ㉡은 지방의 소화에 관여하는 물질이다.)

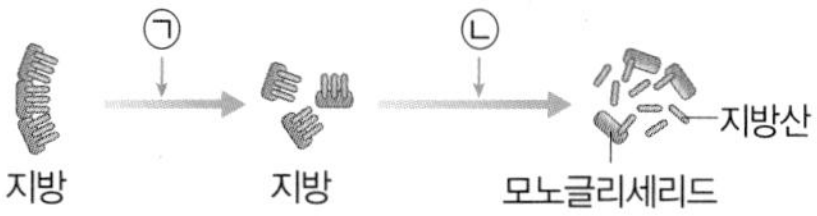

㉠, ㉡이 만들어지는 소화 기관의 이름을 각각 쓰시오.

06 그림은 소장의 융털을 나타낸 것이다.

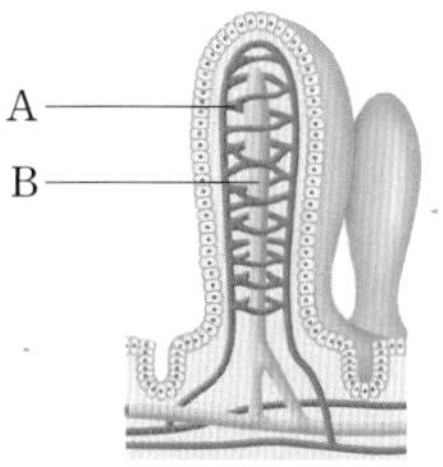

이에 대한 설명으로 옳은 것만을 〈보기〉에서 있는 대로 고른 것은?

〈보기〉
ㄱ. A는 모세 혈관이다.
ㄴ. 녹말은 A로 흡수된다.
ㄷ. B는 암죽관이다.
ㄹ. 아미노산은 B로 흡수된다.

① ㄱ, ㄴ ② ㄱ, ㄷ ③ ㄴ, ㄷ
④ ㄴ, ㄹ ⑤ ㄷ, ㄹ

정답과 해설 • 78쪽

01 시험관 A에 녹말 용액과 증류수, 시험관 B에 녹말 용액과 침 용액을 그림과 같이 넣은 후 35 ℃~40 ℃의 물이 담긴 비커에 2개의 시험관을 넣고 10분 정도 기다렸다.

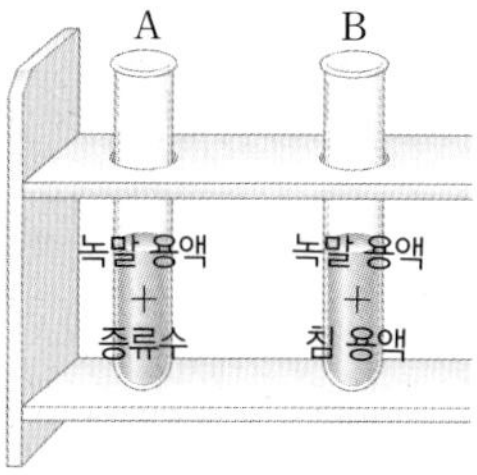

A와 B에 아이오딘－아이오딘화 칼륨 용액을 넣으면 어떤 결과가 생기는지 각각 서술하시오.

Tip 녹말에 아이오딘－아이오딘화 칼륨 용액을 넣으면 청람색으로 변한다.
Key Word 청람색

02 그림은 단백질의 소화 과정을 나타낸 것이다.

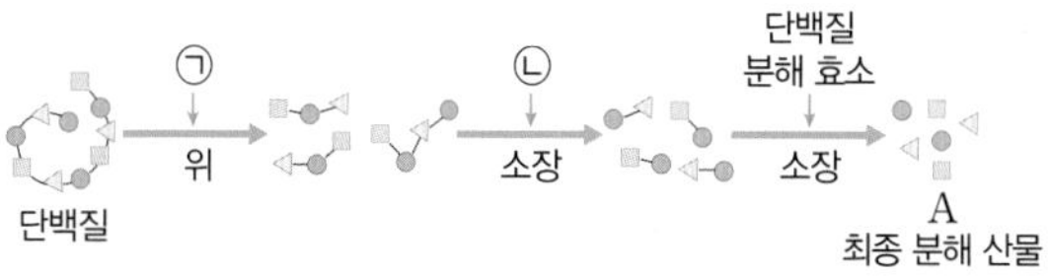

단백질이 A로 소화되기까지의 과정을 서술하시오. (단, 최종 분해 산물 A의 이름과 위, 소장에서 작용하는 소화 효소의 이름(㉠, ㉡)을 포함하여 설명하시오.)

Tip 단백질의 소화는 위와 소장에서 일어난다.
Key Word 아미노산, 위, 소장, 펩신, 트립신, 단백질 분해 효소

3~4 순환 ~ 호흡

중단원 개념 요약

3 순환

❶ 혈액의 구성

1. **혈장**: 영양소, 이산화 탄소, 노폐물, 단백질 등 운반
2. **혈구**: 적혈구(산소 운반), 백혈구(식균 작용), 혈소판(혈액 응고)

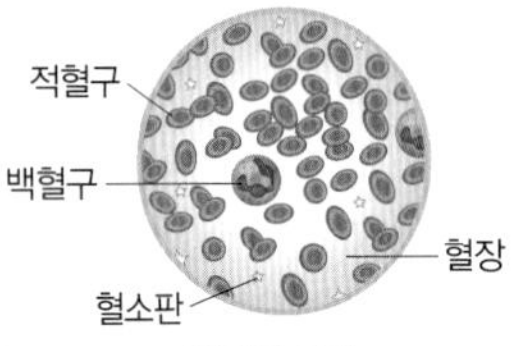

▲ 혈액의 구성

❷ 심장과 혈관

1. 심장
   (1) 심장의 구조
   - 심방: 정맥과 연결되어 혈액을 받아들인다.
   - 심실: 동맥과 연결되어 혈액을 내보낸다.
   - 판막: 혈액이 거꾸로 흐르는 것을 막아 한 방향으로 흐르게 한다. 심방과 심실, 심실과 동맥 사이에 있다.

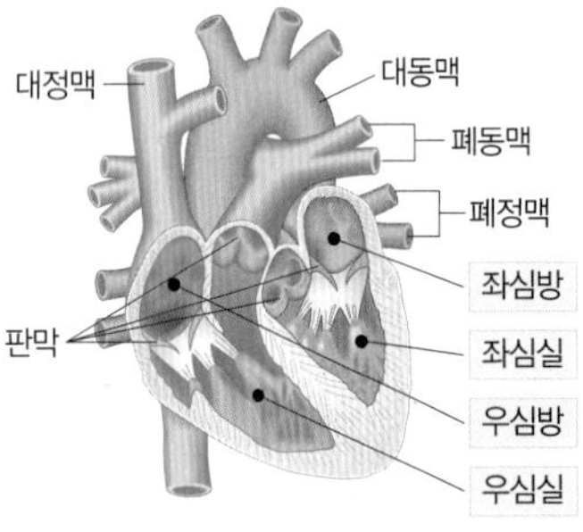

▲ 심장의 구조

   (2) 심장의 기능: 심장은 끊임없이 수축하고 이완하는 박동을 하기 때문에 혈액이 온몸을 잘 돌 수 있도록 펌프 역할을 한다.

2. 혈관
   (1) 동맥: 심장에서 나가는 혈액이 흐르는 혈관으로, 혈관벽이 두껍고 탄력이 커서 심장의 수축으로 생기는 높은 혈압을 견딜 수 있다.
   (2) 정맥: 심장으로 들어가는 혈액이 흐르는 혈관으로, 동맥보다 혈관벽이 얇고 탄력이 약하다. 혈액이 거꾸로 흐르는 것을 막아주는 판막이 곳곳에 있다.
   (3) 모세 혈관 : 혈관벽이 하나의 세포층으로 이루어져 있어 혈액과 조직 세포 사이에서 물질 교환이 일어난다.

❸ 혈액의 순환

1. **온몸 순환**: 온몸의 조직 세포에 산소와 영양소를 공급하고, 이산화 탄소와 노폐물을 받아 심장으로 돌아온다.

   좌심실 → 대동맥 → 온몸 → 대정맥 → 우심방

2. **폐순환**: 폐로 가서 이산화 탄소를 내보내고 산소를 받아 심장으로 돌아온다.

   우심실 → 폐동맥 → 폐 → 폐정맥 → 좌심방

4 호흡

❶ 사람의 호흡계의 구조와 기능

1. **폐**: 갈비뼈와 횡격막으로 둘러싸인 흉강 속에 있다. 폐는 수많은 폐포로 이루어져 있어 공기와 접촉하는 표면적이 매우 넓으므로 기체 교환이 효율적으로 일어난다.
2. 폐포의 표면은 모세 혈관이 둘러싸고 있어 폐포의 공기와 모세 혈관 내의 혈액 사이에서 기체 교환이 일어난다.

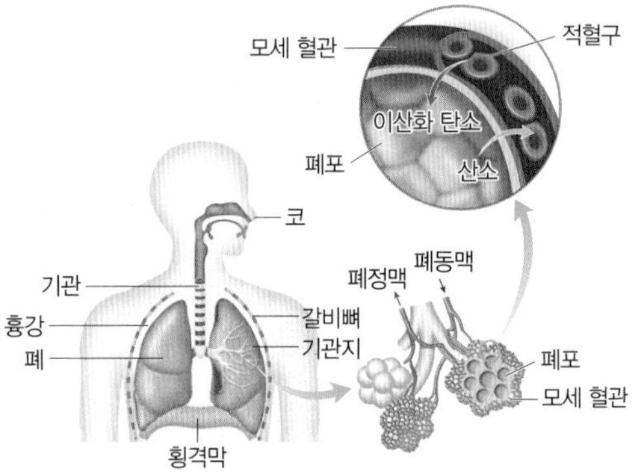

▲ 사람의 호흡계

❷ 호흡 운동

폐는 근육이 없어 스스로 운동하지 못해 횡격막과 갈비뼈의 움직임에 의해 흉강과 폐의 부피와 압력이 변화함으로써 호흡 운동을 한다.

1. **들숨**: 횡격막이 내려가고 갈비뼈가 올라가 흉강의 부피 증가 → 흉강의 압력이 낮아지고, 폐의 압력 감소 → 공기가 폐로 들어옴
2. **날숨**: 횡격막이 올라가고 갈비뼈가 내려가 흉강의 부피 감소 → 흉강의 압력이 높아지고, 폐의 압력 증가 → 공기가 폐에서 나감

구분	횡격막	갈비뼈	흉강 부피	흉강 압력	공기의 이동 방향	폐의 부피
들숨	내려감	올라감	증가	감소	밖 → 폐	증가
날숨	올라감	내려감	감소	증가	폐 → 밖	감소

❸ 기체의 교환과 이동

폐포와 모세 혈관 사이에서 확산에 의해 기체 교환이 일어난다.

1. 산소는 폐포에서 모세 혈관으로 이동 → 순환계를 통해 온몸의 조직 세포로 운반된다.
2. 이산화 탄소는 모세 혈관에서 폐포로 이동 → 날숨을 통해 몸 밖으로 나간다.

중단원 실전 문제

정답과 해설 • 79쪽

3 순환

[01～02] 그림은 혈액 속 혈구를 관찰한 결과이다.

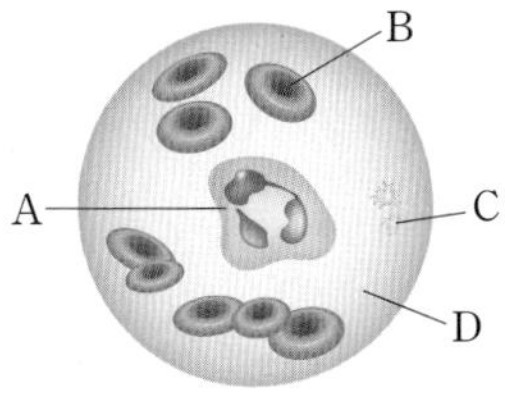

01 다음과 같은 특징을 가진 혈구의 기호와 이름을 쓰시오.

- 혈구 중에서 그 수가 가장 많다.
- 가운데가 오목한 원반 모양이고 핵이 없다.

02 위 그림에 대한 설명으로 옳은 것만을 〈보기〉에서 있는 대로 고른 것은?

보기
ㄱ. A에는 헤모글로빈이 들어 있다.
ㄴ. B는 체내에 침입한 병원체를 제거한다.
ㄷ. C가 부족하면 작은 상처에도 피를 많이 흘리게 된다.
ㄹ. D는 혈장으로 대부분 물로 되어 있다.

① ㄱ, ㄴ　② ㄱ, ㄷ　③ ㄱ, ㄹ
④ ㄴ, ㄷ　⑤ ㄷ, ㄹ

중요
03 오른쪽 그림은 사람의 심장과 심장에 연결된 혈관을 나타낸 것이다. 이에 대한 설명으로 옳은 것만을 〈보기〉에서 있는 대로 고른 것은?

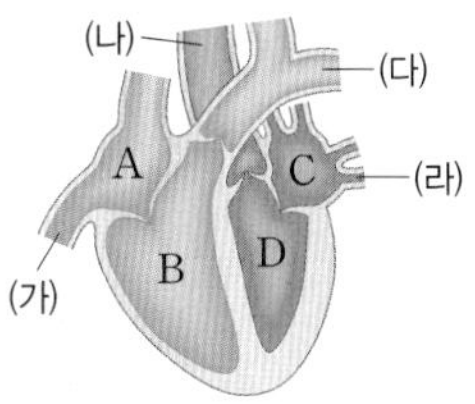

보기
ㄱ. A와 B에는 모두 산소가 풍부한 혈액이 흐른다.
ㄴ. C가 수축하면 혈액이 D로 이동한다.
ㄷ. 혈압은 (가)보다 (나)에서 더 높다.
ㄹ. (다)를 통해 혈액이 심장에서 폐로 이동한다.
ㅁ. (라)는 대정맥이다.

① ㄱ, ㄴ　② ㄷ, ㄹ　③ ㄱ, ㄷ, ㅁ
④ ㄴ, ㄷ, ㄹ　⑤ ㄷ, ㄹ, ㅁ

중요
04 그림은 혈관이 연결된 모습을 나타낸 것이다.

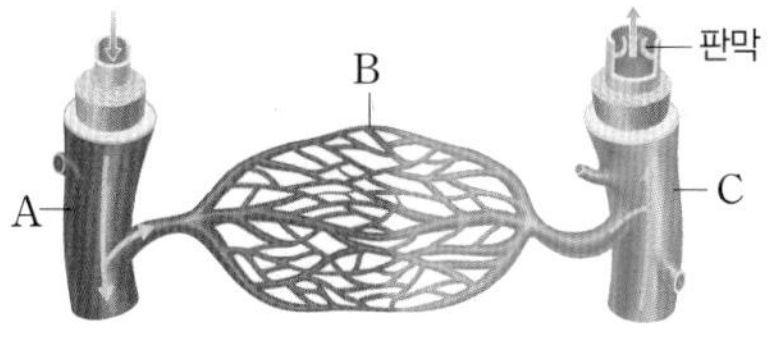

이에 대한 설명으로 옳은 것은?

① A는 혈관벽이 한 겹의 세포층으로 되어 있다.
② A에서 혈액과 조직 세포 사이에서 물질 교환이 일어난다.
③ B는 혈관 벽이 두껍고 탄력이 크다.
④ C는 A보다 혈관벽이 얇고 탄력이 약하다.
⑤ C에서 혈액이 흐르는 속도가 가장 빠르다.

05 그림은 혈액 순환 경로를 나타낸 것이다. (단, A～D는 각각 대동맥, 대정맥, 폐동맥, 폐정맥 중 하나이다.)

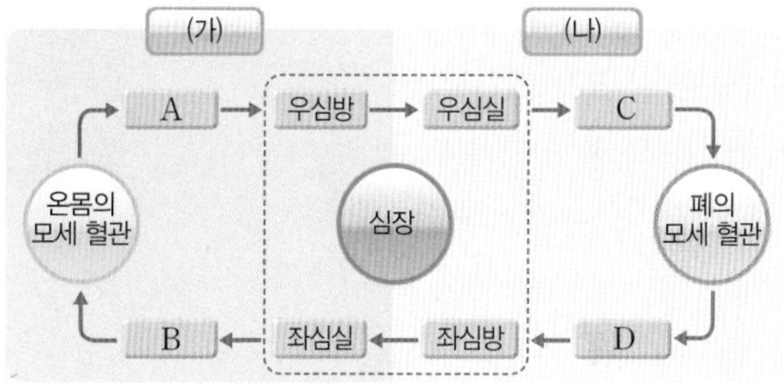

이에 대한 설명으로 옳은 것은?

① (가)는 폐순환에 해당한다.
② (나)는 온몸 순환에 해당한다.
③ A는 폐정맥, B는 폐동맥이다.
④ C는 대정맥, D는 대동맥이다.
⑤ D에는 C에 비해 산소가 더 풍부한 혈액이 흐른다.

4 호흡

06 다음은 사람의 폐에 대한 설명이다. 빈칸에 공통으로 들어갈 알맞은 말을 쓰시오.

폐는 수많은 (　　　　)로 이루어져 있다. (　　　　)는 벽의 두께가 매우 얇은 주머니로, 모세 혈관이 표면을 둘러싸고 있다.

정답과 해설 • 79쪽

07 오른쪽 그림은 호흡 운동 실험 장치를 나타낸 것이다. 이에 대한 설명으로 옳은 것은?

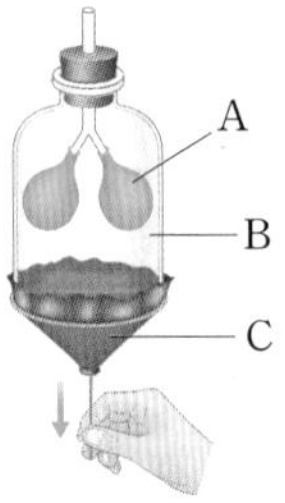

① A는 기관지에 해당한다.
② B는 횡격막에 해당한다.
③ C는 폐에 해당한다.
④ C를 아래로 잡아당기면 A가 부풀어 오른다.
⑤ C를 아래로 잡아당기는 것은 날숨일 때 일어나는 현상과 같다.

08 오른쪽 그림은 사람의 흉강 구조를 나타낸 것이다. 들숨일 때 A와 B의 움직임과 흉강의 변화에 대한 설명으로 옳지 않은 것은?

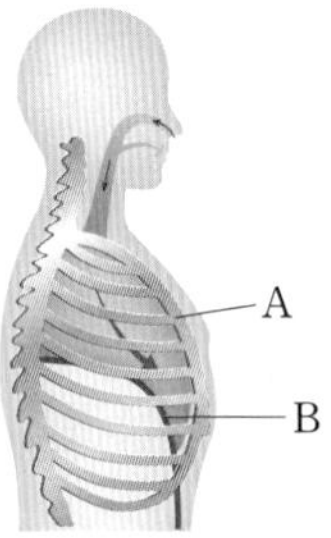

① A가 올라간다.
② B가 내려간다.
③ 폐의 부피가 감소한다.
④ 흉강의 부피가 증가한다.
⑤ 흉강의 압력이 감소한다.

중요

09 오른쪽 그림은 폐포와 모세 혈관 사이에서 일어나는 기체 교환을 나타낸 것이다. 이에 대한 설명으로 옳은 것만을 〈보기〉에서 있는 대로 고른 것은?

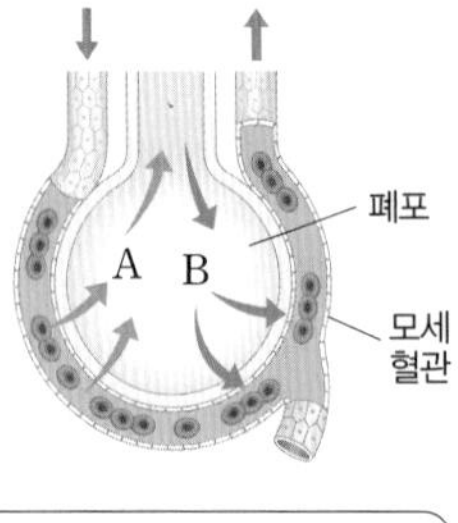

보기
ㄱ. A는 확산에 의해 이동한다.
ㄴ. B는 들숨보다 날숨에 더 많이 포함되어 있다.
ㄷ. 폐포의 압력이 대기압보다 낮아지면 공기가 폐 속으로 들어온다.

① ㄱ ② ㄴ ③ ㄷ
④ ㄱ, ㄷ ⑤ ㄴ, ㄷ

실전 서논술형 문제

정답과 해설 • 79쪽

01 그림은 사람의 혈액 순환 경로를 나타낸 것이다.

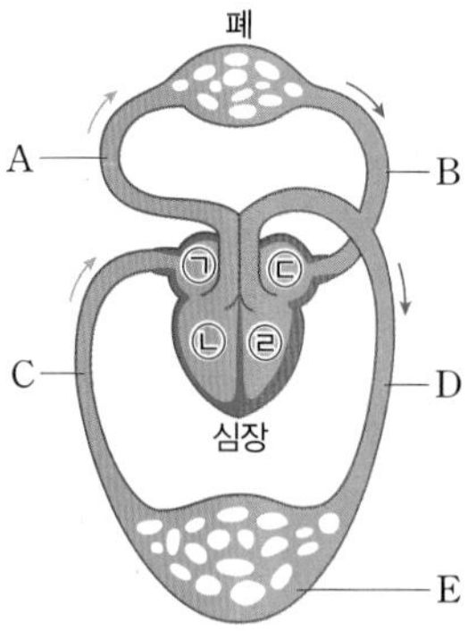

(1) 온몸 순환의 경로에서 좌심실에 연결된 혈관부터 우심방에 연결된 혈관까지 기호와 이름을 순서대로 쓰시오.

Tip 온몸 순환은 혈액이 심장에서 나와 온몸을 거쳐 심장으로 돌아오는 순환이다.
Key Word 대동맥, 온몸의 모세 혈관, 대정맥

(2) A와 B를 흐르는 혈액 속 산소의 양을 비교하여 서술하시오.

Tip 폐순환을 통해 폐포와 모세 혈관 사이에서 기체 교환이 일어난다.
Key Word 산소의 양

02 그림 (가)는 오랫동안 흡연을 한 사람의 폐 일부를, (나)는 흡연을 하지 않은 사람의 폐 일부를 나타낸 것이다.

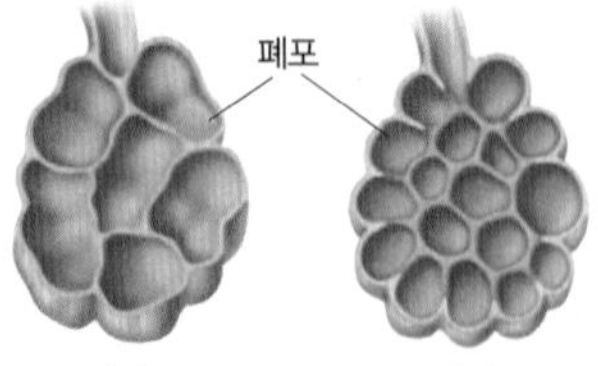

(가) (나)

(가)와 (나) 중 기체 교환은 어느 경우에 잘 일어나는 지 기호를 쓰고, 그 이유를 서술하시오.

Tip (가)는 폐포 벽이 파괴되어 폐포 수가 감소되어 있다.
Key Word 폐포 수, 표면적, 기체 교환

5~6 배설 ~ 소화, 순환, 호흡, 배설의 관계

중단원 개념 요약

5 배설

❶ 노폐물의 생성과 배설

1. 세포가 생명 활동에 필요한 에너지를 얻기 위해 영양소를 분해하는 과정에서 생성되는 노폐물을 몸 밖으로 내보내는 작용을 배설이라고 한다.
2. 탄수화물, 지방이 분해될 때 이산화 탄소와 물이, 단백질이 분해될 때 이산화 탄소, 물, 암모니아가 생성된다.

❷ 배설계의 구조와 기능

1. **사람의 배설계**: 콩팥, 오줌관, 방광, 요도 등이 있다.
   (1) **콩팥**: 혈액 속의 노폐물을 걸러 오줌을 만드는 기능을 담당하며, 겉질, 속질, 콩팥 깔때기로 구분된다.
   (2) **오줌관**: 콩팥과 방광을 연결하는 긴 관으로, 오줌이 지나가는 통로이다.
   (3) **방광**: 콩팥에서 만들어진 오줌을 모아 두는 곳이다.
   (4) **요도**: 방광에 모인 오줌이 몸 밖으로 나가는 통로이다.

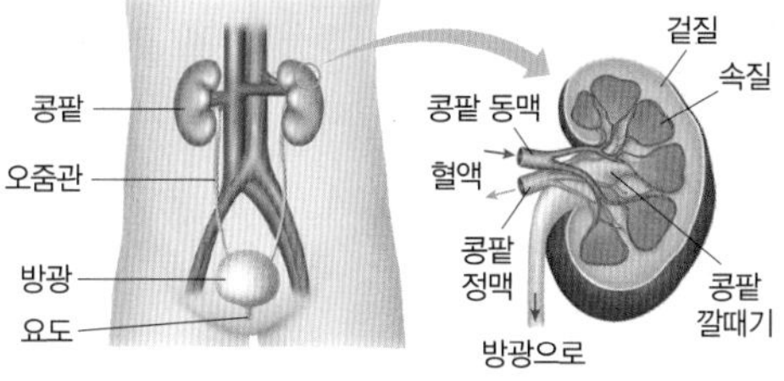

▲ 사람의 배설계

2. **네프론**: 오줌을 생성하는 기본 단위로, 사구체, 보먼주머니, 세뇨관으로 이루어져 있다.
   (1) **사구체**: 콩팥 동맥에서 갈라져 나온 모세 혈관이 실뭉치처럼 뭉쳐 있는 부분이다.
   (2) **보먼주머니**: 사구체를 둘러싼 주머니 모양의 구조이다.
   (3) **세뇨관**: 보먼주머니에 연결된 매우 가느다란 관으로 그 주변을 모세 혈관이 감싸고 있으며, 이 모세 혈관은 콩팥 정맥과 연결된다.

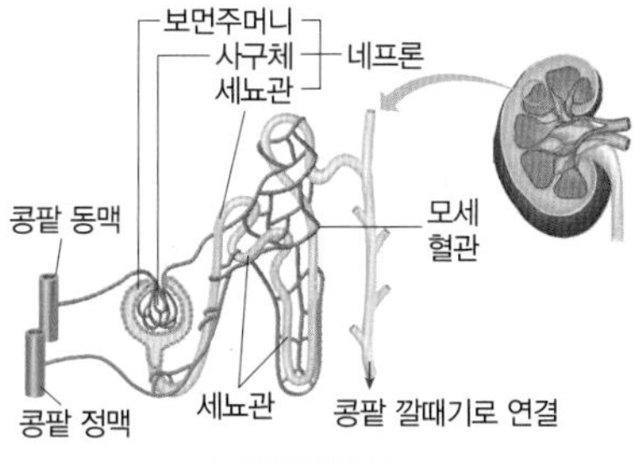

▲ 콩팥의 구조

❸ 오줌의 생성과 배설

1. **여과**: 혈액이 콩팥 동맥을 거쳐 사구체를 지나는 동안 물, 요소, 포도당 등과 같이 크기가 작은 물질이 보먼주머니로 빠져나가는 과정이다.
2. **재흡수**: 여과액이 세뇨관을 지나는 동안 포도당, 물 등이 세뇨관에서 모세 혈관으로 이동하는 과정이다.
3. **분비**: 여과되지 못하고 혈액에 남아 있는 노폐물이 모세 혈관에서 세뇨관으로 이동하는 과정이다.

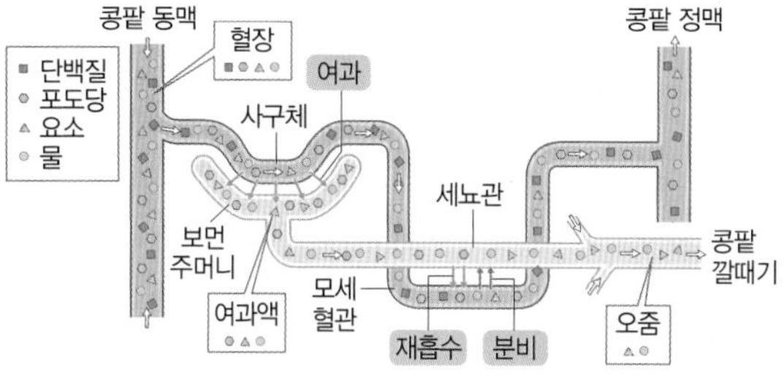

▲ 오줌의 생성 및 배설 경로

4. **오줌의 배설 경로**: 사구체 → 보먼주머니 → 세뇨관 → 콩팥 깔때기 → 오줌관 → 방광 → 요도 → 몸 밖

6 소화, 순환, 호흡, 배설의 관계

❶ 세포 호흡

1. **세포 호흡**: 세포에서 산소를 이용해 영양소를 분해하여 에너지를 얻는 과정이다.

   영양소(포도당)+산소 ⟶ 이산화 탄소+물+에너지

2. 세포 호흡으로 얻은 에너지는 체온 유지, 생장, 근육 운동, 두뇌 활동, 소리 내기 등 다양한 생명 활동에 이용된다.

❷ 소화, 순환, 호흡, 배설의 통합적 관계

1. 세포 호흡은 우리 몸의 각 기관계가 통합적으로 작동하기 때문에 가능하다.
2. 우리 몸에서 소화, 순환, 호흡, 배설은 각각 독립적으로 일어나는 것이 아니라 서로 밀접하게 연관되어 있다.
3. 영양소의 소화와 흡수는 소화계가, 물질의 운반은 순환계가, 기체 교환은 호흡계가, 노폐물의 배설은 배설계가 담당한다.
4. 소화계, 순환계, 호흡계, 배설계가 서로 조화를 이루며 작동해야 우리 몸은 건강한 상태를 유지할 수 있다.

중단원 실전 문제

5 배설

01 그림은 단백질이 세포 호흡을 한 후 노폐물이 생성되어 배설되는 과정을 나타낸 것이다.

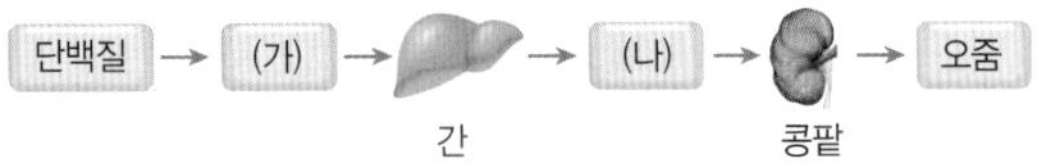

(가)와 (나)에 해당하는 물질의 이름을 각각 쓰시오.

02 오른쪽 그림은 사람의 배설계를 나타낸 것이다. 이에 대한 설명으로 옳은 것만을 〈보기〉에서 있는 대로 고른 것은?

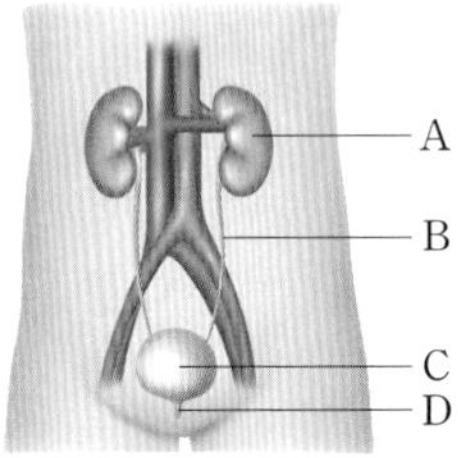

보기

ㄱ. A에서 만들어진 오줌은 B, C, D를 거쳐 몸 밖으로 내보내진다.
ㄴ. B는 콩팥 정맥으로 콩팥과 방광을 연결한다.
ㄷ. 네프론은 C에 들어있다.

① ㄱ ② ㄴ ③ ㄷ
④ ㄱ, ㄴ ⑤ ㄴ, ㄷ

중요

03 표는 건강한 사람의 혈장, 여과액, 오줌에서 물질 A와 B의 농도(g/100 mL)를 나타낸 것이다. (단, A, B는 각각 요소, 포도당 중 하나이다.)

물질	혈장	여과액	오줌
A	0.03	0.03	1.8
B	0.1	0.1	0

이에 대한 설명으로 옳은 것만을 〈보기〉에서 있는 대로 고른 것은?

보기

ㄱ. A는 여과되지만 모두 재흡수된다.
ㄴ. A는 여과액에 비해 오줌에서 농도가 증가한다.
ㄷ. B는 여과액에 포함되어 있으므로 요소이다.

① ㄱ ② ㄴ ③ ㄷ
④ ㄱ, ㄷ ⑤ ㄴ, ㄷ

[04~05] 그림은 콩팥의 네프론에서 오줌이 생성되는 과정을 나타낸 것이다.

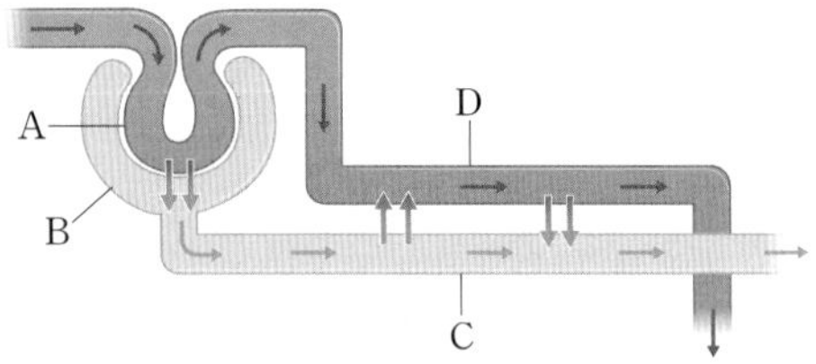

04 위 그림에 대한 설명으로 옳은 것만을 〈보기〉에서 있는 대로 고른 것은?

보기

ㄱ. 요소는 A에서 B로 이동한다.
ㄴ. 포도당은 C에서 D로 이동한다.
ㄷ. 물과 무기염류만 D에서 C로 이동할 수 있다.

① ㄱ ② ㄴ ③ ㄷ
④ ㄱ, ㄴ ⑤ ㄴ, ㄷ

중요

05 콩팥의 기능에 문제가 있는 사람이 오줌 검사를 한 결과 오줌에서 단백질이 검출되었다. 그 원인에 대한 설명으로 가장 적절한 것은?

① 단백질이 A에서 B로 빠져나왔기 때문이다.
② 단백질이 여과되지 않고, A에 남았기 때문이다.
③ 단백질이 C에서 D로 재흡수되었기 때문이다.
④ 단백질이 D에서 C로 분비되지 못했기 때문이다.
⑤ 혈액 속 단백질의 양이 너무 적기 때문이다.

06 그림은 네프론에서 1분당 물질이 이동하는 양을 나타낸 것이다.

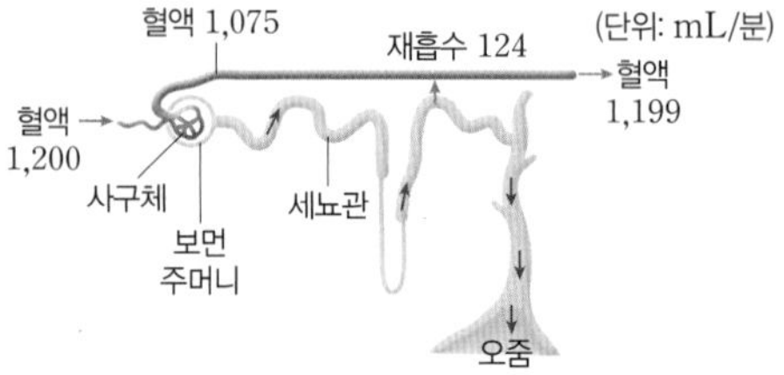

10시간 동안 생성되는 오줌의 양을 쓰시오.

정답과 해설 • 80쪽

07 다음과 같은 작용이 일어나는 기관계의 이름을 쓰시오.

- 혈액이 사구체를 지나는 동안 혈액의 일부가 보먼 주머니로 빠져나간다.
- 혈액 내에 남아 있는 노폐물 중 일부가 모세 혈관에서 세뇨관으로 이동한다.
- 방광에 일정량의 오줌이 모이면 요도를 거쳐 몸 밖으로 내보내진다.

6 소화, 순환, 호흡, 배설의 관계

중요

08 그림은 우리 몸에 있는 기관계의 작용을 나타낸 것이다.

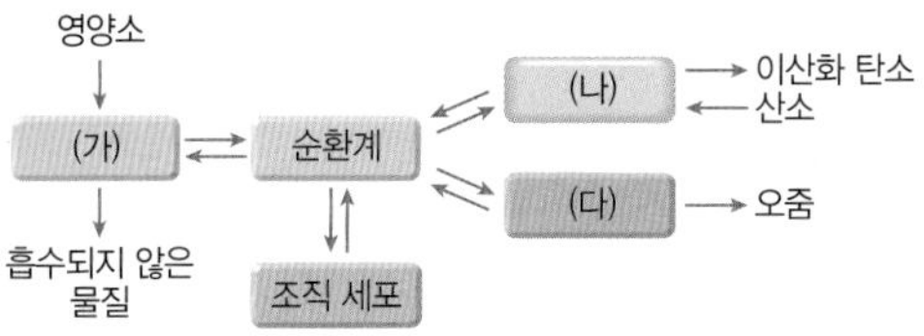

이에 대한 설명으로 옳은 것만을 〈보기〉에서 있는 대로 고른 것은?

보기
ㄱ. (가)는 소화계이다.
ㄴ. (가)를 구성하는 기관에는 코, 기관, 폐 등이 있다.
ㄷ. (나)는 공기 중의 산소를 받아들이고 몸 속의 이산화 탄소를 내보낸다.
ㄹ. 산소와 영양소는 (다)를 통해 운반된다.

① ㄱ, ㄴ ② ㄱ, ㄷ ③ ㄴ, ㄷ
④ ㄴ, ㄹ ⑤ ㄷ, ㄹ

09 세포 호흡에 대한 설명으로 옳지 않은 것은?

① 온몸의 조직 세포에서 일어난다.
② 세포 호흡 과정에 산소가 필요하다.
③ 세포 호흡에 필요한 영양소는 순환계에 의해 운반된다.
④ 세포 호흡으로 얻는 에너지는 체온 유지 등에 이용된다.
⑤ 세포 호흡 결과 생긴 이산화 탄소는 물과 함께 오줌의 형태로 몸 밖으로 내보내진다.

실전 서논술형 문제

정답과 해설 • 80쪽

01 그림은 네프론에서 물질이 이동하는 방식 중 한 가지를 나타낸 것이다.

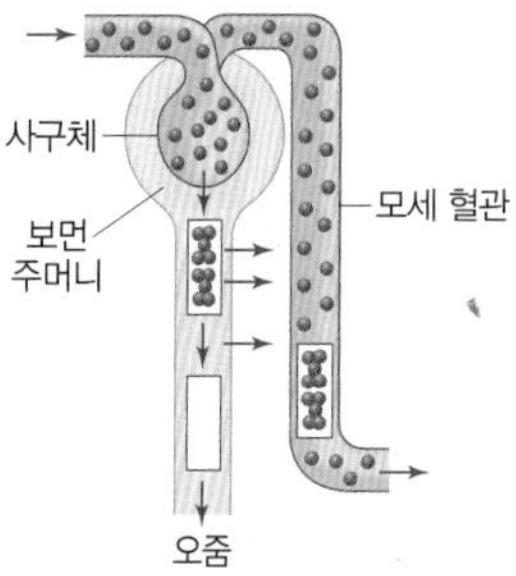

이와 같은 방식으로 이동하는 물질의 예를 들고, 그 이동 방식을 설명하시오.

Tip 사구체에서 보먼주머니로 여과된 물질이 세뇨관을 지나면서 모세 혈관으로 모두 재흡수된다.
Key Word 포도당(또는 아미노산), 재흡수

02 동물은 식물과 마찬가지로 세포 호흡을 통해 생명 활동에 필요한 에너지를 얻는다. 세포 호흡에 필요한 물질과 생성되는 물질을 포함하여 세포 호흡을 설명하시오.

Tip 영양소가 세포 호흡 과정을 거쳐 분해되면 에너지를 얻게 된다.
Key Word 영양소, 산소, 이산화 탄소, 물, 에너지

VI

물질의 특성

1
물질의 특성

2
혼합물의 분리

1 물질의 특성

중단원 개념 요약

❶ 순물질과 혼합물

1. 순물질과 혼합물

순물질	한 종류의 물질만으로 이루어진 물질 ㉠ 홑원소 물질 – 금, 구리, 수소, 질소 등 화합물 – 물, 에탄올, 소금, 이산화 탄소 등
혼합물	두 종류 이상의 순물질이 섞여 있는 물질 ㉠ 균일 혼합물 – 공기, 식초, 합금(청동, 황동) 등 불균일 혼합물 – 간장, 우유, 암석 등

2. 순물질과 혼합물의 구별: 순물질은 끓는점과 녹는점(어는점)이 일정하지만 혼합물은 일정하지 않다.

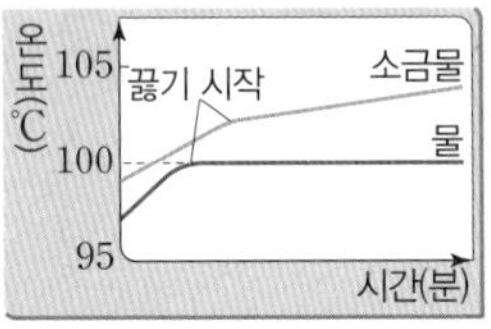

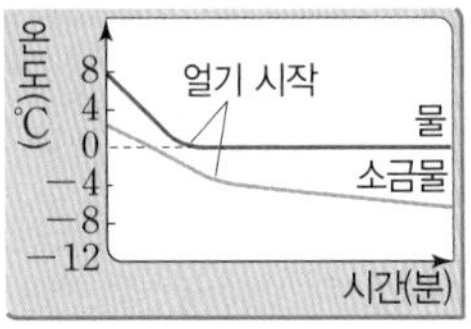

3. 물질의 특성: 어떤 물질이 다른 물질과 구별되는 고유한 성질

㉠ 겉보기 성질(색깔, 냄새, 맛, 촉감, 결정 모양, 굳기 등), 녹는점, 어는점, 끓는점, 밀도, 용해도 등

❷ 끓는점과 녹는점(어는점)

끓는점	• 액체가 끓어 기체가 되는 동안 일정하게 유지되는 온도 • 외부 압력이 높아지면 끓는점은 높아지고, 외부 압력이 낮아지면 끓는점은 낮아짐
녹는점	고체가 녹아 액체로 되는 동안 일정하게 유지되는 온도
어는점	• 액체가 얼어 고체로 되는 동안 일정하게 유지되는 온도 • 순수한 물질의 어는점과 녹는점은 같다.

• 끓는점, 녹는점, 어는점은 물질의 특성으로, 물질의 종류에 따라 다르며, 일정한 압력에서 물질의 양에 관계없이 일정하다.

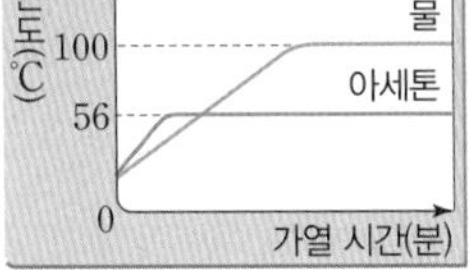

▲ 물질의 종류와 끓는점

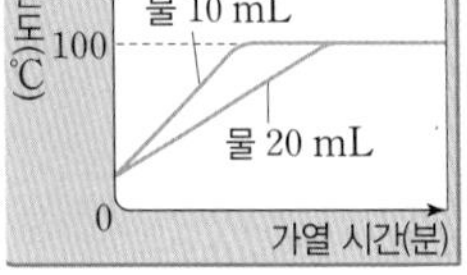

▲ 물질의 양과 끓는점

❸ 밀도

1. 밀도: 단위 부피에 해당하는 물질의 질량

$$\text{밀도}=\frac{\text{질량}}{\text{부피}}$$ (단위: g/cm^3, g/mL, kg/m^3 등)

2. 물질의 상태에 따른 밀도 변화: 대부분의 물질은 밀도는 고체＞액체＞기체 순이다. 예외) 물의 밀도는 액체＞고체＞기체 순이다.

3. 온도와 압력에 따른 밀도의 변화

고체와 액체	온도	온도가 높아지면 부피가 약간 증가하면서 밀도가 약간 감소한다.
	압력	압력에 따른 부피 변화가 거의 없어 밀도 변화도 거의 없다.
기체	온도	온도가 증가하면 부피가 크게 증가하면서 밀도가 크게 감소한다.
	압력	압력이 증가하면 부피가 크게 감소하면서 밀도가 크게 증가한다.

4. 밀도와 뜨고 가라앉음: 기준 액체보다 밀도가 큰 물체는 가라앉고, 밀도가 작은 물체는 뜬다.

㉠ 물($1\ g/cm^3$)보다 밀도가 작은 얼음($0.9\ g/cm^3$)은 물 위에 뜨고, 밀도가 큰 철($7.9\ g/cm^3$)은 물에 가라앉는다.

5. 밀도와 관련된 현상

• 사해에서는 일반 바다에서보다 몸이 쉽게 뜬다.
• 물놀이를 할 때 구명조끼를 입으면 몸이 물에 뜬다.
• 잠수부는 허리에 납 벨트를 차고 물속으로 잠수한다.
• 공기 중에서 헬륨 기체가 들어 있는 풍선은 위로 뜨고, 입으로 분 풍선은 아래로 가라앉는다.

❹ 용해도

1. 용해도: 어떤 온도에서 용매 100 g에 최대한 녹을 수 있는 용질의 g수

• 일정한 온도에서 같은 용매에 대한 용해도는 물질마다 고유한 값을 가지므로 물질의 특성이다.
• 같은 물질이라도 용매의 종류와 온도에 따라 달라진다.

2. 용해도 곡선: 온도에 따른 용해도를 나타낸 그래프

• 대부분의 고체는 온도가 높을수록 용해도가 증가한다.
• 용해도 곡선 상의 용액은 포화 용액이다.
• 곡선의 기울기가 클수록 온도에 따른 용해도 차이가 큰 물질이다.
• 용해도 곡선을 이용하면 용액을 냉각시킬 때 석출되는 용질의 양을 계산할 수 있다.

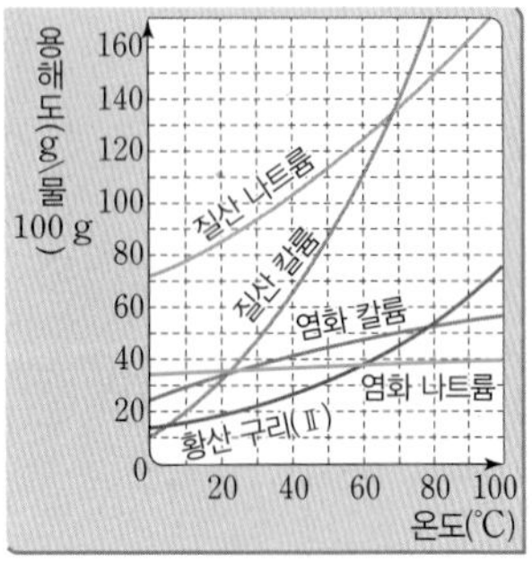

3. 기체의 용해도: 기체의 용해도는 압력이 클수록, 온도가 낮을수록 크다.

중단원 실전 문제

정답과 해설 • 81쪽

1 순물질과 혼합물

01 순물질과 혼합물에 대한 설명으로 옳은 것은?

① 금, 물, 공기는 순물질이다.
② 균일 혼합물은 끓는점이 일정하다.
③ 청동, 황동과 같은 합금은 혼합물이다.
④ 탄산 수소 나트륨, 이산화 탄소는 혼합물이다.
⑤ 혼합물은 성분 물질과는 다른 새로운 성질을 나타낸다.

[02~03] 그림은 물과 소금물의 가열 곡선을 나타낸 그래프이다.

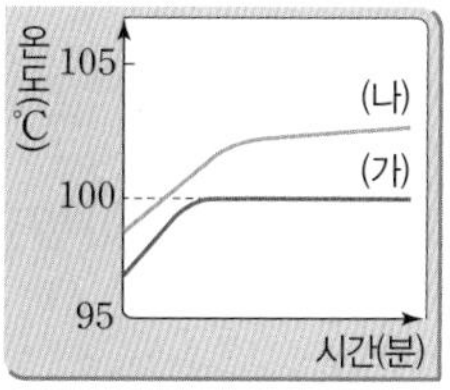

중요

02 이 그래프에 대한 설명으로 옳은 것은?

① (가)는 소금물, (나)는 물이다.
② 물은 끓는 동안에도 온도가 계속 높아진다.
③ 물의 양이 작아지면 물의 끓는점은 낮아진다.
④ 순물질의 끓는점이 혼합물의 끓는점보다 높다.
⑤ 소금물은 100 ℃보다 높은 온도에서 끓기 시작한다.

03 이 그래프로 설명할 수 있는 현상은?

① 높은 산에서 밥을 하면 쌀이 설익는다.
② 추운 겨울에도 간장은 잘 얼지 않는다.
③ 열기구 내부를 가열하면 열기구가 공중으로 뜬다.
④ 스프를 먼저 넣고 라면을 끓이면 면이 더 빨리 익는다.
⑤ 눈이 내리면 염화 칼슘을 뿌려 빙판이 생기는 것을 막는다.

04 다음 세 가지 물질을 구별하려고 한다.

물, 에탄올, 아세톤

사용할 수 있는 방법으로 옳지 않은 것은?

① 물질의 냄새를 맡아본다.
② 물질의 밀도를 측정한다.
③ 물질의 부피를 측정한다.
④ 물질의 어는점을 측정한다.
⑤ 물질의 끓는점을 측정한다.

2 끓는점과 녹는점(어는점)

05 끓는점과 녹는점에 대한 설명으로 옳은 것은?

① 압력이 높아지면 끓는점은 낮아진다.
② 물질의 양에 따라 끓는점이 달라진다.
③ 물질의 종류가 달라지면 끓는점도 달라진다.
④ 혼합물의 경우 순물질보다 낮은 온도에서 끓는다.
⑤ 같은 물질의 녹는점과 어는점이 같으므로 녹는점과 어는점은 물질의 특성이 아니다.

중요

06 그림은 고체 물질 A~D를 가열하면서 온도 변화를 측정하여 나타낸 그래프이다. 이에 대한 설명으로 옳은 것만을 〈보기〉에서 있는 대로 고른 것은?

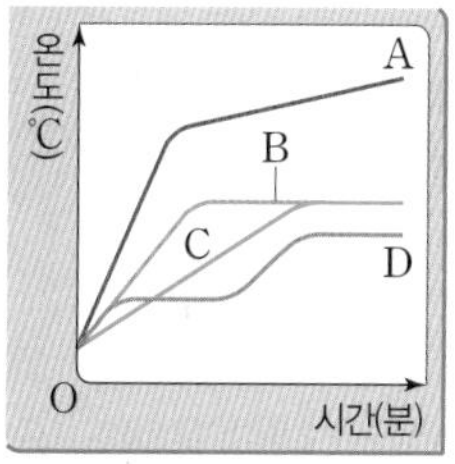

보기
ㄱ. A~D는 순물질이다.
ㄴ. B와 C는 같은 물질이다.
ㄷ. 물질의 양은 B<C이다.
ㄹ. B의 녹는점<D의 끓는점이다.

① ㄱ, ㄴ　② ㄱ, ㄷ　③ ㄱ, ㄹ
④ ㄴ, ㄷ　⑤ ㄷ, ㄹ

3 밀도

07 그림은 몇 가지 고체 물질의 질량과 부피 관계를 나타낸 것이다. A~E 중 같은 종류의 물질로 옳게 짝 지은 것은?

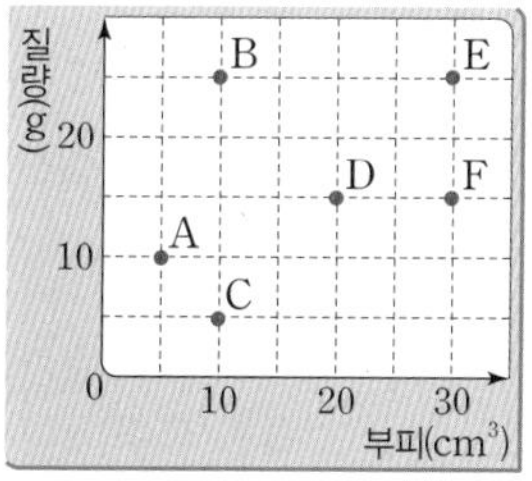

① A – C　② B – D
③ C – E　④ C – F
⑤ D – E

08 그림은 비커에 물, 글리세린, 플라스틱, 나무 도막을 넣었을 때의 모습이다. 각 물질의 밀도 크기를 부등호로 비교하시오.

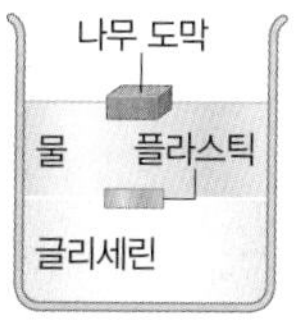

정답과 해설 • 81쪽

09 액체의 밀도를 계산하기 위해 다음과 같이 빈 비커의 질량과 액체가 들어 있는 비커의 질량을 측정하고, 눈금실린더를 이용하여 액체의 부피를 측정하였다.

측정 값이 위와 같을 때 액체의 밀도를 계산하시오.

4 용해도

중요

10 그림은 어떤 고체 물질의 물에 대한 용해도 곡선이고, A~D는 물 100 g에 고체 물질이 녹아 있는 용액의 상태를 나타낸 것이다. 이에 대한 설명으로 옳지 않은 것은?

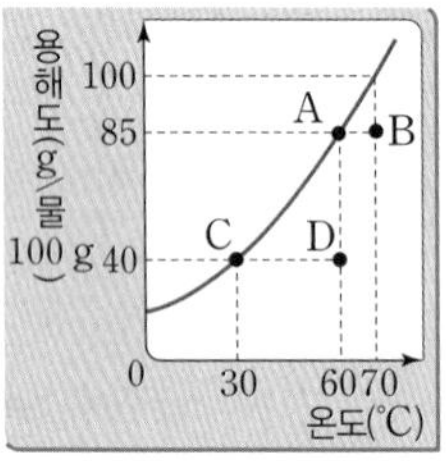

① A 용액과 C 용액은 더 이상 용질이 녹을 수 없는 포화 용액이다.

② 용액의 밀도는 A<D이다.

③ B 용액에는 용질이 15 g 더 녹을 수 있다.

④ D 용액에는 용질이 45 g 더 녹을 수 있다.

⑤ 70 ℃에서 물 50 g에 최대한 녹을 수 있는 용질의 양은 50 g이다.

11 표는 물에 대한 질산 칼륨의 용해도를 나타낸 것이다.

온도(℃)	20	40	60	80	100
용해도 (g/물 100 g)	30	65	110	170	250

(가)와 (나)의 경우 석출되는 질산 칼륨의 양을 각각 구하시오.

(가) 60 ℃ 포화 용액 210 g을 20 ℃로 냉각
(나) 100 ℃ 물 200 g에 용질 250 g을 녹인 뒤 40 ℃로 냉각

실전 서논술형 문제

정답과 해설 • 81쪽

01 다음은 끓는점 변화와 관련 있는 두 가지 현상이다.

(가) 압력 밥솥을 이용하면 쌀이 빨리 익는다.
(나) 물보다 소금물을 이용하면 계란이 빨리 익는다.

(가)와 (나)에서의 끓는점의 변화와 그 까닭을 각각 서술하시오.

Tip 끓는점은 외부 압력에 따라 달라진다.
Key Word 압력, 혼합물, 끓는점

02 그림과 같이 달걀이 물에 가라앉아 있다.

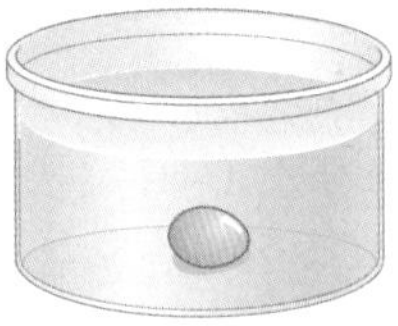

소금을 이용하여 달걀을 떠오르게 만드는 방법과 그 원리를 서술하시오.

Tip 밀도가 큰 물질은 가라앉고, 밀도가 작은 물질은 떠오른다.
Key Word 소금, 밀도

03 사이다가 들어 있는 비커를 감압 용기에 넣고 펌프로 공기를 빼내었다.

이때 발생하는 기포의 수 변화와 그 까닭을 서술하시오.

Tip 기체의 용해도는 압력에 따라 달라진다.
Key Word 기포, 압력, 기체의 용해도

2 혼합물의 분리

중단원 개념 요약

❶ 끓는점 차에 의한 혼합물의 분리

1. **증류**: 혼합물을 가열할 때 나오는 기체를 다시 냉각하여 순수한 액체를 얻는 방법
   (1) 고체와 액체 혼합물의 분리: 혼합물을 가열하면 고체 성분은 남아 있고, 끓는점이 낮은 액체만 기화한다.
   예 바닷물에서 식수 얻기, 탁주로 청주 만들기

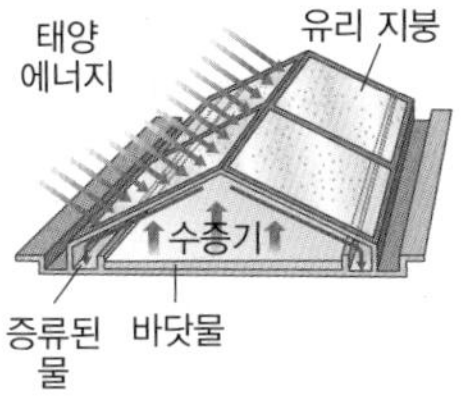

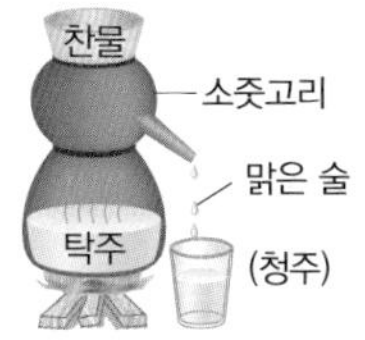

   (2) 액체 혼합물의 분리: 혼합물을 가열하면 끓는점이 낮은 액체가 먼저 기화한다. 예 원유의 분리

[물과 에탄올 혼합물의 증류]

물과 에탄올의 혼합물을 다음과 같은 증류 장치로 가열하면 끓는점이 낮은 에탄올이 먼저 끓어 나온다.

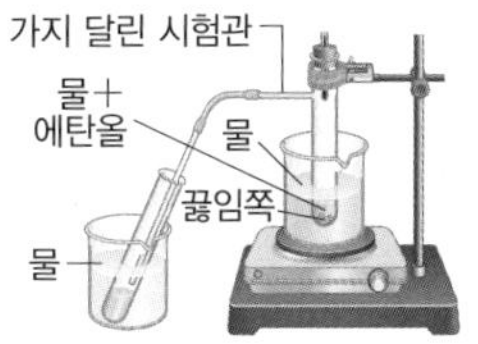

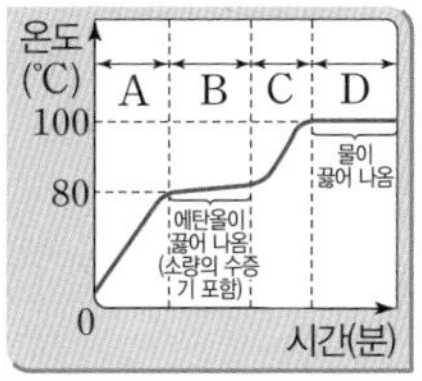

A 구간	혼합 용액의 온도가 높아진다.
B 구간	에탄올의 끓는점(78 ℃)보다 약간 높은 온도에서 에탄올이 주로 끓어 나온다. (약간의 수증기도 같이 나온다.)
C 구간	물의 온도가 높아진다.
D 구간	물이 끓는점(100 ℃)에서 끓어 나온다.

❷ 밀도 차에 의한 혼합물의 분리

1. **고체 혼합물의 분리**: 고체 혼합물을 녹이지 않으면서 밀도가 두 고체의 중간인 액체 속에 넣는다.

알찬 볍씨 고르기	신선한 달걀 고르기
볍씨를 소금물에 넣으면 알찬 볍씨는 아래로 가라앉고, 쭉정이는 위에 뜬다.	달걀을 소금물에 넣으면 신선한 달걀은 가라앉고, 오래된 달걀은 뜬다.

밀도 크기: 알찬 볍씨 > 소금물 > 쭉정이	밀도 크기: 신선한 달걀 > 소금물 > 오래된 달걀

2. **액체 혼합물의 분리**: 혼합물을 분별 깔때기나 시험관에 넣으면 밀도가 작은 액체는 위층으로, 밀도가 큰 액체는 아래층으로 나누어진다.

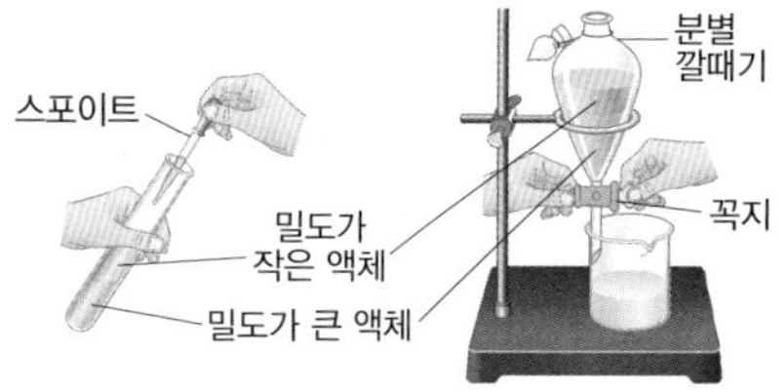

❸ 용해도 차에 의한 혼합물의 분리

1. **재결정**: 혼합물을 온도가 높은 용매에 녹인 후 냉각하여 순수한 고체 물질을 얻는 방법

소량의 불순물이 섞인 고체 물질
높은 온도의 물에 녹인 후 냉각 → 소량의 불순물은 물에 녹아 있고, 순수한 고체 물질만 석출 예 황산 구리(Ⅱ)의 재결정, 천일염의 정제
온도에 따른 용해도 차가 큰 물질과 작은 물질의 혼합물
혼합물을 높은 온도의 용매에 녹인 후 냉각 → 온도에 따른 용해도 차가 큰 물질만 석출 예 염화 나트륨과 붕산의 혼합물 분리

[염화 나트륨과 붕산의 혼합물 분리]

※ 염화 나트륨 20 g과 붕산 20 g의 혼합물

- 80 ℃의 물 100 g에 혼합물을 모두 녹인 후 용액을 20 ℃로 냉각시킨다.
  → 붕산만 15 g 석출

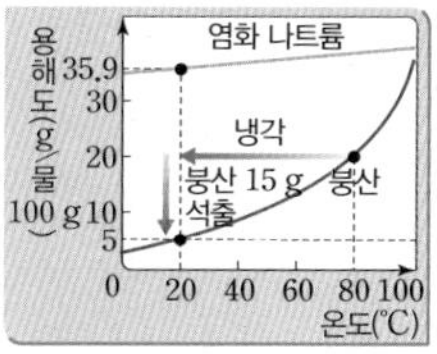

❹ 크로마토그래피에 의한 혼합물의 분리

1. **크로마토그래피**: 혼합물의 각 성분이 용매를 따라 이동하는 속도 차이를 이용하여 혼합물을 분리하는 방법
   예 사인펜 잉크의 색소 분리, 꽃잎의 색소 분리, 운동 선수의 도핑 테스트

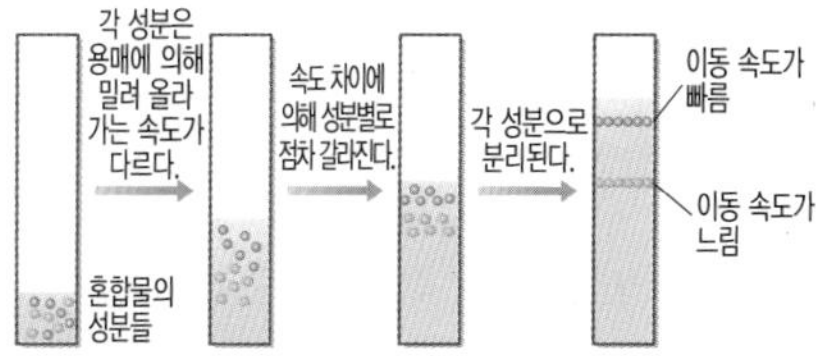

크로마토그래피의 장점
• 매우 적은 양의 혼합물도 분리할 수 있다. • 성질이 비슷한 혼합물도 분리할 수 있다. • 복잡한 혼합물도 한 번에 분리할 수 있다. • 분리 방법이 간단하고, 짧은 시간에 분리할 수 있다.

중단원 실전 문제

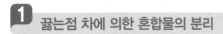

1 끓는점 차에 의한 혼합물의 분리

01 그림과 같은 장치를 이용하여 분리할 수 있는 혼합물은?

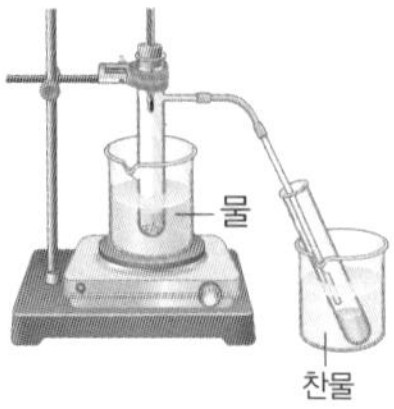

① 질소와 산소
② 물과 메탄올
③ 사인펜의 색소
④ 소금과 나프탈렌
⑤ 염화 나트륨과 붕산

중요

02 그림은 물과 메탄올의 혼합물을 가열하면서 온도 변화를 측정하여 나타낸 그래프이다. A~D 중 메탄올이 주로 끓어 나오는 구간과 물이 주로 끓어 나오는 구간을 순서대로 쓰시오.

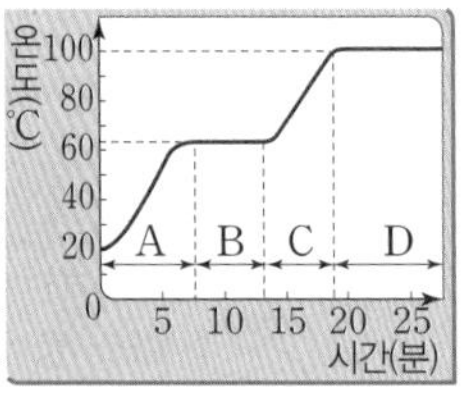

03 그림은 기체 프로페인과 뷰테인의 혼합물을 냉각시켜 분리하는 모습을 나타낸 것이다. 프로페인과 뷰테인의 끓는점을 비교하시오.

2 밀도 차에 의한 혼합물의 분리

04 그림은 액체 A와 B의 혼합물을 분리하는 모습이다. 이에 대한 설명으로 옳지 않은 것은?

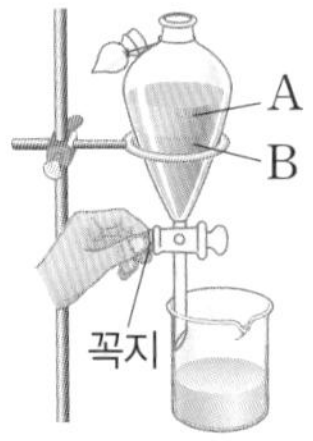

① 액체의 밀도는 A<B이다.
② 꼭지를 열면 B부터 분리된다.
③ A와 B는 서로 잘 섞이는 액체이다.
④ 실험 도구의 이름은 분별 깔때기이다.
⑤ 고기 국물에 뜬 기름을 숟가락으로 걷어내는 것과 같은 원리를 이용한다.

중요

05 표는 고체 상태 물질 A~D의 밀도와 물에 대한 용해성을 나타낸 것이다.

물질	밀도(g/cm^3)	물에 대한 용해성
A	0.5	잘 녹음
B	0.8	녹지 않음
C	1.3	잘 녹음
D	2.4	녹지 않음

물에 뜨고 가라앉음을 이용하여 분리할 수 있는 혼합물로 옳은 것은? (단, 물의 밀도는 1.0 g/cm^{3}이다.)

① A, B ② A, C ③ B, C
④ B, D ⑤ C, D

06 밀도 차를 이용하여 혼합물을 분리하는 것만을 〈보기〉에서 있는 대로 고른 것은?

보기
ㄱ. 원유의 분별 증류
ㄴ. 물과 식용유의 분리
ㄷ. 알찬 볍씨와 쭉정이의 분리
ㄹ. 천일염에서 정제된 소금 얻기

① ㄱ, ㄴ ② ㄱ, ㄷ ③ ㄴ, ㄷ
④ ㄴ, ㄹ ⑤ ㄷ, ㄹ

3 용해도 차에 의한 혼합물의 분리

07 그림은 여러 가지 물질의 물에 대한 용해도 곡선이다. 두 가지 물질을 혼합하여 80 ℃의 물 100 g에 녹인 뒤 20 ℃로 냉각시켰을 때 순수한 고체가 가장 많이 분리되는 혼합물은? (단, 각 물질은 50 g씩 섞여 있다.)

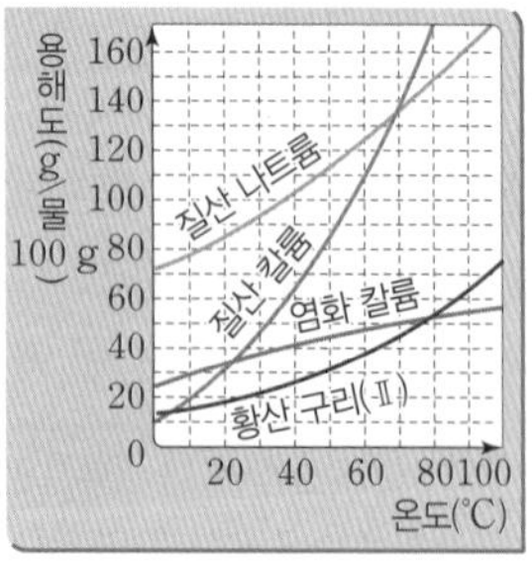

① 질산 칼륨, 염화 칼륨
② 질산 칼륨, 황산 구리(Ⅱ)
③ 질산 칼륨, 질산 나트륨
④ 염화 칼륨, 질산 나트륨
⑤ 황산 구리(Ⅱ), 질산 나트륨

정답과 해설 • 82쪽

중요

08 표는 질산 칼륨과 염화 나트륨의 온도에 따른 용해도(g/물 100 g)를 나타낸 것이다.

물질	20 ℃ 용해도	80 ℃ 용해도
질산 칼륨	32	170
염화 나트륨	36	38

80 ℃의 물 200 g에 질산 칼륨 120 g과 염화 나트륨 60 g을 넣고 모두 녹인 다음, 20 ℃로 냉각시켰을 때 석출되는 물질의 종류와 양을 구하시오.

4 크로마토그래피에 의한 혼합물의 분리

09 크로마토그래피에 대한 설명으로 옳은 것만을 〈보기〉에서 있는 대로 고른 것은?

보기
ㄱ. 성질이 비슷한 물질들도 분리할 수 있다.
ㄴ. 분리 방법이 복잡하여 시간이 오래 걸린다.
ㄷ. 용매를 따라 이동하는 속도 차이를 이용한다.
ㄹ. 용매의 종류에 관계없이 일정한 결과가 나온다.

① ㄱ, ㄴ ② ㄱ, ㄷ ③ ㄴ, ㄷ
④ ㄴ, ㄹ ⑤ ㄷ, ㄹ

10 그림은 크로마토그래피를 이용하여 잉크 A~E의 성분을 분리한 결과이다.

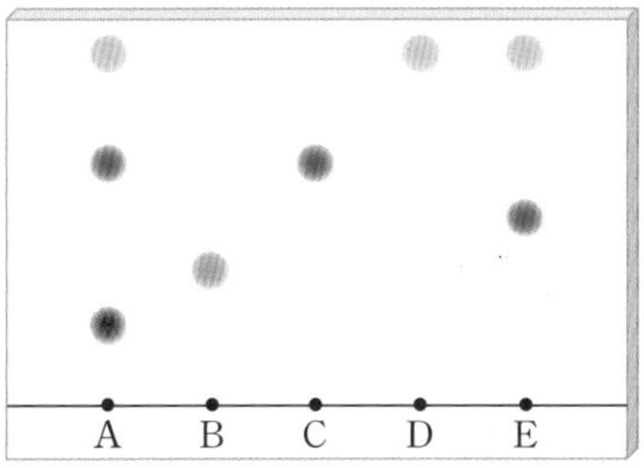

이에 대한 설명으로 옳은 것은? (단, 혼합물은 각 성분 물질로 완전히 분리되었다.)

① A~E는 혼합물이다.
② A는 B와 D의 혼합물이다.
③ A와 E는 한 종류의 같은 성분을 포함하고 있다.
④ 용매를 따라 이동하는 속도는 B>C이다.
⑤ E는 C와 D를 포함하고 있다.

실전 서논술형 문제

정답과 해설 • 82쪽

01 다음은 증류탑에서 액화된 공기를 분리하는 모습과 공기를 구성하는 주요 기체의 끓는점이다.

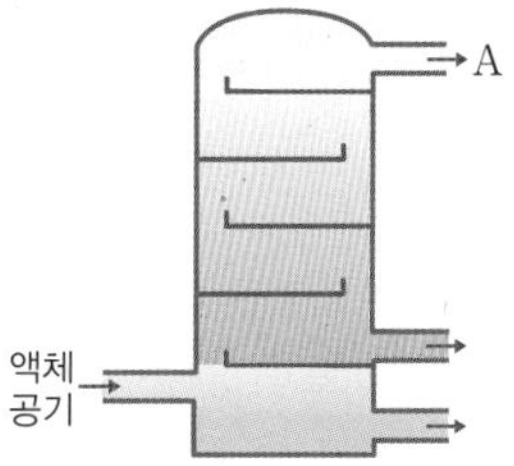

물질	끓는점(℃)
산소	−183
아르곤	−186
질소	−196

A에서 분리되어 나오는 기체의 이름과 그 까닭을 서술하시오.

Tip 액체 공기에서 끓는점에 도달한 물질은 기체로 끓어 나온다.
Key Word 끓는점

02 그림과 같이 오래된 달걀과 신선한 달걀을 분리하는 방법과 원리를 서술하시오.

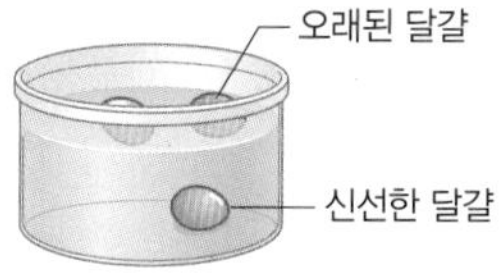

Tip 오래된 달걀과 신선한 달걀은 밀도가 다르다.
Key Word 밀도가 큰, 밀도가 작은

03 그림은 염화 나트륨과 붕산의 물에 대한 용해도 곡선이다.

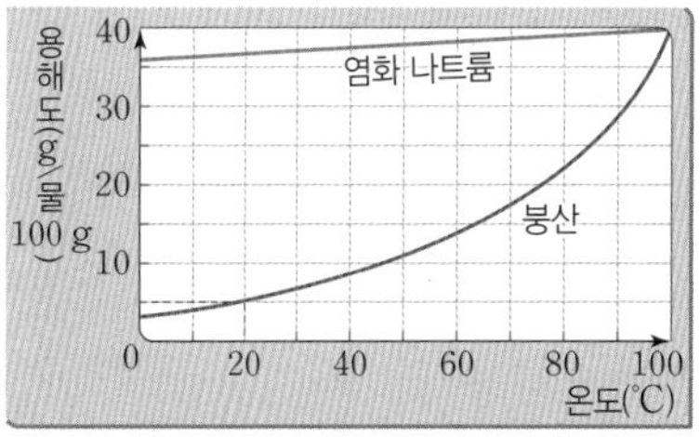

염화 나트륨 30 g과 붕산 25 g의 혼합물로부터 순수한 붕산 결정 20 g을 분리해 내려고 한다. 분리 방법을 서술하시오.

Tip 높은 온도의 용액을 냉각하면 온도에 따른 용해도 차이가 큰 물질은 석출된다.
Key Word 냉각

VIII

수권과 해수의 순환

1
수권의 분포와 활용

2
해수의 특성과 순환

1 수권의 분포와 활용

중단원 개념 요약

❶ 수권의 분포

1. **수권**: 지구에 분포하는 모든 물
   (1) 바다에 있는 물: 해수
   (2) 육지에 있는 물: 빙하, 지하수, 강물, 호수

2. 수권의 분포
   (1) 수권의 분포 비율: 해수(97.47 %)≫육지의 물(2.53 %)
   (2) 육지의 물 분포 비율: 빙하＞지하수＞강물과 호수
   (1.76 %) (0.76 %) (0.01 %)

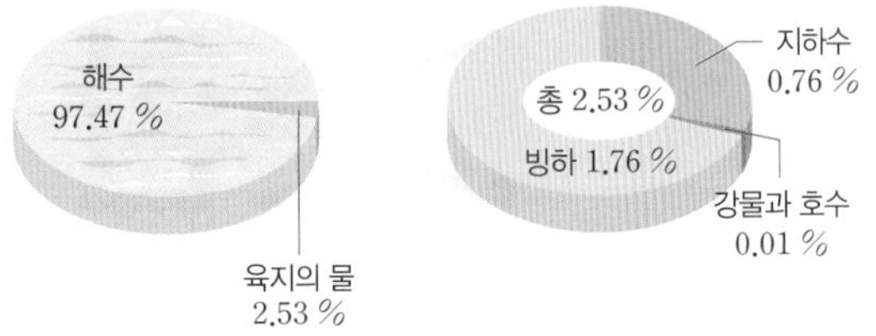

▲ 수권의 분포

3. 수권의 특징

해수	• 지구의 물 중에서 가장 많은 양을 차지함. • 지구 표면의 70 %를 바다가 덮고 있음. • 짠맛이 있어 바로 이용하기 어려움.
빙하	• 육지의 물 중에서 가장 많은 양을 차지함. • 고체 상태로 극지방이나 고산 지대에 분포함. • 얼어 있어서 바로 이용하기 어려움.
지하수	• 육지의 물 중에서 두 번째로 많은 양을 차지함. • 땅속 지층이나 암석 사이의 빈틈을 채우며 흐르는 물 • 강물과 호수가 부족할 때 개발하여 사용함.
강물과 호수	• 지구의 물 중에서 매우 적은 양을 차지함. • 우리가 가장 쉽게 이용할 수 있는 물

❷ 자원으로 활용하는 물

1. **수자원**: 사람이 살아가는 데 활용하는 물
   (1) 생명 유지뿐 아니라 다양한 분야에 활용되는 물
   (2) 주로 짠맛이 나지 않는 담수를 활용한다.

2. 수자원의 활용
   (1) 수권에서 바로 사용하기 어려운 물

해수	• 짠맛을 제거하여 담수가 부족한 지역에서 활용한다.
빙하	• 녹아 액체 상태가 된 물을 담수가 부족한 고산 지대에서 활용한다.

   (2) 수권에서 바로 사용할 수 있는 물

지하수	• 강물이나 호수보다는 많은 양이 분포함. • 빗물이 지층의 빈틈으로 채워지기 때문에 지속적으로 활용할 수 있다. ➡ 수자원으로서의 가치가 높다. • 농작물 재배, 제품의 생산에 주로 이용한다. • 도시에서는 조경이나 건물 청소, 공원의 분수에도 활용된다. • 온천과 같은 관광 자원으로도 활용된다. • 지하수의 수위가 크게 낮아진 곳에서는 지하수 댐을 설치한다.
강물과 호수	• 우리가 주로 사용하는 수자원으로, 강수량의 영향을 많이 받는다. • 부족할 때 지하수를 개발하여 사용한다.

3. 수자원의 용도

생활용수	우리가 마시거나 일상생활에서 사용하는 물
농업용수	농작물을 재배하는 데 필요한 물
공업용수	공장에서 제품을 만들 때 사용하는 물
유지용수	하천의 수질이나 생태계를 유지하기 위한 물

4. 우리나라의 수자원
   (1) 우리나라 수자원의 용도별 현황
   • 농업용수로 가장 많이 이용하고 있다.
   • 유지용수와 생활용수로도 많이 이용한다.
   • 생활용수의 이용량이 빠르게 증가하고 있다.

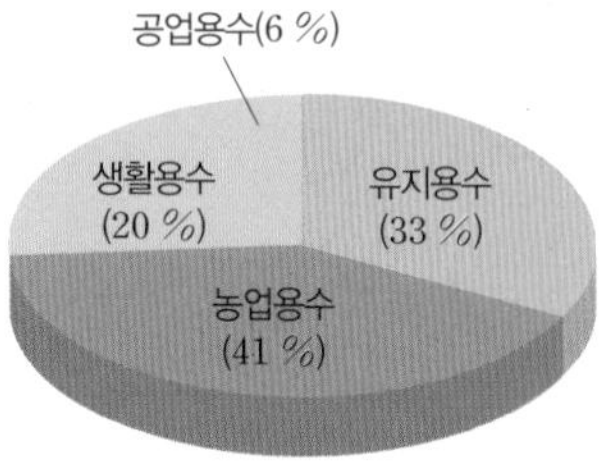

▲ 우리나라 수자원의 용도별 현황

   (2) 우리나라 수자원의 특징
   • 강수량이 여름철에 집중되어 다른 계절에는 물 부족이 나타날 수 있다.
   • 안정적인 수자원의 확보를 위해 댐을 건설하고 지하수를 개발하고 있다.

중단원 실전 문제

정답과 해설 • 83쪽

1 수권의 분포

[01~02] 그림은 수권의 분포를 나타낸 것이다.

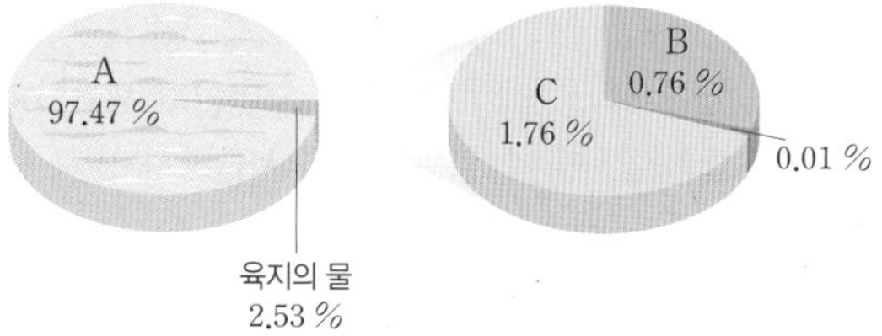

01 A, B, C가 옳게 짝지어진 것은?

	A	B	C
①	지하수	빙하	해수
②	빙하	지하수	해수
③	빙하	해수	지하수
④	해수	지하수	빙하
⑤	해수	빙하	지하수

중요

02 A~C에 대한 설명으로 옳은 것을 〈보기〉에서 있는 대로 고른 것은?

보기
ㄱ. A는 짠맛이 나므로 바로 이용하기 어렵다.
ㄴ. B는 극지방이나 고산 지대에 얼음의 형태로 분포한다.
ㄷ. C는 땅속 지하에서 천천히 흐르고 있다.

① ㄱ ② ㄴ ③ ㄱ, ㄷ
④ ㄴ, ㄷ ⑤ ㄱ, ㄴ, ㄷ

03 수권에 대한 설명으로 옳지 않은 것은?

① 바다는 지구 표면의 70 %를 덮고 있다.
② 수권의 대부분은 해수가 차지한다.
③ 우리가 주로 이용하는 물은 강물과 호수이다.
④ 지하수는 담수이지만 땅속에 있어서 우리가 이용하기가 어렵다.
⑤ 육지의 물은 대부분 극지방이나 고산 지대에 얼음의 형태로 분포한다.

04 다음의 특징을 가지는 수권을 이루는 물은 무엇인가?

- 육지의 물 중에서 가장 많은 양을 차지한다.
- 극지방이나 고산 지대에 분포한다.
- 얼어 있어서 바로 이용하기가 어렵다.

① 해수 ② 빙하 ③ 지하수
④ 강물 ⑤ 호수

05 〈보기〉 중에서 사람이 바로 활용할 수 있는 것을 있는 대로 고른 것은?

보기
ㄱ. 지하수 ㄴ. 해수 ㄷ. 강물
ㄹ. 호수 ㅁ. 빙하

① ㄱ, ㄴ ② ㄴ, ㄹ ③ ㄱ, ㄷ, ㄹ
④ ㄴ, ㄷ, ㄹ ⑤ ㄱ, ㄷ, ㄹ, ㅁ

06 그림은 육지 물의 분포 비율을 나타낸 것이다.

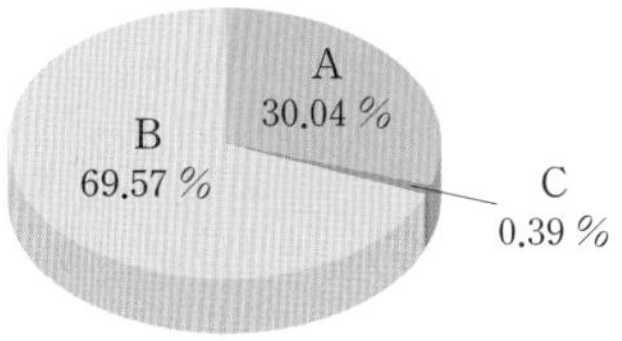

A~C에 대한 설명으로 옳은 것을 〈보기〉에서 있는 대로 고르시오.

보기
ㄱ. A와 C는 우리가 바로 활용할 수 있는 물이다.
ㄴ. B는 액체 상태로 염류가 녹아 있는 염수이다.
ㄷ. C는 고체 상태이지만 짠맛이 나지 않는 담수이다.

정답과 해설 • 83쪽

2 자원으로 활용하는 물

07 수자원의 활용에 대한 설명으로 옳은 것을 〈보기〉에서 있는 대로 고른 것은?

보기
ㄱ. 염수인 해수도 짠맛을 제거하여 담수가 부족한 지역에서 활용한다.
ㄴ. 생활에 주로 활용하는 물은 담수인 강물과 호수, 지하수이다.
ㄷ. 빙하는 녹아서 액체가 되면 짠맛이 나므로 활용하기가 어렵다.

① ㄱ ② ㄴ ③ ㄱ, ㄴ
④ ㄴ, ㄷ ⑤ ㄱ, ㄴ, ㄷ

중요
08 자원으로서의 물의 가치와 관련된 설명으로 옳은 것은?

① 수권에서 바로 활용할 수 있는 물의 양은 매우 많다.
② 인구가 늘어나고 산업이 발달하여 삶의 질이 향상되면서 필요한 물의 양이 감소하고 있다.
③ 수권에서 바로 활용할 수 있는 물은 해수이다.
④ 강물이나 호수는 지하수보다 많은 양이 분포하고 있다.
⑤ 바로 활용할 수 있는 물의 양이 한정적이므로 효율적으로 활용할 필요가 있다.

09 그림은 우리나라 수자원의 용도별 현황을 나타낸 것이다.

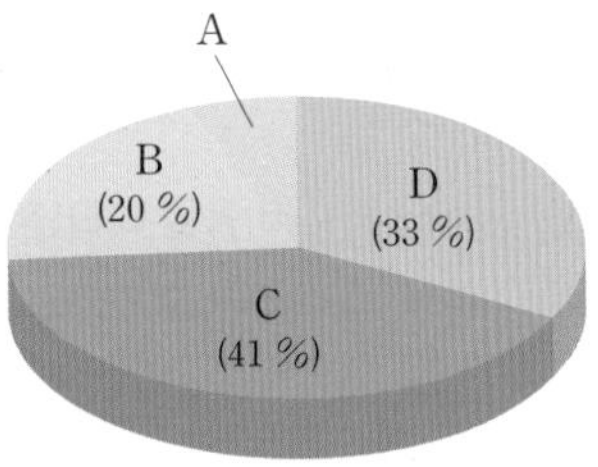

위 자료에 대한 설명으로 옳은 것을 〈보기〉에서 골라 기호를 쓰시오.

보기
ㄱ. A는 농작물을 재배하는 데 사용되는 물이다.
ㄴ. B는 일상생활을 하는 데 사용되는 물이다.
ㄷ. C는 공장에서 제품을 만드는 데 사용되는 물이다.
ㄹ. D는 하천의 수질과 생태계를 유지하는 데 사용되는 물이다.

실전 서논술형 문제

정답과 해설 • 83쪽

01 표는 지구의 수권에서 물의 부피비(%)를 조사한 결과이다.

해수	담수(2.53 %)		
	빙하	지하수	강물과 호수
97.47 %	1.76 %	0.76 %	0.01 %

지구의 물 중에서 가장 많은 것은 무엇인지 쓰고, 이 물을 우리가 쉽게 활용할 수 없는 이유를 서술하시오.

Tip 해수는 가장 많은 부피를 차지하지만, 짠맛을 가진 염수이다.
Key Word 해수, 염수, 짠맛

02 표는 대표적인 수자원의 용도를 설명한 것이다.

농업용수	농작물을 기르는 데 사용하는 물
생활용수	일상생활에 사용되는 물
유지용수	하천의 기능을 유지하는 데 사용되는 물
공업용수	공장에서 제품을 제작하는 데 사용되는 물

우리나라에서 최근 이용량이 급격히 증가한 수자원 용도를 골라 쓰고, 그 까닭을 서술하시오.

Tip 인구 증가와 산업이 발달하면서 삶의 질이 향상되면 필요한 물의 양이 더 많아진다.
Key Word 인구 증가, 산업 발달, 생활용수

03 그림은 우리나라 지하수의 용도별 이용량과 시설 현황을 나타낸 것이다.

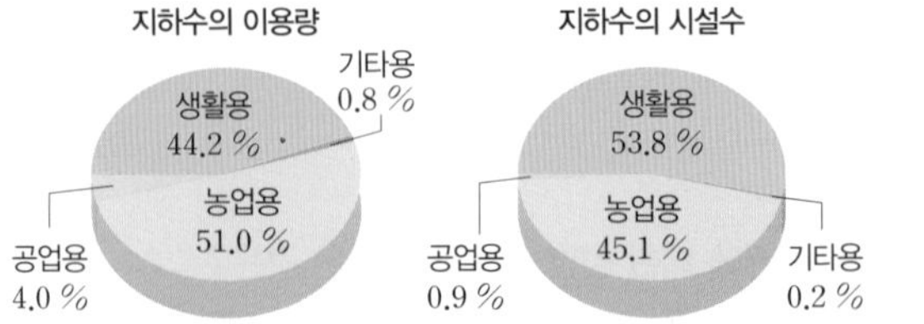

(출처: 지하수조사연보(국토교통부 · 한국수자원공사, 2017))

우리나라에서는 지하수를 어떤 용도로 많이 활용하는지 쓰고, 그렇게 해석한 까닭을 설명하시오.

Tip 벤다이어그램에서의 비율을 비교해 본다.
Key Word 지하수, 농업용

2 해수의 특성과 순환

중단원 개념 요약

❶ 해수의 온도

1. **표층 해수의 온도**: 저위도에서 고위도로 갈수록 해수면에 도달하는 태양 에너지가 적어지므로 수온이 낮아진다.

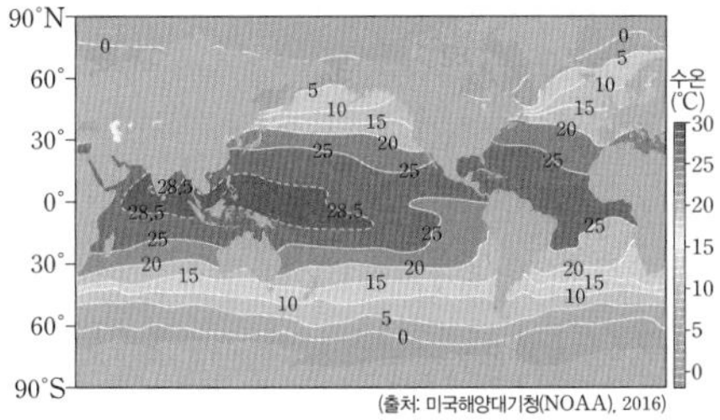

(출처: 미국해양대기청(NOAA), 2016)

2. **해수의 층상 구조**: 깊이에 따른 수온 변화를 기준으로 3개의 층으로 구분한다.

혼합층
해수면이 바람에 의해 혼합되어 수온이 일정한 층

수온 약층
깊어질수록 수온이 급격히 낮아지는 층

심해층
수온이 4 ℃ 이하로 매우 낮고 수온이 일정한 층

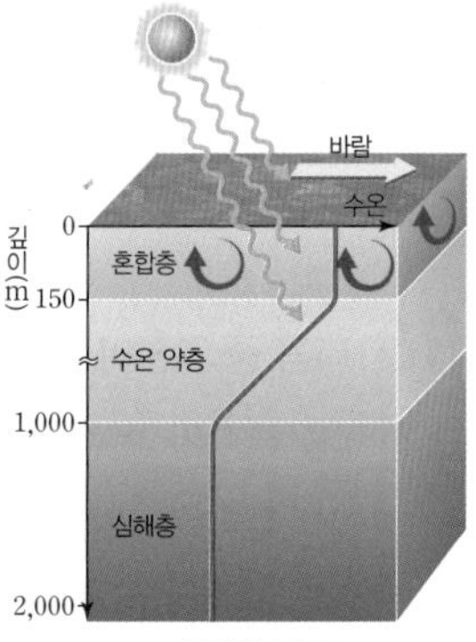

▲ 수권의 분포

❷ 해수의 염분

1. **염류**: 해수에 녹아 있는 여러 가지 물질
   - 염화 나트륨이 가장 많고, 염화 마그네슘이 두 번째로 많다.

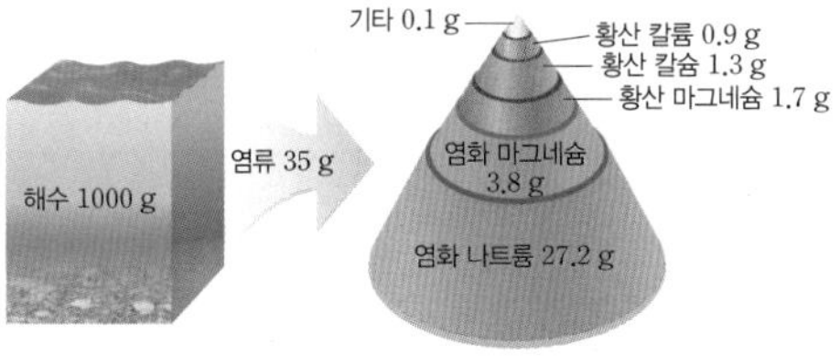

▲ 염분이 35 psu인 해수 1000 g에 녹아 있는 염류

2. **염분**: 해수 1000 g 속에 녹아 있는 염류의 총량을 g 수로 나타내며, 단위로는 psu(실용 염분 단위), ‰(퍼밀)을 사용한다.
3. **염분에 영향을 주는 요인**

염분이 낮은 바다	• 증발량보다 강수량이 더 많은 바다 • 육지의 물이 흘러드는 바다 • 빙하가 녹는 바다
염분이 높은 바다	• 강수량보다 증발량이 더 많은 바다 • 해수가 어는 바다

4. **염분비 일정 법칙**: 해수에 녹아 있는 염류의 양은 해역마다 다르지만, 각 염류가 차지하는 비율은 어느 해역이나 항상 일정하다.

❸ 해류

1. **해류**: 일정한 방향으로 지속적으로 흐르는 해수의 흐름
   (1) 난류: 저위도에서 고위도로 흐르는 따뜻한 해류
   (2) 한류: 고위도에서 저위도로 흐르는 차가운 해류
2. **우리나라 주변 해류**
   (1) 황해 난류: 쿠로시오 해류의 일부가 황해로 흐름.
   (2) 동한 난류: 쿠로시오 해류의 일부가 동해로 흐름.
   (3) 북한 한류: 연해주 해류의 일부가 동해안을 따라 흐름.
3. **조경 수역**: 한류와 난류가 만나는 곳, 좋은 어장이 형성된다.

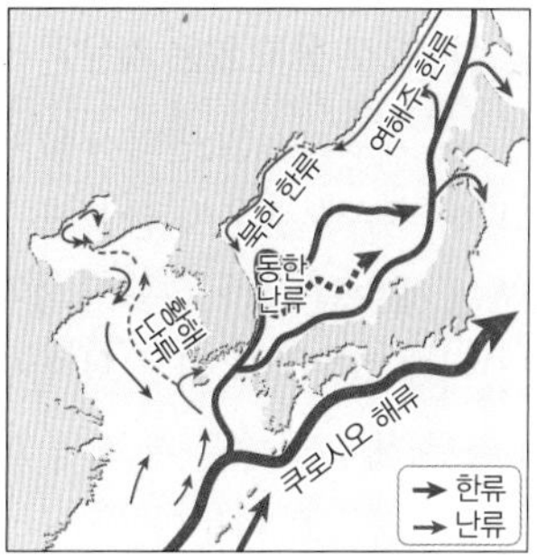

❹ 조석 현상

1. **조석**: 해수면의 높이가 주기적으로 높아지고 낮아지는 현상
   (1) 조류: 조석에 의해 주기적으로 변하는 바닷물의 흐름
   - 밀물: 바닷물이 육지 쪽으로 밀려오는 흐름
   - 썰물: 바닷물이 바다 쪽으로 빠져나가는 흐름

   (2) 조차: 만조와 간조 때의 해수면 높이 차이
   - 만조: 밀물에 의해 해수면이 가장 높아진 때
   - 간조: 썰물에 의해 해수면이 가장 낮아진 때

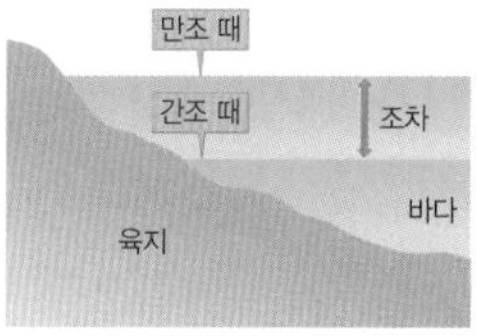

2. **조석의 이용**
   (1) 만조와 간조가 일어나는 시간을 알면 실생활에 활용할 수 있다.
   (2) 조차가 큰 지역에서는 조력 발전소를 건설하여 전기를 생산한다.

중단원 실전 문제

1 해수의 온도

[01~02] 그림은 어느 해역에서 측정한 해수의 깊이에 따른 수온 분포이다.

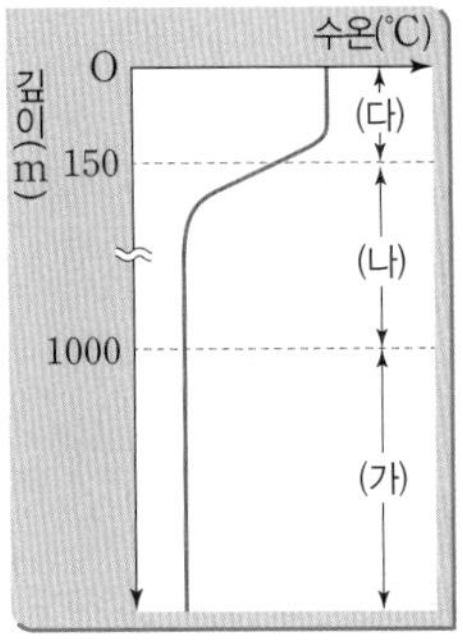

01 (가), (나), (다) 층의 이름을 쓰시오.

중요
02 그림에 대한 설명으로 옳지 않은 것은?

① (가)는 일 년 내내 수온의 변화가 없이 거의 일정하다.
② (나)는 깊어질수록 수온이 급격하게 감소한다.
③ (나)에서는 해수의 상하 운동이 매우 활발하다.
④ (다)는 깊이에 따라 수온이 거의 일정하게 유지된다.
⑤ 깊이에 따른 해수의 수온 분포에 따라서 (가), (나), (다) 세 개의 층으로 나눈다.

03 다음에서 설명하고 있는 해수의 층상 구조는 무엇인지 쓰시오.

- 바람이 강하게 불수록 두께는 두꺼워진다.
- 표층의 해수는 태양 에너지에 의해 가열되고, 바람에 의해 섞이면서 수온이 거의 일정하게 유지된다.

04 해수의 층상 구조 중 심해층에 대한 설명으로 옳은 것은?

① 해수의 층상 구조 중에서 수온이 가장 높다.
② 깊어질수록 수온이 급격하게 높아진다.
③ 바람에 의해 혼합되면서 수온이 일정하게 된다.
④ 태양 에너지가 거의 도달하지 못하므로 수온이 4 ℃ 이하로 매우 낮다.
⑤ 따뜻한 해수가 차가운 해수의 위쪽에 있어서 해수의 상하 운동이 일어나지 않는다.

2 해수의 염분

05 해수에 녹아 있는 염류와 염분에 대한 설명으로 옳지 않은 것은?

① 전 세계 바다의 평균 염분은 35 psu이다.
② 염류 중에서 가장 많은 것은 쓴맛이 나는 염화 마그네슘이다.
③ 염분은 해수 1 kg 속에 녹아 있는 염류의 총량을 g 단위로 나타낸 것이다.
④ 염류는 한 가지 물질이 아니라 여러 가지 물질이 녹아 있는 것이다.
⑤ 바다에 따라 염분은 다를 수 있지만 전체 염류에 대해 각 염류가 차지하는 비율은 일정하다.

06 다음 중 염분이 높은 바다는 어디인가?

① 해수가 어는 바다
② 빙하가 녹는 바다
③ 강물이 흘러드는 대륙 주변의 바다
④ 강수량이 증발량보다 더 많은 바다
⑤ 육지의 물인 지하수가 흘러드는 바다

중요
07 다음 표는 세 바다의 염분을 나타낸 것이다.

바다	동해	홍해	북극해
염분(psu)	33	40	30

(가) 세 바다의 해수 속에 녹아 있는 염화 나트륨의 양과 (나) 세 바다의 전체 염류 중 염화 나트륨이 차지하는 비율을 부등호(>, <) 또는 등호(=)로 옳게 비교한 것은?

	(가)	(나)
①	동해>홍해>북극해	동해=홍해=북극해
②	홍해>동해>북극해	동해=홍해=북극해
③	홍해>북극해>동해	동해>홍해>북극해
④	북극해>동해>홍해	홍해>동해>북극해
⑤	동해=홍해=북극해	북극해>동해>홍해

3 해류

중요

08 그림은 우리나라 주변의 해류를 나타낸 것이다.

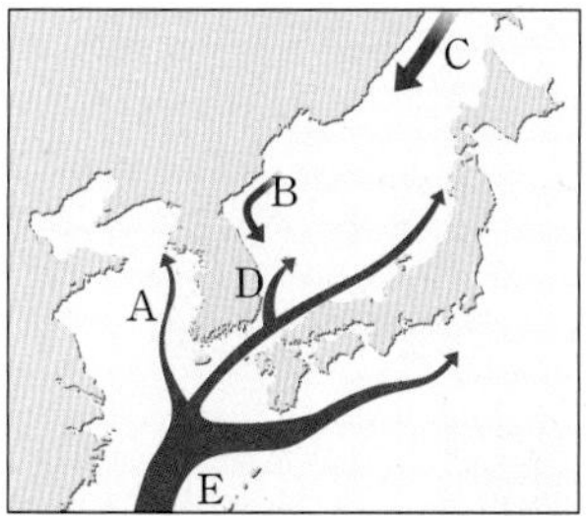

A~E에 대한 설명으로 옳은 것을 〈보기〉에서 있는 대로 고른 것은?

◀ 보기 ▶
ㄱ. A와 C는 우리나라 주변 한류의 근원이 된다.
ㄴ. B와 D가 만나는 곳에는 조경 수역이 형성된다.
ㄷ. 우리나라 주변 난류의 근원은 E이다.

① ㄱ　② ㄴ　③ ㄱ, ㄴ
④ ㄴ, ㄷ　⑤ ㄱ, ㄴ, ㄷ

4 조석 현상

[09~10] 그림은 어느 해역에서 하루 동안 해수면의 높이 변화를 나타낸 것이다.

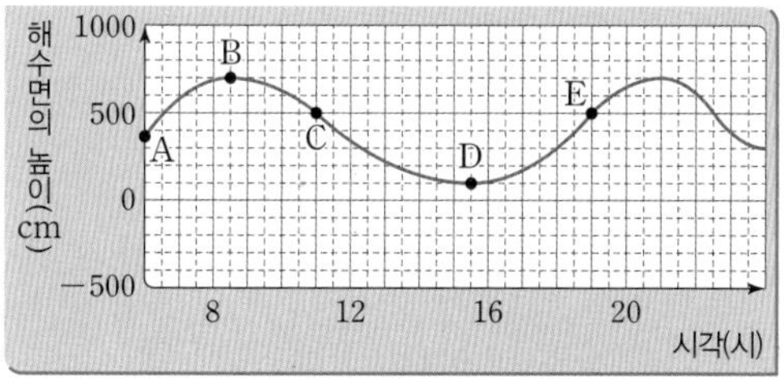

09 A~E 중 조개를 캐기에 가장 좋은 시간은 언제인가?

① A　② B　③ C
④ D　⑤ E

10 A~E에 대한 설명으로 옳은 것을 〈보기〉에서 있는 대로 고르시오.

◀ 보기 ▶
ㄱ. A에는 썰물이 흐른다.
ㄴ. B는 만조, D는 간조이다.
ㄷ. C에는 밀물이 흐른다.

실전 서논술형 문제

01 그림은 전 세계 해수면의 수온 분포이다.

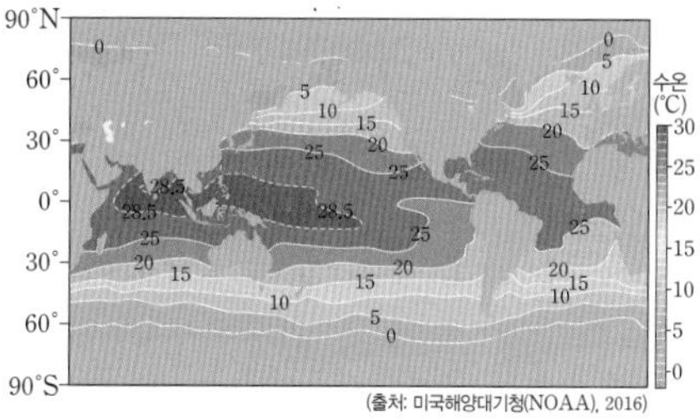

고위도에서 저위도로 갈수록 해수면의 수온 분포는 어떻게 변하는지 설명하고, 그 까닭을 서술하시오.

Tip 해수면에 도달하는 태양 에너지의 양에 따라 수온이 달라진다.
Key Word 태양 에너지, 해수면, 수온

02 그림은 깊이에 따른 해수의 수온 분포를 나타낸 것이다. 혼합층은 바람이 강하게 부는 지역에서 두께가 더 두꺼워진다. 그 까닭을 서술하시오.

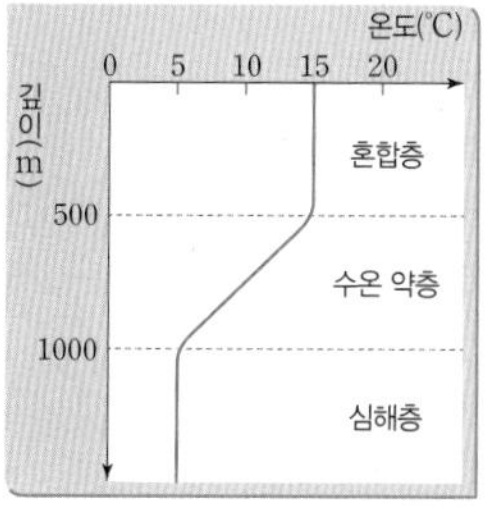

Tip 바람이 강하게 불면 해수는 더 잘 혼합된다.
Key Word 바람, 해수, 혼합, 깊이

03 그림은 여름철과 겨울철 우리나라 주변 바다의 염분 분포를 나타낸 것이다.

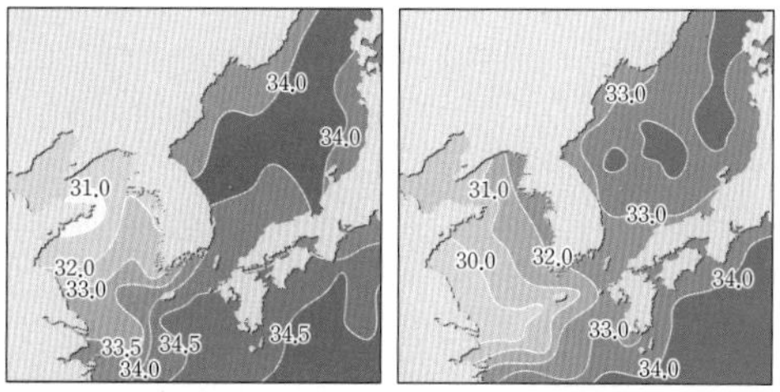

▲ 겨울철　▲ 여름철

여름철과 겨울철의 염분을 비교하고, 그 까닭을 서술하시오.

Tip 강수량이 많을수록 염분은 낮아진다.
Key Word 여름철, 강수량

VIII

열과 우리 생활

1
온도와 열의 이동

2
열평형, 비열, 열팽창

1 온도와 열의 이동

중단원 개념 요약

❶ 온도

1. **온도**: 물체의 차갑고 뜨거운 정도를 숫자로 나타낸 것
   - 온도의 단위: ℃(섭씨도)와 K(켈빈) 등을 사용
   - 온도의 측정: 온도계로 측정

   ㉠ 디지털 체온계, 알코올 온도계, 적외선 온도계 등
2. **온도와 입자 운동**: 온도는 물체를 구성하는 입자의 운동이 활발한 정도를 나타낸다.

온도가 낮은 물체	온도가 높은 물체

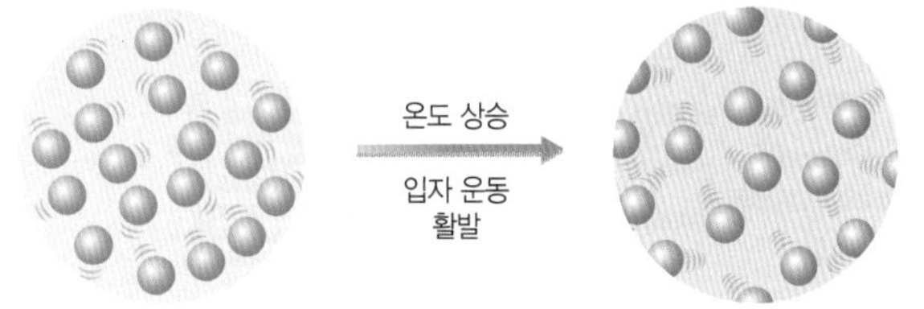

입자의 운동이 둔함	입자의 운동이 활발함

❷ 열의 이동

1. **열**: 온도가 서로 다른 두 물체가 접촉했을 때 온도가 높은 물체에서 온도가 낮은 물체로 이동하는 에너지
2. **열의 이동**
   (1) **전도**: 고체에서 물체를 구성하는 입자의 운동이 이웃한 입자에 차례대로 전달되어 열이 이동하는 현상

▲ 고체 막대에서 열의 이동

   (2) **대류**: 기체나 액체에서 물질을 구성하는 입자들이 직접 이동하면서 열이 이동하는 현상

▲ 물의 대류

   (3) **복사**: 열이 다른 물질의 도움 없이 직접 이동하는 현상으로 태양의 열도 복사에 의해 지구로 전달된다.
3. **열의 이동의 예**
   (1) **전도에 의한 열의 이동**: 온도가 높은 전기장판을 이루는 입자들이 빠르게 움직이면서 피부를 이루는 입자와 충돌하며 열을 전달한다.

▲ 전도에 의한 열의 이동

   (2) **대류에 의한 열의 이동**: 에어컨에서 나온 차가운 공기는 아래로 내려오고, 아래에 있던 따뜻한 공기는 위로 올라가면서 공기가 전체적으로 순환하여 시원해진다.
   (3) **복사에 의한 열의 이동**: 난로를 켜면 열이 복사의 형태로 이동하기 때문에 바로 따뜻함을 느낄 수 있다.

▲ 대류에 의한 열의 이동

▲ 복사에 의한 열의 이동

4. **냉난방 기구의 효율적 이용**
   (1) **냉방기**: 방의 위쪽에 설치해야 냉방기에서 나오는 찬 공기는 아래쪽으로 내려오고 더운 공기는 위쪽으로 올라가면서 방 전체가 시원해진다.
   (2) **난방기**: 방의 아래쪽에 설치해야 난방기에서 나오는 따뜻한 공기는 위쪽으로 올라가고 찬 공기는 아래쪽으로 내려오면서 방 전체가 따뜻해진다.

▲ 냉방기의 설치

▲ 난방기의 설치

5. **단열과 단열재**: 열의 이동을 막는 것을 단열, 단열을 위해 사용하는 재료를 단열재라고 한다.
   (1) **공기**: 공기층을 이용하면 전도에 의한 열의 이동을 효율적으로 막을 수 있다.
   (2) **진공**: 진공 상태는 전도와 대류에 의한 열의 이동을 막는데 효율적이다.
   (3) **반사판**: 금속판으로 열을 반사시켜 복사에 의한 열의 이동을 막을 수 있다.
6. **단열의 이용**: 아이스박스, 보온병, 단열 봉지 등

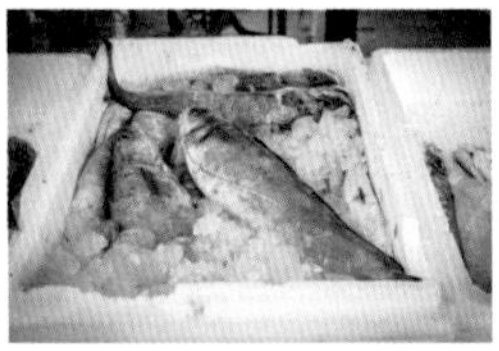

▲ 스타이로폼 박스

▲ 단열 봉지

중단원 실전 문제

정답과 해설 • 85쪽

1 온도

중요

01 그림은 실온의 물 입자 운동을 나타낸 것이다. 물을 (가) 가열했을 때와 (나) 냉각시켰을 때 물 입자의 운동 모습으로 옳게 짝지은 것은?

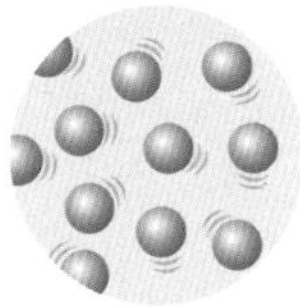

(가) (나) (가) (나)

① 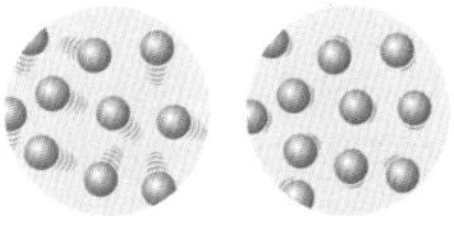 ② 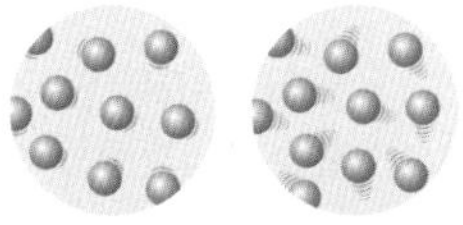

③ 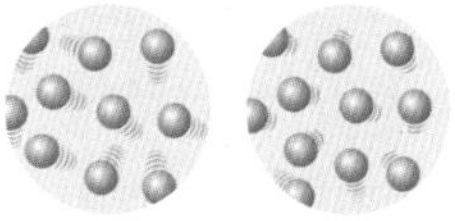 ④ 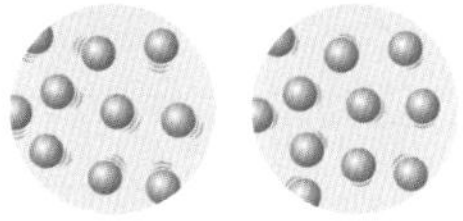

⑤ 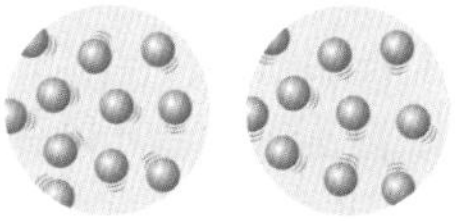

중요

02 그림은 온도가 다른 물의 입자 운동 모습을 나타낸 것이다.

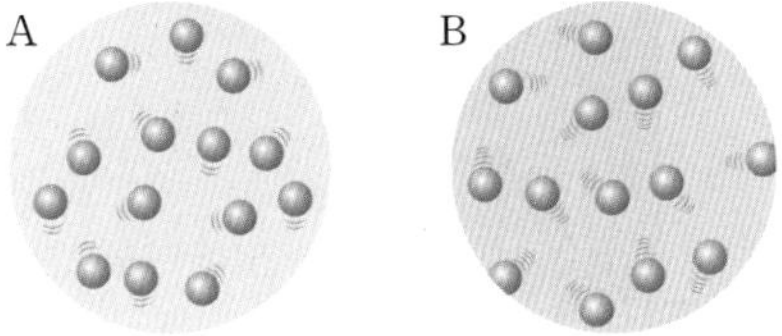

A, B에 대한 설명으로 옳지 않은 것은?

① B의 온도가 A보다 높다.
② B에 열을 가하면 입자 운동이 둔해진다.
③ A에 열을 가하면 입자 운동이 활발해진다.
④ A와 B를 접촉하면 B에서 A로 열이 이동한다.
⑤ A와 B를 접촉하면 A의 입자 운동은 더 활발해진다.

03 온도와 열에 대한 설명으로 옳은 것만을 〈보기〉에서 있는 대로 고른 것은?

보기
ㄱ. 물체가 열을 받으면 온도가 높아진다.
ㄴ. 열은 온도가 높은 곳에서 낮은 곳으로 이동한다.
ㄷ. 온도는 물체를 구성하는 입자의 운동이 활발한 정도를 나타낸다.

① ㄴ ② ㄷ ③ ㄱ, ㄴ
④ ㄱ, ㄷ ⑤ ㄱ, ㄴ, ㄷ

2 열의 이동

04 열의 이동에 대한 설명으로 옳지 않은 것은?

① 물체가 열을 잃으면 온도가 낮아진다.
② 열은 물체의 온도를 변하게 하는 원인이다.
③ 물체가 열을 받으면 입자의 운동이 활발해진다.
④ 고체에서는 주로 전도의 방법으로 열이 이동한다.
⑤ 열은 온도가 낮은 물체에서 높은 물체로 이동한다.

중요

05 그림은 유리 막대의 A 부분을 가열하는 것을 나타낸 것이다.

이에 대한 설명으로 옳은 것만을 〈보기〉에서 있는 대로 고른 것은?

보기
ㄱ. 열은 A에서 B로 이동한다.
ㄴ. 입자 운동이 A에서 B로 전달된다.
ㄷ. A 부분의 입자 운동이 가장 활발하다.
ㄹ. 시간이 지날수록 B 부분의 입자 운동은 점점 둔해진다.

① ㄱ, ㄴ ② ㄱ, ㄷ ③ ㄱ, ㄴ, ㄷ
④ ㄴ, ㄷ, ㄹ ⑤ ㄱ, ㄴ, ㄷ, ㄹ

06 그림과 같이 따뜻한 물이 담긴 플라스크 위에 투명 필름을 얹고 찬물이 든 플라스크를 뒤집어 놓았다. 투명 필름을 제거하였을 때 물에서 일어나는 변화에 대한 설명으로 옳지 않은 것은?

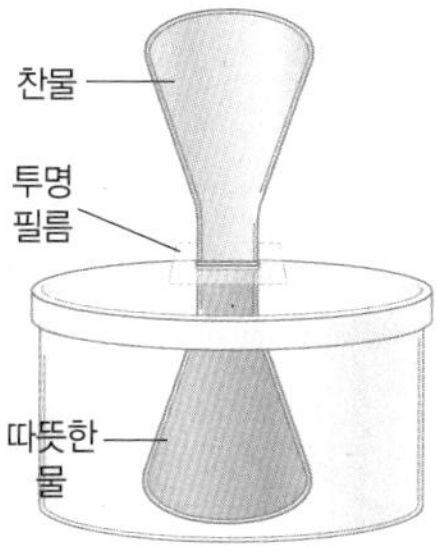

① 대류의 방법으로 열이 이동한다.
② 찬물은 아래로 따뜻한 물은 위로 올라간다.
③ 물 입자가 직접 이동하면서 열이 이동한다.
④ 충분한 시간이 지나면 찬물과 따뜻한 물의 위치가 바뀐다.
⑤ 충분한 시간이 지나면 찬물과 따뜻한 물의 온도가 같아진다.

중단원 실전 문제

정답과 해설 • 85쪽

07 그림은 겨울철에 집의 단열을 위해 창문에 뽁뽁이를 붙이는 모습이다. 뽁뽁이에 대한 다음 설명 중 옳은 것은?

① 공기층을 이용하여 전도에 의한 열의 이동을 차단한다.
② 공기층을 이용하여 대류에 의한 열의 이동을 차단한다.
③ 태양열이 복사에 의해 창문으로 이동하는 것을 차단한다.
④ 창문의 유리창이 열팽창에 의해 깨지는 것을 방지한다.
⑤ 뽁뽁이의 비열이 큰 것을 이용하여 열에 의한 온도 변화를 작게 한다.

중요

08 다음은 냉난방 기구에서 열의 이동에 대한 설명이다. 각각의 기구에서 일어나는 열의 이동 방법을 옳게 짝지은 것은?

(가) 에어컨을 켜면 방 안 공기가 시원해진다.
(나) 전기장판 위에 앉아 있으면 엉덩이가 따뜻해진다.
(다) 전기난로 앞에 있으면 전기난로를 향한 얼굴이 등보다 따뜻하다.

	(가)	(나)	(다)
①	전도	대류	복사
②	전도	복사	대류
③	대류	전도	복사
④	대류	복사	전도
⑤	복사	전도	대류

09 다음 중 가정이나 학교에서 이용하는 단열의 예에 해당하는 것으로 옳지 않은 것은?

① 천장에 석고보드를 사용한다.
② 유리창에 커튼을 설치한다.
③ 유리창은 이중창을 사용한다.
④ 거실의 유리창을 넓게 만든다.
⑤ 교실 바깥 벽면에 식물을 가꾼다.

실전 서논술형 문제

정답과 해설 • 85쪽

01 그림과 같이 컵에 담긴 물 (가)와 (나)에 잉크를 동시에 떨어뜨렸더니 (가)보다 (나)에서 잉크가 더 빨리 퍼졌다. (가)와 (나)의 온도를 비교하고 그렇게 생각한 까닭을 서술하시오.

(가)

(나)

Tip 온도는 입자의 활발한 정도를 나타낸다. 따라서 온도가 높을수록 입자 운동이 활발하므로 잉크가 더 빨리 퍼진다.
Key Word 입자 운동, 잉크, 온도

02 전기난로 앞에 있으면 전기난로를 향한 얼굴도 따뜻하지만 등도 따뜻해진다. 전기난로를 향한 얼굴이 따뜻해지는 것과 등이 따뜻해지는 것을 열의 이동을 이용하여 서술하시오.

Tip 전기난로는 복사와 대류에 의해 열이 전달된다.
Key Word 전기난로, 대류, 복사

03 교실의 천장에 설치된 냉난방 기구가 있다. 천장에 설치된 냉난방 기구는 난방기와 냉방기 중 어떤 용도로 사용할 때가 효율적인지 쓰고, 그 까닭을 서술하시오.

Tip 난방기의 따뜻한 공기는 위쪽으로 이동하고, 냉방기의 차가운 공기는 아래쪽으로 이동한다.
Key Word 냉난방기, 난방기, 냉방기, 효율적 이용, 교실

2 열평형, 비열, 열팽창

중단원 개념 요약

❶ 열평형

1. **열평형**: 온도가 높은 물체에서 온도가 낮은 물체로 열이 이동하여 두 물체의 온도가 같아진 상태
   - 온도가 높은 물체에서 온도가 낮은 물체로 열이 이동
2. **열평형에서 온도 변화와 입자 운동의 변화**
   (1) 온도 변화 그래프: 뜨거운 물의 온도는 낮아지고, 찬물의 온도는 높아져 시간이 지나면 두 물의 온도가 같아진다.

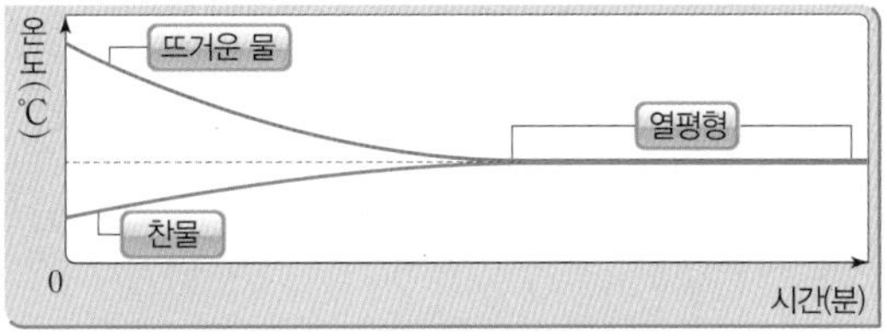

   (2) 온도 변화 그래프: 뜨거운 물과 찬물이 접촉하면 뜨거운 물은 열을 잃어 입자의 운동이 둔해지고, 찬물은 열을 얻어 입자의 운동이 활발해진다.

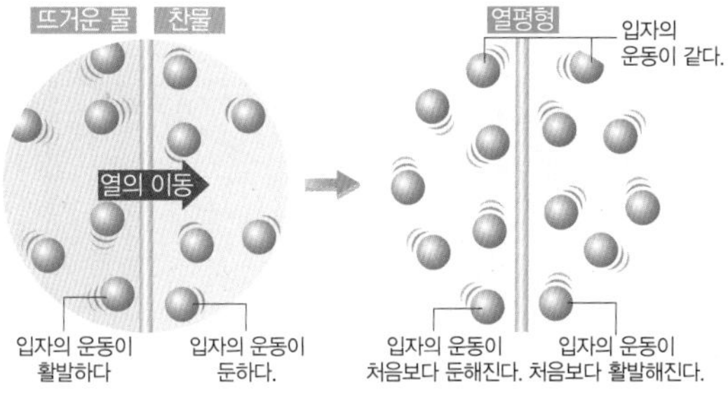

3. **열평형의 이용**
   (1) 갓 삶은 뜨거운 달걀을 식힐 때 찬물에 담가 두는데, 시간이 지나면 서로 열평형을 이루어 달걀과 물이 모두 미지근해진다.

   (2) 온도계는 물체가 접촉하여 열평형 상태를 이루는 것을 이용하여 물체의 온도를 측정한다.

❷ 비열

1. **비열**: 어떤 물질 1 kg의 온도를 1℃ 높이는 데 필요한 열량
   (1) 비열의 단위: 비열의 단위로는 kcal/(kg·℃)를 사용
   (2) 비열은 물질의 특성이므로 물질의 종류에 따라 다르다.
2. **물과 식용유의 온도 변화**: 질량이 같은 물과 식용유의 온도를 1℃ 높이는 데 필요한 열량은 물이 더 크다.
   - 물의 비열이 식용유의 비열보다 크다.
3. **비열과 온도 변화**: 질량이 같은 두 물질을 같은 시간 동안 가열할 때 비열이 작은 물질은 온도 변화가 크고, 비열이 큰 물질은 온도 변화가 작다.

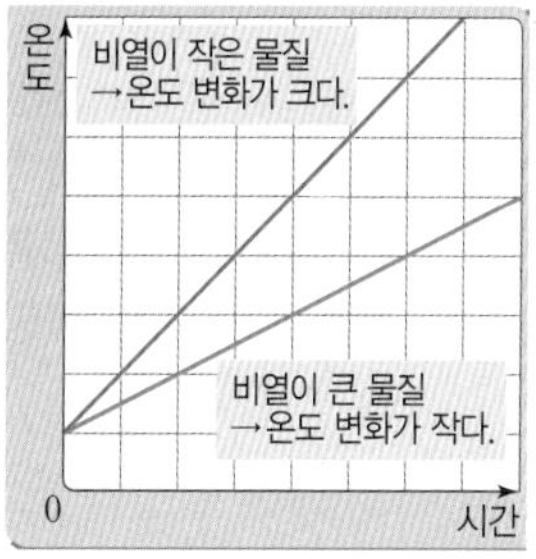

4. **비열의 이용**
   (1) 물은 다른 물질에 비하여 비열이 매우 크므로 온도 변화가 작다. 따라서 기계의 냉각수나 찜질팩 등에 이용한다.
   (2) 돌솥의 비열이 무쇠솥보다 크므로 돌솥에 담긴 밥은 무쇠솥에 담긴 밥보다 더 오랫동안 따뜻하다.
   (3) 해안 지방이 내륙 지방보다 일교차가 적은 것도 물의 비열이 크기 때문이다.

❸ 열팽창

1. **열팽창**: 물체의 온도가 높아질 때 부피가 팽창하는 현상
2. **액체와 고체의 열팽창**: 액체나 고체의 온도가 높아지면 부피가 팽창하고, 액체나 고체마다 열팽창하는 정도가 다르다.
3. **열팽창과 입자 운동**: 물체가 열을 얻어 온도가 올라가면 입자 운동이 활발해지고, 이에 따라 입자 사이의 거리가 멀어져 부피가 팽창한다.

4. **열팽창의 이용**
   (1) 액체의 열팽창: 음료수 병이 깨지는 것을 방지하기 위해서 병에 액체를 가득 채우지 않는다.
   (2) 고체의 열팽창

열팽창으로 선로가 늘어나는 것에 대비하여 선로 사이에 틈을 둔다.

겨울에는 전선이 수축하므로 여름에 설치할 때는 길이를 길게 한다.

중단원 실전 문제

1 열평형

01 그림과 같이 온도가 10 ℃인 물체 A와 온도가 80 ℃인 물체 B를 접촉시켰다. 다음 설명 중 옳지 않은 것은?

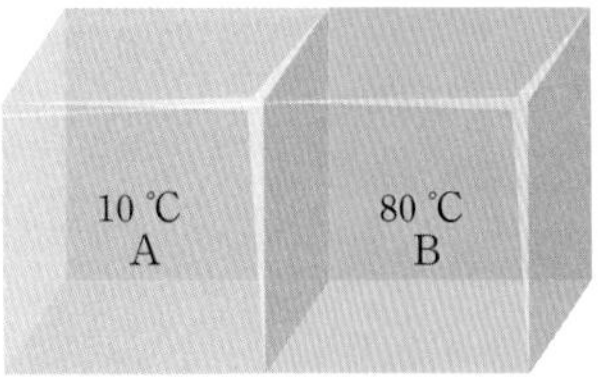

① A는 열을 얻는다.
② B는 열을 잃는다.
③ B에서 A로 열이 이동한다.
④ 시간이 지나면 A와 B의 온도는 같아진다.
⑤ A의 온도가 80 ℃가 될 때까지 열이 계속 이동한다.

중요

02 그래프는 비커에 담긴 물 ㉠을 수조에 담긴 물 ㉡에 넣었을 때 시간에 따른 물의 온도를 나타낸 것이다.

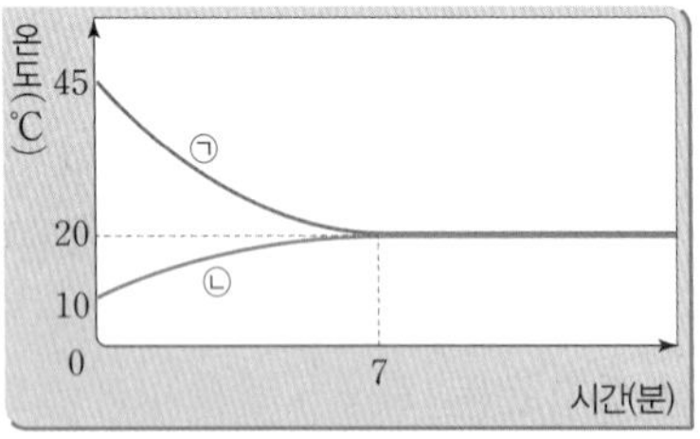

이에 대한 설명으로 옳은 것만을 <보기>에서 있는 대로 고른 것은? (단, 외부로 손실되는 열은 무시한다.)

보기
ㄱ. 열은 ㉠에서 ㉡으로 이동한다.
ㄴ. 열평형이 되었을 때의 온도는 20 ℃이다.
ㄷ. 처음 7분 동안 ㉠은 입자의 운동이 점점 활발해진다.

① ㄱ　② ㄴ　③ ㄱ, ㄴ
④ ㄴ, ㄷ　⑤ ㄱ, ㄴ, ㄷ

03 그림과 같이 얼음이 든 아이스박스에 음료수를 넣어 두면 음료수가 시원해진다. 다음 중 이와 관계있는 현상이 아닌 것은?

① 체온계로 체온을 잰다.
② 냄비 손잡이를 플라스틱으로 만든다.
③ 냉장고에 음식을 넣어두면 차가워진다.
④ 계곡물에 수박을 담가 놓으면 시원해진다.
⑤ 한약을 뜨거운 물에 담가두면 한약이 따뜻해진다.

2 비열

04 표는 질량이 같은 세 물질 (가), (나), (다)에 같은 양의 열을 가했을 때, 처음 온도와 나중 온도를 나타낸 것이다.

구분	(가)	(나)	(다)
처음 온도(℃)	24	32	20
나중 온도(℃)	36	38	36

세 물질의 비열을 옳게 비교한 것은?

① (가)>(나)>(다)　② (가)>(다)>(나)
③ (나)>(가)>(다)　④ (나)>(가)=(다)
⑤ (다)>(가)>(나)

중요

05 그래프는 질량이 같은 액체 A, B를 같은 열량으로 가열하면서 온도를 측정한 결과를 나타낸 것이다. A와 B의 비열의 비(A : B)는?

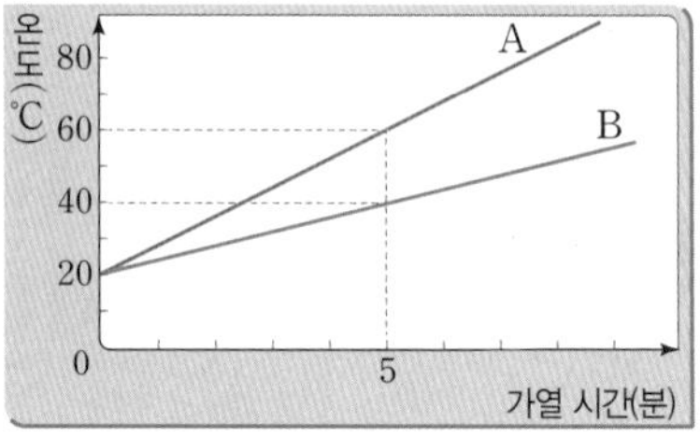

① 1 : 1　② 1 : 2　③ 2 : 1
④ 2 : 3　⑤ 3 : 2

중요

06 그림은 양은 냄비와 돌솥을 나타낸 것이다.

같은 양의 물을 똑같이 가열할 때 물의 온도가 더 빨리 올라가는 것과 그와 관련 있는 것을 옳게 짝지은 것은?

① 돌솥 – 비열　② 돌솥 – 열팽창
③ 돌솥 – 열평형　④ 양은 냄비 – 비열
⑤ 양은 냄비 – 열팽창

정답과 해설 • 86쪽

3 열팽창

07 다음 중 열팽창과 관련이 가장 적은 현상은?

① 기차의 철로 사이에 틈을 만든다.
② 알코올 온도계로 온도를 측정한다.
③ 겨울보다 여름에 에펠탑의 높이가 더 높다.
④ 전봇대 사이의 전깃줄이 겨울보다 여름에 더 많이 늘어져 있다.
⑤ 물과 식용유를 같이 가열하면 식용유의 온도가 물의 온도보다 더 빨리 높아진다.

중요

08 금속으로 만든 병뚜껑이 열리지 않을 때 병뚜껑에 뜨거운 물을 부으면 병뚜껑이 잘 열리게 된다. 이에 대한 설명으로 옳은 것만을 〈보기〉에서 있는 대로 고른 것은?

보기
ㄱ. 병뚜껑의 부피가 늘어난다.
ㄴ. 병뚜껑을 구성하는 입자의 운동이 활발해진다.
ㄷ. 유리병을 구성하는 입자가 차지하는 부피는 작아진다.

① ㄱ　② ㄷ　③ ㄱ, ㄴ
④ ㄴ, ㄷ　⑤ ㄱ, ㄴ, ㄷ

중요

09 그림은 열팽창 정도가 다른 두 금속을 붙여서 만든 바이메탈을 나타낸 것이다. B가 A보다 열팽창 정도가 더 크다고 할 때, (가)온도가 올라갈 때와 (나)온도가 내려갈 때 바이메탈이 휘는 방향을 옳게 나타낸 것은?

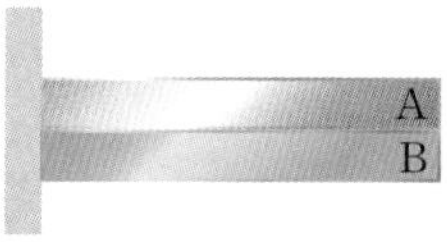

	(가)	(나)		(가)	(나)
①	위쪽	위쪽	②	위쪽	아래쪽
③	아래쪽	위쪽	④	아래쪽	아래쪽
⑤	위쪽	변화가 없다.			

실전 서논술형 문제

정답과 해설 • 86쪽

01 그림과 같이 갓 삶은 달걀을 차가운 물에 넣었을 때 시간에 따른 달걀과 물의 온도 변화를 쓰고, 일상생활에서 이러한 현상을 이용하는 예를 한 가지 쓰시오.

Tip 삶은 달걀에서 차가운 물로 열이 이동하므로 달걀의 온도는 낮아지고 물의 온도는 높아진다.
Key Word 삶은 달걀, 차가운 물, 온도 변화, 열평형

02 그래프는 같은 질량의 물질 A～C에 같은 열량을 주어 가열했을 때 시간에 따른 온도 변화를 나타낸 것이다. 세 물질 중 비열의 크기를 비교하고, 그 까닭을 서술하시오.

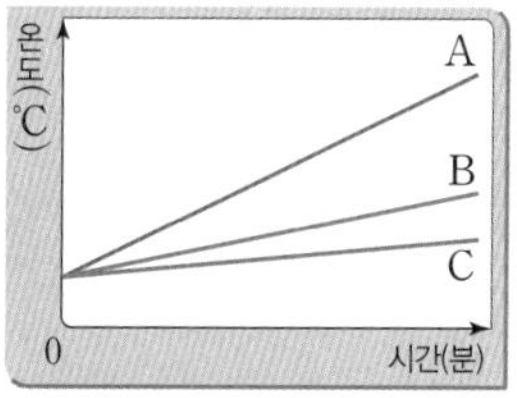

Tip 질량이 같은 물질에 같은 열량을 가했을 때 비열이 클수록 온도 변화가 작다.
Key Word 비열, 온도 변화, 열량

03 그림과 같이 병에 음료수를 채울 때 가득 채우지 않고 위쪽에 빈 공간을 둔다. 이와 같이 위쪽에 공간을 두는 까닭을 서술하고, 일상생활에서 이와 같은 현상을 이용하는 예를 한 가지 쓰시오.

Tip 액체가 열을 받으면 액체의 부피가 팽창한다. 따라서 열을 받으면 음료가 넘쳐흐르거나 병이 깨질 수 있다.
Key Word 음료수 병, 액체의 열팽창

IX

재해·재난과 안전

1
재해·재난의 원인과 대처 방안

1 재해 · 재난의 원인과 대처 방안

중단원 개념 요약

1 재해 · 재난의 원인과 피해

1. **재해 · 재난:** 자연 현상이나 인간의 부주의 등으로 인해 인명과 재산에 발생한 피해

재해 · 재난	특징
자연 재해 · 재난	• 자연 현상으로 발생 • 예방이 어려우며, 비교적 넓은 지역에 걸쳐 발생함. • 태풍, 홍수, 강풍, 해일, 대설, 낙뢰, 가뭄, 지진, 화산 활동 등
인위 재해 · 재난	• 인간 활동에 의해 발생 • 예방 가능하며, 상대적으로 좁은 범위에서 발생함. • 화재, 붕괴, 폭발, 교통사고, 환경오염 사고, 감염성 질병 확산, 가축 전염병의 확산 등

2. **재해 · 재난의 사례**

(1) 사고나 폭발로 화학 물질이 유출된다.

(2) 감염성 질병이 확산된다.

(3) 태풍, 폭설, 황사 등의 기상재해가 발생한다.

(4) 안전 관리 소홀이나 안전 규정 무시 등의 이유로 열차, 항공기, 선박 등의 운송 수단 사고가 발생한다.

(5) 땅이 흔들리고 건물이 무너지는 지진이 발생한다.

(6) 화산이 폭발하여 순식간에 화산재가 퍼지고 용암이 흐르면서 인가나 농작물에 피해를 준다.

2 재해 · 재난의 대처 방안

재해 · 재난	과학적 원리를 이용한 대처 방안
화학 물질 유출	화학 물질에 직접 노출되지 않도록 하고 최대한 멀리 피하고, 유독 가스는 대부분 공기보다 밀도가 크므로 높은 곳으로 대피함.
감염성 질병 확산	예방을 위해 손을 자주 씻고 식수는 끓여 먹거나 생수를 마시며, 기침이나 재채기를 할 때는 호흡기를 가리고, 마스크를 착용함.
기상재해	기상재해의 진행 상황에 따라 알맞게 대피함.
운송 수단 사고	빠르고 정확하게 상황 판단하여 대피하고, 안내 방송을 잘 청취하며, 운송 수단의 종류에 따른 대피 방법을 미리 알아둠.
지진	지진 피해 예방을 위해 건물을 지을 때 내진 설계를 함. 지진이 발생하면 계단을 이용하여 건물 밖으로 나가며, 밖에서는 유리창, 간판 등을 피해 머리를 보호하고, 건물과 떨어져서 대피함.
화산	외출을 자제하고, 화산재에 노출되지 않도록 문틈을 막고, 방진 마스크, 의약품 등을 미리 준비함.

중단원 실전 문제

1 재해 · 재난의 원인과 피해

01 다음 중 인위 재해 · 재난에 해당되는 것은?

① 폭설 ② 강풍 ③ 화산 활동
④ 화재 ⑤ 가뭄

중요

02 감염성 질병의 확산 원인으로 옳은 것을 〈보기〉에서 있는 대로 고르면?

보기
ㄱ. 병원체의 진화
ㄴ. 인구 이동과 무역 증가
ㄷ. 모기나 진드기와 같은 매개체의 감소

① ㄱ ② ㄷ ③ ㄱ, ㄴ
④ ㄴ, ㄷ ⑤ ㄱ, ㄴ, ㄷ

중요

03 다음 〈보기〉는 기상재해에 대한 설명이다.

보기
(가) 강한 바람과 많은 비를 동반하고 있어 농작물과 시설물에 피해를 준다.
(나) 쌓인 눈의 무게로 인해 비닐하우스가 무너지고, 교통이 통제되고 마을이 고립된다.
(다) 미세한 모래 먼지가 대기 중에 퍼져 호흡기에 질환을 일으키고, 항공 산업에 큰 피해를 주기도 한다.

(가)~(다)에 해당하는 기상재해의 종류를 옳게 짝지은 것은?

	(가)	(나)	(다)
①	폭설	태풍	황사
②	폭설	황사	태풍
③	태풍	폭설	황사
④	태풍	황사	폭설
⑤	황사	폭설	태풍

정답과 해설 • 87쪽

2 재해 · 재난의 대처 방안

중요

04 지진에 대한 대처 방안으로 옳지 않은 것은?

① 건물을 지을 때 내진 설계를 한다.
② 실내에서는 튼튼한 식탁이나 책상 아래로 대피한다.
③ 건물 밖으로 대피할 때는 승강기 대신 계단을 이용한다.
④ 건물 밖에 있을 때는 건물에서 떨어진 곳으로 이동한다.
⑤ 바닷가에서는 지진 해일에 대비하여 낮은 곳으로 이동한다.

05 화산 폭발에 대한 대처 방안으로 옳은 것을 〈보기〉에서 있는 대로 고르면?

보기

ㄱ. 문이나 창문을 열고 환기시킨다.
ㄴ. 문의 빈틈이나 환기구를 물을 묻힌 수건으로 막는다.
ㄷ. 외출을 자제하고 화산재에 노출되지 않도록 주의한다.
ㄹ. 방진 마스크, 손전등, 예비 의약품 등을 미리 준비한다.

① ㄱ, ㄴ ② ㄱ, ㄷ ③ ㄴ, ㄷ
④ ㄴ, ㄷ, ㄹ ⑤ ㄱ, ㄴ, ㄷ, ㄹ

06 화학 물질이 유출되었을 때 피해를 줄이는 방법으로 옳지 않은 것은?

① 피부에 접촉되지 않도록 한다.
② 대피 후에는 옷을 갈아입고, 비눗물로 몸을 씻는다.
③ 화학 물질이 유출된 장소로 최대한 가까이 가야 한다.
④ 대피할 때는 마스크, 방독면 등으로 코와 입을 가리는 것이 좋다.
⑤ 사고 발생 지역으로 바람이 불 때는 바람이 불어오는 방향으로 대피한다.

실전 서논술형 문제

정답과 해설 • 87쪽

01 화학 사고로 유출된 독성 가스를 피하려면 높은 곳으로 올라가야 한다. 그 까닭은 무엇인지 서술하시오.

Tip 유출된 독성 가스는 밀도가 공기보다 크다.
Key Word 독성 가스, 밀도, 낮은 곳

02 감염성 질병을 유발하는 병원체와 접촉하지 않으려면 어떻게 해야 하는지 그 방법을 2가지 이상 서술하시오.

Tip 손을 비누로 흐르는 물에 자주 씻는다.
Key Word 병원체, 씻기, 접촉

03 그림과 같은 (가), (나), (다)의 장소에 있을 때 지진이 발생했다면 각각의 장소에서의 대처 방법을 서술하시오.

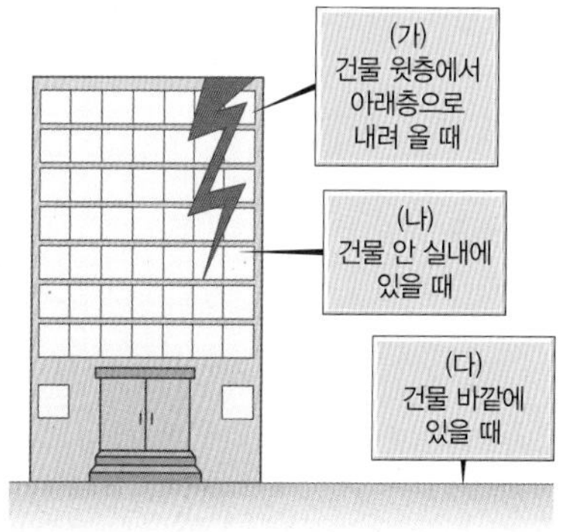
(가) 건물 윗층에서 아래층으로 내려 올 때
(나) 건물 안 실내에 있을 때
(다) 건물 바깥에 있을 때

Tip 건물 안과 건물 바깥에 있을 때의 지진 대처 방법이 다르다.
Key Word 책상, 건물, 승강기, 계단, 넓은 곳

MEMO

EBS 중학

뉴런

| 과학 2 |

정답과 해설

정답과 해설 개념책

I. 물질의 구성

1 물질의 기본 성분

기초 섭렵 문제

본문 9쪽

1 원소 | 원소, 수소, 산소, 수소

2 원소의 구별 | 불꽃 반응, 겉, 연속 스펙트럼, 선 스펙트럼

01 (1) ○ (2) ○ (3) × (4) × (5) × 02 ㄴ, ㄷ, ㄹ, ㅁ 03 (1) 황록색 (2) 보라색 (3) 노란색 (4) 빨간색 (5) 청록색 04 ㉠ 빨간색 ㉡ 선 스펙트럼 05 A, C

01 원소는 물질을 이루는 기본 성분으로 종류에 따라 그 특징이 다르다.
(3) 물은 수소와 산소로 이루어진 화합물이고, 불은 연소 현상, 흙과 공기는 여러 가지 물질이 섞인 혼합물로 모두 원소가 아니다.
(4) 현재까지 알려진 110여 종의 원소 중 90여 종은 자연에 존재하는 것이고, 나머지는 인공적으로 만들어진 것이다.
(5) 원소는 화학적인 방법으로는 더 이상 분해할 수 없는 물질을 이루는 기본 성분이다.

02 물은 수소와 산소로, 이산화 탄소는 산소와 탄소로 나누어지는 물질로 물질의 기본 성분인 원소가 아니다.

03 불꽃 반응 색은 금속 원소에 의해서 결정된다. 바륨의 불꽃 반응 색은 황록색, 칼륨은 보라색, 나트륨은 노란색, 스트론튬은 빨간색, 구리는 청록색이다.

04 리튬과 스트론튬의 불꽃 반응 색은 모두 빨간색으로 불꽃 반응 색으로는 서로 구별하기 어렵지만 불꽃 반응 색을 분광기로 관찰하여 나타나는 선 스펙트럼은 서로 다르므로 구별이 가능하다.

05 선 스펙트럼은 원소의 종류에 따라 선의 색, 위치, 개수 등이 다르게 나타난다. 여러 원소가 혼합된 경우 각 원소의 스펙트럼이 모두 포함되어 나타나게 된다. 물질 X의 스펙트럼에 원소 A와 원소 C의 스펙트럼이 모두 포함되어 있는 것으로 보아 물질 X는 원소 A와 C를 포함하고 있다는 것을 알 수 있다.

수행 평가 섭렵 문제

본문 11쪽

불꽃 반응 | 금속 원소, 불순물, 겉불꽃, 노란색, 선 스펙트럼

1 ③ 2 ㄱ－ㄹ, ㄴ－ㄷ－ㅁ 3 니크롬이나 백금은 불꽃 반응 색이 나타나지 않는 원소이지만 구리는 불꽃 반응 색이 청록색인 원소이기 때문이다. 4 ④ 5 물질 A의 불꽃 반응 색을 분광기로 관찰하여 선 스펙트럼을 비교한다.

1 불꽃 반응으로 일부 금속 원소나 금속 원소를 포함한 물질을 구별할 수 있다. 그러나 불꽃 반응 색이 나타나지 않는 다른 원소들은 구별할 수 없다.

2 불꽃 반응 색은 물질에 포함된 금속 원소에 따라 결정된다. 같은 금속 원소가 포함된 물질은 불꽃 반응 색이 같다. 바륨의 불꽃 반응 색은 황록색이고, 나트륨의 불꽃 반응 색은 노란색이다.

3 니크롬이나 백금은 불꽃 반응 색이 나타나지 않는 원소이지만 구리는 불꽃 반응 색이 청록색인 원소이다. 따라서 구리선을 사용하여 불꽃 반응 실험을 하면 다른 금속 원소의 불꽃 반응 색을 정확히 관찰하기 어렵다.

4 불꽃 반응 색은 물질에 포함된 금속 원소에 따라 결정된다. 같은 금속 원소를 포함하면 불꽃 반응 색이 같다. 불꽃 반응 색을 보면 A와 E는 나트륨 원소를, B와 D는 칼륨 원소를, C는 칼슘 원소를 포함하고 있다. 바륨의 불꽃 반응 색은 황록색이다.

5 물질 A의 불꽃 반응 색을 분광기로 관찰하여 얻은 선 스펙트럼을 리튬과 스트론튬의 선 스펙트럼과 비교하면 물질 A에 포함된 물질이 리튬인지 스트론튬인지 구별할 수 있다.

내신 기출 문제

본문 12쪽

01 ② 02 ② 03 ⑤ 04 ④ 05 ⑤ 06 ① 07 ㄱ, ㄹ

01 물질을 이루는 기본 성분으로 화학적인 방법으로는 더 이상 분해되지 않는 것은 원소이다. 소금은 나트륨과 염소 두 가지 원소로 이루어진 물질이다.

02 원소는 그 종류에 따라 특성이 다르다.

오답 피하기 ① 원소들의 조합으로 다양한 물질들이 만들어지므로 원소의 종류보다 물질의 종류가 더 많다.
③ 현재까지 약 20여 종의 원소가 인공적인 방법으로 만들어졌다.
④ 새로운 원소가 끊임없이 생겨나고 있지 않다.
⑤ 현재까지 알려진 원소의 종류는 110여 종이다.

03 ㄱ. 철은 원소이다.
ㄴ. 물은 수소와 산소로 분해되므로 원소가 아니다.
ㄷ. 물은 수소 원소와 산소 원소로 이루어져 있다.
ㄹ. 주철관을 통과하면서 물의 산소 성분이 철과 결합하여 철이 녹슬게 된다.

04 수은은 실온(15 ℃)에서 액체 상태인 금속으로 온도계에 이용된다.

05 니크롬이나 백금은 불꽃 반응 색이 무색이어서 다른 금속 원소의 불꽃 반응 색을 관찰하는 데 방해되지 않는다.

오답 피하기 ① (가) 과정은 니크롬선에 묻은 불순물을 제거하는 과정이다.
② (나) 과정은 니크롬선에 불꽃 반응색 관찰을 방해하는 불순물이 남아 있는지 확인하고 남아 있다면 제거하는 과정이다.
③ 불꽃 반응은 시료의 양이 적어도 물질을 구별할 수 있는 실험이다.
④ (라) 과정에서 니크롬선을 토치의 겉불꽃에 넣어야 한다. 겉불꽃은 온도가 높고 색이 무색이어서 불꽃 반응 색을 관찰하기 좋다.

06 불꽃 반응 색은 물질 속 금속 원소가 결정한다. 칼륨의 불꽃 반응 색은 보라색으로 질산 칼륨과 염화 칼륨 모두 칼륨을 포함하고 있으므로 불꽃 반응 색이 보라색이다.

오답 피하기 ② 같은 금속 원소를 포함하고 있는 물질은 불꽃 반응 색이 같다. 예를 들어 질산 나트륨과 황산 나트륨은 모두 불꽃 반응 색이 노란색이지만 서로 같은 물질은 아니다.
③ 불꽃 반응 색이 뚜렷하게 나타나지 않는 금속 원소는 구별할 수 없다.
④ 구리의 불꽃 반응 색은 청록색으로 황산 구리(Ⅱ)와 질산 구리(Ⅱ)의 불꽃 반응 색은 청록색이다.
⑤ 염화 나트륨의 불꽃 반응 색이 노란색인 것은 나트륨 원소 때문이다.

07 선 스펙트럼은 원소의 종류에 따라 선의 색, 위치, 개수 등이 다르게 나타난다. 여러 원소가 혼합된 경우 각 원소의 스펙트럼이 모두 포함되어 나타나게 된다. 물질 (가)에는 원소 A가, 물질 (나)에는 원소 A와 B가 모두 포함되어 있다.

고난도 실력 향상 문제

본문 13쪽

01 ㉢, ㉤ **02** ① **03** ⑤

01 원소는 다른 물질로 분해될 수 없는 물질을 이루는 기본 성분이다.

오답 피하기 ㉡ 물은 수소와 산소로 분해된다.
㉦ 탄산 나트륨은 탄소와 산소, 나트륨으로 분해된다.
㉧ 이산화 탄소는 산소와 탄소로 분해된다.

02 물에 전류를 흘려 전기 분해하면 시험관 A에는 수소 기체가 시험관 B에는 산소 기체가 모인다. 수소는 가장 가벼운 원소이며 산소는 호흡과 연소에 이용되는 원소이다. 수소와 산소는 특유의 불꽃 반응 색은 없다. 물의 전기 분해 실험은 물이 수소와 산소로 이루어져 있어 물질을 이루는 기본 성분인 원소가 아님을 증명하는 실험이다. 공기 중에 가장 많이 포함되었으며 과자 봉지에 충전 기체로 활용되는 원소는 질소이다.

클리닉 + 물을 전기 분해 하면 (+)극에서는 산소 기체, (−)극에는 수소 기체가 1 : 2의 부피비로 발생한다.

03 불꽃 반응 색은 물질이 포함하고 있는 금속 원소에 따라 결정된다. 같은 금속 원소가 포함되어 있는 물질은 불꽃 반응 색이 같다. 질산 나트륨과 염화 나트륨은 나트륨에 의해 불꽃 반응 색이 노란색으로 같다.

오답 피하기 ① ㉠은 나트륨의 불꽃 반응 색인 노란색이다.
② 염화 칼륨의 불꽃 반응 색은 칼륨의 불꽃 반응 색인 보라색이다.
③ 염소 원소와 같은 비금속 원소는 불꽃 반응 색을 나타내지 않는다.
④ 질산 스트론튬의 불꽃 반응 색은 스트론튬의 불꽃 반응 색인 빨간색이다. 질산은 불꽃 반응 색을 나타내지 않는다.

서논술형 유형 연습

본문 13쪽

01 몇 가지 금속 원소를 포함한 물질은 불꽃 반응색을 이용하여 구별할 수 있다. 불꽃 반응 색이 눈으로 구별하기 어려울 정도로 비슷할 경우 불꽃 반응 색을 분광기를 통하여 관찰하면 선 스펙트럼을 얻을 수 있는데 이 선 스펙트럼을 이용하면 다양한 원소들을 구별할 수 있다. (가)에서는 불꽃 반응 실험을 통해 불꽃 반응 색이 황록색이면 질산 바륨, 빨간색이면 질산 리튬, 질산 스트론튬이다. (나)에서는 선 스펙트럼을 관찰하여 질산 리튬과 질산 스트론튬을 구별한다.

| 모범 답안 | (가) 불꽃 반응 실험을 한다. (나) 선 스펙트럼을 관찰한다.

채점 기준	배점
(가)와 (나) 모두 옳게 서술하였을 경우	100%
(가)와 (나)중 하나만 옳게 서술하였을 경우	50%

2 물질을 구성하는 입자

기초 섭렵 문제

본문 15쪽

1 물질을 구성하는 입자 | 원자, 원자핵, 전자, 분자

2 물질의 표현 | 대문자, 소문자, 종류, 개수, 1, 염소

01 (1) ○ (2) × (3) × (4) ○ (5) ○ **02** ㉠ 3 ㉡ 7 ㉢ +10 ㉣ 11
03 ㄱ, ㄴ **04** (1) ㉢ (2) ㉣ (3) ㉡ (4) ㉠ (5) ㉤ (6) ㉥ **05** $5CH_4$

01 원자는 (+)전하를 띠고 있는 원자핵이 원자의 중심에 있고, (−)전하를 띠고 있는 전자가 원자핵의 주변을 끊임없이 운동한다.

02 원자는 원자핵의 (+)전하량과 전자의 총 (−)전하량이 같아 전기적으로 중성이다. 전자는 1개당 −1의 전하량을 가지므로 원자핵의 전하량이 $+n$이면 전자의 개수는 n개이다.

03 ㄱ. 분자는 몇 개의 원자가 결합하여 이루어진다.
ㄴ. 산소 기체 분자(O_2)는 산소 원자(O) 2개가 결합한 것이다.
ㄷ. 같은 종류의 원자로 이루어졌어도 원자의 개수와 결합 방식에 따라 다른 분자가 된다. 예를 들어 산소 원자 2개가 결합하면 산소 기체 분자(O_2)가 되고, 산소 원자 3개가 결합하면 오존 분자(O_3)가 된다.
ㄹ. 분자는 물질의 성질을 나타내는 가장 작은 입자로, 분자가 분해되면 물질의 성질을 잃는다.

04 금의 원소 기호는 Au, 물의 분자식은 H_2O, 구리의 원소 기호는 Cu, 스트론튬의 원소 기호는 Sr, 암모니아의 분자식은 NH_3, 이산화 탄소의 분자식은 CO_2이다.

05 분자식은 분자를 구성하는 원자의 종류와 개수를 원소 기호와 숫자로 표현한 것으로 분자를 구성하는 원자의 종류를 원소 기호로 쓰고, 분자를 구성하는 원자의 개수를 원소 기호 오른쪽 아래에 작게 쓴다.(단, 1은 생략한다.) 그리고 분자의 개수는 분자식 앞에 크게 쓴다.(단, 1은 생략한다.)

수행 평가 섭렵 문제

본문 17쪽

원자 모형 나타내기 | +, −, 원자핵, 전자, 중성, 12

1 ⑤ **2** ㉠ +9, ㉡ 0, 원자 모형 해설 참조 **3** ③ **4** ②

1 원자의 중심에 원자핵이 있고, 전자가 그 주위를 끊임없이 운동한다. 원자핵의 질량과 크기는 전자에 비해 매우 크며, 원자핵은 (+)전하, 전자는 (−)전하를 띠고 있다. 원자의 종류에 따라 원자핵의 (+)전하량과 전자의 수가 다르다.

2 | 모범 답안 |

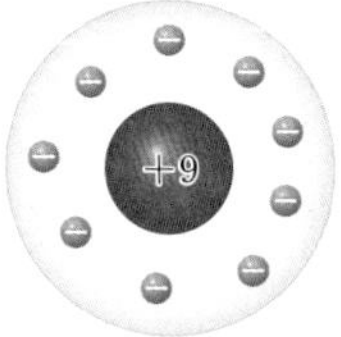

원자는 원자핵의 (+)전하량과 전자의 총 (−)전하량이 같아 전기적으로 중성이다. 전자 1개는 −1의 전하량을 띠는데 플루오린 원자의 전자 수가 9개이므로 전자의 총 (−)전하량은 −9이다. 따라서 원자핵 전하량은 +9이고, 원자 전체의 전하량은 0이 된다.

3 A는 원자핵, B는 전자이다.
ㄱ. 전자의 수가 8개이므로 원자핵(A)의 전하량은 +8이다.
ㄴ. 전자는 원자핵에 비해 질량이 매우 작다. 따라서 원자핵(A)이 원자 질량의 대부분을 차지한다.
ㄷ. 전자(B) 1개의 전하량은 −1이다. 원자핵(A)의 전체 전하량과 같은 것은 전자(B)의 총 전하량이다.
ㄹ. 같은 원자이면 원자핵의 전하량과 전자(B)의 수가 같다. 다른 종류의 원자이면 원자핵의 전하량과 전자의 수가 다르다.

4 원자는 원자핵의 (+)전하량과 전자의 총 (−)전하량이 같아 전기적으로 중성이다. 네온(Ne) 원자는 원자핵의 (+)전하량이 +10, 전자의 총 전하량이 −10으로 전기적으로 중성이다.

오답 피하기 ① 리튬(Li) 원자의 전자가 3개인 것으로 보아 원자핵 전하량은 +3이다.
③ 전자 1개의 전하량은 −1이다.
④ 질소(N) 원자의 핵 전하량은 +7, 네온(Ne) 원자의 핵 전하량은 +10이다.
⑤ 리튬(Li) 원자의 전자 수는 3개, 질소(N) 원자의 전자 수는 7개이다.

내신 기출 문제

본문 18쪽

01 (나), 원자 **02** ④ **03** ⑤ **04** ③ **05** (가) Li, (나) Ca, (다) Cl, (라) Mg **06** ① **07** ④ **08** (가) 물, H_2O (나) 암모니아, NH_3 (다) 메테인, CH_4

01 물질을 이루는 기본 입자는 원자이다.

02 ㄱ. 원자의 종류는 원소의 종류와 같으며 현재까지 알려진 원소의 종류는 110여 가지이다.
ㄴ. 원자들이 결합하여 분자를 이룬다.
ㄷ. 수소 기체 분자(H_2)가 수소 원자(H)로 분해되면 수소 기체 분자의 성질을 잃는다.
ㄹ. 물질의 성질을 나타내는 가장 작은 입자는 분자로, 분자는 원자로 분해되면 본래의 성질을 잃는다.

03 베릴륨 원자의 원자핵 전하량은 +4, 전자의 총 전하량은 −4로 베릴륨 원자의 전하량은 0이다.

04 현재의 원소 기호는 베르셀리우스가 제안한 방법으로 여러 나라에서 공통으로 사용하고 있으며, 원소 이름의 첫 글자를 알파벳의 대문자로 나타내고, 첫 글자가 같을 때는 적당한 중간 글자를 택하여 첫 글자 다음에 소문자로 나타낸다.

클리닉 + **원소 기호 나타내기**

수소 Hydrogen ⟶ H　　헬륨 Helium ⟶ He

05 리튬은 Li, 칼슘은 Ca, 염소는 Cl, 마그네슘은 Mg이다.

06 탄소(C)는 흑연, 다이아몬드의 성분 원소이다.
오답 피하기 ② N은 질소이고, 생물의 호흡과 연소에 필요한 기체를 구성하는 원소는 산소(O)이다.
③ S는 황이고, 지각에 많이 포함되어 있으며 반도체에 이용되는 원소는 규소(Si)이다.
④ He는 헬륨이고, 가장 가벼운 원소로 우주 왕복선의 연료에 이용되는 원소는 수소(H)이다.
⑤ Ne는 네온이고, 공기의 대부분을 구성하며 과자 봉지 안의 충전재로 이용되는 원소는 질소(N)이다.

07 이산화 탄소 분자는 1개의 탄소(C)와 2개의 산소(O)로 이루어져 있다.

08 물은 H_2O, 암모니아는 NH_3, 메테인은 CH_4이다.

고난도 실력 향상 문제

본문 19쪽

01 ① **02** ② **03** ③

01 A는 원자핵, B는 전자이다. 원자핵은 (+)전하를 띠는 입자와 전하를 띠지 않는 입자로 이루어져 있으며 (+)전하를 띠는 입자의 수에 따라 원자핵의 전하량이 결정된다. 원자의 전자가 3개인 것으로 보아 원자핵(A)의 전하량은 +3이고, (+)전하를 띠는 입자의 수는 3개이다.

02 원자는 핵 전하량과 같은 수의 전자를 갖는다. 따라서 수소 원자의 전자 수는 1개이고, 산소 원자의 전자 수는 8개이다. 물(H_2O) 분자는 수소 원자 2개, 산소 원자 1개로 이루어져 있으므로 전자의 총 수는 10개가 된다.
오답 피하기 ① 탄소 원자의 총 전하량은 0이다.
③ 원자의 총 전하량은 모두 0으로 같다.
④ CO_2 분자 1개의 전자 수는 $6+(8\times2)=22$개, CH_4 분자 1개의 전자 수는 $6+(1\times4)=10$개이다.
⑤ 원자 1개당 전자 수는 수소 1개, 탄소 6개, 산소 8개이므로 수소<탄소<산소 순이다.

03 ㄱ. (가)는 물(H_2O), (나)는 과산화 수소(H_2O_2)이다.
ㄴ. 서로 다른 분자는 서로 다른 성질을 갖는다.
ㄷ. 물과 과산화 수소는 둘 다 산소와 수소 2종류의 원소로 이루어져 있다.
ㄹ. (가) 분자 2개를 나타내는 분자식은 $2H_2O$이다.
ㅁ. (나)는 수소 원자 2개와 산소 원자 2개로 이루어져 있으므로 분자식은 H_2O_2이다.

서논술형 유형 연습

본문 19쪽

01 분자의 성질은 결합하는 원자의 종류, 원자의 개수, 결합 방식 등에 따라 달라진다. 일산화 탄소 분자(CO)와 이산화 탄소 분자(CO_2) 모두 산소 원자와 탄소 원자라는 같은 원소로 이루어져 있지만 일산화 탄소 분자는 산소 원자 1개와 탄소 원자 1개로 이루어져 있고, 이산화 탄소 분자는 산소 원자 2개와 탄소 원자 1개로 이루어져 있다. 이처럼 결합하는 원자의 개수가 다르면 서로 다른 성질을 가지는 다른 분자가 된다.

| 모범 답안 | 일산화 탄소의 분자식은 CO, 이산화 탄소의 분자식은 CO_2이다. 일산화 탄소와 이산화 탄소를 이루는 원자의 개수가 다르므로 두 물질은 성질이 서로 다른 분자이다.

채점 기준	배점
두 분자의 분자식과 성질이 다른 까닭을 모두 옳게 서술하였을 경우	100%
두 분자의 분자식과 성질이 다른 까닭 중 두 가지만 옳게 서술하였을 경우	50%
두 분자의 분자식과 성질이 다른 까닭 중 하나만 옳게 서술하였을 경우	20%

3 전하를 띠는 입자

기초 섭렵 문제

본문 21쪽

1 이온 | 이온, −, 음이온, +, 양이온, 양, 음

2 이온의 확인 | 앙금, 염화 은, 노란

01 ㄱ, ㄴ 02 (다), (라) 03 (1) H^+ (2) F^- (3) Mg^{2+} (4) Cl^- 04 (1) × (2) × (3) × (4) ○ (5) × 05 (1) 염화 은 (2) 황산 바륨 (3) 탄산 칼슘 (4) 아이오딘화 납

01 ㄱ. 원자가 전자를 잃으면 양이온, 원자가 전자를 얻으면 음이온이 된다.
ㄴ. 양이온은 원소 이름 뒤에 '~이온'을 붙이고, 음이온은 원소 이름 뒤에 '~화 이온'을 붙인다.
ㄷ. 음이온은 원자핵 전하량보다 전자의 총 전하량이 크다.
ㄹ. 원자핵 전하량이 +8이고, 전자의 개수가 6개이면 입자의 총 전하량이 +2가 되므로 양이온이다.

02 음이온은 원자핵 전하량보다 전자의 총 전하량이 큰 입자이다. (다)는 원자핵 전하량이 +8, 전자의 수가 10개이므로 입자의 총 전하가 −2인 음이온이다. (라)는 원자핵 전하량이 +9, 전자의 수가 10개이므로 입자의 총 전하가 −1인 음이온이다.

03 이온식은 원소 기호 오른쪽 위에 이온이 띠는 전하의 종류와 전하량을 작게 표시한다. 수소 이온은 H^+, 플루오린화 이온은 F^-, 마그네슘 이온은 Mg^{2+}, 염화 이온은 Cl^-이다.

04 (1) 앙금의 색은 흰색, 노란색, 검은색 등 다양하다.
(2) 특정한 양이온과 음이온이 만나 강하게 결합할 때만 앙금이 생성된다.
(3) 양이온과 음이온의 전하량에 따라 다양한 개수비로 결합한다.
(4) 칼슘 이온과 탄산 이온이 결합하여 생성된 앙금인 탄산 칼슘은 흰색이다.
(5) 염화 나트륨 수용액과 질산 은 수용액을 혼합하면 염화 은 1종류의 앙금만 생성된다.

05 염화 칼슘 수용액과 질산 은 수용액을 혼합하면 흰색의 염화 은 앙금이, 염화 바륨 수용액과 황산 나트륨 수용액을 혼합하면 흰색의 황산 바륨 앙금이 생성된다. 탄산 나트륨 수용액과 염화 칼슘 수용액을 혼합하면 흰색의 탄산 칼슘 앙금이, 아이오딘화 칼륨 수용액과 질산 납 수용액을 혼합하면 노란색의 아이오딘화 납 앙금이 생성된다. 나트륨 이온, 칼륨 이온, 질산 이온은 앙금을 잘 생성하지 않는 이온이다.

수행 평가 섭렵 문제

본문 23쪽

이온의 전하 확인 | +, 음이온, −, +, 푸른색, 과망가니즈산

1 ② 2 ㉠ 염화 이온, ㉡ 나트륨 이온 3 ① 4 ㄱ, ㄷ

1 황산 구리(Ⅱ) 수용액 속에는 황산 이온과 구리 이온이 있어서 전극과 전원 장치를 연결하면 양이온은 (−)극으로 음이온은 (+)극으로 이동하면서 전류가 흐른다.

2 염화 나트륨을 물에 녹이면 양이온인 나트륨 이온(Na^+)과 음이온인 염화 이온(Cl^-)으로 나뉜다. 여기에 전류를 흘려 주면 양이온은 (−)극으로 음이온은 (+)극으로 이동한다.

3 크로뮴산 칼륨은 무색의 양이온인 칼륨 이온(K^+)과 노란색의 음이온인 크로뮴산 이온(CrO_4^{2-})로 이루어진 물질이다. 따라서 전류를 흘려 주면 노란색은 (+)극으로 이동하며 극의 방향이 바뀌면 이동 방향도 바뀐다. 질산 이온(NO_3^-)과 칼륨 이온(K^+)도 이동하지만 무색이어서 눈에 보이지 않는다.

4 보라색이 (+)극으로 이동하는 것으로 보아 (−)전하를 띠는 음이온이라는 것을 알 수 있다. (−)극으로는 무색의 양이온들이 이동한다.

수행 평가 섭렵 문제

본문 25쪽

앙금 생성 반응 | 앙금, 앙금 생성 반응, 염화 은, 칼륨, 질산, 노란

1 ② 2 ㄱ, ㄷ, ㅁ 3 ② 4 ③ 5 납 이온, Pb^{2+}

1 나트륨 이온과 칼륨 이온은 주로 앙금을 생성하지 않는 양이온이다.

2 염화 바륨 수용액과 질산 은 수용액을 혼합하면 흰색의 염화 은 앙금이 생긴다. 염화 바륨 수용액과 황산 나트륨 수용액을 혼합하면 흰색의 황산 바륨 앙금이 생긴다. 염화 바륨 수용액과 탄산 나트륨 수용액을 혼합하면 흰색의 탄산 바륨 앙금이 생긴다.

3 질산 이온은 앙금을 잘 생성하지 않는 음이온이다.

4 염화 칼슘 수용액과 황산 나트륨 수용액을 혼합하면 흰색의 황산 칼슘 앙금이 생성되고, 나트륨 이온과 염화 이온은 물에 녹아 있다.

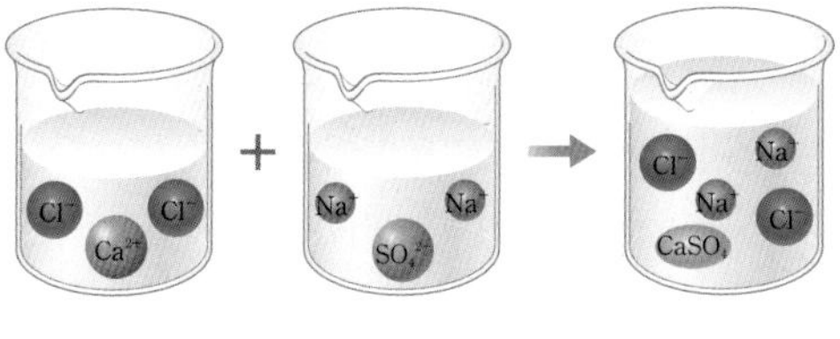

5 납 이온(Pb^{2+})은 황화 이온(S^{2-})과 검은색의 앙금인 황화 납(PbS)을, 아이오딘화 이온(I^-)과 노란색의 앙금인 아이오딘화 납(PbI_2)을 생성한다.

내신 기출 문제

본문 26쪽

01 ④ **02** ② **03** ④ **04** ③ **05** ④ **06** ⑤ **07** (가), (다) **08** ⑤

01 양이온은 원자핵의 (+)전하량이 전자의 총 (−)전하량보다 커서 입자의 총 전하량이 (+)인 입자이다.

오답 피하기 ① 원자가 전자를 잃으면 양이온이 된다.

② A 원자가 전자를 2개 얻으면 이온식은 A^{2-}이다.

③ B^{2-}은 음이온으로 B 원자가 전자를 2개 얻어 생성된 이온이다. 이때 원자핵 전하량은 변하지 않는다. 따라서 B 원자와 B^{2-}이온의 원자핵 전하량은 같다.

⑤ 산소가 전자를 얻어 만들어진 이온은 산화 이온이다. 음이온은 원소 이름 뒤에 '~화 이온'을 붙이는데 원소의 이름이 '소'로 끝나면 소를 빼고 '~화 이온'을 붙인다.

02 X 원자가 전자를 1개 얻어서 형성되는 이온은 X^- 이온이다.

03 (가)는 원자핵 전하량이 +9, 전자가 9개이므로 전기적으로 중성인 원자이다. (나)는 원자핵 전하량이 +9, 전자가 10개이므로 입자의 총 전하량이 −1인 음이온이다.

04 원자가 전자를 잃으면 (+)전하를 띠는 양이온이 된다. 알루미늄 이온(Al^{3+})은 알루미늄 원자가 전자를 3개 잃어 생성된 이온이다.

05 황산 이온(SO_4^{2-})은 음이온으로 (+)극으로 이동한다.

06 질산 은 수용액과 염화 나트륨 수용액을 혼합하면 은 이온과 염화 이온이 결합하여 염화 은의 앙금이 생성된다. 염화 나트륨 수용액 대신 염화 칼륨 수용액을 사용하여도 염화 이온은 그대로 있기 때문에 염화 이온과 은 이온이 결합하여 염화 은 앙금이 생성된다.

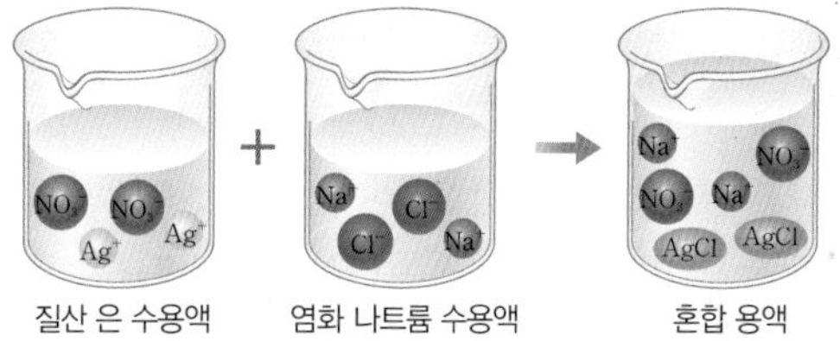

07 (가)와 (나)를 혼합하면 염화 은, (가)와 (라)는 탄산 칼슘, (나)와 (다)는 염화 은, (나)와 (라)는 탄산 은, (다)와 (라)는 탄산 바륨의 앙금이 생성된다.

08 카드뮴 이온(Cd^{2+})은 황화 이온(S^{2-})과 결합하여 노란색의 황화 카드뮴(CdS) 앙금을 생성한다.

고난도 실력 향상 문제

본문 27쪽

01 ④ **02** ① **03** (가) Na^+ (나) Cl^- (다) SO_4^{2-} (라) Ba^{2+}

01 전자가 10개이기 때문에 입자의 전자의 총 전하량은 −10이다. 따라서 C는 −1의 전하를 띠는 음이온이다. 염화 이온(Cl^-)은 염소 원자(Cl)가 전자 1개를 얻어서 형성된다.

오답 피하기 ① A는 전하량 +3의 양이온이다.

② B의 이온식은 Mg^{2+}이다.

③ B는 전자를 2개 잃었고, C는 전자를 1개 얻었다.

⑤ 원자가 이온이 될 때 전자의 이동이 가장 많은 것은 A이다.

02 ㄱ. 노란색은 음이온인 크로뮴산 이온(CrO_4^{2-})으로 (+)극으로 이동한다.

ㄴ. 푸른색은 양이온인 구리 이온(Cu^{2+})으로 구리가 전자를 2개 잃어 생성된 이온이다.

ㄷ. (−)극으로 이동하는 이온은 구리 이온과 칼륨 이온 2종류이다.

ㄹ. (+)극으로 이동하는 이온은 크로뮴산 이온(CrO_4^{2-})과 황산 이온(SO_4^{2-}), 질산 이온(NO_3^-)으로 (−)전하량이 다르다.

ㅁ. 노란색인 크로뮴산 이온(CrO_4^{2-})은 (+)극으로, 푸른색인 구리 이온(Cu^{2+})은 (−)극으로 이동한다. 따라서 전극의 방향을 바꾸면 서로 반대 방향으로 이동한다.

03 염화 바륨 수용액에 황산 나트륨 수용액을 조금씩 첨가하면 바륨 이온과 황산 이온이 결합하여 앙금을 생성하므로 수용액 속 바륨 이온(Ba^{2+})의 양은 (라)와 같이 점점 감소한다. 황산 이온(SO_4^{2-})은 처음에는 첨가하는 대로 앙금을 생성하므로 수용액 속에 거의 존재하지 않다가 바륨 이온이 모두 앙금으로 제거되면 더 이상 반응하지 않아 (다)와 같이 증가한다. 염화 이온(Cl^-)은 앙금 반응에 참여하지 않으므로 (나)와 같이 변화가 없고, 나트륨 이온(Na^+)도 첨가하는 대로 (가)와 같이 그 수가 증가한다.

서논술형 유형 연습

본문 27쪽

01 탄산 칼륨 수용액을 떨어뜨렸을 때 흰색의 탄산 칼슘 앙금이 생성되면 시약병 속 수용액이 염화 칼슘 수용액이고, 탄산 칼륨 수용액을 떨어뜨렸는데도 앙금 반응이 없으면 시약병 속 수용액은 염화 나트륨 수용액이다.

| 모범 답안 | (라) 용액을 떨어뜨렸을 때 흰색 앙금이 생성되면 염화 칼슘이고, 앙금 반응이 없으면 염화 나트륨이다.

채점 기준	배점
용액과 앙금 생성 반응의 방법을 모두 옳게 서술한 경우	100%
용액을 옳게 골랐으나 앙금 생성 반응의 방법에 대한 서술이 미흡한 경우	50%

대단원 마무리

본문 28쪽

01 ② **02** ⑤ **03** (가) 구리, (나) 나트륨, (다) 칼슘 **04** CD: 노란색, EB: 주황색 **05** ③ **06** ① **07** ⑤ **08** ③ **09** (가) 0, (나) +7, (다) 9 **10** Na, 11개 **11** ① **12** ㉠ 탄소, ㉡ 4, ㉢ 메테인 **13** ① **14** ② **15** 과산화 수소: H_2O_2, 암모니아: NH_3 **16** ⑤ **17** ㉠ +11, ㉡ 10, ㉢ 0, ㉣ +1 **18** ② **19** ⑤ **20** ⑤ **21** ②

01 화학적인 방법으로 더 이상 분해할 수 없는 물질을 구성하는 기본 성분은 원소이다. 금, 헬륨, 구리, 나트륨, 알루미늄은 원소에 해당한다.

02 선 스펙트럼은 원소에 따라 나타나는 띠의 개수, 위치, 색이 달라 불꽃 반응 색이 비슷한 원소도 구별할 수 있다.

오답 피하기 ① 몇 개의 금속 원소와 대부분의 비금속 원소는 불꽃 반응 색이 나타나지 않는다.
② 현재까지 알려진 원소의 종류는 110여 종이다.
③ 암모니아는 수소와 질소 2종류의 원소로 이루어져 있다.
④ 물질의 성질을 가지고 있는 가장 작은 입자는 분자이다.

03 구리의 불꽃 반응 색은 청록색, 나트륨의 불꽃 반응 색은 노란색, 칼슘의 불꽃 반응 색은 주황색이다.

04 B가 포함된 두 물질 AB와 CB의 불꽃 반응 색이 다른 것으로 보아 B는 불꽃 반응 색에 영향을 미치지 않으며 A의 불꽃 반응 색이 빨간색, C의 불꽃 반응 색이 노란색이라는 것을 알 수 있다. D가 포함된 두 물질 AD와 ED의 불꽃 반응 색이 다른 것으로 보아 D는 불꽃 반응 색에 영향을 미치지 않으며 E의 불꽃 반응 색이 주황색이라는 것을 알 수 있다. 따라서 CD는 C의 불꽃 반응 색인 노란색, EB는 E의 불꽃 반응 색인 주황색이 나타난다.

05 선 스펙트럼은 원소의 종류에 따라 선의 색, 위치, 개수 등이 다르게 나타난다. 여러 원소가 혼합된 경우 각 원소의 스펙트럼이 모두 포함되어 나타나게 된다. 혼합물 X에는 2개의 금속 원소인 칼슘과 나트륨이 포함되어 있다.

06 ㄱ. 원자는 전기적으로 중성이다.
ㄴ. 원자는 물질을 이루는 기본 입자이다.
ㄷ. 원자의 종류에 따라 원자핵의 전하량과 전자의 수가 다르다.
ㄹ. 원자는 물질을 이루는 기본 입자로 개수를 셀 수 있다. 물질을 이루는 기본 성분은 원소로, 개수를 셀 수 없는 종류의 개념이다.

07 플루오린의 원소 기호는 F이다.

08 B와 D는 전자로, 둘 다 (−)전하를 띤다.

오답 피하기 ① (가)의 전자가 8개이므로 전기적으로 중성이 되려면 A의 전하량은 +8이다.
② (나)의 전자가 4개이므로 전기적으로 중성이 되려면 C의 전하량은 +4이다.
④ (가)는 전자가 8개이므로 총 (−)전하량은 −8이고, (나)는 전자가 4개이므로 총 (−)전하량은 −4이다.
⑤ 원자 (가)와 (나)는 모두 전기적으로 중성이다.

09 원자의 전하량＝{원자의 (+)전하량}+{(−1)× 전자의 수}이다. 따라서 (가)는 0, (나)는 +7, (다)는 9이다.

10 불꽃 반응 색이 노란색인 원소는 나트륨(Na)이고, 원자핵의 전하량이 +11이므로 전자의 수는 11개이다.

11 ㄱ. 전기적으로 중성인 원자들이 결합하여 만들어진 분자도 전기적으로 중성이다.
ㄴ. 분자는 원자들이 결합하여 이루어진다.
ㄷ. 결합하는 원자들의 종류와 개수에 따라 그 성질이 달라진다.
ㄹ. 물질을 이루는 기본 성분으로 개수를 셀 수 없는 것은 원소이다.

12 메테인 분자는 1개의 탄소 원자와 4개의 수소 원자가 결합하여 형성된다.

13 (가)는 탄소 원자 1개와 산소 원자 1개가 결합한 일산화 탄소 분자 2개를 나타낸 것이고, (나)는 탄소 원자 1개와 산소 원자 2개가 결합한 이산화 탄소 분자 1개를 나타낸 것이다.

14 (가)는 산소 분자(O_2), (나)는 염화 수소 분자(HCl), (다)는 물 분자(H_2O)이다.

15 과산화 수소는 H_2O_2, 암모니아는 NH_3이다.

16 (나)와 (다) 모두 전자가 10개이므로 전자의 총 전하량은 같다.

클리닉 + 입자의 전하량

	(가)	(나)	(다)
원자핵 전하량	+8	+9	+12
전자의 수	8	10	10
전자 총 전하량	−8	−10	−10
입자 총 전하량	0	−1	+2

17 나트륨 원자(Na)가 나트륨 이온(Na^+)이 될 때 핵 전하량은 변하지 않으며, 전자를 1개 잃어 +1전하량의 양이온이 된다.

18 ㄱ. 전자는 10개로 모두 같다.
ㄴ. 이온과 원자의 핵 전하량은 같다.
ㄷ. 플루오린화 이온은 전자 1개를 얻어 −1의 음이온이 되었다.
ㄹ. 알루미늄 이온은 전자를 3개 잃어 형성되었다.

19 푸른색을 띠는 물질은 구리 이온(Cu^{2+})으로 전자를 2개 잃어서 형성된 양이온이다.

20 두 용액을 혼합하면 칼슘 이온과 황산 이온이 1 : 1로 결합하여 흰색의 앙금인 황산 칼슘을 생성한다.

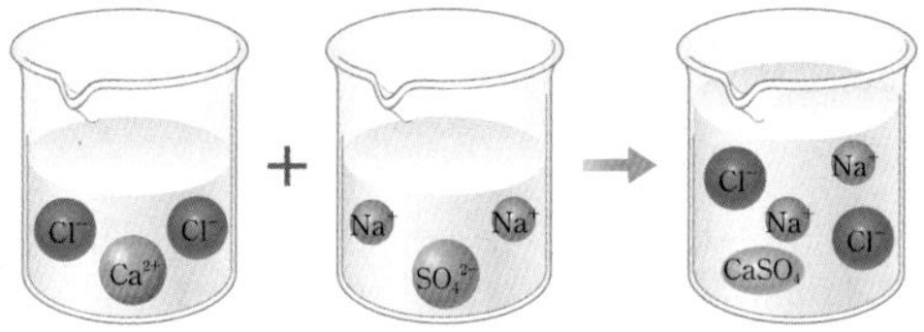

21 수돗물 속 염화 이온(Cl^-)과 질산 은 수용액의 은 이온(Ag^+)이 결합하여 흰색의 염화 은(AgCl) 앙금을 생성한다.

대단원 마무리 서논술형 문제 본문 31쪽

01 불꽃 반응 색은 물질에 포함된 금속 원소에 의해 결정된다. $NaNO_3$은 나트륨 원소를 포함하고 있으므로 나트륨의 불꽃 반응 색인 노란색을 띤다.

| 모범 답안 | 노란색이다. 나트륨 원소가 포함되어 있기 때문이다.

채점 기준	배점
불꽃 반응 색과 그 까닭을 모두 옳게 서술한 경우	100%
불꽃 반응 색만 옳게 서술한 경우	50%

02 원자는 원자핵과 전자로 이루어져 있으므로 더 이상 쪼갤 수 없다고 할 수는 없다. 그러나 원자는 화학적인 방법으로 더 이상 나누어지지 않는 물질을 이루는 기본 입자이다.

| 모범 답안 | 원자는 원자핵과 전자로 이루어져 있으므로 더 이상 쪼갤 수 없다고 할 수는 없다.

채점 기준	배점
수정되어야 할 부분과 수정 내용이 모두 옳은 경우	100%
수정되어야 할 부분을 옳게 찾았으나 수정 내용이 옳지 않은 경우	50%

03 현대의 원소 기호는 베르셀리우스가 제안한 것으로 원소 이름에서 알파벳을 따와 표시한다. 원소 이름의 첫 글자를 알파벳의 대문자로 나타내고, 첫 글자가 같을 때는 적당한 중간 글자를 택하여 첫 글자 다음에 소문자로 나타낸다.

| 모범 답안 | 원소 이름의 첫 글자를 알파벳의 대문자로 나타내고, 첫 글자가 같을 때는 적당한 중간 글자를 택하여 첫 글자 다음에 소문자로 나타낸다.

채점 기준	배점
원소 이름에서 알파벳을 따오는 규칙과 대·소문자 사용 규칙을 모두 옳게 서술한 경우	100%
원소 이름에서 알파벳을 따오는 규칙만 옳게 서술한 경우	50%

04 크로뮴산 칼륨(K_2CrO_4) 수용액에 전류를 흘려 주면 무색의 칼륨 이온(K^+)은 (−)극으로, 노란색의 크로뮴산 이온(CrO_4^{2-})은 (+)극으로 이동한다.

| 모범 답안 | 오른쪽으로 이동한다. 노란색은 (−)전하를 띠는 음이온이기 때문이다.

채점 기준	배점
이동 방향과 그 까닭을 모두 옳게 서술한 경우	100%
이동 방향만 옳게 서술한 경우	50%

05 불꽃 반응을 통하면 물질이 가지고 있는 금속 원소를 구별할 수 있다. 또한 앙금 생성 반응으로는 특정 양이온과 음이온을 구별할 수 있다.

| 모범 답안 | (가) 불꽃 반응 색이 보라색이다.
(나) 질산 은 용액과 흰색의 앙금을 생성한다.
(다) 염화 칼슘(염화 바륨, 질산 칼슘, 질산 바륨 등) 용액과 흰색의 앙금을 생성한다.

채점 기준	배점
(가), (나), (다) 모두 옳게 서술한 경우	100%
(가), (나), (다) 중 두 가지만 옳게 서술한 경우	50%
(가), (나), (다) 중 하나만 옳게 서술한 경우	20%

Ⅱ. 전기와 자기

1 전기의 발생

기초 섭렵 문제

본문 35쪽

1 마찰 전기 | 마찰 전기, 전기력, 대전, 대전체, 전자
2 정전기 유도 | 정전기 유도, 검전기

01 (1) 밀어내는 힘 (2) 밀어내는 힘 (3) 끌어당기는 힘 **02** (1) × (2) ○ (3) ○ (4) ○ **03** (1) 털가죽: 중성, 플라스틱 막대: 중성 (2) 털가죽 → 플라스틱 막대 (3) 털가죽: (+)전하, 플라스틱 막대: (−)전하 **04** (1) ○ (2) ○ (3) × **05** (1) 금속판 → 금속박 (2) (+)전하 (3) (−)전하 (4) 벌어진다.

01 같은 종류의 전하 사이에는 밀어내는 힘이, 다른 종류의 전하 사이에는 끌어당기는 힘이 작용한다.

02 서로 다른 두 물체를 마찰하면 (−)전하를 띤 전자가 이동한다. 이때 전자를 잃은 물체는 (+)전하를 띠고, 전자를 얻은 물체는 (−)전하를 띤다.

03 털가죽으로 플라스틱 막대를 문지르면 털가죽에서 플라스틱 막대로 전자가 이동한다. 따라서 전자를 잃은 털가죽은 (+)전하를 띠고, 전자를 얻은 플라스틱 막대는 (−)전하를 띤다.

04 대전되지 않은 금속 숟가락에 (−)전하를 띠는 빨대를 가까이 가져가면 A에서 B 쪽으로 전자가 이동하므로 A 부분은 (+)전하를 띠게 되어 빨대와 금속 숟가락 사이에는 끌어당기는 힘이 작용한다.

05 검전기 금속판에 (−)대전체를 가까이 하면 금속판에서 금속박으로 전자가 이동하므로 금속박은 (−)전하를 띠게 되어 벌어진다.

수행 평가 섭렵 문제

본문 37쪽

마찰 전기를 이용하여 정전기 유도 현상 실험하기 | 대전, 대전, 금속박, 다른, 같은

1 ㄱ, ㄷ **2** 금속박 → 금속판, (−)전하, (+)전하 **3** ② **4** ㄱ, ㄴ, ㄷ **5** (−)전하, (−)전하

1 털가죽으로 빨대를 마찰하면 털가죽에서 빨대로 전자가 이동한다. 따라서 털가죽은 (+)전하, 빨대는 (−)전하를 띤다. 이 실험은 건조한 날 잘 된다.

2 (+)대전체를 검전기 금속판에 가까이 하면 금속박에서 금속판으로 전자가 이동한다. 따라서 금속판은 (−)전하, 금속박은 (+)전하를 띤다.

3 (−)대전체를 검전기의 금속판에 가까이 하면 금속판에서 금속박으로 전자가 이동한다. 따라서 검전기의 금속판은 (+)전하, 금속박은 (−)전하를 띠게 되어 금속박은 벌어진다.

4 검전기를 이용하면 물체의 대전 여부, 대전체가 띠는 전하의 종류, 대전체에 대전된 전하의 양 등을 비교할 수 있다.

5 검전기의 금속판에 (−)대전체를 접촉시키면 대전체에서 검전기로 전자가 이동하므로 검전기 전체가 (−)전하를 띤다.

내신 기출 문제

본문 38쪽

01 ② **02** ①, ④ **03** ② **04** ② **05** ①, ④ **06** (1) (−)전하 (2) (+)전하 (3) 벌어진다

01 그림에서 마찰 후 (가)는 (+)전하의 양이 많고 (나)는 (−)전하의 양이 많으므로 마찰하는 동안 (가)에서 (나)로 전자가 이동한다. 따라서 마찰 후 (가)는 (+)전하로 대전된다.
오답 피하기 ① 마찰 후 (가)는 전자를 잃었다.
③ 마찰 후 (나)의 (−)전하의 양이 증가하였다.
④ 마찰하는 동안 전자가 (가)에서 (나)로 이동하였다.
⑤ 마찰 후 (가)와 (나)는 서로 다른 종류의 전하를 띠므로 서로 끌어당기는 힘이 작용한다.

02 고무풍선과 털가죽을 마찰하면 털가죽에서 고무풍선으로 전자가 이동하므로 털가죽과 고무풍선은 각각 다른 종류의 전하를 띤다. 따라서 털가죽을 고무풍선에 가까이 하면 고무풍선과 털가죽이 서로 당기는 방향으로 힘이 작용한다.
오답 피하기 ② 털가죽은 (+)전하로 대전된다.
③ 털가죽과 풍선 사이에 전기력이 작용한다.
⑤ 털가죽과 풍선은 서로 다른 종류의 전하를 띠고 있다.

03 면장갑으로 빨대를 마찰하면 면장갑에서 빨대로 전자가 이동하므로 면장갑과 마찰한 빨대 ㉠과 ㉡은 모두 (−)전하를 띤다. 따라서 빨대 ㉠과 ㉡ 사이에는 밀어내는 힘이 작용하고, 빨대와 면장갑 사이에는 끌어당기는 힘이 작용한다.

04 대전되지 않은 금속 숟가락에 (−)전하를 띠는 빨대를 가까이 가져가면 금속 숟가락 내의 A에서 B로 전자가 이동하므로 금속 숟가락에 정전기가 유도된다. 이때 금속 숟가락의 A에는 (+)전하, B에는 (−)전하가 유도되므로 빨대와 금속 숟가락 사이에는 끌어당기는 힘이 작용한다.

오답 피하기 ① A 부분은 (+)전하를 띤다.
③ 빨대와 B 부분은 같은 종류의 전하를 띤다.
④ A 부분은 (+)전하, B 부분은 (−)전하를 띠므로 A와 B가 띠는 전하의 종류는 다르다.
⑤ 금속 숟가락의 A 부분은 (+)전하를 띠므로 빨대와 금속 숟가락 사이에는 끌어당기는 힘이 작용한다.

05 플라스틱 막대와 털가죽을 마찰한 다음 플라스틱 막대와 털가죽을 알루미늄 깡통에 각각 가까이하면 두 경우 모두 깡통에 정전기가 유도되므로 깡통은 플라스틱 막대와 털가죽에 모두 끌려온다.

06 (+)대전체를 검전기의 금속판에 가까이 하면 금속박에서 금속판으로 전자가 이동하므로 검전기의 금속판에는 (−)전하, 금속박에는 (+)전하가 유도된다. 따라서 금속박은 벌어진다.

클리닉 + **물체의 대전 여부 확인하기**
검전기의 금속판에 물체를 가까이 할 때 금속박의 움직임으로 물체의 대전 여부를 알 수 있다. 물체를 대전되지 않은 검전기의 금속판에 가까이 했을 때 금속박이 벌어지면 물체는 대전된 상태이다.

고난도 실력 향상 문제

본문 39쪽

01 ② **02** ④ **03** ㄱ, ㄷ

01 같은 종류의 전하 사이에는 밀어내는 힘, 서로 다른 종류의 전하 사이에는 끌어당기는 힘이 작용한다. 따라서 D가 (+)전하를 띠고 있다면, 서로 끌어당기는 C는 D와 다른 종류의 전하인 (−)전하, C와 밀어내는 B는 C와 같은 종류의 전하인 (−)전하, B와 끌어당기는 A는 B와 다른 종류의 전하인 (+)전하를 띤다.

02 (+)전하를 띤 유리 막대를 대전되지 않은 금속 막대의 A 쪽에 가까이 하면 금속 막대 내에서 전자는 B에서 A로 이동하게 된다. 그 결과 금속 막대의 A 쪽은 (−)전하를 띠고, B 쪽은 (+)전하를 띤다. 따라서 (+)전하를 띠는 풍선은 B로부터 밀어내는 방향의 힘을 받는다.

오답 피하기 ④ (−)전하를 띤 대전체를 A 쪽에 가까이 하면 A는 (+)전하, B는 (−)전하를 띠므로 (+)전하를 띠는 풍선과 B는 끌어당기는 방향의 힘을 작용한다.
⑤ (+)전하를 띤 유리 막대를 1 개 더 A에 가까이 하면 B에 대전되는 전하량의 양이 증가하므로 풍선에 작용하는 힘이 더 커진다.

03 (−)전하로 대전된 검전기의 금속박이 벌어져 있을 때 금속판에 대전체를 가까이 하였더니 금속박이 오므라들었다면 대전체에 의해 금속박에서 금속판으로 전자가 이동하였기 때문이다. 따라서 대전체는 (+)전하를 띠고 있다.

클리닉 + 대전체에 대전된 전하의 종류는 대전된 검전기에 대전체를 가까이 했을 때 금속박의 변화로 알 수 있다. 대전된 검전기의 금속판에 대전체를 가까이 했을 때 금속박이 오므라들면 대전체는 검전기와 다른 종류의 전하로 대전된 상태이다. 반면, 대전된 검전기의 금속판에 대전체를 가까이 했을 때 금속박이 더 벌어지면 대전체는 검전기와 같은 종류의 전하로 대전된 상태이다.

서논술형 유형 연습

본문 39쪽

01 빨대 A와 B를 각각 털가죽으로 문지르면 빨대는 모두 (−)전하를 띠고 털가죽은 (+)전하를 띤다. 따라서 B를 A에 가까이 하면 A는 B에 의해 밀려난다.

| 모범 답안 | (1) A와 B는 같은 종류의 전하를 띠므로 B를 A에 가까이 하면 A는 밀어내는 힘에 의해 밀려난다.

채점 기준	배점
움직임과 까닭을 모두 옳게 서술하였을 경우	100%
움직임만 옳게 서술하였을 경우	50%

(2) 털가죽과 A는 서로 다른 종류의 전하를 띠므로 A는 털가죽에 끌려온다.

채점 기준	배점
움직임과 까닭을 모두 옳게 서술하였을 경우	100%
움직임만 옳게 서술하였을 경우	50%

2 전류와 전압

기초 섭렵 문제

본문 41쪽

1 전류 | 전류, A, (+), (−), (−), (+)

2 전압 | 전압, V, 전압, 높이, 전류, 전지

01 (1) ○ (2) × (3) ○ (4) ○ 02 (1) 전지의 (+)극 → 전지의 (−)극 (2) 전지의 (−)극 → 전지의 (+)극 03 (1) ○ (2) ○ (3) ○ 04 ㉠: 전압 ㉡: 높이차 ㉢: 전지 ㉣: 전압 05 ㉠: 전류 ㉡: 전지 ㉢: 전구

01 전류는 전하의 흐름이며, 1 A는 1000 mA이다.

02 전기 회로에 흐르는 전류의 방향은 전지의 (+)극에서 (−)극이며, 전자는 전지의 (−)극에서 전지의 (+)극으로 이동한다.

03 전압은 전류를 흐르게 하는 원인으로 단위는 V(볼트)를 사용한다. 전압은 전압계를 사용하여 측정한다.

04 물의 높이차에 의해 물이 흐르듯이 전압에 의해 전류가 흐른다. 전기 회로에서 전지는 전압을 계속 유지시켜 주는 역할을 한다.

05 물의 흐름 모형과 전기 회로를 비교할 때 물의 흐름은 전류, 펌프는 전지, 물레방아는 전구에 비유할 수 있다.

내신 기출 문제

본문 42쪽

01 ③, ⑤ 02 ④ 03 ⑤ 04 ③ 05 ⑤ 06 ④

01 전류는 전지의 (+)극에서 (−)극으로 흐르지만, 전자는 전지의 (−)극에서 (+)극 쪽으로 이동한다. 따라서 전류의 방향과 전자의 이동 방향은 반대이다.

클리닉 + 전류의 방향은 전지의 (+)극에서 (−)극 쪽으로, 실제 전자의 이동 방향과 반대 방향이다. 이것은 과학자들이 전자의 존재를 알지 못하던 때에 전류의 방향을 정하여 지금까지 사용하기 때문이다.

02 도선에서 전자가 A에서 B로 이동하므로 전류는 B에서 A로 흐른다. 따라서 도선의 A 부분은 전지의 (−)극, B 부분은 전지의 (+)극에 연결되어 있다.

03 그림 (가)는 전자가 불규칙하게 운동하므로 전류가 흐르지 않는 상태이며, 그림 (나)는 전자가 C에서 D로 이동하므로 전류는 D에서 C로 흐른다.

오답 피하기 ㄱ. (가)에서는 전자가 불규칙하게 운동하므로 전류가 흐르지 않는다.
ㄴ. (가)의 경우 도선은 전지에 연결되어 있지 않다.

04 전압은 전압계로 측정하며 회로에 병렬연결한다.

05 두 물통 사이에 물의 높이차가 유지된다면 물이 계속 흐를 수 있듯이, 전기 회로에서 전압이 유지된다면 전류는 지속적으로 흐를 수 있다. 전기 회로에서 전류를 계속 흐를 수 있게 하는 역할을 하는 것은 전지이다.

06 전기 회로를 물의 흐름 장치에 비유할 때 전류는 물의 흐름에 비유할 수 있다.

오답 피하기 ① 전구 − 물레방아 ② 전압 − 물의 높이차
③ 전지 − 펌프 ⑤ 밸브 − 스위치

고난도 실력 향상 문제

본문 43쪽

01 ③ 02 ③ 03 ⑤

01 전구를 통과하기 전과 통과한 후의 전류의 세기는 같다. 따라서 그림에서 (가)에 측정되는 전류의 세기가 0.2 A였다면 (나)에 측정되는 전류의 세기도 0.2 A이다.

클리닉 + 흐르는 물이 물레방아를 돌릴 때 물레방아를 지나기 전후의 물의 양이 달라지지 않는 것처럼, 전기 회로에서도 전구를 통과하기 전후의 전류의 세기가 변하지 않는다.

02 전압을 측정할 때 전압계의 바늘이 왼쪽으로 회전하여 전압을 측정할 수 없었다면 전압계의 (+)단자와 (−)단자를 바꾸어 연결해야 한다.

클리닉 + • 전압계는 전압을 측정하고자 하는 회로에 병렬로 연결한다.
• 전압계의 (+)단자는 전지의 (+)극 쪽에 연결하고, 전압계의 (−)단자는 전지의 (−)극 쪽에 연결한다.
• 전압계의 (−)단자에는 측정할 수 있는 전압의 최댓값이 표시되어 있다. (−)단자는 최댓값이 큰 단자부터 차례로 연결한다.
• 전압계는 영점 조절 나사를 이용하여 영점을 조절한 후 사용한다.
• 전압계를 연결할 때 (+)단자와 (−)단자를 반대로 연결하면 고장이 날 수 있으므로 주의한다.

03 물의 흐름과 전기 회로를 비유할 때 펌프는 전지, 물의 흐름은 전류에 비유할 수 있으므로 '펌프가 물을 계속 퍼 올리면 물이 계속 흐른다.'는 것은 '전지는 지속적으로 전자를 이동시켜 전류가 흐른다.'에 비유할 수 있다.

오답 피하기 ① 전류의 흐름을 차단한다. − 밸브를 잠근다.
② 전하가 계속 이동한다. − 물이 계속 이동한다.
③ 전선을 통해 전하가 이동한다. − 수도관을 따라 물이 이동한다.
④ 전구는 전기 에너지를 사용하여 불을 켠다. − 물레방아는 물의 위치 에너지를 이용하여 돌아간다.

서논술형 유형 연습

본문 43쪽

01 도선 내부의 전자들이 여러 방향으로 불규칙하게 움직이면 전류가 흐르지 않는 것이다. 그러나 도선 내부의 전자들이 한 방향으로 이동하면 전류가 흐르는 것이다. 이때 전류의 방향은 전지의 (+)극에서 (−)극 쪽으로, 실제 전자의 이동 방향과 반대 방향이다.

| 모범 답안 | 전자가 한 방향으로 이동하므로 전류가 흐른다. 이때 전류의 방향은 B에서 A 방향이다. 이는 전자가 A에서 B 방향으로 이동하기 때문이다.

채점 기준	배점
전류의 방향과 까닭을 모두 옳게 서술하였을 경우	100%
전류의 방향만 옳게 서술하였을 경우	50%

3 전압, 전류, 저항 사이의 관계

기초 섭렵 문제

본문 45쪽

1 전압, 전류, 저항 사이의 관계 | 비례, 옴의, 저항, Ω, 비례, 반비례

2 저항의 연결 | 직렬, 병렬, 직렬, 병렬

01 (1) ○ (2) ○ (3) ○ 02 (1) ○ (2) × (3) ○ (4) ○ 03 (1) 비례 (2) C>B>A 04 (1) 병렬 (2) 병렬 (3) 직렬 (4) 병렬 05 ㄴ, ㄷ, ㄹ

01 저항은 전류의 흐름을 방해하는 정도이며 단위는 Ω(옴)을 사용한다. 전류의 세기는 도체의 저항이 클수록 작아진다.

02 도선에 흐르는 전류는 전압에 비례하고 저항에 반비례한다. 또한, 전류의 세기가 일정하다면 도선에 걸리는 전압은 저항에 비례한다.

03 그래프에서 저항의 크기에 관계없이 전류는 전압에 비례함을 알 수 있다. 그래프의 기울기의 역수가 저항이므로 저항의 크기는 C>B>A 순이다.

04 저항을 직렬연결하면 전기 기구 1개만 고장 나도 나머지 전기 기구가 모두 작동하지 않는다. 병렬연결하면 다른 전기 기구의 영향을 받지 않고 따로 사용할 수 있다. 이때 각 전기 기구에 걸리는 전압은 같고, 연결하는 전기 기구가 많을수록 전체 전류는 커진다.

05 저항의 직렬연결: ㄱ. 퓨즈 ㅁ. 동시에 켜지는 크리스마스 트리 전구

저항의 병렬연결: ㄴ. 멀티탭 ㄷ. 도로의 가로등 ㄹ. 가정용 전기 기구

수행 평가 섭렵 문제

본문 47쪽

전압, 전류, 저항 사이의 관계 탐구하기 | 비례, 크, 작, 작다, 크, 작

1 (1) 직렬연결 (2) 병렬연결 2 (1) 0.2 A (2) 3 V (3) 15 Ω 3 A<B 4 (1) 0.4 A (2) 7.5 V

1 전기 회로에서 니크롬선에 흐르는 전류를 측정할 때 전류계는 직렬로 연결하고, 전압을 측정할 때 전압계는 병렬로 연결한다.

2 전류계와 전압계의 눈금을 읽을 때는 연결 단자에 해당하는 눈금을 읽는다. 전류계의 (−)단자가 500 mA에 연결되어 있으므로 흐르는 전류는 200 mA(=0.2 A)이고, 전압계의 (−)단자가 15 V에 연결되어 있으므로 걸리는 전압은 3 V이다. 따라서 니크롬선의 저항은 3 V/0.2 A=15 Ω이다.

3 전류 − 전압 그래프에서 기울기는 저항의 역수이다. 그래프에서 A의 기울기가 B보다 크므로 B의 저항이 A보다 크다. 따라서 A, B의 단면적이 같다면 니크롬선의 길이도 B가 A보다 길다.

4 (1) 저항이 일정할 때 니크롬선에 흐르는 전류는 전압에 비례한다. 그래프에서 3 V일 때 흐르는 전류의 세기는 0.2 A이므로 6 V일 때 흐르는 전류는 0.4 A이다.

(2) 이 니크롬선에 0.5 A의 전류가 흐르도록 하려면 3 V : 0.2 A=x (V) : 0.5 A에서 x는 7.5 V이다.

내신 기출 문제

본문 48쪽

01 ③ 02 ② 03 ⑤ 04 ④ 05 ③ 06 ②

01 전기 저항은 전류가 흐를 때 전자의 움직임이 원자의 방해를 받기 때문에 생기며, 단위는 Ω(옴)을 사용한다.

02 저항이 일정한 니크롬선에 흐르는 전류의 세기(I)는 니크롬선에 걸리는 전압(V)에 비례한다.

03 그래프에서 기울기의 역수가 저항이다. 따라서 B의 저항이 A보다 크다. 따라서 굵기가 같다면 A의 길이가 B보다 짧다.

오답 피하기 ① A의 저항은 B보다 작다.
② A의 저항 값은 5 Ω이다.
③ A와 B의 저항의 비는 1 : 2이다.
④ 같은 니크롬선에서 전류는 전압에 비례한다.

04 그림에서 전구들은 직렬로 연결되어 있다. 따라서 전구 1개가 꺼지면 다른 전구도 함께 꺼진다. 또한, 각각의 전구에 흐르는 전류의 세기는 같다.

05 가정에서 사용하는 전기 제품이 모두 직렬로 연결되어 있다면 한 개의 전기 기구를 끄면 다른 전기 기구도 사용할 수 없으며, 각 전기 기구에 걸리는 전압이 다르므로 제대로 작동하지 않는다.

06 퓨즈는 센 전류가 흐를 때 녹아 끊어져 전기 기구를 보호해야 하므로 전기 기구의 저항과 직렬로 연결되어 있다.

클리닉 + 퓨즈는 금속에 전류가 흐를 때 열이 발생하는 성질을 이용한 것으로, 퓨즈에 일정한 세기 이상의 전류가 흐르면 녹아서 끊어진다. 퓨즈는 전기 회로에 직렬로 연결한다. 전기 회로에 과도한 전류가 흐르면 퓨즈가 끊어져 전기 회로에 흐르는 전류를 차단할 수 있다.

고난도 실력 향상 문제

본문 49쪽

01 ② 02 ④ 03 ①

01 전류－전압 그래프에서 직선의 기울기는 저항의 역수이다. A의 기울기는 B의 2배이므로 저항의 크기는 B가 A의 2배이다. 두 니크롬선의 단면적이 같다면 저항의 크기는 길이에 비례한다. 따라서 A와 B의 길이의 비는 1 : 2이다.

클리닉 + 저항은 길이에 비례하고 단면적에 반비례한다. 즉, 단면적이 같을 때는 길이가 길수록 저항이 커지며, 길이가 같을 때는 단면적이 클수록 저항은 작아진다.

02 그림에서 전류계의 (－)단자를 500 mA 단자에 연결하였다면 회로에 흐르는 전류는 300 mA(＝0.3 A)이며, 전압계의 (－)단자를 5 V 단자에 연결하였다면 니크롬선에 걸리는 전압은 3 V이다. 따라서 니크롬선의 저항의 크기는 3 V/0.3 A＝10 Ω이다.

03 멀티탭에 연결되는 전기 기구들은 모두 병렬로 연결되어 있다. 따라서 하나의 멀티탭에 연결하는 전기 기구의 개수가 늘어날 때 회로 전체의 저항은 작아지며, 전선 A에 흐르는 전류의 세기는 증가한다.

클리닉 + 전지에 저항을 병렬연결하면 전류가 흐르는 통로가 여러 개이므로 전체 전류는 각 저항에 흐르는 전류의 합과 같다. 따라서 전체 전류는 커지고 전체 저항은 작아진다.

서논술형 유형 연습

본문 49쪽

01 표에서 전압이 1.5 V씩 증가할 때마다 전류는 1.0 A씩 증가한다. 즉, 회로에 흐르는 전류의 세기는 걸리는 전압에 비례한다. 전기 회로의 저항의 크기는 전압/전류로 구할 수 있다.

| 모범 답안 | (1) 전압이 3.0 V일 때 전류는 2.0 A이므로 니크롬선의 저항은 다음과 같다. 3.0 V/2.0 A＝1.5 Ω

채점 기준	배점
식을 포함하여 저항을 옳게 구한 경우	100%
저항 값만 쓴 경우	40%

(2) 전압이 커질수록 니크롬선에 흐르는 전류의 세기도 비례하여 증가하므로 전류의 세기는 전압에 비례한다.

채점 기준	배점
표의 값을 이용하여 전압과 전류의 관계를 옳게 서술하였을 경우	100%
전압과 전류의 관계를 옳게 서술하였을 경우	70%

4 전류의 자기 작용

기초 섭렵 문제

본문 51쪽

❶ **전류 주위의 자기장** | 자기장, 자기력선, 동심원, 막대

❷ **자기장에서 전류가 흐르는 도선이 받는 힘** | 힘, 전류, 자기장, 전동기

01 (1) ○ (2) ○ (3) × (4) × 02 (1) ㉠: ← ㉡: ← (2) ㉠: → ㉡: → 03 (1) C (2) A (3) A (4) C 04 (1) ○ (2) × (3) × (4) ○ 05 ㄱ, ㄷ, ㅁ

01 전류가 흐르는 코일 내부에는 직선 모양의 자기장이 생기며, 전류가 흐르는 코일 주위의 자기장 방향은 오른손의 네 손가락을 전류 방향으로 감아쥘 때 엄지손가락이 가리키는 방향이다.

02 오른손의 네 손가락을 전류 방향으로 감아쥘 때 엄지손가락이 가리키는 방향이 자기장의 방향이므로 ㉠과 ㉡에서 자기장의 방향은 왼쪽이다. 전류의 방향이 바뀌면 자기장의 방향도 바뀐다.

03 오른손 네 손가락을 자기장의 방향, 엄지손가락을 전류의 방향으로 할 때 손바닥이 향하는 방향이 힘의 방향이다. 따라서 도선은 C 방향으로 힘을 받는다. 전류의 방향이나 자기장의 방향이 바뀌면 힘의 방향도 바뀐다.

04 자기장 속에 놓인 전류가 흐르는 도선은 자기장의 방향과 수직 방향으로 힘을 받는다. 전류의 방향이 변하면 전류가 흐르는 도선이 받는 힘의 방향도 변한다.

05 세탁기, 선풍기, 전기차는 전동기를 이용하며, 전기주전자, 전기밥솥, 전기다리미는 전류가 흐를 때 발생하는 열을 이용한다.

수행 평가 섭렵 문제 본문 53쪽

전류가 흐르는 코일 주위에 생기는 자기장 관찰하기 | 자기장, 반대, 막대자석, 전류, 자기장

1 ② **2** (1) 동쪽 (2) 서쪽 **3** ⇇ **4** (1) → (2) ← **5** ㄱ, ㄴ

1 막대자석에는 N극에서 나와서 S극으로 들어가는 방향으로 자기장이 생긴다. 따라서 막대자석 주위에 나침반을 놓았을 때 A와 C에서 나침반의 N극은 왼쪽을 가리키고, B와 D에서 나침반의 N극은 오른쪽을 가리킨다.

2 직선 도선에 전류가 흐를 때 도선 주위에는 동심원 모양의 자기장이 생긴다. 이때 자기장의 방향은 오른손 엄지손가락을 전류의 방향으로 할 때 네 손가락이 감아쥐는 방향이다.
(1) 그림과 같이 도선 위에 나침반이 있다면 도선 위에서 자기장의 방향은 동쪽이다.
(2) 전류의 방향을 반대로 바꾸면 자기장의 방향도 반대가 되므로 나침반 바늘의 N극은 서쪽을 가리킨다.

3 전류가 흐르는 코일 내부 중간 지점에서 자기장의 모양은 직선 모양이다. 그림에서 왼쪽이 N극이므로 코일 내부에서 자기장의 방향은 왼쪽이다.

4 코일에 전류가 흐를 때 오른손의 네 손가락을 전류의 방향으로 감아쥘 때 엄지손가락이 가리키는 방향이 자기장의 방향이 된다.
(1) ㉠에서 나침반 바늘의 N극은 오른쪽을 가리킨다.
(2) 코일에 전류가 반대로 흐르면 자기장의 방향도 반대가 된다. 따라서 ㉠에서 나침반 바늘의 N극은 왼쪽을 가리킨다.

5 코일에 전류가 흐르면 자기장이 생긴다. 이때 코일에 생기는 자기장의 세기를 세게 할 수 있는 방법은 코일의 감은 수를 늘리거나, 코일에 흐르는 전류의 세기를 세게 하면 된다.

수행 평가 섭렵 문제 본문 55쪽

간이 전동기 만들기 | 힘, 빠르다, 반대, 반대, 세탁기

1 ④ **2** (가): 시계 반대 방향, (나): 시계 방향 **3** 정류자 **4** ㄱ, ㄴ **5** ㄱ, ㄴ, ㄷ

1 전지와 자석을 장치하고 코일에 전류를 흐르게 하면 전류에 의해 만들어지는 자기장과 자석의 자기장이 상호 작용하므로 코일이 힘을 받아 회전한다.

2 오른손 엄지손가락을 전류의 방향, 나머지 네 손가락을 자기장의 방향으로 할 때 손바닥이 향하는 방향이 힘의 방향이다. 그림과 같이 자석 사이에 코일을 놓고 화살표 방향으로 전류를 흐르게 하였다면 (가)에서 코일의 회전 방향은 시계 반대 방향이며, (나)에서 코일의 회전 방향은 시계 방향이다.

3 간이 전동기를 만들 때 사포로 코일의 한끝은 에나멜을 완전히 벗기고, 반대쪽은 에나멜을 반만 벗기면 전류가 한 방향으로만 흐른다. 이는 실제 전동기에서 정류자 역할을 한다.

4 전지의 극을 바꾸면 전류의 방향이 바뀌고, 네오디뮴 자석 위 면의 극을 바꾸면 자기장의 방향이 바뀐다. 이 경우 간이 전동기의 코일의 회전 방향이 반대로 바뀐다.

5 자석을 2개 겹쳐 놓으면 자기장이 세어지고, 코일을 네모 모양으로 만들면 받는 힘의 크기가 커지며, 전지의 전압이 큰 것을 사용하면 센 전류가 흘러 큰 힘을 받는다.

내신 기출 문제 본문 56쪽

01 ⑤ **02** ② **03** ① **04** ① **05** ② **06** ④

01 자기력이 작용하는 공간을 자기장이라고 하며, 자기장의 방향은 나침반 바늘의 N극이 가리키는 방향이다. 전류가 흐르는 직선 도선 주위에는 도선을 중심으로 동심원 모양의 자기장이 생긴다.

02 도선의 P에서 Q 방향으로 전류를 흐르게 할 때 자기장은 시계 반대 방향을 향한다. 따라서 나침반의 자침이 회전하지 않는 것은 B이다.

클리닉 + 직선 도선 주위에 생기는 자기장의 방향은 오른손의 엄지손가락을 전류의 방향과 일치시키고 네 손가락으로 도선을 감아쥘 때 네 손가락이 가리키는 방향이다.

03 코일에 전류가 흐를 때 ㉠, ㉢에서 자침의 N극은 동쪽을 가리키며, ㉡에서 자침의 N극은 서쪽을 가리킨다. 따라서 ㉡, ㉢에서 자침의 N극의 방향은 반대이며, ㉠과 ㉡에서 자침의 N극의 방향은 반대이다. 하지만 ㉠과 ㉢에서 자침의 N극의 방향은 같다.

클리닉 + 코일에 전류가 흐를 때 전류에 의한 자기장의 방향은 오른손의 네 손가락을 전류의 방향으로 감아쥘 때 엄지손가락이 가리키는 방향이다.

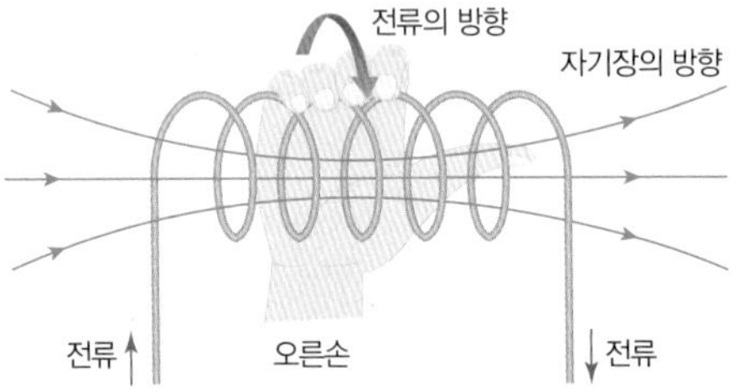

04 위쪽 면이 S극으로 되어 있는 고무 자석에 올려진 구리선에 흐르는 전류는 C 방향이므로 구리선은 A 방향으로 움직인다.

클리닉 + 오른손을 편 상태에서 엄지손가락을 전류의 방향과 일치시키고 네 손가락을 자기장의 방향과 일치시킬 때 손바닥이 향하는 방향이 힘의 방향이다.

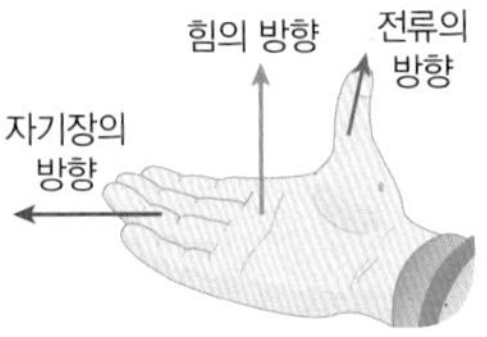

05 도선에 화살표 방향으로 전류를 흐르게 하였을 때 A는 위쪽, C는 아래쪽으로 힘을 받는다. 하지만 B 부분은 전류의 방향과 자기장의 방향이 나란하므로 힘을 받지 않는다.

06 그림에서 전동기의 코일에 전류가 흐르면 코일은 시계 방향으로 회전한다. 이때 코일에 흐르는 전류의 방향을 바꾸면 코일이 시계 반대 방향으로 회전한다.

클리닉 + ① 코일의 ㉠ 부분은 위쪽으로 힘을 받는다.
② 코일의 ㉡ 부분은 아래쪽으로 힘을 받는다.
③ 자석의 극이 바뀌면 코일의 회전 방향도 바뀐다.
⑤ 자석의 극과 코일에 흐르는 전류의 방향을 동시에 바꾸면 코일의 회전 방향은 바뀌지 않는다.

고난도 실력 향상 문제

본문 57쪽

01 ③ **02** ④ **03** ④

01 철심에 코일을 감고 전원 장치에 연결한 후 스위치를 닫았더니 자침의 N극이 서쪽을 가리켰다면 코일에서는 오른쪽에서 왼쪽으로 자기장이 형성되는 방향으로 전류가 흐른다. 즉, 코일의 오른쪽은 S극 왼쪽은 N극이 된다. 따라서 도선에는 전류가 흐르므로 A 지점에서 움직이는 것은 전자이며, 움직이는 방향은 왼쪽이다.

02 자기장 속에서 전류가 흐르는 도선은 힘을 받는다. 도선이 가장 큰 힘을 받을 때 도선과 자석의 자기장이 이루는 각은 90°이다.

클리닉 + 자기장 속에서 전류가 흐르는 도선이 받는 힘의 크기는 자기장의 세기와 전류의 세기에 각각 비례한다. 또한, 자기장의 방향과 전류의 방향이 수직일 때 도선이 받는 힘이 가장 크며, 나란할 때는 도선이 힘을 받지 않는다.

03 전동기의 회전수를 빠르게 하기 위한 방법으로 전동기 내 코일의 감은수를 늘리거나, 전지의 전압이 높은 것을 사용하거나, 전동기 내의 자석을 센 것으로 교체하면 된다.

클리닉 + ㄱ. 축전지의 용량이 큰 것을 사용하면 전기차를 보다 오랫동안 운행할 수 있다.

서논술형 유형 연습

본문 57쪽

01 오른손 엄지손가락을 도선에 흐르는 전류의 방향으로, 나머지 네 손가락을 자석의 자기장 방향으로 향하게 하면 전류가 흐르는 도선은 손바닥이 가리키는 방향으로 힘을 받는다. 이때 전류의 방향만 반대로 바뀔 때와 자기장의 방향만 반대로 바뀔 때 힘의 방향이 반대로 바뀐다. 또한, 도선에 흐르는 전류가 셀수록, 자기장이 셀수록 도선은 힘을 세게 받는다.

| 모범 답안 | (1) 알루미늄 막대가 움직이는 방향을 반대로 바꾸는 방법은 전류의 방향을 바꾸거나 자기장의 방향을 바꾼다.

채점 기준	배점
방향을 바꾸는 방법을 2가지 모두 옳게 서술하였을 경우	100%
방향을 바꾸는 방법을 1가지 모두 옳게 서술하였을 경우	50%

(2) 알루미늄 막대가 움직이는 폭을 더 크게 하는 방법은 전류의 세기를 더 세게 하거나, 자석을 센 것으로 바꾸어 자기장의 세기를 세게 한다.

채점 기준	배점
폭을 크게 하는 방법을 2가지 모두 옳게 서술하였을 경우	100%
폭을 크게 하는 방법을 1가지만 옳게 서술하였을 경우	50%

대단원 마무리

본문 58쪽

01 ⑤ 02 ①, ⑤ 03 ② 04 ① 05 ④ 06 ⑤ 07 ③
08 ② 09 10 Ω 10 ① 11 ③ 12 ① 13 ④ 14 ②
15 ① 16 ③ 17 ④ 18 ④ 19 ③

01 사탕 껍질이 손에 달라붙는 현상은 정전기에 의한 현상이다. 이때 사탕 껍질이 달라붙는 것은 전기력 때문이며, 먼지떨이에 먼지가 달라붙는 것도 이와 같은 현상이다.

02 털가죽과 플라스틱 막대를 마찰하면 털가죽에서 플라스틱 막대로 전자가 이동하므로 털가죽은 (+)전하로, 플라스틱 막대는 (−)전하로 대전된다. 따라서 대전된 두 물체를 가까이 하면 서로 끌어당기는 전기력이 작용한다.

클리닉 + ② 마찰 후 털가죽의 (+)전하의 양에는 변화가 없다.
③ (+)전하는 이동하지 않는다.
④ 마찰 후 플라스틱 막대의 (+)전하의 양에는 변화가 없다.

03 원자핵은 움직이지 않는다. 따라서 물체가 (+)전하를 띠는 것은 전자를 잃었기 때문이다.

클리닉 + 원자는 원자핵과 전자로 이루어져 있는데, 원자핵의 (+)전하의 양과 전자의 전체 (−)전하의 양이 같기 때문에 전기를 띠지 않는다. 전기를 띠지 않은 서로 다른 두 물체를 마찰하면 일부 전자가 한 물체에서 다른 물체로 이동한다. 이때 전자를 잃은 물체는 (−)전하의 양이 더 적어지므로 (+)대전체가 되고, 전자를 얻은 물체는 (−)전하의 양이 더 많아지므로 (−)대전체가 된다.

04 검전기의 금속판에 (+)전하를 띤 유리 막대를 가까이 하면 금속박에서 금속판으로 전자가 이동하므로 금속판에는 (+)전하보다 (−)전하가 더 많아지고, 금속박에는 (+)전하보다 (−)전하가 더 적어진다. 따라서 두 금속박 사이에 밀어내는 힘이 작용하여 벌어진다. 유리 막대를 금속판에서 멀리 하면 금속박은 전하를 띠지 않으므로 다시 오므라든다.

05 도선에서 전류는 A에서 B 쪽으로 흐르므로 A 쪽에 전지의 (+)극이 연결되어 있다. 전류의 방향과 전자의 이동 방향은 반대이다.

06 전기 회로를 물의 흐름에 비유할 때 물은 전자, 물레방아는 전구, 펌프는 전지, 수로는 전선에 비유할 수 있다. 또한 물의 흐름은 전류에 비유할 수 있다

07 전류계는 회로에 직렬로 연결하고, 전압계는 회로에 병렬로 연결한다.

08 전압 − 전류 그래프에서 직선의 기울기는 저항을 의미한다. 따라서 A가 B보다 저항이 크다. 그래프로부터 A의 저항은 8 Ω이고, B의 저항은 4 Ω이다.

09 표에서 전구에 걸리는 전압이 1.5 V일 때 흐르는 전류가 0.15 A라면 전구의 저항은 1.5 V/0.15 A=10 Ω이다.

10 저항이 일정할 때 전류는 전압에 비례한다. 표에서 전압이 2배이면 흐르는 전류도 2배가 된다. 따라서 (가)에 들어갈 전류 값은 0.3이다.

클리닉 + ② 전압이 커지더라도 전구의 저항은 변화 없다.
③ 전구에 흐르는 전류는 저항에 반비례한다.
④ 전구에 흐르는 전류는 전압에 비례한다.
⑤ 전구의 저항은 일정하다.

11
- 도로 위의 가로등 중 하나가 꺼졌지만 다른 가로등은 계속 켜져 있다.
- 안방의 선풍기를 껐지만 거실의 텔레비전과 부엌의 냉장고는 꺼지지 않는다.

위 현상은 저항의 병렬연결의 특징이다. 저항을 병렬연결하면 각 저항에 걸리는 전압은 같아진다.

클리닉 + ① 퓨즈는 저항에 직렬연결한다.
② 저항의 직렬연결에서 각 저항에 흐르는 전류는 같다.
④ 병렬연결하면 연결하는 저항이 많을수록 전체 전류는 증가한다.
⑤ 크리스마스트리의 전구가 동시에 켜지는 것은 직렬연결 때문이다.

12 전류가 과도하게 흐를 때 차단기가 회로를 끊어서 사고를 막아 주는 역할을 하기 위해서는 차단기를 직렬로 연결해야 한다.

13 퓨즈나 동시에 켜지는 크리스마스트리 전구는 직렬로 연결한다.

클리닉 + 멀티탭, 가로등은 모두 병렬로 연결되어 있다.

14 직선 도선에 전류가 A에서 B 방향으로 흐를 때 그림 (가)에서 나침반 바늘의 N극은 서쪽을 가리키며, (나)에서 나침반 바늘의 N극은 동쪽을 가리킨다.

클리닉 + 직선 도선 주위에 생기는 자기장의 방향은 오른손의 엄지손가락을 전류의 방향과 일치시키고 네 손가락으로 도선을 감아쥘 때 네 손가락이 가리키는 방향이다.

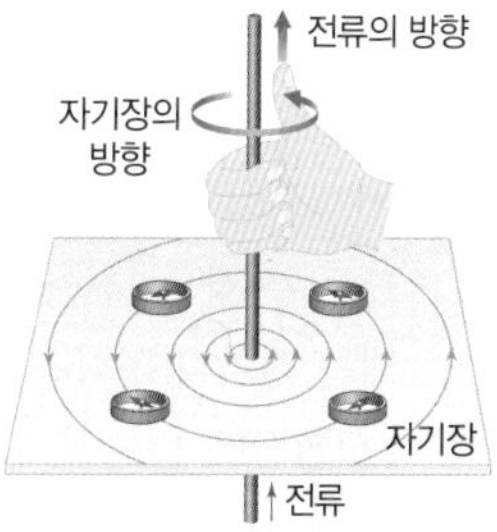

15 코일에 전류가 흐를 때 코일 주위에 막대 자석 주위의 자기장과 비슷한 모양의 자기장이 생긴다. 따라서 ㉠에서 나침반 N극이 가리키는 방향은 오른쪽이며, ㉡에 놓인 나침반 N극이 가리키는 방향도 오른쪽이다.

16 전동기에서 전류의 세기가 셀수록 빨리 회전한다. 또한, ㉠과 ㉡ 부분이 받는 힘의 방향은 서로 반대이다. 전류의 방향이 바뀌면 코일의 회전 방향도 변한다.

17 그림의 장치에서 구리선은 B 방향으로 움직인다. 전지의 극을 바꿔 연결하면 전류의 방향이 반대가 되므로 구리선이 반대 방향으로 움직인다.

18 고무 자석의 위쪽 면을 S극으로 바꾸면 자기장의 방향이 반대가 되므로 구리선이 움직이는 방향도 반대인 A 방향으로 움직인다.

19 화살표 방향으로 전류가 흐를 때 사각 코일의 AB 부분은 위쪽, CD 부분은 아래쪽으로 힘을 받는다.

대단원 서논술형 문제

본문 61쪽

01 털가죽으로 마찰한 빨대 2개는 모두 같은 종류의 전하를 띤다. 따라서 빨대 하나를 플라스틱 통 위에 놓고 다른 빨대를 가까이 하면 빨대는 서로 같은 종류의 전하를 띠므로 밀어내는 힘이 작용하여 플라스틱 통 위의 빨대가 밀려난다. 하지만 플라스틱 통 위의 빨대에 털가죽을 가까이 하면 서로 다른 종류의 전하를 띠므로 끌어당기는 힘이 작용하여 처음과 반대 방향으로 움직인다.

| 모범 답안 | 플라스틱 통 위의 빨대에 빨대와 문지른 털가죽을 가까이 한다. 빨대와 털가죽은 서로 다른 종류의 전하를 띠므로 끌어당기는 힘이 작용한다.

채점 기준	배점
방법과 까닭을 모두 옳게 서술하였을 경우	100%
방법만 옳게 서술하였을 경우	50%

02 대전체를 금속판에 가까이 하면 전자가 금속판과 금속박 사이에서 이동하여 정전기 유도 현상이 발생한다. 이때 금속박은 대전체가 띠는 전하와 같은 종류의 전하로 대전되므로 두 장의 금속박이 띠는 같은 종류의 전하에 의해 밀어내는 전기력이 작용하여 금속박이 벌어진다.

| 모범 답안 | ⑴ (−)대전체를 금속판에 가까이 하면 금속판의 전자가 금속박으로 이동하여 (−)로 대전된 금속박 사이에 밀어내는 전기력이 작용하므로 금속박이 벌어진다.

⑵ (+)대전체를 금속판에 가까이 하면 금속박의 전자가 금속판으로 이동하여 (+)로 대전된 금속박 사이에 밀어내는 전기력이 작용하므로 금속박이 벌어진다.

채점 기준	배점
전자의 이동과 전기력으로 옳게 서술하였을 경우	100%
전자의 이동으로만 옳게 서술하였을 경우	50%

03 오디오의 볼륨 조절기를 돌리면 저항이 변하므로 스피커에 흐르는 전류의 세기가 변하면서 소리의 크기가 변한다. 볼륨 조절기를 크게 하면 저항이 작아지고 일정한 전압에서 전류의 세기는 커지므로 소리도 커진다.

| 모범 답안 | 볼륨 조절기를 돌리면 저항이 변한다. 전압이 일정할 때 저항이 작아질수록 전류의 세기는 커지므로 소리도 커진다.

채점 기준	배점
변화되는 것과 전류의 세기 관계를 모두 옳게 서술하였을 경우	100%
변화되는 것만 옳게 서술하였을 경우	50%

04 전류가 흐르는 코일의 오른쪽에 나침반을 놓았더니 나침반 바늘의 N극이 왼쪽을 가리켰다면 A 지점에 나침반을 놓을 때 나침반 바늘의 N극이 가리키는 방향도 왼쪽이다. 이때 코일에 흐르는 전류의 방향을 바꾸면 A 지점에 놓인 나침반 바늘의 N극이 가리키는 방향을 반대로 바꿀 수 있다.

| 모범 답안 | 코일의 오른쪽에 놓인 나침반 바늘의 N극이 왼쪽을 가리켰다면 A 지점에 놓인 나침반 바늘의 N극도 왼쪽을 가리킨다. 이때 전류의 방향을 바꾸면 A 지점에 놓인 나침반 바늘의 N극이 가리키는 방향도 반대로 바뀐다.

채점 기준	배점
나침반 바늘의 방향과 바늘을 반대로 하는 방법을 모두 옳게 서술하였을 경우	100%
둘 중 하나만 옳게 서술하였을 경우	50%

05 엄지손가락을 도선에 흐르는 전류의 방향으로, 나머지 네 손가락을 자석의 자기장 방향으로 향하면 전류가 흐르는 도선은 손바닥이 가리키는 방향으로 힘을 받는다.

| 모범 답안 | C 방향, 오른손 네 손가락을 자기장의 방향 엄지손가락을 전류의 방향으로 할 때 손바닥이 향하는 방향이다.

채점 기준	배점
힘의 방향과 방법을 모두 옳게 서술하였을 경우	100%
힘의 방향만 옳게 서술하였을 경우	50%

Ⅲ. 태양계

1 지구와 달의 크기

기초 섭렵 문제

본문 65쪽

1 지구의 크기 | 평행, 구, 중심각, 경도

2 달의 크기 | 닮음비, 4

01 ㄱ, ㄹ　02 (1) ○ (2) × (3) ×　03 ㄱ, ㄴ　04 $d:D=l:L$

01 에라토스테네스가 지구의 크기를 측정하기 위해 세운 가정은 2가지이다. 햇빛은 지구 어디에서나 평행하고, 지구는 완전한 구형이다.

02 에라토스테네스가 구한 지구의 둘레는 46250 km로 실제 지구의 둘레인 40000 km와는 오차가 있고, 알렉산드리아와 시에네는 실제로는 같은 경도 상에 위치하고 있지 않으므로 지구의 크기를 측정했을 때 오차가 발생하였다.

03 동전과 같은 둥근 물체가 보름달을 정확히 가리는 위치까지의 거리를 측정하고 동전의 지름을 측정하면 삼각형의 닮음비를 이용하여 달의 크기를 구할 수 있다.

04 삼각형의 닮음비를 이용하여 세운 비례식은 '동전의 지름(d):달의 지름(D)=동전까지의 거리(l):달까지의 거리(L)'이다.

수행 평가 섭렵 문제

본문 67쪽

지구의 크기 측정하기 | 평행, 중심각

달의 크기 측정하기 | 일정, $\frac{1}{4}$

1 ㄱ, ㄷ　2 ①　3 ④　4 ㄴ, ㄷ

1 에라토스테네스는 지구의 크기를 측정할 때 '지구는 완전한 구형이고, 햇빛은 지구 어디에서나 평행하다.'라는 가정을 세웠다.

2 지구 모형의 크기를 구할 때, '중심각은 호의 길이에 비례한다.'는 수학적 원리를 이용하면 '$\theta:l=360°$:지구의 둘레'라는 비례식이 성립하므로 지구의 둘레에 대한 식으로 바꾸면,

$$\text{지구의 둘레}=\frac{360°\cdot l}{\theta}$$

이다.

3 달의 크기를 구할 때 삼각형의 닮음비를 이용하면 '$l:L=d:D$'라는 비례식이 성립하므로 달의 지름을 구하는 식은,

$$\text{달의 지름}=\frac{L\cdot d}{l}$$

이다.

4 삼각형의 닮음비를 이용하여 달의 크기를 측정하는 실험에서 종이에 뚫은 구멍에 보름달이 완전히 채워졌을 때 눈과 종이 사이의 거리를 측정해야 하고, 서로 닮은 두 삼각형에서 대응변의 길이 비가 일정하다는 수학적 원리를 적용하여 달의 지름을 구한다.

내신 기출 문제

본문 68쪽

01 ①　02 ㄱ, ㄷ　03 ①　04 ④　05 ①

01 에라토스테네스는 지구의 둘레를 측정하기 위해 "중심각의 크기는 원호의 길이에 비례한다."는 수학적 원리를 적용하였다.

02 에라토스테네스는 지구의 크기를 측정하기 위해 지구는 완전한 구형이며, 햇빛은 지구 어디에서나 평행하다는 가정을 세웠다. 하지만, 실제로 지구는 적도 반지름이 극반지름보다 약간 더 긴 타원체이다.

03 에라토스테네스가 측정한 지구의 둘레는 실제 지구의 둘레와는 오차가 있지만, 최초로 수학적 원리를 이용하여 지구의 크기를 측정했다는 데 중요한 의미가 있다.

04 호의 길이와 중심각의 크기가 비례한다는 원리를 이용하여 $2\pi R:360°=l:\theta$의 비례식을 세워서 반지름을 구한다.

05 달의 크기를 측정할 때, 동전이 달의 크기에 딱 맞다면 관측자와 동전이 이루는 삼각형과 관측자와 달의 지름이 이루는 삼각형의 닮음비를 이용하여 비례식을 세우면 바로 $l:d=L:D$이다. 따라서, 달의 지름은 $\frac{L\cdot d}{l}$로 구할 수 있다.

클리닉 + 삼각형의 닮음비를 이용하면,

$l : d = L : D$ ➡ D(달의 지름)$=\frac{L \cdot d}{l}$

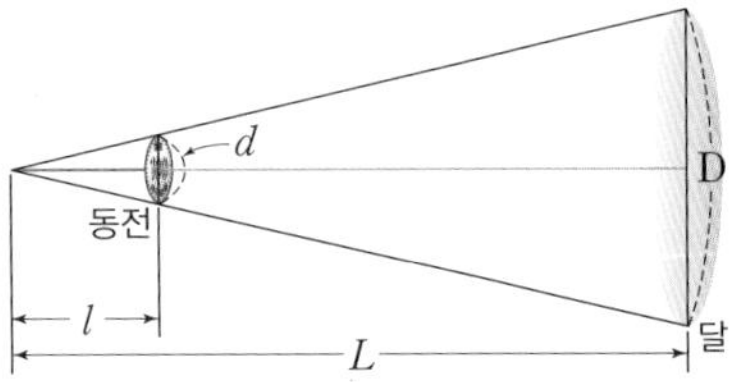

고난도 실력 향상 문제

본문 69쪽

01 ③ 02 ② 03 20 cm

01 지구의 크기를 구하기 위해서는 두 장소의 경도가 같아야 하고, 중심각의 크기는 원호에 비례한다는 수학적 원리를 정확하게 적용하여야 한다. 따라서 지구의 크기를 측정하기 위해서는 경도는 같고 위도는 다른 두 지역을 선택해야 한다.

02 지구의 크기는 두 지점 간의 위도 차이와 거리를 이용하여 구할 수 있다. 이때, 두 지점 간의 위도 차이는 중심각이 되고, 두 지점 간의 거리는 원호가 되어 중심각의 크기는 원호의 길이에 비례한다는 수학적 원리를 이용하여 지구의 크기를 구할 수 있다.

클리닉 + 원에서 호의 길이는 그에 대응하는 중심각의 크기와 비례한다.

⇨ $\theta : l = \theta' : l'$

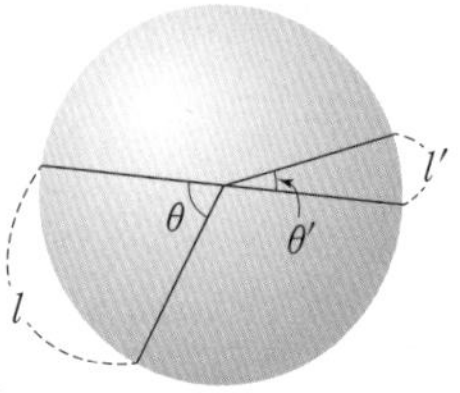

03 지구 모형의 반지름은 '원호의 길이는 중심각의 크기에 비례한다.'는 수학적 원리를 이용하여 아래와 같은 식을 세워 구할 수 있다.

$\angle BB'C = 15°$, 호 AB의 길이$=5$ cm를 대입하면,

$15° : 5\text{ cm} = 360° : 2\pi R$이다. 따라서, 지구 반지름은

$R = 20$ cm가 된다.

서논술형 유형 연습

본문 69쪽

01 막대와 그림자 끝이 이루는 각이 중심각과 같게 되려면 두 막대는 동일한 경도 상에 있어야 한다.

| 모범 답안 | 막대 AA′는 그림자가 생기지 않게 세우고, 막대 BB′는 그림자가 생기도록 세운다. 또한, 두 막대는 같은 경도 상에 세운다.

채점 기준	배점
그림자와 막대의 위치, 같은 경도 상의 막대의 위치를 모두 설명한 경우	100%
위의 2가지 중에서 1가지만으로 설명한 경우	50%

2 지구와 달의 운동

본문 71, 73쪽

기초 섭렵 문제

1 지구의 자전 | 자전축, 북극성, 일주

2 지구의 공전 | 공전, 겉보기, 별자리

3 달의 위상 변화 | 위상, 망, 보름달, 상현달, 하현달

4 일식과 월식 | 일식, 월식

01 (1) × (2) ○ (3) ○ (4) ○ 02 (1) 서쪽 (2) 북쪽 (3) 남쪽 03 (1) × (2) × (3) ○ (4) ○ 04 ㉠ 별자리, ㉡ 서, ㉢ 동, ㉣ 연주, ㉤ 공전 05 (1) 망 (2) 상현 (3) 삭 (4) 하현 06 (1) ○ (2) × (3) × (4) × (5) ○ 07 ㉠ 월식, ㉡ 일식, ㉢ 개기 일식, ㉣ 부분 일식 08 (1) ○ (2) ○ (3) ○ (4) ○

01 지구의 자전은 자전축을 중심으로 서쪽에서 동쪽으로 회전하는 운동이다.

02 지구가 자전축을 중심으로 서쪽에서 동쪽으로 자전하는 동안 지구의 관찰자에게는 천구에 있는 천체가 지구의 자전 방향과 반대 반향으로 움직이는 것처럼 보인다. 따라서 우리나라에서 북쪽 하늘을 보면 별이 북극성을 중심으로 시계 반대 방향으로 도는 것처럼 보이고, 남쪽 하늘을 보면 천체가 동쪽에서 서쪽으로 이동하는 것처럼 보인다.

03 지구의 공전은 지구가 태양을 중심으로 일 년에 한 바퀴씩 서쪽에서 동쪽으로 회전하는 운동이다.

04 지구가 공전하기 때문에 나타나는 태양의 연주 운동은 태양이 별자리 사이를 서쪽에서 동쪽으로 이동하여 일 년 후 처음 위치로 되돌아오는 것처럼 보이는 겉보기 운동이다.

05 달의 위상은 태양, 지구, 달의 위치 관계에 따라 한 달을 주기로 계속 변한다.

06 달은 스스로 빛을 내지 못하므로 햇빛을 반사하여 밝게 보인다. 따라서 우리가 관측하는 달의 모양은 달에서 햇빛을 반사하는 부분으로 태양, 지구, 달의 위치 관계에 따라 달라진다.

07 지구에서 보았을 때 달이 태양을 가리는 현상이 일식이며, 달이 태양을 완전히 가리는 현상을 개기 일식, 달이 태양의 일부를 가리는 현상을 부분 일식이라고 한다.

08 일식은 지구에서 보았을 때 달이 태양을 가리는 현상으로, 태양, 달, 지구의 순서로 일직선을 이룰 때 일어나며, 달이 삭의 위치일 때 일어난다. 월식은 지구에서 보았을 때 달이 지구의 그림자 속으로 들어가 어두워지는 현상으로, 태양, 지구, 달의 순서로 일직선을 이룰 때 일어나며, 달이 망의 위치일 때 일어난다.

내신 기출 문제

본문 74쪽

01 ⑤ **02** ⑤ **03** ④ **04** ④ **05** ④ **06** 개기 일식

01 태양이 동쪽에서 떠서 서쪽으로 지고, 낮과 밤이 반복되는 것, 밤에 북쪽 하늘을 보면 북극성을 중심으로 별들이 원을 그리면서 움직이는 것은 지구가 자전하기 때문에 나타나는 현상이다.

클리닉 + 지구의 자전으로 태양을 바라보는 쪽은 낮이 되고, 반대쪽은 밤이 된다.

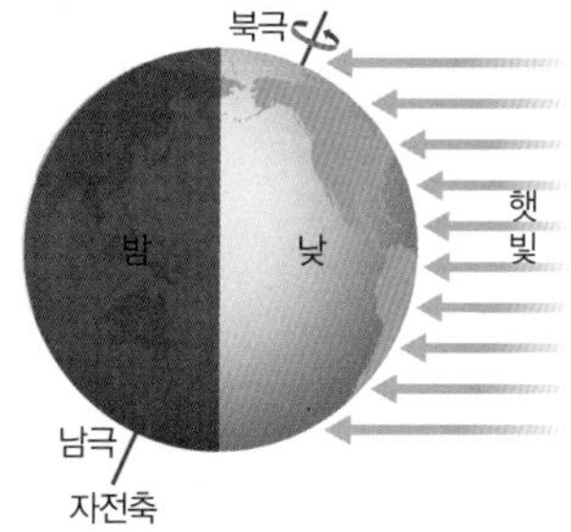

02 별의 일주 운동은 지구가 서쪽에서 동쪽으로 자전하기 때문에 지구상의 관측자에게 별이 지구의 자전 방향과 반대 방향인 시계 반대 반향으로 움직이는 것처럼 보인다. 이것은 별이 실제로 움직이는 것이 아니라 지구가 자전하기 때문에 나타나는 겉보기 운동이다.

오답 피하기 ① 북쪽 하늘에서 관측된 모습이다.
② 지구가 자전하기 때문에 나타나는 현상이다.
③ 별이 시계 반대 방향으로 움직이는 겉보기 운동이다.
④ 별이 한 바퀴 도는 데 1일이 걸린다.

03 지구는 태양을 중심으로 일 년에 한 바퀴씩 서쪽에서 동쪽으로 공전한다. 지구의 자전 방향도 서쪽에서 동쪽이다.

04 현재 기준으로 보면 태양이 양자리 방향에 있으므로 양자리는 밤에 관측하기 어렵고, 태양의 반대쪽에 있는 천칭자리는 한밤중 남쪽 하늘에서 관측하기 쉽다.

05 달이 지구, 태양과 직각을 이룰 때 왼쪽이나 오른쪽에 반달이 보인다. 현재 위치에서는 오른쪽에 햇빛이 반사되므로 지구의 관측자에게는 오른쪽 반달인 상현달이 관측된다.

06 달이 태양을 완전히 가리는 현상을 개기 일식이라고 한다. 일식은 지구에서 달의 그림자가 생기는 지역에서만 볼 수 있다.

고난도 실력 향상 문제

본문 75쪽

01 ② **02** ① **03** ⑤

01 별들이 북극성을 중심으로 일주 운동하는 것은 지구의 자전으로 인해 생긴 겉보기 운동이다. 실제로는 지구가 서쪽에서 동쪽으로 1시간에 15°씩 회전하지만, 지구에서 관측할 때는 별이 북극성을 중심으로 1시간에 15°씩 회전하는 것으로 보인다. 따라서, 30°를 동에서 서(시계 반대 방향)로 회전한다.

02 지구가 공전하기 때문에 생겨난 겉보기 운동인 별의 연주 운동은 지구의 공전과는 반대 방향인 동쪽에서 서쪽으로 이동하므로 매일 밤 같은 시각에 관측되는 별자리의 위치가 동쪽에서 서쪽으로 이동하게 된다.

03 현재 달이 A 위치에 있다면 관측자인 우주인은 지구의 오른쪽 절반이 밝게 반사되는 모습을 볼 수 있다. 따라서 오른쪽 절반이 밝게 보이는 상현달 같은 지구의 모습을 보게 될 것이다.

서논술형 유형 연습

본문 75쪽

01 북극성을 중심으로 별이 일주 운동을 한다.

| 모범 답안 | 북극성, 지구가 자전하기 때문에 나타나는 별의 겉보기 운동이다.

채점 기준	배점
북극성을 쓰고, 그 까닭을 구체적으로 서술한 경우	100%
북극성만 쓰고, 그 까닭을 설명하지 못한 경우	50%

3 태양계를 구성하는 행성

기초 섭렵 문제

본문 77쪽

1 태양계 행성 | 행성, 수성, 목성, 드라이 아이스, 극관

2 행성의 분류 | 공전 궤도, 내행성, 외행성, 물리적, 지구형

01 (1) 금성 (2) 화성 (3) 수성 (4) 천왕성 (5) 목성 (6) 해왕성

02 ㄱ, ㄷ 03 (1) ㄱ, ㄷ (2) ㄴ, ㄹ, ㅁ, ㅂ, ㅅ 04 (1) 지 (2) 지 (3) 목 (4) 지 (5) 목

01 금성은 크기와 질량이 지구와 가장 비슷하고, 화성은 표면이 붉고, 극 지역에 극관이 있다. 수성의 표면에는 달처럼 많은 운석 구덩이가 있으며, 목성에는 대기의 거대한 소용돌이인 대적점이 있다.

02 수성은 태양에서 가장 가까이에 있는 행성으로, 대기가 없어서 낮과 밤의 표면 온도 차이가 매우 크고, 표면에 많은 운석 구덩이가 있다.

03 수성, 금성과 같이 지구의 공전 궤도 안쪽에서 공전하는 행성을 내행성이라 하고, 화성 목성, 토성, 천왕성, 해왕성과 같이 지구의 공전 궤도 바깥쪽에서 공전하는 행성을 외행성이라고 한다.

04 수성, 금성, 지구, 화성과 같은 지구형 행성은 질량이 작고 반지름도 작지만, 밀도가 크고 단단한 표면을 가지고 있다. 다만, 수성과 금성은 위성이 없고, 지구와 화성은 위성이 적다. 반면에 목성, 토성, 천왕성, 해왕성과 같은 목성형 행성은 질량이 크고 반지름도 크지만 밀도는 작으며, 기체로 이루어져 있어서 단단한 표면이 없다. 또한 많은 위성을 가지고 있고, 고리가 있다.

내신 기출 문제

본문 78쪽

01 ③ 02 ④ 03 ② 04 ④ 05 ⑤ 06 ③ 07 ㄱ, ㄴ

01 수성은 태양에서 가장 가깝고, 태양계에서 가장 작은 행성이다. 대기가 없어서 낮과 밤의 표면 온도 차이가 매우 크고, 표면에는 많은 운석 구덩이가 있다.

02 화성은 표면이 붉은색이고, 물이 흘렀던 흔적이 있으며, 극 지역에는 얼음과 드라이 아이스로 이루어진 흰색의 극관이 있다.

오답 피하기 ① 수성－많은 운석 구덩이
② 금성－짙은 이산화 탄소 대기
③ 화성－붉은색의 사막
⑤ 해왕성－대기의 소용돌이로 생긴 대흑점

03 ① 표면에 운석 구덩이가 많은 수성이다.
② 표면에 가로 줄무늬와 대적점이 있는 목성이다.
③ 뚜렷한 고리가 있는 토성이다.
④ 대기와 물이 있는 지구이다.
⑤ 파란색의 해왕성이다.

04 천왕성이 청록색으로 보이는 이유는 천왕성의 대기를 이루는 메테인이 붉은 빛은 흡수하고 파란 빛은 반사하기 때문이다.

05 토성은 뚜렷한 고리와 많은 위성을 가지고 있고, 태양계에서 밀도가 가장 작은 행성이다. 주로 수소와 헬륨으로 이루어져 있으며, 표면에 가로 줄무늬가 있다.

06 목성형 행성은 반지름이 크고 질량도 크지만 표면이 기체로 되어 있어 평균 밀도가 작다. 또한, 수소, 헬륨 등과 같은 가벼운 기체 성분으로 이루어져 있고, 고리를 가지고 있으며, 많은 위성을 거느리고 있다.

07 (가)는 수성, (나)는 화성, (다)는 지구, (라)는 금성으로 모두 지구형 행성이다. (가)와 (라)는 지구의 공전 궤도 안쪽을 공전하는 내행성이고, (나)는 지구의 공전 궤도 바깥쪽을 공전하는 외행성이다.

오답 피하기 ㄷ. (나)는 지구의 공전 궤도보다 바깥쪽을 공전하는 외행성이다.
ㄹ. (가), (라)는 지구의 공전 궤도보다 안쪽을 공전하는 내행성이다.

고난도 실력 향상 문제

본문 79쪽

01 ④ 02 ④ 03 ㄹ, 화성

01 그래프에서 A는 질량과 반지름이 모두 작은 지구형 행성을 나타내고, B는 질량과 반지름이 모두 큰 목성형 행성을 나타낸다. 따라서 A에는 수성, 금성, 지구, 화성이 해당된다. 이 중에서 위성이 없는 행성은 수성과 금성이다. 수성은 대기가 없지만, 금성은 짙은 이산화 탄소의 대기로 이루어져 있다.

02 B에는 목성형 행성으로 목성, 토성, 천왕성, 해왕성이 해당된다. 목성형 행성은 표면이 기체로 되어 있어 평균 밀도는 작고, 많은 위성을 가지고 있으며, 고리가 있다.

03 ㄱ은 수성, ㄴ은 금성, ㄷ은 지구, ㄹ은 화성, ㅁ은 목성, ㅂ은 토성, ㅅ은 천왕성, ㅇ은 해왕성이다. 이 중에서 수성, 금성, 지구, 화성은 A에 속하는 지구형 행성이고, 지구의 공전 궤도 바깥쪽을 공전하는 외행성은 화성, 목성, 토성, 천왕성, 해왕성이다.

서논술형 유형 연습

본문 79쪽

01 메테인은 붉은 빛을 흡수한다.

| 모범 답안 | 천왕성과 해왕성의 대기를 이루는 메테인이 붉은 빛은 흡수하고, 파란 빛은 반사하기 때문이다.

채점 기준	배점
메테인과 색에 따른 빛의 흡수와 반사를 구체적으로 서술한 경우	100%
메테인만 설명하고, 그 까닭을 설명하지 못한 경우	50%

4 태양

기초 섭렵 문제

본문 81쪽

1 태양의 특징 | 태양, 6000, 광구, 흑점, 채층, 코로나

2 태양 활동이 지구에 미치는 영향 | 흑점, 플레어, 정전, 델린저

01 ㄷ, ㄹ 02 (1) ○ (2) × (3) × (4) ○ 03 (1) 채층 (2) 홍염 (3) 코로나 (4) 플레어 04 (1) × (2) ○ (3) ○ (4) ○ 05 자기 폭풍

01 태양의 표면인 광구에서는 주변보다 온도가 낮아서 검게 보이는 흑점과 밝은 무늬인 쌀알 무늬를 볼 수 있다.

02 태양의 대기는 광구보다 어둡기 때문에 평상시에는 관측할 수 없고, 광구가 달에 의해 가려지는 개기 일식 때나 특별한 장비를 이용하여 관측할 수 있다. 흑점은 주위보다 온도가 낮아서 어둡게 보인다.

03 코로나는 채층 위로 넓게 뻗어 있는 진주색으로 보이는 태양의 가장 바깥쪽 대기층으로, 온도는 100만 ℃ 이상으로 매우 높다.

04 태양 활동이 활발한 시기에는 흑점 수가 증가한다. 따라서 흑점 수를 관측하면 태양 활동이 활발한 시기를 예측할 수 있다.

05 자기 폭풍은 태양의 활동이 활발해지면서 태양풍이 강해지고 지구에 도달하는 대전 입자의 양이 증가하여 지구 자기장이 교란되어 지구 자기장이 불규칙하게 변하는 현상이다.

내신 기출 문제

본문 82쪽

01 (가) 쌀알 무늬, (나) 흑점 **02** ① **03** ⑤ **04** ③ **05** ⑤ **06** ②

01 (가)는 기체의 대류에 의해 나타나는 쌀알 무늬이고, (나)는 주위보다 온도가 낮아서 나타나는 어두운 색의 흑점이다.

02 흑점은 주변보다 온도가 낮아서 어둡게 보이고, 쌀알 무늬는 광구 아래에서 일어나는 대류 현상으로 인해 태양 내부에서 고온의 물질이 올라오는 곳은 밝고, 표면에서 냉각한 물질이 내려가는 곳은 어둡다. 흑점과 쌀알 무늬는 모두 광구에서 나타나는 특징으로, 달에 의해 태양이 모두 가려지는 개기 일식 때는 관측할 수 없다.

클리닉 + 쌀알 무늬의 형성

쌀알 무늬에서 중심부에 위치한 밝은 부분은 고온의 물질이 상승하는 곳이고, 주변부의 상대적으로 어두운 부분은 냉각된 물질이 하강하는 곳이다.

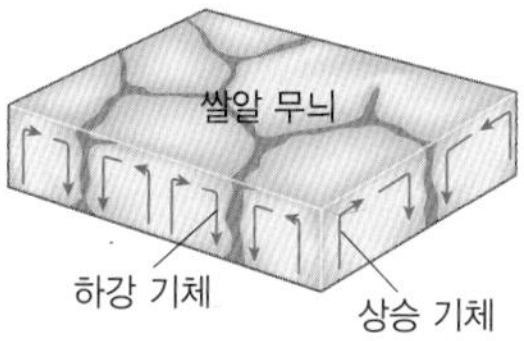

03 코로나의 사진이다. 코로나는 채층 위로 수백만 km까지 뻗어 있는 매우 희박한 상부 대기의 층으로, 태양 활동이 활발해지면 크기가 더 커진다. 특히, 코로나는 개기 일식 때 관측할 수 있다.

04 ㄱ은 코로나이고, ㄴ은 채층, ㄷ은 홍염, ㄹ은 쌀알 무늬이다. 태양의 대기와 관련 있는 현상은 코로나와 채층, 홍염이며, 쌀알 무늬는 태양의 표면인 광구에서 나타나는 현상이다.

클리닉 + 태양의 표면(광구)에서 볼 수 있는 특징: 쌀알 무늬, 흑점
태양의 대기: 코로나, 채층
태양의 대기에서 나타나는 현상: 홍염, 플레어

05 태양의 활동이 활발해지는 시기에는 흑점 수가 증가하고, 홍염이나 플레어가 평소보다 더 자주 발생하며, 코로나의 크기가 커지면서 태양풍이 평상시보다 강해진다.

06 태양 활동이 활발할 때 지구에서는 지구 자기장이 교란되어 짧은 시간 동안에 지구 자기장이 크게 변하는 자기 폭풍이 발생한다. 또한, 장거리 무선 통신이 끊어지는 델린저 현상이 발생하고, 고위도 지역에 오로라가 더 자주 나타나며, 위도가 낮은 지역에서 오로라가 나타나기도 한다. 무선 전파 통신이 방해 받거나 인공위성이 고장 나기도 하고, 송전 시설의 고장으로 정전이 발생하기도 한다.

고난도 실력 향상 문제

본문 83쪽

01 ④ **02** ③

01 흑점이 이동하는 것은 실제로 흑점이 움직이는 것이 아니라 태양이 자전하기 때문에 나타나는 현상이다. 태양이 자전하는 방향이 서쪽에서 동쪽이므로 관측자에게 보이는 흑점의 이동 방향은 동쪽에서 서쪽이다. 이때, 극보다 적도 쪽의 흑점이 더 빠르게 이동한 것을 볼 수 있다. 이것은 태양이 단단한 고체가 아니라 기체임을 알려 준다.

02 (가)는 흑점 수가 가장 많은 때이고, (나)는 흑점 수가 가장 적을 때이다. 태양 활동은 흑점 수가 많을수록 활발하므로 (가)의 시기에는 태양 활동이 활발하게 일어나면서 코로나가 커지고, 홍염과 플레어가 자주 발생하며, 지구에서는 델리저 현상, 자기 폭풍과 같은 현상이 일어난다.

서논술형 유형 연습

본문 83쪽

01 태양의 표면인 광구 아래에서는 기체의 대류가 일어난다.

| 모범 답안 | 쌀알 무늬는 광구 아래에서 일어나는 대류 현상으로 인해 생기며, 태양 내부에서 고온의 물질이 올라오는 곳은 밝고, 표면에서 냉각한 물질이 내려가는 곳은 어둡다.

채점 기준	배점
밝은 곳과 어두운 곳을 구분하여 그 까닭을 구체적으로 서술한 경우	100%
대류 현상이라는 사실만 서술한 경우	50%

02 태양 활동이 활발해지면 흑점 수, 코로나, 홍염, 플레어에 변화가 생긴다.

| 모범 답안 | 태양 활동이 활발해지는 시기에는 흑점 수가 증가하고, 홍염이나 플레어가 평소보다 더 자주 발생하며, 코로나의 크기가 커지면서 태양풍이 평상시보다 강해진다.

채점 기준	배점
3가지 이상의 변화를 설명한 경우	100%
3가지 중에서 2가지만 설명한 경우	50%

대단원 마무리

본문 84쪽

01 ④ **02** ① **03** ㄴ, ㄷ **04** ④ **05** ④ **06** ③ **07** ② **08** ③ **09** 물병자리 **10** ㄱ **11** ③ **12** ⑤ **13** ② **14** ① **15** ③ **16** ③ **17** ①

01 에라토스테네스는 같은 날 정오에 시에네의 우물에는 그림자가 생기지 않지만 알렉산드리아의 첨탑에는 그림자가 생기는 것을 보고 이상하게 여겨 시에네와 알렉산드리아의 거리를 이용하여 지구의 크기를 측정하였다. 에라토스테네스는 지구의 크기를 구하기 위해 원호의 길이는 중심각의 크기에 비례한다는 수학적 원리를 이용하였고, 이를 위해 직접 측정해야 하는 값은 원호의 길이에 해당하는 알렉산드리아와 시에네 사이의 거리와, 중심각에 엇각으로 같은 각을 가지는 알렉산드리아에 세운 첨탑과 그림자 끝이 이루는 각이다. 에라토스테네스가 측정한 지구의 둘레는 46250 km로, 실제 지구 둘레인 약 40000 km에 비해 오차가 15 % 정도 된다. 이와 같은 오차가 생긴 이유는 실제 지구는 완전한 구형이 아니며, 시에네와 알렉산드리아의 경도가 달랐기 때문이다.

02 지구의 둘레를 구하기 위해서는 원호의 길이는 중심각의 크기에 비례한다는 수학적 원리를 이용하여

$7.2° : 925\ km = 360° :$ 지구의 둘레

라는 비례식을 세우면 지구의 둘레를 구할 수 있다.

03 에라토스테네스가 지구의 크기를 측정할 때 사용한 방법으로, 지구 모형의 크기를 측정할 때는 햇빛이 지구 모형 어디에서나 평행하다는 가정과 지구는 완전한 구형이라는 가정이 필요하다.

04 지구 모형의 반지름을 구하려면 원호의 길이는 중심각의 크기에 비례한다는 수학적 원리를 이용한다. 아래와 같은 식을 세워 $\angle BB'C=20°$, 호 AB의 길이=10 cm를 대입하면, 20° : 10 cm=360°: $2\pi R$이다. 따라서, 지구 모형의 반지름은 $R=\frac{360°}{20°}\times\frac{10\text{ cm}}{2\pi}$로 구할 수 있다.

05 달의 크기를 구할 때는 동전이 보름달을 정확히 가릴 때의 거리를 측정하여야 오차를 줄일 수 있고, 삼각형의 닮음비를 이용하면 '$d:D=l:L$'의 비례식을 세울 수 있다.

06 지구가 자전축을 중심으로 하루에 한 바퀴씩 서쪽에서 동쪽으로 회전하는 운동은 지구의 자전이고, 지구가 태양을 중심으로 일 년에 한 바퀴씩 서쪽에서 동쪽으로 회전하는 운동은 지구의 공전이다.

07 별의 일주 운동은 지구가 서쪽에서 동쪽으로 자전하기 때문에 지구상에서 북쪽 하늘을 관측하는 관측자에게는 별이 지구의 자전 방향과 반대 방향인 시계 반대 반향으로 움직이는 것처럼 보인다. 이것은 별이 실제로 움직이는 것이 아니라 지구가 자전하기 때문에 나타나는 겉보기 운동이다. 동심원을 그리면서 움직이는 모습은 북쪽 하늘에서 관측된다.

오답 피하기 ① 지구가 자전하기 때문에 나타나는 현상이다.
③ 별이 실제로 움직이는 것이 아니라 지구가 자전하기 때문에 나타나는 겉보기 운동이다.
④ 별의 일주 운동 방향은 지구의 자전 방향과는 반대 방향이다.
⑤ 우리나라와 같은 북반구 중위도에서는 지구의 관측자가 관측하는 방향에 따라 별의 일주 운동 모습이 달라진다.

08 지구가 태양을 중심으로 일 년에 한 바퀴씩 공전하므로 태양이 별자리를 배경으로 이동하는 겉보기 운동인 연주 운동이 나타나고, 계절에 따라 관측되는 별자리가 달라진다.

09 한밤중에 남쪽 하늘에서 관찰할 수 있는 별자리는 태양과는 반대쪽에 위치한 별자리이다. 지구가 가을의 위치에 있을 때 태양 반대쪽에 있는 별자리는 물병자리이며, 한밤중 남쪽 하늘에서 잘 볼 수 있다.

10 A는 하현의 위치로 왼쪽 반달인 하현달이 보이고, B는 삭의 위치로 달이 보이지 않으며, C는 상현의 위치로 오른쪽 반달인 상현달이 보이고, D는 망의 위치로 보름달이 보인다.

11 일식은 달이 태양을 가리는 현상으로, 지구에서 달의 그림자가 생기는 지역에서만 볼 수 있다. 월식은 지구의 그림자 속으로 달이 가려지는 현상으로, 지구에서 밤이 되는 모든 지역에서 볼 수 있다.

12 A는 수성, B는 금성, C는 화성, D는 목성, E는 토성, F는 천왕성, G는 해왕성이다. 이 중에서 유일하게 자전축이 거의 누운 채로 자전하는 행성은 천왕성이다.

13 태양계에서 가장 밝게 보이는 행성은 금성이다. 금성은 짙은 대기를 가지고 있으므로 햇빛을 잘 반사하여 가장 밝게 보인다.

오답 피하기 ① G(해왕성): 표면에 대기의 소용돌이로 생긴 대흑점이 있다.
③ E(토성): 태양계에서 가장 밀도가 작은 행성이다.
④ E(토성): 뚜렷한 고리를 가지고 있으며, 많은 위성을 가지고 있다.
⑤ C(화성): 표면은 붉은색을 띠며, 극 지역에 극관이 있다.

14 태양계에서 가장 작은 행성은 수성이고, 가장 큰 행성은 목성이다. 밀도가 가장 작은 행성은 토성이며, 가장 바깥쪽에 있는 행성은 해왕성이다.

15 (가)는 목성형 행성이고, (나)는 지구형 행성이다. 목성형 행성은 질량과 반지름이 크고, 밀도는 작으며, 고리와 위성이 있다. 지구형 행성은 질량과 반지름이 작지만, 밀도는 크며, 위성은 거의 없거나 적고, 고리는 없다.

클리닉 + 행성의 위성 수

지구형 행성	수성	위성 없음
	금성	위성 없음
	지구	1개
	화성	2개
목성형 행성	목성	64개 이상
	토성	62개 이상
	천왕성	27개 이상
	해왕성	약 13개 이상

16 태양에 나타나는 검은 점인 흑점 사진이다. 흑점은 주변 보다 상대적으로 기온이 낮으므로 검게 보이며, 태양의 표면인 광구에 나타난다. 흑점의 위치는 지구에서 볼 때 동에서 서로 이동하며, 흑점 수는 11년을 주기로 증가하거나 감소한다.

17 태양의 활동이 활발해지는 시기에는 흑점 수가 증가하고, 홍염이나 플레어가 평소보다 더 자주 발생하며, 코로나의 크기가 커지면서 태양풍이 평상시보다 강해진다.

대단원 마무리 서논술형 문제

본문 87쪽

01 두 직선이 평행인 경우 엇각은 서로 같다.

| 모범 답안 | ∠BB′C를 측정하면 중심각과는 엇각으로 같다.

채점 기준	배점
∠BB′C를 측정함과 엇각을 함께 설명한 경우	100%
∠BB′C를 측정함만 설명한 경우	50%

02 삼각형의 닮음비를 이용하여 달의 크기를 측정한다.

| 모범 답안 | 종이 구멍의 지름(d)과 관측자와 구멍 사이의 거리(l)를 측정해야 한다.

채점 기준	배점
측정해야 할 2가지를 모두 서술한 경우	100%
측정해야 할 2가지 중 1가지만을 서술한 경우	50%

03 개기 일식은 삭의 위치일 때, 개기 월식은 망의 위치일 때 관측된다.

| 모범 답안 | 개기 일식은 달이 태양을 완전히 가리는 현상으로 태양－달－지구의 순으로 일직선상에 놓일 때 일어난다. 반면에 개기 월식은 지구의 그림자에 달 전체가 가려지는 현상으로 태양－지구－달 순으로 일직선상에 놓일 때 일어난다.

채점 기준	배점
개기 일식과 개기 월식일 때 천체의 배열을 각각 구체적으로 서술한 경우	100%
위 2가지 중 1가지만 자세히 서술한 경우	50%

04 짙은 대기는 햇빛을 잘 반사한다.

| 모범 답안 | 금성, 금성은 짙은 대기가 있어 햇빛을 잘 반사하기 때문에 가장 밝게 보인다.

채점 기준	배점
금성을 쓰고, 가장 밝게 보이는 이유를 구체적으로 서술한 경우	100%
금성만 쓰고, 가장 밝게 보이는 이유를 설명하지 못한 경우	50%

05 내행성과 외행성, 목성형 행성과 지구형 행성의 분류 기준은 다르다.

| 모범 답안 | (가)는 지구의 공전 궤도를 기준으로 안쪽을 공전하는 내행성과 바깥쪽을 공전하는 외행성으로 분류한 것이다.

(나)는 행성의 물리적 특성에 따라 지구형 행성과 목성형 행성으로 분류한 것이다.

채점 기준	배점
(가), (나)의 분류 기준을 각각 구체적으로 서술한 경우	100%
위의 2가지 중 1가지만 구체적으로 서술한 경우	50%

06 흑점은 동에서 서로 이동한다.

| 모범 답안 | 흑점이 동에서 서로 이동하는 것은 태양이 자전하면서 그 위치가 변하기 때문이다. 이를 통해 태양이 자전하고 있음을 알 수 있다.

채점 기준	배점
태양의 자전 때문임을 구체적으로 설명한 경우	100%
흑점의 이동을 구체적으로 설명하지 못한 경우	50%

Ⅳ. 식물과 에너지

1 광합성

본문 91쪽

기초 섭렵 문제

1 광합성에 필요한 물질 | 광합성, 엽록체, 빛

2 광합성으로 생성되는 물질 | 포도당, 녹말, 산소

3 광합성에 영향을 미치는 환경 요인 | 이산화 탄소, 온도, 증가, 일정

01 ㄱ, ㅁ **02** 엽록체 **03** (1) × (2) ○ (3) × (4) ○ (5) ○ **04** ㄱ, ㄴ, ㅁ **05** ㉠ 증가, ㉡ 감소

01 광합성은 이산화 탄소와 물을 원료로 빛에너지를 이용하여 양분을 만드는 과정이다.

02 엽록체는 주로 식물의 잎을 구성하는 세포에 들어 있다. 엽록체가 많이 있는 세포에서 광합성이 활발하게 일어난다.

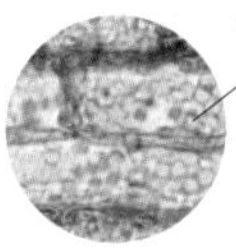

▲ 검정말 잎의 엽록체

03 (1) 광합성으로 생성되는 기체는 산소이다.
(3) 광합성에는 에너지원인 빛과 함께 이산화 탄소 기체와 물이 필요하다.

04 광합성에 영향을 미치는 환경 요인에는 빛의 세기, 이산화 탄소의 농도, 온도 등이 있다.

05 광합성은 온도가 30 ℃~40 ℃ 정도로 유지될 때 활발하게 일어난다. 온도가 이보다 높아지면 광합성량이 급격히 감소한다.

2 증산 작용

본문 93쪽

기초 섭렵 문제

1 증산 작용과 물의 이동 | 기공, 증산 작용, 물

2 증산 작용과 광합성 | 이산화 탄소, 높을

01 (1) A (2) B **02** (1) × (2) ○ **03** (1) × (2) × (3) × (4) ○ (5) ○ **04** ㉠ 강, ㉡ 높, ㉢ 낮 **05** 기공

01 두 개의 공변세포가 모여 기공을 이루며, 기공은 기체가 드나드는 통로 역할을 한다.

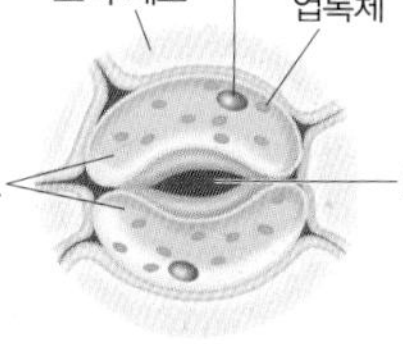

▲ 공변세포와 기공

02 (1) 공변세포는 일반적인 표피 세포와 달리 엽록체가 있어 광합성을 한다.

03 (1) 증산 작용은 주로 낮에 일어난다.
(2) 기공을 통해서 산소와 이산화 탄소, 수증기와 같은 기체가 출입할 수 있다.
(3) 기공이 열리면 증산 작용이 활발하게 일어난다.

04 증산 작용이 잘 일어나는 조건은 빨래가 잘 마를 때와 비슷한 환경 조건이다. 빛의 세기가 강할 때, 온도가 높을 때, 바람이 잘 불 때, 습도가 낮을 때 기공이 열려 증산 작용이 활발하게 일어난다.

05 기공이 많이 열리면 식물의 증산 작용이 활발해지고, 광합성도 활발해진다.

본문 95쪽

수행 평가 섭렵 문제

광합성이 일어나는 장소와 산물 탐구하기 | 엽록체, 광합성, 에탄올, 녹말

1 ⑤ **2** ⑤ **3** ② **4** ㄷ

1 과정 (나)는 아직 에탄올에 탈색되지 않은 상태이므로, 엽록체가 초록색을 띠는 작은 알갱이 모양으로 관찰된다.

2 엽록체 속의 엽록소는 에탄올에 잘 녹기 때문에 검정말을 에탄올에 넣어 물중탕하면 엽록소를 제거할 수 있다.

3 아이오딘-아이오딘화 칼륨 용액과 반응하여 청람색으로 변하는 물질은 녹말이다.

4 광합성은 녹색 식물이 태양에서 오는 빛에너지와 공기 중의 이산화 탄소, 그리고 뿌리에서 흡수한 물을 이용하여 양분을 합성하는 것으로 잎에 있는 엽록체에서 일어난다. 기공, 물관, 공변세포, 표피 세포 중에서 공변세포만 엽록체가 있어 광합성을 한다.

수행 평가 섭렵 문제

본문 97쪽

광합성에 영향을 미치는 환경 요인 탐구하기 | 산소, 이산화 탄소, 광합성, 일정, 가까울

1 ④ 2 ㄴ, ㄷ, ㄹ 3 ㄴ, ㄷ

1 검정말에서 발생하는 기포는 광합성 결과 발생한 산소이다. 빛의 세기가 강할수록 어느 정도까지는 광합성량이 증가하므로, 전등의 밝기가 강해질수록 발생하는 기포 수(산소)가 증가한다.

2 ㄱ. 탄산수소 나트륨 용액은 표본 병과 시험관에 모두 넣어서, 광합성에 필요한 이산화 탄소를 공급한다.

3 ㄱ. 잎 조각이 더 빨리 떠오른 비커는 A이다. 비커 A는 빛의 세기가 더 강한 곳에 있어서, 광합성 결과 기포(산소)가 더 많이 발생했기 때문이다.

내신 기출 문제

본문 98쪽

01 물 02 ② 03 ② 04 ③ 05 ④ 06 ② 07 ① 08 ② 09 ㄴ, ㄹ 10 ④ 11 ⑤ 12 ③ 13 ④ 14 ② 15 ③ 16 ③ 17 ㄱ, ㄴ

01 식물이 빛을 이용하여 스스로 양분을 만드는 과정을 광합성이라 한다. 광합성에는 이산화 탄소와 물이 필요하다.

02 빛이 비치는 곳에서 일정 시간이 지난 후 시험관 B는 초록색을 거쳐 푸른색으로 변한다. 그 이유는 이산화 탄소가 검정말의 광합성에 사용되어, 이산화 탄소의 양이 감소하였기 때문이다.

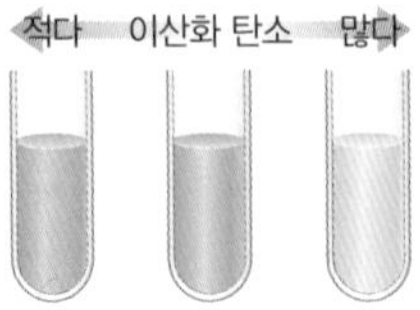

▲ BTB 용액의 색깔 변화

03 ㄴ. 시험관 C에서 산소의 농도가 감소하나, 이 실험으로 산소의 농도 변화를 알 수는 없다.

ㄹ. 이 실험으로 광합성에 필요한 물질이 무엇인지 알 수 있지만, 광합성 결과 생성되는 기체는 알 수 없다.

04 세포 속 A는 엽록체이다.

ㄴ. 동물은 세포에 엽록체가 없다.

ㄷ. 엽록체가 많이 들어 있는 세포일수록 광합성이 활발하다.

05 ㄷ. 알루미늄박으로 가린 부분은 빛을 받지 못해 광합성이 일어나지 않는다. 그러므로 녹말이 생성되지 않아 아이오딘 반응이 일어나지 않는다.

06 빛을 받은 부분에서 아이오딘 반응이 일어나 청람색으로 변한 것으로 보아 광합성 결과 녹말이 생성됨을 알 수 있다.

클리닉 + 식물의 잎에서 광합성이 일어나 포도당이 생기는데, 포도당은 녹말로 바뀌어 엽록체에 잠시 저장된다.

07 빛의 세기에 따라 광합성량이 어떻게 달라지는지 확인하기 위해서는 이산화 탄소의 양과 온도를 일정하게 유지한 상태에서 실험을 해야 한다.

08 ㄴ. 어느 정도까지는 빛의 세기가 강해질수록 기포가 많이 발생한다.

ㄹ. 시험관 위쪽에 모아진 기체는 산소이므로, 불씨를 갖다 대면 불씨가 되살아난다.

오답 피하기 ㄹ. 석회수에 통과시키면 뿌옇게 변하는 기체는 이산화 탄소이다.

09 광합성에 빛과 이산화 탄소가 필요하므로 빛의 세기와 이산화 탄소 농도가 증가할수록 광합성량이 증가한다. 그러나 어느 한계 이상 높아지면 광합성량은 더 증가하지 않고 일정해진다.

클리닉 + 광합성에 영향을 주는 환경 요인에는 빛의 세기, 이산화 탄소의 농도, 온도가 있다. 광합성에 영향을 미치는 환경 요인과 광합성량과의 관계는 다음과 같다.

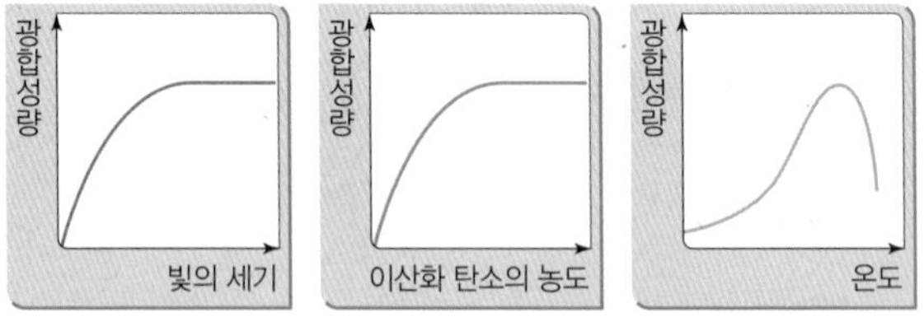

10 잎 조각과 전등 사이의 거리에 따라 시금치 잎 조각이 떠오르는 시간이 어떻게 달라지는지 측정하여, 빛의 세기가 광합성에 어떤 영향을 주는 지 알아볼 수 있다.

11 광합성량은 빛의 세기, 이산화 탄소의 농도, 온도 등 환경 요인의 영향을 받는다.

오답 피하기 ① 산소는 광합성으로 생성된 물질이다.

② 포도당은 광합성 결과 최초로 생성된 양분이다.

③ 빛의 세기가 강할수록 광합성량이 증가하다가 어느 정도 이상이 되면 광합성량이 일정해진다.

④ 온도가 높아질수록 광합성량이 증가하다가, 일정 온도보다 높아지면 광합성량이 급격히 감소한다.

12 온도가 30 ℃~40 ℃ 정도로 유지될 때 광합성이 활발하게 일어나고, 온도가 그보다 높아지면 광합성량은 급격하게 감소한다.

13 A는 공변세포, B는 기공, C는 표피 세포이다.
ㄷ. 표피 세포는 엽록체가 없어 광합성을 하지 않는다.

14 잎이 있는 가지 (가)의 비닐 안쪽 면에 물방울이 맺힌 이유는 잎에서 증산 작용이 일어났기 때문이다. 잎이 없는 가지 (나)는 증산 작용이 거의 일어나지 않는다.

15 (가)는 기공이 닫힌 경우, (나)는 기공이 열린 경우이다. 기공은 주로 낮에 열리고 밤에 닫힌다. 증산 작용이 잘 일어나는 조건은 다음과 같다.

빛의 세기	온도	습도	바람
강할 때	높을 때	낮을 때	잘 불 때

16 (가) 상태는 기공이 닫혀 있으므로, 광합성에 필요한 이산화 탄소를 흡수하기 어렵다. 광합성이 잘 일어나기 위해서는 기공이 열린 상태여야 한다.

17 공변세포는 일반적인 표피 세포와 달리 엽록체가 있어 광합성을 한다.
ㄷ. 기공은 잎의 표피에 있는 구멍으로 두 개의 공변세포가 모여 기공을 이룬다. 기공은 주로 낮에 열리고 밤에 닫힌다.

고난도 실력 향상 문제

본문 101쪽

01 ⑤ **02** ㄴ **03** ①

01 검정말을 이용한 광합성 실험에서, 표본 병과 전등 사이의 거리가 가까울수록 빛의 세기가 강해진다.
ㄱ. 빛의 세기가 강할수록 검정말에서 광합성이 활발하게 일어나 기포가 많이 발생한다.

02 ㄴ. 물속에 탄산수소 나트륨을 넣으면, 검정말의 광합성에 필요한 이산화 탄소를 공급할 수 있다.
오답 피하기 ㄱ. 물의 온도를 높인다.
ㄷ. 전등과 표본 병 사이의 거리를 가깝게 한다.

03 증산량은 기공을 통한 수증기 배출량을 뜻한다. 기공이 가장 많이 열린 상태일수록 증산량이 많다. 그러므로 기공이 가장 많이 열린 때는 증산량이 최대인 10시경으로 볼 수 있다.
오답 피하기 ㄴ. 증산 작용이 가장 활발한 때는 증산량이 최대인 10시경이다.
ㄷ. 측정한 날 낮에 증산량이 감소했다가 다시 증가한 것으로 보아 날씨가 흐렸다가 개었다고 추정할 수 있다.

서논술형 유형 연습

본문 101쪽

01 광합성 결과 발생하는 기포의 성분은 산소이다. 산소는 물에 잘 녹지 않으며, 물질이 타는 것을 돕는 성질이 있어 불씨를 가져가면 잘 탄다.
| 모범 답안 | 기포의 성분은 산소이다. 시험관에 모아진 기체(산소)에 향이나 성냥 불씨를 대면 불씨가 다시 타오른다.

채점 기준	배점
기포의 이름과 기체에 불씨를 대면 나타난 결과를 모두 포함하여 옳게 서술한 경우	100%
기포의 이름과 기체에 불씨를 대면 나타난 결과 중에서 한 가지만 옳게 서술한 경우	50%

3~4 식물의 호흡~광합성 산물의 이용

기초 섭렵 문제

본문 103쪽

3 식물의 호흡

1 식물의 호흡과 에너지 | 호흡, 산소, 이산화 탄소

2 식물의 호흡과 광합성 | 에너지, 많아

4 광합성 산물의 이용

1 광합성 산물의 이동, 저장, 사용 | 설탕, 체관, 산소

01 ㄱ, ㄷ **02** 호흡 **03** (1) ○ (2) × (3) × (4) ○ **04** ㉠ 광합성, ㉡ 호흡 **05** (1) × (2) ○ (3) × (4) ○

01 호흡은 산소를 이용해 포도당을 분해하여 에너지를 얻는 과정이다.

포도당 + 산소 → 이산화 탄소 + 물
↓
에너지

02 호흡은 산소를 이용해 포도당을 분해하여 에너지를 얻는 과정으로, 식물 세포와 동물 세포에서 모두 일어난다.

03 (2) 호흡은 뿌리, 줄기, 잎 등을 구성하는 모든 세포에서 일어난다.
(3) 호흡은 산소를 이용해 양분을 분해하여 에너지를 얻는 과정으로 세포 호흡이라고도 한다.

04 광합성이 빛에너지를 포도당에 저장하는 과정이라면, 호흡은 양분을 분해하여 에너지를 얻는 과정이다.

05 (1) 물에 잘 녹지 않는 녹말은 물에 잘 녹는 설탕의 형태로 바뀌어 체관을 통해 운반된다.
(3) 광합성 산물은 녹말, 지방, 단백질 등 다양한 형태로 바뀌어 잎, 열매, 뿌리, 줄기 등 여러 기관에 저장된다.

수행 평가 섭렵 문제

본문 105쪽

식물의 호흡 관찰하기 | 없는, 이산화 탄소

광합성 산물의 생성, 이동, 저장, 사용 과정을 모형으로 표현하기 | 엽록체, 저장

1 ㄷ 2 호흡 3 (나) 체관 4 ②

1 ㄱ. 시금치가 있는 비닐봉지의 공기가 석회수를 뿌옇게 흐리게 한다.
ㄴ. 빛이 없는 곳에서 시금치는 호흡을 한다.

2 식물에서 광합성은 빛이 있을 때에만 일어나고, 호흡은 빛이 있을 때와 없을 때 항상 일어난다. 그러므로 빛이 없는 곳에 놓아둔 시금치에서는 호흡만 일어난다.

3 (가)는 물관, (나)는 체관이다. 광합성 산물은 설탕의 형태로 체관을 통해 식물체의 각 부분으로 이동한다. 물은 광합성의 재료이며, 물관을 통해 잎까지 운반된다.

4 광합성으로 생성된 녹말은 대부분 설탕으로 전환되어 식물체의 각 부분으로 운반된다. 광합성 산물은 녹말, 지방, 단백질 등 다양한 형태로 바뀌어 잎, 열매, 뿌리, 줄기 등 여러 기관에 저장된다.

내신 기출 문제

본문 106쪽

01 ④ 02 ㉠ 산소, ㉡ 이산화 탄소 03 ⑤ 04 ⑤ 05 ③ 06 ③

01 호흡은 산소를 이용해 포도당을 분해하여 에너지를 얻는 과정으로, 식물이 호흡을 할 때 산소를 흡수하고 이산화 탄소를 방출한다.
오답 피하기 ㄴ. 호흡은 뿌리, 줄기, 잎 등을 구성하는 모든 세포에서 일어난다.

02 호흡에 산소가 필요하므로, 식물이 호흡할 때에는 산소를 흡수하고 이산화 탄소를 방출한다.

03 광합성은 빛에너지를 흡수하여 포도당에 저장하는 과정이고, 호흡은 포도당을 분해하여 생활에 필요한 에너지를 얻는 과정이다.

04 호흡은 모든 세포에서 일어난다.
오답 피하기 ① 엽록체에서는 광합성이 일어난다.
② 빛이 있을 때와 없을 때 항상 일어난다.
③ 산소가 흡수되고 이산화 탄소가 방출된다.
④ 양분을 분해하여 생활에 필요한 에너지를 얻는 과정이다.

05 ㄱ. 광합성 산물은 체관을 통해 이동한다.
ㄴ. 광합성 산물은 녹말, 지방, 단백질 등 다양한 형태로 저장된다.

06 C는 설탕으로 물에 잘 녹는다.
클리닉 + 잎에서 합성된 포도당은 녹말로 저장되었다가 밤에 당분(주로 설탕)으로 바뀌어 체관을 통해 식물체의 각 부분으로 이동된 후 에너지원으로 쓰이거나 저장된다.

고난도 실력 향상 문제

본문 107쪽

01 ③ 02 ⑤ 03 ④

01 광합성으로 생성된 산소 중 일부는 식물의 호흡에 이용되고, 남는 것은 공기 중으로 방출된다.
오답 피하기 ㄱ. 빛의 세기가 강한 낮에는 광합성량이 호흡량보다 많다.
ㄴ. 빛의 세기가 강한 낮에는 호흡으로 생성된 이산화 탄소와 기공을 통해 들어온 이산화 탄소가 모두 광합성에 이용된다.

02 ㄱ. A는 광합성 중 호흡과 공통적이지 않은 특징이 해당되는 곳이다. 예를 들어 '빛에너지를 이용하여 양분을 합성한다.'는 A에 속하는 특징이다.

03 식물의 여러 기관으로 운반된 양분은 호흡으로 에너지를 얻는 데 쓰이거나 식물체를 구성하는 재료로 이용된다. 나머지 양분은 다양한 형태로 바뀌어 저장된다.

오답 피하기 ① 양파는 비늘잎에 포도당 형태로 양분을 저장한다.
② 광합성 산물은 녹말, 지방, 단백질 등 다양한 형태로 저장된다.
③ 광합성 결과 발생한 산소는 식물의 호흡에 사용되고, 남는 것은 공기 중으로 방출되어 여러 생물의 호흡에 사용된다.
⑤ 광합성 산물은 호흡으로 에너지를 얻는 데 쓰이거나 식물체를 구성하는 재료로 이용된다. 나머지 양분은 잎, 열매, 뿌리, 줄기 등에 저장된다.

서논술형 유형 연습

본문 107쪽

01 식물은 광합성으로 양분을 만들어 열매 등에 저장한다. 특히, 과일에는 단맛을 내는 포도당, 과당 등이 포함되어 있다. 식물은 호흡으로 양분을 소비하므로, 광합성량과 호흡량의 차이만큼 식물에 양분이 저장된다.

| 모범 답안 | 온도가 높은 열대야가 계속되면 식물은 호흡 활동이 활발해진다. 광합성으로 생산하는 양분이 많지만 호흡으로 소모하는 양분도 많으므로 광합성량과 호흡량의 차이가 감소한다. 그 결과 저장되는 당의 양이 감소하여 과일의 당도가 떨어지게 된다.

채점 기준	배점
광합성량과 호흡량의 변화와 당의 양 변화를 모두 포함하여 옳게 서술한 경우	100%
광합성량과 호흡량의 변화와 당의 양 변화 중 한 가지만 옳게 서술한 경우	50%

대단원 마무리

본문 108쪽

01 ④ 02 ⑤ 03 ② 04 ③ 05 ④ 06 ④ 07 ① 08 ㄴ, ㄷ 09 ② 10 ③ 11 ③ 12 ② 13 ③ 14 A 이산화 탄소, B 산소, C 이산화 탄소, D 산소 15 ⑤ 16 ③ 17 ① 18 ①

01 광합성은 식물 잎의 엽록체에서 이산화 탄소와 물을 원료로 빛에너지를 이용하여 포도당과 산소를 만드는 과정이다.

02 양분을 분해하여 생활에 필요한 에너지를 얻는 과정은 호흡이다.

03 A는 이산화 탄소, B는 포도당, C는 산소, D는 녹말이다.

오답 피하기 ㄴ. 광합성 산물은 녹말, 지방, 단백질 등 다양한 형태로 저장된다.
ㄹ. 녹말은 물에 잘 녹지 않으므로 물에 잘 녹는 설탕으로 전환되어 체관을 통해 식물의 각 기관으로 운반된다.

04 엽록체 속의 엽록소는 에탄올에 잘 녹기 때문에 에탄올에 넣어 물중탕한다. 엽록체 속의 엽록소를 제거하여 잎을 탈색시키면 아이오딘-아이오딘화 칼륨 용액과 반응하였을 때 색깔 변화를 뚜렷이 관찰할 수 있다.

05 빛을 받은 검정말 잎을 탈색시킨 후, 아이오딘-아이오딘화 칼륨 용액을 떨어뜨리고 현미경으로 관찰하면 엽록체가 청람색으로 보인다. 이를 통해 광합성이 엽록체에서 일어나고, 광합성 산물로 녹말이 생성됨을 알 수 있다.

06 광합성은 식물 세포의 엽록체에서 일어난다. 엽록체 속의 엽록소에서 흡수된 빛에너지는 광합성 과정 동안 화학 에너지로 전환되어 포도당에 저장된다.

07 ㄱ. 시험관 B는 용액 속의 이산화 탄소가 검정말의 광합성에 사용되어 이산화 탄소의 농도가 감소한다.

오답 피하기 ㄴ. 시험관 C는 알루미늄박으로 빛을 차단하여 검정말이 광합성을 하지 못한다.
ㄷ. 숨 속의 이산화 탄소가 BTB 용액에 녹으면서 노란색이 된다.

08 ㄱ. 산소는 광합성 결과 생성되는 기체이다. 광합성에 영향을 주는 요인은 빛의 세기, 이산화 탄소의 농도, 온도이다.

09 이산화 탄소의 농도가 증가할수록 광합성량이 증가하다가 어느 정도 이상이 되면 광합성량이 일정해진다.

10 증산 작용은 식물체 내의 물이 수증기 상태로 잎의 기공을 통해 배출되는 현상이다. 그러므로 증산 작용은 잎에서 활발하게 일어난다.

11 이 실험으로는 기공이 잎의 뒷면에 많이 분포하는 것을 확인할 수 없다.

12 A는 공변세포, B는 기공, C는 표피 세포이다. 공변세포에는 엽록체가 있어 빛이 있을 때 광합성을 한다.

오답 피하기 ③ 기공은 주로 낮에 열리고 밤에 닫힌다.

13 ㄴ. (가)는 광합성으로 빛이 있을 때 일어난다.
ㄷ. (나)는 호흡으로 항상 일어난다.

14 빛의 세기가 강한 낮에 광합성량이 호흡량보다 많아지면 식물이 이산화 탄소를 흡수하고 산소를 방출한다. 빛이 없

는 밤이 되면 식물이 광합성을 하지 못하고 호흡만 하기 때문에 산소를 흡수하고 이산화 탄소를 방출한다.

15 호흡은 세포에서 양분(포도당)을 분해하여 생활에 필요한 에너지를 얻는 과정이다.

오답 피하기 ① 빛이 있을 때만 광합성이 일어나고, 호흡은 항상 일어난다.
② 잎이 다 떨어지는 겨울이 되어도 호흡이 일어난다.
③ 호흡을 할 때는 산소를 흡수하고 이산화 탄소를 방출한다.
④ 광합성을 할 때는 이산화 탄소를 흡수하고 산소를 방출한다.

16 A는 이산화 탄소, B는 포도당, C는 산소, D는 녹말, E는 설탕이다.

17 물은 물관을 통해 잎까지 운반되어 광합성에 쓰인다. 광합성을 통해 생성된 양분은 체관을 통해 식물체의 각 부분으로 운반된다.

18 광합성 산물은 잎, 열매, 뿌리, 줄기 등에 저장된다.

대단원 마무리 서논술형 문제

본문 111쪽

01 광합성에 영향을 주는 환경 요인에는 빛의 세기, 이산화 탄소의 농도, 온도가 있다.

| 모범 답안 | 여름은 겨울보다 빛의 세기가 강하고, 온도가 높기 때문에 식물이 광합성을 활발하게 하여 더 잘 자란다.

채점 기준	배점
빛의 세기가 강하고 온도가 높기 때문임을 모두 포함하여 옳게 서술한 경우	100%
빛의 세기와 온도 중 하나의 개념만 포함하여 옳게 서술한 경우	50%

02 수족관에 여러 물고기가 살고 있으면, 이 물고기들의 호흡에 산소가 많이 필요하다. 따라서 수족관에 수초를 넣어 주면 수초가 광합성을 하여 물고기의 호흡에 필요한 산소를 공급한다. 또 물고기들이 호흡을 해서 방출된 이산화 탄소는 수초의 광합성에 쓰인다.

| 모범 답안 | 수초가 광합성을 하여 물고기의 호흡에 필요한 산소를 공급한다.

채점 기준	배점
수초의 광합성과 물고기의 호흡에 필요한 산소 공급을 모두 포함하여 옳게 서술한 경우	100%
수초의 광합성과 물고기의 호흡에 필요한 산소 공급 중 한 가지만 옳게 서술한 경우	50%

03 (가)는 잎이 없어서 증산 작용이 거의 일어나지 않고, (나)는 잎에서 증산 작용이 활발하게 일어난다. 증산 작용이 활발하게 일어난 쪽의 유리관에서 물이 더 많이 줄어드는게 관찰된다.

| 모범 답안 | (가)<(나), (나)에서 물이 더 많이 줄어든 것은 잎에서 증산 작용이 활발하게 일어났기 때문이다.

채점 기준	배점
(가)와 (나)에서 줄어든 물의 양 비교와 그 이유를 모두 포함하여 옳게 서술한 경우	100%
(가)와 (나)에서 줄어든 물의 양 비교와 그 이유 중 한 가지만 옳게 서술한 경우	50%

04 식물의 호흡은 식물 세포에서 양분(포도당)을 분해하여 생활에 필요한 에너지를 얻는 과정이다. 식물의 호흡이 왕성하게 일어나는 시기는 에너지가 많이 필요한 시기이다. 특히 싹이 틀 때, 꽃이 필 때, 생장할 때 호흡이 활발하게 일어난다.

| 모범 답안 | 콩의 싹이 틀 때 에너지가 많이 필요하므로 호흡이 왕성하게 일어난다. 이 때 호흡 과정에서 발생된 에너지 때문에 온도가 올라간다.

채점 기준	배점
싹이 틀 때 호흡이 일어나고, 호흡 과정에서 에너지가 방출됨을 모두 포함하여 옳게 서술한 경우	100%
싹이 틀 때 호흡이 일어나고, 호흡 과정에서 에너지가 방출됨 중 한 가지만 옳게 서술한 경우	50%

05 식물을 암실에 두었기 때문에 식물의 잎에 있던 녹말은 모두 다른 부분으로 이동되었다. 그 후 빛을 비추어주면 A에서는 광합성이 일어나 녹말이 생성되지만, B에서는 수산화 칼륨이 이산화 탄소를 흡수하여 광합성이 일어나기 어렵다.

| 모범 답안 | (1) A에서는 아이오딘 반응이 일어나 청람색으로 변하고, B에서는 반응이 일어나지 않을 것이다.

채점 기준	배점
A와 B에서의 반응 결과를 모두 포함하여 옳게 서술한 경우	100%
A와 B에서의 반응 결과 중 한 가지만 옳게 서술한 경우	50%

(2) B에 있는 수산화 칼륨이 이산화 탄소를 흡수하여, B의 잎은 광합성의 원료인 이산화 탄소를 공급받지 못한다. 그 결과 B의 잎에서 광합성이 일어나지 않아 녹말이 생성되지 않기 때문이다.

채점 기준	배점
수산화 칼륨이 이산화 탄소를 흡수하여 B의 잎은 광합성의 원료인 이산화 탄소를 공급받지 못한 점, 그 결과 B의 잎에서 녹말이 생성되지 않은 점을 모두 포함하여 옳게 서술한 경우	100%
수산화 칼륨이 이산화 탄소를 흡수하여 B의 잎은 광합성의 원료인 이산화 탄소를 공급받지 못한 점과 B의 잎에서 녹말이 생성되지 않은 점 중에서 한 가지만 옳게 서술한 경우	50%

V. 동물과 에너지

1~2 생물의 구성~소화

기초 섭렵 문제

본문 115, 117쪽

1 생물의 구성

1 생물의 구성 단계 | 세포, 기관계, 개체

2 소화

1 영양소 | 영양소, 탄수화물, 물

2 소화와 흡수 | 소화, 소화 효소, 펩신, 녹말, 단백질, 지방, 융털

01 ㄱ, ㄴ, ㄷ　02 (1) ○ (2) × (3) ○ (4) ×　03 ㄴ, ㄷ, ㅁ　04 (1) ○ (2) × (3) ○ (4) ○　05 무기염류　06 ㄱ, ㄴ, ㄹ　07 (1) × (2) ○ (3) × (4) ×　08 ㄱ, ㄴ　09 (1) ㉡ (2) ㉠ (3) ㉢　10 모세 혈관

01 동물은 세포 → 조직 → 기관 → 기관계 → 개체의 단계로 이루어져 있다.

02 (2) 배설계는 노폐물을 몸 밖으로 내보내는 데 관여한다.
(4) 순환계는 영양소와 산소를 세포에 전달하는 데 관여한다.

03 영양소는 우리 몸을 구성하거나 에너지를 얻는 데 필요한 물질이다. 영양소 중에서 물, 바이타민, 무기염류는 에너지원으로 사용되지 않는다.

04 (2) 지방은 에너지를 얻는 데 사용되며, 에너지를 저장하기도 한다.

05 무기염류는 에너지원으로 사용되지 않지만, 몸을 구성하거나 몸의 기능을 조절한다.

06 소화계는 입, 식도, 위, 소장, 대장으로 연결된 소화관과 간, 쓸개, 이자 등으로 구성된다.

07 (1) 입에서 분비되는 침 속에는 소화 효소가 들어 있다. 침 속에 있는 소화 효소인 아밀레이스는 녹말을 엿당으로 분해한다.
(3) 소장 벽에는 탄수화물 분해 효소와 단백질 분해 효소가 있다.
(4) 소장에서 소화되지 않은 음식물은 대장으로 이동한다. 대장에서는 소화 효소가 작용하는 소화는 일어나지 않고, 물의 일부가 흡수된다.

08 위액에는 소화 효소인 펩신과 강한 산성을 띠는 염산이 들어 있다.

09 소장에서 음식물이 소화되면 녹말은 포도당으로, 단백질은 아미노산으로, 지방은 지방산과 모노글리세리드로 분해된다.

클리닉 +

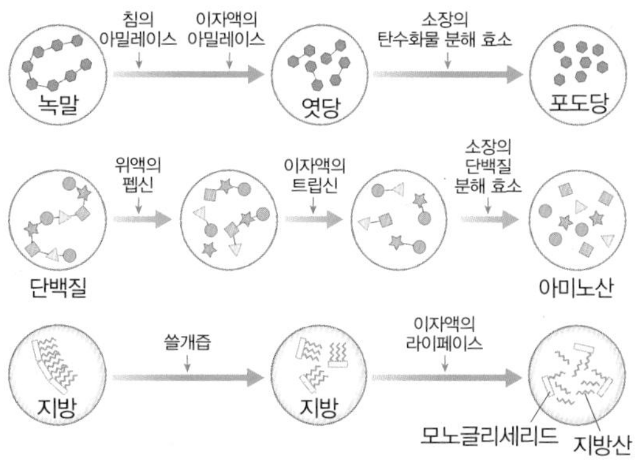

10 소장 안쪽의 융털 속에는 암죽관이 있고, 암죽관 주변을 모세 혈관이 둘러싸고 있다. 모세 혈관으로는 물에 잘 녹는 영양소가 흡수된다.

수행 평가 섭렵 문제

본문 119쪽

영양소 검출하기 | 녹말, 보라색, 지방, 가열

1 ㉠, 청람색　2 ㉤, 보라색　3 (1) ㉡ (2) ㉢ (3) ㉠ (4) ㉣　4 ㄴ, ㅁ

1 밥물에 녹말이 들어 있어 아이오딘－아이오딘화 칼륨 용액을 넣으면 청람색으로 변한다.

2 삶은 달걀 흰자액에는 단백질이 들어 있어 5 % 수산화 나트륨 수용액과 1 % 황산 구리 수용액을 넣으면 보라색으로 변한다.

3 녹말은 아이오딘 반응, 단백질은 뷰렛 반응, 지방은 수단 Ⅲ 반응, 포도당은 베네딕트 반응으로 검출할 수 있다.

클리닉 +
- 아이오딘 반응: 녹말＋아이오딘－아이오딘화 칼륨 용액 → 청람색
- 뷰렛 반응: 단백질＋5 % 수산화 나트륨 수용액＋1 % 황산 구리 수용액 → 보라색
- 수단 Ⅲ 반응: 지방＋수단 Ⅲ 용액 → 선홍색
- 베네딕트 반응: 당분(포도당, 엿당 등)＋베네딕트 용액 $\xrightarrow{\text{가열}}$ 황적색

4 당분(엿당, 포도당)에 베네딕트 용액을 넣고 가열하면 황적색으로 변한다.

본문 121쪽

수행 평가 섭렵 문제

침의 소화 작용 실험하기 | 베네딕트, 아이오딘, 소화 효소

1 A 2 D 3 ③ 4 ①

1 시험관 A의 녹말은 아이오딘 반응으로 검출되지만, 시험관 B의 녹말은 침 속의 소화 효소에 의해 분해되어 아이오딘 반응이 나타나지 않는다.

2 시험관 D의 녹말이 침 속의 소화 효소에 의해 엿당으로 분해되었다. 그러므로 베네딕트 반응을 하면 시험관 D의 용액이 황적색으로 색깔이 변하는 것을 관찰할 수 있다.

3 시험관 B와 D에 들어간 침 용액 속의 소화 효소가 녹말을 엿당으로 분해한다.

4 침 속의 소화 효소는 녹말을 엿당으로 분해한다.

내신 기출 문제 본문 122쪽

01 ㉠ 조직, ㉡ 기관 02 ③ 03 ⑤ 04 ① 05 ① 06 ④ 07 ④ 08 C 09 ③ 10 ③ 11 ③ 12 ③ 13 ③ 14 C 15 ③ 16 ⑤ 17 ② 18 ⑤ 19 ⑤

01 동물은 세포 → 조직 → 기관 → 기관계 → 개체의 단계로 이루어져 있다. 이 중 기관계는 식물에는 없고 동물에만 있는 구성 단계이다.

02 (가)는 세포, (나)는 개체, (다)는 기관계, (라)는 조직, (마)는 기관에 해당한다. 식물과 동물의 몸은 세포를 기본 단위로 구성되어 있고, 세포가 모여 복잡한 구조를 이룬다.

03 (가)는 세포, (나)는 조직, (다)는 기관, (라)는 기관계에 해당한다. 여러 기관계가 체계적으로 연결되면 독립적으로 생명 활동을 하는 개체가 된다.

04 아이오딘-아이오딘화 칼륨 용액을 넣었더니 청람색으로 변하는 영양소는 녹말이다.

05 묽은 달걀 흰자액에 단백질이 들어 있으므로 5 % 수산화 나트륨 수용액과 1 % 황산 구리 수용액을 넣으면 보라색으로 변한다.

오답 피하기 ㄴ. 콩기름에는 지방이 들어 있어 수단 Ⅲ 용액으로 검출할 수 있다. 양파즙에는 포도당이 들어 있다.
ㄷ. 베네딕트 용액으로 포도당이나 엿당을 검출할 수 있다.

06 음식물로 섭취한 탄수화물은 대부분 에너지원으로 이용되고, 에너지원으로 사용되고 남은 탄수화물은 대부분 지방으로 바뀌어 몸속에 저장되므로 섭취하는 양에 비해 몸을 구성하는 비율이 매우 낮다.

07 물은 몸의 구성 성분 중 가장 높은 비율을 차지하며, 영양소와 노폐물을 운반하고 체온을 조절하는데 관여한다.

오답 피하기 ① 뼈와 이를 구성하는 칼슘과 인은 무기염류에 속한다.
② 무기염류는 몸을 구성하거나 몸의 기능을 조절한다.
③ 바이타민은 적은 양으로 몸의 기능을 조절하며, 에너지원으로 사용되지 않는다.
⑤ 지방은 에너지원으로 사용되며, 에너지를 저장하기도 한다. 1 g당 9 kcal의 에너지를 낸다.

08 아이오딘 반응과 뷰렛 반응에서 색깔이 변한 A+B의 혼합 용액에는 녹말과 단백질이 들어 있다. 아이오딘 반응과 수단 Ⅲ 반응에서 색깔이 변한 A+C의 혼합 용액에는 녹말과 지방이 들어 있다. 따라서 A에는 녹말, B에는 단백질, C에는 지방이 들어 있음을 알 수 있다.

09 C에 들어 있는 영양소는 지방이다. 지방, 단백질, 녹말을 같은 양을 섭취했을 때 지방은 탄수화물(녹말)이나 단백질보다 에너지를 더 많이 낸다.

10 시험관 D의 녹말은 침에 의해 엿당으로 분해되었기 때문에, 베네딕트 용액을 넣고 가열하면 황적색으로 변한다.

오답 피하기 ㄱ. 시험관 B의 녹말은 침에 의해 엿당으로 분해되었기 때문에, 아이오딘-아이오딘화 칼륨 용액을 넣어도 반응이 나타나지 않는다.
ㄴ. 시험관 C에는 증류수가 들어 있으므로, 녹말 성분의 변화가 일어나지 않는다.

11 침 용액을 넣은 녹말 용액에서 베네딕트 반응이 나타나는 것으로 보아 침 속의 소화 효소가 녹말을 엿당으로 분해함을 알 수 있다.

12 위액에 있는 펩신이라는 소화 효소는 단백질을 분해한다.

13 C는 이자이다. 이자는 영양소의 소화를 돕는 소화액을 분비하는 곳이다.

14 이자에서 분비되는 이자액에는 녹말을 분해하는 아밀레이스, 단백질을 분해하는 트립신, 지방을 분해하는 라이페이스와 같은 소화 효소가 들어 있다.

15 ㄷ. C는 이자이며 음식물이 직접 지나가지 않는다. 음식물이 직접 지나가는 소화관은 입, 식도, 위, 소장, 대장이다.
ㅁ. E는 대장이며, 소화 효소가 작용하는 소화는 일어나지 않는다.

16 소장에서 소화 효소의 작용으로 영양소를 세포가 흡수할 수 있을 정도의 작은 크기로 최종적으로 분해한다.
오답 피하기 ① 입에서 녹말의 소화가 시작된다.
② 쓸개즙은 간에서 만들어진다.
③ 위에서 단백질의 소화가 시작된다.
④ 위에서 분비되는 염산은 펩신의 작용을 돕고 살균 작용을 한다.

17 ㉠은 아밀레이스, ㉡은 펩신, ㉢은 라이페이스이다. 소화 효소인 아밀레이스는 입과 소장에서 모두 작용한다. 입에는 침샘이 있고, 침샘에서 분비되는 침 속에 아밀레이스가 있다. 이자에서 분비되는 이자액에도 아밀레이스가 있으며, 이자액은 소장의 앞부분인 십이지장에서 음식물과 섞인다.

18 A는 융털의 모세 혈관으로 물에 잘 녹는 영양소가 흡수되는 곳이다.

19 소장에서 흡수된 영양소 중 물에 잘 녹는 영양소와 물에 잘 녹지 않는 영양소는 서로 다른 경로를 거쳐 심장으로 이동한 다음, 온몸의 조직 세포로 운반된다.
오답 피하기 ① 물은 소장에서 대부분 흡수된다.
② 무기염류는 융털의 모세 혈관으로 흡수된다.
③ 물에 잘 녹는 영양소는 융털의 모세 혈관으로 흡수된다.
④ 물에 잘 녹지 않는 영양소는 융털의 암죽관으로 흡수된다.
클리닉 + 무기염류는 분자의 크기가 작아 소화 과정을 거치지 않고 소장의 융털을 통해 바로 흡수된다.

고난도 실력 향상 문제

본문 125쪽

01 ④ **02** ㄱ, ㄹ **03** ②

01 (가)는 몸을 구성하고, 몸의 기능 조절에 관여하며 에너지원이 아니므로 물 또는 무기염류일 수 있다. (나)는 몸의 기능 조절에 관여하며 에너지원이 아니고, 몸을 구성하지 않으므로 바이타민이다.

02 아밀레이스는 녹말을 엿당으로 분해하는 소화 효소로, 침과 이자액에 들어 있다. 침은 입 속의 침샘에서 만들어져 분비되고, 이자액은 이자에서 만들어져 소장의 앞부분인 십이지장으로 분비되므로 아밀레이스는 입과 소장에서 모두 작용한다.

03 입과 소장에서 소화가 일어난 A는 녹말이고, 위에서 소화가 시작된 B는 단백질, 소장에서 소화가 시작된 C는 지방이다.
오답 피하기 ㄱ. A는 녹말이며, 침 속에 있는 소화 효소(아밀레이스)에 의해 엿당으로 분해된다.
ㄷ. C는 지방이며, 이자에서 만들어져 분비되는 소화 효소(라이페이스)에 의해 지방산과 모노글리세리드로 분해된다.

서논술형 유형 연습

본문 125쪽

01 소장 안쪽 벽에 있는 주름과 융털은 영양소와 접촉하는 표면적을 넓게 한다.
| 모범 답안 | 영양소와 닿는 소장의 표면적을 넓게 해서 영양소를 효율적으로 흡수할 수 있게 한다.

채점 기준	배점
표면적이 증가한다는 점과 영양소가 효율적으로 흡수된다는 점을 모두 포함하여 옳게 서술한 경우	100%
표면적이 증가한다는 점과 영양소가 효율적으로 흡수된다는 점 중 한 가지만 옳게 서술한 경우	50%

3 순환

본문 127쪽

기초 섭렵 문제

1 혈액의 구성 | 혈장, 혈구, 적혈구, 백혈구
2 심장과 혈관 | 심방, 박동, 동맥
3 혈액의 순환 | 온몸 순환, 폐순환

01 (1) ○ (2) × (3) ○ (4) × **02** (1) A, C (2) B, D (3) A 우심방, B 우심실, C 좌심방, D 좌심실 **03** (1) ○ (2) × (3) ○ (4) × **04** B 모세 혈관 **05** ㉠ 산소, ㉡ 이산화 탄소

01 (2) 혈액의 세포 성분은 혈구라고 하며, 이 중 적혈구는 가운데가 오목한 원반 모양을 하고 있다.
(4) 혈장은 혈액을 이루는 액체 성분으로 영양소를 비롯한 여러 가지 물질을 운반한다.

02 심장은 2개의 심방과 2개의 심실로 이루어져 있다. 심방은 정맥과 연결되어 혈액을 받아들이고, 심실은 동맥과 연결되어 혈액을 내보낸다.

03 (2) 동맥은 심장에서 나가는 혈액이 흐르는 혈관이다.
(4) 정맥에는 혈액이 거꾸로 흐르는 것을 막아주는 판막이 곳곳에 있다.

04 A는 동맥, B는 모세 혈관, C는 정맥이다.

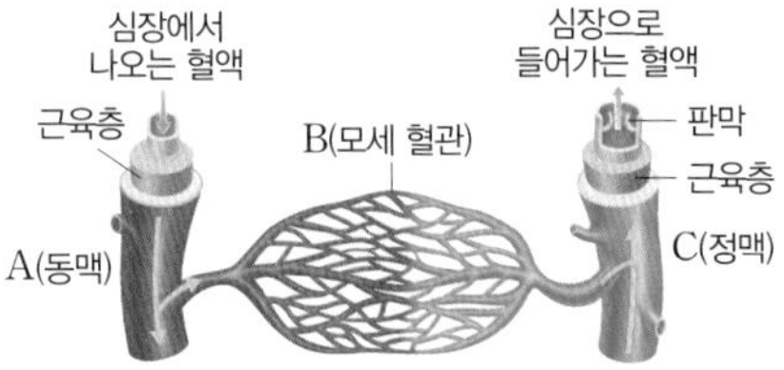

05 온몸 순환은 심장에서 나온 혈액이 온몸을 거쳐 다시 심장으로 돌아오는 순환이다.
좌심실 → 대동맥 → 온몸의 모세 혈관 → 대정맥 → 우심방

4 호흡

기초 섭렵 문제

본문 129쪽

1 호흡계의 구조와 기능 | 호흡계, 폐포
2 호흡 운동 | 압력, 내려가고
3 기체의 교환과 이동 | 확산, 산소

01 ㄴ, ㄷ, ㄹ 02 횡격막 03 (1) × (2) ○ (3) × (4) ○ 04 ㉠ 증가, ㉡ 감소 05 (1) A 이산화 탄소, B 산소 (2) (나)

01 사람의 호흡계는 코, 기관, 기관지, 폐와 같은 호흡 기관이 모여 이루어진다.

02 폐는 근육이 없기 때문에 스스로 수축하고 이완하지 못한다. 그러므로 호흡 운동은 갈비뼈와 횡격막의 움직임에 의해 흉강의 부피와 압력이 주기적으로 변함으로써 일어난다.

03 (1) 들숨이 일어날 때 폐의 부피가 증가한다.
(3) 갈비뼈가 올라가고 횡격막이 내려가면 흉강이 넓어진다.

04 들숨일 때 흉강의 부피가 증가하고, 날숨일 때 흉강의 부피가 감소한다.

구분	횡격막	갈비뼈	흉강 부피	흉강 압력	공기의 이동 방향	폐의 부피
들숨	내려감	올라감	증가	감소	밖→폐	증가
날숨	올라감	내려감	감소	증가	폐→밖	감소

05 (1) 폐포와 모세 혈관 사이에서 이산화 탄소는 모세 혈관에서 폐포로, 산소는 폐포에서 모세 혈관으로 이동한다.
(2) 폐포에서 모세 혈관으로 산소가 이동하므로 혈액 속 산소의 농도는 (가)보다 (나)가 높다.

수행 평가 섭렵 문제

본문 131쪽

혈액 관찰하기 | 적혈구, 붉은, 핵, 혈소판
호흡 운동의 원리 알아보기 | 들숨, 날숨

1 (다) 2 백혈구 3 (1) ㉡ (2) ㉠ (3) ㉢ 4 ㉠ 폐, ㉡ 횡격막 5 고무풍선이 부풀어 오른다(커진다).

1 혈액에 에탄올을 떨어뜨리면 혈구를 살아 있는 상태에 가까운 모습으로 고정할 수 있다.

2 백혈구는 핵이 있고 색깔이 없으므로 김사액으로 염색해서 관찰한다.

3 혈액의 세포 성분인 혈구에는 적혈구, 백혈구, 혈소판이 있다.

적혈구	붉은색을 띠는 원반 모양이다.
백혈구	김사액에 의해 핵이 보라색으로 염색되어 보이며, 적혈구보다 수는 적지만 크기가 크다.
혈소판	모양이 일정하지 않고, 핵이 없다. 혈구 중에서 크기가 가장 작다.

4 호흡 운동 모형과 사람의 호흡 기관을 비교하면 다음과 같다.

호흡 운동 모형	사람의 호흡 기관
Y자관	기관, 기관지
고무풍선	폐
고무 막	횡격막
페트병 속 공간	흉강

5 고무 막을 아래로 잡아당기면 페트병 속의 부피가 증가하고, 고무풍선이 부풀어 오른다.

내신 기출 문제

본문 132쪽

01 혈장 **02** ③ **03** ① **04** ⑤ **05** ⑤ **06** ① **07** ⑤ **08** ③ **09** ㄱ, ㄴ **10** ④ **11** ③ **12** ⑤ **13** ④ **14** ㄱ, ㄹ **15** ㉠ 증가, ㉡ 감소 **16** ④ **17** ③ **18** ①

01 혈액은 액체 성분인 혈장과 세포 성분인 혈구로 이루어져 있다. 혈장은 대부분 물이며, 영양소를 세포로 운반하고, 세포에서 생성된 노폐물과 이산화 탄소를 콩팥과 폐로 각각 운반한다.

02 적혈구는 혈구 중에서 그 수가 가장 많다.
오답 피하기 ㄱ. 적혈구는 핵이 없고 붉은색 색소인 헤모글로빈을 갖고 있어 붉은색을 띤다.
ㄴ. 백혈구는 모양이 일정하지 않으며, 핵이 있다.

03 적혈구는 산소를 온몸의 조직 세포에 운반한다.
오답 피하기 ㄴ. 혈소판은 상처가 났을 때 혈액을 응고시켜 출혈을 멈추게 한다.
ㄷ. 백혈구는 식균 작용을 통해 체내에 침입한 병원체를 제거한다.

04 A는 우심방, B는 우심실, C는 좌심방, D는 좌심실이다. 심방과 심실, 심실과 동맥 사이에는 판막이 있어서 혈액이 거꾸로 흐르지 않고 한 방향으로만 흐르게 한다.
오답 피하기 ① A는 혈액을 받아들인다.
② A가 수축하면 혈액은 B로 이동한다.
③ 산소가 풍부한 혈액이 흐르는 부분은 C, D이다.
④ 가장 두꺼운 근육층으로 이루어진 부분은 D이다.

05 (가)는 대정맥, (나)는 대동맥, (다)는 폐동맥, (라)는 폐정맥이다.

06 A는 동맥, B는 모세 혈관, C는 정맥이다.

07 모세 혈관은 혈관벽이 하나의 세포층으로 이루어져 있어 조직 세포와 물질 교환이 일어난다.

08 혈액의 순환에는 온몸 순환과 폐순환이 있다.

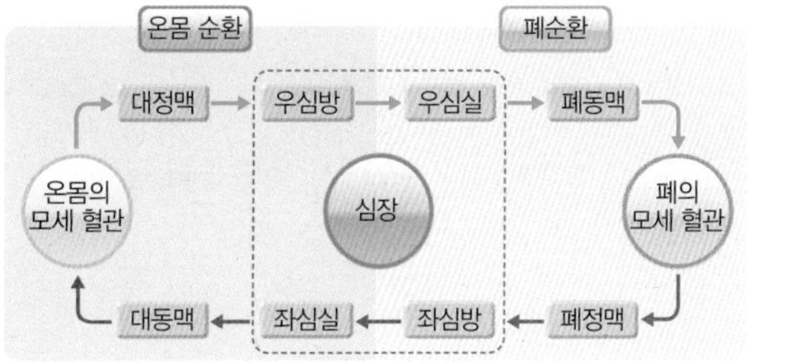

→ 산소를 적게 포함한 혈액(정맥혈)
→ 산소를 많이 포함한 혈액(동맥혈)

09 ㄷ. 폐순환으로 1번, 온몸 순환으로 1번 심장을 거치므로 혈액은 폐와 온몸 전체를 한 바퀴 순환하는 동안에 심장을 2번 거친다.

10 사람의 호흡계는 코, 기관, 기관지, 폐와 같은 호흡 기관이 모여 이루어진다.
A는 코, B는 기관, C는 폐, D는 횡격막, E는 폐포이다.

11 숨을 들이마시면 공기는 코→기관→폐 방향으로 들어간다. 폐포의 표면은 모세 혈관이 둘러싸고 있다.
오답 피하기 ㄴ. 폐는 근육이 없기 때문에 스스로 수축하고 이완하지 못한다.
ㄷ. 횡격막은 날숨이 일어날 때 올라간다.

12 ㄱ. 들숨이 일어날 때 폐의 부피가 증가한다.

13 고무 막은 횡격막에 해당한다.
클리닉 + 호흡 운동 모형과 호흡 기관 비교
• Y자관－기관, 기관지
• 고무풍선－폐
• 고무 막－횡격막
• 페트병 속 공간－흉강

14 (나)는 고무 막을 놓았을 때이다. (나)와 같은 상태에서 페트병 속 부피는 감소하고, 페트병 속 압력은 증가한다.

15 들숨이 일어날 때, 횡격막이 내려가고 갈비뼈가 올라가서 흉강의 부피가 증가한다. 그 결과 흉강의 압력이 낮아지고, 흉강에 들어 있는 폐의 압력도 낮아져 공기가 몸 밖에서 폐로 들어온다.

16 들숨과 날숨이 일어날 때 나타나는 변화는 다음과 같다.

구분	횡격막	갈비뼈	흉강 부피	흉강 압력	공기의 이동 방향
들숨	내려감	올라감	증가	감소	밖→폐
날숨	올라감	내려감	감소	증가	폐→밖

17 폐포와 모세 혈관 사이에서 산소와 이산화 탄소가 교환된다. (가)의 혈액은 (나)의 혈액보다 이산화 탄소가 많고, (나)의 혈액은 (가)의 혈액보다 산소가 많다.

오답 피하기 ㄱ. A는 이산화 탄소이며, 날숨을 통해 몸 밖으로 나간다.

ㄴ. B는 산소이며, 세포 호흡에 사용된다.

18 산소는 모세 혈관보다 폐포에서 농도가 더 높다.

고난도 실력 향상 문제

본문 135쪽

01 ② **02** ㄱ **03** ㄴ, ㄷ

01 환자 (가)는 백혈구의 수가 정상인에 비해 많다. 백혈구는 식균 작용을 통해 체내에 침입한 병원체를 제거하는 작용을 하므로, 환자 (가)는 세균 감염의 가능성이 높다.

02 혈액은 동맥 → 모세 혈관 → 정맥 순으로 흐르므로 A는 동맥, B는 모세 혈관, C는 정맥이다.

오답 피하기 ㄴ. 판막이 곳곳에 있는 혈관은 C(정맥)이다.

ㄷ. C(정맥)에서 혈류 속도가 빨라지는 것은 정맥의 총단면적이 모세 혈관에 비해 감소하고, 정맥 주변 근육의 수축이 혈액의 흐름을 도와주기 때문이다.

클리닉 + 혈류 속도는 혈관의 총 단면적에 반비례하므로 총 단면적이 가장 넓은 모세 혈관에서 혈류 속도가 가장 느리다.

혈관의 총 단면적: 모세 혈관 > 정맥 > 동맥

혈류 속도: 동맥 > 정맥 > 모세 혈관

03 높은 산과 같이 대기의 산소 농도가 낮은 곳에 있거나, 운동을 하면 호흡 속도가 빨라진다. 그 결과 산소를 몸 속으로 빨리 공급하고 이산화 탄소를 몸 밖으로 빨리 내보낼 수 있다.

서논술형 유형 연습

본문 135쪽

01 폐는 근육이 없어 스스로 호흡 운동을 할 수 없으므로 폐를 둘러싸고 있는 갈비뼈와 횡격막의 상하 운동에 의해 흉강과 폐의 부피와 압력이 변함으로써 호흡 운동이 일어난다.

| 모범 답안 | (가) 갈비뼈, (나) 횡격막, 들숨이 일어날 때 갈비뼈가 위로 올라가고 횡격막이 아래로 내려간다.

채점 기준	배점
(가), (나)의 이름과 갈비뼈와 횡격막의 움직임의 변화를 모두 포함하여 옳게 서술한 경우	100%
(가), (나)의 이름과 갈비뼈와 횡격막의 움직임의 변화 중 한 가지만 옳게 서술한 경우	40%

5 배설

기초 섭렵 문제

본문 137쪽

1 노폐물의 생성과 배설 | 배설, 암모니아

2 배설계의 구조와 기능 | 배설, 네프론, 보먼주머니

3 오줌의 생성과 배설 | 여과, 분비

01 (1) ○ (2) × (3) ○ **02** (1) A (2) A 콩팥, B 오줌관, C 방광, D 요도 **03** 사구체 **04** A 여과, B 재흡수, C 분비 **05** (1) ○ (2) × (3) ×

01 (2) 세포에서 지방이 분해되면 이산화 탄소와 물이, 단백질이 분해되면 이산화 탄소, 물, 암모니아가 생성된다.

02 사람의 배설계는 콩팥, 오줌관, 방광, 요도 등으로 구성된다. 이 중 콩팥은 혈액 속의 요소와 같은 노폐물을 걸러 오줌을 만드는 기능을 담당한다.

03 네프론은 오줌을 생성하는 기본 단위로, 사구체, 보먼주머니, 세뇨관으로 이루어져 있다. 이 중 사구체는 콩팥 동맥에서 갈라져 나온 모세 혈관이 실뭉치처럼 뭉쳐 있는 부분이다.

04 오줌은 콩팥의 네프론에서 여과, 재흡수, 분비의 과정을 거쳐 만들어진다.

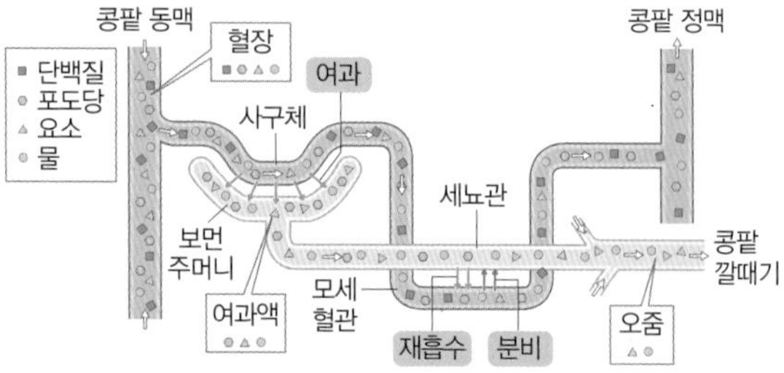

05 (2) 재흡수는 여과액이 세뇨관을 지나는 동안 포도당, 아미노산, 물과 무기염류 일부가 세뇨관에서 모세 혈관으로 이동하는 과정이다.

(3) 혈구, 단백질은 사구체에서 보먼주머니로 여과되지 않고 혈액 속에 남는다.

6 소화, 순환, 호흡, 배설의 관계

기초 섭렵 문제

본문 139쪽

1 세포 호흡 | 에너지

2 소화, 순환, 호흡, 배설의 통합적 관계 | 순환, 호흡, 배설

01 ㄱ, ㄷ, ㄹ, ㅁ, ㅂ 02 ㉠ 산소, ㉡ 이산화 탄소 03 (1) × (2) ○ (3) ○ (4) × 04 (1) 순환계 (2) 배설계 (3) 소화계 (4) 호흡계

01 세포 호흡으로 얻은 에너지는 체온 유지, 생장, 근육 운동, 두뇌 활동, 소리 내기 등 다양한 생명 활동에 이용된다.

클리닉+ 확산은 어떤 물질이 농도가 높은 쪽에서 낮은 쪽으로 퍼져 나가는 현상으로, 이 과정에는 세포 호흡으로 얻은 에너지가 사용되지 않는다.

02 세포 호흡은 세포에서 산소를 이용해 영양소를 분해하여 에너지를 얻는 과정이다.

영양소(포도당)＋산소 ⟶ 이산화 탄소＋물＋에너지

03 (1) 소화계는 음식물 속의 영양소를 소화·흡수한다.
(4) 우리 몸에서 소화, 순환, 호흡, 배설은 각각 독립적으로 일어나는 것이 아니라 서로 밀접하게 연결되어 있다.

04 영양소의 소화와 흡수는 소화계가, 물질의 운반은 순환계가, 기체 교환은 호흡계가, 노폐물의 배설은 배설계가 담당한다.

수행 평가 섭렵 문제

본문 141쪽

소화, 순환, 호흡, 배설의 관계에 대한 역할 놀이하기 | 흡수, 순환계, 호흡계, 배설계

1 소화계 2 산소 3 (라) 4 (가) 호흡계, (나) 배설계, (다) 순환계, (라) 소화계

1 과자 상자는 음식물이고, 낱개 포장된 과자는 작게 소화된 영양소이다. 소화된 영양소는 순환계를 통해 운반된다.

2 소화, 순환, 호흡, 배설의 관계에 대한 역할 놀이에서 산소, 이산화 탄소, 영양소, 노폐물, 에너지를 표현할 물품의 예시는 다음과 같다.

구분	산소	이산화 탄소	영양소	노폐물	에너지
예시	파란색 풍선	빨간색 풍선	• 과자 상자 – 음식물 • 낱개 포장된 과자 – 영양소	과자 포장지	에너지라고 쓴 색지

3 에너지를 얻기 위해 과자(영양소)를 분해하는 과정에서 발생한 과자 포장지(노폐물)를 몸 밖으로 내보내는 것은 배설계의 작용이다.

4 (가)는 호흡계로 기체 교환, (나)는 배설계로 노폐물의 배설, (다)는 순환계로 물질의 운반, (라)는 소화계로 영양소의 소화와 흡수를 담당한다.

내신 기출 문제

본문 142쪽

01 요소 02 ② 03 ① 04 ② 05 C 세뇨관 06 ⑤ 07 ③ 08 ④ 09 ③ 10 ④ 11 ② 12 (가) 요소, (나) 단백질, (다) 포도당 13 ⑤ 14 ④ 15 ④ 16 ③ 17 순환계 18 ②

01 세포가 생명 활동에 필요한 에너지를 얻기 위해 영양소를 분해하는 과정에서 노폐물이 생성된다. 영양소 중 단백질이 분해될 때 이산화 탄소, 물, 암모니아가 생성된다.

02 A는 콩팥, B는 오줌관, C는 방광, D는 요도이다.

오답 피하기 ㄴ. B는 오줌이 지나가는 통로인 오줌관이다.
ㄷ. C는 방광으로 콩팥에서 만들어진 오줌을 모아 두는 곳이다.

03 콩팥의 네프론(사구체, 보먼주머니, 세뇨관)에서 만들어진 오줌은 콩팥 깔때기, 오줌관, 방광, 요도를 거쳐 몸 밖으로 내보내진다.

04 세포 호흡에서 탄수화물, 지방, 단백질이 분해되면 이산화 탄소와 물이 공통적으로 생성된다.

클리닉+ 단백질은 탄소, 수소, 산소, 질소 등으로 구성되어 있어 분해되면 이산화 탄소, 물 이외에 암모니아가 생성된다.

05 A는 보먼주머니, B는 사구체, C는 세뇨관, D는 네프론이다.

06 오줌을 생성하는 기본 단위인 네프론은 사구체, 보먼주머니, 세뇨관으로 이루어져 있다. 세뇨관 주변은 모세 혈관이 감싸고 있다.

오답 피하기 ㄱ. 크기가 작은 물질이 사구체(B)에서 보먼주머니(A)로 이동하는 현상을 여과라고 한다.

ㄴ. B는 사구체이다.

07 A는 사구체, B는 보먼주머니, C는 세뇨관, D는 모세 혈관이다. 물, 요소, 포도당 등과 같이 크기가 작은 물질은 사구체에서 보먼주머니로 빠져나가는데, 이것을 여과라고 한다.

08 여과액이 세뇨관을 지나는 동안 포도당은 세뇨관에서 모세 혈관으로 이동한다.

오답 피하기 ① A는 사구체이다.

② 여과액이 세뇨관(C)을 지나는 동안 포도당, 아미노산, 물 등은 모세 혈관으로 재흡수되고, 혈액에 남아 있는 노폐물이 모세 혈관에서 세뇨관으로 이동한다.

③ 세뇨관을 감싸는 모세 혈관(D)이 콩팥 정맥과 연결된다.

⑤ D는 모세 혈관이다.

09 콩팥 동맥의 혈액에 들어 있던 요소가 콩팥에서 오줌을 통해 배설된다. 따라서 콩팥 정맥보다 콩팥 동맥의 혈액에 요소가 더 많이 들어 있다.

10 A는 여과, B는 재흡수, C는 분비이다. 포도당, 아미노산은 세뇨관에서 모세 혈관으로 모두 재흡수되므로 오줌으로 배설되지 않는다.

11 혈액이 콩팥에 있는 혈관을 흐르는 동안 혈액에서 노폐물이 걸러져 오줌이 생성된다.

오답 피하기 ㄱ. 포도당, 물은 세뇨관에서 모세 혈관으로 재흡수된다.

ㄷ. 크기가 작은 물질이 사구체에서 보먼주머니로 빠져나가는 과정은 여과에 해당된다.

12 (가)는 혈액에서보다 오줌에서 농도가 높아졌으므로 요소이다. (나)는 혈액에는 있지만 여과되지 않아 오줌에는 없으므로 단백질이다. (다)는 여과는 되지만 세뇨관에서 모세 혈관에서 모두 재흡수되어 오줌에는 없으므로 포도당이다.

13 (가)는 호흡계, (나)는 배설계, (다)는 순환계, (라)는 소화계, (마)는 조직 세포이다.

14 소화계에서 음식물 속의 영양소를 소화하고 흡수한다.

오답 피하기 ① (다) 순환계에서 조직 세포에 산소와 영양소를 전달한다.

② 소화되지 않고 남은 찌꺼기는 (라) 소화계를 통해 배출된다.

③ (가) 호흡계에서 산소를 흡수하고, 이산화 탄소를 내보낸다.

⑤ (나) 배설계에서 노폐물을 물과 함께 걸러 몸 밖으로 내보낸다.

15 혈액 속의 노폐물을 걸러내어 물과 함께 오줌의 형태로 몸 밖으로 내보내는 기관계는 배설계이다.

16 (가)는 소화계, (나)는 호흡계, (다)는 배설계이다.

오답 피하기 ㄱ. (가)를 통해 흡수된 영양소는 순환계로 이동한다.

ㄴ. (나)를 통해 흡수된 산소는 순환계로 이동한다.

17 순환계는 조직 세포에 산소와 영양소를 운반해 주고, 조직 세포에서 생긴 이산화 탄소와 노폐물을 운반해 온다.

18 우리 몸에서 소화, 순환, 호흡, 배설은 각각 독립적으로 일어나는 것이 아니라 서로 밀접하게 연관되어 있다.

오답 피하기 ㄱ. 영양소와 노폐물은 순환계에 의해 운반된다.

ㄷ. 호흡계와 순환계를 거쳐 조직 세포로 공급된 산소는 영양소의 분해에 이용된다.

고난도 실력 향상 문제

본문 145쪽

01 ② **02** ㄱ, ㄷ **03** ②

01 A는 콩팥, B는 오줌관, C는 방광, D는 요도이다.

오답 피하기 ㄴ. B는 오줌관이며, 보먼주머니에 연결된 매우 가느다란 관은 세뇨관이다.

ㄷ. C는 방광이며, 오줌은 콩팥에서 여과, 재흡수, 분비의 과정을 거쳐 만들어진다.

02 E는 콩팥의 겉질, F는 콩팥의 속질이다.

오답 피하기 ㄴ. 콩팥 겉질에 세뇨관의 일부가, 콩팥 속질에도 세뇨관이 분포해 있다.

03 (가)는 호흡계, (나)는 순환계, (다)는 소화계, (라)는 배설계이다.

오답 피하기 ① 음식물 속의 영양소는 (다) 소화계를 통해 흡수된다.

③ 요소는 (라) 배설계로 운반되어 물과 함께 몸 밖으로 나간다.

④ 세포 호흡에 필요한 산소는 (가) 호흡계를 통해 흡수된다.

⑤ 세포 호흡 결과 생성된 이산화 탄소는 (나) 순환계에 의해 운반되어 (가) 호흡계를 통해 몸 밖으로 내보내진다.

서논술형 유형 연습

본문 145쪽

01 포도당은 여과되지만 모두 재흡수되므로 오줌 속에 들어 있지 않다.

| 모범 답안 | A는 여과, B는 재흡수, C는 분비이다. 포도당은 여과(A)되었다가 모두 재흡수(B)되기 때문에 오줌 속에 들어 있지 않다.

채점 기준	배점
A, B, C의 이름과 포도당이 오줌 속에 들어 있지 않은 이유를 모두 포함하여 옳게 서술한 경우	100%
A, B, C의 이름과 포도당이 오줌 속에 들어 있지 않은 이유 중 한 가지만 옳게 서술한 경우	50%

대단원 마무리

본문 146쪽

01 (라) **02** ⑤ **03** ④ **04** ② **05** ④ **06** ② **07** ② **08** ⑤ **09** ② **10** ⑤ **11** ④ **12** ⑤ **13** ① **14** ① **15** ③ **16** 사구체, 보먼주머니, 세뇨관 **17** ② **18** ③

01 (가)는 세포, (나)는 조직, (다)는 기관, (라)는 기관계, (마)는 개체에 해당한다. 기관계는 식물에는 없고 동물에만 있는 구성 단계이다.

02 동물의 몸을 구성하는 기본 단위는 세포이다. 동물은 세포 → 조직 → 기관 → 기관계 → 개체의 단위로 이루어져 있다.

03 ㄱ. 물은 에너지원으로 이용되지 않는다.
ㄷ. 탄수화물은 섭취하는 양에 비해 몸을 구성하는 비율이 매우 적다.

04 지방은 같은 양을 섭취했을 때 탄수화물이나 단백질보다 에너지를 더 많이 얻을 수 있다.

05 A는 입, B는 간, C는 위, D는 소장, E는 대장이다.
오답 피하기 ① 입(A)은 탄수화물의 분해가 처음 일어나는 곳이다.
② 간(B)에서는 쓸개즙이 만들어지고, 위(C)에서는 염산이 분비되어 펩신의 작용을 돕는다.
③ 위(C)는 단백질의 분해가 처음 일어나는 곳이다.
⑤ 대장(E)에서는 소화 효소가 작용하는 소화가 일어나지 않는다.

06 쓸개즙은 간에서 만들어진다.
클리닉 + 쓸개즙은 간에서 생성되어 쓸개에 저장되었다가 소장(십이지장)으로 분비된다. 소화 효소가 없으며 지방 덩어리를 작은 알갱이로 만들어 물과 잘 섞이도록 한다.

07 A는 적혈구, B는 백혈구, C는 혈소판이다.
오답 피하기 ① 적혈구(A)는 산소를 운반한다.
③ 백혈구(B)는 식균 작용을 한다.
④ 혈소판(C)은 상처가 났을 때 혈액을 응고시킨다. 혈구 중에서 그 수가 가장 많은 것은 적혈구(A)이다.
⑤ 혈액이 붉게 보이는 것은 헤모글로빈이라는 붉은 색소를 가지고 있는 적혈구(A)가 있기 때문이다.

08 A는 우심방, B는 우심실, C는 좌심방, D는 좌심실이다.
오답 피하기 ① 우심방(A)은 대정맥과 연결된다.
② 우심실(B)은 폐동맥과 연결된다.
③ 우심실(B)은 혈액을 내보내는 곳이다.
④ 좌심방(C)은 혈액을 받아들이는 곳이다.
클리닉 + **사람의 심장 구조**

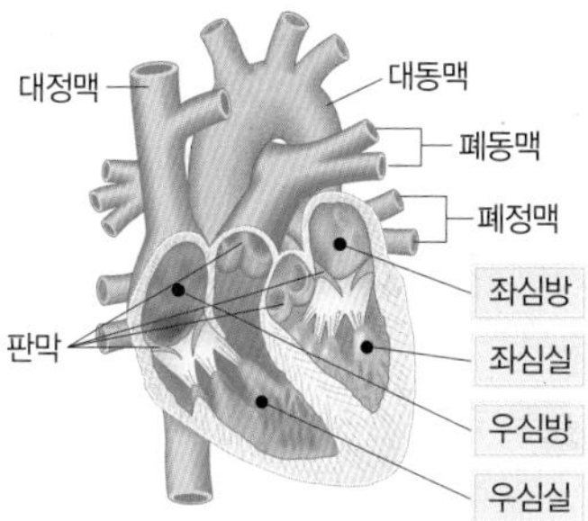

09 A는 폐동맥, B는 폐의 모세 혈관, C는 폐정맥, D는 대동맥, E는 온몸의 모세 혈관, F는 대정맥, ㉠은 우심방, ㉡은 우심실, ㉢은 좌심방, ㉣은 좌심실이다.
심장에서 나간 혈액이 폐에서 이산화 탄소를 내보내고 산소를 받아 다시 심장으로 돌아오는 폐순환의 경로는 우심실(㉡) → 폐동맥(A) → 폐의 모세 혈관(B) → 폐정맥(C) → 좌심방(㉢)이다.

10 페트병 속 공간은 흉강, 고무풍선은 폐, 고무 막은 횡격막에 해당한다.
오답 피하기 ① (가)는 들숨, (나)는 날숨에 해당한다.
② (가)에서 고무 막을 아래로 잡아당기면 페트병 속의 압력이 감소한다.
③ (가)에서 (나)로 될 때 페트병 속 부피가 감소한다.
④ 페트병 속 공간은 흉강에, Y자관은 기관 또는 기관지에, 고무풍선은 폐에 해당한다.

11 사람의 몸에서 들숨이 일어날 때 횡격막이 내려가고 갈비뼈가 올라가서 흉강의 부피가 증가한다. 그러면 흉강의 압력이 낮아지고, 흉강의 내부에 있는 폐의 압력도 감소하여 몸 밖의 공기가 폐로 들어오게 된다.

12 (나)의 혈액은 (가)의 혈액보다 이산화 탄소의 양이 적고, 산소의 양이 많다.

13 콩팥에서 노폐물을 걸러 만들어진 오줌은 오줌관, 방광, 요도를 거쳐 몸 밖으로 내보내진다.

14 A는 겉질, B는 속질, C는 콩팥 깔때기, D는 콩팥 동맥, E는 콩팥 정맥이다.

오답 피하기 ㄷ. C는 콩팥 깔때기이다.
ㄹ. 콩팥 동맥(D)보다 콩팥 정맥(E)에 요소가 더 적게 들어 있다.

15 A는 여과, B는 재흡수, C는 분비이다. 혈구는 크기가 큰 물질로 여과되지 않으며, 분비되지도 않는다.

16 네프론은 오줌을 생성하는 기본 단위로, 사구체, 보먼주머니, 세뇨관으로 이루어져 있다.

17 (가)는 소화계, (나)는 순환계, (다)는 호흡계, (라)는 배설계이다.

오답 피하기 ㄴ. 세포 호흡 결과 생성된 물질 중에서 이산화 탄소는 호흡계(다), 요소 등의 노폐물은 배설계(라)를 통해 몸 밖으로 내보내진다.
ㄷ. 소화계, 순환계, 호흡계, 배설계는 모두 서로 밀접하게 연관되어 있으며, 서로 조화를 이루며 작동해야 우리 몸은 건강한 상태를 유지할 수 있다.

18 조직 세포에서 일어나는 세포 호흡의 과정은 다음과 같다.
영양소＋산소(A) → 이산화 탄소(B)＋물＋에너지
세포 호흡으로 생긴 이산화 탄소(B)는 호흡계를 통해 몸 밖으로 내보내진다.

대단원 마무리 서논술형 문제

본문 149쪽

01 (가)의 탄수화물, 단백질, 지방, 물, 무기염류는 몸을 구성하는 성분이고, (나)의 바이타민은 몸을 구성하는 성분이 아니다. (다)의 탄수화물, 단백질, 지방은 에너지원으로 사용되고, (라)의 물, 무기염류, 바이타민은 에너지원으로 사용되지 않는다.

| 모범 답안 | 영호가 영양소를 분류한 기준은 영양소가 몸의 구성 성분이 되는지의 여부이고, 영진이가 영양소를 분류한 기준은 영양소가 에너지원으로 사용되는지의 여부이다.

채점 기준	배점
영양소를 분류한 기준 두 가지를 모두 포함하여 옳게 서술한 경우	100%
영양소를 분류한 기준 중 한 가지만 옳게 서술한 경우	50%

02 침 용액을 넣은 녹말 용액에 베네딕트 용액을 넣고 가열하면 황적색으로 변한다. 베네딕트 용액으로 당분(포도당, 엿당 등)을 검출할 수 있으므로, 침 속의 소화 효소가 녹말을 작게 분해했음을 알 수 있다.

| 모범 답안 | (1) 베네딕트 용액을 넣고 가열하면 A는 변화가 없으나, B는 황적색으로 변한다.

채점 기준	배점
A와 B에서 나타나는 결과를 모두 포함하여 옳게 서술한 경우	100%
A와 B에서 나타나는 결과 중 한 가지만 옳게 서술한 경우	50%

(2) 침 속의 소화 효소가 녹말을 엿당(당)으로 분해함을 알 수 있다.

채점 기준	배점
침 속의 소화 효소가 녹말을 엿당(당)으로 분해하였다고 서술한 경우	100%
침 속의 소화 효소가 녹말을 분해하였다고만 서술한 경우	50%

03 온몸으로 혈액을 내보내는 좌심실은 가장 두꺼운 근육층으로 이루어져 있다.

| 모범 답안 | 좌심실, 심장에서 온몸 순환을 위해 강한 힘으로 수축하여 혈액을 내보내야 하기 때문이다.

채점 기준	배점
이름, 이유를 모두 포함하여 옳게 서술한 경우	100%
이름, 이유 중 한 가지만 옳게 서술한 경우	50%

04 물과 포도당은 크기가 작아 사구체에서 보먼주머니로 모두 여과된다. 그 다음 여과액 속의 포도당은 세뇨관에서 모세 혈관으로 전부 재흡수된다. 그러나 물은 모두 재흡수되지 않으므로, 재흡수되지 않은 물은 노폐물과 함께 배설된다.

| 모범 답안 | 공통점: 물과 포도당은 사구체에서 보먼주머니로 여과된다.
차이점: 여과액 속의 포도당은 세뇨관에서 모세 혈관으로 전부 재흡수된다. 그러나 물은 모두 재흡수되지 않으므로, 물의 일부는 배설된다.

채점 기준	배점
공통점과 차이점을 모두 포함하여 옳게 서술한 경우	100%
공통점과 차이점 중 한 가지만 옳게 서술한 경우	50%

05 세포 호흡은 조직 세포에서 일어난다. 생물이 세포 호흡을 하는 근본적인 이유는 세포에서 산소를 이용해 영양소를 분해하여 생명 활동에 필요한 에너지를 얻기 위해서이다.

| 모범 답안 | 조직 세포(세포), 생명 활동에 필요한 에너지를 얻기 위해서이다.

채점 기준	배점
세포 호흡이 일어나는 곳과 세포 호흡을 하는 근본적인 이유를 모두 포함하여 옳게 서술한 경우	100%
세포 호흡이 일어나는 곳과 세포 호흡을 하는 근본적인 이유 중 한 가지만 옳게 서술한 경우	50%

Ⅵ. 물질의 특성

1 물질의 특성

기초 섭렵 문제

본문 153, 155쪽

1 순물질과 혼합물 | 순물질, 혼합물, 특성
2 끓는점과 녹는점(어는점) | 녹는점, 끓는점
3 밀도 | 부피, 질량, 1, 온도, 압력
4 용해도 | 용질, 용매, 물, 용해도

01 (1) ○ (2) × (3) × (4) ○ (5) ○ **02** ㄱ, ㄹ, ㅂ, ㅇ **03** ② **04** ① **05** (1) 순물질: A, B, D, 혼합물: C (2) A (3) A, B **06** ㄱ, ㅁ **07** A: 2 g/cm³, B: 0.4 g/cm³, C: 1.5 g/cm³ **08** (1) × (2) ○ (3) × (4) ○ (5) × **09** (1) 38 g/물 100 g (2) 질산 나트륨 (3) 질산 칼륨 (4) 46 g **10** ㉠ 작아져 ㉡ 감소하기

01 혼합물은 두 종류 이상의 순물질이 단순히 섞여 있는 것으로, 순물질 각각의 성질을 포함하고 있다. 흙탕물은 불균일 혼합물이다.

02 물, 설탕, 소금은 화합물로 순물질이고, 알루미늄 포일은 홑원소 물질로 순물질에 속한다. 공기, 이온 음료는 균일 혼합물이고, 간장, 암석은 불균일 혼합물이다.

03 부피, 질량과 같이 물질을 구별하는 데 사용할 수 없는 것은 물질의 특성이 아니다.

04 끓는점은 물질의 특성으로, 물질의 양과 관계없이 일정하다. 압력이 높아지면 끓는점도 높아지며, 가열할 때의 불꽃의 세기는 끓는점에는 영향을 미치지 않고, 끓는점에 도달하는 시간에 영향을 미친다. 혼합물의 끓는점은 일정하지 않으며 순물질보다 높은 온도에서 끓는다.

05 순물질은 어는 동안 온도가 일정하고, 혼합물은 어는 동안 온도가 점점 낮아진다. 어는점은 물질의 특성으로 같은 물질은 어는점이 같다.

06 ㄱ. 물의 밀도보다 얼음의 밀도가 작아 얼음이 물 위에 뜬다.
ㄴ. 물보다 밀도가 큰 물질은 물에 가라앉는다.
ㄷ. 고체의 밀도는 압력에 크게 영향을 받지 않는다.
ㄹ. 질량이 같을 때 부피가 클수록 밀도가 작다.
ㅁ. 기체의 밀도는 온도와 압력에 따라 크게 달라지므로 온도와 압력을 함께 표시한다.

07 밀도는 질량을 부피로 나누어서 구한다.
$$\text{밀도} = \frac{\text{질량}}{\text{부피}} (\text{단위: } g/cm^3,\ g/mL,\ kg/m^3 \text{ 등})$$

08 용해도는 용매 100 g에 최대로 녹을 수 있는 용질의 양(g)으로, 물질의 특성이다. 같은 물질이라도 온도와 용매의 종류에 따라서 용해도가 달라지므로 용해도를 표시할 때는 용매와 온도를 같이 표시한다.

09 용해도 곡선은 온도에 따른 물질의 용해도를 나타낸 그래프로, 기울기가 가장 가파른 질산 칼륨이 온도에 따라 용해도 변화가 가장 큰 물질이다. 40 ℃에서 물 100 g에 최대한 녹을 수 있는 질산 칼륨의 양은 64 g이기 때문에 질산 칼륨 110 g이 녹아 있는 용액을 40 ℃로 냉각시키면 (110 g−64 g)=46 g만큼 석출된다.

10 압력이 작아지면 기체의 용해도도 작아진다. 따라서 녹아 있던 기체가 기포로 빠져 나오게 된다.

수행 평가 섭렵 문제

본문 157쪽

끓는점 측정 | 액체, 기체, 종류, 끓임쪽, 1, 늦게

1 ④ **2** (1) ○ (2) ○ (3) × (4) × **3** C>B>A **4** ㄱ, ㄴ, ㄹ, ㅁ

1 끓는점은 물질의 특성으로 물질의 양과 관계없이 물질마다 다르다. 따라서 에탄올과 메탄올은 끓는점을 측정하여 구별할 수 있다.

2 (1) A와 C의 끓는점이 60 ℃로 같으므로 같은 물질이다.
(2) B의 끓는점이 97 ℃로 가장 높다.
(3) A는 6분부터 끓기 시작하고, C는 10분부터 끓기 시작하는 것으로 보아 C의 양이 더 많다. 끓는점은 물질의 양에 관계없이 일정하며 양이 많은 경우 끓는점에 도달하는 시간이 더 오래 걸린다.
(4) 가장 먼저 끓기 시작한 물질은 A이다.

3 끓는점은 물질의 양에 관계없이 일정하며 양이 많은 경우 끓는점에 도달하는 시간이 더 오래 걸린다. 따라서 A의 양이 가장 적고, C의 양이 가장 많다.

4 1기압일 때 물의 끓는점이 물의 기준 끓는점이며 100 ℃이다. 압력이 증가하면 끓는점이 높아지고, 압력이 감소하면 끓는점도 낮아진다. 따라서 높은 산에 오르거나 감압 용기의 공기를 빼면 압력이 낮아져 끓는점이 낮아진다.

수행 평가 섭렵 문제

본문 159쪽

밀도 측정 | 부피, 질량, 밀도, 늘어난, 크기, 낮을, 높을

1 ㄹ **2** A: 2 g/cm^3, B: 0.5 g/cm^3 **3** ③ **4** 식용유<물<글리세린 **5** (1) 증가 (2) 감소 (3) 증가 (4) 감소

1 ㄱ. 부피가 같은 경우에만 질량이 클수록 밀도도 크다.
ㄴ. 부피가 같아도 질량이 다르면 밀도가 다르다.
ㄷ. 밀도는 물질의 특성이지만 부피와 질량은 물질의 특성이 아니다.
ㄹ. 물질의 상태가 같은 경우 밀도가 다르면 다른 물질이다.
ㅁ. 대부분의 물질은 고체일 때가 액체일 때보다 밀도가 더 크다.

2 밀도$=\frac{질량}{부피}$이므로 A의 밀도$=\frac{20\ g}{10\ cm^3}=2\ g/cm^3$, B의 밀도$=\frac{10\ g}{20\ cm^3}=0.5\ g/cm^3$이다.

3 단위 부피당 질량이 밀도이므로, 부피가 모두 같을 때 질량이 큰 것은 밀도가 큰 납이다. 질량이 같을 때 밀도가 클수록 부피는 작다.

4 밀도가 큰 것은 가라앉고 밀도가 작은 것은 뜬다. 따라서 물에 가라앉은 글리세린은 물보다 밀도가 크고, 물 위에 뜬 식용유는 물보다 밀도가 작다.

5 (1) 소금물의 농도가 진해질수록 밀도가 커진다.
(2) 열기구 내부 공기를 가열하면 내부 공기의 밀도가 감소하여 위로 떠오른다.
(3) 잠수함의 빈 공간에 물을 채우면 밀도가 증가하여 가라앉는다.
(4) 구명조끼에 바람을 불어 넣으면 밀도가 감소하여 떠오른다.

내신 기출 문제

본문 160쪽

01 ② **02** ⑤ **03** ⑤ **04** ③ **05** ㄱ, ㄴ, ㄹ, ㅅ, ㅇ, ㅈ **06** ② **07** ② **08** (나) 물질의 양은 B>C이다. (마) 가장 먼저 얼기 시작한 물질은 A이다. **09** ④ **10** ㉠ 나프탈렌 ㉡ 에탄올 **11** ⑤ **12** ② **13** A, B, D **14** ② **15** ③ **16** ⑤ **17** ⑤ **18** A, C **19** ② **20** ② **21** ③

01 금, 물, 소금은 순물질이고, 공기, 합금, 암석은 혼합물이다.
클리닉 + 순물질에는 홑원소 물질과 화합물이 있는데 금은 홑원소 물질이고, 물과 소금은 화합물이다. 혼합물에는 균일 혼합물과 불균일 혼합물이 있는데 공기와 합금은 균일 혼합물이고, 암석은 불균일 혼합물이다.

02 혼합물은 성분 물질들이 각자의 성질을 유지한 채 단순히 섞여 있는 것이다.
오답 피하기 ① 화합물은 순물질이다.
② 혼합물은 녹는점이나 끓는점이 일정하지 않다.
③ 혼합물은 두 종류 이상의 순물질이 섞여 있다.
④ 혼합물은 성분 물질이 모두 균일하게 섞여 있는 균일 혼합물과 성분 물질이 불균일하게 섞여 있는 불균일 혼합물이 있다.

03 혼합물의 녹는점은 성분 물질들의 녹는점보다 조금 낮다.

04 고산 지대에서 압력 밥솥을 사용하는 것은 압력이 낮아지면 끓는점이 낮아지기 때문이다.

05 물질의 특성에는 감각 기관으로 관찰할 수 있는 겉보기 성질(맛, 색깔, 결정 모양, 냄새 등), 끓는점, 녹는점, 어는점, 밀도, 용해도 등이 있다. 질량, 부피, 농도는 물질의 특성이 아니다.

06 물질의 양이 많아지면 끓는점에 도달하기까지의 시간이 길어진다.
오답 피하기 ① 온도 T는 물질의 녹는점이다.
③ A 구간에서는 물질이 고체 상태로 존재한다. 상태 변화가 일어나는 구간은 B 구간이다.
④ 녹는점은 물질의 양에 관계없이 일정한 물질의 특성으로 물질의 양이 많아져도 B 구간의 온도는 같다.
⑤ C 구간에서 물질은 액체 상태이다.

07 물질의 양이 적을수록 빨리 끓기 시작하고, 물질의 양이 많을수록 늦게 끓기 시작한다. 따라서 A는 10 mL보다 적은 에탄올로, B는 10 mL보다 많은 에탄올로 실험을 한 결과이다. 아세톤은 에탄올과 다른 물질로, 끓는점도 다르다.

08 물질의 양이 많을수록 늦게 얼기 시작하므로 물질의 양은 C<B이다. 수평한 구간이 가장 빨리 시작된 물질이 가장 먼저 얼기 시작한 물질이다. 따라서 가장 먼저 얼기 시작한 물질은 A이다.

09 녹는점은 물질의 특성으로 물질의 양에 관계없이 일정한 값을 갖는다. 따라서 물질의 양이 많아져도 BC 구간의 온도는 변하지 않는다.
오답 피하기 ① 혼합물은 녹는점이 일정하지 않다. 수평한 구간이 존재하는 것으로 보아 이 물질은 순물질이다.
② 이 물질의 녹는점이 53 ℃이다.

③ 이 물질의 녹는점(BC 구간의 온도)과 어는점(EF 구간의 온도)은 53 ℃로 같다.
⑤ 물질의 양이 적어지면 EF 구간의 길이는 짧아진다.

10 물질의 녹는점과 어는점은 같으므로 액체 물질을 냉각시켜 녹는점(어는점)에 도달하면 물질이 고체가 된다. 나프탈렌은 80.5 ℃로 가장 높은 온도에서 고체가 된다. 액체를 가열하여 끓는점에 도달하면 기체가 된다. 에탄올은 78.5 ℃로 가장 낮은 온도에서 기체가 된다.

11 감압 용기의 공기를 빼면 압력이 낮아져 끓는점이 낮아진다.

12 밀도는 질량을 부피로 나누어 구하며, 대부분의 물질은 상태에 따라 고체 > 액체 > 기체 순으로 밀도 크기가 달라진다.
클리닉 + 물은 예외적으로 액체(물)에서 고체(얼음)가 될 때 부피가 증가하므로 밀도 크기가 액체 > 고체 > 기체 순이다.

13 물보다 밀도가 큰 물질은 가라앉고, 밀도가 작은 물질은 뜬다. 물의 밀도는 1 g/cm^{3}로 밀도가 1 g/cm^{3}보다 큰 A, B, D는 물에 가라앉고, 밀도가 1 g/cm^{3}보다 작은 C, E는 물 위에 뜬다.

14 물에 얼음이 뜨는 것은 얼음의 밀도가 물의 밀도보다 작기 때문이다. 따라서 같은 질량일 때 부피는 얼음이 더 크고, 같은 부피일 때 질량은 물이 더 크다.

15 기체의 밀도는 압력이 증가할수록 온도가 낮을수록 커진다. 따라서 온도가 증가한 10 ℃에서 이산화 탄소의 밀도는 0.0020 g/cm^{3}보다 작아진다.

16 ㄱ. 사이다의 기포가 발생하는 것은 압력이 작아져 기체의 용해도가 작아지기 때문이다.
ㄴ. 혼합물의 어는점이 순물질의 어는점보다 더 낮기 때문에 겨울철 자동차의 냉각수에 부동액을 넣는다.
ㄷ. 사해는 밀도가 높아 사람이 더 쉽게 뜬다.
ㄹ. 열기구 내부의 공기를 가열하면 밀도가 작아지면서 열기구가 떠오른다.

17 용해도는 어떤 온도에서 용매 100 g 속에 최대한 녹을 수 있는 용질의 g수이다.

18 물의 양을 100 g으로 계산하면 최대한 녹을 수 있는 용질의 양은 A는 35 g, B는 18 g, C는 12 g, D는 12.5 g이다. 따라서 용해도가 가장 큰 물질은 A, 가장 작은 물질은 C이다.

19 30 ℃의 물 100 g에서 염화 나트륨은 50 g보다 적게 녹는다.

20 70 ℃에서 질산 칼륨의 용해도는 140 g/물 100 g이다. 즉 70 ℃의 물 100 g에 최대한 녹일 수 있는 질산 칼륨의 양은 140 g이다. 60 ℃에서의 질산 칼륨의 용해도는 110 g/물 100 g이다. 즉 60 ℃의 물 100 g에 최대한 녹을 수 있는 질산 칼륨의 양은 110 g이다. 그러므로 70 ℃에서 60 ℃로 냉각시키면 질산 칼륨은 140 g − 110 g = 30 g 석출된다.

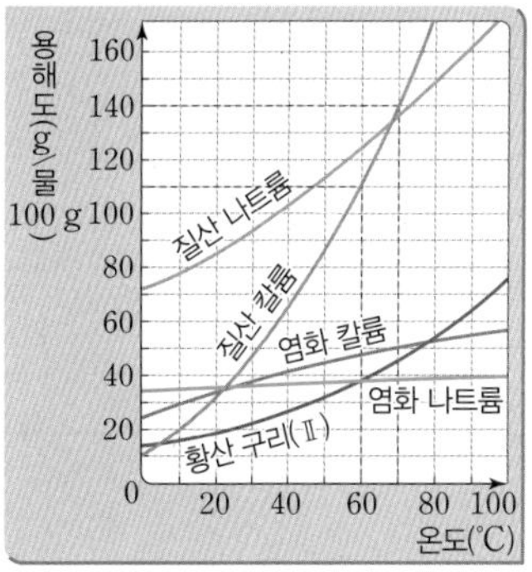

21 기체의 용해도는 온도가 높을수록, 압력이 작을수록 낮다. 기포의 양이 많은 것은 기체의 용해도가 낮아 녹아 있던 기체가 빠져 나오는 것이므로 기포의 양은 온도가 높을수록, 압력이 작을수록(마개가 열려 있는 것) 많다.

고난도 실력 향상 문제

본문 163쪽

01 ④ **02** ⑤

01 밀도는 단위 부피(1 cm^3) 당 물질의 질량이다. 즉 B의 밀도가 3.4 g/cm^{3}이라는 것은 B 1 cm^3 당 질량이 3.4 g이라는 뜻이다. 따라서 B 5 cm^{3}의 질량은 3.4 g × 5 = 17.0 g이고, D 3 cm^{3}의 질량은 9.1 g × 3 = 27.3 g이다.
오답 피하기 ① 물의 밀도 1 g/cm^{3}보다 밀도가 큰 물질만 물에 가라앉는다. 따라서 A, B, D는 물에 가라앉고, C는 물 위에 뜬다.
② 부피가 같을 때 질량은 밀도가 클수록 크다. 따라서 C < A < B < D이다.
③ 질량을 밀도로 나누면 부피를 구할 수 있다. 따라서 A 13.5 g의 부피는 5 cm^{3}이고, C 8 g의 부피는 10 cm^{3}이다.
⑤ 질량이 12.6 g이고, 부피가 3 cm^{3}이면 밀도는 4.2 g/cm^{3}이므로 B와 밀도가 다르다. 따라서 같은 물질이 아니다.

02 석출량은 ① 100 g, ② 0 g, ③ 20 g, ④ 20 g, ⑤ 120 g이다.

서논술형 유형 연습

본문 163쪽

01 금속 조각의 부피는 늘어난 물의 부피와 같으므로 (28 mL－20 mL)=8 mL이다. 질량이 72 g이므로 질량을 부피로 나누어 밀도를 구하면 금속의 밀도는 9.0 g/mL이다. 따라서 이 금속 조각은 구리이다.

| 모범 답안 | 금속의 부피는 8 mL이고, 질량이 72 g이므로 밀도는 9.0 g/mL이다. 밀도는 물질의 특성이므로 같은 물질은 밀도가 같다. 따라서 이 금속 조각은 구리이다.

채점 기준	배점
금속 조각의 밀도를 구하고, 어떤 물질인지 그 까닭까지 옳게 서술한 경우	100%
금속 조각이 어떤 물질인지만 옳게 쓴 경우	50%

2 혼합물의 분리

기초 섭렵 문제

본문 165쪽

1 끓는점 차에 의한 혼합물의 분리 | 증류, 낮은
2 밀도 차에 의한 혼합물의 분리 | 작은, 분별 깔때기
3 용해도 차에 의한 혼합물의 분리 | 재결정
4 크로마토그래피에 의한 혼합물의 분리 | 속도

01 ㉠ 낮은 ㉡ 액화 **02** (1) 물 (2) 물 (3) 사염화 탄소 **03** A, 60 g **04** (1) × (2) ○ (3) × (4) ○ **05** (1) 끓는점 (2) 밀도 (3) 밀도 (4) 용해도 (5) 용매를 따라 이동하는 속도

01 바닷물이 가열되면 바닷물의 성분들 중 끓는점이 낮은 물이 수증기로 기화한다. 이 기화된 수증기가 다시 냉각되어 액화하면 순수한 물을 얻을 수 있다.

02 섞이지 않는 액체를 분별 깔때기에 넣으면 밀도가 큰 액체가 아래층, 밀도가 작은 액체가 위층에 분리된다.

03 40 ℃에서 물 100 g에 A는 최대한 60 g 녹을 수 있다. 따라서 A 120 g, B 20 g이 녹아 있는 용액을 40 ℃로 냉각시키면 A는 (120 g－60 g) =60 g이 석출되고, B는 20 g 모두 용액 속에 녹아 있다.

04 A는 최소한 3가지 성분 물질이 혼합된 혼합물로, 노란색 성분이 용매를 따라 이동하는 속도가 제일 빠르고, 분홍색 성분이 용매를 따라 이동하는 속도가 제일 느리다. B는 최소한 2가지 성분이 혼합된 혼합물로, A와 같은 노란색 성분을 가지고 있지만 다른 성분들은 달라 A와는 다른 물질이다.

05 물과 에탄올은 끓는점 차를 이용하여 분리할 수 있고, 사금과 모래, 물과 사염화 탄소는 밀도 차를 이용하여 분리할 수 있다. 염화 나트륨과 붕산은 용해도 차를 이용하고, 사인펜 잉크의 색소는 용매를 따라 이동하는 속도 차를 이용하여 분리할 수 있다.

수행 평가 섭렵 문제

본문 167쪽

끓는점 차를 이용한 혼합물의 분리 | 끓는점, 증류, 낮은, 높다

1 ③ **2** (1) C (2) D (3) B (4) A **3** ㄱ, ㄷ, ㄹ **4** 높은

1 A의 액체 혼합물 중 온도가 낮은 성분이 먼저 끓어 나와 B에 모이게 되므로 A와 B의 끓는점은 다르다.

2 A 구간에서 혼합 용액의 온도가 증가하다가 B 구간에서 끓는점이 낮은 메탄올이 주로 끓어 나온다. 메탄올이 모두 끓어 나오고 나면 C 구간에서 남은 물의 온도가 증가하다가 D 구간에서 물이 끓어 나온다.

3 혼합물인 탁주 A를 가열하면 탁주 성분 중 끓는점이 낮은 에탄올이 주로 끓어 나와 기체 상태가 되었다가 다시 액화하면서 C에 모이게 된다.

4 기체를 냉각시켜 끓는점 아래로 온도를 떨어뜨리면 액체로 액화한다. 프로페인과 뷰테인을 냉각시키면 끓는점이 높은 뷰테인이 먼저 액화한다.

수행 평가 섭렵 문제

본문 169쪽

용해도 차를 이용한 혼합물의 분리 | 재결정, 용매, 용매, 증가, 석출

1 ② **2** (1) × (2) × (3) ○ (4) ○ (5) ○ **3** ㄷ **4** ③

1 천일염은 용해도 차를 이용한 재결정 방법으로 정제한다. 천일염을 높은 온도의 물에 녹였다가 점점 냉각시키면 소량의 불순물은 계속 물에 녹아 있고 순수한 소금 결정만 석출되어 나온다.

2 (1) 20 ℃로 냉각하면 순수한 붕산을 얻을 수 있다.
(2) 80 ℃에서 붕산의 용해도는 약 25 g/물 100 g으로 30 g의 붕산은 다 녹지 못한다.
(3) 20 ℃에서 붕산의 용해도는 5 g/물 100 g이므로 붕산은 (30 g−5 g)=25 g 석출된다.
(4) 20 ℃에서 염화 나트륨의 용해도는 35.9 g/물 100 g이므로 염화 나트륨 30 g은 모두 녹아 있다.
(5) 석출된 붕산은 거름 장치로 거를 수 있다.

3 ㄱ. 재결정을 이용해 순수한 결정을 얻으려면 온도에 따른 용해도 차이가 클수록 좋다. 따라서 재결정을 이용해 순수한 결정을 얻기 가장 좋은 물질은 C이다.
ㄴ. 20 ℃에서 A와 B 30 g은 모두 물에 녹아 있을 수 있으므로 순수한 고체 물질이 석출되지 않는다.
ㄷ. 20 ℃에서 A 30 g은 모두 물에 녹아 있을 수 있고, C는 7 g만 녹아 있을 수 있으므로 C만 (30 g−7 g)=23 g 석출된다.
ㄹ. 용액을 냉각시켰을 때 B의 용해도가 30 g/물 100 g 밑으로 떨어지기 전에 C의 용해도가 30 g/물 100 g 아래로 떨어지면서 석출되므로 순수한 B를 얻을 수 없다.

4 거름 장치는 용매에 녹는 물질과 녹지 않는 물질을 분리할 수 있다. 소금과 질산 칼륨은 물에 둘 다 녹고 에탄올에는 둘 다 녹지 않아 거름 장치로 분리할 수 없다.

수행 평가 섭렵 문제

본문 **171**쪽

크로마토그래피를 이용한 혼합물의 분리 Ⅰ

크로마토그래피, 용매, 속도, 빠른, 도핑 테스트

1 (1) ○ (2) × (3) ○ (4) ○ (5) × **2** ⑤ **3** ④ **4** ㄱ, ㄴ

1 크로마토그래피는 용매를 따라 이동하는 속도 차이를 이용하여 혼합물을 분리하는 방법으로, 용매의 종류에 따라 결과가 달라지며 용매는 성분 물질을 녹일 수 있는 물질을 선택해야 한다.

2 용매를 따라 이동하는 속도가 가장 빠른 것은 노란색 성분인 D이다.

3 시금치의 색소와 같이 비슷한 성질을 지닌 성분 물질은 크로마토그래피를 이용하여 분리할 수 있다.

4 ㄱ. 시료는 A, B, C 세 가지 성분으로 이루어져 있다.
ㄴ. 용매에 시료가 잠기면 시료가 잘 전개되지 않고 용매에 녹아 나와 실험이 잘 되지 않는다.
ㄷ. 용매를 따라 이동하는 속도가 가장 빠른 것은 A, 가장 느린 것이 C이다.
ㄹ. 용매가 종이 끝에 도달하면 실험을 멈춘다.

내신 기출 문제

본문 172쪽

01 ⑤ **02** 석유 가스 < 가솔린 < 등유 < 경유 < 중유 < 아스팔트 찌꺼기 **03** ④ **04** ④ **05** ① **06** ④ **07** ⑤

01 (가) 구간에서는 물과 에탄올의 혼합 용액의 온도가 증가하다가 (나) 구간에서 끓는점이 낮은 에탄올이 주로 끓어 나온다. 에탄올이 모두 끓어 나오고 나면 (다) 구간에서 물의 온도가 증가하다가 (라) 구간에서 물이 끓어 나온다.

02 끓는점이 낮은 성분이 먼저 기화되어 증류탑의 윗부분에서부터 분리되어 나온다.

03 쭉정이는 소금물보다 밀도가 작기 때문에 떠오르는 것이다. 소금물의 농도가 진해져서 밀도가 더 커지면 밀도가 조금 컸던 알찬 볍씨도 떠오르게 된다.

오답 피하기 ① 밀도는 쭉정이 < 소금물 < 알찬 볍씨이다.
② 에테르와 물은 서로 섞이지 않는 액체이다. 분별 깔때기는 서로 섞이지 않는 액체를 분리할 수 있는 도구이다.
③ 밀도 차를 이용하여 혼합물을 분리하는 예이다.
⑤ 에테르는 물보다 밀도가 작은 물질이다.

04 공기의 성분 분리는 끓는점 차를 이용하고 나머지는 밀도 차를 이용하여 분리한다.

05 40 ℃에서 물 100 g에 최대한 녹을 수 있는 A의 양은 60 g이다. 따라서 A는 (80 g−60 g)=20 g 석출되고, B는 모두 녹아 있다.

06 크로마토그래피는 성질이 비슷한 물질들이 섞인 복잡한 혼합물을 분리할 수 있으며, 분석 방법이 간단하고 시간이 짧게 걸린다.

07 용매를 따라 이동하는 속도가 빠를수록 원점에서 먼 곳에 성분이 분리된다. 따라서 용매를 따라 이동하는 속도가 가장 빠른 성분은 가장 위쪽에 있는 카로틴이다.

오답 피하기 ① 엽록소 A와 B는 분리되었으므로 서로 같은 성분이 아니다.
② 크로마토그래피로 분리된 성분들은 용매에 녹는 성분들이다.
③ 용매는 원점이 잠기지 않을 정도로 넣어야 한다.
④ 크로마토그래피는 용매에 따라 그 결과가 달라진다.

고난도 실력 향상 문제

본문 173쪽

01 ② **02** (다) **03** 붕산을 가장 많이 얻을 수 있는 경우: (다), 붕산을 가장 적게 얻을 수 있는 경우: (나)

01 (나) 구간은 끓는점이 낮은 물질이 주로 끓어 나오는 구간으로, (나) 구간의 길이는 물질의 양에 따라 결정된다.

클리닉 + 액체 혼합물의 증류 그래프 해석

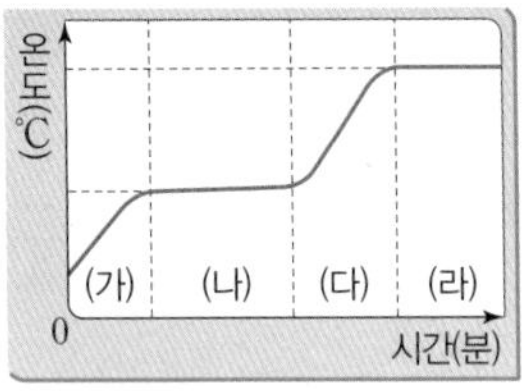

(가) 구간: 혼합 용액의 온도 증가
(나) 구간: 끓는점이 낮은 물질이 주로 끓어 나옴. (나) 구간의 온도는 끓는점이 낮은 물질의 끓는점보다 조금 높다.
(다) 구간: 끓는점이 높은 물질만 남아 온도가 증가
(라) 구간: 끓는점이 높은 물질이 주로 끓어 나옴. (라) 구간의 온도가 끓는점이 높은 물질의 끓는점임.

02 질량을 부피로 나누어 밀도를 계산해 보면, 물질 A의 밀도는 5.1 g/cm^3, B의 밀도는 1.2 g/cm^{3}이다. 밀도 차를 이용하여 고체 A와 B를 분리하려면 두 고체가 녹지 않으면서 밀도가 두 고체의 중간인 액체를 이용하여야 한다. 따라서 (다)를 이용하면 A는 가라앉고, B는 떠서 고체를 분리할 수 있다.

03 (가)는 염화 나트륨 (20 g−17.95 g)=2.05 g과 붕산 (20 g−2.5 g)=17.5 g 석출, (나)는 붕산 (20 g−10 g)=10 g 석출, (다)는 붕산 (25 g−2.5 g)=22.5 g 석출된다.

서논술형 유형 연습

본문 173쪽

01 기체를 냉각시켜 끓는점보다 낮은 온도가 되면 액체로 액화된다. 프로페인과 뷰테인을 함께 냉각시키면 뷰테인이 먼저 액화되어 분리된다.

| 모범 답안 | 온도가 −0.5℃ 이하로 떨어지면 뷰테인이 먼저 액화된다.

채점 기준	배점
먼저 액화되는 기체의 종류까지 옳게 서술한 경우	100%
기체가 액화된다고만 서술한 경우	50%

대단원 마무리

본문 174쪽

01 ③ **02** ⑤ **03** ③ **04** ④ **05** ⑤ **06** ② **07** B<C **08** ㄱ, ㄹ **09** ② **10** (나)와 (다) 사이 **11** C **12** ⑤ **13** ④ **14** ③ **15** ④ **16** C **17** ㄴ, ㄷ **18** 붕산 20 g **19** ② **20** ⑤

01 (가)는 홑원소 물질, (나)는 화합물, (다)는 균일 혼합물, (라)는 불균일 혼합물이다.

클리닉 + 물질의 분류

순물질	홑원소 물질	한 종류의 원소로만 이루어짐 예 금, 철, 수소, 질소, 흑연, 다이아몬드 등
	화합물	두 종류 이상의 원소가 결합하여 이루어짐 예 물, 에탄올, 소금, 설탕, 이산화 탄소 등
혼합물	균일 혼합물	성분 물질이 고르게 섞여 있음 예 공기, 식초, 합금(청동), 사이다, 바닷물 등
	불균일 혼합물	성분 물질이 고르지 않게 섞여 있음 예 간장, 우유, 암석, 주스, 흙탕물 등

02 혼합물은 성분 물질의 비율에 따라 밀도가 달라진다. 예를 들면 소금물의 경우 소금의 농도에 따라 밀도가 달라진다.

오답 피하기 ① 혼합물은 어는점이 일정하지 않고, 어는 동안 온도가 점점 낮아진다.
② 혼합물은 여러 가지 물질의 특성을 이용하여 순물질로 분리할 수 있다.
③ 혼합물은 끓는 동안 온도가 점점 높아진다.
④ 혼합물은 성분 물질이 자신의 성질을 그대로 가지고 단순히 섞여 있는 것이다.

03 순물질은 어는점과 끓는점이 일정하고, 혼합물은 어는 동안 온도가 내려가고 끓는 동안 온도가 올라간다. 혼합물이 얼기 시작하는 온도는 순물질의 어는점보다 낮아 납과 주석을 혼합하여 땜납을 만들거나 아연과 주석을 섞어 퓨즈를 만들거나 눈이 오는 날 도로에 염화 칼슘을 뿌린다.

04 얼음의 밀도가 탄산음료의 밀도보다 작아서 음료 위에 뜨게 된다.

05 EF 구간에서는 물질이 액체에서 고체로 상태 변화하면서 밀도가 점점 증가하게 된다.

06 소금을 넣어 혼합물이 되면 순물질인 물보다 높은 온도에서 끓기 시작한다. 압력솥에서 가열하면 압력이 높아 물의 끓는점도 높아진다. 물질의 양과 불꽃의 세기는 끓는점에 영향을 미치지 않으며, 높은 산으로 올라가면 압력이 낮아져 끓는점도 낮아진다.

07 같은 물질은 녹는점과 끓는점이 같다. 물질의 양이 많을수록 끓는점에 도달하는 시간이 오래 걸린다.

08 ㄱ. 기체는 압력이 클수록 부피가 작아지므로 밀도는 커진다.
ㄴ. 밀도는 물질의 특성이지만 질량과 부피는 물질의 특성이 아니다.
ㄷ. 대부분 물질의 밀도 크기는 고체 > 액체 > 기체이다.
ㄹ. 온도가 높아지면 액체와 기체의 부피가 늘어나면서 밀도는 작아진다.

09 밀도가 큰 액체가 아래층에, 작은 액체가 위층에 분리된다.

10 금속 조각의 밀도를 계산하면 $\frac{27\,g}{12\,mL}$ = 2.25 g/mL이다. 따라서 밀도가 2.7 g/mL인 (다)에는 뜨고, 밀도가 2.0 g/mL인 (나)에는 가라앉는다.

11 기체의 용해도는 온도가 높을수록, 압력이 작을수록 작다.

12 D 용액 200 g에는 용매인 물 100 g에 용질 100 g이 녹아 있다.

13 알찬 볍씨와 쭉정이는 밀도 차이를 이용하여 분리한다.

클리닉 + **알찬 볍씨와 쭉정이의 분리**

볍씨를 소금물에 넣으면 알찬 볍씨는 아래로 가라앉고 쭉정이는 위에 뜬다.
밀도 크기: 알찬 볍씨 > 소금물 > 쭉정이

14 ㄱ. 소금과 물의 끓는점 차이를 이용하여 소금물에서 물을 분리하는 증류이다.
ㄴ. A 용액은 소금물로 혼합물이 끓기 시작하는 온도는 순물질인 물의 끓는점보다 높으며, 끓는 동안 계속 높아진다.
ㄷ. 소금은 용매인 물에 녹아 있으므로 거름 장치로 걸러도 거름종이를 통과한다.
ㄹ. A에서 기화되었던 수증기가 B에서 냉각되어 순수한 물로 모인다.
ㅁ. B에 순수한 물이 모일수록 A의 농도는 진해지므로 밀도가 커진다.

15 (다) 구간은 (나) 구간에서 끓는점이 낮은 액체가 모두 끓어 나와 끓는점이 높은 액체만 남아 온도가 증가하는 구간이다.

오답 피하기 ① (가) 구간에서는 혼합 용액의 온도가 증가하는 구간이다.
② (나) 구간에서는 끓는점이 낮은 물질이 끓어 나온다.
③ 혼합물의 끓는점은 순물질의 끓는점보다 조금 높다.
⑤ (라) 구간의 온도는 물질의 양에 관계없이 일정하게 유지되는 끓는점이다.

16 분별 깔때기는 서로 섞이지 않는 두 액체를 밀도 차이를 이용하여 분리하는 도구로, 밀도가 큰 액체가 아래층, 밀도가 작은 액체가 위층으로 나뉜다. (가)는 물과 섞이지 않으며, 물보다 밀도가 큰 액체이므로 C이다.

17 ㄱ. A는 사염화 탄소보다 밀도가 작으므로 사염화 탄소 위에 뜬다.
ㄴ. B와 D는 물에 녹지 않으며, B는 물보다 밀도가 작아 물 위에 뜨고, D는 물보다 밀도가 커 물에 가라앉아 분리된다.
ㄷ. A와 C는 에테르에 녹지 않고, A는 에테르보다 밀도가 작아 에테르 위에 뜨고, C는 에테르보다 밀도가 커 에테르에 가라앉으므로 분리된다.
ㄹ. B와 D는 사염화 탄소에 녹으므로 분리할 수 없다.

18 20 ℃에서 물 100 g에 염화 나트륨은 약 36 g까지 녹을 수 있고, 붕산은 5 g까지 녹을 수 있다. 따라서 용액을 20 ℃로 냉각시키면 염화 나트륨은 모두 녹아 있고, 붕산은 (25 g − 5 g) = 20 g 석출된다.

19 크로마토그래피는 각 성분 물질이 용매에 녹아 용매를 따라 이동하는 속도에 따라 분리되기 때문에 크로마토그래피 결과 분리된 성분들은 용매에 녹는 성분이다.

20 크로마토그래피는 매우 적은 양의 혼합물도 분리할 수 있다. 고온의 용매에 혼합물을 녹인 뒤 냉각시켜 순수한 고체 결정을 얻는 것을 재결정이라고 한다. 증류는 혼합물을 가열할 때 나오는 기체를 다시 냉각시켜 순수한 액체를 얻는 방법이다.

대단원 마무리 서논술형 문제

본문 177쪽

01 액체를 가열할 때 액체의 일부가 갑자기 온도가 높아지면서 끓어오르는 것을 방지하기 위하여 끓임쪽을 넣어 준다.
| 모범 답안 | 에탄올이 갑자기 끓어오르는 것을 방지하기 위하여 끓임쪽을 넣는다.

채점 기준	배점
끓임쪽을 넣는 까닭을 옳게 서술한 경우	100%
실험의 안전을 위한 조치임만을 서술한 경우	20%

02 외부 압력이 커지면 끓는점도 높아지고, 외부 압력이 낮아지면 끓는점도 낮아진다. 입구를 막은 주사기의 피스톤을 당기면 물에 작용하는 압력이 낮아지므로 물의 끓는점이

낮아져 100 ℃보다 낮아도 물이 끓기 시작하는 것이다.

| 모범 답안 | 피스톤을 당기면 주사기 안의 압력이 작아져 물의 끓는점이 낮아지기 때문이다.

채점 기준	배점
압력의 변화와 끓는점의 변화를 모두 옳게 서술한 경우	100%
압력의 변화를 서술하지 않고, 끓는점의 변화만 옳게 서술한 경우	50%

03 헬륨 기체는 공기보다 밀도가 작아 헬륨 기체가 들어 있는 풍선은 공기의 위로 뜨게 되고, 이산화 탄소 기체는 공기보다 밀도가 커 이산화 탄소가 들어 있는 풍선은 공기 아래로 가라앉게 된다.

| 모범 답안 | 헬륨은 공기보다 밀도가 작고, 이산화 탄소는 공기보다 밀도가 크기 때문이다.

채점 기준	배점
헬륨과 이산화 탄소의 밀도와 공기의 밀도를 옳게 비교한 경우	100%
헬륨과 이산화 탄소 중 하나의 밀도만 공기의 밀도와 옳게 비교한 경우	50%

04 바닷물을 가열하면 끓는점이 낮은 물이 가장 먼저 수증기로 끓어 나오게 된다. 이 수증기가 찬물을 만나 냉각되면 순수한 물로 가운데 컵에 모이게 된다.

| 모범 답안 | 바닷물을 가열하면 물이 끓어 수증기가 나오는데 이 수증기가 찬물에 의해 냉각되어 순수한 증류수가 된다.

채점 기준	배점
물이 끓어 생성된 수증기가 다시 냉각되어 증류수가 됨을 서술한 경우	100%
물이 먼저 끓어 나옴만 서술한 경우	50%

05 B는 온도에 따른 용해도 차이가 거의 없어 재결정 방법으로는 분리하기 어렵다. 따라서 밀도 차이를 이용하여 먼저 분리해 내는 것이 좋다. 사염화 탄소에 A~C를 넣으면 A, C는 가라앉고, B는 위에 뜬다. 이때 B를 건어내 분리하고, 거름 장치로 A와 C의 혼합물을 얻는다. 이 혼합물을 고온의 물 100 g에 모두 녹이고, 온도를 20 ℃로 낮추면 C는 용액에 녹아 있고, A는 20 g 석출된다.

| 모범 답안 | A, B, C를 사염화 탄소에 넣어 떠오른 B를 분리해 낸다. 그 뒤 A, C의 혼합물을 고온의 물 100 g에 모두 녹이고, 온도를 20 ℃로 냉각시킨다.

채점 기준	배점
밀도 차를 이용한 분리 방법과 용해도 차를 이용한 분리 방법을 모두 옳게 서술한 경우	100%
밀도 차를 이용한 분리 방법과 용해도 차를 이용한 분리 방법 중 하나만 옳게 서술한 경우	50%

Ⅶ. 수권과 해수의 순환

1 수권의 분포와 활용

기초 섭렵 문제

본문 181쪽

1 수권의 분포 | 수권, 빙하, 지하수

2 자원으로 활용되는 물 | 수자원, 농업용수

01 ㄱ, ㄴ, ㄷ, ㄹ, ㅁ 02 (1) 해수 (2) 빙하 (3) 지하수 03 (1) ○ (2) × (3) ○ (4) ○ (5) × 04 (1) 생활용수 (2) 농업용수 (3) 유지용수 (4) 공업용수 05 ㄱ, ㄴ

01 수권에는 짠맛이 나는 해수와 얼어 있는 빙하, 지하를 흐르는 지하수가 모두 포함된다. 대기 중의 수증기는 기권에 속한다.

02 (1) 지구 표면의 70%를 바다가 덮고 있고, 해수는 지구 물의 약 97.47%를 차지한다.
(2) 빙하는 극지방이나 고산 지대에 얼음으로 분포하고 있다.
(3) 지하수는 땅속을 매우 느리게 흐르며, 강과 호수의 물이 부족할 때 개발하여 이용한다.

03 수자원의 양은 무한하지 않으므로 물을 항상 깨끗하게 사용하고 아껴 쓰는 습관을 가져야 한다. 우리가 바로 이용할 수 있는 물은 강물, 호수, 지하수이다.

04 유지용수는 하천의 수질이나 생태계를 유지하기 위해 사용되는 물을 뜻한다.

05 지하수는 온천과 같은 관광 자원이나 지열 발전 등에도 활용된다.

수행 평가 섭렵 문제

본문 183쪽

수자원과 관련된 자료 조사하기 | 해수, 지하수, 조력, 관광, 스케이팅

1 ⑤ 2 스포츠 3 ㄱ, ㄴ, ㄷ, ㄹ 4 ④ 5 ㄷ

1 대기 중의 수증기는 기체 상태로 수자원으로 이용할 수 있는 수권에 속하지 않는다.

2 래프팅은 흐르는 강물을, 스케이팅은 얼어 있는 물을 활용한 것으로, 스포츠 분야에서의 활용을 나타낸다.

3 따뜻한 지하수를 이용한 지열 발전은 에너지 분야의 이용이지만, 온천은 관광 분야이다.

4 무더운 여름 계곡이나 바다, 강 등을 찾고, 폭포를 감상하는 것은 관광 분야에서 물이 활용되는 예이다.

5 수자원은 무한한 자원이 아니며 깨끗하게 사용하고 아껴 써야 한다. 경제나 일상생활 분야에서도 많이 활용된다.

내신 기출 문제

본문 184쪽

01 ⑤ 02 ④ 03 ③ 04 ③ 05 ② 06 ㄱ, ㄴ, ㄷ

01 수권 중에서 짠맛이 없는 담수인 것은 육지의 물인 빙하, 지하수, 강물, 호수이다.
클리닉 + 육지의 물은 대부분 짠맛이 없는 담수이며, 예외적으로 짠맛을 가지는 호수물이 있기는 하지만, 그 양은 매우 적다.

02 A는 해수, B는 빙하, C는 땅속 지하를 흐르는 지하수, D는 강물과 호수이다. 지하수는 강물과 호수가 부족할 때 개발하여 사용한다.

03 지하수는 지표 아래 땅속을 흐르면서 강물이나 호수가 부족할 때 대체할 수 있는 물이다. 해수는 수권에서 가장 많은 부피를 차지하고 짠맛이 나는 염수이므로 바로 이용하기에는 어려움이 있다.

04 빙하가 녹아 액체 상태가 된 물을 담수가 부족한 고산 지대에서 활용하고, 해수는 짠맛을 제거하여 담수가 부족한 지역에서 활용한다.
클리닉 + 강물과 호수, 지하수는 접근성이 좋고, 담수이므로 사람이 바로 활용할 수 있는 물이다. 해수나 빙하도 짠맛이 나지만 액체 상태로 만들면 담수로 활용할 수 있다.

05 A는 농작물을 재배할 때 사용하는 농업용수이고, B는 하천의 수질이나 생태계를 유지하는 데 사용되는 유지용수이고, C는 일상생활을 하는 데 사용되는 생활용수이고, D는 공장에서 제품을 생산하는 데 사용되는 공업용수이다.

06 지하수는 강물과 호수가 부족하면 개발하여 사용한다. 주로 농작물을 재배하거나 공업 제품을 만드는 데 사용되지만, 도시에서는 조경이나 청소, 공원의 분수 등에도 사용하며

온천과 같은 관광 자원으로도 활용된다. 또한, 지열 발전 등에도 이용된다.

클리닉 + 지하수는 지표 아래 땅속을 흐르는 물로, 강물이나 호수보다 많은 양이 분포한다. 빗물이 지층의 빈틈으로 스며들어 채워지기 때문에 지속적으로 활용할 수 있어서 수자원으로서 가치가 높다.

고난도 실력 향상 문제

본문 185쪽

01 ① 02 ① 03 ④

01 해수는 전체 지구의 물중에서 약 97.47 %로 대부분을 차지하면, 짠맛을 가진 염수이므로 바로 이용하기가 어렵다.

오답 피하기 ㄴ. 육지의 물 중에서 가장 많이 분포하는 것은 얼어 있는 빙하이다.

ㄷ. 바다는 지구 표면의 약 70 %를 차지한다.

02 강물과 호수, 지하수는 육지의 물로 짠맛이 나지 않는 담수이며, 생활에 바로 활용할 수 있다.

오답 피하기 ㄷ. 극지방이나 고산 지대에는 빙하가 분포한다.

ㄹ. 육지의 물 중에서 가장 많은 양을 차지하는 것은 빙하이다.

03 A는 농업용수, B는 유지용수, C는 생활용수, D는 공업용수이다. 최근 인구가 늘어나고 생활수준이 향상되면서 생활용수의 이용량이 빠르게 증가하고 있다.

서논술형 유형 연습

본문 185쪽

01 여름철에는 강수량이 집중되어 있으므로 이때 물을 저장해 두었다가 물이 부족한 다른 계절에 사용한다.

| 모범 답안 | 강수량이 집중된 여름철에는 수자원이 풍부하지만 다른 계절에는 부족하다. 따라서 물을 보관할 수 있는 댐과 같은 저수 시설을 건설하거나 지하수를 개발하여 사용하여야 한다.

채점 기준	배점
계절별 강수량을 비교하여 수자원의 양을 설명하고, 그 대책을 1가지 이상 서술한 경우	100%
계절별 강수량만을 비교하여 설명하고, 그 대책은 설명하지 못한 경우	50%

2 해수의 특성과 순환

기초 섭렵 문제

본문 187, 189쪽

1 해수의 온도 | 적도, 고위도, 혼합층, 수온 약층, 심해층, 바람

2 해수의 염분 | 염류, 염분, 높은

3 해류 | 해류, 난류, 쿠로시오, 연해주

4 조석 현상 | 조석, 조차, 썰물, 밀물

01 (1) ○ (2) × (3) ○ (4) × 02 (1) 혼 (2) 수 (3) 심 (4) 수 (5) 심 03 (1) × (2) ○ (3) ○ (4) × 04 (1) 높 (2) 낮 (3) 낮 (4) 높 (5) 낮 05 염류 06 (1) × (2) × (3) ○ 07 (1) A, D, E (2) B, C 08 동한 난류, 황해 난류, 북한 한류 09 (1) ○ (2) × (3) × (4) ○ 10 (1) ○ (2) ○ (3) ○

01 표층 해수의 수온은 해수면에 도달하는 태양 에너지의 양에 따라 달라진다. 저위도 해역의 해수면에 도달하는 태양 에너지의 양이 많기 때문에 저위도 해역의 수온이 높다.

02 혼합층은 표층의 해수가 태양 에너지에 의해 가열되고 바람에 의해 섞이면서 수온이 일정하고, 수온 약층은 깊어질수록 수온이 급격히 낮아지면서 따뜻한 해수가 위쪽, 차가운 해수가 아래쪽에 있어서 대류가 일어나지 않는 안정한 층이다. 심해층은 태양 에너지가 거의 도달하지 않아 수온이 매우 낮다.

03 해수에 녹아 있는 여러 가지 물질을 염류라 하고, 해수 중에서 가장 많이 녹아 있는 염류는 염화 나트륨이다.

04 해수가 결빙하거나 증발량이 강수량보다 많은 바다의 염분은 높고, 빙하가 녹거나 육지의 물이 흘러들거나 강수량이 증발량보다 많은 바다는 염분이 낮다.

05 해수에 녹아 있는 전체 염류의 양은 해역마다 다르므로 해역에 따라 염분은 다르지만, 각 염류가 차지하는 비율은 어느 해역이나 일정하다.

06 해류는 일 년 내내 같은 방향으로 지속적으로 흐르는 흐름이며, 한류는 추운 고위도 지방에서 저위도 지방으로 흐르는 차가운 해류이다.

07 A는 황해 난류, B는 북한 한류, C는 연해주 한류, D는 동한 난류, E는 쿠로시오 해류이다.

08 쿠로시오 해류는 우리나라 난류인 동한 난류와 황해 난류의 근원이 된다. 연해주 해류는 우리나라 한류인 북한 한류의 근원이 된다.

09 밀물에 의해 해수면의 높이가 가장 높을 때를 만조, 썰물에 의해 해수면의 높이가 가장 낮을 때를 간조라고 한다.

10 조석 현상은 해안가에서 실생활에 바로 활용할 수 있고, 조차가 큰 지역에서는 조력 발전소를 건설하여 전기를 생산하고 있다.

본문 191쪽

수행 평가 섭렵 문제

깊이에 따른 해수의 온도 분포 | 낮아, 태양, 일정, 수온 약층, 혼합층

1 C 2 ③ 3 ㄴ 4 혼합층 5 ㄴ

1 수면에 선풍기로 바람을 불게 하면 수면 쪽 물이 혼합되면서 수온이 일정한 층이 나타나므로 C의 그래프처럼 수면 쪽 수온이 일정한 구간이 나타나야 한다.

2 적외선등의 불빛은 실제 자연에서 태양빛에 비유할 수 있고, 선풍기에서 부는 바람은 해수의 표면에서 부는 바람에 비유할 수 있다.

3 ㄱ. 처음 20분 동안 수면을 가열하면 표면 쪽 온도가 더 높아서 깊이 들어갈수록 수온은 낮아진다.
ㄷ. 선풍기로 더 센 바람을 일으키면 물은 더 깊은 곳까지 혼합되어 수온이 일정한 층은 더 깊어진다.

4 실제 자연에서도 해수면에 부는 바람으로 인해 해수의 표면 쪽 물이 혼합되면서 수온이 거의 일정한 층이 생긴다. 이층을 혼합층이라고 한다.

5 깊이에 따른 해수의 층상 구조의 생성 원리를 알아보는 실험에서 가열만 했을 때는 수온 약층의 생성 원리를 알 수 있고, 선풍기로 바람을 불게 했을 때는 혼합층의 생성 원리를 알 수 있다.

본문 193쪽

수행 평가 섭렵 문제

조석 자료에 대한 실시간 해석 | 만조, 간조, 2, 조차, 조석

1 ㄷ 2 ④ 3 ㄱ, ㄴ, ㄷ, ㄹ

1 ㄱ. A는 해수면의 높이가 가장 높은 만조이다.
ㄴ. B는 해수면의 높이가 가장 낮은 간조이다.

2 이 지역에서 오전 9시경은 만조에서 간조로 해수면의 높이가 낮아지고 있는 때로, 썰물의 흐름이 나타난다.

3 만조 때와 간조 때를 이용하여 고기 잡는 출어 시기를 조절하고, 조개와 같은 해조류를 채취하는 시기를 정할 수 있다. 조차가 큰 지역의 간조 때는 바닷길이 열리면서 관광지로 이용된다. 방파제나 부두를 건설할 때도 최고 수위를 고려해 높이를 결정한다.

내신 기출 문제

본문 194쪽

01 ③ **02** ④ **03** ⑤ **04** ⑤ **05** ② **06** ① **07** A-염화 마그네슘, B-염화 나트륨 **08** ② **09** ② **10** (가) 32 psu, (나) 38 psu, (다) 34 psu **11** ② **12** ④ **13** ③ **14** B-북한 한류, D-동한 난류 **15** ㄱ, ㄴ **16** ④ **17** ① **18** ③

01 해수면에 도달하는 태양 에너지의 양이 많을수록 해수면의 수온이 높아진다. 고위도에 비해 저위도로 갈수록 해수면에 도달하는 태양 에너지의 양이 많아지므로 해수면의 수온도 높아진다.

02 A는 바람에 의해 해수가 섞이면서 수온이 일정하게 나타나는 혼합층이고, B는 깊어질수록 수온이 급격히 낮아지는 수온 약층이며, C는 연중 수온이 매우 낮고 일정한 심해층이다.

03 A는 혼합층으로, 표층의 해수가 태양 에너지에 의해 가열되고 바람에 의해 혼합되므로 깊이에 따라 수온이 거의 일정하게 유지되는 층이다.
클리닉 + 혼합층은 표층의 해수가 바람에 의해 혼합되어 수온이 거의 일정하게 유지되는 층이므로 바람이 강하게 불수록 해수가 더 깊은 곳까지 섞이면서 혼합층의 두께가 더 두꺼워진다.

04 B는 수온 약층으로 깊어질수록 수온이 급격하게 낮아지는 층이다. 수온 약층은 따뜻한 해수가 위쪽에 있고, 차가운 해수가 아래쪽에 있어서 대류가 일어나지 않는 안정한 층이다.

05 적외선등은 태양에, 선풍기의 바람은 해수면에 부는 바람에 비유된다. 적외선등을 켠 상태에서는 표면 쪽이 가열되므로 깊어질수록 도달하는 복사 에너지의 양이 줄어들므로 수온이 낮아진다. 이 상태에서 선풍기를 켜면 바람이 수면 쪽의 물을 혼합시키면서 표층 쪽에 온도가 일정한 구간이 나타난다.

클리닉 + 적외선등으로 가열하면 표면 쪽은 가열되어 온도가 높고, 깊어질수록 복사 에너지가 줄어들면서 수온이 내려간다. 이를 통해 수온 약층의 생성 원리를 알 수 있다. 이때, 선풍기를 켜면 바람이 불면서 표면 쪽의 해수를 섞어 주어 수온이 일정한 층이 나타나게 되는데, 이를 통해 혼합층의 생성 원리를 알 수 있다.

06 염류는 해수에 녹아 있는 여러 가지 물질로, 짠맛을 내는 염화 나트륨이 가장 많이 녹아 있다. 염분은 해수 1 kg 속에 녹아 있는 염류의 총량을 g 수로 나타낸 것으로, 단위는 psu 또는 ‰을 사용한다. 일반적으로 전 세계 바다에는 평균 35 g의 염류가 녹아 있다.

클리닉 + 전 세계 바다의 평균 염분은 35 psu이고, 우리나라 주변 바다의 평균 염분은 33 psu이다.

07 염류 중에서 가장 많이 녹아 있는 B는 짠맛이 나는 염화 나트륨이고, 두 번째로 많이 녹아 있는 A는 쓴맛이 나는 염화 마그네슘이다.

08 염분이 33 psu인 해수 1000 g에는 염류 33 g이 녹아 있으므로 이 해수 200 g에 대해서는 6.6 g의 염류가 녹아 있다.

09 염분은 증발량이 강수량보다 많거나 해수가 결빙되는 해역에서 높다.

클리닉 +
- 염분이 높은 바다: 해수가 결빙되거나 증발량이 강수량보다 많은 바다
- 염분이 낮은 바다: 빙하가 녹거나 육지의 물이 흘러드는 바다

10 염분은 바닷물 1000 g 속에 녹아 있는 염류의 양이므로 바닷물 500 g에 녹아 있는 염류의 양이 각각 16 g, 19 g, 17 g이므로 바닷물 1000 g에는 각각 32 g, 38 g, 34 g이 녹아 있다. 따라서, 염분은 32 psu, 38 psu, 34 psu이다.

11 전체 염류에 대해 염화 나트륨처럼 각 염류가 차지하는 비율은 어느 바다에서든 일정하다는 염분비 일정 법칙이 성립한다.

오답 피하기 ㄱ. (가)에 녹아 있는 염화 마그네슘의 양이 가장 적다.
ㄹ. 바닷물 1000 g 속에 녹아 있는 염화 나트륨의 양은 염분이 높은 (나)에 가장 많고, 다음으로 (다), (가)의 순서이다.

12 해류는 일정한 방향으로 지속적으로 흐르는 해수의 흐름이며, 주기적으로 방향이 바뀌는 해수의 흐름은 조류라고 한다.

13 A는 황해 난류, B는 북한 한류, C는 연해주 한류, D는 동한 난류, E는 쿠로시오 해류이다. 쿠로시오 해류는 우리나라 주변 바다에 흐르는 황해 난류와 동한 난류의 근원이고, 연해주 한류는 우리나라 주변 바다에 흐르는 북한 한류의 근원이다.

14 북한 한류와 동한 난류가 우리나라 동해에서 만나 조경 수역을 형성한다.

15 조경 수역은 한류와 난류가 만나므로 영양 염류와 플랑크톤이 풍부하여 한류성 어종과 난류성 어종이 함께 분포하므로 좋은 어장이 형성된다.

오답 피하기 ㄷ. 조경 수역은 난류의 세력이 강한 여름에는 북상하고, 한류의 세력이 강한 겨울에는 남하한다.

16 그래프에서 해수면이 가장 높을 때는 만조, 가장 낮을 때는 간조이며, 하루에 2번씩 반복된다. 만조와 간조 때 해수면의 높이 차인 조차가 큰 날에는 갯벌이 더 넓게 드러난다.

17 조개를 캐기에 가장 좋은 시기는 조차가 가장 큰 22일이며, 해수면이 가장 낮아진 간조 때이다.

18 조류는 밀물과 썰물의 흐름으로, 해류와는 다르게 주기적으로 그 방향이 바뀐다. 간조에서 만조로 바뀔 때는 밀물이, 만조에서 간조로 바뀔 때는 썰물이 흐른다.

고난도 실력 향상 문제

본문 197쪽

01 ④ **02** ⑤ **03** ③

01 중위도는 다른 지역보다 바람이 강하게 불면서 혼합층이 가장 두껍게 나타나며, 적도는 바람이 약하여 혼합층이 얇지만 수온 약층과 심해층이 모두 나타난다. 고위도는 기온이 매우 낮으므로 수온도 매우 낮아 표층과 심층의 수온 차이가 거의 없다.

02 염분은 바닷물 1000 g 속에 녹아 있는 염류의 양을 g 수로 나타낸 것이므로 30 psu인 바닷물 1000 g에는 염류가 30 g 녹아 있지만, 바닷물 500 g에는 15 g의 염류가 녹아 있다. 그리고 42 psu인 바닷물 1000 g에는 염류가 42 g이 녹아 있다. 이 두 바닷물을 섞으면 바닷물 1500 g 속에 염류가 $15+42=57$(g)이 녹아 있으므로 두 바닷물을 섞은 바닷물 1000 g 속에는 38 g의 염류가 녹아 있는 것이다. 따라서 두 바닷물을 섞은 바닷물의 염분은 38 psu이다.

03 해수면의 높이가 만조에서 간조가 될 때 썰물의 흐름이 나타나고, 간조에서 만조가 될 때 밀물의 흐름이 나타난다.

서논술형 유형 연습

본문 197쪽

01 바람이 강하게 불수록 깊은 곳까지 소금물이 섞인다.

| 모범 답안 | ㉮층이 두꺼워지고, ㉯층은 얇아진다. 바람이

강하게 불면 더 깊은 곳까지 소금물이 섞이기 때문에 수온이 일정한 층이 더 깊은 곳까지 내려가서 두꺼워지기 때문이다.

채점 기준	배점
해당하는 층을 바로 찾고, 그 변화를 정확하게 설명하며, 그 까닭을 구체적으로 서술한 경우	100%
해당하는 층을 바로 찾고, 그 변화는 정확하게 설명하였으나 그 까닭은 설명하지 못한 경우	50%

대단원 마무리

본문 198쪽

01 ③ **02** ① **03** ③ **04** ③ **05** ⑤ **06** (나) **07** ③ **08** (가) C (나) A **09** ④ **10** ② **11** ① **12** ② **13** ④ **14** B > A > C **15** ④ **16** ㄱ, ㄷ

01 수권 중에서 해수는 짠맛이 나는 염수이므로 우리가 바로 이용하기 어렵다.

02 지구상에 분포하는 물 중에서 해수가 가장 많고, 다음으로는 빙하, 지하수, 강물과 호수의 순서로 분포한다.

03 A는 지하수, B는 빙하, C는 강과 호수이다. 빙하는 수권에서는 1.76 %를 차지하지만, 육지의 물 중에서는 69.57 %로 대부분을 차지한다.

04 지하수는 땅속 지층이나 암석 사이의 빈틈을 채우거나 매우 느리게 흐르는 물로, 강물이나 호수를 대체할 수 있는 수자원이다. 주로 농사를 짓는 데 사용되며, 도시에서는 조경, 공원의 분수, 청소 등에 사용된다. 또한, 온천과 같은 관광자원이나 지열 발전에도 이용된다.

05 (가)는 지구 물의 대부분을 차지하는 짠맛을 가진 해수이고, (나)는 담수 중에서 가장 많은 양을 차지하는 얼어 있는 빙하이다. (다)는 지표 아래 땅속을 흐르는 담수인 지하수이고, (라)는 강물과 호수이다.

06 빙하는 고체 상태로 극지방이나 고산 지대에 분포하고 있어서 사람이 바로 이용하기는 어렵다. 다만, 녹아 액체 상태가 되면 담수가 부족한 고산 지대에서 이를 활용한다.

클리닉 + 사람이 바로 활용할 수 있는 물은 강물, 호수, 지하수이며, 해수는 짠맛이 있어서 바로 이용하기 어렵고, 빙하는 얼어 있어서 바로 이용하기가 어렵다.

07 A는 농작물을 재배할 때 사용하는 농업용수이고, B는 하천의 수질이나 생태계를 유지하는 데 사용되는 유지용수이며, C는 일상생활을 하는 데 사용되는 생활용수이고, D는 공장에서 제품을 생산하는 데 사용되는 공업용수이다.

08 우리나라의 인구가 증가하고 생활수준이 향상되면서 씻고 마시고 일상생활을 하는 데 이용되는 생활용수의 이용량이 크게 증가하였다.

09 수권에서 바로 활용할 수 있는 물은 강물과 호수, 지하수로 지구의 전체 물 중에서 그 양이 매우 적다.

10 해수면에 도달하는 태양 에너지의 양이 많은 저위도는 고위도보다 수온이 높다.

오답 피하기 ① 고위도보다 저위도의 수온이 더 높다.
③ 저위도에서 고위도로 갈수록 해수면의 수온이 낮아진다.
④ 해수면에 도달하는 태양 에너지가 많을수록 수온이 높다.
⑤ 저위도에 도달하는 태양 에너지의 양이 고위도보다 많아서 수온이 더 높다.

11 A는 연중 수온이 매우 낮고 일정한 심해층이고, B는 깊어질수록 수온이 급격히 낮아지는 수온 약층이며, C는 바람에 의해 해수가 섞이면서 수온이 일정하게 나타나는 혼합층이다.

12 적외선등을 켠 상태에서는 표면 쪽이 가열되므로 깊어질수록 도달하는 복사 에너지의 양이 줄어들기 때문에 수온이 낮아진다. 이 상태에서 선풍기를 켜면 바람이 수면 쪽의 물을 혼합시키면서 표층 쪽에 온도가 일정한 구간이 나타난다.

13 염분 변화의 중요한 요인은 강수량과 증발량이다. 강수량>증발량인 곳은 염분이 낮고, 증발량>강수량인 곳은 염분이 높다. 그래프에서 염분이 가장 낮은 곳은 강수량이 가장 높고 증발량이 가장 작은 A이며, 염분이 가장 높은 곳은 증발량이 가장 높고 강수량이 가장 작은 D이다.

클리닉 +
- 염분이 높은 곳: 증발량>강수량인 바다, 빙하가 결빙되는 바다
- 염분이 낮은 곳: 강수량>증발량인 바다, 강물이 유입되는 바다, 해수가 결빙되는 바다

14 염분은 해수 1000 g 속에 녹아 있는 염류의 총량을 g 단위로 나타낸 것이다. A는 33 psu, B는 35 psu, C는 30 psu로, 염분의 크기를 비교하면 B>A>C이다.

클리닉 +
A. 염분이 33 psu이다. ➡ 33 psu
B. 바닷물 200 g 속에 7 g의 염류가 녹아 있다. ➡ 35 psu
C. 바닷물 50 g을 증발시켜 1.5 g의 염류를 얻었다.
➡ 바닷물 1000 g 속에는 1.5 g의 20배인 30 g의 염류가 녹아 있으므로 염분은 30 psu이다.

15 북한 한류와 동한 난류가 만나는 곳은 조경 수역이 형성되면서 영양 염류와 플랑크톤이 풍부하여 좋은 어장이 된다.

16 오전 8시경에는 간조에서 만조가 되는 시기로 밀물의 흐름이 있다. 오전 9시경은 해수면의 높이가 가장 높은 만조 때이고, 오후 3시경은 해수면의 높이가 가장 낮은 간조 때이다.

대단원 마무리 서논술형 문제

본문 201쪽

01 빙하는 극지방이나 고산 지대에 얼음의 형태로 분포한다.

| 모범 답안 | 빙하, 빙하는 극지방이나 고산 지대에 분포하므로 접근성이 좋지 않고, 얼어 있어서 바로 활용하기가 어렵다.

채점 기준	배점
빙하의 접근성과 고체 상태를 모두 설명한 경우	100%
위의 2가지 중 1가지만 설명한 경우	50%

02 A는 공업용수, B는 생활용수, C는 농업용수, D는 유지용수이다.

| 모범 답안 | B, 생활용수, 인구가 늘어나고 산업이 발달하여 삶의 질이 향상되면서 일상생활에서 필요한 생활용수의 필요량이 급격히 증가하고 있다.

채점 기준	배점
기호와 용도를 정확히 쓰고, 그 까닭을 서술한 경우	100%
기호와 용도만 정확히 쓰고, 그 까닭은 서술하지 못한 경우	50%

03 해수면에 부는 바람에 의해 해수가 섞이면서 수온이 거의 일정하게 유지되는 층이 혼합층이다.

| 모범 답안 | 혼합층의 두께는 겨울철이 여름철보다 더 두껍다. 겨울철에는 여름철보다 바람이 강하게 불기 때문이다.

채점 기준	배점
혼합층의 두께를 바르게 비교하고, 그 까닭을 정확히 설명한 경우	100%
혼합층의 두께만을 바르게 비교하고, 그 까닭은 설명하지 못한 경우	50%

04 강수량과 증발량을 비교하면 염분이 높은지 낮은지를 알 수 있다.

| 모범 답안 | 위도 30°인 곳의 염분은 주변 바다보다 높은데, 이는 증발량이 강수량보다 더 많기 때문이다.

채점 기준	배점
염분을 바르게 비교하고, 그 까닭을 설명한 경우	100%
염분은 바르게 비교했으나, 그 까닭은 설명하지 못한 경우	50%

05 한류와 난류가 만나는 조경 수역은 좋은 어장이 형성된다.

| 모범 답안 | A, 북한 한류와 동한 난류가 만나서 조경 수역이 형성되고, 영양 염류와 플랑크톤이 풍부하여 물고기가 모여들기 때문에 좋은 어장이 형성된다.

채점 기준	배점
A를 찾고, 그 까닭을 구체적으로 설명한 경우	100%
A만 찾고, 그 까닭을 한류와 난류가 만난 곳으로만 설명한 경우	50%

06 조차가 클수록 간조 때 갯벌이 더 넓게 드러난다.

| 모범 답안 | (나), 조차가 더 크므로 간조 때 해수면의 높이가 더 낮아져 갯벌이 더 넓게 드러나기 때문이다.

채점 기준	배점
(나)를 정확하게 찾고, 그 까닭을 구체적으로 서술한 경우	100%
(나)만 정확하게 찾고, 그 까닭은 설명하지 못한 경우	50%

Ⅷ. 열과 우리 생활

1 온도와 열의 이동

기초 섭렵 문제

본문 205쪽

1 온도 | 온도, ℃, 온도계, 낮, 높

2 열의 이동 | 높, 낮, 전도, 대류, 위, 아래, 단열

01 (1) ○ (2) × (3) × (4) ○ 02 (가)<(나) 03 (1) D (2) A 04 (1) 복사 (2) 전도 (3) 복사 (4) 대류 05 (1) A (2) B

01 온도의 단위는 ℃를 사용하며, 온도계로 측정한다. 입자 운동의 정도를 나타내는 온도는 사람의 감각으로 측정할 수 없다. 열은 온도가 높은 곳에서 온도가 낮은 곳으로 이동한다.

02 온도는 입자 운동의 정도를 나타내므로 온도가 높을수록 물체를 이루는 입자들의 운동이 활발하다. 따라서 입자 운동이 활발한 (나)가 (가)보다 온도가 높다.

03 열은 온도가 높은 곳에서 온도가 낮은 곳으로 이동한다. 따라서 A~D 네 물체의 온도는 D>C>B>A 순이다.

04 햇볕 아래에 있으면 몸이 따뜻해지는 것이나, 열화상 카메라로 촬영하면 체온 분포를 알 수 있는 것은 복사에 의해 열이 이동하기 때문이며, 프라이팬을 가열하면 전체가 뜨거워지는 것은 열의 전도, 천장의 에어컨을 켜 두었더니 방 안 전체가 시원해지는 것은 열의 대류 현상 때문이다.

05 냉방을 효율적으로 하기 위해서는 에어컨을 위쪽에 설치해야 하며, 난방을 효율적으로 하기 위해서는 난로를 아래쪽에 설치해야 한다.

수행 평가 섭렵 문제

본문 207쪽

효율적인 단열 방법과 냉난방 | 전도, 전도, 복사, 단열, 아래, 위

1 ① 2 ㄱ, ㄴ, ㄷ 3 ③ 4 그림 참조 5 ㄷ, ㄹ

1 스타이로폼과 같은 공기층이 많이 함유된 단열재는 전도에 의한 열의 이동을 차단할 수 있다.

2 아이스박스, 이중창, 보온병은 단열을 이용하는 경우이다. ㄹ. 난로의 반사판은 복사열을 한 방향으로 보내 난방을 효율적으로 하기 위한 장치이다.

3 벽면은 얇은 단열재를 사용하면 전도에 의한 열의 이동을 효과적으로 차단할 수 없다.

4 냉방기에서 나온 찬 공기는 아래로 이동하고 따뜻해진 공기는 위로 이동하면서 공기가 순환되어 방 전체가 시원해진다. 또한, 난방기 주변의 따뜻한 공기는 위로 이동하고 위로 올라가 차가워진 공기는 다시 아래로 내려와서 방 전체가 따뜻해진다.

▲ 냉방기

▲ 난방기

5 ㄱ. 에어컨은 위쪽에 설치한다.
ㄴ. 난로는 아래쪽에 설치한다.
ㄷ. 에어컨과 함께 선풍기를 동시에 사용하면 공기의 순환이 빨라 냉방에 효율적이다.
ㄹ. 난로에 반사판을 사용하면 열을 한 방향으로 보내므로 복사열을 효율적으로 사용할 수 있다.

내신 기출 문제

본문 208쪽

01 ② 02 ⑤ 03 ① 04 ③ 05 ④ 06 ②

01 온도는 물체의 차고 뜨거운 정도를 수치로 나타낸 것으로 일상생활에서는 주로 ℃(섭씨도)를 사용한다. 사람의 감각으로는 온도를 정확하게 측정할 수 없으며, 물체의 온도가 낮을수록 물체를 구성하는 입자의 운동이 둔하다.

클리닉 + 섭씨 온도는 1 기압 하에서 순수한 물의 어는점을 0 ℃, 끓는점을 100 ℃로 하여 그 사이를 100 등분한 눈금을 사용하는 온도로, 단위는 ℃(섭씨도)를 사용한다.

02 온도는 물체를 구성하는 입자의 운동이 활발한 정도를 나타내며, 입자의 운동이 활발할수록 물체의 온도가 높다. 따라서 물체에 열을 가하면 입자의 운동이 활발해진다.

03 입자의 운동이 활발할수록 물체의 온도가 높다. 따라서 온도가 가장 높은 것은 (가)이며, 가장 낮은 것은 (다)이다.

04 (가)~(다)는 모두 전도에 의한 열의 이동을 이용하는 예이다. 생선을 얼음 위에 놓으면 생선에서 얼음으로 열이 이동하여 생선을 오랫동안 신선하게 보관할 수 있으며, 얼음 속에 넣은 주스는 열이 주스에서 얼음으로 이동하여 주스를 차게 할 수 있다. 또한, 냄비 위에 놓인 언 고기는 냄비에서 고기로 열이 이동하여 고기를 빨리 해동할 수 있다.

오답 피하기 ① 냄비 속의 물이 끓는다. – 대류
② 난로 앞에 앉으면 따뜻하다. – 복사
④ 에어컨을 켜면 방 안이 시원해진다. – 대류
⑤ 열화상 카메라로 체온 분포를 확인한다. – 복사

05 (가) 냄비 안에 담긴 물이 끓는다. – 대류에 의해 열이 전달되므로 물이 끓는다.
(나) 토스터로 빵을 굽는다. – 복사에 의해 열이 전달되어 빵이 구워진다.
(다) 프라이팬에 달걀을 익힌다. – 전도에 의해 열이 전달되어 달걀이 익는다.

06 에어컨과 난로는 모두 대류에 의한 열의 이동을 이용한다. 따라서 찬 바람이 나오는 에어컨은 방의 위쪽에 설치하고, 공기가 따뜻하게 데워지는 난로는 방의 아래쪽에 설치해야 효율적으로 냉난방을 할 수 있다.

고난도 실력 향상 문제

본문 209쪽

01 ⑤ **02** ④ **03** ①

01 온도는 물체를 이루는 입자의 활발한 정도를 나타내며, 온도가 높을수록 입자 운동이 활발하다. 따라서 열을 받은 물체의 입자 운동은 활발해진다. 상태 변화에서 고체에서 액체가 되는 녹는점이나 액체에서 기체가 되는 끓는점에서 입자 운동이 변하여도 온도가 변하지 않는 경우는 있지만 물체의 온도가 변하여도 입자 운동이 변하지 않는 경우는 없다.

02 유리보다는 금속에서 열의 전도가 더 빠르다. 따라서 열 변색 붙임 딱지를 붙인 금속판과 유리판을 따뜻한 물에 넣으면 금속판의 색이 더 빨리 변했다. 이로부터 물질에 따라 열이 전도되는 정도가 다름을 알 수 있다.

03 솜털의 경우 깃털 사이에 공기층이 많이 함유되어 있다. 공기층은 전도에 의한 열의 이동을 차단하므로 단열 효과가 뛰어나다. 따라서 방한복의 경우 옷 속에 솜털을 넣어 단열 효과를 높인다.

클리닉 + 동물이 추운 겨울을 견딜 수 있는 까닭은 동물의 모피나 깃털이 단열재이기도 하지만 모피나 깃털 내부의 공간에 공기를 많이 포함하고 있어 체온을 빼앗기지 않도록 도와주기 때문이다.

서논술형 유형 연습

본문 209쪽

01 액체에서 열은 주로 대류에 의해 이동한다. 따라서 그림과 같이 장치하고 투명 필름을 제거하면 찬물은 아래로 내려오고 따뜻한 물은 위로 올라가는 대류가 일어나므로 충분한 시간이 지나면 두 물이 섞여 두 물의 온도는 같아진다.

| 모범 답안 | 따뜻한 물과 찬물 사이에는 대류가 일어난다. 따라서 찬물은 아래쪽으로 내려오고 따뜻한 물은 위쪽으로 올라가므로 충분히 시간이 지나면 두 물의 온도는 같아진다.

채점 기준	배점
주어진 단어를 모두 사용하여 옳게 서술하였을 경우	100%
주어진 단어의 일부만 사용하여 옳게 서술하였을 경우	50%

2 열평형, 비열, 열팽창

본문 211, 213쪽

기초 섭렵 문제

1 열평형 | 열, 열평형, 둔, 활발, 열평형
2 비열 | 비열, 크, 작, 물
3 열팽창 | 부피, 입자, 열팽창

01 (1) 뜨거운 물 → 차가운 물 (2) 5분 (3) 30 ℃ (4) 30 ℃ **02** (1) ○ (2) × (3) ○ (4) ○ (5) × **03** (1) ○ (2) ○ (3) × (4) ○ (5) ○ **04** (1) 다른 물질 (2) A (3) A<B **05** (1) ○ (2) × (3) ○ **06** ㄷ **07** (1) ○ (2) × (3) ○ (4) ○ **08** (1) 열팽창 (2) 비열 (3) 열팽창 (4) 비열

01 뜨거운 물이 들어 있는 비커를 차가운 물이 들어 있는 수조 속에 넣으면
(1) 열은 뜨거운 물에서 차가운 물로 이동한다.
(2) 열평형에 도달하는 시간은 5분 후이다.
(3) 또 열평형에 도달했을 때의 온도는 30 ℃이다.
(4) 9분이 지났을 때 차가운 물의 온도는 열평형 온도인 30 ℃이다.

02 뜨거운 물과 찬물을 접촉하면
(2) 뜨거운 물 입자의 운동은 점점 둔해진다.
(5) 시간이 충분히 지나면 열평형 상태가 되므로 두 물의 온도는 같아진다.

03 비열은 어떤 물질 1 kg의 온도를 1 ℃ 높이는 데 필요한 열량이며, 물질의 특성이다.
(3) 같은 양의 열을 받았을 때 비열이 클수록 온도가 천천히 높아진다.
(4) 같은 양의 열을 받았을 때 물질이 같으면 질량이 클수록 온도 변화가 작다.

04 질량이 같은 액체 A, B를 같은 열량으로 가열할 때 온도 변화가 다르다면 두 물질은 다른 물질이다. 그래프에서 온도 변화가 큰 A가 B보다 비열이 작다.

05 (2) 물은 다른 물질에 비해 비열이 커서 온도 변화가 작으므로 과열된 기계의 온도를 낮추는 냉각수로 이용되거나 찜질팩, 난방용 보일러 등에 이용된다.

06 ㄱ. 기체는 물질에 관계없이 열팽창 정도가 같다.
ㄴ. 고체가 액체보다 열팽창 정도가 작다.

07 (2) 냄비의 몸체는 금속으로 만들고 손잡이는 플라스틱으로 만드는 것은 열의 전도 차이를 이용한 예이다.

08 (1) 알코올 온도계: 열에 의해 에탄올이 팽창하는 원리를 이용한다.
(2) 찜질팩: 물의 비열이 커서 온도 변화가 작은 것을 이용한다.
(3) 다리의 이음새: 열팽창에 의해 다리가 휘어지는 것을 방지한다.
(4) 양은 냄비: 비열이 작아 온도 변화가 큰 것을 이용한다.

수행 평가 섭렵 문제

본문 215쪽

질량이 같은 두 물질의 비열 비교하기 | 열량, 크, 크, 질량, 크

1 ③ 2 ② 3 ① 4 ㄴ, ㄷ 5 ①

1 물과 식용유를 같은 시간 동안 가열하는 까닭은 두 물질에 가하는 열량을 같게 하기 위해서이다.

2 같은 물질이라면 온도 변화는 질량에 반비례한다. 따라서 같은 열량을 가할 때 100 g의 물의 온도가 10 ℃ 증가하였다면 200 g의 물의 온도는 5 ℃ 증가한다.

3 물과 식용유의 비열 비교 실험에서 반드시 같게 해야 하는 것은 두 물질에 가한 열량과 두 물질의 질량이다. 비열에 관계없이 질량에 따라 온도 변화가 달라진다.

4 두 물질의 질량이 같다면 온도 변화가 큰 A의 비열이 B보다 작다. 따라서 같은 온도 변화에 필요한 열량은 B가 A보다 많다.

5 질량을 같게 하고 동일한 열량으로 가열했을 때의 온도 변화로 물질의 비열을 비교할 수 있다. 비열은 물질의 특성이므로 물질을 구별할 수 있다.

내신 기출 문제

본문 216쪽

01 ④ 02 ③ 03 ③ 04 ④ 05 ② 06 ② 07 ① 08 ③ 09 ③ 10 ① 11 ② 12 ① 13 ⑤ 14 ④ 15 ⑤ 16 ⑤

01 표에서 A의 온도는 점점 올라가므로 A가 B보다 온도가 낮다. 따라서 열평형에 도달하여 두 물체의 온도가 더 이상 변하지 않는 4분까지는 B에서 A로 열이 이동한다. 열평형 온도는 30 ℃이다.

02 뜨거운 물에서 차가운 물로 열이 이동하므로 뜨거운 물의 온도는 낮아진다. 5분 후 열평형 상태가 되므로 5분 후 두 물의 입자 운동은 같아진다. 차가운 물은 열을 받으므로 온도가 높아지면서 입자 운동이 점점 활발해진다.

03 입자 운동의 활발한 정도로 볼 때 A의 온도가 B보다 높다. 따라서 열은 A에서 B로 이동한다. 열평형 상태일 때 입자 운동은 A는 둔해지고 B는 활발해지므로 열평형 온도는 A의 경우 처음 온도보다 낮지만 B의 경우 처음 온도보다 높다.

04 온도가 다른 두 물체 A, B가 접촉하였을 때 시간에 따른 온도 변화 그래프로부터 A에서 B로 열이 이동함을 알 수 있다. 이때 외부와 열 출입은 없다면 열평형에 도달할 때까지 A가 잃은 열량과 B가 얻은 열량은 같다.
오답 피하기 ① 열은 A에서 B로 이동하였다.
② A와 B가 열평형에 도달하는 시간은 같다.
③ 열평형에 도달했을 때 A와 B의 온도는 같다.
⑤ 열평형에 도달하면 B의 입자 운동은 A의 입자 운동과 같다.

05 비열은 물질의 특성이므로 물질의 종류에 따라 다른 값을 가진다. 따라서 비열은 물질의 질량에 관계없다.

06 질량과 가한 열량이 같다면 비열이 작을수록 온도 변화가 크다. 식용유의 비열은 물보다 작으므로 물 100 g과 식용유 100 g을 같은 세기의 불꽃으로 가열하면 식용유의 온도 변화가 크다.

07 질량이 같고 같은 불꽃으로 열을 가한 시간이 같다면 온도 변화가 클수록 비열이 작다.
5분 동안 철의 온도 변화는 19 ℃, 구리는 23 ℃, 납은 66 ℃이므로 비열의 크기는 철>구리>납 순이다.

08 액체 A와 B가 4분 동안 받은 열량은 같다. 비열은 두 물질의 질량이 같다면 온도 변화가 큰 A가 B보다 작다.

09 질량과 가한 열량이 같을 때 비열이 작을수록 온도 변화가 크게 나타난다. 따라서 처음 온도가 같다면 온도 변화가 가장 큰 물질은 비열이 가장 작은 B이며, 온도 변화가 가장 작은 물질은 비열이 가장 큰 A이다.

10 질량이 같은 두 액체 A, B를 동일한 조건에서 가열하였을 때 A의 온도 변화가 B보다 크므로 A의 비열이 B보다 작다.
오답 피하기 ② A와 B의 비열이 다르므로 두 물질은 서로 다른 물질이다.
③ 동일한 조건이라면 같은 시간 동안 A와 B가 받은 열량은 같다.
④ 같은 시간 동안 온도 변화는 비열이 작은 A가 비열이 큰 B보다 크다.
⑤ 온도를 60 ℃까지 높이는 데 걸리는 시간은 비열이 큰 B가 비열이 작은 A보다 길다.

11 삼각 플라스크에 가느다란 유리관을 꽂고 뜨거운 물이 담긴 수조에 넣으면 뜨거운 물에서 삼각 플라스크로 열이 이동하므로 열팽창에 의해 삼각 플라스크 안의 물의 부피는 증가한다.
오답 피하기 ① 열에 의해 물의 부피가 팽창하므로 유리관의 수면이 높아진다.
③ 뜨거운 물에서 차가운 물로 열이 이동하므로 삼각 플라스크 안의 물은 입자의 운동이 활발해진다.
④ 열이 뜨거운 수조의 물에서 삼각 플라스크로 이동하므로 삼각 플라스크 안의 물은 열을 받아 온도가 높아진다.
⑤ 열은 뜨거운 물이 든 수조에서 삼각 플라스크 안의 물로 이동한다.

12 액체의 온도가 높아지면 액체를 구성하는 입자의 운동이 활발해지면서 입자 사이의 거리가 증가하므로 액체의 부피가 늘어난다.
오답 피하기 ㄷ. 온도가 높아지면 입자 사이의 거리가 늘어난다.
ㄹ. 액체의 열팽창 정도는 물질의 종류에 따라 다르다.

13 금속 막대가 열을 흡수하면 열팽창이 일어난다. 즉 온도가 올라가면서 물체를 이루는 입자 운동이 활발해지므로 부피가 팽창한다.

14 같은 길이의 철, 구리, 알루미늄 막대를 바늘에 연결하고 세 막대를 동시에 가열하면 열팽창에 의해 바늘이 움직인다. 이때 바늘이 가장 많이 움직인 금속일수록 열팽창 정도가 큰 것이다. 따라서 바늘이 가장 많이 움직인 알루미늄의 열팽창이 가장 큰 것을 알 수 있다.

15 금속 막대를 가열하면 열팽창이 일어나는 까닭은 열에 의해 입자의 운동이 활발해져 입자 사이의 거리가 멀어지기 때문이다.
클리닉 + **길이 팽창 측정 장치**
길이 팽창 측정 장치에는 금속 막대의 길이 변화를 관찰하기 쉽게 금속 막대의 한쪽 끝에 회전 바늘과 각도 판이 연결되어 있어 회전 바늘의 변화를 통해 길이 팽창을 알 수 있다. 이때 바늘이 많이 회전할수록 금속 막대가 많이 늘어난 것이다.

16 다리를 설치할 때 다리의 이음새 부분에 틈을 만드는 것은 고체의 열팽창으로 다리가 휘어지는 것을 방지하기 위해서이다.

고난도 실력 향상 문제

본문 219쪽

01 ③ **02** ⑤ **03** ③

01 가한 열량이 같을 때 온도 변화는 물질의 비열과 질량에 각각 반비례한다. 따라서 A의 질량이 B의 질량의 2배이고 비열은 $\frac{1}{2}$배이므로 온도 변화는 같다. 따라서 A의 온도가 4 ℃ 증가할 때 B의 온도도 4 ℃ 증가한다.

02 금속 고리를 가열하면 금속 고리의 모든 부분이 열팽창 하여 부피가 늘어나므로 안쪽 원과 바깥쪽 원의 지름이 커지고, 틈 사이의 간격도 넓어진다.

03 ㄱ. 내륙 지방이 해안 지방보다 일교차가 큰 것은 모래나 흙의 비열이 물보다 작기 때문이다.
ㄴ. 바이메탈이 온도가 높아지면 한쪽으로 휘는 것은 열팽창이 다른 두 금속을 붙여서 만들었기 때문이다.
ㄷ. 열팽창에 의해 겨울철보다 여름철에 에펠탑의 높이가 더 높아진다.
ㄹ. 라면을 끓일 때는 뚝배기보다는 양은 냄비를 사용하면 온도가 빨리 올라가므로 라면을 빨리 끓일 수 있다.
클리닉 + 모래는 물에 비해 비열이 작기 때문에 태양이 뜨면 모래의 온도가 물의 온도보다 빨리 높아지고, 태양이 지면 모래의 온도가 물의 온도보다 빨리 낮아진다. 따라서 물이 적은 사막 지역은 해안 지역에 비해 낮과 밤의 기온 차가 크다.

서논술형 유형 연습

본문 219쪽

01 실온에서 처음 부피가 같은 세 가지 액체 A~C를 뜨거운 물이 들어 있는 수조에 넣으면 수조에서 액체로 열이 이동하므로 액체는 열을 받아 팽창한다. 이때 액체의 종류에 따라 열팽창 정도가 다르므로 유리관을 따라 올라가는 액체의 높이가 다르게 나타난다.

| 모범 답안 | (1) A~C의 부피 변화의 차이로부터 액체의 종류에 따라 열팽창 정도가 다름을 알 수 있다.

채점 기준	배점
액체의 종류에 따라 열팽창 정도가 다르다는 것을 포함하여 서술하였을 경우	100%
열팽창 정도 때문이라고 서술하였을 경우	40%

(2) A~C를 얼음물이 들어 있는 수조에 넣으면 부피가 줄어든다. 이때 줄어드는 정도는 늘어나는 것과 마찬가지로 C>B>A 순이다.

채점 기준	배점
부피가 줄어드는 것과 줄어든 정도를 비교한 것을 모두 포함하여 서술하였을 경우	100%
부피가 줄어든다고만 서술하였을 경우	40%

대단원 마무리

본문 220쪽

01 ③ 02 ③ 03 ⑤ 04 ⑤ 05 ① 06 ④ 07 ② 08 ⑤ 09 ① 10 ④ 11 ⑤ 12 ⑤ 13 ③ 14 ③ 15 ④ 16 ④ 17 ③

01 물체의 차갑고 뜨거운 정도를 수치로 나타낸 것을 온도라고 하며, 온도가 서로 다른 두 물체가 접촉했을 때 온도가 높은 물체에서 온도가 낮은 물체로 이동하는 에너지를 열이라고 한다.

02 같은 양의 물이 담긴 비커에 같은 양의 잉크를 동시에 떨어뜨렸을 때 잉크가 퍼져나가는 모습을 보고 물의 온도를 비교할 수 있다. 온도가 높을수록 입자 운동이 활발하므로 잉크가 잘 퍼지는 쪽이 온도가 높은 물이다.

03 열은 전도, 대류, 복사 중 한 가지, 두 가지 또는 세 가지 방법 모두를 이용하여 이동한다.

04 금속에서 열은 전도의 방법으로 이동한다. 전도는 주로 고체에서 일어나는 현상으로 온도가 높아지면 입자의 운동이 활발해져 이웃한 입자와의 충돌로 열이 이동한다.

오답 피하기 ⑤ 난로 앞에 앉으면 얼굴이 따뜻해지는 것과 같은 열의 이동 방법은 복사이다.

05 불에 닿은 금속 막대에는 전도에 의해 열이 이동하므로 뜨거워지고, 냄비 속의 물이 끓는 것은 대류에 의한 열의 이동 때문이다. 모닥불 옆에 앉으면 손이 따뜻해지는 것은 복사에 의해 이동하는 열 때문이다.

06 유리창의 크기는 가능한 한 크게 하면 전도와 복사에 의한 열의 이동이 많아지므로 단열이 어렵다.

오답 피하기 ① 난로는 아래쪽에 설치해야 대류에 의한 공기 순환이 잘 일어나 난방에 효율적이다.
② 유리창에 2중 유리를 설치하면 전도에 의한 열의 이동을 차단할 수 있다.
③ 벽면 내부에 스타이로폼을 넣으면 스타이로폼 속의 공기층이 전도에 의한 열의 이동을 차단하므로 단열에 효과적이다.
⑤ 난방용 온수관은 전도에 의해 열을 방으로 전달하므로 전도가 잘 일어나는 물질로 만든다.

07 뚝배기의 비열이 냄비의 비열보다 크므로 뚝배기에 담긴 찌개가 냄비에 담긴 라면보다 더 오랫동안 뜨거운 상태를 유지한다.

08 갓 삶은 달걀을 차가운 물에 넣으면 열평형이 일어날 때까지 두 물질 사이에 열이 이동한다. 열평형에 도달하는 시간은 5분이므로 처음 5분 동안 달걀에서 물로 열이 이동하며, 처음 5분 동안 달걀의 온도가 낮아지므로 달걀 입자의 운동이 점점 둔해졌다.

09 20 ℃의 물체와 70 ℃의 물체를 접촉시켜 충분한 시간이 지난 후 열평형 상태가 되었다면 열평형 온도는 20 ℃< 열평형 온도< 70 ℃이다.

10 음료수를 얼음에 넣어 놓으면 열이 음료수에서 얼음으로 이동하여 음료수의 온도는 점점 낮아진다. 시간이 지나면 열평형 상태가 되므로 음료수와 얼음의 온도가 같아진다.

오답 피하기 ① 얼음은 음료수로부터 열을 받으므로 입자 운동은 점점 활발해진다.
② 음료수에서 얼음으로 열이 이동하므로 음료수의 입자 운동은 점점 둔해진다.
③ 음료수에서 얼음으로 열이 이동한다.
⑤ 시간이 지날수록 두 물체 사이의 온도차가 작아지므로 열의 이동도 점점 작아진다.

11 표에서 물의 비열이 가장 크다. 질량과 가한 열량이 같을 때 비열이 클수록 같은 열량에서 온도 변화가 작다. 또한,

같은 온도만큼 올리는 데 걸리는 시간도 가장 크다.

클리닉 + • 같은 양의 열을 가할 때: 비열이 큰 물질일수록 온도를 높이는 데 필요한 열량이 많으므로 같은 양의 열을 가해도 비열이 큰 물질은 온도 변화가 작고 비열이 작은 물질은 온도 변화가 크다.

• 같은 온도만큼 변화시킬 때: 비열이 큰 물질일수록 온도를 높이는 데 필요한 열량이 많으므로 같은 온도만큼 높이려면 비열이 작은 물질보다는 큰 물질에 더 많은 양의 열을 가해야 한다.

12 낮에 해안가에서 바다에서 육지로 해풍이 부는 것은 물이 모래보다 비열이 크므로 나타나는 현상이다. 낮에는 바다의 온도가 육지의 온도보다 더 천천히 올라가므로 그림과 같은 대류의 방법으로 열이 이동하는 것이다.

클리닉 + 흙이나 모래는 물보다 비열이 작다. 따라서 낮에는 바다보다 비열이 작은 육지가 더 빨리 가열되어 육지 쪽의 기온이 바다 쪽의 기온보다 높고, 밤에는 바다보다 육지가 더 빨리 식어 바다 쪽의 기온이 육지 쪽의 기온보다 높다. 따라서 낮에는 따뜻한 육지 쪽의 공기가 위로 올라가므로 바다에서 육지로 해풍이 분다. 반대로 밤에는 따뜻한 바다 쪽의 공기가 위로 올라가므로 육지에서 바다로 육풍이 분다.

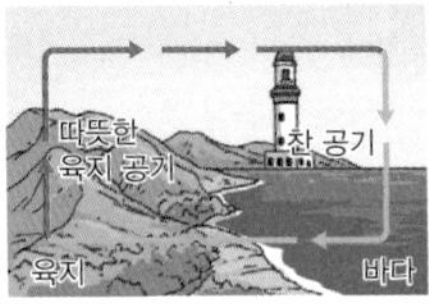

▲ 해풍

▲ 육풍

13 물체의 질량이 같다면 같은 열량일 때 온도 변화가 큰 것이 비열이 작은 것이다. 따라서 물체 A와 B를 접촉한 경우 A의 온도 변화가 크므로 A의 비열이 B보다 작으며, 물체 A와 C를 접촉한 경우 C의 온도 변화가 크므로 C의 비열이 A보다 작다. 즉 비열의 크기는 B>A>C 순이다.

14 얼음이 든 통에 넣어둔 음료수가 차가워지는 것은 열의 이동에 의한 현상이다.

15 같은 양의 물과 콩기름이 든 둥근 바닥 플라스크를 뜨거운 물이 담긴 수조에 넣었더니, 물과 콩기름의 높이가 높아졌다. 이때 콩기름의 높이가 물보다 높으므로 물보다 콩기름의 열팽창 정도가 더 크다는 것을 알 수 있다.이때 열을 받은 물과 콩기름 모두 입자의 운동이 활발해진다.

16 둥근 금속 고리에 꽉 끼어 들어가지 않던 금속 공이 둥근 고리를 통과할 수 있는 방법은 금속 공을 냉각시키거나 금속 고리를 가열하는 방법이 있다. 금속 공을 냉각시키면 금속 공이 수축하여 고리를 통과할 수 있으며, 금속 고리를 가열하면 금속 고리가 커지므로 금속 공이 통과할 수 있다.

17 두 금속을 붙여서 바이메탈을 만들어 가열하였을 때 휘어지는 쪽에 붙은 금속의 열팽창이 작은 것이다. 따라서 A와 B 중에는 A의 열팽창 정도가 작으며, A와 C 중에는 C의 열팽창 정도가 작다. 즉 열팽창 정도는 B>A>C 순이다.

클리닉 + 바이메탈은 열팽창 정도가 서로 다른 두 금속을 붙여 놓은 것으로 바이메탈의 온도가 높아질 때 열팽창 정도가 큰 물질이 더 많이 팽창하므로 열팽창 정도가 작은 물질 쪽으로 휜다.

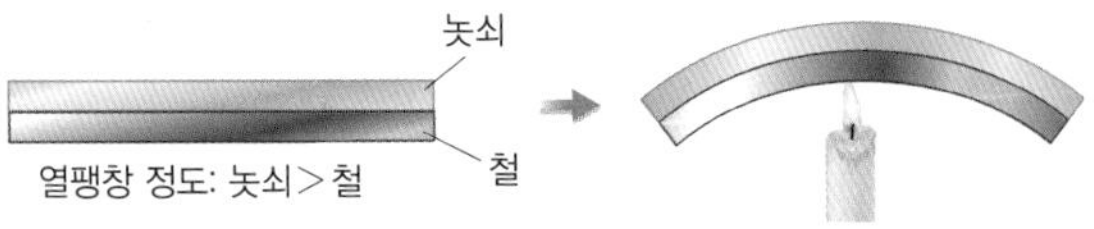

대단원 서논술형 문제

본문 223쪽

01 | 모범 답안 | (1) 보온병을 흔드는 까닭은 물의 입자 운동을 활발하게 하기 위해서이므로 흔든 후 물의 온도가 올라간다.

채점 기준	배점
보온병을 흔드는 까닭과 물의 온도를 옳게 서술하였을 경우	100%
물의 온도 변화만 옳게 서술하였을 경우	40%

(2) 물의 온도는 흔든 후에 더 높아진다. 이로부터 입자 운동이 활발해지면 온도가 높아짐을 알 수 있다.

채점 기준	배점
물의 온도 변화와 이로부터 알 수 있는 사실을 옳게 서술하였을 경우	100%
물의 온도 변화만 옳게 서술하였을 경우	40%

02 북극 지방의 이글루는 눈을 벽돌처럼 뭉쳐서 집을 짓는다. 이는 눈송이 사이사이에 들어 있는 공기가 열이 전도에 의해 빠져나가는 것을 막아 주는 역할을 하기 때문이다. 그리스의 집들의 벽을 흰색이나 밝은색으로 칠한다. 이는 밝은색이 태양으로부터 복사되어 오는 열을 잘 반사하기 때문이다.

| 모범 답안 | 이글루에 눈을 사용하면 눈송이 사이사이에 들어 있는 공기가 열이 전도에 의해 빠져나가는 것을 막는다. 벽의 밝은색은 태양으로부터 복사되어 오는 열을 잘 반사한다.

채점 기준	배점
이글루의 눈과 벽의 색이 단열에 미치는 효과를 포함하여 서술하였을 경우	100%
둘 중 하나만 옳게 서술하였을 경우	50%

03 뚝배기의 비열이 스테인리스 냄비의 비열보다 커서 뚝배기는 스테인리스 냄비보다 온도가 천천히 올라가고, 천천히 식는다. 따라서 뚝배기는 된장찌개와 같이 오랫동안 따뜻한 상태를 유지하는 음식을 조리할 때 사용하고, 스테인리스 냄비는 라면과 같이 빨리 끓여야 하는 음식을 조리할 때 사용한다.

| 모범 답안 | 스테인리스 냄비보다 뚝배기의 비열이 더 크다. 비열이 클수록 온도 변화는 작으므로 뚝배기에 담긴 찌개가 오랫동안 따뜻한 상태를 유지한다.

채점 기준	배점
비열을 이용하여 옳게 서술하였을 경우	100%
비열이 다르기 때문이라고만 서술하였을 경우	40%

04 열평형에 도달하기까지 온도가 높은 물체를 구성하는 입자의 운동은 점점 둔해지고, 온도가 낮은 물체를 구성하는 입자의 운동은 점점 활발해진다. 이후 충분한 시간이 지나면 두 물체를 구성하는 입자의 활발한 정도가 비슷해진다. 같은 질량, 같은 열량에서 온도 변화가 클수록 비열이 작은 것이다.

| 모범 답안 | (1) 열평형에 도달할 때까지 A를 구성하는 입자 운동은 점점 둔해지고, B를 구성하는 입자 운동은 점점 활발해진다.

채점 기준	배점
A, B를 구성하는 입자 운동을 모두 옳게 서술하였을 경우	100%
A, B 중 한 가지만 옳게 서술하였을 경우	50%

(2) 같은 양의 열량에 의해 A의 온도 변화가 B의 온도 변화보다 크므로 B의 비열이 더 크다.

채점 기준	배점
온도 변화로부터 비열이 큰 물질을 옳게 서술하였을 경우	100%
비열이 큰 것만 옳게 서술하였을 경우	40%

05 건축물을 만들 때 콘크리트 속에 철근을 넣어 튼튼하게 한다. 이때 철근과 콘크리트의 열팽창 정도는 거의 비슷한데, 만약 두 물질의 열팽창 정도가 다르면 건물에 균열이 생길 수 있다. 입안 온도는 먹는 음식 온도에 따라 변한다. 만약 치아 충전재의 열팽창 정도가 치아의 열팽창 정도와 다르면 충전재가 치아에서 빠지거나 충전재에 균열이 생길 수 있다. 따라서 충전재는 치아와 열팽창 정도가 비슷한 물질을 사용한다.

| 모범 답안 | 열팽창 정도가 비슷한 콘크리트와 철근을 이용하여 건물을 지어야 기온 변화에 따른 건물의 균열을 방지할 수 있다. 치아 충전재는 치아와 열팽창 정도가 비슷한 물질을 사용한다.

채점 기준	배점
균열을 방지하는 까닭을 옳게 설명하고 그 예를 옳게 서술하였을 경우	100%
균열을 방지하는 까닭만 옳게 서술하였을 경우	50%
예만 옳게 서술하였을 경우	50%

Ⅸ. 재해 · 재난과 안전

1 재해 · 재난의 원인과 대처 방안

기초 섭렵 문제

본문 227쪽

1 재해 · 재난의 원인과 피해 | 재해 · 재난, 인위, 태풍
2 재해 · 재난의 대처 방안 | 기상청, 내진 설계, 화산

01 ㄱ, ㄴ, ㄹ, ㅂ 02 (1) 폭설 (2) 황사 (3) 태풍 03 (1) ○ (2) ○ (3) ○
04 지진 05 ㄴ

01 자연적으로 발생한 피해를 자연 재해 · 재난이라고 하며, 태풍, 홍수, 강풍, 해일, 대설, 낙뢰, 가뭄, 지진, 화산 활동 등이 해당된다.

02 기상재해의 종류에는 폭설, 황사, 태풍, 가뭄 등이 있다.

03 지진이 발생하면 건물이 무너지거나 땅이 흔들리고 화재가 발생하기도 하고, 감염성 질환은 병원체가 진화하고 모기나 진드기와 같은 매개체가 증가하면서 더 빠르게 확산된다. 또한, 인구의 이동과 무역의 증가 등으로 인해 인간에게 감염되어 새로운 감염성 질병이 나타나기도 한다.

04 지진에 대한 대처 방안으로는 피해를 줄이기 위해 건물을 지을 때 내진 설계를 하고, 지진이 발생하면 건물 밖으로 나갈 때 계단을 이용한다. 건물 밖에서는 유리창, 간판 등이 떨어질 수 있으므로 머리를 보호하고, 건물과 거리를 두고 살피며 대피한다.

05 유독 가스의 대부분은 밀도가 커서 가라앉으므로 높은 곳으로 대피해야 한다.

수행 평가 섭렵 문제

본문 229쪽

재해 · 재난 사례 조사하기 | 감염성, 기상재해, 유출
재해 · 재난 대처 방안 조사하기 | 지진, 계단, 화산재, 마스크

1 ㄱ, ㄴ, ㄷ, ㄹ, ㅁ 2 ㄱ, ㄴ, ㄷ, ㄹ 3 (1) ○ (2) ○ (3) × (4) ○
4 (1) × (2) ○ (3) ○ 5 ㄱ, ㄴ, ㄷ

1 자연현상이나 인간의 부주의 등으로 인해 인명과 재산에 발생한 피해를 재해 · 재난이라고 한다. 화학 물질의 유출, 감염성 질병 확산, 기상재해, 지진, 화산, 운송 수단 사고 등을 모두 재해 · 재난이라고 할 수 있다.

2 폭설, 태풍, 홍수, 가뭄은 모두 기상재해이고, 메르스, 조류 독감은 감염성 질환이다.

3 운송 수단 사고는 대부분 안전 관리 소홀과 안전 규정 무시 등과 관련 있다. 최근에는 자체 결함으로 사고가 일어나기도 한다.

4 지진이 발생했을 때 승강기는 전기가 차단되면 갇힐 수 있으므로 건물 밖으로 나올 때는 계단을 이용한다.

5 감염성 질환의 확산을 막기 위해서는 비누를 사용하여 손을 흐르는 물에 자주 씻고, 물은 끓여서 마시며, 기침이나 재채기를 할 경우 호흡기를 가리거나 마스크를 착용한다.

내신 기출 문제

본문 230쪽

01 ③ 02 ① 03 ② 04 ⑤ 05 ② 06 ③ 07 ③

01 자연 재해 · 재난은 태풍, 홍수, 강풍, 해일, 대설, 낙뢰, 가뭄, 지진, 화산 활동 등과 같이 자연적으로 생겨난 피해를 뜻한다.

02 감염성 질병은 어느 한 지역에 그치지 않고, 쉽고 빠르게 넓은 지역으로 퍼져나가 수많은 사람과 동물에게 큰 피해를 줄 수 있다.

03 황사는 바람에 의해 하늘 높이 올라간 미세한 모래 먼지가 대기 중에 퍼져 있다가 서서히 떨어지는 것으로, 호흡기 질환을 일으키고, 항공과 운수 산업에 큰 피해를 주기도 한다.

04 지진은 지구 내부에 급격한 변화가 일어나면서 발생한 지진파가 사방으로 전달되어 지반이 흔들리는 현상으로, 지진의 세기에 따라서 건물이 무너지기도 하고, 땅이 흔들리고 갈라지기도 한다. 또한 해저에서 발생하면 지진 해일이 일어나기도 한다.

클리닉 + 지진 해일은 해수면이 급격하게 상승하여 바닷물이 육지로 밀려드는 현상을 뜻한다.

05 화학 물질은 일상생활이나 산업 활동에 반드시 필요하지만, 관리를 소홀히 할 경우 위험한 물질도 있다. 이러한 위험 물질의 유출로 인한 사고의 특징은 공기를 통해 매우 넓은 지역까지 퍼질 수 있다는 점이다.

06 지진으로 인해 땅이 흔들리거나 건물 붕괴의 위험이 있을 때 건물을 빠져나오려면 승강기는 전기가 차단되면 갇힐 수 있으므로 계단을 이용한다.

07 화학 물질이 유출되면 직접 피부에 닿지 않게 한다. 옷이나 손수건 등으로 코와 입을 감싸고 최대한 멀리 피한다. 유독 가스는 대부분 공기보다 밀도가 크므로 높은 곳으로 대피한다.

고난도 실력 향상 문제

본문 231쪽

01 ① **02** ④

01 화학 물질이 유출되는 지역에서 바람이 불어올 때는 바람에 대해 수직인 방향으로 대피해야 가장 안전하다. 현재 화학 물질이 북동쪽에서 불어오므로 이에 수직 방향인 북서쪽이나 남동쪽으로 대피해야 한다.

02 야외에 있을 때 지진이 발생하면 건물 안으로 들어가지 말고 넓은 곳으로 대피한다.

서논술형 유형 연습

본문 231쪽

01 지진 해일은 해수면이 급격히 상승하면서 바닷물이 육지로 밀려드는 현상이다.

| 모범 답안 | 바닷가로부터 멀리 피하고, 높은 곳으로 대피한다.

채점 기준	배점
바닷가로부터 멀리 피하거나 높은 곳으로 대피해야 함을 설명한 경우	100%
위의 2가지 중 1가지만 설명한 경우	50%

정답과 해설 실전책

Ⅰ. 물질의 구성

1 물질의 기본 성분

중단원 실전 문제

본문 6쪽

01 ③ **02** ① **03** ④ **04** 산화 칼슘, 산화 마그네슘, 다른 원소들로 분해된다. **05** ⑤ **06** ① **07** ② **08** A, C

01 물은 수소와 산소가 결합한 화합물이고, 공기는 여러 가지 기체들이 섞인 혼합물이다. 암모니아는 질소와 수소가 결합한 화합물이다.

02 원소는 인공적으로 합성할 수도 있다.

03 탄소는 숯, 흑연, 다이아몬드 등을 구성하고, 구리는 붉은색의 고체 금속으로 전기가 잘 통해 전선에 이용한다. 산소는 지각, 공기 등에 많이 포함되어 있으며 호흡과 연소에 이용된다.

04 산화 칼슘은 산소와 칼슘으로, 산화 마그네슘은 산소와 마그네슘으로 분해되므로 물질을 이루는 기본 성분인 원소가 아니다.

05 ㄱ. 불꽃 반응 색이 나타나지 않는 금속 원소도 있다.
ㄴ. 두 물질이 같은 금속 원소를 포함하고 있으면 불꽃 반응 색이 같지만 다른 물질일 수 있다. 예를 들어 염화 나트륨과 질산 나트륨은 모두 나트륨을 포함하고 있어 불꽃 반응 색이 노란색이지만 같은 물질은 아니다.

06 바륨의 불꽃 반응 색은 황록색, 칼슘은 주황색, 나트륨은 노란색, 구리는 청록색, 스트론튬은 빨간색이다.

07 염화 이온이 들어 있는 물질과 구리 이온이 들어 있는 물질을 불꽃 반응하여 어디에서 청록색이 나타나는지 확인하면 된다.

08 선 스펙트럼은 원소의 종류에 따라 선의 색, 위치, 개수 등이 다르게 나타난다. 여러 원소가 혼합된 경우 각 원소의 스펙트럼이 모두 포함되어 나타나게 된다. 혼합 용액의 스펙트럼에 원소 A와 원소 C의 스펙트럼이 모두 포함되어 있는 것으로 보아 혼합 용액은 원소 A와 C를 포함하고 있다.

실전 서논술형 문제

본문 7쪽

01 물은 주철관을 통과하면서 수소와 산소로 분해된다. 분해되어 나온 산소는 주철관의 철과 결합하여 철이 녹슬게 되고 수소는 기체로 병에 모이게 된다. 이처럼 물은 수소와 산소로 분해되므로 물질을 이루는 기본 성분인 원소가 아니다.
| 모범 답안 | 물은 수소와 산소로 분해되므로 물질을 이루는 기본 성분이 아니다.

채점 기준	배점
물이 수소와 산소로 분해된다는 내용을 옳게 서술한 경우	100%
물이 분해된다는 내용만 옳게 서술한 경우	50%

02 겉불꽃은 산소 공급이 원활하여 온도가 매우 높고 무색이다. 따라서 불꽃 반응 색을 관찰하기에 좋다.
| 모범 답안 | 겉불꽃에 넣어야 한다. 온도가 가장 높고 무색이어서 불꽃 반응 색을 관찰하기에 좋기 때문이다.

채점 기준	배점
겉불꽃에 넣어야 하는 까닭까지 옳게 서술한 경우	100%
겉불꽃에 넣어야 한다는 사실만 옳게 서술한 경우	50%

03 불꽃 반응 색은 물질이 포함하고 있는 금속 원소에 의해서 결정된다. 같은 금속 원소를 포함하고 있으면 불꽃 반응 색이 같다.
| 모범 답안 | 염화 나트륨, 질산 나트륨, 황산 나트륨. 모두 같은 금속 원소인 나트륨을 포함하고 있기 때문이다.

채점 기준	배점
불꽃 반응 색이 같은 물질과 그 까닭을 모두 옳게 서술한 경우	100%
불꽃 반응 색이 같은 물질만 옳게 서술한 경우	50%

2 물질을 구성하는 입자

중단원 실전 문제

본문 9쪽

01 ④ **02** ③ **03** ① **04** ④ **05** ④ **06** ④ **07** ㄷ. Cu, ㄹ. CO_2 **08** ④ **09** ③ **10** ㄴ, ㄷ

01 원자는 원자핵과 전자로 이루어져 있으며 종류에 따라 원

자핵의 전하량과 전자의 수가 다르다. 원자핵은 원자의 중심에 존재하며 전자에 비해 질량과 크기가 크다.

02 A는 (+)전하를 띠는 원자핵이고, B는 (−)전하를 띠는 전자이다. 전자는 원자핵 주위를 끊임없이 운동하며 원자핵에 비해 질량과 크기가 매우 작다. 원자는 원자핵의 (+)전하량과 전자의 총 (−)전하량이 같아 전기적으로 중성이다.

03 원자는 원자핵의 (+)전하량과 전자의 총 (−)전하량이 같아 전기적으로 중성이다. 전자는 1개당 −1의 전하를 띠고 있어 원자핵의 핵 전하량이 +6인 원자는 6개의 전자를 갖는다.

04 물질을 구성하는 기본 입자는 원자, 물질의 성질을 나타내는 가장 작은 입자는 분자, 물질을 이루는 기본 성분은 원소이다.

05 원소 이름의 첫 글자를 알파벳의 대문자로 나타내고, 첫 글자가 같을 때는 적당한 중간 글자를 택하여 첫 글자 다음에 소문자로 나타낸다. 분자식은 분자를 구성하는 원자의 종류와 개수를 원소 기호와 숫자로 표현한 것으로 분자를 구성하는 원자의 종류를 원소 기호로 쓰고 분자를 구성하는 원자의 개수를 원소 기호 오른쪽 아래에 작게 쓴다.

06 수소는 H, 칼륨은 K, 염소는 Cl, 알루미늄은 Al이다.

07 구리는 Cu, 이산화 탄소는 CO_2이다.

08 지각에 많이 포함된 원소로 반도체 제작에 사용되는 원소는 규소(Si)이고, 수소 다음으로 가벼운 원소는 헬륨(He)이다. 공기에 많이 포함된 원소로 과자 봉지의 충전 기체로 이용되는 원소는 질소(N)이다.

09 산소 원자(O)가 2개 결합하면 산소 분자(O_2)이고, 3개 결합하면 오존 분자(O_3)이다. 산소 분자와 오존 분자는 서로 성질이 다른 물질이며, 오존 분자가 산소 원자로 분해되면 원래의 성질을 잃는다.

10 (가)는 탄소 1개, 수소 4개로 이루어진 메테인 분자 1개를 나타낸 것이고, (나)는 질소 1개, 수소 3개로 이루어진 암모니아 분자 2개를 나타낸 것이다.

실전 서논술형 문제

본문 10쪽

01 원자의 (+)전하를 띠는 입자인 원자핵은 원자의 중심에 뭉쳐 있으며 (−)전하를 띠는 입자인 전자는 원자핵 주변을 끊임없이 운동한다.

| 모범 답안 | (+)전하를 띠는 원자핵은 원자의 중심에 있으며 (−)전하를 띠는 전자는 원자핵 주변을 끊임없이 운동한다.

채점 기준	배점
수정해야 할 사항 2가지를 모두 옳게 서술한 경우	100%
수정해야 할 사항을 1가지만 옳게 서술한 경우	50%

02 원자는 원자핵의 (+)전하량과 전자의 총 (−)전하량이 같아서 중성이다. 리튬 원자는 원자핵의 (+)전하량이 +3이고, 전자가 3개이므로 전자의 총 전하량은 $(-1)\times3=-3$이므로 전기적으로 중성이 된다.

| 모범 답안 | 원자핵의 전하량은 +3이고, 전자 3개의 총 전하량은 −3으로 서로 상쇄되기 때문이다.

채점 기준	배점
원자핵의 전하량과 전자의 총 전하량을 수치를 들어 옳게 서술한 경우	100%
원자핵의 전하량과 전자의 총 전하량이 같다는 내용만 옳게 서술한 경우	80%

03 원소 기호는 원소 이름의 첫 글자를 알파벳의 대문자로 나타내고, 첫 글자가 같을 때는 적당한 중간 글자를 택하여 첫 글자 다음에 소문자로 나타낸다.

| 모범 답안 | Nw, 원소 이름의 첫 글자를 알파벳의 대문자로 나타내고, 첫 글자가 같을 때는 적당한 중간 글자를 택하여 첫 글자 다음에 소문자로 나타내는데 N은 질소와 같고, Ne는 네온과 같으므로 Nw로 해야 한다.

채점 기준	배점
원소 이름과 그 까닭을 옳게 서술한 경우	100%
원소 이름만 옳게 서술한 경우	50%

3 전하를 띠는 입자

중단원 실전 문제

본문 12쪽

01 ③ **02** ③ **03** ④ **04** ⑤ **05** ㄴ, ㄷ, ㄹ **06** ② **07** ④ **08** Cl^-, NO_3^- **09** ② **10** ④ **11** ②

01 원자의 핵 전하량과 이온의 핵 전하량은 같다. 리튬 원자의 핵 전하량은 +3이다.

02 (가)는 원자가 전자를 2개 잃고 +2의 양이온이 되는 과정을 (나)는 원자가 전자를 1개 얻어 −1의 음이온이 되는 과정을 나타낸 것이다.

03 양이온은 (핵 전하량)>(전자 수)이고, 원자는 (핵 전하량)=(전자 수), 음이온은 (핵 전하량)<(전자 수)이다. 전자의 총 전하량은 (전자 수)×(−1)이고, 같은 종류의 원소로 이루어진 물질은 핵 전하량이 같아야 한다.

04 황산 이온(SO_4^{2-}), 염화 이온(Cl^-), 탄산 이온(CO_3^{2-}), 수산화 이온(OH^-)은 (−)전하를 띠는 음이온이고, 암모늄 이온(NH_4^+)은 (+)전하를 띠는 양이온이다.

05 원자가 이온이 될 때 핵 전하량은 변하지 않지만 전자를 얻거나 잃으면서 전자의 수, 전자의 총 전하량, 구성 입자들의 총 전하량은 변하게 된다.

06 S^{2-}는 황화 이온, I^-는 아이오딘화 이온, CO_3^{2-}는 탄산 이온이다. 질산 이온은 NO_3^-이다.

07 ㄱ. 푸른색은 양이온인 구리 이온으로 (−)극으로 이동한다.
ㄷ. (−)극으로 구리 이온(Cu^{2+})과 칼륨 이온(K^+)이 이동한다.
ㄹ. 질산 칼륨 수용액은 전류가 잘 흐를 수 있도록 하는 역할을 한다.

08 음이온들이 (+)극으로 이동한다.

09 질산 은 수용액과 염화 나트륨 수용액을 혼합하면 은 이온(Ag^+)과 염화 이온(Cl^-)이 결합하여 흰색의 염화 은 앙금이 생성된다.

10 칼슘 이온과 탄산 이온은 흰색의 탄산 칼슘의 앙금을 생성한다. 질산 이온, 칼륨 이온, 나트륨 이온은 앙금을 잘 생성하지 않는 이온들이다.

11 (가) 수돗물 속 염화 이온(Cl^-)과 질산 은 수용액의 은 이온(Ag^+)이 결합하여 흰색의 염화 은($AgCl$) 앙금이 생성된다.
(나) 탄산음료의 탄산 이온(CO_3^{2-})과 염화 칼슘 수용액의 칼슘 이온(Ca^{2+})이 결합하여 흰색의 탄산 칼슘($CaCO_3$) 앙금이 생성된다.
(다) 공장 폐수 속 납 이온(Pb^{2+})과 아이오딘화 칼륨 수용액의 아이오딘 이온(I^-)이 결합하여 노란색의 아이오딘화 납(PbI_2) 앙금이 생성된다.

실전 서논술형 문제

본문 13쪽

01 염소 원자(Cl)는 전자를 1개 얻어 −1의 음이온인 염화 이온(Cl^-)이 된다.

| 모범 답안 | 염소 원자가 염화 이온이 될 때 핵 전하량은 +17로 변하지 않으며 전자의 수는 1개 증가하여 18개, 입자의 전하량은 0에서 −1로 변화한다.

채점 기준	배점
핵 전하량, 전자 수, 구성 입자들의 총 전하량 변화를 모두 옳게 서술한 경우	100%
핵 전하량, 전자 수, 구성 입자들의 총 전하량 변화 중 2가지만 옳게 서술한 경우	50%
핵 전하량, 전자 수, 구성 입자들의 총 전하량 변화 중 1가지만 옳게 서술한 경우	20%

02 크로뮴산 칼륨(K_2CrO_4) 수용액에는 무색의 양이온인 칼륨 이온(K^+)과 노란색의 음이온인 크로뮴산 이온(CrO_4^{2-})이 있으며 전류를 흘려 주면 양이온은 (−)극으로 음이온은 (+)극으로 이동한다.

| 모범 답안 | 노란색 이온은 음이온으로 (+)극으로 이동하므로 (A)에 (−)극, (B)에 (+)극을 연결해야 한다.

채점 기준	배점
전극의 방향과 그 까닭을 모두 옳게 서술한 경우	100%
전극의 방향만 옳게 서술한 경우	50%

03 칼슘 이온과 마그네슘 이온은 탄산 이온과 만나면 흰색의 탄산 칼슘과 탄산 마그네슘의 앙금을 생성한다.

| 모범 답안 | 탄산 나트륨(탄산 칼륨 등) 수용액과 같이 칼슘 이온, 마그네슘 이온과 앙금 반응을 하는 물질을 넣어 앙금이 생성되면 생성된 앙금을 제거한다.

채점 기준	배점
앙금을 생성시킬 수 있는 적절한 수용액과 앙금을 생성시켜 제거한다는 내용을 모두 옳게 서술한 경우	100%
앙금을 생성시켜 제거한다는 내용만 옳게 서술한 경우	80%

Ⅱ. 전기와 자기

1 전기의 발생

중단원 실전 문제

본문 17쪽

01 ② **02** ① **03** ⑤ **04** ① **05** ③ **06** ③ **07** ⑤ **08** ①
09 ①

01 나침반 바늘의 N극이 북쪽을 가리키는 것은 자기력 때문이다.

02 A가 (+)전하를 띤다면 B도 (+)전하를 띠므로 C는 (−)전하를 띤다. 즉, A와 C는 서로 다른 종류의 전하를 띤다. 또한, 시간이 지날수록 금속구가 띠는 전하는 약해지므로 A, B, C 사이에 작용하는 전기력도 약해진다.

03 고무풍선을 털가죽으로 마찰하면 마찰할 때 털가죽과 고무풍선 사이에서 전자가 이동하므로 고무풍선과 털가죽은 서로 다른 종류의 전하로 대전된다. 따라서 털가죽을 고무풍선에 가까이 하면 고무풍선이 끌려온다.

04 빨대를 휴지로 마찰하였더니 빨대는 (−)전하, 휴지는 (+)전하로 대전되었다면 휴지에서 빨대로 전자가 이동하였다.

05 면장갑으로 빨대를 마찰한 다음 플라스틱 통 위에 놓인 빨대에 면장갑을 가까이 하면 빨대와 면장갑은 서로 다른 종류의 전하를 띠므로 빨대는 면장갑 쪽으로 끌려온다.

06 전기를 띠지 않은 금속 막대에 (−)대전체를 가까이 하면 금속 막대 내의 자유 전자는 B 쪽으로 이동하므로 A 부분은 (+)전하로 대전된다.

07 금속 캔에 (+)전하를 띤 유리 막대를 가까이 하면 금속 캔 내에서 전자는 A에서 B로 이동하므로 B쪽은 (−)전하를 띠어 금속 캔은 유리 막대에 끌려온다.

08 (+)전하로 대전된 검전기의 금속판에 (+)대전체를 가까이 하면 금속박에서 금속판으로 전자가 이동하므로 금속박이 띠는 (+)전하의 양이 더 많아져 금속박은 더 벌어진다.

09 검전기에 (−)대전체를 가까이 하면 금속박이 벌어지고, 이 상태에서 손가락을 금속판에 접촉하면 금속박에 모여 있던 전자가 몸을 통해 빠져 나가 금속박이 오므라든다. 이때 대전체와 손가락을 동시에 멀리 하면 검전기 전체가 (+)전하로 대전되므로 금속박이 벌어진다.

실전 서논술형 문제

본문 18쪽

01 털가죽과 플라스틱 막대를 마찰하면 털가죽에서 플라스틱 막대로 전자가 이동하므로 털가죽과 플라스틱 막대는 전하를 띤다. 전자를 잃은 털가죽은 (+)전하량이 (−)전하량보다 많으므로 (+)전하를 띠고, 전자를 얻은 플라스틱 막대는 (−)전하량이 (+)전하량보다 많으므로 (−)전하를 띤다.

| 모범 답안 | (1) 털가죽과 플라스틱 막대를 마찰하면 털가죽에서 플라스틱 막대로 전자가 이동하므로 털가죽과 플라스틱 막대는 전하를 띤다.

채점 기준	배점
전하를 띠는 까닭을 옳게 서술하였을 경우	100%
전자가 이동하기 때문이라고만 서술하였을 경우	50%

(2) 털가죽은 전자를 잃어 (+)전하량이 (−)전하량보다 많으므로 (+)전하를 띠고, 플라스틱 막대는 전자를 얻어 (−)전하량이 (+)전하량보다 많으므로 (−)전하를 띤다.

채점 기준	배점
털가죽과 플라스틱 막대가 띠는 전하를 모두 옳게 서술하였을 경우	100%
둘 중 하나만 옳게 서술하였을 경우	50%

02 금속에는 자유롭게 움직일 수 있는 전자가 많다. 알루미늄 공에 대전체를 가까이 하면 알루미늄 공 내부의 전자들이 전기력을 받아 이동하므로 알루미늄 공의 양쪽에 서로 다른 종류의 전하가 유도된다. 대전체와 가까운 쪽에는 대전체와 다른 종류의 전하를 띠므로 대전체에 끌려온다.

| 모범 답안 | 알루미늄 공은 빨대에 끌려간다. 대전체에 의해 알루미늄 공 내에서 전자가 이동하므로 정전기가 유도되어 공과 빨대 사이에 전기력이 작용하기 때문이다.

채점 기준	배점
공의 움직임과 단어를 모두 사용하여 옳게 서술하였을 경우	100%
움직임과 주어진 단어 일부만 사용하여 옳게 서술하였을 경우	80%
움직임만 옳게 서술하였을 경우	50%

03 물체를 검전기의 금속판에 가까이 했을 때 금속박이 벌어진다. 이때 대전체에 대전된 전하량이 많을수록 금속박이 더 많이 벌어진다.

| 모범 답안 | 대전체가 띠는 전하량에 따라 금속박이 벌어지는 정도가 달라진다. (나)가 (가)보다 대전체의 전하량이 많다.

채점 기준	배점
까닭과 차이점을 모두 옳게 서술하였을 경우	100%
까닭만 옳게 서술하였을 경우	50%

2 전류와 전압

중단원 실전 문제 본문 20쪽

01 ② 02 ② 03 ③ 04 ④ 05 ⑤ 06 ③ 07 ① 08 ③, ⑤ 09 ② 10 ①, ③

01 전류는 전하의 흐름이며, 전류의 단위는 A(암페어)를 사용한다. 1 A=1000 mA이다.

02 전류의 방향은 전지의 (+)극에서 (−)극 방향이며, 전자의 이동 방향은 전지의 (−)극에서 (+)극 방향이다.

03 전자가 한 방향으로 이동하므로 도선에 전류가 흐르고 있다. 전자가 오른쪽으로 이동하므로 도선의 오른쪽은 전지의 (+)극이 연결되어 있다.

04 전자가 오른쪽으로 이동하므로 ㉡ 쪽은 전지의 (+)극이 연결되어 있다. 전류는 ㉡에서 ㉠ 쪽으로 흐른다.

05 전류의 방향은 전지의 (+)극에서 (−)극 방향이며, 전자의 이동 방향은 전지의 (−)극에서 (+)극 방향이므로 전류의 방향과 전자의 이동 방향은 반대이다.

06 전류계는 회로에 직렬연결한다. 전류계의 (+)단자는 전지의 (+)극에 연결한다. 전류계는 전지에 직접 연결하여 사용하지 않는다.

07 전압은 전류를 흐르게 하는 원인으로, 전압의 단위는 V(볼트)를 사용한다.

08 전압계는 회로에 병렬연결하며, 눈금을 읽을 때는 연결한 (−)단자에 해당하는 부분의 눈금을 읽는다. 전지의 전압을 측정할 때는 전지에 직접 연결한다.

09 전기 회로는 물의 흐름에 비유할 수 있다. 물 펌프에 의해 물이 흐르고 물이 물레방아를 돌리듯이 전구를 전지에 연결하면 도선에 전류가 흘러 전구에 불이 켜진다.

10 전기 회로를 물의 흐름에 비유할 때 전구는 물레방아, 전지는 펌프에 비유할 수 있다.

실전 서논술형 문제 본문 21쪽

01 전류의 방향은 전지의 (+)극에서 (−)극 쪽으로, 실제 전자의 이동 방향과 반대 방향이다. 이것은 과학자들이 전자의 존재를 알지 못하던 때에 전류의 방향을 정하여 지금까지 사용하기 때문이다.

| 모범 답안 | (1) 전류의 방향은 전지의 (+)극에서 (−)극 방향이며, 전자의 이동 방향은 전지의 (−)극에서 (+)극 방향이다.

채점 기준	배점
두 가지 모두 옳게 서술하였을 경우	100%
두 가지 중 한 가지만 옳게 서술하였을 경우	50%

(2) 과학자들이 전자의 존재를 알지 못하던 때에 전류의 방향을 정하여 지금까지 사용하기 때문이다.

채점 기준	배점
까닭을 옳게 서술하였을 경우	100%
전류의 방향을 먼저 정했다고 서술하였을 경우	80%

02 전압에 의해 전류가 흐르는 것은 밸브를 열면 물의 높이차에 의해 물이 흐르는 것으로 비유할 수 있다. 두 물통 사이에 물의 높이차가 유지된다면 물이 계속 흐를 수 있듯이, 전기 회로에서 전압이 유지된다면 전류는 지속적으로 흐를 수 있다. 따라서 전압을 2배로 하려면 물의 높이를 2배로 하면 된다.

| 모범 답안 | 전압은 물의 높이차에 비유할 수 있으므로 전압의 크기를 2배로 하려면 물의 높이를 2배로 하면 된다.

채점 기준	배점
비유를 이용하여 물의 높이차로 옳게 서술하였을 경우	100%
물의 높이차를 다르게 한다고 서술하였을 경우	40%

03 니크롬선 A, B, C의 양 끝에 걸리는 전압을 변화시키면서 니크롬선에 흐르는 전류의 세기를 측정하면 저항의 크기를 알 수 있다. 전압이 일정할 때 전류가 약할수록 저항이 큰 것이다.

| 모범 답안 | C>B>A, 전압이 일정할 때 전류가 작게 흐를수록 저항이 크다.

채점 기준	배점
비교 및 까닭을 모두 옳게 서술하였을 경우	100%
비교만 옳게 서술하였을 경우	50%

3 전압, 전류, 저항 사이의 관계

중단원 실전 문제 (본문 23쪽)

01 ③ **02** ② **03** ④ **04** ④ **05** ② **06** ③ **07** ③ **08** ③
09 ② **10** ④

01 전류는 전압에 비례한다. 그래프에서 니크롬선에 걸린 전압이 3 V일 때 0.2 A의 전류가 흐른다. 이 니크롬선에 0.5 A의 전류가 흐르도록 하려면 7.5 V의 전압을 걸어주어야 한다.
3 V : 0.2 A$=x$(V) : 0.5 A에서 $x=7.5$ V이다.

02 저항이 일정할 때 전류는 전압에 비례한다. 긴 니크롬선에 6 V의 전압을 걸었더니 0.3 A의 전류가 흘렀다. 이 니크롬선에 3 V의 전압을 걸면 흐르는 전류의 세기는 0.15 A이다.

03 짧은 니크롬선에 3 V의 전압을 걸었더니 0.3 A의 전류가 흘렀다. 이 니크롬선에 6 V의 전압을 걸면 0.6 A의 전류가 흐른다.

04 니크롬선 ㉠의 저항은 5 Ω이고, ㉡의 저항은 10 Ω으로 니크롬선의 저항은 ㉠이 ㉡보다 작다. 니크롬선 ㉠에서 3 V일 때 흐르는 전류는 0.6 A이다. 따라서 전압이 1.5 V라면 전류는 0.3 A이다.

05 전압이 4 V일 때 물체 A에서는 4 A, 물체 B에서는 2 A의 전류가 흐른다. 즉 A의 저항이 B보다 작다. 따라서 두 물체 A, B의 저항의 비 A : B=1 : 2이다.

06 동시에 반짝이는 장식용 전구들은 모두 직렬로 연결되어 있다. 따라서 각 전구에 흐르는 전류의 세기는 같다. 이 경우 하나의 전구가 고장나면 다른 전구도 켜지지 않는다.

07 저항을 직렬로 연결하면 각 저항을 지나는 전류의 세기는 같다. 저항을 직렬로 연결할수록 전체 저항은 커진다. 이때 각 저항에 걸리는 전압의 크기는 저항에 비례한다.

08 ㉠과 ㉣에 흐르는 전류의 세기는 같고, ㉡과 ㉢에 흐르는 전류의 세기의 합은 ㉠에 흐르는 전류의 세기와 같다. ㉠ 지점에는 0.03 A가 흐르고 ㉡ 지점에는 0.01 A가 흐를 때 ㉢ 지점에는 0.02 A, ㉣ 지점에는 0.03 A 전류가 흐른다.

09 가정용 전기 기구들은 모두 병렬연결되어 있다. 따라서 전등 A와 전등 B도 병렬연결되어 있다. 또한 에어컨과 텔레비전은 병렬연결되어 있다. 따라서 스위치를 끄면 전등 B만 꺼진다.

10 멀티탭에 연결된 전기 기구는 모두 병렬연결되어 있으므로 걸리는 전압은 모두 같다. 또한, 병렬연결한 전기 기구의 개수가 많아질수록 전체 저항은 작아지므로 전체 전류의 세기는 세진다.

실전 서논술형 문제 (본문 24쪽)

01 저항이 나타나는 까닭은 구슬이 못과 충돌하여 운동에 방해를 받는 것처럼 전류가 흐르는 도선에서 전자의 움직임은 원자의 방해를 받기 때문이다.
| 모범 답안 | (1) 구슬은 전자, 못은 원자에 비유할 수 있다.

채점 기준	배점
두 가지 모두 옳게 서술하였을 경우	100%
두 가지 중 하나만 옳게 서술하였을 경우	50%

(2) 구슬이 운동하면서 못에 충돌하는 것과 같이 전자가 이동하면서 원자와 충돌하므로 저항이 생긴다.

채점 기준	배점
모형을 이용하여 옳게 서술하였을 경우	100%
전자와 원자로만 옳게 서술하였을 경우	40%

02 그래프에서 기울기는 전류/전압이므로 저항의 역수이다. 긴 니크롬선의 저항이 짧은 니크롬선의 저항보다 크므로 전압이 일정할 때 전류는 저항에 반비례함을 알 수 있다.
| 모범 답안 | 그래프에서 직선의 기울기가 의미하는 것은 저항의 역수이며, 전압이 일정할 때 전류는 저항에 반비례한다.

채점 기준	배점
기울기의 의미와 저항과 전류의 관계를 옳게 서술하였을 경우	100%
둘 중 하나만 옳게 서술하였을 경우	50%

03 전구 2개가 병렬연결된 회로에서 1개의 전구를 빼더라도 다른 전구에 걸리는 전압이 변하지 않으므로 흐르는 전류의 세기도 변하지 않는다. 따라서 전구의 밝기에도 변화가 없다.
| 모범 답안 | 전구에 걸리는 전압과 흐르는 전류의 세기는 변화가 없으므로 전구의 밝기에도 변화가 없다.

채점 기준	배점
주어진 단어를 모두 사용하여 옳게 서술하였을 경우	100%
주어진 단어의 일부만 사용하여 옳게 서술하였을 경우	50%

4 전류의 자기 작용

중단원 실전 문제

본문 26쪽

01 ⑤ 02 ① 03 ③ 04 ② 05 ⑤ 06 ① 07 ③ 08 ④ 09 ⑤

01 전류가 남에서 북으로 흐르므로 스위치를 닫으면 자침의 N극은 서쪽을 가리킨다. 하지만 스위치를 열면 자침의 N극은 원래대로 돌아온다. 도선 위에 나침반을 놓고 스위치를 닫으면 자침의 N극은 동쪽을 가리킨다.

02 코일에 전류가 흐를 때만 자기장이 생긴다. 이때 자기장의 모양은 막대자석 주위의 자기장과 비슷하며, 코일 내부에는 직선 모양의 자기장이 생긴다.

03 전류가 흐르는 코일 주위의 자기장의 방향은 오른손의 네 손가락을 전류의 방향으로 감아쥘 때 엄지손가락이 가리키는 방향이다.

04 전류가 흐르는 코일 주위에는 자기장이 생긴다. 이때 나침반 바늘의 N극이 가리키는 방향이 자기장의 방향이다. 전류의 방향을 반대로 바꾸면 나침반 바늘의 N극이 가리키는 방향도 반대로 바뀐다.

05 코일 주위에는 자기장이 생긴다. 그림의 ㉠에 나침반을 놓으면 나침반 바늘의 N극이 코일 쪽을 가리킨다. 이때 전류의 방향을 바꾸면 코일 주위에 생기는 자기장의 방향도 변한다.

06 세탁기, 냉장고, 진공청소기, 에어컨에는 전동기를 사용한다. 전기 토스터는 전류의 열작용을 이용한다.

07 오른손을 편 상태에서 엄지손가락을 전류의 방향과 일치시키고 네 손가락을 자기장의 방향과 일치시킬 때 손바닥이 향하는 방향이 힘의 방향이다. 따라서 그림에서 도선은 C 방향으로 힘을 받는다.

08 구리 막대가 처음과 반대 방향으로 움직이게 하는 방법은 자석의 극을 반대로 하여 자기장의 방향을 반대로 하거나, 전지의 (+)극과 (−)극을 바꾸어 전류의 방향을 바꾼다.

09 그림에서 전선 AB는 위쪽으로 CD는 아래쪽으로 자기력을 받는다. 전선 BC는 전류의 방향과 자기장의 방향이 나란하므로 자기력을 받지 않는다. 따라서 코일은 시계 방향으로 회전한다.

실전 서논술형 문제

본문 27쪽

01 코일 주위에 생기는 자기장의 방향은 오른손 네 손가락을 전류의 방향으로 감아쥘 때 엄지손가락이 가리키는 방향이다. 그림에서 ㉠에서 나침반 바늘의 N극은 오른쪽을 가리킨다.

| 모범 답안 | ㉠에서 나침반 바늘의 N극은 오른쪽을 가리킨다. 코일 주위에 생기는 자기장의 방향은 오른손 네 손가락을 전류의 방향으로 감아쥘 때 엄지손가락이 가리키는 방향이다.

채점 기준	배점
㉠에서 방향과 방법을 옳게 서술하였을 경우	100%
둘 중 하나만 옳게 서술하였을 경우	50%

02 자기장 내에서 전류가 흐르는 도선이 받는 힘의 방향은 오른손을 편 상태에서 엄지손가락을 전류의 방향과 일치시키고 네 손가락을 자기장의 방향과 일치시킬 때 손바닥이 향하는 방향이다. (가)에서 코일이 힘을 받아 움직이는 방향은 안쪽이고, (나)에서 코일이 힘을 받아 움직이는 방향은 바깥쪽이다. 이는 전류의 방향이 다르기 때문이다.

| 모범 답안 | (가)에서 코일이 힘을 받아 움직이는 방향은 안쪽이고, (나)에서 코일이 힘을 받아 움직이는 방향은 바깥쪽이다. 이는 전류의 방향이 다르기 때문이다.

채점 기준	배점
힘의 방향과 까닭을 모두 옳게 서술하였을 경우	100%
힘의 방향만 옳게 서술하였을 경우	50%

03 코일과 네오디뮴 자석으로 만든 간이 전동기에서 간이 전동기의 코일이 회전하는 방향은 네오디뮴 자석에 의한 자기장과 코일의 전류의 방향에 따라 코일의 위쪽과 아래쪽이 반대 방향으로 힘을 받아 코일이 회전하게 된다.

| 모범 답안 | 네오디뮴 자석에 의한 자기장과 코일의 전류의 방향에 따라 코일의 위쪽과 아래쪽이 반대 방향으로 힘을 받아 코일이 회전하게 된다.

채점 기준	배점
자기장과 전류의 방향으로 옳게 서술하였을 경우	100%
자기장이나 전류 둘 중 하나만 이용하여 옳게 서술하였을 경우	50%

Ⅲ. 태양계

1 지구와 달의 크기

중단원 실전 문제
본문 31쪽

01 ㉠ 7.2°, ㉡ 360° **02** ① **03** ㄴ, ㄷ, ㄹ **04** ① **05** ② **06** ① **07** ② **08** ⑤ **09** ⑤

01 중심각은 원호의 길이에 비례한다는 수학적 원리를 이용하여 '7.2° : 925 km = 360° : 지구의 둘레'의 비례식을 세울 수 있다.

02 '7.2° : 925 km = 360° : 지구의 둘레'의 비례식에서 지구의 둘레 $2\pi R$을 대입하면 반지름 R에 대한 식으로 바꿀 수 있다. 지구의 반지름 R는 $\frac{925}{2\pi} \times \frac{360°}{7.2°}$로 구할 수 있다.

03 에라토스테네스가 측정한 지구의 둘레는 46250 km로, 실제 지구 둘레인 약 40000 km에 비해 오차가 15 % 정도 된다. 이러한 오차가 생긴 이유는 실제 지구가 완전한 구형이 아니며, 시에네와 알렉산드리아의 경도가 달랐기 때문이다.

클리닉 + 에라토스테네스가 지구의 크기를 구하는 데 이용한 시에네와 알렉산드리아는 그림에서와 같이 경도가 다르다. 에라토스테네스가 구한 지구 크기의 오차가 생긴 원인 중 하나이다.

04 지구 모형의 반지름을 구하기 위해 원호의 길이는 중심각의 크기에 비례한다는 수학적 원리를 이용하여

$\theta : l = 360° : 2\pi R$

의 비례식을 세운다. 이때, R는 지구 모형의 반지름이므로 R는,

$R = \frac{360°}{\theta} \times \frac{l}{2\pi}$

로 구할 수 있다. 이때, 지구 모형의 크기를 구하기 위해 실제로 측정해야 하는 값은 두 막대 사이의 거리인 호 AB와 막대 BB′와 그 그림자의 끝이 이루는 각 ∠BB′C이다. 이때 측정한 ∠BB′C는 호 AB의 중심각 θ와 엇각으로 같다.

05 지구 모형의 크기를 측정하기 위해 세우는 두 막대 AA′와 BB′는 중심각은 원호의 길이에 비례한다는 수학적 원리를 정확하게 적용하기 위해 같은 경도 상에 세워야 한다.

06 지구 모형의 크기를 측정하는 방법은 에라토스테네스가 지구 크기를 측정한 방법과 동일하다. 동일한 경도 상에 두 막대 AA′와 BB′를 세우고, 두 막대 사이의 거리와 두 막대 사이의 중심각을 구한 다음, 원호의 길이는 중심각에 비례한다는 수학적 원리를 이용하여 지구 모형의 크기를 구한다.

07 지구에서 달의 크기를 측정하는 실험을 하려면 보름달이 떴을 때 동전을 이용하여 실험할 수 있다. 이때, 동전을 달의 크기에 딱 맞게 거리를 조정했을 때 관측자와 동전이 이루는 삼각형과 관측자와 달의 지름이 이루는 삼각형의 닮음비를 이용하여 달의 크기를 측정할 수 있다. 이때, 직접 측정해야 하는 값은 동전의 지름과 관측자와 동전 사이의 거리이다.

08 달의 크기를 측정할 때 동전이 달의 크기에 딱 맞을 때 관측자와 동전이 이루는 삼각형과 관측자와 달의 지름이 이루는 삼각형의 닮음비를 이용하여 비례식을 세우면,

$d : D = l : L$

이다

09 달의 크기를 측정할 때 동전이 달의 크기에 딱 맞다면 관측자와 동전이 이루는 삼각형과 관측자와 달의 지름이 이루는 삼각형의 닮음비를 이용하여 비례식을 세우면,

$l : d = L : D$

이므로 달의 지름은 $\frac{L \cdot d}{l}$로 구할 수 있다. 따라서 달의 반지름은 지름의 $\frac{1}{2}$인 $\frac{L \cdot d}{2l}$가 된다.

실전 서논술형 문제
본문 32쪽

01 지구 모형이 완전한 구형일 때 "중심각은 원호의 길이에 비례한다."는 수학적 원리가 적용되며, 햇빛이 평행할 때 엇각이 같다는 원리가 적용된다.

| 모범 답안 | 지구 모형은 완전한 구형이며, 햇빛은 지구 모형 어디에서나 평행하다.

채점 기준	배점
필요한 두 가지 가정 모두 서술한 경우	100%
한 가지 가정만 서술한 경우	50%

02 지구는 완전한 구형이 아니며, 두 지역은 같은 경도 상에 있지 않았다.

| 모범 답안 | 지구는 완전한 구형이 아니며, 시에네와 알렉산드리아 사이의 거리 측정값이 정확하지 않았고, 두 지역은 같은 경도 상에 있지 않았기 때문이다.

채점 기준	배점
3가지 이유를 모두 설명한 경우	100%
위 3가지 중 1가지만으로 설명한 경우	50%

03 지구의 크기는 위도가 다르고, 동일한 경도 상에 있는 두 지역을 선택한다.

| 모범 답안 | (가)와 (나), 두 지역의 경도가 같고 위도는 다르기 때문이다.

채점 기준	배점
(가), (나)를 옳게 찾고, 그 까닭을 구체적으로 서술한 경우	100%
(가), (나)만 찾고, 그 까닭을 설명하지 못한 경우	50%

2 지구와 달의 운동

중단원 실전 문제 본문 34쪽

01 ④ 02 ③ 03 ② 04 ② 05 ① 06 ③ 07 ② 08 ⑤ 09 ㄱ

01 별의 일주 운동은 지구가 서쪽에서 동쪽으로 자전하기 때문에 지구상의 관측자에게는 별이 지구의 자전 방향과 반대 방향인 시계 반대 방향으로 움직이는 것처럼 보인다. 이것은 별이 실제로 움직이는 것이 아니라 지구가 자전하기 때문에 나타나는 겉보기 운동이다. 동심원을 그리면서 움직이는 모습은 북쪽 하늘에서 관측된다.

02 우리나라와 같은 북반구 중위도에서 별의 일주 운동을 관측하면 지구의 관측자가 바라보는 방향에 따라 일주 운동의 모습이 달라진다.

03 지구가 자전하기 때문에 태양이 동쪽에서 떠서 서쪽으로 지고, 낮과 밤이 반복되며, 밤에 북쪽 하늘을 보면 북극성을 중심으로 별들이 원을 그리면서 움직이는 것이 관측된다.

04 한밤중 남쪽 하늘에서 관찰할 수 있는 별자리는 태양 반대쪽에 위치한 별자리이다. 지구의 현재 위치인 A에서는 밤에 염소자리를 볼 수 있다.

05 태양이 위치한 별자리는 지구에서 태양을 바라보았을 때 그 배경에 있는 별자리이다. 지구가 B에서 태양을 바라볼 때 그 배경에 있는 별자리는 양자리이다.

06 태양의 연주 운동은 지구가 공전하기 때문에 나타나는 겉보기 운동으로, 태양이 별자리를 배경으로 서쪽에서 동쪽으로 이동하여 일 년 후 처음 위치로 되돌아오는 운동이다.

07 태양-지구-달의 순서로 일직선이 될 때 달의 위상은 보름달이다. A는 오른쪽 반달인 상현달, B는 보름달, C는 왼쪽 반달인 하현달, D는 그믐달, E는 달이 보이지 않는 위치이다.

08 하현의 위치에서는 왼쪽 반달인 하현달, 상현의 위치에서는 오른쪽 반달인 상현달을 볼 수 있다. 달의 위상은 태양, 지구, 달의 위치 관계에 따라 한 달을 주기로 계속 변한다.

09 (가)는 지구 그림자에 달이 가려지는 월식, (나)는 태양이 달에 의해 가려지는 일식이다. (가)는 망의 위치일 때, (나)는 삭의 위치일 때 일어나며, (가)는 지구의 전 지역에서 관측할 수 있지만, (나)는 특정 지역에서만 관측할 수 있다.

실전 서논술형 문제 본문 35쪽

01 별은 시계 반대 방향으로 하루에 한 바퀴, 즉 1시간에 15° 씩 움직이다.

| 모범 답안 | ⑤, 별은 시계 반대 방향으로 1시간에 15° 움직이므로 2시간에는 30°를 움직여 ⑤번에 위치한다.

채점 기준	배점
위치를 정확하게 선택하고, 그 까닭을 구체적으로 설명한 경우	100%
위치를 정확하게 선택한 경우	50%

02 태양이 별자리를 배경으로 서에서 동으로 이동하여 일 년 후 처음 위치로 돌아오는 겉보기 운동은 지구가 태양 주위를 일 년에 한 바퀴씩 공전하기 때문에 나타난다.

| 모범 답안 | 지구가 태양을 중심으로 서쪽에서 동쪽으로 1년에 한 바퀴씩 공전하기 때문이다.

채점 기준	배점
지구의 공전을 방향과 시간을 근거로 설명한 경우	100%
지구의 공전의 기본 개념만으로 설명한 경우	50%

03 달은 스스로 빛을 내지 못하며, 지구 주위를 공전하므로 위치가 변한다.

| 모범 답안 | 달은 스스로 빛을 내지 못하는 반사체로, 달이 지구 주위를 공전하면서 햇빛을 반사하여 밝게 보이는 부분이 달라지므로 달의 위상이 변한다.

채점 기준	배점
달이 반사체라는 사실과 달의 공전을 함께 서술한 경우	100%
위의 2가지 중 1가지로만 설명한 경우	50%

3 태양계를 구성하는 행성

중단원 실전 문제 (본문 37쪽)

01 ② 02 ③ 03 ① 04 천왕성 05 (가) 목성, (나) 수성, (다) 토성, (라) 해왕성 06 ㄱ, ㄴ, ㄹ 07 ④ 08 ④ 09 ③ 10 ③ 11 수성, 금성

01 목성은 태양계에서 가장 큰 행성이며, 주로 수소와 헬륨으로 이루어져 있다. 표면에 많은 가로 줄무늬가 있고, 대기의 소용돌이로 생긴 커다란 붉은 점인 대적점이 있다. 희미한 고리와 많은 위성이 있다.

02 금성은 크기와 질량이 지구와 가장 비슷한 행성이며, 이산화 탄소로 이루어진 두꺼운 대기로 인해 온실 효과가 강화되어 표면 온도가 태양계 행성 중에서 가장 높다.

03 ① 표면의 대기가 메테인으로 이루어져 파란색으로 보이는 해왕성이다.
② 표면이 붉은색을 띠며, 극 지역에 흰색의 극관을 가진 화성이다.
③ 뚜렷한 고리가 있는 토성이다.
④ 표면에 가로 줄무늬와 대적점이 있는 목성이다.
⑤ 달처럼 표면에 많은 운석 구덩이가 있는 수성이다.

04 천왕성은 주로 수소로 이루어지고, 대기에는 헬륨과 메테인이 포함되어 있어 청록색으로 보인다. 자전축이 거의 누운 채로 자전하고 있으며, 희미한 고리와 많은 위성이 있다.

05 목성은 태양계에서 가장 크고, 수성은 가장 작다. 토성은 태양계에서 밀도가 가장 작고, 해왕성은 태양계에서 가장 바깥쪽에 있다.

06 A는 수성, B는 금성, C는 화성, D는 목성, E는 토성, F는 천왕성, G는 해왕성이다.

07 화성은 표면이 산화철로 이루어진 토양으로 덮여 있어서 붉은색을 띠며, 과거에 물이 흐른 흔적이 있다.

08 지구형 행성은 질량이 작고 반지름도 작지만, 표면이 단단하며, 평균 밀도가 높다. 또한 고리는 없으며, 위성이 없거나 적게 가지고 있다.

09 그림은 목성, 토성, 천왕성, 해왕성으로 목성형 행성이다. 목성형 행성은 반지름이 크고 질량도 크지만 표면이 기체로 되어 있어 평균 밀도가 작다. 또한, 수소, 헬륨 등과 같은 가벼운 기체 성분으로 이루어져 있으며, 자전 주기가 1일 이하로 자전 속도가 빠르고, 고리를 가지고 있으며, 많은 위성을 거느리고 있다.

10 지구의 공전 궤도 바깥쪽을 공전하고 있는 외행성은 화성, 목성, 토성, 천왕성, 해왕성이고, 밀도가 크고 반지름이 작은 지구형 행성은 수성, 금성, 지구, 화성이다.

11 지구의 공전 궤도 안쪽을 공전하는 행성은 수성과 금성이다. 수성은 태양에서 가장 가깝고, 태양계에서 가장 작은 행성이다. 금성은 지구에서 가장 가깝고, 짙은 대기로 인해 가장 밝게 보인다.

실전 서논술형 문제 (본문 38쪽)

01 화성의 극관은 얼음과 드라이 아이스로 이루어져 있다.
| 모범 답안 | A는 극관이다. 극관은 얼음과 드라이 아이스로 이루어져 있기 때문에 더운 여름에는 작아지고, 추운 겨울에는 커진다.

채점 기준	배점
A의 이름을 쓰고, 그 까닭을 구체적으로 서술한 경우	100%
A의 이름만 쓰고, 그 까닭은 설명하지 않은 경우	50%

02 지구의 공전 궤도를 이용하여 내행성, 외행성으로 분류한다.
| 모범 답안 | (가)는 내행성, (나)는 외행성이다. 지구의 공전 궤도를 기준으로 안쪽을 공전하는 행성은 (가)이고, 바깥쪽을 공전하는 행성은 (나)로 분류한다.

채점 기준	배점
(가)와 (나)의 명칭을 쓰고, 분류 기준을 구체적으로 설명한 경우	100%
(가)와 (나)의 명칭만 쓰고, 분류 기준은 구체적으로 설명하지 못한 경우	50%

03 기체로 이루어진 행성은 밀도가 작고, 암석으로 이루어진 행성은 밀도가 크다.
| 모범 답안 | (가) 행성들은 표면이 기체로 이루어져 있어서 평균 밀도가 작다. (나) 행성은 표면이 단단한 암석으로 이루어져 있어서 평균 밀도가 크다.

채점 기준	배점
(가)는 평균 밀도가 작고, (나)는 평균 밀도가 큰 까닭을 구체적으로 서술한 경우	100%
(가), (나) 중 1가지만 서술한 경우	50%

4 태양

중단원 실전 문제 본문 40쪽

01 ⑤ **02** ② **03** (나) **04** ③ **05** ③ **06** A: 대물렌즈, B: 파인더(보조 망원경), C: 접안렌즈 **07** ㄱ, ㄴ, ㄹ **08** ⑤ **09** 자기 폭풍

01 A는 주변보다 온도가 2000 ℃ 정도 낮아서 어둡게 보이는 흑점이다. B는 쌀알 무늬로, 광구 아래에서 일어나는 대류로 인해 고온의 물질이 올라오는 곳은 밝고, 냉각한 물질이 하강하는 곳은 어둡게 보인다.

02 (가)는 광구에서 온도가 높은 물질이 대기로 솟아 오르는 현상인 홍염이고, (나)는 태양의 광구 바로 위에 있는 얇은 대기층인 채층으로, 붉은색을 띤다. (다)는 채층 위로 넓게 뻗어 있는 진주색으로 보이는 코로나이다.

03 채층은 매우 얇은 대기의 층으로 붉은색으로 보이며, 광구 바로 위에 위치한다.

04 (가)는 홍염으로, 광구에서 온도가 높은 물질이 대기로 솟아 오는 현상이다. 흑점 부근에서 폭발이 일어난 채층의 일부가 순간 매우 밝아지는 현상은 플레어이다.

05 흑점을 매일 관측하면 조금씩 변하면서 위치가 동에서 서로 이동하는 것을 볼 수 있다. 이것은 흑점이 실제로 움직이는 것이 아니라 태양이 자전하기 때문에 나타나는 현상이다.

06 A는 빛을 모으는 역할을 하는 대물렌즈이고, B는 관측하고자 하는 천체를 찾을 때 사용하는 보조 망원경인 파인더이며, C는 대물렌즈에서 생긴 천체의 상을 확대하는 접안렌즈이다.

07 (가)는 흑점 수가 가장 많은 시기로, 이때 태양 활동이 매우 활발하게 일어난다. 태양의 활동이 활발해지는 시기에는 흑점 수는 증가하고, 홍염이나 플레어가 평소보다 더 자주 발생하며, 코로나의 크기가 커지면서 태양풍이 평상시보다 강해진다.

08 태양 활동이 활발할 때 지구에서는 지구 자기장이 교란되어 짧은 시간 동안 지구 자기장이 크게 변하는 자기 폭풍이 발생한다. 또한, 장거리 무선 통신이 끊어지는 델린저 현상이 발생하고, 고위도 지역에 오로라가 더 자주 나타나며, 위도가 낮은 지역에서 오로라가 나타나기도 한다. 무선 전파 통신이 방해를 받거나 인공위성이 고장 나기도 하고, 송전 시설의 고장으로 정전이 발생하기도 한다.

09 태양의 활동이 활발해지는 시기에는 태양풍이 평상시보다 강해지면서 평소보다 많은 양의 에너지와 물질을 우주 공간으로 방출하게 되며, 지구의 자기장이 영향을 받으면서 지구 자기장이 불규칙하게 변하는데, 이를 자기 폭풍이라고 한다.

실전 서논술형 문제 본문 41쪽

01 개기 일식이 되면 달이 태양의 광구를 완전히 가린다.

| 모범 답안 | 태양의 광구가 달에 의해 완전히 가려지는 개기 일식 때 잘 관측된다.

채점 기준	배점
개기 일식과 구체적인 이유까지 서술한 경우	100%
개기 일식 때라고만 설명한 경우	50%

02 태양 활동이 활발해지면 흑점 수, 홍염과 플레어의 발생 횟수가 달라진다.

| 모범 답안 | (가)는 홍염, (나)는 플레어, (다)는 흑점이다. 태양 활동이 활발해지면 홍염과 플레어가 자주 발생하고, 흑점 수가 증가한다.

채점 기준	배점
(가)~(다)의 이름을 쓰고, 변화를 구체적으로 설명한 경우	100%
(가)~(다)의 이름만 쓰고, 변화를 구체적으로 설명하지 못한 경우	50%

03 태양 활동의 활발한 정도는 흑점 수와 관련이 있다.

| 모범 답안 | (가)와 같이 흑점 수가 많아질 때는 태양 활동이 매우 활발하고, (나)와 같이 흑점 수가 감소할 때는 태양 활동이 줄어든다.

채점 기준	배점
(가)와 (나)의 경우를 각각 구체적으로 설명한 경우	100%
(가)와 (나) 중 1가지만 구체적으로 설명한 경우	50%

Ⅳ. 식물과 에너지

1~2 광합성~증산 작용

중단원 실전 문제 본문 45쪽

01 ② 02 ③ 03 ④ 04 이산화 탄소 05 ④ 06 ⑤ 07 ②
08 ⑤ 09 ①

01 광합성은 이산화 탄소와 물을 재료로 빛에너지를 이용하여 양분(포도당)과 산소를 만드는 과정이다.

02 ㄴ. 시험관 B에서 이산화 탄소가 검정말의 광합성에 사용되어 이산화 탄소의 농도가 감소하였다.
ㄷ. 시험관 C에서 호흡만 일어나고 있다.

03 빛을 비춘 검정말에서 광합성을 하여 산소가 발생한다. 산소는 물질이 타는 것을 돕는 성질이 있어 불씨를 가져가면 불씨가 다시 살아난다.

04 광합성에 영향을 주는 환경 요인에는 빛의 세기, 이산화 탄소의 농도, 온도가 있다. 빛의 세기와 이산화 탄소의 농도가 증가할수록 광합성량이 증가하다가 어느 한계 이상이 되면 일정해진다. 또 온도가 높아질수록 광합성량이 증가하지만, 어느 정도 이상의 온도에서는 광합성량이 감소한다.

05 물의 온도를 높일수록 광합성량이 증가하며, 온도가 30 ℃~40 ℃ 정도일 때 광합성이 가장 활발하여 기포(산소)가 많이 발생한다.

06 A는 표피 세포, B는 공변세포, C는 기공이다. 공변세포에는 엽록체가 있다.

07 습도가 낮을수록 기공이 많이 열려 증산 작용이 활발해진다.

클리닉 + 증산 작용이 잘 일어나는 조건

빛의 세기	온도	습도	바람
강할 때	높을 때	낮을 때	잘 불 때

08 식물에서 증산 작용이 일어날 때, 물이 수증기로 되면서 주변으로부터 기화열을 빼앗아가므로 온도를 낮출 수 있다.

클리닉 + 기화열
액체가 기체로 되면서 주위로부터 흡수하는 열을 기화열이라고 한다.

09 증산 작용과 광합성은 빛이 세기가 강하고 기온이 높은 낮에 주로 일어난다. 기공이 많이 열리면 식물의 증산 작용이 활발해지고, 광합성도 활발해지기 때문이다.

실전 서논술형 문제 본문 46쪽

01 그래프는 온도 변화에 따른 광합성량을 나타낸 것이다. 일반적으로 30 ℃~40 ℃의 온도에서 광합성이 가장 활발하게 일어나고, 이보다 온도가 높아지면 광합성량이 감소한다.
| 모범 답안 | 온도, 온도가 높아질수록 광합성량이 증가하지만 온도가 어느 정도 이상이 되면 광합성량이 급격히 감소한다.

채점 기준	배점
A의 이름과 온도와 광합성량의 관계를 모두 포함하여 옳게 서술한 경우	100%
온도와 광합성량의 관계만 옳게 서술한 경우	60%
A의 이름만 쓴 경우	30%

02 (가)는 기공이 열린 상태, (나)는 기공이 닫힌 상태이다.
| 모범 답안 | (가), 식물체 내의 물이 잎의 기공을 통해 수증기 상태로 공기 중으로 빠져나가는 현상을 증산 작용이라고 한다. 따라서 (가)처럼 기공이 열린 상태일 때 증산 작용이 활발하게 일어난다.

채점 기준	배점
(가)를 쓰고, 그 이유를 모두 포함하여 옳게 서술한 경우	100%
이유만 옳게 서술한 경우	60%
(가)만 쓴 경우	30%

3~4 식물의 호흡~광합성 산물의 이용

중단원 실전 문제 본문 48쪽

01 ⑤ 02 ④ 03 A 이산화 탄소, B 산소 04 ② 05 ②
06 ① 07 ③ 08 ③ 09 (가) 물관, (나) 체관

01 식물의 호흡은 광합성으로 만들어진 포도당과 산소를 사용하여 에너지를 생성하는 과정이다.

02 A는 이산화 탄소, B는 산소, (가)는 광합성, (나)는 호흡이다.

03 빛이 없는 밤에 식물은 광합성을 하지 못하고, 호흡만 하기 때문에 산소를 흡수하고 이산화 탄소를 방출한다.

04 ㄴ. 빛이 있는 낮에 광합성과 호흡이 모두 일어난다.
ㄹ. 빛이 있는 낮에 식물은 광합성으로 발생한 산소 중 일부를 호흡에 사용하고, 남는 것을 공기 중으로 방출한다.

05 호흡은 모든 세포에서 일어나지만, 광합성은 엽록체가 있는 세포에서만 일어난다.

06 광합성은 태양의 빛에너지를 화학 에너지로 전환하여 포도당에 저장하는 과정이고, 호흡은 포도당을 분해하여 생명 활동에 필요한 에너지를 얻는 과정이다.

07 광합성 산물은 녹말, 지방, 단백질 등 다양한 형태로 바뀌어 잎, 열매, 뿌리, 줄기 등에 저장된다.

오답 피하기 ㄱ. 광합성 산물은 체관을 통해 이동한다.
ㄴ. 광합성으로 생성된 포도당은 물에 잘 녹는다.

08 A는 물, B는 이산화 탄소, C는 포도당, D는 녹말, E는 설탕이다. 이산화 탄소(B)는 식물의 광합성에 필요하다.

09 뿌리를 통해 흡수된 물은 물관(가)을 통해 잎까지 운반되어 광합성에 쓰인다. 광합성으로 생성된 녹말은 물에 잘 녹지 않기 때문에 주로 물에 잘 녹는 설탕으로 전환되어 체관(나)을 통해 식물의 각 기관으로 운반된다.

실전 서논술형 문제

본문 49쪽

01 빛이 없는 어두운 곳에서 시금치는 광합성을 하지 않고 호흡만 하므로 산소를 흡수하고 이산화 탄소를 방출한다.

| 모범 답안 | 빛이 없는 곳에서 시금치가 호흡을 하여 이산화 탄소를 방출하였기 때문이다.

채점 기준	배점
호흡과 이산화 탄소가 방출됨을 모두 포함하여 옳게 서술한 경우	100%
호흡과 이산화 탄소가 방출됨 중에서 한 가지만 옳게 서술한 경우	50%

02 과일나무의 줄기 껍질을 동그랗게 벗겨 내면 바깥쪽에 있는 체관이 제거된다. 그 결과 잎에서 만든 양분이 줄기 껍질이 벗겨진 부분의 아래쪽으로 내려가지 못한다.

| 모범 답안 | 과일나무의 줄기 껍질을 동그랗게 벗겨 내면 체관이 제거되어 잎에서 만든 양분이 아래쪽으로 내려가지 못하고, 위쪽에 있는 열매로만 이동하기 때문에 크고 좋은 과일을 얻을 수 있다.

채점 기준	배점
체관의 제거와 양분 이동의 변화를 모두 포함하여 옳게 서술한 경우	100%
체관의 제거와 양분 이동의 변화 중에서 한 가지만 옳게 서술한 경우	50%

Ⅴ. 동물과 에너지

1~2 생물의 구성~소화

중단원 실전 문제

본문 52쪽

01 소화계 **02** ② **03** ④ **04** ④ **05** ㉠ 간, ㉡ 이자 **06** ②

01 위는 소화계에 속하는 기관이다.

02 물은 몸의 약 $\frac{2}{3}$를 차지하며, 영양소와 노폐물을 운반하고 체온을 조절하는데 관여한다.

오답 피하기 ㄱ. 바이타민은 에너지원으로 이용되지 않는다.
ㄷ. 단백질은 에너지를 얻는 데 사용되고, 몸을 구성하는 주된 성분이며, 우리 몸의 여러 가지 기능을 조절한다.

03 뷰렛 반응 결과 보라색으로, 베네딕트 반응 결과 황적색으로 색깔이 변하였으므로 음식물 속에는 단백질과 포도당(또는 엿당)이 들어 있음을 알 수 있다.

04 A는 입, B는 위, C는 이자, D는 소장, E는 대장이다. 소장(D)에서는 소화 효소가 영양소를 세포가 흡수할 수 있을 정도의 매우 작은 크기로 분해한다.

05 쓸개즙은 간에서, 라이페이스는 이자에서 만들어진다.

06 A는 모세 혈관, B는 암죽관이다.

오답 피하기 ㄴ. 녹말은 크기가 커서 소장의 융털에서 흡수될 수 없다.
ㄹ. 아미노산은 물에 잘 녹는 영양소로 융털의 모세 혈관으로 흡수된다.

실전 서논술형 문제

본문 53쪽

01 침 용액을 넣은 녹말 용액에 아이오딘-아이오딘화 칼륨 용액을 넣으면 반응이 나타나지 않는다. 이를 통해 침 속의 소화 효소가 녹말을 다른 성분으로 변화시켰음을 알 수 있다.

| 모범 답안 | A는 청람색으로 변하고, B는 변화가 나타나지 않는다.

채점 기준	배점
A와 B에서 나타나는 결과를 모두 포함하여 옳게 서술한 경우	100%
A와 B에서 나타나는 결과 중 한 가지만 옳게 서술한 경우	50%

02 단백질은 위액 속에 든 펩신에 의해 중간 산물로 분해되고, 이것은 다시 이자액 속에 든 트립신에 의해 더 작은 중간 산물로 분해된다. 이 중간 산물은 소장의 단백질 분해 효소에 의해 최종 분해 산물인 아미노산으로 분해된다.

| 모범 답안 | 단백질은 위에서 펩신(㉠)에 의해 중간 산물로 분해되고, 소장에서 트립신(㉡)에 의해 더 작은 중간 산물로 분해된다. 이 중간 산물은 단백질 분해 효소에 의해 최종 분해 산물인 아미노산(A)으로 분해된다.

채점 기준	배점
최종 분해 산물 A의 이름과 위, 소장에서 작용하는 소화 효소의 이름(㉠, ㉡)을 모두 포함하여 옳게 서술한 경우	100%
최종 분해 산물 A의 이름과 위, 소장에서 작용하는 소화 효소의 이름(㉠, ㉡) 중 두 가지만 옳게 서술한 경우	60%
최종 분해 산물 A의 이름과 위, 소장에서 작용하는 소화 효소의 이름(㉠, ㉡) 중 한 가지만 옳게 서술한 경우	30%

3~4 순환~호흡

중단원 실전 문제

본문 55쪽

01 B 적혈구 **02** ⑤ **03** ④ **04** ④ **05** ⑤ **06** 폐포 **07** ④ **08** ③ **09** ④

01 적혈구는 가운데가 오목한 원반 모양으로, 헤모글로빈이라는 붉은 색소가 들어 있어 붉은색을 띠며, 산소를 운반한다.

02 A는 백혈구, B는 적혈구, C는 혈소판, D는 혈장이다.

오답 피하기 ㄱ. 헤모글로빈이 들어 있는 혈구는 적혈구(B)이다.
ㄴ. 체내에 침입한 병원체를 제거하는 혈구는 백혈구(A)이다.

03 A는 우심방, B는 우심실, C는 좌심방, D는 좌심실이며, (가)는 대정맥, (나)는 대동맥, (다)는 폐동맥, (라)는 폐정맥이다.

오답 피하기 ㄱ. 심장에서 산소가 풍부한 혈액이 흐르는 곳은 C와 D이다.

04 A는 동맥, B는 모세 혈관, C는 정맥이다.

오답 피하기 ① 모세 혈관(B)은 혈관벽이 한 겹의 세포층으로 되어 있다.
② 모세 혈관(B)에서 혈액과 조직 세포 사이에서 물질 교환이 일어난다.
③ 동맥(A)은 혈관 벽이 두껍고 탄력이 크다.
⑤ 동맥(A)에서 혈액이 흐르는 속도가 가장 빠르다.

05 A는 대정맥, B는 대동맥, C는 폐동맥, D는 폐정맥이며, (가)는 온몸 순환, (나)는 폐순환에 해당한다. D(폐정맥)는 폐에서 산소를 받았으므로 C(폐동맥)에 비해 산소가 더 풍부한 혈액이 흐른다.

06 폐는 수많은 폐포로 이루어져 있어 공기와 접촉하는 표면적이 매우 넓으므로 기체 교환이 효율적으로 일어난다. 폐포의 표면은 모세 혈관이 둘러싸고 있어 폐포와 모세 혈관 사이에서 기체 교환이 일어난다.

07 고무풍선(A)은 폐, 페트병 속 공간(B)은 흉강, 고무 막(C)은 횡격막에 해당한다. 고무 막(C)을 아래로 잡아당기는 것은 들숨일 때 일어나는 현상과 같다.

08 A는 갈비뼈, B는 횡격막이다. 들숨일 때 폐의 부피가 증가한다.

09 A는 이산화 탄소, B는 산소이다.
ㄱ. 이산화 탄소와 산소는 모두 확산에 의해 이동한다.
ㄷ. 폐포의 압력이 대기압보다 낮아지면 들숨이 일어나 몸 밖의 공기가 폐 속으로 들어온다.

오답 피하기 ㄴ. 산소는 날숨보다 들숨에 더 많이 포함되어 있다.

실전 서논술형 문제

본문 56쪽

01 온몸 순환은 심장에서 나온 혈액이 온몸을 거쳐 다시 심장으로 돌아오는 순환으로, 온몸의 조직 세포에 산소와 영양소를 공급하고, 이산화 탄소와 노폐물을 받아 심장으로 돌아온다. 폐순환은 심장에서 나온 혈액이 폐를 거쳐 다시 심장으로 돌아오는 순환으로, 폐로 가서 이산화 탄소를 내보내고 산소를 받아 심장으로 돌아온다.

| 모범 답안 | (1) D 대동맥 → E 온몸의 모세 혈관 → C 대정맥

채점 기준	배점
기호와 이름을 모두 포함하여 옳게 서술한 경우	100%
기호와 이름 중 하나의 개념만 옳게 서술한 경우	50%

(2) B의 혈액 속 산소의 양이 A에서보다 많다.

채점 기준	배점
산소의 양을 옳게 비교하여 서술한 경우	100%

02 오랫동안 흡연을 한 사람은 (가)처럼 폐의 폐포 수가 감소된다. 이는 담배의 이물질이 지속적으로 유입되어 폐포 벽

이 파괴되기 때문이다. 폐포 수가 감소되면 공기와 접촉하는 표면적이 감소하여, 기체 교환이 효율적으로 일어나기 어렵다.

| 모범 답안 | (나), (나)의 폐포 수가 (가)보다 더 많기 때문에 공기와 접촉하는 표면적이 더 넓어 기체 교환이 효율적으로 일어날 수 있기 때문이다.

채점 기준	배점
(나)와 이유를 모두 포함하여 옳게 서술한 경우	100%
(나)와 이유 중 한 가지만 옳게 서술한 경우	50%

5~6 배설~소화, 순환, 호흡, 배설의 관계

중단원 실전 문제

본문 58쪽

01 (가) 암모니아, (나) 요소 **02** ① **03** ② **04** ④ **05** ① **06** 600 mL **07** 배설계 **08** ② **09** ⑤

01 단백질은 질소를 포함하고 있어 세포에서 분해되면 암모니아가 만들어진다. 암모니아는 독성이 강해서 간에서 요소로 바뀌고, 콩팥에서 물과 함께 걸러져 오줌으로 내보내진다.

02 A는 콩팥, B는 오줌관, C는 방광, D는 요도이다.
오답 피하기 ㄴ. B는 오줌관으로 콩팥과 방광을 연결한다.
ㄷ. 네프론은 콩팥(A)에 들어있다.

03 A는 요소, B는 포도당이다.

04 A는 사구체, B는 보먼주머니, C는 세뇨관, D는 모세 혈관이다. 물, 요소, 포도당 등과 같이 크기가 작은 물질은 사구체에서 보먼주머니로 여과된다. 이 중 포도당, 아미노산, 물, 무기염류 등은 세뇨관에서 모세 혈관으로 재흡수된다.
오답 피하기 ㄷ. 혈액 내에 남아 있는 노폐물이 모세 혈관(D)에서 세뇨관(C)으로 이동한다. 이 과정을 분비라고 한다.

05 단백질은 크기가 큰 물질이므로 건강한 사람은 사구체에서 보먼주머니로 여과되지 않는다. 그런데 콩팥에 문제가 있어 단백질이 사구체에서 보먼주머니로 빠져나가면 오줌에서 단백질이 검출될 수 있다.

06 1분 동안 혈액이 125 mL가 여과되었고, 여과액이 세뇨관을 지나는 동안 124 mL가 재흡수되었다. 따라서 1분 동안 생성되는 오줌의 양은 1 mL이므로 10시간 동안 생성되는 오줌의 양은 600 mL(=1 mL/분×60분×10시간)이다.

07 배설계는 혈액 속에 있는 요소와 같은 노폐물을 걸러 내어 물과 함께 오줌의 형태로 몸 밖으로 내보낸다.

08 (가)는 소화계, (나)는 호흡계, (다)는 배설계이다.
오답 피하기 ㄴ. (가)는 소화계이며, 소화계를 구성하는 기관에는 입, 식도, 위, 소장, 대장, 간, 쓸개, 이자 등이 있다.
ㄹ. 산소와 영양소는 순환계를 통해 운반된다.

09 세포 호흡 결과 생긴 이산화 탄소는 순환계가 호흡계로 운반하고, 호흡계에서 몸 밖으로 내보내진다.
클리닉 + 세포 호흡 결과 물, 이산화 탄소, 암모니아 등의 노폐물이 생성된다. 순환계는 암모니아를 배설계로 운반하기 전에 먼저 간으로 운반하여, 간에서 요소로 바꾼 후 요소를 배설계로 운반한다. 그러면 배설계는 혈액 속에 있는 요소와 같은 노폐물을 걸러 내어 물과 함께 오줌의 형태로 몸 밖으로 내보낸다.

실전 서논술형 문제

본문 59쪽

01 그림은 사구체에서 보먼주머니로 여과된 후 모세 혈관으로 모두 재흡수되어 오줌으로 배설되지 않는 물질의 이동 방식이다.

| 모범 답안 | 포도당(또는 아미노산), 포도당(또는 아미노산)은 사구체에서 보먼주머니로 여과된 후 세뇨관에서 모세 혈관으로 모두 재흡수된다.

채점 기준	배점
물질의 예와 이동 방식을 모두 포함하여 옳게 서술한 경우	100%
물질의 예와 이동 방식 중 한 가지만 옳게 서술한 경우	50%

02 우리 몸은 조직 세포에 영양소와 산소를 끊임없이 공급한다. 세포에서 산소를 이용해 영양소를 분해하여 생명 활동에 필요한 에너지를 얻는 과정을 세포 호흡이라고 한다. 세포 호흡 결과 이산화 탄소와 물이 생성된다.

| 모범 답안 | 세포 호흡은 세포에서 영양소와 산소가 반응하여 이산화 탄소와 물이 생성되면서 에너지를 얻는 과정이다.

채점 기준	배점
세포 호흡에서 필요한 물질과 생성되는 물질을 모두 포함하여 세포 호흡을 옳게 설명한 경우	100%
세포 호흡에서 필요한 물질과 생성되는 물질 중 한 가지만 포함하여 세포 호흡을 설명한 경우	50%

Ⅵ. 물질의 특성

1 물질의 특성

중단원 실전 문제

본문 63쪽

01 ③ 02 ⑤ 03 ④ 04 ③ 05 ③ 06 ④ 07 ④ 08 나무 도막<물<플라스틱<글리세린 09 0.5 g/mL 10 ② 11 (가) 80 g, (나) 120 g

01 금과 물, 탄산 수소 나트륨, 이산화 탄소는 순물질, 공기, 합금은 혼합물이다. 혼합물은 끓는점이 일정하지 않으며 성분 물질들이 자신의 성질을 그대로 가지고 섞여 있는 것이다.

02 (가)는 물, (나)는 소금물의 가열 곡선이다. 혼합물이 끓기 시작하는 온도는 순물질의 끓는점보다 높으며, 끓는 동안 계속 온도가 증가한다.

03 스프를 먼저 넣으면 혼합물이 되어 100 ℃보다 높은 온도에서 끓게 된다.

04 부피는 물질을 구별할 수 있는 물질의 특성이 아니다.

05 끓는점과 녹는점, 어는점은 물질의 특성으로 압력이 일정할 때 물질의 양에 관계없이 일정한 값을 가지며, 물질의 종류에 따라 다르다. 압력이 높아지면 끓는점도 높아지며, 혼합물의 경우 끓는점이 일정하지 않고 순물질보다 높은 온도에서 끓는다.

06 ㄱ. A는 녹는 동안 온도가 일정하지 않으므로 혼합물이다.
ㄴ. B와 C의 녹는점이 같으므로 같은 물질이다.
ㄷ. 녹는점에 도달하는 시간이 더 오래 걸린 C의 양이 더 많다.
ㄹ. D의 두 번째로 온도가 일정한 구간의 온도가 D의 끓는점으로 B의 녹는점보다 낮다.

07 밀도는 질량을 부피로 나누어 구한다. 밀도를 계산해 보면 A는 2 g/cm^3, B는 2.5 g/cm^3, C는 0.5 g/cm^3, D는 0.75 g/cm^3, E는 약 0.83 g/cm^3, F는 0.5 g/cm^3이다. 따라서 밀도가 같은 C와 F는 같은 물질이다.

08 밀도가 큰 물질이 아래로 가라앉고, 밀도가 작은 물질이 위로 뜨므로 밀도의 크기는 나무 도막<물<플라스틱<글리세린이다.

09 밀도는 질량을 부피로 나누어 구한다. 액체의 질량은 (62 g−50 g)=12 g이고, 부피는 24 mL이므로 액체의 밀도는 0.5 g/mL이다.

10 용해도 곡선 위에 있는 A와 C는 용질이 최대한 녹아 있는 포화 용액으로 용질이 더 이상 녹을 수 없다. 60 ℃에서 물 100 g에 최대한 녹을 수 있는 용질의 양은 85 g으로 40 g만 녹아 있는 용액 D에는 용질이 45 g 더 녹을 수 있다. 70 ℃에서 물 100 g에 최대한 녹을 수 있는 용질의 양은 100 g으로 85 g만 녹아 있는 용액 B에는 용질이 15 g 더 녹을 수 있다. 용액 D보다 용액 A에 용질이 더 많이 녹아 있으므로 용액 A의 밀도가 더 크다.

11 60 ℃ 포화 용액 210 g은 용매인 물 100 g에 용질인 질산 칼륨이 110 g 녹아 있다. 이를 20 ℃로 냉각시키면 (110 g−30 g)=80 g의 질산 칼륨이 석출된다. 물 200 g에 질산 칼륨 250 g이 녹아 있는 용액을 40 ℃로 냉각시키면 {250 g−(65 g×2)}=120 g의 질산 칼륨이 석출된다.

실전 서논술형 문제

본문 64쪽

01 압력 밥솥은 압력이 높아 물의 끓는점도 높아진다. 물이 높은 온도에서 끓으므로 쌀이 빨리 익게 된다. 소금물은 혼합물로 혼합물의 끓는점은 순물질의 끓는점보다 높고, 끓는 동안 온도도 계속 증가한다. 따라서 계란이 더 빨리 익는다.

| 모범 답안 | (가)에서는 압력이 증가하므로 끓는점이 높아진다. (나)에서는 혼합물이므로 끓는점이 높아진다.

채점 기준	배점
(가)와 (나) 모두 옳게 서술한 경우	100%
(가)와 (나) 중 한 가지만 옳게 서술한 경우	50%

02 밀도가 큰 물질은 가라앉고, 밀도가 작은 물질은 떠오른다. 계란이 물보다 밀도가 커서 물에 가라앉아 있는데 소금을 물에 녹이면 달걀의 밀도보다 소금물의 밀도가 커지면서 달걀이 떠오른다.

| 모범 답안 | 소금을 물에 녹여 소금물의 밀도를 달걀보다 크게 만들면 달걀이 떠오른다.

채점 기준	배점
달걀을 떠오르게 하는 방법과 원리를 모두 옳게 서술한 경우	100%
달걀을 떠오르게 하는 방법만 옳게 서술한 경우	50%

03 기체의 용해도는 압력이 작을수록 작아진다. 따라서 감압 용기에서 공기를 빼내 압력을 작게 만들면 기체의 용해도도 작아져 사이다 속에 녹아 있던 이산화 탄소 기체가 빠져나오면서 기포가 많이 발생하게 된다.

| 모범 답안 | 기포의 수가 늘어난다. 압력이 작아져 기체의 용해도가 감소했기 때문이다.

채점 기준	배점
기포 수 변화와 그 까닭을 모두 옳게 서술한 경우	100%
기포 수 변화만 옳게 서술한 경우	50%

2 혼합물의 분리

중단원 실전 문제 본문 66쪽

01 ② **02** B, D **03** 프로페인의 끓는점 < 뷰테인의 끓는점
04 ③ **05** ④ **06** ③ **07** ⑤ **08** 질산 칼륨 56 g **09** ②
10 ③

01 증류 장치로 물과 메탄올처럼 서로 잘 섞이는 액체 혼합물을 분리한다.

02 끓는점이 낮은 메탄올이 B 구간에서 먼저 끓어 나오고, 끓는점이 높은 물이 D 구간에서 끓어 나온다.

03 기체를 냉각시켜 끓는점보다 낮은 온도가 되면 액화한다. 뷰테인이 먼저 액화하였으므로 뷰테인의 끓는점이 프로페인의 끓는점보다 높다.

04 분별 깔때기는 잘 섞이지 않는 액체를 밀도 차이를 이용하여 분리하는 도구로, 밀도가 큰 물질이 아래층에, 밀도가 작은 물질이 위층에 분리된다.

05 밀도 차를 이용하여 고체를 분리하는 경우, 고체는 액체에 녹지 않고 하나는 액체보다 밀도가 크고, 하나는 액체보다 밀도가 작아야 한다. B와 D는 모두 물에 녹지 않고, B는 물보다 밀도가 작아 물 위에 뜨고, D는 물보다 밀도가 커 물에 가라앉는다.

06 물과 식용유, 알찬 볍씨와 쭉정이는 밀도 차를 이용하여 분리할 수 있다. 원유의 분별 증류는 끓는점 차를 이용하여 물질을 분리하는 예이고, 천일염에서 정제된 소금을 얻는 것은 용해도 차를 이용한 재결정의 예이다.

07 ①은 질산 칼륨과 염화 칼륨이 모두 석출되고, ②는 질산 칼륨과 황산 구리(Ⅱ)가 모두 석출된다. ③은 질산 칼륨이 20 g 석출되고, ④는 염화 칼륨이 20 g 석출된다. ⑤는 황산 구리(Ⅱ)가 30 g 석출된다.

08 20 ℃에서 물 200 g에 최대한 녹을 수 있는 용질의 양은 질산 칼륨이 64 g, 염화 나트륨이 72 g이다. 따라서 용액을 20 ℃로 냉각시켰을 때 질산 칼륨은 (120 g−64 g)=56 g이 석출되고, 염화 나트륨은 모두 녹아 있다.

09 크로마토그래피는 성분 물질이 용매를 따라 이동하는 속도 차이를 이용한 분리 방법으로, 성질이 비슷한 물질들도 분리할 수 있으며 분리 방법이 간단하고 시간이 적게 걸린다. 용매의 종류에 따라 실험 결과가 달라진다.

10 A는 3가지 성분이, E는 2가지 성분이 혼합된 혼합물이고 B, C, D는 1가지 성분으로 이루어진 순물질이다. A는 C와 D와 분홍색 성분을 포함하고 있고, E는 D와 보라색 성분을 포함하고 있다. 용매를 따라 이동하는 속도는 B < C < D이다.

실전 서논술형 문제 본문 67쪽

01 끓는점이 낮은 물질이 먼저 기체로 끓어 나와 증류탑의 가장 윗부분에서 분리되어 나온다.
| 모범 답안 | 질소 기체, 끓는점이 가장 낮아 가장 먼저 끓어 나온다.

채점 기준	배점
기체의 이름과 그 까닭을 옳게 서술한 경우	100%
기체의 이름만 옳게 서술한 경우	50%

02 오래된 달걀과 신선한 달걀을 소금물에 넣으면 오래된 달걀은 소금물보다 밀도가 작아 떠오르고, 신선한 달걀은 밀도가 커 가라앉는다.
| 모범 답안 | 소금물에 넣으면 소금물보다 밀도가 작은 오래된 달걀은 떠오르고, 밀도가 큰 신선한 달걀은 가라앉는다.

채점 기준	배점
달걀을 분리하는 방법과 원리를 모두 옳게 서술한 경우	100%
달걀을 분리하는 방법만 옳게 서술한 경우	50%

03 온도가 높은 용매에 용질을 녹인 뒤 용액을 냉각시켜 순수한 고체 결정을 얻는 방법을 재결정이라고 한다. 염화 나트륨 30 g과 붕산 25 g을 고온의 물 100 g에 모두 녹인 뒤 냉각시키면 염화 나트륨은 계속 물에 녹아 있고, 붕산만 석출된다. 붕산이 20 g 석출되려면 용해도가 5 g/물 100 g이 되는 20 ℃까지 냉각시켜야 한다.
| 모범 답안 | 물 100 g에 혼합물을 모두 녹인 뒤 온도를 20 ℃까지 냉각시킨다.

채점 기준	배점
용매의 양과 온도를 포함하여 방법을 옳게 서술한 경우	100%
용매의 양과 온도를 포함하지 않고 방법만 옳게 서술한 경우	50%

Ⅶ. 수권과 해수의 순환

1 수권의 분포와 활용

중단원 실전 문제 본문 71쪽

01 ④ 02 ① 03 ④ 04 ② 05 ③ 06 ㄱ 07 ③ 08 ⑤ 09 ㄴ, ㄹ

01 수권에서 가장 많이 분포하는 A는 해수, B는 지하수, C는 빙하이다.

02 해수는 짠맛이 있으므로 짠맛을 제거한 후 식수가 부족한 지역에서 사용할 수 있다.

03 지하수는 지하 땅속을 흐르지만 담수이므로 강물이나 호수가 부족할 때 개발하여 사용한다.

04 빙하는 육지의 물 중에서 가장 많은 양을 차지하지만, 극지방이나 고산 지대에 분포하며, 얼어 있어서 바로 이용하기가 어렵다.

05 강물과 호수, 지하수는 짠맛이 나지 않는 담수이므로 사람이 바로 활용할 수 있지만, 해수는 염수이므로 짠맛을 제거하여 사용하고, 빙하는 얼어 있는 상태이므로 녹여서 액체로 만들어 식수가 부족한 지역에서 사용한다.

06 A는 지하 땅속을 흐르는 지하수이고, B는 극지방이나 고산 지대에 분포하는 빙하이다. C는 그 양이 매우 적지만 우리가 가장 쉽게 이용할 수 있는 강물과 호수이다.

오답 피하기 ㄴ. B는 고체 상태인 빙하이고, 짠맛이 나지 않는 담수이다.

ㄷ. C는 강물과 호수로, 전체 물에 비해 그 양은 매우 적지만 액체 상태이고 접근성이 좋으며 짠맛이 없는 담수이므로 가장 손쉽게 이용하는 물이다.

07 지구 물의 대부분을 차지하는 해수는 짠맛이 나므로 바로 이용하기 어려우므로 짠맛을 제거하여 활용한다. 우리가 바로 활용할 수 있는 물은 담수인 강물과 호수, 지하수이다.

오답 피하기 ㄷ. 빙하는 녹아서 액체 상태가 되면 담수가 부족한 고산 지대에서 활용할 수 있다.

08 바로 활용할 수 있는 물의 양은 한정적이므로 물을 절약하고, 물의 오염을 방지하며 효율적으로 활용해야 한다.

오답 피하기 ① 수권에서 바로 활용할 수 있는 물은 강물과 호수, 지하수로, 그 양이 매우 적다.

② 인구가 늘어나고 산업이 발달하여 삶의 질이 향상되면서 필요한 물의 양이 급격히 증가하고 있다.

③ 수권에서 바로 활용할 수 있는 물은 강물과 호수, 지하수이다.

④ 지하수는 강물이나 호수보다 많은 양이 분포하고 있다.

09 A는 공장에서 제품을 생산하는 데 사용되는 공업용수이고, B는 일상생활을 하는 데 사용되는 생활용수이며, C는 농작물을 재배할 때 사용하는 농업용수이고, D는 하천의 수질이나 생태계를 유지하는 데 사용되는 유지용수이다.

실전 서논술형 문제 본문 72쪽

01 해수는 바다에 분포하며, 짠맛이 난다.

| 모범 답안 | 해수, 해수는 여러 가지 물질이 녹아 있어 짠맛이 나는 염수이므로 사람이 바로 활용하기 어렵다.

채점 기준	배점
해수를 찾고, 그 까닭을 정확하게 설명한 경우	100%
해수만 찾고, 그 까닭은 설명하지 못한 경우	50%

02 인구가 많아지고 산업이 발달하면서 삶의 질이 높아질 때, 생활용수의 필요량이 많아진다.

| 모범 답안 | 생활용수, 인구 증가와 산업이 발달하며 생활 수준이 향상되면서 일상생활에서 물 이용량이 빠르게 증가하기 때문이다.

채점 기준	배점
생활용수를 쓰고, 그 까닭을 구체적으로 설명한 경우	100%
생활용수만 쓰고, 그 까닭은 설명하지 못한 경우	50%

03 벤 다이어그램에서 많은 비율을 차지하는 것은 농업용이다.

| 모범 답안 | 농업용, 농업용으로의 이용량이 많기 때문이다.

채점 기준	배점
농업용을 쓰고, 그 까닭을 구체적으로 설명한 경우	100%
농업용만 쓰고, 그 까닭은 설명하지 못한 경우	50%

2 해수의 특성과 순환

중단원 실전 문제 본문 74쪽

01 (가) 심해층, (나) 수온 약층, (다) 혼합층 02 ③ 03 혼합층 04 ④ 05 ② 06 ① 07 ② 08 ④ 09 ④ 10 ㄴ

01 (가)는 연중 수온이 매우 낮고 일정한 심해층이고, (나)는 깊어질수록 수온이 급격히 낮아지는 수온 약층이며, (다)는 바람에 의해 해수가 섞이면서 수온이 일정하게 나타나는 혼합층이다.

02 (가)는 태양 에너지가 도달하지 못하여 일 년 내내 매우 낮은 수온이 일정하게 유지되고, (나)는 깊어질수록 수온이 낮아서 해수의 상하 운동이 일어나지 않는다. (다)는 바람에 의해 표면의 해수가 혼합되어 수온이 일정하게 유지되므로 바람이 강하게 불수록 두께가 두꺼워진다.

03 혼합층은 표층의 해수가 태양 에너지에 의해 가열되고, 해수면에 부는 바람에 의해 해수가 섞이면서 수온이 거의 일정하게 유지된다. 바람이 강하게 불면 해수가 더 깊은 곳까지 섞이면서 혼합층의 두께가 두꺼워진다.

04 심해층은 태양 에너지가 도달하지 못하는 깊은 층으로, 수온이 4 ℃ 이하로 매우 낮으며, 위도에 따라서도 거의 변화가 없다.

05 염류 중에서 가장 많은 것은 짠맛이 나는 염화 나트륨이고, 두 번째로 많은 것은 쓴맛이 나는 염화 마그네슘이다.

06 해수가 얼거나 증발량이 강수량보다 많은 바다는 염분이 높고, 빙하가 녹거나 육지의 물에서 강물이나 지하수가 흘러드는 바다, 강수량이 증발량보다 많은 바다는 염분이 낮다.

07 전 세계 바다마다 해수에 녹아 있는 염류의 양이 다르므로 염분은 달라질 수 있다. 하지만, 전체 염류에 대해 각 염류가 차지하는 비율은 염화 나트륨이 약 77.7 %, 염화 마그네슘이 약 10.9 %로 모두 일정하다.

08 A는 황해 난류, B는 북한 한류, C는 연해주 한류, D는 동한 난류, E는 쿠로시오 해류이다. 쿠로시오 해류는 우리나라 주변 바다에 흐르는 황해 난류와 동한 난류의 근원이고, 연해주 한류는 우리나라 주변 바다에 흐르는 북한 한류의 근원이다.

09 조개를 캐려면 갯벌이 가장 많이 드러나면 좋다. 만조보다는 간조 때 해수면의 높이가 가장 낮아져 있으므로 갯벌이 가장 많이 드러난다.

10 A는 해수면이 가장 낮은 간조에서 해수면이 가장 높은 만조가 되는 시기로 밀물이 흐르고, C는 만조에서 간조가 되는 시기로 썰물이 흐른다. 해수면의 높이가 가장 높을 때인 B는 만조이고, 해수면의 높이가 가장 낮을 때인 D는 간조이다.

실전 서논술형 문제 본문 75쪽

01 해수면에 도달하는 태양 에너지의 양이 많을수록 해수면의 수온이 높아진다.

| 모범 답안 | 고위도에서 저위도로 갈수록 해수면의 수온이 높아진다. 이것은 고위도보다 저위도에 도달하는 태양 에너지의 양이 많기 때문이다.

채점 기준	배점
해수면의 수온을 바르게 비교하고, 그 까닭을 구체적으로 서술한 경우	100%
해수면의 수온만을 바르게 비교하고, 그 까닭은 설명하지 못한 경우	50%

02 혼합층은 바람에 의해 표층의 해수가 혼합되면서 수온이 일정하게 유지되는 층이다.

| 모범 답안 | 바람이 강하게 불수록 해수는 더 깊은 곳까지 섞이므로 혼합층의 두께가 더 두꺼워진다.

채점 기준	배점
바람이 더 깊은 곳까지 혼합하게 됨을 설명한 경우	100%
바람에 의한 혼합만 설명한 경우	50%

03 여름철에는 강수량이 많아서 염분이 낮다.

| 모범 답안 | 여름철의 염분이 겨울철보다 더 낮다. 여름철은 겨울철보다 강수량이 더 많기 때문이다.

채점 기준	배점
두 계절의 염분을 바르게 비교하고, 그 까닭을 설명한 경우	100%
두 계절의 염분을 바르게 비교했으나, 그 까닭은 설명하지 못한 경우	50%

Ⅷ. 열과 우리 생활

1 온도와 열의 이동

중단원 실전 문제 본문 79쪽

01 ① 02 ② 03 ⑤ 04 ⑤ 05 ③ 06 ④ 07 ① 08 ③ 09 ④

01 온도는 입자 운동의 활발한 정도이므로 가열하면 물 입자 운동은 활발해지고, 냉각하면 입자 운동은 둔해진다.

02 B의 입자 운동이 A보다 더 활발하므로 B의 온도가 A보다 높다. 따라서 A와 B를 접촉하면 B에서 A로 열이 이동한다. 또한, A와 B 모두 열을 가하면 입자 운동은 더 활발해진다.

03 온도는 물체를 구성하는 입자의 운동이 활발한 정도를 나타낸다. 물체가 열을 받으면 온도가 높아지며, 열은 온도가 높은 곳에서 낮은 곳으로 이동한다.

04 물체가 열을 받으면 입자의 운동이 활발해지며, 열은 온도가 높은 물체에서 온도가 낮은 물체로 이동한다.

05 그림에서 A 부분의 입자 운동이 가장 활발하며, 입자 운동은 A에서 B로 전달된다. 따라서 B 부분의 입자 운동은 활발해지고, 열은 A에서 B로 이동한다.

06 대류의 방법으로 열이 이동하므로 찬물은 아래로 따뜻한 물은 위로 올라간다. 충분한 시간이 지나면 찬물과 따뜻한 물의 온도가 같아진다.

07 '뽁뽁이'의 비닐 안에는 공기가 들어 있다. 공기는 열의 전도가 잘 일어나지 않는 물질이기 때문에 단열에 효율적이다.

08 각각의 경우 냉난방 기구에서 열의 이동은 다음과 같다.

(가) 에어컨을 켜면 방 안 공기가 시원해진다. – 대류에 의해 찬 공기는 아래로, 뜨거운 공기는 위로 순환하므로 방 안 공기가 시원해진다.

(나) 전기장판 위에 앉아 있으면 엉덩이가 따뜻해진다. – 전도에 의해 전기장판에서 몸으로 열이 이동하므로 몸이 따뜻해진다.

(다) 전기난로 앞에 있으면 전기난로를 향한 얼굴이 등보다 따뜻하다. – 전기난로에서 복사로 열이 이동하므로 얼굴이 따뜻해진다.

09 거실의 유리창을 넓게 만들면 전도와 복사에 의한 열손실이 커지므로 단열에 효율적이지 않다. 단열재 이외에 벽면과 지붕에 식물을 키우는 벽면 녹화를 통해 단열 효과를 높일 수 있다. 벽면과 지붕의 식물은 건물 안팎의 열 출입을 막는다.

실전 서논술형 문제 본문 80쪽

01 온도는 입자의 활발한 정도를 나타낸 것이며, 온도가 높을수록 입자 운동이 활발하므로 잉크가 더 빨리 퍼진다. 따라서 잉크가 빨리 퍼진 (나)의 온도가 잉크가 늦게 퍼진 (가)보다 높다.

| 모범 답안 | (나)의 온도가 (가)보다 높다. 이는 온도가 높을수록 입자 운동이 활발하므로 잉크가 더 빨리 퍼지기 때문이다.

채점 기준	배점
온도를 옳게 비교하고 그 까닭을 옳게 서술하였을 경우	100%
온도만 옳게 비교한 경우	40%

02 전기난로에서는 복사에 의해 열이 이동하기도 하고, 전기난로 근처의 공기가 따뜻해지면서 대류에 의해 열이 이동하기도 한다. 따라서 전기난로를 향한 얼굴이 따뜻해지는 것은 복사 때문이며, 등이 따뜻해지는 것은 대류 때문이다.

| 모범 답안 | 전기난로에서 복사에 의해 열이 전달되므로 전기난로를 향한 얼굴이 따뜻해지는 것이고, 대류에 의해 열이 이동하므로 등이 따뜻해지는 것이다.

채점 기준	배점
얼굴과 등이 따뜻해지는 것을 모두 옳게 서술하였을 경우	100%
둘 중 한 경우만 옳게 서술하였을 경우	50%

03 천장에 설치된 난방기를 켜면 난방기에서 나오는 따뜻한 공기가 아래쪽으로 잘 내려오지 못한다. 즉, 공기의 대류가 잘 일어나지 않기 때문에 교실이 위쪽부터 천천히 따뜻해진다. 따라서 천장에 설치된 냉난방기는 냉방기로 사용할 때가 더 효율적이다.

| 모범 답안 | 난방기의 따뜻한 공기는 위쪽으로 이동하고, 냉방기의 차가운 공기는 아래쪽으로 이동한다. 따라서 천장에 설치된 냉난방 기구는 냉방기로 사용할 때가 더 효율적이다.

채점 기준	배점
효율적인 경우를 쓰고, 그 까닭을 옳게 서술하였을 경우	100%
효율적인 경우만 서술하였을 경우	40%

2 열평형, 비열, 열팽창

중단원 실전 문제 본문 82쪽

01 ⑤ 02 ③ 03 ② 04 ③ 05 ② 06 ④ 07 ⑤ 08 ③ 09 ②

01 온도가 10℃인 물체 A와 온도가 80℃인 물체 B를 접촉시키면 B에서 A로 열이 이동하므로 A는 열을 얻고 B는 열을 잃는다. 따라서 시간이 지나면 A와 B의 온도는 같아진다.

02 열은 온도가 높은 ㉠에서 온도가 낮은 ㉡으로 이동한다. 열평형이 되었을 때의 온도는 20℃이며, 열평형에 도달하기 전인 7분 동안 열을 받은 ㉡은 입자의 운동이 활발해진다.

03 체온계로 체온을 재거나, 냉장고에 음식을 넣어두면 차가워지는 것, 계곡물에 수박을 담가 놓으면 시원해지는 것, 한약봉지를 뜨거운 물에 담가두면 한약이 따뜻해지는 것은 모두 열평형 때문이다. 냄비 손잡이를 플라스틱으로 만드는 것은 전도의 차이를 이용하는 경우이다.

04 질량이 같은 세 물질에 같은 양의 열을 가했을 때 온도 변화가 클수록 비열이 작은 것이다. 표에서 (가)의 온도 변화는 12℃, (나)의 온도 변화는 6℃, (다)의 온도 변화는 16℃이므로 (나)의 비열이 가장 크고 (다)의 비열이 가장 작다.

05 질량이 같은 액체 A, B를 같은 열량으로 가열하였다면 온도 변화의 비는 비열의 비에 반비례한다. 5분 동안 A는 40℃, B는 20℃ 증가하였으므로 A와 B의 비열의 비는 1 : 2이다.

06 질량이 같을 때 같은 열량에서 비열이 작을수록 온도 변화가 크다. 따라서 같은 양의 물을 똑같이 가열할 때 물의 온도가 더 빨리 올라가는 것은 비열이 작은 양은 냄비이다.

07 물과 식용유를 같이 가열하면 식용유의 온도가 물의 온도보다 더 빨리 높아지는 것은 식용유의 비열이 물보다 작기 때문이다.

08 병뚜껑에 뜨거운 물을 부으면 병뚜껑을 구성하는 입자의 운동이 활발해지면서 병뚜껑의 부피가 늘어나므로 병뚜껑이 잘 열리게 된다. 이때 유리병을 구성하는 입자가 차지하는 부피도 열에 의해 늘어난다.

09 바이메탈은 열팽창 정도가 작은 쪽으로 휜다. 따라서 B가 A보다 열팽창 정도가 더 크다고 할 때 온도가 올라가면 열팽창 정도가 작은 위쪽으로 휘고, 온도가 내려가면 수축하므로 열팽창 정도가 큰 아래쪽으로 휜다.

실전 서논술형 문제 본문 83쪽

01 삶은 달걀을 차가운 물에 넣으면 삶은 달걀에서 차가운 물로 열이 이동하여 열평형 상태에 도달한다. 열평형에 도달하기까지 달걀의 온도는 낮아지고 물의 온도는 높아진다.

| 모범 답안 | 삶은 달걀을 차가운 물에 넣으면 삶은 달걀에서 차가운 물로 열이 이동하므로 달걀의 온도는 낮아지고 물의 온도는 높아진다. 한약봉지를 뜨거운 물에 담가두면 한약이 따뜻해진다.

채점 기준	배점
달걀과 물의 온도 변화 및 예를 옳게 서술하였을 경우	100%
달걀과 물의 온도 변화만 옳게 서술하였을 경우	50%
예만 옳게 서술하였을 경우	50%

02 그래프에서 직선의 기울기는 온도 변화이다. 질량과 받은 열량이 같을 때 비열이 작을수록 온도 변화가 크므로 그래프에서 기울기는 커진다.

| 모범 답안 | 비열의 크기는 C>B>A 순이다. 질량과 받은 열량이 같을 때 비열이 작을수록 온도 변화가 크기 때문이다.

채점 기준	배점
비열의 크기와 까닭을 모두 옳게 서술하였을 경우	100%
비열의 크기만 옳게 서술하였을 경우	50%

03 액체가 열을 받으면 액체의 부피가 팽창한다. 따라서 열을 받으면 음료가 넘쳐흐르거나 병이 깨질 수 있다. 따라서 병에 음료수를 채울 때 가득 채우지 않고 위쪽에 빈 공간을 둔다.

| 모범 답안 | 병에 음료수를 채울 때 가득 채우지 않고 위쪽에 빈 공간을 두는 까닭은 열팽창에 의해 병이 깨지거나 넘쳐흐르는 것을 방지하기 위해서이다. 알코올 온도계로 온도를 측정한다.

채점 기준	배점
빈 공간을 두는 까닭과 예를 모두 옳게 서술하였을 경우	100%
빈 공간을 두는 까닭만 옳게 서술하였을 경우	50%
예만 옳게 서술하였을 경우	50%

Ⅸ. 재해 · 재난과 안전

1 재해 · 재난의 원인과 대처 방안

중단원 실전 문제 본문 86쪽

01 ④ 02 ③ 03 ③ 04 ⑤ 05 ④ 06 ③

01 인위 재해 · 재난은 인간의 부주의나 기술상의 문제 등으로 인해 발생하는 재해 · 재난으로, 화재, 붕괴, 폭발, 교통사고, 환경오염 사고, 감염성 질병 확산, 가축 전염병의 확산 등이 있다.

02 감염성 질병이 퍼져 나가는 원인은 병원체가 진화하고, 모기나 진드기와 같은 매개체가 증가하며, 인구 이동이 활발하고, 무역이 증가하기 때문이다.

03 태풍은 강한 바람, 폭설은 엄청난 눈의 무게, 황사는 미세한 모래 먼지가 피해를 일으킨다.

04 지진 해일은 해수면이 급격하게 상승하여 바닷물이 육지로 밀려드는 현상으로, 바닷가에서 지진 해일에 대비하려면 높은 곳으로 이동하여 대피해야 한다.

05 화산 폭발이 있으면 화산재나 화산 기체에 노출되지 않도록 문이나 창문은 모두 닫아야 하며, 물이 묻은 수건으로 문의 빈틈이나 환기구를 막아야 한다.

06 유독성이 있는 화학 물질은 최대한 접촉하지 않아야 하므로 화학 물질이 유출된 장소에서 최대한 멀리 대피해야 한다.

실전 서논술형 문제 본문 87쪽

01 유출된 독성 가스는 밀도가 공기보다 크다.

| 모범 답안 | 유출된 독성 가스는 공기보다 밀도가 크기 때문에 지표를 따라 낮은 곳으로 이동하므로 이를 피하기 위해서는 높은 곳으로 올라가야 한다.

채점 기준	배점
유출된 독성 가스의 밀도를 비교하여 구체적으로 설명한 경우	100%
유출된 독성 가스가 지표를 따라 낮은 곳으로 이동한다는 사실만 서술한 경우	50%

02 손을 비누로 흐르는 물에 자주 씻는다.

| 모범 답안 | 평소에 비누를 사용하여 흐르는 물에 손을 깨끗하게 씻고, 가급적 손으로 눈, 코, 입 등을 만지지 않는다. 사람이 많이 모이는 장소에 오래 머물지 않는다.

채점 기준	배점
2가지 이상을 서술한 경우	100%
1가지만을 서술한 경우	50%

03 건물 안과 건물 바깥에 있을 때의 지진 대처 방법이 다르다.

| 모범 답안 | (가) 건물 위층에서 아래층으로 내려올 때는 승강기는 전기가 차단되면 갇힐 수 있으므로 계단을 이용한다.

(나) 건물 안 실내에 있을 때는 튼튼한 책상이나 식탁 아래에 들어가 몸을 보호한다.

(다) 건물 밖에서는 유리창, 간판 등이 떨어져 위험하므로 머리를 보호하고, 건물과 떨어진 넓은 곳으로 대피한다.

채점 기준	배점
(가), (나), (다) 3가지 대처 방안을 모두 서술한 경우	100%
위의 3가지 중 2가지만 서술한 경우	50%

MEMO